D1751546

Die zweite Darwinsche Revolution

ACTA BIOHISTORICA
Schriften aus dem Museum und Forschungsarchiv
für die Geschichte der Biologie
8

Herausgegeben von Armin Geus

# Die zweite Darwinsche Revolution
# Geschichte des Synthetischen Darwinismus
# in Deutschland 1924 bis 1950

von Thomas Junker

Basilisken-Presse
Marburg 2004

Die Deutsche Bibliothek – CIP-Einheitsaufnahme

Ein Titeldatensatz für diese Publikation ist bei
Der Deutschen Bibliothek erhältlich

Satz:
ASKU-PRESSE, Bad Nauheim

Gesamtherstellung:
Danuvia Druckhaus Neuburg GmbH, Neuburg an der Donau

Copyright 2004 by Basilisken-Presse
Postfach 561, D-35017 Marburg/Lahn
www.basilisken-presse-marburg.de
Printed in Bundesrepublik Deutschland
ISBN 3-925347-67-4

# Inhalt

| | |
|---|---:|
| Vorwort | 8 |
| Einleitung | 13 |
| I. Namen – Interpretationen – Rekonstruktionen | 27 |
|    1. Die magische Kraft der Worte | 29 |
|       1.1 Darwinismus | 31 |
|       1.2 Kritik | 32 |
|       1.3 Neue Benennungen | 34 |
|       1.4 Synthetische Theorie – Moderne Synthese | 35 |
|    2. Interpretationen und Rekonstruktionen | 39 |
|       2.1 USA und England | 39 |
|       2.2 Deutschland | 43 |
|       2.3 Neuere wissenschaftshistorische Interpretationen | 49 |
|    3. ›Darwinismus‹ oder ›Synthetische Evolutionstheorie‹? | 52 |
|       3.1 Die moderne Evolutionstheorie – eine inhaltliche Bestimmung | 54 |
|       3.2 Was ist Darwinismus? | 58 |
|    4. Thesen | 66 |
| II. Die Darwinisten | 69 |
|    1. Genetiker – Populationsgenetiker – Experimentalisten | 72 |
|       1.1 Landwirtschaftliche Hochschule Berlin und Kaiser-Wilhelm-Institut für Züchtungsforschung | 73 |
|           1.1.1 Erwin Baur (1875–1933) | 73 |
|           1.1.2 Hans Nachtsheim (1890–1979) | 83 |
|           1.1.3 Hans Stubbe (1902–1989) | 88 |
|       1.2 Kaiser-Wilhelm-Institut für Hirnforschung | 91 |
|           1.2.1 Nikolai W. Timoféeff-Ressovsky (1900–1981) | 91 |
|           1.2.2 William F. Reinig (1904–1980) | 107 |
|       1.3 Kaiser-Wilhelm-Institut für Biologie | 119 |
|           1.3.1 Max Hartmann (1876–1962) | 120 |
|           1.3.2 Hans Bauer (1904–1988) | 123 |
|           1.3.3 Klaus Pätau (1908–1975) | 125 |
|           1.3.4 Fritz von Wettstein (1895–1945) | 127 |
|           1.3.5 Georg Melchers (1906–1997) | 139 |

|  |  |  |
|---|---|---|
| | 1.3.6 Franz Schwanitz (1907–1983) | 141 |
| 1.4 | Privatgelehrte | 146 |
| | 1.4.1 Gertraud Haase-Bessell (1876–?) | 146 |
| 2. Naturalisten | | 150 |
| 2.1 | Konrad Lorenz (1903–1989) | 150 |
| 2.2 | Museum für Naturkunde Berlin | 153 |
| | 2.2.1 Erwin Stresemann (1889–1972) | 153 |
| | 2.2.2 Bernhard Rensch (1900–1990) | 165 |
| 2.3 | Universität Jena | 188 |
| | 2.3.1 Victor Franz (1883–1950) | 188 |
| | 2.3.2 Johannes Weigelt (1890–1948) | 192 |
| | 2.3.3 Gerhard Heberer (1901–1973) | 194 |
| | 2.3.4 Ludwig Rüger (1896–1955) | 203 |
| | 2.3.5 Karl Mägdefrau (1907–1999) | 205 |
| 2.4 | Universität Halle | 205 |
| | 2.4.1 Wilhelm Ludwig (1901–1959) | 205 |
| | 2.4.2 Adolf Remane (1898–1976) | 217 |
| | 2.4.3 Wolf Herre (1909–1997) | 232 |
| 2.5 | Universität Tübingen | 237 |
| | 2.5.1 Walter Zimmermann (1892–1980) | 237 |
| | 2.5.2 Werner Zündorf (1911–1943) | 251 |
| 3. Anthropologen | | 256 |
| 3.1 | Christian von Krogh (1909–1992) | 256 |
| 3.2 | Wilhelm Gieseler (1900–1976) | 258 |
| 3.3 | Hans Weinert (1887–1967) | 259 |
| 3.4 | Otto Reche (1879–1966) | 260 |
| 4. Wissenschaftstheoretiker | | 262 |
| 4.1 | Hugo Dingler (1881–1954) | 262 |
| III. Die Evolutionsfaktoren | | 267 |
| 1. Mutation | | 269 |
| | 1.1 Mutationen und Merkmale | 272 |
| | 1.2 Notwendige Eigenschaften der Mutationen | 274 |
| | 1.3 Vielfalt der Mutationen | 278 |
| | 1.4 Geographische Variabilität | 286 |
| | 1.5 Zusammenfassung | 290 |
| 2. Rekombination | | 291 |
| | 2.1 Rekombination und genetische Variabilität | 294 |

|  |  |  |
|---|---|---|
| | 2.2 Populationsdenken | 296 |
| | 2.3 Zusammenfassung | 305 |
| 3. | Selektion | 306 |
| | 3.1 Kritik an der Selektionstheorie | 308 |
| | 3.2 Bestimmung der Selektionswirkung | 312 |
| | 3.3 Geographische Variabilität und Selektion | 315 |
| | 3.4 Objekte der Selektion | 318 |
| | 3.5 Zusammenfassung | 327 |
| 4. | Geographische Isolation | 328 |
| | 4.1 Biologischer Artbegriff | 333 |
| | 4.2 Speziation | 336 |
| | 4.3 Zusammenfassung | 340 |

IV. Allgemeine Evolutionstheorie — 341
   1. Evolution und Anti-Evolutionismus — 343
   2. Mikroevolution – Makroevolution — 352
      2.1 Variabilität und Variation — 353
      2.2 Rezeption — 360
      2.3 Argumente — 367
   3. Phylogenie — 375
      3.1 Paläontologische Sondererscheinungen — 379
      3.2 Evolutionärer Fortschritt und Degeneration — 384
   4. Die Evolution der Menschen — 396
      4.1 Die Entstehung der Menschen aus früheren Organismen — 400
      4.2 Die Art der Entwicklung – Evolutionsmechanismen — 412
      4.3 Die Unterschiede zwischen den Rassen – Geographische Variabilität — 422
      4.4 Die biologische Zukunft der Menschen – Eugenik — 432

V. Internationaler Darwinismus — 449
   1. Die Architekten des synthetischen Darwinismus — 449
      1.1 Unterstützende Autoren des Umfeldes — 451
      1.2 Unkonventionelle Autoren — 452
      1.3 Autoren des weiteren Umfeldes — 453
      1.4 Kritiker des Umfeldes — 454
   2. Fachgebiete und Theorien — 456
      2.1 Genetik — 457
      2.2 Populationsgenetik — 461

  2.3 Selektionstheorie   465
  2.4 Systematik und Biogeographie   470
  2.5 Allgemeine Evolutionstheorie   474
  2.6 Anthropologie   478
 3. Revolution und Evolution   482
 4. Zeitliche Entwicklung   486
  4.1 Programmatische Phase (1924–30)   487
  4.2 Latenzphase (1931–37)   489
  4.3 Der Durchbruch (1938–39)   489
  4.4 Phase der Ausarbeitung (1940–50)   490
 5. Internationalität und Rezeption nach 1950   491

Archive   501

Literatur   503

Anmerkungen   587

Index   635

# Vorwort

Die Evolutionstheorie ist eines der zentralen und grundlegenden Konzepte der Biologie. Nur aus der historischen Perspektive lassen sich die Existenz der Organismen und viele ihrer Eigenschaften sinnvoll erklären. Bereits 1809 hatte Jean-Baptiste de Lamarck in seiner *Philosophie Zoologique* ein umfassendes dynamisches Bild biologischer Arten entworfen, mit dem er sich aber nicht durchsetzen konnte. Ein halbes Jahrhundert später war Charles Darwin mit *On the Origin of Species* erfolgreicher. Seine Argumente überzeugten die meisten Biologen, dass Evolution und gemeinsame Abstammung der Organismen wissenschaftlich überprüfbare Tatsachen sind. Mit dem Selektionsprinzip schließlich konnte er einen kausalen Mechanismus vorlegen, der ohne vitalistische oder andere naturwissenschaftlich nicht fassbare Kräfte auskam. Einige von Darwins Ideen haben sich nicht bestätigt, seine lamarckistische Vererbungstheorie beispielsweise, aber mit gradueller Evolution, gemeinsamer Abstammung und Selektion gab er den Rahmen vor, der die Evolutionstheorie seither prägt. Darwins außergewöhnlich fruchtbares Forschungsprogramm erwies sich als plastisch genug, um neue empirische Funde und weitere theoretische Konzepte integrieren zu können.

Das vielleicht größte Problem für Darwins Modell stellte bis weit ins 20. Jahrhundert das unzureichende Wissen über die Vererbung dar. Konstanz und Veränderlichkeit zwischen den Generationen hatte man schon seit der Antike wissenschaftlich untersucht, ohne dass es gelungen wäre, die bei der Vererbung auftretenden Phänomene in ihrer Kausalität zu verstehen. Dies änderte sich erst mit der Entstehung der modernen Genetik nach 1900 und zwei bis drei Jahrzehnte später gelang auch die Verbindung mit der Darwinschen Theorie – die moderne Mutations-Selektions-Theorie der Evolution entstand. Seither ist das von Darwin entworfene Modell in der wissenschaftlichen Biologie weitgehend unangefochten.

Obwohl die Entstehung der Mutations-Selektions-Theorie zu den wichtigsten Ereignissen der neueren Biologiegeschichte gehört, wurde sie bisher nur punktuell untersucht. Dies liegt ganz wesentlich an den politischen Bedingungen ihrer Entstehungszeit und Entstehungsorte – neben der Sowjetunion, England und den USA war dies Deutschland. Die Fülle wissenschaftshistorischer Veröffentlichungen über die NS-Zeit täuscht eine inhaltliche Vielfalt vor, die nur sehr bedingt existiert. Großer Beliebtheit erfreut sich die Aufdeckung von Verbrechen der NS-Zeit, echter und manchmal auch erfundener, die oft in schrillem, anklägerischem Ton vorgetragen wird. Eher dünn gesät sind dagegen Untersuchungen zur Wissenschafts-

Abbildung 1: Ernst Mayr und der Autor,
Konstanz 1998 (Original in Privatbesitz)

geschichte der Zeit – zumindest soweit es Deutschland betrifft und über die sich biologisch gebende eugenische oder rassenbiologische Politik hinausgeht.

Ich begann meine Forschungen zur Geschichte der Evolutionstheorie des 20. Jahrhunderts vor fast zehn Jahren als Feodor-Lynen-Stipendiat der Alexander-von-Humboldt-Stiftung am Department of the History of Science der Harvard University in Cambridge, Massachusetts (Mai 1993 – Juni 1994, Oktober 1994 – Januar 1995). Das Stipendium wurde durch eine Einladung von Ernst Mayr möglich. Hier lernte ich einige der wichtigsten Vertreter der modernen Evolutionstheorie persönlich kennen und ich begann mich für die Entstehung der Synthetischen Evolutionstheorie zu interessieren. Das konkrete Projekt, die Geschichte dieser Theorie in Deutschland zu untersuchen, ging auf Anregungen von Ernst Mayr zurück, der immer wieder beharrlich darauf hinwies, dass hier eine empfindliche Lücke in unserem Verständnis besteht. Aufgrund seiner persönlichen Erinnerungen und seiner Bekanntschaft mit wichtigen Biologen auf beiden Seiten des Atlantiks wusste er, dass das Zerrbild einer sich in politischen Ideologien erschöpfenden Pseudowissenschaft nicht die ganze Wahrheit war. Da es sich als ergiebiges und faszinierendes Thema erwies, beschloss ich, meine Untersuchungen zu einer Habilitationsschrift auszuarbeiten. Eine erste Version der vorliegenden Arbeit wurde im Februar 2001 von der Fakultät für Biologie der Universität Tübingen als schriftliche Habilitationsleistung anerkannt.

Vorläufige Ergebnisse meiner Untersuchungen habe ich auf verschiedenen Tagungen vortragen. Besonders hilfreich war der Workshop zum Thema »Gab es eine Moderne Synthese in der deutschen Evolutionsbiologie?«, der am 6. und 7. Dezember 1996 in Tübingen auf Einladung des *Lehrstuhls für Ethik in den Biowissenschaften* stattfand (vgl. Junker & Engels 1999). Als weitere Tagungen, auf denen ich meine Thesen vorstellen konnte, sind u.a. zu nennen: Der Workshop des

*Instituts für Wissenschaftsgeschichte* an der *Universität Göttingen* (5.–6. Dezember 1997), der Internationale Workshop »Darwinismus und/als Ideologie« an der *Universität Regensburg* (18.–20. März 1999), das 1999 Meeting der *International Society for the History, Philosophy and Social Studies of Biology* (7.–11. Juli 1999 in Oacaxa, Mexiko), die Tagungen am *Institut für Geschichte der Wissenschaft und Technik* der *St. Petersburger Filiale der Russischen Akademie der Wissenschaften*, die seit 1998 jährlich stattfinden und die seit 1999 von der Deutschen Forschungsgemeinschaft gefördert wurden, sowie die Jahrestagungen der *Deutschen Gesellschaft für Geschichte und Theorie der Biologie*. Aus diesen Tagungen gingen einige Publikationen hervor, in denen ich mich mit speziellen Fragestellungen aus der Geschichte der modernen Evolutionstheorie beschäftigte. Einige ihrer Ergebnisse konnte ich in die vorliegende Arbeit aufnehmen, andere nicht, um den Umfang des Buches in vertretbaren Grenzen zu halten. Dies gilt vor allem für spezielle Untersuchungen zur politischen Überzeugung der Evolutionstheoretiker (vgl. Junker & Hoßfeld 2000; Junker 1998b, 2000a).

Diese Arbeit wurde auch durch die Hilfsbereitschaft zahlreicher Kolleginnen und Kollegen ermöglicht. Mein besonderer Dank geht an Ernst Mayr (Cambridge, Mass.), der das Projekt mit großem Interesse begleitet hat und mir mit Anregungen sowie bei Fragen jederzeit mit Rat und Tat zur Seite stand. Er hat, ebenso wie Wolf-Ernst Reif (Tübingen) und Jürgen Haffer (Essen) frühere Versionen gelesen und mit wertvollen Ratschlägen versehen. Wichtige Informationen, kritische Hinweise und Hilfe verdanke ich auch Armin Geus (Marburg), Nicolaas A. Rupke (Göttingen), Konrad Senglaub (Berlin), Sabine Paul (Frankfurt) und Uwe Hoßfeld (Jena). Jon Harwood (Manchester) hat mir Kopien des unpublizierten Briefwechsels von Klaus Pätau zur Verfügung gestellt. Auch den Mitarbeiterinnen und Mitarbeitern der im Anhang aufgeführten Archive möchte ich für ihre Unterstützung danken. Eve-Marie Engels (Tübingen) ermöglichte mir gute Arbeitsbedingungen am *Lehrstuhl für Ethik in den Biowissenschaften*. Zahlreiche weitere Kolleginnen und Kollegen im In- und Ausland haben mit ihren Diskussionen, Briefen, E-Mails usw. wichtige Hinweise gegeben. Auch die Studentinnen und Studenten in meinen Seminaren an der Universität Tübingen haben durch kritische Fragen und lebhafte Diskussionen zur Verbesserung des Buches beitragen. Und schließlich habe ich Unterstützung, Ermutigung und Anregungen durch meine Freunde erhalten. Ihnen allen sei an dieser Stelle herzlich gedankt.

Frankfurt am Main, im Juli 2003                                                    Thomas Junker

# Einleitung

Schon wenige Jahre nachdem Charles Darwin in seinem berühmten Buch *On the Origin of Species by Means of Natural Selection, or the Preservation of Favoured Races in the Struggle for Life* (1859) vielfältiges empirisches Beweismaterial und einen überzeugenden Mechanismus für die allmähliche Veränderung der biologischen Arten vorgelegt hatte, akzeptierten die meisten Naturforscher diese Vorstellung als ernstzunehmende Theorie, deren Plausibilität weit über die einer spekulativen Hypothese hinausgeht. Ende der 1860er Jahre hatte sich auch die Theorie der gemeinsamen Abstammung weitgehend durchgesetzt, d.h. die genealogische Einheit der großen Gruppen des Tier- und Pflanzenreiches wurde von den meisten Autoren anerkannt. Dieser radikale Wandel im Denken der Biologen des 19. Jahrhunderts ist als erste Darwinsche Revolution bezeichnet worden (Mayr 1991: 25).[1] Zwar muss die Rekonstruktion der Geschichte der Organismen in vielen konkreten Fällen wegen lückenhafter und manchmal auch widersprüchlicher Daten aus Paläontologie, vergleichender Anatomie, Biogeographie, Systematik und Genetik vorläufig und spekulativ bleiben. Als allgemeine Erklärungen für die Existenz und die Geschichte der Organismen sind Evolution und gemeinsame Abstammung aber unter seriösen Wissenschaftlern unumstritten. Dieser Stand war im Prinzip schon im 19. Jahrhundert erreicht und der religiöse Schöpfungsglauben stellte, wie Darwin betonte, die einzige Alternative dar:

> »The great principle of evolution stands up clear and firm, when these groups of facts are considered in connection with others, such as the mutual affinities of the members of the same group, their geographical distribution in past and present times, and their geological succession. It is incredible that all these facts should speak falsely. He who is not content to look, like a savage, at the phenomena of nature as disconnected, cannot any longer believe that man is the work of a separate act of creation.« (Darwin 1871, 2: 386)

Ähnlich wie es mehr oder weniger gesicherte Theorien und Hypothesen über einzelne Episoden der Stammesgeschichte gibt, werden bis heute unterschiedliche Ansichten über ihre Kausalität, über Vollständigkeit und Verhältnis einzelner Evolutionsfaktoren (Selektion, Mutation, Rekombination, Isolation, Drift, Populationswellen u.a.) diskutiert. Dass die natürliche Auslese, Mutationen und weitere Faktoren existieren und in der Lage sind, eine biologische Art zu verändern, d.h. zur Evolution zu führen, ist durch zahlreiche empirische Untersuchungen nachgewiesen. Als *Origin of Species* erschien, war die Beweislage, was die Kausalität der Evolution angeht, noch nicht so eindeutig. Es fehlte vor allem eine Theorie, die überzeugend erklärt hätte, wodurch bei der Vererbung Ähnlichkeit und Variabilität entsteht. Zwar gab es eine ganze Reihe von Vererbungstheorien, diese waren aber nur zum Teil mit der Selektionstheorie vereinbar und mangels empirischer Grundlagen sehr spekulativ. Strittig war vor allem, ob die erbliche Variabilität überwiegend zufällig und richtungslos erfolgt oder ob schon eine bestimmte Richtung vorgegeben ist, beispielsweise zu größerer Anpassung oder Komplexität. Falls letzteres zutreffen würde, könnte die Selektion nur innerhalb eines begrenzten Rahmens ihre Wirkung entfalten und der richtunggebende Faktor hätte eine entsprechend größere Bedeutung. Die Selektionstheorie galt deshalb neben den orthogenetischen und lamarckistischen Theorien nur als eine mehr oder weniger plausible Vorstellung über den Mechanismus der Evolution.

Mitte der 1920er bis Ende der 1940er Jahre gelang es dann einer Gruppe von Biologen aus verschiedenen Ländern und Fachgebieten, Genetik und Selektionstheorie zu verbinden, Alternativtheorien zu widerlegen und so die moderne Evolutionstheorie zu schaffen. Es kam zur zweiten Darwinschen Revolution. Diese als ›Synthetische Evolutionstheorie‹, ›synthetischer Darwinismus‹ oder mit anderen Namen belegte modernisierte Form der Darwinschen Konzepte hat seither alle neuen empirischen Funde, theoretischen Erweiterungen und Widerlegungsversuche zu integrieren bzw. zu entkräften vermocht. Sie macht bis heute den inneren Kern der Evolutionsbiologie aus, da nur sie die Anpassungen der Organismen an die belebte und unbelebte Umwelt zufriedenstellend erklären kann. Obwohl sich dieses Modell aufgrund neuer Erkenntnisse der Molekularbiologie, der Paläontologie und anderer Wissenschaften allmählich verändert hat, erwies sich sein theoretischer Kern als ausgesprochen robust. Er bildete die Grundlage, auf der auch andere Phänomene und kausale Faktoren integriert werden konnten. Es zeigte sich beispielsweise, dass der Zufall beim Überleben einzelner Individuen und ganzer Organismengruppen eine bedeutende Rolle spielt. Die genetische Drift in kleinen Populationen ist hier ebenso zu nennen wie Massenaussterben von bis zu 75% der Tier- und Pflanzenarten durch Vulkanismus oder Meteoriteneinschläge. Auch auf der anderen Seite, bei der Frage der Entstehung evolutionärer Innovationen, kam es zu weitreichenden Entdeckungen bzw. Wiederentdeckungen; hier sei nur die Endosymbiose-Theorie erwähnt. Der moderne Darwinismus gehört – zumindest innerhalb der Wissenschaft – zu den historischen Siegern und entsprechend ist ihre Entstehungsgeschichte (1920 bis 1950) eines der genauer untersuchten Themen der neueren Biologiegeschichte.

*Einleitung*

Wie die Geschichtsschreibung im Allgemeinen steht die Wissenschaftsgeschichte vor der Schwierigkeit, dass das Verständnis einer historischen Situation vom gegenwärtigen Stand des Wissens und aktuellen politischen Konstellationen angeregt, aber auch verfremdet wird. Eine Interpretation der Vergangenheit, die im Sinne heutiger Interessen verfälscht ist, wird im angelsächsischen Sprachraum als *Whig history* bezeichnet. Henry Butterfield prägte diesen Begriff für die Tendenz vieler Historiker, Partei zu ergreifen und eine Erzählung des Fortschritts vorzulegen, die auf eine Rechtfertigung und Verherrlichung der Gegenwart hinausläuft: »the tendency in many historians […] to produce a story which is the ratification if not the glorification of the present«. Da es aber andererseits unmöglich ist, die Gegenwart völlig auszublenden, gesteht Butterfield zu, dass eine Bezugnahme auf die Gegenwart nicht grundsätzlich abzulehnen und in vielerlei Hinsicht auch unausweichlich sei (Butterfield 1931: v, 11). Die Gegenwart zu ignorieren und die Illusion zu vermitteln, als könne man das heutige Wissen vergessen und die Jahrhunderte überspringen – dies wäre wirklich ›ahistorisch‹, d.h. die Geschichte leugnend. Die Folge wäre nicht ein besseres Verständnis der Geschichte, sondern die unreflektierte Projektion vorbewussten Alltagswissens. Um die unerwünschte Einmengung heutiger Wertungen in die historische Interpretation möglichst zu vermeiden, ist es erfolgversprechender, diese bewusst zu machen und entsprechend gegenzusteuern.

Mit welchem gegenwärtigen Stand des Wissens muss man bei der von mir untersuchten Thematik rechnen, welche aktuellen (wissenschafts-)politischen Konstellationen und Interessen sollte man sich bewusst machen? Ein wichtiger Punkt wurde bereits angesprochen: der Sieg der Darwinschen (selektionistischen) Variante der Evolutionstheorie innerhalb der Wissenschaft und seine Transformation in Schul- und Lehrbuchwissen. Es ist also zu erwarten, dass diese Theorie von den Wissenschaftshistorikern umfassender und mit größerem Wohlwollen untersucht wurde, als die Vorstellungen ihrer Gegner. Dies trifft in der Tat zu, als Beleg sei die Existenz der sogenannten ›Darwin-Industrie‹ erwähnt. Mit diesem Label wurde eine seit dem Darwin-Jubiläum von 1959 vor allem in den angelsächsischen Staaten entstandene Forschungsrichtung belegt, die sich in einer Vielzahl von Publikationen mit Darwins Leben, der Entwicklung seiner Theorien und der Rezeption seiner Ideen befasste (vgl. La Vergata 1985; Junker 1998a). Auch die vorliegende Arbeit ist teilweise dieser Richtung zuzuordnen. Inwieweit es mir gelungen ist, die inhaltliche Analyse von einseitiger Vorteilnahme für einen historischen Sieger, in diesem Falle die Darwinsche Evolutionstheorie freizuhalten, mögen die Leser entscheiden.

Aber auch verschiedene wissenschaftsexterne Überzeugungen und Bewertungen können durch ihre kritiklose Übernahme zu groben Verfälschungen des historischen Verständnisses der von mir behandelten Themen führen. So war die selektionistische Evolutionstheorie nach 1945 nur in den westlichen Siegerstaaten des Zweiten Weltkrieges, USA und Großbritannien, wirklich erfolgreich. Entsprechend wurde ihre Geschichte fast ausschließlich auf Grundlage der Entwicklungen in den USA analysiert und ganz überwiegend aus der Sicht ihrer amerikanischen (und z.T. britischen) Vertreter (der ›Architekten‹) beschrieben. Bis vor wenigen Jahren gab es nur eine nennenswerte Ausnahme: *The Evolutionary Synthesis – Perspectives on the Unification of Biology*, herausgegeben von Ernst Mayr und William Provine (1980). Das Buch bringt eine Fülle von Fakten und Interpretationen und es werden vor allem zwei Aspekte aufgegriffen, die in anderen Publikationen vernachlässigt werden: Die Rolle verschiedener biologischer Disziplinen und die internationale Dimension (in den Beiträgen von Ernst Mayr und Bernhard Rensch, sowie in den biographischen Reminiszenzen von Viktor Hamburger und Curt Stern wird auch die Entwicklung in Deutschland angesprochen).

Wolf-Ernst Reif hat darauf aufmerksam gemacht (pers. Mitteilung), dass sich eigenartigerweise trotz des breiten internationalen Ansatzes von *The Evolutionary Synthesis* in der Folge die Zahl der Architekten und der Kanon der Gründungsschriften nicht erweitert hat: Nach wie vor werden im Wesentlichen genannt: Theodosius Dobzhansky, *Genetics and the Origin of Species* (1937); Julian Huxley, *Evolution – The Modern Synthesis* (1942); Ernst Mayr, *Systematics and the Origin of Species* (1942); George Gaylord Simpson, *Tempo and Mode in Evolution* (1944); Bernhard Rensch, *Neuere Probleme der Abstammungslehre* (1947a); G. Ledyard Stebbins, *Variation and Evolution in Plants* (1950). D.h., in der überwiegenden Zahl der wissenschaftshistorischen Publikationen zur Geschichte der Evolutionstheorie des 20. Jahrhunderts wird die internationale Dimension weiterhin ausgeblendet oder bestenfalls als Vorbereitung und Hinführung zu den Arbeiten der amerikanischen bzw. britischen Architekten gesehen. Michael Ruse hat diese Haltung in *Monad to Man* (1996), einer Geschichte des Fortschrittsgedankens in der Evolutionsbiologie, auf den Punkt gebracht: Since »Anglo-American evolutionism is the biggest, the best, the most mature« and the »work in these two countries since Darwin is the most direct route to the present« any discussion of other countries is excluded, »except inasmuch as it impinges on British and American evolutionism« (Ruse 1996: 178).[2]

Neben wissenschaftlichen, sprachlichen und nationalen Faktoren, die eine zutreffende Wahrnehmung der Geschichte erschweren, spielen weltanschauliche Fragen eine oft geleugnete, aber zweifellos wichtige Rolle. So ist das zeitlich und geographisch unterschiedliche Schicksal der Evolutionstheorie und ihrer Varianten nur zum Teil durch den Stand der wissenschaftlichen Erkenntnis zu erklären (vgl. Glick 1988; Junker & Richmond 1996; Engels 1995a; Junker & Hoßfeld 2001).

Wichtiger war oft die politische Situation. Das politische Interesse an der Evolutionstheorie ist dadurch begründet, dass sie emotional wichtige Fragen anspricht und beantwortet. Vor allem in ihrer Darwinschen Variante hat sie tiefgreifende weltanschauliche Konsequenzen und ruft wirkmächtige Erkenntnisse, Phantasien und Utopien ebenso wie Ängste und Ablehnung hervor. Im letzten Drittel des 19. Jahrhunderts waren der Darwinismus und allgemein die Evolutionstheorie zu mächtigen Rivalen der traditionellen Interpretationen der Welt geworden. Das neue dynamische und naturalistische Weltbild gewann Einfluss auf das Denken und Fühlen breiter Schichten des gebildeten Bürgertums und der Arbeiterschaft (Bayertz 1985; Junker 1995b; Daum 1998). Und der Darwinismus wurde zum begehrten Objekt von Ideologien und Weltanschauungen, die eine echte oder angebliche Nähe zu ihren Ideen behaupteten. Auf der anderen Seite begann man die Erkenntnisse von Darwin und seinen Nachfolgern zu fürchten und war bestrebt, sie zu diskreditieren, indem man ihre moralische Verwerflichkeit oder mangelnde politische Korrektheit betonte. Zumindest aber wollte man sie domestizieren, indem man sie auf die Hypothese eines wissenschaftlichen Spezialgebietes, der Biologie, reduzierte.

Verglichen mit anderen wissenschaftlichen Theorien, beispielsweise aus der Physik oder Chemie, war die praktische Relevanz der Evolutionstheorie für Technik und Ökonomie in der Vergangenheit dagegen eher gering. Erst in den letzten Jahren deutet sich hier ein Wandel an und die nun nach Jahrzehnten der Stagnation auch in Deutschland zögerlich einsetzende Akzeptanz der Gentechnik wird vielleicht auch ein vermehrtes Interesse an ihren konzeptuellen Grundlagen, zu denen ganz wesentlich die Evolutionstheorie gehört, mit sich bringen. Es ist wohl kein Zufall, dass Mitte des Jahres 2001 in Deutschland innerhalb weniger Monate zwei Lehrbücher zur Evolutionsbiologie und eine Geschichte der Evolutionstheorie erschienen (Kutschera 2001; Storch, Welsch & Wink 2001; Junker & Hoßfeld 2001).

Selbst wenn sich hier zögerlich eine Trendwende anbahnen sollte, bleibt die allgemeine Situation der Evolutionstheorie, was die weltanschaulichen Konstellationen angeht, kritisch. Am offensichtlichsten wird dies bei politischen Erfolgen der Anhänger des religiös-fundamentalistischen Schöpfungsglaubens (Kreationismus). Man hält die Evolutionstheorie für weitgehend überflüssig und behauptet: »Fehlschläge bei den Erklärungsmodellen der kausalen Evolutionsforschung können [...] das Postulat einer Schöpfung im Sinne eines plötzlichen Auftretens der Lebewesen nahe legen. Obwohl empirische Daten Schöpfungsanschauungen motivieren können, werden diese zweifellos durch andere Quellen (Offenbarung) begründet.« »Die Lebewesen sind in getrennten taxonomischen Einheiten erschaffen worden. Die Stammformen dieser Grundtypen waren genetisch polyvalent«

(R. Junker & Scherer 1998: 19, 274). In den USA bekämpfen religiös fundamentalistische Bewegungen die Evolutionstheorie mit dem erklärten Ziel, sie im Schulunterricht der biblischen Genesis gleichstellen oder verbieten zu lassen. In Deutschland sind entsprechende Tendenzen zwar nicht so lautstark, aber kaum weniger einflussreich (Futuyma 1982; Jeßberger 1990; Kutschera 2002). So wagte beispielsweise das deutsche Magazin *Geo* auf dem Höhepunkt der kreationistischen Kampagnen der 1980er Jahre in dem reißerischen Artikel »Darwinismus: Der Irrtum des Jahrhunderts« folgende Prophezeiung: »So gut wie alle Bereiche der Evolutionsforschung sind kontrovers. Für die Ursachen der Evolution gibt es weniger denn je eine widerspruchsfreie, gültige Theorie. Das Naturgesetz, nach dem die Evolution verläuft, ist unbekannt. [...] Mehr noch: Die Evolution wird uns ihr Geheimnis wohl niemals preisgeben« (George 1984: 112). Die Ansprüche der Kreationisten wurden auch dadurch gestützt, dass einige professionelle Evolutionsbiologen wie Gould (1980b), White (1981) und Eldredge (1985) sowie in Deutschland Gutmann und seine Schüler (Gutmann & Bonik 1981; Gutmann 1994) das unzutreffende Bild vermittelten, dass sich die Kontroversen in der modernen Evolutionsbiologie um Grundprinzipien drehen und nicht, wie es tatsächlich der Fall ist, um Detailfragen.

Neben der kreationistischen Fundamentalkritik gibt es noch eine ›weiche‹ Kritik an der modernen Evolutionstheorie, die sich primär gegen den selektionistischen Evolutionsmechanismus richtet und mit der Abwehr ungeliebter Erkenntnisse begnügt, ohne eigene konstruktive Vorschläge vorzubringen. Typisch sind hierfür die Diskussionen um die Soziobiologie. Neben einigen Biologen melden sich hier vornehmlich Autoren aus den Geistes- und Gesellschaftswissenschaften zu Wort. Die weltanschauliche und politische Ablehnung der modernen Evolutionstheorie nimmt heute in Deutschland aber meist weder eine offen religiöse noch philosophisch-argumentative Form an, sondern sie präsentiert sich als historische Erfahrung. Da die inhaltliche Kritik nur wenig effektiv war, wurde sie durch die geistig anspruchslosere, aber bedeutend wirksamere moralische Kritik ersetzt, in dem eine notwendige Verbindungen zwischen Biologie, Genetik, Evolutionstheorie und NS-Verbrechen behauptet wird.

Wie erfolgreich diese Vorgehensweise war, erkennt man daran, dass die Biologie im öffentlichen Bewusstsein zwei Gesichter hat: Zum einen bewundert man die Erfolgsgeschichte wissenschaftlicher Entdeckungen. Auf der anderen Seite werden einige der größten Verbrechen der Menschheit, vom Rassismus bis zum Holocaust, mit ihr in Verbindung gebracht. »The ghost of Hitler«, bemerkte James Watson kürzlich, »still haunts [...] geneticists all over the world« (Watson 2000: 217). Dies gilt natürlich im Speziellen für Deutschland und nicht nur für die Genetik, sondern mindestens ebenso sehr für die Evolutionstheorie. Der Darwinismus mag vielleicht richtig sein, aber er ist gefährlich; Auschwitz wird zum »Mahnmal angewandter Biologie« erklärt (Herbig & Hohlfeld 1990: 71) und die Objektivität soll »den Wissenschaftlern die Tür zu jeder Barbarei« geöffnet haben (Müller-Hill 1984: 88). Besonders deutlich wird in den Debatten um die Gentechnik, dass vielen der Gegner ›Hitlers Gespenst‹ nur allzu recht kommt, um die Gentechnik und ihre wissenschaftlichen Grundlagen – Genetik und Evolutionstheorie – zu diskreditieren (Junker & Paul 1999).

Kein Zweifel: die Entstehungszeit der modernen Evolutionstheorie, die Jahrzehnte zwischen 1920 und 1950, sind auch wegen der politischen Situation von besonderer Brisanz. Aber gerade deshalb sei an dieser Stelle Butterfields Warnung vor einer Projektion gegenwärtiger Ideen in die Geschichte ins Bewusstsein gerufen. Eine Moralisierung der Geschichtsschreibung unter Aufgabe professioneller Werte, wie beispielsweise von der amerikanischen Wissenschaftshistorikerin Anne Harrington gefordert, mag politisch opportun erscheinen, mit Wissenschaft hat sie nichts zu tun:

> »As historians, it seems we do not yet know how to write about Nazi medicine and racial hygiene policies without ultimately abandoning the cultivated relativism of our discipline and taking a moral stance. And perhaps we should thank God for that – because only when we can combine scholarship with uncompromising moral principles do we stand a chance of truly ›coming to terms‹ with this blot on our century that has refused to settle down into the history books and leave us in peace.« (Harrington 1989: 505)

Harrington charakterisiert hier die Haltung vieler wissenschaftshistorischer Publikationen völlig zutreffend; in der Sache ist ihr aber entschieden zu widersprechen: Wissenschaftsgeschichte befasst sich mit dem Sein nicht dem Sollen. Es ist schon seltsam – mehr als ein halbes Jahrhundert nach dem schändlichen Untergang eines Regimes soll seine Ideologie noch so beeindruckend sein, dass man ihr nur mit Moral, nicht aber mit Vernunft beikommen kann. Auch der fromme Wunsch, dass uns die NS-Ideologie durch Mystifizierung und indirekte Aufwertung ›in Frieden lassen wird‹, kann getrost als unrealistisch gelten.

Eine Geschichte der Evolutionstheorie in Deutschland wird also zumindest mit drei verfälschenden Tendenzen aus Wissenschaft, Politik und Weltanschauung rechnen müssen: 1) Wissenschaftliche Ideen, die nicht der heutigen **biologischen Lehrmeinung** entsprechen, werden schlechter wegkommen. 2) Biologen, die in untergegangenen **politischen Systemen** (Drittes Reich, Sowjetunion, DDR) forschten, werden sich schwieriger Gehör verschaffen können. 3) Wenn ein Autor weltanschauliche Folgerungen aus der Evolutionstheorie ableitete, die nicht dem religiösen Weltbild oder heutiger **political correctness** entsprechen, wird er kaum auf Fairness vertrauen können. Ein Vertreter der Synthetischen Evolutionstheorie, der sich positiv über religiöse Welterklärungen äußerte und in den USA lebte wird beispielsweise einen deutlichen Bonus gegenüber einem areligiösen Lamarckisten haben, der im Dritten Reich forschte.[3]

Diese Vorüberlegungen sagen natürlich noch nichts über die tatsächliche Geschichte der Evolutionstheorie aus, sie zeigen nur, wo mögliche Verzerrungen zu erwarten sind. So könnte der oben angesprochene Mangel an historischen Untersuchungen zum internationalen Charakter der modernen Evolutionstheorie auch am mangelnden Gegenstand liegen. So hat Betty Smocovitis behauptet, dass ihre Entstehung (die sog. Evolutionäre Synthese, zum Begriff s.u.) ein primär amerikanisches Phänomen sei: »The sense of easy progress and optimism that characterized postwar American culture was not mirrored by the war-torn continent. This accounts for the view that the evolutionary synthesis was primarily an American (to some extent, an Anglo-American) phenomenon« (Smocovitis 1992: 40 Fn.). Obwohl diese Aussage offensichtlich zum großen Teil auf mangelndes Wissen bzw. die Sprachbarriere zurückzuführen ist, zeigt sie doch, dass weitgehende Lücken im historischen Verständnis existieren. Selbst wenn sich herausstellen sollte, dass die Aussage von Smocovitis zutreffend ist, was erst **nach** einer entsprechenden Untersuchung der Situation in Deutschland (und in anderen Ländern, vor allem der Sowjetunion) möglich ist, so sind auf diese Weise möglicherweise diejenigen Faktoren zu bestimmen, die die Entstehung der modernen Evolutionstheorie gefördert oder behindert haben.

Geographische und sprachliche Beziehungen sollten nahe legen, dass sich deutschsprachige Biologiehistoriker der Geschichte der Evolutionstheorie in Deutschland zugewandt haben – eine Erwartung, die sich aber nicht bestätigt.[4] Ein wichtiger Grund für das mangelnde Interesse an diesem Thema ist wohl die gegenwärtige Marginalisierung der entsprechenden biologischen Forschung. Seit den 1950er Jahren wurde die Evolutionsbiologie in Deutschland zunehmend an den Rand gedrängt und konnte in den letzten Jahrzehnten fast ausschließlich als geistiger Reimport einen gewissen Stellenwert behaupten. Andererseits war hier im 19. Jahrhundert das Land, in dem Darwins Theorien den größten Anklang fanden und wo die intensivsten wissenschaftlichen Diskussionen und zentrale Weiterentwicklungen stattfanden. Und obwohl seit den 1980er Jahren eine verstärkte Tendenz zu verzeichnen ist, die Geschichte der Naturwissenschaften zur Zeit des Nationalsozialismus historisch zu bearbeiten, wurde die **wissenschaftliche Ent-**

**wicklung** der Evolutionstheorie im Dritten Reich bis in die jüngste Zeit in den entsprechenden Untersuchungen weitgehend übergangen.[5]

Erst in den letzten Jahren ist eine Trendwende zu verzeichnen. Als Autoren, die zur Geschichte der Evolutionstheorie im Deutschland des 20. Jahrhunderts publiziert haben, sind zu nennen: Ernst Mayr, Bernhard Rensch, Wolf-Ernst Reif, Jon Harwood, Jürgen Haffer, Uwe Hoßfeld und Thomas Junker.[6] Des Weiteren sei auf die Beiträge in Junker & Engels (1999) sowie auf den kürzlich erschienenen Übersichtsartikel von Reif, Junker & Hoßfeld (2000) hingewiesen. Ich werde mich auf diese Publikationen beziehen, aber auch wesentliche Erweiterungen und Neubestimmungen vorschlagen. Das vorliegende Buch ist also einer in den vergangenen Jahrzehnten meist verdrängten und von daher, aber auch aus wissenschaftlichen Gründen besonders interessanten und aufschlussreichen Episode in der Geschichte der zweiten Darwinschen Revolution gewidmet, der Entwicklung des synthetischen Darwinismus in **Deutschland**.

Der Mangel an Darstellungen zur Wissenschaftsgeschichte der Evolutionstheorie in Deutschland wird vor allem augenfällig, wenn man ihn mit dem großen Interesse an Fragen der Eugenik und Rassentheorien vergleicht.[7] Die überwiegende oder ausschließliche Konzentration auf diesen Aspekt ließ den Eindruck entstehen, dass die Biologie in der Zeit des Dritten Reiches wesentlich NS-Biologie war. Selbst wenn dies der Fall ist, wäre eine entsprechende Aussage erst nach einer historischen Analyse zu treffen. Ein wichtiger und nachvollziehbarer Grund für die Betonung der politischen Aspekte ist darin zu sehen, dass der Hinweis auf die Wissenschaftlichkeit von Forschung im Dritten Reich in den Nachkriegsjahrzehnten zur Immunisierung gegen berechtigte Kritik benutzt worden ist. Die Wiederberufung von schwer belasteten Biologen auf Lehrstühle nach 1945 wurde so begründet. Es wäre zu wünschen, dass der zeitliche Abstand es nun möglich macht, sowohl die Weißwäscherei des Kalten Krieges als auch die Dämonisierungen der letzten Jahrzehnte zu vermeiden.

Das vorliegende Buch soll also eine **Wissenschaftsgeschichte** der Evolutionstheorie zwischen 1920 und 1950 sein. Ob dies ein lohnendes und ergiebiges Thema ist, wird sich im Weiteren zeigen.[8] An dieser Stelle seien nur einige allgemeine wissenschaftstheoretische Überlegungen angeführt, die einen entsprechenden Versuch aussichtsreich erscheinen lassen. Zwar hat die vordergründige Biologisierung der Rhetorik des Dritten Reiches und der damit verbundene äußerliche Bedeutungszuwachs für die Biologie auch massive Nachteile für die wissenschaftliche Forschung mit sich gebracht. Die Übernahme einzelner Theorieelemente aus den Biowissenschaften, vom ›Kampf ums Dasein‹ bis hin zur ›Rasse‹, in die Staatsideologie des Dritten Reiches führte beispielsweise zu einer Mystifizierung und damit zur Entwissenschaftlichung. Auch war es nach der Machtergreifung zu vielfältigen Beeinträchtigungen der Wissenschaften im Allgemeinen gekommen. In diesem Zusammenhang ist die wissenschaftliche Abgrenzung Deutschlands zu nennen, die unmittelbar nach der Machtübernahme Hitlers als Folge innerer Zensur begann. Mit dem Zweiten Weltkrieg und vor allem nach Kriegseintritt der USA kam es dann zu einer weitgehend undurchlässigen, äußeren Isolation. Dobzhanskys *Genetics and the Origin of Species* (1939) sowie Huxleys *New Systematics* (1940) waren aber in Deutschland noch bekannt geworden, bevor die Verbindung während des Krieges abriss. Vor allem haben auch Bücherverbote, politisch und angeblich rassisch motivierte Berufsverbote, die erzwungene Emigration und die ständige Bedrohung der Wissenschaftler, bei nichtgenehmen Ergebnissen mit schwerwiegenden persönlichen Nachteilen rechnen zu müssen, die wissenschaftliche Forschung behindert.

Andererseits gibt es verschiedene Indizien, die darauf hindeuten, dass die biologische Forschung im Dritten Reich in wichtigen Bereichen nicht oder nur oberflächlich gleichgeschaltet war. So entstand beispielsweise keine ernstzunehmende ›Deutsche Biologie‹. Zwar hatte der Tübinger Botaniker Ernst Lehmann (1880–1957) versucht, eine ›Deutsche Biologie‹ analog zur ›Deutschen Physik‹ zu propagieren (vgl. Lehmann 1936). Er konnte sich aber nicht durchsetzen und seine eher unkonkreten Vorstellungen nahmen nur eine Außenseiterposition ein. Allgemein gab es eine ganze Reihe von Faktoren, die einer weitgehenden Gleichschaltung der biologischen Forschung durch das NS-Regime entgegenwirkten: So ist die Wissenschaft im Idealfall, vielfach aber auch in der Realität, international ausgerichtet. Noch kurz vor Ausbruch des Zweiten Weltkriegs (23.–30. August 1939) besuchten beispielsweise praktisch alle wichtigen deutschen Genetiker und viele der Evolutionstheoretiker den Internationalen Genetiker-Kongress in Edinburgh.[9]

Zudem war der Zeitraum der NS-Herrschaft mit zwölf Jahren relativ kurz und Wissenschaftler ändern in der Regel ab einem gewissen Alter ihre Ansichten nicht mehr grundlegend. Es ist also zu erwarten, dass die Ausbildung im Kaiserreich bzw. in der Weimarer Republik für ein beträchtliches Trägheitsmoment sorgte. Sie haben vielleicht ihre Rhetorik angepasst, aber dies wird in vielen Fällen oberflächlicher Natur gewesen sein. In der Wissenschaftsgeschichte sind entsprechende Effekte als Plancks Prinzip bekannt: »Eine neue wissenschaftliche Wahrheit pflegt sich nicht in der Weise durchzusetzen, daß ihre Gegner überzeugt werden und sich als belehrt erklären, sondern vielmehr dadurch, daß die Gegner allmählich aussterben und daß die heranwachsende Generation von vornherein mit der Wahrheit vertraut gemacht ist« (Planck 1948: 22; vgl. Hull, Tessner & Diamond 1978). Einige Biologen werden deshalb Entwicklungen früherer Epochen fortgeführt haben, obwohl diese nun politisch nicht mehr opportun waren.

Selbst wenn einige Autoren bereits vor 1933 mit Ideen sympathisierten, die dann in die NS-Ideologie einflossen, was anzunehmen ist, also auf geistigem Gebiet als ›alte Kämpfer‹ anzusprechen wären, so betrifft diese keineswegs alle Biologen und vor allem nicht alle Bereiche. Wie Ludwik Fleck bemerkt hat, enthält das »individuelle menschliche Seelenleben […] inkongruente Elemente, Glaubens- und Aberglaubenssätze, die verschiedenen individuellen Komplexen entstammend, die Reinheit jeder Lehre, jedes Systems trüben«. Dies ist darin begründet, dass ein Individuum mehreren Denkkollektiven angehört: »Als Forscher gehört es zu einer Gemeinschaft, mit der es arbeitet und oft unbewußt Ideen und Entwicklungen heraufbeschwört, die, bald selbständig geworden, sich nicht selten gegen ihren Urheber wenden. Als Parteimitglied, als Angehöriger eines Standes, eines Landes, einer Rasse usw. gehört es wiederum anderen Kollektiven an. Gerät es zufällig in irgendeine Gesellschaft, wird es bald ihr Mitglied und gehorcht ihrem Zwange« (Fleck [1935] 1980: 60–61). Welches Normsystem – staatlich oder wissenschaftlich – sich im Konfliktfall durchgesetzt hat, ist nicht von Vornherein sicher.

Und schließlich muss die sprachliche Nähe zwischen biologischen Theorien und politischen Schlagworten noch keine inhaltliche Übereinstimmung bedeuten. Beim Übergang zwischen beiden Bereichen kommt es zu charakteristischen Veränderungen. Der Gedanke »kann zu einem mystisch unfaßbaren Motiv werden, um das herum sich ein hintergründiger Kult gruppiert (Apotheose des Gedankens). In einem anderen Fall wird er lächerlich und Gegenstand des Spottes (Karikatur des Gedankens). Überwiegend befruchtet und bereichert er den fremden Stil, wobei er sich umstilisiert und assimiliert«. Wichtig ist, dass sich in diesem Prozess der »Inhalt […] bisweilen bis zur Unkenntlichkeit [verändert], selbst wenn das Wort das gleiche blieb. Als Beispiel führe ich das Wort und den Begriff ›Rasse‹ an, übertragen aus dem naturwissenschaftlichen bzw. anthropologischen in den politischen Stil« (Fleck [1936] 1983: 95). Ähnliches gilt auch für andere biologische bzw. pseudo-biologische Begriffe wie »Deutsches Blut« oder »Blut und Boden«. Der Begriff ›Blut‹ beispielsweise hat in diesem Zusammenhang nur eine äußerst lose Verbindung zum naturwissenschaftlichen Verständnis: Viel näher sind hier religiöse Vorstellungen – man denke nur an die kultische Verehrung des Blutes im Christentum –, vorwissenschaftliche Konzepte von Verwandtschaft und Elite – Blutrache, Blutsverwandtschaft oder das ›blaue‹ Blut der Adligen – sowie vielfältige mythologische und literarische Bezüge (vgl. *Blut: Kunst – Macht – Politik – Pathologie* 2001). Neben, in Verbindung oder in Konfrontation mit diesen kulturellen Bezügen existierten wissenschaftliche Interpretationen der jeweiligen Phänomene. Nachdem der Gegenstand ›Blut‹ naturwissenschaftlich definiert war, ließ er sich nur mehr oberflächlich mit den jeweiligen religiösen, psychologischen oder ideologischen Bedeutungen verbinden, die Ideen gehörten – um mit Kuhn sprechen – zu verschiedenen Paradigmen, ihre Vertreter lebten in einer anderen Welt (Kuhn 1970: 111).

Diese Überlegungen zeigen, dass es nicht unplausibel ist anzunehmen, dass neben der Staatsideologie und Mythologie des Dritten Reiches, die sich in zentralen Punkten mit Versatzstücken biologischer Theorien schmückten, eine wissenschaftliche Forschung in der Biologie existieren konnte. Wissenschaftshistorisch spannend ist nun, welche konkreten Formen die Interaktionen zwischen der politischen und der wissenschaftlichen Ebene annahmen. In der Wissenschaftstheorie und -geschichte werden entsprechende Phänomene seit längerem diskutiert und die Extrempositionen werden dabei oft als Internalismus bzw. Externalismus bezeichnet. Während die Wissenschaft im Internalismus in erster Linie als eine von sozialen, politischen und ökonomischen Bedingungen unabhängige geistige Tätigkeit gesehen wird, wird im Externalismus betont, dass die äußeren Bedingungen die Suche nach Wissen über die Natur beeinflussen und bestimmen. Wurde die wissenschaftliche Produktion nicht nur in Fragestellung, Finanzierung und Personalpolitik, sondern auch inhaltlich von politischen Interessen und kulturellen Praktiken determiniert? Oder folgt die Entwicklung der Wissenschaft einer inneren Logik, die von den Eigenschaften des Gegenstandes bestimmt wird? Die Extrempositionen des äußeren bzw. inneren Determinismus werden zwar kaum mehr vertreten und in der Wissenschaftsgeschichte wird versucht, die theoriegeschichtliche Analyse durch die Beachtung von materiellen Praktiken, biographischen Details, sozialem Umfeld, allgemeiner Kulturgeschichte usw. zu ergänzen (vgl. Shapin 1992; Daniel 2001). Der Streit dreht sich nun meist um die Gewichtung der Faktoren im konkreten Einzelfall, wobei beide Perspektiven interessante Erkenntnisse beitragen können.

Welche konkreten Themen werden im Folgenden behandelt? Es geht 1) um eine bestimmte theoretische Richtung, den **synthetischen Darwinismus**, und nicht um die Geschichte der Evolutionstheorie im Allgemeinen. Ich werde mich zudem 2) auf die **Entstehung** dieser Theorie beschränken und die Rezeptions- und Ausbreitungsphasen nach 1950 nur kurz streifen. Es handelt sich also um die Jahre zwischen **1920 und 1950**. In der Literatur werden meist die Jahre 1930/1937 bis 1950 als Entstehungszeit des synthetischen Darwinismus genannt. 1937 erschien Dobzhanskys *Genetics and the Origin of Species* und 1947 zeichnete sich auf der *International Conference on Genetics, Paleontology, and Evolution* in Princeton ein breiter Konsens in der Evolutionsbiologie ab (Jepsen, Mayr & Simpson 1949). Aus Gründen, die im Weiteren erläutert werden, habe ich den Beginn meiner Untersuchung um einige Jahre vorverlegt. Dabei werde ich mich 3) auf die bisher vernachlässigte

Entwicklung in **Deutschland** konzentrieren. Ziel ist letztlich eine vergleichende Untersuchung, die das allgemeine Verständnis der Geschichte der Evolutionstheorie fördern soll. In Anbetracht der Tatsache, dass sich die drei in der Literatur genannten Hauptzentren dieser Theorie – Sowjetunion, Deutschland und USA/Großbritannien – in den 1930er und 1940er Jahren in ihrer politischen und weltanschaulichen Ausrichtung diametral unterschieden, scheint eine weitgehend parallele wissenschaftliche Entwicklung bemerkenswert. Mein Interesse gilt 4) in erster Linie der **wissenschaftlichen Theorieentwicklung**, den Diskussionen und Kontroversen innerhalb Evolutionstheorie und nur sekundär institutionellen, politischen oder kulturgeschichtlichen Fragen.

Das Buch ist nach Themen gegliedert. Dieser Einleitung folgt ein Kapitel zur Begriffsgeschichte, in dem anhand des seit mehreren Jahrzehnten schwelenden Streites um den richtigen Namen der Theorie gezeigt wird, wie die beteiligten Wissenschaftler selbst Entstehung und Inhalt der modernisierten Evolutionstheorie auffassten. Neben zeitgenössischen Positionen werden auch spätere Bemerkungen analysiert und einige der wichtigeren Interpretationsstränge dargelegt. Nach einer Diskussion und Bewertung der einzelnen nomenklatorischen und inhaltlichen Vorschläge folgt eine erste vorläufige Bestimmung des untersuchten theoretischen Modells. Das Kapitel soll also einen Eindruck der wissenschaftshistorischen Interpretationen und Diskussionen über den Gegenstand meiner Untersuchung geben und die innovative Fragestellung deutlicher werden lassen.

Das zweite Kapitel ist biographisch angelegt. Hier werde ich auf Leben und Werk der Wissenschaftler eingehen, die in der wissenschaftshistorischen Literatur als Repräsentanten des synthetischen Darwinismus in Deutschland genannt wurden. Ihre wichtigsten evolutionstheoretischen Schriften werden besprochen und bestimmten Traditionen zugeordnet. Im Laufe meiner Untersuchung hat sich herausgestellt, dass die Bedeutung dieser dreißig Autoren für die Entwicklung des modernen Darwinismus sehr unterschiedlich zu bewerten ist. Einige sind sogar als explizite Gegner der Theorie anzusprechen. Trotzdem bleibt als wichtiges Ergebnis festzuhalten, dass es eine auch sozial interagierende Gruppe von Wissenschaftlern gab, die das darwinistische Forschungsprogramm unterstützten.

Im dritten Kapitel werde ich auf die wichtigsten Evolutionsfaktoren eingehen, wie sie in der modernen Evolutionstheorie angenommen werden. Es geht also um die Frage der Kausalität der Evolution. Im vierten Kapitel soll dann untersucht werden, inwieweit es gelang, auf Basis dieser Faktoren eine allgemeine Evolutionstheorie zu begründen. Es geht um den Anspruch, eine Erklärung für die Gesamtheit der evolutionären Phänomene (einschließlich organismischer Phänomene wie sie von der Embryologie und Morphologie untersucht werden) zu sein. Zunächst werde ich dabei auf Bestrebungen eingehen, antievolutionistische Argumente mithilfe wissenschaftstheoretischer Argumente zu widerlegen. In weiteren Abschnitten wird gezeigt, wie phylogenetische Phänomene (die sogenannte Makroevolution, paläontologische Sondererscheinungen, evolutionärer Fortschritt, Evolution der Menschen) erklärt werden sollten. Im abschließenden fünften Kapitel werde ich dann wichtige Ergebnisse meiner Untersuchung zusammenfassend darstellen.

# I. Namen – Interpretationen – Rekonstruktionen

In dem Maße, in dem die Darwinsche Evolutionstheorie in der Biologie wissenschaftlicher Konsens wurde, nahmen die historischen und wissenschaftstheoretischen Kontroversen über ihre Geschichte und ihren Inhalt an Schärfe zu. In gewissem Maße ist dies zu erwarten und ein Preis für den Erfolg des Forschungsprogramms. Man verlor das ursprüngliche gemeinsame Anliegen aus den Augen und mangels ernstzunehmender äußerer Gegner traten innere Auseinandersetzungen in den Vordergrund. Zudem begannen die Disziplinen, die an der Entwicklung der modernen Evolutionstheorie beteiligt waren, wieder auseinander zudriften und auch auf dem historischen Feld um Bedeutung zu konkurrieren. Diese Divergenzen wurden dann von den verbliebenen Gegnern hochgespielt. Und es kam zu Mimikry-Effekten, da die Vorteile, die damit verbunden sind, auf der Seite der Gewinner zu stehen, nun auch von Autoren beansprucht wurden, die nur oberflächliche inhaltliche Affinität hatten. Auf der anderen Seite haben Biologen, die als unorthodox gelten wollten, die Unterschiede zur Lehrmeinung überbetont und sich gegen diese abzugrenzen versucht.[10]

Die wieder aufbrechenden und neu entstehenden Kontroversen über die korrekte Interpretation der biologischen Tatsachen wurden nicht zu letzt auf dem Feld der Geschichte ausgetragen und führten zu unterschiedlichen historischen Rekonstruktionen. Dies ist ein eher typisches Phänomen – ähnliche Kontroversen gibt es bei den meisten historisch bedeutsameren Entitäten von der Romantischen Naturphilosophie über den Darwinismus bis zur Eugenik.[11] In den meisten Interpretationen des synthetischen Darwinismus lassen sich aber trotz aller Unterschiede einige konstante Elemente festmachen. So sind beispielsweise die genannten Autoren nicht beliebig, die Saltationisten Otto Heinrich Schindewolf und Richard Goldschmidt fehlen ebenso wie Biologen des 19. Jahrhunderts. Ähnliches gilt auch für theoretische Elemente – Lamarckismus und Orthogenese beispielsweise werden generell ausgeschlossen. Auch wenn dies trivial erscheint, ist es notwendig, darauf hinzuweisen, dass zumindest Konsens über eine gewisse inhaltliche Abgrenzung und den groben zeitlichen Rahmen der Entstehung der modernen Evolutionstheorie besteht.

Das Problem liegt meiner Ansicht nach auch weniger in der Unschärfe, die historischen Prozessen eigen ist, als in einem Missverständnis, das auf die Entstehungsbedingungen der Theorie zurückgeht. In Verlauf dieses Kapitels werde ich zeigen, dass sich die Konfusion um Geschichte und Inhalt der modernen (synthetischen) Evolutionstheorie legt, wenn man eine von den Begründern der Theorie

Abbildung 2: Titelblatt von Julian Huxley, *Evolution – The Modern Synthesis* (1942)

vor allem in den USA verbreitete Legende als solche erkannt. Die Legendenbildung begann mit einem Kristallisationskern – der Einführung eines neuen Namens für das Forschungsprogramm – und wurde seither aufgrund einer gewissen Eigendynamik, aber auch weil die in den 1950er Jahren vorherrschenden politischen Konstellationen weiter von Bedeutung sind, unbesehen übernommen. Eine grundlegende These des vorliegenden Buches ist, dass die moderne Evolutionstheorie nur unzureichend verstanden werden kann, wenn man ihren **synthetischen** Charakter in den Vordergrund stellt. Dagegen machen viele sonst unverständliche Details Sinn, wenn man die Theorie als **modernisierten Darwinismus** auffasst.

Diese These liegt dem vorliegenden Buch zugrunde und sie muss sich daran messen lassen, ob sie ein besseres Verständnis der Geschichte der Evolutionstheorie des 20. Jahrhunderts ermöglicht. Zuvor aber ist es notwendig, einige der wichtigeren Interpretationsstränge freizulegen, die sowohl von ihren Begründern als auch von Wissenschaftshistorikern über das historische Ereignis gelegt wurden. Ich werde dabei in drei Schritten vorgehen: Beginnen werde ich mit einer Analyse der Diskussionen um die korrekte Bezeichnung der neuen Evolutionstheorie. Diese nomenklatorische Frage ist weit mehr als ein steriler Streit um Worte, sondern die historisch und geographisch abweichenden Präferenzen für bestimmte Namen repräsentieren inhaltliche Denkrichtungen. Im zweiten Abschnitt werde ich dann einige der wichtigsten russischen, englischen, amerikanischen und deutschen Begründer des modernen Darwinismus zu Wort kommen lassen und zeigen, wie sie selbst ihre Theorie in den 1930er und 1940er Jahren einschätzten, was sie anstrebten oder anzustreben glaubten. Nach einem kursorischen Überblick über einige neuere Auffassungen werde ich die verschiedenen Interpretationen zusammenfassend diskutieren. Hier soll gezeigt werden, warum sich der Name ›Synthetische Theorie‹ durchsetzte, welche Motive und Interessen im Spiel waren und warum dies zu einem missverständlichen Bild der Ereignisse führte.

## 1. Die magische Kraft der Worte

> What's in a name? That which we call a rose
> By any other name would smell as sweet.
> *Shakespeare*

Die Wissenschaftstheoretiker sind sich einig, dass zwischen Worten und den sie bezeichnenden Gegenständen keine notwendige Verbindung besteht. Es ändert sich an den Eigenschaften einer Sache nichts, wenn man sie anders benennt. Auch kann man durch eine Analyse der Worte höchstens etwas über die Vorstellungen erfahren, die man sich bei der Namensgebung machte, niemals etwas direkt über die Dinge selbst. Andererseits wird deutlich, dass es eine psychologische Tendenz gibt, in einem Namen mehr zu sehen als ›Schall und Rauch‹. Werbeindustrie und Politik zeigen täglich, wie wichtig es ist, die eigenen Produkte und Ideen mit dem richtigen Label auszustatten oder einen Euphemismus zu kreieren. Auch Wissenschaftler haben diese Regel instinktiv befolgt, wenn sie ihre Gegenstände und Ideen benannt haben. So kann es in manchen Situationen vorteilhaft sein, eine wissenschaftliche Theorie oder ein Forschungsprogramm mit einem neuen Namen zu versehen, um unerwünschte Assoziationen zu vermeiden und erwünschte hervorzurufen.

Auch in der Geschichte der Evolutionsbiologie gab es entsprechende Bestrebungen: Seit den 1930er Jahren wurde versucht, den Namen ›Darwinismus‹ für die selektionistische Variante der Evolutionstheorie durch ›Synthetische Theorie‹ oder andere Namen zu ersetzen. Weder ›Darwinismus‹ noch ›Synthetische Theorie‹ oder ihre Derivate wie ›Neo-Darwinismus,‹ ›Evolutionäre Synthese‹ usw. sind neutrale Benennungen. Aufgrund ihrer Etymologie und Geschichte transportieren sie Konnotationen und Bedeutungen, regen zu Assoziationen an und legen bestimmte Richtungen der Interpretation nahe. Ludwik Fleck hat dies als die magische Wirkung von Worten bezeichnet:

> »Dieses soziale Gepräge des wissenschaftlichen Betriebes bleibt nicht ohne inhaltliche Folgen. Worte, früher schlichte Benennungen, werden Schlagworte; Sätze, früher schlichte Feststellungen, werden Kampfrufe. Dies ändert vollständig ihren denksozialen Wert; sie erwerben magische Kraft, denn sie wirken geistig nicht mehr durch ihren logischen Sinn – ja, oft gegen ihn – sondern durch bloße Gegenwart. Man vergleiche die Wirkung der Worte ›Materialismus‹ oder ›Atheismus‹, die in einigen Ländern sofort diskreditieren, in anderen freilich erst kreditfähig machen. Diese magische Kraft des Schlagwortes reicht bis in die Tiefe spezialistischer Forschung […]. Findet

sich so ein Wort im wissenschaftlichen Text, so wird es nicht logisch geprüft; es macht sofort Feinde oder Freunde.« (Fleck [1935] 1980: 59)

›Darwinismus‹ ist ein solches Wort, das bis in die Gegenwart je nach Weltanschauung ›sofort Feinde oder Freunde‹ macht. Die amerikanischen Architekten der in den 1930er und 40er Jahren entstehenden modernen Evolutionstheorie wollten diesen Effekt zu einem bestimmten Zeitpunkt offensichtlich vermeiden und plädierten statt dessen für einen vermeintlich neutraleren Begriff. ›Synthetische Theorie‹ und ›Moderne Synthese‹ weisen weder auf Darwin noch auf die Evolutionstheorie hin und versuchen keine historischen oder inhaltlichen Wortassoziation in dieser Richtung herzustellen. Wie gut dies funktioniert, kann man auch heute noch feststellen, wenn man außerhalb eines engen Kreises von Fachleuten von der ›Synthetischen Theorie‹ spricht. Die Reaktionen schwanken meist zwischen Ratlosigkeit und der Vermutung, es könnte sich um etwas aus dem Bereich der Chemie handeln. Warum aber setzte sich der Name ›Synthetische Theorie‹ durch, welche Motive und Interessen waren im Spiel und was bedeutet dies für das heutige Verständnis der historischen Ereignisse?

In den 1930er Jahren begannen Biologen, die sich mit evolutionstheoretischen Fragen befassten, zu realisieren, dass sich ein weitreichender Wandel anbahnt. Bereits im Jahrzehnt zuvor hatten einige Autoren – Sergei S. Chetverikov in der Sowjetunion, R.A. Fisher und J.B.S. Haldane in England, Erwin Baur und Walter Zimmermann in Deutschland und andere – an einer Verbindung von Genetik und Evolutionstheorie gearbeitet. Sie knüpften dabei an Darwins Selektionstheorie an und lehnten alternative Evolutionsmechanismen wie Lamarckismus und Orthogenese ab. Nachdem dieses neue Modell die ersten empirischen Bewährungsproben bestanden hatte, sich in ein fruchtbares Forschungsprogramm umsetzen ließ und zunehmend breitere Zustimmung gewann, stellte sich die Frage nach seiner Benennung. Die frühen tastenden Diskussionen über die korrekte Bezeichnung sind nun sehr aufschlussreich. Sie zeigen nicht nur, dass einige der zeitgenössischen Biologen erkannten, dass sich hier etwas qualitativ Neues entwickelte, sondern auch, wie sie es schlaglichtartig zu charakterisieren versuchten. Alle folgenden Zitate beziehen sich – das ist wichtig zu betonen – auf ein und dasselbe Forschungsprogramm, das zwar eine gewisse Plastizität aufwies, sich aber auch für die Zeitgenossen erkennbar von anderen, alternativen Modellen unterschied. Um bei dieser historischen Darstellung noch keinen Namen zu präjudizieren, werde ich zunächst von ›moderner Evolutionstheorie‹ sprechen.

## 1.1 Darwinismus

Die Begründer der Theorie in den 1920er und 30er Jahren betonten die historische Kontinuität, indem sie von Darwinismus oder Neo-Darwinismus sprachen. Als beispielsweise der russische Populationsgenetiker Chetverikov, einer der einflussreichsten frühen Autoren, sein Forschungsprogramm vorstellte, nannte er es ›Darwinismus‹, den er wiederum über Variabilität, Kampf ums Dasein und Selektion definierte:

> »How can one link evolution with genetics, and bring our current genetic notions and concepts within the range of those ideas which encompass this basic biological problem? Would it be possible to approach the questions of variability, the struggle for existence, selection, in other words, Darwinism, starting not from these completely amorphous, indistinct, indefinite opinions on heredity, which existed at the time of Darwin and his immediate followers, but from the firm laws of genetics?« (Chetverikov [1926] 1961: 169)[12]

In diesem Sinne fasste auch Zimmermann, einer der wichtigsten deutschen Evolutionstheoretiker der Zeit, die von ihm propagierte Theorie als eine Variante des Darwinismus auf und gab folgende inhaltliche Definition:

> »Der Darwinismus dagegen [im Gegensatz zum Lamarckismus] sucht die phylogenetische Anpassungsstruktur außerhalb des sich wandelnden Organismus. Die Mutationen entstehen nach ihm zunächst ganz unabhängig von der Anpassung, d.h. sie sind in Bezug auf die Anpassung ›richtungslos‹. Der richtende Faktor oder die phylogenetische Anpassungsstruktur ist nach dem Darwinismus die ›Selektion‹, die ›natürliche Auslese im Kampf ums Dasein‹.« (Zimmermann 1930: 400)[13]

In Großbritannien stellte J.B.S. Haldane sein *The Causes of Evolution* unter das Motto: »›Darwinism is dead.‹ – Any sermon« (Haldane 1932: 1). In den folgenden Jahren findet sich diese Bezeichnung auch bei zahlreichen anderen Autoren. Julian Huxley spricht in *Evolution – The Modern Synthesis* von einem »rebirth of Darwinism« (Huxley 1942: 26). Der Populationsgenetiker Wilhelm Ludwig nennt die neue Theorie ›Neo-Darwinismus‹ oder ›Selektionismus‹ und verweist auf die historische Kontinuität:

> »Unter allen Theorien über die Ursachen der Evolution steht heute, hauptsächlich als Folge der sprunghaften Entwicklung der Vererbungswissenschaft, eine Lehre im Vordergrund, die man als Neo-Darwinismus oder besser als Selektionismus bezeichnet. Sie ist die moderne Fassung jener Ansichten, die 1859 Ch. Darwin und [...] Wallace der Öffentlichkeit übergaben.« (Ludwig 1940: 689)

Auch Gegner der neuen Theorie, wie der Paläontologe Otto Heinrich Schindewolf, wählten diese Bezeichnung. In seinem 1950 erschienenen Hauptwerk ist vom »dogmatischen Darwinismus« die Rede und von der »geläuterten Form des Darwinismus«, »wie er von der heutigen Vererbungslehre vertreten wird« (Schindewolf 1950: 405, 381; vgl. auch Schindewolf 1946). Die Benennung der neuen Evolutionstheorie als ›Darwinismus‹ oder ›darwinistisch‹ lässt sich seither nachweisen, sie wird von Vertretern und Gegnern innerhalb der Biologie ebenso verwendet wie von Wissenschaftshistorikern. Bernhard Rensch beispielsweise spricht vom »Synthetic Neo-Darwinism« (Rensch 1980: 284), Ernst Mayr von der »second Darwinian Revolution« (Mayr 1991: 132–40) und Douglas Futuyma von einer neuen neo-darwinistischen Theorie: »a new Neo-Darwinian theory« (Futuyma 1986: 10). Bei Kritikern wie Niles Eldredge und Stephen Jay Gould heißt es: »The synthetic theory is completely Darwinian« (Eldredge & Gould 1972: 87 Fn.). Auch Wissenschaftshistoriker wie Karl Senglaub oder Jean Gayon sprechen von »Neuen Auseinandersetzungen mit dem Darwinismus« (Senglaub 1998) bzw. dem »Mendelised ›neo-Darwinism‹« (Gayon 1998: 320).

## *1.2 Kritik*

Die bis in die Gegenwart verbreitete Verwendung der Worte ›Darwinismus‹ oder ›Neo-Darwinismus‹ für die in den 1930er Jahren modernisierte Evolutionstheorie wurde aber auch kritisiert. Bereits 1943 brachte Ludwig hierfür folgende Überlegung vor:

> »›Selektionstheorie‹ ist der heutige Name für jene Theorie von der Entstehung und Umbildung der Arten ›durch natürliche Zuchtwahl‹, als deren Begründer Charles Darwin anzusehen und die deshalb bisher meist als ›Darwinismus‹ bezeichnet worden ist. Weshalb man heute, ohne Darwins Verdienst schmälern zu wollen, diesen Ausdruck im wissenschaftlichen Schrifttum lieber vermeidet, wird aus der nachstehenden historischen Übersicht

Abbildung 3: Ernst Mayr, G.G. Simpson und Th. Dobzhansky, 1966 (Original in Privatbesitz)

klar werden. Hauptgrund ist der, daß das Wort ›Darwinismus‹ allmählich in gewissem Maße vieldeutig geworden ist, und insbesondere hat die früher oft genannte Alternative ›Darwinismus – Lamarckismus‹ fast alle Bedeutung verloren.« (Ludwig 1943a: 479)

Zudem würden, wenn man die von Darwin »gegründete Fassung der Selektionslehre ›Darwinismus‹« nennt, »infolge Erweiterung unserer Erkenntnisse ständig neue Fassungen, ›Neodarwinismen‹, entstehen«. Deshalb hält er es für ratsam, »diesen Ausdruck, mit dem bisher schon Mißbrauch getrieben worden ist, völlig beiseite zu lassen« (Ludwig 1943a: 482). Wichtiger für die weitere Kontroverse um den richtigen Namen wurde die Kritik durch den amerikanischen Paläontologen George Gaylord Simpson, der als einer ihrer wichtigsten Architekten gilt. Er argumentierte in *The Meaning of Evolution* (1949a), dass sich die neue Evolutionstheorie deutlich vom Darwinismus des 19. Jahrhunderts unterscheide und deshalb mit einem neuen Namen bezeichnet werden sollte:

»The [synthetic] theory has often been called neo-Darwinian [...]. The term is, however, a misnomer and doubly confusing in this application. The fullblown theory is quite different from Darwin's and has drawn its materials from a variety of sources largely non-Darwinian and partly anti-Darwinian. Even natural selection in this theory has a sense distinctly different, although largely developed from, the Darwinian concept of natural selection. Second, the name ›neo-Darwinian‹ has long been applied to the school of Weismann and his followers, whose theory was radically different from the modern synthetic theory and certainly should not be confused with it under one name.« (Simpson 1949a: 277 Fn.)

Simpsons Aussage macht deutlich, dass der neue Begriff die Funktion haben sollte, sich von den historischen Traditionen – sowohl von Darwin als auch vom Neo-Darwinismus – zu distanzieren. Das Argument, dass es problematisch sei, zwei theoretische Konzepte, die im Abstand von einem halben Jahrhundert entwickelt wurden und die sich in wichtigen Punkten unterscheiden, mit dem gleichen Namen zu belegen, wurde bald auch von anderen Autoren übernommen:

»When we compare modern evolutionary theory with the original conceptual structure of Darwin, we find that many of Darwin's ideas have been eliminated and many new ones added. It avoids a good deal of confusion not to designate the currently held interpretation of evolution as Darwinism or Neodarwinism. Simpson (1949a) and others have therefore rightly insisted that the term ›Darwinism‹ be replaced by ›the synthetic theory‹ to indicate the multiple roots of the new theory.« (Mayr 1959b: 4–5)[14]

Die Argumente von Ludwig, Simpson und Mayr sind bedenkenswert, aber bevor ein als mangelhaft erkannter Name für ein Forschungsprogramm abgelöst werden kann, muss eine neue, treffendere Bezeichnung gefunden werden und sich im Sprachgebrauch bewähren.

## 1.3 Neue Benennungen

Seit dem 19. Jahrhundert war es gebräuchlich, alternativ oder synonym zu ›Darwinismus‹ den zentralen Evolutionsmechanismus, das **Selektionsprinzip**, zum Namensgeber für die Gesamttheorie zu machen. In diesem Sinne hat beispielsweise Baur von »Selektionstheorie« oder »Selektionismus« gesprochen (Baur 1925: 108; 1930: 394–95). Fisher nannte sein grundlegendes Buch *Genetical Theory of Natural Selection*, Zimmermann sprach manchmal von der »heutigen Selektionslehre« und Ludwig meinte, nachdem er kurzfristig »Selektionismus« vorgezogen hatte: »›Selektionstheorie‹ ist der heutige Name für jene Theorie von der Entstehung und Umbildung der Arten ›durch natürliche Zuchtwahl‹« (Fisher 1930; Zimmermann 1943: 49; Ludwig 1940: 68, 1943a: 479). Andere Autoren hielten demgegenüber die neue Entwicklung der 1920er Jahre, die Verbindung mit der Genetik, für signifikanter und zogen Wortbildungen mit ›**Genetik**‹ bzw. ›**Mutation**‹ vor. So sprach Gerhard Heberer 1936 davon, dass »Abstammungslehre und Vererbungslehre [...] zu einer allgemeinen umfassenden Genetik« verschmelzen sollen (Heberer 1936: 874). In diesem Sinn bezeichnete Adolf Remane einige Jahre später die »Mutationstheorie als legale Nachfolgerin der Darwinschen Selektionstheorie« (Remane 1941: 112). Diese Wortbildung wird auch in Dobzhanskys *Genetics and the Origin of Species* nahe gelegt:

> »As a matter of fact, Darwin was one of the very few nineteenth-century evolutionists whose major interests lay in studies of the mechanisms of evolution, in the causal rather than the historical problem. It was exactly this causal aspect of evolution which toward the close of the last century began to attract more and more attention, and which has now been taken up by genetics. In this sense genetics rather than evolutionary morphology is heir to the Darwinian tradition.« (Dobzhansky 1937: 7–8)

Diese ausgewählten Zitate dokumentieren, dass spätestens Anfang der 1940er Jahre bei Biologen ein Bewusstsein dafür existierte, dass eine neue Variante der Evolutionstheorie in der Entstehung begriffen war. Zur ihrer Benennung griff man auf Namen historischer Vorläufer (›Darwinismus‹, ›Neo-Darwinismus‹) oder von Teiltheorien (›Selektionismus‹, ›Genetik‹, ›Mutationstheorie‹) zurück.

## 1.4 Synthetische Theorie – Moderne Synthese

Es konnte sich jedoch keiner dieser Vorschläge durchsetzen; statt dessen wurde vor allem in den USA von den 1950er Jahren an die Benennung ›Synthetische Theorie‹ propagiert. Eigentlich handelt es sich um ein kleines Wortfeld, denn neben ›Synthetische Theorie‹ und ›Synthetische Evolutionstheorie‹ sind auch ›Evolutionäre Synthese‹ und ›Moderne Synthese‹ im Gebrauch. Die beiden letzten Begriffe werden oft synonym verwendet und gleichermaßen auf Huxleys *Evolution – The Modern Synthesis* (1942) zurückgeführt.[15] Einige Autoren differenzieren weiter zwischen der ›Synthese‹ als dem historischen Entstehungsvorgang und der ›Synthetischen Theorie‹ als dem daraus hervorgegangenen Modell: »The evolutionary theory that emerged has been referred to as the synthetic theory, and the process by which it was reached as ›the evolutionary synthesis‹« (Mayr 1988c: 525). Dies entspricht der Verwendung bei Huxley, der von einer »period of synthesis« spricht, die zu einem »syn-

Abbildung 4: Titelblatt von Th. Dobzhansky, *Genetics and the Origin of Species* (1937)

thetic point of view« geführt habe (Huxley 1942: 26, 8). In der Regel wird also mit dem Begriff ›Moderne‹ bzw. ›Evolutionäre Synthese‹ ein konkreter historischer Vorgang benannt. Das Ergebnis dieser ›Synthese‹ war eine bestimmte Evolutionstheorie, die als ›Synthetische Theorie‹ bezeichnet wird (Junker 1999a).

Die Bezeichnungen ›synthetisch‹ bzw. ›Synthese‹ haben im Kontext der modernen Evolutionstheorie eine gewisse Tradition. So sprach Chetverikov 1926 von einer »synthetic formulation of the evolutionary process« (Chetverikov [1926] 1961: 193) und 1932, d.h. fast ein Jahrzehnt vor Huxley, propagierte der sowjetische Politiker Nikolaj I. Bucharin eine synthetische Evolutionstheorie auf Grundlage des Selektionsprinzips: »Aber wie die Variabilitätsgesetze letztendlich auch immer aussehen mögen, könnte dies Darwins Konzept als eine synthetische Evolutionstheorie, in welcher die Gesetzmäßigkeiten der Vererbung und Variabilität der grundlegenden Gesetzmäßigkeit der natürlichen Auslese untergeordnet sind, nicht zerstören« (Bucharin [1932] 2001: 140).

Wahrscheinlich unabhängig von diesen frühen sowjetischen Texten wurde die entsprechende Wortverwendung dann im Westen von Huxley und vor allem von Simpson eingeführt. So hatte Huxley 1942 von einer Zeit der Synthese gesprochen, die zu einer Wiedergeburt des Darwinismus geführt habe: »Biology [...] has embarked upon a period of synthesis [...]. As one chief result, there has been a rebirth of Darwinism« (Huxley 1942: 26).[16] Wichtig ist hier, dass Huxley den Begriff ›Synthese‹ nicht als Alternative, sondern ergänzend verwendet, um die breite wissenschaftliche Basis des Darwinismus zu betonen. Demgegenüber hat Simpson, wie oben gezeigt, argumentiert, dass die traditionellen Namen, vor allem ›Neo-Darwinismus‹, durch ›Synthetische Theorie‹ abgelöst werden sollten.

Aber auch Simpson und Mayr waren mit ihrem Vorschlag, ›Darwinismus‹ durch ›Synthetische Theorie‹ oder seine Derivate zu ersetzen, nur zum Teil erfolgreich. Was sie im Wesentlichen erreicht haben, ist dass beide Namen abwechselnd oder kombiniert verwendet werden. So schreibt der Biologiehistoriker Richard Burkhardt von der »synthetic or ›neo-Darwinian‹ theory of evolution« (Burkhardt 1981: 133). Rensch spricht in seinem 1980 erschienenen Rückblick von »the Neo-Darwinist Synthesis« und vom »Synthetic Neo-Darwinism« (Rensch 1980: 292, 284).[17] Auch Mayr selbst verwendet bereits 1959 ›Darwinismus‹ und ›Synthetische Evolutionstheorie‹ wieder synonym: »What do we mean by 20th century Darwinism, and what do we mean by the synthetic theory of evolution?« Obwohl er hier durch das eingeschobene ›und‹ andeutet, dass es sich um zwei verschiedene Konzepte handelt, folgt interessanterweise nur eine Antwort:

> »I think its [!] essence can be characterized by two postulates: (1) that all the events that lead to the production of new genotypes, such as mutation, recombination, and fertilization are essentially random and not in any way whatsoever finalistic, and (2) that the order in the organic world, manifested in the numerous adaptations of organisms to the physical and biotic environment, is due to the ordering effects of natural selection.« (Mayr 1959a: 4)

In *Animal Species and Evolution* (1963) gibt Mayr eine ähnliche Definition von ›synthetic theory‹ (Mayr 1963a: 672) und obwohl er nun – im Gegensatz zu Simpson 1949 und Mayr 1959! – die Darwinschen Traditionen wieder betont, möchte er weiter auf die Bezeichnung ›Neodarwinismus‹ verzichten:

> »To be sure, the current theory of evolution – the ›modern synthesis,‹ as Huxley (1942) has called it – owes more to Darwin than to any other evolutionist and is built around Darwin's essential concepts. Yet it incorporates much that is distinctly post-Darwinian. [...] To avoid confusion, it has been suggested, particularly by Simpson (1949a, 1960b), that the term ›neo-Darwinism,‹ originally introduced for Weismann's concepts of evolution, should be dropped.« (Mayr 1963a: 3–4)

Das Fallenlassen des Begriffs scheint Mayr aber nicht leichtgefallen zu sein, denn im selben Jahr spricht er in einem Brief an Erwin Stresemann vom »so-called Neo-Darwinism viewpoint«, für den *Animal Species and Evolution* stehe (Mayr an Stresemann, Brief vom 24. September 1963; Haffer 1997c: 747–48).

Während sich also die amerikanischen Architekten der neuen Evolutionstheorie in den 1950er Jahren von der Bezeichnung ›Darwinismus‹ und der Geschichte ihrer Theorie distanzierten, wurde dieser Name von Kritikern weiter verwendet und zunehmend auf die (ihrer Ansicht nach zu große) Bedeutung der Selektionstheorie hingewiesen.[18] In den 1970er und 1980er Jahren haben Simpson und Mayr dann auch selbst wieder häufiger die historischen Traditionen – Darwin und den Neo-Darwinismus – und den selektionistischen Kern betont. So stellte Simpson in seiner Autobiographie zusammenfassend fest: »A strengthening and widening [...] of the Darwinian revolution [...] led to what is now commonly called the synthetic theory« (Simpson 1978: 114). Noch deutlicher lässt sich dieser Effekt bei Mayr beobachten. Im Kapitel »On the Evolutionary Synthesis and After« in *Toward a New Philosophy of Biology* (1988c) stellt er nun die Widerlegung anti-selektionistischer (neo-lamarckistischer, orthogenetischer und saltationistischer) Theorien in den Vordergrund: »The synthesis was a reaffirmation of the Darwinian formulation that all adaptive evolutionary change is due to the directing force of natural selection on abundantly available variation«. In *One Long Argument* von 1991 schließlich fasst er die evolutionstheoretischen Modelle der 1930er und 40er Jahre als zweite Phase einer übergeordneten Entwicklung, der Darwinschen Revolution auf: »Geneticists and naturalists reach a consensus: The second Darwinian Revolution« (Mayr 1988c: 526–27; 1991: 132–40; vgl. auch Allen 1994).

Soviel ist klar: Simpsons Anspruch, mit der Neuprägung des Wortes ›Synthetische Theorie‹ die Verwirrung zu verringern, konnte nicht eingelöst werden. Eher das Gegenteil ist der Fall, wie das folgende Zitat dokumentiert. In der Passage kommen alle Bezeichnungen vor, die im Gebrauch sind, und werden synonym verwendet. Zur Verdeutlichung habe ich die Begriffe hervorgehoben:

»Different critics have singled out different aspects of the **synthesis** as particularly vulnerable. It has been claimed, for example, that: (1) The findings of molecular biology are incompatible with **Darwinism** [...]. (2) The new research on speciation shows that other modes of speciation are more widespread and more important than allopatric speciation, which the **neo-Darwinians** claim is the prevailing mode [...]. (3) Newly proposed evolutionary theories, like punctuationism, are incompatible with the **synthetic theory** [...]. (4) The **synthetic theory**, owing to its reductionist viewpoint, is unable to explain the role of development in evolution [...]. (5) Even if one rejects the reductionist claim of the gene as the target of selection, **Darwinism**, by considering the individual the target of selection, is unable to explain phenomena at hierarchical levels above the individual, that is, it is unable to explain macroevolution [...]. (6) By adopting the ›adaptationist program,‹ and by neglecting stochastic processes and constraints on selection [...] the **evolutionary synthesis** paints a misleading picture of evolutionary change [...]. These highly diverse claims range from the extreme view that **Darwinism as a whole** has been refuted to milder versions such as that the **synthesis** is too narrowly adaptationist or that the concept of speciation has to be thoroughly revised.« (Mayr 1988c: 534)[19]

Während Mayr die verschiedenen Bezeichnungen zumindest an dieser Stelle weitgehend synonym gebraucht, ist ihre bevorzugte Verwendung durch andere Autoren Ausdruck einer bestimmten Interpretation der historischen Fakten.

Ein Einwand ist an dieser Stelle noch zu besprechen. Es wäre theoretisch möglich, dass die in der Literatur als ›Evolutionäre Synthese‹, ›Synthetische Evolutionstheorie‹ oder ›Synthetischer Darwinismus‹ usw. gekennzeichnete Bewegung mehrere Komponenten umfasste, d.h. dass abhängig von Ort, Zeit und Person ein anderes Element im Vordergrund stand. So wäre es denkbar, dass ein Autor sich besonders um die Synthese als solche bemühte, ein anderer eine Evolutionstheorie ohne spezifisch selektionistischen Charakter im Auge hatte und ein dritter schließlich einen modernisierten Darwinismus begründen wollte. Entsprechende Akzentverschiebungen lassen sich tatsächlich beobachten. Die inhaltliche Abgrenzung gegenüber Alternativtheorien zeigt aber, dass es sich dabei um einen weniger wichtigen Punkt handelt. Autoren wie Rensch (vor 1934), Schindewolf oder Goldschmidt hatten nichts gegen eine Vereinheitlichung der Biologie einzuwenden und haben ihrerseits ›synthetische‹ Evolutionstheorien angestrebt. Was sie ablehnten, war die selektionistische (und sekundär dann die populationsgenetische) Variante derselben.

## 2. Interpretationen und Rekonstruktionen

Wie haben die Anhänger und Gegner der neuen Evolutionstheorie diese in den 1930er und 40er Jahren aufgefasst, welchen Stellenwert hatte die Selektionstheorie, wie wichtig war die Zusammenarbeit verschiedener Forschungsrichtungen, ihr synthetischer Charakter, und welche theoretischen Konzepte, Personen und Schulen wurden ausgegrenzt? Ich werde zunächst kurz auf die Aussagen der amerikanischen und britischen ›Architekten‹ eingehen und dann schwerpunktmäßig die Auffassungen wichtiger in Deutschland erschienener Werke darstellen.

### 2.1 USA und England

Als zentrale Gründungsschrift der neuen Evolutionstheorie gilt *Genetics and the Origin of Species* (1937) von **Theodosius Dobzhansky**. Das Buch hat den

Anspruch, die seit der Entstehung der Genetik gewonnenen Erkenntnisse über die Vererbungsprozesse zu nutzen, um die strittige Frage der Evolutionsmechanismen zu entscheiden: »The present book is devoted to a discussion of the mechanisms of species formation in terms of the known facts and theories of genetics« (Dobzhansky 1937: xv). Dobzhansky befasst sich überwiegend mit Entstehung und Form der genetischen Variabilität und lediglich ein Kapitel ist speziell der Selektion gewidmet (43 von 321 Seiten). Dies bedeutet allerdings keine Geringschätzung der Selektionstheorie, sondern Dobzhansky möchte in erster Linie die schon von Darwin schmerzlich empfundene Lücke der Theorie klären – die Frage nach der Entstehung der erblichen Variabilität:

> »[...] the discovery of the origin of hereditary variation through mutation may account for the presence in natural populations of the materials without which selection is known to be ineffective. The greatest difficulty in Darwin's general theory of evolution, of the existence of which Darwin himself was well aware, is hereby mitigated or removed.« (Dobzhansky 1937: 150)

Wie nahe Dobzhansky mit *Genetics and the Origin of Species* der Darwinschen Tradition tatsächlich steht, werde ich am Ende dieses Kapitels anhand der Struktur des Buches zeigen. In seinem Vorwort zu Mayrs *Systematics and the Origin of Species* (1942) hat Dobzhansky dann die synthetischen Aspekte stärker betont; er spricht von einem »unifying trend in modern biology as a whole« (Dobzhansky 1942: XII).

**Ernst Mayr** selbst bekennt sich in diesem Buch zu einem analogen Anspruch, wenn er von der Verbesserung im gegenseitigen Verständnis zwischen Genetikern, Systematikern und allgemeinen Biologen spricht: »A welcome improvement in the mutual understanding between geneticists and systematists has occurred in recent years, largely owing to the efforts of such men as Rensch and Kinsey among the taxonomists, Timofeeff-Ressovsky and Dobzhansky among the geneticists, and Huxley and Diver among the general biologists« (Mayr 1942: 3). Mayr hat kein eigenes Kapitel zur Selektion, er geht aber an zahlreichen Stellen auf die Bedeutung der natürlichen Auslese ein (z.B. Mayr 1942: 270). In seinen späteren Publikationen hat er die zentrale Rolle der Selektion noch stärker hervorgehoben (Mayr 1980a: 1; 1982: 567).

Die Notwendigkeit zur Zusammenarbeit wird auch in **Julian Huxleys** *Evolution – The Modern Synthesis* (1942) betont. Er möchte dazu anregen, die erst in den Anfängen stehende Synthese weiterzutreiben, indem er erste Umrisse des neuen Forschungsprogramms aufzeigt und mit der Aufforderung an möglichst viele biologische Disziplinen verbindet, sich zu beteiligen: »The time is ripe for a rapid advance in our understanding of evolution. Genetics, developmental physiology, ecology, systematics, paleontology, cytology, mathematical analysis, have all provided new facts or new tools of research: the need to-day is for concerted attack and synthesis«.[20] Ein willkommenes Ergebnis dieser Zusammenarbeit sei die Wiedergeburt des Darwinismus, der einem Phönix gleich aus der Asche erstand: »It is with this reborn Darwinism, this mutated phoenix risen from the ashes of the pyre kindled by men so unlike as Bateson and Bergson, that I propose to deal in succeeding chapters« (Huxley 1942: 8, 28). Unter ›Darwinismus‹ versteht Huxley zum einen den Versuch, eine ›naturalistische Interpretation der Evolution‹ zu geben, und dabei sowohl induktiv als auch deduktiv vorzugehen.[21] Zum anderen bezieht er sich auf die Selektionstheorie: »But the old-fashioned selectionists were guided by a sound instinct. The opposing factions became reconciled as the younger branches of biology achieved a synthesis with each other and with the classical disciplines: and the reconciliation converged upon a Darwinian centre« (Huxley 1942: 25).

Das Prinzip der natürlichen Auslese bildet den Kern der Evolutionstheorie; zusammen mit der Genetik (Huxley spricht von ›Mendelism‹ und von ›Mendelian analysis‹) erklärt es den progressiven Mechanismus der Evolution: »If this is so, biologists may with a good heart continue to be Darwinians and to employ the term Natural Selection, even if Darwin knew nothing of mendelizing mutations, and if selection is by itself incapable of changing the constitution of a species or a line« (Huxley 1942: 26). Huxley betont den darwinistischen Kern der neuen Theorie stärker als Dobzhansky und Mayr, die auch die Worte ›Darwinism‹ und ›Darwinian‹ weitgehend vermeiden. Ausgegrenzt werden von ihm zwei Darwin-kritische Autoren, der Genetiker und Saltationist William Bateson sowie der Vitalist Henri Bergson. Wichtig ist auch, dass sich Huxley ausdrücklich gegen Versuche wendet, den Namen ›Darwinismus‹ für die neue Theorie zu ersetzen (Huxley 1942: 27–28).

**George Gaylord Simpson** hat in *Tempo and Mode* den synthetischen Gesichtspunkt hervorgehoben und auf die Paläontologie übertragen (Simpson 1944: XV). Die Selektion wird von ihm an einigen Stellen im Sinne der theoretischen Populationsgenetik als einer von mehreren Evolutionsfaktoren besprochen: »Among the most important factors that may or do influence both the rate and the pattern of evolution are variability, rate of mutation, character of mutations, length of generations, size of populations, and natural selection«. Unter diesen Faktoren sei aber lediglich die Selektion ein wirklich kreatives Prinzip: »Only mutation supplies the materials of creation [...], but in the theories of population genetics it is selection that is truly creative, building new organisms with these materials« (Simpson 1944: 30, 80). In *Tempo and Mode* verwendet Simpson einige Male den Ausdruck

›neo-Darwinian‹. In *The Meaning of Evolution* (1949a) hat er dann aber, wie oben dargestellt, Wert darauf gelegt, von der ›Synthetischen Theorie‹ zu sprechen und ›Neo-Darwinismus‹ zu vermeiden. Seine Äußerungen zur Selektionstheorie ähneln den beiden genannten Zitaten. Einerseits heißt es: »natural selection itself is only one of many different factors in evolution« (Simpson 1949a: 299). Andererseits wird die Selektion als wichtigster Evolutionsfaktor benannt: »The conviction that evolution is usually and mainly oriented by adaptation involving selection does not exclude the necessity for considering some other factors« (Simpson 1953: 266).

In seinem Essay-Review der Werke von Rensch, Zimmermann und Schindewolf aus dem Jahre 1949 kontrastiert er die ›modern synthesis‹ scharf gegen den Neo-Darwinismus und behauptet, dass das Selektionskonzept der Populationsgenetik ›deutlich nicht-darwinistisch‹ sei: »the population-genetics concept of selection, briefly that of change in gene frequencies and genomes in populations produced by differential reproduction, is distinctly non-Darwinian, so that ›neo-Darwinian‹ for the modern synthesis is a confusing misnomer« (Simpson 1949b: 182). Einleitend hatte er einen ›überraschend einheitlichen‹ Haupttrend westlicher Studien zur Evolutionstheorie für die Jahre 1939 bis 1949 ausgemacht und die natürliche Auslese in Populationen als den Kern dieser Synthese bestimmt:

> The »main trends in western evolutionary studies during this period [1939–49] […] have been surprisingly uniform. Although using, at times, radically different data and working in widely distinct fields, western students have in almost all cases tended toward a synthesis the core of which is the action of natural selection on genomes in populations.« (Simpson 1949b: 178)

Aus welchem Grund das Selektionskonzept der Populationsgenetik, die Veränderung von Genhäufigkeiten durch differentielle Reproduktion in Populationen, eine Theorie mit der natürlichen Auslese als »core«, nicht-darwinistisch, »non-Darwinian«, sein soll, bleibt unklar. Warum Simpson Ende der 1940er Jahre die seltsame Vorstellung einer nicht-Darwinschen Selektionstheorie äußern und damit Anklang finden konnte, werde ich weiter unten diskutieren. Er selbst hat später von dieser Konstruktion Abstand gekommen und die Synthetische Theorie als »a strengthening and widening […] of the Darwinian revolution« charakterisiert (Simpson 1978: 114).

In den amerikanischen Gründungsschriften der modernen Evolutionstheorie gilt die Selektion ausdrücklich als wichtigster richtender (zur Anpassung führender) Evolutionsfaktor. Der Begriff ›Darwinismus‹ wird von diesen Autoren aber weitgehend vermieden. Im Gegensatz hierzu spricht Huxley davon, dass die Biologen sich als Darwinisten bezeichnen sollten. Die englischen Evolutionstheoretiker scheinen sich allgemein stärker und offener zum Darwinismus bekannt zu haben, was vielleicht durch die nationalen Traditionen zu erklären ist.

## 2.2 Deutschland

Wie wurde die neue Evolutionstheorie von den deutschsprachigen Biologen der 1930er bis 1950er Jahre wahrgenommen und diskutiert? Auffällig ist zunächst, dass sich in Deutschland die Begriffsbildung ›Synthetische Evolutionstheorie‹ kaum durchsetzen konnte und erst in den letzten Jahren auf dem Umweg über die amerikanische Diskussion in Gebrauch kam.[22] Einer der Gründe ist wahrscheinlich, dass hier der Begriff ›Synthese‹ durch die von Adolf Meyer-Abich, Pascual Jordan und anderen propagierte antimechanistische und holistische »Naturwissenschaftliche Synthese« zwischen Physik und Biologie bereits besetzt war. Dabei handelte es sich um eine dezidiert anti-darwinistische Konzeption (Meyer-Abich 1935, 1942; Laubichler 2001).

Als einer der ersten Autoren in Deutschland hat **Bernhard Rensch** seit Ende der 1920er Jahre auf die »unbefriedigende Heterogenität der heutigen Artbildungshypothesen« hingewiesen (Rensch 1929: 19). Zu erklären sei dies durch das unterschiedliche »Studienmaterial«: »Könnten alle Forscher auf der gleichen Wissensbasis aufbauen, so würden die Meinungen gewiß viel weniger differieren!« (Rensch 1933a: 1–2). 1947 hat er seine Meinung insofern modifiziert, als er die »Diskrepanz der Ansichten« nun weniger durch das »bisher insgesamt bekannte Tatsachenmaterial« als durch die »verschiedene wissenschaftliche Basis der Autoren« erklärt.[23] Der Vorgang der Evolution sei so komplex, dass die offenen Probleme nur durch eine Zusammenarbeit der verschiedenen biologischen Teildisziplinen gelöst werden können:

> »Paläontologie, Genetik, Systematik, vergleichende Anatomie und Embryologie bzw. Entwicklungsmechanik müssen ihre Erkenntnis miteinander verbinden, um die Formenumbildung in ihrem Gesamtablaufe verständlich zu machen und um zugleich auch der Verschiedenartigkeit der Entwicklungswege gerecht zu werden.« (Rensch 1939a: 180)

Dieses Zitat ist von 1939, als Rensch eine rein selektionistische Position vertrat. Die Aufforderung zur Synthese findet sich aber bereits in seinen lamarckistischen Schriften! So schrieb er 1933, dass »das Problem der Artbildung«, d.h. der Evolution, sehr komplexer Natur sei und »die einzelnen Teildisziplinen ein jeweils verschiedenes Material zur Klärung beizusteuern vermögen«. Er führt weiter aus, dass »das schwache, aber unverkennbare Konvergieren der gegensätzlichen Ansichten [...], in nicht allzu ferner Zeit zu einer Einigung [...] zwischen den Genetikern und den Systematikern, Paläontologen und vergleichenden Anatomen« führen wird (Rensch 1933a: 1, 64–65).

In *Neuere Probleme der Abstammungslehre* (1947a) hat Rensch diesen Gedanken wiederholt. Im Vorwort vom September 1946 schildert er, dass das Buch in den letzten Kriegsjahren entstanden sei, dass es »mehrfach nicht möglich [war], die notwendige außerdeutsche Literatur im Original zu beschaffen« und dass »einige geplante experimentelle Untersuchungen wegen technischer Schwierigkeiten unterbleiben« mussten. Er beklagt, dass sich die Hoffnung, »diese Lücken nach Kriegsende ergänzen zu können«, bisher nicht erfüllt habe, und »es steht zu fürchten, daß auch die nächsten Jahre noch wenig Gelegenheit dafür bieten werden« (Rensch 1947a: V). Wie Rensch in der Fußnote anmerkt, erhielt er während der Drucklegung die Schriften von Huxley, Simpson und Mayr und konnte sie im Anhang kurz besprechen. Rensch betont hier, dass die »geistige Gesamthaltung« dieser drei Bücher, ihre »rein kausalistischen Erklärungsweise«, gänzlich seiner eigenen Auffassung entspreche (Rensch 1947a: 374). Er kommt zu dem Schluß:

»Die drei besprochenen Werke von Huxley, Mayr und Simpson, deren eingehendes Studium gerade den deutschen Fachgenossen besonders angelegentlich empfohlen sei, lassen erhoffen, daß sich in absehbarer Zeit eine verhältnismäßig einheitliche Gesamtauffassung der so wichtigen Evolutionsprobleme ergeben wird.« (Rensch 1947a: 375)

Aus diesen Ausführungen wird deutlich, dass es in den Jahren 1942 bis 1946 zu einer weitgehenden wissenschaftlichen Isolation kam, dass aber das gemeinsame Ziel, eine ›einheitliche Gesamtauffassung‹ der Evolutionstheorie, mit Abweichungen im Detail, aber doch weitgehend parallel verfolgt wurde. Es kann kein Zweifel bestehen, dass Rensch sein Buch als Beitrag zu einem internationalen Projekt auffasste. Er argumentierte auf selektionistischer Basis, verwendete allerdings den Begriff ›Darwinismus‹ nicht. Die Entwicklung von Renschs Ansichten zwischen 1933 und 1938 zeigt, dass die Unterscheidung zwischen synthetischen und darwinistischen Bestrebungen historisch wichtig war. Er hat durchgängig eine Synthese in der Evolutionstheorie angestrebt: Während er dies bis 1933 auf lamarckistischer Grundlage versuchte, ging es ihm nach 1939 um eine selektionistische Synthese.

Ab Ende der 1930er Jahre finden sich auch in den Schriften anderer Darwinisten zahlreiche ›synthetische‹ Passagen. So weist **Nikolai W. Timoféeff-Ressovsky** darauf hin, dass in der Populationsgenetik »die engste Zusammenarbeit zwischen den Genetikern und den Systematikern und Biogeographen zustande gebracht werden könnte« (Timoféeff-Ressovsky 1939a: 209). **Hans Nachtsheim** konstatiert, dass die »Rassen- und Artbildung [...] heute das Zentralproblem der Biologie [ist], das von den verschiedensten Richtungen her intensiv bearbeitet wird«.[24]

Ein entsprechendes ›synthetisches‹ Handbuch zur Evolutionstheorie wurde 1939 von Heberer geplant und erschien 1943 als ***Die Evolution der Organismen***.[25] In der Einleitung betont er, dass es sich um eine »Gemeinschaftsarbeit«, ein »harmonisches Gefüge, die Vereinigung der Ergebnisse des Theoretikers und Praktikers, des Geophysikers, Geologen, Paläontologen, Zoologen, Botanikers, Genetikers, Anthropologen, Psychologen und Philosophen« handelt. Wir finden – ähnlich wie das bei Huxley, Mayr und Dobzhansky zu beobachten war – eine Aufforderung zur Zusammenarbeit unterschiedlicher Fachgebiete und zur Integration der kausalen und historischen Aspekte, um die »Gesamtproblematik der Abstammungslehre« zu erforschen. Die Internationalität dieser Bemühungen wird – zumindest im Vorwort – zeitbedingt nicht gewürdigt, sondern Heberer betont, dass der Band »inmitten des europäischen Freiheitskampfes geschrieben worden« sei und »zugleich auch eine Gabe der kämpfenden Front« darstelle (Heberer 1943a: IV–V). Heberers Vorwort, seine Hinweise auf »Staatsbiologie« und »weltanschauliche Folgerungen« zeigen allerdings nur einen Aspekt. Analysiert man die einzelnen Beiträge und die dort zitierte Literatur, so wird deutlich, dass sich die Autoren – einschließlich Heberer – der Internationalität ihres Projektes durchaus bewusst waren.

In den späteren Auflagen der *Evolution der Organismen* wird der internationale Anspruch noch deutlicher ausgesprochen. So schreibt Heberer in der 2. Auflage von 1959:

> »Die erste Auflage des vorliegenden Werkes erschien im Jahre 1943. Die Entwicklung der Evolutionsforschung, besonders durch die Fortschritte der experimentellen Genetik und experimentellen Phylogenetik, die Neufassung der Systematik und die schnell zunehmende Vervollständigung des stammesgeschichtlichen Urkundenmaterials, ließ eine Synthese, die möglichst alle Gebiete der Phylogenetik erfaßte, notwendig erscheinen. [...] Etwa im gleichen Zeitraum und in den folgenden Jahren erschien im Ausland eine Anzahl, wenn auch weniger umfassende Synthesen. Sie zeigten insgesamt eine erstaunliche Übereinstimmung in der grundsätzlichen Beurteilung der

Evolutionsprobleme und eine fundamentale Einheitlichkeit in der Fassung der kausalen Evolutionstheorie.« (Heberer 1959a: VII)

**Otto Heinrich Schindewolf**, einer der bekanntesten Gegner der neuen Evolutionstheorie in Deutschland, hat sich in seinem 1950 erschienenen Hauptwerk *Grundfragen der Paläontologie* kritisch mit dem »dogmatischen Darwinismus« auseinander gesetzt (Schindewolf 1950: 405; vgl. Reif 1993, 1997a). Seine Auffassung ist auch von Interesse, weil er selbst bereits 1936 eine Synthese zwischen »Entwicklungslehre und Genetik« angemahnt hatte.[26] Die Forderung nach einer »tragfähigen Gesamttheorie der organischen Entwicklung« wird 1950 wiederholt und als beteiligte Forschungsrichtungen werden Genetik, Entwicklungsphysiologie und Paläontologie genannt.[27] Diese Disziplinen sollen zusammenwirken, um »die Möglichkeit einer gegenseitigen Kontrolle und Befruchtung« zu erhalten. Die Begriffe ›Evolutionäre Synthese‹ und ›Synthetische Evolutionstheorie‹ tauchen bei Schindewolf nicht auf, statt dessen ist von der »geläuterten Form des Darwinismus« die Rede, »wie er von der heutigen Vererbungslehre vertreten wird« (Schindewolf 1950: 362, 381).[28] Als führenden Vertreter nennt er Timoféeff-Ressovsky, demzufolge es vier Evolutionsfaktoren gibt: Mutabilität, Selektion, Isolation und Populationswellen:

> »Diese vier Faktoren wird man allerdings kaum als einander gleichwertig betrachten können. Die Isolation und die Populationswellen treten zweifellos an Selbständigkeit hinter den beiden ersten Elementen zurück; sie schaffen lediglich gewisse Sonderbedingungen, unter denen die Selektion sich auswirkt. [...] Wir erhalten also für unsere stammesgeschichtliche Betrachtungsweise von der Vererbungslehre das grundlegende Faktorenpaar der richtungslosen Mutabilität und der richtenden Selektion.« (Schindewolf 1950: 382)

Schindewolfs Aussagen bestätigen, was sich schon bei Renschs lamarckistischem Syntheseversuch gezeigt hat: Die Aufforderung zur Zusammenarbeit verschiedener Disziplinen oder eine theoretische Vereinheitlichung als solche wurden in den 1930er bis 1950er Jahren aus unterschiedlichen theoretischen Positionen angestrebt. Es gab also mehrere Ansätze zu einer synthetischen Evolutionstheorie, durchgesetzt hat sich schließlich die selektionistische Variante.

Anfang der 1950er Jahre erschienen in kurzer Folge drei historische Bücher von Biologen aus Deutschland, die selbst die Neuformierung der Evolutionstheorie aus unterschiedlichen Positionen miterlebt hatten. Den Auftakt bildete **Erwin Stresemanns** *Die Entwicklung der Ornithologie* (1951). Stresemanns Darstellung zur

Entstehung der modernen Evolutionstheorie geht auch ausführlich auf die amerikanischen Theoretiker ein (vor allem auf Dobzhansky 1937 und Mayr 1942). Als Disziplinen, die sich an ihrer Ausarbeitung beteiligt haben, nennt er Genetik, Populationsgenetik, Systematik, Verhaltensforschung, Makroevolution, vergleichende Anatomie und Paläontologie (Stresemann 1951: 280–85). Die besondere Bedeutung der Selektionstheorie wird dagegen kaum gewürdigt, was aber insofern nicht verwunderlich ist, als er dieser Theorie kritisch gegenüberstand (vgl. Kapitel II, 2).

In der *Vererbungswissenschaft* von **Alfred Barthelmeß** aus dem Jahr 1952 wird nicht nur wie von Stresemann die Selektionstheorie, sondern auch der Stand des synthetischen Projektes negativ eingeschätzt. 1941 hatte er Haase-Bessells *Der Evolutionsgedanke in seiner heutigen Fassung* (1941a) scharf kritisiert (Barthelmeß 1941: 190). Haase-Bessell hatte sich eng an Dobzhanskys *Genetics and the Origin of Species* angelehnt (vgl. Kapitel II, 1). In der *Vererbungswissenschaft* kommt Barthelmess zu dem Schluß, dass sich »heute wohl niemand mehr« der Forderung verschließen wird, dass die Evolutionstheorie den Erkenntnissen der Genetik Rechnung tragen muss. Andererseits bestehe aber noch eine »breite Kluft« zwischen dem, »was die Genetik einerseits und die Paläontologie und Systematik andererseits zur Zeit zur Koordination und Synthese anzubieten haben«. Als Beleg verweist er auf verschiedene »Gesetzmäßigkeiten« der Makroevolution und meint: »vorläufig fehlen für die meisten dieser Vorgänge entweder Modellmutationen oder es versagt die Selektionsvorstellung« (Barthelmess 1952: 332–33). Ein Blick in das Personenverzeichnis der *Vererbungswissenschaft* zeigt, dass mit Zimmermann, Rensch und Simpson die Autoren fehlen, die eben diese Synthese zu leisten versucht haben. Barthelmess schätzt den erreichten Stand der ›Koordination und Synthese‹ zwischen Genetik, Paläontologie, Systematik und Embryologie eher pessimistisch ein; zudem war er offensichtlich kein Anhänger der Selektionstheorie.

Ein Jahr nach der *Vererbungswissenschaft* von Barthelmess erschien in der Reihe Orbis Academicus der von **Walter Zimmermann** bearbeitete Band *Evolution – Die Geschichte ihrer Probleme und Erkenntnisse* (1953). Auf dieses Buch werde ich etwas genauer eingehen, da Zimmermann einer der wichtigsten Protagonisten der modernen Evolutionstheorie in Deutschland war. Die Erwartung, dass er sich intensiver mit der Vorgeschichte und Entstehung dieser Theorie auseinandersetzt, wird jedoch – zumindest teilweise – enttäuscht. Sein Buch wirkt wie eine Flucht in die Vergangenheit. Von den 554 Seiten Text befassen sich etwa 450, also ca. 80%, mit der Zeit vor Darwin. Die 24 Seiten, die Darwin gewidmet sind, bleiben noch im üblichen Rahmen, während in Kapitel IV, »Die Zeit nach Darwin«, der historische Ansatz fast völlig verlassen wird. Zimmermann springt unmittelbar in die Gegenwart und ignoriert mit den acht Jahrzehnten von 1859 bis 1939 die vielleicht aufregendste, sicher aber fruchtbarste Zeit der evolutionistischen Theorieentwicklung vor 1953.[29]

Diese Lücke ist in Anbetracht der Tatsache, dass Zimmermann selbst einer der wichtigsten Evolutionstheoretiker dieser Zeit war, erklärungsbedürftig. Es wäre möglich, dass er diesen Zeitabschnitt ausgespart hat, da er von Barthelmess relativ ausführlich behandelt wurde. Diese Antwort greift aber zu kurz. Aus dem historischen Kontext, in dem *Evolution* entstand, lassen sich dagegen einige wichtige Hinweise gewinnen. Die eigentümliche Gewichtung der historischen Epochen kann als Indiz für die Situation der Evolutionstheorie in Deutschland nach dem Zweiten Weltkrieg dienen. Die Evolutionstheorie und vor allem der Darwinismus wurden mit für die Gräuel der NS-Zeit verantwortlich gemacht. Mit dem Vorwurf konfrontiert, einem menschenverachtenden Regime ideologische Stichworte geliefert zu haben, besinnt man sich auf die vor-darwinschen Ursprünge. Darwins Evolutionsprinzipien, die natürliche Auslese und der Kampf ums Dasein, werden nach dem verlorenen Krieg zu unliebsamen Schlagworten und durch Euphemismen ersetzt. Dies lässt sich an Zimmermanns Sprachgebrauch zeigen, wenn er versucht, Begriffe wie ›Darwinismus‹ oder ›Kampf ums Dasein‹ zu umgehen. Aus dem Kampf ums Dasein werden »Schicksalsaugenblicke der Auslese, d.h. jene Augenblicke, die über Leben und Tod, über Sein und Nichtsein einer Deszendenz entscheiden«. In diesen Schicksalsaugenblicken »entscheidet dann irgendein Differentiator, ob dieser oder jener ›Träger‹ des Erbgutes am Leben bleibt oder nicht« (Zimmermann 1953: 521, 531).

Vergleicht man diese gekünstelten Passagen mit Zimmermanns Schrift von 1938, in der dem »Konkurrenzkampf« und der »Auslese im Kampfe« eine wesentliche Bedeutung für die Aufwärtsentwicklung der Organismen zugesprochen wurde, so ist der sprachliche Wandel augenfällig (vgl. z.B. Zimmermann 1938a: 239). Auch den Begriff ›Darwinismus‹ vermeidet er nun fast völlig, obwohl er ihn in seinen früheren Schriften auch für die von ihm vertretene Theorie verwandt hatte (beispielsweise in der *Phylogenie der Pflanzen*, 1930; ähnlich auch in 1943: 49).

Kapitel IV der *Evolution*, »Die Zeit nach Darwin«, ist noch aus einem anderen Grund aufschlussreich. Es handelt sich nur am Rande um eine historische Analyse, sondern in erster Linie um eine relativ ausführliche Darstellung des aktuellen Diskussionsstandes in der Evolutionsbiologie. Zimmermann stellt sowohl die Theorien der Kritiker als auch diejenigen der Vertreter der modernen Evolutionstheorie dar. Während er sich 1938 in *Vererbung ›erworbener Eigenschaften‹ und Auslese* mit lamarckistischen Theorien auseinandergesetzt hatte, geraten nun einerseits die Anhänger der Idealistischen Morphologie (Naef, Dacqué, Steiner und vor allem Troll), andererseits christliche Kritiker der Evolutionstheorie ins Blickfeld. Aus heutiger Situation wirken manche Stellen wie eine Geisterdebatte, aber dies wird Zimmermann mit Sicherheit nicht gerecht. Er versuchte sich in seinen Schriften immer mit aktuell wichtigen Kritikern des Darwinismus auseinander zu setzen – ob dies der Lamarckismus der 1930er oder der Idealismus der frühen 1950er Jahre war. Es liegt also nahe zu vermuten, dass die wichtigsten Gegner der modernen Evolutionstheorie in Deutschland im Jahrzehnt nach 1945 die Vertreter der Idealistischen Morphologie und christliche Autoren waren. Willi Hennig hat in *Phylogenetische Systematik* (1966/1982: 16–19) eine ähnliche Kritik idealistischer Autoren aufgenommen – ein weiterer Beleg für die Stärke dieser Richtung in Deutschland.[30]

Was aber ist die moderne Evolutionstheorie für Zimmermann? Ein Blick auf die von ihm zitierten Autoren macht deutlich, dass er zwar einige Genetiker und die Vertreter der mathematischen Populationsgenetik nennt, der Schwerpunkt aber eindeutig bei den Naturforschern liegt. Am häufigsten werden Simpson, Rensch und Huxley zitiert, aber auch Baur, Dobzhansky, Mayr, Stebbins, Timoféeff-Ressovsky u.a. finden Erwähnung. In diesem Zusammenhang wird deutlich, welche Position Zimmermann selbst einnimmt: »Neuerdings ist jedoch die Mehrzahl, mindestens der genetisch orientierten Biologen, von der Richtigkeit der Selektionslehre überzeugt« (Zimmermann 1953: 534). In der Fußnote nennt er folgende Autoren und Werke: *Die Evolution der Organismen* (1943), Huxley (1942), Simpson (1944), Mayr (1942), Rensch (1947a) und Zimmermann (1948). Die Aufzählung zeigt, dass die Evolutionsbiologie für Zimmermann auf eine möglichst umfassende selektionistische Evolutionstheorie zusteuerte. Gleichzeitig wird auch das Problem deutlich, mit dem sich die (west-)deutschen Darwinisten auseinandersetzen mussten: Statt auf der erreichten Basis weiterzuarbeiten, waren sie in der Defensive und fühlten sich genötigt, auf die wiedererstarkten idealistischen und religiösen Fundamentalkritiken zu antworten.

## 2.3 Neuere wissenschaftshistorische Interpretationen

Bereits in den 1950er Jahren begannen verschiedene Auffassungen über Geschichte und Inhalt der modernen Evolutionstheorie um Bedeutung zu konkurrieren. In diesen verschiedenen Interpretationen kann man auch eine Wiederkehr der ursprünglichen Spaltung zwischen Naturforschern, Genetikern und Biometrikern beobachten. So wurde die Ansicht vertreten, dass die neue Evolutionstheorie in erster Linie eine Folge der Fortschritte in der Genetik war und dass diese Fortschritte lediglich in andere Bereiche wie Systematik und Paläontologie exportiert worden seien. Von einigen Autoren wurde auch die Entstehung der mathematischen Populationsgenetik als wichtigste Neuentwicklung oder als das Zentrum (›core‹) der neuen Theorie bezeichnet. Diese historiographischen Kontroversen beziehen sich im Wesentlichen darauf, welcher Stellenwert der Genetik und der mathematischen Populationsgenetik im Verhältnis zu den organismischen Disziplinen zukommt. Sie hatten zudem den Effekt, die Bedeutung der Selektion als wichtigstem Evolutionsfaktor herunterzuspielen, da entweder der Stellenwert der Mutationen besonders betont wurde (Genetik) oder die Selektion zu einem von verschiedenen Parametern quantitativer Berechnungen wurde (mathematische Populationsgenetik). Die Zurückdrängung des selektionistischen Charakters der Theorie zugunsten ihrer synthetischen Aspekte war indes selten vollständig und es kam auch zu gegenläufigen Bewegungen. Ich werde diese Diskussionen hier nur insofern aufrollen, als sich daran unterschiedliche Auffassungen darüber zeigen, ob es sich um eine synthetische Bewegung oder um eine Modernisierung der Selektionstheorie handelt (zur Frage, wie die Beiträge der einzelnen biologischen Disziplinen bewertet werden, vgl. Junker 1999a; Reif, Junker & Hoßfeld 2000).

Wie oben gezeigt, haben sich die amerikanischen Architekten der neuen Evolutionstheorie Ende der 1940er Jahre von der Bezeichnung ›Darwinismus‹ distanziert, während diese Bezeichnung von Kritikern weiter verwendet wurde.[31] So schreiben Eldredge und Gould in ihrem bekannten Artikel »Punctuated Equilibria: An Alternative to Phyletic Gradualism«: »population geneticists of the 1930's welded modern genetics and Darwinism into our ›synthetic theory‹ of evolution. The synthetic theory is completely Darwinian in its identification of natural selection as the efficient cause of evolution« (Eldredge & Gould 1972: 87 Fn.; vgl. auch Gould 2002: 503–87).[32]

Später hat Gould dann nachzuweisen versucht, dass die ursprüngliche Version der modernen Synthese pluralistisch gewesen sei. Damit ist gemeint, dass eine ganze Reihe kausaler Evolutionsmechanismen zugelassen wurde, sowohl darwinistische als auch andere, solange die gemeinsame genetische Basis akzeptiert wurde: »I have called this original version ›pluralistic‹ because it admitted a range of theories about evolutionary change, Darwinian and otherwise, and insisted only that explanations at all levels be based upon known genetic causes operating within populations and laboratory stocks« (Gould 1983: 74). Goulds Artikel ist insofern problematisch, als er den ›pluralistischen‹ Charakter der frühen Synthetischen Evolutionstheorie nicht nachweist. Er dokumentiert lediglich eine Akzentverschiebung zur Selektion bei einigen ihrer wichtigen Vertreter (Dobzhansky, Simpson, Wright, Huxley, Lack), nicht jedoch die behauptete Beliebigkeit. Die Aussage: »Any theory of change would be admitted, so long as its causal base lay in known Mendelian genetics« (Gould 1983: 74–75) ist definitiv unzutreffend. Goldschmidt und Schindewolf beispielsweise haben sich explizit auf die Mendelsche Genetik bezogen. Die Ansicht, dass in der frühen Synthetischen Evolutionstheorie die Selektion keine bevorzugte Rolle spielte, es sich also nicht um eine Variante des Darwinismus handelte, steht denn auch im Widerspruch zu der in der vorliegenden Arbeit vertretenen Position.

Von den meisten Historikern wird die Bedeutung der Selektionstheorie für die moderne Evolutionstheorie aber anerkannt. So schreibt Provine im »Epilogue« zu *The Evolutionary Synthesis*:

> »The evolutionary synthesis is unquestionably an event of first-rank importance in the history of biology. Although Darwin's theory of evolution by natural selection had been widely known since 1859, the consequences of the theory had generally not been incorporated deeply into most areas of biological thought. With the evolutionary synthesis, and the acceptance of natural selection operating on small differences as the primary mechanism of evolution, evolutionary theory began to permeate almost all of biology with new meaning« (Provine 1980: 399).

Dieser Gedanke wird allerdings im Weiteren nicht näher ausgeführt, sondern er diskutiert vor allem den synthetischen Charakter der Theorie. Interessanterweise verbindet Provine – ähnlich wie Mayr 1959 – ›Evolutionäre Synthese‹ und Selektionsprinzip durch ein ›und‹ als handelt es sich um zwei verschiedene Vorgänge!

Die meisten Kurzdefinitionen der modernen Evolutionstheorie in der wissenschaftshistorischen Literatur nennen die Selektion als eine wichtige Komponente. So schreibt Senglaub in der *Geschichte der Biologie*: »Die ›moderne‹ ›synthetische‹ oder ›biologische‹ Theorie der Evolution fußt auf der Selektionstheorie Darwins, den Erkenntnissen der Genetik (Faktorengenetik, Zytogenetik, Mutationsforschung) und solchen, die aus der mathematischen Behandlung populationsdynamischer Fragen hervorgingen« (Senglaub 1985: 570).[33] Bei John Beatty findet sich folgende Kurzformel: »Mendelian genetic theory and Darwinian evolutionary theory«. Die ›Versöhnung‹ der genetischen Theorie mit der darwinschen Evolutionstheorie wurde in der Populationsgenetik erreicht, und diese Verbindung stellt die Evolutionäre Synthese dar: »According to the simplest such characterization of the [evolutionary] synthesis, Mendelian genetic theory and Darwinian evolutionary theory – once considered irreconcilable – were eventually reconciled in the theory of population genetics, which is the core of the synthetic theory. That reconciliation itself constituted the much-heralded synthesis« (Beatty 1986: 125).[34] Bei Smocovitis heißt es entsprechend: »Hence the ›evolutionary synthesis,‹ held by some commentators to involve the synthesis between ›genetics and selection theory,‹ can be interpreted as the bringing together of the material basis of evolution (the gene) with the mechanical cause of evolutionary change (selection)« (Smocovitis 1992: 24).[35]

Der französische Wissenschaftstheoretiker Gayon hat sogar von der ›extremen Wichtigkeit der natürlichen Auslese‹ für das ›synthetische‹ Forschungsprogramm gesprochen:

> »But on the whole, they [the synthesists] tried hard to rebuild the whole fabric of natural history, both institutionally and conceptually, around the shared conviction of the extreme importance of natural selection for all the disciplines involved in the natural history of life. ›Unification‹ around genetics and selection was definitively the key-word of the Modern Synthesis« (Gayon 1995: 19).

Die Zitate zeigen, dass die Bedeutung der Selektionstheorie für die neue ›synthetische‹ Theorie in unterschiedlichem Maße, aber fast durchgängig gewürdigt wurde, wobei ein gewisser historischer Wandel stattgefunden zu haben scheint: Während bis Mitte der 1980er Jahre der synthetische Aspekt betont wurde, rückt seither der selektionistische Charakter der Theorie wieder mehr in den Vordergrund. So hatte beispielsweise Senglaub sein Kapitel in der *Geschichte der Biologie* von 1985 betitelt mit: »Die Vorgeschichte und Entwicklung der ›synthetischen Theorie der Evolution‹ – Verzweigungen und Verflechtungen biologischer Disziplinen«. In der 3. Auflage von 1998 wird das überarbeitete Kapitel »Neue Auseinandersetzungen mit dem Darwinismus« genannt. Durchgängig besteht aber, vor allem in der amerikanischen (und der von dieser beeinflussten) Literatur ein erkennbares Zögern, den darwinistischen Charakter der Theorie zu betonen.[36] Vor allem aber kann man eine eigentümliche Unsicherheit erkennen, ob man nun von Synthese oder vom Darwinismus sprechen soll, die Begriffe gehen durcheinander und ersetzen sich wechselseitig. Selbst wenn die neue Theorie beide Komponenten aufwies, waren diese doch nicht identisch und ihr konkretes Verhältnis muss thematisiert werden.

### 3. ›Darwinismus‹ oder ›Synthetische Evolutionstheorie‹?

Der Namenswechsel von ›Darwinismus‹ zu ›Synthetische Theorie‹ wurde von Simpson und Mayr nach außen hin damit begründet, dass die Neuheit und Originalität der Theorie gegenüber den Konzepten ihrer Vorläufer (Darwin und Weismann) dies erfordere. Diese Erklärung hat sicher ihre Berechtigung und stimmt sowohl mit sachlichen Gründen überein – die Theorie hatte sich in der Tat stark gewandelt – als auch mit dem berechtigten Wunsch von Wissenschaftlern, den eigenen Beitrag ausreichend gewürdigt zu sehen. Der Zeitpunkt des Namenswechsels (die Jahre nach 1949) und die parallelgehenden Bemühungen von Zimmermann in Deutschland, nicht nur ›Darwinismus‹ sondern auch ›Selektion‹ zu vermeiden, sind aber Hinweise, dass man zudem mit einer unausgesprochenen politischen Dimension rechnen muss. Der Begriff ›Darwinismus‹ hatte nach dem Krieg offensichtlich in den USA einen negativen Klang und wurde mit der biologistischen Ideologie des NS-Regimes in Verbindung gebracht.

Mit der Zurückdrängung von ›Darwinismus‹ als Name für die biologische Theorie korrespondiert die zunehmende Verbreitung des Negativbegriffs ›Sozialdarwinismus‹ nach 1945 (Sieferle 1989; Hawkins 1997). Vorformen kamen zwar bereits Anfang des 20. Jahrhunderts vereinzelt vor, beispielsweise in Oscar Hertwigs Buchtitel *Zur Abwehr des ethischen, des sozialen, des politischen Darwinismus* von 1918. Größere Verbreitung fand er dann mit Richard Hofstadters *Social Darwinism in American Thought* (1944). In Deutschland wurde er mit *Utopien der Menschenzüchtung – Der Sozialdarwinismus und seine Folgen* von Hedwig Conrad-Martius (1955) und Hans-Günter Zmarzliks »Der Sozialdarwinismus in Deutschland als geschichtliches Problem« (1963) popularisiert. Der sprachliche Wandel lässt sich mit einer gewissen zeitlichen Verzögerung auch anhand der jeweiligen Einträge in Konversationslexika dokumentieren. So taucht beispielsweise erstmals in der 17. Auflage der *Brockhaus Enzyklopädie* ein Hinweis auf den Sozialdarwinismus im Stichwort ›Darwinismus‹ auf und zwar als einer von zwei Unterpunkten neben dem ›Biologischen Darwinismus‹. Der entsprechende Band ist von 1968. Der kurze eigene Eintrag ›Sozialdarwinismus‹ in der 18. Auflage des *Brockhaus*, die zwischen 1977 und 1980 erschien, wurde dann für die folgende Auflage von 1986–93 stark erweitert und stagniert seither.[37]

Die Entscheidung von Simpson, durch die Namensgebung (›Synthetische Theorie‹) einen Teil der weltanschaulichen Kritik zu umgehen, ist also aus der Situation der unmittelbaren Nachkriegsjahre verständlich. Selbst wenn dies nicht sein ursprüngliches Motiv war, war man sicher dankbar für den Effekt. Aus pragmatischer Sicht war der Namenswechsel also eine sinnvolle Entscheidung, um die evolutionstheoretischen Fragen möglichst aus unerwünschten politischen Auseinandersetzungen herauszuhalten. Er führte aber in späteren Jahrzehnten zu einer Verwässerung der Konzepte und zu einer zunehmenden inhaltlichen Unklarheit. Der Versuch, eine modernisierte selektionistische Evolutionstheorie zu begründen, wurde nun in erster Linie als synthetische Bewegung aufgefasst, der es um Zusammenarbeit und Vereinheitlichung ging. Inhaltliche Fragen und vor allem die

Selektionstheorie traten in den Hintergrund – *Unifying Biology* wurde zum Selbstzweck.

Wenn die hier vorgestellten Überlegungen richtig sind, dann haben viele Wissenschaftshistoriker die Ideen und Assoziationen, die Simpson und Mayr mit dem Namen ›Synthetische Theorie‹ vermitteln wollten, für die Sache genommen, nach dem Motto, wenn etwas ›synthetisch‹ heißt, dann muss es auch in erster Linie eine Synthese sein. Sie haben dabei übersehen, dass der neue Name vor allem eine rhetorische Funktion hatte. Letztlich entscheidend für die Klärung der Frage, wie die in den 1930er Jahren entstandene Variante der Evolutionstheorie am besten zu charakterisieren ist, kann nur die Analyse der historischen Tatsachen sein. Insofern wäre es nebensächlich, wie man diese Theorie benennt. Da Worte aber zum einen über ihre Konnotationen und die von ihnen hervorgerufenen Assoziationen auch emotionale Wirkungen haben können, zum anderen bestimmte Interpretationen nahe legen, ist es sinnvoll, einen sowohl in psychologischer als auch inhaltlicher Hinsicht ›richtigen‹ Namen zu wählen.[38] Da die Entscheidung für oder gegen einen bestimmten Namen eine historische Analyse voraussetzt, kann an dieser Stelle nur eine erste, die Ergebnisse vorwegnehmende Einteilung und Bewertung erfolgen.

### *3.1 Die moderne Evolutionstheorie – eine inhaltliche Bestimmung*

Die moderne Evolutionsbiologie wie sie im zweiten Drittel des 20. Jahrhunderts entstand, ist selektionistisch und materialistisch, insofern kann sie sich zu Recht auf Darwin berufen. Als weitere Elemente wurden Ergebnisse und Methoden der Genetik, Populationsgenetik und Systematik integriert. Wie schon bei Darwin bestand das Ziel darin, die Evolution der Organismen möglichst umfassend zu erklären und dabei waren die Methoden und Erkenntnisse möglichst vieler Teilbereiche der Biologie erwünscht. Zusammenfassend lässt sich die Theorie folgendermaßen charakterisieren: Es handelt sich 1) um eine kausale Evolutionstheorie. 2) Der Evolutionsmechanismus basiert auf folgenden Faktoren: a) Die Selektion ist der wichtigste richtende (zur Anpassung führende) Faktor; b) Mutationen und c) Rekombination liefern das Auslesematerial; d) die geographische Isolation ist unerlässlich zur Aufspaltung von Arten. Auf der Basis dieser Evolutionsfaktoren wird 3) eine allgemeine Evolutionstheorie angestrebt. Dieses Ziel erfordert 4) eine Synthese verschiedener Disziplinen und Methoden.[39]

1) In der Tradition von Darwins *Origin of Species* (1859) steht der **kausale Mechanismus** und nicht die historische Rekonstruktion der Phylogenie im Vorder-

grund. Angestrebt wird »ein tieferes Verständnis des Evolutionsmechanismus« (Timoféeff-Ressovsky 1939a: 159), dessen Aufklärung als erste wichtige Aufgabe angesehen wurde:

> »Evolution as an historical process is established as thoroughly as science can establish a fact witnessed by no human eye. The mass of evidence bearing on this subject does not concern us in this book; we take it for granted. But the understanding of causes which may have brought about this evolution, and which can bring about its continuation in the future, is still in its infancy.« (Dobzhansky 1937: 8; vgl. auch Baur 1925: 107; 1930: 1; Hartmann 1939: III)

In bewusster Abgrenzung von idealistischen und vitalistischen Ansichten wurden nur materielle Wirkursachen anerkannt. Der »rein mechanistische Charakter« (Ludwig 1943a: 517) und der naturwissenschaftliche Materialismus werden vor allem deutlich, wenn es darum geht, sich von den verschiedenen Spielarten des Kreationismus zu distanzieren (vgl. beispielsweise Simpson 1949a: 6–7).

2) Der **Evolutionsmechanismus** wurde als Zusammenspiel verschiedener Evolutionsfaktoren bestimmt.

   a) Als wichtigster Faktor gilt die **Selektion**. Die anderen Faktoren erhalten erst im Rahmen der Selektion Bedeutung, in dem sie Auslesematerial zur Verfügung stellen (Mutationen und Rekombination), sowie als begrenzende (Populationsgröße) oder ergänzende Faktoren (geographische Isolation).

   b) **Auslesematerial 1.** Es werden zwei sich ergänzende Quellen des Auslesematerials angenommen: 1) **Mutationen** und 2) die Rekombination. Die Mutationen müssen bestimmte empirische Eigenschaften aufweisen, um als Lieferant für die genetische Variabilität im Rahmen der Selektionstheorie dienen zu können. Die große Bedeutung der Genetik bestand darin, dass sie die geforderten empirischen Eigenschaften nachweisen konnte.

   c) **Auslesematerial 2.** Bei sich sexuell reproduzierenden Organismen entsteht durch die **Rekombination** ständig neue genetische Variabilität. Die Rekombination bedingt zudem, dass diese Organismen in Populationen auftreten. Die Veränderungen, denen die genetische Variabilität in Populationen verschiedener Größe unterliegt, wurden von der mathematischen Populationsgenetik theoretisch untersucht. Dabei ließen sich die Bedingungen zeigen, unter denen die Selektion Wirkung entfalten kann.

   d) Die Aufspaltung einer Spezies in zwei (reproduktiv getrennte) Spezies wurde durch einen eigenen Evolutionsfaktor erklärt, der sich nicht auf Mutationen,

Rekombination oder Selektion zurückführen lässt: Die mechanische (**geographische**) **Isolation** zwischen zwei Populationen. Entsprechend wurde in der Evolution zwischen zwei Phänomenen unterschieden: Aufspaltung (Kladogenese) und Weiterentwicklung (Anagenese) (vgl. Baur 1919: 334–35; Rensch 1947a: 95).

3) Die kausale Evolutionstheorie auf der Basis der genannten Faktoren sollte eine **allgemeine Evolutionstheorie** sein und möglichst alle Phänomene der Evolution erklären. Sie war ursprünglich experimentell an bestimmten Modellorganismen (*Drosophila*, *Antirrhinum*) entwickelt und durch mathematische Ableitungen präzisiert und abgesichert worden. Eine weitere wichtige Grundlage waren biogeographische und systematische Beobachtungen. Bis zum Beweis des Gegenteils nahm man an, dass die Evolution aller Organismen (einschließlich der Menschen) und die gesamte phylogenetische Entwicklung auf diese Ursachen zurückzuführen ist. Vor allem wurden die Notwendigkeit bestritten, spekulative Sondermechanismen oder eine eigene Makroevolutionstheorie einzuführen.[40]

4) Um die selektionistische Evolutionstheorie zu modernisieren und ihr den gewünschten allgemeinen Charakter zu geben, war es notwendig, auf eine ganze Reihe verschiedener Disziplinen und ihre Methoden zurückzugreifen. Historisch am wichtigsten waren Genetik, mathematische und ökologische Populationsgenetik, Systematik und Biogeographie. Diese **synthetische Bewegung** war ein ausgesprochen wichtiges Mittel, man hielt sich unausgesprochen an Arthur Koestlers Mahnung – »All decisive advances in the history of scientific thought can be described in terms of mental cross-fertilization between different disciplines« (Koestler 1964: 230) – aber sie war nicht das eigentliche Ziel.

Legt man diese inhaltliche Bestimmung zugrunde, so lässt sich auch die Frage beantworten, wie die Theorie zu benennen ist. Bezeichnungen wie ›allgemeine umfassende Genetik‹ und ›Mutationstheorie‹ sind insofern ungünstig, als damit ein Evolutionsfaktor bzw. eine der beteiligten Disziplinen ausschließlich im Vordergrund steht. Dies gilt auch für ›Selektionismus‹ und ›Selektionstheorie‹. Es kommt noch hinzu, dass bei diesen Namen sowohl die Teiltheorie als auch die übergeordnete Gesamttheorie gemeint sein kann, wodurch Missverständnisse vorprogrammiert sind. Die Hervorhebung einzelner Evolutionsfaktoren lässt zudem unberücksichtigt, dass eine allgemeine und umfassende Evolutionstheorie angestrebt wurde. Da sich zudem keiner dieser Vorschläge durchsetzen konnte, werde ich nicht näher auf sie eingehen.

Sehr viel erfolgreicher war, wie beschrieben, ›Synthetische Theorie‹. Mit diesem Begriff wird der Schwerpunkt auf den Aspekt der Synthese gelegt, wobei es sich um interdisziplinäre Zusammenarbeit, um die Verknüpfung von Theorien, um die Verbindung von Theorie und Empirie usw. handeln kann. Es ist unbestritten, dass die neue Evolutionstheorie auch zu einer Einheitswissenschaft (zumindest innerhalb der Biologie) führen sollte und ein »movement towards unification« beinhaltete (Huxley 1942: 13). In aktuellen wissenschaftshistorischen Büchern wird dieser Aspekt z.T. sehr stark betont, wie schon an ihren Titeln abzulesen ist. Das Standardwerk von Mayr und Provine *The Evolutionary Synthesis* (1980) trägt den Untertitel: »Perspectives on the Unification of Biology« und Smocovitis hat ihr Buch *Unifying Biology – The Evolutionary Synthesis and Evolutionary Biology* (1996) genannt.[41] Eine »einheitliche Gesamtauffassung« der Evolutionsprobleme (Rensch 1947a: 375) war ein wichtiges Anliegen der Evolutionstheoretiker während der 1930er und 1940er Jahre (vgl. Mayr 1980a: 40). Es ging aber nicht um die Vereinheitlichung als Selbstzweck und die Vertreter der Theorie haben beispielsweise eine Synthese auf lamarckistischer Basis – wie von Rensch bis 1933 angestrebt – oder auf Grundlage einer Makromutationstheorie – wie von Schindewolf 1936 vorgeschlagen – ausdrücklich abgelehnt.

Es bestand also ein Zielkonflikt zwischen dem Bestreben nach einer Synthese verschiedener theoretischer und methodischer Ansätze und der Entwicklung einer modernisierten Selektionstheorie. Diese beiden Tendenzen müssen sich nicht widersprechen, sie sind aber auch nicht identisch. In dem z.T. von den Architekten und von Wissenschaftshistorikern vertretenen additiven Modell (Synthese **und** Selektionstheorie) wird unterschlagen, dass beide Vorhaben nicht völlig zur Deckung kamen und in Konfliktfällen eine klare Zielhierarchie bestand. Analysiert man die Gründungsschriften der Architekten, so zeigt sich, dass in den einführenden programmatischen Sätzen der synthetische Charakter betont wird, de facto aber die Anerkennung der zentralen Bedeutung der Selektion als Abgrenzungskriterium galt. Da die Vereinheitlichungstendenz also nicht der zentrale Punkt war, ist es nicht sinnvoll von der ›Synthetischen‹ Theorie zu sprechen. Zudem ist der Begriff wenig aussagekräftig, da er weder einen Hinweis auf die naturwissenschaftliche Disziplin noch auf die theoretischen und methodologischen Konzepte gibt, um die es sich handelt. Ein wichtiger Grund für die teilweise Verschleierung der Zielhierarchie und für die Ersetzung von ›Darwinismus‹ durch ›Synthetische Theorie‹ waren taktische Erwägungen, bedingt durch die politischen Rahmenbedingungen. Andere Motive, wie die Vermeidung semantischer Unklarheit, Betonung des Neuen usw., haben diese Tendenz verstärkt, waren aber kaum entscheidend.

Provine, einer der besten Kenner der Evolutionstheorie des 20. Jahrhunderts, hat vorgeschlagen, statt von einer »evolutionary synthesis« von einer »evolutionary constriction« zu sprechen: »The evolutionary synthesis was not so much a synthesis as it was a vast cut-down of variables considered important in the evolutionary process« (Provine 1988: 61). So berechtigt diese Bemerkung auch ist, so wenig eignet sie sich für eine Benennung – ›constricted theory of evolution‹ würden wohl nur Gegner der Theorie akzeptabel finden. Also doch ›Darwinismus‹?

## 3.2 Was ist Darwinismus?

Die Bezeichnung ›Darwinismus‹ für einen bestimmten Typus von Evolutionstheorien hat eine lange Tradition, der folgende Überblick über verschiedene, historisch einflussreiche Bestimmungen wird dies verdeutlichen. Damit sollen auch die Möglichkeiten und Grenzen bestimmt werden, die Darwins Denken und den Darwinismus zu einer historischen Entität machten. Dies ist notwendig, da jede begründete Aussage über den darwinistischen oder anti-darwinistischen Charakter einer Theorie eine Interpretation von Darwins Theorie und der Geschichte des Darwinismus voraussetzt.

Bereits im April 1860, also wenige Monate nach der Veröffentlichung von *Origin of Species*, lässt sich die Bezeichnung ›Darwinismus‹ für die darin vorgestellten Theorien erstmals nachweisen. Thomas Henry Huxley bestimmte in seiner Rezension die wesentlichen Inhalte als gemeinsame Abstammung, Evolution, natürliche Auslese und Kampf ums Dasein:

> »The Darwinian hypothesis has the merit of being eminently simple and comprehensible in principle, and its essential positions may be stated in a very few words: all species have been produced by the development of varieties from common stocks; by the conversion of these, first into permanent races and then into new species, by the process of natural selection, which process is essentially identical with that artificial selection by which man has originated the races of domestic animals – the struggle for existence taking the place of man, and exerting, in the case of natural selection, that selective action which he performs in artificial selection.« (T.H. Huxley 1860: 71, 78)

In Deutschland tauchte der Begriff ›Darwinismus‹ ein Jahr später auf; die erste mir bekannte Fundstelle ist ein Brief des Göttinger Zoologen Rudolph Wagner an den Münchner Philosophen Jakob Frohschammer (Brief vom 3. April 1861; UBM). Seit dieser Zeit haben aber kaum je zwei Autoren das Wort ›Darwinismus‹ in genau der gleichen Weise verwendet. Man übernahm von Darwin einzelne seiner Theorien und fügte andere hinzu, so dass mit dem Begriff bald nicht nur die Ideen verbunden wurden, die Darwin ursprünglich oder später lehrte, sondern auch solche, die er hätte vertreten sollen oder können, ja sogar solche, von denen er sich ausdrücklich distanzierte (Heberer 1949b; Bowler 1988; Moore 1991; Mayr 1991: 90–92; Gayon 1995).

Diese Vielfalt der Interpretationen hat verschiedene Ursachen. Zum einen haben sich manche Autoren auf unterschiedliche Komponenten in Darwins Gesamt-Theorie bezogen und beispielsweise nur die Evolutions- oder die Selektionstheorie als ›Darwinismus‹ bezeichnet. Zum anderen macht es einen großen Unterschied, welchen persönlichen Hintergrund und welche eigenen Interessen eine Person hat. Ein Theologe, Soziologe oder Philosoph wird mit dem Begriff etwas anderes verbinden als ein Naturwissenschaftler, und selbst innerhalb der Biologie haben Genetiker, Systematiker oder Paläontologen unterschiedliche Schwerpunkte gesetzt. Ähnliches gilt für die Übertragung der Theorien Darwins aus dem britischen Kontext in die von anderen wissenschaftlichen, politischen, kulturellen und sozialen Erfahrungen geprägten Nationen Kontinentaleuropas oder Nordamerikas, die keine passive Rezeption, sondern ein aktiver Prozess selektiver Aneignung und Interpretation war. Auch wird ein Gegner von Darwins Theorien ein anderes Bild des Darwinismus zeichnen als ein Anhänger. Und schließlich veränderte sich der Darwinismus kontinuierlich als er wissenschaftlich reifte und sich weiterentwickelte, es also auch zu zeitlichen Bedeutungsverschiebungen kam.

In Anbetracht des ständigen Wechsels in den Bedeutungen, die dem Begriff ›Darwinismus‹ beigelegt wurden, stellt sich die Frage, ob sich in diesen Varianten eine gewisse Kontinuität sowie Gemeinsamkeiten aufweisen lassen. Eine historische und inhaltliche Analyse der verschiedenen Verwendungen zeigt, dass dies tatsächlich der Fall ist. Die Basis der Übereinstimmung besteht darin, dass sie sich überwiegend auf wichtige theoretische Elemente beziehen, die Darwin in *Origin of Species* und späteren Werken dargelegt hat. Es ist allerdings nicht möglich, einfach diese Theorien in allen ihren Einzelheiten als Grundlage zu nehmen. Darwin hatte seine Vorstellungen zwar als Einheit vorgestellt, es handelte sich aber um ein Bündel verschiedener Theorien, die auch einen gewissen Wandel im Laufe seines Lebens erfuhren. Noch viel weniger kann man die persönlichen Überzeugungen der ›Darwinisten‹ zur Grundlage nehmen, wenn man darunter die Wissenschaftler in Darwins Umfeld versteht oder alle Autoren, die sich selbst als Darwinisten bezeichneten. Darwins engste wissenschaftliche Freunde Lyell, Hooker, Huxley und Gray beispielsweise konnten sich kaum auf einen gemeinsamen theoretischen Nenner einigen.

Trotzdem war die Situation für Darwins Zeitgenossen in den ersten Jahrzehnten nach 1859 relativ eindeutig: Wenn jemand annahm, dass die biologischen Arten durch Wandel aufgrund natürlicher Ursachen aus wenigen früheren Arten entstanden sind, war er Darwinist, wer an einzelne Schöpfungen glaubte, war Anti-Darwinist. Dieser Unterscheidung gab Haeckel Ausdruck, als er davon sprach, dass auf der Fahne der Darwinisten die Worte »Entwickelung und Fortschritt« stehen, auf der seiner Gegner »Schöpfung und Species« (Haeckel 1864: 17–18). Darwins Argumentation gegen den Schöpfungsglauben auf der einen und seine materialistische Erklärung der Vielfalt der organischen Welt und ihrer Geschichte auf der anderen Seiten waren der Kern des Darwinismus in den 1860er und 1870er Jahren. Unter ›Darwinismus‹ verstand man die Kombination der beiden Konzepte Evolution und gemeinsame Abstammung ohne Rücksicht auf den zugrunde gelegten Evolutionsmechanismus (Celakovsky 1873: 313).

Da die Evolution aber auch schon vor Darwin von verschiedenen Autoren vertreten worden war, wurde parallel dazu eine abweichende Definition des Darwinismus gebräuchlich. Eine ganze Reihe von Autoren verwiesen darauf, dass die **Selektionstheorie** der wesentliche Kern des Darwinismus sei. Diese Interpretation setzte sich erst in den Jahren nach 1930 allgemein durch, wurde aber auch schon im 19. Jahrhundert vertreten. So schrieb der Botaniker Carl Nägeli 1865: »Die Nützlichkeitstheorie [= Selektionstheorie] ist der Darwinismus« (Nägeli 1865: 16–17 Fn.) und Haeckel erläuterte ein Jahr später:

> »Diese Selections-Theorie ist es, welche man mit vollem Rechte, ihrem alleinigen Urheber zu Ehren, als Darwinismus bezeichnen kann, während es nicht richtig ist, mit diesem Namen, wie es neuerdings häufig geschieht, die gesammte Descendenz-Theorie zu belegen, die bereits von Lamarck als eine wissenschaftlich formulirte Theorie in die Biologie eingeführt worden ist.« (Haeckel 1866, 2: 166)

In diesem Sinne heißt es auch bei Gayon: »There is no doubt about the hard core of any Darwinian tradition: this hard core will always include natural selection as a fundamental element« (Gayon 1995: 4; vgl. die etwas abweichende Bestimmung bei Mayr 1991: 94–95). Darwinismus ist also spezifischer als Evolutionstheorie. Der Begriff umfasst neben der Theorie der Evolution auch die Selektion als zentralen (nicht aber notwendigerweise als einzigen) Evolutionsmechanismus.

Aus historischen und inhaltlichen Gründen, d.h. in Anlehnung an die tatsächliche Verwendung des Begriffes und in Bezug auf die zentralen Thesen Darwins, werde ich ›Darwinismus‹ bzw. die ›Darwinisten‹ folgendermaßen definieren: Es handelt sich um Autoren und Theorien, die von einer natürlichen Entstehung der Arten ausgehen und sie durch die Prinzipien gemeinsame Abstammung, (graduelle) Evolution und natürliche Auslese erklären. In diesem Sinne hat Darwin sein System als »theory of descent with modification through natural selection« bezeichnet (Darwin 1859: 459). Beim Darwinismus handelt es sich also nicht um eine einheitliche, engbegrenzte Theorie, sondern um ein Geflecht aus verschiedenen theoretischen und empirischen Elementen. Die Selektion muss dabei der wichtigste, aber nicht der ausschließliche Evolutionsmechanismus sein, der zur Anpassung führt.

Abbildung 5: Titelblatt von *Die Evolution der Organismen* (1943)

Der Darwinismus ist also nicht mit der Evolutionstheorie identisch. Es gab und gibt die unterschiedlichsten Evolutionstheorien und auch die naturalistische Erklärung der Evolution durch Selektion, d.h. der Darwinismus, hat sich in den letzten 140 Jahren verändert. Man hat dem Rechnung getragen, indem man einzelne wichtigere Entwicklungsstufen spezifizierte. Die verschiedenen Varianten des Darwinismus unterscheiden sich vor allem in der Frage der Evolutionsmechanismen: Ist die Selektion der einzige Faktor oder muss er durch weitere Mechanismen ergänzt werden? Folgende Varianten bzw. Phasen lassen sich unterscheiden:

1) Der **klassische Darwinismus**, der nach 1859 entstand und in dem die Selektion der wichtigste richtende (zur Anpassung führende) Evolutionsfaktor ist; zugleich wurden aber auch lamarckistische Effekte anerkannt.
2) Weismanns **Neo-Darwinismus** (nach 1883) zeichnete sich durch die Ablehnung der Vererbung erworbener Eigenschaften aus.

Da der Begriff ›Neo-Darwinismus‹ von einigen Autoren auch für die moderne Evolutionstheorie verwendet wird, seit kurz auf seine Geschichte eingegangen. Der

Begriff ›Neo-Darwinismus‹ war ursprünglich von George John Romanes (1895) geprägt worden, um die Evolutionstheorien von Weismann und Wallace zu bezeichnen. Romanes sah in deren Theorien eine Abkehr von Darwins Konzept, das lamarckistische Elemente beinhaltet hatte. Unter Neo-Darwinismus versteht man seither darwinistische Theorien, die auf lamarckistische Erklärungen verzichten. Dies trifft nun für den Darwinismus der zweiten Hälfte des 20. Jahrhunderts zu. Allerdings hatte Romanes den Neo-Darwinismus als »the pure theory of natural selection to the exclusion of any supplementary theory« definiert (Romanes 1895: 12). Dies ist für die Theorie der 1930er Jahre aber nicht der Fall, sondern es wurden auch andere Evolutionsfaktoren (Zufall, geographische Isolation, u.U. auch Mutationsdruck) akzeptiert. Mit der Bezeichnung ›Neo-Darwinismus‹ wird der antilamarckistische Charakter in den Vordergrund gerückt, der in den 1930er Jahren eine nicht unbeträchtliche Bedeutung hatte.[42]

In den Jahrzehnten nach 1900 hat sich der Darwinismus weiterentwickelt und gewandelt. Aus diesem Grund werden auch für das 20. Jahrhundert verschiedene Phasen unterschieden.

Eine wichtige Variante war 3) der **genetische** und **populationsgenetische Darwinismus** (1915–32). In diesen Jahren gelang es Autoren wie Chetverikov in der Sowjetunion, Fisher in England und Baur in Deutschland den Mutationismus der frühen Genetiker zu widerlegen. Man betonte die Selektion von kleinen genetischen Unterschieden in Populationen und löste so das Problem der Anpassung.

Die große Bedeutung dieser Arbeiten für die moderne Evolutionstheorie wurde vor allem von Provine betont (1978). Von Mayr wird diese Entwicklungsstufe auch als ›Fisherism‹ bezeichnet (Mayr 1988c: 536), von Gayon als »Mendelised ›neo-Darwinism‹« (Gayon 1998: 320). In den 1930er und 40er Jahren wurden dann wichtige Erweiterungen vorgenommen, die es trotz der engen personellen und inhaltlichen Verbindung mit dem genetischen und populationsgenetischen Darwinismus sinnvoll machen, von einer weiteren Phase zu sprechen.

Diese 4) Variante, der **synthetische Darwinismus** (die Synthetische Evolutionstheorie), die zwischen 1930 und 1950 ausformuliert wurde, übernahm die Theorien des genetischen und populationsgenetischen Darwinismus und integrierte zudem die systematische Theorie der Speziation durch geographische Isolation (d.h. die horizontale Komponente der Evolution). Sie betonte die organismische Perspektive und wollte eine allgemeine Evolutionstheorie sein.

Für diese vierte Variante schlage ich den Namen ›**synthetischer Darwinismus**‹ (statt ›Synthetische Theorie‹) vor. Dieser Begriff hat den Vorteil, dass er einen klaren Hinweis auf die historischen Traditionen und den Inhalt der Theorie gibt. Das Adjektiv ›synthetisch‹ weist darauf hin, dass die Verbindung verschiedener theoretischer Konzepte (Selektion, Mutation, geographische Isolation) und biologischer Disziplinen ein wichtiges Element der neuen Theorie war; zudem hat das Wort eine gewisse Tradition. Ich gehe davon aus, dass es sich beim Selektionsprinzip um den zentralen Kern der Theorie handelt und nicht nur um einen unter mehreren Evolutionsfaktoren.

Ein Problem ist noch zu bedenken: Der Darwinismus war und ist zwar selbst keine Weltanschauung, sondern eine naturwissenschaftliche Theorie. Schon in den ersten Jahren nach der Veröffentlichung von *Origin of Species* wurde er aber mit progressiven und liberalen politischen Ideen verbunden, später auch mit einer Glorifizierung des Kampfes ums Dasein zwischen Menschen und Menschengruppen. Einige von Darwins wichtigeren Konzepten, wie die Betonung der individuellen Variabilität, die natürliche Auslese, der Kampf ums Dasein, die natürliche Erklärung der Evolution einschließlich der Entstehung der Menschen sowie das Verhältnis von Zufall und Notwendigkeit berühren in der Tat zentrale philosophische und weltanschauliche Ideen. Nicht nur der Darwinismus des 19. Jahrhunderts hatte die Tendenz, über die fachwissenschaftliche Diskussion hinauszugreifen und mit dem Anspruch einer allgemeinen Welterklärung aufzutreten. Ähnlich haben sich viele namhafte Selektionisten des 20. Jahrhunderts in ihren Büchern und Artikeln intensiv mit allgemeinen philosophischen und weltanschaulichen Fragen auseinandergesetzt und standen in dieser Hinsicht in der Tradition des klassischen Darwinismus (vgl. Ruse 1996).

Der synthetische Darwinismus des 20. Jahrhunderts geht in seinen Grundlagen auf Darwins Theorien zurück, er unterscheidet sich aber auch in einigen wichtigen Punkten. Legt man Mayrs Abgrenzung der fünf Haupttheorien Darwins zugrunde (Mayr 1985a: 757), so zeigt sich folgendes Bild: Der synthetische Darwinismus übernimmt von Darwin die Theorien der Evolution, der gemeinsamen Abstammung der Organismen und der Selektion. Er widerlegt Darwins Theorien der Vererbung (Lamarckismus) und der Entstehung der Vielfalt (Divergenzprinzip). An ihre Stelle treten die genetische Vererbungstheorie und die systematische Theorie der Speziation durch geographische Isolation.

Die Nähe des synthetischen Darwinismus zu Darwin geht aber über einzelne theoretische Elemente hinaus. Der Darwinismus definiert sich ja über den Verweis auf seinen Begründer, ein Vorgang, der sich sonst in der modernen Naturwissenschaft nicht zeigen lässt. Und tatsächlich war *Origin of Species* auch im 20. Jahrhundert das prägende gedankliche und argumentative Vorbild. Man kann dies an einigen der Buchtitel ablesen, Dobzhansky nennt sein Buch *Genetics and the Origin of Species*, Mayr das seine *Systematics and the Origin of Species*. Die Verbindung geht aber tiefer: So hat Dobzhansky für sein Buch die argumentative Struktur der ersten Hälfte von Darwins *Origin of Species*, in der dieser seinen Evolutionsmechanismus vorgestellt hatte, direkt übernommen. Die folgende Tabelle zeigt die Übereinstimmungen im Aufbau, aber auch die durch die neuen Erkenntnisse der Genetik ermöglichten Veränderungen:

| I. Teil | Darwin 1859 | | Dobzhansky 1937 | |
|---|---|---|---|---|
| Variation | I | Variation under Domestication | I | Organic Diversity |
| | II | Variation under Nature | II | Gene Mutation |
| | | | III | Mutation as a basis for racial and specific differences |
| | | | IV | Chromosomal changes |
| | | | V | Variation in natural populations |
| Selektion | III | Struggle for Existence | VI | Selection |
| | IV | Natural Selection | | |
| | VI | Difficulties on Theory | | |
| | VII | Instinct | | |
| Artbildung | | | VII | Polyploidy |
| | | | VIII | Isolating Mechanisms |
| | VIII | Hybridism | IX | Hybrid sterility |
| | | | X | Species as natural units |

Ähnlich ist auch Timoféeff-Ressovskys zentraler Artikel »Genetik und Evolution« aufgebaut (1939a). Die Autoren beginnen jeweils mit einer ausführlichen Darstellung der Phänomene der Variabilität. In einem zweiten Schritt werden dann Selektion und weitere Evolutionsfaktoren (Isolation, Populationswellen) diskutiert. Damit ist die erste Hälfte von Darwins Werk abgedeckt. Die nächste Tabelle verweist auf weitere wichtige Schriften des synthetischen Darwinismus, in denen die von Dobzhansky und Timoféeff-Ressovsky nicht behandelten Themen aus der phylogenetischen zweiten Hälfte von *Origin of Species* untersucht wurden.

| II. Teil | Darwin 1859 | Synthetischer Darwinismus |
|---|---|---|
| Paläontologie | IX On the Imperfection of the Geological Record<br>X On the Geological Succession of Organic Beings | Zimmermann 1930; Rensch 1943; Simpson 1944 |
| Biogeographie | XI Geographical Distribution<br>XII Geographical Distribution – cont. | Rensch 1939; Mayr 1942 |
| Morphologie, Embryologie | XIII Mutual Affinities of Organic Beings: Morphology: Embryology: Rudimentary Organs | Zimmermann 1930; Rensch 1947 |
| Zusammenfassung | XIV Recapitulation and Conclusison | |

Die argumentative Zweiteilung, die hier durch die beiden Tabellen veranschaulicht wird, ist bei Darwin bereits implizit vorgegeben, wie er in *Variation* erläutert hat. Im ersten Teil von *Origin of Species* ging es darum, das Prinzip der natürlichen Auslese dadurch wahrscheinlich zu machen, dass er empirische Belege für die natürliche Variabilität der Organismen, den Kampf ums Dasein und die Domestikation anführt:

»The principle of natural selection may be looked at as a mere hypothesis, but rendered in some degree probable by what we positively know of the variability of organic beings in a state of nature,– by what we positively know of the struggle for existence, and the consequent and almost inevitable preservation of favourable variations,– and from the analogical formation of domestic races.«

In der zweiten Hälfte wird diese Hypothese getestet, indem er sie als Erklärung auf die unterschiedlichsten biologischen Phänomene überträgt:

»Now this hypothesis may be tested,– and this seems to me the only fair and legitimate manner of considering the whole question,– by trying whether it explains several large and independent classes of facts; such as the geological succession of organic beings, their distribution in past and present times, and their mutual affinities and homologies. If the principle of natural selection does explain these and other large bodies of facts, it ought to be received.« (Darwin 1868, 1: 9)

Diese Struktur liegt seit *Origin of Species* allen im engeren Sinn darwinistischen Argumentationen zugrunde, sie repräsentiert die innere Logik der Theoriebildung, den ›hard core‹ des Forschungsprogramms (Lakatos 1971). Entsprechend prägte sie auch den synthetischen Darwinismus und auf diese Weise wiederum meine Rekonstruktion (vgl. Kapitel III und IV).

Wenn man diese Rekonstruktion der modernen Evolutionstheorie akzeptiert, löst sich die Unklarheit über ihren Inhalt auf, die von Wissenschaftshistorikern oft beklagt wurde. »The synthetic theory of evolution is a moving target«, stellte beispielsweise Richard Burian resigniert fest (Burian 1988: 250). Und Smocovitis meinte, dass alle Versuche, den Kern der Synthetischen Evolutionstheorie zu bestimmen, gescheitert seien. Man sei lediglich zu dem Schluß gekommen, dass es die Synthese als historisches Ereignis gab, wobei die Anführungszeichen selbst diese magere Erkenntnis relativieren: »Spilling gallons of ink on the subject, and engaging in heated disputes for nearly a decade, the growing numbers of commentators on what became the ›synthesis‹ would only agree in making this count as a historical ›event‹« (Smocovitis 1992: 62).

Die von Burian, Smocovitis und anderen konstatierte Verwirrung über Inhalt und Geschichte der modernen Evolutionstheorie ist unnötig. Die Wissenschaftshistoriker sollten sich entscheiden, ob sie über die ›synthetische‹ Bewegung der 1930 bis 1950er Jahre schreiben wollen; in diesen Fall sind Renschs lamarckistischer und Schindewolfs saltationistischer Syntheseversuch ebenso zu berücksichtigen wie die Idee der Einheitswissenschaft des Wiener Kreises oder die »Naturwissenschaftliche Synthese« von Adolf Meyer-Abich und Pascual Jordan. Oder ob sie die moderne Selektionstheorie meinen, die – um erfolgreich zu sein – verschiedene andere Elemente integrierte (vgl. hierzu auch Gayon 1995).

## 4. Thesen

- Der Name ›Darwinismus‹ wurde nach dem Zweiten Weltkrieg mit der biologistischen Ideologie des NS-Regimes in Verbindung gebracht. Die Vertreter der selektionistischen Evolutionstheorie versuchten, sich von diesen unerwünschten Assoziationen zu distanzieren. Wichtiger Teil ihrer Strategie war es, einen neuen Namen einzuführen und nicht mehr von ›Darwinismus‹ sondern von ›Synthetischer Theorie‹ zu sprechen.
- In späteren Jahrzehnten führte dieser Namenswechsel zu einer Verwässerung der Konzepte und zu inhaltlicher Unklarheit. Der Versuch, eine modernisierte selektionistische Evolutionstheorie zu begründen, wurde nun in erster Linie als

synthetische Bewegung aufgefasst. Man glaubte, weil die Theorie ›synthetisch‹ heißt, müsse es sich auch in erster Linie um eine Synthese handeln. Dabei übersah man, dass der neue Name ursprünglich vor allem aus wissenschaftspolitischen und rhetorischen Gründen eingeführt worden war.

- In den 1930 bis 1950er Jahren gab es eine breite ›synthetische‹ Bewegung in der Evolutionsbiologie und darüber hinaus, die verschiedene inhaltliche Formen annahm: Neben der selektionistischen gab es lamarckistische, saltationistische und holistische Synthesen.
- Die moderne Evolutionstheorie kann nur unzureichend verstanden werden, wenn man ihren synthetischen Charakter in den Vordergrund stellt. Dagegen machen viele sonst unverständliche Details Sinn, wenn man die Theorie als modernisierten Darwinismus auffasst.
- Der Name ›synthetischer Darwinismus‹ für die zwischen 1930 und 1950 entstandene selektionistische Evolutionstheorie ist gegenüber ›Synthetischer Theorie‹ vorzuziehen, da er einen klaren Hinweis auf die historischen Traditionen, die weltanschauliche Ausrichtung und den Inhalt der Theorie gibt.

Mit diesen Thesen ist auch die spezifische, innovative Fragestellung meiner Untersuchung benannt. Im Folgenden werde ich zeigen, dass in den Jahren 1930 bis 1950 eine historisch und inhaltlich abgrenzbare, vornehmlich selektionistische Evolutionstheorie entstand. Dieser Nachweis wird in erster Linie am Beispiel der Evolutionstheoretiker in Deutschland geführt, ergänzt durch entsprechende Aussagen amerikanischer und englischer Autoren.

## II. Die Darwinisten

Sobald sich eine wissenschaftliche Fragestellung oder Theorie durchgesetzt hat und zur Lehrmeinung wird, verändert sich der Blick auf ihre Entstehungsgeschichte. Die vielfältigen tastenden Versuche, Ideen und Vorschläge werden im Rückblick begradigt, Irrwege ausgeblendet und die historische Entwicklung wird vor dem Hintergrund des erfolgreichen Modells gesehen und bewertet. Die biographische Perspektive hebt diese nachträgliche Begradigung tendenziell wieder auf, da hier Personen und nicht Theorien im Mittelpunkt stehen. Die Vielfalt und Widersprüchlichkeit der Ansätze, die Offenheit der historischen Entwicklung wird so deutlicher. Im folgenden, biographisch angelegten Kapitel werde ich die wichtigsten Hauptströmungen, aber auch einige der Seitenlinien meines Themas anhand der persönlichen Entwicklung wichtiger Autoren schildern; in den beiden nächsten, theoretischen Kapiteln wird dann die Entstehung des synthetischen Darwinismus aus der Perspektive der Mutations-Selektions-Theorie betrachtet. Wer waren die Darwinisten, welche Ausbildung und sozialen Hintergrund hatten sie, was waren ihre Fachgebiete und welchen wissenschaftlichen und geistigen Traditionen lassen sich ihre Ideen zuordnen? Welche Beziehungen gab es zwischen ihren evolutionstheoretischen Überzeugungen und dem biographischen, sozialen und fachlichen Kontext, aus dem sie entstanden? Und schließlich: Wie eng war die soziale und fachliche Zusammenarbeit der Autoren, kann man von einem oder mehreren Netzwerken sprechen?

Die Auswahl der untersuchten Autoren wurde zunächst nach sprachlichen bzw. geographischen Kriterien vorgenommen, d.h. es werden nur Biologen, die in Deutschland forschten und arbeiteten, untersucht. Mit Deutschland ist in erster Linie die sprachliche Einheit gemeint. Auf der Basis dieses Auswahlkriteriums wird Nikolai W. Timoféeff-Ressovsky, nicht aber Ernst Mayr besprochen. Diese Art der Abgrenzung hat eine gewisse Einseitigkeit zur Folge, die gerne zugestanden werden soll. Mayr ist in seiner Argumentation und von seinen Traditionen her sehr viel ›deutscher‹ als Timoféeff-Ressovsky. Trotzdem wurde die geographische (und sprachliche) Abgrenzung gewählt. Dies ist insofern gerechtfertigt, als die wissenschaftlichen und sozialen Verbindungen in den 1920er bis 1940er Jahren innerhalb von Deutschland intensiver waren als auf internationaler Ebene, auch wenn sie über Publikationen und persönliche Kontakte in andere Länder hinausreichten. Zudem liegt die geographische Aufteilung der bisherigen Historiographie des synthetischen Darwinismus zugrunde und es empfahl sich deshalb, auch aus rein pragmatischen Gründen, sie zu übernehmen, um unnötige Wiederholungen und

Doppelungen zu vermeiden. Die zahlreichen Überschneidungen und Bruchstellen, die bei einer solchen Aufteilung entstehen, geben einen wichtigen Hinweis darauf, dass der synthetische Darwinismus ein internationales Projekt war und sich nur künstlich in nationale Segmente unterteilen lässt (vgl. auch Reif, Junker & Hoßfeld 2000).

In der wissenschaftshistorischen Literatur gibt es unterschiedliche Einschätzungen, welche Autoren dem synthetischen Darwinismus in Deutschland zuzurechnen sind. Ähnliches lässt sich auch für andere nationale Kontexte beobachten und ist teilweise dadurch zu erklären, dass Wesen und Abgrenzung der Theorie bis heute kontrovers diskutiert werden (vgl. Kapitel I). Geht man davon aus, dass es sich bei dem als ›Evolutionäre Synthese‹ bezeichneten historischen Phänomen in erster Linie um eine Modernisierung des Darwinismus handelt, so ergibt sich folgende Zuordnung ihrer Vertreter bzw. Gegner: Als notwendiges Kriterium meiner Untersuchung diente, ob sich ein Autor zu einer umfassenden Bedeutung des Selektionsprinzips bekannte. Dies allein genügt jedoch noch nicht, da auch traditionelle Formen des Darwinismus weiter vertreten wurden. Das Kriterium der Abgrenzung von anderen Varianten des Darwinismus war, ob ein Autor die in den 1920er Jahren entstandene genetische und populationsgenetische Interpretation des Darwinismus rezipiert hat bzw. ihr zumindest nicht grundsätzlich ablehnend gegenüberstand. Welche Inhalte dies konkret betroffen hat, was als unverzichtbarer Bestandteil, was nur als optional galt, wird in den einzelnen Kapiteln besprochen (zur theoretischen Struktur des synthetischen Darwinismus vgl. auch Kapitel I).

Nur zu wenigen Autoren lagen biographische Untersuchungen vor und auch Analysen ihrer evolutionstheoretischen Ansichten fehlten in vielen Fällen. Die wenigen Hinweise in der älteren wissenschaftshistorischen Literatur beschränkten sich meist auf die Nennung der Namen und sind keineswegs einheitlich. Simpson beispielsweise nennt Timoféeff-Ressovsky und Rensch (Simpson 1949a: 277–78), Starck dagegen Osche und Rensch (Starck 1978: 9). Von Rensch selbst werden Franz, Heberer, Ludwig, Rensch, Timoféeff-Ressovsky, Fritz von Wettstein und Zimmermann aufgeführt (Rensch 1980: 285); bei Mayr sind es Baur, Heberer (als Herausgeber), Ludwig, Rensch, Stresemann, Timoféeff-Ressovsky und Zimmermann (Mayr 1982: 568). Reif nennt Rensch und Zimmermann sowie allgemein die Autoren der *Evolution der Organismen* (1943) (Reif 1983, 1986: 121; ähnlich auch Wuketits 1988: 65–66; Harwood 1993a: 111; Junker & Hoßfeld 2000). Diese Listen basieren offensichtlich ursprünglich auf den persönlichen Erinnerungen von Simpson und Mayr. Sie sind als solche aufschlussreiche Quellen und geben nützliche Anhaltspunkte. Spätere Autoren haben sich daran orientiert, aber erst in den letzten Jahren wurde versucht, diese Nennungen auch wissenschaftshistorisch zu belegen. Dabei wurde der Kreis der möglichen Kandidaten sukzessive ausgeweitet, z.T. auch eingeschränkt (vgl. die Beiträge zu Junker & Engels 1999; Reif, Junker & Hoßfeld 2000). Die folgende Darstellung wird zeigen, dass die Bedeutung der in der Literatur genannten Autoren für die Entwicklung des modernen Darwinismus sehr unterschiedlich war. Einige angebliche Anhänger der Theorie erwiesen sich sogar als explizite Gegner.

Um einen vielfältigeren Eindruck von den historischen Auseinandersetzungen zu gewinnen, habe ich auch solche Autoren einbezogen, die für die Vorbereitung wichtig waren bzw. dem engeren wissenschaftlichen Umfeld zuzurechnen sind. Bei der Auswahl habe ich – neben der wissenschaftshistorischen Literatur – auf die Querverweise in der zeitgenössischen Literatur geachtet. So wurden beispielsweise alle Autoren, die in der ersten Auflage der *Evolution der Organismen* vertreten sind, untersucht, da dieses Buch in der Literatur als wichtiges Dokument des synthetischen Darwinismus in Deutschland genannt wird. Die Tatsache, dass ein Autor von mir besprochen wird, bedeutet also nicht notwendigerweise, dass er dem synthetischen Darwinismus zuzurechnen ist, sondern lediglich, dass er in der zeitgenössischen oder wissenschaftshistorischen Literatur in diesem Zusammenhang genannt wird. Autoren, die als eindeutige Gegner des Darwinismus bekannt sind, wurden dagegen nicht aufgenommen. Es fehlen also die Anhänger eigenständiger Makroevolutionstheorien, des Kreationismus, des Lamarckismus und der Idealistischen Morphologie.

Die Analysen der Beiträge der einzelnen Autoren werden durch eine Darstellung des wissenschaftshistorischen Forschungsstandes zu der jeweiligen Person und ihrer Beachtung in zeitgenössischen Schriften ergänzt. Wenn in diesem Zusammenhang auf die »zentralen Schriften« des synthetischen Darwinismus verwiesen wird, so sind damit folgende Werke gemeint: Theodosius Dobzhansky, *Genetics and the Origin of Species* (1937); Walter Zimmermann, *Vererbung ›erworbener Eigenschaften‹ und Auslese* (1938); Nikolai W. Timoféeff-Ressovsky, »Genetik und Evolution« (1939a); Julian Huxley (ed.), *The New Systematics* (1940); Julian Huxley, *Evolution – The Modern Synthesis* (1942); Ernst Mayr, *Systematics and the Origin of Species* (1942); Gerhard Heberer (Hg.), *Die Evolution der Organismen* (1943); George Gaylord Simpson, *Tempo and Mode in Evolution* (1944); Bernhard Rensch, *Neuere Probleme der Abstammungslehre – Die Transspezifische Evolution* (1947a); G. Ledyard Stebbins, *Variation and Evolution in Plants* (1950). Die rezeptionsgeschichtliche Analyse soll klären, inwieweit ein Autor von anderen Darwinisten beachtet wurde und welche Wirkungsgeschichte seine evolutionstheoretischen Publikationen in diesem Kontext hatten.

Für die folgende Analyse hat sich die in der Literatur zum synthetischen Darwinismus gebräuchliche Unterscheidung zwischen Experimentalisten (v.a. Genetiker) und Naturalisten (Zoologen, Botanikern, Anthropologen, Systematiker usw.) als günstig erwiesen (vgl. Mayr 1982: 566–67). Die Spaltung in zwei Gruppen mit unterschiedlicher methodischer und theoretischer Ausrichtung (Experiment vs. Beobachtung und Vergleich), Sprache und Fragestellungen ist deutlich. Sie zeigt sich auch in Form institutioneller Anbindung und Schulenbildung. Um diese Zusammenhänge deutlich zu machen, habe ich die Autoren nach lokalen, institutionellen und Ausbildungs-Kriterien geordnet.

## 1. Genetiker – Populationsgenetiker – Experimentalisten

Die im Folgenden besprochenen Genetiker, Populationsgenetiker und Experimentalisten waren während des hier untersuchten Zeitraums fast ausschließlich an den verschiedenen Berliner Kaiser-Wilhelm-Instituten beheimatet. Baurs Institut an der Landwirtschaftlichen Hochschule Berlin, die Kaiser-Wilhelm-Institute für Biologie und für Züchtungsforschung sowie Timoféeff-Ressovskys Abteilung für Genetik am KWI für Hirnforschung waren zugleich die wichtigsten Zentren genetischer Forschung in Deutschland vor 1945. Wie Jon Harwood gezeigt hat, waren die Genetiker in Deutschland wegen der mangelnden institutionellen Repräsentanz an den Universitäten darauf angewiesen, an den Kaiser-Wilhelm-Instituten zu forschen.[43] Es ist bezeichnend, dass keiner der hier vorgestellten Genetiker und Populationsgenetiker während der formativen Phase des synthetischen Darwinismus (ab ca. 1935) an einer Universität lehrte. Eine Ausnahme ist lediglich Nachtsheim, der bis 1941 an der Landwirtschaftlichen Hochschule in Berlin-Dahlem tätig war und dann Abteilungsleiter am Kaiser-Wilhelm-Institut für Anthropologie, menschliche Erblehre und Eugenik in Berlin wurde.

Bis zu Fritz von Wettsteins Wechsel nach München (1931) und später ans Kaiser-Wilhelm-Institut für Biologie in Berlin (1934) bildete die Universität Göttingen mit von Wettstein und seinen Schülern Melchers, Stubbe und Schwanitz sowie Bauer einen Schwerpunkt genetischer Forschung. Dies war allerdings bevor die meisten ihrer evolutionstheoretischen Publikationen erschienen. Haase-Bessell war ›Privatfrau‹, Reinig hatte eine Stelle an der Preußischen Akademie der Wissenschaften inne, alle anderen waren an verschiedenen Kaiser-Wilhelm-Instituten in Berlin tätig: Am Institut für Züchtungsforschung in Müncheberg waren Baur und Stubbe (bis 1936); am Kaiser-Wilhelm-Institut für Biologie in Dahlem von Wettstein und seine Assistenten Melchers, Schwanitz und Stubbe, sowie Hartmann und seine Mitarbeiter Bauer und Pätau. Timoféeff-Ressovsky forschte am Kaiser-Wilhelm-Institut für Hirnforschung in Berlin-Buch.[44]

## 1.1 Landwirtschaftliche Hochschule Berlin und Kaiser-Wilhelm-Institut für Züchtungsforschung

Bis 1945 gab es an den 22 Universitäten und vier landwirtschaftlichen Hochschulen Deutschlands nur einen einzigen Lehrstuhl für Genetik, das für Erwin Baur 1914 eingerichtete Ordinariat für Vererbungsforschung an der Landwirtschaftlichen Hochschule Berlin (ab 1931 Hans Knappert).[45] Auch die Gründung des Kaiser-Wilhelm-Instituts für Züchtungsforschung in Müncheberg geht auf Baurs Initiative zurück. In Müncheberg wurde vor allem angewandte Forschung und Grundlagenforschung in kommerziell lukrativen Bereichen durchgeführt; es handelte sich also um ein industrienahes Institut (*Führer* 1933; Harwood 1996b).

### 1.1.1 Erwin Baur (1875–1933)

Baur war ein Pionier der Genetik, Mutationsforschung und modernen Evolutionstheorie. Er etablierte *Antirrhinum* als Modellorganismus der Pflanzengenetik analog zu *Drosophila* durch die Morgan-Schule. Bereits in den 1920er Jahren verband er Genetik, Mutationsforschung, ökologische Populationsgenetik und Selektionstheorie im Sinne der modernen Evolutionstheorie. Damit hat er sich große Verdienste um die Entwicklung des synthetischen Darwinismus im Allgemeinen und um seine Durchsetzung in Deutschland erworben. Sein früher Tod verhinderte zwar, dass er an der Ausformulierung der Theorie während der Jahre 1937 bis 1950 beteiligt war, inhaltlich gehen seine theoretischen Arbeiten und die genetischen Untersuchungen an *Antirrhinum* aber über die reine Vorbereitung hinaus.

Erwin Baur wurde am 16. April 1875 in Ichenheim (Baden) geboren.[46] Als Sohn eines Apothekers interessierte er sich früh für Botanik und Naturwissenschaften. Seine Mutter, Anna Siefert, war Tochter eines Gastwirtes in Offenburg. Ab 1885 besuchte er die Gymnasien in Konstanz und Karlsruhe, wo er 1894 das Abitur machte. Statt Botanik, wie erhofft, studierte er auf Wunsch seines Vaters zunächst Medizin an den Universitäten Heidelberg, Freiburg, Straßburg und Kiel. Er folgte aber weiter seinen Interessen; in Freiburg beispielsweise besuchte er Vorlesungen bei Friedrich Oltmanns und August Weismann. 1900 schloss er sein Medizinstudium an der Universität Kiel mit Staatsexamen und Promotion zum Dr. med. ab.

Abbildung 6: Erwin Baur, 1925 (nach Schiemann 1934)

Es folgte eine Reihe kürzerer Engagements: Eine Reise als Schiffsarzt führte ihn nach Brasilien, bevor er eine Assistentenstelle an der Meeresbakteriologischen Abteilung des Zoologischen Institutes in Kiel antrat. Im Winter 1901/02 leistete er seinen Militärdienst ab. Während der folgenden anderthalb Jahre als Assistenzarzt an einer psychiatrischen Klinik in Kiel und an der Landes-Irrenanstalt in Emmendingen (Baden) bearbeitete er zugleich bei Oltmanns eine botanische Promotion über die Entwicklungsgeschichte der Flechten. Mit Abschluss der Arbeit wechselte er im Oktober 1903 als erster Assistent an das Botanische Institut der Universität Berlin zu dem bereits 74jährigen Simon Schwendener. Ende 1904 habilitierte er sich hier mit einer bakteriologischen Arbeit. 1905 heiratete Baur Elisabeth Venedey, mit der er einen Sohn und eine Tochter hatte.

1908 wurde auf seine Initiative hin die *Zeitschrift für induktive Abstammungs- und Vererbungslehre* als weltweit erste Zeitschrift für Genetik gegründet. Anfang 1911 wurde Baur zum Professor am Lehrstuhl für Botanik an der Landwirtschaftlichen Hochschule Berlin ernannt. Im selben Jahr erschien sein Lehrbuch *Einführung in die experimentelle Vererbungslehre*, das zum erfolgreichsten deutschsprachigen Lehrbuch der Genetik wurde und bis 1930 zahlreiche Auflagen erlebte. Die von ihm angestrebte Gründung eines eigenen Instituts für Vererbungsforschung an der Landwirtschaftlichen Hochschule in Berlin wurde im April 1914 verwirklicht. Es handelt sich dabei um das erste Zentrum für angewandte und experimentelle Genetik in Deutschland, obwohl die Entwicklungsmöglichkeiten wegen des Ersten Weltkriegs zunächst sehr begrenzt blieben. Für das Wintersemester 1914/15 war Baur als Gastprofessor nach Madison, Wisconsin, eingeladen. Die Schiffspassage endete jedoch bereits in Port Said, wo er als feindlicher Ausländer inhaftiert wurde. Er konnte fliehen und nach Deutschland zurückkehren.

In den Jahren nach 1918 führte er einen erbitterten Kampf um den Institutsbau in Dahlem, der 1923 abgeschlossen wurde. Damit hatte er die institutionelle Basis, um die von ihm angestrebte Verbindung von Grundlagenforschung in der Genetik und praktischen Anwendungen in der Landwirtschaft zu verwirklichen. Zu seinen Mitarbeitern zählten Hans Nachtsheim und Paula Hertwig. Bereits 1921 hatte Baur zusammen mit Carl Correns und Richard Goldschmidt die *Deutsche Gesellschaft für Vererbungswissenschaft* gegründet, im September 1927 fungierte er als Präsident für den *V. Internationalen Kongress für Vererbungswissenschaft* in Berlin. In den folgenden Jahren unternahm er Forschungs- und Vortragsreisen nach Spanien, Südfrankreich, in die Sowjetunion und nach Südamerika. Ein wichtiger Erfolg war die Gründung des Kaiser-Wilhelm-Instituts für Züchtungsforschung in Müncheberg/Mark, das am 29. September 1929 eingeweiht wurde und in dem er die Verbindung von theoretischer, experimenteller und angewandter Genetik in größerem Maßstab weiterführte. Baur starb überraschend am 2. Dezember 1933 in Berlin an einem Herzanfall.

Zu Beginn seiner wissenschaftlichen Laufbahn hatte sich Baur für die Entstehung unterschiedlicher Farben, Marmorierungen und Scheckungen bei Pflanzen interessiert, die normalerweise rein grün sind. Bei der Untersuchung der ›infektiösen Chlorose‹ an Malvaceen (1904–08) konnte er als Ursache eine Virusinfektion nachweisen. Dies macht ihn zu einem der Begründer der botanischen Virologie. Bei der Untersuchung von Färbungsabweichungen bei *Pelargonium zonale* konnte er 1909 durch die Kombination von anatomisch-histologischen mit genetischen Untersuchungen das Phänomen der Chimärenbildung bei Pflanzen aufklären. In diesem Zusammenhang kam er zu der zukunftweisenden Schlussfolgerung, dass die Plastiden bei Pflanzen Träger von Erbanlagen sind.

Am bekanntesten wurde er aber durch die genetischen Analysen von *Antirrhinum* (Löwenmäulchen), die von 1907 an zunehmend zum Schwerpunkt seiner Forschung wurden. Damit etablierte er *Antirrhinum* als botanischen Modellorganismus, erstellte erste Genkarten bei Pflanzen und begann über die experimentelle Auslösung von Mutationen durch Chemikalien und Strahlen zu forschen. Diese Untersuchungen wurden von seinen Schülern Emmy Stein und Hans Stubbe weitergeführt. Baur war immer auch an den praktischen Anwendungen seiner Ergebnisse aus Genetik, Mutationsforschung und Evolutionstheorie interessiert. Dies führte ihn zur angewandten Züchtungsforschung in der Landwirtschaft, wo er ökonomisch wichtige Pflanzen wie Getreide, Kartoffeln und Kohl untersuchte, ebenso wie zu eugenischen und sozialpolitischen Programmen.

### 1.1.1.1 Rezeption

In den zeitgenössischen Schriften zum synthetischen Darwinismus werden Baurs Arbeiten regelmäßig zitiert. So verweisen Helena A. und Nikolai W. Timoféeff-Ressovsky in ihrem grundlegenden Artikel von 1927 auf Baurs wichtigen Fund hin, dass »man bei der eingehenden Untersuchung des Objektes stets ›kleine Mutationen‹ [...] aufdecken kann« (H.A. & N.W. Timoféeff-Ressovsky 1927: 105). In den folgenden Jahrzehnten wurde die Erkenntnis, dass unauffällige Kleinmutationen sehr viel häufiger sind, als in den ersten Jahren des Mendelismus vermutet, mit den Forschungen Baurs verbunden. Dies gilt für Gegner dieser Ansicht ebenso wie für ihre Anhänger. So sprach beispielsweise Ludwig Plate von »Kleinmutation im Sinne Baur's«.[47]

Auch die Folgerungen, die Baur aus dieser Entdeckung für die Evolutionstheorie zog, wurden weithin beachtet. So schrieb Rensch (noch vom lamarckistischen Standpunkt aus) über die »z. Zt. vorherrschende Meinung der Genetiker über die Bildung geographischer Rassen« und nannte in diesem Zusammenhang Baur (1924) sowie Goldschmidt (1932). Er führte weiter aus: »Die Rassenbildung würde also danach prinzipiell ihren Anfang mit Singularmutanten nehmen können, würde mithin im Rahmen unserer bisherigen genetischen Vorstellungen ›erklärbar‹ sein« (Rensch 1933a: 25–26; vgl. auch Haffer 1999: 132). Die Einschätzung von Timoféeff-Ressovsky, dass »auf kleine Mutationen und ihre Bedeutung für Evolution und Züchtung [...] erstmalig von E. Baur in seinen Antirrhinum-Versuchen die Aufmerksamkeit gerichtet« wurde (Timoféeff-Ressovsky 1937: 38), haben auch Autoren außerhalb des deutschen Sprachraums geteilt. So nannte Dobzhansky Baur als Vorläufer von Timoféeff-Ressovsky im Zusammenhang mit dessen Mutationsversuchen und bei der Betonung der Kleinmutationen: »before Timoféeff-Ressovsky's work the same viewpoint had been advanced by Baur« (Dobzhansky 1937: 26, 46; vgl. auch Mayr 1942: 67). Auch Stebbins hat die Priorität Baurs an diesem Punkt anerkannt:

> »The final set of genic effects to be considered are those which alter the phenotype very slightly, the so-called ›small mutations.‹ These were first described by Baur (1924) in *Antirrhinum majus* and its relatives, where they were estimated to occur at the extraordinarily high rate of one in ten gametes.« (Stebbins 1950: 91)

Von Stebbins wird hier auch auf das zweite wichtige Ergebnis der Experimente von Baur hingewiesen, auf seine Bestimmung der Mutationsrate bei *Antirrhinum*. Baurs konkrete Schätzungen galten in den folgenden Jahren allerdings als zu hoch gegriffen oder wurden als Ausnahme interpretiert (vgl. Dobzhansky 1937: 32; Stubbe & von Wettstein 1941: 266). Abgesehen von Simpsons *Tempo and Mode* (1944) werden Baurs Arbeiten in allen zentralen Schriften des synthetischen Darwinismus zitiert.

Auch in späteren Jahren wurde Baur regelmäßig mit der Entdeckung häufiger unauffälliger Mutation identifiziert (vgl. Mayr 1959a: 1–2). Mayr hat auch gezeigt, dass Baur (neben East, Chetverikov und Darlington) schon früh die Bedeutung der sexuellen Fortpflanzung als Lieferant von Selektionsmaterial erkannt hatte und nennt ihn als einen der wichtigsten frühen Vertreter des Populationsdenkens und der Populationsgenetik: »Population genetics had a brilliant beginning in plant science with Baur's work on the Spanish populations of *Antirrhinum* (1924, 1932)« (Mayr 1980f: 280). Und: »Population thinking was brought into genetics by Chetverikov and his students (including Timofeeff-Ressovsky), by Dobzhansky, and by Baur« (Mayr 1988c: 530). Von Mayr wird Baur neben J. Huxley, Ford, der Oxfordgruppe, Haldane und J. Grinnell als »pioneer of the 1920s – 1930s« bezeichnet (Mayr 1980a: 39; ähnlich in Mayr 1982: 568).[48] In seiner Analyse von Baurs Arbeiten nennt er aber auch dessen zögernde Haltung in Bezug auf die Möglichkeit, die gesamte Evolution mit den in den 1920er und 1930er Jahren bekannten Mutationstypen zu erklären:

> »Even E. Baur [...], the most consistent Darwinian among the continental geneticists, left open whether one could explain the characters of the higher taxa in the same manner as the species characters. There seemed to be nothing Mendelian in the variation of such characters.« (Mayr 1982: 787; vgl. auch Harwood 1993a: 114)

Zusammenfassend kommt Stebbins zu dem Schluß: »If he [Baur] had lived, he would probably be recognized now as one of the fathers of the synthetic theory of evolution in plants« (Stebbins 1980: 140).

### 1.1.1.2 Genetik und Evolutionstheorie

Baurs wichtigste Arbeiten zum synthetischen Darwinismus stammen aus den 1920er Jahren, sind also den Phasen der Grundlegung (bis 1923) und Vorbereitung (1924–37) zuzuordnen. Sie erschienen mehr als ein Jahrzehnt früher als die Schriften von Dobzhansky, Mayr, Rensch, Stebbins oder als die *Evolution der Organismen* (1943). Aus diesem Grund ist Baur als einziger bedeutender Architekt des synthetischen Darwinismus Deutschlands nicht in diesem Sammelwerk vertreten. Wichtige Impulse gingen von seinen Lehrbüchern aus, von verschiedenen experimentellen Artikeln zur Genetik und von einem kürzeren Übersichtsartikel (1925).

Baurs Lehrbuch *Einführung in die experimentelle Vererbungslehre* wird in der Literatur zum synthetischen Darwinismus selten erwähnt; sein Einfluss ist aber kaum zu überschätzen.[49] Von 1911 bis 1930 erschien es in elf, z.T. stark überarbeiteten Auflagen. Für die folgenden Ausführungen werde ich mich auf die 3.–4. Auflage von 1919 beziehen. Die Mehrzahl der Kapitel befassen sich mit genetischen Problemen im engeren Sinn, aber auch evolutionstheoretische Fragen werden angesprochen. Dies gilt besonders für Vorlesung XIV (»Die Mutationen«), Vorlesung XV (»Die Wirkung der verschiedenen Kategorien der Variation auf die Beschaffenheit einer gegebenen ›Population‹. – Die Wirkung von Auslesevorgängen«) und Vorlesung XVII (»Evolutions- und Artbildungstheorien im Lichte der experimentellen Forschung«). Bereits zu diesem frühen Zeitpunkt ist Baur davon überzeugt, dass unauffällige Mutationen häufig vorkommen und dass die meisten neuauftretenden Mutationen rezessiv sind (Baur 1919: 285, 287). Die Auseinandersetzung mit der Vererbung erworbener Eigenschaften nimmt relativ großen Raum ein. Obwohl der Phänotypus, die »endgültige Ausgestaltung eines Organismus, seine äußerlich sichtbaren Merkmale«, sehr stark von den Außeneinflüssen abhängen, bleibe festzuhalten, dass »die Modifikationen nicht erblich sind, daß durch sie eine dauernde, oder sich steigernde Änderung einer Rasse nicht erreicht wird« (Baur 1919: 309, 311).

In der *Experimentellen Vererbungslehre* findet sich auch eine Darstellung der evolutiven Wirkung von Modifikationen, Panmixie, Selektion und Mutationen in Populationen. Konkret stellt Baur das (später so benannte) Hardy-Weinberg-Gleichgewicht,[50] die unterschiedliche Wirkung der Selektion bei rezessiven und dominanten Merkmalen und die Konsequenzen des Mutationsdrucks dar (Baur 1919: 318–22). Diese populationsgenetischen Ausführungen sind relativ allgemein gehalten und nur im Ansatz mit den späteren mathematischen Ableitungen von Fisher, Haldane oder Wright zu vergleichen. Baur gelingt es aber, anhand einfacher Beispiele eine sehr klare Einführung in Denkweise und Möglichkeiten der mathematischen Populationsgenetik vorzulegen. Zukunftsweisend sind auch seine Spekulationen über die Entstehung der sexuellen Fortpflanzung. Da bei sexueller Fortpflanzung rezessive Gene in einer Population auch durch andauernde Selektion nicht völlig ausgeschaltet werden, ist eine entsprechende Population plastischer und kann besser auf Änderungen der Umweltbedingungen reagieren. Selektionstheorie und sexuelle Fortpflanzung ergänzen und erklären sich so wechselseitig: »Beruht die ganze Evolution im wesentlichen auf natürlicher Zuchtwahl, dann sind die sich geschlechtlich und allogam fortpflanzenden Organismen so sehr viel günstiger gestellt, daß hierdurch allein schon die Ausbildung und Erhaltung der Sexualität erklärt sein könnte« (Baur 1919: 347).

Im eigentlichen evolutionstheoretischen Kapitel (XVII) werden diese Fragen weiter vertieft. Interessant ist, dass Baur klar zwischen Speziation und Transformation unterscheidet: »Sonderbarerweise werden freilich sehr oft diese zwei ganz verschiedenen Fragen: ›Entstehung von Artgrenzen‹ und ›Evolution‹ durcheinandergeworfen und gleichzeitig zu beantworten versucht« (Baur 1919: 334–35). Relativ großen Raum nimmt die Diskussion der Evolutionsmechanismen ein, wobei er sich auf die Kontroverse zwischen Lamarckismus und Darwinismus beschränkt. Zwar sei aus Sicht der Genetik eine Vererbung erworbener Eigenschaften nicht völlig auszuschließen, aber für diese Hypothese lassen sich auch keine positiven Belege beibringen: »Wer also will, kann heute noch mit der Vererbung erworbener Eigenschaften als einem wesentlichen Faktor der Artbildung rechnen, nur muß er sich klar sein, daß er dann mit einer völlig unbewiesenen Voraussetzung arbeitet«. Er kommt zu folgendem Schluß: »Wir können somit in den verschiedenen Lamarckschen Theorien keine Erklärung und keinen Fortschritt unserer Erkenntnis erblicken. Auf diesem Wege ist das Rätsel der Evolution nicht zu lösen« (Baur 1919: 337, 340).

Aber auch die Selektionstheorie habe mit Problemen zu kämpfen. Nur bei bestimmten empirischen Eigenschaften der Mutationen seien diese als Evolutionsmaterial geeignet: »Die Selektionstheorie steht und fällt also damit, ob es sich zeigt, daß die Mutationen wirklich häufig genug und in genügender Mannigfaltigkeit vorkommen, um einen wirksamen Selektionsprozeß zu ermöglichen, oder ob dies nicht der Fall ist«. Baur ist davon überzeugt, dass (Gen-)Mutationen in natürlichen Populationen eine große Rolle spielen, da »wildlebende verschiedene Rassen ein und derselben Art im allgemeinen untereinander nur mendelnde Unterschiede aufweisen« (Baur 1919: 343, 345), die Rassenbildung sich also auf der Basis der bekannten (Gen-)Mutationen erklären lässt. Ähnliches gelte auch für viele nahe miteinander verwandte Arten, eine weitere Ausdehnung auf die allgemeine Evolution bewertet Baur dagegen eher pessimistisch. Er meint, dass

> »die Mehrzahl der Spezies-Unterschiede und erst recht die Unterschiede zwischen den Gattungen und noch höheren systematischen Einheiten anderer Art sind, und nicht bloß als Summierung von solchen kleinen durch je eine Mutation entstandenen Grundunterschieden aufgefaßt werden können. Darüber, wie diese andern Unterschiede entstehen, wissen wir aus unsern Vererbungsversuchen noch gar nichts« (Baur 1919: 345).

Baur betont in diesem Zusammenhang, dass das Wissen über die Mutationen noch sehr lückenhaft sei, und vermutet, dass bald »neue Kategorien von Mutation«

gefunden werden, »Kategorien, durch welche auch solche tiefgreifenden Unterschiede entstehen, wie wir sie zwischen höheren systematischen Einheiten vorfinden« (Baur 1919: 346). In der 7.–11. Auflage der Vererbungslehre von 1930 wurde diese Passage stark überarbeitet und der zitierte Gedanke fallengelassen. Baur geht zu diesem Zeitpunkt offensichtlich nicht mehr davon aus, dass neue Mutationstypen gefunden werden, die für die Entstehung höherer systematischer Einheiten verantwortlich sind. Er bleibt aber dabei, dass bestimmte evolutionäre Vorgänge, wie die Entstehung von *Antirrhinum majus* und *Antirrhinum orontium* aus einer gemeinsamen Stammform, auf der Basis von Kleinmutationen, Selektion und Isolation schwer erklärbar sind: »Wir können vorläufig hier nur unser ›ignoramus‹ eingestehen« (Baur 1930: 310–12, 400).

Baurs Lehrbuch von 1919 ist trotz seines frühen Erscheinens eher der Phase der Vorbereitung als der Grundlegung zuzuordnen. Es finden sich, noch wenig ausgearbeitet und verfeinert, aber im Grundsatz vorhanden, einige der wichtigsten Antworten auf die Frage, wie Genetik, Systematik und Selektionstheorie zu verbinden sind. Baur selbst geht, sieht man von den erwähnten Unsicherheiten über die Entstehung der sog. Makroevolution ab, davon aus, dass der synthetische Darwinismus die einzig zukunftsweisende Erklärung ist.

In den 1920er und Anfang der 1930er Jahre hat Baur weitere experimentelle Untersuchungen zur Genetik der Evolution durchgeführt. Bereits 1924 veröffentlichte er den wegweisenden Artikel »Untersuchungen über das Wesen, die Entstehung und die Vererbung von Rassenunterschieden bei Antirrhinum majus«. Folgende Fragen werden gestellt (und beantwortet):

> »1. Lassen sich tatsächlich die erblichen Rassenunterschiede innerhalb der Spezies *Antirrhinum majus* ganz oder fast ganz auf die verschiedenen Kombinationen von verhältnismäßig wenigen mendelnden Faktoren zurückführen?
> 2. Wieviel mendelnde Faktoren kommen in Betracht und nach welchen Gesetzmäßigkeiten erfolgt die Vererbung?
> 3. Wie und in welcher Häufigkeit entstehen erstmalig vererbbare Rassenunterschiede (›Faktoren‹)?« (Baur 1924: 1)

Zwei Jahre zuvor hatte er begonnen, eine Reihe homozygoter Sippen auf die »Häufigkeit und Mannigfaltigkeit von Mutationen systematisch durchzuprüfen« (Baur 1924: 142). Die Ergebnisse dieser Versuche sind so wichtig, dass sie hier ausführlich wiedergegeben werden sollen. Nach der Einschränkung, dass es sich nur um den »Evolutionsprozeß in der Sectio *Antirrhinastrum*« handelt, folgt als Kette von Schlussfolgerungen:

> »1. Als Faktormutationen entstehen unter unseren Augen dauernd in **großer Zahl kleine Sippenunterschiede**. Großenteils sind sie so geringfügig, daß sie nur bei besonderer Versuchsanstellung gefunden werden können. Sie beziehen sich auf **alle Eigenschaften** der Pflanze.
> 2. Die **natürlichen Sippen wilder Spezies** und die miteinander nahe verwandten wilden Arten unterscheiden sich ausschließlich durch eine große Zahl von Erbfaktoren genau dieser Art.
> 3. Damit ist es im höchsten Grade wahrscheinlich gemacht, daß die **Sippenunterschiede** und die Unterschiede nah verwandter Arten einfach durch eine im Laufe der Zeit erfolgte **Summierung sehr vieler derjenigen Faktormutationen** zurückzuführen sind, welche sich unter der **natürlichen Zuchtwahl** als erhaltungsfähig oder als besonders vorteilhaft erwiesen haben.
> 4. Wenn eine ursprünglich genetisch einheitliche Sippe in dieser geschilderten Weise stark mutiert – ›Kleinmutationen‹ –, und es kommen ihre Deszendenten unter verschiedene lokale und klimatische Verhältnisse, dann müssen auf dem Wege der **natürlichen Selektion** schließlich durch **Summierung von Mutationen** aus der einen Sippe **verschiedene Lokalrassen** und unter Umständen ›Arten‹ hervorgehen, welche sich voneinander so unterscheiden, wie es bei natürlichen Sippen wilder Arten und bei nahverwandten Arten von *Antirrhinum* tatsächlich der Fall ist.
> 5. Das heißt also, wir kommen wenigstens hinsichtlich der **Differenzierung von Sippen** und von sich nahstehenden Arten zur reinen Darwinschen Selektionstheorie zurück, nur mit der Ergänzung, daß das ursprüngliche Auslesematerial in der Hauptsache durch die kleinen Mutationen geliefert wird.
> 6. Selbstverständlich muß die **Auslese von besonderen Kombinationen** von Mutationen eine große Rolle spielen. Ich verkenne durchaus nicht die große Wichtigkeit des Spieles der Kombinationen, aber immerhin in letzter Linie liefern doch eben die Mutationen das Ausgangsmaterial für die Selektion.
> 7. Im auffälligen Gegensatz zu diesem Vorgang spielen bei der künstlichen Zuchtwahl die ›auffälligen‹, ›großen‹ Mutationen eine sehr wichtige Rolle. […] Das liegt aber einfach nur daran, daß die künstliche Zuchtwahl eben mit einem sehr viel gröberen Sieb arbeitet, als die natürliche Zuchtwahl,

d. h. der Mensch findet und beachtet eben im allgemeinen nur die auffälligen Mutanten – und das sind Mutanten, welche großenteils durch die natürliche Zuchtwahl glatt ausgemerzt würden!« (Baur 1924: 146–47; Hervorhebungen zugefügt)

1925 hat Baur seine wichtigsten Erkenntnisse in dem kurzen Artikel »Die Bedeutung der Mutation für das Evolutionsproblem« noch einmal zusammengefasst. Er vertritt seine Ansichten nun noch offensiver: »Ich glaube, heute mit Sicherheit nachweisen zu können, daß eine völlig übertriebene und durchaus unberechtigte Kritik des Selektionismus uns in diese Sackgasse [der Unsicherheit über die Ursachen der Evolution] geführt hat«. Nach einer kurzen, ablehnenden Erwähnung des Lamarckismus – »Daß die lamarckistische Erklärung versagt, gebe ich ohne weiteres zu. Alle einwandfreien Experimente der letzten Jahrzehnte führen zu dem gleichen Schluß« (Baur 1925: 108) – zeigt er, wie sich Mutations- und Selektionstheorie verbinden lassen. Baur lehnt sich hier an seine bereits erwähnten Thesen an, äußert sie aber bestimmter. Wieder sind die Fragen der Mutationsrate, sowie Größe und Lebensfähigkeit der (Gen-)Mutationen entscheidend: »Die heute verbreitete Ansicht über die Häufigkeit und das Ausmaß der Faktormutationen ist danach völlig falsch. Falsch ist die Annahme, daß die Mehrzahl der Faktormutanten Mißgeburten darstellen, und ebenso falsch ist die Annahme, daß Faktormutanten nur sehr selten auftreten«. Als Grund für dieses Missverständnis nennt Baur mangelnde experimentelle Erfahrung, wobei zwei charakteristische Eigenschaften der Mutationen Schwierigkeiten verursachen: 1) Die große Mehrzahl der Mutationen sind rezessiv gegenüber dem Ausgangstyp. 2) Die Mutanten sind oft unauffällig. Auch in diesem Artikel wiederholt Baur seine Ansicht, dass das in der Selektionstheorie »vorausgesetzte Auslesematerial, d.h. eine genügend ausgiebige und genügend zahlreiche Variation«, nachgewiesen werden kann (Baur 1925: 111–12, 115).

Sieht man einmal von der allgemeinen Geringschätzung fast aller Autoren ab, die nicht den amerikanischen Architekten zugerechnet werden, so wird Baurs Bedeutung für den synthetischen Darwinismus in der Literatur durchaus gewürdigt. Dies gilt vor allem für zeitgenössische Schriften; in den neueren wissenschaftshistorischen Arbeiten werden – von den oben erwähnten Ausnahmen abgesehen, und ähnlich wie das bei Timoféeff-Ressovsky zu beobachten ist – seine Forschungen kaum mehr erwähnt. Baur war mit Timoféeff-Ressovsky und Zimmermann der wichtigste Vertreter des synthetischen Darwinismus in Deutschland während der Vorbereitungsphase. Inhaltlich greifen seine Arbeiten aber über die reine Vorbereitung hinaus und können der Durchführung (1937 bis 1950) zugerechnet werden. Wie Timoféeff-Ressovsky hat er die Genetik in den synthetischen Darwinismus eingebracht und durch Untersuchungen an natürlichen Populationen die ›Back-to-Nature‹-Tendenz mitbegründet (vgl. auch Dobzhansky 1981). Obwohl sein Lehrbuch *Einführung in die experimentelle Vererbungslehre* in diesem Zusammenhang nicht erwähnt wird, ist zu vermuten, dass es wesentlich zur Verbreitung der modernen darwinistischen Fragestellung beigetragen hat. Zur Speziation hat er wenig, zur allgemeinen Evolutionstheorie nichts publiziert; seine Bedeutung liegt also eindeutig bei den genetischen und populationsgenetischen Grundlagen des synthetischen Darwinismus. Baur ist, ähnlich wie Timoféeff-Ressovsky, keiner spezifisch ›deutschen‹ Tradition zuzuordnen, sondern er war Teil der internationalen Wissenschaft.

### 1.1.2 Hans Nachtsheim (1890–1979)

In den zentralen Werken des synthetischen Darwinismus wird Nachtsheim kaum genannt; die englischsprachigen Autoren ignorieren ihn völlig. Auch in *The Evolutionary Synthesis* gibt es nur wenige Hinweise auf ihn, die sich zudem ausschließlich auf seine Rolle als Genetiker und Übersetzer von Morgan beziehen (Mayr & Provine 1980: 52, 105; vgl. auch Harwood 1993a: 39). In der deutschsprachigen Literatur wird er von Zimmermann in der Gruppe der selektionistischen Genetiker aufgeführt (Zimmermann 1938a: 14) und von Heberer als Vertreter der Ansicht, dass die Makroevolution durch Vorgänge der Mikroevolution erklärbar sei (Heberer 1943b: 546; vgl. auch Hoßfeld 1999b: 222). Lediglich in Wolf Herres Beitrag zur *Evolution der Organismen* findet sich eine längere Auseinandersetzung mit Nachtsheims Thesen zur Domestikation als evolutionstheoretisch relevantem Phänomen.

Nachtsheim wurde am 13. Juni 1890 in Koblenz geboren.[51] 1913 wurde er in München mit einer Arbeit über die Geschlechtsbestimmung der Honigbiene promoviert. Während des Ersten Weltkrieges war er Assistent bei Franz Doflein in Freiburg und Richard Hertwig in München. 1919 habilitierte er sich in München, 1921 wechselte er zu Erwin Baur an die Landwirtschaftliche Hochschule in Berlin, wo er bis 1940 blieb. Im Jahr 1921 erschien auch seine Übersetzung von T.H. Morgans *The Physical Basis of Heredity* (1919; *Die stoffliche Grundlage der Vererbung*, 1921). 1923 wurde Nachtsheim ao. Professor, 1926–27 führte ihn ein Forschungsaufenthalt zu Morgan in die USA. 1927 war er Sekretär des V. Internationalen Kongresses für Vererbungswissenschaft in Berlin. Anfang 1941 wurde er zum Leiter der neugegründeten Abteilung für experimentelle Erbpathologie am Kaiser-Wilhelm-Institut für Anthropologie, menschliche Erblehre und Eugenik in Berlin ernannt. Nach dem Krieg (1946) war er zunächst o. Professor für Genetik an der Humboldt-Universität

Berlin. 1947 wurde seine Abteilung als Forschungsinstitut von der Deutschen Akademie der Wissenschaften übernommen. Wegen der zunehmend lyssenkoistischen Ausrichtung in Ostdeutschland wechselte er 1948 als o. Professor für Allgemeine Biologie und Genetik an die neugegründete Freie Universität Berlin. Von 1953 bis zu seiner Emeritierung 1960 war er Direktor des Max-Planck-Instituts für vergleichende Erbbiologie und -pathologie. Nachtsheim starb am 21. November 1979 in Boppard am Rhein.

Nachtsheim hat sich in den 1920er bis 1940er Jahren in mehreren Publikationen mit verschiedenen Aspekten der Evolutionstheorie befasst; diese Artikel sind aufschlussreiche Dokumente des jeweils aktuellen Problemstandes und sollen exemplarisch besprochen werden. 1926 veröffentlichte er eine kurze »Erwiderung auf Plates ›Lamarckismus und Erbstockhypothese‹«. Nachtsheims Position zu diesen Fragen ist sehr klar, aber er hält es offensichtlich nicht für nötig, konkrete Argumente vorzulegen. In Anlehnung an Johannsen nennt er den Lamarckismus einen reinen Glaubenssatz, der noch vorhandene Probleme verdecke, ohne sie einer Lösung zuzuführen. Auch hält Nachtsheim es (vor allem wegen des populären Charakters von Plates *Abstammungslehre*, 1925) für bedauerlich, dass diese Schrift »den Anschein zu erwecken sucht, als sei der Lamarckismus ein für die heutige Vererbungswissenschaft durchaus verwertbares Erklärungsprinzip« (Nachtsheim 1926: 115).

Auch Plates »Erbstockhypothese« wird von Nachtsheim mit wenig Nachsicht kritisiert. Plate hatte postuliert, dass man neben den »gewöhnlichen Genen« »noch einen ebenfalls im Kern (aber nicht in den Chromosomen) befindlichen, daher statistisch nicht faßbaren ›Erbstock‹ annehmen [muß], welcher die Organe und dadurch die Merkmale der Gattungen, Familien und höheren Kategorien bedingt« (Plate 1932: V). Nachtsheim fragt nun, »wo sind denn die ›lebenswichtigen‹ Merkmale, die nicht nach Mendelschen Gesetzen vererbt werden?« Aus Mutationsuntersuchungen sei eine kontinuierlichen Reihe von Faktoren (Genen), von geringer Beeinflussung der Vitalität bis zu den Letalfaktoren bekannt. Dies scheint ihm »der beste Beweis dafür zu sein, daß im Erbgang kein prinzipieller Unterschied besteht zwischen lebenswichtigen und ›äußerlichen‹ Merkmalen, zwischen Organen und ihren Einzelheiten« (Nachtsheim 1926: 116). Im historischen Rückblick ist es schade, dass sich Nachtsheim nicht genauer mit Lamarckismus und Erbstockhypothese auseinandergesetzt hat. Auch wenn er in beiden Fällen auf der zukunftsträchtigeren Seite stand, war doch die Diskussion nicht durch ein kurzes Statement zu beenden. Der Lamarckismus blieb bis weit in die 1930er Jahre ein aktuelles, wenn auch umstrittenes Konzept und die Erbstockhypothese überlebte in modifizierter Form bis in die 1960er Jahre, beispielsweise in den Thesen von Remane (vgl. Osche 1966: 873; Junker 2000b).

In seiner Nachlese zum V. Internationalen Kongress für Vererbungswissenschaft, der 1927 in Berlin stattfand und dem Nachtsheim als Generalsekretär vorstand, erörterte er schwerpunktmäßig das Verhältnis von Evolution und Genetik, bei dem es sich um »eine der wichtigsten Fragen der neueren Genetik« handle.[52] Richard von Wettstein hatte in seinem Vortrag (1928) behauptet, dass die Ergebnisse der Genetik für die Evolutionstheorie »nicht allzu bedeutungsvoll, ja vielfach geradezu negativ seien« (Nachtsheim 1927: 990). Da die Gene als unveränderlich betrachtet werden, sei Evolution nicht möglich. Weder die Neukombination von Genen noch Mutationen bieten überzeugende Erklärungen. Nachtsheim kritisiert nun, dass von Wettstein nicht den neuesten Stand der Genetik skizziert habe. Versuche an *Drosophila* und *Antirrhinum* hätten gezeigt, dass die »Mutationen durchaus nicht so selten sind, wie man ursprünglich glaubte«. Zudem seien die »meisten der für die Evolution wichtigen Mutanten« kleine Mutanten, »deren Veränderungen im allgemeinen im Rahmen der Modifikationsbreite liegen«, was ihr Erkennen aber außerordentlich erschwere (Nachtsheim 1927: 990–91). Nachtsheim referiert hier im Wesentlichen die Ergebnisse von Baur (1924, 1925).

Als dritte Publikation soll Nachtsheims Artikel »Allgemeine Grundlagen der Rassenbildung« besprochen werden, der 1940 im *Handbuch der Erbbiologie des Menschen* erschien. Er ist im Sinne des synthetischen Darwinismus verfasst und zeichnet ein klares Bild wichtiger Grundlagen. So schreibt Nachtsheim in den »Vorbemerkungen«, dass die Rassen- und Artbildung heute das »Zentralproblem der Biologie« sei:

> »Paläontologie und Systematik, vergleichende Anatomie und Entwicklungsmechanik, vor allem aber die Genetik – um nur die wichtigsten beteiligten biologischen Disziplinen zu nennen – haben im Laufe der Zeit ein so umfangreiches Tatsachenmaterial zusammengetragen, daß reichlich Stoff für ein eigenes Handbuch über die Fragen der Rassen- und Artbildung gegeben wäre.« (Nachtsheim 1940: 552)

Als zusammenfassende Darstellungen dieser Richtung nennt er mit Rensch (1939a), Reinig (1938), Timoféeff-Ressovsky (1939a), Melchers (1939), Dobzhansky (1937) und Zimmermann (1938a) einige der wichtigsten der bis dahin erschienen Publikationen zum synthetischen Darwinismus (Nachtsheim 1940: 552). In diesen theoretischen Rahmen stellt Nachtsheim seinen Artikel und schlägt eine ergänzende Methode vor: Wie schon Charles Darwin geht er von der Rassenbildung beim Haustier aus, um ein »Verständnis der Triebkräfte der Evolution« zu gewinnen (Nachtsheim 1940: 552). In Abschnitt I werden verschiedene Art- und Rassenbegriffe und ihre Probleme besprochen. Er referiert hier die Thesen von Kühn, Baur, Remane, Rensch, Sturtevant und Dobzhansky. Während Nachtsheim bei der Definition der biologischen Art vom Populationsdenken ausgeht, ist seine Rassendefinition von morphologischen Prinzipien geprägt: »Wird bei der Artdefinition der Nachdruck auf die Fortpflanzungsgemeinschaft gelegt, die die Individuen bilden, so ist bei der Rasse die gleiche Erbbeschaffenheit hinsichtlich bestimmter Merkmale, eben der Rassenmerkmale, das Wesentliche« (Nachtsheim 1940: 555).

Obwohl ihm bewusst ist, dass die Isolation der wichtigste Mechanismus ist, der zur Rassenbildung führt, kann er den typologischen Rassenbegriff nicht überwinden: »Die Reinerbigkeit der Rassemerkmale gilt als Kennzeichen der Individuen einer Rasse«. Er geht von qualitativen Unterschieden aus; zwei Populationen müssen sich mindestens in einem erblichen Merkmal unterscheiden, damit man von unterschiedlichen Rassen sprechen kann. Nachtsheim zitiert zwar die Arbeiten von Wright und Dobzhansky, die Zitate belegen aber, dass er zumindest zu diesem Zeitpunkt die Ergebnisse der Populationsgenetik und Populationssystematik nicht rezipiert hat. Dies zeigt sich auch daran, dass er an Renschs Theorie der Rassenkreise vor allem bemerkenswert findet, dass sie »die Relativität des Rasse- und Artbegriffes deutlich« mache (Nachtsheim 1940: 556–57). Zur Bedeutung der geographischen Isolation für die Rassen- und Artbildung referiert er die Ausführungen von Dobzhansky (1937/1939). Wie dieser trennt er nicht strikt zwischen geographischer Isolation und physiologischen Isolationsmechanismen und kommt zu dem Schluß: »Nach den neuesten Untersuchungen scheint indessen für die Rassen- und Artbildung die geographische Isolation eine geringere Rolle zu spielen als die physiologische Isolation« (Nachtsheim 1940: 575).

Allgemein betont Nachtsheim die Kontinuitäten in der Evolution und geht über die Diskontinuität hinweg. Dies erleichtert aber den gleitenden Übergang zwischen Mikro- und Makroevolution:

>»Die Differenzierung in Rassen stellt das unterste Stadium des Evolutionsprozesses dar. Das Werden der Rassen, die Mikroevolution, untersucht die Genetik mit Hilfe des Kreuzungsexperimentes. Wenn die Differenzierung der Rassen die Stufe der Artbildung erreicht hat, versagt im allgemeinen das Kreuzungsexperiment, das Studium der Entwicklung in die höheren Kategorien des Systems, die Analyse der Makroevolution, ist mit den Methoden der Genetik nicht mehr möglich. Nach allen unseren Erfahrungen dürfen wir aber damit rechnen, daß bei der Makroevolution keine anderen Gesetz-

mäßigkeiten walten als bei der Mikroevolution. Die Erkenntnis der Prinzipien der Rassenbildung erschließt uns die Vorgänge bei der Evolution im allgemeinen.« (Nachtsheim 1940: 558)

In Abschnitt II »Milieu und Rasse« wird die Ablehnung lamarckistischer Ideen bekräftigt: »Die Antwort der Genetik auf diese Frage ist durchaus eindeutig: Modifikationen sind und werden nicht erblich« (Nachtsheim 1940: 558). In den Abschnitten III, »Rassenbildung beim Haustier«, und IV, »Rassen- und Artbildung in der freien Wildbahn«, versucht er, typische Merkmale der Haustiere, charakteristische Domestikationserscheinungen (wie Zahmheit) und die Verwilderung von Haustieren durch Mutationen (am Beispiel der Haare von Hauskaninchen),[53] künstliche und natürliche Auslese sowie Isolation zu erklären: »Es ist heute kaum noch ein Zweifel darüber möglich, daß die Rassenbildung beim Wildtier – und darüber hinaus die Artbildung grundsätzlich ebenso verläuft wie beim Haustier. Mutation und Selektion sind auch beim Wildtier die Triebkräfte der Evolution« (Nachtsheim 1940: 573).

Nachtsheim setzt künstliche und natürliche Auslese in ihrer Wirkung gleich. Auch der Mutationsvorgang soll identisch sein. Zwar lasse sich die Frage, »ob hinsichtlich der Mutationshäufigkeit ein Unterschied zwischen Wildtier und Haustier besteht«, noch nicht endgültig beantworten. Der auffällige Unterschied zwischen der »Einförmigkeit des Wildtiers« und der »Formenmannigfaltigkeit des Haustiers« könnte die Schlussfolgerung nahe legen, dass »das gegenüber der Wildbahn stark veränderte Milieu des Haustiers mutationssteigernd wirkt«. Nachtsheim hält diesen Schluß aber für unzutreffend. Es gäbe 1) keine exakten Untersuchungen, die eine höhere Mutationsrate bei Haustieren belegen. 2) Durch Versuche an *Drosophila* sei bekannt, dass nicht ›normale‹ Kulturbedingungen, sondern extreme Verhältnisse (Röntgenstrahlen, extreme Temperaturen, Chemikalien etc.) mutationssteigernd wirken. 3) Der größere Reichtum an Mutanten bei Haustieren könne allein durch den Wegfall der natürlichen Selektion erklärt werden. Ein Unterschied bestehe lediglich darin, dass die Menschen eher »die großen Mutationsschritte, die Makromutationen« ausnutzen, während in der Natur »vornehmlich die kleinen Erbänderungen, die Mikromutationen, [...] bei der Rassenbildung Verwendung finden« (Nachtsheim 1940: 574).

Zusammenfassend kann man feststellen, dass Nachtsheim schon früh über den entstehenden synthetischen Darwinismus informiert war. Als Mitarbeiter von Baur war er über dessen Mutationsforschung genau informiert. Das Ziel einer Synthese von Evolutionstheorie, Selektionstheorie, Genetik und später Systematik hat er aktiv unterstützt. In seinem Artikel von 1940 hat er auf der Basis der Evolutionsfaktoren Mutation, Selektion und Isolation die Transformation und Aufspaltung von Populationen am Beispiel von Haustieren zu erklären versucht. Während seine Unsicherheiten beim Artbegriff und bei der Rolle der Isolation mehr oder weniger zeitbedingt sind – erst Mayr hat hier 1942 Klarheit geschaffen – konnte er den typologischen Standpunkt nicht überwinden. Nachtsheim ist aber eindeutig dem synthetischen Darwinismus zuzuordnen.

### 1.1.3 Hans Stubbe (1902–1989)

Stubbe wird heute vor allem als Genetiker erinnert; seine evolutionstheoretischen Arbeiten dagegen werden kaum mehr erwähnt. Er wurde am 7. März 1902 in Berlin als dritter Sohn des Stadt- und Kreisschuldirektors Paul Stubbe geboren.[54] Auf Schule und kurzem Kriegsdienst folgte bis April 1921 eine Landwirtschaftslehre, an die sich ein Studium an der Landwirtschaftlichen Hochschule in Berlin anschloss. Hier lehrte Erwin Baur. Nach 1923 verbrachte er einige Jahre als landwirtschaftlicher Beamter auf verschiedenen Landgütern, studierte in Göttingen Landwirtschaft, um 1926 wieder an die Landwirtschaftliche Hochschule in Berlin zurückzukehren, wo er nach Ablegen der Ersatz-Reife-Prüfung auch das Diplom-Examen absolvieren konnte. Nach Ende des V. Internationalen Kongresses für Vererbungswissenschaft wurde er im Herbst 1927 Volontärassistent bei Baur. Nach der Promotion im Dezember 1929 folgte Stubbe diesem als Abteilungsleiter an das neu gegründeten Kaiser-Wilhelm-Institut für Züchtungsforschung nach Müncheberg. Das Wintersemester 1930/31 verbrachte er als Gasthörer bei Fritz von Wettstein am Botanischen Institut der Universität Göttingen. Seine Verbindung zu von Wettstein erwies sich als Glücksfall, da es nach Baurs Tod im Dezember 1933 zu persönlichen und politischen Auseinandersetzungen mit dem kommissarischen Leiter des KWI Bernhard Husfeld kam, die im April 1936 zu einer Ehrengerichtsverhandlung und seiner Entlassung führten. Stubbe konnte als wissenschaftlicher Mitarbeiter an das Kaiser-Wilhelm-Institut für Biologie zu von Wettstein wechseln. Nach zwei Wehrmachtsexpedition nach Albanien und Griechenland wurde er 1943 zum Direktor des Kaiser-Wilhelm-Institut für Kulturpflanzenforschung in Wien ernannt. Nach dem Krieg war Stubbe 1946 Direktor des Instituts für Genetik in Halle, später des Instituts für Kulturpflanzenforschung der Deutschen Akademie der Wissenschaften in Gatersleben. Hier gelang es Stubbe auch während der Zeit des Lyssenkoismus in der DDR erfolgreich genetische Forschung weiterzuführen. Seine Emeritierung erfolgte 1969; er starb am 14. Mai 1989.

*Die Darwinisten*

In den zentralen zeitgenössischen Werken des synthetischen Darwinismus wurden Stubbes Arbeiten noch regelmäßig genannt. Beachtung fanden beispielsweise seine Forschungen über sogenannte »labile Gene« (mit besonders hohen Mutationsraten) bei Dobzhansky (1937: 34) und Timoféeff-Ressovsky (1937: 41). Vor allem in der deutschsprachigen Literatur wurden auch die Übersichtswerke zur experimentellen Mutationsforschung, *Spontane und strahleninduzierte Mutabilität* (1937) und *Genmutation I* (1938), regelmäßig zitiert (Zimmermann 1938; Melchers 1939: 259; Timoféeff-Ressovsky 1939a; vgl. auch Mothes 1959: 28). Rensch zählte Stubbes *Genmutation* zu den »ausgezeichneten Schriften«, die zur Beurteilung der Mikroevolution herangezogen werden sollten (Rensch 1947a: 3).[55]

Stubbes genetischer Schwerpunkt ist wohl der Grund, warum er in der wissenschaftshistorischen Literatur zum synthetischen Darwinismus nicht genannt wird. Dies gilt für *The Evolutionary Synthesis* und auch in Junker & Engels (1999) gibt es nur kursorische Hinweise auf Stubbe. Harwood hat zum Fehlen evolutionstheoretischer Arbeiten bei Stubbe bemerkt:

> »Although it has been claimed that Stubbe frequently referred to the evolutionary significance of mutation (P. Hertwig 1962, 2), I find no evidence that Stubbe actually **worked** on problems in evolutionary genetics, at least while he was working in Baur's institute. In a review paper (1934a) Stubbe observed that one of the three central problems in mutation genetics at that time was the significance of micromutations in evolution, but he devoted only two paragraphs of that seven-page paper to the literature on the subject, citing none of his own work. His 400-page monograph on mutation (1938), similarly, discussed the nature of the gene and the process of mutation but not mutations' role in evolution.« (Harwood 1993a: 204 Fn.)

Stubbe hat aber – wenn auch etwas versteckt – zur Evolutionstheorie publiziert. Neben dem von Harwood genannten Übersichtsartikel ist in diesem Zusammenhang der Artikel »Probleme der Mutationsforschung« (1935) zu nennen. Im Abschnitt »Die Bedeutung der Mutationen für die Evolution« gibt Stubbe einen Überblick über die Relevanz der Genetik für die Evolutionstheorie. Nach einer lapidaren Kritik des Lamarckismus[56] formuliert er als Anforderungen an die Mutationen als Evolutionsmaterial, dass sie in genügender Häufigkeit vorkommen und positiven Selektionswert haben müssen: »Bis zu einem gewissen Grade« seien diese Voraussetzungen für die Genmutationen nachweisbar. Dann greift er mit den »gerichteten Mutationen« einen für den synthetischen Darwinismus sehr wichtigen, aber auch kritischen Punkt auf. Es sei eine »jedem Genetiker geläufige Erfahrung, daß die Mutabilität bei jedem Organismus innerhalb gewisser Grenzen verläuft« (Stubbe 1935: 86–87). Stubbe vermutet, dass evolutionäre Trends auch durch genetische Begrenztheit (constraints) bedingt sind:

> »In diesem Sinne verstanden gibt es bei jedem Organismus unter dem Einfluß der natürlichen Zuchtwahl bestimmte Entwicklungsrichtungen durch Mutation. Wir brauchen also, unter der Voraussetzung, daß Mutationen in genügender Häufigkeit auftreten, ein Gerichtetsein der Mutationen nicht a priori zu fordern, sondern die Richtung, die uns in den orthogenetischen Entwicklungsreihen deutlich in Erscheinung tritt, wird dann durch die Begrenztheit der Veränderlichkeit eines jeden Locus zusammen mit dem lang dauernden Einfluß bestimmter Umweltbedingungen geschaffen.« (Stubbe 1935: 86)

Gerichtete Mutationen im Sinn von Jollos lehnt Stubbe ab, da dessen Experimente nicht reproduzierbar seien. Dieser – zugegebenerweise etwas versteckte Abschnitt – dokumentiert, dass sich Stubbe durchaus mit evolutionstheoretischen Fragen auseinandergesetzt hat. Eigenartigerweise wird aber auch der wichtige Artikel von Stubbe und von Wettstein (»Über die Bedeutung von Klein- und Großmutationen in der Evolution«, 1941) übersehen, obwohl dieser in der zeitgenössischen Literatur ausgiebig diskutiert wurde. Da dieser Artikel im Abschnitt zu von Wettstein ausführlich besprochen wird, folgt hier nur ein kurzer Hinweis. Stubbe und von Wettstein versuchen in diesem Artikel nachzuweisen, dass Makromutationen (d.h. Genmutationen mit größerer phänotypischer Ausprägung) vorkommen und auch im Rahmen der Selektionstheorie evolutionäre Relevanz haben können. An von Wettsteins frühere Artikel erinnert die Fragestellung, wie die durch »große Mutationsschritte entstehenden Disharmonien gemildert« und ihr harmonischer Einbau in den gegebenen Genotypus gewährleistet wird (Stubbe & von Wettstein 1941: 265). Es ist deshalb zu vermuten, dass der Artikel vor allem auf von Wettstein zurückgeht.[57]

Stubbe hat sich in seinen Publikationen nur am Rande mit evolutionstheoretischen Problemen auseinander gesetzt. Seine verstreuten Hinweise zum Lamarckismus und zu gerichteten Mutationen zeigen aber sein Interesse an diesen Fragestellungen.

## 1.2 Kaiser-Wilhelm-Institut für Hirnforschung

Die Einrichtung einer genetischen Arbeitsgruppe am Kaiser-Wilhelm-Institut für Hirnforschung geht auf eine Initiative von Oskar Vogt zurück. 1929 wurde Timoféeff-Ressovsky Leiter der Abteilung. Er konnte in den folgenden Jahren mit der genetischen Abteilung zunehmend eigene Forschungsinteressen verfolgen (Richter 1996). Timoféeff-Ressovsky hatte enge Beziehungen zur Preußischen Akademie der Wissenschaften, zum Zoologischen Institut der Universität Berlin sowie zum Kaiser-Wilhelm-Institut für Biologie.

### 1.2.1 Nikolai Wladimirovic Timoféeff-Ressovsky (1900–1981)

Timoféeff-Ressovsky war – ähnlich wie Erwin Baur – nicht nur einer der wichtigsten Initiatoren des synthetischen Darwinismus in Deutschland, sondern er gehört auch zu den einflussreichsten und prägenden Persönlichkeiten dieses Forschungsprogramms auf internationaler Ebene. Diese doppelte Rolle wurde in der wissenschaftshistorischen Literatur bisher kaum beachtet; man hat entweder seine Bedeutung für den synthetischen Darwinismus im Allgemein gewürdigt, oder sich auf die Entwicklung in Deutschland konzentriert. Timoféeff-Ressovsky veröffentlichte bahnbrechende experimentelle und theoretische Arbeiten zu den genetischen Grundlagen des synthetischen Darwinismus, zur Wirkung der Selektion und zur Rolle von Populationsschwankungen. Für Genetik und Molekularbiologie waren seine Versuche von großer Bedeutung, die materielle Grundlage der Mutationen und die Struktur des genetischen Materials mit physikalischen Methoden aufzuklären (›Treffertheorie‹).

Timoféeff-Ressovsky wurde am 20. September 1900 in Moskau geboren.[58] Sein Vater war Ingenieur im russischen Verkehrsministerium. Im Jahr 1917 begann Nikolai an der Universität Moskau Zoologie und Naturwissenschaften zu studieren. Im russischen Bürgerkrieg wurde er eingezogen und kämpfte von 1919 bis 1921 als Soldat auf Seiten der Roten Armee. Nach Moskau zurückgekehrt nahm er das Studium wieder auf und begann bald mit Forschungsarbeiten an Nikolaj Konstantinovic Kol'covs [Koltzoff] *Institut für experimentelle Biologie*. Im Jahr 1921 hatte Kol'cov Sergei S. Chetverikov mit dem Aufbau einer eigenen Genetik-Abteilung beauftragt; dieser wiederum begeisterte eine Gruppe junger Forscher für die neue Wissenschaft – neben Timoféeff-Ressovsky u.a. auch seine spätere Frau Helena A. Fiedler und Sergei R. Zarapkin (Adams 1980b: 260–64). 1919 und 1922 hatte Philiptschenko die russischen Biologen in zwei Übersichtsartikeln mit der *Drosophila*-

*Die zweite Darwinsche Revolution*

Genetik der Morgan-Schule bekannt gemacht; 1922 besuchte Hermann Joseph Muller, ein Mitarbeiter Morgans, Kol'covs Institut und überbrachte als Gastgeschenk einige Kulturen mit *Drosophila*-Mutanten. Aufbauend auf dieser theoretischen Basis und ausgestattet mit *Drosophila*-Stämmen aus Morgans Labor entwickelte sich die genetische Abteilung unter Chetverikovs Leitung bald zu einer der international führenden Forschungsstätten für Mutationsforschung. In den 1920er Jahren wurden hier entscheidende populationsgenetische Grundlagen für den synthetischen Darwinismus gelegt. Chetverikovs wegweisender theoretischer Aufsatz (»On Certain Aspects of the Evolutionary Process from the Standpoint of Modern Genetics«; 1926) erschien zunächst nur in russischer Sprache, über inoffizielle Übersetzungen und seine Schüler – hier ist an erster Stelle Timoféeff-Ressovsky zu nennen – wurden seine Ideen aber auch im Westen bekannt (Adams 1980b; Dobzhansky 1980).

Abbildung 7: N.W. Timoféeff-Ressovsky, 1934 (nach Rensch 1979)

Nach Lenins Tod im Januar 1924 war Oskar Vogt, der Leiter des Kaiser-Wilhelm-Institutes für Hirnforschung in Berlin, in die Sowjetunion gereist, um Lenins Gehirn zu untersuchen. Vogt, der großes Interesse an der Erblichkeit normaler und krankhafter Hirnfunktionen hatte, suchte einen jungen Wissenschaftler, der mit den neuesten genetischen Forschungen vertraut war. Kol'cov empfahl Timoféeff-Ressovsky und zusammen mit seiner Frau kam dieser im Frühsommer 1925 an das Kaiser-Wilhelm-Institut für Hirnforschung in Berlin. In den ersten Jahren führte Timoféeff-Ressovsky in Berlin in enger Zusammenarbeit mit seiner Frau Helena populationsgenetische Untersuchungen an *Drosophila* durch, die sich aus dem Forschungsprogramm seines Lehrers Chetverikov ergaben. Im Jahr 1927 fand dann der 5. Internationale Genetikkongress in Berlin statt, bei dem Muller eine neue Methode vorstellte, mit Hilfe von Röntgenstrahlen experimentell Mutationen zu erzeugen. Timoféeff-Ressovsky griff Mullers Methode begeistert auf und führt seine Versuche systematisch weiter. 1932 bis 33 kam es auch zur persönlichen Zusammenarbeit, als Muller ein Fellowship am Institut für Hirnforschung innehatte. Bereits 1929 war Timoféeff-Ressovsky Leiter der Abteilung für experimentellen Genetik geworden und in den folgenden Jahren gelang es ihm zunehmend, in der genetischen Abteilung eigene, von den Untersuchungen am Institut für Hirnforschung unabhängige Forschungsinteressen zu verfolgen.

In dem 1931 fertiggestellten Neubau des Institutskomplexes in Berlin-Buch erhielt die Abteilung für experimentelle Genetik großzügige Räume und eigene Gewächshäuser. In den folgenden Jahren konnte Timoféeff-Ressovsky seine Forschungen trotz politischer Probleme sehr erfolgreich weiterführen (u.a. wurde Oskar Vogt aus politischen Gründen gekündigt, was die Existenz des Instituts und der genetischen Abteilung gefährdete). Im Jahre 1936 erhielt Timoféeff-Ressovsky einen Ruf an die Carnegie Institution in Cold Spring Harbor; er lehnte ab und erreichte so neben einer Erhöhung des Etats, dass die genetische Abteilung in Berlin-Buch verbleiben konnte, zugleich aber unter seiner Leitung ein de facto unabhängiges Institut wurde (Richter 1996: 393). 1937 weigerte sich Timoféeff-Ressovsky, der Aufforderung durch die sowjetische Botschaft, mit seiner Familie in die Sowjetunion zurückzukehren, Folge zu leisten. Seine in der Sowjetunion verbliebenen Kollegen und Freunde hatten ihm dringend abgeraten, da er – wie andere Genetiker – mit Verhaftung und Verbannung zu rechnen hatte. Sein Lehrer Chetverikov war bereits im Juni 1929 denunziert, verhaftet und verbannt worden; die Gruppe junger Genetiker an Kol'covs Institut wurde in alle Winde zerstreut.

Nach der Eroberung Berlins durch die Rote Armee wurde Timoféeff-Ressovsky im Herbst 1945 verhaftet und in die Sowjetunion gebracht. Mitte 1946 verurteilte ihn das Militärkollegium des Obersten Gerichts der UdSSR wegen Vaterlandsverrates zu 10 Jahren Freiheitsentzug mit Aberkennung der Rechte auf fünf Jahre und Vermögenseinziehung. Nach Inhaftierung im Straflager Samarka (westlich von Karaganda in Kasachstan) wurde er im August 1947 in eine geheime Abteilung (»Objekt 0215«) im Ural zur Erforschung von biologischen Strahlungsfolgen überstellt. 1955 wurde er amnestiert und in Swerdlowsk Leiter einer »Abteilung für Radiobiologie und Biophysik« in der Uraler Filiale der *Akademie der Wissenschaften* der UdSSR. Die von ihm im Sommer durchgeführten inoffiziellen Seminare am Miassowo-See wurden zu legendären Einrichtungen, aus denen sich die Genetik und Molekularbiologie in der Sowjetunion nach den Zerstörungen durch den Lyssenkoismus langsam erneuerte.

1964 übersiedelte Timoféeff-Ressovsky nach Obninsk bei Moskau. Obninsk war eine sogenannte ›geschlossene Stadt‹, in der 1954 das weltweit erste Atomkraftwerk gebaut worden war. Er leitete hier bis 1971 eine »Abteilung für Radiologie und Genetik« der *Akademie der Medizinischen Wissenschaften* der UdSSR. In den letzten Jahrzehnten seines Lebens wurde Timoféeff-Ressovsky im Ausland hoch geehrt (›Darwin Medaille‹ der Leopoldina, 1959; ›Kimber Genetics Award‹ der National

Academy of Sciences der USA, 1966; ›Gregor-Mendel-Medaille‹ der tschechoslowakischen Akademie der Wissenschaften, 1970). Nicht so in der UdSSR; hier wurde seine Wahl in die Akademie der Wissenschaften verhindert und erst 1991, zehn Jahre nach seinem Tod, wurde er offiziell rehabilitiert. Am 28. März 1981 war Timoféeff-Ressovsky in Obninsk gestorben.

*1.2.1.1 Rezeption*

Die Forschungen von Timoféeff-Ressovsky betreffen grundlegende genetische Aussagen des synthetischen Darwinismus und entsprechend werden sie in allen wichtigen zeitgenössischen Schriften besprochen. Besonders Dobzhansky ist in *Genetics and the Origin of Species* (1937) ausführlich auf Timoféeff-Ressovskys Experimente und Resultate eingegangen. Als bedeutsame Erkenntnisse hebt Dobzhansky hervor:

a) Den Nachweis des Einflusses von Mutationen auf die Vitalität der Organismen in Abhängigkeit von äußerem und innerem (genotypischem) Milieu;
b) grundlegende Arbeiten zur Bestimmung der Mutationsrate;
c) den Nachweis der Häufigkeit von Kleinmutationen;
d) erste systematische Studien zum Vorkommen von Mutationen in natürlichen Population von *Drosophila melanogaster*. (Dobzhansky 1937: 20, 24, 26, 41)

Timoféeff-Ressovsky ist allgemein einer der am häufigsten zitierten Autoren in *Genetics and the Origin of Species*. Mayr hat in *Systematics and the Origin of Species* (1942) hervorgehoben, dass Timoféeff-Ressovsky das wechselseitige Verständnis von Systematik und Genetik gefördert habe.[59] Bei seiner Darstellung der genetischen Basis der Speziation hebt er anerkennend hervor: »Modern genetics is a science which is so intricate and specialized that it seems impossible for an outsider to add anything to the excellent recent discussions of Dobzhansky (1941), Timoféeff-Ressovsky (1940a), and Muller (1940) on genetics and the origin of species« (Mayr 1942: 64). Ähnliche Hinweise auf Arbeiten von Timoféeff-Ressovsky finden sich in Huxleys *Evolution – The Modern Synthesis* (1942) und in Simpsons *Tempo and Mode* (1944).[60] 1949 hat Simpson Timoféeff-Ressovsky als einen der Begründer des synthetischen Darwinismus genannt: »The synthetic theory has no Darwin, being in its nature the work of many different hands. […] it may be noted that among the many contributors have been: […] in Germany, Timoféeff-Ressovsky and Rensch« (Simpson 1949a: 277–78).

*Die Darwinisten*

In den Publikationen der 1940er Jahre wird Timoféeff-Ressovsky regelmäßig als wichtiger Repräsentant des synthetischen Darwinismus zitiert. Und zwar als Teil einer internationalen Bewegung und nicht einer nationalen Sonderentwicklung. Demgegenüber wird er in neueren wissenschaftshistorischen Arbeiten vor allem als Initiator einer eigenständigen deutschen Entwicklung gewürdigt. So heißt es bei Mayr:

»As a student and early collaborator of S.S. Chetverikov, he [Timoféeff-Ressovsky] brought population thinking into German genetics (independently of Baur) and decisively influenced Rensch and other German evolutionists. Timoféeff apparently played the same role in Germany that Dobzhansky played in the United States [...]. Owing to Timoféeff's influence, an evolutionary synthesis took place in the 1930s in Germany, largely independent of the synthesis in the English-speaking countries.« (Mayr 1988c: 549)[61]

Kürzlich hat sich Jürgen Haffer ähnlich geäußert: »Die zentrale Kraft bei der Erarbeitung der Synthetischen Evolutionstheorie in Deutschland war N.W. Timoféeff-Ressovsky« (Haffer 1999: 132; vgl. auch Hoßfeld 1998b: 198). In Anbetracht der Tatsache, dass Timoféeff-Ressovskys Bedeutung für die Entwicklung der Evolutionstheorie in Deutschland kaum gewürdigt wurde, sind diese Hinweise wichtig. Es sollte aber beachtet werden, dass er selbst sich nicht als Repräsentant einer deutschen Variante des synthetischen Darwinismus gesehen hat. Im Gegensatz beispielsweise zu Walter Zimmermann beschränkte sich seine Wirkung auch nicht auf den deutschen Sprachraum, wie die oben genannten Verweise in der zeitgenössischen Literatur zeigen. Eine Analyse der nationalen Herkunft der Autoren in den von Timoféeff-Ressovsky zitierten Publikationen gibt einen Eindruck der wissenschaftlichen Traditionen, in denen er sich bewegt. Für »Genetik und Evolution« (1939a) ergeben sich beispielsweise folgende Zahlen: 25 bibliographische Einträge beziehen sich auf deutsche Autoren, 128 auf russische und 90 auf Autoren aus USA, Frankreich, England und anderen Staaten.[62] Ähnliche Zahlenverhältnisse finden sich auch in anderen Publikationen von Timoféeff-Ressovsky und korrespondieren mit der Beachtung und Wertschätzung seiner Arbeiten durch Dobzhansky, Mayr, Huxley, Simpson und andere Autoren. Die Abspaltung einer deutschen Variante des synthetischen Darwinismus ist für Timoféeff-Ressovsky ein rein äußerlicher Vorgang, der durch politische Maßnahmen des NS-Regimes und den Weltkrieg erzwungen wurde.

In den Jahren 1927 bis 1947 erschienen zahlreiche Publikationen von Timoféeff-Ressovsky, in denen er seine experimentellen Untersuchungen sowie theoretische

Modelle zur Theorie der Mutationen und der Evolution darlegte. Sie sind überwiegend auf deutsch verfasst. Bis 1945 galt Timoféeff-Ressovsky sowohl in Deutschland als auch international als einer der wichtigsten Architekten des synthetischen Darwinismus. Nach 1945 war er aufgrund seiner Internierung, wegen der Geheimhaltungspflicht seiner Forschungen für das sowjetische Atomprogramm und durch die Verhinderung von Kontakten zum Ausland weitgehend von den internationalen Entwicklungen abgeschnitten. Sein erzwungenes Schweigen und die rasche Weiterentwicklung von Genetik und synthetischem Darwinismus führten dazu, dass bald andere Autoren und modernere Publikationen in den Vordergrund rückten. Hinzu kam, dass die meisten seiner Arbeiten auf deutsch verfasst worden waren. Seine letzte wichtige englischsprachige Publikation zum synthetischen Darwinismus, die international rezipiert werden konnte, ist »Mutations and Geographical Variation« (1940). Der Aufsatz basiert auf »Genetik und Evolution« von 1939 und erschien in Huxleys *New Systematics*. In Deutschland war Timoféeff-Ressovsky auch durch seinen Beitrag in Heberers *Evolution der Organismen* vertreten (1943). In der zweiten Auflage (1959) wurde der Beitrag jedoch aus bisher ungeklärten Gründen und trotz weitgehender inhaltlicher Übereinstimmung von Herbert Lüers und Hans Ulrich gezeichnet.

Timoféeff-Ressovskys Bedeutung für den synthetischen Darwinismus kann man drei Bereichen zuordnen: 1) empirische Mutationsforschung; 2) Theorie der Evolution; 3) persönlicher Einfluss und organisatorische Aktivitäten.

### 1.2.1.2 Mutationsforschung

Die Mutationsforschung gewinnt ihre zentrale Bedeutung für den synthetischen Darwinismus aus der Tatsache, dass sie empirisch Existenz, Entstehung und konkrete Eigenschaften der erblichen Variabilität nachweisen konnte. Dies allein genügte allerdings nicht, denn Mutationen eignen sich nur unter bestimmten Voraussetzungen als Material für die Selektionstheorie. D.h. nur wenn Häufigkeit, Vitalität, ›Größe‹, Richtung u.a. der Mutationen bestimmte Werte haben, lässt sich das Darwinsche Modell anwenden. Andernfalls wären lamarckistische, orthogenetische oder saltationistische Theorien wahrscheinlicher. Wie Timoféeff-Ressovsky ausführte, ging es ihm darum zu zeigen, »ob die uns jeweils bekannt werdenden Tatsachen und Mechanismen der experimentellen Genetik in ausreichendem Maße solche Eigenschaften besitzen, um als alleingültiges Evolutionsmaterial dienen zu können« (Timoféeff-Ressovsky 1939a: 207). Erste Modellvorstellungen, wie Mutationen und Selektion in der Natur interagieren, hatten Baur 1924 und Chetverikov 1926 vorgelegt.

Im Jahr 1927, zwei Jahre nach seiner Ankunft in Berlin, publizierte Timoféeff-Ressovsky zusammen mit seiner Frau Helena die »Genetische Analyse einer freilebenden *Drosophila melanogaster*-Population«, in der es um die »experimentelle Prüfung eines Teiles der S.S. Chetverikovschen Evolutionstheorie« ging. Wie von Chetverikov vermutet, enthalten natürliche Populationen von *Drosophila* ein hohes Maß an latenter, rezessiver genetischer Variabilität, die sich durch Inzucht nachweisen lässt:

> »Das Ziel der Arbeit war, festzustellen, ob ein Teil der Fliegen dieser Population irgendwelche Genovariationsmerkmale im heterozygoten Zustande enthält. Dazu muß den Faktoren [= Genen] die Möglichkeit gegeben werden, sich durch Spaltung in der Nachkommenschaft der wilden Fliegen zu manifestieren. Dies kann erreicht werden, wenn man von jeder wilden Fliege durch Inzucht zwei bis drei Generationen erhält.« (H.A. & N.W. Timoféeff-Ressovsky 1927: 72)

Wie schon Baur (1924, 1925) stellten sie zudem fest, dass kleine (d.h. phänotypisch unauffällige) Mutationen in natürlichen Populationen viel häufiger vorkommen, als es das äußere, relativ homogene Erscheinungsbild der Population vermuten lässt. Eine ausreichende erbliche Variabilität ist eine notwendige Voraussetzung der Selektionstheorie. Ein weiteres wichtiges Ergebnis war die Übereinstimmung der in der Natur gefundenen mit den an Laborfliegen entdeckten Mutationen. Damit war ein erster Schritt zu dem für den synthetischen Darwinismus entscheidenden Brückenschlag zwischen experimentellen Laborbefunden und natürlichen Populationen gemacht. In seinem Vorwort zu Dobzhanskys *Genetics and the Origin of Species* hatte L.C. Dunn bemerkt: »Professor Dobzhansky's book signalizes very clearly something which can only be called the Back-to-Nature movement. The methods learned in the laboratory are good enough now to be put to the test in the open and applied in that ultimate laboratory of biology, free nature itself« (Dunn 1937: viii). Dieses »Back-to-Nature movement« hat Timoféeff-Ressovsky entscheidend mitvorbereitet. Bereits 1927 hatte er den Nachweis geführt, dass »die in den Laboratoriumskulturen entstandenen Genovariationen [= Mutationen] durchaus keine Laboratoriumskunstprodukte« sind (H.A. & N.W. Timoféeff-Ressovsky 1927: 103–04).

Ein weiterer wichtiger Nachweis betraf die Vitalität der Mutationen. Wie Timoféeff-Ressovsky in »Über die Vitalität einiger Genmutationen und ihrer Kombinationen bei *Drosophila funebris* und ihre Abhängigkeit vom ›genotypischen‹ und vom äußeren Milieu« (1934c) zeigte, können Mutationen sowohl zu verringerter als auch zu erhöhter Vitalität führen, wobei die Vitalität abhängig von äußeren und inneren Bedingungen schwanken kann. Bei der Frage, inwieweit eine Mutation die Vitalität eines Organismus (und damit seine Fitness) beeinflusst, müsse man die vielfältigen Interaktionen zwischen Genen, Organismus und Umwelt beachten. Wie er in »Verknüpfung von Gen und Außenmerkmal« (1935d) erläutert, hängt die phänotypische Ausprägung (und damit der Selektionswert) eines Gens in vielfältiger Weise von seiner Umgebung (im weitesten Sinne) ab: Das genotypische Milieu wird von den anderen Genen gebildet; das äußere Milieu besteht in den Umwelteinflüssen, denen der Organismus ausgesetzt ist, und das innere Milieu wird vom Organismus selbst gebildet:

> »Wir müssen uns also die Beziehungen zwischen einem Gen und einem Außenmerkmal als Zusammenwirken einer genbedingten Modifikation des Entwicklungsvorganges mit einem bestimmten genotypischen, äußeren und inneren Milieu vorstellen, in einem Entwicklungssystem, dessen alle Elemente von dem Gesamtgenotypus kontrolliert werden. Wir kommen auf diese Weise zu einer modernisierten und genetisch fundierten Ganzheitsauffassung des Organismus.« (Timoféeff-Ressovsky 1935d: 112)

Das Konzept des ›genotypischen Milieus‹ hatte Chetverikov in seinem Artikel von 1926 vorgestellt (Chetverikov [1926] 1961: 189–91). Timoféeff-Ressovsky spricht auch von der »variablen Genmanifestierung«: Die »Penetranz, die Expressivität, das Wirkungsfeld, das Variationsmuster und die Symmetrieverhältnisse eines genbedingten Merkmals [werden ...] durch eine ganze Reihe von weiteren Modifikationsgenen mitbeeinflusst [...]. Das zeigt, daß an dem Zustandekommen eines bestimmten Erbmerkmals sehr viele experimentell erfaßbare einzelne Faktoren mitbeteiligt sind« (Timoféeff-Ressovsky 1935d: 111).

In den 1930er Jahren führte Timoféeff-Ressovsky dann intensive Forschungen zu den physikalischen Grundlagen der Mutationsgenese durch. Er knüpfte dabei an die Arbeiten von Muller an, der 1926 die Auslösung von Mutationen durch Röntgenstrahlen nachgewiesen hatte: »It has been found quite conclusively that treatment of the sperm with relatively heavy doses of X-rays induces the occurrence of true ›gene mutations‹ in a high proportion of the treated germ cells«. Damit war es erstmals prinzipiell möglich, Mutationen, die ›Bausteine der Evolution‹, künstlich und in großer Anzahl herzustellen: »All in all, then, there can be no doubt that many, at least, of the changes produced by X-rays are of just the same kind as the

›gene mutations‹ which are obtained, with so much greater rarity, without such treatment, and which we believe furnish the building blocks of evolution« (Muller 1927: 84, 85).

Timoféeff-Ressovsky verfeinerte und erweiterte Mullers Ansatz in den folgenden Jahren. Eines der ersten wichtigen Ergebnisse war der Nachweis von ›Rückmutationen‹. Damit war die ›Presence-Absence‹-Hypothese von William Bateson, der zufolge dominante Allele ein materieller Gegenstand sind, der bei rezessiven Mutationen verloren geht, weitgehend widerlegt (Timoféeff-Ressovsky 1934e: 435). Bereits 1934 konnte Timoféeff-Ressovsky einen systematischen Überblick über den Stand des Wissens zur Entstehung von Mutationen abhängig von Strahlentyp (Y-Strahlen, Röntgenstrahlen), Temperatur und chemischen Substanzen geben (»The Experimental Production of Mutations«). Wie schon von Muller angedeutet, geht es ihm darum, die erbliche Variabilität der Organismen zu beeinflussen, wenn möglich gerichtet zu beeinflussen, und so eine bestimmte Richtung der Evolution vorzugeben. Die genetischen Experimente sollen so die früheren und – wie Timoféeff-Ressovsky ausführt – untauglichen Experimente der Lamarckisten ersetzen (Timoféeff-Ressovsky 1934e: 411–13). Die strahlengenetischen Experimente seien zudem von großer heuristischer Bedeutung, da sie eine realistische Möglichkeit darstellen, die materielle Struktur der Gene und die Natur des Mutationsvorganges aufzuklären. Alle Hinweise würden darauf hindeuten, dass es sich bei Mutationen um den strukturellen Wandel von Molekülen handelt: »gene mutations are reconstructions of the gene, i.e. some physicochemical changes of its structure«. Dies sei zumindest als Arbeitshypothese anzunehmen, aber: »our present empirical knowledge is far too insufficient to build up more detailed theories of the structure of the gene. But radiation genetics gives us new methods for attacking the gene problem« (Timoféeff-Ressovsky 1934e: 439–40).

Im folgenden Jahr veröffentlichte Timoféeff-Ressovsky zusammen den Physikern Karl G. Zimmer und Max Delbrück die klassische Abhandlung »Über die Natur der Genmutation und der Genstruktur« (1935).[63] Die Arbeit besteht aus vier Teilen, wobei Timoféeff-Ressovsky die Mutationsforschung, Zimmer die Treffertheorie und Delbrück ein atomphysikalisches Modell der Mutationen vorstellt. Im abschließenden vierten Teil präsentieren die Autoren gemeinsam ihre »Theorie der Genmutation und der Genstruktur«. Wie die Autoren einführend feststellen, geht es ihnen um eine »Kooperation zwischen Genetik und Physik«. Die Kombination von »experimentellen Untersuchungen des Mutationsprozesses von *Drosophila* und einer physikalischen Analyse der Versuchsergebnisse« soll es möglich machen, »schließlich zu einer sowohl physikalisch, als auch genetisch begründeten Vorstellung über die allgemeine Natur der Genmutation [zu] gelangen, aus der dann auch gewisse Schlüsse über die Natur des Gens gezogen werden können« (Timoféeff-Ressovsky, Zimmer & Delbrück 1935: 190, 217). Es ist auffällig, dass die Autoren das Problem der chemischen Struktur des genetischen Materials nicht thematisieren, relativ vage ist nur von einem ›stabilen Atomverband‹ die Rede. Entsprechend sollen die Mutationen »einer Umlagerung eines stabilen Atomverbandes« entsprechen (Timoféeff-Ressovsky, Zimmer & Delbrück 1935: 231). Im Jahre 1937 publizierte Timoféeff-Ressovsky unter dem Titel *Experimentelle Mutationsforschung in der Vererbungslehre – Beeinflussung der Erbanlagen durch Strahlung und andere Faktoren* eine umfassende Darstellung seiner Ergebnisse.

In der wissenschaftshistorischen Literatur wurden die Treffertheorie und die daraus abgeleiteten physikalischen Modelle als ›erfolgreicher Fehlschlag‹ charakterisiert (Carlson 1966: 164–65; vgl. auch ergänzend Beyler 1996, 2000). Aus heutiger Sicht ist relativ offensichtlich, dass eine Synthese von Genetik und Physik alleine nicht ausreichend war, die Genstruktur zu entschlüsseln, solange man die konkrete chemische Zusammensetzung als ›black box‹ ausklammerte. Erfolgreich war dieser Ansatz aber insofern, als er weitere physikalische Untersuchungen genetischer Phänomene stimulierte. Eine ganze Reihe von späteren Schlüsselfiguren der Molekularbiologie ließ sich durch Erwin Schrödingers 1944 erschienenes kleines Buch *What is Life?* inspirieren (Watson 1980: xiii, 12). Schrödinger wiederum stützte sich in drei zentralen Kapitel seines Buches – 3) »Mutations«, 4) »The Quantum-Mechanical Evidence« und 5) »Delbrück's Model Discussed and Tested« – wesentlich auf Timoféeff-Ressovskys Artikel von 1934 sowie auf die Gemeinschaftspublikation von Timoféeff-Ressovsky, Zimmer und Delbrück (1935). Schrödinger, obwohl selbst Physiker, legte auch stärkeres Gewicht auf die chemischen Aspekte der Gene (»it is small wonder that the organic chemist has already made large and important contributions to the problem of life, whereas the physicist has made next to none«). Wie die meisten Autoren der Zeit vermutete er allerdings, dass das genetische Material aus Proteinen besteht: »It is probably a large protein molecule, in which every atom, every radical, every heterocyclic ring plays an individual role, more or less different from that played by any of the other similar atoms, radicals, or rings«. Er glaubte auch, dass das genetische Material selbst zum Aufbau des Organismus beiträgt: »The chromosome structures are at the same time instrumental in bringing about the development they foreshadow. They are law-code and executive power – or, to use another simile, they are architect's plan and builder's craft – in one«. Die Vorstellung, dass es sich bei den Gene um einen materiellen ›Gesetzestext‹ handelt, der den Aufbau der Organismen determiniert, erwies sich als eine der erfolgreichsten Metaphern der Molekularbiologie („genetischer Code‹): »It is these chromosomes, or probably only an axial skeleton fibre of what we actually see under the microscope as the chromosome, that contain in some kind of code-script the entire pattern of the individual's future development and of its functioning in the mature state« (Schrödinger 1944: 5, 31, 21–22).

Timoféeff-Ressovsky selbst konnte sich an den neueren Forschungen über die Genstruktur und an der Entstehung der modernen Molekularbiologie nach 1945 nicht mehr beteiligen; Krieg, Lagerhaft, Verbannung und Geheimhaltungspflicht führten zu seinem unfreiwilligen Ausschluss aus der Wissenschaftlergemeinschaft. So hatte das im Jahre 1947 erschiene Buch *Das Trefferprinzip in der Biologie* schon bei seinen Erscheinen überwiegend nur noch historischen Wert. Sowohl Timoféeff-Ressovsky als auch sein Co-Autor Karl G. Zimmer waren zu dieser Zeit zwangsweise in sowjetischen Forschungszentren.[64]

## 1.2.1.3 Evolutionstheorie

Die Arbeiten von Timoféeff-Ressovsky zur Mutationsforschung stellten wichtige Grundlagenforschung in der Genetik und der Evolutionstheorie dar. Durch sie wurden konkrete Eigenschaften der Mutationen (zur Häufigkeit, Vitalität, ›Größe‹, Richtung u.a.) bestimmt. Die so gefundenen Eigenschaften der Mutationen machten es im Prinzip möglich, sie als Auslesematerial aufzufassen. Zwar hatte Timoféeff-Ressovsky bei seinen genetischen Untersuchung evolutionäre Fragestellungen immer mitbedacht – »Explicitly or implicitly, all of Timoféeff-Ressovsky's genetic studies addressed the major questions of the time concerning the relation of genes and mutations to the processes of evolution« (Glass 1990a: 920) –, aber die konkrete Einbindung in eine selektionistische Evolutionstheorie stand noch aus.

Erst 1939 publizierte Timoféeff-Ressovsky eine zusammenfassende evolutionstheoretische Arbeit (»Genetik und Evolution«, 1939a). Ähnlich wie in Dobzhanskys *Genetics and the Origin of Species* liegt der Schwerpunkt auf genetischen Aspekten, es werden aber auch Fragen der Systematik angesprochen. Für Deutschland war der Artikel neben der im selben Jahr erschienen Übersetzung von Dobzhanskys Buch (1939) ein wichtiges zusammenfassendes Dokument des synthetischen Darwinismus. 1940 erschien eine gekürzte, aber ansonsten wenig veränderte Übersetzung des Aufsatzes in Huxleys *The New Systematics* (»Mutations and Geographical Variation«). Auch in dem Beitrag »Genetik und Evolutionsforschung bei Tieren« in der *Evolution der Organismen*, den Timoféeff-Ressovsky mit Hans Bauer als Koautor verfasste, wird auf Struktur und Inhalt von »Genetik und Evolution« zurückgegriffen. Bauer hat offensichtlich in erster Linie zum stark erweiterten genetischen Teil beigetragen; der eigentlich evolutionstheoretische Teil trägt eindeutig die Handschrift von Timoféeff-Ressovsky. Der Artikel ist nicht nur der längste, sondern auch der zentrale theoretische Beitrag in der *Evolution der Organismen*.⁶⁵

Nach der Einleitung, in der die Fruchtbarkeit der experimentellen Genetik für die Evolutionsforschung betont wird, geht Timoféeff-Ressovsky in »Genetik und Evolution« ausführlich auf die **Mutationen** und ihre Eignung als Evolutionsmaterial ein. In der wissenschaftshistorischen Literatur zur Entstehung des synthetischen Darwinismus wird oft davon gesprochen, dass es sich dabei um eine Verbindung von Genetik und Selektionstheorie handelt. Dies ist insofern missverständlich, als nicht ›die‹ Genetik Teil dieser Synthese wurde, sondern nur eine bestimmte Richtung innerhalb der Genetik und ein spezifisches Mutationskonzept, das keineswegs generell anerkannt war. Timoféeff-Ressovskys Bedeutung nun liegt darin, dass er die Anforderungen formuliert und untersucht hat, unter denen Mutationen im Rahmen der Selektionstheorie als Evolutionsmaterial dienen können. Drei entsprechende Voraussetzungen stellt er besonders heraus: 1) Die verschiedenen Arten von Merkmalsänderungen müssen durch Mutationen entstehen können, 2) die Häufigkeit der Mutationen muss unter natürlichen Bedingungen hoch genug sein und 3) die Mutationen und ihre Kombinationen müssen Unterschiede im Selektionswert aufweisen (Timoféeff-Ressovsky 1939a: 162). Weitere Bedingungen sind, dass die Mutationsrate nicht zu groß sein und die Mutationen keine eindeutige Gerichtetheit aufweisen dürfen, da sonst die Wirkung der Selektion dem Mutationsdruck gegenüber zu vernachlässigen wäre (Timoféeff-Ressovsky 1939a: 188). Eine große Leistung von Timoféeff-Ressovsky bestand darin, durch experimentelle Untersuchungen konkrete Werte für die Parameter der mathematischen Populationsgenetik geliefert und auf diese Weise den rein theoretischen Ableitungen ein Fundament gegeben zu haben.

Weiter zeigt er, dass die **geographische Variabilität** bei Rassen und Arten auf Mutationen als »Elementarbestandteilen« basiert (Timoféeff-Ressovsky 1939a: 173). Eine wichtige Voraussetzung des synthetischen Darwinismus war, dass die im Labor gewonnenen genetischen Erkenntnisse sich auf Vorgänge in der Natur anwenden ließen. Es ging ihm darum zu zeigen, dass die Unterschiede zwischen Rassen und Arten auf die bekannten genetischen Faktoren zurückgeführt werden können. Soweit bisher untersucht, sollen »die subspezifischen Sippen lediglich Unterschiede in mendelnden Erbfaktoren, also Mutationen und deren Kombinationen« zeigen. Er kommt zu dem Schluß, dass »die in freier Natur zu beobachtenden Fälle von Sippenbildung in statu nascendi auf entsprechende Verbreitung oder Kombination von Mutationen zurückgeführt werden müssen« (Timoféeff-Ressovsky 1939a: 176, 184). 1937 fasste er seine Ergebnisse so zusammen: »Wir haben also somit gar keinen Grund anzunehmen, daß der von uns in unseren Kulturen beobachtete spontane Mutationsprozeß in freier Natur nicht im wesentlichen ebenso verläuft« (Timoféeff-Ressovsky 1937: 44–45).

Im nächsten Abschnitt werden die **Evolutionsfaktoren** und ihr Zusammenspiel besprochen. Konkret nennt er Mutabilität und Populationswellen als Materiallieferanten sowie Selektion und Isolation als richtende Faktoren. Seine diesbezüglichen Aussagen sind allgemeiner gehalten als diejenigen von Dobzhansky oder Simpson (vgl. z.B. Dobzhansky 1937: 134, 190–91; Simpson 1944: 123–24). Timoféeff-Ressovsky verzichtet im Gegensatz zu diesen beiden Autoren auch auf mathematische Ausführungen, die diese in Anlehnung an Wright vortragen. Diese Beschränkung mag auch damit zusammenhängen, dass Timoféeff-Ressovsky die Reichweite einer mathematischen Analyse isolierter Gene (›Bohnenkorbgenetik‹) wegen seiner organismischen Anschauung eher kritisch sieht. Er kommt zu folgender abschließender Bewertung:

> »Die vier uns bekannten Evolutionsfaktoren bilden somit zwei Gruppen: die Mutabilität und die Populationswellen liefern das Evolutionsmaterial, die Selektion und die Isolation bilden die richtenden Evolutionsfaktoren; wobei die Selektion die Adaptation und zeitliche Differenzierung, die Isolation – die räumliche Differenzierung in erster Linie bedingen.« (Timoféeff-Ressovsky 1939a: 206)

Die **Widerlegung alternativer Vererbungs- und Evolutionstheorien** hat einen vergleichsweise geringen Stellenwert in Timoféeff-Ressovskys Arbeiten. Er berührt diese Fragen am Beispiel gerichteter Mutationen und des Lamarckismus, aber nur am Rande und im Zusammenhang mit seinen Untersuchungen zum Mutationsprozeß (vgl. Timoféeff-Ressovsky 1934; 1937: 8–10; 1939a: 188–89, 206). Nur vereinzelt hat er sich auch zur Frage der Speziation geäußert. Zwar bespricht er »biologische« und »mechanisch-geographische Isolation« und kommt zu dem Ergebnis, dass letztere verbreiteter und wahrscheinlich ursprünglicher sei, aber diese Aussagen bleiben fragmentarisch (Timoféeff-Ressovsky 1939a: 192–93).

Als letzter großer Themenbereich des synthetischen Darwinismus ist die **allgemeine Evolutionstheorie** zu nennen. Zu dieser Frage finden sich in den Publikationen von Timoféeff-Ressovsky keine konkreten Ausführungen, wenn man einmal von der programmatischen Aussage absieht, dass »keine grundsätzlichen Bedenken zu ersehen [sind], den Mechanismus der Mikroevolution auf den der Makroevolution und deren Spezialprobleme (höhere systematische Kategorien, spezielle Anpassungen, spezielle Organogenesen) zu extrapolieren. Inwiefern und wie es sich tatsächlich machen läßt, muß aber durch spezielle genaue Analysen der entsprechenden Verhältnisse geklärt werden« (Timoféeff-Ressovsky 1939b: 169). In einem weiteren Abschnitt geht Timoféeff-Ressovsky auf die **Methoden** der »genetisch-evolutionistischen Forschung« ein. Neben der mathematischen Analyse und der experimentellen Überprüfung genetischer Modellversuche nennt er die Kreuzungsanalyse natürlicher Sippen und die Populationsgenetik.

Ordnet man die von Timoféeff-Ressovsky untersuchten Themen den entsprechenden biologischen Fachgebieten zu, so ergibt sich folgendes Bild. Sein Hauptarbeitsgebiet war die Genetik und ihre Verbindung zur Evolutionstheorie. Als zweites, allerdings deutlich weniger wichtiges Gebiet ist die Systematik (im Sinne von Renschs und Mayrs »New systematics«) zu nennen.[66] Zu phylogenetischen und paläontologischen Themen hat er sich nicht geäußert. Die Ergebnisse der mathematischen Populationsgenetik hat Timoféeff-Ressovsky akzeptiert und ihre Bedeutung gegen die weitverbreitete Ablehnung durch viele Biologen verteidigt.[67] Er hat aber zugleich die Grenzen rein mathematischer Ableitungen aufgezeigt:

»Derartige mathematische Analysen können aber selbstverständlich garnichts über die tatsächlichen Verhältnisse der in der Natur sich abspielenden Evolutionsvorgänge aussagen, solange man keine numerischen Werte wenigstens für die relative Größe des Selektionsdruckes, des Mutationsdruckes und der Populationswellen für die einzelnen Evolutionsabläufe hat. Vorhin haben wir gesehen, dass die experimentelle Genetik für einige dieser Werte wenigstens die Größenordnung anzugeben schon imstande ist.« (Timoféeff-Ressovsky 1939a: 206–07)

Wie oben gezeigt, war es einer der wichtigsten Beiträge von Timoféeff-Ressovsky zum synthetischen Darwinismus, einige dieser Werte experimentell bestimmt zu haben.

### 1.2.1.4 Persönlicher Einfluss und organisatorische Aktivitäten

Timoféeff-Ressovsky hat nicht nur durch seine Publikationen zum synthetischen Darwinismus beigetragen, sondern auch durch persönlichen Einfluss und organisatorische Aktivitäten. Die Wirkung informeller Gespräche und persönlicher Kontakte lässt sich wegen ihres privaten Charakters oft nur schwer abschätzen. Bernhard Rensch hat in seinen Erinnerungen einige Hinweise gegeben, dass der Einfluss von Timoféeff-Ressovsky mitentscheidend für seine Abwendung vom Lamarckismus war (vgl. auch den Abschnitt über Rensch). Rensch hatte in den Jahren

1931–33 am Kaiser-Wilhelm-Institut in Berlin-Buch Experimente mit *Drosophila* durchgeführt, um seine lamarckistischen Ideen zu testen. Der negative Ausgang der Experimente hatte wohl ebenso eine Wirkung wie die Diskussionen mit den dortigen Genetikern. Der führende Theoretiker dieser Gruppe war Timoféeff-Ressovsky. Nach seiner eigenen Aussage ließ sich Rensch u.a. von der Entdeckung der Genetiker überzeugen, dass fast alle Gene pleiotrope Effekte haben (d.h. mehrere Merkmale beeinflussen). Die holistische Auffassung des Organismus allgemein und die Betonung der »pleiotropen Wirkung der meisten Gene« sind zentrale Anliegen von Timoféeff-Ressovsky (vgl. beispielsweise Timoféeff-Ressovsky 1935d: 111).

Der Einfluss von Timoféeff-Ressovsky ging weit über Renschs Abkehr vom Lamarckismus hinaus. Schon bald nach seiner Ankunft in Berlin (1925) hatte er ein genetisches Kolloquium begründet, das in unregelmäßiger Folge über fast 20 Jahre hinweg stattfand und Genetiker, Physiker (K.G. Zimmer), Zoologen (Rensch, Henke, Reinig) und Paläontologen (Schindewolf) zusammenbrachte (Autrum 1995: 86–88). Die Sitzungen des genetischen Kolloquiums fanden in der genetischen Abteilung von Timoféeff-Ressovsky in Berlin-Buch oder in den Wohnungen der Teilnehmer statt. Bei einer Zusammenkunft 1935 entstand der Plan einer Publikationsreihe über genetische Themen. Von 1936 bis 1939 erschienen fünf Monographien in der Reihe *Probleme der theoretischen und angewandten Genetik und deren Grenzgebiete*.[68]

Wie Jürgen Haffer gezeigt hat, regte Timoféeff-Ressovsky noch weitere ›synthetische‹ Planungen an (Haffer 1999: 134–36). So war er maßgeblich an den Vorbereitungen einer »Arbeitsgemeinschaft für experimentelle und biogeographische Evolutionsforschung« durch die Preußische Akademie der Wissenschaften in Berlin beteiligt (1939). Am Zoologischen Institut der Universität Berlin sollte eine zoologisch-genetische Zentralstelle gegründet werden, die eng mit der bereits existierenden botanisch-genetischen Zentralstelle im Kaiser-Wilhelm-Institut für Biologie in Berlin-Dahlem unter Leitung von Fritz von Wettstein zusammenarbeiten sollte. Dem wissenschaftlichen Beirat der Arbeitsgemeinschaft gehörten Max Hartmann (Vorsitzender), Richard Hesse, Ludwig Diels, Alfred Kühn, Konrad Meyer, Fritz von Wettstein, Friedrich Seidel und Timoféeff-Ressovsky an. W.F. Reinig war als Leiter der Zoologischen Zentralstelle im Gespräch. Folgende Aufgaben und Ziele der experimentellen und biogeographischen Evolutionsforschung, die wahrscheinlich vorwiegend von Timoféeff-Ressovsky formuliert worden waren, wurden u.a. im Antrag an die Akademie genannt:

> »1. Organisation und Förderung populationsgenetischer, populationsdynamischer, rassenkundlicher, chorologischer, ökologischer, bioklimatologi-

scher, faunen- und florenkundlicher sowie geologisch-paläontologischer Arbeiten zur Erforschung der Mikro- und Makroevolution der Organismen,
2. Einführung neuer Methoden und Arbeitsrichtungen in der Evolutionsforschung,
3. Organisation des Sammelns und der wissenschaftlichen Bearbeitung von tierischen und pflanzlichen Objekten für die Evolutionsforschung.«[69]

Dieses Programm zielte offensichtlich auf die bewusste Planung einer Synthese experimenteller und beobachtender Ansätze und eine Zusammenarbeit von Genetikern und Systematikern ab. Inwieweit diese Organisation mit der *Society for the Study of Evolution* zu vergleichen ist, die 1946 in den USA gegründet wurde, wäre noch zu untersuchen. Der Kriegsausbruch im September 1939 machte aber alle entsprechenden Pläne zunichte.

Auf weitere evolutionstheoretische Forschungsprojekte, die wegen der Kriegsereignisse nicht zur Ausführung kamen, hat Jon Harwood hingewiesen. So planten Timoféeff-Ressovsky und Adriano Buzzati-Traverso eine umfassende genetische Untersuchung natürlicher Populationen verschiedener Tierarten in Italien. Zusammen mit Klaus Pätau beabsichtigte Timoféeff-Ressovsky eine Artikelserie über Populationsgenetik für *Die Naturwissenschaften* (vgl. Harwood 1993a: 111, 113 Fn.). Auch mit dem Ornithologen Erwin Stresemann arbeitete Timoféeff-Ressovsky zusammen. Gedacht war an eine Serie von Artikeln über »Artentstehung in geographischen Formenkreisen«, von der jedoch nur ein erster Teil erschien (Stresemann & Timoféeff-Ressovsky 1947; vgl. weiterführend Haffer 1999: 140–41).

Timoféeff-Ressovskys Forschungen der 1920er bis 40er Jahren haben sich mit zwei Themenkomplexen beschäftigt, die sich wechselseitig ergänzten und zu denen er originelle und zukunftweisende Ergebnisse beigetragen hat: 1) Ausgehend von den genetischen und populationsgenetischen Modellen Chetverikovs führte sein ursprüngliches Forschungsinteresse zum synthetischen Darwinismus und damit zur heutigen Evolutionstheorie.[70] 2) Seine experimentelle Mutationsforschung in der Tradition Mullers wurde zu einem wichtigen Baustein der modernen Molekularbiologie.

Wie ist die Bedeutung von Timoféeff-Ressovsky für die Entwicklung des synthetischen Darwinismus speziell in Deutschland einzuschätzen? Als wichtigste Punkte sind zu nennen: 1) Er machte die deutschen Biologen mit den Erkenntnissen der sowjetischen Populationsgenetik und mit der Mutationsforschung der Morgan-Schule bekannt. 2) Er vermittelte zwischen der internationalen und der deutschen Diskussion. 3) Durch seine zusammenfassenden theoretischen Arbeiten wurden wichtige Ergebnisse des synthetischen Darwinismus auch im deutschen Sprachraum weithin rezipiert. 4) Seine experimentellen Arbeiten zur Mutationstheorie, Untersuchungen zur Genetik natürlicher Populationen und die zusammenfassenden evolutionstheoretischen Schriften waren für die weitere Entwicklung des synthetischen Darwinismus von großer Bedeutung. Seine Arbeiten bildeten die Grundlage, von der aus andere Biologen weitere Teilaspekte untersuchen konnten. Es soll noch einmal betont werden, dass Timoféeff-Ressovsky ein wichtiger Architekt des synthetischen Darwinismus im Allgemeinen war und dass es eine unzutreffende Übertragung politischer Ereignisse auf ein wissenschaftliches Forschungsprogramm darstellt, wenn er vor allem in seiner Rolle als Initiator einer deutschen Sonderentwicklung gezeichnet wird.

### 1.2.2 William F. Reinig (1904–1980)

Reinigs populationsgenetische Theorien wurden von den zeitgenössischen Biologen kontrovers und ausführlich diskutiert. In der wissenschaftshistorischen Literatur wird er dagegen selten und nur am Rande erwähnt.[71] Im Folgenden werde ich zeigen, dass diese Geringschätzung nicht gerechtfertigt ist und dass Reinig ein wichtiger Vertreter des synthetischen Darwinismus in Deutschland war. Meine Einschätzung ist zum einen dadurch begründet, dass Reinig in den 1930er Jahren einige wichtige evolutionstheoretische Artikel veröffentlicht und originelle Beiträge zur Verbindung von Biogeographie, Systematik und Genetik geleistet hat. Zum anderen handelt es sich bei der Auseinandersetzung zwischen Reinig und Rensch über Realität und Erklärung der biologischen Klimaregeln um die vielleicht wichtigste, jedenfalls die am meisten beachtete Kontroverse **innerhalb** des synthetischen Darwinismus. Reinigs Bedeutung wird auch dadurch nur unwesentlich geschmälert, dass er sich mit seinen Thesen nur teilweise durchsetzen konnte.

Mir ist kein Nachruf von Reinig bekannt; die folgende Darstellung stützt sich daher wesentlich auf seine eigenen Angaben.[72] Reinig wurde am 8. November 1904 in Newark, N.J. (USA), geboren. Im März 1925 beauftragte ihn Oskar Vogt mit der Betreuung seiner Käfersammlungen; im September 1925 erhielt er ein Stipendium der Notgemeinschaft der Deutschen Wissenschaft für diese Aufgabe. Im Juli 1925 war Timoféeff-Ressovsky nach Berlin gekommen und mit ihm zusammen begann Reinig in seiner Freizeit mit Kreuzungsversuchen an *Drosophila funebris*. 1928 nahm Reinig an der deutsch-russischen Alai-Pamir-Expedition teil. Im Jahr 1929 bearbeitete er das auf der Expedition gesammelte Material im Zoologischen Museum Berlin. Im März 1930 wechselte er an die Preußische Akademie der Wissenschaften, wo er bei Richard Hesse am »Tierreich« arbeitete. Eine Ernennung zum wissenschaftlichen Beamten und Professor durch die Preußische Akademie der Wissenschaften (2. Mai 1935) wurde von der Reichskanzlei und Kultusminister Rust nicht bestätigt. Am 21. April 1940 wurde Reinig zur Wehrmacht einberufen. Während eines Fronturlaubes konnte er sich am 5. Mai 1942 habilitieren. Erst am 16. August 1947 wurde er aus französischer Kriegsgefangenschaft entlassen. Von seinem weiteren beruflichen Werdegang ist nur bekannt, dass er 1949 Hauptschriftleiter der Franckh'schen Verlagsbuchhandlung Stuttgart war und am 7. Juni 1980 starb. 1984 wurde seine Hummelsammlung, die als größte private Hummelsammlung der Welt gilt, von der Zoologischen Staatssammlung in München erworben (Spixiana 1992: 96).

Reinig gehörte dem engeren Kreis um Timoféeff-Ressovsky an und wurde von ihm stark beeinflusst. Von Harwood und Haffer wird er als Assistent bzw. Mitarbeiter von Timoféeff-Ressovsky erwähnt (Harwood 1993a: 111; Haffer 1999: 132–33; s.o.). Reinig selbst spricht von den »vielseitigen Anregungen durch das von meinem Freunde N.W. Timoféeff-Ressovsky gegründete genetische Kolloquium« (Reinig 1938: VI). Er spielt hier auf Sitzungen des genetischen Kolloquiums an, das Timoféeff-Ressovsky organisiert hatte, und an denen Reinig regelmäßig teilnahm. Aus dem Kolloquium entstand auch die Idee für die Reihe »Probleme der theoretischen und angewandten Genetik«, die in den Jahren nach 1937 erschien und die Reinig als Redakteur betreute.[73]

1939 war Reinig als Leiter einer geplanten »Arbeitsgemeinschaft für experimentelle und biogeographische Evolutionsforschung« der Preußischen Akademie der Wissenschaften in Berlin vorgesehen. Haffer hat diese Arbeitsgemeinschaft als »bedeutenden Ansatz zu weiteren ›synthetischen‹ Forschungen« bezeichnet (Haffer 1999: 134). Seit April 1939 hatte sich eine von der Mathematisch-naturwissenschaftlichen Klasse der Akademie eingesetzte Kommission mit entsprechenden Planungen befasst. Die Gründung sollte durch die zoologisch-genetische Zentralstelle im Zoologischen Institut der Universität Berlin (Direktor F. Seidel) in Zusammenarbeit mit der botanisch-genetischen Zentralstelle im Kaiser-Wilhelm-Institut für Biologie in Berlin-Dahlem (Leiter Fritz von Wettstein) erfolgen. Für den wissenschaftlichen Beirat waren Max Hartmann (als Vorsitzender), Richard Hesse, Ludwig Diels, Alfred Kühn, Konrad Meyer, Fritz von Wettstein, Friedrich Seidel und Nikolai W. Timoféeff-Ressovsky vorgesehen. Als weitere Mitarbeiter waren K. Eller und H. Laven im Gespräch. Durch den Kriegsausbruch im August 1939 wurden alle diesbezüglichen Pläne der Akademie hinfällig. Schon der Aufbau der Zoologischen Zentralstelle blieb in den Anfängen stecken, da sowohl Seidel als auch Reinig zum Militärdienst eingezogen wurden (Haffer 1999: 135).

Reinig war neben Timoféeff-Ressovsky als einziger Vertreter des synthetischen Darwinismus sowohl bei der *Versammlung der Deutschen Gesellschaft für Vererbungswissenschaft* in Würzburg (1938) als auch bei der Jahresversammlung der *Deutschen Zoologischen Gesellschaft* in Rostock (1939) mit einem Vortrag vertreten. In Würzburg hatten neben Reinig und Timoféeff-Ressovsky Klaus Pätau und Georg Melchers Vorträge gehalten, in denen eine Synthese zwischen Genetik und Evolutionstheorie propagiert wurde. Reinig hat später geschrieben, dass er in Würzburg »auf Wunsch von M. Hartmann ein Referat zu halten« hatte.[74]

*1.2.2.1 Rezeption*

In den 1930er Jahren publizierte Reinig mehrere Artikel und Bücher zu evolutionstheoretischen Fragen. Seine Theorien wurde sowohl in der deutschen als auch der internationalen Literatur des synthetischen Darwinismus zur Kenntnis genommen. Von den angelsächsischen Darwinisten ist vor allem Julian Huxley auf Reinigs Eliminationstheorie eingegangen:

> »It should be mentioned that Reinig (1939) has criticized Rensch's views as to the adaptive origin of the clines connected with the Geographical Rules, and substitutes a theory according to which they are due to selective elimination of genes during post-glacial migration from glacial ›refuges‹. While this explanation may hold good for some forms [...], it would certainly not to be of general application. His views, however, are another reminder that clines are of common occurrence, and originate in numerous distinct ways.« (Huxley 1942: 225; ähnlich auch Huxley 1940: 32)

Mayr zitiert Reinig in *Systematics and the Origin of Species* mehrfach und zu unterschiedlichen Themen. Zum einen erwähnt er ihn im Zusammenhang mit dem Versuch, aus der heutigen Ökologie einer Art auf ihre Geschichte zu schließen (Mayr 1942: 56). Dann nennt er Reinig (1939b) »an excellent recent review« zur geographischen Variation von Polymorphismen bei Insekten (Mayr 1942: 79–80; vgl. auch 1942: 139, 222). Reinigs Theorie der Elimination erwähnt Mayr nicht, wohl aber die Vorstellung, daß die Evolution in kleinen Populationen schneller verlaufe:

> »If the size of the effective breeding population is still greater, approaching panmixia in varying degrees, evolution will be slowed down considerably. The consequence of this consideration is that evolution should proceed

more rapidly in small populations than in large ones, and this is exactly what we find. [...] Reinig (1939b) [demonstrates this influence of population size on the degree of (sub-)speciation] on the bumblebees of the genus Bombus.« (Mayr 1942: 236)

Und selbst bei Simpson (1944), der nur wenig deutsche Literatur zitiert, findet sich Reinigs Artikel von 1935 im Literaturverzeichnis.

Von den deutschen Biologen wurde vor allem Reinigs Eliminationstheorie sehr eingehend in Rezensionen und längeren Essay-Reviews besprochen. Der sehr lebhaften zeitgenössischen Debatte steht ein fast völlig Vergessen in der wissenschaftshistorischen Literatur gegenüber, in der sich nur wenige verstreute Hinweise auf Reinig finden. Relativ ausführlich geht eigentlich nur Stresemann in *Die Entwicklung der Ornithologie* (1951) auf ihn ein. Stresemann erwähnt Reinig als Genetiker, der gegen den Lamarckismus bei Rensch argumentiert habe. Abschließend heißt es: »Ein solcher Angriff auf Renschs Darlegungen vermochte zwar Beifall im Lager der Genetiker, nicht aber in dem der Ornithologen zu finden, denn die neue Hypothese [der Elimination] war mit Tatsachen, die sie hinreichend erwiesen hatten, nicht vereinbar« (Stresemann 1951: 279–80).[75] Bei Haffer findet sich nur die kurze Bemerkung: »Reinigs Theorie der Gen-Elimination als Grundlage für eine nicht-selektive Entstehung der geographischen Merkmalsgradienten (später Klinen genannt) fand keine Zustimmung« (Haffer 1999: 134).

### 1.2.2.2 Lamarckismus und genetische Variabilität

Bereits 1935, d.h. früher als Dobzhanskys *Genetics and the Origin of Species*, erschien ein Artikel von Reinig, in dem er eine Synthese von Genetik, Systematik und Biogeographie anstrebt (»Ueber die Bedeutung der individuellen Variabilität für die Entstehung geographischer Rassen«). Wie Reinig anmerkt, habe er schon früher in einer Reihe von Publikationen versucht, »auf Grund genetischer Vorstellungen die Wege der Entstehung geographischer Rassen unserem Verständnis näher zu bringen«. Dies sei notwendig, da sich in der Systematik durch wichtige Entdeckungen der Genetik (Mutationsforschung, Entwicklungsgenetik) und der Ökologie ein Umbruch vollzogen habe, der »nicht nur neue Wege der Forschung aufschloß, sondern auch zu einer Umwertung althergebrachter Begriffe geführt hat«. Sowohl die »ungenügende genetische Schulung vieler Systematiker« als auch die »Ueberschätzung genetischer Methoden und Ergebnisse« habe jedoch zu mancherlei Fehlentwicklungen geführt. Speziell »hinsichtlich der Auffassung der untersten systematischen Kategorien und ihrer genetischen Wertung« habe sich zwischen Genetikern und Systematikern »eine Diskrepanz entwickeln« können (Reinig 1935: 50–51).

Konkret geht Reinig im Weiteren vor allem auf Renschs Vorstellungen zur Systematik und zur geographischen Rassenbildung ein. Er kritisiert in diesem Zusammenhang u.a. den von Rensch vertretenen Dualismus der Variabilität. Laut Rensch können Arten »in zwiefacher, prinzipiell verschiedener Weise variieren [...], nämlich geographisch und nicht-geographisch« (Reinig 1935: 51). Die geographische Variabilität, die in erster Linie durch klimatische Faktoren verursacht werde, soll zur Entstehung von geographischen Rassen führen. Diese Form der Variabilität soll Rensch zufolge zudem als gleichzeitige Abänderung vieler Individuen durch Umweltwirkung (Lamarckismus) verursacht werden. Bei der nicht-geographischen Variabilität auf der anderen Seite sollen durch Mutationen individuelle Varianten entstehen, die aber meist nicht zur Entstehung geographischer Rassen beitragen:

> »Daß bei völliger Isolierung von Mutanten geographische Rassen entstehen können, wurde [...] bereits besprochen. Aber jede nach Rassenkreisen zusammengefaßte systematische Übersicht einer Tiergruppe lehrt, daß wir es hier mit vereinzelten Fällen zu tun haben und die ›normale‹ Rassenentwicklung auf anderem Wege erfolgt, d.h. [...] durch direkte äußere Einwirkungen.« (Rensch 1929a: 130)

Diese dualistische Auffassung und die lamarckistische Deutung der geographischen Variabilität durch Rensch will Reinig widerlegen und durch eine genetische Erklärung ersetzen, die »ausschließlich die spontane Variabilität am Individuum als Ausgangspunkt gelten läßt« (Reinig 1935: 51). Die einheitliche Erklärung der Rassen- und Artbildung durch die Selektion individueller Variabilität (Mutationen) war ein grundlegender Gedanke des synthetischen Darwinismus. Mayr hat diesen Punkt in *Systematics and the Origin of Species* (1942) ausführlich dargestellt: »It has become increasingly clear in recent years that all or nearly all geographic variation, or any differences between infraspecific categories are compounded from individual variants« (Mayr 1942: 32). Als Anhänger einer gegenteiligen Ansicht nennt er Rensch (1933a).

Reinig zeigt nun an entomologischem Material, dass »die Individualvariation in sehr vielen Fällen nicht nur dieselben Merkmale betrifft, die auch als Rassenmerkmale in Frage kommen, sondern daß sie auch in der gleichen Richtung liegt wie die geographische Variabilität«. Es bestehe deshalb weder von Seiten der Genetik noch von Seiten der Systematik Veranlassung, »eine Trennung von geographischer und individueller Variation vorzunehmen« (Reinig 1935: 68). Um diese These zu belegen, macht Reinig eine Reihe von Zusatzannahmen, die z.T. sehr zukunftsweisend sind. So spricht er der Isolation von Populationen und der Wanderungen von Individuen eine wichtige Rolle zu, da sie »nicht allein eine Rassendifferenzierung auf Grund des bereits vorhandenen Genmaterials begünstigen, sondern auch der Entstehung und Erhaltung neu auftretender Individualaberrationen günstig sind«. In diesem Zusammenhang nimmt er auch einen relativ starken Einfluss geologischer Veränderungen an: »In Zeiten weniger starker erdgeschichtlicher Veränderungen erfolgt dementsprechend auch die Entstehung neuer Rassen weniger eruptiv. In einer solchen Zeit befinden wir uns heute. Dadurch erklärt sich vielleicht die relativ geringe Zahl von Rassen in statu nascendi« (Reinig 1935: 64). Renschs These von der »simultanen Entstehung geographischer Rassen« (Rensch 1933a: 48) akzeptiert Reinig als Phänomen, gibt ihr aber eine selektionistische Erklärung. Der »Rassenbildungsprozeß« soll sich nicht am Einzeltier vollziehen, sondern »sich simultan auf ganze Populationen« erstrecken. Er führt weiter aus:

> »Diese Tatsache braucht indessen nicht in der Weise ausgelegt zu werden, daß hier eine direkte Einwirkung des Klimas auf den Mutationsprozeß vorliegt, sondern sie wird bereits voll und ganz erklärt durch die Annahme, daß bestimmte klimatische Faktoren – es können natürlich auch andere Ursachen sein – eine Selektion in der Weise ausüben, daß bestimmte, spontan aufgetretene Varianten selektioniert werden.« (Reinig 1935: 65, 66)

Reinig vertritt in seinem Artikel eindeutig den Standpunkt des synthetischen Darwinismus gegenüber Rensch, der in mehreren Publikationen einen alternativen Evolutionsmechanismus vorgeschlagen hatte.

### 1.2.2.3 Elimination und Selektion

1938 legt Reinig dann mit *Elimination und Selektion* die ehrgeizige Theorie eines neuen Evolutionsfaktors, der Elimination, vor. Reinigs populationsgenetische Theorie besteht aus mehreren Teilen und wurde nach Erscheinen des Buches kontrovers diskutiert. Grundsätzlich bekennt er sich wieder zur Bedeutung der Genetik für die Evolutionstheorie. Er hebt vor allem hervor, dass von der Genetik die Selektion »als wichtiger Evolutionsfaktor anerkannt, der Neolamarckismus dagegen abgelehnt« werde (Reinig 1938: 1). Ziel des Buches ist es, die »geographische

Merkmalsprogressionen bei den Organismen« (vor allem die sog. Klimaregeln) zu untersuchen und zu erklären (Reinig 1938: V).

Rensch hatte Ende der 1920er, Anfang der 1930er Jahre verschiedene Klimaregeln aufgestellt und als Belege für einen lamarckistischen Evolutionsmechanismus gedeutet (1929a, 1933a, 1933b). Es ging ihm dabei vor allem darum, »für einen nicht unerheblichen Teil der Merkmale geographischer Rassen die Abhängigkeit von Außenfaktoren« »in bestimmten Regeln« zu formulieren (Rensch 1933a: 47). Die Tatsache, dass Rensch die lamarckistische Erklärung Mitte der 1930er Jahre aufgegeben und durch die Selektionstheorie ersetzt hatte, änderte an seiner Überzeugung der Richtigkeit des Phänomens als solchem nichts. Er bemühte sich nun, »die Deutung der Klimaregeln nur auf der Basis von Mutation und Selektion zu versuchen«, was »speziell bei der Bergmannschen, Allenschen, Flügelschnitt-, Haar- und Ei-Regel auch mit Erfolg geschehen konnte« (Rensch 1938a: 365). Reinig will nun untersuchen, ob das Phänomen der Merkmalsprogressionen aufgrund klimatischer Faktoren überhaupt existiert: »Wir wollen uns nicht darauf beschränken, zu untersuchen, ob der von Rensch und anderen Autoren angenommene Zusammenhang von Merkmalsausprägung und Klima auf die Evolutionsfaktoren Mutation und Selektion zurückgeführt werden kann, sondern erneut die Frage stellen, ob ein solcher Parallelismus überhaupt vorhanden ist« (Reinig 1938: 3). Reinig kritisiert in diesem Zusammenhang auch Renschs Rassenkreisprinzip und möchte es durch eine Hierarchie der Sippen (Kleinsippen, Sippen, Großsippen) ersetzen. Er schlägt folgende Definition vor:

> »Eine Sippe ist die Summe aller derjenigen kleinsten, morphologisch und geographisch erfaßbaren Individuengruppen (Kleinsippen), die miteinander in der Weise verwandt sind, daß jede einzelne Gruppe mit Hilfe morphologischer Kennzeichen und historisch-chorologischer Erkenntnisse aus derjenigen Gruppe phylogenetisch abgeleitet werden kann, die ihr in der Richtung, in der das geographische Ausbreitungs- bzw. Entstehungszentrum aller direkt miteinander verwandten Individuengruppen liegt, unmittelbar benachbart ist.« (Reinig 1938: 62–63)

Sippen müssen phylogenetisch einheitlich sein, d.h. sie dürfen nicht durch Bastardierung von Kleinsippen verschiedener Sippen entstanden sein. Reinig versucht hier die biogeographische Verteilung von Population mit einer genealogischen Komponente zu verbinden:

»Die [...] Aufgabe besteht darin, die genealogische Vergleichsrichtung festzustellen, d.h. die phylogenetische Ausgangsform zu suchen, und von dieser aus zu abgeleiteten Formen fortzuschreiten. Diese genealogische Vergleichsrichtung wird ergänzt durch die geographische, die den Weg der Merkmalsänderung anzeigt.« (Reinig 1938: 5)

Reinigs Untersuchung der geographischen Merkmalsprogressionen (der Klimaregeln) führt ihn zu dem Schluß, dass ein »Klimaparallelismus, wie er von den oben genannten Regeln angenommen wird, [nicht] besteht«. In Bezug auf die Bergmannsche Regel bedeutet dies: »Die Körpergröße nimmt bei allen Vielzellern innerhalb einer Sippe unabhängig von irgendwelchen klimatischen Einflüssen vom Entstehungs- bzw. Ausbreitungszentrum bis zur absoluten Arealgrenze ab« (Reinig 1938: 136). Reinig behauptet also, dass die geographischen Merkmalsprogressionen zentrifugal von einem Ausbreitungszentrum ausgehen und nicht äußeren, beispielsweise klimatischen, Gradienten folgen. Damit scheidet die Selektionstheorie als Erklärung für dieses Phänomen aus.

Als ursprüngliche Ausbreitungszentren bestimmt er »eiszeitliche Rückzugsgebiete«, die »Erhaltungsgebiete phylogenetisch alter Elemente« darstellen und als »Mannigfaltigkeits-« und »Allelzentren für alle jene Pflanzen und Tiere erscheinen, die während der Eiszeiten dort Zuflucht gefunden« haben (Reinig 1938: 135, 33). Diese Gebiete zeichnet ein besonders hoher Grad an genetischer Variabilität aus, da sie ein hohes Alter, vielfältige Umweltbedingungen und starken Genfluss durch Migration aufweisen. In »eiszeitlichen Refugien« haben sich »erbliche Abänderungen zu einer beträchtlichen Konzentration« (Reinig 1938: 34) angehäuft: »Die eiszeitlichen Großrefugien sind relativ alte Wohngebiete. Da die Mutationsrate zeitproportional ist, dürfen wir in diesen Refugien eine größere Mannigfaltigkeit und Häufigkeit von Allelen erwarten als in den sehr viel jüngeren Invasionsarealen« (Reinig 1939a: 292).[76]

Nach Ende der Eiszeit sei es zu vielfältigen Wanderungen von diesen Zentren, zur »postglazialen Arealerweiterung der Organismen«, gekommen. Da immer nur wenige Individuen gewandert seien, nehme der »Grad der Heterozygotie innerhalb eines Areals [...] gegen die Peripherie zugunsten der Homozygotie ab«. Die geographischen Merkmalsprogressionen sollen durch diesen Vorgang, durch »die Elimination von Polymeriefaktoren während der glazialen und postglazialen Arealerweiterungen«, erklärt werden. Unter »Elimination« versteht er »die durch Einzelwanderungen herbeigeführte und unabhängig von der Selektion erfolgende Abnahme des Allelbestandes vom Areal- bzw. Ausbreitungszentrum bis zur abso-

*Die Darwinisten*

luten Arealgrenze« (Reinig 1938: 135–36, 55). Die Elimination soll neben Mutation und Selektion den dritten Evolutionsfaktor darstellen.

In zwei weiteren ausführlichen Artikeln hat Reinig 1939 seine Vorstellungen näher erläutert, ohne grundlegende Revisionen vorzunehmen (»Die genetisch-chorologischen Grundlagen der gerichteten geographischen Variabilität«, 1939a; »Die Evolutionsmechanismen, erläutert an den Hummeln«, 1939b). Eine besondere Schwierigkeit für Reinigs Theorie ist die Frage, warum eine abnehmende genetische Variabilität (d.h. zunehmende Homozygotie) zu einer gerichteten Veränderung beispielsweise der Größe führen soll. Er erklärt dies folgendermaßen:

»Ich bin dabei von der Annahme ausgegangen, daß **quantitativ variierende** Merkmale, soweit ihre Variabilität genetisch und nicht umweltbedingt ist, auf **Polymerie** hinweisen. Der Grad der Ausprägung dieser Merkmale innerhalb einer Population würde dementsprechend von der Zahl der im Genotypus anwesenden polymeren Erbfaktoren bestimmt werden. Nehmen wir außerdem eine verschiedene Häufigkeit der einzelnen polymeren Gene bzw. ihrer nichtpolymeren Allele in den Refugialgebieten an, so ergibt sich die Möglichkeit einer Diminution des Bestandes an diesen (dominanten und rezessiven) Genen bzw. an ihren Allelen in der Richtung der Arealerweiterung.« (Reinig 1939a: 303)

*1.2.2.4 Kontroversen um die Eliminationshypothese*

Reinigs Eliminationstheorie ist eine ›synthetische‹ Theorie. Sie beinhaltet: 1) empirische biogeographische Aussagen über Migrationswege, historische Verbreitungsmuster und Klimaregeln. 2) Populationsgenetische Thesen über die Rolle von Populationsgröße und Zufallseffekten in der Evolution, zur Bedeutung nichtadaptiver und nicht-selektionistischer Phänomene und zur Veränderung der genetischen Variabilität in Populationen durch zeitliche und geographische Effekte. 3) Entwicklungsgenetische Aussagen über polygene Merkmale. Entsprechend vielfältig waren auch die Reaktionen der zeitgenössischen Evolutionstheoretiker.

Weithin abgelehnt wurden die Thesen von Reinig über die Nicht-Existenz der **Merkmalsprogressionen entlang klimatischer Gradienten**. Allgemein wird aber hervorgehoben, dass diese Hypothese anregend auf die Forschung gewirkt habe. So schreibt der Genetiker Karl Henke, dass die »Heranziehung eines neuen Gesichtspunktes zur Behandlung des eigenartigen Problems der Klimaregeln [...] zweifellos eine höchst dankenswerte Anregung dar«stellt (Henke 1938: 553). Die empirischen Tatsachen sollen allerdings nur in Ausnahmefällen mit der Eliminationstheorie übereinstimmen. So kritisiert Ludwig, dass »gewisse Aussetzungen wegen Dürftigkeit des Materials usw., die Reinig an den früher verwendeten Daten macht, sich zum Teil mit gleichem Recht auch auf sein eigenes Material anwenden lassen« (Ludwig 1939a: 178). Timoféeff-Ressovsky kommt nach einer Analyse der Ausbreitung des Weidenammers zum Schluß, dass »die Verhältnisse bei dem Weidenammer diametral entgegengesetzt den Forderungen der Eliminationshypothese zu liegen« scheinen (Timoféeff-Ressovsky 1940e: 337–38; vgl. auch Ahrens 1938–39).

Am intensivsten hat sich Rensch mit Reinigs Thesen auseinandergesetzt. Er ist weitgehend ablehnend. So habe Reinig das Vorkommen von postglazialen Neumutationen völlig vernachlässigt. Weiter sei der von Reinig angenommene »spezielle Ausbreitungsweg der Rassen [...] völlig hypothetisch und in vielen Fällen auch unwahrscheinlich«. Ebenso hypothetisch sei die »Annahme einer Arealausweitung durch Einzelwanderung« (Rensch 1938a: 368–87; vgl. auch 1939a: 193). Allgemein seien Reinigs Hypothesen »unhaltbar« (Rensch 1938a: 365). In *Neuere Probleme der Abstammungslehre* schreibt Rensch dann allerdings etwas konzilianter, dass »nur verhältnismäßig wenige Beispiele über[bleiben], bei denen wenigstens einzelne Rassengruppierungen nicht im Sinne der Bergmannschen Regel, sondern zunächst besser mit Reinigs Eliminationshypothese verständlich gemacht werden können« (Rensch 1947a: 38).

Wesentlich positiver wurde Reinigs These aufgenommen, dass bei der raschen Ausbreitung von Populationen **nicht-adaptive Phänomene** eine Rolle spielen. Dies sei aber keine neue Erkenntnis. Letztlich entpuppe sich »Reinigs dritter Evolutionsfaktor, die Elimination, [...] als der Zufall, von dem man im Anfange populationsstatistischer Forschung aus Gründen der Einfachheit begreiflicherweise abgesehen hat, der aber später wohl berücksichtigt worden ist« (Ludwig 1939a: 178). Ein ähnlicher Einwand wird auch von Pätau vorgebracht. Es gebe drei Evolutionsfaktoren: Mutation, Selektion und »zufällige Schwankung der Genhäufigkeiten«. Reinigs Elimination von Allelen, die bei Einzelwanderungen auftreten, sei »nichts anderes als unser dritter Faktor«, d.h. zufällige Veränderungen der Genhäufigkeit (Pätau 1939: 220, 224). Es gab auch Einwände gegen Reinigs Ansicht, dass nicht-adaptive Phänomene eine große Rolle bei der geographischen Verbreitung von Merkmalen spielen. So schreibt Rensch, dass Reinig die »Wirksamkeit einer Selektion gewissermaßen nur theoretisch, auf Grund unbewiesener bzw. unbeweisbarer Voraussetzungen, auszuschliessen« vermag (Rensch 1939a: 191). Kritisch ist auch Zimmermann. Als der wohl überzeugteste Vertreter einer umfassenden Bedeutung der Selektionstheorie in Deutschland lehnt er die nicht-adaptive Elimination als unbewiesen ab:

»Die Annahme eines fehlenden Nutzwertes ist also eine Vermutung ohne experimentellen Nachweis. […] Es ist sicher sehr verdienstlich, wenn Reinig solche geographische Merkmalsprogressionen […] genau feststellt. Wenn aber der Vergleich der Vogelbälge und anderen Museumsstücke einen ›adaptiven Charakter‹ nicht erkennen läßt, heißt das nicht, daß den betreffenden Rasseeigentümlichkeiten ein ökologischer Wert fehlt. Die Frage ist nur offen, und die Beispiele können in keiner Weise eine Theorie wie die Eliminationstheorie tragen.« (Zimmermann 1943: 50)

Weitgehend akzeptiert wurde Reinigs Hypothese, dass es zu einer **Abnahme der genetischen Variabilität** »vom Erhaltungszentrum zur Verbreitungsgrenze« komme. Allerdings sei auch dies ein »Tatbestand, der nicht neu ist« (Ludwig 1939a: 178). Rensch meint, dass »von keinem Biologen in Zweifel gezogen« werde, »daß eine Biotypenverarmung zum Rande des Verbreitungsgebietes hin nicht selten auftritt« (Rensch 1938a: 366; vgl. auch 1947a: 9). Timoféeff-Ressovsky bemerkt im Zusammenhang mit der Wirkung von Populationswellen:

»[…] in manchen Fällen müssen fortschreitende Arealsausbreitungen, falls sie durch Anwachsen eines ursprünglich kleinen Populationsteiles zustande kommen, von einem Prozeß der Verringerung der genetischen Vielgestaltigkeit des betreffenden Populationsteiles begleitet werden; einem Vorgang, auf den vielleicht einige Fälle der geographisch-gerichteten Variabilität zurückgeführt werden könnten (Reinig 1938).« (Timoféeff-Ressovsky 1939a: 204)

In Anbetracht der Betonung der Selbstverständlichkeit der Verringerung der genetischen Variabilität zum Verbreitungsrand hin ist es bemerkenswert, dass der Genetiker Henke hier Zweifel anmeldet. Die Hypothese setze eine, verglichen mit der »Vermehrungsgeschwindigkeit der betrachteten Formen außerordentlich hohe Ausbreitungsgeschwindigkeit« voraus (Henke 1938: 554). In diesem Sinne interpretieren Bauer & Timoféeff-Ressovsky (1943) Reinigs Elimination als »Abnahme der Heterozygotie vom Ausbreitungszentrum zur Peripherie bei relativ rascher Arealserweiterung der Arten und Unterarten« und merken an, dass es »von dieser Regel […] unzählige Ausnahmen« gebe (Bauer & Timoféeff-Ressovsky 1943: 409).

Eine interessante Debatte entstand um Reinigs Hypothese, dass durch die zufällige Elimination von Allelen eine **gerichtete Größenveränderung** entstehen könne. Es schien nicht plausibel, wie Reinig neben der »Verarmung an Genotypen auf dem Ausbreitungswege« auch »eine bestimmt gerichtete Änderung der Genotypenzusammensetzung erklären« wolle (Henke 1938: 555; vgl. auch Ludwig 1939a: 178). Dies sei nur dann denkbar, wenn von »verschiedenen im Ausbreitungszentrum vorhandenen Allelen von Faktoren, die ein bestimmtes Merkmal, z.B. die Körpergröße beeinflussen, jeweils in der Mehrzahl der Fälle die [...] z.B. verkleinernd wirkenden rezessiv sind« (Henke 1938: 554–55; vgl. auch Ludwig 1942a: 448; Pätau 1948: 207). Nur unter dieser Voraussetzung, »die aber bei Reinig nirgends entwickelt wird, wäre also in dem angenommenen Beispiel tatsächlich eine Merkmalsprogression im Sinn einer Verkleinerung erklärbar« (Henke 1938: 555). Die Wirkung wäre vergleichbar mit dem Auftreten von Inzuchtschäden, die »Allelendiminution ist danach in gewissem Sinne der besonders aus der Pflanzenzüchtung bekannten Heterosiserscheinung reziprok« (Timoféeff-Ressovsky 1940e: 334).

Trotz der z.T. sehr massiven Kritik an Reinigs Eliminationstheorie und ihren Komponenten ist die generelle Einschätzung durchaus positiv. Dies liegt zum einen daran, dass zugestanden wird, dass einzelne Fälle so erklärt werden können, dass aber der »Vorgang der Elimination [...] von Reinig wohl zu hypothetisch konstruiert und zu sehr verallgemeinert worden« sei (Rensch 1938a: 366). Die Elimination im Sinne Reinigs, »d.h. eine sukzessive Merkmalsänderung ohne jede Selektion durch Allelverlust bei der Ausbreitung«, führe zwar »gelegentlich zur Rassenbildung«, aber diese Fälle seien erheblich seltener, als Reinig annimmt: »Meist wird aber der ›reine Eliminationsdruck‹ schwächer sein als der ›Selektionsdruck‹« (Rensch 1947a: 40). Aber eine Wirkung der Elimination sei in gewissen Fällen theoretisch durchaus vorstellbar (Timoféeff-Ressovsky 1940e: 338). Allgemein wird hervorgehoben, dass Reinigs Ideen sehr originell seien (Ludwig 1939a: 178) und dass der Wert seiner »Anregung« nicht dadurch aufgehoben werde, dass »die von ihm versuchte Erklärung noch nicht befriedigt« (Henke 1938: 555). Reinigs Kritik der Klimaregeln habe heuristischen Wert, da sie dazu diene, neues, umfangreicheres und exaktes Material über die geographische Variabilität der verbreitesten paläarktischen Tierarten zusammenzubringen (Timoféeff-Ressovsky 1940e: 334). In seiner Autobiographie hat Rensch die Anregungen durch Reinig ausdrücklich gewürdigt:

> »Eine Veröffentlichung meines wenig jüngeren Kollegen F.W. Reinig regen meine Untersuchungen in fruchtbarer Weise an. Dr. Reinig hat eine neue Eliminationshypothese für die Entstehung geographischer Rassen aufgestellt und dabei versucht, die Gültigkeit der Bergmannschen Regel der klimaparallellen Größenausprägung bei Warmblütern durch Gegenbeispiele zu

widerlegen. Das zwingt mich, mein Beweismaterial ausführlicher darzustellen.« (Rensch 1979: 76)

Das Phänomen des Genverlustes ohne Selektion wurde – zumindest in Deutschland – mit Reinig in Verbindung gebracht und der Begriff ›Elimination‹ zumindest von einigen Autoren dafür verwandt.[77]

Zusammenfassend kann man feststellen, dass in Deutschland um Reinigs Hypothesen eine angeregte Diskussion innerhalb des synthetischen Darwinismus entstand. Er hat als einer der ersten in Deutschland eine Verbindung biogeographischer, systematischer, populationsgenetischer und genetischer Daten und Theorien vorgelegt. Seine grundlegenden empirischen Arbeiten und seine Ausführungen zur Identität von individueller und geographischer Variabilität waren wichtige Bausteine des synthetischen Darwinismus. Damit hatte er ein wichtiges Argument gegen lamarckistische Interpretationen der Rassenbildung vorgelegt. Reinig war sicher einer der kreativsten Evolutionstheoretiker in Deutschland, auch wenn sich viele seiner Spekulation nicht durchgesetzt haben. Nach 1945 wurde er schnell vergessen. Ein Grund war sicher seine lange Abwesenheit durch Kriegsdienst und Gefangenschaft. Nach seiner Rückkehr hat er nicht mehr wissenschaftlich publiziert.

## 1.3 Kaiser-Wilhelm-Institut für Biologie

Das Kaiser-Wilhelm-Institut für Biologie wurde 1916 offiziell eröffnet. Hier sollte mit Genetik, experimenteller Embryologie, Protozoologie und Biochemie experimentell ausgerichtete Forschung durchgeführt werden, die an den Universitäten keinen Platz fand. Die Genetik war das wichtigste Forschungsgebiet, mit ihr beschäftigten sich drei Abteilungen: Die von Carl Correns (ab 1934 von Fritz von Wettstein) geleitete Abteilung für Vererbungslehre und Biologie der Pflanzen; die Abteilung für Vererbungslehre und Biologie der Tiere unter Leitung von Richard Goldschmidt (ab 1936 Alfred Kühn) und Max Hartmanns Abteilung für Protistenkunde. Im Gegensatz zum Kaiser-Wilhelm-Institut für Züchtungsforschung war das KWI für Biologie ein »klassisches« Institut, in dem vor allem Grundlagenforschung in Entwicklungs- und Evolutionsgenetik betrieben wurde und das enge Beziehungen zu den Universitäten sowie zur Preußischen Akademie der Wissenschaften unterhielt (Melchers 1996; Harwood 1996; Sucker 2002).

## 1.3.1 Max Hartmann (1876–1962)

Der synthetische Darwinismus spielt eine relativ geringe Rolle im Werk von Hartmann. Anhand einiger kürzerer Kommentare werde ich seine Sympathien und Probleme mit diesem Forschungsprogramm aufzeigen. Von größerer Bedeutung war, dass Hartmann und Fritz von Wettstein im Vorfeld der Versammlung der *Deutschen Gesellschaft für Vererbungswissenschaft* in Würzburg im September 1938 für Vorträge im Sinne des synthetischen Darwinismus sorgten, indem sie ihre Mitarbeiter Pätau, Melchers und Reinig für dieses Thema ›vorsahen‹ (vgl. die Abschnitte über Pätau, Melchers und Reinig). Diese Vorträge stellen eine wichtige Etappe des synthetischen Darwinismus in Deutschland dar.[78]

Hartmann wurde am 7. Juli 1876 in Lauterbecken bei Kusel als Sohn eines Steuer- und Gemeindeeinnehmers geboren.[79] Von 1895 an studierte er Biologie und Naturwissenschaften an der Forsthochschule Aschaffenburg sowie an der Universität München (u.a. Zoologie bei Richard Hertwig). Von 1899–1900 war er Assistent am zoologischen Museum Straßburg, 1901 erfolgte die Promotion. In den Jahren 1902–05 war Hartmann Assistent am Zoologischen Institut in Gießen, wo er sich 1903 habilitierte. 1905 wechselte er zu Robert Koch an das Institut für Infektionskrankheiten in Berlin, wo er bald die Abteilung für Protozoologie leitete. 1909 wurde er ao. Professor für Zoologie und allgemeine Evolutionsbiologie an der Universität Berlin, 1914 zum Leiter der Abteilung Protistenkunde am Kaiser-Wilhelm-Institut in Berlin-Dahlem ernannt; seit 1933 war er Direktor der Abteilung. 1944 wurde das Institut nach Hechingen, 1952 nach Tübingen verlegt. Er starb am 11. Oktober 1962 in Buchenbühl im Allgäu.

In den zentralen Werken des synthetischen Darwinismus wird Hartmann lediglich von Dobzhansky (1937: 5–6), Zimmermann (1939) und Rensch (1947a: 327, 329–30) und fast ausschließlich mit seinen allgemeinen biophilosophischen Thesen zitiert (vgl. auch Schindewolf 1936: III; Remane 1952: 377; Harwood 1993a: 366). In der wissenschaftshistorischen Literatur wird er von Rensch (1980) als Skeptiker in bezug auf den Erklärungswert des selektionistischen Modells für die Makroevolution und als einer der Autoren, die nach weiteren Evolutionsmechanismen suchten, genannt (Rensch 1980: 285, 288). Mayr spricht in diesem Zusammenhang von »some reasonably agnostic statements on evolution« durch Hartmann (Mayr 1982: 569; vgl. auch Senglaub 1985: 566–67, 570, 574).

Hartmann hat die Entstehung des neuen evolutionstheoretischen Modells aber aufmerksam beobachtet, wie aus einigen verstreuten Bemerkungen hervorgeht. 1929, auf der bekannten Tübinger Tagung, kommentierte er die Diskussion zwischen Weidenreich und Federley. Seine Haltung ist eindeutig. Die Genetik muss auf »Grund ihrer experimentellen Ergebnisse mit aller Entschiedenheit [...] die alte lamarckistische Formulierung der Vererbung erworbener Eigenschaften ablehnen«. Dies bedeute, dass die »alte vergleichende Disziplin«, d.h. die Paläontologie, »ihr Material den neueren Problemstellungen anpassen« müsse (Hartmann 1929: 310; vgl. auch Rensch 1980: 291). Wegen dieser recht deutlichen Ablehnung des Lamarckismus wird er von Plate zur Gruppe der »Reinen Selektionisten« gezählt (Plate 1933: 1126). Hartmanns Doktorand Curt Stern und Weidenreich führten diese Kontroverse auch publizistisch in *Natur und Museum* weiter (Stern 1929, 1930; Weidenreich 1930).

Die Evolutionstheorie spielt auch eine vergleichsweise geringe Rolle in Hartmanns wichtigem Lehrbuch *Allgemeine Biologie* (im Folgenden nach der 2. Auflage von 1933 zitiert). Das Kapitel V. E, »Artbildung und Evolution«, ist unterteilt in die Abschnitte 1) Deszendenztheorie und 2) Physiologie der Artbildung und Evolution. Im zweiten Abschnitt werden Lamarckismus und Darwinismus (Selektionstheorie) besprochen. Insgesamt umfasst das Kapitel nur zehn Seiten; dieser geringe Umfang wurde von Mayr als typisches Ausweichen der Experimentalisten vor den Problemen der Evolution kritisiert.[80]

Zur allgemeinen Gültigkeit der Deszendenztheorie (Abschnitt 1) äußert sich Hartmann unzweideutig: »Das gesamte Beweismaterial, das die vergleichende Morphologie, Paläontologie, sowie die Tier- und Pflanzengeographie liefern, ist derart umfassend und überzeugend, daß der Deszendenztheorie eine an Sicherheit grenzende Wahrscheinlichkeit zugeschrieben werden kann« (Hartmann 1933: 652). Schwieriger sei die Beantwortung der Fragen nach den Ursachen der Evolution, die Physiologie der Artbildung und Evolution (Abschnitt 2). Hier stehen sich hauptsächlich zwei Theorien gegenüber, die in verschiedenen Varianten vertreten werden: Lamarckismus und Darwinismus. In den letzten 50 Jahren sei es zu heftigen Kontroversen gekommen und »noch heute [1933!] stehen sich die Gegner meist schroff gegenüber«. Erst die experimentelle Genetik habe sichere Daten zur Beurteilung beiden Hypothesen geliefert, »die aber zunächst beiden Hypothesen das Fundament zu entziehen schienen, so daß sie gerade von kritischen Genetikern beide abgelehnt wurden und daß eine gewisse Resignation hinsichtlich der Möglichkeit einer Lösung des Evolutionsproblems Platz griff«. Neuerdings haben sich aber die Auffassungen »wesentlich zugunsten der Darwinschen Selektionstheorie verschoben«, da die Selektion »wenigstens als einer der wichtigen Faktoren der Artumwandlung angesprochen werden kann, wenn auch noch keineswegs zu übersehen ist, ob und inwiefern sie zur Erklärung der eigentlichen Evolution ausreicht« (Hartmann 1933: 654). Zwar seien viele Anpassungserscheinungen (bes. rudimentären Organe) eventuell durch den lamarckistischen Mechanismus erklärbar, bei anderen Merkmalen (z.B. der Arbeiterinnen bei den Bienen) sei dies aber nicht möglich. Als wichtigsten Grund für die Ablehnung des Lamarckismus nennt er aber, dass »die eingehenden Erfahrungen der experimentellen Vererbungslehre bisher nicht nur keine Beweise für die Vererbung funktioneller Anpassungen erbracht, sondern im Gegenteil ein ungeheures Tatsachenmaterial zutage gefördert haben, das dagegen spricht«. Trotz dieser Sachlage hält Hartmann es aber – wie auch Fritz von Wettstein – für theoretisch möglich, dass »Einwirkungen der Außenwelt auf dem Wege über das Protoplasma der Keimzellen (Dauermodifikationen, Plasmon) auch Gene umzuwandeln vermögen und so wenigstens in gewissem Sinne lamarckistische Prinzipien zur Geltung kämen« (Hartmann 1933: 655).

Die Selektionstheorie auf der anderen Seite basiere auf dem »Vorhandensein von richtungslosen, erblichen Variationen«. Die Untersuchungen des letzten Jahrzehnts hätten nun gezeigt, dass die kleinen, äußerlich oft schwer feststellbaren Genmutationen relativ häufig seien und als Material für die Selektion zur Verfügung stehen: »Die Möglichkeit des Einsetzens von Selektionsvorgängen ist also durch das häufige Auftreten der kleinen Mutationen gegeben und somit ein Weg gezeigt, auf dem eine Umwandlung von Arten erfolgen kann und offenbar auch vielfach erfolgt« (Hartmann 1933: 656–58).

Sehr viel kritischer sieht Hartmann aber die Möglichkeit, auf diesen Mechanismus eine allgemeine Evolutionstheorie zu begründen: »Es fragt sich aber, ob diese Tatsachen für die Erklärung der oft so komplizierten Anpassungen und der vielfach so gerichtet (orthogenetisch) erscheinenden Entwicklungsreihen ausreichen«. Seine Antwort ist negativ: »Vorderhand ist diese Frage zu verneinen«. Die Existenz »homologer Mutationen« und »gerichteter Entwicklungsreihen« »legt den Gedanken nahe, daß in der Konstitution der Gene gewissermaßen die inneren Bedingungen so beschaffen sind, daß sie nur ganz bestimmte Mutationen zulassen und somit auch fortschreitende Mutation gleicher Richtung begünstigen«. Hartmann spekuliert weiter, ob u.U. die evolutionären Trends, »die gerichteten, orthogenetischen Entwicklungsreihen im Tier- und Pflanzenreich«, »**alle** in dieser Weise durch gerichtete Mutationen unter der Einwirkung extremer Außenbedingungen erklärt werden können« (Hartmann 1933: 658; Hervorhebung zugefügt). Das aber könne erst durch weitere Experimente geklärt werden. Abschließend bekennt er sich zu einem pluralistischen Evolutionsmodell. Je nach Organismengruppe können gerichtete Mutationen, Kleinmutationen mit nachfolgender Selektion, Kombinationen durch Sippen- und Artkreuzungen oder Polyploidie vorherrschend sein.

Abschließend sei noch auf das Vorwort von Hartmann zur deutschen Ausgabe von Dobzhanskys *Genetics and the Origin of Species* hingewiesen (1939). Er gibt hier seiner Hoffnung Ausdruck, dass die deutsche Übersetzung dazu beitragen wird, »die Bedeutung der Genetik für das Evolutionsproblem den breitesten Biologenkreisen näherzubringen«. In verschiedenen Ländern (konkret nennt er Deutschland, Russland und Amerika) wird von Genetikern

> »das Evolutionsproblem angegriffen, zwar nicht gleich mit großen allgemeinen Theorien, sondern in geduldiger, zielsicherer Kleinarbeit, indem von verschiedenen Seiten her, von reiner Erbanalyse, Zytologie, Biogeographie und von der mathematischen Behandlung populationsphysiologischer Fragen Baustein um Baustein zu einer neuen synthetischen Zusammenfassung herbeigeschafft wird.« (Hartmann 1939: III–IV; vgl. auch Harwood 1993a: 44–45)

Noch zu Beginn der 1930er Jahre überwog bei Hartmann der Zweifel, was die Übertragbarkeit des synthetischen Darwinismus auf komplexere Anpassungserscheinungen und evolutionäre Trends angeht. Er vermutete in gerichteten Mutationen die Lösung des Problems. Später hat er die Fortschritte der Theorie mit Interesse und Sympathie verfolgte. Dies wird aus seinem Vorwort zur Übersetzung von Dobzhanskys Buch und vor allem aus der zusammen mit von Wettstein geplanten Initiative deutlich, einige ihrer Mitarbeiter auf der Versammlung der *Deutschen Gesellschaft für Vererbungswissenschaft* in Würzburg 1938 Vorträge über das neue Evolutionsmodell halten zu lassen.

### 1.3.2 Hans Bauer (1904–1988)

Bauer war in erster Linie Genetiker, sein Hauptarbeitsgebiet war die Chromosomenforschung, speziell die Aufklärung des Feinbaues der Riesenchromosomen der Dipteren. Er wurde am 27. September 1904 in Hamburg geboren.[81] Von 1922 bis 1931 studierte er Naturwissenschaften in Hamburg, München und Göttingen. Der Promotion bei Alfred Kühn (1931) folgte ein Gastaufenthalt am Institut für Schiffs- und Tropenkrankheiten Hamburg. Im Oktober 1932 erhielt Bauer ein Stipendium der Notgemeinschaft der Deutschen Wissenschaft für das Kaiser-Wilhelm-Institut für Biologie in Berlin, 1933 wurde er dort Assistent. In den 1930er Jahren konnte er Forschungsaufenthalte in Messina, Neapel, Pasadena, Woods Hole und Cold Spring Harbor wahrnehmen. 1943 wurde Bauer als Nachfolger von Max Hartmann Abteilungsleiter am Kaiser-Wilhelm-Institut für Biologie. Von 1949 bis 1955 war er Abteilungsleiter am neugegründeten Max-Planck-Institut für Meeresbiologie (Wilhelmshaven, später Tübingen). 1950 wurde Bauer zum Professor, 1955 zum stellvertretenden Direktor, 1961 zum Direktor des Max-Planck-Instituts für Meeresbiologie ernannt. Er starb am 5. Januar 1988.

In der zeitgenössischen und wissenschaftshistorischen Literatur wird Bauer meist als Genetiker zitiert (Dobzhansky 1937; Dobzhansky 1980: 449; Mayr 1982). Zum Umfeld des synthetischen Darwinismus wird er wegen seiner Mitarbeit am zentralen theoretischen Beitrag in der *Evolution der Organismen*, »Genetik und Evolutionsforschung bei Tieren«, gezählt, den er zusammen mit Timoféeff-Ressovsky verfasste.[82] Wie ein Vergleich mit den anderen Publikationen der beiden Autoren belegt, hat Timoféeff-Ressovsky die evolutionstheoretischen Abschnitte verfasst, während Bauer für die einleitenden genetischen Teile zumindest mitverantwortlich war (vgl. den Abschnitt zu Timoféeff-Ressovsky). Bauer war so zumindest indirekt durch die Zusammenarbeit mit Dobzhansky (Bauer & Dobzhansky 1937) und Timoféeff-Ressovsky in den synthetischen Darwinismus eingebunden. Er nahm in den 1930er Jahren auch an Sitzungen des genetischen Kolloquiums teil, das Timoféeff-Ressovsky organisiert hatte[83] und er hielt bei der 41. Jahresversammlung der *Deutschen Zoologischen Gesellschaft* in Rostock (August 1939) einen Vortrag über ›Cytogenetik und Evolution‹.

1937 hat Bauer hat eine interessante längere Rezension von Dobzhanskys *Genetics and the Origin of Species* und eine Notiz zur deutschen Übersetzung des Buches publiziert. Diese kompetenten Besprechungen sind ein Beleg für die positive Aufnahme des synthetischen Darwinismus durch die Genetiker des Kaiser-Wilhelm-Instituts für Biologie in Berlin-Dahlem (Bauer war zu dieser Zeit Assistent bei Hartmann). Bauer beginnt seine Rezension mit einem kurzen historischen Vorspann: Die Genetik habe sich seit ihrer Entstehung im Jahre 1900 »von den Glaubenskämpfen ferngehalten, die auf dem Boden der Abstammungslehre zwischen den verschiedenen Lehrmeinungen ausgetragen wurden, obwohl gerade sie dazu berufen sein mußte, die für die Evolution voraussetzungsnotwendige Vererbbarkeit neuer Eigenschaften zu klären«. Nachdem aber inzwischen die »planvolle experimentelle Arbeit« zur »sicher begründeten Kenntnis« über den Vererbungsvorgang geführt habe, sei »die Zeit gekommen, von der neuen Warte aus die Grundannahmen der Abstammungslehre erneut zu überblicken und zu prüfen, wieweit mit unserem heutigen Wissen die Neuentstehung der Arten in klarerem Licht gesehen werden kann« (Bauer 1938: 367).

Durch Dobzhanskys Buch sei die Möglichkeit gegeben, »die neuen Gesichtspunkte und Forschungsergebnisse kennenzulernen, die sich aus der Verknüpfung experimenteller Vererbungsforschung und evolutionistischer Fragestellung ergeben haben« (Bauer 1940: 208). Bauer geht auch auf die Frage ein, inwieweit die Makroevolution »denselben Gesetzmäßigkeiten folgt wie die beobachtbaren Kleinprozesse der Mikroevolution«. Dobzhansky mache »sehr deutlich klar«, dass »die Gegner einer solchen Gleichsetzung für ihre gegenteiligen Annahmen nichts vorbringen können als Hypothesen, die überhaupt keine Erfahrungsgrundlage haben«. Bauer erläutert weiter, wie Dobzhansky die Evolution auf der Basis von Mutabilität, Selektion, Zufall und Isolation erklärt. Besonders lobend erwähnt er, dass der »Einfluß der Selektion auf die Zusammensetzung der Populationen nach den theoretischen Arbeiten S. Wrights, R. A. Fishers und Haldanes […] in überraschend leichter Darstellungsweise wiedergegeben« sei. Er schließt mit den Worten: »Das in Sprache und Beweisführung gleicherweise anziehende Buch eines Meisters der Genetik, der zugleich gründlicher Kenner der übrigen biologischen Fachgebiete ist, stellt jedenfalls einen sehr gelungenen Versuch dar, die schon schematisch gewordene Form der Abstammungsbücher von der lebendigen Wissenschaft her zu ergänzen« (Bauer 1938: 367–68). In der kurzen Notiz zur deutschen Übersetzung fügt er noch hinzu, dass es »besonders die Anhänger lamarckistischer Gedankengänge zu einer Überprüfung ihrer sachlichen Einstellung« verpflichte (Bauer 1940: 208). Bauer hat, aus seiner Zusammenarbeit mit Dobzhansky und Timoféeff-Ressovsky sowie seinen Besprechungen zu schließen, das neue selektionistische Evolutionsmodell vertreten. Seine Forschungsinteressen lagen jedoch auf dem Gebiete der Zytologie und Genetik, insofern setzte er sich nur am Rande mit der neuen Theorie auseinander.

### 1.3.3 Klaus Pätau (1908–1975)

Zu Leben und Werk von Klaus Pätau ist bisher nur wenig bekannt geworden. Jon Harwood hat einen kurzen biographischen Abriss publiziert, aus dem hervorgeht, dass Pätau 1936 in Berlin promoviert wurde. Nach einem Stipendium der Rockefeller Foundation am *John Innes Horticultural Institute* in England (1938–39) war er von 1939 bis 1945 Assistent an der Abteilung von Max Hartmann am Kaiser-Wilhelm-Institut für Biologie. Nach dem Krieg verbrachte er ein halbes Jahr am *Institute of Animal Genetics* in Edinburgh, bevor er 1948 in die USA emigrierte. Hier lehrte er an der University of Wisconsin als Humangenetiker (Harwood 1993a: 113). In den zentralen Schriften zum synthetischen Darwinismus wird Pätau selten erwähnt und auch dann meist nur unter Verweis auf seine genetischen Arbeiten (Muller 1940: 228; Timoféeff-Ressovsky 1939a; Bauer & Timoféeff-Ressovsky 1943: 378). Pätau hat nur einen, wegen des Zeitpunkt seiner Veröffentlichung allerdings wichtigen Artikel zum synthetischen Darwinismus veröffentlicht.

Auf der 13. Jahresversammlung der *Deutschen Gesellschaft für Vererbungswissenschaft*, die vom 24. bis 26. September 1938 in Würzburg stattfand, hielt er einen

Vortrag über »Die mathematische Analyse der Evolutionsvorgänge« (Pätau 1939). Zusammen mit den Vorträgen von Melchers, »Genetik und Evolution (Bericht eines Botanikers)«, und Timoféeff-Ressovsky, »Genetik und Evolution (Bericht eines Zoologen)«, hat Pätau hier einen ersten Versuch gemacht, Dobzhanskys (1937) Interpretation des synthetischen Darwinismus in Deutschland bekannt zu machen. Alle drei Artikel erschienen in Bd. 76 der *Zeitschrift für induktive Abstammungs- und Vererbungslehre* (1939). Obwohl sowohl Melchers als auch Timoféeff-Ressovsky in ihren Vorträgen auf Pätaus Referat verweisen, scheint der Artikel in den folgenden Jahren fast völlig ignoriert worden zu sein (vgl. aber Melchers 1939: 248; Timoféeff-Ressovsky 1939a: 206; Reinig 1939b: 171). Einer der wenigen Hinweise auf den Artikel findet sich im Literaturverzeichnis zum evolutionstheoretischen Kapitel von Alfred Kühns *Grundriss der Vererbungslehre* (1939). Selbst Ludwig, der sich als einziger anderer deutscher Autor intensiv mit den mathematischen Analysen der Evolution beschäftigt hat, übergeht ihn mit Schweigen (Ludwig 1940, 1943a; vgl. auch Sperlich & Früh 1999: 112). Insofern ist Harwood zuzustimmen, wenn er von einem ›Versuch‹ Pätaus spricht: »Mathematically able, Pätau seems to have attempted to publicize mathematical population genetics among German geneticists from the late 1930s« (Harwood 1993a: 113).

Pätaus Artikel gibt eine relativ kurze, aber sehr klar verfasste Einführung in die mathematische Populationsgenetik des synthetischen Darwinismus, wobei er sich auf Fisher und Wright sowie vor allem auf Dobzhansky (1937) bezieht. Im Unterschied zu Timoféeff-Ressovsky und Ludwig lässt er nur drei Evolutionsfaktoren gelten: »Mutation im weitesten Sinne, Selektion und ein Prozeß, den man als zufällige Schwankung der Genhäufigkeiten bezeichnen kann« (Pätau 1939: 220). Er beginnt seine Ausführungen mit einem Plädoyer für die Beachtung der mathematischen Zusammenhänge, denn die »bloß gefühlsmäßige Beurteilung der Wirkungsweise der evolutionären Kräfte führt leicht zu Trugschlüssen« (Pätau 1939: 220). Die drei Faktoren werden zunächst getrennt diskutiert, dann ihr Zusammenwirken in Populationen unterschiedlicher Größe behandelt, wobei er sich auf Dobzhanskys Darstellung von Wrights Theorien (1931) bezieht. Auf eine genauere Darstellung kann verzichtet werden, da Pätau diese Ergebnisse lediglich referiert. Abschließend betont er noch einmal den »heuristischen Wert einer mathematisch durchgeführten Evolutionstheorie«, der darin liege, dass »sie der biologischen Forschung Fragen stellt, die, zuvor wenig beachtet, nicht minder wichtig sind als die bisher vielleicht etwas zu einseitig in den Vordergrund geschobene Frage nach der genetischen Zusammensetzung natürlicher Populationen« (Pätau 1939: 228). Pätau hat nur diesen einen evolutionstheoretischen Artikel verfasst. Harwood hat aber darauf hingewiesen, dass Pätau zusammen mit Timoféeff-Ressovsky 1944 eine Artikelserie über populationsgenetische Fragen geplant hatte, die aber nicht verwirklicht werden konnten (Harwood 1993a: 113).

Nach dem Krieg hat Pätau am *FIAT Review of German Science* mitgearbeitet und den Bericht über »Biostatistik, Populationsgenetik, allgemeine Evolutionstheorie« verfasst (Pätau 1948). Die interessante Einschätzung von Heberers *Evolution der Organismen* sei kurz zitiert:

> »Das Sammelwerk ›Die Evolution der Organismen‹ vereinigt 18 selbständige Beiträge, die ein sehr weites Gebiet umspannen [...]. In der Qualität der Beiträge bestehen allerdings beträchtliche Unterschiede. Alle Autoren, auch die Paläontologen, stimmen darin überein, daß Mutation, Selektion, Zufall und Isolation die einzigen bisher nachgewiesenen Evolutionsmechanismen sind, nur im Grad des Optimismus hinsichtlich der Frage, ob sie allein auch die Makroevolution bewirkt haben, bestehen Abstufungen.« (Pätau 1948: 204)

Pätau war kein mathematischer Populationsgenetiker wie beispielsweise Ludwig, der die verschiedenen Konzepte bewerten und kreativ weiter entwickeln konnte. Sein Vortrag und Artikel haben aber Grundlagen der mathematischen Populationsgenetik, wie sie in Dobzhanskys *Genetics and the Origin of Species* präsentiert worden waren, in Deutschland bekannt gemacht.

### 1.3.4 Fritz von Wettstein (1895–1945)

Von Wettstein hat sich in vielfältiger Weise mit dem synthetischen Darwinismus auseinandergesetzt. Intensiver als Hartmann hat er das neue Evolutionsmodell auch in seinen eigenen Publikationen behandelt; wie dieser hat er über seine Schüler und Mitarbeiter (Stubbe, Melchers, Schwanitz) gewirkt.

Von Wettstein wurde am 24. Juni 1895 in Prag als Sohn von Richard von Wettstein und seiner Frau Adele geb. Kerner von Marilaun geboren.[84] Nach bestandenem Abitur 1913 konnte er noch mit dem Studium beginnen, bevor er 1914 zum Kriegsdienst eingezogen wurde. Nach seiner Rückkehr 1918 nahm er das Studium wieder auf und promovierte bereits 1919 mit einer Arbeit über die Siphonee Geosiphon. 1921 wurde er Assistent von Carl Correns am Kaiser-Wilhelm-Institut für Biologie in Berlin-Dahlem. 1923 habilitierte er sich in Berlin und wurde 1925 zum o. Professor für Botanik in Göttingen berufen. 1931 wechselte er als Nachfolger von Karl Goebel an das Botanische Institut der Universität München. 1934 folgte er Correns als Direktor des Kaiser-Wilhelm-Instituts für Biologie in Dahlem. Er starb am 12. Februar 1945 in Trins in Tirol.

In den zentralen Schriften des synthetischen Darwinismus wird er relativ häufig zu den genetischen Grundlagen zitiert. So werden seine Arbeiten zur Polyploidie beispielsweise von Chetverikov in dessen klassischer Schrift von 1926 erwähnt.[85] Auch seine Theorie der plasmatischen Vererbung wurde intensiv diskutiert.[86] Und schließlich erfuhr der Artikel von Stubbe und von Wettstein über die Bedeutung der Makromutationen weite Beachtung.[87] Sowohl Polyploidie als auch plasmatische Vererbung und Makromutationen galten allerdings bei den Vertretern des synthetischen Darwinismus als Ausnahmeerscheinungen, die sich nur schwer mit den anderen Evolutionsfaktoren verbinden ließen. Dies erklärt wohl auch, warum beispielsweise Huxley (1942), Mayr (1942) und Simpson (1944) nicht auf von Wettsteins Theorien eingingen.

In der deutschsprachigen Literatur wird von Wettstein z.T. als Vertreter des synthetischen Darwinismus genannt. Er sei einer der Forscher, die »systematische Forschung mit Vererbungsforschungen kombinieren« (Remane 1927: 32, 13). Schwanitz nennt im Zusammenhang mit der Relevanz der Genetik für die Evolutionstheorie neben dem »grundlegenden Werk« von Dobzhansky die »wichtigen Zusammenfassungen, die F. von Wettstein, Kühn, Timoféeff-Ressovsky, Gottschewski, Melchers u.a. in letzter Zeit zu dieser Frage gegeben haben« (Schwanitz 1940: 408). In der wissenschaftshistorischen Literatur zum synthetischen Darwinismus finden sich dagegen nur vereinzelte Hinweise auf von Wettstein. So schreibt Rensch, dass von Wettstein (1938) neodarwinistische Thesen veröffentlicht habe (Rensch 1980: 285, 292). Eine ausführliche Analyse der genetischen Theorien von Wettstein und ihrer evolutionstheoretischen Relevanz hat Harwood aus genetischer Perspektive vorgelegt (vgl. Harwood 1985: 282, 296–98; 1993a: 110–36). Er hebt hervor, dass von Wettsteins Theorie der plasmatischen Vererbung ernst genommen wurde und dass es sich um eine zentrale Debatte innerhalb des synthetischen Darwinismus handelte. Harwood zeigt auch, dass die Plasmon-Theoretiker als anti-Selektionisten missverstanden wurden, obwohl sie sich von dualistischen bzw. lamarckistischen Theorien distanziert hatten:

»In the context of German evolutionary discussion, however, the plasmon theorists support for natural selection was anomalous. No matter how frequently and forcefully the plasmon theorists sought to distance themselves from the Grundstock hypothesis or neo-Lamarckian mechanisms, the majority of German biologists during the 1930s regarded the evidence for cytoplasmic inheritance as supporting a dualist theory of evolution.« (Harwood 1993a: 118–19)

Verschiedentlich wurde auch darauf hingewiesen, dass von Wettstein an der geplanten Gründung der »Arbeitsgemeinschaft für experimentelle und biogeographische Evolutionsforschung« durch die Preußische Akademie der Wissenschaften in Berlin beteiligt war (Grau, Schlicker & Zeil 1979: 312–13; Harwood 1993a: 136; Haffer 1999: 135; vgl. auch die Abschnitte über Reinig und Timoféeff-Ressovsky). Allgemein wird in der Literatur hervorgehoben, dass von Wettstein eher unkonventionelle genetische Phänomene betont hat. Dies hat zu der kontrovers diskutierten Frage geführt, ob er einen dualistischen oder lamarckistischen Mechanismus vertreten habe.

In dem 1928 erschienenen Artikel, »Morphologie und Physiologie des Formwechsels der Moose auf genetischer Grundlage II«, versucht von Wettstein eine »Verknüpfung von Genetik und Entwicklungsphysiologie« und geht auch auf Fragen der Evolutionstheorie ein (Wettstein 1928: 1). In dem relativ ausführlichen »Theoretischen Teil« soll zum einen die Frage geklärt werden, »ob die gesamte genetische Konstitution nur aus einer sehr großen Zahl von Genen besteht, also für alle Eigenschaften nur solche genetische Elemente derselben Kategorie anzunehmen sind oder ob außer diesen auch noch andere Konstitutionselemente vorhanden sind«. Zunächst aber bespricht er den weitverbreiteten Einwand, »daß bei den Faktorenanalysen eine große Zahl von Genen für alle möglichen kleinen Abänderungen festgestellt wurden, für grundlegende Organisationsmerkmale aber jede genetische Analyse noch fehlt«. Dieser Vorwurf sei jedoch »schon auf Grund der Morganschen *Drosophila*-Analyse und der an *Antirrhinum* von Baur als unberechtigt zurückzuweisen«. Die Detailausbildung einzelner Merkmale und grundlegende Organgestaltungen, Anpassungs- und Organisationsmerkmale – »alles wird von mendelnden Genen beeinflußt, überall ist ihre Wirkung erkennbar« (Wettstein 1928: 188–90). Es bleibe aber die Frage offen, ob die Gene im Zellkern die allein maßgebenden Teile sein: »Aus den mitgeteilten Experimenten ist zu ersehen, daß dies durchaus nicht der Fall ist, sondern daß das Cytoplasma einen ebenso wichtigen Anteil an jeder Organgestaltung besitzt und zwar als genetisch charakterisiertes Konstitutionselement« (Wettstein 1928: 193). Er kommt zu dem Schluß, dass an der phänotypischen Ausbildung einer Eigenschaft »Kerngen und Plasmon vollständig gleichberechtigten Anteil« haben:

»Wir haben keinerlei Ursache, dem einen oder dem andern Konstitutionselement das größere Gewicht, die ausschlaggebendere Bedeutung zuzuerkennen. Einzig die leichtere Analyse durch das Spaltungsexperiment hat uns bisher die Kerngene in den Vordergrund rücken und das Plasmon als große Unbekannte vernachlässigen lassen. Wenn bei Sippenkreuzungen von einer Plasmonwirkung nichts zu bemerken ist, so beweist dies nur, daß alle verwendeten Sippen identisches Plasmon besitzen, aber durchaus nicht, daß es an der Organbildung unbeteiligt oder dafür nebensächlich ist.« (Wettstein 1928: 193–94)[88]

Dies bedeute auch, dass die Entstehung neuer Sippen und die Evolution der Organismen im Allgemeinen nicht allein auf Mutationen oder Kombinationen der Gene im Kern basieren kann. Von Wettstein bemerkt, dass »bei aller Bedeutung der Gen-Analysen von Morgan und Baur keine rechte Befriedigung herrscht«, wenn man versuche, komplexere Anpassungserscheinungen bei Pflanzen oder Tieren zu erklären. Auch die kleinen Mutationen im Sinne Baurs scheinen ihm nicht ausreichend (Wettstein 1928: 202–03). Die Hypothese der plasmatischen Vererbung könne diese offene Frage klären helfen, da es »Anhaltspunkte einer Plasma-Abänderung durch Außenbedingungen« gebe:

»Damit aber ist eine Möglichkeit gegeben, doch den formativen Kräften der Außenbedingungen viel mehr Einfluß einzuräumen, als dies seit der Entdeckung und genaueren Erforschung der Mutationen möglich war. Es könnte sehr gut sein, daß die nachgewiesenen genetischen Elemente im Cytoplasma ihre dauernde Umprägung durch Außenbedingungen erfahren und damit wäre die Möglichkeit einer direkten Bewirkung gegeben, eine Vorstellung, die doch immer für die Erklärung des Werdens komplizierter Anpassungen viel mehr Befriedigung gewährt.« (Wettstein 1928: 205)

Wettstein schlägt hier einen lamarckistischen Mechanismus vor, der sich jedoch nur auf das Zytoplasma erstreckt. Das Plasma soll durch Außenbedingungen, die Kerngene durch Mutationen verändert werden. Er kennzeichnet diesen dualistischen Mechanismus (»zweierlei Ursachen«) als hypothetische »Denkmöglichkeit« und vermutet weiter, dass das Plasma verändernd auf den Kern wirke, ohne dass man notwendigerweise »richtunggebende Einflüsse auf den Mutationsvorgang« annehmen müsse (er schließt diese Möglichkeit aber auch nicht aus!).

Die Kombinationen der unabhängig voneinander veränderten Kerne und Plasmen seien in einem zweiten Schritt der Selektion unterworfen, wodurch das »Richtunggebende für die Entstehung von Anpassungen« entstehe. Die Einbeziehung der plasmatischen Vererbung in die Evolutionstheorie soll es auch ermöglichen, die

*Die Darwinisten*

in der Natur beobachtete, »gleichmäßige, ausgeglichene Organbildung« zu erklären: »Nicht eine einzelne Eigenschaft ist verändert, nein der gesamte Habitus. Wir haben im Plasmon diese Wirkung kennen gelernt. Nicht aus einzelnen Genen zusammengesetzt, übt es eine einheitliche verändernde Wirkung auf den gesamten Organismus aus« (Wettstein 1928: 205–06). Im Gegensatz zu den plasmatischen Phänomenen spricht von Wettstein der Polyploidie kaum Bedeutung für die Evolution zu:

> »Entgegen den häufig betonten Hoffnungen, die das Heil der Deszendenztheorie in der Polyploidie oder Heteroploidie sehen, möchte ich mich aber hier auf den Standpunkt stellen, daß die Polyploidie zwar ein sehr interessanter Vorgang ist, der der Neuentstehung mancher Formen den Ursprung geben kann. Als Hypothese allgemeiner Art für die Entstehung neuer Sippen, wie wir sie für die Deszendenztheorie brauchen, kann der Vorgang der Heteroploidie aber nur in sehr beschränktem Maße verwertet werden.« (Wettstein 1928: 208)

Es ist eindeutig, dass von Wettstein 1928 noch eine dualistische Vererbungs- und Evolutionstheorie vertreten hat und in diesem Rahmen auch gewisse lamarckistische Effekte zulässt. Insofern ist Melchers zustimmen, der schreibt: »Fritz v. Wettstein stand diesen Ideen [›direkte Bewirkung‹ durch die Umwelt bei der Rassen- und Artbildung] allenfalls gefühlsmäßig nicht fern, als er mich [1928] für eine experimentelle Bearbeitung von Fragen der Mikroevolution gewann« (Melchers 1987: 382). Harwood hat dagegen bei von Wettstein Sympathien für den Lamarckismus klar verneint. Dieser Widerspruch ist dadurch zu erklären, dass Harwood sich auf einen späteren Zeitpunkt bezieht. In seinem Tagebuch von 1938 habe sich von Wettstein erstaunt über den Neo-Lamarckismus des Embryologen Emil Witschi geäußert: »Diskussion über Lamarckismus. Witschi steht merkwürdig nahe solchen Gedankengängen. Trotz Genetik ist er durch die Hormonforschung stark dorthin gekommen« (Wettstein, Tagebuch von 1938: 32; zit. nach Harwood 1993a: 130). Auf die Frage, inwieweit von Wettstein auch in späteren Jahren lamarckistische Vorstellungen vertreten hat, werde ich weiter unten eingehen. Es ist aber wichtig zu beachten, dass sein primäres Anliegen die plasmatische Vererbung war; der Lamarckismus ist nur eine eher nebensächliche und nicht notwendige, sekundäre Folgerung.

In einem Aufsatz von 1935 »Über plasmatische Vererbung und das Zusammenwirken von Genen und Plasma« hat von Wettstein seine diesbezüglichen Thesen weiter erläutert. Er betont hier besonders, dass **alle** Merkmale sowohl durch den

Kern als auch durch das Zytoplasma bestimmt werden. In diesem Zusammenhang weist er auch »nachdrücklichst« die Auffassung zurück,

> »daß etwa Genvererbung nur für Sippenmerkmale, plasmatische Vererbung nur für Art- und Gattungsmerkmale in Betracht kommen. Diese Auffassung sollte endlich einmal vollständig verlassen werden, denn die Experimente haben gezeigt, daß für alle Eigenschaften eines Organismus, soweit sie bisher den Vererbungsexperimenten überhaupt zugängig waren, ob Sippen-, Art-, Gattungs- oder Familienmerkmale, immer wieder die mendelnden Gene und das Zytoplasma, beides im gegenseitigen Zusammenwirken, ausschlaggebend sind.« (Wettstein 1935: 34)

Wettstein nimmt also einen Dualismus der Evolutionsmechanismen an, der durch die Unterschiede zwischen Kern und Plasma entsteht, nicht aber einen Dualismus der Merkmale. Auch an dieser Stelle wiederholt er seine Auffassung, dass damit Erklärungsschwierigkeiten bei der Entstehung »harmonischer Gestaltung« in der Evolution zu beheben seien. Er hält auch weiter einen gewissen richtenden Einfluss des Zytoplasmas auf die Mutationen der Gene im Kern für möglich:

> »Vielleicht ist der Einfluß eines veränderten Zytoplasmas auch manchmal die Ursache für das Auftreten von Mutationen, indem das Zytoplasma einseitig auf den Zellkern wirkt. Doch seien diese letzten Gedankengänge ausdrücklich als Arbeitshypothesen hingestellt und ein umfangreiches Experimentiermaterial bleibt abzuwarten, bis wir diesen, wohl aber grundlegenden Fragen etwas näher kommen.« (Wettstein 1935: 36)

In der Literatur zum synthetischen Darwinismus wird auf die genannten Artikel meist nicht verwiesen, sondern lediglich auf einen Vortrag, den von Wettstein am 9. November 1938 bei der Versammlung der Zoologisch-Botanischen Gesellschaft in Wien gehalten hatte. Der Paläontologe Kurt Ehrenberg hatte im Winter 1938–39 eine Vortragsreihe zu Thema »Der heutige Wissensstand in Fragen der Abstammungslehre« organisiert. Neben Ehrenberg selbst trugen von Wettstein und der Zoologe Wilhelm von Marinelli vor. Die Vorträge erschienen erst 1942 in Band 7 der *Palaeobiologica*.[89]

Wettsteins Vortrag ist weitgehend im Sinne des synthetischen Darwinismus verfasst: Sowohl die experimentelle Evolutionsforschung als auch vergleichende Morphologie, Entwicklungsgeschichte und Systematik fordert er auf, durch »gegenseitiges Durchdringen mit Achtung und Verständnis für Fragestellungen und

Methoden der anderen« die Grundlagen zu schaffen, »auf denen die Lösung des Problems der Evolution in seiner ganzen Weite und Größe langsam erarbeitet werden kann« (Wettstein 1938: 168). Dieser Appell zur Zusammenarbeit bedeutet aber nicht, dass alle diese Wissenschaften gleichermaßen zur Klärung beitragen können. Wenn es beispielsweise um die genauen Einzelheiten der Mikroevolution gehe, »lassen uns die paläontologischen Befunde fast ausnahmslos im Stich«. Vergleichende Eigenschaftsuntersuchung, Paläontologie und Biogeographie ermöglichen keinen direkten Beweis: »Die Klarlegung dieser Umbildungsvorgänge an den Organismen kann nur auf experimentellem Weg erfolgen und darum hat zum endgültigen Beweis der Abstammungstheorie die experimentelle Evolutionsforschung das Wort« (Wettstein 1938: 156–57). Konkret bedeutet dies beispielsweise, dass der Lamarckismus widerlegt sei:

»Eine Vererbung irgendeiner phänotypischen Veränderung, einer Modifikation, ist niemals erwiesen worden und kann nach allem, was wir wissen, nicht in Betracht gezogen werden. Und wenn die vielfältigen Erscheinungen der Anpassung, der zweckmäßigen phänotypischen Modifikationen noch so sehr den Gedanken der Vererbung einer phänotypisch erworbenen Ausprägung nahelegten, so ist dies doch ein Irrweg gewesen.« (Wettstein 1938: 158)

Wettstein hat also zwischen ca. 1935 und 1938 – in den selben Jahren wie auch Rensch und Mayr! – seine lamarckistischen Ideen aufgegeben. Er geht nun nicht mehr davon aus, dass es einen richtenden Einfluss der Umwelt auf die Mutationen gibt: »Durch die verschiedensten, auch am natürlichen Standort wirksamen Bedingungen werden die erblichen Veränderungen als Mutationen ausgelöst, aber – nach allem, was wir bisher wissen – richtungslos, ohne jede richtende Beziehung zwischen auslösender Ursache und veränderter Eigenschaft« (Wettstein 1938: 159). Seine weitergehenden Erläuterungen zu den Evolutionsmechanismen sind im Sinne des synthetischen Darwinismus gehalten:

»Mutabilität und Kombination schaffen also das Variantenmaterial und damit die Voraussetzung für eine ungeheure, lückenlose Mannigfaltigkeit. Die Elimination, Selektion und zufällige Ausschaltung verwandelt diese Lückenlosigkeit in Gruppen- und Reihenbildung mit allen Zügen der differenzierenden und reduzierenden Entwicklung. Die Elimination erfolgt unter verschiedenen Bedingungen der Elimination, von denen Selektionswert, Populationsgröße, räumliche und genetische Isolierung und Bildung kleiner Fortpflanzungsgemeinschaften die wesentlichen sind. Die Bedingungen sind in den Populationen Schwankungen unterworfen, die in den Populationswellen ihren Ausdruck finden.« (Wettstein 1938: 162)

Der Hinweis auf die Populationswellen könnte ein Indiz sein, dass der Umschwung bei von Wettstein auf den Einfluss von Timoféeff-Ressovsky zurückzuführen ist. Von Wettstein zeigt sich von der Wirkung der genannten Evolutionsmechanismen überzeugt; eine gewisse Reserve macht sich aber in Bezug auf die gesamte Evolution bemerkbar. Er fragt sich, »ob wir auf dieser Grundlage auch alle die wesentlichen Erscheinungen in ihrem Zustandekommen erklären können, die wir heute an der Organismenwelt beobachten«. Drei Probleme seien in diesem Zusammenhang besonders zu nennen: »Die Reihenbildung, die charakteristische geographische Verbreitung und die Zweckmäßigkeit so vieler Eigenschaften« (Wettstein 1938: 163). Während er Reihenbildung und geographische Verbreitung für erklärbar hält, hat die Deutung der »polygen-bedingten zweckmäßigen Eigenschaften« noch mit großen Schwierigkeiten zu rechnen. Grund sei, dass die »einzelne Genwirkung allein keinen Selektionswert, ja oft sogar negativen Selektionswert besitzt« und erst »die komplexe Kombination [...] erfaßt und herausgezüchtet werden« kann. Es stelle sich die Frage, wie in der Zwischenzeit die »einzelnen nicht selektionsfähigen genetischen Abänderungen [...] erhalten bleiben, bis eine neue selektionsfähige Kombination aufgebaut wird?« (Wettstein 1938: 165). Von Wettstein schlägt drei Lösungsmöglichkeiten vor:

»1. Viele Anlagen haben eine polyphäne Wirkung, d.h. die Wirkung zeigt sich an der Ausbildung mehrerer Eigenschaften eines Organismus. [...]
2. Die große Mehrzahl der Mutationen sind rezessiv. Sie werden sich daher in einer Population immer in einem bestimmten Prozentsatz erhalten und es können so eine größere Zahl von ihnen angesammelt werden.
3. Schließlich ist für polygen bedingte zweckmäßige Organe sicher auch der Weg gegeben, daß die einzelnen Stufen zunächst weder nützen noch schaden und daher auch erhalten bleiben. Erst eine Kombination mehrerer solcher neutraler Eigenschaften kann dann wieder eine neue zweckmäßige Organisation erscheinen lassen.« (Wettstein 1938: 165)

1941 veröffentlichte von Wettstein zusammen mit Hans Stubbe den interessanten und viel beachteten Artikel »Über die Bedeutung von Klein- und Großmutationen in der Evolution«. Die dort vorgelegten Befunde über Makromutationen bei *Antirrhinum* wurden beispielsweise von Heberer (1943b: 575, 585), Schwanitz (1943: 432, 434, 438), Rensch (1947a: 102), Pätau (1948: 205–06) und Remane (1952: 354) diskutiert. Stebbins referierte in *Variation and Evolution in Plants* (1950) über diese Funde relativ ausführlich als einen Fall, bei dem eine drastische Mutation nicht zu Sterilität mit der Ausgangsform führt und forderte weitere Experimente, um die darauf basierende evolutionstheoretische Hypothese von Stubbe und von Wettstein zu klären.[90]

Der Artikel von Stubbe und von Wettstein ist ein Versuch, die Existenz von Großmutationen nachzuweisen und auf ihre Bedeutung als ergänzender Evolutionsfaktor aufmerksam zu machen. Von der Selektionstheorie gehen die Autoren selbstverständlich aus – untersucht werden soll nur, ob es unter den **Genmutationen** solche mit größerer phänotypischer Ausprägung gibt: »Ist die Evolution ausschließlich auf dem Wege der Häufung von Kleinmutationen zu denken, oder haben auch Mutationen, die in einem Schritt große organisatorische Änderungen verursachen, bei dem Evolutionsvorgang mitgewirkt?« (Stubbe & von Wettstein 1941: 265).

Weiter soll geklärt werden, ob es Beispiele für organisatorisch wichtige Großmutationen gibt und wie die durch »große Mutationsschritte entstehenden Disharmonien gemildert« und ihr harmonischer Einbau in den gegebenen Genotypus gewährleistet werden. Zunächst aber bestätigen die Autoren wichtige Grundsätze des synthetischen Darwinismus über die Eigenschaften der Mutationen: Ihre Häufigkeit sei groß genug, ihr Wirkungsbereich umfassend, d.h. es können »Veränderungen an allen morphologischen wie physiologischen Merkmalen und Eigenschaften bewirkt werden«, und auch die Vitalität liege oft im normalen Bereich. Auch die Richtungslosigkeit der Mutationen wird betont; sie erfolgen »richtungslos, vor allem ohne Beziehung der auslösenden Ursache zu der Bedingung, an welche das dem mutierten Gen zugeordnete Phän angepaßt sein kann« (Stubbe & von Wettstein 1941: 265–68, 292).

Wichtig für die Bewertung der Großmutationen sei auch, dass sie sich nur quantitativ von den Kleinmutationen unterscheiden, alle Übergänge zu finden sind und die Einteilung von der subjektiven Beurteilung des Forschers abhängt.[91] Der Unterschied zwischen Groß- und Kleinmutationen bezieht sich nur auf den phänotypischen Effekt, die »Größe der Eigenschaftsveränderung«, einer Mutation (Stubbe & von Wettstein 1941: 267). Daraus ergibt sich, dass eine Mutation, die pleiotrope Effekte auslöst, sowohl als Groß- als auch als Kleinmutationen aufgefasst werden kann, je nachdem welches Merkmal man untersucht.

Durch Kreuzungsversuche sei nun empirisch festgestellt worden, dass »in vielen Fällen auch die Unterschiede der großen systematischen Einheiten durch Summierung der kleinen Mutationsschritte entstanden sind«. »Hin und wieder« sind aber auch »größere klar faßbare Genunterschiede beteiligt [...], die als größere Mutationsschritte zu betrachten wären«. Stubbe und von Wettstein haben konkret nach Mutationen gesucht, die Organisationsmerkmale[92] betreffen, und die in benachbarten Gattungen als systematisch wichtige Gattungsmerkmale auftreten. Sie hoffen so, auf die »Natur der zur Gattungsdifferenzierung führenden Grundereignisse« schließen zu können. Damit sei selbstverständlich noch keine neue Gattung entstanden, sondern lediglich ein Hinweis gewonnen, wie »der Beginn der Abzweigung eines Typus von der Größe einer neuen Gattung aus einer gemeinsamen Stammform ohne Schwierigkeiten auf der Grundlage mutativer Entstehung gedacht werden kann« (Stubbe & von Wettstein 1941: 269, 272–74). Die evolutionstheoretische Frage sei nun,

> »ob die Kleinmutationen im oben genannten Sinne wirklich primär die Herausdifferenzierung von systematischen Einheiten bewirken können, oder ob der Beginn jeder Formenbildung auf eine große klar analysierbare Mutation zurückführt, deren Selektionswert naturgemäß von entweder schon vorhandenen oder sich allmählich häufenden Kleinmutationen stark beeinflußt werden kann.« (Stubbe & von Wettstein 1941: 270)

Stubbe und von Wettstein vermuten, dass eine »neue Organisation mit einem großen Mutationsschritt beginnt und zahlreiche weitere vielfach kleine Schritte nachfolgen«. Die Großmutation bildet nach diesem Modell den ersten Schritt zu einer stark veränderten Organisation. Zahlreiche weitere Kleinmutationen müssen dann folgen, um den »harmonischen Einbau und die Stabilisierung dieser neuen Organisation« zu gewährleisten (Stubbe & von Wettstein 1941: 272, 295).

Stubbe und von Wettstein sehen den großen Vorteil ihres Modells darin, dass es die Diskontinuitäten zwischen den biologischen Sippen, die Lücken im natürlichen System, verständlich machen kann. Als alternative Erklärung der Diskontinuitäten werden nur Selektion und genetische Isolationsmechanismen kurz angesprochen, die geographische Isolation wird nicht erwähnt. Zusammenfassend kommen sie zu folgendem Resümee:

> »Die Schwierigkeiten, aber auch das Wertvolle [ihrer Ableitung] sehen wir in Folgendem: An Stelle der problematischen Erhaltungsmöglichkeit zahlreicher kleiner nicht selektionsfähiger Mutanten tritt das Problem der Erhaltung von Individuen mit einer einzigen, aber stark abgeänderten Eigenschaft.« (Stubbe & von Wettstein 1941: 295)

Abschließend soll noch ein weiterer interessanter Artikel von Wettstein besprochen werden, in dem er die Frage beantwortet: »Warum hat der diploide Zustand bei den Organismen den größeren Selektionswert?« (1943). Es seien alte Fragen, warum im Pflanzenreich viele Gruppen als Haplonten begannen und im Laufe der Phylogenie zu reinen Diplonten gelangten, warum im Tierreich fast nur diploide Organismen zu finden seien, und warum die Diplonten stets die komplexesten Organismen stellen: »Was ist der Vorteil des diploiden Zustandes, was ist sein Selektionswert im Laufe des Evolutionsgeschehens?« Die Erklärung, dass die diploiden somatischen Zellen allgemein günstigere Eigenschaften oder Leistungen zeigen, hält er für wenig überzeugend. Plausibel sei es dagegen, dass die Kernverschmelzung und Reduktionsteilung bei diploiden Organismen die Möglichkeit der genetischen Rekombination ermögliche, und so »immer wieder neue Kombinationsmöglichkeiten der Eigenschaften und ein vielgestaltiges Material [entstehen], das der Selektion unterworfen wird«. Und schließlich mache der diploide Zustand die schwierige Frage nach »Entstehung und Abänderung polygen bedingter, zweckmäßiger, also selektionsfähiger Eigenschaften, Organe und Leistungen« lösbar. Nach den bekannten experimentellen Befunden stellen »wohl mehr oder weniger alle wesentlichen Umbildungen gerade zur größeren Kompliziertheit der Organbildung polygene Veränderungen dar«: »Daher ist das Problem der Entstehung von Diplonten mit extremer Organdifferenzierung auch das Problem der Entstehung polygen bedingter, zweckmäßiger Organisation« (Wettstein 1943: 574–76). Dadurch dass rezessive Gene in diploiden Organismen phänotypisch verdeckt und vor der Selektion geschützt werden, können sich rezessive Mutanten in sehr großer Zahl anreichern:

> »Die Möglichkeit des Anreicherns rezessiver Gene im diploiden Zustand bietet bei Pflanzen und Tieren für den hohen Selektionswert der Diploidie eine einleuchtende Erklärung, auch gleichzeitig dafür, daß offensichtlich die kompliziertere Organbildung an die Diploidie gebunden ist. Und die Tatsache, daß die Vorstellung des Rezessiven-Anstauens sich für eine so wichtige Frage der Evolution fruchtbar erweist, spricht nun ihrerseits dafür, daß diese Vorstellung in der allgemeinen Mutationstheorie tatsächlich den wichtigen Baustein darstellt, den wir in ihr sehen möchten.« (Wettstein 1943: 576)

Ist von Wettstein dem synthetischen Darwinismus zuzurechnen? Bis ca. 1935 favorisierte er einen dualistischen Evolutionsmechanismus einschließlich lamarckistischer Ideen und ist eher als Kritiker zu sehen. 1938 lässt sich ein deutlicher Umschwung beobachten, der interessanterweise auch zur Folge hatte, dass er seine Theorie der Rolle der plasmatischen Vererbung in der Evolution nicht mehr erwähnt – obwohl von Wettstein weiter davon ausgeht, dass Genom, Plasmon und Plastidom gemeinsam und zusammen mit der Umwelt den Phänotypus entstehen lassen (Wettstein 1938: 157). Auch in späteren Jahren äußerte er Sympathien für unkonventionelle genetische Faktoren (Makromutationen). Es besteht aber kein notwendiger Konflikt zwischen den von Wettstein nach 1938 vorgestellten Evolutionsfaktoren und dem synthetischen Darwinismus. Auch von den zeitgenössischen Darwinisten wurde von Wettstein nicht als Gegner empfunden. Es galt verschiedene genetische Phänomene auf ihre Bedeutung für die Evolutionstheorie zu untersuchen:

> »All four of them [Jollos, von Wettstein, Kühn and Michaelis] took seriously the responsibility of geneticists to explore possible genetic mechanisms which would account for evolutionary phenomena within a broadly selectionist framework. Their work on polyploidy, pleiotropy and directed mutation sought to demonstrate how selection could explain the evolution of complex adaptive traits.« (Harwood 1985: 296)

Wettstein hat dies für Polyploidie, plasmatische Vererbung und Makromutationen geleistet und so wichtige Elemente zu den genetischen Grundlagen des synthetischen Darwinismus beigetragen. Theoretisch besteht also kein notwendiger Konflikt zwischen dem Evolutionsmechanismus von Stubbe und von Wettstein und dem synthetischen Darwinismus; auch historisch war dies nicht der Fall. Allerdings wurde die Diskussion durch den frühen Tod von Fritz von Wettstein (1945) nicht weitergeführt.

Wettstein hat auch über seine Schüler und Mitarbeiter Einfluss auf den synthetischen Darwinismus in Deutschland genommen. Vor allem Schwanitz, Melchers und Stubbe sind hier zu nennen. Schwanitz war 1931 bei von Wettstein mit einer Arbeit über die experimentelle Analyse der Genom- und Plasmonwirkung bei Moosen promoviert worden. Melchers war seit 1930 von Wettsteins Mitarbeiter in Göttingen und folgte ihm 1934 an das Kaiser-Wilhelm-Institut für Biologie in Berlin. Und Stubbe fand nach seiner Entlassung aus dem Kaiser-Wilhelm-Institut für Züchtungsforschung in Müncheberg (1936) eine Stelle als Mitarbeiter bei von Wettstein. Zudem hat er zusammen mit Hartmann die ›synthetischen‹ Vorträge auf der Tagung der *Deutschen Gesellschaft für Vererbungswissenschaft* in Würzburg angeregt (vgl. die Abschnitte über Pätau, Stubbe, Melchers und Remane).

## 1.3.5 Georg Melchers (1906–1997)

Melchers kam nicht auf eigene Initiative, sondern nach einer Aufforderung durch Fritz von Wettstein (und Hartmann) zum synthetischen Darwinismus. Er wurde am 7. Januar 1906 in Cordingen bei Fallingbostel als Sohn eines Landwirts geboren.[93] Seit dem Sommersemester 1925 studierte er Naturwissenschaften in Freiburg, Kiel und Göttingen, wo er 1930 mit einer botanischen Arbeit promoviert und anschließend Assistent bei Fritz von Wettstein wurde. Diesem folgte er auch nach München und 1934 an das Kaiser-Wilhelm-Institut für Biologie in Berlin. 1937 vereinbarten von Wettstein, Kühn und Butenandt eine enge Zusammenarbeit auf dem Gebiet der Virusforschung. In dieser Arbeitsstätte forschte Melchers zusammen mit Rolf Danneel und Gerhard Schramm über das Tabakmosaikvirus. Im Zweiten Weltkrieg wurden die Institute nach Württemberg ausgelagert. Nach 1945 wurde Melchers Leiter einer Abteilung, später Direktor des Kaiser-Wilhelm- (bzw. Max-Planck-)Instituts für Biologie in Tübingen. Er starb am 22. November 1997 in Tübingen.

Auf der 13. Jahresversammlung der *Deutschen Gesellschaft für Vererbungswissenschaft*, die vom 24. bis 26. September 1938 in Würzburg stattfand, hielt Melchers den Vortrag »Genetik und Evolution (Bericht eines Botanikers)«. Ende der 1930er Jahre arbeitete er am Kaiser-Wilhelm-Institut für Biologie bei von Wettstein und hatte mit seinen Forschungen über das Tabakmosaikvirus begonnen. In seinen Erinnerungen hat er sich später sehr kritisch zu seinem Vortrag geäußert:

> »Von Wettstein und Hartmann hatten mich für einen Hauptvortrag ›Genetik und Evolution, Bericht eines Botanikers‹ vorgesehen, und das im Anschluß an Timoféeff-Ressovskys ›Bericht eines Zoologen‹! Es war der schlechteste Vortrag, den ich jemals gehalten habe. Ich interessierte mich nicht für das, was ich zu sagen hatte. Alles prinzipiell Wichtige hatte Timoféeff mit seinem umwerfenden Temperament gesagt. Meine eigenen, in 10 Jahren gewonnenen Ergebnisse der Hutchinsia-Arbeit fand ich trivial, war um so mehr mit den entwicklungsphysiologischen Arbeiten an Hyoscyamus, die jetzt nicht zur Diskussion standen, mit Gewächshausneubau und Beginn der Arbeit mit Tabakmosaikvirus beschäftigt.« (Melchers 1987: 387)

Dieser Vortrag und der entsprechende Artikel blieben Melchers einzige evolutionstheoretische Arbeiten. Dies erklärt, warum er in den zentralen Werken des synthetischen Darwinismus nur selten erwähnt wird. Melchers' negative Bewertung seiner Analyse der genetischen Unterschiede zwischen zwei allopatrischen (Unter-)Arten von *Hutchinsia* und ihrer ökologischen Bedeutung wurde allerdings von den Botanikern nicht geteilt. Sowohl Schwanitz (1943: 443–44, 470) als auch Stebbins (1950: 148–49, 216, 348) haben die Experimente und Ergebnisse von Melchers als durchaus beachtenswert beschrieben (vgl. auch Remane 1939: 208). Auch der zusammenfassend-theoretische Artikel von Melchers (1939) wurde zumindest in der deutschsprachigen Literatur regelmäßig erwähnt.[94] Nicht so in der wissenschaftshistorischen Literatur zum synthetischen Darwinismus: In *The Evolutionary Synthesis* wird Melchers nicht, in deutschsprachigen Schriften nur selten und dann am Rande genannt (Reif 1999: 181).

Melchers' »Bericht eines Botanikers« auf der Würzburger Tagung war als Ergänzung zu Timoféeff-Ressovskys »Bericht eines Zoologen« gedacht. Wie er eingangs betonte, konnte »es sich nur darum handeln, einiges Beweismaterial ergänzend dem schon reichlich angeführten hinzuzufügen, und den einen oder anderen Gesichtspunkt vielleicht etwas stärker zu betonen« (Melchers 1939: 229–30). Melchers setzt aber auch andere Schwerpunkte. Timoféeff-Ressovsky hatte seinen Artikel in drei thematische Abschnitte unterteilt: 1) Evolutionsmaterial (Mutationen im Labor und in natürlichen Populationen), 2) Evolutionsmechanismen und 3) Methoden. Melchers stellt in seinem Artikel vor allem das Evolutionsmaterial aus botanischer Sicht dar. Selektion und Isolation werden nur vergleichsweise kurz angesprochen.

Melchers scheint ansonsten die Inhalte des synthetischen Darwinismus, so wie sie bei Timoféeff-Ressovsky dargestellt werden, ohne Abstriche zu übernehmen: »Es lag mir bei der hier gegebenen kurzen Übersicht über die Problematik ›Genetik und Evolution‹ daran, zu zeigen, daß im Grundsätzlichen zwischen der Auffassung des Zoologen und des Botanikers volle Übereinstimmung herrscht«. Im Weiteren wendet er sich gegen die Bedenken, die »immer wieder von vergleichenden Morphologen, Ökologen und Paläontologen gegen die evolutionistischen Vorstellungen der Genetiker erhoben werden« (Melchers 1939: 255, 230) und verteidigt die Eignung der unauffälligen Genmutationen als Evolutionsmaterial. Lamarckistische Phänomene und gerichtete Mutationen seien nicht nachgewiesen (Melchers 1939: 238–40). Auch die interessante und originelle Diskussion der Unterschiede zwischen natürlichen Populationen aufgrund von Genmutationen, Polyploidie und Mutationen von Plasmon bzw. Plastidom (d.h. der Plastiden) ist ganz im Sinn des synthetischen Darwinismus verfasst. Er kommt zu dem Schluß, dass »keine wesentlichen Schwierigkeiten bestehen, die Evolution auf die wenigen hier behandelten Faktoren zurückzuführen« (Melchers 1939: 253). Es bestehe vor allem keine Notwendigkeit, weitere Faktoren einzuführen.

Diese Aussage nimmt Melchers dann allerdings wieder teilweise zurück, wenn er schreibt, dass zwar keine »Notwendigkeit«, wohl aber »einige Anhaltspunkte für die Existenz weiterer Faktoren, welche für die Evolution von Bedeutung sein können«, existieren. Als Beispiel nennt er »eigentümliche ›Gewöhnungs‹erscheinungen zwischen verschiedenen Teilen des Genoms und vielleicht auch zwischen Genom und Plasmon, welche ganz allmählich zu Änderungen der Reaktionsnorm einer Sippe führen« (vgl. hierzu den Abschnitt über von Wettstein). Melchers will die Evolutionstheorie offen halten und sich »unter dem Eindruck der schönen Geschlossenheit der Evolutionstheorie neuen, experimentellen Tatsachen nicht verschließen« (Melchers 1939: 253–54). Wie er weiter spekuliert, könnte dies zur Folge haben, dass die Genetik nicht mehr nur als Fundament der Evolutions- und Selektionstheorie dienen würde (wie das bisher der Fall gewesen sei). Die Evolutionsforschung sei dadurch zwar immerhin »aus dem Gewirr spekulativer Hypothesenbildung befreit« worden, es sei aber nicht ausgeschlossen, »daß in Zukunft von der experimentellen Genetik aus auch wirklich darüber hinausgehende neue Erkenntnisse möglich sind« (Melchers 1939: 256). Er erläutert leider nicht, was er sich konkret unter den »vor allem von Darwin gelegten Fundamenten« der Evolutionsforschung vorstellt und wie die Genetik über diese hinausgehen könne. Da er kaum die Evolutionstheorie im Allgemeinen meinen kann, bleibt eigentlich nur die Selektionstheorie. Und da er von genetischen Erkenntnissen spricht, scheint Melchers anzudeuten, dass die Mutabilität oder genetische bzw. entwicklungsgenetische Interaktionen weitere richtende Faktoren der Evolution (neben der Selektion) sein könnten.

Der Artikel von Melchers stellt einen der ersten gelungenen Versuche dar, die theoretischen Konzepte des synthetischen Darwinismus aus Sicht der Botanik zu bewerten. Das Problem der Mutabilität dominiert; populationsdynamische Aspekte werden kaum angesprochen. Er greift sowohl auf Laboruntersuchungen aus der Genetik als auch auf pflanzengeographische und -systematische Untersuchungen an natürlichen Population zurück. Wie viele andere deutsche Biologen vermutet er, dass für eine wirklich umfassende Evolutionstheorie noch ein entscheidender Faktor fehlt. Vielleicht erklärt sich aus diesen Bedenken auch die vernichtende Kritik von Melchers an seinem eigenen Vortrag, die eingangs zitiert wurde.

## 1.3.6 Franz Schwanitz (1907–1983)

Schwanitz verfasste den Beitrag »Genetik und Evolutionsforschung bei Pflanzen« für die *Evolution der Organismen*, der eine ähnliche Zielrichtung hatte wie

Melchers‹ »Genetik und Evolution (Bericht eines Botanikers)« und wie dieser als Ergänzung zu einem Beitrag von Timoféeff-Ressovsky dienen sollte. Er war einer der wenigen Autoren, die an allen Auflagen der *Evolution der Organismen* beteiligt waren. Schwanitz veröffentlichte darüber hinaus eine ganze Reihe wissenschaftlicher und populärer Artikel zur Evolutionstheorie.

Schwanitz wurde am 8. Juni 1907 in Danzig-Emaus als Sohn des Oberlehrers August Schwanitz geboren.[95] Von 1927 bis 1931 studierte er an der Universität Göttingen Botanik, Zoologie, Chemie und Geologie. 1931 wurde Schwanitz bei Fritz von Wettstein mit einer Arbeit über die experimentelle Analyse der Genom- und Plasmonwirkung bei Moosen promoviert. Nach einer Hilfsassistentenzeit am Landwirtschaftlichen Institut der Technischen Hochschule Danzig (1932–35) arbeitete er vom 1936 bis 1939 als Assistent am Kaiser-Wilhelm-Institut für Züchtungsforschung in Müncheberg; 1939 wurde er Abteilungsleiter am Kaiser-Wilhelm-Institut für Züchtungsforschung (Zweigstelle Rosenhof bei Ladenburg). Nach dem Krieg war Schwanitz zunächst Mitinhaber eines privaten Pflanzenzuchtbetriebes in Niederbayern (1947–49), bevor er 1949/50 zum Abteilungsleiter am Max-Planck-Institut für Züchtungsforschung (Institut für Bastfaserforschung, Niedermarsberg/Westfalen) ernannt wurde. 1953 habilitierte er sich in Frankfurt am Main und wurde 1954 auf eine Diätendozentur am Institut für angewandte Botanik der Universität Hamburg berufen. 1956 wurde Schwanitz zum apl. Professor ernannt und übernahm mit Ablauf des Wintersemesters 1960/61 die Leitung des Instituts für Botanik und Mikrobiologie der Kernforschungsanstalt Jülich. 1972 wurde er emeritiert. Er starb am 6. Mai 1983 in Husum.

In den wichtigsten englischsprachigen Publikationen des synthetischen Darwinismus wird Schwanitz – abgesehen von einem kurzen Hinweis bei Stebbins (1950: 304) zur Polyploidie – nicht genannt. In der evolutionstheoretischen Literatur Deutschlands werden seine Schriften dagegen regelmäßig zitiert.[96] In der wissenschaftshistorischen Literatur zum synthetischen Darwinismus wird er unterschiedlich bewertet. Bei Rensch wird er als Skeptiker, was die Mikro-Makroevolution-Frage angeht, genannt.[97] Im Gegensatz dazu schreibt Hoßfeld, dass Schwanitz »am Ende seiner Ausführungen zu der Auffassung [kam], daß man sich bei der Beurteilung des Mikro- und Makrophylogenieproblems keineswegs hemmungslosen Spekulationen hingeben dürfe« und etwa annehme solle, »daß die Merkmale der größeren Einheiten auf Grund gänzlich anderer Grundvorgänge entstanden seien als die Merkmale der Varietäten, Arten und Gattungen« (Schwanitz 1943: 474; Hoßfeld 1999b: 203). Reif schließt sich keiner der beiden Meinungen an und bezeichnet die Stellung von Schwanitz zur Makroevolutionsproblematik als »nicht ganz klar«. Folgende Gründe führt er an: 1) Schwanitz verweist

*Die Darwinisten*

einerseits auf den Beitrag Heberers und schiebt ihm damit die Verantwortung zu. 2) Er geht von einer Identität der Ursachen von Mikro- und Makroevolution aus, zumindest »solange nicht das Gegenteil erwiesen« sei (Schwanitz 1943: 474). Und 3) hält er es für möglich, dass höhere Taxa bzw. ihre charakteristischen Merkmale durch »Großmutationen« entstehen (Reif 1999: 175).[98] Bei Mayr wird Schwanitz ohne weitere Begründung als einer der Repräsentanten des deutschen synthetischen Darwinismus genannt: »with leading zoologists like Rensch and Ludwig and leading botanists like Zimmermann and Schwanitz having achieved consensus with the geneticists, the ultimate triumpf of neo-Darwinism had now simply become a matter of time« (Mayr 1988c: 549–50; vgl. auch Harwood 1993a: 113 Fn.; Maier 1999: 304).

Schwanitz hat in den 1930er und 1940er Jahren eine ganze Reihe von Artikeln und Rezensionen zur Evolutionstheorie veröffentlicht. Er zeigt sich hier als energischer Vertreter der Evolutions- und Selektionstheorie, einschließlich ihrer Anwendung auf den Menschen. 1940 wendet er sich in »Ein Kreuzzug gegen die Abstammungslehre« gegen »unsachliche, wissenschaftlich völlig unzulängliche Angriffe« gegen die Abstammungslehre, zumal man den Kritikern »auf Grund der vorliegenden Aufsätze weitgehend die für die Erörterung derartiger Fragen notwendige Sachkenntnis absprechen muß« (Schwanitz 1940: 407; vgl. auch Schwanitz 1938a). Schwanitz vermischt hier (wie auch seine Gegner!) die wissenschaftliche Diskussion mit politischen Themen (vgl. auch Reche 1943: 687 Fn.). Auf die politischen Aspekte dieser Auseinandersetzung bin ich an anderer Stelle näher eingegangen (Junker 2000a). In diesem Zusammenhang soll nur darauf hingewiesen werden, dass Schwanitz den synthetischen Darwinismus dadurch unterstützte, dass er antievolutionistische Vorstellungen kritisierte (vgl. auch Haffer 1999: 125).

Von Mitte der 1930er Jahre an publizierte Schwanitz einige kleinere, für ein breites Publikum bestimmte Artikel, in denen er sich für eine Verbindung von Genetik, Evolutionstheorie und Selektionstheorie aussprach. Im folgenden werde ich vor allem auf die Besonderheiten in den Vorstellungen von Schwanitz eingehen und die Gemeinsamkeiten mit den anderen Autoren des synthetischen Darwinismus nur am Rande ansprechen.

In »Vererbungswissenschaft und Artentstehung« (1936) erläutert Schwanitz, dass es erst durch die Genetik möglich war, die »eigentlichen Ursachen« der Artentstehung aufzudecken. Er nimmt nun eine interessante Unterscheidung in »zwei gänzlich verschiedenen Wegen« der Evolution vor (Schwanitz 1936: 55). Die eine Möglichkeit basiere auf Mutation und Selektion und sei gradualistisch. Als zweiten Weg nennt er die Kreuzung verwandter Arten und Gattungen und anschließende Polyploidie. Diesen Mechanismus schätzt Schwanitz sehr hoch ein:

»Diese Befunde haben naturgemäß für die Abstammungslehre und die Stammesgeschichte die allergrößte Bedeutung, da hier gezeigt wurde, wie neue Arten aus den schon vorhandenen ohne Bildung irgendwelcher Übergangsformen entstehen können und daher das Fehlen von Übergangsformen in der Stammesgeschichte nicht allein auf die Lückenhaftigkeit des erhaltenen Materials zurückzuführen ist, sondern auf der geschilderten unvermittelten Entstehung neuer Formen durch Bastardierung beruhen kann.« (Schwanitz 1936: 56)

Schwanitz führt hier die Polyploidie als saltationistische Alternative zum Evolutionsmechanismus des synthetischen Darwinismus ein. Bereits zwei Jahre später hat er diese Gegenüberstellung fallengelassen und behandelt nun die Polyploidie als eine von mehreren Komponenten des Evolutionsmaterials, die in einem zweiten Schritt selektiert werden.

In »Erbbiologie und Abstammungslehre« (1938b) werden in diesem Sinne Lamarckismus, Darwinismus (= Mutation und Selektion), Rekombination und Polyploidie diskutiert. Lamarckistische Erklärungen lehnt er als unbegründet ab; die anderen Mechanismen sind gleichermaßen von Bedeutung: »Die eine wesentliche Grundvoraussetzung des Darwinismus konnte also [...] durch die experimentelle Biologie bestätigt werden: Mutation, Neukombination nach Bastardierung und Polyploidie liefern ständig eine Fülle neuer erblicher Formen«. Relativ ausführlich geht er nun auf den Selektionsvorteil ein, der durch Polyploidie entstehen kann und schließt aus empirischen Befunden: »Die Polyploidie steigert also offenbar die Lebenskraft« (Schwanitz 1938b: 213). 1939 modifiziert er diese Ansicht in einem ausführlicheren Artikel über »Polyploidie und Phylogenie«. Nun geht er nur noch davon aus, dass Polyploidie »in den meisten Fällen im Sinne einer Erhöhung der Vitalität und des Angepaßtseins an extreme Außenbedingungen vor sich« gehe, in einigen Fällen aber die diploiden Formen »die höhere Lebenskraft zu besitzen« scheinen (Schwanitz 1939: 334). Diese Zitate zeigen, dass Schwanitz spätestens ab 1938 von den Grundgedanken des synthetischen Darwinismus überzeugt war.

Sein mit Abstand umfangreichster Beitrag zum synthetischen Darwinismus war »Genetik und Evolutionsforschung bei Pflanzen« in der *Evolution der Organismen*.[99] Schwanitz referiert in Ergänzung zu dem Beitrag von Bauer & Timoféeff-Ressovsky die wichtigsten Ergebnisse der Pflanzengenetik insoweit wie sie für die Evolutionstheorie von Bedeutung sind. Ausführlich werden Themen behandelt, die für die Botanik besondere Relevanz haben, vor allem die Polyploidie.[100] Im umfangreichen Abschnitt »Die Ursachen der Formenmannigfaltigkeit« werden die verschiedenen Mutationsformen und ihre Bedeutung bei der Rassen- und Artbildung mit zahlreichen empirischen Beispielen belegt. Nur wenige Seiten umfasst dagegen der Abschnitt »Die Ursachen der Formenbeschränkung«, in dem er Selektion und Isolation diskutiert. Es fehlt hier jeder Hinweis auf die Rolle der geographischen Isolation (es werden nur verschiedene genetische und physiologische Isolationsmechanismen genannt) und auch populationsgenetische Aspekte werden kaum erwähnt. Statt dessen verweist Schwanitz auf die evolutionäre Bedeutung von Großmutationen:

> »Auf Grund der Befunde von Stubbe und von v. Wettstein, sowie der von Burgeff kann man heute sagen, daß durch Genmutationen nicht nur Varietäten und Arten, sondern auch Gattungen und höchst wahrscheinlich auch Familien und Ordnungen entstehen können. Ob die Entstehung der größeren systematischen Gruppen stets durch derartige Großmutationen erfolgt, wissen wir nicht. Es ist denkbar, daß hier neben den Großmutationen auch die Anhäufung zahlreicher Kleinmutationen eine Bedeutung besitzen kann.« (Schwanitz 1943: 438)

Auf diese Großmutationen gründet er die Hoffnung, dass eine Identität des Evolutionsmechanismus für die gesamte Evolution nachgewiesen werden kann:

> »Nicht immer mag es leicht erscheinen, die Entstehung dieser großen systematischen Einheiten [Familien, Reihen, Klassen usw.] auf die gleichen Grundvorgänge zurückzuführen, die bei der Entstehung der kleineren systematischen Einheiten nachweislich wirksam geworden sind. Es muß hier der Zukunft überlassen bleiben, ob und wie sie diese Fragen löst. Die oben erwähnte Arbeit von Burgeff (1941) berechtigt zu der Hoffnung, daß es wenigstens in besonders günstigen Fällen möglich sein wird, auch die Entstehung größerer systematischer Einheiten zum mindesten im genetischen Modellversuch klarzulegen.« (Schwanitz 1943: 473–74)

Ähnlich wie er 1936 gehofft hatte, durch einen saltationistischen Mechanismus (die Polyploidie) die Lücken in der paläontologischen Überlieferung zu erklären, soll der Saltationismus (nun auf der Basis großer Genmutationen) den Übergang von der Mikro- zur Makroevolution zumindest in ausgewählten Fällen plausibel machen. Insofern erklärt sich die eingangs konstatierte Unklarheit der Position von Schwanitz zur Makroevolutionsproblematik. Schwanitz hält an der Identität von Mikro- und Makroevolution fest, aber im Gegensatz zu den meisten Darwinisten zählt er die Großmutationen wie alle anderen Mutationen zur Gruppe der experimentell nachweisbaren »Grundvorgänge«. Er geht davon aus, dass »the well-analyzed factors of speciation« ausreichend sind (Rensch 1980: 288); er bestimmt sie nur anders.

Zusammenfassend kann man sagen, dass Schwanitz dem Umfeld des synthetischen Darwinismus zuzurechnen ist, obwohl in einzelnen Punkten nicht unerhebliche Abweichungen bestehen. Populationsdynamische und -systematische Überlegungen fehlen fast völlig. Zwischen Varietäten und Arten sollen nur quantitative Unterschiede bestehen, die geographische Isolation wird nur beiläufig erwähnt.[101] Das Populationsdenken allgemein scheint ihm fremd zu sein, weswegen er auch saltationistische Evolutionsmechanismen plausibel fand.

## 1.4 Privatgelehrte

### 1.4.1 Gertraud Haase-Bessell (1876–?)

Wenig Beachtung erfuhren bisher die evolutionstheoretischen Arbeiten der Genetikerin Haase-Bessell. Zu dieser Autorin sind nur die wenigen biographischen Details bekannt, die Jürgen Haffer recherchieren konnte (1999: 137 Fn.). Sie wurde 1876 geboren und lebte während der 1930er Jahre in Dresden. 1927 stellte ihr die Notgemeinschaft der deutschen Wissenschaft ein Zeißmikroskop zur Verfügung. In den Dresdner Adressbüchern der Jahre 1936 bis 1944 ist sie unter dem Namen »Martha Gertrud Bessell, Fabrikdirektors Witwe, Hospitalstraße 3/II« eingetragen. Sie hatte keine institutionelle Anbindung, sondern führte ihre Untersuchungen an *Digitalis*-Arten als ›Privatfrau‹ in ihrem eigenen Versuchsgarten durch. Noch Anfang der 1950er Jahre bearbeitete sie Rosen im Botanischen Garten der Technischen Hochschule Dresden. Ihr Todesjahr ist unbekannt.

In den zentralen Werken des synthetischen Darwinismus geben lediglich Dobzhansky und Rensch Hinweise auf (genetische) Arbeiten von Haase-Bessell (Dobzhansky 1937: 261, 293; Rensch 1947a: 381). Verweise auf ihre evolutionstheoretischen Schriften habe ich lediglich bei Woltereck gefunden (1943: 106, 110). Über wissenschaftliche oder persönliche Kontakte zu anderen Vertretern des synthetischen Darwinismus ist nichts bekannt. Sie wird auch in der *Evolution der Organismen* (1943, 1959) nicht erwähnt. In den wissenschaftshistorischen Arbeiten zum synthetischen Darwinismus wird sie mit wenigen Ausnahmen völlig übergangen (Haffer 1999; Reif 2000a: 362). Erst vor kurzem hat Haffer auf interessante Aspekte ihrer Arbeiten hingewiesen und diese in einer Reihe mit wichtigen Standardwerken des synthetischen Darwinismus in Deutschland genannt:

»Die ›Evolutionäre Synthese‹ in Deutschland wurde trotz der Kriegsereignisse durch zwei kleinere Schriften der Botanikerin Gertraud Haase-Bessell (1941a, b) weitergeführt und durch drei große Buchpublikationen – das Sammelwerk von Heberer (1943) und die Lehrbücher von Rensch (1947) und W. Zimmermann (1948) – vollendet.« (Haffer 1999: 136–37)

Für den synthetischen Darwinismus sind die genannten zwei Publikation aus dem Jahr 1941 relevant: Der Artikel »Evolution«, der im *Biologen* erschien, und das Buch *Der Evolutionsgedanke in seiner heutigen Fassung*. Der Artikel im *Biologen* stellt eine Kurzfassung des Buches dar und auch dieses stellt »im ganzen gewissermaßen ein Vorwort dar […] für künftige Veröffentlichungen auf breiterer Basis. Es erübrigte sich damit sowohl eine Inhaltsangabe als auch ein Literaturverzeichnis« (Haase-Bessell 1941b: III). Haase-Bessell scheint aber keine weiteren evolutionstheoretischen Arbeiten veröffentlicht zu haben. Dies hat, zusammen mit der Veröffentlichung mitten im Krieg, dem mangelnden Verweis auf die Literatur und dem »elegant-akrobatisch und geistreich sein wollenden Stil« der Präsentation (Barthelmeß 1941: 190) zur mangelnden Beachtung beigetragen. Ein weiterer Grund ist, dass Haase-Bessell sich in diesen Schriften eindeutig zum Dritten Reich bekennt.

Wie Haffer gezeigt hat, hat Haase-Bessell einige wichtige Thesen des synthetischen Darwinismus erstaunlich klar erfasst (vgl. Haffer 1999: 137–38). Der von ihr angestrebte synthetische Darwinismus umfasst neben Genetik und »Vorgeschichte« (Paläontologie) auch die Physik (Haase-Bessell 1941b: III). Die physikalische Idee des Feldes dient ihr als Analogie, um einen dynamischen Artbegriff plausibel zu machen. Ähnlich wie man einem physikalischen Feld eine Doppelnatur zubilligt, »indem es gleichzeitig von der Welle wie von dem Korpuskel her begriffen werden kann«, soll dies für die biologische Art gelten:

»Wir können und müssen mit einer ›Art‹ als mit einem charakteristischen inhomogenen Feld rechnen, dessen Korpuskelnatur für einen gegebenen Augenblick seinen Charakter bestimmt, dessen Dynamik wir uns aber gleichzeitig vor Augen halten müssen, mit alledem, was die Physik mit dem Begriff ›Welle‹ verbindet.« (Haase-Bessell 1941b: 74)[102]

Die Ausführungen zur Bedeutung der Kleinmutationen, ihrer Vitalität und Häufigkeit sind mit denen anderer Vertreter des synthetischen Darwinismus (z.B. Timoféeff-Ressovsky) vergleichbar. Als Evolutionsfaktoren nennt sie »in erster Linie […] Mutationen, Isolationsmechanismen und Auslese, wobei bei den Mutationen insbesondere die ›Kleinmutationen‹ eine wichtige Rolle spielen, in Ergänzung zu den ›Großmutationen‹, die die erste Großperiode der Evolutionsforschung allein sah« (Haase-Bessell 1941a: 235). Das Verhältnis der einzelnen Evolutionsfaktoren bestimmt sie im Sinne der mathematischen Populationsgenetik, wobei sie sich auf Fisher, Ludwig, Pätau und vor allem Wright bezieht. Die Mutationen sollen nur in dem Sinne gerichtet sein, »daß sie nicht wundermäßig vor sich gehen, sondern innerhalb des Atom- und Molekülgefüges der Erbsubstanzen, wobei immer nur gewisse Änderungen denkbar, weiterhin ›erlaubt‹, also existenzmöglich sind«. Man kann diese Möglichkeiten aber kaum als ›fortschreitend‹ charakterisieren, vor allem nicht »als Zielpunkt alles evolutionistischen Geschehens auf den Menschen« hin deuten (Haase-Bessell 1941a: 243). Zur Selektion bemerkt sie, dass diese nicht »allein das zerstörende, sondern im Gegenteil das eminent aufbauende Prinzip des Entwicklungsgeschehens« ist (Haase-Bessell 1941a: 246). Sie hat auch das Populationsdenken des synthetischen Darwinismus klar erfasst. In den Untersuchungen Dobzhanskys und anderer »gleichgerichteter Arbeiten« sei »ganz augenfällig« hervorgetreten: »Die Evolution, die Entwicklung der Arten auseinander, bis zu jenem Nebeneinander, das sie auch physiologisch isoliert, geht niemals über eine einzelne genetisch ›reine Linie‹, sondern immer und ohne Ausnahme über eine Population« (Haase-Bessell 1941b: 71). Die Zitate zeigen, dass Haase-Bessell die wichtigsten Grundsätze des synthetischen Darwinismus, wie sie von Dobzhansky vorgelegt worden waren, übernommen hat. Neben Dobzhansky bezieht sie sich in ihren populationsgenetischen Ausführungen vor allem auf Reinig und seine Eliminationstheorie.

Daneben misst sie Makromutationen evolutionäre Bedeutung zu. Einschränkend bemerkt sie zwar, dass Groß- und Kleinmutationen sich nicht scharf trennen lassen und ein »quantitativ charakterisierter Mutationswert überhaupt recht schwer zu bestimmen« sei. Großmutationen, d.h. Mutationen mit auffälligen phänotypischen Auswirkungen, seien zwar in der Mehrzahl letal, aber es »gibt unter diesen embryonal angelegten Großmutationen auch solche, die sich durchsetzen«. Diese Großmutationen unterscheiden sich nur insofern von anderen Mutationen, als sie »entsprechend tief in das ontogenetische Geschehen eingriffen, und damit die Entwicklung alternativ in eine andere, immerhin ›erlaubte‹ Richtung herumwarfen. Um neue mystische Baupläne hat es sich dabei nicht gehandelt«. Großmutationen seien »nicht nur ganz tief in der Phylogenese möglich« gewesen, sondern können auch rezent in einer Population vorkommen. Mit Hilfe der Großmutationen will Haase-Bessell auch dem Einwand begegnen, dass in der Selektionstheorie viele Kleinmutationen vorausgesetzt werden, »die an sich, einzeln, keinen Auslesewert besessen hätten«. In solchen Fällen könne eine Großmutation zugrunde liegen, die »sprunghaft auslesemächtig wurde« (Haase-Bessell 1941a: 235; vgl. auch

Haase-Bessell 1935). Die Großmutationen bleiben aber eher seltene Ausnahmen und wir werden »uns auch für die Evolution im Reiche des Organischen mit den Kleinveränderungen in erster Linie zu befassen haben. Sie sind es, die zusammen mit den Faktoren der Isolation und der Auslese in langsamer, aber stetiger Veränderung das Artenbild bestimmen« (Haase-Bessell 1941a: 238).

1941 erschien in der *Zeitschrift für die gesamte Naturwissenschaft* eine Rezension von Haase-Bessells *Der Evolutionsgedanke in seiner heutigen Fassung*. Der Autor, Alfred Barthelmeß, kritisierte das Buch scharf. Dabei ist vor allem aufschlussreich, dass Barthelmeß gerade die Aussagen von Haase-Bessell, die im Sinne des synthetischen Darwinismus sind, ablehnte:

> »Was uns aber an dem Buch besonders mißfallen hat, ist der unglaublich schmale und schiefe Gesichtswinkel, unter dem die Verf. das Evolutionsproblem sieht, ein Problem, das mit seiner eminenten Bedeutung bis in metaphysische Gründe hinabreicht. Was soll man dazu sagen, wenn in einer Zeit, in der allenthalben die Neubearbeitung des Evolutionsproblems auf wesentlich breiteren Grundlagen als denen des Morganschen Kernmonopols als unumgänglich notwendig empfunden wird, uns folgende Sätze als Quintessenz des Buches präsentiert werden: ›Die Evolution, die Entwicklung der Arten auseinander, bis zu jenem Nebeneinander, das sie auch physiologisch isoliert, geht niemals über eine einzelne genetisch ›reine Linie‹, sondern immer und ohne Ausnahme über eine Population‹.« (Barthelmeß 1941: 190)

Dieses Zitat belegt, wie wichtig Haase-Bessells Versuch war, zentrale Grundprinzipien des synthetischen Darwinismus in Deutschland bekannt zu machen. Und es zeigt die massiven Widerstände, die vor allem das Populationsdenken zu überwinden hatte. Ein Nachteil für die Rezeption ihres Buches war sicher der eher naturphilosophische als naturwissenschaftliche Schreibstil und der entsprechende allgemeine Eindruck. Inhaltlich kann aber Haffers Einschätzung betätigt werden: »Wenn auch der Anteil genetischer Daten in Haase-Bessells Darstellungen [...] im Vergleich zu systematischen und paläontologischen Daten stark überwiegt, so entsteht dennoch der Eindruck, daß ihr Begriff einer ›Synthese‹ mit dem heutigen Begriff inhaltlich vergleichbar ist« (Haffer 1999: 138). Ergänzend sei auf die bemerkenswerte Toleranz von Haase-Bessell mit eher unkonventionellen Evolutionsfaktoren (Makromutationen, Reinigs Elimination) hingewiesen. Versuche, diese Phänomene in den synthetischen Darwinismus zu integrieren, finden sich aber auch bei anderen Autoren im Umfeld des synthetischen Darwinismus.

## 2. Naturalisten

Im Gegensatz zu den besprochenen Genetikern, Populationsgenetikern und Experimentalisten waren die Naturalisten, d.h. die klassischen Zoologen, Botaniker, Paläontologen, Systematiker und Anthropologen an Universitäten und Museen beheimatet. Lokale Schwerpunkte ihrer Ausbildung und Forschung von den 1920er bis Mitte der 40er Jahre waren Jena, Tübingen, Halle und Berlin. In Jena arbeiteten und lehrten Franz, Heberer (ab 1938), Rüger (ab 1934), Zündorf (ab 1939) und Weigelt. Mägdefrau wurde hier bei Otto Renner promoviert.[103] In Tübingen lehrten Zimmermann, Gieseler und Heberer (bis 1938). Zündorf absolvierte hier Studium und Promotion.[104] An der Universität Halle hatten Heberer und Rensch studiert und gearbeitet. Auch Franz, Mägdefrau, Weigelt, Ludwig, Herre und Remane (1934–36) arbeiteten und forschten zumindest zeitweilig in Halle.[105] Ein weiterer lokaler Schwerpunkt war das Zoologische Museum in Berlin mit Rensch, Mayr und Stresemann.[106] Weitere Universitäten, an denen die hier besprochenen Naturalisten studierten, forschten und lehrten waren Wien und Königsberg (Lorenz), München (Stresemann, Gieseler, von Krogh, Weinert), Erlangen (Mägdefrau), Kiel (Remane und Weinert) und Münster (Rensch).

### 2.1 Konrad Lorenz (1903–1989)

Lorenz war einer der Begründer der modernen Verhaltensforschung. In der *Evolution der Organismen* ist er mit einem Beitrag über »Psychologie und Stammesgeschichte« vertreten.[107] Er wurde 7. November 1903 in Wien geboren.[108] Er studierte zunächst Medizin; 1928 erfolgte die Promotion zum Dr. med. Nach Abschluss des Medizinstudiums studierte Lorenz Zoologie und widmete sich bald ganz der Verhaltensforschung. 1940 wurde er Ordinarius für Psychologie an der Universität Königsberg. In den Jahren 1942 bis 1944 war er Feldarzt; dann geriet er in russische Kriegsgefangenschaft, aus der er 1948 zurückkehrte. 1951 wurde er auf die Forschungsstelle für Verhaltensphysiologie der Max-Planck-Gesellschaft in Buldern in Westfalen berufen. Diese wurde 1957 zum selbständigen Max-Planck-Institut für Verhaltensphysiologie erhoben und in Seewiesen neu aufgebaut. 1973 erhielt er zusammen mit Niko Tinbergen und Karl von Frisch den Nobelpreis für Medizin. Er starb am 27. Februar 1989.

Lorenz war – wie alle Autoren der *Evolution der Organismen* – von der Richtigkeit der Abstammungslehre überzeugt, aber ein darüber hinausgehendes Interesse an der Frage der Evolutionsmechanismen, wie es für die Architekten des synthe-

*Die Darwinisten*

tischen Darwinismus charakteristisch ist, lässt sich nicht zeigen. In den zentralen Schriften des synthetischen Darwinismus wird er von Huxley (1942: 45, 289), Mayr (1942: 256, 296) und Rensch (1947a: 353) zitiert. Von allen drei Autoren wird er als Verhaltensforscher, nicht jedoch als Evolutionstheoretiker angesprochen. In der wissenschaftshistorischen Literatur zum synthetischen Darwinismus wird Lorenz nur selten und dann meist nur als Autor in der *Evolution der Organismen* genannt.[109] In *The Evolutionary Synthesis* (Mayr & Provine 1980) wird er nicht und in *Die Entstehung der Synthetischen Theorie* (Junker & Engels 1999) nur am Rande erwähnt. Er wird offensichtlich nicht als Vertreter des synthetischen Darwinismus gesehen, obwohl er sich um die Verbindung zwischen Verhaltensforschung und Evolutionstheorie bemüht hat (Senglaub 1985: 575–76).

Die »Synthese von Stammesgeschichte und Psychologie« ist ein wichtiges Thema bei Lorenz. Die »phylogenetische Verhaltensforschung« beruhe auf der Erkenntnis, dass es »individuell unveränderliche, artkennzeichnende Verhaltensweisen [gibt], die sich im Laufe der Stammesgeschichte genau so langsam verändern wie die besondere Form der körperlichen Organe« (Lorenz 1943: 109). Zwischen Verhaltensforschung und phylogenetischer Systematik bestehe ein gegenseitiges Abhängigkeitsverhältnis, da einerseits »die stammesgeschichtliche Fragestellung für das Verständnis angeborener Verhaltensweisen« unentbehrliche Bedeutung habe, andererseits »das Studium der Ausdrucksbewegungen für den Erforscher stammesgeschichtlicher Zusammenhänge bei methodisch richtiger Untersuchungsweise« wertvoll sei. Er gesteht aber zu, dass diese Synthese »auch heute noch zum sehr großen Teil Programm« sei. Die phylogenetische Fragestellung wird von Lorenz durch eine angestrebte »Synthese von Abstammungs- und Erbforschung« ergänzt (Lorenz 1943: 117, 106, 118). Damit bewegt er sich auf dem eigentlichen Feld des synthetischen Darwinismus.

Der Beitrag in der *Evolution der Organismen* enthält auch einen kurzen Abschnitt von einer Seite über »Die Genetik angeborener Verhaltensweisen.« Bei der von ihm angestrebten »genetischen Verhaltensforschung« handelt es sich jedoch noch um ein Forschungsprogramm in den ersten Anfängen:

> »Leider ist die genetische Untersuchung arteigenen angeborenen Verhaltens heute erst so wenig weit vorgeschritten, daß wir noch bei keinem einzigen beschreibbaren Verhaltensmerkmal Angaben über die Erbfaktoren machen können, von denen seine Ausbildung abhängt. Unsere Vermutung, daß die Vererbung von Verhaltensweisen ganz ebenso vor sich geht, wie die von körperlichen Merkmalen, gründet sich vorläufig auf Beobachtungen, die in ihrer

geringen Zahl keine Deutungsweise statistisch gegen den Zufall sichern.« (Lorenz 1943: 118)

Die Synthese zwischen Phylogenie, Genetik und Verhaltensforschung liegt völlig auf der Linie des synthetischen Darwinismus, so dass es zunächst verwunderlich erscheint, dass Lorenz praktisch nie als einer seiner Vertreter erwähnt wird. Der Grund hierfür ist wohl sein sehr schematisches und typologisches Verständnis der Evolutionsfaktoren. So spricht er beispielsweise in seinen Publikationen regelmäßig von der Bedeutung des Selektionsprinzips, ohne aber alle seine Konsequenzen zu akzeptieren. So kennzeichnet er die »Vermehrung der Fortpflanzungswilligkeit« unter bestimmten Bedingungen als **biologische** Verfallserscheinung (Lorenz 1939: 145). Dies lässt sich im darwinistischen Kontext nicht rechtfertigen. Für Darwin ist eine hohe Geburtenrate eine wesentliche Voraussetzung dafür, dass es zu einem Kampf ums Dasein und zur Evolution kommen kann (vgl. hierzu beispielsweise Zimmermann 1938a: 238).

In Bezug auf die Mutabilität vermutet Lorenz, dass »die stark veränderten Lebensbedingungen bei Haustier und Stadtmensch eine Häufung von Mutationen verursachen« (Lorenz 1940b: 8). Dies sei nun nicht nur deshalb problematisch, weil die meisten Mutationen die Lebensfähigkeit herabsetzen, sondern weil dadurch die genetische Variabilität erhöht werde: »Die überstürzte Veränderung der Bedingungen des natürlichen Lebensraumes hat [...] dazu geführt, daß [...] die ursprüngliche Breite der für eine Art normalen individuellen Veränderlichkeit eine gewaltige Vergrößerung erfahren hat« (Lorenz 1939: 140). Dadurch komme es zum »fortschreitenden Heterozyotwerden« und die »rassische Einheitlichkeit« werde aufgelöst (Lorenz 1940b: 58, 60). Die Existenz genetischer Variabilität ist für den synthetischen Darwinismus eine der wichtigsten Voraussetzungen, ohne die sich die Selektion nicht entfalten kann. Bereits 1926 war Chetverikov zur Erkenntnis gelangt, dass eine Population heterozyote Mutationen wie ein Schwamm aufsauge: »As a result, we arrive at the conclusion that a species, like a sponge, soaks up heterozygous mutations, while remaining from first to last externally (phenotypically) homogeneous« (Chetverikov [1926] 1961: 178). Lorenz hatte offensichtlich kein Verständnis für die Bedeutung der genetischen Variabilität als Grundlage der Selektionstheorie.[110]

Allgemein ist die Diskussion der Evolutionsfaktoren durch Lorenz oberflächlich; es werden nur Selektion und Mutation (nicht aber die Rekombination!) erwähnt. Er geht auch nicht auf die für den synthetischen Darwinismus wichtige Frage ein, ob Verhalten als Isolationsmechanismus dienen kann. So lässt sich abschließend sagen, dass Lorenz zwar die phylogenetische Forschung um den Aspekt der Verhaltensmerkmale erweitert und so die klassische Evolutionsforschung gefördert hat. Sein Verständnis der Evolutionsfaktoren ist aber sehr oberflächlich und steht z.T. im Widerspruch zur Grundidee des synthetischen Darwinismus, die Mutationen und Rekombination in Populationen gleichermaßen als Lieferanten der genetischen Variabilität bestimmt.

## 2.2 Museum für Naturkunde Berlin

### 2.2.1 Erwin Stresemann (1889–1972)

Stresemann ist neben Gerhard Heberer der einzige Autor im Umfeld des synthetischen Darwinismus, dessen Biographie und evolutionstheoretische Vorstellungen in der Literatur umfassend gewürdigt worden sind. Dies gilt sowohl für zeitgenössische als auch für wissenschaftshistorische Abhandlungen. Stresemann wurde am 22. November 1889 in Dresden als Sohn eines Apothekers geboren.[111] Von 1908 bis 1920 studierte er Naturwissenschaften, besonders Zoologie, an den Universitäten Jena, München und Freiburg. Von 1910 bis 1912 hatte er an der II. Freiburger Molukken-Expedition unter Leitung von Karl Deninger teilgenommen; von 1914 bis 1918 war er zum Kriegsdienst eingezogen. Von 1918 bis 1921 war er wissenschaftlicher Hilfsarbeiter und Assistent bei Carl Hellmayr an der Zoologischen Staatssammlung in München. Im März 1920 wurde Stresemann bei Richard Hertwig promoviert und ging im folgenden Jahr an das Zoologische Museum der Universität Berlin, dem er bis zu seiner Emeritierung treu blieb. Von 1921 bis 1924 war er hier Assistent, später Kustos und Leiter der ornithologischen Abteilung. 1930 wurde er Honorarprofessor, 1946 Professor mit Lehrauftrag für Zoologie. Nach der Emeritierung 1962 lebte er in Berlin, wo er am 20. November 1972 starb.

In den zentralen Schriften des synthetischen Darwinismus wird Stresemann vor allem von Huxley (1942), Mayr (1942) und Rensch (1947a) zitiert. Mayr hat in *Systematics and the Origin of Species* und späteren Publikationen keinen Zweifel daran gelassen, wie viel er Stresemann verdankt, und hat dessen Anteil an der *New systematics* und am synthetischen Darwinismus gewürdigt: It »is important to realize the great influence of Stresemann in these developments [i.e. the synthesis between population genetics and evolutionary systematics], for Stresemann was the teacher both of Rensch and of Mayr. Virtually everything in Mayr's 1942 book was somewhat based on Stresemann's earlier publications« (Mayr 1999a: 23). 1942 zitierte Mayr Stresemann u.a. bei den zentralen Fragen des biologischen Artbegriffes und der geographischen Isolation als Voraussetzung der Speziation (Mayr 1942:

Abbildung 8: Erwin Stresemann und N.W. Timoféeff-Ressovsky, Berlin, Sommer 1943 (Original in Privatbesitz).

119, 158).[112] Rensch hat in seinen Werken mehrfach auf Stresemanns Arbeiten – und zwar in erster Linie auf die »Mutationsstudien« – Bezug genommen.[113] Und schließlich hat Timoféeff-Ressovsky in den Jahren 1940 bis 1945 intensiv mit Stresemann an mehreren gemeinsamen Projekten gearbeitet.[114] Stresemann wurde auch von Gegnern des synthetischen Darwinismus gewürdigt. So wollte Remane eine ähnliche Untersuchung an Säugetieren durchführen, wie Stresemann in seinen Mutationsstudien an Vögeln; 1939 sprach er von den »ausgezeichneten ›Mutationsstudien‹« Stresemanns (Remane 1928: 64; 1939: 213-14).

In der wissenschaftshistorischen Literatur wird Stresemann regelmäßig als einer der Begründer der neuen Systematik genannt. Sowohl Rensch als auch Mayr haben in ihren Beiträgen zu *The Evolutionary Synthesis* Stresemanns Einfluss auf ihre persönliche Entwicklung relativ ausführlich gewürdigt (Mayr 1980i: 414-15; Rensch 1980: 294-95). In *The Growth of Biological Thought* nennt Mayr Stresemann zusammen mit Timoféeff-Ressovsky, Baur, Ludwig und Zimmermann als wichtige Autoren im Umfeld des synthetischen Darwinismus in Deutschland (Rensch wird als Architekt genannt; vgl. Mayr 1982: 568; 1999a: 24). 1988 nennt Mayr unter den Autoren des Umfeldes: Chetverikov, Fisher, Haldane, Wright, Timoféeff-Ressovsky, Sumner und Stresemann (Mayr 1988c: 547). Stresemann sei auch durch seine Schule wichtig geworden: »the Synthesis was largely rejected in Germany, except by the species-level taxonomists (Stresemann's school)« (Mayr 1999a: 23). Von Jon Harwood wird Stresemann als einer der wichtigsten Darwinisten (»major contributors to the synthesis«) genannt:

> »Bridging this gap between laboratory-based geneticists and [...] ›descriptive morphologists‹ required exceptional people: either genetically-informed naturalists or systematists such as G.G. Simpson, Bernhard Rensch, F.B. Sumner, Julian Huxley, Erwin Stresemann and Mayr himself, or geneticists with a knowledge of systematics such as Dobzhansky.« (Harwood 1985: 280; ähnlich in Harwood 1993a: 101)

In den letzten Jahren hat Jürgen Haffer mehrere ausführliche Untersuchungen zu den systematischen und evolutionstheoretischen Vorstellungen von Stresemann vorgelegt (vgl. Haffer 1991, 1992, 1994b, 1997c: 41–46; 1997e, 1999; Haffer, Rutschke & Wunderlich 2000). Ich werde mich in meiner Analyse weitgehend auf die von Haffer angeführten Quellen beziehen, nicht jedoch alle seine Interpretationen übernehmen.[115]

Auf die Ansichten von Stresemann zur Systematik werde ich nur kurz eingehen; der Schwerpunkt der folgenden Analyse wird die Frage der Evolutionsmechanismen sein. Zu den zukunftsweisenden Ansichten von Stresemann zur Populationssystematik, zum biologischen Artbegriff und zur Speziation heißt es bei Mayr: Stresemann was progressive »in practicing population systematics and in his concepts of species and speciation« (Mayr 1980i: 415; vgl. auch Starck 1966: 56, 63–64). So hat Stresemann bereits 1919 beim Artkriterium klar zwischen morphologischer Ähnlichkeit und reproduktiver Isolation unterschieden und so die Durchsetzung des biologischen Artkonzeptes im synthetischen Darwinismus vorbereitet:

> »Morphologische Divergenz ist also – um dieses wichtige Gesetz noch einmal auszusprechen – unabhängig von physiologischer Divergenz. Es läßt sich ohne das Experiment, welches die Natur selbst anstellt, nicht entscheiden, ob letztere nach räumlicher Trennung von gewisser Dauer einen Grad erreicht hat, der die Vermischung ausschließt. Wo aber die Natur diesen Beweis erbracht hat [...], da reden wir nicht mehr von Subspezies einer Art, sondern von Spezies.« (Stresemann 1919: 66)[116]

Bei der Speziation ließ Stresemann mehrere Mechanismen gelten. So glaubte er, dass bestimmte Mutationen in Einzelfällen zur Entstehung neuer Arten führen können, dass aber in den meisten Fällen nur eine langandauernde geographische Isolation diesen Effekt hat:

> »I am not inclined to believe that ›sports‹, mutations, will establish good species, if they arise in the midst of normally coloured individuals. [...] Only a very long and complete geographical separation of the descendants from the same ancestors may have caused the rise of such important differences [...] – or perhaps, in some rare cases, a certain physiological mutation accompanied or not accompanied by mutation of external characters.« (Entwurf eines Briefes von Stresemann an R. Meinertzhagen, vom Dezember 1921; zit. nach Haffer 1997c: 927–28)[117]

Eine andere grundlegende These des synthetischen Darwinismus besagt, dass die Geschwindigkeit der Evolution auch von der Größe einer Population abhängt. Bereits 1914 hatte Stresemann vermutet, dass sich der evolutionäre Wandel durch die »Isolierung auf relativ beschränktem Raum« beschleunige und »sich neue Artcharaktere umso rascher entwickeln (der ursprüngliche Typus umso schneller abgeändert wird), je enger die Grenzen des Verbreitungsgebietes der Individuengruppe sind« (Stresemann 1914: 397).

Sehr viel schwieriger als Stresemanns zukunftsweisende Thesen zur Systematik zu würdigen, ist es, seine Haltung zum modernen Evolutionsmodell zu beurteilen. Dies liegt zum einen daran, dass er sich in seinen Publikationen nie detailliert zu diesen Fragen geäußert hat. Zum anderen lässt sich seine Überzeugung aus diesen wenigen Stellen nur erahnen, da er sich oft vage äußert. Eine genauere Bestimmung bleibt zudem schwierig, da er seine Aussagen meist auf konkrete Beispiele bezieht und unklar bleibt, inwieweit sie zu verallgemeinern sind. Die folgende Analyse ist also auf verstreute und oft kryptische Äußerungen angewiesen. Ein Grund für diese ausweichende Behandlung des Themas durch Stresemann war wohl, dass er sich mit den Evolutionsmechanismen des synthetischen Darwinismus nicht anfreunden konnte:

> »As progressive as Stresemann was in practicing population systematics and in his concepts of species and speciation, he was rather backward in his understanding of the mechanisms of evolution. He probably would have called himself an orthodox Darwinian, but he felt quite strongly that there were severe limits to the power of natural selection. Even though he repeatedly pointed out how often geographic variation obeys Bergmann's and

other climatic rules, he left it open by what mechanism this adaptation is achieved.« (Mayr 1980i: 415)

Er sei nicht von der »unbegrenzten Macht der Selektion« überzeugt gewesen und habe sich statt dessen zur Wirkung des Mutationsdruckes bekannt bzw. lamarckistische Thesen vertreten (Mayr 1980i: 415–16; 1999a: 22). Haffer zufolge hat Stresemann zwischen 1910 und 1950 sukzessive vier verschiedene Evolutionsvorstellungen vertreten: 1910–1917 Orthogenese, 1918–1927 Mutationismus, 1928–1937 Lamarckismus, 1938–1972 Neo-Darwinismus (Haffer 1997c: 41–43; modifiziert in Haffer, Rutschke & Wunderlich 2000: 220–40).

Die zeitlich frühesten evolutionstheoretischen Bemerkungen von Stresemann sind nach Haffer in den »Beiträgen zur Kenntnis der Avifauna von Buru« (1914) zu finden. Stresemann beschreibt hier erstaunliche Übereinstimmungen in Farbe und Muster verschiedener sympatrischer Arten von *Oriolus*. Ursache sei nicht die Selektion, sondern eine »Convergenz der Entwicklungsrichtungen«:

»Wir sind durch die Betrachtung der Gruppen, von welcher die beiden Buruvögel einen Teil ausmachen, zu dem Schluss geführt worden, dass die äusserliche Übereinstimmung der letzteren nicht als ein Produkt natürlicher Auslese angesehen werden kann (dass mithin keine Mimicry vorliegt), sondern sich als das **Resultat unabhängiger Convergenz der Entwicklungsrichtungen**, welche diese Gattungen einhalten, offenbart.« (Stresemann 1914: 399–400; Hervorheb. im Original)

Haffer hat »Convergenz der Entwicklungsrichtungen« als »convergence of orthogenetic trends« (Haffer 1997c: 41) übersetzt, was Stresemanns Intention aber nur teilweise entspricht. Stresemann verweist zwar in diesem Zusammenhang auf Theodor Eimers *Orthogenesis der Schmetterlinge* (1897), nimmt aber an, dass die »unabhängige Entwickelungsgleichheit« mit der »Einwirkung von Reizen« zu erklären sei, »die beide Arten in gleicher Weise beeinflussten und zu äusserst ähnlichen Umformungen führten«. Als mögliche »transmutierende Stimuli« führt er »Temperatur-, Luftfeuchtigkeits- und Nahrungswechsel« an, also äußere Einflüsse (Stresemann 1914: 400).[118] In einem Brief an Richard Meinertzhagen vom Dezember 1921 erläutert Stresemann diese Vorstellungen näher. Die evolutionäre Richtung soll nicht durch einen direkt lamarckistischen Vorgang hervorgerufen werden: »I believe that the many pale desert forms did not arise simply because the dry climate has a bleaching influence upon the feather pigment«. Auf indirektem Weg gibt es aber durchaus einen Einfluß der Umwelt, die eine Disposition der Organismen zu bestimmten Mutationen bewirke: »It is almost probable that certain changes of environment will also cause the disposition of the organism to certain mutations, but without mutation no heredity!«[119] Die Mutationen erfahren zudem durch eine innere Tendenz in den Organismen (eventuell den heutigen constraints vergleichbar) eine Richtung:

> »It seems very probable that there exists a certain tendency in all animals to pursue the way of development in a certain direction (›Entwicklungstendenz‹) and that the mutations are very often followed by others which means a raising of the former mutation (orthogenetische Mutationsreihen). The pale colouration of the desert birds can be due, then, to quite a number of slight subsequent mutations leading to the same direction.–« (zit. nach Haffer 1997c: 927–28)

In den »Mutationsstudien« von 1926 hat Stresemann diese »Entwicklungstendenz« zumindest für bestimmte Fälle noch einmal als wesentlichen Evolutionsfaktor genannt:

> »Es ist offenbar nicht die Selektion, welche dazu führt, der Mutante den völligen Sieg über die Ausgangsphase zu sichern, sondern der Umstand, daß nach und nach alle Individuen der Population den Mutationssprung ausführen, auch diejenigen, welche die Anlage für den Ausgangstyp in homozygotem Zustande ererbt hatten (Entwicklungstendenz).« (Stresemann 1926: 384)

Stresemann vertritt also folgende Grundgedanken: 1) Das Auftreten der Mutationen erfolgt nicht zufällig, sondern gerichtet. 2) Die Richtung der Mutationen kann zum einen durch **äußere** Einflüsse hervorgerufen werden, indem die Umwelt eine Disposition der Organismen zu bestimmten Mutationen bewirkt. 3) Eine Richtung der Mutationen kann auch dadurch entstehen, dass Mutationen das Auftreten bestimmter anderer Mutationen nach sich ziehen (**Mutationsreihen**). 4) Eine allgemeine Richtung der Evolution entsteht zudem durch eine **innere** »Entwicklungstendenz« der Organismen. 5) **Mutationsdruck**, d.h. das gehäufte Auftreten einer bestimmten Mutation, kann unabhängig von der Selektion zur Evolution führen.

Ende der 1920er Jahre hat Stresemann dann für einige Jahre einen lamarckistischen Mechanismus vertreten. Er selbst verweist in diesem Zusammenhang auf den Einfluss von Rensch, Böker und Weidenreich. In einer Rezension von Renschs *Das Prinzip geographischer Rassenkreise und das Problem der Artbildung* (1929a)

*Die Darwinisten*

Abbildung 9: Erwin Stresemann und Ernst Mayr, 1954 (Original in Privatbesitz)

zitiert er diesen mit der Aussage, »daß die Lösung des Problems der Rassen- und Artbildung auf einem ganz anderen Gebiete zu suchen sei als dem der heute vorherrschenden Mutationstheorie« (Stresemann 1929: 156; vgl. Rensch 1929a: 1). Stresemann schreibt weiter:

> »Daß viele Rassenmerkmale klimatisch verursacht seien, kann heute nicht mehr angezweifelt werden; und der Umstand, daß die milieubedingten Eigenschaften erblich geworden sind, beweist, daß es einen gleitenden Übergang vom Phänotypus zum Genotypus gibt, mit anderen Worten, daß die Abstammungslehre mit der Vererbung erworbener Eigenschaften arbeiten muß. Diese heute von den meisten Vererbungsforschern aufs heftigste bekämpfte Anschauung durch viele Beispiele zu stützen und eine Kette logischer Schlüsse zu schmieden, ist die Aufgabe der vorliegenden, sehr gehaltvollen Schrift.« (Stresemann 1929: 155–56)

In einem wenig später erschienen Vortrag, den Stresemann auf dem 7. Internationalen Ornithologischen Kongress in Amsterdam gehalten hatte (Juni 1930), heißt es:

> Die biologische Morphologie »will die Beziehungen der Form zur Leistung aufdecken, die gestaltenden Faktoren analysieren, sie will die Konstruktion des Organismus biologisch, nicht nur historisch, begreifen lernen. Indem sie den ursächlichen Zusammenhang zwischen Form und Funktion betont und den Umweltfaktoren einen wesentlichen Anteil an der Umgestaltung der Organismen zuschreibt, bekennt sich die biologische Morphologie unserer Tage mehr und mehr zu den Anschauungen des Lamarckismus (vgl. Weidenreich 1930).« (Stresemann 1931: 54)

Diese lamarckistischen Aussagen werden von Stresemann nicht weiter erläutert. Das letzte publizierte Bekenntnis zum Lamarckismus ist von 1933 (Stresemann 1933).

In einem Brief an Mayr vom 24. April 1937 plädiert Stresemann offen dafür, die Frage zu wagen, »ob denn nicht unser [!] blinder Glaube an den Selektionismus durch diese Tatsachen wieder einmal ad absurdum geführt wird«.[120] Er bemerkt weiter, er neige sich »mehr und mehr dem +++ Vitalismus zu, wenigstens in soweit, als ich überzeugt bin, dass die übliche kausalmechanische Analyse in vielen Fällen ein rechter Unsinn ist, und die Anbetung ihrer theoretischen Grundlage ein bequemer Selbstbetrug, bei dem der Biologe freilich bleiben muss, soll er nicht in einem grässlichen Katzenjammer zusammenbrechen« (zit. nach Haffer 1997c: 495).

Ende der 1930er Jahre scheint Stresemann dann den Lamarckismus aufgegeben zu haben, nachdem er Dobzhanskys *Genetics and the Origin of Species* (1937/1939) gelesen hatte. In *Die Entwicklung der Ornithologie* (1951) heißt es dazu:

> Dobzhanskys Darlegungen, »die die ›Klimaregeln‹ einer befriedigenden genetischen Auslegung zugänglich machten, bereiteten allen lamarckistischen Vorstellungen bei den ornithologischen Systematikern ein sofortiges Ende, und die Ornithologen waren es von nun an, die die neue Evolutionsforschung am wirksamsten unterstützten, denn keine Tierklasse war schon so vollständig bekannt und nach den Gesichtspunkten der historischen Verwandtschaft, der geographischen Verbreitung, der Oekologie, der Variabilität der Spezies, so genau durch gearbeitet worden wie die Vögel.« (Stresemann 1951: 281)

Wie Haffer anhand von Archivmaterial zeigen konnte, hat Stresemann aber auch in späteren Jahren Zweifel an dem vom synthetischen Darwinismus angenommenen Evolutionsmechanismus geäußert. Wenn man versuche, »mit den 4 von der heutigen Schule allein anerkannten Evolutionsfaktoren [...] Mutation, Zufall, Isolation und Selektion« auszukommen, so scheine ein »ungelöster Rest« zu verbleiben (Stresemann 1944b; zit. nach Haffer, Rutschke & Wunderlich 2000: 231).[121] Diese offenen Fragen werden

> »vielleicht eines Tages dazu führen [...], die allzu hohe Einschätzung der Selektion als Evolutionsfaktor zu korrigieren und einen bisher noch kaum oder gar nicht beachteten, nämlich einen richtenden (und nicht nur auslesenden) Entwicklungsfaktor aufzudecken: Die Wirkung psychischer Strukturen auf die Entwicklungsrichtung von Ausseneigenschaften [...] mit cryptischer Funktion.« (Stresemann 1944b; zit. nach Haffer, Rutschke & Wunderlich 2000: 231)

Stresemann setzt sich in dem unveröffentlichten Manuskript von den »Anhängern der orthodoxen Selektionstheorie« ab und ist sichtlich bemüht, die Bedeutung der Selektion zu minimieren:

> »Was angesichts der Wirkung mutativer Änderung eines einzigen Gens oft in Erstaunen setzt, ist weniger der Umstand, dass das ganze Farbbild des Vogels dadurch gründlich umgewandelt werden kann, als vielmehr, dass sofort und ohne Zutun der Selektion etwas Neues entsteht, das sich dem Ganzen durchaus harmonisch einfügt, nicht anders als sei es das Endergebnis einer langen Folge von Versuchen und Irrtümern. Ja, ich zweifle daran, dass der Selektion noch viel zu verändern bleibt, was als scheinbar zufälliges Beiwerk physiologisch günstiger oder physiologisch neutraler Mutationen auf die äussere Erscheinung des Vogels einwirkt.« (Stresemann 1944b; zit. nach Haffer, Rutschke & Wunderlich 2000: 285)

Die Bedeutung der Selektion und der anderen Evolutionsfaktoren des synthetischen Darwinismus werden von Stresemann nicht geleugnet, aber einem unbekannten Faktor untergeordnet:

> »Mag auch das Entwicklungsgeschehen durch das Zusammenwirken der vier wissenschaftlich gesicherten Faktoren: Mutation, Isolation, Zufall, Selektion im wesentlichen bestimmt werden, ohne die stillschweigende Annahme eines weiteren Faktors, der dem ersten noch übergeordnet ist, tut man den Tatsachen Gewalt an und zwängt sie in das Bett des Prokrustes.« (Stresemann 1946; zit. nach Haffer, Rutschke & Wunderlich 2000: 237)

Dieser »weitere Faktor« soll »dem ersten« Faktor, d.h. den Mutationen, übergeordnet sein. Die Mutationen sollen nicht nur bestimmten Entwicklungseinschränkungen unterliegen (das hatten auch Architekten des synthetischen Darwinismus angenommen), sondern im Sinne adaptiver Veränderungen gerichtet sein:

> »Mein Einwand richtet sich keineswegs gegen die Annahme, dass die Schutzfärbung der Lerchen eine zweckmässige Einrichtung ist, sondern nur gegen die Vorstellung, sie sei durch äussere Bewirkung, und erst nach ungezählten Opfern der Spezies, erreicht worden. Ich supponiere einen ›inneren‹ bewirkenden oder wenn man so sagen will selektiven Faktor, der unmittelbar und nicht mit der kostspieligen Methode von ›Versuch und Irrtum‹ das gleiche leistet.« (Stresemann 1944a; zit. nach Haffer, Rutschke & Wunderlich 2000: 234)

Bei dem inneren »richtenden Evolutionsfaktor«, der bewirkt, dass die Mutationen adaptiv und nicht zufällig sind, soll es sich um einen psychischen Faktor handeln. Es sei zwar noch »verfrüht, die Vermutung eines Zusammenhanges zwischen Centralnervensystem und Mutationsrichtung für mehr zu halten als für eine sehr gewagte Hypothese, aber der Versuch, sie an Tatsachen zu prüfen, wäre doch vielleicht der Mühe wert« (Stresemann 1944a; zit. nach Haffer, Rutschke & Wunderlich 2000: 233).[122]

Ein Brief von Stresemann an Rensch vom 21. Juli 1968 belegt, dass er dieser Überzeugung auch in seinen letzten Lebensjahren treu blieb:

> »Ich bin bei der platten Kausalitätsforschung stehen geblieben, ohne das zu bereuen. Nun aber bemerke ich seit einigen Jahren, dass die von der klassischen Evolutionslehre (Mayr, Rensch et alii) zugelassenen Evolutionsfaktoren einer Ergänzung durch einen Faktor X bedürfen, um das Zustandekommen mancher Erscheinungen begreiflich zu machen. Das quält mich seit geraumer Zeit, und ich suche gedanklich – also ›philosophisch‹ – wie schon viele Andere einst und jetzt, nach diesem X.« (zit. nach Haffer 1997c: 495)

Wie ist das Verhältnis von Stresemann zum synthetischen Darwinismus zusammenfassend zu beurteilen? Er war in erster Linie Systematiker und als solcher gab er entscheidende Impulse zur Entwicklung der Populationssystematik und der Konzepte des biologischen Artbegriffes bzw. der geographischen Artbildung. Mit den »Mutationsstudien« der frühen 1920er Jahren hat er zudem als einer der ersten Zoologen an einer Verbindung biogeographischer und genetischer Ergebnisse gearbeitet. Stresemann war deshalb ein wichtiger Vorläufer des synthetischen Darwinismus, obwohl er in Bezug auf die Evolutionsfaktoren zu widersprechenden Resultaten kam. Wie eingangs erwähnt, hat Haffer verschiedene sich ablösende Phasen in Stresemanns Aussagen zu den Evolutionsmechanismen bestimmt. Dies ist an der Oberfläche zutreffend, zugleich zeigen aber seine grundlegenden Gedanken ein hohes Maß an Kontinuität.

Die Selektionstheorie hat Stresemann eher skeptisch beurteilt. Er nahm zwar an, dass viele morphologische Anpassungen bei Vögeln (beispielsweise der Form von Schnabel, Fuß, Schwanz und Flügel), zahlreiche Anpassungen der Färbung der Vögeln und Eier und des Verhaltens durch richtungslose Mutationen und Selektion entstanden sind. Auch Fälle von Mimikry führt er auf Selektion zurück.[123] Er hat aber im Gegensatz zu wichtigen Vertretern des synthetischen Darwinismus die Erklärungskraft der Auslese bei bestimmten komplexen Strukturen bezweifelt, die Selektion also nur in begrenztem Maße als kreativen Faktor der Evolution zugelassen. Auch eine Akzeptanz der Selektion als negative Beseitigung von Defektmutanten ist kein Darwinismus.

Die Selektion kann in Stresemanns System keine weitergehende Wirkung entfalten, da die Mutationen nicht zufällig, sondern gehäuft in einer bestimmten Richtung vorkommen (bzw. eine Richtung durch die »Convergenz der Entwicklungsrichtungen« oder lamarckistische Effekte entsteht). Die Richtung der Mutationen soll einerseits durch die Umwelt, andererseits durch die Konstitution des Organismus selbst determiniert werden. Da Stresemann eine Wirkung des Phänotypus auf den Genotypus annimmt, beinhaltet sein Mechanismus lamarckistische Elemente. Nach Stresemann soll die Evolution der Organismen also wesentlich durch den Mutationsdruck gerichteter Mutationen bestimmt werden, wobei die Richtung durch lamarckistische und orthogenetische Effekte (sowie eventuell durch Entwicklungsbeschränkungen) entstehen soll. Dieser Mechanismus steht im völligem Gegensatz zum synthetischen Darwinismus.

Stresemann hat nicht nur bei der Frage der Evolutionsmechanismen mehrfach Widerspruch geäußert, sondern sich meines Wissens auch selbst nie als Vertreter des synthetischen Darwinismus bezeichnet. Als wichtige Darstellungen dieser Theorie führt Stresemann 1951 keine eigenen Publikationen, sondern neben Dobzhansky (1937) Mayrs *Systematics and the Origin of Species* auf: Dieses Buch »wird als Synthese taxonomischer, genetischer und biologischer Betrachtungsweise des Evolutionsproblems den Systematikern noch lange als sicherer Leitfaden durch das verschlungene Labyrinth der Erscheinungen dienen, dessen Ausgang ihre Vorgänger in 150 Jahren vergebens gesucht hatten« (Stresemann 1951: 281). Weiter nennt er Huxley (1942) und die *Evolution der Organismen*:

»Der gleichen Aufgabe waren zwei andere Bücher gewidmet, die fast zur selben Zeit inmitten des Krieges erschienen, jedes in seiner Art vortrefflich und alle einander ergänzend: Julian S. Huxleys ›Evolution, the new Synthesis‹ (London 1942) und G. Heberers Sammelwerk ›Die Evolution der Organismen‹ (Jena 1943), mit dem Beitrag ›Genetik und Evolutionsforschung bei Tieren‹ von H. Bauer und N.W. Timoféeff-Ressovsky.« (Stresemann 1951: 281)

Kann man Stresemann aber als Vertreter des **klassischen Darwinismus** bezeichnen? Eine entsprechende Zuordnung wird unterschiedlich ausfallen, je nach dem, welche Definition von ›Darwinismus‹ man zugrundelegt. Im Falle von Stresemann stellt sich vor allem die Frage, ob er aufgrund seiner unzweifelhaften Bekenntnisse zur Selektionstheorie dem Darwinismus zuzurechnen ist, wie dies Haffer annimmt: »Even though he was a Darwinist and neo-Darwinist during his entire career, Stresemann remained skeptical regarding the completeness of the number of known evolutionary factors until the end of his life« (Haffer 1997c: 46; ähnlich auch in Haffer 1999: 123–24). Eine entsprechende Einschätzung ist vertretbar; ähnlich wie man Otto Kleinschmidt einen Evolutionisten nennen kann, weil er die evolutionäre Veränderung in begrenztem Umfang (innerhalb von Arten) akzeptiert (Haffer 1997e: 74–81). Andererseits waren sowohl die Eingrenzung der Evolutionstheorie auf einen engen Bereich (Arten oder Gattungen) als auch die Behauptung, dass die Selektion nur für bestimmte (meist weniger wichtige) Merkmale Bedeutung hat, seit dem 19. Jahrhundert typische Argument der Kritiker des Darwinismus (vgl. Junker 1989).

Der Dualismus der Merkmale und Mechanismen bei Stresemann ist dieser anti-darwinistischen Tradition zuzuordnen und erinnert an die Thesen von Philiptschenko und Remane; ähnlich wie Ludwig und Remane hat er mit unkonventionellen Evolutionsfaktoren sympathisiert. Es ist ein bezeichnender Hinweis auf die Stärke des synthetischen Darwinismus, dass keiner dieser drei Autoren seine Ansichten in Publikationen ausführlicher dargestellt hat. Ihre Spekulationen über weitere Evolutionsfaktoren oder andersartige Mutationen zeigen ein Unbehagen an der selektionistischen Evolutionstheorie, ohne dass sie in der Lage gewesen wären, diese Kritik mit konkreten Inhalten zu füllen. Wegen dieser historischen Traditionen und aufgrund seiner ambivalenten Aussagen ist Stresemann – ähnlich wie Remane – nicht als Darwinist (im Sinne von Selektionist) zu bezeichnen. Und er ist trotz seiner Verdienste um die Neue Systematik nicht zum Kreis der Architekten des synthetischen Darwinismus zu zählen. Er stand aber, im Gegensatz etwa zu Remane, in engem sozialem Kontakt mit einigen der wichtigsten Darwinisten (Rensch, Mayr, Timoféeff-Ressovsky) und hat entscheidende Vorarbeiten zu den systematischen Grundlagen des synthetischen Darwinismus geleistet.

### 2.2.2 Bernhard Rensch (1900–1990)

Rensch wurde als einziger Biologe Deutschlands auch international als Architekt des synthetischen Darwinismus gewürdigt. Er hat sich vor allem um die Einbeziehung der Systematik und der Makroevolutionsproblematik in den synthetischen Darwinismus verdient gemacht. Seine Publikationen zur Makroevolution erschienen fast ein Jahrzehnt nach den mehr genetisch orientierten Arbeiten von Baur und Timoféeff-Ressovsky, aber auch deutlich später als die entsprechenden Arbeiten von Zimmermann.

Abbildung 10: Bernhard Rensch, 1954 (nach Zaunick 1959)

Die systematischen und biogeographischen Theorien von Rensch aus den Jahren vor 1935 wurden später wichtige Bestandteile des synthetischen Darwinismus (vor allem durch Mayr 1942), waren aber zunächst in lamarckistischem Sinne verfasst.

Rensch wurde am 21. Januar 1900 in Thale (Harz) geboren.[124] In den Jahren 1912 bis 1917 besuchte er das Gymnasium in Thale und legte dort 1917 das Notabitur ab. Von 1917 bis 1918 war er Soldat. Nach der Rückkehr aus französischer Kriegsgefangenschaft begann er 1919 mit dem Studium der Zoologie, Botanik, Chemie und Philosophie an der Universität Halle und promovierte im Dezember 1922 bei Valentin Haecker mit einer Arbeit »Über die Ursachen von Riesen- und Zwergwuchs beim Haushuhn« (1923). Von 1923 bis 1924 war Rensch Wissenschaftlicher Assistent am Institut für Pflanzenbau der Universität Halle, von 1925 bis 1937 Wissenschaftlicher Assistent am Zoologischen Museum in Berlin und Leiter der Molluskenabteilung. 1927 leitete er eine von ihm initiierte Zoologisch-Anthropologische Expedition nach den Kleinen Sunda-Inseln (Indonesien). Weitere Teilnehmer waren Gerhard Heberer, Wolfgang Lehmann, Robert Mertens und Ilse Rensch.

1937 habilitierte sich Rensch mit dem Buch *Die Geschichte des Sundabogens – Eine tiergeographische Untersuchung* (1936b) für das Fach Zoologie an der Universität Münster und wurde im selben Jahr Direktor des Landesmuseums für

Naturkunde in Münster. 1940 wurde er eingezogen, aber bereits 1942 wegen einer Herzerkrankung wieder entlassen. 1943 wurde er außerplanmäßiger Professor der Zoologie in Münster, 1944 auf den Lehrstuhl für Zoologie an der Deutschen Karls-Universität in Prag berufen. Nach 1945 konnte Rensch auf seine Stelle an das Landesmuseum zurückkehren, da er offiziell nur als beurlaubt galt. 1947 wurde er zum ordentlichen Professor der Zoologie und zum Direktor des Zoologischen Instituts der Universität Münster ernannt. An den Universitäten Berlin und Münster hat er 85 Doktoranden betreut. Forschungs- und Vortragsreisen führten ihn 1933 nach Bulgarien, 1951 nach Australien und in die USA, 1953 nach Indien, 1963/64 nach Japan, Malaysia und Indien sowie 1968 nach Ostafrika. 1968 erfolgte die Emeritierung. Er starb am 4. April 1990 in Münster.

Rensch hatte breite wissenschaftliche Interessen und er hat umfassend publiziert. Neben 21 Büchern, von denen einige in mehreren Auflagen erschienen und in fremde Sprachen übersetzt wurden, waren dies über 200 Artikel und Buchbeiträge aus den Gebieten Evolution, Tierpsychologie, Sinnes- und Hirnphysiologie, Biophilosophie, Zoogeographie, Ökologie und Systematik. Bis in die 1920er Jahre lässt sich das Interesse von Rensch an biogeographischen, systematischen und evolutionsbiologischen Fragestellungen zurückverfolgen. In den 1950er Jahren begann er sich intensiv tierpsychologischen Themen zuzuwenden, auch um die allmähliche Entstehung der für Menschen typischen geistigen Fähigkeiten nachzuweisen. In den 1960er Jahren schließlich publizierte er zunehmend zu biophilosophischen Themen (Willensfreiheit).

### 2.2.2.1 Rezeption

Rensch wird in der Literatur regelmäßig als Architekt des synthetischen Darwinismus genannt. Dies gilt sowohl für deutsch- als auch für englischsprachige Schriften. Bereits 1940 erwähnt Hans Nachtsheim Rensch neben Reinig, Timoféeff-Ressovsky, Melchers, Dobzhansky und Zimmermann als Autoren wichtiger Schriften zur Rassen- und Artbildung (Nachtsheim 1940: 552). In *Systematics and the Origin of Species* nennt Mayr in seiner Aufzählung von ›Synthetikern‹ Rensch und Kinsey als Taxonomen, Timoféeff-Ressovsky und Dobzhansky als Genetiker sowie Huxley und Diver als allgemeine Biologen (Mayr 1942: 3). Welche Bedeutung Renschs Arbeit zukommt, wird auch durch die Tatsache dokumentiert, dass er bei Mayr (1942) der Autor mit den meisten Einträgen im Literaturverzeichnis (nach Mayr selbst) ist. Auch in den anderen Gründungsschriften des synthetischen Darwinismus wird Rensch zitiert (Dobzhansky 1937; Huxley 1942; Simpson 1944; Stebbins 1950; vgl. auch Simpson 1949b).[125]

In Dobzhanskys *Genetics and the Origin of Species* wird Rensch (1929a) mit der Ansicht zitiert, dass bei der Speziation geographische Isolation den physiologischen Isolationsmechanismen vorausgeht.[126] Ein weiterer Punkt, an dem Dobzhansky Rensch zitiert, sind die ökologischen Regeln (Dobzhansky 1937: 165–68). Die adaptive Natur der geographischen Variation wurde von Rensch ursprünglich als Beleg für einen lamarckistischen Mechanismus angeführt, ließ sich aber mit einer selektionistischen Erklärung verbinden. Rensch hat seine Publikationen immer als Ergänzung und Teil einer internationalen Bewegung gesehen. Nach dem Krieg erhielt er Huxleys *Evolution, the New Synthesis* (1942), Mayrs *Systematics and the Origin of Species* (1942) und Simpsons *Tempo and Mode in Evolution* (1944) und bemerkte später:

> »I was surprised, but also gratified, that synthetic neo-Darwinism was argued in these works in a similar manner as my own attempts. I could take into account the results of these authors as well as many other publications and the results of our own investigations of the anatomical, histological, and functional effects of differences of body size in the second edition of my book (1954), which later appeared in English translations (1959, 1960).« (Rensch 1980: 298; vgl. auch Rensch 1947a: V, 374–75)

Rensch hat nicht nur die Systematik in den synthetischen Darwinismus eingebracht, sondern auch paläontologische und morphologische Fragestellungen. Im ersten Gebiet ergänzen sich seine Arbeiten mit denen von Mayr, im zweiten mit den Schriften von Simpson, im dritten mit jenen von Huxley. Der Erklärung der paläontologischen Evolutionsregeln im Sinne des synthetischen Darwinismus hat Rensch in *Neuere Probleme der Abstammungslehre* breiten Raum eingeräumt. Michael Ghiselin hat Renschs Arbeiten zu dieser Frage als den vielleicht wichtigsten Beitrag der Morphologie zum synthetischen Darwinismus bezeichnet.[127] Auf die zeitliche Priorität von Rensch Simpson gegenüber hat Mayr hingewiesen: »Rensch himself, after he had abandoned neo-Lamarckism around 1933–34, developed remarkably progressive ideas, showing in two important papers (1939; 1943, preceding Simpson's 1944 *Tempo and Mode*) that the phenomena of macroevolution could be interpreted as consistent with the known genetic mechanisms of microevolution« (Mayr 1988c: 548). Sowohl Rensch als auch Simpson konnten zeigen, dass für eine Erklärung der paläontologischen Tatsachen weder Saltationen noch orthogenetische Faktoren noch lamarckistische Erklärungen notwendig waren, sondern dass die neuen Erkenntnissen der Mikrosystematik und Genetik ausreichten (Mayr 1982: 607).

Vor allem im englischen Sprachraum gilt Rensch als wichtigster, oft auch als einziger Architekt des synthetischen Darwinismus in Deutschland: Simpson erwähnt Rensch 1949 neben Timoféeff-Ressovsky (1949a: 278) und Dobzhansky schreibt 1951: »Rensch (1947) and Schmalhausen (1949) generalized the facts of comparative morphology and comparative and experimental embryology, and integrated them with genetics« (Dobzhansky 1951: X). Provine nennt Rensch (1947a) in seiner Aufzählung der »major works of the synthesis« als einzige nicht-englischsprachige Schrift (Provine 1980: 400). Und in Futuymas Lehrbuch der Evolutionsbiologie wird er zum einzigen Repräsentanten des Neo-Darwinismus in Deutschland: »In Germany, the zoologist Bernhard Rensch [...] independently developed a neo-Darwinian interpretation of evolution in *Neuere Probleme der Abstammungslehre* (1947a), the second edition of which appeared in English translation in 1959 as *Evolution Above the Species Level*« (Futuyma 1986: 12).

Was sind die Gründe für diese einseitige Wahrnehmung? Rensch war sicher einer der wichtigsten Vertreter des synthetischen Darwinismus in Deutschland, aber er war einer unter mehreren und zumindest Baur, Timoféeff-Ressovsky und Zimmermann hatten eine ähnliche Bedeutung. Ein Grund mag sein, dass Rensch seine Vorstellungen nicht nur in Artikeln wie Timoféeff-Ressovsky darlegte, sondern dass er 1947 ein umfassendes Buch publizierte, das zudem 1959 in einer amerikanischen Übersetzung erschien (Reif 1993: 435). Rensch war auch – im Gegensatz zu Heberer – politisch nicht belastet. Und schließlich hatte er durch seine engen Kontakte zu Mayr die notwendigen internationalen Kontakte. Dieser letzte Punkt war sicher neben der unstreitigen wissenschaftlichen Bedeutung entscheidend.

Rensch ist der einzige Vertreter des synthetischen Darwinismus in Deutschland, der in *The Evolutionary Synthesis* mit einem eigenen Beitrag vertreten ist.[128] In diesem Abschnitt mit dem Titel, »Historical Development of the Present Synthetic Neo-Darwinism in Germany«, stellt Rensch die Entwicklung seiner eigenen Ideen und die allgemeine Geschichte des synthetischen Darwinismus in Deutschland dar (1980: 293–99). Damit gewann er auch in der wissenschaftshistorischen Literatur eine hervorgehobene Stellung. Seine Wirkung auf die deutsche Evolutionsbiologie, Paläontologie und Zoologie blieb demgegenüber relativ gering (Reif 1983).

## 2.2.2.2 Vom Lamarckismus zum synthetischen Darwinismus

Zunächst aber war Rensch bis in die 1930er Jahre einer der aktivsten Verfechter lamarckistischer Ideen in Deutschland. Im Gegensatz zu einigen anderen Lamarckisten (Plate, Böker) gehörte er zudem der jüngeren Generation an. Bei Rensch ist der Lamarckismus ein zentrales Element seiner evolutionstheoretischen Argumentation und kein nebensächliches Detail. Vergleicht man Renschs lamarckistische mit seinen späteren selektionistischen Schriften so überrascht daher das hohe Maß an Kontinuität. Dies ist dadurch zu erklären, dass er von tiergeographischen Beobachtungen ausgeht und die Deutung dieser empirisch gefundenen Tatsachen durch unterschiedliche Evolutionsmechanismen in einem zweiten Schritt erfolgt. Zudem war Rensch, wie die meisten anderen Lamarckisten seiner Zeit, kein grundsätzlicher Gegner der Selektionstheorie, sondern er akzeptierte – ähnlich wie Darwin selbst – sowohl Selektion als auch Vererbung erworbener Eigenschaften.

In der folgenden Analyse werden Renschs eigene Darstellungen zu seiner lamarckistischen Phase als Ausgangspunkt dienen. Am ausführlichsten hat er sich dazu 1983 in dem Artikel »The Abandonment of Lamarckian Explanations: The Case of Climatic Parallelism of Animal Characteristics« geäußert. Wie ich zeigen werde, sind Renschs Erinnerungen aber lückenhaft und an einigen Punkten missverständlich. Der politische Kontext wird fast völlig ausgeblendet und der Wandel in Renschs wissenschaftlicher Argumentation ist weniger glatt verlaufen, als das nach seiner Darstellung zu vermuten wäre.

In *Das Prinzip geographischer Rassenkreise und das Problem der Artbildung* (1929a), seiner ersten umfassenden evolutionstheoretischen Schrift, diskutiert Rensch verschiedene Ansichten über »Artbildung« (d.h. Evolution): 1) Mutation und Selektion, 2) Lamarckismus, 3) Orthogenese, 4) Kreuzung, 5) Polyploidie und 6) Kreationismus (Rensch 1929a: 17–20). Um nachzuweisen, dass der Lamarckismus ein entscheidender Faktor ist, argumentiert er folgendermaßen: 1) Die Artbildung geht »überwiegend auf dem Wege der geographischen Variation vor sich«. 2) Sie ist gradualistisch. Geographische Rassen sind als verschieden weit fortgeschrittene Vorstufen neuer Arten ansehen. 3) Der gleitende Übergang von einer geographischen Rasse zu einer anderen lässt »auf eine direkte äußere Bewirkung der Rassenbildung schließen«. Es wird »die Vorstellung nahegelegt, dass die erblichen geographischen Rassen ursprünglich als Phänovarietäten [= Modifikationen] entstanden, welche durch die auf eine große Zahl von Generationen stets gleichsinnig wirkenden klimatischen Faktoren allmählich erbfest wurden« (Rensch 1929a: 86, 126, 167). Neben dem lamarckistischen Mechanismus lässt er für einzelne Fälle auch Mutationen, »Inselwirkung«, Selektion und orthogenetische Faktoren gelten (vgl. auch Rensch 1980: 294–95). Bis Ende der 1920er Jahre ist der Lamarckismus für Rensch der wichtigste Evolutionsmechanismus bei der Entstehung der geographischen Rassen und für die Evolution im Allgemeinen.

In den Jahren 1931 bis 1933 hat Rensch auf Einladung von Timoféeff-Ressovsky in dessen Labor in Berlin-Buch experimentelle Versuch an *Drosophila* durchgeführt, um seine lamarckistischen Ideen zu testen:

> »In den späten Nachmittagsstunden fahre ich nun oftmals mit der Vorortbahn nach Berlin-Buch, um in der Genetischen Abteilung des dortigen Hirnforschungs-Instituts Versuche mit Fruchtfliegen (*Drosophila*) durchzuführen. Ich will prüfen, ob durch Aufzucht der Larven in verschiedenen Temperaturen, Größenänderungen im Sinne von Dauermodifikationen entstehen können, und ob diese über eine längere Kette von Generationen oder eventuell gar dauernd erhalten bleiben. Es ist das ein derzeit aktuelles Problem, nachdem bei Einzellern solche Dauermodifikationen entdeckt worden sind. Meine langfristigen Versuche fallen indes negativ aus.« (Rensch 1979: 76; vgl. auch Rensch 1980: 295)

Rensch hat in seinen Erinnerungen nicht behauptet, dass der negative Ausgang der Experimente oder die Diskussionen mit Timoféeff-Ressovsky, Klaus Zimmermann, Sergei R. Zarapkin oder Oskar Vogt ihn unmittelbar von der Unhaltbarkeit des Lamarckismus überzeugt hätten. Man kann aber davon ausgehen, dass er dort mit den zwei Argumenten konfrontiert wurde, die er im Rückblick als überzeugend genannt hat: 1) Der Entdeckung der Genetiker, dass fast alle Gene pleiotrope Effekte haben und 2) den Berechnungen der mathematischen Populationsgenetik, dass auch geringe Selektionsvorteile (1–2%) im Lauf von einigen Tausend Generationen einen Effekt haben.[129] Die Wirkung dieser Argumente setzte jedoch erst mit einer beträchtlichen zeitlichen Verzögerung ein, wenn man Renschs Publikationen zugrunde legt. In seinen Schriften aus den frühen 1930er Jahren habe ich keinen Beleg gefunden, dass er aufgrund der genannten Argumente den Lamarckismus aufgegeben hätte. Der früheste Artikel, in dem er pleiotrope Effekte als Stütze der Selektionstheorie erwähnt, ist von 1936 (vgl. Rensch 1936a: 361; 1938a: 364–65). Die Relevanz schwächerer Selektionsvorteile wird sogar erst 1943 explizit genannt (Rensch 1943a: 50; 1947a: 10–11).

Noch im Mai 1933 hielt Rensch auf der Tagung der *Deutschen Zoologischen Gesellschaft* in Köln einen Vortrag, der ganz im lamarckistischen Sinne abgefasst war (»Zoologische Systematik und Artbildungsproblem«, 1933a). Für einen großen Teil der Merkmale lasse sich zeigen, dass sie von den Umweltbedingungen abhängen und ihr Auftreten biologischen Regeln folge. Als Evolutionsmechanismus nimmt Rensch eine »unmittelbare aktive Anpassung an das Milieu« an.[130] Die Selektion wirke zwar in manchen Fällen (z.B. bei Polar- und Wüstenfärbungen) fördernd, in der Regel lassen sich die systematischen Tatsachen aber nicht mit der Annahme vereinbaren, »daß geographische Rassen generell durch Singularmutation und natürliche Auslese (bzw. Praeadaptation) entstehen« (Rensch 1933a: 58, 54).

Die Machtergreifung der Nationalsozialisten (30. Januar 1933) und der Beginn der Hitler-Diktatur hatten zunächst keine Auswirkung auf Renschs berufliche Laufbahn oder wissenschaftliche Arbeiten. Am 10. März 1933 wurde sein Vertrag am Museum für Naturkunde der Friedrich-Wilhelms-Universität zu Berlin für weitere zwei Jahre bis zum 30. September 1935 verlängert (MfN, SIII, Personalakte Rensch: 54). Dies war nicht selbstverständlich, da Rensch – wie im *Lebensweg* beschrieben (1979: 68–80) – aus seiner Ablehnung des NS-Regimes keinen Hehl machte. Solche nachträglichen Behauptungen sind mit Vorsicht zu interpretieren, aber im Falle von Rensch zeigen auch die Originalquellen, dass er keine Sympathien für das NS-Regime hatte. Er war beispielsweise einer der wenigen jüngeren Biologen, der in keiner der wichtigeren NS-Organisationen (NSDAP, SA, SS) Mitglied war (Junker & Hoßfeld 2000; Junker 2000a: 327–31).

Noch Anfang 1934 hat Rensch bei der Konzeption einer Sonderausstellung im Museum für Naturkunde eine lamarckistische Interpretation vertreten. Die kurze Passage im *Lebensweg* ist meines Wissens die einzige Stelle, an der er in seinen späteren Publikationen auf die politisch motivierten Angriffe wegen seiner lamarckistischen Ideen aufmerksam gemacht hat:

»Anfang 1934 habe ich eine Sonderausstellung über tierische Rassenbildung in der Schausammlung des Museums arrangiert, bei der ich nicht alle Beispiele auf natürliche Auslese zurückgeführt, sondern gewagt habe, bei klimaparallelen Rassenausprägungen direkte Umweltwirkungen im lamarckistische Sinne für wahrscheinlich zu halten.« (Rensch 1979: 77)[131]

Rensch erwähnt die Ausstellung im Zusammenhang mit der politisch motivierten Kündigung seiner Stelle durch die Universitätsverwaltung Anfang 1935, auf die ich noch zu sprechen kommen werde. Als weitere Gründe für die Kündigung nennt er »infame Verleumdungen«, das Verhalten seines Schwiegervaters, die Tatsache, dass er weder in die NSDAP noch die SA eingetreten sei, regelmäßige gemeinsame Mittagessen mit dem jüdischen Professor Oscar Neumann und die 1934 erfolgte Promotion einer jüdischen Doktorandin. Auch habe er mehrfach nationalsozialistische Einrichtungen kritisiert und sich über die NS-Dozentenlager lustig gemacht.

Etwa um die Zeit, in der die lamarckistische Sonderausstellung stattfand, erschien im ersten Heft der Zeitschrift *Rasse – Monatsschrift der Nordischen Bewegung* (Januar 1934) ein Artikel des Geologen Kurt Holler[132], in dem Rensch wegen seines Lamarckismus angegriffen wurde:

> »Dass es angesichts solcher Forschungsergebnisse [Otmar Freiherr von Verschuers Zwillingsforschung] immer noch Unbelehrbare wie Dr. B. Rensch, Berlin, gibt, sollte man kaum für möglich halten. In [*Forschungen und Fortschritte*, (Rensch 1933b) ...] behandelt er ›Das Artbildungsproblem vom Standpunkte der zoologischen Systematik‹, verwirft Erbänderung + Auslese als artbildend und wärmt den Umweltaberglauben auf, indem er ein allmähliches Erbfestwerden erworbener Eigenschaften annimmt. Man sieht, wie schwer es oft ist, altes Unkraut auszujäten!« (Holler 1934a: 32)

Wenige Seiten später gibt Holler seinem Angriff eine explizit politische Wendung (ohne aber an dieser Stelle Rensch direkt zu nennen):

> »Man sollte glauben, mit dem Umweltaberglauben sei nun gründlich aufgeräumt, seit mit dem Nationalsozialismus der Rassegedanke in Deutschland den Sieg davontrug. Das beruht aber auf einem Irrtum. Die Lage hat sich nur insofern verändert, als man früher die Umweltlehre zur Stützung der liberalistischen und marxistischen Weltanschauung benutzte, während man heute versucht, die Umweltlehre mit nationalsozialistischem Gedankengut zu verquicken.« (Holler 1934b: 37)

Holler erklärt auch, warum er die »Umweltlehre«, d.h. den Lamarckismus, für politisch gefährlich hält:

> »Nach ihr [der Umweltlehre] haben wir kein Recht, die Juden zu bekämpfen, denn sie sind längst durch Anpassung Germanen geworden. Die Amerikaner sind uns nicht mehr stammverwandt, denn sie sind Indianer geworden. Wohl aber sind die Negerbastarde aus der Besatzungszeit stammverwandt, denn sie wurden am deutschen Rhein geboren und werden in germanischer Umwelt groß! Wir haben danach natürlich auch kein Recht, Gewohnheitsverbrecher unfruchtbar zu machen, denn durch Versetzung in ein anderes ›Milieu‹ werden sie zweifellos zu bessern sein!« (Holler 1934b: 38)

Abschließend gibt Holler seiner Hoffnung Ausdruck, dass die »zuständigen Regierungsstellen« die »Verfälschungen nationalsozialistischer Begriffe [›Blut und Boden‹]« bald möglichst unterbinden werden (Holler 1934b: 38).

Diese Angriffe wurden von den Lamarckisten sehr ernst genommen. Sowohl Hans Böker als auch Ludwig Plate meldeten sich im Juni bzw. Juli Heft der *Rasse* zu Wort, um die Kritik von Holler an Rensch zurückzuweisen. Beide Autoren versuchen zu zeigen, dass der Lamarckismus nicht im Widerspruch zur nationalsozialistischen Rassenlehre steht. Böker beklagt, dass Holler »die Umweltlehre als Lamarckismus bezeichnet« und diesen »mit marxistischer Weltanschauung gleichsetzt, denn daraus kann von Leuten, die nicht in das ganze Gebäude der Deszendenztheorie eingeweiht sind, leicht der Schluss gezogen werden: wer einen lamarckistischen Standpunkt vertritt, ist damit politisch unzuverlässig zum mindesten verdächtig«. Inhaltlich argumentiert er, dass die Entstehung von Rassen anderen Mechanismen gehorcht und andere Merkmale betrifft als die Entstehung von Arten. Während die Rassenbildung sich auf Einzelmerkmale beziehe und durch Mutation und Selektion bedingt werde, sei die »Umkonstruktion anatomischer Konstruktionen« bei der Entstehung von Klassen, Gattungen und Arten auf einen lamarckistischen Mechanismus zurückzuführen. Die Mikroevolution sei also selektionistisch, die Makroevolution dagegen lamarckistisch zu erklären. Man müsse natürlich zugeben, dass auch die Rassen beim Menschen einmal entstanden und veränderlich seien, aber »die Zeiträume, die wir für die Entstehung und auch für etwaige Umwandlungen der jetzigen menschlichen Rassen in Rechnung stellen müssen, gehen ebenso wie die für größere Artumwandlungen weit über alle die Zeiträume hinaus, die für das Leben eines Volkes und eines Staates von Bedeutung sind« (Böker 1934: 251–53; vgl. ergänzend Böker 1935–37; Hoßfeld 2002).

In diesem Zusammenhang verweist Böker auf die kleine Schrift *Volk und Staat in ihrer Stellung zu Vererbung und Auslese* (1933) des im Dritten Reich hoch angesehenen ›Rasse-Günther‹ (Hans F.K. Günther; vgl. Hoßfeld 1999e). Diese Schrift ist insofern interessant, als Günther zwar einerseits von einer Verbindung zwischen Liberalismus, Marxismus und Lamarckismus im 19. Jahrhundert spricht. Der Lamarckismus, definiert als »die Lehre von der ausschlaggebenden Bedeutung der Umwelt«, habe zudem zum »bekannten Fortschrittswahn« und zum »Bildungswahn, ja Bildungsfimmel des deutschen Volkes« geführt, »der erst seit neuester Zeit als Unheil für unser Volk durchschaut worden ist«. Andererseits hält Günther den Lamarckismus in der Evolutionstheorie für plausibel: »Ich möchte annehmen, daß zur Deutung der Stammesgeschichte der Organismen beide Erklärungsweisen heranzuziehen sind, sowohl die lamarckistische wie die darwinistische, und möchte mich darin den sog. Altdarwinisten anschließen, die bei uns in Jena durch

Herrn Professor Plate maßgebend vertreten sind«. Da eine Vererbung erworbener Eigenschaften »erdgeschichtliche Zeiträume« benötige, können »für unsere völkischen und staatlichen Zielsetzungen« lamarckistische Vorstellungen nicht herangezogen werden, sondern hier bleibe nur der darwinistische Weg der »Auslese bzw. Ausmerze« (Günther 1933: 18–19).

Auch Plate meldete sich in *Rasse* zu Wort. Zwar sei es richtig, dass »die Marxisten aus begreiflichen Gründen den Einfluss der Umwelt erheblich übertrieben und politisch auszuschlachten versucht haben«. Andererseits sei ein »maßvoller Lamarckismus, d.h. eine vernünftig aufgefasste Umweltlehre, zusammen mit der Annahme einer Vererbung erworbener Eigenschaften gar nicht zu entbehren« (Plate 1934: ). »Wir Nationalsozialisten wollen uns hüten, die Umweltlehre zu verdammen«, fährt er fort und meint, daß der Nationalsozialismus sich »nur gegen ihre übertriebene Ausnutzung durch die Marxisten zu politischen Zwecken wenden« sollte (Plate 1934: 280–81, 283; vgl. auch Plate 1933: 1175–76). Im Juli-Heft der *Rasse* nimmt Holler daraufhin seine politischen Angriffe teilweise zurück: »Sicher kann man einem Forscher, der die Lehrmeinung von der Vererbbarkeit erworbener Eigenschaften vertritt, nicht deshalb marxistische Gesinnung vorwerfen, weil der Marxismus seine Umweltlehre darauf aufgebaut hat. Aber wenn heute Gegner des Rassengedankens falsche Schlüsse ziehen, dann müssen wir uns wehren« (Holler 1934c: 301; vgl. auch Holler 1935: 55–58).

Wie hat nun Rensch auf diese Angriffe und die Verteidigung seiner Person bzw. des Lamarckismus durch Böker und Plate reagiert? Er hatte mehrere Möglichkeiten: 1) Die Strategie von Böker und Plate zu übernehmen, d.h. sich weiter zum Lamarckismus zu bekennen und seine Vereinbarkeit mit der NS-Ideologie zu behaupten. 2) Den Lamarckismus aufzugeben und damit dem Angriff auszuweichen. 3) Den Lamarckismus aufzugeben und zusätzlich sein Einverständnis mit dem Regime zu bezeugen. 4) Weiter den Lamarckismus zu vertreten, ohne sich politisch anzupassen. Rensch scheint im Laufe des Jahres 1934 zwischen Möglichkeit 1 und 2 geschwankt zu haben, bevor er sich für Möglichkeit 2 entschied.

In der Ausgabe der *Medizinischen Welt* vom 19. Mai 1934 erschien in der Rubrik »Erblehre und Rassenpflege« ein kurzer Übersichtsartikel von Rensch (»Über einige Beziehungen von Rasse und Klima bei Säugetieren«). Er beginnt mit der Aussage, dass »das Problem der Herausbildung der heutigen Menschenrassen, für das jetzt ein so lebhaftes Interesse besteht«, von einer Lösung noch weit entfernt sei (Rensch 1934a: 703). Einerseits sei eine Wirkung der Selektion unverkennbar: »So hat z.B. der unvergleichlich schärfere Daseinskampf in kälteren Ländern eine starke natürliche Auslese zur Folge, die in den milderen Zonen fehlt, was wohl als eine der Voraussetzungen für die Überlegenheit nordischer Völker (im weiteren Sinne) anzusehen ist«.[133] Andererseits sei auch an eine direkte »Einwirkung der Umweltfaktoren« zu denken. Heute sei aber gewöhnlich nicht mehr zu erkennen, »welche Rassensonderheiten durch Umwelteinflüsse entstanden und welche auf Bastardierung bzw. auf richtungslose Mutation ohne besondere Selektion zurückzuführen sind«. Abschließend stellt Rensch fest: »Aber niemals wird der Mensch völlig unabhängig sein von seinem Lebensraum. Die enge Verknüpfung von ›Blut und Boden‹, die uns heute so geläufig geworden ist, wird auch für die zukünftige Menschheitsgeschichte von entscheidender Bedeutung sein« (Rensch 1934a: 704). Dieser Artikel ist nun insofern interessant, als Rensch hier vorsichtig lamarckistisch argumentiert und sich zugleich sprachlich und thematisch an nationalsozialistische Gedanken annähert, was er – bis auf eine weitere, unten zu besprechende Ausnahme – in seinen Publikationen sonst nicht getan hat.

Diese Art der Argumentation ließ sich natürlich im internationalen Rahmen nicht führen; auch kann man davon ausgehen, dass es Rensch in Anbetracht seiner politischen Überzeugungen nicht wohl dabei war. Im Juli 1934 besuchte er den Internationalen Ornithologen-Kongress in Oxford und hielt dort einen Vortrag über »Einwirkung des Klimas bei der Ausprägung von Vogelrassen, mit besonderer Berücksichtigung der Flügelform und der Eizahl« (Rensch 1938b; vgl. auch Rensch 1979: 74–75). Folgt man Renschs Darstellung, so hat er sich zu dieser Zeit vom Lamarckismus abgewandt:

>»Since 1934, I have tried, as far as possible, to explain the climatic parallelism of race characteristics through natural selection. As early as 1934 during the Eighth International Ornithological Congress at Oxford [...], I pointed out that the rules I had recently formulated [...] seem to be the result of natural selection.« (Rensch 1983: 38)

In der Druckfassung des Vortrages schlägt Rensch selektionistische Erklärungen für verschiedene, in seinen früheren Publikationen lamarckistisch gedeutete Phänomene vor. Er betont aber auch die Probleme der Selektionstheorie und scheint nicht völlig von ihrer Erklärungskraft überzeugend zu sein. So meint er abschließend: Es ist »uns aber noch nicht möglich, die erkannten Merkmalsparallelitäten ausreichend kausal zu deuten, da unserem Versuch einer Erklärung nur durch richtungslose Mutation und Selektion noch einige Schwierigkeiten entgegenstehen« (Rensch 1938b: 309).

Rensch scheint also in der ersten Hälfte des Jahres 1934 seine Meinung zum Lamarckismus geändert zu haben, was ein Indiz dafür sein könnte, dass dies auch auf politischen Druck hin geschah. Diese Interpretation ist jedoch nicht eindeutig verifizierbar. So bereitet die genaue Datierung der Druckfassung des Oxforder Vortrages Schwierigkeiten, da dieser erst 1938 erschien und nicht klar ist, wann der Text eingereicht wurde. Rensch konnte offensichtlich noch 1936 zumindest kleinere Veränderungen vornehmen (vgl. Rensch 1938b: 310 Fn.). Zum anderen hat er noch nach diesem Zeitpunkt (Mitte 1934) in mindestens einem Artikel lamarckistische Vorstellungen geäußert.

Der 1935 im *Archiv für Anthropologie* erschienene Artikel, »Umwelt und Rassenbildung bei warmblütigen Wirbeltieren«, ähnelt in der Argumentation dem Aufsatz in der *Medizinischen Welt*. Der Artikel ist weitgehend in wissenschaftlichem Ton und ohne inhaltliche Annäherungen an die Rassenideologie des Dritten Reiches abgefasst (vgl. auch Junker 2000a). Dies gilt beispielsweise für die neutrale Erwähnung von »Rassenmischungen« beim Menschen. Rensch behauptet sogar, dass beim Menschen »Rassenbastarde luxurieren« können, d.h. sich durch besondere Größe und Vitalität auszeichnen (Rensch 1935: 330). Zur Frage der Evolutionsmechanismen meint er, dass »neben richtungsloser Mutation und Selektion auch noch eine direkte Umwelteinwirkung bei der Rassenbildung in Frage kommt«. Es sei anzunehmen, »dass der ursprünglichen Rassendifferenzierung des Menschen nicht nur richtungslose Mutation und Selektion zugrunde lag, sondern dass zum Teil eine direkte Umwelteinwirkung in Frage kommt«. Dies soll auch für »Unterschiede in anatomischen Konstruktionen« gelten – Rensch greift hier offensichtlich Bökers Argumente auf (Rensch 1935: 332–33). Zum Schluss des Aufsatzes geht Rensch auf die Angriffe von Holler ein und fügt einen »Hinweis« ein, »der Missverständnissen vorbeugen soll«. Er übernimmt hier Strategie 1, wie auch Böker und Plate, d.h. er bekennt sich weiter zum Lamarckismus, behauptet aber seine Vereinbarkeit mit der NS-Rassenlehre:

> »Wie schon erwähnt wurde, erfordert die Entwicklung neuer tierischer Rassen, speziell bei warmblütigen Formen, nach unseren bisherigen Erfahrungen geologische Zeiträume. In Europa sind auch die jüngsten Rassen mehr als 10–20.000 Jahre alt. Wenn von Umwelteinflüssen bei der Rassendifferenzierung die Rede ist, so hat das also nichts mit der irrtümlichen Auffassung mancher Laien zu tun, dass Rassen sich in wenigen Generationen völlig wandeln könnten. Für historische Zeiträume sind die Rassen im allgemeinen umweltstabil und nur durch Bastardierung schneller zu verändern. Der Vorwurf eines ›Umweltaberglaubens‹, den Holler in der Zeitschrift ›Rasse‹ dem Verfasser und anderen Biologen macht, entbehrt also jeder Grundlage, wie dies schon in Entgegnungen von H. Böker und L. Plate ausgesprochen wurde. Die stärkere Betonung der Bindungen zwischen Lebensraum

und Rasseneinheiten steht viel mehr durchaus im Einklang mit derzeitigen Bestrebungen einer sachlichen Rassenbewertung, die in Bastardierungen kein geeignetes Material für eine erfolgreichere Auslesemöglichkeit erblickt.« (Rensch 1935: 333)

Dieser letzte lamarckistische Beitrag von Rensch wurde wahrscheinlich Mitte bis Ende 1934, auf jeden Fall aber nach dem Ornithologen-Kongress in Oxford verfasst (Juli 1934; vgl. Rensch 1935: 328 Fn.).

Der Lamarckismus wurde Mitte der 1930er Jahre aber auch mit wissenschaftlichen Argumenten kritisiert. Anfang 1935 hatte sich der Entomologe William F. Reinig intensiv mit Renschs Modell der Rassenentstehung auseinandergesetzt. Im *Lebensweg* heißt es dazu:

»Wissenschaftlich bewegen mich weiterhin die Probleme der Rassen- und Artbildung. Eine Veröffentlichung meines wenig jüngeren Kollegen F. W. Reinig regen meine Untersuchungen in fruchtbarer Weise an. Dr. Reinig hat eine neue Eliminationshypothese für die Entstehung geographischer Rassen aufgestellt und dabei versucht, die Gültigkeit der Bergmannschen Regel der klimaparallelen Größenausprägung bei Warmblütern durch Gegenbeispiele zu widerlegen. Das zwingt mich, mein Beweismaterial ausführlicher darzustellen.« (Rensch 1979: 76)

Die interessante und vielschichtige Kontroverse zwischen Reinig und Rensch kann hier nicht dargestellt werden. Ein wichtiger Aspekt war aber der Lamarckismus. Die lamarckistische Deutung der geographischen Variabilität durch Rensch wird von Reinig durch eine genetische Erklärung ersetzt, die »ausschließlich die spontane Variabilität am Individuum [die Mutationen] als Ausgangspunkt gelten lässt« (Reinig 1935: 51). Erwin Stresemann hat in *Die Entwicklung der Ornithologie* (1951) zur Kontroverse zwischen Rensch und Reinig bemerkt: »Ein solcher Angriff auf Renschs Darlegungen vermochte zwar Beifall im Lager der Genetiker, nicht aber in dem der Ornithologen zu finden, denn die neue Hypothese [der Elimination] war mit Tatsachen, die sie hinreichend erwiesen hatten, nicht vereinbar« (Stresemann 1951: 279–80). Reinig, der engen Kontakt zu Timoféeff-Ressovsky hatte, konnte Rensch zwar nicht unmittelbar überzeugen. Die Kontroverse zeigt aber, dass in den Jahren 1934 bis 1935 auch eine intensive wissenschaftliche Diskussion über die Frage der Evolutionsmechanismen stattfand, die Politik also nur einer von mehreren Faktoren war.

Für Renschs berufliche Laufbahn rückte der politische Faktor aber wieder in den Vordergrund: Am 30. März 1935 wurde seine Stelle im Museum für Naturkunde zum 30. September 1935 gekündigt (MFN, SIII, Personalakte B. Rensch, S. 60). Rensch und der ebenfalls betroffene Martin Eisentraut haben diese Kündigung, bei der es sich formal um die Nicht-Verlängerung eines Zeitvertrages handelte, nach 1945 als Konsequenz ihrer ablehnenden Haltung dem Dritten Reich gegenüber bezeichnet: »Die Kündigung kann nur politische Gründe haben« (Rensch 1979: 77).[134] Als einer der politischen Gründe wird von Rensch die lamarckistische Sonderausstellung vom Anfang 1934 genannt.

Mit Unterstützung seiner Vorgesetzten am Museum für Naturkunde (u.a. durch Erwin Stresemann) gelingt es, die Kündigung zunächst rückgängig zu machen. Damit beginnt aber eine zermürbende Abfolge kurzfristiger Verlängerungen, die offensichtlich den Zweck haben soll, Rensch zu politischem Wohlverhalten zu zwingen. So heißt es in einem Schreiben des Universitätskurators vom 11. August 1936 an den Direktor des Museums:

> »Die Entscheidung über die weitere Beschäftigung der beiden Assistenten [Rensch und Eisentraut] über den 1.1.1937 hinaus wird getroffen werden, wenn die Beurteilung aus dem Dozentenlager vorliegt. Ich bitte, die genannten Assistenten ausdrücklich darauf hinzuweisen, dass sie bei einem ungünstigen Ausfall der Beurteilung am 31. Dezember 1936 auszuscheiden haben, ohne dass es einer nochmaligen Kündigung bedarf.« (MfN, SIII, Personalakte B. Rensch, S. 66)[135]

Rensch gelingt es, die drohende Kündigung hinauszuschieben, bis er am 20. April 1937 zum Direktor des Landesmuseums für Naturkunde in Münster und zum Beamten auf Lebenszeit ernannt wird. Es konnte nicht geklärt werden, ob bei dieser Ernennung die Frage des Lamarckismus eine Rolle spielte. Jedenfalls hieß es noch mehrere Jahre später in einem Gutachten des NS-Dozentenbundes vom 6. Oktober 1942, das aus Anlass von Renschs Ernennung zum apl. Professor an der Universität Münster erstellt wurde:

> »In politischer Beziehung wurden ihm [Rensch] seinerzeit erhebliche Vorwürfe gemacht, die aus seiner Tätigkeit in Berlin stammen und die sich auf seine rassenkundlichen Arbeiten beziehen. Danach habe er an die Möglichkeit einer Rassenbildung durch Umwelteinflüsse geglaubt. Er hat sich dadurch in Widerspruch zu der nationalsozialistischen Rassenlehre gesetzt. Die Vorwürfe werden jedoch in neuerer Zeit von sachverständigen, zuver-

lässigen Nationalsozialisten nicht aufrecht gehalten. Es muss auch darauf hingewiesen werden, dass R., der bereits Weltkriegsteilnehmer war, sich in diesem Krieg wiederum zur Verfügung gestellt [...] und an der Ostfront bewährt hat.«[136]

In der Zwischenzeit hatte Rensch den lamarckistischen Mechanismus völlig aufgeben, er war allerdings noch immer nicht völlig von der Erklärungskraft der Selektionstheorie überzeugt. In seinen »Studien über klimatische Parallelität der Merkmalsausprägung bei Vögeln und Säugern« (1936a) bestätigt er zwar, dass »in einigen Fällen bereits die geläufigen Vorstellungen von richtungsloser singulärer Mutation und natürlicher Auslese durch das Klima [... genügen], um die Merkmalsparallelität zu erklären«. Andererseits sei er aber »verschiedentlich bei entsprechenden Deutungsversuchen auf Schwierigkeiten« gestoßen, die »uns warnen müssen, eine Übersetzung der gefundenen Tatsachen in die derzeitige genetische Terminologie für eine ausreichende kausale Erklärung zu halten«. In dieser Situation zieht es Rensch vor, von einer theoretischen Diskussion Abstand zu nehmen (Rensch 1936a: 361).

Ludwig, der selbst mit dem Lamarckismus sympathisierte, bemerkte in seiner Besprechung des Artikels, dass Rensch den biologischen Regeln »eine selektionistische Deutung gegeben [habe], die aber bisweilen recht gezwungen klingt« (Ludwig 1939a: 177). Die verschiedenen »Deutungsversuche« von Rensch vermitteln in der Tat den Anschein, als sei er selbst nicht recht überzeugt. Wie in dem Artikel, der aus dem Vortrag zum Ornithologen-Kongress in Oxford (1934, Rensch 1938b) hervorging, gibt er zwar keine lamarckistische Deutung mehr, vertritt aber auch die Selektionstheorie nur halbherzig.

Dies ändert sich erst in den Jahren ab 1938. In einer Kritik von W.F. Reinigs Buch *Elimination und Selektion* (»Bestehen die Regeln klimatischer Parallelität bei der Merkmalsausprägung von homöothermen Tieren zu Recht?«, 1938a) distanziert er sich von seiner früheren Ansicht:

»Für das Zustandekommen der Regeln hatte ich früher (vor allem 1929) eine unmittelbare Einwirkung der Umweltsfaktoren auf die erblichen Rassenmerkmale angenommen. Dieser Schluss lag nahe, weil junge Rassen nicht das Bild eines sich erst konsolidierenden Variantengemisches zeigen, sondern nicht weniger einheitlich sind wie ältere Rassen, weil die Rassen manchmal die klimatischen Eigenheiten des Klimas der jüngeren Vergangenheit widerspiegeln und sich trotz des Einflusses des neuen Wohnraumes auf mehrere Tausend Generationen noch nicht verändert haben (›historischer Faktor‹), und schließlich weil eine Selektion in vielen Fällen (besonders bei Färbungsdifferenzen) weder nachweisbar noch wahrscheinlich war. Inzwischen hat die Genetik aber deutlich machen können, dass praktisch jedes Gen eine pleiotrope Wirkung hat, dass also eine Selektion auch an Merkmalen anpacken kann, deren Zusammenhang mit den klimatisch parallel abändernden Merkmalen nicht bekannt ist. Deshalb habe ich mich in den letzten Jahren (1934, 1937) bemüht, die Deutung der Klimaregeln nur auf der Basis von Mutation und Selektion zu versuchen, was speziell bei der Bergmannschen, Allenschen, Flügelschnitt-, Haar- und Ei-Regel auch mit Erfolg geschehen konnte.« (Rensch 1938a: 364–65)

Die erste größere Schrift von Rensch auf selektionistischer Grundlage war »Typen der Artbildung« in *Biological Review* (1939; eingereicht am 12. August 1938). Er geht nun davon aus, dass es keinen Grund gibt, auf orthogenetische oder lamarckistische Theorien zurückzugreifen, die sich nicht mit der Genetik vereinbaren lassen. Er argumentiert hier ganz im Sinne des synthetischen Darwinismus und bekräftigt, »dass richtungslose Mutation und Selektion generell als ausreichende Voraussetzungen für den Evolutionsprozess angesehen werden können« (Rensch 1939a: 217). Damit war ein fast 10-jähriger Umdenkungsprozess bei Rensch zum Abschluss bekommen. Die Tatsache, dass er den letzten Schritt zu einer rein selektionistischen Erklärung und damit zum synthetischen Darwinismus zwischen 1936 und 1938 machte, könnte dadurch zu erklären sein, dass er sich von Dobzhanskys *Genetics and the Origin of Species* (1937/1939) überzeugen ließ.[137] Ein konkreter Nachweis fehlt allerdings bisher: Rensch zitierte Dobzhanskys Buch in keinem der beiden genannten selektionistischen Artikel (1938a, 1939a); der erste Hinweis erfolgte erst 1943 (Rensch 1943a: 39).

Renschs Abkehr vom Lamarckismus, die Akzeptanz einer selektionistischen Erklärung und seine Entwicklung zu einem der Architekten des synthetischen Darwinismus war ein sehr viel langwierigerer und komplexerer Vorgang, als das die bisherigen wissenschaftshistorischen Analysen und persönlichen Erinnerungen vermuten lassen. Wissenschaftliche Argumente und politische Pressionen haben diesen Prozess gleichermaßen bestimmt. Folgende Stadien lassen sich dabei abgrenzen:

1) Bis Anfang 1934 verteidigt Rensch offensiv seine lamarckistischen Vorstellungen, obwohl seine eigenen Experimente und die Argumente der Genetiker (Timoféeff-Ressovsky) dem widersprachen.
2) Die politischen Angriffe vom Januar 1934 führen dazu, dass er von Mai bis August 1934 (eventuell bis 1935) und im Anschluss an Böker und Plate zu zei-

gen versucht, dass der Lamarckismus der Rassenlehre des Nationalsozialismus nicht widerspricht (vgl. hierzu Junker & Paul 1999; Junker & Hoßfeld 2000).

3) Etwa zur selben Zeit (Juli 1934) beginnt er auf lamarckistische Erklärungen zu verzichten und experimentiert mit rein selektionistischen Deutungen, ohne aber von der Selektionstheorie völlig überzeugt zu sein.

4) Ab 1938 spricht er sich dafür aus, dass Selektion und Mutation »generell« zur Erklärung der Evolution ausreichen.

Die Aussagen von entschiedenen Gegnern des Lamarckismus belegen, dass es Anfang der 1930er Jahre eine ganze Reihe wissenschaftlicher Gründe gegen diese Theorie gab, dass aber ein zwingender Gegenbeweis fehlte. Der Lamarckismus rückte in zunehmendem Maße ins wissenschaftliche Abseits, weil er experimentell nicht reproduzierbar war und als Erklärung überflüssig wurde. Es ist nun durchaus plausibel, dass diese Verschiebung der Beweislage dazu führte, dass Rensch und andere Darwinisten sich vom Lamarckismus abwandten. Dass dies nicht die einzig mögliche Erklärung ist, habe ich gezeigt.

Welche konkrete Bedeutung hatten die politischen Angriffe für die Entstehung und Rezeption des synthetischen Darwinismus in Deutschland? Jedenfalls gab es im Dritten Reich politische Angriffe auf Biologen, die sich offen zu lamarckistischen Ideen bekannten. Ob dies aber ein nennenswerter Faktor der Theorienbildung war, ist eher zu bezweifeln. Folgende Überlegungen sprechen **dagegen**, dass die Politik ein entscheidender Faktor war:

1) Die wissenschaftlichen Diskussionen um den Lamarckismus, die lange vor 1933 eingesetzt hatten, und die vor allem zwischen Genetikern auf der einen und ›Naturalisten‹ (Systematiker, Morphologen, Paläontologen) auf der anderen Seite ausgetragen wurden, lassen sich nicht in politischen Kategorien erfassen.

2) Auch Mayr, der in den USA nicht mit dieser Art von Einschüchterung konfrontiert war, wandte sich in den 1930er Jahren vom Lamarckismus ab.

3) Man konnte als Biologe im Dritten Reich lamarckistische Positionen vertreten. Diese Theorie war zwar politisch weniger angesehen, es handelte sich aber nicht um einen zentralen Glaubenssatz, für den unbedingte Geltung beansprucht wurde.

4) Wichtige Architekten des synthetischen Darwinismus in Deutschland (v.a. Erwin Baur und Walter Zimmermann) hatten sich bereits vor 1933 eindeu-

tig gegen den Lamarckismus ausgesprochen (sowohl Baur als auch Zimmermann waren politisch konservativ, aber keine Nationalsozialisten).

5) Die deutschen Genetiker und Darwinisten versuchten sich auch zur Zeit des Dritten Reichs so weit wie möglich an der internationalen Diskussion zu beteiligen (vgl. Junker 1998b; Junker & Hoßfeld 2000).

6) Wenn Biologen die Nähe ihrer jeweiligen Evolutionstheorie (oder kreationistischen Position) zum Nationalsozialismus behaupteten, so bedeutet dies nicht unbedingt, dass die politische Überzeugung ursächlich war. Das Beispiele der Lamarckisten Böker und Plate, des Selektionisten Zimmermann und des Idealistischen Morphologen Ernst Bergdolt zeigen vielmehr, dass oftmals die wissenschaftliche Überzeugung vorausging und erst sekundär als politisch korrekt ausgewiesen wurde.

7) Selbst bei Rensch, dessen berufliche Existenz durch die politischen Angriffe massiv gefährdet war, ist nicht sicher, wie sie sich konkret auswirkten. Er hat zwar in den ersten Monaten des Jahres 1934 opportunistische Tendenzen gezeigt. Für die Zeit nach 1935 lässt sich Entsprechendes aber nicht nachweisen und es ist durchaus möglich, dass die politischen Angriffe Renschs Hinwendung zur Selektionstheorie sogar verzögert haben. Gerade weil es Forderungen in dieser Richtung gab, mag ein Autor wie Rensch, der zu seinen Überzeugungen stehen wollte, gezögert haben, dem nachzugeben.

Im Fall von Renschs Abwendung vom Lamarckismus in den Jahren 1934–38 lässt sich trotz relativ günstiger Quellenlage eine entscheidende Bedeutung politischer Faktoren nicht mit Sicherheit feststellen oder ausschließen. Insofern ist die eingangs gestellte Frage nicht abschließend zu beantworten. Meine Analyse macht aber deutlich, dass für das Verständnis der Geschichte der Evolutionstheorie des 20. Jahrhunderts sowohl wissenschaftliche als auch wissenschafts-externe Bedingungen in Betracht gezogen werden müssen. Die Ereignisse um Rensch geben ein Beispiel dafür, wie Wissenschaftler in der Hitler-Diktatur durch die Kombination von öffentlichen Angriffen und beruflichen Repressionen zur Konformität mit dem Regime gezwungen werden sollten. Es muss deshalb noch einmal betont werden, dass Rensch das Opfer staatlicher Einschüchterung war und keiner der willigen Täter. Von vorauseilendem Gehorsam ist bei ihm nichts zu spüren, sondern nur vom Versuch, so wenig wie möglich nachzugeben, ohne zugleich seine berufliche Laufbahn und Existenz zu gefährden. Eine sachliche wissenschaftliche Diskussion über den Lamarckismus war unter solchen Umständen nur noch bedingt möglich, da Widersprüche und Gegenargumente nicht offen geäußert werden konnten. Für die weitere Entwicklung des synthetischen Darwinismus in Deutschland war diese

Situation insofern hemmend, als ihre Überlegenheit nicht inhaltlichen Argumenten sondern politischen Pressionen zugeschrieben werden konnte.

## 2.2.2.3 Sondergesetzlichkeit der Phylogenese höherer Einheiten

Seit 1929 versucht Rensch eine evolutionäre Erklärung für biogeographische Daten zu finden. Er beginnt aber bereits zu diesem Zeitpunkt auch über »Sondergesetzlichkeit der Phylogenese höherer Einheiten« zu schreiben und das explosive Aufblühen neuer Tiergruppen, die Größenzunahme innerhalb von Ahnenreihen sowie »senile Variabilität« bzw. »Entartung« zu erklären. Die Untersuchungen der Rassen- und Artbildung dienen bereits zu diesem Zeitpunkt als Grundlage für eine Deutung der gesamten Evolution. Auch im Rahmen der lamarckistischen Theorie geht Rensch von einem einheitlichen Evolutionsprozess aus:

> »Zusammenfassend können wir also feststellen, daß keine Veranlassung vorliegt, für die höheren systematischen Kategorien eine anders geartete Entwicklung als für die unteren Kategorien anzunehmen. Wir können den gesamten Evolutionsprozeß vielmehr sehr wohl als einheitlichen Vorgang betrachten, so daß die Rassen- und Artbildung also tatsächlich den Angelpunkt des ganzen Problemkomplexes bildet.« (Rensch 1933a: 64)

Die erste größere Schrift Renschs auf selektionistischer Grundlage ist »Typen der Artbildung« (1939a). Zu diesem Zeitpunkt sind die wichtigsten Thesen, die sich in seinen späteren Schriften zur Evolutionstheorie finden, präsent. Rensch selbst hat die »Typen der Artbildung« zwar später als »imperfect« kritisiert,[138] aber es bleibt festzuhalten, dass sie seinen ersten wichtigen Beitrag zum synthetischen Darwinismus im engeren Sinne darstellen. Gerade im Hinblick auf die spätere Kritik am synthetischen Darwinismus als reduktionistisch ist bemerkenswert, welchen großen Raum Rensch anderen Evolutionsfaktoren außer Mutation und Selektion einräumt. Neben der gerichteten Artbildung, die durch Selektion entsteht, nimmt er noch andere Typen der Rassen- und Artbildung an. Als Beispiel für die Wirkung der Selektion diskutiert er Färbungsanpassung an die Umgebung und klimaparallele Merkmalsausprägung. »Richtungslose Artbildung« auf der anderen Seite kann durch Richtungslosigkeit der Mutationen, dominante Mutationen, den Gründer-Effekt[139] und die Kreuzung zweier Rassen zustande kommen. Als dritten Typus nennt er »Gerichtete Artbildung ohne erkennbare Selektion« aufgrund von

»Mutationspotenzen«, Reinigs Elimination und ›innere‹ Tendenzen (Rensch 1939a: 181–92).

Relativ ausführlich analysiert Rensch auch »Ganzheitliche Formwandlungen«. Er betont, dass diese Phänomene »nicht unmittelbar durch Voraussetzung von Mutations- und Selektionsvorgängen zu analysieren« sind. Es gebe aber keinen Grund, deshalb auf orthogenetische oder lamarckistische Theorien zurückzugreifen, die sich nicht mit der Genetik vereinbaren lassen. Statt dessen müsse man sich fragen, ob die

> »derzeitigen Erklärungsschwierigkeiten nicht nur durch die komplexe Verknüpfung der Evolutionsvorgänge zustandekommen. Ich glaube, dass dies tatsächlich der Fall ist und dass der oft überraschend ganzheitliche Charakter der Rassen- und Artbildung nur dadurch bedingt ist, dass die Selektion bei solchen Formen an der ›Ganzheit‹ angreift und für die einzelnen Evolutionsschritte eine stete Harmonie erzwingt.« (Rensch 1939a: 199)

Rensch analysiert in diesem Zusammenhang Pleiotropie, Orthogenese, Kompensation und Umkonstruktion und kommt zu dem Schluß, »dass gerade die so fruchtbare ganzheitliche Betrachtungsweise keine Stütze für die Annahme eines übergeordneten immanenten Entfaltungsplanes bietet« (Rensch 1939a: 217).

Auch bei der Erklärung der »Entwicklung höherer Kategorien« und der »paläontologischen Sondergesetzlichkeiten« sei kein unbekanntes Entwicklungsgesetz anzunehmen. Es gebe keinen Grund zu vermuten, dass die Makroevolution »anderen, z.T. noch völlig unanalysierten Gesetzlichkeiten« folge als die Mikroevolution. Rensch diskutiert in diesem Zusammenhang »die Irreversibilität der Entwicklung, die Orthogenese, die stete Grössenzunahme innerhalb der Entwicklungsreihen, die Erscheinungen der explosiven Formenaufspaltung, des nachfolgenden Alterns und Aussterbens der Entwicklungsreihen und schliesslich die vieldiskutierte ›Höherentwicklung‹« (Rensch 1939a: 213). Alle diese genannten Phänomene lassen sich auf darwinistischer Basis erklären, wenn man die Tatsache beachte, dass »die natürliche Auslese ja immer die Ganzheit des Individuums trifft« (Rensch 1939a: 211).

Der Beitrag in der *Evolution der Organismen*, »Die biologischen Beweismittel der Abstammungslehre«, wird von Rensch in seinem historischen Rückblick (1980) nicht erwähnt. Er selbst schreibt in seinen einleitenden Worten, dass eine Diskussion über die Tatsache der Evolution überflüssig sein könnte:

> »Man könnte im übrigen überhaupt die Frage aufwerfen, ob denn ein solcher Nachweis [der Abstammungslehre] heute überhaupt noch durchgeführt

werden muß. Die Grundtatsachen der Abstammung sind seit einem halben Jahrhundert von der biologischen Forschung anerkannt und die neueren Untersuchungen befassen sich ganz generell nicht mehr mit der Beibringung von Beweismitteln, sondern mit der Aufhellung der den Formwandlungen und der Höherentwicklung zugrunde liegenden Ursachen.« (Rensch 1943b: 57–58)

Es wäre möglich, dass Heberer als Herausgeber Rensch gebeten hatte, sich mit der Widerlegung »abseitiger Vorstellungen« (Rensch 1943b: 59), d.h. anti-evolutionistischer Ansichten, zu beschäftigen, da er selbst sich die Diskussion der Makroevolution vorbehalten hatte. Auch wenn der Beitrag kaum neue Ergebnisse bringt, stellt er doch eine prägnante Zusammenfassung seiner wichtigsten Thesen zur Evolutionstheorie dar.

Eine echte Weiterentwicklung findet sich in »Die paläontologischen Evolutionsregeln in zoologischer Betrachtung« von 1943. Rensch geht hier im Detail auf die paläontologischen Evolutionsregeln ein und versucht sie mit den Evolutionsfaktoren des synthetischen Darwinismus zu erklären:

»In den letzten Jahren ist speziell von Seiten der Paläontologen immer häufiger die Auffassung vertreten worden, daß die Evolution der höheren systematischen Kategorien und dabei vor allem die Bildung neuer Organisationstypen nicht ausreichend durch richtungslose Mutation und natürliche Auslese erklärt werden könne. Die ›Makroevolution‹ wird daher als autonomer Vorgang angesehen, als Auswirkung einer inneren Entfaltungskraft oder wenigstens als komplexer Vorgang, an dem auch bisher noch nicht näher analysierte ›innere‹ Faktoren beteiligt sind.« (Rensch 1943a: 50)

Wie schon in seinen früheren Schriften geht Rensch von der Realität der paläontologischen Gesetze aus: Die Gaudry-Copesche Regel der Größenzunahme in den Stammesreihen, die Orthogenese einzelner Organe, Spezialisierung, die explosive Formenaufspaltung am Beginn von Stammesreihen, Degeneration, Irreversibilität, Parallelentwicklung, Iteration, die Entstehung neuer Organisationstypen und die Höherentwicklung werden als Phänomene akzeptiert, aber im Sinne des synthetischen Darwinismus erklärt:

»Rather than rejecting the patterns described by the paleontologists, Rensch tried to show that they can be explained by directionless mutation and natural selection without the help of inner evolutionary forces of unfolding or trends of formation. Only change in the environment is important for evolutionary novelties. [...] This is moderate language, not that of a revolutionary founding father of the new synthetic theory. It was deliberately intended to invite paleontologists convinced of autogenesis to continue the discussion. Rensch took a much stricter ectogenetic stance in his *Neuere Probleme* (1947).« (Reif 1993: 441)

Die Orthogenese einzelner Organe beispielsweise kann Rensch zufolge durch verschiedene sich ergänzende Mechanismen entstehen: Positive oder negative Allometrie sind ebenso zu beachten wie Materialkompensation, physiologische bzw. mutative Entwicklungszwänge und gerichtete Selektion (Orthoselektion) aufgrund konstanter Umweltfaktoren (Rensch 1943a: 14–24). Er kommt zu dem Schluss:

»Alle besprochenen Regelhaftigkeiten der Evolution lassen sich bisher ohne Zuhilfenahme innerer evolutiver Entfaltungskräfte oder Gestaltungstendenzen durch richtungslose Mutation und natürliche Auslese erklären. Entscheidend für die Formneubildung ist nur der Wandel der Umweltfaktoren. So stellt sich die Evolution im ganzen nicht als Autogenese, sondern als Ektogenese dar. – Die prinzipielle Möglichkeit autogenetischer Abläufe soll deshalb nicht bestritten werden. Für den Nachweis ihrer Wirksamkeit würde es aber eines anderen Tatsachenmaterials bedürfen, als es bisher von seiten der Paläontologie dafür ins Feld geführt wurde.« (Rensch 1943a: 52)

Rensch hat darauf hingewiesen, dass er 1943 bereits fast alle Probleme behandelt, die er 1947 in größerem Detail ausführt (Rensch 1980: 298). Seine umfassende Darstellung *Neuere Probleme der Abstammungslehre* (1947a) enthält aber auch einige Neuerungen und Erweiterung, beispielsweise um je ein Kapitel über Urzeugung und die Evolution der Bewusstseinserscheinungen. Neu ist auch die Einführung der Begriffe ›Kladogenese‹ für die Stammverzweigungen und ›Anagenese‹ für Höherentwicklung (Rensch 1947a: 95). Bei der Behandlung der Evolutionsfaktoren lehnt er sich nun stärker an die von Timoféeff-Ressovsky vorgenommene Systematisierung an:

»Zusammenfassende Darstellungen der letzten Jahre, speziell solche von seiten der Genetiker, lassen erkennen, daß die sogenannte ›Mikroevolution‹ allgemein nur auf das Zusammenwirken folgender Faktoren zurückgeführt wird: 1. Mutation, 2. Schwankungen in der Populationsgröße, 3. Isolationsvorgänge, 4. Selektionsvorgänge.« (Rensch 1947a: 3)[140]

Abbildung 11: Ernst Mayr und Bernhard Rensch, 1975 (nach Rensch 1979)

Die Bedeutung von Rensch für den synthetischen Darwinismus liegt auf zwei Gebieten: der Systematik und der Paläontologie. Rensch war (neben Stresemann und Mayr) ein führender Vertreter der ›Neuen Systematik‹, der Populationssystematik, die Teil des synthetischen Darwinismus wurde. Arten wurden als Gruppen von Populationen gesehen, die geographisch variieren und von anderen Arten genetisch isoliert sind. Die Schriften von Rensch (1929a, 1934c) waren die ersten zusammenfassenden Darlegungen dieses mikrotaxonomischen Forschungsprogramms. Rensch glaubte allerdings im Gegensatz zu Mayr nicht, dass geographische Isolation eine unerlässlich Voraussetzung der Speziation ist. Mayr hatte geschrieben: »A new species develops if a population which has become geographically isolated from its parental species acquires during this period of isolation characters which promote or guarantee reproductive isolation when the external barriers break down« (Mayr 1942: 155). Rensch kritisiert Mayr an diesem Punkt, da dadurch die »evolutive Bedeutung der ökologischen und der physiologischen Rassenbildung […] im ganzen als gering (vielleicht ein wenig zu gering) angeschlagen« werde (Rensch 1947a: 375). Auf die Bedeutung, die Mayr Renschs systematischen

Arbeiten trotz unterschiedlicher Ansichten in manchen Detailfragen zuschreibt, wurde bereits verwiesen.

Renschs Schriften zur Evolutionstheorie aus den Jahren von 1929 bis 1947 weisen ein hohes Maß an thematischer Kontinuität auf. Auf der Basis bestimmter grundlegender Beobachtungen und Überlegungen werden verschiedene Theorien durchgespielt und unterschiedliche thematische Schwerpunkte gesetzt. Bis 1933 stehen Fragen der Mikrosystematik (Rassenbildung und Speziation) im Vordergrund. Bereits zu diesem Zeitpunkt werden auch Probleme der allgemeinen Evolutionstheorie und der Paläontologie angesprochen, die dann 1943 und 1947 dominieren. In *Neuere Probleme der Abstammungslehre* gewinnen erkenntnistheoretische und philosophische Fragen an Bedeutung, die Rensch in späteren Jahren vornehmlich behandelt hat.

Die Wirkung von Rensch auf die Entwicklung der Evolutionsbiologie in Deutschland blieb begrenzt.[141] Rensch selbst hat zwar in seinen halbpopulären Büchern den synthetischen Darwinismus auch nach 1945 verbreitet,[142] innerhalb der Fachwissenschaft blieb sein Einfluss aber gering. Zudem forschte Rensch ab den 1950er Jahren nicht mehr über Fragen der Evolutionstheorie, sondern arbeitete über Verhaltensforschung und erkenntnistheoretische Probleme.

## 2.3 Universität Jena

### 2.3.1 Victor Franz (1883–1950)

Der Zoologe und Morphologe Franz war einer der Autoren in der ersten Auflage der *Evolution der Organismen* und gehörte zu Heberers Kollegenkreis in Jena. In zeitgenössischen Schriften wird Franz vor allem zu zwei Themen genannt: zum Verhältnis von Ontogenie und Phylogenie[143] und zur Frage phylogenetischer Gesetzmäßigkeiten, speziell zur Höherentwicklung.[144] Er galt auch als energischer Verfechter der »Deszendenzidee«.[145] Unter den Vertretern des synthetischen Darwinismus hat sich in erster Linie Rensch mit den Thesen von Franz auseinandergesetzt und sie teilweise übernommen. Wie dieser war er daran interessiert, objektive Kriterien für die Höherentwicklung in der Evolution zu finden.[146]

Franz wurde am 5. April 1883 in Königsberg geboren.[147] Nach dem Abitur studierte er von 1902 bis 1905 in Breslau Naturwissenschaften mit Schwerpunkt Zoologie. Im November 1905 wurde er bei Willy Kükenthal mit einer Arbeit über die Augen der Selachier promoviert. Nach einigen Monate am Zoologischen Institut der Universität Halle arbeitete er von 1906 bis 1910 an der Biologischen Anstalt in

Helgoland, von 1910 bis 1913 am Neurologischen Institut bei Ludwig Edinger in Frankfurt am Main. Nach Kriegsdienst (1914–18) und kurzer Anstellung am Bibliographischen Institut in Leipzig wurde Franz im Mai 1919 zum ao. Ritter-Professor für Phylogenie an der Universität Jena ernannt. Im April 1924 wurde er planmäßiger ao. Professor, im April 1936 o. Professor der phylogenetischen Zoologie, Vererbungslehre und Geschichte der Zoologie in Jena. Von 1935 bis 1945 war er zudem Direktor des Ernst-Haeckel-Hauses. Im September 1945 wurde er aus politischen Gründen entlassen. Er starb am 16. Februar 1950 in Jena.

In den wissenschaftshistorischen Schriften zum synthetischen Darwinismus wird Franz nur am Rande erwähnt. Lediglich von Rensch wird er in den Kreis der wichtigen Autoren aufgenommen und neben Heberer, Ludwig, Rensch, Timoféeff-Ressovsky, Fritz von Wettstein und Zimmermann als einer der Autoren genannt, die »neo-Darwinistic conceptions« publiziert hätten.[48] In *Die Entstehung der Synthetischen Theorie* (Junker & Engels 1999) wird er im Beitrag von Hoßfeld kurz als Mitautor der *Evolution der Organismen* erwähnt (Hoßfeld 1999b: 201–02). Hoßfeld kommt aber zu dem Schluß, dass man Franz aufgrund »seines wissenschaftlichen Werkes [...] nicht dem Gründerkreis der Modernen Synthese im deutschen Sprachraum zurechnen« kann (Hoßfeld 2000a: 281).

Rensch nennt als Beleg für die neodarwinistische Einstellung von Franz dessen Schrift *Der biologische Fortschritt – Eine Theorie der organismengeschichtlichen Vervollkommnung* (1935a). In dem kurzen Buch (82 Seiten) ist tatsächlich oft vom Kampf ums Dasein die Rede. Dieser Kampf sei sowohl in der Natur als auch beim Menschen die Voraussetzung für Fortschritt: »Die organische Vervollkommnung oder der biologische Fortschritt besteht also großenteils darin, daß infolge erblicher Variation und der Auslese im Kampf ums Dasein der Nutzeffekt des Lebensprozesses in den sieghaften Stämmen zunimmt« (Franz 1935a: 72). Durch den Kampf ums Dasein sei die Idee der biologischen Vervollkommnung zudem mit der nationalsozialistischen Weltanschauung verbunden. Im »neu erwachten und zum guten Teil biologisch fundierten Deutschland, dem Dritten Reich«, würde »ganz natürlich« als »sittliche Folgerungen aus der Vervollkommnung im Kampf ums Dasein« auch der »›Wert des Kampfes‹ oder mit heutigem Worte der Wehrwille« aufmarschieren (Franz 1935a: IV).[49]

Die Erwähnung des Kampfes ums Dasein hat bei Franz aber rein deklamatorischen Charakter; eine inhaltliche Auseinandersetzung über Reichweite und Bedeutung des Selektionsprinzips erfolgt nicht. Allgemein geht er nur am Rande auf die Frage der Evolutionsmechanismen ein. Er vermeidet es sogar, sich klar vom Lamarckismus zu distanzieren. In einer Fußnote zur Entstehung von blinden Höhlentieren heißt es:

»Manche blinden Dunkeltiere [...] erblinden [...], soweit merklich, ›mit‹ dem Übergang ins Dunkle, und zwar manchmal infolge ihnen innewohnenden (unter Selektionswirkung angezüchteten?) Vermögens der direkten zweckmäßigen Anpassung (Harms 1921; vgl. auch Kammerer's am Licht zu wohlentwickelten Augen gelangten Olm), doch vielleicht ebensooft durch Mutation und die Auslese des Bestangepaßten.« (Franz 1935a: 19)

Sowohl Harms als auch Kammerer hatten lamarckistische Schlussfolgerungen aus ihren Beobachtungen gezogen und auch Franz hält die Vererbung erworbener Eigenschaften als Alternative zum Selektionsmechanismus für möglich (Harms 1934; Kammerer 1925; vgl. Koestler 1971; Hirschmüller 1991). Bereits in der *Geschichte der Organismen* (1924) hatte Franz den spekulativen Gedanken vorgebracht, dass die Fähigkeit zur Vererbung erworbener Eigenschaften selektiv entstanden sei. Die »Vererbung des Erworbenen ist also in gewissem Umfange als Tatsache erwiesen, wenn es auch für die meisten Fälle rätselhaft bleibt, wie der Organismus sie vollbringt« (Franz 1924: 23). Obwohl »derartigen Nachwirkungen einer äußeren Einwirkung« in einigen Generationen wieder abklingen, also nur phänotypisch seien und »nicht den Genotypus oder den eigentlichen Artcharakter« verändern, haben die Organismen es möglicherweise »schon so weit gebracht [...], eine aktive Anpassung nicht nur selbst zu betätigen, sondern zugleich ihrer Nachkommenschaft dieselbe zu erleichtern, indem sie einen guten Teil davon auf ihre Kinder übertragen« (Franz 1924: 24). Franz äußert sich nicht eindeutig, welche Bedeutung die Vererbung der Modifikationen für die Evolution der Organismen hat. Die Zitate machen aber deutlich, dass er zum Lamarckismus eine sehr unklare Position einnimmt und sein vordergründiges Bekenntnis zur Selektionstheorie sich eher aus der politischen Kampf ums Dasein-Rhetorik speist, als aus evolutionstheoretischen Argumenten.

Der Beitrag von Franz zur *Evolution der Organismen*, »Die Geschichte der Tiere« (1943), bestätigt diese Einschätzung.[150] In 13 Abschnitten gibt Franz einen Überblick über die Geschichte des Tierreiches. Den Lamarckismus lehnt Franz nun eindeutig ab, da er vitalistisch sei[151] und sich die Fähigkeit der Organismen zur phänotypischen Anpassung selektionistisch erklären lasse:

»Daß unsere Muskeln durch Gebrauch sich stärken, daß wir gegen Bakteriengifte immunisierbar sind, alles dieses Vermögen der ›unmittelbaren‹ zweckmäßigen Anpassung kann ich mir wie alles Zweckmäßige am Lebenden nur ›darwinistisch‹, d.h. durch vormalige richtungslose oder mindestens ziellose Mutationen der Reaktionsweise und alleiniges Überleben der geeignet reagierenden Wesen erklären.« (Franz 1943: 221)

Auf seine frühere Auffassung, dass zudem die Fähigkeit zur Vererbung phänotypischer Modifikationen durch die Selektion entstand, geht er nicht mehr ein. Die weiteren Ausführungen von Franz zur Frage der Evolutionsmechanismen sind nur beiläufig und werden der Komplexität der Probleme in keiner Weise gerecht:

> »Aus den Variationen (Mutationen, erblichen Änderungen) der Lebewesen, aus deren Vererbung und der Darwinschen Auslese im Kampf ums Dasein infolge der Überzahl von Nachkommen [...] folgt bekanntlich die allmähliche Artenveränderung, das Überleben des Passendsten, Zweckmäßigsten oder Geeignetsten (in der Regel wenigstens) und [...] die Eignungs- oder Überlegenheitszunahme, eine – im Grunde genommen technische – Vervollkommnung oder Höherentwicklung.« (Franz 1943: 220)

Über die Tatsache, dass »Erbänderungen oder Mutationen ›von selbst‹ eintreten können (außer durch Umweltungunst, Bestrahlung u.a.m.), [...] darüber braucht sich niemand zu wundern, da im Ablauf unseres Weltgeschehens alles sich einmal ändert; warum sollten es die chemisch doch wohl ziemlich labil dastehenden Erbanlagen nicht tun?« Evolutionäre Trends und sogenannte Exzessivbildungen seien durch »orthogenetische Mutationen« zu erklären. In diesem Zusammenhang hält Franz auch den Mutationsdruck für einen wichtigen Evolutionsmechanismus:

> »Nicht minder begreiflich ist, daß manchmal gleichsinnige Mutationen aufeinanderfolgen und in ihrer Wirkung einander verstärken, was ›Orthogenesis‹ genannt wird. Wenn einmal etwas wackelt, dann wackelt es auch leicht mehrmals. Orthogenetische Mutationen können den Auslesevorgang gleichsam überrennen und ergeben dann meist wenig geeignete, z.B. exzessive Organbildungen (wie das ›Schwert‹ des Schwertfisches u.a.) von demgemäß wenig entfalteten Tiertypen oder gar von schnell aussterbenden (Mammut, Nashörner auch der Gegenwart).« (Franz 1943: 220)

Die Arbeiten von Franz hatten eine gewisse Bedeutung für den synthetischen Darwinismus in Deutschland, da seine Untersuchungen zur Höherentwicklung der Organismen für die analogen Überlegungen von Rensch wichtig wurden, der 1943 eine Erklärung der paläontologischen Evolutionsregeln, zu denen er auch die Höherentwicklung der Organismen zählte, im Rahmen des synthetischen Darwinismus vorlegte. Franz selbst war Phylogenetiker und Morphologe; seine Äußerungen zu den Evolutionsmechanismen und konkreten Inhalten des synthetischen Darwinismus bleiben oberflächlich und widersprechen diesen sogar teilweise (Lamarckismus, Mutationsdruck). Franz ist nur im weiteren Sinn dem Umfeld des synthetischen Darwinismus zuzurechnen.

### 2.3.2 Johannes Weigelt (1890–1948)

Auch der Beitrag des Paläontologen Weigelt zur *Evolution der Organismen* ist in evolutionstheoretischer Hinsicht wenig ergiebig. Weigelt wurde am 24. Juli 1890 als Sohn eines Amtsgerichtsrats in Reppen, bei Frankfurt an der Oder, geboren.[152] Nach dem Abitur 1909 studierte er Geologie, Paläontologie, Geographie und Naturwissenschaften in Halle. Im Mai 1914 wurde er in Halle zum Dr. phil. promoviert (das Promotionsverfahren wurde kriegsbedingt erst 1917 abgeschlossen). Im Juli 1918 habilitierte er sich und wurde Ende des Jahres Privatdozent für Geologie und Paläontologie. 1924 wurde Weigelt zum ao. Professor ernannt. In den Jahren 1926 bis 1927 hatte er eine Vertretungsprofessur am geologischen Lehrstuhles in Greifswald inne, 1928 wurde er nach Greifswald berufen. Bereits ein Jahr später, im April 1929 erhielt er einen Ruf nach Halle, den er annahm; einen weiteren Ruf nach Hamburg (1930) lehnte er ab. Weigelt starb nach langer Invalidität am 22. April 1948 in Klein-Gerau bei Mainz.

In den internationalen Schriften zum synthetischen Darwinismus wird Weigelt nicht erwähnt. Von den deutschen Biologen wurde er in erster Linie wegen seiner Bearbeitung der Geiseltalfunde zitiert, nicht jedoch als Evolutionstheoretiker. Heberer beispielsweise spricht im Zusammenhang mit der Bergung fossiler Funde im Geiseltal und bei Walbeck von einer »genialen Leitung«.[153] Auf Weigelts Beitrag zur *Evolution der Organismen* wird von Rensch kurz hingewiesen (1947a: 267). In der wissenschaftshistorischen Literatur wurde Weigelts Verhältnis zum synthetischen Darwinismus bis vor wenigen Jahren kaum thematisiert. Einer der wenigen kurzen Hinweis findet sich in der zweiten Auflage der *Evolution der Organismen* (1959). Um zu erklären, warum Weigelts Beitrag von 1943 auch 1959 mit wenigen Änderungen übernommen wurde, schreibt Heberer:

> »Es ist gerade ein besonders eindrucksvoller Beweis für die moderne Auffassung Weigelts vom Evolutionsvorgang, daß sein Beitrag [von 1943] ohne wesentliche Änderungen [1959] wiedererscheinen kann und mit der modernen Synthese von Paläontologie und Genetik, wie sie von paläontologischer

Seite in hervorragender Weise von Simpson u.a. durchgeführt wurde, durchaus übereinstimmt.« (Heberer 1959c: 205)

Eine ausführliche Analyse des Beitrages von Weigelt zur *Evolution der Organismen*, »Paläontologie als stammesgeschichtliche Urkundenforschung«[154], hat kürzlich Wolf-Ernst Reif vorgelegt.[155] Der Beitrag ist aus evolutionstheoretischer Sicht enttäuschend. Zudem enthält er zahlreiche repetitive Passagen und ist ohne erkennbare argumentative Struktur verfasst. Wie andere Evolutionisten in Deutschland wendet sich Weigelt zunächst gegen die Kritiker der Abstammungslehre. Da die »Lücken der Überlieferung [...] beliebt als Hilfsmittel beim Kampf gegen die Abstammungslehre« seien, müsse man diesen Lücken »mit gesteigerter Aktivität und möglichster Intensivierung des Einsatzes der Mittel und der Kräfte zu Leibe gehen« (Weigelt 1943: 131, 132). Aber auch jetzt schon könne man sagen, dass die Paläontologie »einen der eindeutigsten und umfassendsten Beweise für die einheitliche grandiose, zwei Milliarden Jahre der Größenordnung nach umfassende Entwicklung des Tier- und Pflanzenreiches vom Einfachen zum Höheren« liefert. Daraus folgt: »Die Evolution ist eine mit paläontologischen Methoden eindeutig bewiesene Tatsache«. Schwieriger sei es aber, Aussagen über die zugrundeliegenden Evolutionsfaktoren zu treffen:

> »Eine Erklärung der Ursachen der Evolution ist der Paläontologie ebenfalls noch nicht gelungen und wird ihr vielleicht nie gelingen, aber hier steht sie nicht allein, den übrigen biologischen Disziplinen geht es meist nicht besser. Die paläontologischen Tatsachenbestände erklären sich aber entscheidend aus dem Zusammenwirken von Mutation und Selektion.« (Weigelt 1943: 133)

Diese widersprüchliche Aussage gibt einen Eindruck von Weigelts Unentschlossenheit. Es bleibt unklar, wie er zur Aussage kommt, dass Mutation und Selektion zur Erklärung der Evolution mehr oder weniger ausreichen, obwohl weder die Paläontologie noch andere biologische Disziplinen eine Erklärung ›meist‹ ermöglichen. Im weiteren lehnt Weigelt lamarckistische Mechanismen, »Makromutation erheblichen Ausmaßes« und »Zeitsignaturen, Zeitbaustile und Zeitformenbildung« (Dacqué) ab, ohne seine Ablehnung aber näher zu begründen (Weigelt 1943: 174, 179–80). In Anlehnung an Rensch (1939) kommt er zu dem Schluß, dass »die Verursachung gesamtheitlicher Formwandlungen schwer zu erkennen« sei, dass gleichwohl »keine zwingenden Beweise aus der Paläontologie dafür vor[liegen], daß die Evolution von Arten, Gattungen und höheren Kategorien anderen Gesetzlichkeiten folge, als die bei der Rassenbildung durch Mutation und Selektion«. Die u.a.

von Rensch diskutierten »Sondergesetzlichkeiten« der Makroevolution »erfordern alle offensichtlich keine Sondermechanismen des Geschehens« (Weigelt 1943: 177). Schwer verständliche Aussagen wie die folgende waren sicher nicht geeignet, Gegner des synthetischen Darwinismus zu überzeugen:

> »Auch bei dem Wechselspiel von Mutation und Selektion bleibt der Ablauf der Phylogenie ein historischer, auch wenn wir nicht mit Beurlen (1937) und Beringer (1941) phyletische Gestalten als überindividuelle Ganzheiten, als Objekte der Stammesgeschichte ansehen, sondern nur konkrete Arten, ausgesetzt dem Wechselspiel von Mutation und Selektion.« (Weigelt 1943: 178)

Weigelts Beitrag zur *Evolution der Organismen* kann nicht als konstruktiver Beitrag zur Integration der Paläontologie in den synthetischen Darwinismus gelten. Er bietet weder eine Analyse der kontroversen Ansichten, noch bringt er Argumente vor, sondern beschränkt sich auf die Behauptung, dass Mutation und Selektion ausreichen könnten. In seinen wenigen konkreten evolutionstheoretischen Aussagen bezieht er sich auf die Thesen von Rensch und Simpson. Soweit das aus Weigelts teilweise unverständlichen Sätzen abzulesen ist, war er wohl selbst nicht recht von der Erklärungskraft dieser Faktoren überzeugt. Sein mangelndes Interesse an evolutionstheoretischen Fragestellungen wird auch durch die Tatsache dokumentiert, dass er sich in seinen anderen Publikationen offensichtlich nicht zu diesem Thema geäußert hat. Reif kommt denn auch zu dem Schluß, dass Heberers Wahl von Weigelt für die *Evolution der Organismen* eine Notlösung war, da es »nur sehr wenige deutschsprachige Paläontologen gab, die nicht offen internalistische, saltationistische, typologische oder lamarckistische Theorien vertraten«. Weigelts Artikel »kann also nicht als eigenständiger deutscher paläontologischer Beitrag zu einer Synthetischen Evolutionstheorie betrachtet werden« (Reif 1999: 179–80).[156]

### 2.3.3 Gerhard Heberer (1901–1973)

Heberer wird regelmäßig als wichtiger Vertreter des synthetischen Darwinismus in Deutschland genannt. Er war dies in erster Linie als Herausgeber der *Evolution der Organismen* (1943). Aber auch seine über diese organisatorischen Aktivitäten hinausgehenden inhaltlichen Beiträge zur sog. Makroevolution haben Beachtung gefunden. Er wurde am 20. März 1901 in Halle an der Saale geboren.[157] 1920 bis 1924 studierte er an der Universität Halle Zoologie, Anthropologie, Vergleichende Anatomie und Urgeschichte. Ende 1924 promovierte er bei Valentin Haecker mit einer

*Die Darwinisten*

Arbeit über die Spermatogenese der Copepoden. Die folgenden zwei Jahre war er als wissenschaftliche Hilfskraft für (Paläo-)Anthropologie und Frühgeschichte bei Hans Hahne am Museum für Vorgeschichte (Volkheitskunde) in Halle beschäftigt, bevor er sich 1927 der Rensch-Expedition nach Indonesien anschloss. Von 1928 bis 1938 war er als Assistent, später als Assistent in gehobener Stellung am Zoologischen Institut in Tübingen bei Jürgen W. Harms tätig. 1931 habilitierte sich Heberer an der Universität Tübingen mit der morphologisch-zytogenetischen Arbeit über »Bau und Funktion des männlichen Genitalapparates der calanoiden Copepoden« und wurde 1932 zum Dozenten für Zoologie und vergleichende Anatomie ernannt. Nach einer kommissarischen Vertretung des Lehrstuhles für Zoologie in Frankfurt am Main nahm er 1938 einen Ruf auf den neu errichteten Lehrstuhl für »Allgemeine Biologie und Anthropogenie« in Jena an, den er bis 1945 leitete. Nach kurzem Kriegsdienst und zweijähriger Kriegsgefangenschaft kam Heberer 1947 nach Göttingen. Von 1949 an wirkte er hier als Hochschullehrer und baute im Rahmen des I. Zoologischen Institutes eine Anthropologische Forschungsstelle auf. Die Emeritierung erfolgte 1970. Heberer starb am 13. April 1973 in Göttingen.

### 2.3.3.1 Rezeption

Heberer hatte ursprünglich zytogenetisch und vergleichend-anatomisch gearbeitet, wandte sich aber in den 1930er Jahren der Anthropologie, menschlichen Rassenkunde und der Geschichte der Biologie zu. Die Bedeutung von Heberer für den synthetischen Darwinismus wurde in den letzten Jahren relativ ausführlich untersucht und gewürdigt (Hoßfeld 1999b; Reif 1999). Er ist einer der wenigen deutschen Autoren, die im Verhältnis zu ihrer wissenschaftlichen Bedeutung überdurchschnittlich viel Beachtung fanden. Dies erklärt sich wesentlich aus seinen Aktivitäten als Herausgeber der verschiedenen Auflagen der *Evolution der Organismen* (1943–74).

In zeitgenössischen englischsprachigen Schriften des synthetischen Darwinismus und bei Timoféeff-Ressovsky wird Heberer nicht erwähnt.[58] Lediglich Dobzhansky weist im Kapitel IV (»Chromosomal Changes«) von *Genetics and the Origin of Species*, in dem gezeigt wird, dass Veränderungen der Chromosomen evolutionäre Bedeutung haben, u.a. auf Heberers Dissertation (1924) hin (Dobzhansky 1937: 86; vgl. auch Zündorf 1943: 96). Die genetischen Arbeiten von Heberer sind aber ebenso wenig wie seine Publikationen zur Evolution der Menschen spezifisch im Sinne des synthetischen Darwinismus verfasst.[59] Heberer wurde aber ab Mitte der 1930er Jahre in Deutschland als energischer Verfechter der Selektionstheorie bekannt. So dankte Zimmermann Heberer im Vorwort zu *Vererbung »erworbener Eigenschaften« und Auslese* für die »eingehende Beratung auf zoologischem Gebiete« (Zimmermann 1938a: VIII). Er erwähnte Heberer im Weiteren aber nur beiläufig als »Zellforscher« und als einen der »Forscher auf dem Gebiete der experimentellen Erbänderung und Vererbung, die in der natürlichen Auslese den richtenden Faktor anerkennen« (Zimmermann 1938a: 15).[160] Auch Ludwig charakterisierte Heberer als strikten Selektionisten (Ludwig 1938a: 189–90). Diese Bewertung findet sich auch in späteren Schriften.[161] Charakteristisch für Heberer ist, dass er seine Verteidigung der Selektionstheorie, ebenso wie seine Ablehnung anti-evolutionistischer und holistischer Theorien, auch mit politischen Argumenten begründete.[162]

Am meisten Beachtung durch andere Darwinisten erfuhren Heberers Arbeiten zum »Typenproblem« und zur Anwendung des synthetischen Darwinismus auf die gesamte Phylogenie. Seine Kritik an Makromutationen oder anderen speziellen Mechanismen der ›Makroevolution‹ wurde weithin beachtete und zitiert.[163] Auch seine Theorie der additiven Typogenese stieß auf positive Resonanz.[164] Auffällig ist in diesem Zusammenhang, dass bei Rensch jeder Hinweise auf Heberers Theorie fehlt (auch in Rensch 1947a, 1960). Dies ist bemerkenswert, da Rensch und Heberer nicht nur persönlich gut bekannt waren, sondern auch gleichermaßen versuchten, die Phänomene der Makroevolution mit den kausalen Faktoren des synthetischen Darwinismus zu erklären.

Allgemein anerkannt werden Heberers Verdienste als Herausgeber der *Evolution der Organismen*. Die erste Auflage von 1943 gilt als eine der wichtigsten Publikationen zu dieser Theorie in Deutschland und ihre Entstehung ist wesentlich Heberers Engagement zu verdanken.[165] Zusammenfassend kann man sagen, dass Heberer vor allem in der neueren wissenschaftshistorischen Literatur ausgiebig gewürdigt wird. Er gilt neben Rensch, Timoféeff-Ressovsky und Zimmermann als wichtigster Architekt des synthetischen Darwinismus in Deutschland.[166]

### 2.3.3.2 Evolutionstheorie

Heberers erste Publikation, in der er sich im Sinne des synthetischen Darwinismus äußerte, war der Artikel »Abstammungslehre und moderne Biologie«, der 1936 in den *Nationalsozialistischen Monatsheften* erschien. Die Wahl dieser Zeitschrift verweist auf den politischen Charakter, den Heberer seinen Ausführungen gibt, und der nicht erst nach 1945 zu einem großen Problem für die moderne Evolutionstheorie in Deutschland wurde. Einer ihrer sichtbarsten Vertreter verknüpfte diese Theorie mit dem politischen Programm des Nationalsozialismus! Bereits zu diesem Zeitpunkt, d.h. vor Dobzhanskys *Genetics and the Origin of Species* (1937) sprach Heberer davon, dass »Abstammungslehre und Vererbungslehre [...] eine untrennbare Einheit« bilden, und dass sie »zu einer allgemeinen umfassenden Genetik« zu verschmelzen seien (Heberer 1936: 874). Diese Gleichsetzung des synthetischen Darwinismus mit der Genetik erinnert an Remane, der einige Jahre später die »Mutationstheorie als legale Nachfolgerin der Darwinschen Selektionstheorie« bezeichnete (Remane 1941: 112).

Als Evolutionsfaktoren nennt Heberer Mutation und Selektion: Genmutationen entstehen »in großer Zahl richtungslos nicht nur bei Zuchtversuchen, sondern auch bei freilebenden Organismen« (Heberer 1936: 887). Alternative Theorien – Idealistische Morphologie, Vitalismus, Orthogenese, »Ganzheitsfaktoren«, Lamarckismus – lehnt er kategorisch ab: »Eine Vererbung erworbener Eigenschaften aber gibt es nicht! Zahllose Experimente, die zum Beweis dafür angesetzt wurden, sind fehlgeschlagen«. Damit sei auch der »naive Kulturlamarckismus, der in der marxistischen Weltanschauung eine so bedeutende Rolle spielt«, erledigt (Heberer 1936: 888, 890). Ob diese an mikroevolutionären Phänomenen gefundenen Erkenntnisse allerdings für eine allgemeine Evolutionstheorie ausreichen, lässt Heberer noch offen:

> »Wir wissen nun noch nicht, ob mit dieser Einsicht in das Ursachengefüge der Rassen- und Artbildung auch das Ursachengefüge der Gesamtphylogenese, aller stammesgeschichtlichen Umwandlungen erfaßt ist oder ob bei der Entstehung der größeren systematischen Kategorien andere als im Darwinismus enthaltene Grundsätze eingreifen, vor allem auch richtend bei der Entstehung der oft höchst verwickelten Anpassungseinrichtungen [...]. Der modernen wissenschaftlichen Haltung entspricht hier die Bescheidenheit! Wir erklären, wir wissen es noch nicht, d.h. jedoch keineswegs, daß wir resignieren!« (Heberer 1936: 889)

Heberers Artikel ist inhaltlich eindeutig dem synthetischen Darwinismus zuzuordnen. Er begründet seine Thesen allerdings nicht, zumindest nicht vorwiegend, argumentativ, sondern arbeitet mit Mitteln der Denunziation. Max Westenhöfer, einer der von Heberer angegriffenen Anti-Evolutionisten hat dies scharf kritisiert (Westenhöfer 1938; Heberer 1938a: 257). Heberer wiederum unterstellt dieses Mittel seinen Gegnern, die »den Darwinismus weltanschaulich als liberalistisch-marxistisch verdächtigen« würden (Heberer 1939c: 157). Wie er weiter fortfährt, habe die experimentelle Phylogenetik als moderne Form des Darwinismus eine »ungeheure staatspolitische Wichtigkeit«. Die Abstammungslehre soll »den Wurzelboden für die Rassenkunde« bilden, der völkische Staat sich auf das Gebäude der modernen Biologie gründen. Zu westlichem Liberalismus, Materialismus und Marxismus dagegen bestehen keine Verbindungen (Heberer 1936: 877, 889–90).

In mehreren kürzeren Rezensionen und Übersichtsartikeln der folgenden Jahre finden sich ähnliche politische Kommentare, einschließlich rassistischer und antisemitischer Äußerungen. So beklagt er, »daß ein deutscher Anthropologe und folgerichtig Vertreter der Entwicklungslehre, der von der nationalsozialistischen Regierung auf einen ordentlichen Lehrstuhl einer Universität berufen worden ist, als jüdisch verleumdet wird« (Heberer 1937a: 424–25). Aufschlussreich ist eine Bemerkung, in der er sich gegen »unklare Metaphysik« ausspricht, die »**heute hartnäckiger denn je** bestrebt ist, sich in der Biologie breit zu machen« (Heberer 1937b: 119; Hervor. hinzugefügt). Diese unfreiwillige (?) Kritik an Mystizismus des Dritten Reichs wird von Heberer allerdings nicht explizit gemacht.

Von Mitte der 1930er bis Anfang der 1940er Jahre veröffentlichte Heberer eine ganze Reihe kürzerer Artikel und Rezensionen, die sich mit inhaltlichen Fragen des synthetischen Darwinismus und alternativen Theorien auseinandersetzen. Sie erschienen überwiegend in Zeitschriften wie *Der Biologe*, *Volk und Rasse*, *Zeitschrift für Rassenkunde und ihre Nachbargebiete* und den *Jahreskursen für ärztliche Fortbildung* und können wegen ihrer politischen und dogmatischen Ausrichtung nicht als wissenschaftliche Publikationen gelten.

Wissenschaftlich beeindruckt zeigte sich Heberer von Dobzhanskys *Genetics and the Origin of Species*, das er mehrfach und meist zusammen mit Zimmermanns *Vererbung »erworbener Eigenschaften« und Auslese* mit euphorischen Worten kommentierte (Heberer 1938b: 222–23; 1939b: 43; 1940a: 19–20). In seiner Rezension der deutschen Ausgabe von 1939 heißt es: »Es ist unbedingt zu verlangen, daß alle die, die über stammesgeschichtliche Fragen mitreden wollen, sich mit diesen Ergebnissen der experimentellen Vererbungsforschung voll vertraut machen! Die Möglichkeit hierzu ist in dem Buche Dobzhanskys nunmehr gegeben (sie bestand früher natürlich auch, nur nicht ganz so bequem)« (Heberer 1940c: 137).

### 2.3.3.3 Makroevolution und Typogenese

1938 publizierte Heberer einen ersten Artikel zur »Entstehung der sog. ›Typen‹«. Die unterschiedlichen Auffassungen zu diesem Problem sind seiner Meinung nach maßgeblich für die Differenzen zwischen Genetik und Paläontologie verantwortlich. Heberer vertritt hier gegen Schindewolf die Ansicht, dass auch »größere systematische Kategorien (›Typen‹) nur kontinuierlich durch kleine Wandlungsschritte mikromutativ über den Prozeß der Art- und Rassenbildung zustande kommen« (Heberer 1938b: 222–23). Als erster Artikel Heberers zum synthetischen Darwinismus mit wissenschaftlichem Anspruch ist »Makro- und Mikrophylogenie« von 1942 zu nennen. Er wendet sich nun den Widersprüchen zwischen Genetik und Paläontologie zu. Dieses Thema wird von ihm ganz anders gehandhabt, als die oben beschriebene Ablehnung des Lamarckismus. Die Belebung der Abstammungslehre beruhe nicht nur auf den »außerordentlichen Erfolgen der experimentellen Genetik«, sondern nicht minder auf den Fortschritten der Paläontologie (Heberer 1942: 169). Da glücklicherweise der Lamarckismus verlassen worden sei, stellt sich nun als neues Problem, als »Zentralgebiet der gegenwärtigen phylogenetischen Diskussionen«, die Frage, »ob die von der experimentellen Phylogenetik ermittelten Mechanismen der Art- und Rassenbildung auch auf die stammesgeschichtlichen Abläufe der Vergangenheit anwendbar sind«. Die Frage, ob diese generelle Anwendbarkeit der Evolutionsfaktoren des synthetischen Darwinismus zulässig sei, nennt er das »Typenproblem in der Stammesgeschichte« (Heberer 1942: 170). Nicht nur sprachlich argumentiert Heberer von der Paläontologie aus:

»Die Makrophylogenie, der phylogenetische Gesamtablauf, die Prozesse, die zur Bildung großer systematischer Kategorien, bedeutender Organisations- und Differenzierungsunterschiede, zu neuen ›Typen‹ führen, ist ein ebenso wesentliches Kapitel der Phylogenetik, wie die Mikrophylogenie, die phylogenetischen Kleinabläufe, die zur Rassen- und Artbildung führen. Die Makrophylogenie ist die Domäne der Paläontologie.« (Heberer 1942: 170)

Die »Aussagekraft des fossilen Urkundenmaterials« sei absolut verbindlich und jeder Genetiker »wird solche eindeutigen und damit zwingenden Aussagen in Rechnung stellen«. Außerdem sei »Zurückhaltung in der Anwendung der mikrophylogenetischen Einsichten auf das makrophylogenetische Gesamtgeschehen nur verständlich«. Auf dieser Basis sei eine auf wechselseitigem Verständnis beruhende Synthese zwischen Genetik und Paläontologie möglich:

»Wie für die Genetik wirklich zwingende Schlüsse der Paläontologie, so sind für diese die eindeutigen Ergebnisse der Experimentalphylogenetik verbindlich! Beides aber muß zu einem harmonischen Gesamtbild zusammenklingen, nur dann wird man von einem wirklichen Ergebnis sprechen können.« (Heberer 1942: 170–71)

Gegenwärtig würden aber noch zwei unvereinbare Standpunkte bestehen. Während die Genetiker dazu neigen, »eine Extrapolation der dem mikrophylogenetischen Geschehen zugrundeliegenden Gesetzlichkeit im Sinne eines biologischen Aktualismus auf die Makrophylogenie als möglich oder sogar notwendig anzusehen«, vertreten einige Paläontologen »die Auffassung, daß wir im mikro- und makrophylogenetischen Geschehen grundsätzlich unterschiedene Vorgänge zu sehen hätten, da die mikrophylogenetischen Mechanismen ›den großen unvermittelten Umformungssprüngen‹, der Entstehung neuer ›Typen‹ keine Rechnung trügen«. Statt dessen werde eine Zweiphasenhypothese der Evolution vertreten: »Sprunghafte ›Typogenesen‹« stehen den »mikrophylogenetisch erfaßbaren kontinuierlichen ›Adaptiogenesen‹« gegenüber (Heberer 1942: 171).

Heberer kommt nun auf der Basis verschiedener empirischer Befunde zu dem Schluß, dass »auch erbliche Formenwandlungen komplexer Natur nicht aus dem Rahmen der exakt bekannten Mutabilität herausfallen und damit auch den mikrophylogenetischen Mechanismen entsprechen«. Die gegenwärtigen genetischen Kenntnisse machen unwahrscheinlich, dass komplexe Makromutationen, »plötzliche sprunghafte Typenumprägungen«, vorkommen. Ebenso wenig nachweisbar seien gleichzeitige korrelierte Mutationen in einer größeren Zahl von Genen, die dann zu einem neuen Typus führen. Diese Vorgänge müssten zudem zur gleichen Zeit bei zwei Individuen unterschiedlichen Geschlechts auftreten, um die Fortpflanzung zu ermöglichen. Schließlich spreche die Schwierigkeit, zwischen Typogenesen und Adaptiogenesen und den entsprechenden Merkmalen scharf zu unterscheiden, gegen eine Zweiphasenhypothese. Er kommt zu dem Schluß, dass es keineswegs unberechtigt sei, wenn die Genetik versuche, die Mechanismen der Mikroevolution auf die gesamte Evolution anzuwenden. Denn erstens seien nur diese mikroevolutionären Mechanismen nachgewiesen worden und zweitens sind »alle Konstruktionsversuche makrophylogenetischer Sonderprozesse […] zumindest wesentlich unwahrscheinlicher, als die Extrapolation der mikrophylogenetischen Mechanismen auf die Makrophylogenie«. Als einziges Zugeständnis bemerkt er abschließend, dass es offen bleibe, »ob die Zukunft die Aufdeckung bisher unbekannter Evolutionsmechanismen ermöglichen wird« (Heberer 1942: 178–80). Heberer argumentiert also nur vordergründig relativ verbindlich. In der Sache beharrt er darauf, dass Mutabilität, Selektion und Isolation die einzig bekannten Evolutionsfaktoren sind, übernimmt also den Standpunkt des synthetischen Darwinismus.

Heberers Beitrag zur *Evolution der Organismen*, »Das Typenproblem in der Stammesgeschichte«, basiert in Inhalt und Tenor auf dem Artikel »Makro- und Mikrophylogenie«, ist aber stark erweitert. Ein Einvernehmen zwischen Genetik und Paläontologie sei noch nicht erreicht worden, da die »Meinungen darüber, ob die Mechanismen der Mikrophylogenie für die Erklärung der Makrophylogenie ausreichen oder auf sie anwendbar sind«, »zur Zeit« noch weit auseinander gehen. Zwar sei ein historischer Zusammenhang zwischen den Typen plausibel, die Entstehung dieser Typen aber umstritten (Heberer 1943b: 582). In klarer Abgrenzung von der Idealistischen Morphologie versteht Heberer unter Typen systematische Einheiten. Da nun einerseits ein Zusammenhang zwischen den Typen angenommen werde, andererseits aber Übergangsformen »angeblich« fehlen, sei eine Zweiphasenhypothese (Typogenese und Adaptiogenese) entstanden. Diese Zweiphasenhypothese »nimmt für die Typogenese komplexe und sprunghafte Umänderungsprozesse an, die sich grundsätzlich von den mikrophylogenetischen art- und rassenbildenden Mechanismen unterscheiden« (Heberer 1943b: 582). Hauptschwerpunkt seines Beitrages ist die Widerlegung dieser Zweiphasenhypothese. Er untersucht dabei sowohl die These von der Einheit der Evolutionsmechanismen als auch die Zweiphasenhypothese jeweils aus paläontologischer und aus genetischer Perspektive, d.h. er führt Belege für und gegen die beiden Theorien aus den beiden Disziplinen an.

Auf den ersten Blick sieht es so aus, als würde »das paläontologische Material die Zweiphasenhypothese« stützen, da Zwischenformen zu fehlen scheinen (Heberer 1943b: 553). Weitere Überlegungen zeigen aber laut Heberer, dass das vorhandene Fossilmaterial trotz seiner Lückenhaftigkeit »nicht gerade günstig« für die Zweiphasenhypothese sei: »Das überlieferte Fossilmaterial fordert eine solche Annahme nicht, besonders auch nicht hinsichtlich der Periodizität vieler phylogenetischer Abläufe« (Heberer 1943b: 582). Auch lassen sich in einzelnen Fällen »gleitende Reihen« nachweisen (Heberer 1943b: 556, 558). Die von der Paläontologie beigebrachten Befunde verlangen also »kein makrophylogenetisches Sondergeschehen« (Heberer 1943b: 574). Umgekehrt: Die Zweiphasenhypothese »mit der Annahme einer grundsätzlichen Trennung der Gesamtphylogenie in autonome Typogenese und konsekutive Adaptiogenese, erscheint also bereits von paläontologischen Gesichtspunkten aus nicht unbedenklich« (Heberer 1943b: 560–61). Damit fällt also die Entscheidung zwischen den beiden Theorien auf Basis des paläontologischen Materials zugunsten der Einheit der Evolutionsmechanismen und gegen die Zweiphasentheorie aus.

Nachdem Heberer nachgewiesen hat, dass die Zweiphasenhypothese auf Basis des paläontologischen Materials fragwürdig erscheint, untersucht er beide Theorien unter genetischem Blickwinkel. Es sei festzustellen, dass auch »komplexe Merkmalssysteme und entsprechend auch höhere systematische Kategorien als durch Kombination mutativer – mikrophylogenetischer – Einzelschritte entstanden gedacht werden können« (Heberer 1943b: 574). Dagegen seien die »komplexen

Makromutationen, wie solche für die Typensprünge angenommen werden müßten«, »auf Grund des heutigen Erkenntnisstandes der Genetik« äußerst unwahrscheinlich:

> »Auch eine Prüfung der Möglichkeiten makrophylogenetischer typenbildender Sonderprozesse von der Genetik her zeigt, daß ihr Vorhandensein nicht wahrscheinlich ist. [...] Mit komplexen korrelierten Makromutationen, die einem solchen sprunghaften Entstehen großer Organisationsunterschiede zugrunde liegen müßten, ist nicht zu rechnen.« (Heberer 1943b: 582)

Abschließend stellt Heberer als »Gesamtergebnis« fest, »daß makrophylogenetische Sondermechanismen bisher nicht nachgewiesen und daß alle hypothetischen Versuche, solche zu stützen oder zu konstruieren, gescheitert sind« (Heberer 1943b: 582). Es bestehe dagegen die Möglichkeit, dass die Mechanismen der Mikroevolution für die gesamte Evolution ausreichen. Es bleibe allerdings abzuwarten, ob sich noch weitere Evolutionsfaktoren finden werden.

Wie ist Heberers Bedeutung für die Geschichte des synthetischen Darwinismus in Deutschland einzuschätzen? Sein Versuch, Selektions- und Evolutionstheorie zu fördern, indem er ihre politische Nützlichkeit behauptet und die Gegner denunziert, dokumentiert die zunehmende Erosion wissenschaftlicher Autonomie und der Standards der Diskussion, die bei Autoren unterschiedlicher politischer Couleur dieser und späterer Zeiten festzustellen ist. Sehr viel sachlicher geht er die Differenzen zwischen Genetik und Paläontologie an. Seine Argumentation zur Widerlegung der ›Zweiphasenhypothese‹ basiert gleichermaßen auf paläontologischen und genetischen Beobachtungen. Trotzdem war Heberers Versuch, die Paläontologen von der allgemeinen Gültigkeit des synthetischen Darwinismus zu überzeugen, wenig erfolgreich. Reif hat dies u.a. auf Heberers Begriffsbildung zurückgeführt. Das »Gesetz der additiven Typogenese« übernimmt den idealistischen Begriff ›Typus‹ und geht damit »in der eigenen Wortwahl auf die Paläontologen typologischer Prägung« ein, was eine deutliche Abgrenzung vermissen lasse (Reif 1999: 178–79). Zu ergänzen wäre hier, dass dies auch für die Begriffe ›Mikro-‹ und ›Makroevolution‹ gilt. Es ist bezeichnend für die Schwäche des synthetischen Darwinismus in Deutschland, dass auch seine Vertreter die ursprünglich anti-darwinistische Unterteilung in zwei Evolutionstypen sprachlich übernehmen und als sinnvoll akzeptieren (vgl. die Erläuterung zur Makroevolution im Abschnitt IV, 2).

Im Unterschied zu den parallelgehenden Bemühungen von Rensch und Simpson, zwischen Paläontologie und moderner Evolutionstheorie zu vermitteln, fasst Heberer die Evolution nicht als Populationsphänomen auf: »But even the German

Darwinians based their arguments rarely on population thinking. It is, for instance, quite absent in Heberer's arguments against Schindewolf« (Mayr 1999a: 24). Die für den synthetischen Darwinismus zentrale Vorstellung, dass sexuelle Fortpflanzung und Rekombination neben den Mutationen die wichtigsten Quellen genetischer Variabilität sind, fehlt bei ihm völlig. So liegt Heberers größte Bedeutung für den synthetischen Darwinismus in Deutschland in seiner Tätigkeit als Organisator und Herausgeber der *Evolution der Organismen*. Wie er in der Einleitung zur ersten Auflage schreibt, handelt es sich um eine »Gemeinschaftsarbeit«, ein »harmonisches Gefüge, die Vereinigung der Ergebnisse des Theoretikers und Praktikers, des Geophysikers, Geologen, Paläontologen, Zoologen, Botanikers, Genetikers, Anthropologen, Psychologen und Philosophen« (Heberer 1943a: V). Für die Entwicklung des synthetischen Darwinismus in Deutschland nach 1945 erwies es sich dann als schädlich, dass Heberer auf die Autoren der ersten Auflage zurückgriff, auch wenn diese schwer belastetet waren (v.a. Reche, von Krogh und auch Heberer selbst). So war die Evolutionsbiologie in Deutschland nach 1945 weniger inhaltlich als personell mit der Hypothek der Kollaboration mit dem NS-Regime belastet.

### 2.3.4 Ludwig Rüger (1896–1955)

Rüger wird in der Literatur selten im Zusammenhang mit dem synthetischen Darwinismus erwähnt und auch dann meist nur, weil er als Autor in der *Evolution der Organismen* (1943) vertreten war.[167] Er wurde am 10. August 1896 in Wittuna (Kreis Merklin in Böhmen) als Sohn eines Bergwerksdirektors geboren.[168] 1914 legte er das Notabitur ab, bis November 1918 war er zum Kriegsdienst eingezogen. Nach seiner Rückkehr studierte er an der Universität Heidelberg Geologie und wurde im Dezember 1921 promoviert. Von März 1921 bis Januar 1934 arbeitete er als Assistent am Geologischen Institut der Universität Heidelberg. Bereits im November 1923 hatte er sich habilitiert; im August 1929 wurde er zum ao. Professor in Heidelberg ernannt. Im Februar 1934 wurde er als beamteter ao. Professor nach Jena berufen. Ende 1943 übernahm er zusätzlich und vertretungsweise den Lehrstuhl für Geologie in Straßburg. Im August 1944 wurde Rüger schließlich zum o. Professor für Geologie und Direktor des Geologischen Institutes in Straßburg ernannt. Nach 1945 kehrte er für kurze Zeit nach Jena zurück und vertrat in der ersten Hälfte 1946 kommissarisch den Lehrstuhl für Geologie und Paläontologie in Marburg. Ende Juni 1946 wurde er dann zum ordentlichen Professor und Direktor des Geologisch-Paläontologischen Institutes in Heidelberg ernannt. Er starb am 15. Mai 1955 in Heidelberg.

Rügers Beitrag zur *Evolution der Organismen* mit dem Titel »Die absolute Chronologie der geologischen Geschichte als zeitlicher Rahmen der Phylogenie« enthält nur marginale Bemerkungen zur Evolutionstheorie.[169] In den zeitgenössischen Schriften des synthetischen Darwinismus wird diese und andere seiner Publikationen (abgesehen von Querverweisen in der *Evolution der Organismen* und wenigen weiteren Ausnahmen; Rensch 1947a: 80–81) nicht erwähnt. Rüger beginnt mit einem kurzen Abschnitt über »Fragestellung und Geschichtliches«. Der zweite, umfangreichste Teil ist den Einzelmethoden der Altersbestimmung in der Geologie gewidmet. Im 3. Teil legt Rüger eine kurze deskriptive »Einordnung der organischen Entwicklung in den Rahmen einer absoluten Chronologie« vor. Abschließend führt er auf einer halben Seite wenige evolutionstheoretische Schlussfolgerungen an, die hier vollständig zitiert werden:

»Ohne jeden Zweifel zeigen die Zahlen der absoluten Chronologie, daß ausreichende Zeiträume für eine phylogenetische Entwicklung im Sinne eines Selektionismus zur Verfügung stehen; von dieser Seite kann sich daher kein ernsthafter Einwand erheben lassen. Die Größenordnungen sind, wie nochmals betont sei, gesichert, ungeachtet der Tatsache, daß sich an den Einzelangaben etwas ändern kann. Es wäre aber noch verfrüht, mit Hilfe der bisher vorliegenden Zeitzahlen Schlüsse auf die Entwicklungsgeschwindigkeiten zu machen; man würde kaum über die allgemeinsten Feststellungen etwa von Lang- oder Kurzlebigkeit usw. kommen, wie sie das paläontologische Material ohnehin einwandfrei zeigt. Sicher erscheint es jedoch daß der Phylogenetiker die bisherigen und künftigen Ergebnisse der absoluten Zeitbestimmung für evident halten muß.« (Rüger 1943: 216)

Wie aus Heberers Tagebuch hervorgeht, wurde diese Passage erst auf Wunsch Heberers eingefügt.[170] Rüger geht in seinem Beitrag nicht auf die Kontroversen zur Makroevolutionsproblematik ein, die für den synthetischen Darwinismus wichtig waren. Auch erwähnt er weder die Darwinisten, die zu diesem Thema publiziert haben (Heberer, Rensch, Simpson, Zimmermann), noch ihre Gegner (Beurlen, Dacqué, Edwin Hennig, Oskar Kuhn, Schindewolf) (vgl. auch Hoßfeld 2000a: 286). Rügers Beitrag dokumentiert die Bedeutung der Geologie als Hilfswissenschaft der Paläontologie; zu den evolutionstheoretischen Fragen trägt er aber inhaltlich nichts bei. Seine eigene Überzeugung bleibt unklar. Er beteiligt sich auch nicht an den Diskussionen innerhalb des synthetischen Darwinismus oder mit seinen Gegnern.

## 2.3.5 Karl Mägdefrau (1907–1999)

Mägdefrau war neben Zimmermann und Schwanitz der dritte Botaniker in der *Evolution der Organismen*. Er bearbeitete das Kapitel »Die Geschichte der Pflanzen«.[171] Es handelt sich um eine rein phylogenetische Untersuchung, ohne Bezug auf Evolutionsmechanismen. Mägdefrau wurde am 8. Februar 1907 in Ziegenhain bei Jena geboren.[172] Nach dem Studium in Jena und München (u.a. bei Karl Goebel) promovierte er 1930 in Jena bei Otto Renner mit einer pflanzenphysiologischen Arbeit. Von Oktober 1930 an war er zwei Jahre Wissenschaftliche Hilfskraft am Botanischen Institut in Halle, danach Wissenschaftlicher Assistent am Botanischen Institut der Universität Erlangen bei dem Pflanzenphysiologen Julius Schwemmle. 1936 habilitierte er sich an der Universität Erlangen. 1942 wurde Mägdefrau an der Universität Straßburg zum außerplanmäßigen Professor ernannt und im März 1943 zum Wehrdienst einberufen. Im Januar 1946 wurde er aus amerikanischer Kriegsgefangenschaft entlassen. Bis zur Entnazifizierung (Frühjahr 1947) arbeitete Mägdefrau als Gärtnergehilfe. 1948 wurde er Regierungsrat am Forstbotanischen Institut der Forstlichen Forschungsanstalt in München, 1951 ordentlicher Professor am Botanischen Institut der Universität München und 1956 Ordinarius. Von 1960 bis zu seiner Emeritierung 1972 war Mägdefrau Ordinarius für Spezielle Botanik an der Universität Tübingen. Er starb am 1. Februar 1999 in Deisenhofen bei München.

In den zeitgenössischen Schriften des synthetischen Darwinismus wird Mägdefrau nicht zitiert; in wissenschaftshistorischen Untersuchungen taucht seine Name nur auf, weil er als Autor an der *Evolution der Organismen* beteiligt war (Deichmann 1992: 282; Hoßfeld 1999b: 201; Junker 2000a: 338–39). Er geht in seinen Beiträgen nicht auf die evolutionstheoretischen Kontroversen über Makroevolution, phylogenetische Gesetzmäßigkeiten oder andere für den synthetischen Darwinismus wichtige Fragen ein und ist deshalb nur dem weiteren Umfeld dieser Theorie zuzurechnen.

## 2.4 Universität Halle

### 2.4.1 Wilhelm Ludwig (1901–1959)

Ludwig wird in der Literatur zum synthetischen Darwinismus als einer der deutschen Repräsentanten genannt. Seine Einstellung ist aber bestenfalls als ambivalent zu bezeichnen. Für die *Evolution der Organismen* verfasste er den Beitrag »Die Selektionstheorie«. In diesem und anderen Artikeln hat er eine präzise und detaillierte Darstellung der populationsgenetischen Grundlagen des synthetischen Darwinismus unter Betonung der mathematischen und theoretischen Aspekte gegeben und den deutschen Biologen nahe gebracht. Zahlreiche Bemerkungen Ludwigs machen aber deutlich, dass er die Konzepte der modernen selektionistischen Evolutionstheorie zwar für plausibel hielt, aber gleichzeitig vermutete (und hoffte), dass weitere Evolutionsfaktoren gefunden würden. Eine genaue Analyse seiner evolutionstheoretischen Vorstellungen existierte bisher nicht.

Ludwig wurde am 20. Oktober 1901 in Asch (Österreich/CSR) geboren.[73] Von 1919 bis 1924 studierte er Zoologie, Chemie und Mathematik in Leipzig, Kiel und Freiburg i.Br. Nach der Promotion an der Universität Leipzig (1925) wurde er dort Wissenschaftlicher Assistent. 1929 wechselte er an das zoologische Institut der Universität Halle und habilitierte sich 1930 in Halle für Zoologie und Genetik. In den Jahren 1936 bis 1938 war Ludwig hier stellvertretender Kustos; 1938 wurde er außerordentlicher Professor an der Universität Halle. Nach Wehrdienst (1942–45) und Kriegsgefangenschaft (bis 31. Dezember 1945) wurde Ludwig 1946 zum außerordentlichen Professor am Zoologischen Institut der Universität Mainz ernannt. 1948 wurde er ordentlicher Professor und Institutsdirektor an der Universität Heidelberg. Er starb am 31. Januar 1959.

### 2.4.1.1 Rezeption

Im Gegensatz zu Baur, Timoféeff-Ressovsky, Zimmermann und Rensch wird Ludwig in der Originalliteratur des synthetischen Darwinismus nur relativ selten erwähnt. Zündorf nennt Ludwig einen »unserer besten Kenner des Selektions-Mechanismus« (Zündorf 1939a: 285). Rensch führt Ludwig einerseits als Autor einer zusammenfassenden Darstellung der mathematischen Grundlagen der Selektionstheorie auf.[74] Andererseits nennt er ihn als Skeptiker, was die selektionistische Erklärung vieler Merkmale von Organismen angeht (Rensch 1947a: 10, 55). Keine Erwähnung findet Ludwig in den meisten englischsprachigen Schriften des synthetischen Darwinismus (z.B. in Dobzhansky 1937; Huxley, ed. 1940; Huxley 1942; Simpson 1944; Stebbins 1950). Eines der wenigen Zitate findet sich bei Mayr, der ihn im Zusammenhang mit Merkmalen von geringem oder negativem Selektionswert erwähnt (Mayr 1942: 86). Dagegen wurden seine Ideen in Deutschland positiv von Gegnern des synthetischen Darwinismus rezipiert (vgl. beispielsweise Woltereck 1943: 114, 118–19; Schindewolf 1950: 406).

Die Zuordnung von Ludwig zum synthetischen Darwinismus in der wissenschaftshistorischen Literatur scheint auf Renschs Artikel in *The Evolutionary Syn-*

*Die Darwinisten*

*thesis* zurückzugehen. Dort heißt es: »By the end of the 1930s, several authors thought that mutation, gene recombination, and selection were sufficient to explain the whole phylogenetic development of all organisms«. Zu diesen Neo-Darwinisten zählt er neben Timoféeff-Ressovsky (1939), Zimmermann (1938a), von Wettstein (1942), Franz (1935a), Heberer (1943) und Rensch (1939a, 1943a) auch Ludwig: »Ludwig (1938a, 1939, 1940, 1943) held the opinion that evolution can generally be explained by the analyzed factors of speciation, although other mechanisms are imaginable« (Rensch 1980: 285). Mayr hat Ludwig dann mehrfach als Vertreter des synthetischen Darwinismus (im weiteren Sinn) erwähnt. In *The Growth of Biological Thought* wird er mit Rensch, Baur, Stresemann und Zimmermann genannt (Mayr 1982: 568); 1988 neben Rensch, Zimmermann und Schwanitz (Mayr 1988c: 549–50). Auch von Hoßfeld (1999b: 203), Junker (2000a) und Junker & Hoßfeld (2000) wird Ludwig als wichtiger Architekt des frühen synthetischen Darwinismus in Deutschland besprochen.

Harwood scheint anzunehmen, dass sich in Ludwigs theoretischen Überzeugungen zwei Phasen feststellen lassen. Vor 1945 sei er mathematischer Populationsgenetiker bzw. Selektionist gewesen und es wird nur kurz auf seine Bedenken hingewiesen, was die Übertragung der Mikro- auf die Makroevolution betrifft (Harwood 1993a: 114). Nach 1945 habe Ludwig dann ›private‹ Sympathien für Lysenkoismus und Lamarckismus entwickelt: »Since no neo-Lamarckian inclinations are evident in his wartime discussions of evolutionary mechanism (e.g., Ludwig 1940), it is possible that with the onset of the cold war, Ludwig […] found it easier to adjust his views on evolution than to modify his political commitments« (Harwood 1993a: 114 Fn.). Im Gegensatz hierzu hat Senglaub Ludwigs Einstellung der 1930er Jahre als lamarckistisch gekennzeichnet: »Langwierige Erörterungen über die Frage, warum neben der Darwinschen Selektionstheorie auch die von Darwin selbst anerkannten lamarckistischen Mechanismen eine notwendige Annahme zu bleiben hätten, herrschten vor. Neben L. Plate bezogen während der dreißiger Jahre auch J.W. Harms (1934), P. Buchner (1938), W. Ludwig (1938a) und viele andere Biologen solche Positionen« (Senglaub 1985: 569). Reif schließlich hat auf »eine eigentümliche Ambivalenz« in Ludwigs Artikel von 1943 »hinsichtlich neodarwinistischer, selektionistischer Postulate« aufmerksam gemacht. Seine Sympathien seien weniger auf Seiten des selektionistischen ›Optimisten‹ Dobzhansky als auf Seiten der anti-selektionistischen »Durchschnittsbiologen« (Reif 1999: 176).

*2.4.1.2 Evolutionstheoretische Arbeiten*

Ludwig hat zahlreiche Artikel, Rezensionen und Buchbeiträge publiziert, in denen er sich mit evolutionstheoretischen Fragen auseinandersetzt. Bereits 1933 untersuchte er, ob Mutationen, die zu unbedeutenden Veränderungen des Phänotypus führen und die nur geringe Selektionswerte aufweisen, zu einer wesentlichen evolutionären Veränderung führen können (»Der Effekt der Selektion bei Mutationen geringen Selektionswerts«, 1933). Schon in dieser frühen Arbeit zeigt sich ein für ihn typisches Charakteristikum: Seine Vorsicht in Bezug auf allgemeine Aussagen über die Wirkung der Evolutionsfaktoren. So stellt er einerseits fest, dass die Selektion »auch geringstbevorteilte Mutationen in überraschend kurzer Zeit« und rezessive Mutationen »nach hinreichend langer Zeit die Oberhand gewinnen« lässt. Andererseits schränkt er ein: »Alle diese Überlegungen sollen und können nicht beweisen, daß die Evolution der Arten auf dem Zusammenwirken von Selektion und Mutation beruhen muß«. Seine Überlegungen sollen nur zeigen, dass – Mutation und Selektion vorausgesetzt – »die phyletischen Zeiträume [...] weit ausgereicht haben« (Ludwig 1933: 378–79). Dieser Artikel blieb zunächst eine thematische Ausnahme und bis Ende der 1930er Jahre publizierte Ludwig vor allem zu verschiedenen zoologischen und genetischen Fragen (u.a. die Bücher *Das Rechts-Links-Problem im Tierreich und beim Menschen*, 1932 und *Faktorenkoppelung und Faktorenaustausch bei normalem und aberrantem Chromosomenbestand*, 1938b).

Erst Ende der 1930er und Anfang der 1940er Jahre erschien dann eine Reihe von Artikeln und Rezensionen von Ludwig zu offenen Fragen der Evolutionstheorie. Den Auftakt machte ein »Beitrag zur Frage nach den Ursachen der Evolution auf theoretischer und experimenteller Basis« (1938a). In der Zwischenzeit scheint sich sein Vertrauen in die Erklärungskraft der Selektion (von ungerichteten Mutationen) eher noch verringert zu haben und sein Interesse an lamarckistischen Erklärungsversuchen blieb erhalten. Eine Abwendung vom Lamarckismus, wie sie bei Rensch, Mayr und Fritz von Wettstein zu beobachten ist, kann nicht festgestellt werden. Einleitend stellt Ludwig die Ansicht der »meisten reinen Genetiker« (konkret nennt er Timoféeff-Ressovsky, Dobzhansky, die Morgan-Schule sowie Fisher, Haldane und Wright) als »Neodarwinismus« vor, den er als »Zusammenwirken ungerichteter Mutabilität mit natürlicher Zuchtwahl« bestimmt. Demgegenüber würden Genetiker, die breitere biologische Interessen haben (er nennt Kühn und Goldschmidt, und auch Ludwig selbst ist hier wohl einzuordnen), auch andere Evolutionsmechanismen zulassen.[75] Noch stärker sei die Abwendung vom »reinen Selektionismus« bei den Paläontologen, unter denen es »wohl keinen« gäbe, »der die Befunde seiner Wissenschaft rein selektionistisch erklären zu können glaubt«.

Auch könnten Selektionsversuche nicht beweisen, dass der Neodarwinismus der einzige Evolutionsmechanismus ist. Schließlich sei der »Verdacht, daß nicht alle Merkmale auf neodarwinistischem Wege entstanden sind«, durch die Existenz dystelischer, zweckloser Merkmale begründet (Ludwig 1938a: 183, 189).

Ludwig geht davon aus, dass der Neo-Darwinismus jedem neuen Merkmal, das in der Evolution erhalten bleibt, von Anfang an einen positiven Selektionswert zuschreiben muss. Die Selektionstheorie »setzt ja voraus, daß jedes neu entstandene Merkmal seinen Trägern von Anfang an einen Vorteil gegenüber den anderen Artgenossen verlieh, so daß diese allmählich ausgemerzt wurden und sich das neue Merkmal entsprechend über die Art verbreitete« (Ludwig 1939c: 201; vgl. auch 1938a: 187). Zwar führt er verschiedene Erklärungen für dystelische Merkmale im Rahmen der Selektionstheorie an, die aber nicht alle Zweifel beseitigen würden (Ludwig 1938a: 190; 1940: 702–03). Jedenfalls klinge die selektionistische Erklärung von Rückbildungen (z.B. bei Höhlentieren) »gezwungen« (Ludwig 1939c: 201). In dieser Situation fordert er weitere Experimente, »welche auf Feststellung nicht-selektionistischer Evolutionsvorgänge abzielen« (Ludwig 1938a: 183). Explizit begründet wird die Notwendigkeit dieser Experimente folgendermaßen:

»1. haben die bisherigen Versuche den reinen Selektionismus als alleinige Ursache der Evolution nicht erweisen können, 2. kommt es nicht auf den Nachweis echt lamarckistischer, sondern lediglich nicht-selektionistischer Evolutionsvorgänge an, und 3. gibt es eine Reihe von Befunden, für die eine neodarwinistische Erklärung reichlich gekünstelt erscheint.« (Ludwig 1938a: 189)

»Nicht-selektionistische Evolutionsvorgänge« seien zu erwarten, wenn die Mutabilität nicht rein zufällig und ungerichtet ist, sondern den Gang der Evolution (mit-)bestimmt.[176] Er grenzt hier vier Positionen ab:

a) Ungerichtete Mutabilität (Neodarwinismus).
b) Autonome gerichtete Mutabilität. Darunter sei die Vorstellung zu verstehen, dass ein Genotypus außer »reinen Verlustmutanten« nur sehr wenig Mutationen hervorbringe, die »verwertbar« sind. Die Selektion hat dieser Hypothese zufolge nur die Funktion, die Population von Verlustmutanten zu säubern.
c) Induzierte nicht-korrelierte Mutabilität. Dieser Hypothese zufolge soll die Umwelt des Genoms im weitesten Sinn (einschließlich Mikroumgebung, Soma etc.) einen richtenden Einfluss ausüben, indem sie das Entstehen

bestimmter Mutationen auslöst oder fördert. Zwischen dem auslösendem Faktor und der phänotypischer Auswirkung (Vitalität, Fitness) soll keinerlei Korrelation bestehen.

d) Induzierte korrelierte Mutabilität (Lamarckismus). Es sollen »vorzugsweise oder ausnahmslos« Mutationen vorkommen, die in einer bestimmten Umwelt einem »Bedürfnis« des Organismus entsprechen und seine Fitness erhöhen. Ludwig bemerkt, dass die Existenz solcher Phänomene ungewiss und ihre Entstehung problematisch ist, dass sie aber vorstellbar sind. (Ludwig 1938a: 185–86)

Zur Wirkungsweise der Selektion unterscheidet er neben der rein negativen Säuberung der »Rassen von den Defektmutanten« die Beteiligung an der Entstehung von Fortschritt in der Evolution (Ludwig 1938a: 186–87). Während erstere Funktion unter allen vier Formen der Mutabilität von Bedeutung ist, nimmt die Rolle der Selektion als kreativer Mechanismus von a) nach d) ab.

Ludwig hat auch versucht, das Vorkommen der »induzierten korrelierten Mutabilität« experimentell nachzuweisen. Die Versuche an *Drosophila*, die er von 1933 bis 1938 durchführen ließ und die er »lamarckistische Versuche« nennt, sollten zeigen, ob Flugunfähigkeit während vieler Generationen dazu führt, dass die Flugmuskulatur morphologisch oder physiologisch reduziert werde (Behrendt 1939). Als Ergebnis stellt er fest: »Über 100 Generationen fast völliger Flugunfähigkeit waren völlig effektlos« (Ludwig 1938a: 192). In einer 1939 veröffentlichten Zusammenfassung seiner Versuche heißt es noch deutlicher: Es »ergab sich innerhalb der bisherigen Auswertung keinerlei ›lamarckistischer‹ Effekt. [...] Dieses Ergebnis, wenn es auch nur auf einer Versuchsreihe beruht, macht immerhin wahrscheinlich, daß ›lamarckistische‹ Wirkungen, wenn es sie überhaupt gibt, sehr langsam zustande kommen« (Ludwig 1939c: 202). Das negative Ergebnis hat Ludwig nicht befriedigt. Er nennt es »dürftig« und fordert weitere Untersuchungen (Ludwig 1938a: 192). Diese scheinen aber nicht stattgefunden zu haben. Jedenfalls gibt es nach 1939 keine neuen Hinweise auf entsprechende Experimente in seinen evolutionstheoretischen Publikationen.

In dem wichtigen Übersichtsartikel »Selektion und Stammesentwicklung« (1940) hat Ludwig weiter versucht, »den Erklärungswert des Selektionismus abzugrenzen«: »Es soll vor allem festgestellt werden, ob er allein die Evolution zwanglos zu erklären vermag. Sollte dies nicht der Fall sein, so lautet die Frage weiter nach einer allgemeinen Charakteristik jener Mechanismen, die anscheinend durch die Tatsachen gefordert werden«. Über die Eigenschaften alternativer Mechanismen äußert er sich nicht konkret, erwähnt werden nur »die verschiedenen ›lamarckistischen‹ oder ›Lamarckismus‹-ähnliche Ansichten« (Ludwig 1940: 689). Ludwig hat sich hier wie an anderen Stellen kryptisch geäußert, was die Mechanismen angeht, die ›anscheinend durch die Tatsachen gefordert‹ werden. Seine Experimente und theoretischen Ausführungen legen aber den Schluß nahe, dass er die Lösung in der induzierten nichtkorrelierten oder korrelierten Mutabilität (= Lamarckismus) sieht.

Zunächst aber gibt er 1940 eine einführende Darstellung in die populationsgenetischen Grundlagen des synthetischen Darwinismus, die er dann in erweiterter Form in seinen Beitrag zur *Evolution der Organismen* (1943) übernommen hat. Als Faktoren, die das Hardy-Weinberg-Gleichgewicht stören und so zur Evolution führen, nennt er: Zufälle, die Ab- oder Zuwanderung von Individuen, Mutationen, Selektion und Abweichungen von der Panmixie (Homogamie, Isolation, Inzucht). Ausführlich werden die (mathematischen) Definitionen von Selektionsvorteil und Fitness, Fishers »Grundgesetz der Selektion« und die Geschwindigkeit der Selektionswirkung für dominante, rezessive und intermediäre Merkmale diskutiert. Auch auf die für den synthetischen Darwinismus wichtigen Überlegungen zur Auswirkung der Populationsgröße auf die Evolution geht er kurz ein (Ludwig 1940: 690–94). Im weiteren Verlauf des Artikels werden dann die »Indizien für und wider den reinen Selektionismus« diskutiert. Auffällig ist, dass Ludwig nun darauf verzichtet, seine lamarckistischen Versuche vorstellen, sondern sich auf den ›Selektionismus‹ konzentriert (vgl. auch Ludwig 1942a: 447). Unter Selektionismus versteht er das Zusammenwirken von ungerichteter Mutabilität und natürlicher Auslese. Er stellt zwar fest, dass dieser Selektionismus nicht nur der bekannteste Evolutionsmechanismus ist, sondern auch der einzige, dessen Existenz bewiesen sei. Trotzdem bleibt er weiter kritisch und führt nun folgende Gründe an, warum er zögert, im Selektionismus den einzigen Evolutionsmechanismus sehen:

1) Es erscheint ihm verfrüht, von mikroevolutionären Mechanismen auf die Makroevolution zu schließen, zumal Phänomene der Paläontologie dem zu widersprechen scheinen: »In der verschiedentlich anzutreffenden Meinung, die Einwände gegen die Behauptung ›Mikroevolution = Makroevolution‹ entbehrten jeder Grundlage, erblickt Verfasser deshalb eine nicht erlaubte Extrapolation«.

2) Seine Kritik soll sich nicht auf die Selektionstheorie beziehen, sondern nur auf die Mutabilität: »Die natürliche Zuchtwahl liest aus, wo immer es Eignungsunterschiede gibt, und gleichgültig, welcher Evolutionsmechanismus am Werke ist. Meinungsverschiedenheiten über die Ursachen der Evolution beruhen stets auf Meinungsunterschieden über die Mutabilität«.

Ein Einwand gegen den Selektionismus wird in Punkt 3) nicht erhoben, sondern vielmehr die Bedeutung der Selektion hervorgehoben: »Sicher ist, daß die Selektion jede Rasse dauernd von Verlustmutanten säubert, daß ferner für viele Merkmale eine andere als die selektionistische Entstehung kaum in Frage kommt, und daß schließlich bei der empirisch festgestellten evolutorischen Phase der allmählichen ›Vervollkommnung‹ eines Stammbaumzweiges dem Selektionsmechanismus der Vorzug gehört«.

Unter 4) wird wieder ein Kritikpunkt aufgeführt: »Es gibt aber zahlreiche Merkmale und Einrichtungen im Organischen, für die eine selektionistische Erklärung heute gezwungen klingt«. An dieser Stelle wird auch kurz auf die Berechtigung der genannten Experimente, die auf die Feststellung nichtselektionistischer Evolutionsmechanismen abzielten, hingewiesen.

5) Schließlich empfindet er die große Rolle des Zufalls in der Selektionstheorie als problematisch: »die Tatsache, daß seine Macht bereits überschätzt worden ist, kann nicht geleugnet werden.« Obwohl es möglich sei, »die Macht des Zufalls theoretisch abzuschätzen (Wright u.a.), […] ist die Anwendbarkeit dieser Ergebnisse auf Tatsachenbefunde heute noch sehr schwierig, ja fast unmöglich.« (Ludwig 1940: 704)

Allgemein werden in dem Artikel »Selektion und Stammesentwicklung« die problematischen Punkte des synthetischen Darwinismus hervorgehoben. Ebenso kritisch verfährt Ludwig aber mit alternativen Evolutionsmodellen. Von Vorteil für die Verbreitung des synthetischen Darwinismus war seine relativ detaillierte Darstellung der mathematischen Populationsgenetik und ihrer Konsequenzen für die Evolutionstheorie. Dies war sehr verdienstvoll, denn die Arbeiten von Fisher, Haldane und Wright seien »bei uns« »nur wenig bekannt geworden« (Ludwig 1943a: 483).

Ludwigs Beitrag »Die Selektionstheorie« für die *Evolution der Organismen* (1943a) knüpft in Aufbau und einigen Thesen an den Artikel von 1940 an, an anderen Punkten nahm er aufschlussreiche Modifikationen vor. Soweit zu erschließen war, hat er seinen Beitrag in der ersten Hälfte des Jahres 1941 verfasst.[177] Inhaltlich stellt der Artikel eine Einführung in die wichtigsten Ergebnisse der mathematischen Populationsgenetik und eine Diskussion der Reichweite der sich daraus ergebenden Evolutionstheorie dar (Sperlich & Früh 1999: 114). Aufbauend auf den Ergebnissen der englischen und amerikanischen Populationsgenetiker diskutiert er, welche Auswirkungen die verschiedenen Evolutionsfaktoren – Selektion, Mutation, Isolation – haben können. Diese Abschnitte lehnen sich eng an die Arbeiten von Fisher, Haldane, Wright, Dobzhansky und Timoféeff-Ressovsky an und sind in erster Linie referierend.

Aufschlussreich ist der Titel des Beitrages: »Die Selektionstheorie«, da er ein missverständliches Bild des Inhalts gibt. Ludwig behandelt nicht die Selektionstheorie, sondern ein ganzes Bündel populationsgenetischer Theorien über die Relevanz von Mutationen, Zufall, Isolation und Selektion. An den Kapitelüberschriften wird das Problematische dieser Begrifflichkeit deutlich. So wird in Kapitel VIII »Das Zusammenwirken der 4 Evolutionsfaktoren« behandelt (Mutation, Selektion, Zufall, Isolation) und als einheitlicher Evolutionsmechanismus vorgestellt. In den drei folgenden Kapiteln werden dann Beweise für, Einwände gegen und der Erklärungswert dieses Evolutionsmechanismus, der auf der Interaktion der vier Evolutionsfaktoren beruht, dargestellt. In den Kapitelüberschriften wird aber jeweils nur von **der** Selektionstheorie gesprochen. Ludwig verwendet den Begriff für die Theorie der Selektion im engeren Sinn und gleichzeitig für die übergeordnete ›synthetische‹ Theorie: »Selektionstheorie fußt auf der Existenz von 4 Evolutionsfaktoren (Mutation, Selektion, Zufall, Abweichungen von der Panmixie = Isolation) und auf deren Zusammenwirken« (Ludwig 1943a: 516).

Die begriffliche Verdoppelung entsteht, da Ludwig die neue darwinistische Evolutionstheorie als Einheit wahrnimmt, gleichzeitig aber auf einen bewährten Begriff zurückgreift.[78] Inhaltlich entsprechen die von Ludwig als Selektionstheorie bezeichneten Ideen dem synthetischen Darwinismus. Remane hat eine ähnliche Übertragung vorgenommen, als er die »Mutationstheorie als legale Nachfolgerin der Darwinschen Selektionstheorie« bezeichnet und als Einheit diskutiert hat (Remane 1941: 112). Die Begriffsverwendungen von Ludwig und Remane dokumentieren, dass seit Anfang der 1940er Jahre auch in Deutschland ein Bewusstsein des neuen synthetischen Darwinismus bestand. Zunächst kam es aber nicht zu einer Neubenennung, sondern zu einer Bedeutungserweiterung der Begriffe ›Selektions-‹ bzw. ›Mutationstheorie‹. Für die nachfolgende Diskussion ist diese Vorbemerkung wichtig, denn andernfalls sind Missverständnisse vorprogrammiert. Wenn Ludwig beispielsweise schreibt, man könne nicht behaupten, dass »die Selektionstheorie schon als einzig existierender Evolutionsmechanismus erwiesen sei« (Ludwig 1943a: 518), so ist damit nicht die reine Theorie der natürliche Auslese gemeint, sondern der synthetische Darwinismus, d.h. einschließlich der anderen Evolutionsfaktoren. Timoféeff-Ressovsky hat in seiner Besprechung von Ludwig (1940) die Bedeutungserweiterung des Wortes ›Selektionismus‹ (das Ludwig dann später durch Selektionstheorie ersetzt) angesprochen: »Es muß dabei betont werden, daß Verf. [Ludwig] unter Selektionismus die Annahme der Erklärbarkeit von Evolutionsvorgängen durch die Kombination der bisher bekannten genetischen, populationsdynamischen und Selektionsvorgängen versteht« (Timoféeff-Ressovsky 1941a: 289).

1943 bewertet Ludwig die Erklärungskraft des nun ›Selektionstheorie‹ genannten synthetischen Darwinismus höher als noch 1940. Der Grund ist die Erweiterung der Evolutionsfaktoren Mutation und Selektion um Isolation und Zufall:

»Zur Behebung aller dieser Bedenken [gegen Selektion und Mutation] muß die Selektionstheorie die beiden bisher vernachlässigten Evolutionsfaktoren zu Hilfe nehmen: den Zufall und die Isolation. [...] Sämtliche eben genannten Bedenken scheinen sofort zu schwinden, wenn man diese beiden Evolutionsfaktoren, vor allem den Zufall, heranzieht und ihnen genügend Spielraum läßt« (Ludwig 1943a: 498; vgl. auch 1943a: 483).

Ludwigs Darlegung der Evolutionsfaktoren und ihrer Wirkung ist kompetent und klar geschrieben. Auf etwa 20 Seiten werden die populationsdynamischen Vorstellungen des synthetischen Darwinismus aus mathematischer und theoretischer Perspektive behandelt und ergänzen so die Darstellung in Bauer und Timoféeff-Ressovsky (1943), die vor allem von empirischen Befunden ausgeht. Er kommt zu dem Schluss:

»Zusammenfassend ergibt sich – bei heutigem Stande unseres Wissens – folgendes Bild vom Erklärungswert der Selektionstheorie: 1. Die Selektionstheorie fußt auf der Existenz von 4 Evolutionsfaktoren (Mutation, Selektion, Zufall, Abweichungen von der Panmixie = Isolation) und auf deren Zusammenwirken. Es ist erwiesen, daß es diese 4 Faktoren wirklich gibt, und ebenso, daß sie zusammen einen sehr leistungsfähigen Evolutionsmechanismus liefern.« (Ludwig 1943a: 516)

Trotz dieser positiven und überzeugenden Worte, ist Ludwig – wie schon in seinen früheren Arbeiten – weiter auf der Suche nach anderen Evolutionsfaktoren. Den Beweis, dass die Evolution »ausschließlich auf selektionistischem Wege zustande gekommen« sei, hält er »wenigstens vorläufig« für unmöglich (Ludwig 1943a: 482). Andererseits wurde aber der Versuch einer Widerlegung dieser Ansicht bereits zu dieser Zeit als anachronistisch und nutzlos empfunden, denn er bemerkt:

Es »können jene Autoren, die auf Grund wohlüberlegter Beobachtungen oder Versuche die Existenz anderer Evolutionsmechanismen nachweisen wollen, verlangen, in ihrem Tun weder gehindert noch dabei belächelt zu werden. Man darf ihre Versuche nicht von vornherein als nutzlos hinstellen, so daß fast niemand mehr wagt, derartiges überhaupt in Angriff zu nehmen.« (Ludwig 1943a: 518)

In diesem Zusammenhang verweist Ludwig auf seine lamarckistischen Versuche, die er nicht belächelt haben möchte, obwohl er einige Seiten vorher bestätigt hatte, dass »für die Existenz irgendwelcher derartiger [lamarckistischer] Mechanismen keinerlei zuverlässige Belege vorliegen« (Ludwig 1943a: 479). Verschiedene empirische Phänomene sollen aber Versuche in dieser Richtung nicht als völlig aussichtslos erscheinen lassen. Die Existenz induzierter Mutationen könnte es über Dauermodifikationen oder Mutationsdruck möglich machen, »einzelne rein lamarckistisch anmutende Befunde ohne jedes lamarckistische Prinzip zu erklären«. Dies bleibe aber Spekulation, denn es fehlen »derzeit noch alle direkten Beweise« und ein entsprechender Mechanismus kann »höchstens als denkmöglich bezeichnet werden« (Ludwig 1943a: 488, 513, 517).

Abschließend wiederholt Ludwig seine Überzeugung, dass die Anwendbarkeit der Evolutionsfaktoren des synthetischen Darwinismus auf die gesamte Evolution nicht mit Sicherheit behauptet werden kann. Für die Selektionstheorie gäbe es nur »Indizienbeweise«. Die Folge sei ein Patt, zumal es verfrüht erscheine, in Anbetracht der kurzen Existenz der Genetik schon endgültige Aussagen machen zu wollen: »Die Behauptung aber, die organische Formenmannigfaltigkeit sei rein selektionistisch entstanden, wäre ebenso voreilig wie die Behauptung des Gegenteils, nämlich der sicheren Existenz weiterer Evolutionsmechanismen« (Ludwig 1943a: 508, 517). Ludwigs Artikel von 1943 wirkt zwiespältig. Einerseits wiederholt er seine früheren Bedenken, andererseits stehen sie nun weniger im Vordergrund, der Tenor hat sich verändert und er äußert sich nun positiver über die Erklärungskraft des synthetischen Darwinismus. Ludwig will den Standpunkt eines neutralen Beobachters einnehmen; die Ambivalenz entsteht, da die Argumente für die Selektionstheorie sprechen, seine Sympathien aber auf Seiten noch unbekannter anderer Evolutionsmechanismen sind. Dies führt dazu, dass sich die Kontroverse mit den Darwinisten auf die Frage des heuristisch sinnvollen, weiteren Vorgehens zuspitzt. Während Ludwig hier nach neuen Wegen sucht (eigentlich handelt es sich um historisch alte Wege), sehen die Darwinisten in der Fortführung der eingeschlagenen Richtung die zunächst nützlichere Alternative, wie Timoféeff-Ressovsky erläutert:

Es »muß auch betont werden, daß Verf. [Ludwig] den ›Genetikern‹, vor allem Dobzhansky und dem Ref., einen von ihm etwas zu extrem formulierten Standpunkt zuschreibt; letztere wollen gar nicht dogmatisch um jeden Preis den ›Selektionismus‹ im weiteren Sinne des Wortes als einzige Evolutionserklärung hinstellen, sondern stellen die Behauptung auf, daß die bekannten und auf Grund experimenteller genetischer Arbeiten als sicher existierend anzunehmenden Änderungs- und Differenzierungsmechanismen von Populationen durch strenge Analyse in ihrer Anwendbarkeit erschöpft werden müssen, bevor man neue, zunächst unbeweisbare Grundannahmen als Erklärungsprinzipien heranziehen soll.« (Timoféeff-Ressovsky 1941a: 289)

In den wenigen Publikation, die Ludwig nach 1945 veröffentlichte, änderte sich wenig an seiner Grundhaltung. Er bleibt vorsichtig neutral, bei gleichzeitiger Sympathie für die Anti-Selektionisten. In einem Artikel »Was ist Mitschurinismus?« (1949–50) heißt es: Während die »›mendel-morganistische‹ Schule« »oft dem Leitsatze folgte, daß ›nicht sein kann, was nicht sein darf,‹« habe Lyssenko »die Ergebnisse der Mendelistik keineswegs« geleugnet, sondern »lediglich als beschränkten, leicht verzerrten und für die Praxis wenig erheblichen Sektor des gesamten Vererbungsgeschehens betrachtet«. Der Kampf zwischen Genetik und Lyssenkoismus in der UdSSR sei durch eine Diskussion entschieden worden. Nach Ansicht von Ludwig wurde »Lysenko der Sieg nicht zuteil, weil er hohe Auszeichnungen und politische Ämter hatte, sondern weil seine Arbeiten der SU Nutzen gebracht hatten«. Er vergisst nicht zu erwähnen, dass nach Lyssenkos Sieg die »Schließung einiger Laboratorien […] sowie die Amtsenthebung bzw. Degradierung einiger Biologen« angeordnet wurde (Ludwig 1949–50: 245–46).

Ludwigs Aussagen in seinen verschiedenen Publikation zeigen, dass er kein Vertreter des synthetischen Darwinismus war. Er hatte große Sympathien für den Lamarckismus und zwar nicht nur nach 1945, wie Harwood vermutet hat, sondern auch in den 1930er Jahren, nicht nur ›privat‹, sondern auch in seinen Publikationen. Er wandte sich auch strikt gegen die Übertragung der darwinistischen Evolutionsfaktoren auf die gesamte Evolution. Zudem scheint er nicht realisiert zu haben, dass sein Plädoyer gegen völlig ungerichtete Mutation längst Bestandteil des synthetischen Darwinismus war (vgl. beispielsweise Baur 1930: 312; Dobzhansky 1937: 34; Simpson 1944: 154). Anderseits war er neben Pätau der einzige deutsche Biologe, der in den 1940er Jahren die mathematischen Grundlagen des synthetischen Darwinismus nicht nur rezipierte, sondern den deutschen Evolutionstheoretikern auch vermittelte.

Ludwig selbst hat sich nicht als Anhänger des synthetischen Darwinismus gesehen. Er ist der »Unparteiische«, der sich verhält »wie ein Kriminalist, der einen ›begründeten‹ Verdacht hegt, ihn aber vor Gericht nicht beweisen kann: er wird gültige Beweise sammeln, kann aber anderseits verlangen, bei diesem Tun weder gehindert noch belächelt zu werden«. An anderer Stelle ist er nach seiner eigenen Einschätzung »Antiselektionist«, worunter er alle jene zusammenfasst, die »die Selektionstheorie auf Grund wohlfundierter Überlegungen als anscheinend nicht ausreichend erachten« (Ludwig 1943a: 514, 518). Unter Selektionstheorie versteht er, wie oben dargestellt, den synthetischen Darwinismus. Ludwig ist also nach seiner Selbsteinschätzung Gegner des synthetischen Darwinismus. Insofern ist es nicht verwunderlich, dass es zur Auseinandersetzung mit Walter Zimmermann kam. Am 19. Juli 1941 vermerkte Heberer in seinem Tagebuch: »Zimmermann [...] hat Krieg mit Ludwig – natürlich!« (TB 1941, 19. Juli, Nachlass Heberer).

Falls diese Einschätzung zutrifft, stellt sich die Frage, wie es zu erklären ist, dass Ludwig als Vertreter des synthetischen Darwinismus in Deutschland gilt? Es gibt mehrere Gründe für dieses Missverständnis. Zunächst war sein Artikel von 1943 die umfassendste Darstellung der theoretischen und mathematischen Grundlagen der Theorie in Deutschland. Über weite Strecken liest er sich wie eine Unterstützung der Theorie. Priorität kommt hier allerdings Pätau zu, der bereits 1939 eine entsprechende Darstellung vorgelegt hatte. Dann hat die Tatsache, dass Ludwig in der weitgehend selektionistischen *Evolution der Organismen* vertreten war, diesen Eindruck noch verstärkt.[179] Und schließlich hat sein Bestreben, sich nicht festzulegen, seinen Standpunkt beliebiger erscheinen lassen, als er es war. Mit dieser Haltung konnten auch Darwinisten übereinstimmen, wie eine Aussage von Zündorf dokumentiert: »Kennzeichnend für die mustergültig wissenschaftliche Unvoreingenommenheit bei Ludwig – ganz im Gegensatz zu der bekannten Großzügigkeit in wissenschaftlichen Dingen bei den Lamarckisten – ist die Vorsicht, mit der er theoretisch die Frage nach den Faktoren bei der Evolution beantwortet« (Zündorf 1939a: 285–86). In gewisser Weise kann man Ludwig als Repräsentant des synthetischen Darwinismus wider Willen bezeichnen. Obwohl er sich mit dieser Theorie innerlich nicht anfreunden konnte, hat er sie genauer verstanden als viele andere Biologen seiner Zeit und förderte ihre Verbreitung durch seine Publikationen.

## 2.4.2 Adolf Remane (1898–1976)

Remane war einer der einflussreichsten Zoologen im Deutschland des 20. Jahrhunderts.[180] Er wurde vor allem als Phylogenetiker, Morphologe und Ökologe bekannt. Seine Hauptwirkungszeit fällt mit der Entstehung und frühen Rezeption des synthetischen Darwinismus zusammen (1937–47), den er energisch ablehnte. Insofern ist es in gewisser Weise verwunderlich, dass Remane ab der zweiten Auflage in der *Evolution der Organismen* (1959) vertreten war. Welche Gründe den Herausgeber

Heberer bewogen haben, die Gemeinsamkeiten stärker zu gewichten als die deutlichen Unterschiede, wären ein interessantes Thema, das aber an dieser Stelle zu weit führen würde.[181] Ich werde im Folgenden die Kontroversen zwischen den Vertretern des synthetischen Darwinismus und Remane etwas ausführlicher schildern, obwohl Remane zwar inhaltlich eindeutig den Gegnern zuzuordnen ist, durch seine Kontakte aber dem sozialen Umfeld zugehört.

Remane wurde am 10. August 1898 in Krotoschin (Posen) geboren.[182] 1916 legte er die Notreifeprüfung ab und Anfang 1917 wurde er als Soldat eingezogen. Von 1918 bis 1921 studierte er am Zoologischen Institut und Museum der Humboldt-Universität Berlin Biologie, Anthropologie, Paläontologie und Ethnologie. Im März 1921 wurde er mit einer Arbeit über Primatenschädel promoviert. Von 1920 bis April 1923 war er als wissenschaftlicher Hilfsarbeiter bei der Preußischen Akademie der Wissenschaften tätig, bevor er als Assistent von Wolfgang von Buddenbrock-Hettersdorf an die Universität Kiel wechselte, wo er sich 1925 habilitierte. Im August 1929 wurde er zum ao. Professor in Kiel ernannt. Zum Wintersemester 1934/35 erhielt Remane einen Ruf auf den Lehrstuhl für Zoologie in Halle an der Saale. Schon 1936 wechselte er wieder nach Kiel, wo er den Lehrstuhl für Zoologie und Meereskunde übernahm. 1945 wurde Remane von der Besatzungsmacht interniert; 1948 konnte er auf seinen Lehrstuhl in Kiel zurückkehren. 1967 wurde er emeritiert. Er starb am 22. Dezember 1976 in Plön (Holstein).

*2.4.2.1 Rezeption*

In den zentralen englischsprachigen Werken des synthetischen Darwinismus wird Remane, von Ausnahmen abgesehen, nicht erwähnt. Weder Dobzhansky (1937), noch Huxley (ed. 1940, 1942), Simpson (1944) oder Stebbins (1950) zitieren seine Arbeiten. Lediglich Mayr nennt Remane kurz an zwei Stellen, ohne aber auf seine evolutionstheoretischen Ansichten einzugehen (1942: 5, 65). Einige Autoren im Umfeld des deutschen synthetischen Darwinismus haben aber in den Jahren nach 1939 seine kritischen Bemerkungen zum Erklärungswert dieser Theorie relativ ausführlich diskutiert. Ausgangspunkt war eine Kontroverse zwischen Remane und Timoféeff-Ressovsky, die bei der 41. Jahresversammlung der *Deutschen Zoologischen Gesellschaft* (31. Juli bis 2. August 1939) zu einem offenen Schlagabtausch führte. Am Dienstag, den 1. August, wurde die Morgensitzung mit dem Tagesthema: »Genetische Grundlagen der Rassenbildung« eröffnet. Als erster sprach Timoféeff-Ressovsky über »Genetik und Evolutionsforschung«, dann folgten Reinig und Bauer. Abschließend referierte Remane über den »Geltungsbereich der

Mutationstheorie«.[183] Im März 1997 hat sich Wolf Herre an die Sitzung in Rostock erinnert und bemerkt: »In Rostock auf einer Tagung erlebte ich diesen höchst geistreichen Mann [Timoféeff-Ressovsky] einmal persönlich. Timoféeff hielt ein Referat und Remane das Gegenreferat. Beim Zuhören und der anschließenden Diskussion dachten wir, daß Timoféeff jeden Moment Remane körperlich attackieren würde. Es ging aber alles gut« (Hoßfeld 1999c: 251).

Die Kontroverse von Rostock wurde bis in die 1960er Jahren mit teilweise anderen Akteuren weitergeführt, ohne dass es zu einer Annäherung der Positionen gekommen wäre. 1956, beim ersten ›Phylogenetischen Symposium‹[184], war Ernst Mayr von Curt Kosswig eingeladen worden, einen Vortrag zu halten. Mayr hat zu diesem Treffen im Rückblick bemerkt:

»A major reason for the lack of success of the Evolutionary Synthesis in Germany was the general ignorance of modern genetics by the German biologists, and the stubborn refusal to listen to presentations of the findings of modern genetics, as illustrated by a meeting between Timoféeff-Ressovsky and Remane in Rostock in 1939 and between Mayr and Remane in 1956 in Hamburg.« (Mayr 1999a: 25)[185]

Remane wird von Mayr in diesem Zusammenhang neben Schindewolf und Troll als Anhänger der in Deutschland besonders starken typologischen (idealistisch-morphologischen) Tradition genannt. Da bei diesen Autoren jede Spur von Populationsdenken fehlte, habe dies unweigerlich zu lamarckistischen, saltationistischen und orthogenetischen Theorien geführt. Ein Folge war, dass der synthetische Darwinismus in Deutschland weithin abgelehnt worden sei (vgl. Mayr 1999a: 21, 24, 27).

Von den zeitgenössischen Vertretern des synthetischen Darwinismus in Deutschland wurden Remanes evolutionstheoretische Thesen zwar überwiegend kritisch beurteilt, zugleich aber offensichtlich als wertvolle Anregung gesehen. So hat beispielsweise Ludwig (der allerdings selbst kein Darwinist war) 1940 geschrieben:

»Remane weist darauf hin, daß Mutationen, die Differenzierungen bewirken [...] niemals beobachtet werden konnten. Mit den bis heute bekannten Erbänderungen könne also nur ein gewisser Ausschnitt der Stammesgeschichte erklärt werden: die Entstehung von Rassen-, Art- und nebensächlichen Gattungsunterschieden, von Organreduktionen und ähnliches. [...] Diesen Einwand, der also nur einen Sachverhalt feststellt, ohne gleichzeitig andere Evolutionsmechanismen zu befürworten, und der bei Anatomen und Paläontologen reichlich Anklang finden dürfte, vermöchte der Selektionist, wenn auch nur formal leicht zu beseitigen.« (Ludwig 1940: 701–02)

1943 hat Ludwig folgende empirische Gegenargumente genannt: »Einmal brauchen [...] evolutorisch bedeutsame Mutationen nur sehr selten aufzutreten, und so wäre denkbar, daß bisher noch keine von ihnen beobachtet worden ist. Möglicherweise können die oben genannten Merkmale auch polygen bedingt sein, dann werden sie noch seltener zustande kommen« (Ludwig 1943a: 508–09).

Heberer zitiert verschiedene Aussagen von Remane zu den Evolutionsmechanismen und zur Rekonstruktion phylogenetischer Sequenzen in zustimmendem Sinne ohne sie als Kritik am synthetischen Darwinismus aufzufassen.[186] Heberer zählt Remane – neben Alfred Kühn – zu den »vermittelnden Stimmen« was die Frage spezieller Evolutionsfaktoren der sog. Makroevolution angeht (Heberer 1943b: 547). Von Rensch wird Remane zusammen mit Plate und Goldschmidt als Autor genannt, der spezielle Mutationstypen für die sog. Makroevolution annimmt. Rensch selbst hält diese Vorstellung aber für unbegründet: »Die zoologischerseits besonders von L. Plate (1933), A. Remane (1939) und R. Goldschmidt (1940) geforderte Annahme einer die transspezifische Evolution einleitenden Makromutation entbehrt also bislang noch einer ausreichenden Fundierung«.[187] Rensch hat Remanes Einwand, dass für bestimmte Merkmalsänderungen noch keine Mutationen gefunden wurden, aber offensichtlich ernst genommen. Noch 1980 hat er in seinem Beitrag zu *The Evolutionary Synthesis* versucht, diesen Einwand zu widerlegen (Rensch 1980: 288–89). In der wissenschaftshistorischen Literatur wird Remane überwiegend als Kritiker des synthetischen Darwinismus gesehen.[188]

### 2.4.2.2 Remane und der synthetische Darwinismus

Warum wurde Remane von zwei wichtigen Vertretern des synthetischen Darwinismus, von Timoféeff-Ressovsky und Mayr, als Gegner empfunden und umgekehrt? Auf mögliche psychologische, institutionelle, biographische und politische Differenzen zwischen den Kontrahenten möchte ich in dieser Stelle nicht eingehen, vgl. aber Junker (2000b). Ein nicht zu unterschätzender Punkt der Auseinandersetzung zwischen Remane und den Vertretern des synthetischen Darwinismus war die relative Bedeutung alter versus junger Disziplinen in der Biologie. Timoféeff-Ressovsky beispielsweise argumentiert aus der Sicherheit einer jungen aufstrebenden Disziplin, wenn er schreibt, dass die klassischen Methoden der Evolutionsforschung (Morphologie, Biogeographie, Systematik und Paläontologie) »weitgehend erschöpft [seien], was sich darin äußert, daß in den letzten drei Jahrzehnten auf diesem Gebiete nichts wirklich wesentliches und neues erreicht werden konnte«. Er bemängelt weiter, dass von den Vertretern dieser Richtungen »die auf den Mechanismus der Variabilität sich beziehenden Erkenntnisse der experimentellen Genetik viel zu wenig beachtet und zur Klärung von Evolutionsfragen herangezogen« wurden (Timoféeff-Ressovsky 1939a: 157–58).

Remane, der in erster Linie Morphologe war, antwortete auf diese Kritik, indem er »ein klares Arbeitsprogramm für die Weiterarbeit an der Frage nach den Ursachen phylogenetischer Entwicklung« vorschlug. Konkret soll die morphologische Forschung »die Prinzipien der Umbildung der Organismen aus den phylogenetischen Einzellinien« herausarbeiten, was bisher nur zum geringen Teil geleistet worden sei (Remane 1939: 219–20). 1955 hat Remane diesen disziplinären Konflikt noch einmal eindringlich vor Augen geführt und vom »geistigen Mord eines Wissenschaftsgebietes« gesprochen: »Bedenklich wird dann solche Entwicklung erst, wenn die ›alten‹ Gebiete von den neuen Gebieten, die jene gar nicht mehr verstehen, kritisiert oder negiert werden. Dadurch wird nicht nur die wertvolle Arbeit ganzer Forschergenerationen annulliert, früher oder später wirkt sich die vollzogene Ausschaltung von Gebieten hemmend und störend aus auf die anderen Gebiete der Biologie« (Remane 1955: 159–60, 162). Die Befürchtung, dass die klassischen Fächer der Biologie durch die Erfolge der Molekularbiologie und anderer experimenteller Ansätze an Einfluss verlieren und ein Großteil der Ressourcen – Studenten und Gelder – in die neuen Bereiche abwandert, wurde von Mayr geteilt (vgl. Mayr 1963b; Mayr 1982: 892; Junker 1996a). Da Mayr anders auf diese Situation reagierte als Remane, kann der geschilderte disziplinäre Konflikt nicht der einzige Grund für die Kontroverse zwischen Remane und den Darwinisten gewesen sein. Er war aber wichtig, wie die Versammlungen in Würzburg und Rostock zeigten.

Die eingangs angesprochene Kontroverse 1939 in Rostock ging, zumindest nach den publizierten Vorträgen zu schließen, von Remane aus. Konkret wandte er sich gegen bestimmte Thesen von Timoféeff-Ressovsky, die dieser ein Jahr vorher auf der 13. Jahresversammlung der *Deutschen Gesellschaft für Vererbungswissenschaft* in Würzburg vorgetragen hatte (Timoféeff-Ressovsky 1939b; Remane 1939: 209, 214, 216). Während sich in Würzburg vor allem die Genetiker versammelt hatten, waren auf der Jahresversammlung der *Deutschen Zoologischen Gesellschaft* in Rostock auch andere zoologische Spezialdisziplinen vertreten. Damit war Remane als Morphologe direkt gefordert. Er hat nun nicht versucht, die Thesen des synthetischen Darwinismus aufzugreifen und in sein Fachgebiet zu integrieren, wie das

Rensch, Mayr und Simpson taten. Remane reagierte vielmehr mit Abgrenzung und Abwehr.[189]

Ende der 1930er, Anfang der 1940er Jahre erschienen mehrere theoretische Artikel von Remane. Aufschlussreich für die Frage theoretischer Gemeinsamkeiten mit den Darwinisten ist ein Artikel von 1941 über »Die Abstammungslehre im gegenwärtigen Meinungskampf«, der im *Archiv für Rassen- und Gesellschaftsbiologie* erschien. In diesem Artikel kritisiert er die neueren Angriffe gegen die Abstammungslehre als unberechtigt, da diese »nach wie vor eine der Tragsäulen biologischer Forschung« und »für den Aufbau von Vererbungslehre und Rassenhygiene von grundlegender Wichtigkeit« sei (Remane 1941: 89). Als wichtigen Grund für die weitverbreitete Abneigung gegen die Abstammungslehre nennt er, dass diese zu einem »Wechsel der Weltbilder« geführt habe, der von vielen als »schmerzlich« und als »Entgötterung der Natur« empfunden werde (Remane 1941: 90). Diese emotionalen Gründe können jedoch keinen Anspruch auf wissenschaftliche Gültigkeit haben.[190] Die Evolutionstheorie sei zudem wegen ihrer praktischen Bedeutung in Pflanzen- und Tierzucht sowie aus eugenischen Gründen wichtig: »Die Abstammungslehre hat das biologische Weltbild aus der starren Statik der geschaffenen Welt gelöst und es in schaffende Dynamik übergeführt. Sie gab damit den Organismen einschließlich des Menschen nicht nur eine Vergangenheit, sondern auch eine Zukunft. Dem Menschen sogar eine gestaltbare Zukunft!« (Remane 1941: 90–91).[191]

Remanes Verteidigung der Evolutionstheorie, seine strikte Trennung zwischen Sehnsüchten und naturwissenschaftlichen Tatsachen und seine pro-eugenischen Äußerungen sind von den Darwinisten seiner Zeit geteilt worden. Ein weitergehender Vergleich der Weltanschauung der Kontrahenten ist schwerer durchzuführen. Remane hat sich jedenfalls in seinen Publikationen in der NS-Zeit nur am Rande und relativ verhalten mit politischen und weltanschaulichen Fragen befasst.[192]

Der **Lamarckismus** wird von Remane und den Darwinisten gleichermaßen abgelehnt. So betont er ausdrücklich, »daß für lamarckistische Theorien jede Erfahrungsgrundlage fehlt und daß selbst wenn wir eine Vererbung erworbener Eigenschaften als möglich annehmen würden, gleichfalls nur ein minimaler Bezirk der Phylogenie mit dieser Theorie erklärt werden könnte« (Remane 1939: 216; ähnlich auch 1940: 123–24). Im Prinzip sei der lamarckistische Mechanismus zwar vorstellbar, aber entscheidend bleibe, ob er auch nachgewiesen werden kann. Und dies sei trotz zahlreicher Experimente niemals gelungen. Es sei »daher nur gerechtfertigt, wenn diese Theorie nach den endlosen Diskussionen allmählich gänzlich verlassen wird« (Remane 1941: 116).

Interessanterweise finden sich auch zum **Saltationismus** gemeinsame Überzeugungen. Dieser Punkt wurde bisher oft missverstanden.[193] Auch die moderne Evolutionstheorie kennt diskontinuierliche Vorgänge, beispielsweise die Mutationen. Und die Darwinisten erkannten die Existenz phänotypisch auffälliger, ›großer‹ Mutationen an, sie schätzen aber ihre Bedeutung für die Evolution eher gering ein. Demgegenüber wird in saltationistischen Theorien angenommen, dass Makromutationen das einzige oder zumindest überwiegende Material für die Entstehung neuer Arten sind und dass so auch höhere Taxa unmittelbar entstehen können. Bei der Entscheidung, ob Remane saltationistische Thesen vertreten hat, muss unterschieden werden, ob er die von der damaligen Genetik postulierten Mutationen oder Makrosprünge im Sinne von De Vries oder Schindewolf annimmt. Auf die vermittelnden Theorien soll an dieser Stelle nicht eingegangen werden, da sie sich hauptsächlich auf botanische Phänomene beziehen.[194] Wenn man unter Saltationismus das zweite Konzept, d.h. die sprunghafte Entstehung neuer Arten oder Typen, versteht, so spricht sich Remane ausdrücklich dagegen aus.

1948 hat Remane der »Theorie sprunghafter Typenneubildung« einen eigenen Artikel gewidmet. Er behandelt hier die Frage, ob die Stammesgeschichte »in allmählicher stufenweiser Abänderung oder teilweise in größeren Organisationssprüngen erfolgt« ist. Während zu Beginn des Jahrhunderts vorwiegend die Genetiker »unter dem Eindruck der sprunghaften Mutationen in verschiedenem Ausmaß die sprunghafte Umbildung der Organismen befürworteten« hatten, habe die Auffassung sprunghafter Typenentstehungen nun vor allem in der Paläontologie weite Verbreitung gefunden. Remane nennt in diesem Zusammenhang Schindewolf und Beurlen. Der Saltationismus der frühen Genetiker sei von demjenigen der Paläontologen abzugrenzen, da letzterer viel umfassender ist. Remane stellt fest, dass »die Typostrophenlehre, auch abgesehen von den Schwierigkeiten genetischer Art, höchst unwahrscheinlich« sei. Als Gründe nennt er, dass der »neuentstandene Organisationstyp« den »ihm zusagenden Lebensraum selbst aktiv aufsuchen« muss und bei sexuell fortpflanzenden Organismen etwa gleichzeitig mindestens ein Männchen und ein Weibchen in erreichbarer Nähe entstehen müssten (Remane 1948: 257).

Remane versucht nun im Weiteren zu analysieren, warum trotz dieser offensichtlichen Unwahrscheinlichkeiten an saltationistischen Vorstellungen festgehalten werde. Als Hauptgrund erwähnt er, dass es beim Übergang von der vorphylogenetischen zur phylogenetischen Ära versäumt wurde, die Methoden der Morphologie und Systematik kritisch zu überprüfen. So »strömten alle früheren morphologischen Betrachtungen, die ›Entwicklungsgesetze‹, die ›Typusvorstellungen‹, ungehemmt in die phylogenetische Denkweise ein und haben hier zu Kollisionen nach Art der Typostrophenlehre geführt« (Remane 1948: 257; ähnlich hatte sich Zimmermann (1943: 22) geäußert). Auch in späteren Jahren hat sich Remane gegen den Saltationismus ausgesprochen. So schrieb er 1957, dass die Makroevolution keine Makromutationen erfordert, und 1959, dass die allmähliche Entstehung der heute organisatorisch weit getrennten Typen aus einer gemeinsamen Stammform gut gesichert sei (vgl. Remane 1957: 168; 1959b: 417). Remane wendet sich also explizit gegen saltationistische Vorstellungen und nimmt keine Sprünge an, die über das von damaligen Genetikern angenommene Maß hinausgehen.

Als letzter inhaltlicher Punkt, bei dem sich gewisse Gemeinsamkeiten zwischen den Darwinisten und Remane finden lassen, soll die Frage der **Orthogenese** diskutiert werden. Unter Orthogenese versteht man die Vorstellung, dass die Evolution ein gerichteter Prozess ist, der sich im Wesentlichen unabhängig von den Anforderungen der Umwelt aufgrund innerer Faktoren entfaltet. Remane bezeichnet die Orthogenese auch als »Theorie des phyletischen Wachstums«. Als ihren Grundgedanken bestimmt er die Analogiebildung zwischen Ontogenie und Phylogenie und kommt zu dem Schluss: »Eine solche Übertragung des Individualgeschehens auf die Stammesentwicklung ist zwar denkbar, aber sehr gewagt«. Es sei zwar festzustellen, dass die Stammesgeschichte »auch Gesetzmäßigkeiten allgemeinerer Art« aufweise und sich mit »statistischer Genauigkeit die Existenz ›bevorzugter Entwicklungstendenzen‹« nachweisen lassen, aber bis »zum Nachweis einer inneren Wachstumsentwicklung« sei es noch ein weiter Weg (Remane 1941: 113–14).

Als besondere Schwierigkeit der orthogenetischen Theorien nennt Remane die Aufspaltung von Stammarten und die Weiterentwicklung der Tochterarten in unterschiedliche Richtungen. Die Annahme, dass eine Sippe aus »inneren Ursachen nach einer anderen Entwicklungsrichtung abschwenkt und so zwei Arten aus innerer Tendenz entstehen«, sei ein »Unding«. Er kommt zum Schluss, dass der größte Teil der Stammesentwicklung durch die Orthogenese nicht erklärt werden könne, und »nur noch die bereits mehrfach erwähnten ›bevorzugten Entwicklungstendenzen‹« bleiben, »die vielleicht einmal in ferner Zeit auf diesem Wege erklärt werden könnten. Vorläufig läßt sich mit dieser Theorie in der Stammesgeschichte gewinnbringend nicht arbeiten« (Remane 1941: 114–15).

1959 hat Remane diese Ansicht bekräftigt und »Versuche, die phylogenetischen Abläufe mit der ontogenetischen Entwicklung der Individuen vom Ei bis zum Erwachsenen gleichzusetzen« (Remane 1959a: 224), als verfehlt kritisiert. Er glaubt aber andererseits, dass diese »typische Orthevolution der heute gängigen Auffassung der Evolution durch Mutationen nach dem Typ der Drosophila- oder Antirrhinum-Mutationen und durch Selektion Schwierigkeiten« bereite (Remane 1959a: 224–25). Remane geht hier leider nicht auf die Schriften von Zimmermann und Rensch ein, die in den 1930er und 1940er Jahren versucht hatten, die Orthogenese im Rahmen des synthetischen Darwinismus (d.h. auf der Basis von Selektion und ungerichteten Mutationen) zu erklären. Statt dessen postuliert Remane als Ursache der Orthoevolution Mutationsdruck durch gerichtete Mutationen großer Häufigkeit (Rensch 1943b: 14–25; 1947a: 54–56). Es bleibt unklar, wie diese Richtung der Mutationen zustande kommen soll, da Remane innere Ursachen ablehnt.

Einen zusammenfassenden Eindruck von den Gemeinsamkeiten zwischen den Darwinisten und Remane gewinnt man, wenn man die jeweils kritisierten Biologen ansieht. So werden von Remane beispielsweise die Theorien der Paläontologen Schindewolf, Beurlen und Dacqué abgelehnt. Eine ähnlich negative Einschätzung dieser Autoren findet sich bei Rensch (vgl. Rensch 1943a, 1947a). Abweichungen von den Darwinisten finden sich dagegen vor allem bei den Autoren, die Remane zustimmend erwähnt. Hier sind neben den auch von den Darwinisten geschätzten Heinrich Georg Bronn, Konrad Lorenz und Erwin Stresemann, die Mutationisten de Vries und William Bateson, sowie die Morphologen Johann Wolfgang Goethe, Carl Nägeli, Karl von Goebel und Troll zu nennen, die (soweit möglich) dem Darwinismus kritisch gegenüberstanden. Fasst man die Gemeinsamkeiten zusammen, so zeigt sich Folgendes: Remane war wie die Darwinisten ein Vertreter der Evolutionsbiologie. Es handelt sich also nicht um eine grundlegende Auseinandersetzung mit der Idealistischen Morphologie, dem Lamarckismus oder dem Anti-Evolutionismus. Die abweichenden Folgerungen aus dem Phänomen der evolutionären Trends und die unterschiedlichen Traditionen, auf die sich die Kontrahenten beziehen, haben aber mögliche Konfliktpunkte sichtbar gemacht.

Der Kern der Auseinandersetzung zwischen Remane und den Darwinisten dreht sich um die Frage, ob die Evolutionsfaktoren Selektion, Mutation und Zufall ausreichen, um die biologische Evolution **in ihrer Gesamtheit** zu erklären. Oder ob, alternativ dazu, noch weitere, unbekannte Mechanismen anzunehmen sind. Diese Frage wurde oft unter dem Aspekt diskutiert, ob eine eigenständige Makroevolution existiert. Unter Makroevolution versteht Remane »Organisationsänderungen im Sinne des Aufbaues und Umbaues funktioneller Einheiten«, unter Mikroevolution »Habitusänderungen (Proportionsänderungen, Reduktionen usw.)«, d.h. er unterscheidet nach der Art der Veränderungen (Remane 1949: 35–36). Remane fordert nun, dass für die unterschiedlichen Typen von Änderungen auch entsprechende **Mutationstypen** existieren müssen. Diese Forderung war im Prinzip auch von den Darwinisten anerkannt worden; zugleich ging man davon aus, dass diese Mutationen bereits bekannt seien (vgl. Timoféeff-Ressovsky 1939a: 158). Die Aussage wird nun von Remane scharf kritisiert. Bislang sei die Mutationstheorie, wenn sie sich auf die »bisher durch Experiment und Beobachtung festgestellten Mutationen« (Remane 1939: 208; sog. »Realmutationen«) beschränke, nur in der Lage, einen begrenzten, relativ bescheidenen Teil der Phylogenie zu erklären, einen Teil

»der geographischen und ökologischen Rassenbildung, einen Teil von nebensächlichen Art- und Gattungsunterschieden [...] sowie einen Teil der Organreduktionen und der Neotenie«. Für alle übrigen phylogenetischen Prozesse, er nennt sie die »wichtigsten«, den »Kern des Phylogenieproblems«, komme der Mutationstheorie kein Erklärungswert zu (Remane 1939: 215–17). Als Beispiele erwähnt er die Differenzierung, die Umbildung, die Entstehung und Abwandlung funktioneller Systeme im Organismus, die biologische Einschaltung neuer Merkmale sowie Generationswechsel und Funktionswechsel (Remane 1939: 210–13). Remane vermutet, dass »von 200 bis 300 neuen Mutationen des bisherigen Typs keine neuen Aufschlüsse zu erwarten sein [dürften], die Genetik muß besonders nach andersartigen Erbänderungen suchen, und die Morphologen müssen dann überprüfen, ob und inwieweit sie für phylogenetische Prozesse auswertbar sind« (Remane 1939: 220).

Der Konflikt zwischen den Vertretern des synthetischen Darwinismus und Remane spitzt sich also auf die Frage zu, ob es möglich ist, alle Phänomene der Evolution mit den bereits bekannten Mutationen zu erklären.[195] Da man mit Ausnahme weniger Fälle in der Phylogenetik nicht in der Lage sei, Aussagen über die Art der Erbänderung zu machen und sich keine »Identität phylogenetischer Umbildungstypen mit bestimmten Realmutationen« (Remane 1939: 207, 210) feststellen ließ, muss es noch eine andere Art von Mutationen geben. Wie stellt sich Remane nun diese ›andersartigen‹ Mutationen vor? Um dies klären, soll kurz auf sein Verständnis der ›Realmutationen‹ (= die durch Experiment und Beobachtung bekannten Mutationen) eingegangen werden.

Bereits 1927 hat er in dem Artikel »Art und Rasse« eine ausgefeilte Systematik innerartlicher Variabilität vorgelegt, die sich aber nicht durchgesetzt hat.[196] In diesem Zusammenhang führt er den Begriff »Exotypus« ein, der den »Aberration der meisten Systematiker«, den »single variations« oder »Groß-Mutationen« entsprechen soll (Remane 1927: 17). Remane versteht darunter »meist einzeln, bisweilen gruppenweise auftretende Abänderungen innerhalb einer Art, die in Einzelmerkmalen oft beträchtlich vom normalen Artbild abweichen« (Remane 1939: 214). Es handelt sich also um auffälligere und diskontinuierliche genetische Polymorphismen. Als Beispiele erwähnt er Albinismus, Melanismus, Rufinismus, Zeichnungsänderungen, Abweichungen in der Zahl von Zähnen, Zehen, sowie Schlitzblättrigkeit und Blutblättrigkeit bei Pflanzen (Remane 1939: 216).

Er behauptet nun weiter, dass die »im Experiment beobachteten Mutationen [...] mit einem sehr hohen Grad von Wahrscheinlichkeit den Exotypen gleichgesetzt« werden dürfen (Remane 1927: 23). Für die 1920er Jahre ist diese Ansicht noch vertretbar und beispielsweise Stresemann hat in seinen Mutationsstudien (1926) ähnliche Ansichten geäußert.[197] Zu diesem Zeitpunkt geht Remane tatsächlich von Großmutationen aus, die aber im Rahmen der von der Genetik gefundenen Größenordnung bleiben und sich wesentlich (z.B. in der Häufigkeit) von den de Vriesschen Mutationen unterscheiden. Mitte der 1920er Jahre setzte hier ein entscheidender Umschwung ein. Die Darwinisten haben ihren Kritikern z.T. unterstellt, dass diese den Schritt zu häufigen Kleinmutationen als wichtigstem Evolutionsmaterial ignoriert hätten. In diesem Sinne vermutete Zimmermann 1939, dass die Trennung zwischen Mikro- und Makroevolution letztlich auf Makromutationen hinauslaufe, da nur so die Mikroevolution als Vorstufe der Makroevolution übersprungen werden könne (Zimmermann 1939: 219). Und Mayr bemerkte kürzlich: »Remane attributed everything to De Vriesian mutations, revealing that he had no idea of modern genetics« (Mayr 1999a: 24).

Dies scheint aber zumindest z.T. ein Missverständnis zu sein, denn Remane lehnt Makromutationen ausdrücklich ab. Seine andersartigen Erbänderungen sollen nicht größer, sondern nur qualitativ anders sein. 1939 behauptet er sogar, dass die andersartigen Erbänderungen gradueller seien als die Mutationen der Genetiker. Auch für die Makroevolution »ist das Auftreten der Änderungen in großen Sprüngen keinerlei Notwendigkeit, die Phylogenie zeigt vielmehr gerade hier schrittweise kleine Änderungen in viel deutlicherem Maß, als bei den durch Realmutationen entstandenen Merkmalsänderungen« (Remane 1939: 218–19). Es ist sicher ein Problem, dass Remane meines Wissens nach keinen Versuch unternommen hat, seine andersartigen Erbänderungen näher zu charakterisieren. Er geht aber davon aus, dass dies grundsätzlich möglich ist (Remane 1941: 119).

Remane hat seine skeptische Einstellung offensichtlich nie revidiert; das einzige, was man konstatieren kann, ist eine zunehmende Vorsicht, sich festzulegen. Noch 1952 vermutet er, dass es bei »der Vielheit der Gen-Mutationsmöglichkeiten« durchaus möglich sei, »daß die bisher festgestellten Gen-Mutationen nur einen bestimmten Typ repräsentieren, und noch ganz andere auch in ihrem Verhalten unterschiedliche Gen-Mutationstypen existieren« (Remane 1952: 353). Er gesteht nun aber zu, dass es »denkmöglich« sei, dass sich die andersartigen Erbänderungen »in ihrem Wesen als identisch mit den bisher bekannten Realmutationen erweisen«. Aber »Denkmöglichkeiten« genügen nicht, denn dann könne man auch die Vererbung erworbener Eigenschaften akzeptieren. Zu fordern sei vielmehr der experimentelle Nachweis, »daß Differenzierungen und Synorganisierungen durch Mutationen aufgebaut werden können«. Solange dies nicht der Fall sei, »muß die Anwendung der Mutationstheorie auf diese Gebiete als unsichere Hypothese betrachtet werden« (Remane 1952: 370–71).

Remane hat wohl keinen großen Wert darauf gelegt, die fehlenden Mutationstypen zu finden, denn dies hätte den Anspruch der Darwinisten, die Evolution in ihrer Gesamtheit zu erklären, gestützt. Die Kontroversen um die Reichweite der Mutationstheorie erklären zu einem Teil, warum Remane von den Darwinisten als Gegner wahrgenommen wurde. Als einziger Grund scheint dieser Punkt aber nicht ausreichend, die Schärfe der Auseinandersetzung zu erklären, denn auch manche Darwinisten waren bei dieser Frage neuen Ideen gegenüber offen. Rensch hat in seinem Rückblick auf die Entstehung des synthetischen Darwinismus Remanes Kritik sogar als konstruktiven Beitrag bewertet: »But he [Remane] correctly claimed that geneticists should search for mutations that could particularly contribute to the understanding of the phylogenetic development of new organs« (Rensch 1980: 288–89).

Für den synthetischen Darwinismus ist die **Selektion** der wichtigste richtende Evolutionsmechanismus; auch Remane akzeptiert ihre Bedeutung, es macht sich aber eine gewisse Reserviertheit bemerkbar. Für eine darwinistische Grundhaltung bei ihm scheint zunächst zu sprechen, dass er die »auslesende Wirkung des Kampfes ums Dasein« für eine »gesicherte Tatsache« hält (Remane 1940: 118). Andererseits ist auffällig, dass er großen Wert darauf legt, die Sicherheit der Abstammungslehre im Gegensatz zur Vorläufigkeit der »Faktorenfrage« zu betonen (Remane 1957: 163).[198] Erklärungsbedürftig ist auch, dass er Mutations- und Selektionstheorie stets gemeinsam diskutiert, und erstere sieht er, wie gezeigt, sehr kritisch. Schon 1941 erwähnt er im Abschnitt »Das Problem der Ursachen phylogenetischer Umbildung« die Selektionstheorie nicht eigens, sondern bezeichnet die »Mutationstheorie als legale Nachfolgerin der Darwinschen Selektionstheorie« (Remane 1941: 112). Diese Struktur behält Remane auch 1952 bei.

An manchen Stellen überträgt sich sein Zweifel an der Mutations- auf die Selektionstheorie. Die Verwendung des Wortes ›Selektionstheorie‹ statt ›Mutationstheorie‹ im zweiten Satz des folgenden Zitats könnte eine Freudsche Fehlleistung sein, aber gerade wenn dies der Fall sein sollte, wird Remanes Distanz deutlich:

> »Wenn vorhin die **geringfügige Leistungsfähigkeit der Mutationstheorie** für die phylogenetische Umbildung hervorgehoben wurde, so liegt diese an dem bisher bekannten Mutationsmaterial, nicht an der Auslese. Es darf also diese **geringe Leistungsfähigkeit der ›Selektionstheorie‹** nicht verwendet werden, um die Auslese im Kampf ums Dasein als bedeutungslose Angelegenheit hinzustellen.« (Remane 1941: 120; Hervorhebung hinzugefügt)

In einem Artikel, der auf einen Vortrag auf der *Ersten Reichstagung der Wissenschaftlichen Akademien des NSD.-Dozentenbundes* (8. bis 10. Juni 1939 in München) zurückgeht, wird er noch deutlicher:

>[...] Plate hat mit Recht die *Drosophila*-Mutanten als ein regelrechtes Krüppelheim bezeichnet. Daraus ergibt sich, daß der Mutationsvorgang vorwiegend degenerativen Charakter trägt und somit die biologische Wirkung des Kampfes ums Dasein **in erster Linie arterhaltend** ist, indem sie die immer wieder auftretenden degenerativen Mutationen ausmerzt und so die Art und ihre Leistungsfähigkeit erhält.« (Remane 1940: 118–19; Hervorhebung hinzugefügt)[199]

Zu den politischen Konnotationen sei bemerkt, dass Remane hier die Mutationstheorie sprachlich zu diskreditieren versucht. Das Zitat macht auch verständlich, warum er von den Darwinisten als wissenschaftlicher Gegner empfunden wurde. Für den synthetischen Darwinismus wie für alle echten Darwinisten ist das Prinzip der natürlichen Auslese (das erbliche Variabilität voraussetzt) ein kreativer Vorgang, der eben nicht nur stabilisierend wirkt, nicht nur ›in erster Linie arterhaltend‹ ist, sondern zur Weiterentwicklung führt. Wenn man diesen Punkt als das wesentlichste Kriterium für den Darwinismus sieht, wofür sehr viel spricht, dann ist Remane als Anti-Darwinist zu bezeichnen.

Welchen Evolutionsmechanismus vertritt Remane aber dann? Er hat sich seinen Schriften zu diesem Punkt immer sehr vorsichtig, oft auch unklar ausgedrückt. Der Grund ist wahrscheinlich, dass er mit der schon in den 1930er Jahren obsoleten Vorstellung des Mutationsdruckes sympathisierte. In einer Diskussion über Trends in der Evolution heißt es:

»Betrachte ich diese Gesamtsituation, so erscheint mir die Annahme am wahrscheinlichsten, daß bestimmte Mutationen in großer Häufigkeit und in weitgehend gerichteter Weise auftreten, und daß sich diese Häufung viele Generationen wiederholt. Der Phylogenetiker wünscht sich zur Erklärung also gerichtete Mutationen, die sich zuerst spät phaenotypisch auswirken mit sehr hoher Mutationsintensität, um die Orthevolutionen erklären zu können.« (Remane 1959a: 225)

Der Mutationsdruck soll auch eine Abschwächung des Selektionsdrucks nach sich ziehen: »Mit der Steigerung des Mutationsdruckes würde auch die Forderung nach intensiver Selektionswirkung eingeschränkt bzw. aufgehoben werden. Solche Mutationsvorgänge kennen wir noch nicht, aber die Erweiterungen unserer Kenntnisse auf diesem Gebiet lässt die Hoffnung auf ihren Nachweis noch offen« (Remane 1959a: 225). Remanes Evolutionsmechanismus für evolutionäre Trends – soweit sich dies aus seinen oft kryptischen Äußerungen entnehmen lässt – ist also Mutationsdruck durch einen unbekannten Mutationstyp. Damit ist auch klar, warum Remane den synthetischen Darwinismus in der Evolutionsbiologie nicht anerkennen will, sondern eher ein Auseinanderdriften der daran beteiligten Disziplinen konstatiert.[200] In dem erwähnten Diskussionsbeitrag von 1959 spricht er sogar davon, bei der Verknüpfung der historischen Phylogenese mit den experimentell gefundenen Mutationen »die Bruchspalten heilig zu halten« (Remane 1959a: 228).

Zusammenfassend lässt sich sagen, dass Remane der Mutationstheorie und damit dem synthetischen Darwinismus für die wichtigsten Bereiche der Evolution keinerlei Erklärungswert zuspricht. Die Selektion hat für ihn in erster Linie einen stabilisierenden Effekt. Die Charakterisierung von Remane als Anti-Darwinist mag für manchen Leser wegen der wenigen verfügbaren direkten Zitate zu extrem erscheinen. Die Tatsache, dass er einen anti-selektionistischen Mechanismus (Mutationsdruck) vorschlägt, dass er Mutations- und Selektionstheorie als Einheit auffasst (und kritisiert) und schließlich, dass er sich nicht positiv zur Selektion als kreativem Faktor äußert, sind aber zusammengenommen relativ eindeutige Indizien.

1941 hat Remane geschrieben, dass er »die Ansicht einiger allzu optimistischer Genetiker kritisieren« müsse (Remane 1941: 119). Ludwig hat 1943 diese optimistische Einstellung treffend charakterisiert:

»Für den Optimisten – Dobzhansky bezeichnet in der Einleitung seines Buches die Darstellung ausdrücklich als ›optimistisch‹ – liegt also kein Grund vor, an der Erklärbarkeit der gesamten Evolution durch die Selektionstheorie zu zweifeln. Vermag sie nicht alles plausibel zu machen? Sind nicht sämtliche Prämissen mathematisch fundiert? Der Optimist sagt: ›Wir sind Vertreter einer vielversprechenden, aber auch sehr jungen Wissenschaft. Es kann uns nicht zugemutet werden, schon heute jedes beliebige Beispiel einer ausgefallenen Art selektionistisch zu erklären. Aber wir operieren mit Beobachtungen, und diese haben gegenüber ›Verlautbarungen vom grünen Tisch‹ (Dobzhansky) zurückzutreten‹.« (Ludwig 1943a: 507)[201]

Mehr noch als die verstreuten Aussagen von Remane widersprechen seine wissenschaftlichen und weltanschaulichen Grundüberzeugungen dem synthetischen Darwinismus. Sowohl der Dualismus der Evolutionsmechanismen und als auch die Unterscheidung zweier Merkmalstypen hat eine lange Tradition und wurde schon 1865 von Nägeli gegen Darwins Selektionstheorie vorgebracht. Insofern repräsentiert Remane eine vor allem in Deutschland einflussreiche Tradition des Anti-Darwinismus. Seine typologische Auffassung der Morphologie verhindert, dass er das

Populationsdenken und damit letztlich die Selektionstheorie akzeptieren kann. Er hofft, die Morphologie als eigenständige Wissenschaft dadurch zu retten, dass er die Bedeutung der organismischen Baupläne betont und indem er der Genetik den Erklärungswert für diese Phänomene abspricht.

Diese Überlegungen legen nahe, dass es bei der Kontroverse zwischen Remane und den Darwinisten um mehr geht als um Details des Mutationsvorganges. Es stehen sich zwei wissenschaftliche Grundeinstellungen gegenüber. Wie Mayr geschrieben hat, sollte der synthetische Darwinismus zwischen diesen Grundeinstellungen vermitteln: »It was a synthesis between an experimental-reductionist philosophy (strongest among the geneticists) and an observational-holistic philosophy (strongest among the naturalists), and finally between an anglophone tradition with emphasis on mathematics and adaptation and a continental European tradition with emphasis on populations, species and higher taxa« (Mayr 1993: 31). Remane hat sich dieser Synthese verweigert, da er sie als Gefährdung der Morphologie und nicht als Chance auffasste. Noch 1940 hat er zwar von der Hoffnung auf eine Synthese zwischen Genetik und Morphologie gesprochen:

>»Der Teil der Biologie, der auf den Entdeckungen Gregor Mendels aufgebaut wurde, steht bei Erkennung dieser Sachlage nicht im Gegensatz und Kampf zu einer Goetheschen Naturbetrachtung, beide stehen ohne sich zu stören, gleichberechtigt in unserer Lehre vom Leben nebeneinander. Daß beide Gebiete dereinst in eine auch methodisch einheitliche Biologie verschmelzen, erhoffen wir von der Zukunft.« (Remane 1940: 126)

Wie gezeigt hat er sich aber in seinen konkreten Ausführungen gegen den synthetischen Darwinismus der 1930er und 1940er Jahre ausgesprochen. Er fühlte sich durch diese Theorie in die Defensive gedrängt und hat weitgehend destruktiv reagiert, indem er die neuen Erkenntnisse in ihrer Bedeutung herunterspielte und versuchte, einen genetikfreien Phänomenbereich zu konstruieren.

Die Unüberbrückbarkeit der wissenschaftlichen Überzeugungen deutet auf weitergehende weltanschauliche Unterschiede hin. Berndt Heydemann hat von Remanes »pantheistischer religiöser Einstellung im Sinne Goethes« gesprochen (Heydemann 1977: 89). Dieses Lebensprinzip lasse sich in Goethes Worten so formulieren: »Alle Gestalten sind ähnlich, und keine gleichet der andern; Und so deutet das Chor auf ein geheimes Gesetz, Auf ein heiliges Rätsel« (Goethe [1817–22] 1987: 420–21). Eine zentrale Ursache für die Kontroverse zwischen Remane und den Darwinisten, die sich auch in der wechselseitigen Sprachlosigkeit manifestierte, war der Widerspruch zwischen pantheistischer und materialistischer Weltanschauung.

## 2.4.3 Wolf Herre (1909–1997)

Herre war einer der Autoren der *Evolution der Organismen*. Er wurde am 3. Mai 1909 in Halle/Saale geboren.[202] Ab 1927 studierte er in Halle und Graz Naturwissenschaften mit Schwerpunkt Biologie. 1932 promovierte er bei Berthold Klatt. Im Jahr darauf wurde er Assistent am Institut für Haustierkunde in Halle. 1935 habilitierte er sich in Halle für Zoologie und Vergleichende Anatomie. Von 1941 bis 1945 war Herre im Kriegsdienst; 1942 wurde er zum apl. Professor ernannt. Nach 1945 war er provisorischer Leiter des Zoologischen Instituts und Museums der Universität in Kiel und wurde 1947 zum Direktor des neu gegründeten Instituts für Haustierkunde ernannt. Von 1951 bis zur Emeritierung 1977 war er ordentlicher Professor für Anatomie und Physiologie der Haustiere sowie für Zoologie an der Universität Kiel. Er starb am 12. November 1997.

In den wichtigsten Schriften zum synthetischen Darwinismus wird Herre nicht genannt. Das gilt sowohl für die englisch- als auch für die deutschsprachigen Werke. Einzige Ausnahmen sind Heberers *Evolution der Organismen* und Mayr, der in *Systematics and the Origin of Species* (1942) eine tiergeographische Schrift Herres erwähnt (1936). Vor kurzem haben Sperlich et al. in ihrem Nachruf einen »großen Einfluß [von] Wolf Herre auf die Evolutionsforschung in Deutschland« konstatiert und verweisen auf ein Interview, das Herre kurz vor seinem Tod Uwe Hoßfeld gegeben hat (Sperlich et al. 1998; Hoßfeld 1999c). Sie erwähnen auch die von Herre zusammen mit Curt Kosswig 1956 initiieren »Phylogenetischen Symposien« (vgl. Kraus 1984; Kraus & Hoßfeld 1998). Konkreter zu inhaltlichen Themen des synthetischen Darwinismus äußert sich Starck 1966. Er nennt Herre (mit Dobzhansky, Mayr, Rensch) als Vertreter der »neuen, auf dem geographischen Prinzip und der Populationsgenetik beruhenden Konzeption des Speziesbegriffs« und im Zusammenhang mit der Allometrieforschung (Starck 1966: 56, 64). Vor allem der erste Punkt würde für eine Nähe zum synthetischen Darwinismus sprechen, aber auch der zweite Punkt könnte relevant sein, denn allometrische Phänomene sind von Rensch zur Erklärung phylogenetischer Gesetzmäßigkeiten herangezogen worden (1943a).

Dagegen hat Reif kürzlich gezeigt, dass Herre noch 1959 betont hat, dass es »berechtigte Vorbehalte dagegen gebe, die Entstehung der Diversität und die Phänomene der Vererbung und genetischen Veränderung ausschließlich mit den bisher bekannten Mechanismen zu erklären. Auch er erkannte die Synthetische Theorie nicht als einen akzeptablen Reduktionismus und ein fruchtbares Forschungsprogramm an!« (Reif 2000a: 371). Statt dessen habe er einen orthogenetischen Evolutionsmechanismus, »Ordnungsprinzipien im Erbwandel«, vertreten (Herre 1959b: 240). Diese Einschätzung wird auch von Mayr geteilt. Herre habe trotz des Einflusses von Dobzhansky, Rensch und Heberer am De Vriesschen Mutationsbegriff festgehalten, statt die neuen Erkenntnisse der Genetik zu rezipieren. Zusammenfassend meint Mayr: »In fact, reading carefully what he says, I wonder whether he understood the Evolutionary Synthesis even at the time of the interview [1997]« (Mayr 1999a: 24; vgl. Hoßfeld 1999c).

Bereits 1939 hat sich Herre in einen kurzen Artikel über »Parallelbildung und Stammesgeschichte« zur Frage der Evolutionsmechanismen geäußert. Unter »Parallelbildung« versteht er das Phänomen, »daß oft unterschiedliche Formen in gleichen geographischen Gebieten ähnliche Merkmale aufweisen und mit dem Vordringen in andere Breiten gleichlaufende Veränderungen erfahren«. Dabei handelt es sich um »Tatbestände«, »die sich mit solchen rein mechanistischen Auffassungen richtungsloser Singularmutanten und nachfolgender Selektion als alleinigen Faktoren der Evolution nur schwer in Einklang bringen lassen«.[203] Herre nennt drei mögliche Erklärungen der Parallelbildungen: 1) Selektion. 2) Auslösung »ähnlicher« Mutationen durch die »gleiche« Umwelt. Damit ist wohl ein lamarckistischer Mechanismus gemeint, da es um die Erklärung adaptiver Merkmale geht. Beide Begründungen können aber nur teilweise gelten, da »auch unter ungleichen geographischen Bedingungen ähnliche Entwicklungstendenzen auftreten können« (Herre 1939: 44). Als dritten Mechanismus nennt er, dass Mutationen durch den Organismus selbst einer Richtung unterworfen werden:

> »Solche Feststellungen führen zu dem Schluß, daß Parallelbildungen [...] nur die allgemeinen Umwandlungsmöglichkeiten der Erbmasse anzeigen, d.h. mit anderen Worten, daß die Mutationsvorgänge in Bahnen verlaufen, die im Organismus vorgezeichnet sind und gewissermaßen als Ausdruck seiner ›schöpferischen Kraft‹ gelten können. Somit wäre die Richtungslosigkeit der Mutanten auf einen arteigenen Bereich eingeengt, die Mutationen verwandter Arten sind also nur in bestimmten Formen zu erwarten.« (Herre 1939: 45)

Diese Passage kann bedeuten, dass Herre einen orthogenetischen Mechanismus im Auge hat, muss es aber nicht. Auch von Genetikern (z.B. Baur und Timoféeff-Ressovsky) wurde angenommen, dass die Mutabilität nicht völlig ungerichtet ist (vgl. auch den Abschnitt über Ludwig). Es ist also nicht ganz klar, ob Herre hier lediglich von organismischen constraints oder von einem kreativen inneren Mechanismus spricht. Auf letztere Interpretation deuten aber seine Rede von einer evolutionären, »schöpferischen Kraft« der Organismen und seine Kritik an »rein mechanistischen Auffassungen« hin (Herre 1939: 45; ähnliche Andeutungen finden sich auch bei Stresemann).

Für die *Evolution der Organismen* verfasste Herre den Beitrag »Domestikation und Stammesgeschichte«.[204] Die Erforschung der Domestikation hatte seit Darwin einen wichtigen Stellenwert in der Evolutionstheorie. Die Vergleichbarkeit der Selektion durch den Menschen mit entsprechenden Vorgängen in der Natur ist ein zentrales Argument in *Origin of Species* (Darwin 1859) und Darwins ausgedehnte Untersuchungen zur Variabilität von Tieren und Pflanzen im Zustand der Domestikation sollten Hinweise auf die Entstehung der organismischen Variabilität liefern (Darwin 1868). Darwin hatte auch bereits die Zunahme der Variabilität in der Domestikation beobachtet. Als Erklärung nannte er einen unspezifischen Effekt durch die Vielfältigkeit der neuen Umwelt: »this greater variability is simply due to our domestic productions having been raised under conditions of life not so uniform as, and somewhat different from, those to which the parent-species have been exposed under nature« (Darwin 1859: 7).

Die Domestikation stellt, wie Herre zu Beginn seines Beitrags bemerkt, »zweifellos das grandioseste Experiment des Menschen mit höheren Tieren dar«. Durch die Haustiere werde zum einen die »Wandelbarkeit der Erscheinungsformen des Lebens [...] deutlich vor Augen geführt«, zum anderen bieten sie »besonders wertvolle Tatsachen [...], mit deren Hilfe Gesetzmäßigkeiten im Wandel tierischer Formen zu erkennen und zu klären sind« (Herre 1943: 521). Damit ist die Relevanz der Haustierforschung für die Evolutionstheorie deutlich (vgl. auch die analogen Bemerkungen von Nachtsheim 1940). In seinem Beitrag untersucht Herre nun, inwieweit sich die typischen Erscheinungen der Domestikation durch die Wirkung von Inzucht, Selektion, Kreuzung, Mutation und Rekombination erklären lassen. Nachtsheim habe gezeigt, dass »Mutationen und Kombinationen die Triebkräfte der Rassebildung sind, mit deren Hilfe der Züchter auf dem Wege der künstlichen Zuchtwahl bei allen Haustieren im Laufe der Jahrhunderte die zahlreichen Rassen geschaffen hat« (Herre 1943: 524–25).

Im Gegensatz zu Nachtsheim geht Herre davon aus, dass Mutationen bei domestizierten Tieren nicht in der gleichen Richtung und in der gleichen Häufigkeit wie bei Wildtieren vorkommen. Nachtsheim hatte angenommen, dass die Mutabilität bei wilden und domestizierten Tieren gleich sei und die Unterschiede nur durch die veränderten Selektionsbedingungen entstehen (Nachtsheim 1940; Herre 1943: 534). Demgegenüber vertritt Herre im Anschluss an Klatt und Eugen Fischer die Ansicht, dass »alle Tiere im Zustande der Domestikation stärker und vielseitiger mutieren als freilebende, daß die Domestikation ein mutationsauslösender Faktor ist«. Die Domestikation sei aber als unspezifischer Reiz aufzufassen und kein »sinnvolles Reagieren des Organismus« im Sinne des Lamarckismus (Herre 1943: 535, 537). Schon 1939 hatte er sich gegen lamarckistische Vorstellungen ausgesprochen, aber seine kryptischen Äußerungen ließen keinen eindeutigen Schluß zu, ob er orthogenetischen Theorien anhing. Leider ist auch sein Beitrag von 1943 an diesem Punkt ausweichend und unklar geschrieben. Dies erinnert an Ludwigs analoge Unbestimmtheit in Bezug auf den Lamarckismus und könnte ein Hinweis darauf sein, dass sich Herre und Ludwig nicht zu ihren theoretischen Sympathien bekennen wollten. Wie Ludwig operiert Herre mit Denkmöglichkeiten: »Daß aber weitere Mutanten in der gleichen Richtung wie der erstere größere Mutationsschritt liegen, ist unbewiesen, wenngleich denkmöglich. Doch als Beweis für eine Orthogenese können die Daten noch nicht gelten« (Herre 1943: 529). Es gibt also noch keine Beweise **für** die Orthogenese, wohl aber indirekte Indizien – die oben genannten Parallelbildungen: »Daß aber Umweltreize, trotz aller Richtungslosigkeit der neuen Merkmale in bezug auf ihren Anpassungswert in gewisser Gesetzmäßigkeit Mutationen auslösen, kann aus den Parallelbildungen der Haustiere erschlossen werden« (Herre 1943: 537).

Es bleibt unklar, durch welche spezifischen Einflüsse die veränderte Mutabilität hervorgerufen wird.[205] Zu vermuten sei eine »gewisse chemische Beeinflussung der Gene durch allgemeinere physiologische Störungen im Organismus« (Herre 1943: 538). Grundsätzlich sei jedoch davon auszugehen, dass die gleichen Gesetzmäßigkeiten für Wild- und Haustiere gelten, und dass die Unterschiede lediglich aus den veränderten Bedingungen entstehen.[206] Abschließend seien Herre zusammenfassende Sätze zitiert, die leider auch kein genaueres Bild zulassen:

> »Die Domestikation wirkt, soweit die morphologischen Tatsachen einen Schluß zulassen, mutationsauslösend und mutationsfördernd, sie lehrt stabile und labile Gene erkennen. Spezifische Domestikationsmerkmale, also ein Zusammenhang zwischen Umwelt und Erbgut, werden wahrscheinlich, ohne daß aber ein richtender Einfluß der Umwelt in bezug auf [den] Anpassungswert vorhanden wäre. Die Aufhellung dieser Zusammenhänge wird für die Klärung der Gesetzmäßigkeiten der Evolution wertvoll sein.« (Herre 1943: 542)

Auf zwei Publikationen aus den Jahren nach 1945 sei noch kurz verwiesen, obwohl sich auch hier kaum neue Gesichtspunkte ergeben. In Herres Beitrag zur 2. Auflage der *Evolution der Organismen*, der 1959 unter unverändertem Titel erschien, heißt es einerseits: Mutationen »sind nach unseren heutigen Auffassungen grundsätzlich richtungslos« (Herre 1959a: 830). Zwei Seiten weiter wird dann aber eine mögliche Beeinflussung der Richtung der Mutationen durch die Domestikation angesprochen. Er sieht sich offensichtlich in seinen früheren Vermutungen bestätigt, denn die

> »ursprüngliche Ablehnung, welche diese Denkmöglichkeit fand, muß heute an Schärfe verlieren, da inzwischen Stoffe wie die Phenole bekannt wurden, die eine Lokusspezifität hinsichtlich des Mutationsgeschehens haben [...]. Damit werden gerichtete Mutationen bis zu einem gewissen Grade denkbar.« (Herre 1959a: 832–23)

Damit könnten die noch von den meisten Forscher postulierten Faktoren Mutation und Selektion »als die maßgebendsten Kräfte des Formenwandels« abgelöst werden. Herre fährt fort, dass die »Ablehnung eines Zusammenhanges zwischen bestimmten Umweltbedingungen und der Mutationsrichtung [...] nur noch insoweit berechtigt [sei], als es sich um adaptiv-sinnvolle Umgestaltungen handelt«, d.h. um lamarckistische Effekte. Das bedeutet: »Wird eine solche Begrenzung gemieden, so ist nicht ausgeschlossen, daß sich Gesetzmäßigkeiten im Erbwandel abzeichnen« (Herre 1959a: 833). Als maßgebendsten Faktor der Evolution sieht Herre, soweit sich dies aus seinen dunklen Andeutungen entnehmen lässt, offensichtlich gerichtete Mutationen.[207]

Ähnlich wie Ludwig vermeidet Herre 1943 jede direkte Kritik am synthetischen Darwinismus; ihre Sympathien gehören aber anderen Konzepten. Bei Herre ist es die Orthogenese. Unter inhaltlichen Aspekten wäre Nachtsheim sicher geeigneter gewesen, das Kapitel »Domestikation und Stammesgeschichte« für die *Evolution der Organismen* im Sinne des synthetischen Darwinismus zu verfassen. Herre bemühte sich zwar, seine Ergebnisse mit den Erkenntnissen der Genetik zu verbinden. Populationsgenetik und weitergehende evolutionstheoretische Gedanken fehlen aber fast völlig; auch die Arbeiten von Dobzhansky oder Timoféeff-Ressovsky werden fast ausschließlich zu genetischen Fragen zitiert.

Herre war kein Freund des synthetischen Darwinismus, auch wenn er sich nicht so offen kritisch äußerte wie Remane. Die gemeinsame Stoßrichtung der Argumente von Herre, Ludwig und Remane war sicher kein Zufall. Inwieweit sich dies auf ihre gemeinsame Zeit in Halle zurückführen lässt und wer die treibende Kraft war, mögen weitere Untersuchungen zeigen. Die anti-darwinistische Tendenz der von Herre entscheidend mitgeprägten »Phylogenetischen Symposien« mag als abschließender Beleg dafür dienen, dass Herre dem synthetischen Darwinismus keinesfalls zuzuordnen ist und die negativen Einschätzungen von Reif und Mayr berechtigt sind.

## 2.5 Universität Tübingen

### 2.5.1 Walter Zimmermann (1892–1980)

Zimmermann wurde für den synthetischen Darwinismus durch seine Widerlegung des Lamarckismus und durch die Vorarbeiten zur Herausbildung einer phylogenetischen Systematik wichtig. Seine selektionistische Interpretation phylogenetischer ›Gesetze‹ und seine Ausführungen zur »Kausalanalyse der Phylogenie« gehören zu den frühesten Versuchen, diese Fragen im Sinne des synthetischen Darwinismus zu beantworten. Eine ausgereifte Version seiner Gedanken legte er bereits 1930 in *Die Phylogenie der Pflanzen* vor. 1938 hat Zimmermann diese Thesen in *Vererbung »erworbener Eigenschaften« und Auslese* breiter ausgeführt. Das Buch wurde vor allem als Kritik lamarckistischer Positionen gelesen und rezipiert. Die Zurückweisung von Alternativtheorien war eine wichtige Voraussetzung für die Durchsetzung des synthetischen Darwinismus. Zimmermanns Beitrag in der *Evolution der Organismen*, »Die Methoden der Phylogenetik«, ist eine grundlegende Darstellung zur phylogenetischen Systematik.

Abbildung 11: Walter Zimmermann (Original in Privatbesitz)

Zimmermann wurde am 9. Mai 1892 in Walldürn (Baden) geboren.[208] Er stammt aus einer katholischen, badischen Beamtenfamilie, sein Vater Emil Zimmermann (1862–1952) war Amtsrichter und später Oberfinanzrat. Seine Mutter Maria Elisabeth Zimmermann war eine geborene Welte (1870–1957). Seit 1897 wohnte die Familie in Karlsruhe; hier besuchte Walter Zimmermann zunächst die Volksschule und später das humanistische Gymnasium. Im Sommer 1910 machte er sein Abitur und meldete sich anschließend als Einjährig-Freiwilliger. Bereits zum Wintersemester 1910/11 immatrikulierte er sich an der Technischen Hochschule Karlsruhe und begann Mathematik, Botanik, Entwicklungsgeschichte, Geschichte und Literatur für das Höhere Lehramt zu studieren. Nach zwei Semestern in Karlsruhe wechselte er für weitere zwei Semester an die Universität Freiburg und dann für je ein Semester an die Universitäten Berlin und München. In München besuchte Zimmermann u.a. Vorlesungen und Kurse bei den Zoologen Richard Hertwig und Karl von Frisch sowie bei den Botanikern Gustav Hegi und Otto Renner. Paläontologie und Geologie lernte er bei Ernst Freiherr Stromer von Reichenbach und August Rothpletz. Im Herbst 1913 kehrte Zimmermann dann nach Freiburg zurück, wo er u.a. bei Franz Doflein Zoologie, bei Alfred Kühn Tierpsychologie und bei Friedrich Oltmanns Botanik hörte. Zum Ende des Sommersemester 1914 begann er mit einer Dissertation, die er aber schon wenige Monate später wieder abbrechen musste, da er mit dem Beginn der Mobilmachung zum Ersten Weltkrieg eingezogen wurde.

Die nächsten viereinhalb Jahre war Zimmermann als Offizier in den Vogesen, in Russland und auf dem Balkan eingesetzt. Im April 1918 bestand er während eines Fronturlaubes das Staatsexamen für den höheren Schuldienst mit den Fächern Biologie, Chemie, Geologie, Mineralogie und Mathematik. Am Ende des Ersten Weltkrieges befand sich Zimmermann nach einer Verwundung im Lazarett. Zum Sommersemester 1919 konnte er an die Universität Freiburg zurückkehren, um im zweiten Anlauf seine Dissertation fertigzustellen. Innerhalb eines Jahres, in dem er u.a. die Vorlesungen von Oltmanns, Hans Spemann und Kurt Noack besuchte, schloss er seine Dissertation über *Volvox* ab und wurde Ende März 1920 promoviert. Im Jahr 1921 heiratete er Anna Schleiermacher, mit der er drei Töchter und einen Sohn hatte. Im Jahre 1925 wechselte Zimmermann dann an die Universität Tübingen und habilitierte sich dort im selben Jahr. Nach weiteren fünf Jahren als Assistent am Botanischen Institut wurde Zimmermann im April 1930 zum a.o. Professor für Botanik ernannt. Er hatte Lehrverpflichtungen für angewandte Botanik und Systematik der Pflanzen zu übernehmen, sowie die Tätigkeit als Kustos am Botanischen Garten. Der Universität Tübingen blieb Zimmermann bis zu seiner Emeritierung treu.

Auch am Zweiten Weltkrieg nahm Zimmermann von Beginn an aktiv teil. Als Nachrichtenoffizier, zuletzt als Major, wurde er in Polen, Frankreich, dem Balkan und in Russland eingesetzt. Nach dem Ende des Krieges kehrte Zimmermann auf seine Stelle an der Universität Tübingen zurück. Im Jahr 1948 ergingen zwei Rufe, an die Technische Hochschule Karlsruhe bzw. an die Universität Greifswald, die er beide ablehnte. Wenige Jahre später (1950) starb seine erste Frau Anna. Im Jahr 1960 heiratete Zimmermann die Botanikerin Karin Krause, mit der er eine gemeinsame Tochter hatte. Im Februar desselben Jahres wurde der inzwischen fast 68jährige Zimmermann – ein halbes Jahr vor seiner Emeritierung – zum Ordinarius für Spezielle Botanik ernannt. Der Kontakt mit den Studenten hatte ihm immer sehr am Herzen gelegen und auch nach der Emeritierung war es ihm wichtig, als akademischer Lehrer zu wirken und er bot weiter Vorlesungen, Seminare und Exkursionen an, auch wenn diese nur mehr auf geringe Resonanz stießen. Insgesamt hat er mehr als fünfzig Doktoranden promoviert. Zimmermann wurde auch für seine wissenschaftlichen Arbeiten geehrt. So erhielt er 1961 die »Serge-von-Bubnoff-Medaille« der Geologischen Gesellschaft der DDR und das »Verdienstkreuz 1. Klasse« der BRD. Er war Ehrenmitglied der Zoologisch-botanischen Gesellschaft Wien und des Verbandes Deutscher Biologen. Am 30. Juni 1980 starb Zimmermann im Alter von 88 Jahren in Tübingen.

*2.5.1.1 Rezeption*

In den zeitgenössischen Schriften zum synthetischen Darwinismus werden die Arbeiten von Zimmermann relativ häufig erwähnt. Anzumerken ist, dass vor allem sein Buch *Vererbung »erworbener Eigenschaften« und Auslese* rezipiert wurde, während es den Anschein hat, als seien die inhaltlich weitgehend übereinstimmenden, aber kürzeren theoretischen Abschnitte in der *Phylogenie der Pflanzen* (1930) von den zeitgenössischen Biologen kaum beachtet worden. Wolf-Ernst Reif hat die Vermutung geäußert, dass dies dadurch zu erklären ist, dass Zimmermann seiner Zeit voraus war (Reif 2000a: 370–71). Beachtet wurde Zimmermann allerdings nur im deutschen Sprachraum. In den zentralen englischsprachigen Schriften zum synthetischen Darwinismus wird er bis auf wenige Ausnahmen nicht zitiert. Lediglich bei Stebbins (1950) finden sich im Kapitel »Evolutionary Trends II: External Morphology« einige kürzere Hinweise (Stebbins 1950: 477–79, 486, 494). Simpson geht in einem Essay-Review auch auf Zimmermanns eher wissenschaftstheoretisch als empirisch angelegtes Buch *Grundfragen der Evolution* (1948) ein und kommt zu dem Schluß:

> Zimmermann »departs from premises quite different from those of the modern synthesis, in which Rensch participates, and yet his views converge toward this and are in general compatible with it. As may be expected of convergence as opposed to parallelism, Zimmermann's agreement with this synthesis is, however, neither so close nor so extensive as in the case of Rensch.« (Simpson 1949b: 178)

Problematisch ist diese Aussage insofern, als Simpson die früheren Werke Zimmermanns nicht kannte und von daher an einigen Punkten einen falschen Eindruck bekommen musste. In Deutschland wurde Zimmermanns *Vererbung »erworbener Eigenschaften« und Auslese* von 1938 weithin als Baustein des modernen Darwinismus aufgefasst.[209] Seine Kritik am Lamarckismus wurde im Umfeld des synthetischen Darwinismus routinemäßig zitiert (z.B. Haase-Bessell 1941a: 243–44).

Ähnliches gilt für die Ablehnung der Idealistischen Morphologie. Werner Zündorf beispielsweise lehnte sich in seiner eigenen Diskussion dieser Fragen und in methodischer Hinsicht eng an Zimmermann an (Zündorf 1939a: 281, 302; 1940: 11; 1942). Regelmäßig wird auch auf seine Feststellung verwiesen, dass die Evolution sich nicht in zwei qualitativ unterschiedene Typen aufspalten lasse (die sog. Mikro- und Makroevolution).[210] Beachtung fand auch Zimmermanns genetische Analyse der geographischen Rassen und Arten von *Anemone pulsatilla*. Jürgen Haffer nennt ihn deshalb in der Gruppe der »ökologischen Populationsgenetiker«.[211]

In der deutschen Literatur wird *Vererbung »erworbener Eigenschaften« und Auslese* allgemein zu den wichtigsten Büchern des synthetischen Darwinismus gezählt. Heberer nennt es neben Dobzhanskys *Genetics and the Origin of Species* als Dokument, wie »weit eine naturwissenschaftliche Phylogenetik heute vorgedrungen« sei. Gemeinsam geben beide Bücher einen »vollständigen Umriß der Phylogenetik überhaupt«.[212] Für Ludwig ist Zimmermann neben Haldane, Dobzhansky, Wright und Timoféeff-Ressovsky einer der Vertreter des strikten Selektionismus (d.h. des synthetischen Darwinismus; vgl. Ludwig 1940: 689, 700; 1943a: 513). Als weiteres Indiz für die Beachtung, die Zimmermann bei den Darwinisten in Deutschland fand, kann die Tatsache angeführt werden, dass er der Autor in der *Evolution der Organismen* ist, der von den Mitautoren am häufigsten zitiert wird.

Auch in der wissenschaftshistorischen Literatur zum synthetischen Darwinismus wird Zimmermann erwähnt, wobei es aber meist bei kurzen Hinweisen bleibt.[213] Erst in den letzten Jahren scheint sich eine Trendwende anzudeuten. Ausführlicher werden die botanischen, evolutionstheoretischen und historischen Arbeiten von Zimmermann in neueren Arbeiten, vor allem in den verschiedenen Beiträgen zu Junker & Engels (1999) analysiert (vgl. auch Donoghue & Kadereit 1992; Junker 2000a, 2001c; Reif 2000b).

### 2.5.1.2 Evolutionstheorie

Ende der 1920er Jahre hat sich Zimmermann zunehmend mit phylogenetischen und evolutionstheoretischen Fragestellungen befasst. Bereits 1930 veröffentlichte er sein erstes umfassendes Werk zu diesem Thema, *Die Phylogenie der Pflanzen*. Der umfangreichste Teil dieser Schrift besteht aus einer detaillierten Darstellung der Stammesgeschichte der Pflanzen, wobei Zimmermann großen Wert darauf legte, seine Analyse mit paläontologischen Fakten zu untermauern. Bereits zu diesem Zeitpunkt wird die darwinistische Grundhaltung deutlich. Eine zweite, völlig überarbeitete und erweiterte Auflage der *Phylogenie der Pflanzen* erschien 1959 und wurde zu einem auch international beachteten Standardwerk. Die Fragen und Probleme, die Zimmermann in der *Phylogenie der Pflanzen* aufgeworfen hatte, haben die Basis für spätere Publikationen gebildet. Das Werk hat auch einen eindeutig synthetischen Anspruch: Paläobotanik, experimentelle Entwicklungsphysiologie, Genetik, Systematik, vergleichende Morphologie, Physiologie und Entwicklungsgeschichte sollen gemeinsam die »phylogenetischen Wissenschaften« neu beleben (Zimmermann 1930: V).

Teil I, »Historische Phylogenie«, enthält u.a. einen theoretischen Teil über »Phylogenetisch-historische ›Gesetze‹«. Zimmermann diskutiert hier folgende Themen: »Merkmalsdifferenzierung und andere phylogenetische Elementarreaktionen«, »Aufstieg und Niedergang«, das Dollosche »Irreversibilitätsgesetz«, »Polyphyletische, parallele und konvergente Entwicklung«, »Korrelative Entwicklung«, das »Biogenetische Grundgesetz« sowie »Alterserscheinungen und Mißbildungen«. Wie Zimmermann diese Phänomene im Einklang mit den Ergebnissen der Genetik zu erklären versucht, soll am Beispiel des Irreversibilitätsgesetz gezeigt werden. Dieses Gesetz behauptet die »Nichtumkehrbarkeit der stammesgeschichtlichen Entwicklung« (Zimmermann 1930: 377). Um zu überprüfen, inwieweit dies der Fall sei, müsse »zwischen Umbildungsvorgängen, die aus einem Komplex sehr vieler phylogenetischer Elementarreaktionen bzw. Mutationen bestehen und Umbildungsvorgängen, die nur auf einer oder sehr wenigen Elementarreaktionen bzw. Mutationen beruhen«, unterschieden werden (Zimmermann 1930: 378). Im ersten Fall bestehe Irreversibilität:

> »Je komplexer die Abänderungen in der Phylogenie jedoch werden, je mehr sich die Mutationen an einem Organ häufen, um so unwahrscheinlicher wird es, daß die Umkehr des Prozesses genau wieder zur Ausgangsform zurückführt. Dies ist wohl der berechtigte Kern im Dolloschen Irreversibilitätsgesetz.« (Zimmermann 1930: 379)

Anders sei die Frage zu beantworten, wenn es sich um einzelne Mutationen oder um »phylogenetische Elementarreaktionen« handelt (Zimmermann 1930: 379). Rückmutationen seien eine häufige Erscheinung und deshalb ist ein Umkehrprozess nicht ausgeschlossen. Zimmermanns Erklärung der phylogenetischen Gesetze beruht ausschließlich auf den Evolutionsfaktoren des synthetischen Darwinismus (vor allem Mutationen und Selektion).

In Teil II, »Kausalanalyse der Phylogenie«, geht Zimmermann genauer auf die Evolutionsmechanismen ein. Grundlage jeder phylogenetischen Untersuchung ist für ihn das Experiment: »Eine erfolgreiche phylogenetische Ursachenforschung ist wie jede Kausalanalyse undenkbar ohne Experiment« (Zimmermann 1930: 392). Die Paläontologie könne dies nicht leisten:

> »Kurz, so viel wir der Paläontologie auch zu danken haben für die Feststellung der allgemeinen phylogenetischen Wandlungsrichtung, insbesondere des Auftretens von Anpassungsmerkmalen usw. – die Detailanalyse, welche die Frage Lamarckismus-Darwinismus entscheiden könnte, kann die Paläontologie nicht durchführen.« (Zimmermann 1930: 406)

Vielmehr müsse man versuchen, auf der Basis der experimentellen Ergebnissen zu verallgemeinern, »d.h. unter vorsichtiger Berücksichtigung aller mitspielenden Umstände auch jene phylogenetischen Abänderungen zu betrachten, die sich unserem Experiment entziehen«. Die gesamte phylogenetische Entwicklung der Organismen, d.h. auch die »größeren Abänderungen der Vergangenheit«, sei, soweit wie möglich, auf diesem Wege zu erklären; Zimmermann spricht von einem »Summations«- oder »Integrations«-Verfahren (Zimmermann 1930: 392–93).

Grundlage der Evolution seien die Mutationen, die er als kleine, diskontinuierliche »Abweichungen einzelner Erbeigenschaften« bestimmt (Zimmermann 1930: 395). Die Sprünge der Mutationen seien in ihrer phänotypischen Ausprägung verschieden groß; überwiegend kommen aber geringfügige Abänderungen vor. Die von der Paläontologie beobachteten Diskontinuitäten seien nicht auf Makromutationen zurückzuführen, sondern »entsprechen zweifellos einer ganz gewaltigen Zahl von Mutationen«. Die Lücken in der paläontologischen Überlieferung entstehen durch mangelnde Fossilierung: »Wir haben keinerlei experimentelle Befunde, daß solche großen Sprünge durch gleichzeitige zahlreiche Mutationen aufgetreten seien. Eine derartige Annahme schwebt also völlig in der Luft«. Zeiten beschleunigter Evolution erklärt Zimmermann sowohl durch neue »zunächst konkurrenzlose Entwicklungswege« als auch durch eine Erhöhung der Mutationsrate (Zimmermann 1930: 396).

Charakteristisch für die Phylogenie sei die Anpassung der Organismen an ihre Umwelt, »d.h. sie haben während der Phylogenie eine Fülle von zweckmäßigen, systemerhaltenden Einrichtungen erworben« (Zimmermann 1930: 399–400). Sowohl der Lamarckismus als auch der Darwinismus versuchen dieses Phänomen zu erklären. Unter ›Darwinismus‹ versteht er die Selektion ungerichteter Mutationen:

> »Der Darwinismus dagegen sucht die phylogenetische Anpassungsstruktur außerhalb des sich wandelnden Organismus. Die Mutationen entstehen nach

ihm zunächst ganz unabhängig von der Anpassung, d.h. sie sind in Bezug auf die Anpassung ›richtungslos‹. Der richtende Faktor oder die phylogenetische Anpassungsstruktur ist nach dem Darwinismus die ›Selektion‹, die ›natürliche Auslese im Kampf ums Dasein‹. Als ein außerhalb des sich wandelnden Organismus befindlicher Faktor wirkt sie nicht unmittelbar energetisch auf die Bildung der zweckmäßigen Mutationen sondern nur auf die Anreicherung der bereits gebildeten zweckmäßigen Mutationen ein.« (Zimmermann 1930: 400)

Eine Voraussetzung für die Durchsetzung des synthetischen Darwinismus war die Widerlegung alternativer Theorien, zu denen u.a. der Lamarckismus zählte. Im September 1929 kam es in Tübingen zu einer gemeinsamen Sitzung der *Palaeontologischen Gesellschaft* und der *Deutschen Gesellschaft für Vererbungsforschung*, an der auch Zimmermann teilnahm. Auf dieser Tagung kam es zu einer kontroversen Diskussion über die Berechtigung lamarckistischer Vorstellungen. Der Paläontologe Franz Weidenreich unternahm es, die Unerlässlichkeit der Vererbung erworbener Eigenschaften für die Evolutionstheorie zu behaupten, während der Genetiker Harry Federley den lamarckistischen Ansatz als völlig überholt bezeichnete. Zimmermann versuchte in seinem Diskussionsbeitrag zu vermitteln, indem er darauf bestand, dass die Ergebnisse von Paläontologie und Genetik sachlich nicht in Widerspruch stehen.

In seinen ausführlichen Erläuterungen in der *Phylogenie der Pflanzen* stellt Zimmermann fest, dass grundsätzlich sowohl Darwinismus als auch Lamarckismus denkbar seien; es handelt sich also um eine empirische Frage, die nur durch experimentelle Untersuchungen zu klären ist. Da aber ein »gehäuftes Auftreten ›zweckmäßiger‹ Mutationen« im genetischen Experiment nicht beobachtet wurde, fehle dem Lamarckismus die experimentelle Grundlage. Das Argument, dass die Beobachtungszeit nicht ausgereicht habe, hält Zimmermann für wenig überzeugend. Es beweise nur, dass »diese Fälle, in denen zweckmäßige Mutationen im Sinne der lamarckistischen Auffassung auftreten, recht selten sind, viel seltener als die zu vielen Hunderten schon beobachteten richtungslosen Mutationen im Sinne Darwins« (Zimmermann 1930: 403). Damit sei aber der Hauptvorzug des Lamarckismus aufgegeben:

»Der Lamarckismus befindet sich hier m.E. in einer Zwickmühle. Entweder er nimmt seiner Grundauffassung entsprechend an, daß die ›zweckmäßigen‹ Mutationen gehäuft entstehen – dann hätte sich davon in unseren bisherigen Mutationsuntersuchungen etwas zeigen müssen. Oder aber der Lamarckismus spricht sich im Einklang mit den bisherigen experimentellen Ergebnissen dafür aus, daß die ›zweckmäßigen‹ Mutationen nur unter ganz bestimmten Umständen, nur recht selten, vielleicht erst nach relativ langen Zeiten auftreten – dann decken sich seine Aussagen praktisch mit denen des Darwinismus.« (Zimmermann 1930: 403–04)

Obwohl mit dem Lamarckismus die wichtigste Alternativtheorie widerlegt sei und der Grundgedanke der Selektionstheorie über jeden Zweifel erhaben ist, bleiben auch beim Darwinismus noch Fragen offen. So gebe es beispielsweise nur wenig experimentelle Untersuchungen zur Wirkung der Selektion (Zimmermann 1930: 409–10). Als größte Schwierigkeit für den Darwinismus bestimmt er die Übertragung auf die gesamte Stammesgeschichte: »Die Schwierigkeit ist gegeben durch den Gegensatz der so geringfügigen kleinen Mutationen, die wir unmittelbar beobachten können und der, im Verhältnis dazu ungeheuer großen phylogenetischen Wandlung, welche ja äußerst komplizierte und namentlich korrelativ sehr auffällig abgestimmte Veränderungen zeigt« (Zimmermann 1930: 410). Dieses Problem stelle sich, obwohl die Alternativen – Schöpfung und Makromutationen – »unwahrscheinlich und unbewiesen« seien (Zimmermann 1930: 411). Zimmermann diskutiert verschiedene Gründe, die gegen eine Summierung der Mutationen sprechen, und kommt zu dem Schluss:

»Das spricht doch alles entschieden dafür, daß die Unterschiede zwischen den Sippen höherer Ordnung nur auf einer viel größeren Mutationszahl beruhen als die Unterschiede zwischen Sippen niederer Ordnung. Mindestens fehlt für die gegenteilige Behauptung irgend ein brauchbarer Beweis. Kurz, es besteht kein Grund dafür, die Summierung von Mutationen zu größeren Abänderungen für prinzipiell unmöglich zu erklären. Wir müssen allerdings zugeben, daß hier der Phylogenetiker vor einem weiten offenen Arbeitsfeld steht. Viel Arbeit steht bevor, um auch im Einzelfall die Summierungsvorgänge und namentlich auch die Frage korrelativer Mutationen zu klären.« (Zimmermann 1930: 413)

Kurz sei noch auf die Diskussion gerichteter Mutationen durch Zimmermann eingegangen. Er bestätigt zunächst, dass man in »mehreren Beziehungen einen richtenden Einfluß des sich wandelnden Organismus auf die Mutationen feststellen« kann. Dieser Einfluss entstehe, da zum einen »selbstverständlich von einer gegebenen Genkonstellation aus nicht ganz beliebige Mutationen auftreten können. Die Möglichkeit zu mutieren ist offensichtlich durch die Genkonstellation irgendwie beschränkt und auch in mancher Hinsicht vorgezeichnet«. Zum anderen sind die »Möglichkeit einer ›zweckmäßigen‹ Weiterbildung offensichtlich begrenzt«. Und schließlich lasse sich bei den Mutationen eine »Richtung auf die Verlustmutation« hin feststellen (Zimmermann 1930: 416).

Abschließend diskutiert Zimmermann die »Grenzen des Darwinismus«. Die Richtung der Mutationen habe bereits eine gewisse Beschränkung aufgezeigt. Als wichtigste nicht-selektive Evolutionsfaktoren seien die Isolation und Zufallseffekte der Mutabilität zu nennen (Zimmermann 1930: 418). Er kommt zu folgendem Resümee:

»Von einem Zusammenbruch des Darwinismus kann also keine Rede sein. Es gilt nur, einerseits seinen Ideengehalt streng logisch herauszuarbeiten und andererseits zuzugeben, dass in Einzelfragen beim Darwinismus, wie bei jedem wissenschaftlichen System, noch entscheidende Untersuchungen ausstehen. So ist die (eigentlich außerhalb des Rahmens des Darwinismus liegende) Frage nach der Entstehung der Mutationen noch kaum geklärt. Aber auch das Problem der Summierbarkeit der Mutationen zu größeren Abänderungen verdiente noch eine erheblich gründlichere Behandlung. Das aber sind, wie gesagt, höchstens offene Fragen, jedoch keine Gegengründe gegen den Darwinismus.« (Zimmermann 1930: 421)

Zimmermann hat seine Vorstellungen auch an einer rezenten Pflanzengattung zu verifizieren versucht. Um den phylogenetischen Prozess in statu nascendi zu verfolgen, stellte er »genetische« Studien an *Pulsatilla* an, die sich mit ihren zahlreichen primitiven Merkmalen und unterartlichen Taxa für diesen Zweck besonders zu eignen schien (Zimmermann 1934–35). Die Arbeiten über *Pulsatilla* berühren allerdings – insofern ist ihr Titel missverständlich – nur am Rande die eigentliche Genetik dieser Pflanzengruppe und stellen vor allem taxonomische und morphologische Untersuchungen dar, die das Ziel haben, phylogenetische Aussagen zu treffen.

In den 1930er Jahren veröffentlichte Zimmermann eine Reihe von Aufsätzen, in denen er seine evolutionstheoretischen Vorstellungen weiter erläuterte. 1938 legte er dann als umfassende Kritik *Vererbung »erworbener Eigenschaften« und Auslese* vor. Ein Schwerpunkt dieses Buches bildet die Auseinandersetzung mit dem Lamarckismus, aber auch andere evolutionstheoretische Fragen werden erörtert. Das Problem der Vererbung erworbener Eigenschaften wird von Zimmermann in einem umfassenden evolutionstheoretischen Kontext diskutiert. Nach einer historischen und erkenntnistheoretischen Einleitung diskutiert er vier Hauptfragen der Evolution. Bei der ersten Hauptfrage geht es darum, ob sich die Organismen im Laufe der Erdgeschichte über die Artgrenzen hinaus verändern können, d.h. ob es eine unbegrenzte Evolution der Organismen gibt. Nachdem er verschiedene Beweise für den stammesgeschichtlichen Wandel der Organismen dargelegt hat, bespricht Zimmermann weitere ergänzende Probleme: Haeckels biogenetisches Grundgesetz; die Entstehung von Rassen, Arten und Gattungen; die Größe und Häufigkeit der Mutationen; das Aussterben von Arten; die Gerichtetheit (Orthogenese) und Irreversibilität der phylogenetischen Entwicklung.

Nachdem Zimmermann die Existenz der Stammesgeschichte als solche und die Veränderung des genetischen Materials nachgewiesen hat, geht er in der zweiten Hauptfrage auf die Ursachen der erblichen Veränderungen ein. Dieser Abschnitt ist der Kern seiner Argumentation und er stellt unmissverständlich fest, dass es keine Vererbung erworbener Eigenschaften in dem Sinne gibt, »daß persönliche Veränderungen des Leibes und Geistes eine entsprechende Änderung des Erbgutes auslösen« (Zimmermann 1938a: 301). Welche konkreten Bedingungen die Mutationen hervorrufen, sei allerdings in den meisten Fällen nicht bekannt.

Als dritte Hauptfrage diskutiert er die Zweckmäßigkeit der genetischen Ausstattung der Organismen. Während es unverkennbar sein, dass sich in der Stammesgeschichte »vorzugsweise ›Anpassungen‹, d.h. den Organismen ›zweckmäßige‹ Einrichtungen gehäuft« hätten, gelte dies für die einzelnen Mutationen nicht. Die Genetik habe nachgewiesen, dass »die gleichgültigen und nachteiligen Erbänderungen überwiegen« (Zimmermann 1938a: 301).

Diese Tatsache leitet über zur vierten und letzten Hauptfrage, wie aus für den Organismus neutralen Mutationen für das Überleben nützliche Anpassungen entstehen können. Diese Frage ist nach Zimmermann eindeutig im Sinne des Darwinismus zu beantworten: »Die ›orthogenetische‹ Häufung zweckmäßiger Einrichtungen in der Stammesgeschichte ist im Sinne der Selektionslehre zustande gekommen durch das Wirken fortgesetzter Auslese der Lebenstüchtigen« (Zimmermann 1938a: 301). Diese Fragen werden von Zimmermann in großer Ausführlichkeit diskutiert und analysiert, wobei er sich immer die Mühe macht, auf mögliche Gegenargumente einzugehen und diese zu widerlegen.

Eine wegweisende Arbeit zum synthetischen Darwinismus war auch sein Kapitel »Die Methoden der Phylogenetik« (1943).[214] Zimmermanns Beitrag nimmt eine exponierte Stelle in der *Evolution der Organismen* ein. Im Abschnitt I, *Allgemeine Grundlegung*, folgt er auf den einleitenden Beitrag des Philosophen Hugo Dingler und ist der erste i.e.S. biologische Beitrag. »Die Methoden der Phylogenetik« beginnen mit einer kurzen Kritik der »mystisch-intuitiven Vorstufen« phylogenetischer Arbeit, die diese im Gegensatz zu Astronomie und Chemie noch nicht vollständig hinter sich gelassen habe. Als Ursache nennt er die Persistenz von Schöpfungsmythen der religiösen Glaubenslehren. Neben der grundsätzlichen Abwehr der Evolutionstheorie, die durch religiöse Motive bestimmt sei und die sich vor allem auf die Entstehung der Menschen beziehe, erwachsen methodische Schwierigkeiten aus der mangelnden Auseinandersetzung mit vorphylogenetischen Theorien in der Systematik. Der mehr oder weniger gleitende Übergang von der vorphylogenetischen zur phylogenetischen Systematik habe die Forscher über die grundsätzlichen Unterschiede in Theorie und Arbeitsweise getäuscht und dazu geführt, dass vorphylogenetische Ideen und Fragestellungen unerkannt tradiert wurden.

Im zweiten Abschnitt geht Zimmermann auf die Zielsetzungen der Phylogenetik ein. Erst durch Charles Darwins *Origin of Species* (1859) haben die Fragen nach der Entstehung der Organismen, nach der abgestuften Verwandtschaft zwischen den Organismengruppen und nach der genetischen Grundlage einen evolutionären Sinn bekommen. Diese Fragen sollen von der Phylogenetik auf der Basis von drei Arbeitshypothesen untersucht und beantwortet werden: 1) Organismen sind sich im Allgemeinen umso ähnlicher, je näher sie verwandt sind. 2) Mit den heute beobachtbaren genetischen Vorgängen lassen sich auch die größeren phylogenetischen Veränderung erklären. 3) Die Evolution der Organismen lief in der Vergangenheit ähnlich ab wie heute. In diesem Zusammenhang verweist Zimmermann auf den von ihm geprägten Begriff ›Hologenie.‹ Damit soll angedeutet werden, dass die Individualentwicklung (Ontogenie) und die Stammesgeschichte (Phylogenie) willkürliche, vom Menschen isolierte Abschnitte aus einem Naturvorgang sind, der aus einer Kette sich wandelnder Ontogenien besteht.

Das Ziel der phylogenetischen Forschungsmethoden sei die Aufstellung von Ahnenreihen, die die Stammesgeschichte repräsentieren. Die Identifikation eines fossilen Organismus als direkter Vorfahr heutiger Organismen lasse sich allerdings nicht einwandfrei beweisen. Dies liege zum einen darin begründet, dass es ein unwahrscheinlicher Zufall ist, wenn unter den wenigen fossil erhaltenen Individuen gerade die direkten Vorläufer rezenter Organismen erhalten geblieben wären. Und selbst wenn dieser unwahrscheinliche Zufall einmal eingetreten sein sollte, lasse sich nicht nachweisen, »daß dieses oder jenes Fossil der Ahn selbst ist und nicht ein ähnliches Individuum derselben oder gar einer ›verwandten‹ Art« (Zimmermann 1943: 36). Es lassen sich also in keinem Fall einer phylogenetischen Entwicklung konkrete Ahnenreihen aufstellen: »Diese Leistungsgrenzen der Phylogenetik müssen wir bedingungslos anerkennen, schon um die wirklichen Arbeitsmöglichkeiten um so entschiedener herauszuarbeiten« (Zimmermann 1943: 37).

Worin besteht nun die Aufgabe der Phylogenetik in Anbetracht dieser Schwierigkeiten? Eine Sippenphylogenetik lasse sich oft nicht sicher durchführen, da sich Merkmale weitgehend unabhängig voneinander umbilden können (Mosaikevolution). Es bleibe also zunächst als erstes Ziel nur die Aufstellung von Merkmalsreihen, die Merkmalsphylogenetik. Die Merkmalsphylogenetik stellt allerdings für Zimmermann lediglich eine technische Maßnahme dar: Sie soll »weder ein Endziel der Phylogenetik bleiben, noch wollen wir die unsinnige Behauptung aufstellen, es gäbe eine Merkmalsentwicklung ohne Sippenentwicklung, noch wollen wir auch nur vorübergehend vergessen, daß der Organismus ein Ganzes ist, daß alle seine Glieder ineinandergreifen, daß alle Merkmale miteinander verflochten sein können« (Zimmermann 1943: 37).

Die Aufstellung von Merkmalsreihen als solche sei nun relativ leicht. Sehr viel schwieriger sei die Bestimmung der Abwandlungsrichtung der Merkmale. Die beste Möglichkeit hierzu sind die Fossilien und die Entwicklungsrichtung von Merkmalsveränderungen lasse sich in vielen Fällen eindeutig beweisen, wenn genügend fossile Quellen erhalten sind. Eine andere, indirekte Möglichkeit, die Abwandlungsrichtung festzustellen, besteht in der Verwandtschaftsgruppierung: »Eigenschaften, die im phylogenetisch umfassenderen Formenkreis herrschen, sind die älteren bzw. die ursprünglicheren gegenüber den abgewandelten Eigenschaften des phylogenetisch engeren Formenkreises« (Zimmermann 1943: 43). Auch die Ontogenie kann in manchen Fällen zur Bestimmung der Abwandlungsrichtung herangezogen werden. Nach Haeckels »Biogenetischem Grundgesetz« sollen die ontogenetisch frühesten Stadien den phylogenetisch älteren Zuständen entsprechen. Auch gelegentlich auftretende Bildungsabweichungen (Atavismen) und Korrelationen zwischen mehreren Merkmalen seien nur sehr bedingt für die Aufstellung von phylogenetischen Reihen brauchbar.

Ein besonders wichtiger Aspekt der phylogenetischen Systematik ist die Feststellung der abgestuften Verwandtschaft von Organismen. Seit Darwin wird die abgestufte Ähnlichkeit der Organismen in erster Linie mit ihrer abgestuften Verwandtschaft begründet. Im allgemeinen sei dies auch zutreffend, denn »je weiter also ein etwaiger gemeinsamer Ahn zurückliegt, um so mehr Mutationen (bzw. sexuelle Umkombinationen) können dazwischen aufgetreten sein, um so stärker ist das Erbgut verändert« (Zimmermann 1943: 40). Die Gleichsetzung von abgestufter Ähnlichkeit mit abgestufter Verwandtschaft sei jedoch nur zutreffend, wenn es nicht zu Konvergenz und ungleich schnellerer Entwicklung komme. Diese Probleme lassen sich aber wesentlich vermindern, wenn Aussagen über die Verwandtschaft der Organismen nicht aufgrund einzelner Merkmale, sondern auf der Basis einer Gesamtheit der variablen Merkmale getroffen werde.

In Abschnitt III, »Wege der phylogenetischen Forschung«, finden sich die zentralen Aussagen von Zimmermann zur Evolutionstheorie. Gleich zu Beginn stellt er noch einmal unmissverständlich klar, dass »die Phylogenie der einzige naturgegebene Zusammenhang verschiedenartiger Organismen ist« (Zimmermann 1943: 21 Fn.). Der entscheidende Mechanismus, durch den neue Merkmale entstehen können, seien die Mutationen. Die Makrophylogenie (d.h. die Entstehung von Gattungen, Familien etc.) hat sich auf dieselbe Weise vollzogen, wie wir sie noch in der Gegenwart am Beispiel der Mikrophylogenie (der Entstehung der Rassen) beobachten können. Alternative Erklärungen mit Hilfe von Makromutationen, Urzeugungen oder Schöpfungen würden jeder Erfahrung widersprechen.

Im Zusammenhang mit dem Anspruch, dass die Evolutionstheorie als Teil der Naturwissenschaften an der Objektivität ihrer Aussagen festhalten muss, diskutiert Zimmermann eine Alternative zur Evolutionstheorie: die Idealistische Morphologie. Für die Idealistische Morphologie hat der Typusbegriff keine phylogenetische Bedeutung, sondern er ist Ausdruck einer ideellen Gemeinsamkeit. Zimmermann wendet sich in seiner Kritik gegen die zeitgenössischen Anhänger der Idealistischen Morphologie Wilhelm Troll, Edgar Dacqué und Hans André. Sein grundsätzlicher Einwand ist ein methodologischer: Die genannten Autoren würden gänzlich auf wissenschaftliche Objektivität ihrer Aussagen zur Systematik verzichten, »indem sie sich für ein ›intuitives Schauen‹, für den ›Mythos‹, einsetzen« (Zimmermann 1943: 29). An dieser wie an anderen Stellen macht Zimmermann aus seiner tiefen Ablehnung dieser Ansätze kein Geheimnis, wenn er schreibt: »Wer intuitiv schaut, oder Mythen und andere Märchen erzählt, der will ja nicht die objektive und subjektive Komponente seines Erlebens sondern« (Zimmermann 1943: 29).

Im Abschnitt, die »Methoden der Ursachenforschung«, werden die Evolutionsmechanismen besprochen. Im Gegensatz zur historischen Rekonstruktion der Stammesgeschichte ist die Analyse der Evolutionsmechanismen grundsätzlich einer experimentellen Überprüfung zugänglich. Zimmermann gesteht den Kritikern einer einfachen Übertragung experimenteller Ergebnisse auf die phylogenetische Entwicklung zu, dass es theoretisch möglich wäre, dass in der Vergangenheit andere Gesetzmäßigkeiten galten als heute. Da es aber keine Belege für diese Ansicht gebe, sei es berechtigt, das Prinzip des Aktualismus anzuwenden und von einer Identität früherer und heutiger Evolutionsmechanismen auszugehen. Das einzige Phänomen, durch das die für den phylogenetischen Wandel notwendige Variabilität erzeugt wird, sind für Zimmermann die Mutationen. Nicht-erbliche Veränderungen (Modifikationen) verschwinden nach jeder Generation und die sexuelle Rekombination alleine lasse nichts Neues entstehen. Auch an diesem Punkt argumentiert Zimmermann im Sinne des synthetischen Darwinismus – mehr als das: er orientiert seine Ausführungen direkt an Dobzhanskys *Genetics and the Origin of Species* (Zimmermann 1943: 48–51).

Zimmermann war ein brillanter Architekt des synthetischen Darwinismus. *Die Phylogenie der Pflanzen* (1930), *Vererbung »erworbener Eigenschaften« und Auslese* (1938), der Artikel in der *Evolution der Organismen* (1943) und andere Schriften stellen bemerkenswerte Beiträge dar. Zimmermanns Arbeiten zum synthetischen Darwinismus sind zum einen wegen seiner Kritik anti-darwinistischer Vorstellungen (vor allem des Lamarckismus und der Idealistischen Morphologie) wichtig; allgemein war er der wohl konsequenteste Vertreter der Selektionstheorie in Deutschland. Hervorzuheben ist auch seine Ausarbeitung einer phylogenetischen Systematik. Und schließlich war seine Erklärung der phylogenetischen ›Gesetze‹ durch ungerichtete Mutationen, Selektion und Isolation dem analogen Versuch von Bernhard Rensch um fast ein Jahrzehnt voraus. Und so kommen Reif, Junker & Hoßfeld zu folgender Aussage: »It is difficult to imagine what aspects that were later developed by the synthesists are missing in Zimmermann's evolutionary theory of 1930!« (Reif, Junker & Hoßfeld 2000: 66).

Auf der anderen Seite hat Mayr darauf hingewiesen, dass für Zimmermann, wie für andere deutsche Darwinisten, die Evolution kein Populationsphänomen war: »Zimmermann actually worked on populations of the plant *Pulsatilla* to study variation in this species, but I fail to discover any real population thinking in his presentation« (Mayr 1999a: 24–25). Zimmermanns Interesse galt tatsächlich in erster Linie der Phylogenie sowie den Evolutionsfaktoren Selektion und Mutation. Evolution war für ihn mehr oder weniger »gleichbedeutend mit Phylogenie« (Zimmermann 1948: 196). Das Denken in Populationen[215] und vor allem die Frage der Artbildung (Speziation) scheint ihm dagegen eher fremd geblieben zu sein. Entsprechend kam er nicht über einen morphologischen Artbegriff hinaus. Die biologische Art war für ihn nur ein Durchgangsstadium zwischen Rassen und Gattungen, ohne eigenen ontologischen Status und charakterisiert durch Ähnlichkeit (Zimmermann 1943: 52–53; 1948: 194–95).

Die Rezeption seiner Thesen weist eine strikte Zweiteilung auf. Während er in Deutschland in den 1930er und 1940er Jahren als einer der wichtigsten Vertreter des synthetischen Darwinismus anerkannt war, wurde er international fast völlig ignoriert. Dies ist z.T. sicher ein Sprachproblem. Bis auf wenige Ausnahmen hat er nicht englisch publiziert und er hatte auch keine internationalen Kontakte (wie z.B. Timoféeff-Ressovsky oder Rensch). Aus welchem Grund Rensch in seinen Arbeiten nicht auf Zimmermanns Thesen eingeht, obwohl sie sich mit seinen eigenen Interessen überschneiden, ist nicht klar. Eventuell hat sich hier die Trennung zwischen Botanik und Zoologie negativ ausgewirkt. Zimmermann selbst sieht sich eindeutig in der Tradition des synthetischen Darwinismus: 1943 spricht er von der »heutigen Selektionslehre (dem sog. ›Neo-Darwinismus‹)« und zitiert neben Dobzhanskys grundlegendem *Genetics and the Origin of Species* (1937), seine eigenen Werke *Die Phylogenie der Pflanzen* (1930) sowie die *Vererbung »erworbener Eigenschaften« und Auslese* (1938) (vgl. auch Junker 2001c). Reif nennt Zimmermann den »bei weitem bedeutendsten, aber nie vollständig anerkannten deutschsprachigen Evolutionstheoretiker zwischen 1930 und 1965« (Reif 2000a: 363). Auch wenn ich Baur, Timoféeff-Ressovsky und Rensch einen ähnlichen Stellenwert zuspreche, kann es keinen Zweifel geben, dass Zimmermann einer der wichtigsten Architekten des synthetischen Darwinismus in Deutschland war.

### 2.5.2 Werner Zündorf (1911–1943)

Auch Zündorf ist ein interessanter Autor aus dem Umfeld des synthetischen Darwinismus, der bisher kaum beachtet wurde. Er war von seiner Ausbildung Botaniker, hat sich aber in seinen hier relevanten Artikeln hauptsächlich mit allgemein theoretischen Fragen beschäftigt. Inwieweit dies aus Interesse geschah oder durch die äußeren Bedingungen erzwungen wurde (Kriegsdienst), könnte nicht geklärt werden.

Zündorf wurde am 23. September 1911 als Sohn des Kaufmanns Friedrich Ernst Zündorf in Mettmann geboren.[216] Nach dem Abitur begann er 1931 in Tübingen Naturwissenschaften zu studieren. Am 15. Dezember 1938 wurde er mit der Arbeit *Zytogenetisch-entwicklungsgeschichtliche Untersuchungen in der Veronica-Gruppe Biloba der Sektion Alsinebe Griseb.* unter Ernst Lehmann promoviert. In Tübingen kam er auch mit Zimmermann und Heberer in näheren Kontakt. Wegen persönlicher Differenzen mit Lehmann wechselte er Anfang 1939 an Heberers Institut für »Allgemeine Biologie und Anthropogenie« in Jena, wo er zunächst als wissenschaftliche Hilfskraft, dann als wissenschaftlicher Assistent tätig war. Mit Kriegsbeginn wurde er eingezogen; seit Februar 1943 wurde er vermisst und fiel wahrscheinlich bei Stalingrad. Seine wenigen Publikationen erschienen in den Jahren 1938 bis 1943.

In den zentralen Werken des synthetischen Darwinismus wird Zündorf nicht erwähnt. Auch in der *Evolution der Organismen* werden seine Artikel nur von ihm selbst zitiert.[217] Zündorf war der jüngste Autor in der *Evolution der Organismen* und Heberer war offensichtlich nicht völlig von der Qualität seines Beitrages überzeugt. Wie aus Heberers Tagebuch hervorgeht, hat Mägdefrau aber seine Bedenken zerstreut.[218] In der zweiten Auflage der *Evolution der Organismen* (1959) wurde Zündorfs Beitrag mit folgender Begründung weggelassen: »Es war auch nicht mehr notwendig, eine besondere Darstellung der Idealistischen Morphologie zu geben, da der anachronistische Versuch, die Idealistische Morphologie als bestimmend in die Struktur der Biologie einzubauen, gescheitert ist« (Heberer 1959a: VIII). Erst in der Literatur der letzten Jahren finden sich auch positivere Einschätzungen. So nennt Reif Zündorfs Beitrag von 1943 eine »sehr gute Kritik der Idealistischen Morphologie« und einen »extrem bedeutenden Artikel« (Reif 1999: 161; 2000a: 370). Reif bemerkt auch, dass Heberers Einschätzung, die Idealistische Morphologie habe 1959 nur noch historische Bedeutung gehabt, zu optimistisch gewesen sei. Zündorf hatte »praktisch keinen Einfluß auf die weitere Geschichte der Typologie […], die im Nachkriegsdeutschland die Paläontologie dominierte und auch in Zoologie und Botanik namhafte Vertreter hatte« (Reif 1999: 173). Im Gegensatz hierzu vermutet Hoßfeld, dass Heberers Einschätzung zutreffend und das Scheitern der Idealistischen Morphologie ein »maßgebliches Verdienst« von Zündorf war (Hoßfeld 2000a: 263).

Im Zusammenhang mit seiner Dissertation hatte Zündorf zytogenetische Untersuchungen und Kreuzungen mit verschiedenen Arten von *Veronica* durchgeführt. Er kam u.a. zu dem Ergebnis, dass »Umweltbedingungen keinen Einfluß auf systematisch wichtige Merkmale der Gruppe haben« und dass »autopolyploide Vorgänge und Mutationen an der Rassen- und Artbildung beteiligt sind« (Zündorf 1939b: 236). In weiteren Untersuchungen führte er Artkreuzungen mit *Epilobium palustre* durch, um die verschiedenen Erklärungsversuche für die auftretenden reziproken Unterschiede zu überprüfen. Er konnte dabei die »wesentliche Beteiligung des rassen- und artmäßig verschieden konstituierten Plasmas« wahrscheinlich machen (Zündorf 1939c: 547; zu den Diskussionen um die plasmatische Vererbung vgl. Harwood 1984; Sapp 1987; Hoßfeld 1999d). Zündorfs Kreuzungsversuche mit natürlichen Populationen sind in ihrer Fragestellung und Methode eindeutig dem Forschungsprogramm des synthetischen Darwinismus zuzuordnen. In späteren Jahren ist er vor allem durch theoretische Artikel zum Lamarckismus und zur Idealistischen Morphologie hervorgetreten.

Walter Zimmermann hatte 1938 in seinem Buch *Vererbung ›erworbener Eigenschaften‹ und Auslese* **lamarckistische Theorien** sehr detailliert kritisiert. Zündorf, der zu dieser Zeit in Tübingen an seiner Dissertation schrieb, kannte Zimmermanns Werk genau. Wie aus der Danksagung im Vorwort zu Zimmermanns Buch hervorgeht, hatte Zündorf Korrektur gelesen und an der Erstellung des Index mitgearbeitet (Zimmermann 1938a: VIII). 1939 erschien Zündorfs Artikel »Der Lamarckismus in der heutigen Biologie« im *Archiv für Rassen- und Gesellschafts-Biologie*. In diesem Artikel greift Zündorf die Kritik Zimmermanns am Lamarckismus auf und ergänzt sie durch weitere Beispiele. Charakteristisch für Zündorfs Ansatz ist seine Unterscheidung von zwei Gruppen von Lamarckisten: Die »exakt-induktiv vorgehenden Forscher«, die durch experimentelle Untersuchungen zur Vererbung erworbener Eigenschaften gelangen, und die »generalisierend-induktiv Vorgehenden«, die auf der Basis paläontologischer und anatomischer Daten argumentieren (Zündorf 1939a: 281). Nur die erste Methode sei aber erfolgversprechend, »weil der Lamarckismus nur durch das exakt-induktive genetische Experiment behandelt werden kann und nicht durch bloßen – an geisteswissenschaftliche Methodik erinnernden –, den Kern der Sache nicht erfassenden, äußeren Vergleich« (Zündorf 1939a: 281).

Es liegt nach diesen Vorbemerkungen nahe, dass er verschiedene Experimente, die von Lamarckisten durchgeführt wurden, um ihre Theorien zu beweisen, mit Interesse behandelt, obwohl er ihre Schlussfolgerungen ablehnt. Am ausführlichsten werden die Versuche von William McDougall zum Lernverhalten von Ratten besprochen, die dieser in den Jahren 1927 bis 1938 durchgeführt hatte. Zimmermann war in seinem Buch von 1938 nicht auf diese Versuche eingegangen. Zündorf referiert die verschiedenen Argumente aus der Literatur zu den Experimenten von McDougall und bewertet sie. Seine Kritik ist hauptsächliche methodologischer Art. McDougall habe es an einer geeigneten Kontrollgruppe fehlen lassen und es sei mangelnde »genetische Homogenität des Ausgangsmaterials in bezug auf die zu prüfenden Eigenschaften« festzustellen. Insofern könne man die Versuche nicht als »beweiskräftige Stützen für eine Vererbung persönlich erworbener Eigenschaften« werten, sondern sie können »ebenso zwanglos – wenn nicht m.E. zwangloser – im Sinne unserer bisherigen genetischen Erfahrung gedeutet werden« . Ähnlich kommentiert Zündorf auch die Experimente von Ludwig und Harms (Zündorf 1939a: 284–87).

Sehr viel negativer als die Experimente zum Lamarckismus bewertet Zündorf Bemühungen, die Vererbung erworbener Eigenschaften durch »rein gedankliche Überlegungen« nachzuweisen (Zündorf 1939a: 297). Im einzelnen kritisiert er die Spekulationen von Cécile und Oskar Vogt, Karl von Frisch, Paul Buchner, Hans Böker, Karl Beurlen, Edgar Dacqué, Hedwig Conrad-Martius, Adolf Meyer-[Abich] u.a. Exemplarisch sei die harsche Ablehnung von Bökers Vorgehen zitiert:

»Die von ihm [Böker] eingeschlagene Methode ist nicht naturwissenschaftlich; er packt das Problem des erblichen, phylogenetischen Wandels an Stellen an, die ihm die Beweise versagen, naturnotwendig versagen müssen. Über die Lücken – oder besser: über die einzige, große Lücke setzt er mit einfachen Vergleichen der Lebensweisen und Bautypen der Organe hinweg. Phänotypen können nur durch Genotypen studiert werden! Das Bökersche Vorgehen ist das in der Biologie als ›idealistische‹, also rein geistige Methode, bekannte Verfahren, nicht die real-genetischen Zusammenhänge zu sehen, sondern diese gedanklich-metaphysisch herzustellen.« (Zündorf 1939a: 291)

Diese methodologische Auseinandersetzung mit dem Lamarckismus bildet den Schwerpunkt bei Zündorf. Er beurteilt die lamarckistischen Theorien aber auch vom Standpunkt der Genetik und wendet sich u.a. ausdrücklich gegen dualistische Vererbungstheorien auf der Basis der plasmatischen Vererbung (Zündorf 1939a: 295; 1942: 128). Er kommt zu dem Schluss: »Die einzigsten bis heute für die Phylogenie als maßgebend erkannten Faktoren bleiben Mutation und Auslese!« (Zündorf 1939a: 302).

Zündorfs Kritik an der **Idealistischen Morphologie** schließt eng an seine antilamarckistische Argumentation an. In mehreren Rezensionen, Zeitschriftenartikeln und seinem Beitrag zur *Evolution der Organismen* setzte er sich intensiv mit der Idealistischen Morphologie auseinander. Noch nachdrücklicher als in seiner Kritik des Lamarckismus wendet er sich nun gegen »metaphysisch-philosophische Spekulationen« in der Biologie und den auf »Unkenntnis zurückzuführende[n] völlige[n] Mangel an Verständnis für das von der experimentellen Genetik in den letzten beiden Jahrzehnten Erarbeitete« (Zündorf 1940: 10–11). Dies habe auch zu einer Ablehnung der Evolutions- und Selektionstheorie geführt: »Hand in Hand mit diesem Verkennen – das bei gewissen Autoren eher noch den Anschein des Totschweigens und Bagatellisierens besaß – ging die Ablehnung der Abstammungslehre und der neodarwinistischen Vorstellungen, die sich die heutige Phylogenetik vom Werden der Organismen macht«. Unter »Neodarwinismus« versteht Zündorf »die moderne wissenschaftliche Erkenntnis […], daß Mutation und Auslese im weitesten Sinne die bis heute einzig sicher erkannten Faktoren bei der Evolution darstellen« (Zündorf 1940: 11) – also wichtige Grundprinzipien des synthetischen Darwinismus (Rekombination und Isolation fehlen dagegen). Wichtige Grundlage dieser Theorie sei die Genetik:

»Dem Aufschwung der modernen Vererbungs- und Mutationsforschung ist es zu verdanken, daß die Deszendenzlehre nun schon sehr wesentlich aus dem Bereich einer generalisierend-induktiven Wissenschaft heraus und in das Licht der exakten Induktion gerückt werden konnte, so daß man heute bereits in der Lage ist, von der ›Genetik‹ als einer alle Forschungszweige verbindenden Wissenschaft zu sprechen.« (Zündorf 1940: 12)

Die Idealistische Morphologie behaupte dagegen, »daß man durch den Vergleich der Organismen miteinander niemals reale, genetische Beziehungen aufzeigen könne, sondern nur Zusammenhänge im metaphysischen Sinne« (Zündorf 1940: 12). Es stelle sich also folgenden Alternative: »Entweder sind die Organismen historisch geworden – dann müssen eine Typenlehre und idealistische Morphologie überflüssig sein, oder aber die ›Typen‹ verdanken übernatürlichen (ideenhaften) Geschehnissen ihr Dasein – dann könnte es keine Phylogenetik geben« (Zündorf 1942: 126). Konkret kritisiert Zündorf die idealistischen Theorien von Troll, Dacqué, Feyerabend, Steiner, Brock und Bergdolt.

In dem Beitrag zur *Evolution der Organismen* (»Idealistische Morphologie und Phylogenetik«) führt Zündorf diese Gedanken weiter aus. Er beginnt nun mit einem längeren Vorspann zur die Geschichte der Morphologie. Dies sei von Interesse, da die idealistische und die phylogenetische Morphologie und Systematik einen Berührungspunkt haben, der bis in die Gegenwart nachwirke: »Die idealmorphologischen Kenntnisse von der ›geheimen Verwandtschaft‹ im Tier- und Pflanzenreich führten zur Konzeption der wissenschaftlichen Abstammungslehre!« (Zündorf 1943: 93). D.h. die Phylogenetik entstand historisch aus der idealistischen Morphologie. Naef hatte gefordert, dass auch die heutige Phylogenie diesen Weg gehen müsse. Sie müsse zunächst auf »jegliche phylogenetische Methode verzichten [...], um zunächst idealmorphologisch zu forschen und dann die erhaltenen Typenreihen, Beziehungsschemata usw. stammesgeschichtlich als Stammreihen bzw. phylogenetische Stammbäume zu lesen« (Zündorf 1943: 94; vgl. Reif 1998). Zündorf hält dieses Vorgehen für unmöglich, da zumindest »im Unterbewußtsein« stets phylogenetische Gesichtspunkte eine Rolle spielen. Eine »›formale‹ Behandlung ist ohne das Bewußtsein, daß die Organismen stammesgeschichtlich geworden sind, einfach undenkbar« (Zündorf 1943: 95). Zudem gebe es grundlegende Unterschiede in der Methode:

> »Die phylogenetisch arbeitende Systematik baut im Sinne des Evolutionsmechanismus (Mikromutationen als Material für die Selektion) dynamisch, von den niedersten Kategorien ausgehend, das System auf, die Typologie glaubt hingegen, daß die Rassenbildung am Ende der Phylogenie stehe, nicht ihr Anfang sei und geht dementsprechend umgekehrt vom Typus aus zu den niederen systematischen Einheiten.« (Zündorf 1943: 101)

Die Idealistische Morphologie sei »für ihre Vertreter eine autonome Wissenschaft, ohne jegliche Beziehungen zur Physiologie. Alle reine Morphologie sei ihrem innersten Wesen nach unkausal, deshalb auch [...] morphologisch das, was sich kausalphysiologisch überhaupt nicht verstehen und erklären lasse« (Zündorf 1943: 100). Die Trennung von Morphologie und Physiologie (einschließlich Genetik) dürfe aber nur ein vorübergehender Zustand sein, denn erst die »Synthese der Ergebnisse aller Wissenschaftsgebiete gibt uns ein Bild vom ›Leben‹« (Zündorf 1943: 97–8). Die Wissenschaft sei nur vorläufig noch nicht in der Lage, die organismische Form kausal zu erfassen. Dies werde sich aber zunehmend ändern und die Morphologie werde ihre »historisch-technisch bedingte Sonderstellung« verlieren, da »alle Gestaltung«, die »Änderung der Form« und »das Entstehen homologer Organe« auf »Änderungen des Erbgutes und die sie begleitenden Auslesegesetzmäßigkeiten zurück«gehe.[219] Auch bisher waren die Naturwissenschaften »von der Beschreibung der Phänomene zu deren kausaler Erforschung« vorangeschritten und auch die »lebendige Gestalt bietet der modernen Biologie also keine unüberwindlichen Schranken mehr zu deren kausaler Erforschung« (Zündorf 1943: 99). Er kommt zu dem Schluss, dass es sich bei der Idealistischen Morphologie um einen wissenschaftlichen Anachronismus handelt (Zündorf 1942: 129).

Zusammenfassend lässt sich sagen, dass Zündorfs Kritik des Lamarckismus und der Idealistischen Morphologie wichtige Beiträge zum synthetischen Darwinismus in Deutschland waren. Beide Strömungen waren weit verbreitet und hatte einflussreiche Vertreter. Inhaltlich hat sich Zündorf vor allem an Zimmermann orientiert. Dies gilt auch für seine angedeutete Programmatik einer kausaler Morphologie. Die Forderung, die Ergebnisse der Genetik zu beachten, war eine wichtige Grundlage des synthetischen Darwinismus; zur Populationsgenetik, Makroevolution oder Speziation hat er sich nicht geäußert. Zündorf selbst konnte aus den oben genannten biographischen Gründen nicht mehr leisten. Sein Beitrag dokumentiert aber, dass auch die Morphologie ein Teil des synthetischen Darwinismus sein sollte.

## 3. Anthropologen

Im Abschnitt IV, 4, »Die Evolution der Menschen«, werde ich genauer auf die inhaltlichen Vorstellungen der hier besprochenen Anthropologen eingehen. An dieser Stelle folgt nur ein kurzer biographischer und inhaltlicher Überblick.

### 3.1 Christian von Krogh (1909–1992)

Von Krogh gehört (zusammen mit Herre, Schwanitz und Zündorf) zu den jüngeren Autoren in der *Evolution der Organismen*. Seine wissenschaftlichen Leistungen und seine Rolle im Dritten Reich wurden in der Vergangenheit weitgehend übergangen und erstmals vor kurzem von mir in Hoßfeld (2000a) dargestellt. Von Krogh ist nur insofern dem Umfeld des synthetischen Darwinismus zuzurechnen, als sein Beitrag in der *Evolution der Organismen* erschien.[220] Er war in erster Linie Anthropologe.

Von Krogh wurde am 23. Oktober 1909 in Bielefeld geboren.[221] In den Jahren 1928–32 studierte er Architektur in Darmstadt und Stuttgart, von 1932–35 Anthropologie in Bonn, Jena, Berlin und München. Am 18. Dezember 1935 wurde er in München promoviert und war anschließend Assistent bei Theodor Mollison am Anthropologischen Institut der Universität (Mollison 1939). Im Oktober 1939 habilitierte er sich mit der Arbeit »Die Skelettfunde des Bremer Gebietes und ihre Bedeutung für die Rassengeschichte Nordwestdeutschlands« für Anthropologie. Am 18. September 1940 wurde von Krogh zum Dozenten für Anthropologie an der Universität ernannt. Von 1940 bis 1945 diente er als SS-Untersturmführer des Sicherheitsdienstes (SD) in Frankreich. Am 5. Mai 1945 bis 14. Dezember 1951 war von Krogh interniert. Bereits im November 1945 kam es wegen seiner politischen Vergangenheit zur »Vorläufigen Diensterhebung«. Nach seiner Rückkehr aus der Gefangenschaft wurde von Krogh entnazifiziert, Anfang 1952 bemühte er sich vergeblich um die Wiedererteilung der venia legendi an der Universität München. Wesentlich für die Ablehnung war das Gutachten des Anthropologen Karl Saller (vom 19. Juli 1952), in dem dieser darauf verwies, dass von Krogh 1940 nur zum »Beamten auf Widerruf« ernannt worden war, also kein Rechtsanspruch bestehe.[222] Wichtiger für Saller waren aber von Kroghs politische Belastung und die Tatsache, dass die »wissenschaftlichen Arbeiten des Herrn Dr. v. Krogh […] herzlich unbedeutend« seien. Saller argumentierte: »Ich halte einen Mann mit derartiger Vergangenheit zum Lehrer für die heutige akademische Jugend und für den Wiederaufbau der Anthropologie für ungeeignet, umsomehr, als inzwischen jüngere unbelastete Kräfte heranwachsen«. In den folgenden Jahren lebte von Krogh als freiberuflicher Gerichtssachverständiger in Oberbayern. Er starb am 19. April 1992.

Von Kroghs Beitrag zur *Evolution der Organismen* über »Die Stellung des Menschen im Rahmen der Säugetiere« eröffnet den Abschnitt »IV. Die Abstammung des Menschen«.[223] Er bekräftigt, dass morphologische und physiologische Ähnlichkeiten eindeutig belegen, dass die Menschen am nächsten mit den Primaten verwandt und alle Primaten aus einem gemeinsamen Vorfahren entstanden seien. Die Evolution ist für ihn eine Differenzierung, der Mensch erweist sich »in seiner Gesamtheit als die differenzierteste Primatenart« (von Krogh 1943: 612). Die »Sondermeinungen« von Westenhöfer, Adloff und Dacqué seien abzulehnen.[224] Im weiteren referiert er den Diskussionstand der Evolutionstheorie seiner Zeit mit der Besonderheit, dass er ein Verfechter einer weiten Auslegung des biogenetischen Grundgesetzes ist. So nimmt er an, dass die phylogenetische Entwicklung der Säugetiere noch deutlich an ihrer Ontogenie zu erkennen sei (von Krogh 1943: 589). Dieser Parallelismus zwischen Ontogenie und Phylogenie lässt sich nun für von Krogh auch innerhalb der menschlichen Spezies nachweisen. D.h. das biogenetische Grundgesetz soll es ermöglichen, die körperlichen Unterschiede zwischen verschiedenen Menschenrassen in ursprüngliche und abgeleitete Merkmale einzuteilen.

Die Frage der Abstammung der Menschen hat von Krogh auch in anderen Publikationen diskutiert. Besondere Relevanz für unsere Fragestellung kommt dabei der 1940 erschienenen Streitschrift: »Immer wieder: Abstammung oder Schöpfung? Eine Weltanschauungsfrage« im *Biologen* zu (1940b). Obwohl von Krogh von der Richtigkeit der Abstammungstheorie überzeugt ist, soll eine wissenschaftliche Theorie nicht mit der nationalsozialistischen Weltanschauung gleichgesetzt werden: »Eine einzelne wissenschaftliche Erkenntnis kann niemals mit einer Weltanschauung identifiziert oder parallelisiert werden« (Krogh 1940b: 416). Man könne aber sagen, dass die monistische Grundhaltung typisch für den nordischen Menschen sei, während der Schöpfungsglauben dem Orient zuzuordnen ist. Auch in anderen Arbeiten von Kroghs finden sich Anknüpfungspunkte an wichtige Themen des Dritten Reichs. In seiner Habilitationsschrift *Rassenkundliche Untersuchungen im Bremer Marschgebiet* (1937) beispielsweise hat er die dort ansässige bäuerliche Bevölkerung mit den später zugewanderten Arbeiterfamilien verglichen. Aufgrund der weitgehenden reproduktiven Isolation zwischen den beiden Gruppen sollen sich verschiedene anatomische Unterschiede feststellen lassen. Von Krogh war kein Vertreter des synthetischen Darwinismus, er zeigte kein Verständnis für die neue kausale Evolutionstheorie.

## 3.2 Wilhelm Gieseler (1900–1976)

Gieselers umfassender Aufsatz in der *Evolution der Organismen* zur Fossilgeschichte der Menschheit schließt an die Diskussionen und Argumente an, die er bereits 1936 in seinem Buch *Abstammungs- und Rassenkunde des Menschen* vorgelegt hatte. Gieseler gehörte zum unmittelbaren Freundeskreis von Heberer (Hoßfeld 1997), arbeitete vorwiegend über die Herkunft der Menschheit und zählte zwischen 1930 und 1970 zu den international anerkannten Paläoanthropologen. Er war einer der wenigen Autoren, die in allen drei Auflagen der *Evolution der Organismen* präsent waren (1959, 1974), ist aber nicht dem unmittelbaren Kreis der Architekten des synthetischen Darwinismus im deutschen Sprachraum zuzurechnen.

Gieseler wurde am 11. Oktober 1900 in Hannover geboren.[225] Nach der Notreifeprüfung studierte er ab 1919 an den Universitäten in Göttingen, Heidelberg, Freiburg und München Medizin. Anthropologie studierte er in Freiburg bei Eugen

Fischer sowie in München bei Rudolf Martin. Bei letzterem wurde er im Frühjahr 1924 mit einer anthropologischen Arbeit promoviert. Von Oktober 1924 bis 1. Juli 1930 war er Assistent am Anthropologischen Institut der Universität München. Bereits im September 1925 wurde er Privatdozent für Anthropologie und 1929/30 führte er sein Medizinstudium mit Staatsexamen und Promotion zu Ende. Vom Juli 1930 an arbeitete er als Assistent am Anatomischen Institut der Universität Tübingen bei Martin Heidenhain und als Privatdozent für Anthropologie. Im Mai 1934 wurde er auf ein Extraordinariat für Anthropologie und Rassenkunde, im Oktober 1938 wurde er zum ordentlichen Professor für Rassenbiologie berufen. Im Juli 1945 wurde er entlassen und erst im Januar 1955 wieder als kommissarischer Leiter des Anthropologischen Institutes eingesetzt. Anfang 1962 wurde Gieseler zum ordentlichen Professor ernannt. Er starb am 26. September 1976 in Tübingen.

Gieselers Beitrag zur *Evolution der Organismen*, »Die Fossilgeschichte des Menschen«, ist mit 68 Seiten der mit Abstand umfangreichste Artikel im Komplex »Die Abstammung des Menschen.« Schon in den einführenden Zeilen bekennt er sich zur Selektionstheorie und modernen Genetik. Diese programmatische Äußerung bleibt allerdings in seinem Beitrag ohne Folgen, da er nicht konkret auf Evolutionsmechanismen oder genetische Fragen eingeht, sondern eine rein phylogenetische Abhandlung über die Fossilgeschichte der Menschen präsentiert. Im Hauptabschnitt seines Beitrages »Die fossilen Urkunden der menschlichen Stammesgeschichte« beschreibt er Funde europäischer und außereuropäische Neanderthaler, von *Pithecanthropus* und *Sinanthropus* sowie von tertiären Menschen und fossilen Ostaffen.

Der Beitrag von Gieseler enthält kein nationalsozialistisches Gedankengut und Vokabular. Dies wurde ihm dadurch erleichtert, dass er sich mit der Entstehung der Menschheit als Gesamtheit, d.h. vor der Aufspaltung in die heutigen Rassen, befasst. Ergänzend sei erwähnt, dass er den jüdischen Anthropologen Franz Weidenreich positiv und ausführlich zitiert. Gieseler ist nicht dem synthetischen Darwinismus im deutschen Sprachraum zuzurechnen, da er kein Interesse an der Frage der Evolutionsmechanismen zeigte.


## 3.3 Hans Weinert (1887–1967)

In seinem Beitrag in der *Evolution der Organismen* untersuchte Weinert »Die geistigen Grundlagen der Menschwerdung«. Er wurde am 14. April 1887 in Braunschweig geboren.[226] Nach dem Abitur begann er 1905 Naturwissenschaften in Göttingen zu studieren. Im Oktober 1907 wechselte er nach Leipzig. 1909 wurde er mit einer botanischen Arbeit promoviert und legte das Staatsexamen für das Höhere Lehramt ab. Nach dem Ersten Weltkrieg arbeitete er als Studienrat an einer Oberrealschule in Potsdam und bei von Luschan an der Universität in Berlin. 1926 wurde er zum Privatdozenten ernannt. 1927 war er wissenschaftlicher Assistent in München, bevor er 1928 nach Berlin zurückkehrte, wo er 1932 nebenamtlicher Professor wurde. 1935 wurde er auf den Lehrstuhl für Anthropologie in Kiel berufen, 1955 emeritiert. Er starb am 7. März 1967 in Heidelberg.

Weinert hat etwa 300 wissenschaftliche Arbeiten publiziert, wobei die drei Bücher *Ursprung der Menschheit, Entstehung der Menschenrassen* und *Der geistige Aufstieg der Menschheit* (1932, 1938, 1940) den wissenschaftlichen Kernpunkt seiner Tätigkeit bildeten. Wichtigste Themen seiner wissenschaftlichen Arbeit waren Primatologie und die Evolution der Menschen. Auf zahlreichen Forschungsreisen konnte Weinert seine Schemata über die Menschheitsentwicklung auch anhand von fossilen Originalfunden überprüfen. Während der NS-Zeit hat er pseudowissenschaftliche Einwände gegenüber der Abstammungslehre scharf kritisiert: »Wenn der Gegner, ganz gleich, aus welchen Kreisen er kommt, sich einmal die Mühe geben wollte, überhaupt einen Einblick in das zu erlangen, was unsere heutige Zeit an Entdeckungen und Forschungserfolgen aufweisen kann, dann würde mit einem Male der ganze Streit um die Abstammungslehre verstummen« (Weinert 1943a: 733). Er ist auch durch starkes Engagement im Sinne des Dritten Reiches aufgefallen. Vor allem ab Mitte der 1930er Jahre erfolgte eine weitgehende Übernahme der rassenkundlichen Themen im Sinne der NS-Ideologie (1934, 1935, 1941).

In seinem Beitrag zur *Evolution der Organismen* folgte er in groben Zügen seinen Ausführungen im Buch *Der geistige Aufstieg der Menschheit* (1940a). Als einer der wenigen fand er in der 2. Auflage keine Aufnahme mehr, sondern wurde durch neue Aufsätze von Heberer (1959b) und Egon Freiherr von Eickstedt (1959) ersetzt. Bei Weinert finden sich keine Anknüpfungspunkte an den synthetischen Darwinismus, sondern nur eine sehr oberflächliche Betonung des Kampfes ums Dasein als Motor des Fortschritts: »Und so kam zu der Arbeit der Kampf, der von nun an die Menschheit zum weiteren Aufstieg zwang« (Weinert 1943a: 721).

### 3.4 Otto Reche (1879–1966)

Reche ist der einzige der von mir untersuchten Anthropologen (abgesehen von Heberer), der sich in seinem Beitrag zur *Evolution der Organismen* auf Inhalte des synthetischen Darwinismus bezieht. Zugleich ist er der einzige Autor in der *Evolu-*

*tion der Organismen*, der wichtige Kernaussagen der nationalsozialistischen Rassenmythologie, wie die Entstehung der Menschen in Europa (der »Heimat«), die einseitige Betonung äußerer Bedingungen (der Eiszeiten), die Überlegenheit der nordisch-fälischen Rasse und die Ablehnung von Rassenmischungen aufgreift. Dies wurde auch von anderen Darwinisten bemerkt. So verweist Zündorf in seiner Kritik am Lamarckismus auf Reche und schreibt, dass »die schönen rassenphysiologischen Forschungen Reches« erwiesen haben, »daß auch die menschliche Rassenbildung (Neger, Nordische Rasse) auf Naturzüchtung zurückzuführen ist« (Zündorf 1939a: 301).

Reche wurde am 24. Mai 1879 in Glaz (Schlesien) geboren.[227] Ab 1901 studierte er zunächst Medizin, Zoologie, Vergleichende Anatomie und Paläozoologie an den Universitäten Jena, Breslau und Berlin. Ende 1904 wurde er in Breslau mit einer Arbeit über Form und Funktion der Halswirbelsäule der Wale promoviert. Von der afrikanisch-ozeanischen Abteilung des Museums für Völkerkunde in Berlin unter Leitung von Felix von Luschan wechselte er Mitte 1906 an das Hamburgische Museum für Völkerkunde. Hier war er bis 1924 mit Unterbrechungen als Assistent bzw. Abteilungsleiter tätig und nahm an der ›Südsee-Expedition der Hamburgischen wissenschaftlichen Stiftung‹ ins Bismarck-Archipel und nach Deutsch-Neuguinea (1908–09) teil. Von 1908 bis 1919 war er zudem Dozent am Kolonialinstitut und wurde unmittelbar nach seiner Habilitation (Ende 1919) zum Professor an der neu gegründeten Universität Hamburg ernannt. 1924 wurde Reche Ordinarius und Direktor des Anthropologisch-Ethnologischen Institutes der Universität Wien. 1926 wechselte er nach Leipzig, wo er bis 1945 Ordinarius für Anthropologie und Ethnologie sowie Direktor des ›Staatlich-Sächsischen Forschungsinstitutes für Völkerkunde‹ war. Nach der Entlassung aus amerikanischer Kriegsgefangenschaft (Juni 1945 bis November 1946) wurde Reche emeritiert und lebte ab 1946 in Reinbek bei Hamburg, ab 1953 in Schmalenbeck. Er starb am 23. März 1966.

Reche hat sich an vielen Stellen zu nationalsozialistischen Ideen bekannt und gab sogar direkte Empfehlungen für deren Umsetzung in die politische Praxis. Unter den in der *Evolution der Organismen* vertretenen Anthropologen war Reche der aktivste und radikalste Verfechter der NS-Rassenlehre. So kam er in seinem 1936 erschienenen Buch *Rasse und Heimat der Indogermanen* zu folgendem Schluss:

»Das, was wir ›Weltgeschichte‹ nennen, ist im Grunde nichts anderes, als die Geschichte des Indogermanentums und seiner Leistungen, das gewaltige, erhebende und zugleich tragische Heldenlied der Nordischen Rasse. […] Wir Germanen sind der in der Heimat gebliebene große rassische Kern des Indogermanentums; wir kennen die Gefahr – unsere Aufgabe ist es, sie zu meistern.« (Reche 1936: 208; vgl. auch Hoßfeld 2000a: 268)

In seinem Beitrag zur *Evolution der Organismen* (»Die Genetik der Rassenbildung beim Menschen«) bemühte sich Reche, die neuesten Forschungsergebnisse zu diesem Thema neutral darzustellen, was ihm nur sehr bedingt gelang. Der Beitrag ist nur im Vergleich zu seinen anderen Publikationen relativ sachlich gehalten. An dieser Stelle sei nur erwähnt, dass er nicht nur auf die klassischen Evolutionsfaktoren eingeht (Mutation, Selektion, geographische Isolation, Bastardierung, Populationsgröße, sexuelle Selektion), sondern auch zu zeigen versucht, wie die Unterschiede zwischen den rezenten Menschenrassen auf diese Weise zu erklären sind. Reche hat den Anspruch, die neuesten Ergebnisse des synthetischen Darwinismus wiederzugeben und auf die Frage der Rassenbildung beim Menschen anzuwenden: »Einzig und allein die Ergebnisse der Erbforschung [... geben] uns auch über das Werden der Arten und Rassen Aufschluß« (Reche 1943: 685–86).

## 4. Wissenschaftstheoretiker

### 4.1 Hugo Dingler (1881–1954)

Dinglers Beitrag »Die philosophische Begründung der Deszendenztheorie« bildete den Auftakt zur ersten und zweiten Auflage der *Evolution der Organismen* (1943, 1959); in der dritten Auflage (1967–74) erschien er nicht mehr. Heberer hatte Dinglers philosophische Einführung damit sehr auffällig positioniert. Wie er 1956 schrieb, hatte er bereits 1928 die erste Auflage von Dinglers *Zusammenbruch der Wissenschaft* gelesen. Hier fand er eine »Methodenlehre«, die ihm »brauchbar erschien«, und eine Stellungnahme zur Evolutionstheorie, wie er sie »nicht bei einem Philosophen glaubte erwarten zu können«. Anfang der 1930er Jahre lernte Heberer dann Dingler persönlich kennen und der Kontakt wurde bis zu Dinglers Tod aufrechterhalten (Heberer 1956: 100–01).

Dingler wurde am 7. Juli 1881 in München als Sohn des Botanikprofessors Hermann Dingler und seiner Frau Maria Erlenmeyer geboren.[228] Von 1901 bis 1906 studierte er in Erlangen, München und Göttingen Mathematik und Physik. 1904 absolvierte er das bayerische Staatsexamen für Mathematik und Physik; 1907 wurde er in München zum Dr. phil promoviert. In den Jahren 1907 bis 1912 war er Assistent für höhere Mathematik und darstellende Geometrie an der TH München; 1912 habilitierte er sich für Methodik, Unterricht und Geschichte der mathematischen Wissenschaften. Am Ersten Weltkrieg nahm er als Leutnant teil. Nach der Rückkehr wurde er zunächst Reallehrer in Aschaffenburg bevor er 1920 zum ao. Professors für Philosophie an der Universität München ernannt wurde. 1932 wurde er zum oö. Professor für Philosophie, Pädagogik und Psychologie an die Technische Hochschule Darmstadt und als Vorstand des pädagogischen Institutes Mainz berufen. Zwei Jahre später wurde er zwangspensioniert und verlor er seinen Lehrstuhl in Darmstadt. Ein Grund war sein Buch *Die Kultur der Juden* (1919). Obwohl Dingler zu den Unterzeichnern des »Bekenntnis der Professoren zu Adolf Hitler« vom März 1933 gehörte, wurde er während der NS-Zeit nicht mehr auf eine Professur berufen. Dingler starb am 29. Juni 1954 in Aschaffenburg.

Mit Dingler hatte Heberer einen Philosophen gefunden, der nicht nur wichtige biologische Grundsätze des synthetischen Darwinismus teilte, sondern auch aus wissenschaftstheoretischer Position klar gegenüber anti-evolutionistischen Ideen Stellung bezog. Dingler habe, so Heberer, eine logisch ausgearbeitete und kurz formulierte »Darstellung des Historischen im Bereich des Belebten« vorgelegt, die »in ihrem Grundgefüge ein Vorläufer der heutigen ›Synthetischen Theorie der Evolution‹ war« (Heberer 1956: 101). Eine Analyse von Dinglers evolutionstheoretischen Beiträgen bestätigt diese Einschätzung Heberers weitgehend. Insofern ist es verwunderlich, dass die zeitgenössischen Vertreter des synthetischen Darwinismus Dingler völlig übergangen zu haben scheinen. Aufgrund der unterschiedlichen sprachlichen und philosophischen Traditionen mag es noch plausibel sein, dass Dinglers Artikel in den zentralen Schriften der englischsprachigen Architekten der Theorie nicht genannt wird. Er wird allerdings auch von den deutschen Darwinisten kaum rezipiert. Keiner der Autoren der *Evolution der Organismen* (1943) geht auf Dinglers einführenden Beitrag ein und lediglich Weinert gibt knappe Hinweise auf eine frühere Schrift Dinglers (1940). Dies gilt auch m.E. für die zweite Auflage der *Evolution der Organismen* (1959). In der wissenschaftshistorischen Literatur zur Geschichte des synthetischen Darwinismus wird Dinglers Beitrag zur *Evolution der Organismen* erst in den letzten Jahren beachtet. Uwe Hoßfeld bemerkt, dass es »für ein Evolutionsbuch kein so üblicher Zugang« war, dass es durch den Beitrag eines Philosophen eröffnet werde (Hoßfeld 1999b: 200), und Mayr spricht von dem »extremely well informed essay by the philosopher Dingler« (Mayr 1999a: 22). Wolf-Ernst Reif hat auf Dinglers Argument hingewiesen, dass »die Deszendenztheorie überhaupt keine morphologische Begründung braucht, sondern direkt aus dem Kausalitätsprinzip abzuleiten ist«, und eine kurze Analyse seiner evolutionstheoretischen Thesen gegeben.[229] Reif hat auch bemerkt, dass es schwer zu verstehen sei, warum der Artikel praktisch nie zitiert wird (Reif 1999: 173).

Dingler veröffentlichte mehrere Bücher und Artikel, in denen er sich mit evolutionstheoretischen Fragen auseinander setzte. Bereits in *Der Zusammenbruch der Wissenschaft* (1931) hat er im Abschnitt »Die Biologie als Geschichte« verschiedene aktuelle Probleme der Evolutionsbiologie wie die Vererbung erworbener Eigenschaften, Höherentwicklung im Unterschied zur Evolution und die Wirkungen von Selektion und Mutationen diskutiert. Zur Evolutionstheorie allgemein konstatierte er, »daß die vielumstrittene Entwicklungslehre im Sinne einer kausalen Erklärung der Entstehung und des Vorhandenseins der Lebewesen etwas überhaupt ganz Selbstverständliches und völlig Unumgängliches ist, sobald man überhaupt einmal zur Anwendung der Kategorie der Kausalität entschlossen ist« (Dingler 1931: 311). Die These von der Selbstverständlichkeit der Evolutionstheorie bildet auch den Kern seiner Argumentation in späteren Schriften. Seine Äußerungen zu konkreten Fragen, zur Evolution der Menschen, zu Selektion und Mutation sind relativ allgemein, aber weitgehend im Sinne des synthetischen Darwinismus gehalten. So schreibt er, dass »von einem Gerichtetsein oder gar ›Höher‹-Gerichtetsein [der Mutationen] keine Rede sein kann« (Dingler 1931: 329).

In dem Artikel »Ist die Entwicklung der Lebewesen eine Idee oder eine Tatsache?«, der 1940 im *Biologen* erschien, geht Dingler auf grundlegende Kritiken an der Evolutionstheorie ein. Zunächst stellt er sich ganz auf die Seite einer Synthese zwischen Genetik und Darwinismus: Seit der Verbindung der Selektionstheorie mit den Ergebnissen der Mutationsforschung seien alle Versuche, die Evolutionstheorie auf empirischem Wege zu widerlegen, gescheitert. Dingler sieht die wesentlichen Probleme der Evolutionstheorie, die durch das mangelnde Verständnis der Vererbungsphänomene entstanden waren, als gelöst an. Da die Gegner der Evolutionstheorie auf empirischem Gebiet in die Defensive gedrängt seien, würden sie sich nun »mehr philosophischen und erkenntnistheoretischen Einwendungen« zuwenden. So erhob man »den banalen Einwand, daß niemand die Entwickelung experimentell wiederholt habe oder wiederholen könne und daß daher die Entwicklungslehre stets nur eine blasse Theorie bleiben müsse und prinzipiell unbeweisbar sei«. Dingler weist darauf hin, dass diese Kritik auf eine generelle Abwendung von wissenschaftlichen Prinzipien hinauslaufe. Mit dem genannten Einwand »glaubte man, die erwünschte Gelegenheit zu haben, nun übernatürliche Prinzipien für die Entstehung der heutigen Organismen verantwortlich zu machen, deren Einwirkung im einzelnen dann um so mehr in einem mystischen Dunkel blieb« (Dingler 1940: 222–23).

Dingler kommt aufgrund von theoretischen Erwägungen zu dem Schluss, dass die genetisch bedingten Merkmale heutiger Organismen durch eine große Zahl ungerichteter Mutationen und anschließende Selektion zustande gekommen seien.

Lamarckismus und Orthogenese lehnt er ab. Die Anpassung geschehe »nicht durch direkte kausale Einwirkung des Milieus oder durch innere Richtkräfte, sondern durch Auffindung des geeigneten Milieus, für welche das betreffende Lebewesen besser geeignet ist, nachdem es spontan entstanden ist«. Im Laufe von vielen Jahrmillionen haben sich diese Änderungen summiert und zur Entwicklung aller heute lebenden Organismen geführt. Als entscheidende Schlussfolgerung führt er an, dass er nachweisen konnte,

> »daß die Entwicklungslehre von niedersten Lebewesen ab nicht etwa nur eine ordnende Idee darstellt, sondern vielmehr eine geschichtliche Tatsache, die ebenso sicher ist, und den gleichen Geltungswert hat, wie irgendeine andere geschichtliche oder historische Tatsache überhaupt, etwa wie die Alexanderzüge oder die Entstehung der Alpen oder des Christentums usw., die alle methodisch auch nur auf genau den gleichen Prinzipien gesichert werden können.« (Dingler 1940: 232)

In seinem Beitrag zur *Evolution der Organismen* hat Dingler diese Thesen aus Sicht einer allgemeinen Wissenschafts- und Erkenntnistheorie weiter erläutert und präzisiert.[230] Die Entstehung der Organismen werde im Rahmen der Abstammungstheorie durch das »Aufstellung von Kausalreihen« behandelt. Vergangenheit und Zukunft können zwar »nur im Geiste beschritten werden« und Aussagen darüber müssen zumindest teilweise »stets das Produkt geistiger Konstruktion sein«. Dies enthebe die Wissenschaft aber nicht der Aufgabe, »alles kausal zu behandeln, was überhaupt Objekt des Denkens sein kann«. Gott, Seele und die davon abgeleiteten Lebenskräfte, Entelechien, Vitalfaktoren usw. seien »unbewiesene und in der strengen Methodik direkt als unmöglich nachweisbare Denkformen« (Dingler 1943: 5–8). Dies gelte auch für »Spekulationen über morphologische Typen, über urbildliche Betrachtungsweisen, Gestalten, Ganzheiten usw., soweit sie sich metaphysischer Elemente bedienen«. »Metaphysische Elemente aber liegen stets vor, wo behauptet wird, dass sich eine ›Gestalt‹ nicht nur zeitweise, sondern prinzipiell der ›begrifflich-kausalen Analyse entziehe‹, dass die Makroevolution ›offenbar kein bloßer Mechanismus‹ sei usw.« (Dingler 1943: 16–17). Da gerade in der Biologie der Versuch zu beobachten sei, akausale Elemente einzuführen, geht Dingler auf diese Frage genauer ein und kommt zu dem Schluss, dass jede Behauptung einer »Akausalität auf Grund empirischer Befunde […] eine Abschneidung des Forschungswillens und damit eine Behinderung möglichen Fortschrittes an der betreffenden Stelle« bedeute. Entsprechende Annahmen seien »prinzipiell unnötig und falsch«

und können lediglich einen »Scheinfortschritt in der Erkenntnis für Unkritische« bedeuten (Dingler 1943: 10).

Konkret leitet Dingler aus seinen methodologischen Thesen ab, dass sich auf der Erde »alle größeren Lebewesen in endlicher Zeit aus solchen kleinster Art unter lückenloser Fortpflanzung entwickelt haben«. Die Evolution der Organismen bedarf »für die Aussage ihres Vorhandenseins keinerlei Hypothese«, sondern sie stellt »eine unmittelbare Folge des Kausalgesetzes selbst« dar. Die Evolution ist keine Hypothese sondern Ausdruck einer historischen Tatsache (Dingler 1943: 13). Und so kommt er zu folgender Feststellung: »Entwicklungslehre ist Geschichte im wissenschaftlichen Sinne. Alle wissenschaftliche Geschichte aber ist kausale Konstruktion, ausgehend vom aktual Gegebenem nach rückwärts in der Zeit auf Grund gesicherter Kausalgesetze« (Dingler 1943: 18).[231] Neben diesen allgemeinen Erläuterungen zur Gültigkeit der Evolutionstheorie geht Dingler auch auf speziellere Fragen ein, wobei er den Ausführungen der Fachforscher in keiner Weise vorgreifen, sondern die vom »Methodischen und (wenn man so will) ›Philosophischen‹ her sich eröffnenden, zugleich aber sich als zwingend erweisenden reinen Denkmöglichkeiten« aufzeigen will. Er stellt fest, dass man über diese formalen Denkmöglichkeiten und die konkrete empirische Forschung unabhängig voneinander zu übereinstimmenden Ergebnissen gelangt sei. Auch an dieser Stelle wiederholt er seine Kritik an lamarckistischen und orthogenetischen Vorstellung: Mutationen sind nicht direkt nützlich, sondern zufällig: »Der Organismus mutiert also vom Milieu aus gesehen zufällig« (Dingler 1943: 14, 16). Mutation und Selektion können sowohl die Mikroevolution als auch die Makroevolution im Prinzip erklären. Evolutionäre Trends entstehen nicht durch innere Faktoren, sondern durch die langanhaltende Selektion ungerichteter Mutationen (zu den evolutionstheoretischen Thesen von Dingler vgl. auch Reif 1999: 172–73).

Dingler hat, das lässt sich zusammenfassend feststellen, bereits seit Ende der 1920er Jahre wichtige Grundthesen des späteren synthetischen Darwinismus vertreten und vor allem klar gegen anti-evolutionistische Autoren argumentiert. Die Einheit von Mikro- und Makroevolution hielt er für eine Selbstverständlichkeit. Seine Aussagen zu konkreten biologischen Fragen blieben relativ allgemein; Populationsdenken und ein Verständnis der Speziationsproblematik fehlten völlig. Der Schwerpunkt seiner Argumentation war der Nachweis, dass der Kreationismus in allen seinen Varianten aus methodischen Gründen abzulehnen sei, da er die wissenschaftliche Grundannahme eines durchgängigen kausalen Determinismus verletze. Die historische Bedeutung dieser Argumentation wurde auch im Rückblick von Heberer bestätigt (Heberer 1956: 101).

# III. Die Evolutionsfaktoren

Der synthetische Darwinismus war in erster Linie eine Theorie der Kausalität der Evolution und seine Architekten knüpften in diesem allgemeinen Ziel ebenso wie in ihrer argumentativen Struktur direkt an Darwins *Origin of Species* (1859) an. Der Argumentationsfigur Darwins und des Darwinismus beim Nachweis der Selektionstheorie bin ich auch bei meiner historischen Rekonstruktion gefolgt. Unerlässliche Voraussetzung ist zunächst die Existenz potentiell unbegrenzter erblicher Variabilität. Darwins konkrete Vorstellungen über Entstehung und Form der Variabilität, wie er sie in *Origin of Species* dargelegt hatte (»Variation under Domestication«, »Variation under Nature«, »Laws of Variation«) erfuhren zwar durch Genetik und Populationsgenetik eine weitgehende Neufassung – man sprach nun von »Mutation« und »Rekombination«. Die Funktion dieser Phänomene im Rahmen des selektionistischen Modells änderte sich jedoch nicht: Es ging darum, Existenz und Neuproduktion ausreichender erblicher Variabilität nachzuweisen. Ähnlich wie Darwin zunächst die Variation unter den Bedingungen der Domestikation darlegte, standen in Genetik und Populationsgenetik künstliche, d.h. experimentelle und theoretische Untersuchungen am Anfang. Und auch Darwins weitergehende Ausführungen zur »Variation under Nature«, die das Vorkommen der entsprechenden Phänomene unter natürlichen Bedingungen zeigen sollten, wurden in modernisierter Form aufgegriffen, indem man den Nachweis führte, dass sowohl individuelle als auch geographische Variabilität in der Natur auf Mutation und Rekombination zurückführbar sind.

Die Modernisierung der Evolutionstheorie wurde möglich durch die Fortschritte der Genetik, der es gelang, grundlegende Phänomene der Veränderlichkeit der erblichen Eigenschaft der Organismen, ihre Mutabilität, aufzuklären. Sollte sich die Selektionstheorie als richtig erweisen, so musste es gelingen zu zeigen, 1) dass ausreichend genetische Variabilität (Auslesematerial) zur Verfügung steht und 2) dass die Richtung der Veränderung der erblichen Eigenschaften (der Mutationen) nicht überwiegend determiniert ist. Nur unter diesen Bedingungen kann die Selektion ihre Wirkung als richtender Faktor entfalten. In den ersten Jahrzehnten des 20. Jahrhunderts war es keineswegs klar, ob die Mutabilität tatsächlich diese empirischen Eigenschaften aufweist. Entsprechend blieb die Frage offen, welche Evolutionsmechanismen plausibel oder widerlegt sind und wie eine neue Evolutionstheorie aussehen würde. Die Selektionisten unter den Genetikern haben nun die genetischen Eigenschaften von Organismen und Populationen spezifisch auf diese Kriterien hin untersucht und wurden fündig.

In einem zweiten Schritt konnten nun Voraussetzungen und Wirkungen der Selektion untersucht werden. Diese gilt insofern als wichtigster Evolutionsfaktor, als nur sie die Entstehung von Anpassungen und zunehmender Komplexität erklären kann. Auch hier folgte der moderne Darwinismus Darwins Argumentationsstruktur. Ein grundsätzlicher Unterschied besteht lediglich bei der Frage, wie die Aufspaltung einer Art (die Speziation) zu erklären ist. Darwin führte zu diesem Zweck das Divergenzprinzip ein, das letztlich auf die natürliche Auslese zurückgeht und von ihm im Kapitel »Natural Selection« behandelt wurde. Im synthetischen Darwinismus wird dagegen für die Speziation ein eigener Evolutionsfaktor postuliert, der sich nicht auf Mutationen, Rekombination oder Selektion reduzieren lässt: die mechanische (geographische) Isolation zwischen zwei Populationen.

Das modernisierte selektionistische Evolutionsmodell war plastisch genug, um Abweichungen im Detail zu ermöglichen. Auch die Evolutionsfaktoren wurden unterschiedlich bestimmt; neben Mutation und Selektion wurden weitere Faktoren – Rekombination, Migration, Elimination, Isolation, Populationswellen, Zufall u.a. – postuliert. Trotz der Bedeutung der Evolutionsfaktoren bestand also keine Übereinstimmung, um welche Faktoren es sich konkret handelt: Dobzhansky nannte beispielsweise Mutation, Selektion, Migration und geographische Isolation (Dobzhansky 1937: 13). Ludwig schrieb, dass »die Selektionstheorie die beiden bisher vernachlässigten Evolutionsfaktoren zu Hilfe nehmen [muss]: den Zufall und die Isolation« (Ludwig 1943a: 498).

Am einflussreichsten für den synthetischen Darwinismus in Deutschland wurde das Schema von Timoféeff-Ressovsky. Dieser hatte von vier Evolutionsfaktoren (Mutabilität, Selektion, Populationswellen und Isolation) gesprochen, die auf drei Wirkungsmechanismen zurückgeführt werden können: 1) »den Mutationsdruck durch wiederholte Lieferung des Evolutionsmaterials in Form bestimmter Mutationen«, 2) »den Selektionsdruck, der in Ausmerzung nicht adaptiven und Auslese adaptiven Evolutionsmaterials besteht«, und 3) »den zufälligen Konzentrationsschwankungen einzelner Genotypen durch variierende Beschränkung der Panmixie und der Individuenzahlen. Der letzte Wirkungsmechanismus unterscheidet sich vorwiegend quantitativ in den von uns oben getrennten Evolutionsfaktoren, der Isolation und den Populationswellen« (Timoféeff-Ressovsky 1939a: 205). Diese vier Evolutionsfaktoren unterteilt er in zwei Gruppen: »Die Mutabilität und die Populationswellen liefern das Evolutionsmaterial, die Selektion und die Isolation bilden die richtenden Evolutionsfaktoren; wobei die Selektion die Adaptation und zeitliche Differenzierung, die Isolation – die räumliche Differenzierung in erster Linie bedingen« (Timoféeff-Ressovsky 1939a: 206). Dieses Viererschema wurde auch von anderen Vertretern des synthetischen Darwinismus in Deutschland übernommen (vgl. Ludwig 1943a: 492, 516; Rensch 1947a: 3) und durch weitere Faktoren ergänzt. Rensch beispielsweise führte als fünften Faktoren »gelegentliche sekundäre Bastardierung« an (Rensch 1947a: 13–14), Reinig die Elimination (Reinig 1938).

## 1. Mutation

Bis in die ersten Jahrzehnte des 20. Jahrhunderts gab es eine große Vielfalt unterschiedlicher Evolutionstheorien mit jeweils verschiedenen Evolutionsmechanismen. Eine Ursache hierfür war die weitgehende Unklarheit über die Gesetze der Vererbung. Darwin selbst vertrat – wie die meisten Biologen des 19. Jahrhunderts – die Überzeugung, dass die Umwelt oder Gebrauch bzw. Nichtgebrauch zur erblichen Veränderung von Merkmalen führen können (Lamarckismus) (Darwin 1859: 8–11). Er vermutete, dass »the tissues of the body, according to the doctrine of pangenesis, are directly affected by the new conditions, and consequently throw off modified gemmules, which are transmitted with their newly acquired peculiarities to the offspring« (Darwin 1868, 2: 394–95; vgl. Churchill 1987; Gayon 1998; Hoppe 1998). Darwin diente die Vererbung erworbener Eigenschaften als Ergänzung zur Selektionstheorie. Im letzten Drittel des 19. Jahrhunderts wurde eine Reihe weiterer Vererbungstheorien vorgeschlagen, u.a. von Spencer (1864–67), Haeckel (1866), Galton (1876), Weismann (1883, 1885), Nägeli (1884), Strasburger (1884) und de Vries (1889) und es wurden zunehmend lamarckistische und orthogenetische Mischtheorien populär, die die Selektionstheorie ausschlossen.

1883 veröffentlichte August Weismann dann seine Abhandlung *Über Vererbung*, die ganz der Widerlegung der Vererbung erworbener Eigenschaften gewidmet war. Er legte nicht nur die Schwierigkeiten der lamarckistischen Position dar, sondern bemühte sich auch zu zeigen, dass sich viele der lamarckistischen Paradebeispiele mit der Selektionstheorie erklären lassen (Churchill 1985). Er nahm an, dass die Keimbahn von Anfang an vom Körper (Soma) getrennt ist (»Kontinuität des Keimplasmas«, 1885), und dass deshalb nichts, was dem Körper widerfährt, den Keimzellen mitgeteilt werden kann: »Ich muss desshalb die Vorstellung, dass somatisches Kernplasma sich wieder rückwärts in Keimplasma umwandeln könnte [...], für irrig halten« (Weismann 1885: 52). Eine Vererbung erworbener Eigenschaften ist nach dieser Theorie unmöglich. Viele der spekulativen Ansichten von Weismann haben sich nicht bestätigt, aber mit einigen zukunftsweisenden Experimenten und Theorien legte er die Grundlagen für die Renaissance, die Darwins Theorien im 20. Jahrhundert erfuhren (Gaupp 1917; Churchill 1968, 1985; Löther 1990; Mayr 1985b; 1991: 127–31).

Klarheit über die Kausalität der Evolution erhoffte man sich durch »genaueres Studiums des Wesens der Variabilität, ihrer Ursachen und der Art, in welcher sie sich in bezug auf Erblichkeit verhält« (R. Hertwig 1914: 17). Bereits 1865 hatte Gregor Mendel seine berühmten Untersuchungen vorgelegt. Seiner Theorie zufolge ist jedes Merkmal in einem befruchteten Ei durch zwei (und nur zwei) Faktoren vertreten, von denen je einer von der Mutter und vom Vater stammt (Mendel 1866; Stubbe 1965; Orel & Hartl 1994). Nach der Wiederentdeckung von Mendels Arbeiten im Jahre 1900 entstand in Verbindung mit neuen Erkenntnissen zur Struktur der Zellen und des Zellkerns innerhalb weniger Jahre die moderne Wissenschaft der Vererbung, die Genetik (*Fundamenta Genetica* 1965; Olby 1985). Interessanterweise war das Verhältnis von Genetik und Darwinismus in den ersten Jahrzehnten des 20. Jahrhunderts von Widersprüchen und Missverständnissen geprägt (vgl. Provine 1971; Mayr 1982). Wie Timoféeff-Ressovsky 1939 rückblickend bemerkte, habe nach der Wiederentdeckung der Mendelgesetze eine »gewisse Entfremdung zwischen den Mendelisten und den Evolutionisten« bestanden (Timoféeff-Ressovsky 1939a: 161). Die frühen Mendelisten hielten seltene Makromutationen für die einzige oder zumindest überwiegende Ursache für die Entstehung neuer Arten oder höherer Taxa: »Die mittleren Zeitintervalle zwischen zwei aufeinander folgenden Mutationen«, so postulierte De Vries, »sind gleichfalls auf einige wenige Jahrtausende zu schätzen« (De Vries 1901–03, 3: 714).

Im Laufe der nächsten beiden Jahrzehnten erfolgte dann eine Klärung genetischer Konzepte. So hatte man vor 1910 angenommen, dass die Merkmale selbst (der Phänotypus) vererbt werden und nicht nur eine bestimmte Anlage (der Genotypus).[232] Unklar war auch, wie die in der Natur zu beobachtende kontinuierliche Variation mit den diskreten Mendelschen Faktoren zu erklären ist. Eine Lösung wurde möglich, als man erkannte, dass ein einzelnes Merkmal des Phänotypus von mehreren Genen kontrolliert werden kann (multifaktorielle, polygene Vererbung), dass Wechselwirkungen zwischen verschiedenen Genorten existieren (Epistase) und dass ein Gen mehrere Merkmale des Phänotypus beeinflussen kann (Pleiotropie). Diese begrifflichen Klärungen und neue empirische Funde führten im zweiten Jahrzehnt des 20. Jahrhunderts zu einem reiferen Verständnis vieler Aspekte der Transmissionsgenetik, wobei wichtige Impulse von Thomas H. Morgan und seiner Schule ausgingen (Morgan, Sturtevant, Muller & Bridges 1915).

Indirekt rückte so auch wieder eine Verbindung von Genetik und Selektionstheorie in den Bereich des Möglichen: »Wir kommen wenigstens hinsichtlich der Differenzierung von Sippen und von sich nahstehenden Arten zur reinen Darwinschen Selektionstheorie zurück, nur mit der Ergänzung, daß das ursprüngliche Auslesematerial in der Hauptsache durch die kleinen Mutationen geliefert wird« (Baur

1924: 147).[233] Als in dieser Hinsicht wichtigstes zusammenfassendes Werk gilt Dobzhanskys *Genetics and the Origin of Species* (1937). Dieses Buch war der »discussion of the mechanisms of species formation in terms of the known facts and theories of genetics« gewidmet (Dobzhansky 1937: xv). Timoféeff-Ressovskys umschrieb dieses Programm folgendermaßen: Die »experimentelle Prüfung der Prämissen einer genetisch-selektionistischen Evolutionsdeutung« soll zeigen, »ob die uns jeweils bekannt werdenden Tatsachen und Mechanismen der experimentellen Genetik in ausreichendem Maße solche Eigenschaften besitzen, um als alleingültiges Evolutionsmaterial dienen zu können« (Timoféeff-Ressovsky 1939a: 207).

Die neuen genetischen Erkenntnisse haben aber nicht nur einseitig die Evolutionstheorie befruchtet, sondern die Selektionstheorie ihrerseits hat für die Genetik als heuristisches Prinzip gewirkt. So wurde die Entdeckung der Kleinmutationen durch Erwin Baur oder der verborgenen genetischen Variabilität in Populationen durch S.S. Chetverikov direkt durch ihre Überzeugung von der Richtigkeit der Selektionstheorie angeregt:

> »Mit der Feststellung, daß genügendes Selektionsmaterial vorhanden ist, wird natürlich nur ein kleiner Teil des Evolutionsproblems geklärt, aber die Feststellung, daß eine Evolution auf dem Wege der natürlichen Zuchtwahl überhaupt möglich ist, scheint mir von grundsätzlicher Wichtigkeit. Es wird heute von überall her gegen die Selektionstheorie Sturm gelaufen [...]. Immer wieder wird damit argumentiert, daß eine natürliche Zuchtwahl nicht arbeiten kann, weil das von der Theorie vorausgesetzte Auslesematerial, d.h. eine genügend ausgiebige und genügend zahlreiche Variation gar nicht gegeben sei. Dieses Argument ist falsch. Wenn man mit der richtigen Methodik nach erblichen Varianten sucht, findet man sie.« (Baur 1925: 115)

Welche **konkreten Eigenschaften der Mutationen** waren aus Sicht der Selektionstheorie zu fordern, welche widersprachen ihr und wie stellte sich die Beweislage in den 1930er Jahren dar? Die empirischen Eigenschaften der Mutationen waren die *condition sine qua non* des Darwinismus, über »Wert oder Unwert der Selektionstheorie« entscheidet »die Art der wirklich vorkommenden Erbänderungen« (Ludwig 1943a: 484). Baur hatte schon zu Beginn seiner Untersuchungen folgende Voraussetzungen benannt:

> »Ich habe schon vor Jahren darauf hingewiesen, daß für unsere Stellungnahme zur Selektionstheorie das Mutationsproblem von grundlegender Wichtigkeit sei. Die Selektionstheorie steht und fällt nach meiner Meinung

mit der Entscheidung der Frage, ob Mutationen in genügend großer Zahl und genügender Ausgiebigkeit [= Mannigfaltigkeit] vorkommen, um als primäres Auslesematerial dienen zu können.« (Baur 1925: 110)

Im folgenden werde ich zeigen, welche Eigenschaften die Mutationen nach Ansicht der selektionistisch argumentierenden Genetiker notwendigerweise aufweisen müssen. Diese Analyse wird es auch ermöglichen, die im biographischen Teil angeführten, aus heutiger Sicht z.T. eher unkonventionellen Ansichten daraufhin zu überprüfen, ob sie mit der Selektionstheorie kompatibel sind. Zunächst werden die von den Darwinisten als unverzichtbar genannten Eigenschaften besprochen; im Weiteren dann diejenigen Punkte, die verschiedene Interpretationen zuließen oder über die unklare empirische Daten vorlagen. Abschließend werde ich auf die Diskussionen über die Frage eingehen, inwieweit die Mutationen auch für die geographische Variabilität verantwortlich sind.

## 1.1 Mutationen und Merkmale

Die erste notwendige Voraussetzung, dass die Selektion eine Wirkung entfalten kann, besteht in der Existenz erblicher Variabilität und ihrer Neuentstehung durch Erbänderungen: »any coherent attempt to understand the mechanisms of evolution must start with an investigation of the sources of hereditary variation« (Dobzhansky 1937: 118). Die Genetik hatte bis 1930 eine ganze Reihe von Beobachtungen gemacht, die Entstehung und Erhaltung eines hohen Grades an genetischer Variabilität in Populationen erklärten. Zwei wesentliche Mechanismen konnten dabei unterschieden werden: »Kombinationen« und »Mutationen« (Baur 1919: 310). Wie Hartmann 1933 bemerkte, entsteht zwar durch »Neukombinationen innerhalb gewisser Grenzen eine große Mannigfaltigkeit von neuen Arten«, aber »wirklich Neues« werde so nicht geschaffen (Hartmann 1933: 657). Das ›wirklich Neue‹ in der genetischen Variabilität wurden in Anlehnung an die Terminologie von de Vries als **Mutation** bezeichnet:

> »Unter einer Mutation wollen wir dabei ausschließlich die Erscheinung verstehen, daß aus irgendwelchen, meist unbekannten Ursachen die Nachkommen eines Elters oder eines Elternpaares neue erbliche Eigenschaften, d.h. eine andere Reaktionsweise auf die Außenwirkungen aufweisen als die Eltern, wobei die neuen Eigenschaften nicht bloß auf einer Neukombination nach einer Bastardierung beruhen« (Baur 1919: 285).[234]

*Die Evolutionsfaktoren*

Von Timoféeff-Ressovsky wurden die Mutationen als »plötzliche, sprunghafte Erbänderungen« definiert, »die in ihrem weiteren Erbgang nach den generelleren Mendelregeln bei Kreuzungen spalten und sich rekombinieren können« (Timoféeff-Ressovsky 1939a: 162). Bei den Mutationen wurde zwischen Gen-, Chromosomen-, Genom- sowie Plastidenmutationen (bei Pflanzen) unterschieden (Timoféeff-Ressovsky 1939a: 162–63). Mutationen galten als die einzige Ursache für die Entstehung genetischer Unterschiede: »The only known method of origin of genic differences is through mutation« (Dobzhansky 1937: 39; vgl. auch H.A. & N.W. Timoféeff-Ressovsky 1927: 70; Mayr 1942: 67). Diese Bestimmung hatte

Abbildung 13: Modifikationen bei *Taraxacum officinale* (Zimmermann 1930: 394)

insofern empirischen Gehalt, als die Identität von Erbänderung und Mutation und die Behauptung, dass die genetische Variabilität nur durch Mutation (und Rekombination) entsteht, keineswegs allgemein akzeptiert wurde.

So hatte Rensch aus lamarckistischer Sicht von einem »Gegensatz von geographischer Variation und Mutation« gesprochen und erstere auf »direkte äußere Einwirkungen« zurückgeführt (Rensch 1929a: 129, 131). Um diese und ähnliche Argumente zu widerlegen, mussten die Architekten des synthetischen Darwinismus zeigen, dass der erbliche Anteil der phänotypischen Variabilität auf Mutationen zurückgeht und »den Merkmalen einzelne [...] Erbfaktoren oder Gene zugrunde liegen« (Timoféeff-Ressovsky 1937: 2). Erschwert wurde dieser Nachweis dadurch, dass zwischen den Merkmalen (dem Phänotyp) und dem Genotyp in vielen Fällen keine einfache Beziehung sichtbar wird, sondern Geninteraktionen, epigenetische Effekte und Umweltbedingungen das Bild verkomplizieren:

»Manche Genmutationen modifizieren irgendeinen Entwicklungsvorgang so spezifisch und stark, daß ihre Wirkung unter allen Umständen, in allen Genotypen und unter Einfluß aller praktisch vorkommenden Außenbedingungen sich unverändert durch das komplizierte Entwicklungslabyrinth durchsetzt; das sind die ›guten‹, konstant sich manifestierenden Mutationen. Die anderen werden mehr oder weniger stark in ihrer Wirkung durch verschiedene andere an der Entwicklung beteiligte Faktoren beeinflußt, gehemmt oder gefördert. Dabei kann die Intensität ihrer Manifestierung, wie wir gesehen haben, sowohl durch Faktoren des genotypischen als auch durch die des äußeren Milieus beeinflußt werden. Die Spezifität ihrer Manifestierung ist aber, wie die bisher an verschiedenen Fällen durchgeführten Stichproben zeigen, ausschließlich oder fast ausschließlich erbbedingt.« (Timoféeff-Ressovsky 1935d: 111)

Der Phänotypus wurde als Folge der Wechselbeziehung zwischen Genotypus und Umwelt bestimmt – »the appearance or phenotype is the resultant of the interaction between the genotype and the environment« (Dobzhansky 1937: 15) – und jede genetische Analyse würde nachweisen müssen, in welchem Maße die Unterschiede zwischen den Organismen erblich oder Modifikationen sind. In den zahlreichen Fällen, in denen eine genetische Analyse noch nicht oder grundsätzlich nicht möglich war (beispielsweise in der Paläontologie), wurde ein entsprechender Effekt angenommen: »It is assumed that phenotypic evolution implies genetic change« (Simpson 1944: 3).

### 1.2 Notwendige Eigenschaften der Mutationen

Die Mutationen waren zunächst durch experimentelle Methoden im Labor entdeckt und identifiziert worden. Es musste nun gezeigt werden, dass Mutationen auch unter **natürlichen Bedingungen** vorkommen, dass es sich also nicht nur um »Laboratoriumskunstprodukte« handelt. Baur (1924, 1925), Chetverikov (1926) und Timoféeff-Ressovsky (1927) konnten nachweisen, dass dies der Fall ist:

»Da also analoge Gene auch in der Natur angetroffen werden, ist dies ein Beweis dafür, daß einerseits die in den Laboratoriumskulturen entstandenen Genovariationen durchaus keine Laboratoriumskunstprodukte sind. Und andererseits geht daraus hervor, daß die neuen erblichen Merkmale in der Natur durch denselben Genovariationsprozeß wie auch in den Laborato-

*Die Evolutionsfaktoren*

riumskulturen entstehen. Schwerlich könnte man zugeben, daß zwei prinzipiell verschiedene Prozesse (wenn wir annehmen, daß in der Natur und im Laboratorium die Entstehungsprozesse neuer erblicher Merkmale verschieden sind) zu ein und demselben Resultat (zu analogen Faktoren) führen können« (H.A. & N.W. Timoféeff-Ressovsky 1927: 104).[235]

Eine weitere wichtige Voraussetzung besteht darin, dass Mutationen **relativ häufig** auftreten. Sie dürfen beispielsweise nicht so selten sein, wie de Vries angenommen hatte (de Vries 1901–03,

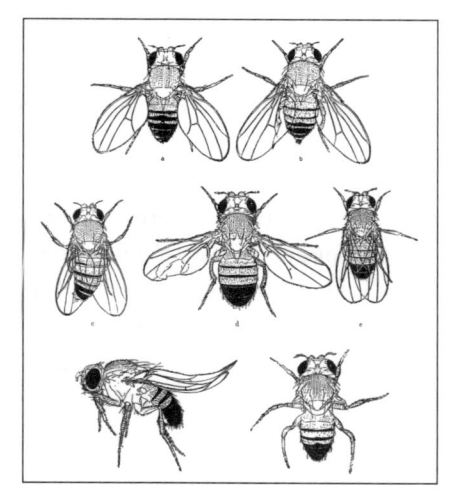

Abbildung 14: Mutationen bei *Drosophila* (Baur 1930: 322)

3: 714). Vor allem Baur hat auf diesen Punkt aufmerksam gemacht und geschrieben, dass Mutationen als »Auslesematerial […] nur dann genügen, wenn sie nicht allzu selten auftreten« (Baur 1919: 340–41; vgl. auch Timoféeff-Ressovsky 1939a: 162). Obwohl es sich als schwierig erwies, die konkreten Mutationsraten für einzelne Organismen oder Gene zu bestimmen, konnte gezeigt werden, dass die Größenordnung der Mutationsrate genügt, um eine ausreichende genetische Variabilität zu gewährleisten: »Die Häufigkeit der Mutationen bei *Antirrhinum* und *Drosophila* würde als Grundlage für eine natürliche Selektion wohl genügen« (Baur 1930: 398). Baur fügte allerdings einschränkend hinzu, dass diese Beobachtungen nicht ohne weiteres verallgemeinert werden können.

Mutationen müssen also häufig genug vorkommen, um neues Auslesematerial zur Verfügung zu stellen; sie dürfen aber auch **nicht zu häufig** sein, da andernfalls die Wirkung der Selektion dem Mutationsdruck gegenüber zurücktreten würde: Die »spontanen Mutationsraten [müssen] vor allem in bezug auf einzelne bestimmte Mutationsschritte sehr gering« sein (Timoféeff-Ressovsky 1939a: 188). Wie Dobzhansky schreibt, ist die Größe des Mutationsdrucks von großer Bedeutung für jede Evolutionstheorie: »The magnitude of the mutation pressure is evidently a problem of prime importance for any theory of evolution« (Dobzhansky 1937: 32). In speziellen Situationen kann aber der Mutationsdruck stärker als der Selektionsdruck sein. So hatte Ludwig vermutet, dass dies bei der Evolution der Höhlentiermerkmale eine Rolle spielen könnte. Im allgemeinen sei der Mutationsdruck zu schwach, um bei der Evolution eine erhebliche Rolle zu spielen: »Bei den isolierten Höhlenpopulationen aber, wo es nur auf die allmähliche und sozusagen ungestörte Anreicherung eines oder mehrerer auslesemäßig neutraler Allele ankommt und wo hierfür lange Zeiträume zur Verfügung stehen, muß er in Rechnung gezogen worden« (Ludwig 1942a: 452).[236]

Um die Evolution der Organismen im Ganzen zu erklären, müssen die Mutationen zudem **alle erblichen Eigenschaften** hervorrufen können, sie müssen also in »sehr großer Mannigfaltigkeit entstehen« (Baur 1919: 341). Baur selbst fand, dass die »kleinen Mutationen« bei *Antirrhinum* »alle möglichen morphologischen und physiologischen Eigenschaften« betreffen (Baur 1924: 145) und nach Timoféeff-Ressovsky können »Mutationen in allen Geweben, Entwicklungsstadien und beliebigen Zeitpunkten der Entwicklung auftreten« (Timoféeff-Ressovsky 1937: 37). Umstritten blieb aber, ob die bereits gefundenen Mutationen die Entstehung **aller** evolutionär relevanter Merkmale erklären können. Dies wurde beispielsweise von Remane verneint, der 1939 schrieb, dass »von 200 bis 300 neuen Mutationen des bisherigen Typs keine neuen Aufschlüsse zu erwarten sein [dürften], die Genetik muß besonders nach andersartigen Erbänderungen suchen, und die Morphologen müssen dann überprüfen, ob und inwieweit sie für phylogenetische Prozesse auswertbar sind« (Remane 1939: 220). Timoféeff-Ressovsky äußerte sich sehr viel optimistischer und bekräftigte, »daß durch Mutationen die gesamte uns bekannte erbliche Variabilität der Organismen erklärt werden kann. In diesem Sinne erfüllen sie die erste Forderung, die an das Evolutionsmaterial gestellt werden muß« (Timoféeff-Ressovsky 1939a: 163).[237] Dobzhansky nahm hier einen etwas vorsichtigeren Standpunkt ein: »Since genes are supposed to be concerned as one of the variables in all developmental processes, gene mutations may be expected to affect all parts and physiological characteristics of the organism. The available experimental evidence seems, so far as it goes, to confirm this inference« (Dobzhansky 1937: 18).

Mutationen können ihre Funktion als Evolutionsmaterial nur erfüllen, wenn sie zumindest zu einem gewissen Prozentsatz eine **erhöhte Vitalität** (und Fitness) bewirken.[238] Man hatte schon bei den ersten Mutationsversuchen festgestellt, dass Mutationen sich in der Regel negativ auf die Lebensfähigkeit der Organismen auswirken. Federley hatte dies 1929 als eine der großen Lücken einer genetischen Evolutionstheorie bezeichnet:

»Die Genetik kann also auf die Entdeckung neuer wichtiger Tatsachen hinweisen. Sie muß jedoch auch ehrlich und offen gestehen, daß es ihr bis jetzt nicht gelungen ist, eine befriedigende Erklärung der Entstehung der so viel umstrittenen funktionellen Anpassungen zu geben. Denn die von den Genetikern entdeckten Mutationen tragen oft den Charakter pathologischer Bildungen und sind im besten Falle bedeutungslos. Direkt nützliche Mutationen mit einem entschiedenen Selektionswert sind in den Kulturen nicht entstanden.« (Federley 1929: 319–20)

Der Grund hierfür war auch bald erkannt: Organismen und ihre genetische Ausstattung stellen ein komplexes, über lange Zeit optimiertes System dar, das viel leichter zu stören als zu verbessern ist:

»Der weitaus größte Teil der bei allen daraufhin untersuchten Organismen auftretenden Mutationen [...] setzt also die Vitalität des normalen Ausgangstyps herab. Bedeutend geringer ist die Zahl der bezüglich der Vitalität neutralen Mutationen, und noch seltener kommen ›progressive‹, die Vitalität, wenigstens unter bestimmten Bedingungen, erhöhende Mutationen vor. Die Erklärung dafür ist naheliegend: durch natürliche Auslese wurden in den normalen wilden Typ jeder Art, im Laufe der langen Evolution, dauernd die in bezug auf Vitalität besten von den wiederholt auftretenden Erbänderungen aufgenommen; so daß die Wahrscheinlichkeit für eine Erbänderung, die nicht zu dem Bestand des normalen Typs gehört, eine erhöhte Vitalität zu besitzen, gering sein muß.« (Timoféeff-Ressovsky 1937: 23)

Allgemein stellte sich heraus, dass »durch Mutationen die Vitalität des Organismus in sehr mannigfaltiger und plastischer Weise beeinflußt wird« (Timoféeff-Ressovsky 1939a: 173; vgl. auch Ludwig 1943a: 486). So hatte Baur an *Antirrhinum* zeigen können, dass viele der kleinen Mutationen »im allgemeinen keine Änderung [bedingen], die irgendwie als monströs oder pathologisch zu bezeichnen wäre, sondern Änderungen, die noch völlig innerhalb der Norm bleiben, die Lebensfähigkeit nicht verringern, sondern gelegentlich sogar steigern« (Baur 1924: 145). Bei Timoféeff-Ressovsky heißt es vorsichtiger, dass neben vielen Mutationen, die die Vitalität herabsetzen, auch einige gefunden wurden, die eine Erhöhung der Vitalität hervorrufen (Timoféeff-Ressovsky 1937: 147). Er weist auch darauf hin, dass die Vitalität von Mutationen und Mutationskombinationen keinen absoluten Wert darstellt, sondern je nach Umweltbedingungen variiert: »Verschiedene Mutationen zeigen verschiedene Vitalitätswerte unter bestimmten konstanten Bedingungen der Übervölkerung und des äußeren Milieus; meistens zeigen sie eine Herabsetzung, manchmal aber auch eine Erhöhung der Vitalität im Vergleich zur normalen Ausgangsform« (Timoféeff-Ressovsky 1939a: 168).

## 1.3 Vielfalt der Mutationen

Bei einigen Eigenschaften der Mutationen war es eine Ermessensfrage, welche Bedeutung man ihnen im Rahmen des synthetischen Darwinismus zusprechen würde. Dies lag zum Teil daran, dass die empirische Evidenz nicht eindeutig war und verschiedene Interpretationen möglich blieben. Zum anderen zeigen die Mutationen ein vielfältiges Erscheinungsbild und die Aufgabe bestand darin, die jeweiligen Konsequenzen für die Evolution zu bestimmen. Diese Vielfalt wurde beispielsweise von Rensch herausgestellt, der allein für die Genmutationen (neben Chromosomen- und Genommutationen) folgende empirisch zu beobachtenden Eigenschaften nennt:

> »Die Genmutation kann also spontan und induziert, rezessiv oder mehr oder minder dominant auftreten, sie kann letal wirken oder die Vitalität oder die Fertilität schwächen oder steigern, sie kann starke Änderungen bedingen oder als ›Kleinmutation‹ auftreten, sie kann sich vorzugsweise an einem Merkmal oder pleiotrop manifestieren und sie kann schließlich auch als ›Rückmutation‹ einen früheren Mutationsschritt wieder aufheben« (Rensch 1947a: 6).

Eine der Eigenschaften, die Mutationen im synthetischen Darwinismus nach Möglichkeit, aber nicht zwingend aufweisen sollten, war die phänotypische Unauffälligkeit, ihre ›Kleinheit‹. Dagegen waren **Großmutationen** in den frühen Jahren des Mendelismus im Vordergrund gestanden und galten als primäres Evolutionsmaterial. In diesem Sinne hatte de Vries 1901 geschrieben: »Die neue Art ist somit mit einem Male da; sie entsteht aus der früheren ohne sichtbare Vorbereitung, ohne Uebergänge« (De Vries 1901–03, 1: 3). Sehr bekannt wurde später Goldschmidts Konzept des ›hopeful monster‹ und der seltenen, aber extrem folgenreichen Mutationen:

> »I further emphasized the importance of rare but extremely consequential mutations affecting rates of decisive embryonic processes which might give rise to what one might term hopeful monsters, monsters which would start a new evolutionary line if fitting into some empty environmental niche.« (Goldschmidt 1933: 547; vgl. auch Goldschmidt 1940: 182–83, 393; Dietrich 1992)

*Die Evolutionsfaktoren*

Abbildung 15: Mutation bei *Antirrhinum majus* (Baur 1930: 320)

Und schließlich sei das klassische saltationistische Zitat von Schindewolf erwähnt: »Der neue Typus ist sprunghaft da, Bindeglieder zwischen ihm und der Ausgangsform bestehen nicht, und damit fehlen uns alle sicheren Anhalte für die phylogenetische Herleitung eines Typus. ›Der erste Vogel kroch aus einem Reptilei‹, wie wiederholt treffend gesagt worden ist« (Schindewolf 1936: 59).[239]

Im synthetischen Darwinismus wurde zwischen Klein- und Großmutation nur ein quantitativer Unterschied gemacht. Das Kriterium der Größe einer Mutationen wurde dabei ausschließlich auf ihre phänotypische Auffälligkeit bezogen: »Jede Mutation hat einen gewissen phänotypischen Effekt [...]. Je nach der Größe des phänotypischen Effekts redet man in gewissem Zusammenhang auch von Mikro- und Makromutationen« (Ludwig 1943a: 486).[240] Groß- und Kleinmutationen unterscheiden sich also lediglich dadurch, dass erstere auffällig, letztere unauffällig sind.

Auch von den Vertretern des synthetischen Darwinismus wurde allgemein anerkannt, dass auffällige Mutationen vorkommen: »Wir wissen, daß es unter den Mutationen alle Übergänge, von sehr starken pathologischen Abweichungen bis zu den ›kleinen‹ Mutationen, die kaum merkliche Unterschiede von dem Ausgangstyp [...] erzeugen, gibt« (Timoféeff-Ressovsky 1935a: 118; vgl. auch 1937: 20; 1939a: 162; Simpson 1944: 94). Grundsätzlich sind sowohl Klein- als auch Großmutationen als Auslesematerial geeignet. So ist Goldschmidt in seiner Theorie der Makromutationen davon ausgegangen, dass die so entstandenen Organismen sich der Selektion stellen müssen:

> »Species and the higher categories originate in single macroevolutionary steps as completely new genetic systems. The genetical process which is involved consists of a repatterning of the chromosomes, which results in a new genetic system. The theory of the genes and of the accumulation of micromutants by selection has to be ruled out of this picture. This new genetic system, which may evolve by successive steps of repatterning until a threshold for changed action is reached, produces a change in development which is termed a systemic mutation. Thus, selection is at once provided with the material needed for quick macroevolution. [...] The neo-Darwinian theory of the geneticists is no longer tenable.« (Goldschmidt 1940: 397)

Ludwig hat dieses Zitat von Goldschmidt so aufgefasst, als sei dieser nicht grundsätzlich gegen die Selektionstheorie: »Wesentlich ist, daß nicht die Selektionstheorie überhaupt als für die Evolution belanglos erachtet wird, sondern nur eine ausschließlich mit Klein- und Kleinstmutationen arbeitende Selektionstheorie« (Ludwig 1943a: 514; vgl. auch Ludwig 1943b). Auch andere mit Makromutationen sympathisierende Genetiker wie Stubbe, von Wettstein (1941) oder Schwanitz (1943) haben sich eindeutig zur Selektionstheorie bekannt.[241] Warum wurde dann aber den Makromutationen von wichtigen Darwinisten (Baur, Rensch, Zimmermann, Timoféeff-Ressovsky) die evolutionäre Bedeutung weitgehend abgesprochen? Folgende Beobachtungen sprachen nach Ansicht dieser Autoren gegen eine größere Bedeutung der Makromutationen in der Evolution:

1) **Die Seltenheit der Makromutationen:** Großmutation sind nach den Erfahrungen von Baur »doch wohl nur sehr selten und [sie] bilden, wenn ich meine Erfahrungen verallgemeinern darf, nur den kleinsten Teil der überhaupt vorkommenden Mutationen« (Baur 1919: 285). Sehr viel häufiger sind dagegen »die wenig auffälligen kleinen Mutationen«, die für den Evolutionsprozess aber »von der allergrößten, ja ausschlaggebenden Wichtigkeit sind« (Baur 1925: 114). Die Beobachtung, dass die in den ersten Jahrzehnten »der experimentellen Vererbungslehre allein beobachteten größeren Mutationen [...] nur gelegentlich auftreten und somit nicht als primäres Auslesematerial in Frage zu kommen schie-

nen«, war einer der wichtigsten Gründe für die Ablehnung der Selektionstheorie gewesen (Hartmann 1933: 657).

2) **Die geringere Vitalität der Makromutationen:** Auch die pathologische Natur vieler auffälliger Mutationen war ein Argument gegen die Selektionstheorie gewesen. Wie Goldschmidt 1928 schrieb, sind die Anhänger der Mutationstheorie dieser Schwierigkeit dadurch begegnet, dass sie nach unauffälligen (Klein-)Mutationen gesucht hätten. Denn: »Je geringer aber der Sprung, um so geringer auch die Störung der Vitalität« (Goldschmidt 1928: 454). In der Tat war bekannt, dass »manche von den ›kleinen‹ Mutationen und ganz wenige von den ›größeren‹« sich als vorteilhaft erweisen: »Die allermeisten ›größeren‹ Mutation setzen die relative Vitalität des Organismus mehr oder weniger stark herab, rufen oft auch morphologische Defekte hervor und können deshalb als Erbkrankheiten bezeichnet werden; sie unterliegen einer negativen Selektion und müßten ausgemerzt werden« (Timoféeff-Ressovsky 1935a: 118). An anderer Stelle schätzt er, dass »sicherlich 80–90 Proz. aller ›großen‹ Mutationen Letalfaktoren darstellen« (Timoféeff-Ressovsky 1937: 37).

3) **Die Schwierigkeit der Rückkreuzung:** Dieses Problem entsteht nur bei sich sexuell fortpflanzenden Organismen. Wie Rensch schreibt, sind Organismen nach Großmutationen im Tierreich in ihrer Fertilität »fast stets« »so stark geschwächt, daß sie nicht konkurrenzfähig« sind (Rensch 1947a: 102). Im Pflanzenreich stellt sich die Situation etwas anders dar. Stubbe und von Wettstein (1941: 295) hatten nachgewiesen, dass die Fertilität bei den von ihnen untersuchten Makromutationen von *Antirrhinum majus* nicht eingeschränkt war.

Gegen die Bedeutung der Großmutationen in der Evolution sprachen also keine grundsätzlichen Bedenken, sondern im Wesentlichen empirische Befunde über Häufigkeit, Vitalität und Fertilität der entstehenden Mutanten. Aus diesem Grund ist ein Autor, der Makromutationen einen gewissen Stellenwert einräumt, nicht zwingend ein Gegner des synthetischen Darwinismus. Die Diskussion verlief in mancherlei Hinsicht analog zu derjenigen über die Polyploidie. Bei diesem Ausnahmefall hat beispielsweise Dobzhansky einen saltationistischen Mechanismus für möglich gehalten.

Auch bei der Frage der Lokalisation des genetischen Materials in der Zelle waren mehrere Ansichten mit der Selektionstheorie vereinbar. Die meisten Darwinisten haben zwar dem genetischen Material im Zellkern die wichtigste Rolle in der Evolution zugesprochen. Auf einem ausschließlichen **Kernmonopol** (bzw. Chromosomenmonopol) der Vererbung haben sie jedoch nicht beharrt.[242] So schreibt Baur: »Daß die mendelnden Unterschiede zweier Rassen im Zellkern ›lokalisiert‹

sind, besagt keineswegs daß der Zellkern der alleinige ›Träger der Erbsubstanz‹ sei«, von »einem Vererbungsmonopol des Zellkerns zu reden, ist gar kein Anlaß« (Baur 1924: 95).[243] Auch Dobzhansky schließt die zytoplasmatische Vererbung nicht grundsätzlich aus, hält sie aber für ein seltenes und daher für die Evolution eher unwichtiges Phänomen: »Nevertheless, judging from the present incomplete data, cytoplasmic inheritance is so rare relative to genic inheritance that in the general course of evolution the former can hardly play more than a very subordinate role« (Dobzhansky 1937: 72). Es ist also nicht zutreffend, Genetiker, die von der Bedeutung der zytoplasmatischen Vererbung überzeugt waren, aus diesem Grund als Gegner des synthetischen Darwinismus zu charakterisieren. Das hier gesagt gilt auch für die Abgrenzung der relativen Bedeutung von Genmutationen im Gegensatz zu Chromosomen- oder Genommutationen. Zwar galten Genmutationen als der Typus von Mutationen, »durch den die wesentlichsten qualitativen Änderungen des Genotyps zustande gebracht werden«, und der die größte Bedeutung für den Evolutionsprozess hat (Bauer & Timoféeff-Ressovsky 1943: 341). Aber auch Chromosomen- oder Genommutationen (Polyploidie) wurden als wichtige Lieferanten von Auslesematerial betrachtet.

Eine der interessantesten Fragen an der Schnittstelle von Genetik und Selektionstheorie betraf die **Gerichtetheit der Mutationen**. Die Selektion kann ihre Wirkung als richtender Evolutionsfaktor nur entfalten, wenn die Mutationen weitgehend zufällig entstehen. Unter ›Zufall‹ wird in diesem Zusammenhang kein akausaler Vorgang verstanden – für die Auslösung der Mutationen gelten selbstverständlich die Naturgesetze wie für alle anderen Phänomene –, sondern die Tatsache, dass die Mutationen nicht in einer Richtung und vor allem nicht auf größere Anpassung hin gehäuft auftreten. »Der Organismus mutiert also vom Milieu aus gesehen zufällig« (Dingler 1943: 16) oder, wie Darwin an einem Beispiel verdeutlichte: »The shape of the fragments of stone at the base of our precipice may be called accidental, but this not strictly correct; [...] But in regard to the use to which the fragments may be put, their shape may be strictly said to be accidental« (Darwin 1868, 2: 431; vgl. auch Dobzhansky et al. 1977: 6–7).

Die Mutationen müssen also eine gewisse Variationsbreite aufweisen und in Hinblick auf die adaptiven Bedürfnisse des Organismus zufällig sein. Hartmann hat »das Vorhandensein von richtungslosen, erblichen Variationen« sogar als eine der zentralen Voraussetzungen der Selektionstheorie bezeichnet (Hartmann 1933: 656).[244] Und Rensch meinte, dass »heute die Möglichkeit gegeben [ist, dass] richtungslose Mutation und Selektion in jedem Falle als ausreichende kausale Grundlage« zu betrachten sind (Rensch 1939a: 198). Auch bei Baur wird von der Selektionstheorie vorgesetzt, dass »alle Organismen dauernd und ›richtungslos‹

erblich variieren«. Dies sei aber »nicht ohne weiteres als gegeben anzusehen, und hier hat auch in den letzten Jahren die scharfe Kritik eingesetzt« (Baur 1925: 109). Eine generelle Richtungslosigkeit der Mutationen ließ sich in der Tat nicht empirisch nachweisen und es ist bezeichnend, dass Baur das Wort ›richtungslos‹ im obigen Zitat in Anführungszeichen setzt. Anfang der 1930er Jahre wurde auch von den darwinistischen Genetikern eine generelle Richtungslosigkeit der Mutationen nicht mehr vorausgesetzt:

> »Die Mutation eines Chromomers [= Abschnitt eines Chromosoms] erfolgt nicht allseitig und richtungslos, es entsteht deshalb nicht bei jeder Mutation des gleichen Chromomers des gleichen locus etwas anderes, sondern die Zahl der möglichen Mutationen eines Chromomers ist offenbar sehr beschränkt. Sehr oft entsteht deshalb durch Mutation im gleichen Chromomer immer nur wieder dieselbe Mutante.« (Baur 1930: 312)

Hartmanns Lehrbuch *Allgemeine Biologie* zufolge liegt der Gedanke nahe, »daß in der Konstitution der Gene gewissermaßen die inneren Bedingungen so beschaffen sind, daß sie nur ganz bestimmte Mutationen zulassen und somit auch fortschreitende Mutation gleicher Richtung begünstigen« (Hartmann 1933: 658). Für Stubbe schließlich ist es eine »jedem Genetiker geläufige Erfahrung, daß die Mutabilität bei jedem Organismus innerhalb gewisser Grenzen verläuft« (Stubbe 1938: 86). Falls die Mutationen tatsächlich nicht zufällig und in verschiedene Richtungen erfolgen, so ist dies für die Selektionisten ein kritischer Punkt, denn sie behaupten, dass die Selektion und nicht die Mutabilität der richtende Faktor der Evolution ist. Es stellt sich vor allem die Frage, inwieweit die Tatsache, dass die Mutationen in einer bestimmten Richtung gehäuft auftreten, eine Ursache für evolutionäre Trends sein kann.

Und so kam Timoféeff-Ressovsky auf Basis der neuesten Mutationsforschung seiner Zeit zu der Aussage: »Thus we come to the conclusion that the structure of the genes of a given group of organisms determines to some extent the evolutionary potencies and the direction of evolution of this group« (Timoféeff-Ressovsky 1934e: 439). Wenige Jahre später argumentierte er dann aber, dass die Mutabilität trotzdem aus verschiedenen Gründen nicht als relevanter richtender Faktor zu betrachten ist. Zwar werde durch die Mutabilität »selbstverständlich« eine »gewisse Gerichtetheit« in den Evolutionsvorgang gebracht, da nur diejenigen evolutionären Entwicklungen möglich seien, zu denen »durch den Mutationsprozeß die erforderlichen Bausteine geliefert werden können«. Auch, so fährt er fort, »bedeutet sicherlich jeder Differenzierungsschritt eine gewisse Einschränkung oder Änderung weiterer Variationsmöglichkeiten«.[245] In diesem »rein negativen Sinne kann die Mutabilität als richtender Faktor betrachtet werden«. Es sei aber zu bedenken, dass »der Mutationsvorgang bei allen daraufhin untersuchten Objekten keine eindeutige Gerichtetheit [zeigt], was sich darin äußert, daß unter sämtlichen Bedingungen sehr verschiedene Mutationen auftreten können« (Timoféeff-Ressovsky 1939a: 188). Außerdem seien die (bisher unbewiesenen) »Fälle von gerichteter Mutabilität [...] von keiner oder nur untergeordneter Bedeutung für das Zustandekommen chronologisch- oder territorial-gerichteter Phänotypenreihen«, d.h. für die Evolution der Organismen. Er kommt abschließend zu dem Ergebnis, dass der Mutabilität in der Evolution »vor allem die Rolle des Materiallieferanten zugeschrieben werden« muss; ihr Einfluß als richtender Faktor in der Evolution muß auf Grund dessen, was wir bisher über den Mutationsvorgang wissen, verneint oder als unbedeutend betrachtet werden« (Timoféeff-Ressovsky 1939a: 189; vgl. auch Rensch 1947a: 69–70; 226).

Simpson hat in *Tempo and Mode* Timoféeff-Ressovskys Unterscheidung zwischen der Richtung der Mutationen und der Richtung der Evolution einer bestimmten Gruppe noch stärker herausgearbeitet. Zunächst aber distanziert er sich eindeutig von der Forderung nach völlig ungerichteten Mutationen: »it is not supposed by even the most rabid neo-Darwinian that there is nothing directional in mutation. It is not only improbable but also inconceivable that mutations in every imaginable direction occur with equal frequency« (Simpson 1944: 154). Die Mutabilität sei häufig gerichtet in dem Sinn, dass sie eher in einer bestimmten Richtung erfolge, aber sie sei gewöhnlich zufällig in den Sinn, dass die bevorzugte Mutationsrichtung nicht mit vorteilhaften Abänderungen oder dem gegenwärtigen evolutionären Trend der Gruppe zusammenfalle.[246] Die Richtung der Evolution werde meist nur kurzfristig durch gerichtete Mutationen vorgegeben und evolutionäre Trends können eher entgegen als mit einer bestimmten Mutationsrichtung erfolgen.[247] Der Gedanke, dass die Mutationen lediglich in Bezug auf ihren adaptiven Wert richtungslos sind, war von Zimmermann bereits 1939 formuliert worden:

> »Der Darwinismus dagegen sucht die phylogenetische Anpassungsstruktur außerhalb des sich wandelnden Organismus. Die Mutationen entstehen nach ihm zunächst ganz unabhängig von der Anpassung, d.h. sie sind in Bezug auf die Anpassung ›richtungslos‹. Der richtende Faktor oder die phylogenetische Anpassungsstruktur ist nach dem Darwinismus die ›Selektion‹, die ›natürliche Auslese im Kampf ums Dasein‹.« (Zimmermann 1930: 400)

Einige Autoren im Umfeld des synthetischen Darwinismus haben sogar unverhohlen mit einer Erklärung orthogenetischer Phänomene durch gerichtete Mutationen sympathisiert. Hartmann hält es für theoretisch möglich, dass »die gerichteten, orthogenetischen Entwicklungsreihen im Tier- und Pflanzenreich alle in dieser Weise durch gerichtete Mutationen unter der Einwirkung extremer Außenbedingungen erklärt werden können« und fügt ergänzend hinzu, dass sowohl die Versuche von Jollos als auch tiergeographische und ökologische Beobachtungen für diese Hypothese sprechen (Hartmann 1933: 658). Auch Stubbe hat vermutet, dass es »bei jedem Organismus unter dem Einfluß der natürlichen Zuchtwahl bestimmte Entwicklungsrichtungen durch Mutation« gibt, die »durch die Begrenztheit der Veränderlichkeit eines jeden Locus zusammen mit dem lang dauernden Einfluß bestimmter Umweltbedingungen« entstehen (Stubbe 1938: 86).[248]

Ludwig hat die Frage der gerichteten Mutationen als eine der wichtigsten der modernen Evolutionstheorie bezeichnet und unterschieden zwischen: a) Ungerichteter Mutabilität (Neodarwinismus), b) Autonomer gerichteter Mutabilität, c) Induzierter nicht-korrelierter Mutabilität und d) Induzierter korrelierter Mutabilität (Lamarckismus) (Ludwig 1938a: 184–86). Autonome gerichtete Mutabilität soll bedeuten, dass »jede Erbmasse nur Erbänderungen hervorbringt, die ihr gemäß sind«. Unter der Bedingung, dass nur sehr wenige Mutationen entstehen, die »überhaupt ›verwertbar‹ wären«, würde die Selektion aber in eine »passive Rolle« gedrängt, »alles ›evolutorisch Bedeutsame‹« wäre »Produkt des ›schöpferischen Organismus‹«. Auch Ludwigs »induzierte nicht-korrelierte Mutabilität« lässt sich nur unter bestimmten Bedingungen mit der Selektionstheorie vereinbaren. Darunter versteht er die Möglichkeit, dass »die Umwelt d.h. also die Mikroumgebung der Erbmasse sowie deren weitere Umgebung« einen richtenden Einfluss auf die Mutabilität ausübt, »wobei indes zwischen auslösendem Faktor und phänotypischer Auswirkung keinerlei Korrelation bestehen soll«. Wie oben gezeigt, wurden sowohl »autonome gerichtete« als auch »induzierte nicht-korrelierte Mutabilität« von den Darwinisten anerkannt. Beide Phänomene wurden allerdings in ihrer allgemeinen Bedeutung für die Evolution gering veranschlagt und höchstens für Sonderfälle akzeptiert. Strikt abgelehnt wurde nur die Vorstellung der »Induzierten korrelierten Mutabilität« (Lamarckismus), derzufolge »vorzugsweise oder ausnahmslos solche Mutationen« entstehend, die innerhalb einer bestimmten Umwelt »einem ›Bedürfnis‹ entsprechen, sich also vorteilbringend auswirken und daher stets die Eignung erhöhen« (Ludwig 1938a: 185–86).

Selbst wenn die Mutationen nicht gerichtet sind, wäre es möglich, dass der Evolutionsprozess indirekt durch eine **Erhöhung der Mutationsrate** beeinflusst wird. Ein erhöhtes Angebot an genetischer Variabilität aufgrund häufigerer Mutationen könnte beispielsweise der Grund für Phasen beschleunigter Evolution sei. Analog wäre evolutionäre Stasis auf mangelnde Mutationen zurückzuführen. Entsprechende Effekte wurden von den Darwinisten nicht völlig ausgeschlossen: »The hypothesis that there were unusually high rates of mutation at certain times in the past, which were times of major evolutionary advance, is attractive to the point of seduction. There is no direct factual evidence for it, however, and it is not a necessary postulate« (Simpson 1944: 122). Rensch war an diesem Punkt kritischer. Er hielt Schindewolfs These, dass durch »erhöhte Mutabilität das Verständnis für stürmische Umbildungsphasen« gewonnen sei, für unzutreffend. Zum einen »liefert auch die normale spontane Mutation eine derartige Fülle von Varianten, daß bei explosiven Entwicklungsphasen keine weitere Mutationssteigerung vorausgesetzt zu werden braucht«. Zum anderen sei zu beachten, dass »auch persistente Gattungen keineswegs phylogenetisch starr sind, sondern auch ganz normale Rassen- und Artbildung zeigen können« (Rensch 1947a: 102).

## 1.4 Geographische Variabilität

Die Mutationen waren zunächst im Labor nachgewiesen worden und die Wirkung der Rekombination in Populationen verschiedener Größe wurde in erster Linie aufgrund theoretischer Modelle bestimmt. Die Untersuchungen der Systematik, Biogeographie und ökologischen Populationsgenetik mussten nun zeigen, ob sich die unter natürlichen Bedingungen zu beobachtende Variabilität der Organismen mit den experimentellen und theoretischen Ergebnissen vereinbaren ließ. Strittig war vor allem die Frage, ob es eine Identität zwischen individueller und geographischer genetischer Variabilität gibt und ob beide durch Mutationen und Rekombination entstehen: »The momentous problem is whether the genetic basis of this racial variability is the same as that of the individual one, in other words whether both can be described in terms of gene differences« (Dobzhansky 1937: 47).

Die Frage, ob sowohl individuelle als auch geographische Variabilität gleichermaßen auf die bekannten Faktoren Mutation und Rekombination zurückführbar sind, berührte die Relevanz der Genetik für die Selektions- und Evolutionstheorie. Nur wenn die natürliche Variabilität mit den von der Genetik gefundenen Phänomenen übereinstimmte, war die angestrebte Verbindung von Genetik, Selektionstheorie und Systematik zu erreichen. Dies wurde von Genetikern und Systematikern gleichermaßen bezweifelt. Wie Timoféeff-Ressovsky schreibt, »wird von manchen Systematikern und Biologen der Standpunkt vertreten, daß es einen grundsätzlichen Unterschied zwischen der individuellen und der geographischen

Variabilität innerhalb der Art gibt«.[249] Diese Ansicht könne empirisch mit »vielen Beobachtungstatsachen« belegt werden, »die zeigen, daß unter Mutationen und seltenen Aberrationen man oft Merkmale trifft, die nicht zu den Unterschieden der geographischen und ökologischen Rassen gehören«. Timoféeff-Ressovsky fährt fort, dass diese Beobachtungstatsachen richtig, die daraus gezogenen Schlüsse aber falsch seien (Timoféeff-Ressovsky 1939a: 174–75).

So wurde beispielsweise angenommen, dass geographische Rassen sich lediglich aufgrund von **Modifikationen** unterscheiden, dass es sich also um nicht-erbliche Variabilität handelt. Es war nun nicht auszuschließen, dass zumindest ein Teil der Unterschiede tatsächlich rein phänotypisch ist. So vermutete Baur, dass »sehr häufig Unterschiede zwischen Lokalrassen oder einander sehr nahe stehenden ›Arten‹, die unter ganz verschiedenen Bedingungen leben, ganz oder größtenteils auf Modifikationen beruhen, daß diese ›Arten‹ also gar nicht erblich voneinander verschieden sind« (Baur 1919: 336). In jedem konkreten Fall stelle sich die Frage, »if the differences between geographic races are phenotypical or genotypical« (Mayr 1942: 59). Rensch hatte bereits 1929 die Auffassung vertreten, dass »alle deutlich unterschiedenen geographischen Rassen genotypisch bedingt sind« (Rensch 1929a: 92). Dies scheint aber eine Minderheitenposition innerhalb der Naturalisten gewesen sein, denn Dobzhansky schrieb noch 1937: »A majority of field biologists unfortunately still adhere to obsolete notions, according to which geographical variation is merely a persistent modification induced by the environment« (Dobzhansky 1937: 146).

Letztlich handelte es sich aber um eine empirische Frage und Mayr hat eine vermittelnde Position angemahnt. So hätten manche Forscher angenommen, »that geographic variation was due entirely to the phenotypical adaptability of animals«. Dies sei bis etwa 1920 die vorherrschende Meinung unter den Biologen (nicht aber den Systematikern) gewesen. Die genetischen Analysen geographischer Populationen hätten aber zu einem Meinungsumschwung geführt und nun wurde für eine Weile das Gegenteil behauptet: »every difference between local populations was considered as entirely due to genetic factors«. Inzwischen sei aber eine gesunde Balance zwischen diesen beiden Extremen erreicht worden (Mayr 1942: 59–60). Allerdings sei es in den meisten Fällen ohne Züchtungsexperimente unmöglich zu zeigen, ob eine spezielle Variante genetisch bedingt sei oder nicht.

Die klare Trennung zwischen erblichen Mutationen und nichterblichen Modifikationen bei der geographischen Variabilität war auch wichtig, um die Frage des **Lamarckismus** zu klären. Rensch hatte noch 1933 behauptet, dass die individuelle Variabilität (»Singularmutanten«) nur in manchen Fällen zu einer Neubildung von Formen führe. Viel wahrscheinlicher sei, dass »eine von ›außen‹ her stattfindende

Richtunggebung bei der Rassenbildung« erfolgt, die er sich als allmählichen Übergang von Modifikationen zu erblichen Eigenschaften vorstellte (Rensch 1933a: 30). Eine Reihe von Tatsachen spricht nach seiner Ansicht dafür, »daß die geographischen Rassen überwiegend durch direkte Einwirkung der Außenfaktoren entstehen« (Rensch 1929a: 185). Die individuelle Variabilität soll also den Gesetzen der Genetik folgen, während bei der geographischen Variabilität Modifikationen langsam erblich werden.

Entsprechend wurde von manchen Autoren auch zwischen **kontinuierlicher** und **diskontinuierlicher Variation** eine scharfe Trennung vorgenommen: »continuous variability was declared different in principle from the discontinuous one« (Dobzhansky 1937: 56). Während letztere eindeutig auf mendelnden Genen beruhen soll (»is clearly genic«), sei erstere durch ein vages Prinzip zu erklären.[250] Diese Vorstellung basierte auf der Tatsache, dass Mutationen definitionsgemäß diskontinuierliche Veränderungen darstellen, während bei geographischen Rassen kontinuierliche Übergänge festgestellt wurden.

Rensch hat 1929 argumentiert, dass bei der Entstehung der geographischen Variabilität aus der individuellen Variabilität erstere ein anderes Erscheinungsbild aufweisen müsste, als es der Fall ist:

> »Wenn wir der Entstehung geographischer Rassen einzelne Mutationsschritte zugrunde legen wollen, so würde sich folgendes Rassenbild ergeben. In einem mehr oder weniger großen zusammenhängenden Teilgebiete der Ausgangsform tritt ein Mutationssprung [...] auf [...]. Nach längerer Zeit erfolgt im Gebiet der Ausgangsform ein zweiter Mutationssprung [...]. [...] Das heißt also, wir würden bei Annahme solcher Mutationsschritte ein Rassenbild erhalten, wie es sich bei Tieren oder Pflanzen mit individueller Variabilität mehrerer Merkmale normalerweise in der Natur findet [...]. Die geographischen Rassen entsprechen aber nun diesem Variationsbilde durchaus nicht. Sie unterscheiden sich fast stets durch mehrere Merkmale [...] und dann weisen alle Individuen einer Rasse alle diese Merkmale auf. Diese Tatsache spricht gegen die Annahme der Entstehung geographischer Rassen durch Mutationen.« (Rensch 1929a: 127).

Um die Bedeutung der von der Genetik gefundenen Mutationen für den Evolutionsprozess nachzuweisen und die verschiedenen dualistischen Konzepte zu widerlegen, mussten die Darwinisten zunächst zeigen, dass die **Unterschiede zwischen natürlichen Populationen auf Mutationen** beruhen. Wie Rensch noch von lamarckistischem Standpunkt ausführte, wäre die Rassenbildung »im Rahmen unserer bisherigen genetischen Vorstellungen ›erklärbar‹«, wenn sie »prinzipiell ihren Anfang mit Singularmutanten nehmen« würde (Rensch 1933a: 26). Diesen Nachweis versuchten die Genetiker zu führen. Als Methode diente ihnen die Kreuzungsanalyse. Da Mutationen definitionsgemäß als mendelnde Änderungen genotypischer Einheiten aufgefasst wurden, galt der »Nachweis, daß Sippenunterschiede auf mendelnde Erbfaktoren zurückgeführt werden können«, als Beweis, dass diese Unterschiede auf Mutationen und Mutationskombinationen beruhen (Timoféeff-Ressovsky 1939a: 175).

Baur war bereits 1924 zu dem Schluß gekommen, dass »ganz allgemein in der Gattung *Antirrhinum* wilde Sippen der gleichen Spezies und ebenso systematisch einander nahestehende Spezies sich voneinander durchweg nur durch eine große Zahl von Erbfaktoren unterscheiden, von denen jeder einzelne Faktor eben von der Art ist, wie die Faktoren, welche durch die vielen kleinen Faktormutationen unter unseren Augen entstehen«. Sippenunterschiede und die Unterschiede zwischen nahe verwandten Arten sollen durch eine »im Laufe der Zeit erfolgte Summierung sehr vieler derjenigen Faktormutationen« entstehen, die sich »unter der natürlichen Zuchtwahl als erhaltungsfähig oder als besonders vorteilhaft erwiesen haben« (Baur 1924: 145–46).

In diesem Sinn schrieb Timoféeff-Ressovsky, dass »in allen Fällen, in denen die Analyse weit genug durchgeführt werden konnte und wurde, die subspezifischen Sippen lediglich Unterschiede in mendelnden Erbfaktoren, also Mutationen und deren Kombinationen, zeigten«. Unterschiede zwischen »systematisch-reellen Sippen«, d.h. zwischen Populationen, können »im wesentlichen auf Kombinationen solcher Faktoren beruhen, deren Entstehung aus dem Mutationsprozeß bekannt ist«. Als noch ungeklärte Ausnahme lässt er nur die bei Pflanzen gefundenen Plasmonunterschiede gelten. Vor allem haben sich bei »Rassen- und sogar Artkreuzungen zunächst keinerlei genetisch unbekannte Unterscheidungsfaktoren zwischen diesen Sippen« gezeigt. Er kommt zu dem Schluß, dass das »angeführte Material mit genügender Deutlichkeit« zeige, »daß die in freier Natur zu beobachtenden Fälle von Sippenbildung in statu nascendi auf entsprechende Verbreitung oder Kombination von Mutationen zurückgeführt werden müssen« (Timoféeff-Ressovsky 1939a: 176, 208, 177, 184).

Da auch die individuelle (erbliche) Variabilität auf Mutationen beruht, war nur noch zu klären, ob es sich um dieselben Typen von Mutationen wie bei der geographischen Variabilität handelt. Auch diese Frage konnte bejaht werden und so war die grundsätzliche Identität zwischen individueller und geographischer Variabilität plausibel nachgewiesen. Ergebnis der genetischen Untersuchungen war also, dass die »Masse der Individualvariationen« sich »im wesentlichen in denselben Merkmalen wie die systematisch reellen Sippen« unterscheidet (Timoféeff-Ressovsky 1939a: 174–75).[251] Mayr fasste das Verhältnis von individueller und geographischer Variabilität 1942 so zusammen: »We might say, in conclusion, that the differences between geographic races are frequently foreshadowed in the individual variation within these races, but that not all individual variation will be compounded into racial differences« (Mayr 1942: 32).

Die Unterschiede zwischen **diskontinuierlicher und kontinuierlicher Variation** wurden von den Vertretern des synthetischen Darwinismus dadurch erklärt, dass letztere durch eine größere Zahl der beteiligten Gene bedingt werde:

> »All the evidence indicates at the present time that the mode of inheritance (chromosomal-Mendelian) is exactly the same for continuous and discontinuous variation. In fact, there does not seem to be any sharp dividing line between the two kinds of variability; the difference seems to be primarily due to the number of genetic factors involved.« (Mayr 1942: 72)

Dobzhansky ist an diesem Punkte vorsichtiger und hält dies lediglich für wahrscheinlich, da die genetische Analyse der kontinuierlichen individuellen Variabilität technisch schwierig sei: »The genetic basis of continuous variation is probably similar to that of discontinuous variation« (Dobzhansky 1937: 60; vgl. auch Dobzhansky 1937: 56). Trotzdem kommt er zu dem Schluß, dass die geographische Variabilität durch Häufigkeitsunterschiede bestimmter Allele entsteht:

> »At least as a working hypothesis, and pending further studies in this rather neglected field, it is reasonable to assume that geographical variation of all kinds is caused by the inequality of the relative frequencies of different gene allelomorphs in populations inhabiting different parts of the distribution area of a species.« (Dobzhansky 1937: 56–57)

## 1.5 Zusammenfassung

Die Phänomene der Rezessivität und Dominanz, der partikulären Vererbung, der Rekombination, der Mutation und eines gewissen Grades von genetischem Determinismus machten plausibel, dass in Populationen ein hohes Maß an genetischer Variabilität existiert, das nicht wieder verschwindet, neu entsteht und der Selektion verfügbar ist, da es sich im Phänotypus ausprägt. Über diese allgemeinen Eigenschaften der genetischen Variabilität hinaus wurden noch weitere Voraussetzungen benannt, die Mutationen aufweisen müssen, um den Gang der Evolution im Sinne der Selektionstheorie erklären zu können. Als notwendige Eigenschaften der Mutationen, die ihre Eignung als Auslesematerial bedingen, wurden von den Darwinisten in Deutschland benannt: Sie müssen unter natürlichen Bedingungen auftreten (sog. spontane Mutationen), sie dürfen nicht zu selten aber auch nicht zu häufig sein, sie müssen sich auf alle erblichen Eigenschaften beziehen und sie müssen zumindest in einigen Fällen zu erhöhter Vitalität führen. Die Genetiker hatten durch Kreuzungsanalysen ausgewählter natürlicher Populationen zeigen können, dass die Unterschiede zwischen Individuen innerhalb einer Population und die Unterschiede zwischen Populationen (und z.T. Arten) durch die qualitativ gleichen Phänomene (die Mutationen) und quantitative Unterschiede (der Genfrequenzen) bedingt werden. Damit war eine Verbindung zwischen den Befunden der Genetik und der Systematik möglich geworden.

Bei anderen Eigenschaften der Mutationen war es eine Ermessensfrage, welche Bedeutung man ihnen zusprechen würde. So gab es keine grundsätzlichen Einwände gegen Großmutationen, wegen verschiedener empirischer Befunde über Häufigkeit, Vitalität und Fertilität der entstehenden Mutanten hielt man diese aber für weniger wichtig. Auch bei der Frage der Lokalisation des genetischen Materials in der Zelle waren mehrere Ansichten mit der Selektionstheorie vereinbar. Ein ausschließliches Kernmonopol der Vererbung wurde nicht postuliert.

Die Frage der gerichteten Mutationen war einer der interessantesten und kritischsten Punkte im Zusammenspiel von Genetik und Selektionstheorie. Als Selektionisten standen die Darwinisten der These, dass bestimmte evolutionäre Trends durch die Richtung oder Begrenztheit der Mutationen entstehen, eher kritisch gegenüber, ohne sich aber völlig dagegen auszusprechen. Da die Experimente der Genetik eindeutig zeigten, dass bestimmte Mutationen häufiger als andere entstehen, wurde dies von den Darwinisten, die – wie beispielsweise Timoféeff-Ressovsky – zu den führenden Mutationsforschern gehörten, zugestanden. Es wurde aber, von Ausnahmefällen abgesehen, bestritten, dass die bevorzugte Mutationsrichtung mit vorteilhaften Abänderungen zusammenfällt (Lamarckismus) oder dass sie generell für evolutionäre Trends (Orthogenese) verantwortlich ist.

## 2. Rekombination

Im Abschnitt »Mutation« habe ich gezeigt, welche Eigenschaften Mutationen aufweisen müssen, um sich als Auslesematerial für die Selektionstheorie zu eignen. Die Entstehung erblicher Variationen ist »die Grundlage für die natürliche Zuchtwahl und damit für die Evolution« (Baur 1919: 346–47). Von den Architekten des synthetischen Darwinismus wurde nun neben den Mutationen eine zweite, ebenso wichtige Quelle genetischer Variabilität angenommen, die Rekombination bei sich sexuell fortpflanzenden Organismen: »Bei allogamen Organismen beruht der größte Teil der erblichen Variationen auf dem, was wir Variation durch Neukombination genannt haben, d.h. also in der Hauptsache auf dem beständigen Entstehen und Vergehen von Kombinationen mendelnder Faktoren« (Baur 1919: 341; vgl. auch Baur 1919: 310; Dobzhansky 1937: 318; Mayr 1942: 24–25). Ähnlich äußerte sich Mayr vor wenigen Jahren: »Recombination is the most important source of genetic variation in populations« (Mayr 1982: 551).

Schon Darwin hatte auf den ersten Seiten der *Notebooks on transmutation* (1837–38) Spekulationen über Ursprung und Zweck der sexuellen Fortpflanzung angestellt: Sexualität sei für die Evolution der Arten notwendig, da Organismen, die sich vegetativ fortpflanzen, weniger variieren.[252] Die Sexualität habe aber zugleich einen konservierenden Aspekt. Bei reiner Selbstbefruchtung sei ein Formenchaos, eine Zersplitterung jeder Art in unzählige Varietäten, und nicht deutlich getrennte Arten zu erwarten (Darwin [1838] 1987, Notebook E: 48).

In der zweiten Hälfte des 19. Jahrhunderts war es vor allem Weismann, der betonte, dass die Rekombination (,Amphimixis‹) eine Quelle erblicher Variabilität ist. Die sexuelle Fortpflanzung hat, so schrieb er, »das Material an individuellen Unterschieden zu schaffen, mittelst dessen Selektion neue Arten hervorbringt« (Weismann [1886] 1892: 331). Zur Rekombination der Erbanlagen kann es nur kommen, wenn die väterlichen und mütterlichen Anteile nicht irreversibel verschmelzen, sondern als Partikel bestehen bleiben und wieder neu kombiniert werden können. Wenn man dagegen mit der Mehrzahl der zeitgenössischen Biologen davon ausging, dass die Vererbung analog der Mischung zweier Flüssigkeiten vor sich geht, führt sexuelle Fortpflanzung zur Vereinheitlichung einer Art und nicht zur Produktion von Variabilität. Möglich wurde Weismanns Umdeutung der sexuellen Fortpflanzung durch die Entdeckung der Zytologen, dass die Chromosomen während der Befruchtung nicht verschmelzen.

1908 wurde von Wilhelm Weinberg in Deutschland und G.H. Hardy in England unabhängig voneinander das heute ›Hardy-Weinberg-Verteilung‹ genannte Grundprinzip entwickelt (vgl. Provine 1971: 131–37; Sperlich & Früh 1999). Sie konnten zeigen, dass die Allelhäufigkeit in panmiktischen Populationen bei Abwesenheit anderer Faktoren (z.B. Selektion, Mutation) unverändert bleibt. Das Konzept einer idealen Population mit rein zufälliger (panmiktischer) Paarung bildet den grundlegenden Gedanken der mathematischen Populationsgenetik. Unter der Populationsgenetik allgemein versteht man den Bereich der Genetik, der die Veränd-

*Die Evolutionsfaktoren*

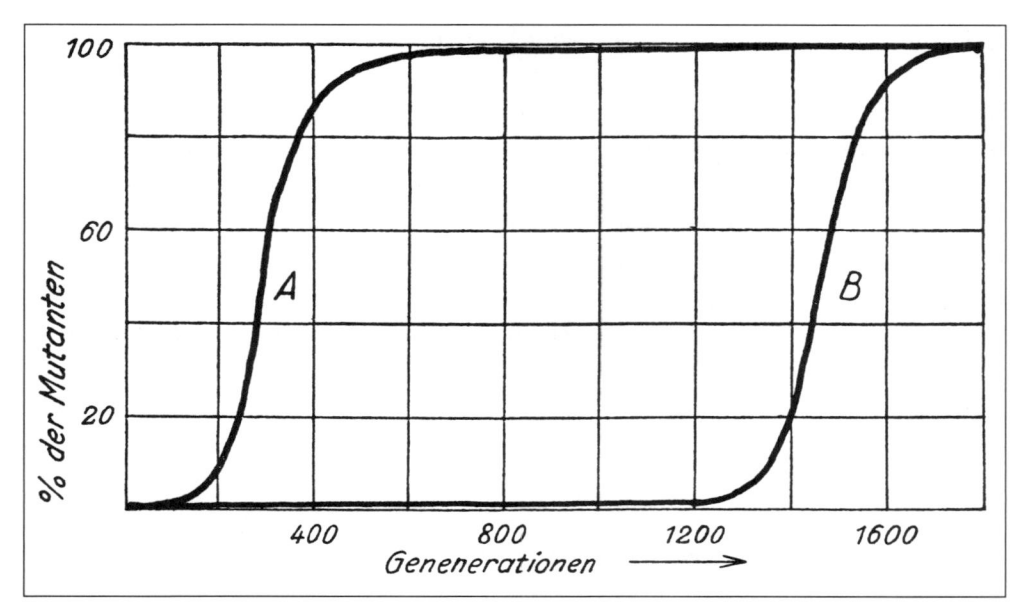

Abbildung 16: Selektionsgeschwindigkeit eines dominanten (A) und eines rezessiven (B) mutanten Allels (Bauer & Timoféeff-Ressovsky 1943: 401)

rung der Häufigkeit von Genen in Populationen untersucht. Der Begriff wird auf zwei unterschiedliche, relativ eigenständige Forschungsprogramme angewandt: die mathematische und die ökologische Populationsgenetik. Die mathematische Populationsgenetik entwickelt Modelle, die beschreiben, wie sich die Genfrequenzen in Populationen verschiedener Größen unter dem Einfluss der Evolutionsfaktoren (Selektion, Mutation, Zufall) theoretisch verändern. Demgegenüber untersucht die ökologische Populationsgenetik die genetische Zusammensetzung natürlicher Populationen (Mayr 1982: 553). In diesem Sinne hat Timoféeff-Ressovsky 1939 zwischen theoretischer und empirischer Methode unterschieden:

»Zu der ersten gehören mathematische Analysen der Wirksamkeit verschiedener Evolutionsfaktoren unter bestimmten Bedingungen und die Prüfung der Voraussetzungen einer genetisch-selektionistischen Evolutionserklärung; zu der zweiten gehört die genetische Analyse der Unterschiede zwischen verschiedenen taxonomischen Sippen und ein sehr mannigfaltiges Arbeitsgebiet, das man als Populationsgenetik kurz bezeichnen kann.« (Timoféeff-Ressovsky 1939a: 206)

In Deutschland kam es, von Ausnahmen abgesehen, nicht zu einer Weiterentwicklung der mathematischen Populationsgenetik, sondern die entscheidenden Berechnungen wurden von R.A. Fisher und J.B.S. Haldane in England sowie von Sewall Wright in den USA vorgenommen. Als klassische Schriften der mathematischen Populationsgenetik gelten Fishers *The Genetical Theory of Natural Selection* (1930), Haldanes *The Causes of Evolution* (1932) und Wrights »Evolution in Mendelian Populations« (1931). Eine weitere grundlegende Schrift war S.S. Chetverikovs »On Certain Aspects of the Evolutionary Process from the Standpoint of Modern Genetics«. Dieser Aufsatz erschien 1926 in russischer Sprache und hat über die Arbeiten von Dobzhansky und Timoféeff-Ressovsky auch im Westen gewirkt (eine englische Übersetzung erschien erst 1961; Dobzhansky 1980: 242; vgl. auch Lewontin 1980).

## 2.1 Rekombination und genetische Variabilität

Während durch Mutationen neue Gene gebildet werden, kommt es bei sexueller Fortpflanzung zu einer ständigen Neukombination der Gene: »Mit jeder geschlechtlichen Fortpflanzung ist hier ein ständiges kaleidoskopartiges Entstehen und Vergehen von Kombinationen der vorhandenen Grundunterschiede verbunden« (Baur 1919: 309–10). Diese Kombinationen stellen der Selektion wesentlich mehr Auslesematerial zu Verfügung als die reinen Mutationen, was wiederum ein evolutionärer Vorteil sei. Selektionstheorie und sexuelle Fortpflanzung ergänzen und erklären sich so wechselseitig: »Beruht die ganze Evolution im wesentlichen auf natürlicher Zuchtwahl, dann sind die sich geschlechtlich und allogam fortpflanzenden Organismen so sehr viel günstiger gestellt, daß hierdurch allein schon die Ausbildung und Erhaltung der Sexualität erklärt sein könnte« (Baur 1919: 347; vgl. auch Dobzhansky 1937: 126–27; Ludwig 1943a: 495).

Eine wichtige Voraussetzung, dass die genetische Variabilität bei der Rekombination erhalten bleibt, ist die **partikuläre Vererbung**. Der Übergang von der Mischvererbung zur partikulären Vererbung in der frühen Genetik wurde von Dobzhansky als Grundlage der modernen Evolutionstheorie hervorgehoben. Erst diese Revision habe es ermöglicht, Fleeming Jenkins‹ »swamping argument« zu widerlegen:

»The most fundamental difference between the conception of heredity which Darwin had to rely upon and the one which is at the basis of all the modern views on the mechanisms of evolution can be characterized as the antithesis between the particulate and the blending theories of inheritance [...]. It is known now that the germ plasm consists of a finite number of discrete particles, the genes, which maintain their properties in the process of hereditary transmission. [...] Even where the hybrid, or heterozygote, is intermediate between the parents, no contamination of the genes takes place, and the homozygotes recovered from the hybrids are like the parental races.« (Dobzhansky 1937: 121; vgl. auch Mayr 1988c: 525–26)

Bereits 1926 hatte es Chetverikov als zentrale Konsequenz der partikulären Vererbung bezeichnet, dass die genetische Variabilität im Prozess der Rekombination nicht verloren geht: »nothing is lost of that which is acquired by the species« (Chetverikov [1926] 1961: 184; vgl. auch H.A. & N.W. Timoféeff-Ressovsky 1927: 104). In den Diskussionen der deutschen Darwinisten spielte diese Frage keine größere Rolle; der Grund ist wahrscheinlich, dass die partikuläre Vererbung in den 1930er Jahren zur selbstverständlichen Grundüberzeugung geworden war und als solche nicht mehr hinterfragt wurde.

Eine weitere deutliche Vergrößerung der genetischen Variabilität in Populationen (diploider Organismen) kommt durch das Phänomen der **Dominanz** und **Rezessivität** zustande. Da bei diploiden Organismen rezessive Gene im heterozygoten Zustand latent bleiben und auch durch andauernde Selektion nicht völlig ausgeschaltet werden, ist eine entsprechende Population plastischer und kann besser auf Änderungen der Umweltbedingungen reagieren (vgl. von Wettstein 1943). So hat Baur bereits 1919 darauf hingewiesen, dass in einer Population rezessive Gene erhalten bleiben, auch wenn sie in homozygotem Zustand die Vitalität ihrer Träger herabsetzen: »Ein auch noch so scharfer Selektionsprozeß führt hier [»in einem Bestand eines allogamen Organismus«, d.h. in einer Population] im allgemeinen auch nach jahrelanger Wirkung nicht zur völligen Reinzucht, nicht zur Isolierung reiner homozygotischer Rassen« (Baur 1919: 347). Dieser Gedanke wurde von Chetverikov präziser ausformuliert:

»The strong prevalence in number among some of the investigated forms of recessive mutations over dominant ones, demonstrates the continuous accumulation within the species under natural conditions of precisely recessive genes, the process being conditioned by the specific action of free crossing as well as selection.« (Chetverikov [1926] 1961: 192)

Chetverikovs Theorie, dass »jede wilde Population einen Teil der in ihr ständig entstehenden Genovariationen im heterozygoten Zustande enthalten« muss, konnte empirisch durch Inzuchtversuche nachgewiesen werden (H.A. & N.W. Timoféeff-Ressovsky 1927: 71).[253] 1935 resümierte Timoféeff-Ressovsky: »Schon die Inzucht von relativ wenigen Fliegen ergibt eine ziemlich große Ausbeute an herausspaltenden rezessiven Erbmerkmalen […], so daß ungefähr ein Viertel aller freilebenden und phänotypisch normalen Fliegen sich als heterozygote Erbträger rezessiver Eigenschaften, die nicht zum normalen Typ gehören, herausstellen« (Timoféeff-Ressovsky 1935a: 117; vgl. auch Dobzhansky 1937: 126–27). Es bleibt also, wie Rensch 1947 bemerkte, »stets ein größerer Schatz von Mutanten erhalten, aus dem bei Umweltänderungen präadaptierte Formen ausgelesen werden können« (Rensch 1947a: 8).[254]

## 2.2 Populationsdenken

Die Entstehung der genetischen Variabilität durch Rekombination setzt eine Fortpflanzungsgemeinschaft (Population) voraus. Unter einer Population versteht man in der Biologie eine Gruppe von Organismen, die einen gemeinsamen Genpool besitzt. Der Genpool basiert auf der sexuellen Fortpflanzung und der Rekombination des genetischen Materials. Die partikuläre Vererbung erlaubte es, ein relativ einfaches Modell zu entwickeln, das beschreibt, wie sich die Genhäufigkeiten in Populationen bei zufälliger Rekombination (Panmixie) verhalten: das sog. Hardy-Weinberg-Gleichgewicht (1908). Es stellte sich heraus, dass ein »Bestand von Bastarden, den wir sich selbst zur Vermehrung überlassen«, bei »ganz unbeschränkter Paarung« und über »eine Reihe von Generationen« die Zusammensetzung der ursprünglichen F2-Generation beibehält (Baur 1919: 313–14; vgl. auch Dobzhansky 1937: 123; Ludwig 1943a: 484). Die genetische Zusammensetzung einer panmiktischen Population bleibt also konstant, solange dieses Gleichgewicht nicht durch andere Faktoren gestört wird: »Absolute Gültigkeit des Satzes von der Konstanz der genotypischen Zusammensetzung einer Population wäre gleichbedeutend mit Konstanz des organischen Weltbildes, mit der Unmöglichkeit einer Evolution«. Deshalb sind »gerade solche Faktoren von Interesse, die das Genotypenverhältnis ändern« (Ludwig 1940: 690; vgl. auch Dobzhansky 1937: 123).

Da dieses Gleichgewicht und seine Veränderung sich auf eine Population, eine (»interbreeding community«)[255], bezieht, kann Evolution als Veränderung der genetischen Zusammensetzung von Populationen definiert werden: »evolution is a change in the genetic composition of populations« (Dobzhansky 1937: 11; ähnlich bei Ludwig 1943a: 484; Simpson 1944: 31). Wenn man von den beteiligten Organismen abstrahiert, kommt man zur Vorstellung des Genpools, in der die Ebene der Gene und die Ebene der Population modellhaft verbunden sind: »From this viewpoint, an adequate genetic description of a species would consist of a list of gene-frequencies [...] rather than of a single typical genotype [...]. The elementary evolutionary process becomes change of gene-frequency rather than mutation« (Wright 1940: 164; vgl. Adams 1979).[256]

Den Populationen werden emergente Eigenschaften zugesprochen, die sich nicht auf die Eigenschaften der einzelnen Organismen oder Gene reduzieren lassen:

> »A population may be said to possess a definite genetic constitution, which is evidently a function of the constitutions of the individuals composing the group [...]. The rules governing the genetic structure of a population are, nevertheless, distinct from those governing the genetics of individuals, just as rules of sociology are distinct from physiological ones, in spite of being merely integrated forms of the latter.« (Dobzhansky 1937: 11)[257]

Dobzhansky sprach in diesem Zusammenhang davon, dass Populationen einen kollektiven Genotypus besitzen (Dobzhansky 1937: 316). Bereits 1919 hatte Baur deshalb zwischen der Selektion einzelner Organismen und der Selektionswirkung in Populationen unterschieden: »Diese Frage der Selektionswirkung auf eine mendelnde Population ist für das große Problem der Evolution, der Entstehung und Entwicklung der Lebewesen von so großer Wichtigkeit, daß wir sie hier anschneiden müssen« (Baur 1930: 372; dieses Zitat findet sich, allerdings durch einen Druckfehler missverständlich formuliert, bereits in Baur 1919: 318). Die Gesetze, nach denen sich die Genhäufigkeiten in Populationen verändern, wurden auf der Basis dieser Abstraktion von der mathematischen Populationsgenetik quantitativ erfasst.

Das Populationsdenken hat neben dem Hardy-Weinberg-Gleichgewicht eine zweite Quelle: die Systematik. Schon verschiedene Systematiker des 19. Jahrhunderts hatten die individuelle und geographische Variation innerhalb von Arten beachtet und ›Serien‹, d.h. mehr oder weniger umfangreiche Populationsmuster, gesammelt. Um 1900 gehörten geographische Populationsanalysen bei Säugern, Vögeln, Fischen, Schmetterlingen und Schnecken zur Routine bei systematischen Untersuchungen. Baur war einer der ersten Autoren, die populationsgenetische Analysen natürlicher Populationen vorlegten (*Antirrhinum*) und damit eine Verbindung zur Systematik und Biogeographie herstellten. Weitere Autoren in Deutschland, die der ökologischen Populationsgenetik zuzurechnen sind, waren Goldschmidt (*Lymantria*) und Timoféeff-Ressovsky (*Drosophila*).

| | | | NORTON'S TABLE | | | | | | | |
|---|---|---|---|---|---|---|---|---|---|---|
| | | | Number of generations taken to pass from one position to another as indicated in the percentages of different individuals in left-hand column ||||||||
| Percentage of total population formed by old variety | Percentage of total population formed by the hybrids | Percentage of total population formed by the new variety | A. Where the new variety is dominant |||| B. Where the new variety is recessive ||||
| | | | $\frac{100}{50}$ | $\frac{100}{75}$ | $\frac{100}{90}$ | $\frac{100}{99}$ | $\frac{100}{50}$ | $\frac{100}{75}$ | $\frac{100}{90}$ | $\frac{100}{99}$ |
| 99.9 | .09 | .000 | | | | | | | | |
| 98.0 | 1.96 | .008 | 4 | 10 | 28 | 300 | 1920 | 5740 | 17,200 | 189,092 |
| 90.7 | 9.0 | .03 | 2 | 5 | 15 | 165 | 85 | 250 | 744 | 8,160 |
| 69.0 | 27.7 | 2.8 | 2 | 4 | 14 | 153 | 18 | 51 | 149 | 1,615 |
| 44.4 | 44.4 | 11.1 | 2 | 4 | 12 | 121 | 5 | 13 | 36 | 389 |
| 25 | 50 | 25 | 2 | 4 | 12 | 119 | 2 | 6 | 16 | 169 |
| 11.1 | 44.4 | 44.4 | 4 | 8 | 18 | 171 | 2 | 4 | 11 | 118 |
| 2.8 | 27.7 | 69.0 | 10 | 17 | 40 | 393 | 2 | 4 | 11 | 120 |
| .03 | 9.0 | 90.7 | 36 | 68 | 166 | 1,632 | 2 | 6 | 14 | 152 |
| .008 | 1.96 | 98.0 | 170 | 333 | 827 | 8,243 | 2 | 6 | 16 | 165 |
| .000 | .09 | 99.9 | 3840 | 7653 | 19,111 | 191,002 | 4 | 10 | 28 | 299 |

Abbildung 17: Norton's table (Punnett 1915: 155)

Folgende Erkenntnisse der Populationsgenetik werden in den zeitgenössischen Schriften des synthetischen Darwinismus in Deutschland besonders hervorgehoben. Betont wurde zunächst, dass die quantitativen Überlegungen zur Wirkung der einzelnen Evolutionsfaktoren in Populationen unterschiedlicher Größe gezeigt hatten, dass die **natürliche Auslese** ein wirksamer Evolutionsfaktor ist. Dies galt als eines der wichtigsten frühen Ergebnisse der mathematischen Populationsgenetik. Bereits 1915 hatte der britische Mathematiker H.T.J. Norton gezeigt, dass auch kleine Selektionsvorteile innerhalb relativ weniger Generationen eindrucksvolle Effekte haben können:

> »The British mathematician H.T.J. Norton worked this out for different selection intensities of genes occurring at different frequencies (1915). To the surprise of almost everybody he was able to show that even rather small selective advantages or disadvantages (less than 10 percent) led to drastic genetic changes in relatively few generations. This finding greatly impressed J.B.S. Haldane [...] and the Russian naturalist-geneticist Chetverikov. The conclusion that alleles only slightly differing in selective value could replace each other rather rapidly in evolution later induced several neo-Lamarckians (Rensch and Mayr, for example) to abandon their belief in soft inheritance.« (Mayr 1982: 54; zu Norton's table vgl. Punnett 1915)

Damit hatte die »Frage der Selektionswirkung auf eine mendelnde Population« eine erste positive Antwort erhalten (Baur 1930: 372). In den zeitgenössischen Schriften

*Die Evolutionsfaktoren*

zum synthetischen Darwinismus wird dieses Ergebnis der »rechnerischen Ueberlegungen zur Selektionstheorie« (Ludwig 1943a: 482) des öfteren hervorgehoben:

»In vielen mathematischen Arbeiten (R.A. Fisher, G. Gause, J.B.S. Haldane, S.S. Chetverikov, V. Volterra, S. Wright) wurde gezeigt, daß, unter Konstantbleiben sonstiger Bedingungen, auch geringste Selektionsvorteile im Laufe der Zeit innerhalb großer Populationen, anfänglich seltenen Variationen dazu verhelfen den Ausgangstyp praktisch vollständig zu ersetzen.« (Timoféeff-Ressovsky 1939a: 189; vgl. auch Dobzhansky 1937: 177; Ludwig 1933: 379; 1938a: 187; Rensch 1947a: 8)

Diese Wirkung hat die Selektion aber nicht unter allen Bedingungen. Ein weiteres zentrales Ergebnis der mathematischen Populationsgenetik war, dass die **Größe der Population** (die Zahl der Individuen) die Art und Geschwindigkeit des evolutionären Wandels stark beeinflusst: »Size of population is one of the dominant factors in determining tempo and mode of evolution« (Simpson 1944: 95). Noch 1937 kritisierte Dobzhansky, dass man bisher bei der Untersuchung der Wirkung der natürlichen Auslese von der Größe der jeweiligen Populationen abgesehen habe. Dies sei aber nicht möglich: »the effectiveness of selection is to a certain degree a function of the population size« (Dobzhansky 1937: 180). Die Übertragung der theoretischen Ergebnisse auf natürliche Populationen wurde dadurch erschwert, dass kaum Daten über die Größe effektiver Fortpflanzungsgemeinschaften vorlagen. Zudem musste man davon ausgehen, dass bei biologischen Arten, die über ein größeres Gebiet verteilt sind, keine Panmixie vorliegt, sondern dass es lokale Kolonien gibt, die mehr oder weniger abgeschlossen sind. Obwohl sich also kaum genaue Zahlen für die Größe von Populationen angeben ließen, konnte man doch gewisse plausible Schätzungen darüber abgeben, ob eine Population relativ groß oder klein war (Dobzhansky 1937: 138–39; Ludwig 1943a: 510; Simpson 1944: 95).

Als weiteres wichtiges Ergebnis der mathematischen Analyse werden von den zeitgenössischen Darwinisten die Abschätzungen zur **Interaktion der verschiedenen Evolutionsfaktoren** genannt: »Der Mechanismus des historischen Evolutionsvorganges ergibt sich aus dem Zusammenspiel verschiedener Evolutionsfaktoren«. Von »entscheidender Bedeutung für jede Art genetisch-evolutionistischer Überlegungen ist die Kenntnis der Wirkungsgesetze und Grenzwerte der Wirksamkeit einzelner Evolutionsfaktoren und deren Kombinationen« (Timoféeff-Ressovsky 1939a: 187, 206). Dobzhansky hat in diesem Zusammenhang von widerstrebenden Kräften gesprochen, denen eine Population ausgesetzt sei: »A living population is constantly under the stress of the opposing forces; evolution results when one group of them is temporarily gaining the upper hand over the other group« (Dobzhansky 1937: 124).

Der mathematischen Analyse zufolge waren nun folgende Effekte zu erwarten: In sehr großen Populationen wird die Allelhäufigkeit in erster Linie vom Mutations- und Selektionsdruck determiniert. Allgemein ist die Evolutionsgeschwindigkeit in diesem Fall extrem langsam, wenn es nicht zur Selektion kommt. Bei Selektion ist die Evolution rein adaptiv und annähernd proportional zum Selektionsdruck. Große Populationen sind aber meist nicht für schnelle und andauernd progressive Evolution geeignet (Dobzhansky 1937: 188; Simpson 1944: 95).

Mittlere bis große Populationen enthalten meist mehr genetische Variabilität als kleine Populationen. Mittelgroße Population sind am ehesten für schnelle und anhaltend progressive Evolution geeignet. In kleineren Populationen ist die Selektion weniger effektiv und es kommt zu Zufallseffekten, die in sehr kleinen Population sogar überwiegen. In sehr kleinen Population können Allele, die einen Selektionsvorteil bieten, verloren gehen, und solche die mit Selektionsnachteilen verbunden sind, fixiert werden. In diesem Fall findet der evolutionäre Wandel also gegen den Selektionsdruck statt (Dobzhansky 1937: 182). Zufällige Schwankungen der Genhäufigkeit in kleinen Populationen treten vor allem dann auf, wenn Selektionsdruck und Mutationsdruck in der gleichen Größenordnung und relativ klein sind (Dobzhansky 1937: 183). In sehr kleinen Population kann es zu sehr großen Evolutionsgeschwindigkeiten kommen, aber die Veränderung ist selten adaptiv und führt zum Aussterben, wenn es nicht in Ausnahmefällen zu einer radikalen und schnellen adaptiven Umorientierung kommt (Simpson 1944: 95).

Als Spezialfall der Isolierung kleiner Populationen galt der Gründereffekt (»founder principle«), bei dem nur wenige Individuen einen kleinen Teil der genetischen Variabilität der ursprünglichen Populationen mit sich führen. Dadurch kommt es zum zufälligen Verlust von Genen und zur genetischen Vereinheitlichung innerhalb der Kolonien. In manchen Fällen sei so die Uniformität einer größeren Population zu erklären.[258] Die neuen Kolonien werden sich von der ursprünglichen Population stark unterscheiden und so zur geographischen Rassenbildung beitragen:

>»Wenn es vor allem zahlreiche Inselformen sind, bei denen eine solche richtungslose Variation zu neuen Rassen und Arten führte, so wird damit bereits deutlich, dass hier die scharfe geographische Isolation von wesentlicher Bedeutung beim Zustandekommen der bunten Rassenmannigfaltigkeit war. Es ist nun aber natürlich nicht immer nötig, dass dominante Mutationen auf den einzelnen Inseln aufgesprungen sind [...]. Es genügte in manchen Fäl-

*Die Evolutionsfaktoren*

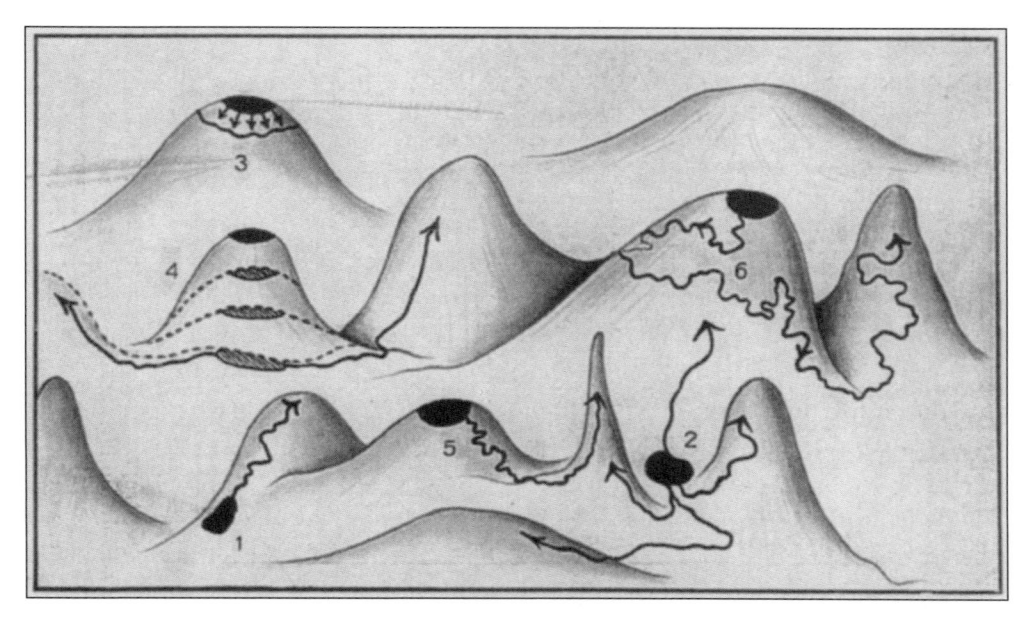

Abbildung 18: Bildliche Darstellung des Zusammenspiels verschiedener Evolutionsfaktoren bei Ludwig (nach der »adaptive landscape« von Wright 1932: 361; Ludwig 1943: 504)

len auch schon, dass eine Population von wenigen Exemplaren ihren Ausgang nahm, welche auf eine Insel verschlagen wurden: entspricht doch der Genbestand einzelner Tiere nie der Totalität der Gene, welche in den zahlreichen Individuen ihrer Herkunftsrasse vorhanden sind. In solchen Fällen ist also die neu entstehende Inselrasse nicht durch ein Plus an Genen ausgezeichnet, sondern durch ein Minus.« (Rensch 1939a: 183–84; vgl. auch Dobzhansky 1937: 128–29, 189; Mayr 1942: 234)

Als günstig für evolutionären Wandel wurden auch Populationen angesehen, die in zahlreiche isolierte Kolonien unterschiedlicher Größe unterteilt sind: »Wright (1931, 1932) argues very convincingly that [...] a differentiation into numerous semi-isolated colonies, is the most favorable one for a progressive evolution« (Dobzhansky 1937: 190–91; vgl. H.A. & N.W. Timoféeff-Ressovsky 1927: 104). Folgender typischer Verlauf wurde dabei angenommen: Innerhalb der einzelnen Kolonien, die z.T. nur aus wenigen Individuen bestehen, kann es zu nicht-adaptiven Phasen und zur zufälligen Fixierung von Mutationen kommen. Einige dieser nicht-adaptiven Linien werden sich als präadaptiv erweisen, d.h. sich für abweichende ökologische Bedingungen eignen. Diese Gruppen werden dann starkem Selektionsdruck ausgesetzt und entwickeln sich schnell in adaptiver Richtung weiter. Die wenigen

Kolonien, die diesen Zustand verbesserter Anpassung erreichen, werden expandieren (Simpson 1944: 123). Eine Selektion zwischen den einzelnen Kolonien (intergroup selection) sei die Folge (Dobzhansky 1937: 190). Ludwig hat Wrights Modell so zusammengefasst:

> »Für die Evolution wäre es also sehr günstig, wenn fortlaufend panmiktische Phasen großen Bevölkerungsumfanges mit Aufsplitterung der Gesamtpopulation in kleinste Lokalrassen abwechselten. In ersteren entstehen die Neukombinationen, in letzteren werden sie ausgelesen. Es ist nun nicht nur möglich, sondern sogar in gewissem Maße wahrscheinlich, daß ein solcher Rhythmus bei der Evolution wirklich eine Rolle spielt.« (Ludwig 1943a: 505)

Die Bedeutung der Populationsgröße für die Evolution wurde in Deutschland vor allem von Timoféeff-Ressovsky hervorgehoben. Er legte dabei weniger auf den Faktor der geographischen Zersplitterung Wert, als auf die zeitliche Veränderung der Populationsgröße: Die Verbreitung und Konzentration der Erbmerkmale unterliegt »nicht nur räumlichen, sondern auch zeitlichen Schwankungen« (Timoféeff-Ressovsky 1935a: 117).[259] Für »quantitative Schwankungen der Individuenzahl und territoriale Verschiebungen einzelner Populationen innerhalb der Art« prägte er den Begriff ›**Populationswellen**‹. Analog zur Isolation beruht der Effekt der Populationswellen darauf, dass Panmixie und Populationsgröße eingeschränkt werden; der »Unterschied der Populationswellen von Isolation bezieht sich vorwiegend auf ihr zufälliges Schwanken und auf beschränkte Dauer eines bestimmt-gerichteten Populationswellen-Vorgangs« (Timoféeff-Ressovsky 1939a: 199). Inhaltlich entsprechen die Vorstellungen von Timoféeff-Ressovsky weitgehend den Theorien der amerikanischen Architekten des synthetischen Darwinismus.

Zeitliche und territoriale Populationswellen sollen in Verbindung mit Isolationsphänomenen in zweierlei Hinsicht eine besondere große Rolle spielen. Zum einen kommt es zu zufälligen Gen-Konzentrationsschwankungen: »Erstens wird dabei, durch Beschränkung der Individuenzahl und des Panmixiegrades, eine sehr starke zufällige Schwankung der Konzentration einzelner Mutationen und Mutationskombinationen zustande gebracht« (Timoféeff-Ressovsky 1939a: 203–04). Diese durch »zufällige Schwankungen zu einer höheren Konzentration gebrachten Mutationen« werden einer stärkeren Selektion unterworfen, da »die Selektion bei sehr geringen Gen-Konzentrationen nur sehr langsam fortschreiten kann«. Außerdem werden durch die Populationswellen »rezessive Merkmale in homozygoter Form unter die Wirkung der Auslese gelangen«. Zum anderen wird der Selektionsvorgangs selbst beeinflusst. Bei »quantitativen Lebenswellen, die sich über mehrere Generationen erstrecken«, nimmt die Intensität der Auslese auf dem ansteigenden Ast ab [...] und auf dem absteigenden zu«. Außerdem können »territoriale Arealsschwankungen« einen Teil der Individuen »unter neue Konstellationen von Milieubedingungen bringen, unter denen sich dann auch die Auslesevorgänge wesentlich ändern« (Timoféeff-Ressovsky 1939a: 204).

Und schließlich können »größere territoriale Populationswellen« zur »Vermischung schon differenzierter Formen und somit der Bildung vieler neuer Mutationskombinationen« führen. Umgekehrt kann es durch »fortschreitende Arealsausbreitungen« eines ursprünglich kleinen Populationsteiles zu »einem Prozeß der Verringerung der genetischen Vielgestaltigkeit des betreffenden Populationsteiles« kommen. Timoféeff-Ressovsky verweist in diesem Zusammenhang auch auf Reinigs Erklärung für manche Fälle der »geographisch-gerichteten Variabilität«. Allgemein seien die Populationswellen neben den Mutationen der zweite Lieferant von Evolutionsmaterial,

> »denn, wie wir gesehen haben, wird eigentlich erst durch zufällige Konzentrationsschwankungen das Genotypenmaterial auf die historische Evolutionsarena gebracht, und einer intensiveren Auslese ausgeliefert. Die Populationswellen ermöglichen sozusagen eine vollere und vielseitigere evolutionistische Ausnutzung des vom Mutationsprozeß gelieferten Evolutionsmaterials; sie schaffen dauernd, in verschiedenen Teilen des Artareals ›Evolutionskandidaten‹.« (Timoféeff-Ressovsky 1939a: 204)

Der Begriff ›Populationswellen‹ hat sich nur in Deutschland durchgesetzt (Rensch 1947a: 8); inhaltlich überschneiden sich die genannten Phänomene mit den von Wright, Dobzhansky, Simpson, Mayr und anderen Autoren vorgelegten Ideen zur Auswirkung der Populationsgröße auf die Evolution (Mayr 1942: 237–38).

Die Überlegungen zur Wirkung der Evolutionsfaktoren in Populationen verschiedener Größe und ihrer Schwankungen beruhen darauf, dass die ideale Panmixie, die im Hardy-Weinberg-Gleichgewicht angenommen wird, durch Isolation durchbrochen ist. Bei der **Isolation** müssen zwei grundsätzlich verschiedene Effekte auseinandergehalten werden. Zum einen führt die Isolation durch Einschränkung der Populationsgröße zu Zufallseffekten. Sie wirkt also »populationsverkleinernd und begünstigt daher die Zufallswirkung«. Je kleiner eine Population ist, umso eher werden sich »auslesemäßig neutrale oder sogar schädliche Gene [...] zufallsmäßig ab und zu durchsetzen und so erhalten bleiben« (Ludwig 1943a: 491, 499). Auf diese Wirkung der Isolation für die Transformation von Arten in der Zeit bin ich oben eingegangen. Zum anderen führt die Isolation zur räumlichen Trennung zwischen verschiedenen Teilen der ursprünglichen Population. Das »Wesen der Isolationswirkung« besteht in diesem Fall in der »Beseitigung der Panmixie, d.h. der freien Mischung mit anderen benachbarten Organismengruppen« (Timoféeff-Ressovsky 1939a: 192). Die geographische Trennung kann zur Aufspaltung der Arten (Speziation) führen; die Isolation wird so zum »Hauptfaktor der Differenzierung im Raum« (Timoféeff-Ressovsky 1939a: 205–06).

Allgemein gibt es im synthetischen Darwinismus mehrere zufallserzeugende Prozesse: Zufällige Mutationen, Rekombination und **zufälligen Genverlust** in kleinen Populationen. Während die zufälligen Mutationen eine notwendige Voraussetzung für die Selektionstheorie sind, durch die ein wichtiger Teil der genetischen Variabilität entsteht, bedeutet der zufällige Genverlust eine Einschränkung der Wirkung der natürlichen Auslese. Da der Zufall Effekte hervorbringen kann, die den anderen Evolutionsfaktoren, vor allem der Selektion, »gewissermaßen zuwiderlaufen«, sei es unerlässlich, »das Ausmaß der Zufallswirkung innerhalb des evolutorischen Geschehens einigermaßen abzuschätzen« (Ludwig 1943a: 490, 500). Wie Ludwig schreibt, sei der Zufall nach dem Hardy-Weinberg-Prinzip in panmiktischen Populationen keineswegs ausgeschlossen, er vermag nur infolge des unendlich großen Umfangs der Population nichts auszurichten (Ludwig 1943a: 485–86). Erst die Einschränkung der Populationsgröße führt dazu, dass Zufallseffekte auftreten, die die Ursache für wichtige nicht-selektionistische Effekte sind:

> »Zufallswirkung (infolge Endlichkeit der Bevölkerungszahl). Daß der Zufall in unendlich großen Bevölkerungen nichts ausrichten kann, wurde bereits betont. In Populationen endlichen Umfanges wirkt er sich in verschiedener Weise aus. [...] Solche Zufallswirkungen müssen sich um so öfter und um so stärker bemerkbar machen, je kleiner eine Population ist.« (Ludwig 1943a: 489–90; vgl. auch Ludwig 1943a: 483; Beatty 1992b: 273–81; Senglaub 1998)

In den Evolutionsfaktoren »genetische Drift« (Wright 1931, 1932) und »Populationswellen« (Chetverikov 1905; Timoféeff-Ressovsky 1939a) wird dem Rechnung getragen. Die mathematische Populationsgenetik hat also mit den Zufallseffekten in sehr kleinen Populationen Grenzen der Selektion unter bestimmten Bedingungen aufgezeigt. Wie Gayon betont hat, wäre es also falsch, die mathematische Populationsgenetik als notwendig pro-selektionistisch zu bezeichnen. Sie stellt ein neutrales Instrumentarium zu Verfügung, das ebenso mit Orthogenese, Lamarckismus oder Saltationismus zu verbinden ist. Erst im Zusammenhang mit empirischen Daten stellten sich manche dieser Modellvorstellungen als mehr oder weniger plausibel heraus und führten zur Bevorzugung der Selektionstheorie.[260]

## 2.3 Zusammenfassung

Im synthetischen Darwinismus bildet die Rekombination bei sich sexuell fortpflanzenden Organismen eine wichtige Quelle genetischer Variabilität. Die dabei entstehenden Kombinationen sorgen für wesentlich mehr Auslesematerial als die reinen Mutationen; Selektion und sexuelle Fortpflanzung ergänzen sich so wechselseitig. Die partikuläre Vererbung als Voraussetzung der variabilitätserhöhenden Wirkung der Rekombination spielte in den Diskussionen der deutschen Darwinisten keine größere Rolle; sie wurde als selbstverständlich akzeptiert. Die Vergrößerung der genetischen Variabilität in Populationen diploider Organismen durch Dominanz und Rezessivität erfuhr dagegen einige Aufmerksamkeit. Z.T. ist dies dem Einfluss von Chetverikovs Konzept der Art als ›Schwamm‹, die mehr und mehr Mutationen ›aufsaugt‹, zu zurechnen. Auch Baur und von Wettstein haben diesen Effekt betont und diskutiert.

Durch sexuelle Fortpflanzung und Rekombination entsteht eine Fortpflanzungsgemeinschaft (Population). Die Gesamtheit der Gene in einer Population wird als Genpool bezeichnet. Von der mathematischen Populationsgenetik wurden theoretische Modelle entwickelt, die zeigten, wie sich der Genpool in Populationen verschiedener Größen unter dem Einfluss der Evolutionsfaktoren (Selektion, Mutation, Zufall) verändert. Grundlage dieser Berechnungen war das 1908 von Weinberg und Hardy entwickelte ›Hardy-Weinberg-Gleichgewicht‹. In Deutschland kam es zwar nur ansatzweise zu einer eigenständigen mathematischen Populationsgenetik, die Ergebnisse von Fisher, Haldane und Wright waren aber bekannt und wurden rezipiert. Dies gilt beispielsweise für den Nachweis, dass die natürliche Auslese ein wirksamer Evolutionsfaktor sein kann, und für die Erkenntnis, dass die Größe der Population (die Zahl der Individuen) die Art und Geschwindigkeit des evolutionären Wandels stark beeinflusst. Auch die Abschätzungen zu den Interaktionen der Evolutionsfaktoren wurden von den Vertretern des synthetischen Darwinismus in Deutschland rezipiert. Timoféeff-Ressovsky, Reinig, Rensch und andere entwickelten auf diesen Grundlagen originelle populationsgenetische Theorien, die mit den zeitgenössischen evolutionstheoretischen Ausführungen von Dobzhansky, Simpson oder Mayr vergleichbar sind.

## 3. Selektion

Die Selektion ist der wichtigste Evolutionsfaktor im synthetischen Darwinismus. Die Mutationen und die Rekombination sind unverzichtbare Voraussetzungen, dass die Selektion sich entfalten kann; die Populationsgröße und die geographische Isolation sind Rahmenbedingungen, unter denen ihre Wirkung eingeschränkt ist. Ohne die Selektion können diese Faktoren aber nur wenige, nicht-adaptive Sonderfälle der Evolution erklären. Die wichtigsten Eigenschaften der Organismen, in denen sie sich von der unbelebten Natur am deutlichsten unterscheiden, die Existenz eines genetischen Programms, die Zunahme der Komplexität im Laufe der Phylogenie und die Anpassung an die unterschiedlichsten Lebensräume sind nur durch die Selektion zu erklären. Wie Richard Hertwig betonte, genügt es nicht, »die Umbildungen der Organismen zu erklären; es muß vielmehr weiter im Auge behalten werden, daß diese Umbildungen zu einer zweckmäßigen Anpassung des Organismus an seine Umgebung führen; es muß zugleich diese zweckmäßige Anpassung erklärt werden« (R. Hertwig 1914: 27).

Die Selektionstheorie muss immer auch eine Theorie zur Entstehung erblicher Variabilität beinhalten – ohne Variation keine Selektion. Schon Darwin machte deutlich, dass der unterschiedliche Reproduktionserfolg der Organismen nur dann zur Veränderung einer Art führt, wenn es sich um erblich verschiedene Individuen handelt. Das Prinzip der Selektion im engeren Sinne basiert auf verschiedenen empirischen Tatsachen und Schlussfolgerungen (vgl. Darwin 1859, Ch. III, »Struggle for Existence«; Mayr 1991: 72). Grundlage sind drei Beobachtungen: 1) Das mögliche exponentielle Wachstum von Populationen, 2) die relative Konstanz der Größe von Populationen, 3) die Begrenztheit der Ressourcen. Aus diesen drei Tatsachen hatte schon Malthus gefolgert, dass es zu einem Kampf ums Dasein zwischen den Mitgliedern einer Population kommen muss (Malthus 1826). Diese Folgerung kombinierte Darwin nun mit zwei weiteren Beobachtungen: 4) der Einzigartigkeit der Individuen und 5) der Erblichkeit von einem Großteil der individuellen Variabilität. Er nahm weiter an, dass der Erfolg eines Individuums im Kampf ums Dasein zumindest zum Teil von seinen individuellen erblichen Merkmalen abhängt. Wenn sich dieser Vorgang über viele Generationen fortsetzt, kommt es einer Verschiebung in der Häufigkeit von bestimmten Merkmalen und damit zur Evolution.

Die Selektionstheorie war im 19. und bis in die Mitte des 20. Jahrhunderts deutlich weniger erfolgreich als die Theorien der Evolution und der gemeinsamen Abstammung. Zwar hatte Darwin in *Origin of Species* die ersten fünf Kapitel der natürlichen Auslese und ihren Voraussetzungen gewidmet sowie Evolution

*Die Evolutionsfaktoren*

und Selektion als Einheit dargestellt, aber ein beträchtlicher Teil der Biologen ließ sich hiervon nicht überzeugen. Obwohl die Selektionstheorie eine vergleichsweise einfache Theorie ist, die nur auf wenigen Grundprinzipien und Voraussetzungen aufbaut, wurde sie sogar von vielen Biologen nicht oder nur oberflächlich verstanden. So hat beispielsweise die bloße Existenz des Kampfes ums Dasein noch keine evolutionäre Bedeutung. Auch unter Wissenschaftshistorikern wird oft der Schluß gezogen, dass ein Biologe, der vom Kampf ums Dasein spricht, deshalb Darwinist sei. Dies ist aber ein Missverständnis. Der Kampf als solcher ist mit einem statischen Weltbild ebenso zu verbinden wie mit einem dynamischen. Ebenso wenig ist es eine zutreffende Interpretation der Selektionstheorie, wenn der Auslese überwiegend eine stabilisierende, die ›Degeneration‹ verhindernde Wirkung zugeschrieben wird. Für die Darwinisten ist die Selektion ein kreativer Vorgang, der zur Weiterentwicklung führt: »Selection is a truly creative force and not solely negative in action« (Simpson 1944: 95–96; Dobzhansky 1967). Die Kontroversen um die Selektionstheorie drehen sich fast ausschließlich um ihre ›wirklich kreative Kraft‹, die Fortschritt in der Evolution möglich macht:

> »Die Selektion [...] ist dadurch gekennzeichnet, daß sie Rassen oder Individuen minderer Eignung zugunsten solcher mit höherer Eignung allmählich ausmerzt. Daß sie zumindest insofern dauernd am Werke ist, als sie die Rassen von den Defektmutanten säubert, wurde bereits erwähnt. Zu untersuchen bleibt, inwieweit sie am evolutorischen Fortschritt beteiligt ist.« (Ludwig 1938a: 186–87)

Ein Teil der Kontroversen über das kreative Potential der Selektion ist Abweichungen im Wortgebrauch geschuldet. Während Kritiker des Darwinismus oft zwischen der Selektion und der Entstehung genetischer Variabilität unterscheiden, ist für seine Vertreter der variabilitätserzeugende Vorgang integrierter Bestandteil des Selektionsprinzips:

> »Bei einer Analyse der Vorgänge bei der Züchtung war er [Darwin] zu dem Resultate gelangt, daß bei ihr drei Faktoren wirksam sind, 1. die **Variabilität der Organismen**, welche die Möglichkeit zur Entwicklung neuer Formen schafft, 2. die **Vererbung**, welche die neu auftretenden Merkmale der Nachkommenschaft übermittelt und dadurch eine Kumulierung derselben ermöglicht, 3. die **Zuchtwahl** des Züchters, welche die Vererbung in bestimmte Bahnen lenkt, indem sie immer nur die geeigneten Formen zur Aufzucht verwendet.« (R. Hertwig 1914: 36)

Die Selektionstheorie im darwinistischen Verständnis umfasst sowohl Mechanismen zur Produktion genetischer Variabilität (z.B. Mutation und Rekombination) als auch die Selektion (unterschiedliche Fitness) im engeren Sinn.

## *3.1 Kritik an der Selektionstheorie*

Die vielfältigen emotionalen und weltanschaulichen (religiösen) Widerstände gegen die Selektionstheorie haben im 20. Jahrhundert eher noch an Schärfe zugenommen. Wie schon im 19. Jahrhundert wurden sie mit ›wissenschaftlichen‹ Argumenten rationalisiert. In den folgenden Abschnitten werde ich auf diese grundlegenden Kontroversen nicht eingehen, da ich mich allgemein mit den Gegnern des synthetischen Darwinismus nur am Rande auseinandersetze. Es wurde aber auch von Biologen im direkten Umfeld des synthetischen Darwinismus Kritik an der zentralen Bedeutung der natürlichen Auslese geübt. Von diesen Autoren wurde eine vermittelnde Position eingenommen, d.h. sie haben die Selektion durchaus anerkannt, ließen aber daneben andere (richtende) Evolutionsfaktoren gelten. Einer der wichtigsten Kritiker der Selektionstheorie in den Jahren vor 1935 war Rensch. Er diskutierte diese Fragen am Beispiel der biologischen Regeln, die auf eine Selektionswirkung hinzudeuten scheinen, da es sich um Anpassungen handelt:

»Es ist zunächst zu beachten, daß die drei am besten bekannten Regeln, die Bergmannsche, die Allensche und die Glogersche, im allgemeinen ›Anpassungscharakter‹ haben. [...] Wenn Selektionsvorgänge für das Zustandekommen derartiger Parallelitäten von Bedeutung sind, dann können wir uns also die Auslese als unmittelbar an den entsprechenden Genen angreifend vorstellen.« (Rensch 1933a: 48)

Er bringt nun folgende Argumente vor, die gegen eine Erklärung dieser Regeln und damit der Anpassungen durch die Selektionstheorie sprechen:

1) Die Selektion ist nicht spezifisch genug, um bei geringfügigen Merkmalsabweichungen einen Ansatzpunkt zu finden:

»Die von Bergmann gegebene Erklärung der Abhängigkeit der Körpergröße vom Klima wird auch heute noch anerkannt. Die bedeutendere Größe im kälteren Klima würde danach also jeweils als eine vorteilhafte Mutante anzusehen sein, die im Kampfe ums Dasein über kleinere, weniger vorteilhafte

Mutanten den Sieg davon trägt. [...] Vor allem bietet auch die Annahme einer so minutiösen Selektionswirkung zwischen schwach unterschiedenen Größenmutanten unüberwindliche Hindernisse.« (Rensch 1929a: 156)

2) Es gibt auch Trends in der geographischen Verbreitung von Merkmalen, die keinen Selektionswert aufweisen:

»Noch weniger wahrscheinlich ist es, daß den einzelnen Farbstufen also etwa den braungrauen Tönen westeuropäischer Formen gegenüber den reiner grauen Tönen nord- und osteuropäischer Formen ein Selektionswert zugesprochen werden kann, denn hier kommt mindestens für das Merkmal als solches ein besonderer Vorteil nicht in Frage.« (Rensch 1933a: 52)

3) Manche Merkmale variieren geographisch parallel, sind aber durch unterschiedliche Selektionsbedingungen zu erklären. Diese Umweltfaktoren müssten also auch parallel variieren, was aber unwahrscheinlich sei:

»Die Färbungsselektion würde etwa durch Feinde stattfinden, die Größenselektion durch das Klima [...]. Es wäre also unverständlich, daß diese auslesenden Faktoren sich genau so geographisch decken sollen, daß nur in einem bestimmten Gebiete alle auslesenden Faktoren wirksam sein sollen, in anderen Gebieten dagegen alle unwirksam.« (Rensch 1929a: 128–29)

Rensch kommt daher zu dem Urteil, dass geographische Rassen nur in wenigen Fällen durch das »Aufspringen neuer Erbanlagen (Mutation) und durch natürliche Auslese unpraktischer Neubildungen« erklärt werden können (Rensch 1933b: 465).[261] In seinen Erinnerungen hat Rensch zwei Argumente genannt, die seine oben genannten Einwände beseitigt haben: Die Berechnungen der mathematischen Populationsgenetik, dass auch geringe Selektionswerte im Lauf von einigen Tausend Generationen einen Effekt haben, konnten seinen ersten Einwand entkräften. Mit der Entdeckung der Genetiker, dass fast alle Gene pleiotrope Effekte haben, konnten die Phänomene 2) und 3) erklärt werden (Rensch 1980: 296; vgl. auch Mayr 1980i: 416).

Sehr kritisch hat sich auch Ludwig zur Selektionstheorie geäußert. Er meinte noch 1939, dass »über die Ursachen der Evolution [...] keineswegs Klarheit« herrsche. Es sei zwar bekannt, dass die »natürliche Zuchtwahl den Bestand jeder Art dauernd von Verlustmutanten [...] säubert« und »einzelne tierische Merkmale« kaum anders als durch Mutation und Selektion zu erklären seien (Ludwig 1939c: 200). Als Beispiel erwähnt er die Mimikry.²⁶² Es sei aber keineswegs so, dass alle Merkmale von Organismen durch die Selektionstheorie erklärbar seien. Diese Theorie »setzt ja voraus, daß jedes neu entstandene Merkmal seinen Trägern von Anfang an einen Vorteil gegenüber den anderen Artgenossen verlieh, so daß diese allmählich ausgemerzt wurden und sich das neue Merkmal entsprechend über die Art verbreitete«. Es gebe aber »auch viele Merkmale, die sicher ›zwecklos‹ oder sogar ›zweckwidrig‹ sind und für die auch die Annahme unwahrscheinlich ist, daß sie früher einmal Vorteil gebracht haben könnten« (Ludwig 1939c: 201). Ludwig äußert auch Bedenken, die sich auf den Zufallscharakter der Selektionstheorie beziehen:

> »Unser Einwand betrifft vielmehr ausschließlich die Mutabilität bzw. die aus ihr abzuleitende Folgerung, daß die Mannigfaltigkeit des Lebendigen auf unserer Erde letzten Endes das Produkt zufällig glücklich verlaufener ›Unfälle‹ einzelner Gene oder Genome darstellte [...]. Soll man glauben, daß Ehrgefühl, Heldenmut oder Künstlertum solche Zufallsprodukte sind, oder daß aus dem ›Geiste‹ eines Urwurms der Geist Goethes oder Beethovens nur entstand, weil ab und zu ein Gen ›überschwellige Schwingungen‹ zeigte oder weil bei einigen Mitosen Unfälle passierten? Die Selektionstheorie ist (in diesem Sinne) die mechanistischste Lehre, die es gibt.« (Ludwig 1943a: 512)

Ludwig, der selbst Sympathien mit dieser Kritik am Darwinismus hatte, nennt nach einer Aufzählung einer Reihe von Autoren, die diesen Einwand vorgebracht haben, folgende Antwort der ›Selektionisten‹, d.h. der Architekten des synthetischen Darwinismus: »Wie Verf. hauptsächlich gesprächsweise erfuhr, erachten die Selektionisten diesen Einwand vielmehr als philosophisch-ontologischer Natur, mit naturwissenschaftlicher Methodik überhaupt nicht angreifbar und daher nicht als störend. Es handele sich sozusagen um einen auf ganz anderer Ebene liegenden Aspekt der zu erklärenden Frage« (Ludwig 1943a: 513).

Solange die Natur als rationales System aufgefasst wurde, in dem alles mit Notwendigkeit abläuft, wurden nur diejenigen Phänomene als zufällig bezeichnet, die sich nicht oder noch nicht erklären ließen. Kant etwa hatte vermutet, dass »das für die menschliche Einsicht Zufällige in den besonderen (empirischen) Naturgesetzen dennoch eine, für uns zwar nicht zu ergründende aber doch denkbare, gesetzliche Einheit« (Kant [1799] 1977: B XXXIII) enthalte, und er hatte diese Einheit teleologisch interpretiert. In diesem Weltbild liegt es nahe, zufällige Prozesse in der Selektionstheorie als Eingeständnis der Unfähigkeit dieser Theorie aufzufassen. Eine Erklärung mit dem Zufall war eben in den Augen vieler Naturwissenschaftler des

19. Jahrhunderts keine Erklärung. Auch Darwin selbst war es nicht wohl, bei der Entstehung der Variabilität von Zufall zu sprechen: »This [the expression ›chance‹], of course, is a wholly incorrect expression, but it serves to acknowledge plainly our ignorance of the cause of each particular variation« (Darwin 1859: 131).[263]

Solange die Begriffe von Zufall und Notwendigkeit einander starr gegenüber gestellt wurden, hatte der Vorwurf, Darwin würde die Entstehung komplizierter Lebewesen und Organe durch den puren Zufall erklären, eine gewisse Plausibilität. Die Selektionstheorie ist insofern deterministisch, als es kein Zufall ist, welche Mutationen sich als günstiger erweisen. Es handelt sich aber nicht um eine vollständige Determiniertheit, da es sowohl bei der Entstehung der genetischen Variabilität (Mutation und Rekombination) als auch in kleinen Population Zufallseffekte gibt und auch die Selektionswirkung selbst (der Reproduktionserfolg) von vielen Zufällen abhängt.[264] Von Zufall wird in der Selektionstheorie gesprochen, wenn erbliche Veränderungen oder Unterschiede im Überleben bzw. in der Zahl der Nachkommen von Organismen eintreten, die nicht notwendigerweise mit größerer Anpassung oder Komplexität einhergehen.

Diese Freiheitsgrade unterscheiden die Selektionstheorie von stärker deterministischen Theorien wie der Orthogenese: »Wenn die selektionistische Erklärung der Evolution zutrifft, dann wäre also das, was auf unserer Erde entstanden ist, ein weitgehend zufälliges Produkt, ein kleiner Ausschnitt aus dem Gesamtmöglichen, das unter gleichen Anfangsbedingungen hätte entstehen können« (Ludwig 1943a: 499). Das Verständnis für die Rolle von Zufall und Notwendigkeit in der Darwinschen Theorie wurde noch erschwert durch die Tatsache, dass viele Prozesse sowohl zufällig als auch notwendig sind, je nachdem auf welcher Ebene man sie untersucht. So ist eine Mutation, die erbliche Veränderungen hervorruft, als physikalischer Vorgang kausal determiniert, der entstehende Organismus ist in seinen mutierten Merkmalen aber insofern als zufällig anzusehen, als die genetische Veränderung nicht auf größere Komplexität, Anpassung oder die Bedürfnisse des Organismus gerichtet ist. Auch die Überlebenschance der Individuen ist zu einem Teil von zufälligen Bedingungen abhängig. Welche Eigenschaften Organismen aufweisen müssen, um überleben zu können, ist dagegen durch die Art ihrer Umwelt strikt determiniert. Es zeigt sich, dass die Evolution der Arten nicht entweder zufällig oder notwendig ist, sondern dass zufällige und notwendige Prozesse auf den verschiedensten Ebenen in Wechselbeziehung stehen.

## 3.2 Bestimmung der Selektionswirkung

Der Kritik an der Selektionstheorie wurde von den Darwinisten mit verschiedenen theoretischen Argumenten und empirischen Untersuchungen begegnet. Eine wichtige Grundlage waren mathematische Berechnungen, die zeigten, dass auch geringe Selektionsvorteile Wirkung haben können: »In vielen mathematischen Arbeiten [...] wurde gezeigt, daß, unter Konstantbleiben sonstiger Bedingungen, auch die geringsten Selektionsvorteile im Laufe der Zeit innerhalb großer Populationen anfänglich seltenen Variationen dazu verhelfen den Ausgangstyp praktisch vollständig zu ersetzen« (Timoféeff-Ressovsky 1939a: 189; vgl. auch Mayr 1982: 54). Es musste aber auch empirisch gezeigt werden, dass zwischen verschiedenen Merkmalen selektive Unterschiede bestehen. Diese Untersuchungen erwiesen sich als schwierig:

> »The action of natural selection can be studied experimentally only in exceptionally favorable objects and under favorable circumstances. [...] Moreover the work on natural selection is of necessity confined mainly to experiments in which the environment of the organism is modified artificially, and the resulting changes in the genetic make-up of the populations are recorded.« (Dobzhansky 1937: 151)

Empirische Bestimmungen der Selektionskoeffizienten wurden von Timoféeff-Ressovsky vorgenommen (1933, 1935b, 1936; Dobzhansky 1937: 153). Zusammenfassend kommt er auf der Basis »mathematischer Analysen und der Betrachtung der tatsächlichen Zustände in freier Natur« zu dem Schluß, »daß geringe Selektionskoeffizienten keine allzu große Rolle in der Evolution spielen können«, da die Selektion die Wirkung der anderen Evolutionsfaktoren (Mutation und Isolation) überwiegen muss. Soweit bisher bekannt, müsse man aber »gar nicht nur mit allzu kleinen Selektionskoeffizienten« rechnen. Er gesteht allerdings zu, dass man noch »sehr wenig über die tatsächlichen Intensitäten der Selektionsvorgänge in freier Natur« wisse (Timoféeff-Ressovsky 1939a: 190, 192; vgl. auch Dobzhansky 1937: 158–59).[265]

Wenige Jahre später kommt Ludwig zu dem Ergebnis, dass die »Selektionsvorteile sich mindestens abschätzen« lassen. Da der Wert aber niedrig sei, »so taucht zunächst die nur rechnerisch lösbare Frage auf, ob die stammesgeschichtlichen Zeiträume zur Erklärung der Evolution auf rein selektionistischem Wege wohl ausgereicht hätten« (Ludwig 1943a: 483). Auch aus allgemeinen Überlegungen heraus hält er es für wahrscheinlicher, dass die Selektionsvorteile in der Regel eher klein

*Die Evolutionsfaktoren*

sind: »Je mehr z.B. eine Rasse ihrer jeweiligen Umwelt angepaßt ist, um so kleiner müssen ja die Verbesserungen ihres Phänotyps sein, um so kleiner also auch die Selektionsvorteile dieser Mutationen« (Ludwig 1943a: 494). Diese beiden gegensätzlichen Positionen zeigen, dass in den 1940er Jahren noch keine Klarheit darüber bestand, mit welchen Selektionskoeffizienten man in der Natur überwiegend rechnen muss.[266]

Die Bestimmung der Selektionskoeffizienten ist auch dadurch erschwert, dass die Umweltbedingungen sich in sehr vielfältiger Weise auswirken können: »It has already been pointed out that mutational changes that are unfavorable under a given set of conditions may be desirable in a changed environment« (Dobzhansky 1937: 127). Diese »Vielseitigkeit der Selektionswirkungen« wurde auch von Timoféeff-Ressovsky betont:

> »Die relative Vitalität von Mutationen und Kombinationen ändert sich auch wesentlich mit Änderungen der Milieubedingungen. Eine Mutation kann z.B. die höchste relative Vitalität bei mittleren Temperaturen und eine Herabsetzung der relativen Vitalität bei tiefen und hohen Temperaturen aufweisen [...]; andere Mutationen können mit Erhöhung der Temperatur eine Herabsetzung [...], oder Erhöhung der Vitalität [...] zeigen. Ähnliches ergibt sich nicht nur für Temperatur, sondern auch für Bevölkerungsdichte, Futterverhältnisse und sonstige Außenbedingungen.« (Timoféeff-Ressovsky 1939a: 191, 169)

Eine Bestimmung zumindest der Größenordnung der Selektionskoeffizienten war aber auch insofern wichtig, als sie das Ausmaß der genetischen Variabilität in einer Population mitbestimmt. Wie in den Abschnitten »Mutation« und »Rekombination« gezeigt, ist die Selektion auf die Existenz ausreichender genetischer Variabilität angewiesen.[267] Johannsen hatte in seinen berühmten Versuchen festgestellt, dass die Selektion in einer genetisch homogenen Population keine Wirkung entfaltet: »Es kann jetzt nach allen derartigen Erfahrungen behauptet werden, daß nach Auslese der gewöhnlichen Plus- oder Minusabweicher innerhalb einer reinen Linie niemals eine ›erbliche‹ Wirkung beobachtet worden ist, selbst nicht nach fortgesetzter Selektion in vielen Generationen« (Johannsen 1915: 607–08).[268]

Die natürliche Auslese benötigt also eine ständige Produktion genetischer Variabilität. Auf der anderen Seite reduziert die Selektion aber das Ausmaß der Variabilität. Bei Nachlassen der Selektion kommt es deshalb zu einer Vergrößerung der Variabilität und – wegen der Schädlichkeit der meisten Mutationen – zur größeren »Verbreitung sogar stark pathologischer Mutationen« (Timoféeff-Ressovsky

1935a: 118; vgl. auch Dobzhansky 1937: 186). Insofern ist es ein Missverständnis, wenn Ludwig behauptet, dass ein »Neodarwinist jedem neuen Merkmal, das der Evolution erhalten bleibt, von Anfang an einen positiven Selektionswert zuschreiben muß« (Ludwig 1938a: 187). Die Darwinisten haben die Existenz inadaptiver Merkmale keineswegs verneint,[269] und eine Reihe von erklärenden Mechanismen vorgeschlagen. Ludwig selbst nennt als eine mögliche Erklärung die Erhöhung der Mutationsrate:

> »Sobald aber die Mutationsrate genügend hoch ist, können sich auch selektionistisch neutrale Allele über eine Population verbreiten, das frühere Allel allmählich ausmerzen und wenn sie noch etwas größer wird, gilt gleiches auch für nachteilbringende (dystelische) Allele; es ist dann der ›Mutationsdruck‹ größer als der ›Selektionsdruck‹.« (Ludwig 1938a: 187)

Als weitere Erklärungsmöglichkeiten für das Auftreten inadaptiver Merkmale wurden im synthetischen Darwinismus Zufallseffekte in kleinen Populationen sowie ganzheitliche Effekte aufgrund von Organismen- oder Gruppenselektion genannt.

Es wurde von den Architekten des synthetischen Darwinismus also keineswegs behauptet, dass alle Merkmale adaptiv sind. Aber **alle adaptiven Merkmale** sollten durch die **Selektionswirkung** erklärt werden.[270] Die Darwinisten gingen davon aus, dass die Selektion »zu einer fortschreitenden Differenzierung und zu immer besserem Angepaßtsein der Organismen führen [muß], wenn nur die Häufigkeit und die Mannigfaltigkeit der erblichen Variationen groß genug ist« (Baur 1919: 340). Die Selektionstheorie sei »primarily an attempt to give an account of the probable mechanism of the origin of the adaptations of the organisms to their environment«. Nur in zweiter Hinsicht sei sie ein Versuch, die Evolution im Allgemeinen zu erklären (Dobzhansky 1937: 150). Die Existenz der Anpassung sei, da der Lamarckismus als einzige andere Erklärung widerlegt sei, der beste Beweis für die Richtigkeit der Selektionstheorie:

> »Trotz der vielverbreiteten Äußerungen vom ›Zusammenbruch des Darwinismus‹ haben meines Erachtens die oben angedeuteten unmittelbaren Erkenntnisse am Erbwandel durchaus zugunsten von Darwins Selektionslehre gesprochen. […] Weder konnte die vom Lamarckismus vorausgesetzte Übertragung persönlicher Anpassungen aufgezeigt werden, noch ließ sich bestreiten, daß die unmittelbar erkannten Erbänderungen ›ungerichtet‹ sind. Auch bestätigten alle Untersuchungen, daß in der Stammesgeschichte ein erheblicher Wandel des Erbgutes aufgetreten ist, der einigermaßen

*Die Evolutionsfaktoren*

Abbildung 19: Geographische Rassen der Mauereidechse auf den Balearen (Rensch 1947: 35)

geradlinig auf Häufung ›zweckmäßiger‹ Einrichtungen, auf ›Anpassungen‹, hinläuft, wie es ja auch die Selektionslehre annimmt.« (Zimmermann 1938a: 14)[271]

Ähnlich schreibt Timoféeff-Ressovsky: »Die Selektion ist der Faktor, der die Adaptation zustandebringt und mit ihr die Differenzierung in Zeit, oder das, was wir Höherentwicklung nennen« (Timoféeff-Ressovsky 1939a: 205). Diese Zitate zeigen auch ein anderes Charakteristikum des synthetischen Darwinismus in Deutschland: Evolution wurde nicht nur als die Verschiebung von Genfrequenzen in Population bestimmt, bei der die Selektion einer von mehreren Parametern in einer mathematischen Theorie ist (Gayon 1998: 320), sondern als qualitative Veränderung von Organismen in Richtung auf Adaptation und Höherentwicklung.

## 3.3 Geographische Variabilität und Anpassung

Im Abschnitt »Mutation« bin ich auf die Diskussion der Frage eingegangen, ob sich die geographische Variabilität auf die bekannten genetischen Faktoren, d.h. Mutationen, zurückführen lässt. Wenn die Selektionstheorie zutrifft, dann muss sich noch eine zweite Eigenschaft nachweisen lassen: Die geographische Variabilität, wie sie sich bei der Rassenbildung zeigt, muss wesentliche adaptive Elemente beinhalten. Systematiker hatten seit dem 19. Jahrhundert Daten gesammelt, die den Anpassungscharakter der Variation dokumentierten. Von Rensch (1929a) und Mayr (1942) wurden diese Beobachtungen zusammenfassend besprochen. Renschs Studien der ökologischen Regeln (1936a) galten als besonders eindrucksvoll. Auch Dobzhansky (1937) betonte die Bedeutung dieser Untersuchungen und fügte eigene Ergebnisse über die geographische Variation bei Marienkäfern hinzu. Ursprünglich hatte Rensch allerdings die Entstehung der adaptiven Merkmale lamarckistisch erklärt: »Es spricht vielmehr die Generalität dieser Beziehung zwischen Klima und Größe und ihre fein abgestufte Wirksamkeit für eine direkte Einwirkung des Klimas auf die Größe« (Rensch 1929a: 135).

Mayr hat vermutet, dass die lamarckistische Deutung, die Rensch den biologischen Regeln unterlegte, ihre Akzeptanz behindert habe: »Unfortunately, he [Rensch] quoted these rules in his earlier writings (1929–1933) as evidence for a direct (Lamarckian) influence of climate on geographic variation, and this has caused some of his adversaries to reject the rules as invalid or meaningless« (Mayr 1942: 89). Tatsächlich war Renschs Lamarckismus einer der Gründe, warum Reinig versuchte, sowohl die Existenz der ökologischen Regeln zu bestreiten, als auch eine nicht-adaptive Erklärung für Merkmalsgradienten vorzulegen.

Als einer der ersten Autoren in Deutschland hat Baur sowohl den adaptiven Charakter der Rassenbildung betont, als auch eine Entstehung durch die natürliche Auslese angenommen: »Wenn Bestände einer solchen mutierten Art unter verschiedenen Selektionsbedingungen, d.h. unter verschiedenen klimatischen und Standortsverhältnissen leben, muß, allein durch natürliche Zuchtwahl, eine langsame Herausdifferenzierung von zwei verschiedenen systematischen Einheiten erfolgen« (Baur 1925: 114–15). Mayr hat dies später für die ökologischen Regeln bestätigt: »One of the most important generalizations to be derived from this work [on geographic variation] is the establishment of so-called ecological rules. It was found, as was to be expected if we believe in the influence of natural selection, that many species show parallel variation under parallel conditions«. Wie Mayr weiter ausführt, sei die Existenz von Merkmalsgradienten (clines) eine Notwendigkeit, wenn man von der adaptiven Kraft der natürlichen Auslese überzeugt sei (Mayr 1942: 88, 94).

Die Darwinisten nahmen also an, dass viele Merkmale lokaler Populationen adaptiven Wert haben und durch die Selektion entstanden sind (vgl. auch Provine 1986: 291–92; Mayr 1988c: 548). Allerdings galt dies nicht in jedem Fall, sondern Merkmalsunterschiede können auch durch die zufällige Elimination von Genen entstehen: »racial differentiation need not necessarily or in every case be due to the

*Die Evolutionsfaktoren*

effects of selection« (Dobzhansky 1937: 134).[272] Diese Vorstellung wurde durch die Beobachtung nahegelegt, dass es oft schwer war, den Unterschieden zwischen Rassen und Arten adaptiven Wert zuzuschreiben. Erklärt wurde nicht-adaptive Rassenbildung durch Zufallsprozesse, die Zufälligkeit der Mutationen und die zufällige Elimination von Genen in kleinen Populationen: »[non-adaptive] racial differentiation is due to mutations and to random variations of the gene frequencies in isolated populations« (Dobzhansky 1937: 136). Rensch hat die allgemeine Überzeugung der Darwinisten so zusammengefasst:

> »Richtungslose geographische Variation kommt vor allem dann zustande, wenn die Wirkung der Isolation stärker ist als die Auslese und wenn damit der ›Mutationsdruck‹ den ›Selektionsdruck‹ überdeckt und wenn weiterhin durch starke Populationsschwankungen oder durch Begründung neuer Populationen mit nur wenigen Individuen die Variationsbreite vermindert wird.« (Rensch 1947a: 30–31; vgl. auch Rensch 1939a: 184)

Es war natürlich im Einzelfall nicht von vorn herein zu entscheiden, ob es sich um adaptive Rassenbildung durch Selektion handelt, oder um zufällige Phänomene, die durch Mutationen oder Drift entstehen. Deshalb heißt es beispielsweise bei Timoféeff-Ressovsky, dass »eine geographische Differenzierung auf Grund physiologischer Merkmale von klar adaptiver Bedeutung erfolgen **kann**« (Timoféeff-Ressovsky 1939a: 187; Hervorhebung zugefügt). Und auch Mayr betont, dass die geographische Variabilität nicht immer adaptiv ist: »we must stress the point that not all geographic variation is adaptive« (Mayr 1942: 86).[273]

In Deutschland hat vor allem Reinig den Versuch unternommen, einige der Merkmalsreihen durch die zufällige Elimination von Genen (d.h. als nicht-adaptiven Vorgang) zu erklären. In ihrer Mehrheit gingen die Darwinisten in Deutschland aber davon aus, dass die Rassenbildung in der überwiegenden Zahl der Fälle adaptiv ist: »Viel häufiger als durch die bisher besprochenen Auswirkungen der richtungslosen Mutation und der Populationsschwankungen kommt nun eine Rassenbildung durch selektiv bedingte und daher umweltparallele Änderungen erblicher Merkmale zustande« (Rensch 1947a: 44). Die Abschätzung, ob es sich um adaptive Phänomene oder um Zufallseffekte handelt, war allerdings nicht einfach und hat sich aufgrund verschiedener Untersuchungen auch nach der frühen Entstehung des synthetischen Darwinismus noch verändert. Als wichtige Grundannahme galt aber, dass Merkmalsgradienten bei Populationen und Arten relativ häufig adaptiv sind und in diesem Fällen durch die natürliche Auslese entstehen. Damit war die Verbindung zwischen Systematik und Selektionstheorie gegeben.

## 3.4 Objekte der Selektion

Bis heute wird in der Evolutionsbiologie kontrovers diskutiert, auf welche Objekte sich die Selektion beziehen kann (Mayr 1997a: 200–03; 2001: 126–28). Innerhalb des synthetischen Darwinismus gibt es hierzu verschiedene Positionen. So hatten die frühen Vertreter der mathematischen Populationsgenetik, vor allem Fisher und Haldane, in den 1920er Jahren begonnen, die Wirkung der Selektion und anderer Evolutionsfaktoren zu berechnen und sich dabei aus Gründen der Einfachheit auf das Verhalten einzelner Gene konzentriert. Interaktionsprozesse zwischen Genen wurden zwar nicht geleugnet, aber in ihrer Bedeutung heruntergespielt (Beurton 1999: 79–106). 1959 kritisierte Mayr, ein Verfechter der organismischen Richtung innerhalb des synthetischen Darwinismus, diese Vorstellungen als ›Bohnenkorbgenetik‹: »Evolutionary change was essentially presented as an input or output of genes, as the adding of certain beans to a beanbag and the withdrawing of others« (Mayr 1959a: 2; vgl. auch Haldane 1964). Es stelle eine grobe und unzutreffende Vereinfachung dar, wenn man jedes Gen als unabhängige Einheit auffasse. Bei der Bohnenkorbgenetik handelt es sich für Mayr um ein notwendiges Durchgangsstadium, das historisch eine gewisse (heuristische) Bedeutung gehabt habe. Leider sei diese verkürzte Sichtweise der Evolution in den 1950er und 1960er Jahren verabsolutiert worden und man habe die Evolution der Organismen nur mehr als die Veränderung von Genhäufigkeiten in Populationen aufgefasst. Dieses Bild der Evolution sei selbst von denjenigen Biologen unbesehen übernommen worden, die sich für die verschiedenartigen Interaktionen zwischen Genen, Individuen und Populationen, die Vielfalt der ökologischen Bedingungen und die Tatsache, dass Gene nicht isoliert, sondern nur in Organismen existieren, interessiert hätten (Mayr 1980a: 12). Es gab (und gibt) also innerhalb des synthetischen Darwinismus die reduktionistische Richtung der ›Bohnenkorbgenetik‹, in der Gene als isolierte Einheiten aufgefasst werden.[274]

Diese Abgrenzung zwischen einer reduktionistischen und einer organismischen Phase bzw. zwischen zwei Gruppen innerhalb des synthetischen Darwinismus hatte für Deutschland nur geringe Bedeutung. Sie spielt lediglich in den Diskussionen mancher Genetiker mit Lamarckisten und Orthogenetikern in den frühen Jahren des synthetischen Darwinismus eine gewisse Rolle (vor 1937). So hatte der Genetiker Federley bei der gemeinsamen Aussprache von Paläontologen und Genetikern, die im September 1929 in Tübingen stattfand, gen-reduktionistische Thesen vertreten. Für die Genetik stellen »Gene und der Genotypus das Wesentliche und Konstante dar«, während

»der Organismus, das Individuum oder der Phänotypus nur etwas Zufälliges ist und als das Resultat einer zufälligen Kombination von Genen für die Evolution keine Bedeutung hat. Aus diesem Grunde ist die Erforschung der Gene, ihrer Natur und Wirkungsweise für die Genetiker die erste und wichtigste Aufgabe, und für sie erscheint das Problem der Evolution der Frage von der Veränderung der Gene gleichbedeutend.« (Federley 1929: 288)

Dieser Auffassung stellte der Paläontologe Franz Weidenreich eine organismische Sichtweise entgegen: Es »bricht sich immer mehr die Erkenntnis Bahn, daß der Organismus nicht ein solch bloßes Zellmosaik ist, sondern ein in sich gebundenes und verbundenes, in gewissen Grenzen regulierbares und sich selbst regulierendes und in seiner Wesenheit unteilbares System« (Weidenreich 1929: 284). Die Aussage wäre auch von der Mehrzahl der Architekten des synthetischen Darwinismus unterschrieben worden. Weidenreich nimmt aber den ganzheitlichen Charakter der Organismen als Beleg für einen lamarckistischen Evolutionsmechanismus:

»Die Lamarckianer [...] gehen von der Vorstellung aus, daß aus der Form des Organismus als Ganzheit und in seinen Einzelheiten eine Gesetzmäßigkeit und eine gewisse Richtung der jeweiligen Entwicklung spricht, die aus der gegenseitigen Abgestimmtheit aller Teile und ihrer Einpassung in das spezielle Bauschema des Organismus abgeleitet wird.« (Weidenreich 1929: 278)

Die von Weidenreich vorgebrachte organismische Kritik an der Genetik war bei vielen Naturforschern verbreitet. Ich habe oben am Beispiel der Bohnenkorbkritik Mayrs gezeigt, dass Weidenreich hier ein Problem berührt, das auch innerhalb des darwinistischen Lagers kontrovers diskutiert wurde. Die am Beispiel der Kontroverse zwischen Federley und Weidenreich geschilderte gen-reduktionistische Auffassung und die Bohnenkorbgenetik spielte aber bei den Architekten des synthetischen Darwinismus in Deutschland keine Rolle. Dies liegt z.T. daran, dass sie bis Mitte der 1930er Jahre lamarckistische Positionen vertreten hatten und erst zum Darwinismus umschwenkten, als dieser mit organismischen Vorstellungen vereinbar war (v.a. Rensch ist hier zu nennen). Zum anderen waren die führenden Darwinisten aus dem Bereich der Genetik, Baur und Timoféeff-Ressovsky, an organismischen Fragestellungen interessiert und haben sich ausdrücklich in diesem Sinne geäußert.

Welche Einheiten wurden nach Ansicht der Vertreter des synthetischen Darwinismus in Deutschland von der Selektion erfasst, **was** wurde selektiert? Als mögliche Objekte kommen auf der genetischen Ebene einzelne Gene oder integrierte

Genotypen in Frage. Da Gene oder Genotypen aber nicht isoliert existieren und nur in modifizierter Form im Phänotypus auftauchen, wurden auf der phänotypischen Ebene als Objekte der Selektion einzelne Merkmale, Organismen und Gruppen von Organismen bestimmt.

Die Beschränkung auf **einzelne Gene** als Objekte der Selektion ist charakteristisch für die mathematische Populationsgenetik (vor allem Fisher und Haldane), da man aus pragmatischen Gründen zunächst die Häufigkeitsveränderungen einzelner Gene in einem Genpool untersuchte.[275] Durch die Einbeziehung der Populationsgenetik in den synthetischen Darwinismus nahm dieser Ansatz relativ breiten Raum ein. Dies gilt vor allem für Dobzhanskys *Genetics and the Origin of Species* (1937) und für Simpsons *Tempo and Mode* (1944). So heißt es bei Dobzhansky: »In modern language this [natural selection] means that, among the survivors, a greater frequency of carriers of certain genes or chromosome structures would be present than among the ancestors, and consequently the values q and (1–q) will alter from generation to generation« (Dobzhansky 1937: 149). Da in Deutschland die mathematische Populationsgenetik nicht die Bedeutung hatte wie in England oder den USA, kam auch dem Gen-Reduktionismus eine weniger wichtige Rolle zu. Allerdings wurde in dem Maße, in dem sich die Darwinisten in Deutschland an Dobzhansky anlehnten, diese Auffassung stärker, wie sich anhand der evolutionstheoretischen Artikel von Pätau, Ludwig und Timoféeff-Ressovsky zeigen läßt.

Obwohl die Architekten des synthetischen Darwinismus in Deutschland die vereinfachte Sichtweise der ›Bohnenkorbgenetik‹ verwendeten, haben sie gleichzeitig regelmäßig darauf hingewiesen, dass in der Realität nicht einzelne Gene, sondern **Genotypen** ausgelesen werden: »Die Selektion liest in Wirklichkeit ja meist nicht einzelne Gene aus, sondern hochgeeignete Genotypen, also Allelkombinationen« (Ludwig 1943a: 505). Gene wurden nicht als isolierte Einheiten gesehen, sondern sie interagieren mit anderen Genen und erst diese Interaktion entscheidet über den Selektionswert. Ludwig verweist hier auf einen Artikel von Wright (1940), entsprechende Überlegungen finden sich aber schon früher. So schrieb Baur 1925: »Eine Mutation, die für sich allein keinen Selektionswert hat, kann in Kombination mit einer oder einigen anderen sehr wesentlichen Selektionswert bekommen« (Baur 1925: 115). Sehr einflussreich wurden die entsprechenden Ausführungen von Chetverikov. In seiner klassischen Schrift »On Certain Aspects of the Evolutionary Process from the Standpoint of Modern Genetics« (1926) hatte er sein Konzept des »genetischen Milieus« vorgestellt:

> »Each gene does not act isolatedly from the whole genotype, is not independent of it, but acts, manifests itself, within it, in relation to it. The very same

gene will manifest itself differently, depending on the complex of the other genes in which it finds itself. For it, this complex, this genotype, will be the genotypic milieu, within the surroundings of which it will be externally manifested. [...] genotypically each character depends for its expression on the structure of the whole genotype.« (Chetverikov [1926] 1961: 190)

In dem genannten Artikel kritisiert Chetverikov die Vorstellung, dass Organismen als Mosaike aufgefasst werden, d.h. aus verschiedenen unabhängigen Merkmalen bestehen sollen, die wiederum von isolierten Genen bedingt werden. Zwar werden die Gene bei der Vererbung unabhängig voneinander weitergegeben, aber in ihrer Ausprägung, in den Merkmalen, die sie bedingen, interagieren sie mit allen anderen Genen eines Organismus. Mit dieser Betonung der Bedeutung von Gen-Interaktionen war Chetverikov den meisten Darwinisten in den westlichen Ländern voraus. Timoféeff-Ressovsky hat die Thesen von Chetverikov in Deutschland bekannt gemacht. In mehreren Artikel wies er auf die Bedeutung der »genotypischen Kombination« hin:

»Daraus geht hervor, daß in Kombinationen die Mutationen in bezug auf Vitalität sich gegenseitig spezifisch beeinflussen können. Da in einigen Fällen ein deutlicher Einfluß der positiven und negativen künstlichen Auslese auf die relative Vitalität einer bestimmten Mutation festgestellt werden konnte, so kann behauptet werden, daß ganz allgemein die relative Vitalität einer Mutation zum Teil von der genotypischen Kombination, in der sie sich befindet, abhängig ist.« (Timoféeff-Ressovsky 1939a: 169)[276]

Legt man dieses organismische Konzept zugrunde, so bezieht sich die Selektion nur auf Genkombinationen und nicht auf einzelne Gene. Das »Schicksal der neuen Mutation« ist demzufolge von der gesamten genetischen Konstitution des Individuums abhängig:

»Den Selektionsvorgang soll man sich dabei in nicht zu primitiver Form vorstellen, denn der biologische Wert neuentstehender Mutationen ist meistens ein relativer, und das Schicksal der neuen Mutation ist sowohl von den äußeren Bedingungen, unter denen die betreffende Art-Population lebt, als auch von der erblichen Konstitution der Individuen, unter den sich die Mutation verbreitet, abhängig.« (Timoféeff-Ressovsky 1935a: 118)

Dies bedeutet umgekehrt, dass die Selektion einer einzelnen Mutationen auf andere Gene zurückwirkt:

»Zweitens geht daraus hervor, daß eigentlich immer nicht einzelne Allele, sondern bestimmte Allelkombinationen, also bestimmte Genotypen selektioniert werden; denn, falls auch eine bestimmte einzelne Mutation positiv selektioniert wird, muß sie die für ihre relative Vitalität günstigsten Genkombinationen sozusagen mit sich ziehen. Auch eine einsetzende negative Selektion eines nicht allzu seltenen Allels muß einen gewissen Einfluß auf die Konzentration anderer Allele mit sich bringen.« (Timoféeff-Ressovsky 1939a: 190)

Es war diese Ganzheitsauffassung Chetverikovs und Timoféeff-Ressovskys, die Rensch überzeugte, und die zu einem wesentlichen Bestandteil des synthetischen Darwinismus wurde:

»All diese Auslesevorgänge greifen an bestimmten ›Merkmalen‹ an. [...] Viele derartige Merkmale sind nun aber nicht von einzelnen Genen, sondern von Genkombinationen bedingt. Durch die Auslese werden also mithin oftmals ganze Genkombinationen ausgeschaltet, vermindert oder vermehrt und viele dieser Gene werden infolge ihrer pleiotropen Auswirkung zugleich auch Merkmale bedingen, die in keinerlei Beziehung zu den fraglichen Auslesevorgängen stehen.« (Rensch 1947a: 8)

Bei den amerikanischen Darwinisten lassen sich ähnliche Vorstellungen finden, auch wenn sie nicht so im Vordergrund standen. So schrieb Dobzhansky: »It should be kept in mind that selection deals not with separate mutations and separate genes, but with gene constellations, genotypes, and the phenotypes produced by them« (Dobzhansky 1937: 127).[277] Und auch die oben erwähnte Kritik von Mayr an der Bohnenkorbgenetik ist Teil dieser organismischen Tradition. Bereits 1942 hatte er auf diesen Punkt aufmerksam gemacht:

»Another source of misunderstandings and misinterpretations is the tendency of workers to consider the actions of genes entirely as those of separate units. [... It is] important to emphasize much more vigorously than has been done heretofore that such interaction of genes exists. Species differ in hundreds or even thousands of genes, and each mutation will result in a slight change of the genic environment of all the other genes.« (Mayr 1942: 68–69)[278]

*Die Evolutionsfaktoren*

Ähnlich wie die Darwinisten aus Gründen der Einfachheit den Selektionswert einzelner, isolierter Gene untersuchten, haben sie auch von der **Selektion einzelner Merkmale** gesprochen. Rensch beispielsweise hat in Bezug auf die Färbungsanpassungen von Organismen an ihre Umgebung eine Merkmalsselektion angenommen: »Wenn sehr viele Insekten oder tropische Baumschnecken, die auf grünen Blättern entsprechend grüne Färbung aufweisen [...], so liegt hier offenbar eine gleichgerichtete Auslese zugrunde. Und entsprechende Fälle liegen bei der Färbungsanpassung an Sand, Schnee, Rinde usw. vor« (Rensch 1939a: 192).

In der Regel wurde aber darauf verwiesen, dass nicht einzelne Merkmale, sondern **Organismen** selektiert werden. Dies ist zum einen durch die oben dargestellte Einbindung der einzelnen Gene in ein genotypisches Milieu bedingt. Für Chetverikov ist jeder Organismus unteilbar: »each individual is in the literal sense an ›individuum‹ – not divisible.« Er ist nicht nur als Körper und in seinen physiologischen Funktionen unteilbar, sondern auch in der Entfaltung seiner Erbsubstanz:

> Each individual »is not divisible not only in its soma, not only in the physiological functioning of its various parts, but indivisible in the manifestation of its genotype, its hereditary structure. Each inherited trait, the hereditary structure of each cell of its body, is determined by not just some one gene, but by their whole aggregate, their complex. True, every gene has a specific manifestation, its ›trait‹. But in its expression this trait depends on the action of the whole genotype.« (Chetverikov [1926] 1961: 189–90; vgl. auch Dawkins 1989: 13)

Ebenso wie ein einzelnes Merkmal vom ganzen Genotypus abhängt, kann »sich praktisch wohl jedes Gen bei der Entwicklung vieler Körpermerkmale« auswirken (Rensch 1943a: 19):

> »Ein Vergleich der Anzahl bisher [...] analysierter Gene mit der fast unbegrenzten Zahl der morphologischen, histologischen und physiologischen ›Merkmale‹ macht es verständlich, dass in praxi wohl jedes Gen eine pleiotrope Wirkung hat, auch wenn dies nur erst an einer bestimmten Zahl von Genen erwiesen werden konnte. Es können also bereits durch einen Mutationsvorgang sehr komplexe Veränderungen hervorgerufen werden, die den Eindruck einer ganzheitlichen Formwandlung machen.« (Rensch 1939a: 199)

Die Pleiotropie hat zur Folge, dass »jeder Selektionsvorgang an mehreren Merkmalen Änderungen nach sich zieht« (Rensch 1943a: 19). In einem Artikel zum Thema

»Verknüpfung von Gen und Außenmerkmal« (1935d) erläuterte Timoféeff-Ressovsky seine Vorstellungen einer genetisch begründeten, organismischen Auffassung des Organismus:

> »Wir müssen uns also die Beziehungen zwischen einem Gen und einem Außenmerkmal als Zusammenwirkung einer genbedingten Modifikation des Entwicklungsvorganges mit einem bestimmten genotypischen, äußeren und inneren Milieu vorstellen, in einem Entwicklungssystem, dessen alle Elemente von dem Gesamtgenotypus kontrolliert werden. Wir kommen auf diese Weise zu einer modernisierten und genetisch fundierten Ganzheitsauffassung des Organismus.« (Timoféeff-Ressovsky 1935d: 112)

Timoféeff-Ressovsky vertritt hier die These, dass die phänotypische Ausprägung eines Gens in vielfältiger Weise von seiner Umgebung (im weitesten Sinne) abhängt: Das genotypische Milieu wird von den anderen Genen gebildet; das äußere Milieu besteht in den Umwelteinflüssen, denen der Organismus ausgesetzt ist, und das innere Milieu wird vom Organismus selbst gebildet. Die vielfältigen Interaktionen der Gene bei der Entwicklung der Organismen haben nun zur Folge, dass in der Regel keine eindeutige Korrelation eines Merkmals mit einem Gen existiert. Entsprechend kann die Selektion in diesen Fällen nur am ganzen Organismus angreifen.

Organismen sind aber nach Ansicht der Architekten des synthetischen Darwinismus nicht nur deshalb die eigentlichen Objekte der Selektion, weil die entwicklungsgenetische Entstehung ihrer phänotypischen Merkmale keine Mosaikstruktur aufweisen, sondern weil man nur in Bezug auf sie von Vitalität und Fitness sprechen kann. Die Selektion erzwingt, dass Organismen in jedem Stadium des evolutionären Wandels »harmonische Gebilde bleiben, d.h. daß stärkere Abwandlungen eines Organs auch mit den dadurch erforderlichen Veränderungen des übrigen Körpers einhergehen« (Rensch 1947a: 128). Wie Rensch ausführt, ist »der oft überraschend ganzheitliche Charakter der Rassen- und Artbildung nur dadurch bedingt [...], dass die Selektion bei solchen Formen an der ›Ganzheit‹ angreift und für die einzelnen Evolutionsschritte eine stete Harmonie erzwingt« (Rensch 1939a: 199). Er verdeutlicht dies am Beispiel der Nahrungsaufnahme bei Vögeln. Bei einer Änderung »wird nicht eine neue Kropfform ausgelesen, sondern eine neue Variante des Tieres, bei dem nicht nur eine andere Kropfform vorliegt, sondern bei dem diese neue Kropfform in Harmonie zur Ausbalanzierung des gesamten Körpers steht« (Rensch 1939a: 211). Rensch hat in seinen Artikeln immer wieder auf »die ganzheitliche Auswirkung der Selektion« hingewiesen (Rensch 1947a: 198), die erst eine umfassende

Erklärung der Evolution auf Basis der Selektionstheorie möglich macht. Diese organismische Denkweise hat eine lange Tradition in der Evolutionstheorie. Schon Darwin hat organismische Phänomene in der Evolution u.a. mit dem Prinzip der Korrelation des Wachstums zu erklären versucht. Unter »Correlation of Growth« versteht er, »that the whole organisation is so tied together during its growth and development, that when slight variations in any part occur, and are accumulated through natural selection, other parts become modified« (Darwin 1859: 143).

Weniger prominent in den Diskussionen der Darwinisten in Deutschland ist die **Gruppenselektion**. Sie galt aber als reales Phänomen. So hat Ludwig geschrieben, dass »bei Aufsplitterung in kleinste Lokalrassen […] durch den Zwischenrassenkampf die Auslese gegenüber Panmixie zumindest stark beschleunigt« wird (Ludwig 1943a: 505 Fn.). Auch Rensch weist auf diesen Punkt hin: »Selektionsvorgänge spielen sich […] nicht nur zwischen den erblichen individuellen Varianten einer Tierform, also intraspezifisch ab, sondern auch transspezifisch zwischen verschiedenen Arten und Gattungen« (Rensch 1947a: 182). Im synthetischen Darwinismus ist die Gruppenselektion einer der Mechanismen, mit dessen Hilfe die Existenz von Merkmalen erklärt werden kann, die für das Wohlergehen und Überleben des Individuums schädlich, für seine reproduktive Fitness aber günstig sind. So deutet beispielsweise Zimmermann – wie schon Darwin – mithilfe der Gruppenselektion sog. altruistische Verhaltensweisen. An biologischen Beispielen zeigt er, dass »der Einsatz für die Erhaltung der ›Art‹ […] in der Natur offensichtlich dem Einsatz für die Erhaltung des Individuums vor[geht]« (Zimmermann 1938a: 214). Die Soziobiologie hat in den 1960er Jahren für das Problem des Altruismus eine überzeugende Erklärung gefunden, als sie nachwies, dass für die Evolution das Wohlergehen der Individuen nur insofern relevant ist, als sich dadurch eine höhere Reproduktionsrate ergibt (Wilson 1975).

Die Vertreter des synthetischen Darwinismus in Deutschland haben die Frage nach den Objekten der Selektion überwiegend im Sinne einer organismischen Einstellung beantwortet. Sie waren davon überzeugt, dass die Selektion in der Regel an Organismen, manchmal auch an Gruppen von Organismen, angreift. Aus pragmatischen Gründen wurden auch andere Einheiten, wie Gene, Genotypen oder einzelne Merkmale zugrundelegt. Die Kritik, dass der synthetische Darwinismus von Genzentrismus und Reduktionismus geprägt sei,[279] ist jedenfalls für die Darwinisten in Deutschland nicht aufrecht zu erhalten. Für die von mir untersuchten Autoren und Publikationen ist es unzutreffend, dass der Organismus »als Träger aller wesentlichen Lebensphänomene sowie als eigentliches Objekt der Selektion« aus dem Blickfeld geraten sei (Maier 1999: 301).

Abschließend soll noch kurz der politische Kontext angesprochen werden, da einige Biologen die Nähe zwischen biologischen und nationalsozialistischen Ganzheitsvorstellungen betont haben. Der Tübinger Botaniker Ernst Lehmann beispielsweise schrieb 1933: »In biologisch gegründeter organischer Weise gliedert sich der Einzelmensch ins Volk ein. Wie diese völkische, organische Ganzheit heute errungen werden kann und muss, das ist der Kampf unserer Tage, das ist das Ziel der Zukunft!« (Lehmann 1933: 254).[280] Soweit die bisherigen Untersuchungen einen Schluß zulassen, haben aber die Anhänger holistischer Theorien in der Biologie kaum politischen Einfluss gewonnen. Ein Grund hierfür ist, dass es im Dritten Reich unterschiedliche holistische Theorien gab, die nur zum Teil mit der nationalsozialistischen Ideologie kompatibel zu sein schienen.[281] Holistische Vorstellungen wurden aus nationalsozialistischer Sicht auch scharf kritisiert (Harrington 1996). So schrieb Schwanitz in einer Rezension:

> »Es muß also durch eine derartige schiefe und fehlerhafte Darstellung in weitesten Kreisen die Überzeugung hervorgerufen werden, die moderne, mit sauberen Methoden arbeitende Biologie sei ein längst überholter Irrwahn des materialistischen Zeitalters, und an die Stelle von Analyse und Experiment müßten ›Intuition‹ und ›Ganzheitsschau‹ treten.« (Schwanitz 1938a: 96)

Nicht nur von Vertretern des synthetischen Darwinismus wurde kritisiert, dass überall, wo sicheres Wissen fehle, »mystische Gedankengänge« aufkommen würden. So bemängelte auch Schindewolf 1936, dass in der Evolutionstheorie »ein falsch gefaßter Ganzheitsbegriff in letzter Zeit vielfach dazu verführt [hat], überhaupt auf kausale Forschung und eine streng naturwissenschaftliche Analyse zu verzichten. Irrationale Umschreibungen sind an die Stelle klarer Begriffe und Fragestellungen getreten, ohne natürlich irgendeinen Erkenntniswert bieten zu können«.[282]

Obwohl politische und gesellschaftliche Einflüsse eine gewisse Rolle spielten, ist die organismische Denkweise aber zum größten Teil durch die biologische Disziplin und Methode der jeweiligen Autoren bedingt. Naturforscher, die mit ganzen Organismen arbeiteten (Systematiker, Paläontologen, Embryologen, Morphologen u.a.) waren meist holistischer gesinnt als die Repräsentanten der neuen experimentellen Richtungen (Genetik, Molekularbiologie). Die mathematische Populationsgenetik, eine stark reduktionistische Schule, fasste die Evolution als die Veränderung von Genhäufigkeiten auf, während die organismischen Disziplinen in der Biologie die Interaktionen und hierarchischen Beziehungen in den Vordergrund stellten (vgl. Mayr 1988c: 530; Junker 2000d).

## 3.5 Zusammenfassung

Bis ins 20. Jahrhundert war die Selektionstheorie nur eines von mehreren Modellen zur Kausalität der Evolution. Von Mitte der 1920er Jahre an gelang es, die Widersprüche zwischen Genetik und Selektionstheorie zu überwinden, Alternativtheorien zu widerlegen, weitere theoretische Elemente zu integrieren und so den Darwinismus in modernisierter Form durchzusetzen. Diesem Modell zufolge ist die Selektion der einzige richtende (zur Anpassung führende) Evolutionsfaktor. Die Selektion wurde als kreativer Mechanismus aufgefasst, der evolutionären Fortschritt möglich macht.

An dieser zentralen Bedeutung der natürlichen Auslese im synthetischen Darwinismus wurde auch von Biologen im direkten Umfeld der Theorie Kritik geübt. Man erkannte die Selektion an, ließ aber zudem andere (richtende) Evolutionsfaktoren gelten. Als Probleme wurden die mangelnde Wirksamkeit der Selektion bei verschiedenen empirisch belegten Merkmalsverteilungen, das Auftreten von Merkmalen, die neutral oder sogar schädlich für das Überleben der Organismen sind, und schließlich – mehr weltanschaulich – die zentrale Rolle des Zufalls genannt.

Der Kritik an der Selektionstheorie wurde mit verschiedenen theoretischen Argumenten und empirischen Untersuchungen begegnet. Neben den mathematischen Berechnungen zur Selektionswirkung sind hier die empirischen Bestimmungen von Selektionskoeffizienten durch Timoféeff-Ressovsky zu nennen. Indirekt konnte die Selektionswirkung auch dadurch nachgewiesen werden, dass man den adaptiven Charakter von natürlich auftretenden Merkmalsverteilungen zeigte. Dieser konnte zwar auch lamarckistisch erklärt werden, nachdem die Vererbung erworbener Eigenschaften aber aus anderen Gründen zunehmend unwahrscheinlich wurde, blieb nur die Selektion als plausible Erklärung übrig. In Deutschland hat Reinig den Versuch unternommen, einige dieser Merkmalsreihen durch die zufällige Elimination von Genen (d.h. als nicht-adaptiven Vorgang) zu erklären.

In ihrer Mehrheit gingen die Architekten des synthetischen Darwinismus in Deutschland aber davon aus, dass die Rassenbildung überwiegenden adaptiv ist. Sie haben nicht behauptet, dass alle Merkmale adaptiv sind, aber alle adaptiven Merkmale sollten durch die Selektion erklärt werden (vgl. Gould & Lewontin 1984). Als Erklärung für das Auftreten inadaptiver Merkmale wurden Mutationsdruck unter bestimmten Umständen, Zufallseffekte in kleinen Populationen, ganzheitliche Effekte und Gruppenselektion genannt.

Die Frage nach den Objekten der Selektion wurde überwiegend im Sinne einer organismischen Überzeugung beantwortet. Man ging davon aus, dass die Selektion in der Regel an Organismen, manchmal auch an Gruppen von Organismen, angreift. Aus pragmatischen Gründen wurden auch andere Einheiten, wie Gene, Genotypen oder einzelne Merkmale akzeptiert. Entsprechend wurde die Evolution nicht primär als Verschiebung von Genfrequenzen in Population aufgefasst, sondern als qualitative Veränderung von Organismen in Richtung auf Anpassung und Höherentwicklung.

## 4. Geographische Isolation

Wie einleitend gezeigt, orientiert sich das Evolutionsmodell des synthetischen Darwinismus in seiner argumentativen Struktur an Darwins *Origin of Species* (1859) – mit einer wesentlichen Ausnahme. Bei der Frage, wie es zur Aufspaltung einer Art (Speziation) kommt, tritt ein abweichender kausaler Faktor in den Vordergrund, die geographische Isolation zwischen zwei Populationen. Diesem Problemfeld, der Entstehung der organischen Vielfalt, wird im synthetischen Darwinismus hohe Priorität eingeräumt. Dobzhanskys *Genetics and the Origin of Species* beispielsweise beginnt mit einem Kapitel über »Organic Diversity«, in dem es heißt: »Formation of discrete groups is so nearly universal that it must be regarded as a fundamental characteristic of organic diversity« (Dobzhansky 1937: 5).

Es sollte beachtet werden, dass ›Isolation‹ im synthetischen Darwinismus eine doppelte Bedeutung hat. Die Isolation ist zum einen einer der Evolutionsfaktoren der Transformation. Im Abschnitt »Rekombination« habe ich gezeigt, dass die Isolation durch Einschränkung der Populationsgröße zu Zufallseffekten führt. Dieses Phänomen bezieht sich nur auf Vorgänge innerhalb einer Population. Davon zu unterscheiden ist die Isolation im Sinne einer Aufteilung einer Population in zwei oder mehrere Untergruppen. Beide Formen der Isolation sind weitgehend unabhängig voneinander. Wenn die bei der Aufteilung einer Population entstehenden Tochterpopulationen groß genug sind, wird es beispielsweise nicht zu Zufallseffekten kommen. Timoféeff-Ressovsky hat diese beiden Phänomene klar unterschieden, ohne aber eine Terminologie einzuführen, die diese Doppelbedeutung verhindert hätte:

> »Den dritten Evolutionsfaktor stellt, neben Mutabilität und Selektion, die Isolation dar. Das Wesen der Isolationswirkung beruht auf Beseitigung der Panmixie, d.h. der freien Mischung mit anderen benachbarten Organismengruppen, und der Einschränkung der Populationsgröße. Durch ersteres wird die Dissipation der aus irgendwelchen Gründen in dem betreffenden Teil der Artpopulation entstehenden Differenzierung verhindert: der Differenzie-

*Die Evolutionsfaktoren*

rungsvorgang wird sozusagen lokalisiert; durch das zweite wird die relative Bedeutung zufälliger Genkonzentrationsschwankungen wesentlich erhöht.« (Timoféeff-Ressovsky 1939a: 192)

Im folgenden werde ich mich ausschließlich auf die reproduktive Isolation zwischen Populationen beziehen.

Bereits im frühen 19. Jahrhundert hatten verschiedene Systematiker die Theorie der geographischen Artbildung aus kleinen abgesonderten Populationen vertreten. Auch Darwin war von 1838 bis Mitte der 1840er Jahre davon ausgegangen, dass Arten durch räumliche Trennung entstehen können. Das sympatrische Vorkommen eng verwandter Arten erklärte er durch frühere klimatische und geologische Isolation (Kottler 1978; Sulloway 1979: 32). In *Origin of Species* ließ Darwin dann in begrenztem Maße auch die Möglichkeit zu, dass Arten ohne vorherige geographische Isolation, d.h. sympatrisch durch Verhaltens- oder ökologische Isolation entstehen können (Darwin 1859: 105; Sulloway 1979: 48). Er glaubte, mit dem Prinzip der Divergenz nicht nur die ökologische Vielfalt, sondern auch die Speziation erklären zu können. Das Divergenzprinzip wird von ihm als Spezialfall der Selektionstheorie eingeführt. Die natürliche Auslese soll die am stärksten spezialisierten Varietäten und Arten bevorzugen, da diese am wenigsten miteinander konkurrieren. Die wenig spezialisierten Mittelformen sterben auf diese Weise aus, wodurch getrennte Arten entstehen: The »more diversified the descendants from any one species become in structure, constitution, and habits, by so much will they be better enabled to seize on many and widely diversified places in the polity of nature, and so be enabled to increase in numbers« (Darwin 1859: 112). Evolutionäre Weiterentwicklung und Aufspaltung werden von Darwin also gleichermaßen durch die Selektion erklärt:

> These »elaborately constructed forms [...] have all been produced by laws acting around us. These laws [...] being Growth with Reproduction; Inheritance which is almost implied by reproduction; Variability from the indirect and direct action of external conditions of life, and from use and disuse; a Ratio of Increase so high as to lead to a Struggle for Life, and as a consequence to Natural Selection, entailing Divergence of Character and the Extinction of less-improved forms.« (Darwin 1859: 489–90)

Darwins Speziationsmodell führte zu einer Kontroverse mit dem Forschungsreisenden Moritz Wagner. Dieser hatte in den 1830er Jahren Nordafrika, den Orient und Amerika bereist und viele Beobachtungen über die Verbreitung von Organismen gesammelt. Er glaubte, dass zahlreiche Probleme der Selektionstheorie gelöst werden können, wenn diese durch Migrationsgesetze ergänzt würde:

> »Die Migration der Organismen und deren Colonienbildung ist nach meiner Ueberzeugung die **nothwendige Bedingung der natürlichen Zuchtwahl**. Sie bestätigt dieselbe, beseitigt die wesentlichsten dagegen erhobenen Einwürfe und macht den ganzen Naturprocess der Artenbildung viel klarer und verständlicher, als es bisher gewesen.« (M. Wagner 1868: VII)

Bereits Heinrich Georg Bronn hatte es in seinen Anmerkungen zur deutschen Übersetzung von *Origin of Species* als die »grösste Schwierigkeit für die Anerkennung dieser Theorie« bezeichnet, dass sie die Abgrenzung der Arten nicht erkläre und deshalb »Formen-Gewirre« entstehen müssten (vgl. Bronn 1860: 503, 519; vgl. Junker 1991). Wagner nimmt Bronns Argument ernst, wendet es aber zunächst nicht gegen die Selektionstheorie, sondern zeigt, dass durch die Isolation eines Teiles einer Population Isolationsmechanismen entstehen, wodurch Bronns »Formen-Gewirre« verhindert werden (M. Wagner 1868: 19–20). Um seine Ansicht zu belegen, verweist er (in analoger Weise wie Darwin) auf die künstliche Zuchtwahl: Ohne »Trennung und ohne längere Isolirung weniger Individuen vom Standort der Stammart [kann] die Zuchtwahl im freien Naturzustand so wenig, wie im Zustande der Domesticität wirken […] und […] ohne diese Isolirung [ist] die Fortbildung und Befestigung individueller Merkmale eine **Unmöglichkeit**« (M. Wagner 1868: 50–51). Diese Überlegungen erwiesen sich nicht nur als zukunftsweisend, sondern sie ähneln auch Darwins eigenen Überlegungen aus den 1830er und 1840er Jahren: »With respect to original creation or production of new forms, I have said, that isolation appears the chief element« (Brief an J.D. Hooker, vom 8. September 1844; Darwin 1985–99, 3: 61).

Wagners Migrationsgesetze wurden von den Anhängern Darwins und später auch von Wagner (1870) selbst nicht als Ergänzung, sondern als Alternative zur Selektionstheorie aufgefasst:

> »Wenn nun, wie wir gesehen haben, Wagner's ganzes ›Migrationsgesetz‹ darauf beruht, dass nur durch Isolirung diese für das Aufkommen einer Abart verderbliche Kreuzung verhindert werden kann, so liegt also in dieser Behauptung unzweifelhaft eine Negation des Princips der natürlichen Züchtung und man darf mit Recht erstaunt sein, wenn man findet, dass der Entdecker des neuen ›Naturgesetzes‹ sich dieser Negation nicht im Geringsten

bewusst ist, sondern fortwährend vom Zusammenwirken der Isolirung und der natürlichen Züchtung spricht.« (Weismann 1872: 3)

Die Kontroverse zwischen Wagner und den Anhängern Darwins wurde z.T. auch dadurch verschärft, dass Wagner noch weitere und auch unzutreffende Vorstellungen über die Wirkung der natürlichen Auslese vertrat. So glaubte er, dass **nur** bei Migration Veränderungen möglich sind: »Wo keine Migration stattfindet, keine isolirte Colonie sich bildet, kann wie gesagt, auch keine Zuchtwahl thätig sein« (M. Wagner 1868: 44; 1870). Darwin sah sehr wohl, dass es sich bei der Speziation und bei der allmählichen phyletischen Veränderung von Arten um zwei unterschiedliche Phänomene handelt und dass Wagner mit dieser Einschränkung keinen Raum für eine phyletische Evolution ohne Aufspaltung ließ:

»There are two different classes of cases, as it appears to me, viz. those in which a species becomes slowly modified in the same country [...] and those cases in which a species splits into two or three or more new species; and in the latter case, I should think nearly perfect separation would greatly aid in their ›specification,‹ to coin a new word.« (Darwin 1887, 3: 160)

Die ganze Diskussion um die Berechtigung von Wagners Migrationsgesetzen, die er ab 1870 Separationstheorie nannte, war von zahlreichen Missverständnissen auf beiden Seiten geprägt, obwohl Darwin die Ursache hierfür genau erkannt hatte. Es kam zu einer zunehmenden Radikalisierung beider Positionen und Wagner stand mit seinem Beharren auf der Notwendigkeit der Isolation bald allein.

Erst im synthetischen Darwinismus kam es dann zu einer Renaissance von Wagners Modell. Voraussetzung war, dass die Evolution als dualistischer Vorgang interpretiert wurde, man unterschied zwischen Aufspaltung (Kladogenese) und Weiterentwicklung (Anagenese): A »differentiation of a single variable population into separate ones, the origin of species in the strict sense of the word, constitutes a problem which is logically distinct from that of the origin of hereditary variation« (Dobzhansky 1937: 119; vgl. Baur 1919: 334–35: Rensch 1947a: 95). Die Lösung des Problems, durch welche Ursache es zur Aufspaltung in reproduktiv isolierte Arten kommt, wurde weder aus der Selektionstheorie noch aus der Genetik gewonnen: »But variation and mutation alone do not necessarily produce new species. After all, it is quite thinkable that such variation might lead only to a single, interbreeding, immensely variable community of individuals« (Mayr 1942: 154). Als Erklärung diente vielmehr ein genuin systematisches Konzept: die geographische Isolation. Die Speziation ist das wichtigste Phänomen, bei dem sich die theoretischen

Konzepte aus der Systematik durchgesetzt haben: »One of the basic postulates is that the development of physiological isolating mechanisms is preceded by a geographical isolation of parts of the original population. [...] Some systematists regard it as one of the greatest generalizations that has resulted from their work« (Dobzhansky 1937: 256–57).

Mitte des 20. Jahrhunderts wurde die Theorie der Artbildung durch geographische Isolation allgemein anerkannt. Die Systematiker (z.B. Rensch 1929a, 1933a; Mayr 1942) verteidigten die Theorie der graduellen geographischen Artbildung gegen die Angriffe der Saltationisten (Goldschmidt 1933, 1940; Schindewolf 1936) so erfolgreich, dass sie sich in der Biologie weitgehend durchsetzte. Sie baut auf folgenden Gedanken auf:

1) Gradualismus: Rassen sind beginnende Arten
2) Biologischer Artbegriff
3) Isolationsmechanismen
4) Geographische Isolation und Speziation
5) Dualismus zwischen der Transformation und der Aufspaltung von Arten

Im Gegensatz zu den Mendelisten, die Arten durch eine einzelne, drastische Mutationen entstehen lassen wollten, wurde von den Systematikern ein **gradueller Übergang von Rassen zu Arten** postuliert. Rassen wurden als beginnende Arten aufgefasst: »Artbildung [findet] am häufigsten durch Weiterdifferenzierung geographischer Rassen statt« (Rensch 1933a: 18). Umgekehrt wurden »geographische Rassen als verschieden weit fortgeschrittene Vorstufen neuer Arten« angesehen (Rensch 1929a: 85). Dies bedeutet, dass es »Übergangsformen zwischen Rasse und Art in sehr großer Zahl« geben muss (Rensch 1947a: 52). Entsprechende Beobachtungen, die die »Fortdifferenzierung von der geographischen Rasse zur Art« zeigen, lagen auch tatsächlich vor: »Es gibt nämlich viele Formen, bei denen man im Zweifel sein kann, ob sie ›noch als Rasse‹ zu einem Rassenkreis einbezogen werden können, oder ob sie ›schon als Art‹ zu bezeichnen sind« (Rensch 1933a: 10).

Diese Ansichten wurden von den Vertretern des synthetischen Darwinismus geteilt, man glaubte, dass die Artbildung in den meisten Fällen über die Rassenbildung erfolgt. So schrieb Dobzhansky: »geographical races [...] are commonly believed to be incipient species« (Dobzhansky 1937: 49).[283] Vorausgesetzt wurde dabei, dass die »meisten Artmerkmale [...] auch als Rassenmerkmale auftreten« können (Rensch 1933a: 9) bzw. dass die »genetischen Unterschiede verwandter Arten grundsätzlich den gleichen Typen angehören wie sie verwandte Rassen« aufweisen.[284] Die Unterscheidung, ob es sich bei einer Population um eine Rasse oder um eine Art handelt, lässt sich demnach nicht aufgrund ihrer phänotypischen oder genotypischen Merkmale treffen. Auch das größere oder kleinere Ausmaß der (z.B. morphologischen) Divergenz wurde nicht als Kriterium verwendet.

## 4.1 Biologischer Artbegriff

Als Kriterium zur Unterscheidung zwischen Rassen und Arten galt vielmehr, unabhängig von Ausmaß der phänotypischen oder genotypischen Unterschiede, die reproduktive Isolation. Rassen und Arten wurden als »Paarungsgenossenschaften« bestimmt und nicht als Gruppen ähnlicher Organismen: »›Natürliche‹ Artgrenzen entstehen also bei den allogamen Organismen, außer durch Lücken im Bestande, auch dadurch, daß gewisse Gruppen von Elementararten quasi Paarungsgenossenschaften bilden« (Baur 1919: 334). Rassen und Arten bleiben solange als getrennte Gruppen von Individuen erhalten, solange sie sich nicht mit anderen Gruppen vermischen: »Races and species as discrete arrays of individuals may exist only so long as the genetic structures of their populations are preserved distinct by some mechanisms which prevent their interbreeding« (Dobzhansky 1937: 13).

Wenn dies nicht der Fall wäre, wenn sich also alle Organismen miteinander fruchtbar paaren würden, so wäre ein ›perfektes Kontinuum‹ zu erwarten: »The development of isolating mechanisms is therefore a *conditio sine qua non* for emergence of discrete groups of forms in evolution« (Dobzhansky 1937: 308). Die Entstehung von Isolationsmechanismen, durch die eine Vermischung zwischen Populationen verhindert wird, wurde von Dobzhansky als Übergang von der Rasse zu einer Art bestimmt:

> »The development of [... physiological isolating mechanisms] causes a more or less permanent fixation of the organic discontinuity [...]. The stage of the evolutionary process at which this fixation takes place is fundamentally important, and the attainment of this stage by a group of organisms signifies the advent of species distinction.« (Dobzhansky 1937: 312)

Mayr hat diese Definition insofern kritisiert, als sie keine Definition der Art beinhalte: »This is an excellent description of the process of speciation, but not a species definition. A species is not a stage of a process, but the result of a process«. Er schlug statt dessen eine noch heute einflussreiche Definition vor, die als biologischer Artbegriff bezeichnet wird: »Species are groups of actually or potentially interbreeding natural populations, which are reproductively isolated from other such groups« (Mayr 1942: 119–20). In Mayrs Definition wird völlig von der größeren oder geringeren Ähnlichkeit der Organismen abgesehen und die reproduktive Isolation zum alleinigen Kriterium gemacht. Wichtig ist auch, dass nicht die theoretisch existierende Fruchtbarkeit, sondern das tatsächliche Verhalten in der Natur zugrunde gelegt wurde. Auf diesen Punkt hat auch Rensch hingewiesen: »Das entscheidende Artkriterium ist also nicht die Unmöglichkeit fruchtbarer Kreuzung, sondern das Unterbleiben der Kopulation in freier Natur bei nebeneinander vorkommenden Formen« (Rensch 1943b: 65–66).

Der biologische Artbegriff setzte sich aber auch innerhalb des synthetischen Darwinismus nicht völlig durch. Timoféeff-Ressovsky hatte noch 1939 in seiner Artdefinition einen vermittelnden Standpunkt eingenommen: »Am vorsichtigsten könnte man vielleicht als Arten solche Gruppen von morphologisch und physiologisch ähnlichen […] Individuen bezeichnen, die praktisch eine vollständige biologische Isolation von anderen solchen Individuengruppen erreicht haben« (Timoféeff-Ressovsky 1939a: 174). Übereinstimmung herrschte aber, dass die Isolation zwischen Populationen eine unabdingbare Voraussetzung der Speziation darstellt: »the maintenance of species as discrete units demands their isolation. Species formation without isolation is impossible« (Dobzhansky 1937: 229). Und bei Timoféeff-Ressovsky heißt es: »Die Isolation, also länger andauernde Trennung einzelner Artpopulationsteile, muß als Hauptfaktor der Differenzierung im Raum betrachtet werden« (Timoféeff-Ressovsky 1939a: 204). Ähnlich schreibt Rensch, dass eine »Aufspaltung in Rassen im räumlichen Nebeneinander« nur dann stattfindet, wenn »die entstehenden Differenzen durch Isolation von Populationen vor Panmixie bewahrt bleiben« (Rensch 1947a: 11–12).

Die reproduktive Isolation zwischen Arten wird durch **Isolationsmechanismen** gewährleistet. Der Begriff ›Isolationsmechanismus‹ wurde von Dobzhansky 1937 eingeführt: Er bezeichnet »any agent that hinders the interbreeding of groups of individuals« »and diminishes or reduces to zero the frequency of the exchange of genes between the groups« (Dobzhansky 1937: 230). Dobzhansky unterscheidet zwischen geographischen und physiologischen Isolationsmechanismen. Diese Einteilung wurde von Timoféeff-Ressovsky übernommen.[285] Die physiologischen Isolationsmechanismen waren natürlich schon lange bekannt und wurden auch im frühen synthetischen Darwinismus diskutiert. So verwies Baur 1919 darauf, dass sehr verschiedene Ursachen dafür verantwortlich sein können, dass sich »Gruppen von Elementararten […] nicht geschlechtlich mischen und deshalb ›natürlich‹ begrenzte Arten bilden«:

»Zunächst kommen irgendwelche kleine Unterschiede im Bau oder in der Funktion der Sexualorgane, ungleiche Blütezeit bei vielen Phanerogamen, verschiedene Duftstoffe bei den Schmetterlingen, verschiedener Bau der Sexualorgane bei den Käfern usw. in Betracht, die zwar die Paarung innerhalb einer Gruppe von Linien ermöglichen, aber keine Paarung mit Individuen der anderen Gruppe von Linien.« (Baur 1919: 334)

Dobzhansky unterscheidet folgende physiologische Isolationsmechanismen: »I. Mechanisms that prevent the production of the hybrid zygotes«, von denen es wiederum zwei größere Untergruppen gibt: »A. The parental forms do not meet«, »B. The parental forms occur together, but hybridization is excluded, or the development of the hybrids is arrested«. Und »II. Hybrid sterility« (Dobzhansky 1937: 231–32). Etwas abweichend schlägt Timoféeff-Ressovsky folgende Einteilung der »biologischen Isolation« vor:

> »1. genetische Isolation sensu strictu, worunter alle die Fälle verstanden werden, bei denen durch Gen-, Chromosomen- oder Genommutationen (bzw. ihre Kombinationen) die Lebensfähigkeit oder Fruchtbarkeit der Hybride zwischen den betreffenden Organismengruppen herabgesetzt, oder vollständig beseitigt wird;
> 2. physiologische Isolation, bei der zwar die hybride Zygote an sich lebensfähig und fertil ist, ihr Zustandekommen aber durch sexuelle Inkongruenz der Elternformen ganz oder zum Teil verhindert wird; und
> 3. ökologische Isolation, die darauf beruht, daß eine Vermischung von zwei Organismengruppen, durch Anpassung an verschiedene Lebensbedingungen innerhalb desselben oder innerhalb angrenzender Gebiete, ganz oder zum Teil verhindert wird.« (Timoféeff-Ressovsky 1939a: 192)[286]

Er fügt noch ergänzend an, dass die biologische Isolation »letzten Endes immer genetisch bedingt« sei (Timoféeff-Ressovsky 1939a: 192). Auf einen fundamentalen Unterschied innerhalb der »isolating factors«, zwischen den geographischen auf der einen und den reproduktiven Barrieren auf der anderen Seite, hat Mayr hingewiesen. Beide ergänzen sich in ihrer Wirkung, können sich aber nicht ersetzen:

> »Geographic isolation alone cannot lead to the formation of new species, unless it is accompanied by the development of biological isolating mechanisms which are able to function when the geographic isolation breaks down. On the other hand, biological isolating mechanisms cannot be perfected, in

general, unless panmixia is prevented by at least temporary establishment of geographic barriers.« (Mayr 1942: 226)

Die geographische Isolation allein kann also nicht zur Entstehung von Arten führen, da Populationen sich wieder vermischen, sobald sie wieder zusammentreffen.[287] Diese These wurde auch von den anderen Vertretern des synthetischen Darwinismus akzeptiert. Kontrovers wurde aber die Frage diskutiert, ob die geographische Isolation zur Ausbildung der biologischen Isolationsmechanismen notwendig ist oder ob es auch nichtgeographische (sympatrische) Artbildung geben kann.

## 4.2 Speziation

Weitgehend unbestritten war innerhalb des synthetischen Darwinismus, dass die geographische Isolation große Bedeutung bei der Speziation hat: »Eine sehr große Rolle spielt bei der Erzeugung deutlicher Artgrenzen bei allogamen Organismen die durch Zufälligkeiten bedingte räumliche Isolierung« (Baur 1919: 334).[288] Die »isolierte Gruppe von Sippen kreuzt sich wegen dieser Isolierung nur in sich und jede Gruppe bildet so ein ganz einheitlich aussehendes, in sich mendelndes Gemisch, eben eine Spezies« (Baur 1919: 334). Baur hat in seinen Publikationen regelmäßig auf die Bedeutung der geographischen Isolation hingewiesen und sie neben der Selektion als wichtigsten Evolutionsfaktor genannt: »Für die Gattungs-Sektion *Antirrhinastrum* der Gattung *Antirrhinum*, wo ich diese Verhältnisse bereits einigermaßen übersehe, habe ich keine Zweifel mehr, daß natürliche Zuchtwahl in Verbindung mit räumlicher Isolierung die heute lebenden Arten herausgearbeitet hat«. Als einzige Bedingung, unter der aus »lokalen Rassen oder Kleinarten scharf getrennte Arten entstehen«, nennt er, dass »die Isolierung lange und scharf genug bestehen« bleiben muss (Baur 1930: 400, 399). Rensch hat es als »z. Zt. vorherrschende Meinung der Genetiker über die Bildung geographischer Rassen« bezeichnet, dass die geographische Isolation »zu einer Häufung kleiner Mutanten (›Schrittmutanten‹) ohne spezielleren Anpassungscharakter [führt], die in den einzelnen Gebieten ganz verschieden sein können« (Rensch 1933a: 26). Konkret verweist er auf die Arbeiten von Baur (1924) und Goldschmidt (1932).

Die geographische Isolation wurde also seit Anfang der 1930er Jahre von den Architekten des synthetischen Darwinismus als wichtige Voraussetzung der Speziation bestimmt. Unklar war aber, ob sie unverzichtbar ist. So meinte Rensch, dass die »Artbildung hauptsächlich auf dem Wege über die geographische Variation erfolgt« (Rensch 1933a: 8; vgl. auch 1933b: 465; 1947a: 12). Auch Dobzhansky und

*Die Evolutionsfaktoren*

Timoféeff-Ressovsky haben vermutet, dass noch andere Möglichkeiten der Artbildung bestehen (Dobzhansky 1937: 47, 230–31; Timoféeff-Ressovsky 1939a: 193). Demgegenüber hat Mayr die geographische Isolation als unverzichtbare Voraussetzung für die Artbildung bezeichnet: »A new species develops if a population which has become geographically isolated from its parental species acquires during this period of isolation characters which promote or guarantee reproductive isolation when the external barriers break down« (Mayr 1942: 155).

Der geographischen (allopatrischen) Artbildung wurden verschiedene alternative Vorstellungen sympatrischer Artbildung[289] entgegengestellt:

1) Sympatrische Speziation durch einzelne Mutationen
2) Speziation durch Kreuzung
3) Speziation durch ökologische Rassenbildung
4) Semi-geographische Speziation durch Selektion

Die Vorstellung, dass es durch **einzelne Mutationen** zur **sympatrischen Speziation** kommen kann, war in den ersten Jahren des Mendelismus entstanden. So hatte Hugo de Vries 1901 geschrieben: »Die neue Art ist somit mit einem Male da; sie entsteht aus der früheren ohne sichtbare Vorbereitung, ohne Uebergänge« (De Vries 1901–03, 1: 3). Diese Vorstellung erwies sich als sehr einflussreich und wurde beispielsweise von Goldschmidt vertreten:

> »Species and the higher categories originate in single macroevolutionary steps as completely new genetic systems. The genetical process which is involved consists of a repatterning of the chromosomes, which results in a new genetic system. The theory of the genes and of the accumulation of micromutants by selection has to be ruled out of this picture« (Goldschmidt 1940: 397).

Im synthetischen Darwinismus wurde diese Vorstellung aber allgemein abgelehnt. So meint Dobzhansky, dass es schwierig sei, sich vorzustellen, wie Isolation zwischen zwei Gruppen von Individuen durch eine einzelne Mutation entstehen kann (Dobzhansky 1937: 255). Lediglich für Ausnahmefälle wurde dieser Mechanismus zugestanden: »A single mutation does not make a new species except in the case of polyploidy. New species are due to gradual accumulation and integration of small genetic differences« (Mayr 1942: 225).[290]

Als seltene Ausnahme wurde auch die **Entstehung neuer Arten durch Kreuzung** akzeptiert. Diese Möglichkeit beschränke sich aber auf die »Pflanzenwelt, bei der die physiologische Differenz verwandter Arten nicht so groß ist wie bei den

337

Tieren« (Rensch 1933a: 22). Es sei allgemein »festzustellen, daß der Bastardierung im Tierreich bei weitem nicht die Bedeutung zukommt wie im Pflanzenreich. Normalerweise entstehen nur intermediäre geographische Rassen, nicht neue Arten« (Rensch 1947a: 51).

Sehr viel mehr wurde der **Speziation durch ökologische Rassenbildung** zugetraut: »Viel wesentlicher für die Annahme einer nichtgeographischen Artbildung sind nun aber alle die Änderungen der Lebensweise, die ebenfalls durch räumliche Isolation zur Bildung ökologischer (›biologischer‹) Rassen führen« (Rensch 1933a: 23). Auch Dobzhansky hielt die geographische Isolation nicht für notwendig zur Artbildung und verwies auf ökologische Isolation durch eine einzelne Mutation:

»The assumption that geographical isolation is a *conditio sine qua non* of species formation is, nevertheless, not a necessary one. We have seen that ecological isolation may conceivably arise from a single mutation, and it may enable the groups of individuals to develop other physiological mechanisms« (Dobzhansky 1937: 257).

Mayr dagegen hat die sympatrische Speziation durch ökologische Rassenbildung 1942 verworfen:

»Careful recent studies tend to disprove this assumption [sympatric speciation through the formation of ecological or biological races], since most of the cases that were formerly quoted as proof for sympatric speciation have now been found to have been erroneously interpreted. It has frequently been overlooked (by the exponents of gradual sympatric speciation) that biological races can continue to exist as separate sympatric conspecific units only if they can develop isolating mechanisms to prevent swamping. On the other hand, the reproductive isolation must not be complete, or else we shall have to consider these ›races‹ good species.« (Mayr 1942: 192–93)[291]

Mayr hat sich mit dieser Ansicht allerdings zunächst auch innerhalb des synthetischen Darwinismus nicht durchgesetzt. Rensch hat noch 1947 davon gesprochen, dass die Artbildung über die Vorstufe der ökologischen Rasse »nach unseren bisherigen Kenntnissen erheblich seltener als geographische Artbildung« sei, aber eben doch vorkomme (Rensch 1947a: 45).

Ähnlich kontrovers wurde unter englischsprachigen Darwinisten die Frage diskutiert, ob die Selektion **semi-geographische Speziation**[292] fördern bzw. ermög-

*Die Evolutionsfaktoren*

lichen könne. Ein entsprechender Mechanismus wurde von Dobzhansky und Huxley vorgeschlagen. Wenn Arten ein harmonischeres genetisches System aufweisen als die Hybride zwischen ihnen, so sind Gene, die die Isolation verstärken, vorteilhaft und könnten von der Selektion gefördert werden:

»[...] isolation becomes advantageous for species whose distributions overlap, provided that each species represents a more harmonious genetic system than the hybrids between them. Under these conditions the genes that produce or strengthen isolation become advantageous on that ground alone, and may be favored by natural selection.« (Dobzhansky 1937: 258)[293]

Mayr hat diese Fälle untersucht und kam zu dem Schluß, dass zwar wenig konkrete Informationen über diesen Prozess vorliegen, dass dem aber keine logischen oder tatsächlichen Schwierigkeiten bei sekundären Hybridisationszonen entgegen stehen. In diesem Falle würde die Selektion den Vorgang der geographischen Speziation vervollständigen.[294] Weniger überzeugend sei diese Vorstellung in Zonen primärer Abstufung. Von Huxley[295] und verschiedenen anderen Autoren war vermutet worden, dass in diesen Zonen stärkerer Abstufung eine Spannung entsteht, die zur Aufspaltung in zwei Arten führen könne.[296] Mayr selbst hält diese Möglichkeit aus verschiedenen Gründen für wenig plausibel und glaubt, dass es sich bei den meisten entsprechenden Fällen um Zonen der sekundären Überwindung von Isolationsmechanismen handelt (Mayr 1942: 188–89).

Die verschiedenen Diskussionen über die Entstehung von reproduktiver Isolation zwischen Arten haben während der Entstehung des synthetischen Darwinismus (bis 1947) nicht zu der gemeinsamen Überzeugung geführt, dass geographische Isolation eine notwendige Voraussetzung der Speziation darstellt. Die Darwinisten haben aber allgemein angenommen, dass die geographische Isolation der wesentliche Faktor ist. Damit war ein neues Prinzip in die Evolutionstheorie eingeführt, das weder aus der Genetik noch aus der Selektionstheorie abgeleitet werden konnte. Das bedeutete, dass es sich bei der Weiterentwicklung von Arten (Anagenese) und bei ihrer Aufspaltung in zwei Tochterarten (Kladogenese) um zwei unterschiedliche Vorgänge handelt, die von anderen Mechanismen bewirkt werden. Rensch hat auf diesen Punkt bereits 1933 hingewiesen: »Andererseits darf man sich aber auch nicht darüber hinwegtäuschen, daß die Entstehung von neuen Anpassungen und die Bildung neuer Arten zwei verschiedene Probleme sind, denn wir sahen ja, daß manchmal relativ geringfügige Differenzen, die zunächst keinerlei Anpassungscharakter tragen, arttrennend wirken« (Rensch 1933a: 61).

## 4.3 Zusammenfassung

Das Evolutionsmodell des synthetischen Darwinismus orientierte sich mit einer wesentlichen Ausnahmen an Darwin: Bei der Frage, wie es zur Aufspaltung einer Art kommt, wurde ein anderer kausaler Faktor bevorzugt. Dieser wurde weder aus der Selektionstheorie noch aus der Genetik gewonnen, sondern als Erklärung diente ein genuin systematisches Konzept: die geographische Isolation. Die Entstehung der Arten sollte einem gradualistischen Modell folgen: Rassen wurden als beginnende Arten aufgefasst und umgekehrt. Bei dem entsprechenden biologischen Artbegriff abstrahierte man völlig von der größeren oder geringeren Ähnlichkeit der Organismen und machte die reproduktive Isolation unter natürlichen Bedingungen zum alleinigen Kriterium. Als Voraussetzung für die Entstehung von physiologischen Isolationsmechanismen wurde dabei die geographische Isolation gesehen. Kontrovers wurde die Frage diskutiert, ob die geographische Isolation der Ausbildung der biologischen Isolationsmechanismen vorausgehen muss, oder ob es auch nichtgeographische (sympatrische) Artbildung geben kann. Man ging also von einem dualistischen Evolutionsmechanismus aus, bei dem Transformation und Aufspaltung von Arten unterschiedliche Vorgänge sind, die von anderen Evolutionsfaktoren bestimmt werden.

Im Gegensatz zur mathematischen Populationsgenetik, die hauptsächlich in England und den USA weiterentwickelt wurde, waren die Systematiker in Deutschland weltweit führend und gehörten zu den zentralen Vertretern der Neuen Systematik (Stresemann, Rensch, Mayr). Wichtige Impulse gingen auch von den mehr genetisch orientierten Autoren außerhalb der Stresemann-Schule aus. Ein wichtiger Autor war Reinig, der stark von Timoféeff-Ressovsky beeinflusst wurde. Auch Timoféeff-Ressovsky selbst ist hier zu nennen, ebenso wie Baur und Zimmermann. Baur und Timoféeff-Ressovsky haben vor allem gezeigt, dass die natürliche geographische Variabilität auf den Mutationen der Genetik beruht und so die Verbindung zwischen Genetik und Systematik möglich gemacht. Biogeographie und Systematik spielten im Umfeld des synthetischen Darwinismus in Deutschland allgemein ein große Rolle.

# IV. Allgemeine Evolutionstheorie

Einer der auffälligsten Unterschiede zwischen dem Darwinismus des 19. Jahrhunderts und dem synthetischen Darwinismus ist die Verschiebung der Bedeutung der daran mitwirkenden biologischen Disziplinen. Dies ist zum Teil dadurch zu erklären, dass sich das wissenschaftliche Interesse im 19. Jahrhundert auf eine andere Subtheorie bezog. Mayr hat fünf Komponenten der Evolutionstheorie Darwins unterschieden: Die Evolutionstheorie als solche, die Theorie der gemeinsamen Abstammung der Organismen (einschließlich der Menschen), den Gradualismus, die Theorie der Vervielfältigung von Arten und die natürliche Auslese (Mayr 1985a: 757). In den ersten Jahrzehnten nach Darwins *Origin of Species* (nicht jedoch bei Darwin selbst) standen die Evolutionstheorie und die Theorie der gemeinsamen Abstammung im Vordergrund. Mit der Phylogenetik, die sich als historische Wissenschaft verstand, wollte man die Geschichte der Pflanzen- und Tierwelt an Hand historischer (Paläontologie), räumlicher (Biogeographie), struktureller (vergleichende Anatomie) und funktioneller (Entwicklungsphysiologie) Indizien rekonstruieren. Nur in zweiter Linie bemühte man sich dabei um die Frage der Evolutionsmechanismen.

Im synthetischen Darwinismus wurde dagegen vorrangig die Kausalität der Evolution diskutiert. Auch an diesem Punkt wollte man sich bewusst von historischen Vorläufern absetzen und betonte den eigenen neuen Ansatz, der, wie ich in Kapitel III gezeigt habe, zugleich eine weitgehende Darwin-Renaissance bedeutete. Dobzhansky hat in diesem Zusammenhang von drei Aussagen der Evolutionstheorie gesprochen – Abstammung, Gradualismus und Kausalität. Während die morphologische Schule sich um die beiden ersten bemüht habe, sei die dritte vernachlässigt worden:

> »The theory of evolution asserts that the beings now living have descended from different beings which have lived in the past; that the discontinuous variation observed at our time-level, the gaps now existing between clusters of forms, have arisen gradually, so that if we could assemble all the individuals which have ever inhabited the earth, a fairly continuous array of forms would emerge; that all these changes have taken place due to causes which now continue to be in operation and which therefore can be studied experimentally. The evolution theory was arrived at through generalization and inference from a body of predominantly morphological data and may be regarded as one of the most important achievements of morpho-

logical biology. However, the evolutionists of the morphological school have concentrated their efforts on proving the correctness of the first and second of the three assertions listed above, leaving the third rather in abeyance.« (Dobzhansky 1937: 7)

Ähnlich hat Timoféeff-Ressovsky das Verhältnis zwischen synthetischem Darwinismus und ›klassischer Evolutionsforschung‹ bestimmt: Die »klassische Evolutionsforschung hatte zunächst als Aufgabe das Bestehen der Evolution als solches zu beweisen«. Sie bediente sich »beschreibender Methoden« und auf diesem Weg gelang es, die »wichtigsten historischen Etappen und Vorgänge des Evolutionsprozesses zu rekonstruieren«. Inzwischen aber sei die Fruchtbarkeit dieses Forschungsprogramms erschöpft:

> »Man hat aber den Eindruck, daß heutzutage und in nächster Zukunft diese beschreibende Arbeitsrichtung uns keine wesentlichen neuen Entdeckungen, oder ein tieferes Verständnis des Evolutionsmechanismus bringen wird; denn durch die Arbeit der großen Biologen des Endes des vorigen und Anfangs des jetzigen Jahrhunderts ist diese Arbeitsrichtung mehr oder weniger erschöpft.« (Timoféeff-Ressovsky 1939a: 159)

Die Architekten des synthetischen Darwinismus erhofften sich von einer Konzentration auf die Kausalität der Evolution auch eine Belebung der allgemeinen Evolutionstheorie und der phylogenetischen Forschung. Bis zum Beweis des Gegenteils nahm man an, dass die Evolution aller Organismen und die gesamte phylogenetische Entwicklung auf die bekannten Evolutionsfaktoren zurückzuführen ist. Spekulative Sondermechanismen oder eine eigene Makroevolutionstheorie hielt man für überflüssig. Grundlegender Gedanke war, dass »the observed evolutionary phenomena, particularly macroevolutionary processes and speciation, can be explained in a manner that is consistent with the known genetic mechanisms« (Mayr 1980a: 1). Inwieweit sich dieser Anspruch umsetzten ließ, welche Schwierigkeiten und Kontroversen dabei auftraten, werde ich an vier für die Diskussion in Deutschland charakteristischen Beispielen aufzeigen: Der Auseinandersetzung mit antievolutionistischen Theorien, der Debatte um die Existenz einer eigenen Makroevolution, der Erklärung phylogenetischer Sondererscheinungen (wozu auch der Fortschritt in der Evolution gezählt wurde), und der Evolution der Menschen.

## 1. Evolution und Anti-Evolutionismus

Der synthetische Darwinismus ist eine kausale Theorie, die die Entwicklung der Organismen in allen ihren Facetten ohne Rückgriff auf idealistische oder teleologische Faktoren erklären will. Als naturwissenschaftliche Theorie ist er zudem empirisch ausgerichtet und basiert nach Ansicht ihrer meisten Vertreter auf einem erkenntnistheoretischen Realismus. In Deutschland haben (vor 1950) vor allem Dingler, Zimmermann und Zündorf daran gearbeitet, den synthetischen Darwinismus auch wissenschaftstheoretisch zu untermauern. Die Beiträge ergänzen sich und haben ein gemeinsames Anliegen: Die unbedingte Forderung nach Kausalität in der Biologie und in der Evolutionstheorie. Das Abweichen von dieser Prämisse wird als Wunderglauben kritisiert. Es sei nicht zu akzeptieren, dass der »Wunderwille den Wissenschaftswillen übertönt« (Dingler 1943: 8). Neben dem Kreationismus wurde auch die Idealistische Morphologie als metaphysisch und unwissenschaftlich abgelehnt. Zündorf dehnt seine Kritik auch auf theoretische Spekulationen mancher Lamarckisten aus.

**Die Idealistische Morphologie** war in Deutschland eine ernstzunehmende Alternative zum synthetischen Darwinismus, zumal sie im Gegensatz zu diesem institutionell an den Universität fest verankert war. Mayr hat erst kürzlich noch einmal auf die Stärke dieser typologischen (idealistischen) Tradition hingewiesen: »the typological (idealistic-morphological) tradition was, following Goethe, far stronger in Germany than it ever was in America. It was promoted in a number of very successful books by Remane, Schindewolf, and Troll« (Mayr 1999a: 24–5). Deutschland war das klassische Land der Idealistischen Morphologie und diese Richtung hatte noch in den 1930er und 1940er Jahren und darüber hinaus einflussreiche Anhänger (vgl. Starck 1966: 61; Starck 1980).

Die idealistische Opposition dem synthetischen Darwinismus gegenüber nahm unterschiedliche Formen an. Generell wird in idealistischen Theorien angenommen, dass geistige Phänomene dem materiellen Sein vorausgehen und dieses im Wesentlichen bestimmen. Entsprechend soll die biologische Evolution in erster Linie durch einen ideellen Entfaltungsplan bestimmt werden. Alle idealistischen Theorien beinhalten neben dem Bekenntnis zum Vorrang des Geistigen auch die Überzeugung, dass der Aufbau des Kosmos und die Wechselbeziehungen in der Natur notwendig und geplant sind: Ihre »Verfechter lehnen sich gegen den rein mechanistischen Charakter des Selektionismus auf, da bei seiner Gültigkeit alles Lebendige letzten Endes das Ergebnis einer Häufung zufällig günstig verlaufener Gen- oder Genomunfälle wäre. Man begegnet diesem Einwand in vielen verschiedenen Varianten, auch stellt er die Wurzel mancher [...] ›kleinerer‹ Einwände oder Bedenken dar« (Ludwig 1943a: 517).

Einer der publizistisch aktivsten Vertreter der Idealistischen Morphologie war der in München lehrende Paläontologe **Edgar Dacque** (1878–1945). Allmählich, so schreibt er 1935, »gewahrt man, daß das Deszendenzprinzip nicht die allumfassende Grundlage zur Veranschaulichung und Erklärung der organischen Gestaltung ist« (Dacqué 1935: V). Seinen eigenen methodischen Standpunkt charakterisiert er als »ideal-entwicklungsgeschichtliche oder idealistische Morphologie«, bei der man »die vielen konkreten organischen Formen der Natur auf Typen rückbezieht und Formenreihen, die man dabei erhält, als ideale Reihen ansieht«. Damit ist gemeint, dass »jede organische Gestalt Ausdruck einer allen Abwandlungen immanenten, überzeitlichen Grundorganisation oder ›Urform‹ ist, einer allen Arten innewohnenden, sie gestaltenden Potenz. Diese Ganzheit besteht nicht aus Teilen, kann auch nicht in Teile zerlegt werden, sondern ist sozusagen vor, in und über den Teilen als solchen da« (Dacqué 1935: 2, 4).

Nur »innerhalb der gegebenen Typen« sind Abwandlungen möglich. »Hier allein, in diesem Abwandlungsgang auf Grund primär gegebener Typenorganisation, herrscht das Prinzip der Deszendenz, im Sinne der Wechselwirkung zwischen Lebensweise und Formbildung«. Dagegen sei es beispielsweise unwahrscheinlich, dass »Reptil und Säugetier irgendwo einen gemeinsamen Stammvater haben bzw. daß das letztere irgendwann aus dem ersteren ›hervorgegangen‹ sei«. Der »wirkliche Stammvater aber ist und bleibt nur der innere Typus, die immanente Urform« (Dacqué 1935: 400–01, 399, 413–14). Entsprechend sei das System der Organismen nicht als Stammbaum, sondern als »eine dicht verwobene Masse heterogener und doch vielfach morphologisch typenmäßig gleichartiger Sträucher [zu denken], deren Büsche und Äste und Ästchen sich formal durchdringen und uns so eine genetisch einheitliche Lebewelt vortäuschen« (Dacqué 1935: 407).

Der vielleicht einflussreichste Idealistische Morphologe im Deutschland des 20. Jahrhunderts war der Botaniker **Wilhelm Troll** (1897–1978). Er wirkte in München, Halle und nach 1945 in Mainz. Auch er betonte in bewusster Abgrenzung vom synthetischen Darwinismus:

Die »Vererbungsregeln, zusammen mit dem Selektionsprinzip, kommen an das Formproblem überhaupt nicht heran und würden, um im Bilde zu reden, blind herumtappen, wenn nicht über ihnen die morphologischen Bezüge walteten und ihnen die Richtung gäben. Das Naturgeschehen ist nirgends, und schon gar nicht in seinen organischen Bereichen, des bloßen Zufalls blinde Nötigung, sondern Erscheinungsfülle der Weltvernunft.« (Troll 1942: 90)

Aus der ›Weltvernunft‹ geht der Typus hervor, dieser wiederum bestimmt den Organismus: »Der Typus geht also nach dieser Auffassung aller speziellen Gestaltung voran, während er im Darwinismus aus einer Unzahl von ›richtungslosen Variationen‹ zusammengebettelt wird« (Troll 1942: 75). Wenn Troll weiter kritisiert, dass Darwin »die aller Äußerlichkeit entzogene ideenhafte Natur des Typus« eliminiert, so vergisst er nicht, dies auf die »grelle Äußerlichkeit englischer Anschauungsweise« zurückzuführen und »dem Geiste deutscher Wissenschaft« gegenüberzustellen (Troll 1942: 74, 150, 148).

In bewusster Anknüpfung an Platons Ideenlehre und den mittelalterlichen (Universalien-)Realismus behaupten die Idealistischen Morphologen, dass die Allgemeinbegriffe als ewige Ideen vor den individuellen Dingen existieren. Diese (Universalien-)realistische Denkweise lässt sich auch an sprachlichen Wendungen festmachen, wenn etwa, wie bei Dacqué, von **dem** Reptil, **dem** Säugetier oder **dem** Menschen die Rede ist. Wie die Zitate von Dacqué und Troll auch zeigen, bestehen enge gedankliche Verbindungen zwischen Idealistischer Morphologie und Kreationismus.

Unter **Kreationismus** versteht man die Ansicht, dass die biologische Vielfalt nicht durch natürliche Ursachen, sondern durch einen oder mehrere Schöpfungsakte entstanden ist. Zeit, Ort und Anzahl dieser wundersamen Ereignisse können variieren. Nach einigen Interpretationen ist auch eine evolutionäre Entwicklung möglich, solange diese von Gott gelenkt wird – die Schöpfung sich also in der Evolution manifestiert. Klassischerweise sind aber dem Kreationismus zufolge alle biologischen Arten oder auch unterartliche Sippen, wie Rassen oder Varietäten, unabhängig voneinander durch göttliche Schöpfung entstanden. Beim Kreationismus handelt es sich nur bedingt um eine empirisch überprüfbare Theorie. Zwar machen Kreationisten empirische Aussagen, z.B. über das Alter der Erde oder die Existenz gerichteter Variation, meist jedoch beschränken sie sich auf ein argumentum ad ignorantiam. Zur Entstehung der den Organismen vorausgehenden Typen erfährt man beispielsweise von Dacqué und Troll lediglich, dass sie ›Erscheinungsfülle der Weltvernunft‹ seien, ohne dass deutlich wird, wie diese Aussage zu überprüfen ist (vgl. Futuyma 1982; Kitcher 1982; Montagu 1984; Jeßberger 1990; Kutschera 2001, 2002).

Einer der einflussreichsten Kreationisten im Deutschland des 20. Jahrhunderts war der Ornithologe und Pfarrer **Otto Kleinschmidt** (1870–1954). Seine Publikationen wurden auch von Architekten des synthetischen Darwinismus beachtet und kritisiert (Haffer 1995a, 1997b; Hoßfeld 2000b). Darwins *Origin of Species* hielt er für wissenschaftlich minderwertig, es erinnerte ihn »an die britischen und französischen Kriegsberichte, in denen kleine Vorteile aufgebauscht und große Mißerfolge ganz verschwiegen oder abgeschwächt werden«. Die »solide Ruhe deutscher wissenschaftlicher Arbeit, die festen Boden unter den Füßen spürt«, sei ihm fremd (Kleinschmidt 1915: 1–3). Wie die Idealistischen Morphologen behauptete Kleinschmidt, dass jede Art bzw. jeder Formenkreis ein eigenes unveränderliches Wesen hat. Die individuelle und die geographische Variabilität können dieses innere Wesen niemals beeinflussen. Die »individuelle Variation, auf die sich die Selektionslehre aufbaut, besteht zum größten Teil nicht in regellosen Ausschlägen, sondern in regulären Pendelschwankungen«, die immer wieder zu ihrem Ausgangspunkt zurückkehren (Kleinschmidt 1909: 6). Gemeinsame Abstammung und Verwandtschaft gibt es deshalb nach Kleinschmidt nur innerhalb eines Formenkreises: »Den Weg der Verwandtschaft, sei es direkt, sei es über gemeinsame Vorfahren, gibt es nur von Rasse zu Rasse« (1912–21: 5, 27–28). Auch zwischen Menschen und Affen gibt es keine Verbindungen (Kleinschmidt 1931: 128–9). Der Darwinismus würde in »naiver Voreiligkeit« Ähnlichkeit und Verwandtschaft von Arten verwechseln (Kleinschmidt 1918: 2).

Kleinschmidt leugnete jeden genetischen Zusammenhang zwischen Arten, zugleich spricht er aber von seiner eigenen »Abstammungslehre«, worunter er versteht, dass die Formenkreise sich wandeln können. Ursprünglich sollen die Formenkreise als »Wurzelkeime«, als »mikroskopisch kleine, glashelle Plasmatröpfchen«, erschaffen worden sein (Kleinschmidt 1912–21: 5, 27–8; 1926: 173). Die weiteren Umwandlungen erfolgen dann mit unterschiedlichen Geschwindigkeiten: »Jeder Formenkreis hat vermutlich einen selbständigen Entstehungsherd, einen selbständigen Entstehungszeitpunkt und einen selbständigen Werdegang mit einem selbständigen Umbildungszeitmaß, mit einem Wort ein selbständiges Weltwerden« (Kleinschmidt 1926: 109). Obwohl ein Formenkreis seinem Wesen immer treu bleibt, kann er sich stark verändern. Verschiedene Formenkreise bei den Vögeln sollen sich beispielsweise unabhängig voneinander aus jeweils einem primitiven Ahnen in parallelen Reihen entwickelt haben, »Es gab also mehr als einen ›Urvogel‹« (Kleinschmidt 1926: 5). Kleinschmidts extrem polyphyletisches Modell erinnert in vielen Punkten an die Theorien von Lamarck oder Nägeli. Wie diese ist es wohl nur aus der unkritischen Analogie zwischen dem Wachstum eines Individuums und der Evolution zu verstehen. Ein Individuum bleibt in der Tat – trotz auffälliger äußerer Veränderung – dasselbe, d.h. es verwandelt sich nicht in ein anderes Individuum.

Sieht man von den geringen Bedeutungsverschiebungen ab, die durch das Konzept der Formenkreise bedingt werden, ist Kleinschmidts »Abstammungslehre« ein typisch kreationistisches Modell: Arten bzw. Formenkreise werden mit einer geringen Möglichkeit der Variation und einem charakteristischen Entwicklungsplan erschaffen. Kleinschmidts Strategie bestand darin, innerhalb einer Art (eines Formenkreises) evolutionäre Entwicklung zuzulassen, die eigentliche Entstehung der Arten aber auf Schöpfungen zurückzuführen und jede Verwandtschaft außerhalb von Arten zu leugnen. Rensch nannte deshalb die Behauptungen von Kleinschmidt »ganz extrem« bzw. »abseitig« und kritisierte, dass auf eine »Präzisierung der Entwicklung [der] von Anbeginn parallelen Art- bzw. Gattungsreihen an paläontologischem Material« verzichtet werde (Rensch 1943b: 59). Dagegen wurden Kleinschmidts platonisch-typologische Ansichten von verschiedenen antidarwinistischen Autoren lobend hervorgehoben (Conrad-Martius 1949; Illies 1983).

Jürgen Haffer hat eine ganze Reihe weiterer Autoren identifiziert, die in der ersten Hälfte des 20. Jahrhunderts dem Kreationismus und/oder der Idealistischen Morphologie zuzuordnen und der »neodarwinistischen Evolutionstheorie gegenüber durchaus feindlich eingestellt waren«. Es handelt sich um: Hans André, Ernst Bergdolt, Hedwig Conrad-Martius, Edgar Dacqué, Eberhard Dennert, Bernhard Dürken, Heinrich Frieling, Joachim Illies, Adolf von Jordans, Carl Kempermann, Oskar Kuhn, Adolf Meyer-Abich, Rudolf Steiner, Wilhelm Troll, Jacob von Uexküll und Max Westenhöfer (Haffer 1999: 125). Da es bisher keine Untersuchungen zum Kreationismus im Dritten Reich gibt, ist es unklar, wie stark diese Bewegung tatsächlich war, aus welchen sozialen, wissenschaftlichen und weltanschaulichen Bereichen ihre Vertreter kamen und wie sie sich politisch positionierten.

Es ist auffällig, dass sich relativ viele Darwinisten in der NS-Zeit gegen Bestrebungen wandten, nicht nur die Selektionstheorie sondern sogar die Abstammungslehre als widerlegt darzustellen. Vielleicht erklärt sich die intensive Auseinandersetzung mit kreationistischen und idealistischen Ideen aus der Tatsache, dass einige dieser Autoren durchaus ernstzunehmende Biologen waren. So finden sich zahlreiche Aussagen wie die folgende: »Das gesamte Beweismaterial, das die vergleichende Morphologie, Paläontologie, sowie die Tier- und Pflanzengeographie liefern, ist derart umfassend und überzeugend, daß der Deszendenztheorie eine an Sicherheit grenzende Wahrscheinlichkeit zugeschrieben werden kann« (Hartmann 1933: 654). In der *Evolution der Organismen* (1943) schließlich hielt Heberer ein eigenes Kapitel über »Die biologischen Beweismittel der Abstammungslehre« für notwendig, um anti-evolutionistische Positionen zu widerlegen. Und dies, obwohl der Autor, Rensch, eine »Widerlegung derartiger abseitiger Vorstellungen« eigentlich für anachronistisch hielt:

»Man könnte im übrigen überhaupt die Frage aufwerfen, ob denn ein solcher Nachweis heute überhaupt noch durchgeführt werden muß. Die Grundtatsachen der Abstammung sind seit einem halben Jahrhundert von der biologischen Forschung anerkannt und die neueren Untersuchungen befassen sich ganz generell nicht mehr mit der Beibringung von Beweismitteln, sondern mit der Aufhellung der den Formwandlungen und der Höherentwicklung zugrunde liegenden Ursachen. Und soweit noch von wissenschaftlicher Seite gelegentlich Einwände gegen die Deszendenztheorie selbst vorgebracht werden, beziehen sich diese im allgemeinen nur auf einzelne Teilvorstellungen, so vor allem auf die Einordnung, bzw. die ›Affenabstammung‹ des Menschen (wobei die Skepsis zum Teil durch den Widerspruch zur religiösen ›Offenbarung‹ bedingt ist).« (Rensch 1943b: 57–8)

Immerhin hat auch Dobzhansky in *Genetics and the Origin of Species* eine sehr ähnliche Aussage für notwendig gehalten:

»[…] the fact remains that among the present generation no informed person entertains any doubt of the validity of the evolution theory in the sense that evolution has occurred […]. Evolution as an historical process is established as thoroughly as science can establish a fact witnessed by no human eye. The mass of evidence bearing on this subject does not concern us in this book; we take it for granted.« (Dobzhansky 1937: 8)

Neben der von Rensch vorgelegten empirischen Widerlegung anti-evolutionistischer Argumente (1943b), wurde auch versucht, diese wissenschaftstheoretisch zu entkräften sowie politisch zu diskreditieren. Lorenz, Schwanitz und Zimmermann appellierten in diesem Zusammenhang mehr oder weniger dezent an die politischen Machthaber, um ihre wissenschaftlichen Ziele durchzusetzen.[297] Diese Vorgehensweise war in allen Lagern verbreitet, wie Trolls Polemik gegen die ›englische Äußerlichkeit‹ zeigt. Es war durchaus denunziatorisch gemeint, wenn ein anderer Idealistischer Morphologe, der Münchner Botaniker Ernst Bergdolt, die Selektionstheorie mit liberalen und jüdischen Gedanken in Verbindung brachte: »Der liberalistische Anthropologe sieht in den Rassen lediglich ›Züchtungsprodukte der Umwelt‹, eine Ansicht, die besonders von jüdischer Seite aus naheliegenden Gründen eifrig vertreten wurde. Das Problem der Rassenentstehung liegt aber doch wesentlich tiefer« (Bergdolt 1937–38: 109). Es gab allerdings auch Autoren im Umfeld des deutschen synthetischen Darwinismus, die sich wissenschaftstheoretisch argumentativ mit idealistischen und kreationistischen Positionen auseinander setzten. Dies waren neben dem Philosophen Dingler vor allem die Botaniker Zimmermann und Zündorf. Dass es sich um zwei Botaniker handelt, ist insofern kein

Zufall, als die Idealistische Morphologie in der Botanik eine besonders große Rolle spielte (z.B. in den Arbeiten von Troll und seiner Schule).

Dinglers Artikel in der *Evolution der Organismen* wurde auch innerhalb des synthetischen Darwinismus weitgehend ignoriert. Was waren die Gründe? Zum einen wäre es möglich, dass Dinglers Thesen für die Darwinisten selbstverständlich waren und man sie akzeptierte, ohne ihnen weitere Aufmerksamkeit zu schenken. Dinglers Beiträge wären in diesem Sinne von Heberer vor allem wegen ihrer Außenwirkung geschätzt worden.[298] Zum anderen wäre es auch möglich, dass Dingler trotz weitgehender inhaltlicher Nähe zum synthetischen Darwinismus als Außenseiter, weil Philosoph, wahrgenommen wurde. Und schließlich scheint man sich in Kreisen der Darwinisten nicht einig gewesen zu sein, wie man mit den Anti-Evolutionisten umgehen sollte. Die kreationistischen Argumente wirkten so anachronistisch und uninformiert, dass es als reine Zeitverschwendung erschien, sich damit auseinander zu setzen.[299]

Einer der engagiertesten Kritiker der wissenschaftsphilosophischen Einwände gegen den Darwinismus war Zimmermann. Absolut zentral für sein Verständnis von Wissenschaft ist sein Anspruch auf Objektivität. Eine Aussage sei dann objektiv, wenn ihr »Inhalt von den Gegebenheiten des Objektes abhängt und nicht von Subjektivismen, z.B. von unseren persönlichen Empfindungen, von unkontrollierbaren Mutmaßungen und Phantastereien« (Zimmermann 1943: 28–9). Auch in der historischen Forschung komme es darauf an, klaren methodischen Vorgaben zu folgen. Charakteristisch für die Phylogenetik seien indirekte Indizien-Beweise, die folgende Elemente aufweisen müssen: 1) Eine genaue Darlegung der empirischen Tatsachen aus Paläontologie, Biogeographie etc. 2) Das Feststellen aller denkbaren Erklärungsmöglichkeiten für diese Tatsachen. 3) Die Auswahl der wahrscheinlichsten Erklärung, wobei der relative Wahrscheinlichkeitsgrad ausschlaggebend sei und nicht jede abstrakte Denkmöglichkeit gleichermaßen Anspruch auf Anerkennung haben kann. Besonders spricht sich Zimmermann gegen die Ansicht aus, dass die Phylogenie grundsätzlich spekulativ sei. Eine allgemeine Behauptung, es gäbe auch andere Erklärungsmöglichkeiten für bestimmte phylogenetische Fakten, ohne diese aufzuzeigen, sei »ein agitatorischer Kniff, aber kein wissenschaftliches Arbeitsverfahren« (Zimmermann 1943: 31, 33). Neben Dingler, Zündorf und Zimmermann haben sich auch andere Vertreter des synthetischen Darwinismus in Deutschland mit dem Kreationismus im weiteren Sinne (dem allgemeinen Schöpfungsglauben) auseinandergesetzt.

Es ist auffällig, dass die Architekten des synthetischen Darwinismus in Deutschland den sowohl im Dritten Reich als auch in der Adenauerrepublik verdächtigen Begriff des Materialismus für ihre Weltanschauung ablehnten. So glaubte beispielsweise Rensch den idealistischen Gegnern der von ihm angestrebten »Darstellung der großen Züge der Evolutionsregeln unter einheitlicher Betrachtungsweise« und vor allem den Gegnern der Beschränkung »auf rein kausalistische Gedankengänge« folgendes Zugeständnis machen zu müssen:

> »Gerade diese [rein kausalistische] Tendenz wird in der heutigen Zeit wohl auch mancherlei Widerspruch erregen, weil sie angeblich zu einem ›unbefriedigenden Mechanismus‹ oder ›platten Materialismus‹ führt. Ich habe es deshalb nicht für überflüssig gehalten, in einem Schlußkapitel die erkenntnistheoretische Seite der Probleme zu beleuchten, bei der es deutlich wird, daß die streng kausalistische Deutung auch mit einer idealistischen Einstellung vereinbar ist, die sogar auf die Annahme von etwas ›Materiellem‹ völlig verzichtet, bei der aber die Grenze zwischen Kausalem und Akausalem außerhalb des biologischen Forschungsbereichs angenommen wird.« (Rensch 1947a: V; vgl. auch Zimmermann 1938a: VI, 16, 289; 1968: 64–7)

Im historischen Rückblick ist es überraschend, wie defensiv manche Vertreter des synthetischen Darwinismus mit idealistischen und kreationistischen Gegnern umgingen, obwohl sich die Beweislage seit Mitte des 19. Jahrhunderts wesentlich zu ihren Gunsten verbessert hatte. Auch die Strategie, die Idealisten mit politischen ›Argumenten‹ zu bekämpfen, ist als Zeichen der Schwäche zu sehen. Als Gegenpol sei noch kurz die Haltung von G.G. Simpson kurz charakterisiert, der sich unter den amerikanischen Architekten am deutlichsten zum Materialismus bekannt hat. Die Annahme, dass ein materielles Universum existiert und dass unsere Wahrnehmungen diesem entsprechen, sei eine zwar bestreitbare, aber notwendige Voraussetzung wissenschaftlicher Forschung:

> »Choice between materialism and vitalism lies at the very heart of the problems to which this study is devoted. [...] On the other hand, it may seem a serious omission, or perhaps a touch of naiveté, that a basic philosophical position is taken without explicit notice. It is assumed that a material universe exists and that it corresponds with our perceptions of it. The existence of absolute, objective truth is taken for granted as well as the approximation to this truth of the results of repeated observations and experiments.« (Simpson 1949a: 6–7)

Für Simpson existiert eine absolute, objektive Wahrheit und wir können uns dieser Wahrheit durch Beobachtungen und Experimente annähern. Diese Annahmen seien notwendig, und wer ihre Wahrheit nicht anerkennen will, sei gezwungen wenigstens so zu tun, als seien sie wahr:

> »That such assumptions are debatable is evident from the violence with which they have been debated at various times. In practice, however, we all have to take it either that they are true or that we necessarily proceed as if they were true. Otherwise there is no meaning in science or in any knowledge, or in life itself, and no reason to enquire for such meaning.« (Simpson 1949a: 7)

In seiner Autobiographie – Kapitel 5, »God and I« – hat Simpson seine Weltanschauung weiter erläutert. Die wissenschaftliche Haltung sei keineswegs auf Wissenschaftler beschränkt, sondern sie ist ein integraler Teil von allem was in der modernen Zivilisation rational sei. Sie werde nicht geteilt von »fundamentalist preachers, astrologers, flower children, most generals, or many bureaucrats« und sie hat »nothing whatever to do with manufacturing cars or dropping bombs, and very little to do with inventing them«. Der Impuls, der die wissenschaftliche Haltung antreibe, sei vielmehr der Wunsch zu lernen in Verbindung mit einem Konzept der Realität. Wissenschaft sei eine Untersuchung, »that prefers reality to illusion and evidence to superstition«, und eine wichtige Voraussetzung sei, dass keine übernatürliche Erklärung für materielle, d.h. beobachtbare Phänomene vorgeschlagen werden darf (Simpson 1978: 28, 29). Konkret bedeutet dies beispielsweise, dass die Existenz der organischen Evolution zweifelsfrei vorausgesetzt werden muss. Der Kreationismus, dem zufolge jede Art getrennt erschaffen wurde, sei tot.

Der synthetische Darwinismus in Deutschland unterscheidet sich in mehreren Besonderheiten von der Situation in den USA und England. Ein Charakteristikum ist der wissenschaftstheoretische und -historische Schwerpunkt der frühen Schriften (vor 1950). Dies gilt vor allem für die Arbeiten von Zimmermann, Dingler und Zündorf. Im weiteren Sinn wissenschaftstheoretische Fragen haben sich aber in allen Teilbereichen des synthetischen Darwinismus gestellt und werden in den einzelnen Kapiteln behandelt. Zu nennen sind beispielsweise die Diskussionen über die Existenz einer eigenen Makroevolution oder über das Verhältnis von Genen, Individuen und Populationen. Der wissenschaftstheoretische Schwerpunkt im deutschen synthetischen Darwinismus ist zum Teil wohl Folge der in Deutschland weitverbreiteten Vorliebe für grundsätzliche philosophische Überlegungen; er wurde aber auch durch die Stärke radikaler Kritiker des Darwinismus in einigen Bereichen der Biologie erzwungen (Anti-Evolutionismus, Kreationismus, Idealistische Morphologie). Welchen wissenschaftstheoretischen Traditionen sich die Vertreter des synthetischen Darwinismus in den einzelnen Ländern verpflichtet fühlten und welche weitergehenden weltanschaulichen Ideen sie damit verbanden, hat sich z.T. recht stark unterschieden. Eine vergleichende Untersuchung fehlt bisher. Die Einengung auf die positivistische Wissenschaftsphilosophie des Wiener Kreises, wie dies Smocovitis (1992, 1996) behauptet, ist aber sicher zu kurz gegriffen (vgl. auch Harwood 1994; Junker 1996a; Ruse 1996).

## 2. Mikroevolution – Makroevolution

Während Kreationismus und Idealistische Morphologie von den Vertretern des synthetischen Darwinismus schonungsloser Kritik unterworfen wurden, war dies bei dem Konzept der Makroevolution nicht der Fall. Dies ist insofern erstaunlich, als die Unterscheidung zwischen Mikro- und Makroevolution ursprünglich eindeutig der anti-darwinistischen Tradition zuzuordnen ist. Auf Gründe, warum dieser Dualismus ab Ende der 1930er Jahre allgemeine Verwendung gefunden hat und auch von Vertretern des synthetischen Darwinismus übernommen wurde, werde ich weiter unten eingehen. Besonderer Beliebtheit erfreute sich die Zweiteilung der organischen Evolution aber bei Gegnern des selektionistischen Modells. Die mit einer eigenständigen Makroevolution argumentierenden Kritiker des synthetischen Darwinismus lehnten diesen in der Regel nicht völlig ab, begrenzten aber seinen Erklärungswert auf experimentell nachweisbare Phänomene innerhalb einer Art (Mikroevolution). Daneben soll es noch eine eigenständige Makroevolution geben, für die eigene Evolutionsmechanismen gelten. Z.T. wurde die Makroevolution auch als grundsätzlich unerklärbar deklariert und konnte so als Beleg für religiöse Schöpfungsideen dienen.

Um den ursprünglich antidarwinistischen Charakter der Unterscheidung zwischen Mikro- und Makroevolution zu dokumentieren, werde ich zunächst auf die Begriffsbildung bei Philiptschenko (1927) eingehen. Dann wird eine kurze Darstellung der evolutionstheoretischen Traditionen folgen, in die Philiptschenko sein Konzept einbindet. Und schließlich soll ein Blick auf die frühe Rezeption, Kritik und Übernahme des Begriffspaares im synthetischen Darwinismus und bei seinen Gegnern erfolgen.

*Allgemeine Evolutionstheorie*

## 2.1 Variabilität und Variation

Die Begriffe ›Mikroevolution‹ und ›Makroevolution‹ wurden 1927 durch den russischen Zoologen und Genetiker **Jurij Philiptschenko** (1882–1930) in seiner Schrift *Variabilität und Variation* eingeführt, um zwischen zwei grundlegend verschiedenen Typen der Evolution zu unterscheiden. Auf diese Weise will er die frühen Ansätze zu einer Verbindung von Genetik und Evolutionstheorie kritisieren und die seiner Meinung nach »unzweifelhafte Tatsache des Fehlens einer inneren Beziehung zwischen der heutigen Genetik und der Deszendenzlehre« nachweisen (Philiptschenko 1927: 83). Konkret wendet er sich gegen die Behauptung von Erwin Baur und Richard Goldschmidt,

Abbildung 20: Titelblatt von Jurij Philiptschenko, *Variabilität und Variation* (1927)

dass den »kleinen Mutationen« generell »die Hauptbedeutung im Evolutionsprozess zuzuschreiben« sei. Lediglich für die »Evolution der niedrigsten systematischen Einheiten [= Mikroevolution]« hält Philiptschenko dies für zutreffen (Philiptschenko 1927: 89). Hier reiche der Evolutionsmechanismus des synthetischen Darwinismus aus:

> »Mit einem Wort, sofern die Rede von der Evolution der niederen systematischen Einheiten ist, von den Biotypen bis zu den Arten […], ist sie gut durch die uns heutzutage bekannten Faktoren zu erklären, in erster Linie durch Mutationen, zu denen die Bildung neuer Kombinationen und Selektion hinzukommt.« (Philiptschenko 1927: 90)

Die weitere Frage, ob »diese uns bekannten Faktoren der Evolution zur Erklärung des allgemeinen Ganges des Evolutionsprozesses« genügen, wenn es sich also um die »Merkmale sozusagen höherer Ordnung, worunter wir Merkmale der größeren Gattungen, Familien, Ordnungen, Klassen usw. verstehen«, handelt, d.h. die Makroevolution, wird von ihm dagegen verneint (Philiptschenko 1927: 90).

Die Unterschiede zwischen Mikro- und Makroevolution sollen zum einen darauf beruhen, dass die Merkmale »der höheren systematischen Kategorien durch irgendwelche andere Faktoren« entstehen, d.h. nicht durch Mutation, Rekombination und Selektion (Philiptschenko 1927: 91). Wie Philiptschenko weiter ausführt, will er sich nicht an Spekulationen über weitere Evolutionsfaktoren beteiligen, die von ihm in diesem Zusammenhang erwähnten Autoren sind aber allesamt der anti-darwinistischen Tradition zuzuordnen (Philiptschenko selbst sympathisierte mit einem orthogenetischen Mechanismus; vgl. Adams 1990a: 298). Zum anderen soll es »eine Reihe scharfer Unterschiede zwischen denjenigen Merkmalen [geben], welche zur Unterscheidung der niederen taxonomischen Einheiten bis zu den Arten hinauf dienen, und den Merkmalen der höheren systematischen Kategorien«. Konkret führt er drei Unterschiede auf: Die Merkmale der höheren systematischen Kategorien haben (1) größere Beständigkeit, sie treten (2) früher in der Embryonalentwicklung auf und sie haben (3) nicht die Gene (im Kern) als Träger, sondern werden durch das Plasma bestimmt (Philiptschenko 1927: 92–93). Abschließend bekräftigt er seine negative Einschätzung, was die Möglichkeit betrifft, die zeitgenössische Genetik zur Grundlage einer allgemeinen Evolutionstheorie zu machen:

> »Bei einer solchen Sachlage muß zugegeben werden, daß die Entscheidung der Frage über die Faktoren der größeren Züge der Evolution, d.h. dessen, was wir Makroevolution nennen, unabhängig von den Ergebnissen der gegenwärtigen Genetik geschehen muß. So vorteilhaft es für uns auch wäre, uns auch in dieser Frage auf die exakten Resultate der Genetik zu stützen, so sind sie doch, unserer Meinung nach, zu diesem Zweck ganz unbrauchbar, da die Frage über die Entstehung der höheren systematischen Einheiten ganz außerhalb des Forschungsgebietes der Genetik liegt.« (Philiptschenko 1927: 94)

Philiptschenkos Unterscheidung zwischen Mikro- und Makroevolution hat offensichtlich den Zweck, einen Phänomenbereich abzutrennen, der sich der genetischen Selektionstheorie in doppelter Weise entzieht. Zum einen soll es sich um einen **eigenen Merkmalstyp** handeln, der nicht nach dem Mendelschen Gesetzen vererbt wird, zum anderen soll es **eigene Evolutionsfaktoren** geben.

Philiptschenko stützt seine Argumentation kaum durch empirische Belege, sondern in erster Linie über einen Autoritätsbeweis, d.h. er führt eine ganze Reihe von Autoren an, die ähnliche Ansichten bereits früher geäußert hätten. Er beginnt seine Darstellung mit einem Hinweis auf den Meeresbiologen Friedrich Heincke (1852–1929), dem zufolge es »keine absolut zwingende und logische Beziehung zwischen Veränderlichkeit als Vorgang, d.h. Variation, einerseits, und der Evolution im weiten Sinne dieses Wortes, anderseits« gibt (Philiptschenko 1927: 82; vgl.

Heincke 1898: XCIX–C). In seiner *Naturgeschichte des Herings* (1898) hatte dieser unterschieden zwischen der »Variabilität«, bei der es sich um »rein zufällige Veränderlichkeit der Familie« handelt und »Variation«, die »bestimmt gerichtet, fortschreitend« sei (Heincke 1898: CV). Nur letztere soll zur Evolution führen und so plädiert er dafür, die Selektionstheorie durch einen lamarckistischen Mechanismus abzulösen:

> »Wir sind überzeugt, dass die Spezies nicht ewig konstant sind, sondern unter der fortwährenden langsameren oder schnelleren Änderung ihrer Lebensbedingungen aussterben oder sich umwandeln oder in zahlreiche neue Spezies spalten. Ebenso deutlich erkennen wir, dass die Erklärung die Darwin für diesen Vorgang gegeben hat und die im wesentlichen in der Annahme der sog. natürlichen Zuchtwahl besteht, den Vorgang weder völlig richtig darstellt noch in erschöpfender Weise begreiflich macht. [...] Aber eine neue und zugleich bessere Erklärung und Darstellung des Vorganges zu geben als Darwin ist wiederum eben so schwer, wie die Notwendigkeit klar ist nach einer solchen zu suchen. [...] Nach dem ganzen Bilde zu urteilen, was die gegenwärtigen Rassen mir gewähren, glaube ich, würde diese Umwandlung der alten Formen in neue durch direkte Wirkung der veränderten Lebensbedingungen herbeigeführt werden.« (Heincke 1898: LXXVIII–LXXIX)

Als nächste Autorität führt Philiptschenko den Genetiker William Bateson (1861–1926) an, der sich 1914 pessimistisch über die Möglichkeiten der Genetik bei der Aufklärung der Evolution geäußert hatte:

> »Somewhat reluctantly, and rather from a sense of duty, I have devoted most of this address to the evolutionary aspects of genetic research. We can not keep these things out of our heads, though sometimes we wish we could. The outcome, as you will have seen, is negative, destroying much till lately passed for gospel.« (Bateson [1914] 1928: 296)

Bateson war, das sei ergänzend erwähnt, bekannt dafür, dass er dem Selektionsprinzip eine geringe Rolle beimaß. Er schrieb: »The existence of sudden and discontinuous Variation, the existence, that is to say, of new forms having from their first beginning more or less of the kind of **perfection** that we associate with normality, is a fact that disposes, once and for all, of the attempt to interpret all perfection and definiteness of form as the work of Selection« (Bateson 1894: 568).

Philiptschenkos nächste Gewährsmänner sind der Schweizer Zoologe Albert Kölliker (1817–1905), der 1864 eine orthogenetische und saltationistische Evolutionstheorie vorgestellt hatte, die Darwins Selektionstheorie ersetzen sollte (vgl. Junker & Hoßfeld 2001: 162), sowie Lew Semenovic Berg (1876–1950). Bergs Theorie der Nomogenese (1922) beruht auf der Überzeugung, dass die Evolution durch präexistierende Anlagen und die Determiniertheit der Variabilität streng zielgerichtet ist, es handelt sich also um eine orthogenetische Theorie (Kolchinsky 2000: 201–2). Weiter beruft sich Philiptschenko auf den Vitalisten Hans Driesch (1867–1941), um die Aussage zu belegen, dass die »Deszendenztheorie« eine »hypothetische Behauptung« sei (Driesch 1909, 1: 253).

Als nächsten Autoren zur Stützung seiner Ansichten zitiert er Wilhelm Johannsen (1857–1927) mit folgender Aussage:

> »Dagegen sind jetzt viele Beispiele von Mutationen bekannt, sowie auch von genotypischen Neukombinationen nach Kreuzung. Alle diese diskontinuierlichen ›Typenänderungen‹ mögen ein gewisses prinzipielles Interesse für die Deszendenzlehre haben. Jedoch sind alle diese Änderungen so klein, daß sie kaum ein direktes Interesse für das Verständnis der größeren Züge einer Evolution beanspruchen können. In Wirklichkeit ist das Evolutionsproblem eigentlich eine ganz offene Frage.« (Johannsen 1915: 659)

Unmittelbar vor dieser Stelle hatte Johannsen sich auch explizit gegen die Selektionstheorie ausgesprochen: Es sei »völlig evident, daß die Genetik die Grundlage der Darwinschen Selektionslehre ganz beseitigt hat«. Nach Hinweisen auf Baur und Darwin, auf die ich weiter unten eingehe, zitiert Philiptschenko den Marburger Botaniker Albert Wigand (1812–1886), einen der erbittertsten Gegner Darwins im 19. Jahrhundert. Höhepunkt seines unermüdlichen Kampfes gegen die Evolutionstheorie war die Streitschrift *Der Darwinismus und die Naturforschung Newtons und Cuviers* (1874–77). Folgender Einwand Wigands gegen die Idee der Entstehung höherer systematischer Einheiten durch Differenzierung niederer sei »noch heute von gewissem Interesse«:

> »Mit anderen Worten: es ist undenkbar, dass sich, wie Darwin meint, eine Species in eine Gattung, Familie u.s.w. umbilde. Wenn überhaupt sich eine Species in zwei oder mehrere differentiiren kann, so ist damit nicht eine Gattung entstanden, denn der Begriff Gattung wird nicht sowohl durch die Zahl der zugehörigen Species als durch den Rang des Charakters bestimmt; durch jene Spaltung hat also nur die bereits vorhandene, in jener Stammspezies

vertretene Gattung eine Erweiterung erfahren.« (Wigand 1874–77, 1: 231; vgl. Junker 1993)

Ähnlich wie Wigand habe auch der amerikanischen Paläontologe Edward Drinker Cope (1840–1897) die These vertreten, dass die »Entstehung der Merkmale der höheren systematischen Kategorien durch irgendwelche andere Faktoren, als die Entstehung der niederen taxonomischen Einheiten« zu erklären ist. Auch wenn die von »Cope vorgeschlagene Erklärung kaum eine glückliche zu nennen« ist, sei der »Gedanke selbst [...] im höchsten Grade wahrscheinlich« (Philiptschenko 1927: 91). Cope gehörte zu einer Gruppe antidarwinistischer Paläontologen, die Konzepte wie die Vererbung erworbener Eigenschaften, nicht-adaptive Evolution und die Analogie zwischen Evolution und Individualentwicklung vertraten (vgl. Cope [1868] 1887; Bowler 1984: 247–9).

Im weiteren Verlauf seiner Darstellung geht Philiptschenko schließlich noch auf Theorien des Schweizer Botanikers Carl Nägeli (1817–1891) ein. Im Gegensatz zu anderen Kritikern Darwins dieser Zeit (beispielsweise Wigand) war dieser kein Gegner der Evolutionstheorie im Allgemeinen, sondern in erster Linie bemüht, einen alternativen Evolutionsmechanismus zu entwickeln. Nägeli hatte bereits 1865 aus der Existenz vermutlich nutzloser, aber gleichwohl evolutionär beständiger Eigenschaften gefolgert, dass man bei jedem Organismus zwischen zwei Typen von Merkmalen unterscheiden muss, die durch unterschiedliche Evolutionsmechanismen hervorgerufen werden. Funktionelle bzw. strukturelle Merkmale sollen nach Nägeli durch das Nützlichkeits- bzw. das Vervollkommnungsprinzip modifiziert werden: »Das Nützlichkeitsprincip [= Selektionstheorie] hat auf die Ausbildung der physiologischen, das Vervollkommnungsprincip vorzugsweise auf die Umgestaltung der morphologischen Eigenthümlichkeiten Einfluss« (Nägeli 1865: 30). In späteren Werken, vor allem in seiner umfangreichen *Mechanisch-physiologischen Theorie der Abstammungslehre* (1884), hat Nägeli seine Thesen weiterentwickelt und modifiziert. Die einschneidendste Änderung war, dass er nun die natürliche Auslese ablehnte und durch die Vererbung erworbener Eigenschaften ersetzte (vgl. Junker 1989: 151–189, 2002b).

Nägelis Einfluss auf die Begriffsbildung Mikro-/Makroevolution ist deutlich, auch wenn Philiptschenko dies nicht ausdrücklich erwähnt. So übernimmt Philiptschenko Nägelis Dualismus der Merkmale in modifizierter Form. Auch der parallel gehende Dualismus der Evolutionsfaktoren findet sich bei Philiptschenko, obwohl dieser deutlich zurückhaltender argumentiert, was konkrete Aussagen über die Kausalität der Makroevolution angeht. Während Nägeli noch relativ unbefangen von einem Vervollkommnungsprinzip gesprochen hatte, macht Philiptschenko keine konkrete Aussagen über weitere Evolutionsfaktoren. Kein Zweifel, Philiptschenko beruft sich zur Stützung seiner These von einer eigenständigen Makroevolution auf einige der wichtigsten anti-selektionistischen Autoren des 19. und frühen 20. Jahrhunderts. Gegen wen aber argumentiert er und wer sind die Autoren, die eine einheitliche Evolutionstheorie auf Basis der Genetik anstreben?

Da ist zunächst Darwin selbst, zu dem Philiptschenko bemerkt, dass auf ihn die Ansicht zurückgehe, »daß die Entstehung aller systematischen Einheiten, von den niedersten bis zu den allerhöchsten, von ein und denselben Gesetzen bewirkt wird« (Philiptschenko 1927: 91). Eine Ansicht, gegen die – wie gezeigt – Philiptschenkos ganze Argumentation gerichtet ist. Darwin hat in seinen Werken immer wieder betont, dass die gesamte Stammesgeschichte der Organismen von einem einheitlichen Mechanismus mit der Selektion als zentralem Faktor bestimmt wird:

> »I have attempted to show, that the subordination of group to group in all organisms throughout all time [...] all naturally follow on the view of the common parentage of those forms [...], together with their modification through natural selection, with its contingencies of extinction and divergence of character.« (Darwin 1859: 456)

Diese Grundüberzeugung Darwins sei nun von den Genetikern Goldschmidt und Baur übernommen worden. Die Erwähnung von Goldschmidt in diesem Zusammenhang ist insofern interessant, als dieser in seinen späteren Publikationen die strikte Trennung zwischen Mikro- und Makroevolution zur Grundlage seiner Theorie gemacht hat (*The Material Basis of Evolution*, 1940). Sowohl Goldschmidt als auch Baur argumentieren in der Tat Anfang der 1920er Jahre vorsichtig für eine Verbindung von Genetik, Selektionstheorie und Evolutionstheorie, d.h. im Sinne des späteren synthetischen Darwinismus. Während sich Goldschmidt in den folgenden Jahren von dieser Theorie abwandte, war Baur zunehmend stärker von ihrer Gültigkeit überzeugt. In dem von Philiptschenko zitierten Artikel von 1923 argumentierte Goldschmidt noch ambivalent. Er schrieb einerseits:

> »Das außerordentliche Material an untersuchten Mutanten, das uns nun die *Drosophila*-Arbeiten lieferten, zeigt, daß der dort beobachtete Typ von Genomutanten wohl kaum als Artbildung in Betracht kommen kann, da ja fast alle dominanten Mutanten homozygot lebensunfähig sind und auch die Mehrzahl der rezessiven Mutanten entweder in ihrer Lebensfähigkeit oder aber sonst einer natürlichen Selektion nicht gewachsen sind.« (Goldschmidt 1923: 267)

Wenig später schränkt er diese pessimistische Aussage dann allerdings wieder ein:

> »Nun sind natürlich die Mutanten des Experiments deshalb relativ stark in wenigen Charakteren verschieden, weil nur die großen Abweichungen beobachtet werden. Trotzdem ist anzunehmen, daß auch die ganz kleinen Mutationsschritte, die den Organismus wenig verändern und deshalb wohl auch nicht sein Gleichgewicht stören, ebenso häufig sind, nur nicht beobachtet werden. Wenn also zwei Ausgangsstrecken isoliert sind und dauernd solch kleine Mutationen erfahren, könnten schließlich differente Arten entstehen, die sich in zahlreichen Erbfaktoren unterscheiden.« (Goldschmidt 1923: 267)

Als zweiten Vertreter einer Verbindung von Genetik und Evolutionstheorie nennt Philiptschenko Baur. Dieser hatte argumentiert, dass »auf dem Wege der natürlichen Selektion schließlich durch Summierung von Mutationen aus der einen Sippe verschiedene Lokalrassen und unter Umständen ›Arten‹ hervorgehen« (Baur 1924: 146–7). Bei der Übertragung dieser Ergebnisse auf die allgemeine Evolution war er dagegen bis Ende der 1920er Jahre eher vorsichtig. Er meinte, dass

> »die Mehrzahl der Spezies-Unterschiede und erst recht die Unterschiede zwischen den Gattungen und noch höheren systematischen Einheiten anderer Art sind, und nicht bloß als Summierung von solchen kleinen durch je eine Mutation entstandenen Grundunterschieden aufgefaßt werden können. Darüber, wie diese andern Unterschiede entstehen, wissen wir aus unsern Vererbungsversuchen noch gar nichts.« (Baur 1919: 345; vgl. Philiptschenko 1927: 90–1)

Baur betonte in diesem Zusammenhang, dass das Wissen über die Mutationen noch sehr lückenhaft sei, und vermutete, dass bald »neue Kategorien von Mutation« gefunden werden, »Kategorien, durch welche auch solche tiefgreifenden Unterschiede entstehen, wie wir sie zwischen höheren systematischen Einheiten vorfinden« (Baur 1919: 346). In der *Vererbungslehre* von 1930 ging er nicht mehr davon aus, dass neue Mutationstypen gefunden werden, er blieb aber dabei, dass bestimmte evolutionäre Vorgänge, wie die Entstehung von *Antirrhinum majus* und *Antirrhinum orontium* aus einer gemeinsamen Stammform durch Kleinmutationen, Selektion und Isolation schwer erklärbar seien: »Wir können vorläufig hier nur unser ›ignoramus‹ eingestehen« (Baur 1930: 310–12, 400).

Die verschiedenen Zitate dokumentieren, dass sich Philiptschenko in seiner Argumentation und über die Traditionen, auf die er sich beruft, eindeutig als Gegner Darwins und des Darwinismus positioniert. Besonders wendet er sich gegen die ersten, noch schwachen und unsicheren Versuche, Genetik und Darwinismus zu verbinden und zur Grundlage einer allgemeinen Evolutionstheorie zu machen. Deutlich wird dies auch, wenn man die Rezeption seiner Ideen bei Kritikern des Darwinismus betrachtet.

## 2.2 *Rezeption*

Im Anschluss an Philiptschenkos Begriffsbildung verstand man unter der Mikroevolution die Evolution innerhalb einer Art (z.B. die Bildung von Rassen) und bis zu einer neuen Art; unter Makroevolution die Evolution jenseits dieser Grenze, die Entwicklung von neuen Gattungen, Familien usw.[300] Gerade weil er selbst kaum Aussagen zu Ursachen und Phänomenen der Makroevolution gemacht hatte, konnte seine Begriffsbildung zum vielleicht wichtigsten Kristallisationspunkt der Opposition gegen den synthetischen Darwinismus werden. Die Makroevolution, schon bei Philiptschenko kaum mehr als eine black box, wurde zu einer Leerformel, die mit den unterschiedlichsten Konzepten vom idealistischen Typus über die Typostrophismustheorie (Schindewolf 1946) bis zum Schöpfungsglauben gefüllt wurde. In diesem Sinne zeigen die mit dem Wort ›Makroevolution‹ zusammengefassten Phänomene bei aller Abweichung im Detail einen wichtigen gemeinsamen Kern: Makroevolution ist jeweils der nicht (oder noch nicht) durch die Evolutionsfaktoren des synthetischen Darwinismus erfassbare Rest bei der Erklärung der Evolution.

Dieser negative Charakter des Makroevolutionskonzeptes wurde schon von zeitgenössischen Biologen bemerkt. Da die »Ansätze zu befriedigenden neuen Deutungen der Makroevolution noch gering« seien, würden sich viele Forscher »auf vorläufig ganz allgemein gehaltene Annahmen zielstrebig wirkender Gestaltungsprinzipien« beschränken. Die Makroevolution werde als »autonomer Vorgang angesehen, als Auswirkung einer inneren Entfaltungskraft oder wenigstens als komplexer Vorgang, an dem auch bisher noch nicht näher analysierte ›innere‹ Faktoren beteiligt sind« (Rensch 1943a: 2, 50).

Vor allem viele Paläontologen vertraten die These, dass die Evolution über lange erdgeschichtliche Zeiträume eigenen Gesetzen gehorche, die nicht durch Experimente an *Drosophila* beobachtet werden können. Wenn beispielsweise Karl Beurlen (1901–1985) den »Willen zum Dasein und zur Macht« als »letzte und eigentliche

Ursache des organischen Geschehens« bestimmte (Beurlen 1937: 222, 237) oder Dacqué schrieb, »daß jede organische Gestalt Ausdruck einer allen Abwandlungen immanenten, überzeitlichen Grundorganisation oder ›Urform‹ ist, einer allen Arten innewohnenden, sie gestaltenden Potenz« (Dacqué 1935: 4), so haben sie sich zwar nicht direkt auf Philiptschenko bezogen. Die Unbestimmtheit des Konzeptes der Makroevolution erleichterte aber eine Anknüpfung. So fasste beispielsweise der Paläontologe Schindewolf seine Überzeugung dahingehend zusammen, dass man »auch auf stammesgeschichtlichem Gebiete einmal zu dem Urteil kommen [wird], daß die bedenkenlose und ausschließliche Übertragung der mikroevolutionistischen Mechanismen auf die Makroevolution ein folgenschwerer Irrtum war«. Wie er weiter ausführt, soll sich »Sicherheitsgrad und Beweiskraft der genetischen Aussagen lediglich auf die experimentell analysierten mikroevolutionistischen Mechanismen [erstrecken]; deren bedingungslose Übertragung auf die Phylogenie und die Annahme ihrer ausschließlichen Geltung dagegen ist reine Hypothese« (Schindewolf 1950: 384, 361; zur Typostrophismus-Theorie vgl. Schindewolf 1946).

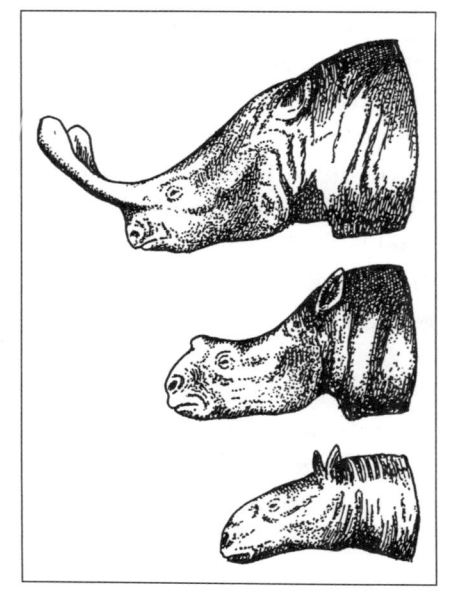

Abbildung 21: Orthogenetische Entwicklung (Rensch 1947: 229)

Auch Biologen aus anderen Disziplinen ließen sich von Philiptschenkos Behauptung inspirieren, dass es eine eigene Makroevolution gibt und dass sie sich nicht mit den im Labor oder bei der rezenten Rassenbildung beobachtbaren Faktoren erklären lässt. Der idealistische Morphologe und Botaniker Troll beispielsweise kommentierte Philiptschenkos These mit sehr lobenden Worten und meinte hier so etwas wie eine »Ahnung« durchschimmern zu sehen, »eine Witterung der wahren Natur der Makroevolution, die ganz offenbar identisch ist mit der ideenhaften Linie, die uns [...] den typischen Charakter des phylogenetischen Geschehens symbolisierte, und als solche für eine genetische Behandlung unerreichbar, d.h. der Morphologie vorbehalten ist. So findet der Typus gerade auch von der Seite der fortgeschrittensten Genetik her seine Bestätigung« (Troll 1942: 171-2 Fn.).

Bedeutende Anhänger hatte das Konzept der Makroevolution auch in der Zoologie. So vermutete Richard Woltereck (1877–1944), dass es mit dem »›Extrapolieren‹

von heutiger Kleindifferenzierung« nicht getan ist, sondern dass »typogenetisches ›Sondergeschehen‹« und eine »Makrophylogenese« existieren, in deren Verlauf neue Grundtypen entstehen (Woltereck 1943: 107; Harwood 1996a; Zirnstein 1987). Von größerer Bedeutung für die weitere Entwicklung der Evolutionstheorie in Deutschland war aber, dass einer der einflussreichsten Zoologen, Adolf Remane, Philiptschenkos Argumentation weitgehend übernommen hat. Wie Philiptschenko glaubte Remane nicht, dass die bekannten Evolutionsfaktoren Selektion, Mutation und Zufall ausreichen, um die biologische Evolution in ihrer Gesamtheit zu erklären. Im Jahr 1949 unterschied er drei unterschiedliche Auffassungen von Makroevolution:

> »1. Makroevolution = Typogenese (Typostrophe), also die Auffassung, daß die großen Bautypen der Organismen sprungweise entstanden seien.«
> »2. Makroevolution = Entstehung der großen Einheiten des Systems, wobei diese im Gegensatz zur Typogenese durchaus allmählich entstanden sein können; Mikroevolution = Entstehung der kleinen Einheiten des Systems.«
> »3. Unterscheidung nach der Art (Richtung) der Veränderungen in: Makroevolution = Organisationsänderungen im Sinne des Aufbaues und Umbaues funktioneller Einheiten, also von Apparaten; Mikroevolution = Habitusänderungen (Proportionsänderungen, Reduktionen usw.).«
> (Remane 1949: 35–6)

Remane bekannte sich zu der unter (3) genannten Bestimmung, die sich auf die Art der Veränderung bezieht, er schlug also eine morphologische Definition der Makroevolution vor. Wie er weiter ausführt, sei diese Makroevolution nicht durch die bisher gefundenen Mutationen zu erklären, von »200 bis 300 neuen Mutationen des bisherigen Typs [dürften] keine neuen Aufschlüsse zu erwarten sein«. Die Genetik muss »nach andersartigen Erbänderungen suchen« und solange diese nicht gefunden seien, könne der Mechanismus des synthetischen Darwinismus nicht als bestätigt gelten (Remane 1939: 220; vgl. auch Junker 2000b; und den Abschnitt über Remane, Kapitel II, 2).

Der von Philiptschenko postulierte Dualismus des genetischen Materials wurde von den 1920er Jahren an auch in der Genetik diskutiert. So hat beispielsweise Ludwig Plate zwischen zwei Merkmalstypen und entsprechenden Typen erblichen Materials (»Mendelstock« bzw. »Erbstock«) unterschieden: Die »gewöhnlichen Gene der Mendel'schen Analyse bedingen die Varietäts- und einzelne Artmerkmale, diejenigen des Erbstocks die Eigenschaften der Organisation und des Bauplans, die meist auch solche der Art, Gattung oder höheren Kategorien sind« (Plate 1932: 924; vgl. auch von Wettstein 1928: 205; Harwood 1993a: 118–9). Auch Philiptschenkos Ansicht, dass die für die Makroevolution charakteristischen Merkmale früh in der Embryonalentwicklung auftreten, wurde positiv rezipiert. So hat Goldschmidt betont: Some »of the larger steps in evolution [can] be understood as sudden changes by single mutations concerning the rate of certain embryological processes« (Goldschmidt 1933: 546). Schindewolf schließlich erweiterte diese These zum »Gesetz der frühontogenetischen Typenentstehung«. Es besagt,

> »daß die Herausgestaltung neuer Typen, die Erwerbung grundlegender, d.h. meist qualitativ neuartiger Merkmalskomplexe, sprunghaft in mehr oder weniger frühen Stadien der Ontogenese vor sich geht, in um so früheren, je höherer Ordnung der neue Typus ist, je durchgreifender er sich also von dem vorausgehenden unterscheidet.« (Schindewolf 1936: 60; vgl. Gould 1977)

Auch in späteren Jahrzehnten und außerhalb von Deutschland gab eine ganze Reihe von Biologen, die Philiptschenkos Unterscheidung zwischen Mikro- und Makroevolution übernahmen:

> »A well-informed minority, however, which includes such outstanding authorities as the geneticist Goldschmidt (1940, 1948, 1952), the paleontologist Schindewolf (1950b), and the zoologists Jeannel (1950), Cuénot (1951), and Cannon (1958), maintain that neither evolution within species nor geographic speciation can explain the phenomena of ›macroevolution,‹ or, as it is better called, ›transpecific evolution.‹ These authors maintain that the origin of new types and of new organs cannot be explained by the known facts of genetics and systematics. As alternatives they advance two explanations which are in conflict with the synthetic theory: saltations (the sudden origin of new types) and intrinsic (orthogenetic) trends.« (Mayr 1963a: 586)

Die hier in aller Kürze erwähnten Autoren und Theorien stellen nur einen kleinen Ausschnitt einer breiten Mehrheit unter den Biologen dar, die – im Gegensatz zu den Vertretern des synthetischen Darwinismus – davon ausgingen, dass die genetische Selektionstheorie nicht in der Lage ist, die Evolution in ihrer Gesamtheit zu erklären, sondern nur einen sehr begrenzten Geltungsbereich hat. Philiptschenko hat diese Strömung nicht begründet, er hat ihr auch kaum inhaltlich Neues hinzugefügt, aber mit ›Mikro-‹ und ›Makroevolution‹ hat er griffige Schlagworte geprägt, mit denen die disparaten Richtungen Gemeinsamkeit demonstrieren konnten.

Diese Gemeinsamkeit war allerdings überwiegend negativer Art, man war sich in der Ablehnung der Ansprüche des synthetischen Darwinismus einig, nicht jedoch darin, was die Makroevolution inhaltlich bedeute.

Wie haben nun die Anhänger des synthetischen Darwinismus in den 1930er und 40er Jahren auf die Unterscheidung zwischen Mikro- und Makroevolution reagiert, die ja den wesentlichen Zweck hatte, den Geltungsbereich ihrer Theorie drastisch zu beschränken? Wie bereits kurz erwähnt, haben sie interessanterweise nicht völlig ablehnend reagiert. So gestand beispielsweise Hartmann in der *Allgemeinen Biologie* von 1933 zu, dass die »natürliche Zuchtwahl wenigstens als einer der wichtigen Faktoren der Artumwandlung angesprochen werden kann«. Es sei aber noch keineswegs abzuschätzen, »ob und inwiefern sie zur Erklärung der eigentlichen Evolution ausreicht«. Im Falle der »komplizierten Anpassungen« und der »gerichtet (orthogenetisch) erscheinenden Entwicklungsreihen« hält er eine Erklärung mit Kleinmutationen und Selektion für nicht ausreichend (Hartmann 1933: 654, 658).

Im Prinzip gingen die Vertreter des synthetischen Darwinismus aber davon aus, dass die Evolutionsfaktoren Selektion, Mutation, Rekombination und Isolation ausreichen, um die biologische Evolution in ihrer Gesamtheit zu erklären. Sie wandten sich dabei aber nicht grundsätzlich gegen die Anerkennung neuer Phänomene oder Mechanismen, sondern forderten lediglich, dass die bekannten Fakten und Theorien zunächst auf ihre Brauchbarkeit untersucht werden, bevor neue spekulative Erklärungen an ihre Stelle treten. Diese abwägende Einstellung erklärt sich zum Teil aus der Tatsache, dass erst Ende der 1930er Jahre damit begonnen wurde, die phylogenetischen Phänomene selektionistisch und auf der Basis der bekannten Mutation zu erklären. Vor allem Zimmermann, Rensch und Simpson haben dies zu leisten versucht (Zimmermann 1930, 1938; Rensch 1943b, 1947a; Simpson 1944).

Die »Summierung der Mutationen« sei in der Tat die »große – wohl die größte – Schwierigkeit für den Darwinismus auch im modernen Gewand!« konzediert selbst Zimmermann. Sie sei »gegeben durch den Gegensatz der so geringfügigen kleinen Mutationen, die wir unmittelbar beobachten können und der, im Verhältnis dazu ungeheuer großen phylogenetischen Wandlung, welche ja äußerst komplizierte und namentlich korrelativ sehr auffällig abgestimmte Veränderungen zeigt«. Allerdings seien die beiden Alternativerklärungen – Schöpfung oder Makromutationen – »derartig unwahrscheinlich und unbewiesen, daß man eigentlich darüber gar nicht mehr zu diskutieren brauchte«, und so die »Summierung kleiner Mutationen« als einzig plausibler Mechanismus übrig bleibe (Zimmermann 1930: 410–1). In seinen späteren Publikationen hat Zimmermann diese Argumente weiter ausformuliert. Die Grenze zwischen beiden Bereiche zieht er auf der Ebene der Gattungen: »Makrophylogenie. Phylogenie, bei der die Hologenie solange dauert, daß die

*Allgemeine Evolutionstheorie*

Endglieder der Ahnenreihe bzw. der Endontogenien mindestens zu anderen Gattungen gerechnet werden als die Ahnen bzw. die Anfangsontogenien« (Zimmermann 1948: 197). Es ist, so bekräftigte er, »kein Anhaltspunkt vorhanden, daß die Makroevolution grundsätzlich anders verläuft als die Mikroevolution«. Dies könnte nur der Fall sein, wenn »die Makroevolution nicht über die Vorstufe von Mikroevolutionen verliefe«, was wiederum »echte Makromutationen« voraussetze. Darunter versteht er »Mutationen, die in einem Sprunge durch Umwandlung zahlreicher Gene mindestens Artdifferenzen schaffen«. Solche Makromutationen seien aber bisher nie beobachtet worden (Zimmermann 1939: 219; vgl. auch Zimmermann 1943: 28, 49; Mayr 1963a: 586).

Auch Dobzhansky, ein Schüler von Philiptschenko, ging in *Genetics and the Origin of Species* (1937) kurz auf dessen Argumente ein. Die Begriffe ›Mikro‹, und ›Makroevolution‹ haben so nicht zuletzt über Dobzhansky Eingang in den Sprachgebrauch des synthetischen Darwinismus gefunden, obwohl er sich eher ablehnend äußert:

»Some writers have contended that evolution involves more than species formation, that macro- and micro-evolutionary changes may be distinguished. This may or may not be true; such a duality of the evolutionary process is by no means established. In any case, a geneticist has no choice but to confine himself to the micro-evolutionary phenomena that lie within reach of his method, and to see how much of evolution in general can be adequately understood on this basis.« (Dobzhansky 1937: xv)[301]

In einer späteren Auflage von *Genetics and the Origin of Species* äußerte er sich dann noch sehr viel kritischer:

»Simpson's *Tempo and Mode in Evolution* (1944) and *Meaning of Evolution* (1949) ended the belief which used to have a surprisingly wide currency, that paleontology has discovered some mysterious ›macroevolution‹ which is inexplicable in the light of the known principles of genetics. The long pageant of evolution extending over one billion years appears to have been brought about by fundamental causes which are still in operation and which can be experimented with today.« (Dobzhansky 1951: 10)

Wie Dobzhansky setzen auch andere Darwinisten die Begriffe in Anführungszeichen, um den irrealen Charakter der ›Makroevolution‹ anzudeuten (Timoféeff-Ressovsky 1939a: 160; Rensch 1939: 213).

Ab den 1940er Jahren haben einige Architekten des synthetischen Darwinismus die Terminologie ›Mikro-/Makroevolution‹ bzw. ›Mikro-/Makrophylogenie‹ dann auch ohne distanzierende Bemerkungen übernommen, wobei sie darauf verweisen, dass die Erkenntnisse der Mikroevolution auf die Makroevolution übertragbar sind.[302] So bemerkte Simpson 1944: »Some students […] conclude […] that macro-evolution differs qualitatively as well as quantitatively from the micro-evolution of the experimentalist« (Simpson 1944: xvii). Sollten sich die beiden tatsächlich als grundlegend unterschiedlich erweisen, so würde das die unzähligen Studien zur Mikroevolution relativ unwichtig machen. Aber: »The great majority of geneticists and zoologists believe that the distinction is only in degree and combination, but the question is kept alive by the energetic dissent of Goldschmidt (1940) and a few others« (Simpson 1944: 97).

Die weitgehende Offenheit des synthetischen Darwinismus für zusätzliche Evolutionsfaktoren, solange sich diese mit Genetik und Selektionstheorie vereinbaren ließen, lässt sich auch am Beispiel von Simpsons Konzept der Quantenevolution (›quantum evolution‹) zeigen. Simpson hat diese Idee in *Tempo and Mode* als letztes und vielleicht wichtigstes Ergebnis seiner Untersuchung und als den wohl kontroversesten und hypothetischsten Teil seines Buches vorgestellt (Simpson 1944: 206–217). Unter Quantenevolution versteht er den relativ schnellen Wechsel einer Population, die sich im Ungleichgewicht mit ihrer Umwelt befindet, in ein neues Gleichgewicht. Die Quantenevolution soll sich sowohl von der Speziation als auch von der phyletischen Evolution unterscheiden und der dominierende und wichtigste Prozess bei der Entstehung von taxonomischen Einheiten höheren Ranges (Familien, Ordnungen, Klassen) sein. Während die Organismen sich in der phyletischen Evolution mit ihrer Umwelt stets im Gleichgewicht befinden, geht dieses Gleichgewicht in Phasen der Quantenevolution verloren. In dem zeitlichen Intervall zwischen zwei Gleichgewichtszuständen ist das System instabil und es kann nicht lange existieren, ohne entweder in seinen alten Zustand zurückzufallen (eine seltene Möglichkeit), auszusterben (das häufigste Resultat) oder aber ein neues Gleichgewicht zu gewinnen.

Das Intervall zwischen den Gleichgewichtszuständen nennt Simpson in Anlehnung an den Quantenbegriff der Physik ›Quantum‹. In Phasen der Quantenevolution vollzieht eine Population in gewisser Weise einen Sprung ins Blaue. Aus einer inadaptiven Situation bewegt sie sich in eine neue ökologische Lage, an die sie – mit viel Glück – präadaptiert ist und in der sie unter hohem Selektionsdruck ein neues Gleichgewicht erreicht. Als Beleg dafür, dass sich diese Modellvorstellung tatsächlich auf die Natur übertragen lässt, führt Simpson an, dass die Paläontologie zeige, dass größere Veränderungen oft mit hoher Geschwindigkeit, in kurzer Zeit und unter besonderen Bedingungen ablaufen. Zudem machen es die Ergebnisse der Populationsgenetik wahrscheinlich, dass ein Effekt wie die Quantenevolution unter bestimmten Bedingungen eintreten kann. Simpson spielt hier auf Sewall Wrights Konzept der Gendrift an (Wright 1931). Simpson hat zwar das Konzept der Quantenevolution in den folgenden Jahren aufgegeben (Simpson 1953: 389–93); seine Ausführungen in *Tempo and Mode* zeigen aber eine bemerkenswerte Offenheit der Darwinisten, was einen eigenen Evolutionsmechanismus der Makroevolution angeht.

Auch Rensch hat in seinen Schriften eine eher vermittelnde Position eingenommen. Einerseits betonte er, dass sich die »größeren Züge der Stammesentwicklung« durch besondere Regeln auszeichnen:

> »Die von der Vererbungsforschung entwickelten Vorstellungen über Mutation und Selektion haben sich in stetig wachsendem Maße als tragfähige Grundlage für das Verständnis der Rassen- und Artbildung erwiesen […]. Nun hat sich aber gleichzeitig herausgestellt, daß die größeren Züge der Stammesentwicklung, wie sie in der allmählichen Differenzierung von Gattungen, Familien, Ordnungen usw. und damit auch in der Herausbildung neuer Organe und neuer Baupläne zu erkennen sind, besonderen Regeln (›Gesetzen‹) folgen, die aus dem genetisch untersuchten Vorgang der Rassen- und Artbildung nicht unmittelbar abgeleitet werden können.« (Rensch 1947a: 1)

Andererseits forderte er aber, »alle bei transspezifischer Evolution auftretenden Sonderfaktoren und Regeln auf ihre Gültigkeit sowie daraufhin zu prüfen, wieweit sie durch bereits erkannte Evolutionsmechanismen gedeutet werden können« (Rensch 1947a: 2). Wie unten noch zu zeigen sein wird, ging er davon aus, dass diese »Sonderfaktoren« im Rahmen des synthetischen Darwinismus zu erklären sind.

## 2.3 Argumente

Wichtige Vertreter des synthetischen Darwinismus haben also die Idee einer eigenen Makroevolution nicht völlig abgelehnt; zumindest wurde sie insoweit akzeptiert, als man Philiptschenkos Terminologie übernahm. Welche Argumente wurden aber zur Entkräftung dieses Konzeptes vorgebracht?

Keine Rolle spielten **historische Argumente**, obwohl es offensichtlich ist, dass die strikte Trennung zwischen der Evolution innerhalb einer Art und den darüber hinausgehenden Phänomenen geradezu paradigmatisch ist für anti-evolutionäre

Positionen seit dem 18. Jahrhundert (vgl. Junker & Hoßfeld 2001). Genau aus diesem Grund bemühte sich Darwin, die Unterschiede zwischen Arten und Varietäten einzuebnen – »species are only well-marked varieties, of which the characters have become in a high degree permanent« (Darwin 1859: 473) – und der Selektion unbegrenzte Macht zusprechen:

> »What limit can be put to this power, acting during long ages and rigidly scrutinising the whole constitution, structure, and habits of each creature, – favouring the good and rejecting the bad? I can see no limit to this power, in slowly and beautifully adapting each form to the most complex relations of life.« (Darwin 1859: 469)

Auch **weltanschauliche oder politische Argumente** wurden in diesem Zusammenhang und anders als in der Diskussion um Lamarckismus und Kreationismus kaum angeführt. Nur Rensch weist kurz darauf hin, dass es bestimmte weltanschauliche Bedenken gegen die Anwendbarkeit des synthetischen Darwinismus auf die gesamte Evolution gibt. Diese Argumente entsprechen dem bereits im 19. Jahrhundert geäußerten Unbehagen am Zufallscharakter der Evolution:

> »Schließlich darf aber auch nicht verkannt werden, daß eine autonome Entwicklung für viele Forscher deshalb ein recht wesentliches Argument darstellt, weil dadurch die ›unbefriedigende‹ Konsequenz vermieden wird, daß die Entwicklung der Organismenwelt nur auf der ›Zufälligkeit‹ der Mutationen und der jeweiligen Ausleseverhältnisse beruht. Es spielen hier also bewußt oder unbewußt weltanschauliche Überzeugungen und Maximen mit hinein (wobei z.T. auch die ›Affenabstammung‹ des Menschen von Bedeutung ist), die aber doch bei der Diskussion möglichst ausgeschaltet bleiben sollten.« (Rensch 1947a: 56)

*2.3.1 Wissenschaftstheoretische Argumente*

Wissenschaftstheoretische Argumente wurden dagegen relativ ausführlich diskutiert. Die Phylogenie ist ein historischer Vorgang, der sich über sehr lange Zeiträume erstreckt und als solcher nicht direkt zu beobachten oder im Experiment zu simulieren ist. Inwieweit war es zulässig oder sogar notwendig, von gegenwärtig feststellbaren Vorgängen zu extrapolieren? Bereits im 19. Jahrhundert war dies kontrovers diskutiert worden, zumal die Frage, was denn extrapoliert werden soll, unterschiedlich beantwortet werden konnte. So lässt sich sowohl eine gewisse Veränderlichkeit als auch eine relative Konstanz der Arten beobachtet. Aus der empirisch zu beobachtenden relativen Unveränderlichkeit der Arten in der Gegenwart muss man, so argumentierte beispielsweise der Anti-Darwinisten Wigand, schließen, dass dies auch in der Vergangenheit der Fall war: So »ist auch die Annahme von der absoluten Unveränderlichkeit und dem getrennten Ursprung der Species, weil dieselbe den Thatsachen, **so weit wir sie kennen**, entspricht, […] vollkommen berechtigt« (Wigand 1874–77, 1: 37–8).

Auch Darwinisten, wie beispielsweise Weismann, gestanden zu, dass die »direkte Beobachtung […] nur bis zur Bildung von Racen« reicht. Wie er weiter ausführte, gibt es aber keinen Grund zur Annahme, »dass die Wirkung des Naturgesetzes bei der Racenbildung stehen bleibe; im Gegentheil ist anzunehmen, die Bewegung werde andauern, die neugebildete Race werde sich immer weiter von der Stammart entfernen und schliesslich zu einer selbstständigen Art werden« (Weismann 1868: 20). Diese Argumentation findet sich auch im synthetischen Darwinismus. So meinte Timoféeff-Ressovsky, dass keine grundsätzlichen Bedenken zu ersehen seien, »den Mechanismus der Mikroevolution auf den der Makroevolution und deren Spezialprobleme […] zu extrapolieren«. Zugleich gesteht er aber zu, dass noch weitere Untersuchungen notwendig seien (Timoféeff-Ressovsky 1939a: 169, 160–1, 210). Da es wegen der langen Zeiträume, die die Makroevolution benötige, grundsätzlich unmöglich sei, sie experimentell zu analysieren, könne man aber den Mechanismus der Makroevolution nur indirekt erschließen. Dabei werde man notwendigerweise auf die Untersuchung der Mikroevolution zurückgeworfen, d.h. von solchen Vorgängen »der Adaptation und Differenzierung«, »die von einer in Zeit und Raum sowohl der wissenschaftlichen Beobachtung, als auch dem Experiment zugänglichen Größenordnung sind; dabei beziehen sie sich nur auf kleinere Organismengruppen und niedere systematische Kategorien« (Timoféeff-Ressovsky 1939a: 160). Ähnlich argumentierte auch Dobzhansky: »there is no way toward an understanding of the mechanisms of macro-evolutionary changes, which require time on a geological scale, other than through a full comprehension of the microevolutionary processes observable within the span of a human lifetime and often controlled by man's will« (Dobzhansky 1937: 12).

Obwohl es also plausibel und notwendig erschien, von der Gegenwart auf die Phylogenie zu schließen, bedeutete dieser Induktionsschluß keinen absoluten Beweis: »No proof could be offered that natural selection produced large scale macroevolution« (Bowler 1984: 290). Auf die Unsicherheiten eines entsprechenden Indizienbeweises hatte Ludwig bereits 1938 aufmerksam gemacht, denn »niemand weiß, ob die Makroevolution immer nach dem Vorbilde der Mikroevolution vor sich ging« (Ludwig 1938a: 188). In seinem Kapitel zur *Evolution der Organismen* fügt er hinzu:

> »Man darf nicht auf Grund der heute beobachtbaren Evolutionsfaktoren, vor allem der Mutabilität, auf Zeiträume von mehr als 1.000.000.000 Jahren zurückschließen. Denn schlechterdings kann nicht die selektionistische Entstehung von Merkmalen oder Tiergruppen behauptet werden, wenn, wie etwa beim Wirbeltierstamm, die zu ihnen führende Stammesreihe noch nicht einmal bekannt ist.« (Ludwig 1943a: 517)

In diesem Sinne hat auch Simpson zugestanden, dass der Schluss vom gegenwärtigen Experimenten und Beobachtungen auf die gesamte Evolution nicht zwingend ist:

> »On the other hand, experimental biology in general and genetics in particular have the grave defect that they cannot reproduce the vast and complex horizontal extent of the natural environment and, particularly, the immense span of time in which population changes really occur. They may reveal what happens to a hundred rats in the course of ten years under fixed and simple conditions, but not what happened to a billion rats in the course of ten million years under fluctuating conditions of earth history.« (Simpson 1944: xvii)[303]

Genau diese Unsicherheit griffen Schindewolf und andere Autoren, die von der Eigengesetzlichkeit der Makroevolution überzeugt waren, auf. Sie glaubten beispielsweise, dass die Faktoren der Makroevolution sich nur über lange Zeiträume auswirken (also experimentell grundsätzlich nicht erfassbar sind) oder wegen der Seltenheit ihres Auftretens bisher noch nicht gefunden wurden (Reif 1993). Mit solchen rein negativen Aussagen wollten sich die Vertreter des synthetischen Darwinismus aber nicht zufrieden geben. Immerhin konnten sie einen plausiblen Mechanismus vorweisen, während die Paläontologen ihrerseits keine Aussagen über die Evolutionsmechanismen machten. Wenn man also irgendeine wissenschaftliche Aussage über die Kausalität der Phylogenie machen wollte, so ließ sich die Extrapolation der im Experiment festgestellten Evolutionsfaktoren und Phänomene nicht vermeiden. So argumentierte beispielsweise Timoféeff-Ressovsky, für den die Paläontologie nur in der Lage ist, den historischen Verlauf der Phylogenie zu rekonstruieren. Ohne »Zuhilfenahme von Überlegungen, die auf anderen Tatsachen beruhen, [kann die Paläontologie] unmöglich uns genaueres über den eigentlichen Mechanismus des Evolutionsvorganges aussagen«. Daraus folgerte er, dass »heutzutage auch die Erforschung der Makroevolution **nur** durch Gesichtspunkte, die aus der engeren genetisch-evolutionistischen Forschung sich ergeben, belebt werden könnte« (Timoféeff-Ressovsky 1939a: 159–60, 161; Hervorhebung hinzugefügt).

Die Grenzen der Paläontologie wurden auch von anderen Autoren betont. Zimmermann beispielsweise sah im Experiment eine unverzichtbare Grundlage jeder phylogenetischen Untersuchung (auch der Makroevolution): »Eine erfolgreiche phylogenetische Ursachenforschung ist wie jede Kausalanalyse undenkbar ohne Experiment« (Zimmermann 1930: 392). Die Paläontologie könne dies nicht leisten:

> »Kurz, so viel wir der Paläontologie auch zu danken haben für die Feststellung der allgemeinen phylogenetischen Wandlungsrichtung, insbesondere des Auftretens von Anpassungsmerkmalen usw. – die Detailanalyse, welche die Frage Lamarckismus-Darwinismus entscheiden könnte, kann die Paläontologie nicht durchführen.« (Zimmermann 1930: 406)

Man müsse vielmehr versuchen, auf Basis der experimentellen Ergebnisse zu verallgemeinern, »d.h. unter vorsichtiger Berücksichtigung aller mitspielenden Umstände auch jene phylogenetischen Abänderungen zu betrachten, die sich unserem Experiment entziehen«. Die Makroevolution sei, soweit wie möglich, auf diesem Wege zu erklären; Zimmermann spricht von einem »Summations«- oder »Integrations«-Verfahren (Zimmermann 1930: 392, 393).

Die Architekten des synthetischen Darwinismus sahen also in der Extrapolation experimenteller und rezent biologischer Daten den einzig gangbaren Weg, um überhaupt zu wissenschaftlich überprüfbaren Aussagen über die Kausalität der Phylogenie zu kommen. Ihr Argument ist also ein methodologisches und wissenschaftstheoretisches: Kriterien wie Einfachheit, Allgemeinheit, Falsifizierbarkeit und heuristische Qualitäten sprechen für den synthetischen Darwinismus und gegen spezielle Ursachen der Makroevolution. Von der Annahme »hypothetischer Kräfte [wollte man] gern solange absehen, als die Deutung auch der transspezifischen Evolution [= Makroevolution] ohne diese möglich ist«. Die »Annahme autonomer Entwicklungstendenzen« komme einem »Verzicht auf eine Erklärung gleich [...], solange solche Entwicklungsfaktoren nur ein Wort für einen physiologisch in keiner Weise faßbaren Vorgang darstellen«. Durch die Rede von einem »autochthonen Entfaltungstrieb« erfahre der »Vorgang nur eine Benennung«, »ohne daß eine kausale Erklärung angebahnt würde« (Rensch 1947a: 55–56, 96, 101–2). Entsprechende Wortspiele oder der Verzicht auf eine alternative Erklärung (wie bei Philiptschenko und z.T. Remane) können also nach Ansicht der Darwinisten keinen Anspruch auf wissenschaftliche Geltung haben, wie schon Darwin bemerkte: »It is so easy to hide our ignorance under such expressions as the ›plan of creation,‹ ›unity of design,‹ &c., and to think that we give an explanation when we only restate a fact« (Darwin 1859: 481–2).

### 2.3.2 Empirische Argumente

Nachdem man durch eine Extrapolation experimenteller und rezent biologischer Daten überprüfbare Aussagen über die Kausalität der Phylogenie gewonnen habe, sei es nun, in einem zweiten Schritt, notwendig, diese Erkenntnisse mit den paläontologischen Daten zu vergleichen: »only the paleontologist can hope to learn whether the principles determined in the laboratory are indeed valid in the larger field, whether additional principles must be invoked and, if so, what they are« (Simpson 1944: xvii; vgl. Gould 1994). Auch bei der empirischen Vorgehensweise zeigen sich nach Ansicht der Darwinisten keine grundsätzlichen Unterschiede zwischen Mikro- und Makroevolution. So führt Nachtsheim aus, dass wir nach »allen unseren Erfahrungen« damit rechnen dürfen, »daß bei der Makroevolution keine anderen Gesetzmäßigkeiten walten als bei der Mikroevolution« (Nachtsheim 1940: 558). Rensch zufolge sind »bisher keine Tatsachen bekannt, die für prinzipiell andersartige Lebenserscheinungen fossiler Tiere, einschließlich der paläozoischen, sprechen«. Selbst wenn »paläontologischerseits Gestaltungstendenzen vorausgesetzt werden, die sich erst an sehr langen Generationsketten auswirken, muß diesen doch ebenfalls in jedem Individuum eine physiologische Grundlage zukommen« (Rensch 1943a: 2). Da beispielsweise »bisher niemals mutative Sprünge beobachtet [wurden], die unmittelbar zu neuen Arten führten, so ist eine solche ›Makroevolution‹ an sich schon unwahrscheinlich« (Rensch 1939a: 213).

Auch die von Philiptschenko behauptete Existenz unterschiedlicher Merkmalstypen in den Organismen wurde bestritten. Für die Botanik zumindest sei ein Dualismus der Merkmale nicht nachgewiesen:

»Der 2. prinzipielle Einwand [gegen eine reine Summierung der Mutationen] geht von der Behauptung aus, die Unterschiede zwischen den Sippen höherer Ordnung seien nicht nur quantitativ sondern auch qualitativ anders beschaffen als die Unterschiede der Sippen niederer Ordnung. Dieser ›idealistisch‹-morphologische oder typologische Einwand ist ja bereits von Darwin eingehend widerlegt worden. Es ist auch eigentlich für das Pflanzenreich von niemand noch klar gesagt worden, in welcher Weise die eigenartigen Familien- usw. Differenzen qualitativ und nicht nur quantitativ andere sein sollen als die Gattungs-, Art-, Varietäts- usw. Unterschiede.« (Zimmermann 1930: 412)

Ähnliches sei für die Zoologie zu konstatieren, da »in taxonomischer Beziehung ein genereller Unterschied zwischen niederen und höheren Kategorien keineswegs besteht«. Es gibt einen »völlig gleitenden Übergang von Kategorie zu Kategorie«, was »natürlich viel mehr für eine stetig wachsende Fortdifferenzierung [spricht,] als für die Annahme eines prinzipiellen Gegensatzes zwischen der Entwicklung niederer und höherer Kategorien« (Rensch 1933a: 60–61). Rensch kann auch zeigen, dass in »rezenten geographischen Rassenketten oft Entwicklungsreihen« auftreten, die »zudem mindestens auch als Modell entsprechender zeitlich gestaffelter Reihen große Bedeutung [haben], denn sie können genetisch, physiologisch, morphologisch und ökologisch analysiert werden« (Rensch 1943a: 21). Diese rezenten Beobachtungen ermöglichen zumindest theoretisch ein Verständnis verschiedener ›Sondergesetzlichkeiten‹ der Makroevolution.

## 2.3.3 Zusammenfassung

Aus den genannten wissenschaftstheoretischen und empirischen Gründen und auch wohl aus der Überzeugung, die richtige Erklärung gefunden zu haben, gingen die Darwinisten davon aus, dass die Makroevolution durch die Evolutionsfaktoren der Mikroevolution erklärbar ist. Es wurde vorausgesetzt, dass »die Entstehung der Arten das wesentliche stammesgeschichtliche Problem darstellt, daß also die Entwicklung von Gattungen, Familien und Ordnungen nur eine längere Dauer des gleichen Differenzierungsprozesses voraussetzt« (Rensch 1929a: 180–1). Wenige Jahre später bekräftigte Rensch seine Ansicht, dass »keine Veranlassung vorliegt, für die höheren systematischen Kategorien eine anders geartete Entwicklung als für die unteren Kategorien anzunehmen. Wir können den gesamten Evolutionsprozeß vielmehr sehr wohl als einheitlichen Vorgang betrachten, so dass die Rassen- und Artbildung also tatsächlich den Angelpunkt des ganzen Problemkomplexes bildet« (Rensch 1933a: 64). Für Mayr zeigt die gesamte verfügbare Beweislage, »that the origin of the higher categories is a process which is nothing but an extrapolation of speciation. All the processes and phenomena of macroevolution and of the origin of the higher categories can be traced back to intraspecific variation, even though the first steps of such processes are usually very minute« (Mayr 1942: 298).³⁰⁴ Der einzige Grund zwischen den beiden Vorgängen zu unterscheiden, bestehe in praktischen Erwägungen.³⁰⁵ Diese Überzeugung von der prinzipiellen Übereinstimmung zwischen mikro- und makroevolutionären Phänomenen gehört bis in die Gegenwart zu den bestimmenden Konzepten des synthetischen Darwinismus (vgl. Dobzhansky et al. 1977: 5–6).

Bei der Verwendung der Begriffe ›Mikro-‹ und ›Makroevolution‹ kann man schon in den 1930er und 40er Jahren verschiedene Phasen bzw. Bedeutungsvarianten unterscheiden. In ihrer ursprünglichen Verwendung bei Philiptschenko stehen sie für zwei strikt getrennte Evolutionstypen, die sich an verschiedenen Merkmalen der Organismen manifestieren und auf andere Evolutionsmechanismen zurückgehen. Von Dobzhansky (1937), Timoféeff-Ressovsky (1939a), Heberer (1942) und anderen Vertretern des synthetischen Darwinismus werden die Begriffe übernommen, womit zugleich das Eingeständnis verbunden wird, dass es eventuell eine eigene Makroevolution geben könnte. Die Verwendung der Begriffe ist in dieser Phase ein Zugeständnis an die Gegner des synthetischen Darwinismus, dass dieser keine oder noch keine allgemeine Evolutionstheorie ist. Zum Teil wird das Wort ›Makroevolution‹ auch rein deskriptiv verwendet und ausdrücklich bestritten, dass es spezielle Evolutionsmechanismen gibt: It »is misleading to make a distinction between the causes of micro- and of macroevolution. If used at all, these terms should be considered purely descriptive. The manifestations of transpecific evolution are, of course, in many respects different from those of infraspecific evolution, even though the underlying mechanisms are the same« (Mayr 1963a: 587). Diese deskriptive Verwendung ist insofern nicht unproblematisch, als durch die historische Herkunft eine Dichotomie der Merkmale und Evolutionsmechanismen nahegelegt wird.

Die Tatsache, dass sich diese Begriffsbildung überhaupt durchgesetzt hat und dass auch die Darwinisten sie verwendet haben, zeigt eine gewisse Unsicherheit und Schwäche gegenüber antidarwinistischen Autoren. Wissenschaftliche Auseinandersetzungen über bestimmte theoretische Konzepte spiegeln sich auch im Kampf um Worte wider. Begriffe strukturieren das Verständnis der Welt, ihre Verwendung legt eine bestimmte theoretische Auffassung nahe und kann so eine Vorentscheidung für ein Konzept bedeuten. Gelingt es einer Seite, einen eigenen Begriff in die Diskussion einzuführen oder einen gegnerischen Begriff auszuschalten bzw. zu diskreditieren, so ist damit schon ein wichtiger Vorteil verbunden. Manchmal ist es auch möglich, einen gegnerischen Begriff umzudeuten und in die eigene Theorie zu integrieren. Die Geschichte des Begriffspaares ›Mikro-‹ /›Makroevolution‹ im 20. Jahrhundert ist eines der interessantesten Beispiele für einen entsprechenden Kampf um Worte.

Dass einige Vertreter des synthetischen Darwinismus dieses Problem erkannt haben, wird daran deutlich, dass sie von der sogenannten Makroevolution sprechen oder den Begriff in Anführungszeichen setzen. In diesem Sinne nennt Douglas Futuyma im Glossar zu seinem Lehrbuch *Evolutionary Biology* (1986) sowohl ›micro-‹, als auch ›macroevolution‹ »vague terms« und verwendet sie im Text nur in Ausnahmefällen (vgl. auch Kutschera 2001). Aus diesem Grund werden die Begriffe auch von Mahner und Bunge aus wissenschaftstheoretischen Überlegungen abgelehnt (Mahner & Bunge 2000: 313).

Seit den frühen 1970er Jahren sprechen einige Autoren von einer eigenen Makroevolution, um auf mögliche Erweiterungen des synthetischen Darwinismus hinzuweisen, die durch den hierarchischen Charakter der Evolution bedingt seien (Stebbins & Ayala 1981; Ayala 1983; Mayr 1988b). Von einigen Autoren wurden diese Ideen auch als Gegensatz zum synthetischen Darwinismus vorgebracht (Eldredge 1985; Gould 1994). Philiptschenko hat sich also insofern durchgesetzt – und mit ihm eine breite antidarwinistische Strömung des 19. Jahrhunderts – als die Vorstellung einer durch eigene Regelhaftigkeiten, Mechanismen, Phänomene charakterisierten ›höheren‹ Ebene der Evolution existiert, die sich von der Evolution auf der Artebene unterscheidet. Diese Ansicht hat eine breite Anhängerschaft, von Kreationisten über anti-darwinistische Paläontologen (Schindewolf) und Kritiker des synthetischen Darwinismus (Eldredge, Gould) bis hin zu einigen seinen wichtigen Repräsentanten (Ayala, Stebbins, Mayr). Welche Form die entsprechenden Argumente im Deutschland der 1930er und 40er Jahre annahmen, werde ich im nächsten Abschnitt zeigen.

## 3. Phylogenie

Die Phylogenie definierte Ernst Haeckel als »die gesammte Wissenschaft von den Formveränderungen, welche die Phylen oder organischen Stämme durchlaufen, von dem Wechsel also der Arten oder Species, welche als successive oder coexistente blutsverwandte Glieder jeden Stamm zusammensetzen« (Haeckel 1866, 2: 303). Heute wird unter Phylogenie der historische Verlauf der Evolution selbst verstanden; die ›Phylogenie‹ als Wissenschaft im Haeckelschen Sinne wurde zur Phylogenetik oder Paläontologie. Die Paläontologie gilt – neben Genetik und Systematik – als dritte zentrale Disziplin, die in den synthetischen Darwinismus integriert wurde: »[It] was also a synthesis of the thinking of three major biological disciplines – genetics, systematics and paleontology« (Mayr 1993: 31). Diese Synthese erforderte zunächst, dass die Paläontologen die Evolutionsfaktoren der Selektionstheorie, Genetik und Systematik im Sinne des synthetischen Darwinismus als Grundlage für weitergehende Hypothesen anerkannten. Dies konnte aber nur ein erster, vorbereitender Schritt sein; die eigentliche Aufgabe bestand darin zu zeigen, wie die spezifisch paläontologischen Beobachtungen und die allgemeine Stammesgeschichte auf der Basis dieser Mechanismen erklärt werden können (Mayr 1980a: 38). Bei der Einbeziehung der Paläontologie in den synthetischen Darwinismus ging es nicht mehr, wie noch im 19. Jahrhundert um die Frage, ob die Evolution der Organismen sich mithilfe fossiler Funde nachweisen und dokumentieren lässt, sondern ausschließlich darum, ob die Evolutionsfaktoren des synthetischen Darwinismus als ausreichende Erklärung gelten können.

Die Möglichkeiten der Paläontologie in dieser Hinsicht über eine passive Rolle hinaus auch eigene theoretische Konzepte einzubringen, wurde von einigen Darwinisten eher gering eingeschätzt (Timoféeff-Ressovsky 1939a: 159). Aber selbst in diesem Fall kommt der Paläontologie unter den Spezialgebieten der klassischen Evolutionsforschung eine besondere Bedeutung zu: »Paleontology as the study of the history of life should provide if not **the** surely **a** touchstone for the nature and validity of evolutionary theory« (Simpson 1978: 115). Die Bedeutung der Paläontologie als ›Prüfstein‹ evolutionstheoretischer Hypothesen wurde im 19. Jahrhundert noch wesentlich stärker betont. Während beispielsweise die vergleichende Anatomie und die Embryologie die Einheit der Organismen durch den Nachweis von Homologien lediglich plausibel machen können, dokumentieren die fossilen Organismen den tatsächlichen historischen Ablauf der Stammesgeschichte. Die detaillierte Rekonstruktion der phylogenetischen Entwicklung aus den fossilen Quellen und vor allem die kausale Erklärung mithilfe des selektionistischen Evolutionsmechanismus erwies sich allerdings als ausgesprochen schwierig (vgl. Junker 1998a).

Bereits Ende der 1860er Jahre hatte sich die Theorie der gemeinsamen Abstammung der Organismen zwar auch in der Paläontologie weitgehend durchgesetzt, aber Darwins Behauptung, dass der Evolutionsprozess sehr langsam und graduell abläuft und dass die natürliche Auslese ungerichteter Variationen der wesentliche Mechanismus sei, war wenig populär. Trotz der zweifellosen Erfolge in Teilbereichen gab es weiterhin große ungeklärte Probleme für die evolutionistische Paläontologie. Rätselhaft war beispielsweise das scheinbar unvermittelte Auftreten reichhaltiger und diversifizierter Artengruppen in manchen geologischen Ablagerungen, wie das plötzliche Auftreten der großen Tierstämme in den untersten fossilienhaltigen Schichten oder die Massenentfaltung der Angiospermen zu Beginn der Kreidezeit. In dieser Situation gewannen lamarckistische, orthogenetische und

*Allgemeine Evolutionstheorie*

vor allem saltationistische Theorien an Beliebtheit. Die Fossilien schienen, wenn man nicht mit Darwin von einer sehr lückenhaften fossilen Überlieferung ausging, einen sprunghaften Wandel zu bestätigen. Bereits kurz nach der Publikation von *Origin of Species* wurde auch von Paläontologen, die mit Darwins Theorie sympathisierten, darauf hingewiesen, dass die Zeit, während der eine biologische Art entsteht, meist sehr kurz ist im Vergleich zu der Zeit, während der sie mit konstanten Merkmalen existiert (Heer 1855–59, 3: 256; Heer 1865; Suess 1863: 330–1; Neumayr 1889).

Große Bedeutung gewannen lamarckistische und orthogenetische Theorien in der Paläontologie um 1900, in Deutschland waren entsprechende Vorstellungen noch in der zweiten Hälfte des 20. Jahrhunderts weit verbreitet (Reif 1986). Eine Ursache für die Popularität anti-selektionistischer Theorien in der Paläontologie ist wohl darin zu sehen, dass die Stammesgeschichte zahlreiche langandauernde evolutionäre Trends zeigt. Diese Trends schienen sich mit Evolutionsmechanismen, die eine Richtung vorgeben (vor allem mit orthogenetischen Theorien) besser erklären zu lassen, als mit der ›zufälligen‹ Selektionstheorie (Mayr 1984b: 422–9). Der Konflikt zwischen den Vertretern der Selektionstheorie und vielen Paläontologen verschärfte sich Mitte der 1930er Jahre in dem Maße, in dem der neue synthetische Darwinismus im Zusammenspiel von Selektionstheorie, Genetik, Populationsgenetik und Systematik ein überzeugendes Evolutionsmodell vorlegen konnte. Es war nun nur noch eine Frage der Zeit, bevor dieses Modell auch auf die paläontologischen Daten übertragen wurde:

»Paleontologists in the 1930s were probably the evolutionists least interested in the new genetics. Many theories of evolution were compatible with the paleontological record, and genetic breeding experiments could not be carried out on fossils. But by the late 1930s it became clear that someone really ought to show the compatibility of the new quantitative evolution with what was known of paleontology.« (Provine 1978: 183)

Die Notwendigkeit dieser Zusammenarbeit wurde auch von Gegnern des synthetischen Darwinismus anerkannt und gefordert: »Zur Gewinnung einer tragfähigen Gesamttheorie der organischen Entwicklung müssen daher beide Forschungsrichtungen, die Genetik bzw. Entwicklungsphysiologie und die Paläontologie, zusammenwirken und einander ergänzen. Sie erhalten so die Möglichkeit einer gegenseitigen Kontrolle und Befruchtung« (Schindewolf 1950: 362). Diese Synthese erwies sich aber aus mehreren Gründen als schwierig. Zum einen hatten die meisten Paläontologen aus disziplinärer Enge und theoretischem Konservativismus wenig Interesse an einer Zusammenarbeit. Zum anderen schienen manche der paläontologischen Phänomene sich weiter einer Erklärung durch die Evolutionsfaktoren des synthetischen Darwinismus zu entziehen. Aus diesen Gründen wurde von Paläontologen die Behauptung aufgestellt, dass »für die Entwicklung der höheren systematischen Einheiten eine Sondergesetzlichkeit« besteht. Typische Beispiele für entsprechende Sondergesetzlichkeiten waren: »a) neu in Erscheinung tretende Typen werden durch eine explosive Entfaltung eingeleitet, b) innerhalb phylogenetischer Reihen wirkt ein ›Gesetz der Wachstumssteigerung‹, c) am Ende einer Entwicklungsreihe tritt oft ›senile Variabilität‹, d.h. Entartung, auf« (Rensch 1929a: 181). Noch 1943 schrieb Rensch, dass »gerade in den letzten Jahren [...] von vielen Paläontologen behauptet worden [sei], daß die in der Biologie weitaus vorherrschende generelle Erklärung der Evolution durch richtungslose Mutation und Selektion nicht genüge, um speziell die Orthogenesen und die Entstehung neuer Organisationstypen verständlich zu machen«. Der Widerspruch werde meist auf die »Formel gebracht, die ›Makroevolution‹ folge anderen Gesetzen als die ›Mikroevolution‹« (Rensch 1943a: 2).

Als Alternative zur Selektionstheorie wurden von den Paläontologen meist lamarckistische oder orthogenetische Mechanismen bevorzugt. So konstatierte der Genetiker Harry Federley 1929:

> »Ihre treuesten Anhänger scheint unsere Hypothese [die Vererbung erworbener Eigenschaften] jedoch unter den Paläontologen zu haben. Ohne jeden Vorbehalt werden lamarckistischen Ideen von ihnen als festgestellte Tatsachen angenommen. [...] So bilden in der gelehrten Welt, die das Evolutionsproblem zum Gegenstand ihrer Forschungen gemacht hat, die Paläontologen sozusagen die wissenschaftlichen Antipoden der Genetiker. Denn unter diesen sind wohl die schärfsten Gegner des Lamarckismus zu suchen.« (Federley 1929: 296)

Noch ein Jahrzehnt später bestätigte Ludwig diese Einschätzung, als er davon sprach, dass die Paläontologie »seit langem die meisten Vertreter des sog. Lamarckismus gestellt hat«, und erst in neuerer Zeit eine gewisse Neigung zu beobachten sei, »die Befunde dieser Wissenschaft mit den Ergebnissen der Genetik in Einklang zu bringen«. Er wies auch darauf hin, dass es »wohl keinen Paläontologen gibt, der die Befunde seiner Wissenschaft rein selektionistisch erklären zu können glaubt« (Ludwig 1938a: 182–3; vgl. auch Provine 1978: 171; Mayr 1980a: 37). Wie Wolf-Ernst Reif gezeigt hat, stand die Mehrheit der Paläontologen in Deutschland noch lange nach 1945 dem synthetischen Darwinismus ablehnend gegenüber (Reif 1986).

*Allgemeine Evolutionstheorie*

In der wissenschaftshistorischen Literatur zum synthetischen Darwinismus wird die Paläontologie trotz der weitgehenden Ablehnung durch die Mehrzahl ihrer Repräsentanten als eine der drei beteiligten Disziplinen genannt.[306] Dies sei wesentlich George Gaylord Simpson und seiner Schrift *Tempo and Mode* (1944) zu verdanken (vgl. Gould 1980a). In der Einleitung zu diesem Buch bestimmt Simpson sein Ziel folgendermaßen: »The basic problems of evolution are so broad that they cannot hopefully be attacked from the point of a single scientific discipline. [...] The attempted synthesis of paleontology and genetics, an essential part of the present study, may be particularly surprising and possibly hazardous« (Simpson 1944: XV). Als weiterer wichtiger Darwinist, der sich mit paläontologischen Fragestellungen intensiv auseinandergesetzt hat, wird Rensch genannt:

> »However, the publications of the ensuing years, particularly those of Rensch and Simpson, filled the gap decisively. They demonstrated that the explanation of the origin of new higher taxa, of rectilinear trends of evolution, of the acquisition of adaptations, and of the origin of new organs and structures, in terms of natural selection and the new genetics, was consistent with the observations of the paleontologists.« (Mayr 1980a: 38)[307]

Rensch hat seine wichtigsten Gedanken allerdings bereits 1943, d.h. früher als Simpson veröffentlicht; sein Buch von 1947 gibt diese Ideen lediglich ausführlicher wieder, ohne grundlegende Neuerungen vorzunehmen. Zeitliche Priorität, sowohl Rensch als auch Simpson gegenüber, gebührt aber Zimmermann, der diese Fragen bereits 1930 und 1938 relativ detailliert behandelt hatte.

## *3.1 Paläontologische Sondererscheinungen*

Die Darwinisten haben das Konzept einer sich qualitativ von der Mikroevolution unterscheidenden Makroevolution aus zwei Gründen kritisiert: Zum einen wurden damit Vorstellungen über Evolutionsmechanismen verbunden, die dem synthetischen Darwinismus (v.a. der Selektionstheorie) widersprachen. Zum anderen wurden mit der Genetik in Widerspruch stehende Thesen über Entstehung und Art der erblichen Variabilität gemacht. Damit ist aber noch nicht geklärt, ob im Laufe der Evolution Phänomene auftreten können, die sich an rezenten Organismen und innerhalb von Population nicht oder nur unvollständig beobachten lassen.

Die zeitliche Priorität in bezug auf die Frage, wie diese speziellen phylogenetischen Phänomene im synthetischen Darwinismus zu erklären sei, gebührt **Zimmer-**

**mann.** Bereits 1930 hatte er in der *Phylogenie der Pflanzen* folgende Phänomene untersucht: »Merkmalsdifferenzierung und andere phylogenetische Elementarreaktionen«, »Aufstieg und Niedergang«, das Dollosche »Irreversibilitätsgesetz«, »Polyphyletische, parallele und konvergente Entwicklung«, »Korrelative Entwicklung«, das »Biogenetische Grundgesetz« sowie »Alterserscheinungen und Mißbildungen«. Am Beispiel des Irreversibilitätsgesetz, das die »Nichtumkehrbarkeit der stammesgeschichtlichen Entwicklung« behauptet, soll seine Vorgehensweise gezeigt werden. Zunächst verweist er darauf, dass man »zwischen Umbildungsvorgängen, die aus einem Komplex sehr vieler phylogenetischer Elementarreaktionen bzw. Mutationen bestehen und Umbildungsvorgängen, die nur auf einer oder sehr wenigen Elementarreaktionen bzw. Mutationen beruhen«, unterscheiden müsse (Zimmermann 1930: 377–78). Im ersten Fall bestehe Irreversibilität:

> »Je komplexer die Abänderungen in der Phylogenie jedoch werden, je mehr sich die Mutationen an einem Organ häufen, um so unwahrscheinlicher wird es, daß die Umkehr des Prozesses genau wieder zur Ausgangsform zurückführt. Dies ist wohl der berechtigte Kern im Dolloschen Irreversibilitätsgesetz.« (Zimmermann 1930: 379)

Anders sei die Frage zu beantworten, wenn es sich um einzelne Mutationen oder um »phylogenetische Elementarreaktionen« handelt (Zimmermann 1930: 379). Rückmutationen seien eine häufige Erscheinung und deshalb ist ein Umkehrprozess nicht ausgeschlossen.

Neben Zimmermann hat sich vor allem **Rensch** in Deutschland intensiv mit diesen Fragen auseinandergesetzt. Schon Ende der 1920er Jahre hatte er geschrieben: »Es besteht keine Notwendigkeit, Sondergesetzlichkeiten für die Phylogenese höherer Einheiten anzunehmen« (Rensch 1929a: 184). Auch später hielt er an der Meinung fest, dass spezifische Ursachen (»Sonder**gesetzlichkeiten**«) unnötig seien; zugleich aber akzeptierte er nun »Sonder**erscheinungen**«. Es soll eine ganze Reihe von »Sondererscheinungen [geben], welche das Studium grösserer Entwicklungsreihen erkennen« lässt (Rensch 1939a: 213). Die Evolution »höherer systematischer Einheiten [läßt] bestimmte regelhafte Abläufe erkennen [...], deren Vorhandensein aus den Verhältnissen bei rezenten Tieren nicht erschlossen werden konnte«. Wenn man aber mit Rensch die Existenz paläontologischer Sondererscheinungen anerkannte, so stellte sich das Problem, wie diese spezifischen Phänomene im Rahmen des synthetischen Darwinismus und »ohne Zuhilfenahme unbekannter Entfaltungskräfte«, d.h. von »Sondergesetzlichkeiten«, erklärt werden können (Rensch 1943a: 1, 3). Rensch hat seine Thesen zu diesen Fragen zwischen 1939 und

1947 in mehreren Publikationen sehr detailliert besprochen (Rensch 1939a, 1943a, 1947a). Ich werde im Folgenden die »Sondererscheinungen« und exemplarisch einige Erklärungen darstellen. 1939 nennt Rensch folgende Phänomene:

> »Die hauptsächlichsten Sondererscheinungen, welche das Studium grösserer Entwicklungsreihen erkennen ließ, sind folgende: die Irreversibilität der Entwicklung, die Orthogenese, die stete Grössenzunahme innerhalb der Entwicklungsreihen, die Erscheinungen der explosiven Formenaufspaltung, des nachfolgenden Alterns und Aussterbens der Entwicklungsreihen und schliesslich die vieldiskutierte ›Höherentwicklung‹.« (Rensch 1939a: 213)[308]

Renschs Argumente zur **Irreversibilität** schließen eng an Zimmermanns Gedanken an. So sei festzustellen, dass sich das »von Dollo (1893) aufgestellte ›Gesetz‹, dass die phylogenetische Entwicklung nie wieder zu einem früheren Stadium zurückkehrt, [...] an den verschiedensten Ahnenreihen immer wieder bewahrheitet« hat. Diese Regel treffe aber nur für »grössere Entwicklungsschritte« und nur deshalb zu, »weil es sich gewöhnlich um eine Fülle von mutativen Änderungen handelt und weil sich zumeist auch die Umwelt der Ahnenreihe zeitlich oder räumlich allmählich ändert, sodass neue Auslesebedingungen zustandekommen«. Er kommt zu dem Schluß, dass es mit der »Kompliziertheit der Evolutionsbedingungen« lediglich statistisch unwahrscheinlich werde, dass »die Erbmasse wieder auf ein früheres Stadium zurückgeführt wird«. Für kleinere Entwicklungsschritte (einzelne Mutationen) sei dagegen »mit dem eindeutigen Nachweis von Rückmutationen [...] die Irreversibilität widerlegt«. Es bestehe »also heute kein Anlass mehr, mit Beurlen (1937) die Irreversibilität als ›Ausdruck eines gesetzlich sich aufbauenden Gestaltungsplanes‹ anzusehen« (Rensch 1939a: 213; vgl. auch Rensch 1943a: 52).

**Orthogenetische Phänomene** können nach Rensch durch drei verschiedene Ursachen entstehen. Zum einen kann die durch »parallele Auslesebedingungen gegebenen ›Orthoselektion‹« einige der »auffälligsten Beispiele orthogenetischer Entwicklung« erklären: »Mutation und Selektion genügen auch hier als letzte Voraussetzungen« (Rensch 1939a: 214). Zum anderen sei die »spezielle Orthogenese einzelner Merkmale oder Organe« zumeist eine Folge der »phyletischen Größenzunahme, da das Wachstum der fraglichen Körperteile im Verhältnis zum Gesamtkörper meist positiv oder negativ allometrisch erfolgt«. Und schließlich kann eine »physiologisch bedingte Einengung der Entwicklungsmöglichkeiten zur Orthogenese führen« (Rensch 1943a: 51). Als Spezialfall der Orthogenese führt Rensch die »Cope-Dépérétsche Regel der Grössenzunahme innerhalb der Stammesreihen« an.

Diese Regel wird von ihm auf die »Selektionsvorteile zurückgeführt, die größere Varianten genießen« (Rensch 1943a: 51), sekundär verstärkt durch klimatische Faktoren (Abkühlung während des Tertiär; Rensch 1939a: 214).

Auch die paläontologischen Phänomene, die im Sinne eines **Lebenszyklus** phylogenetischer Taxa aufgefasst wurden, sollen »möglichst mit Hilfe bekannter Tatsachen, speziell mit Mutation und Selektion« erklärt werden (Rensch 1939a: 214). Rensch nennt es aber immerhin eine der »wichtigsten Entdeckungen der Paläontologie«, dass »die Entstehung neuer Gruppen meist durch eine explosive Formenaufspaltung eingeleitet wird, die dann sukzessive abklingt, während zugleich die Spezialisierung der einzelnen Formen immer mehr zunimmt, bis schliesslich alle oder einige der Stammesreihen mit überspezialisierten bzw. excessiven Formen« aussterben. Es sei »verständlich, wenn ein derart regelmässiger Ablauf der Phylogenese als Ausdruck eines immanenten Entfaltungsplanes angesehen wird« (Rensch 1939a: 214). Er selbst lehnt entsprechende Erklärungen aber ab.

In Bezug auf die **explosive Formaufspaltung** diskutiert er drei mögliche Ursachen: Erhöhung der Mutationsrate, Isolation und Änderung der Selektionsbedingungen. Eine Erhöhung der Mutationsrate während bestimmter geologischer Perioden, in denen die mutagene Strahlung oder die Temperatur erhöht ist, kann nicht als generelle Erklärung dienen, da explosive Formenaufspaltungen »praktisch in fast jeder geologischen Epoche« auftreten. Von der Isolation von Populationen nimmt er an, dass ihr eine »evolutionsfördernde« Wirkung zukommt (Rensch 1939a: 214–15). Als wichtigster Grund sei aber die »Änderung der Selektionsbedingungen« zu nennen:

> »Führt die Evolution zu neuen vorteilhaften Typen wie etwa zur Entstehung von Säugetieren, so stehen für diese zunächst praktisch alle Biotope zur Verfügung, denen sie selektiv angepasst werden können, d.h. es kann eine schnelle und vielseitige Artbildung einsetzen. [...] In dem Masse, wie die Biotope aber mit der neuen Tiergruppe erfüllt werden, wird die Konkurrenz immer schärfer und trotz stetiger Mutation muss die Formenneubildung wegen verschärfter Selektion nachlassen.« (Rensch 1939a: 215; vgl. auch Rensch 1943a: 51)

Auch die zunehmende **Spezialisierung** lasse sich durch die Selektionstheorie erklären: »Zunächst bedeutet fast jede Selektion eine Verminderung der Euryökie, d.h. eine Steigerung der Stenökie [Abhängigkeit von speziellen Umweltbedingungen] und der Spezialisierung (Hesse). Damit werden die Tierformen aber immer weniger befähigt, sich neuen Umweltbedingungen anzupassen« (Rensch

1939a: 216). Diese durch die Selektion erzwungene zunehmende Spezialisierung sei auch die Erklärung für die »senile Variation bzw. Degeneration am Ende mancher Stammesreihen« und das damit oft einhergehende **Aussterben** mancher Taxa: »Daß viele Entwicklungsreihen zwangsläufig zum Aussterben führen, liegt zumeist an zu weit gehender Spezialisation. Dieses Spezialisieren ist aber unvermeidlich, weil es fast stets Selektionsvorteile bietet, die Gefahren einer solchen Entwicklung aber in der Zukunft liegen und damit ausleseunabhängig sind« (Rensch 1943a: 52; vgl. auch Rensch 1939a: 216).

**Parallelbildungen** und **iterative Formbildungen** lassen sich durch »partielle Gleichheit oder Ähnlichkeit des Genbestandes verwandter Arten oder Stammesreihen (›homologe Variation‹)« oder durch »parallele Selektion« erklären (Rensch 1943a: 52).

Auch die **Entstehung neuer Organisationstypen** wird von Rensch nicht als »Folge veränderter Mutation (etwa größerer Mutationssprünge)« gedeutet, sondern auf veränderte Selektionsbedingungen zurückgeführt: »Beginnende Organneubildungen haben anfangs oft eine ganz nebensächliche Bedeutung und werden erst bei Veränderung der Umweltfaktoren wichtig« (Rensch 1943a: 52). Generell lasse sich feststellen, »daß für die Herausbildung neuer Organe und neuer Baupläne kein prinzipiell anderer Vorgang als für Rassen-, Art- und Gattungsdifferenzierung vorausgesetzt zu werden braucht, d.h. daß Mutation und Selektion auch hier die wesentlichen Evolutionsfaktoren darstellen« (Rensch 1947a: 282). Als weitere Sondererscheinung der Makroevolution nennt Rensch noch die Höherentwicklung, auf die ich unten genauer eingehe.

Zusammenfassend kommt Rensch zu dem Schluß, dass sich »alle besprochenen Regelhaftigkeiten der Evolution [...] bisher ohne Zuhilfenahme innerer evolutiver Entfaltungskräfte oder Gestaltungstendenzen durch richtungslose Mutation und natürliche Auslese erklären« lassen: »Entscheidend für die Formneubildung ist nur der Wandel der Umweltfaktoren. So stellt sich die Evolution im ganzen nicht als Autogenese, sondern als Ektogenese dar«. Diese Aussage wird von ihm insofern wieder eingeschränkt, als er die »prinzipielle Möglichkeit autogenetischer Abläufe« nicht bestreitet. Allerdings fehle bisher ein empirischer Beleg: »Für den Nachweis ihrer Wirksamkeit würde es aber eines anderen Tatsachenmaterials bedürfen, als es bisher von seiten der Paläontologie dafür ins Feld geführt wurde« (Rensch 1943a: 52). Zumindest ein Teil der phylogenetischen Regeln sei »auf Grund unseres derzeitigen biologischen Wissens prinzipiell deutbar und es ist nicht zu erwarten, daß hier bislang völlig unbekannte biologische Vorgänge entscheidend sind« (Rensch 1943b: 83; vgl. auch Mayr 1942: 292–3).

## 3.2 Evolutionärer Fortschritt und Degeneration

Die Vorstellung, dass die biologische Evolution teilweise oder generell als Höherentwicklung bzw. als Fortschritt aufgefasst werden kann, wurde vom frühen 19. Jahrhundert bis in die Gegenwart vertreten. Die Geschichte der Evolutionstheorie zeigt die unterschiedlichsten Auffassungen darüber, ob es Fortschritt in der Evolution gibt und was ihn ausmacht. Die Diskussionen über die Berechtigung dieser Vorstellungen und die korrekte Definition von Fortschritt haben bislang zu keiner Einigung geführt.[309]

Unter Fortschritt versteht man eine Veränderung im Sinne einer Verbesserung; im Kontext der Evolutionstheorie stellt sich die Frage, ob die zeitliche Veränderung der Arten ganz oder teilweise als Verbesserung aufgefasst werden kann. Wenn Biologen von Fortschritt in der Evolution sprechen, beziehen sie sich im Allgemeinen auf den gerichteten Wandel von Merkmalen in einer phylogenetischen Reihe über längere Zeit (evolutionäre Trends). Beispiele für evolutionäre Trends, die als Fortschritt bezeichnet wurden, sind zunehmende morphologische Komplexität, Größenzunahme, Verbesserung der Sinnes- und Verstandesleistungen, allgemeine Zunahme der Leistungsfähigkeit und die Besetzung neuer Lebensräume.

Das unterschiedliche Überleben von Arten aufgrund kurzfristiger äußerer Einwirkungen (Meteoriteneinschläge, Umweltzerstörung durch die Menschen) ist nach dieser Auffassung kein Fortschritt, da es sich nicht um den gerichteten Wandel von Merkmalen handelt. Erst sekundär kann es bei den überlebenden Arten wieder zu evolutionärem Fortschritt kommen. Unterschiedliches Überleben von Arten führt also nur dann zu Fortschritt, wenn die Organismen ausreichend Zeit zur Anpassung haben. Wenn man von Fortschritt in der Evolutionsbiologie spricht, erfordert dies zwei Elemente: eine Aussage darüber, ob ein evolutionärer Trend vorliegt, und eine Wertaussage, dass der Trend eine Verbesserung darstellt. Evolutionäre Trends lassen sich empirisch nachweisen; kontroverser wurde die Diskussion darüber geführt, welche Trends als Fortschritt, als neutral oder als Rückschritt anzusehen sind. Nicht alle Trends zeigen Fortschritt; wenn ein Trend zur Verschlechterung führt, spricht man von Rückschritt oder Degeneration. Auch unter Darwinisten war umstritten, ob die Selektion zur Degeneration führen kann. Bereits Weismann hat aber darauf aufmerksam gemacht, dass negative Trends durch das »Nachlassen der conservirenden Wirkung der Selection« entstehen (Weismann 1883: 30).

Im historischen Rückblick wird deutlich, dass die Auswahl der Kriterien, auf die sich die Wertaussage bezieht, oft zeitgebunden ist und gesellschaftliche Wertvorstellungen einer Epoche widerspiegelt. Ein Werturteil liegt auch der Einteilung der Organismen nach den Kriterien ›höher‹ und ›nieder‹ zugrunde. Diese Hierarchisierung ist älter als die Evolutionstheorie. Vor allem im 18. Jahrhundert war die sogenannte Stufenleiter-Idee populär, derzufolge sich die Organismen auf einer linearen Skala anordnen lassen (Lovejoy 1936). Z.T. wurden auch die bis heute verwendeten Kriterien für evolutionären Fortschritt ursprünglich in einem vor-evolutionären Kontext entwickelt. Sehr einflussreich waren in dieser Hinsicht die »Gesetze progressiver Entwicklung«, die der Zoologe Heinrich Georg Bronn in seinen *Morphologischen Studien* von 1858 dargelegt hatte. Bronn nannte im einzelnen folgende Gesetze: 1) Differenzierung der Funktionen und Organe; 2) Reduktion der Zahl homonymer (gleichnamiger) Organe; 3) Konzentration; 4) Zentralisierung der Organsysteme; 5) Internierung der Organe; 6) Größenzunahme.[310]

In den Evolutionstheorien wurde aus der statischen Stufenleiter eine zeitliche Entwicklung – höhere Organismen sind aus niederen entstanden. Von den frühen Evolutionisten wurde die phylogenetische Entwicklung z.T. mit einer notwendigen Höherentwicklung gleichgesetzt. Für Lamarck war die wichtigste Ursache der Evolution ein Trieb zur Vervollkommnung, der zum Erwerb immer größerer Komplexität führt, »la cause qui tend sans cesse à composer l'organisation« (Lamarck 1809, 1: 132). Auch in den teleologischen Evolutionstheorien, die in der ersten Hälfte des 19. Jahrhunderts unter dem Einfluss der romantischen Naturphilosophie entstanden waren, spielte der Gedanke der notwendigen Vervollkommnung eine wichtige Rolle. Der Botaniker Alexander Braun beispielsweise nahm in seiner Verjüngungstheorie (1849–50) an, dass die biologische Evolution durch einen »Trieb nach Vollendung« auf ein bestimmtes Ziel ausgerichtet sei: »das Ziel, das in unendlichen Verjüngungen durch die ganze Natur hindurch erstrebt wird, [...] ist ja eben das Dasein des Menschen [...]; und der Mensch hinwiederum kann nicht betrachtet werden, ohne das, was ihn eben zum Menschen macht, die Entwicklung des Geistes« (Braun 1849–50: 12).

Während die teleologischen Evolutionstheorien nach der Mitte des 19. Jahrhunderts nur mehr geringe Beachtung fanden, erwiesen sich orthogenetische Theorien bis in die Zeit des synthetischen Darwinismus als außerordentlich populär. Auch in den orthogenetischen Theorien wird eine gerichtete Entwicklung und notwendiger Fortschritt angenommen; die Richtung entsteht hier jedoch durch ein materielles, mechanisches Prinzip in den Organismen selbst (analog z.B. der Kristallisation). Nägeli vermutete 1865, dass die phylogenetische Entwicklung eine »Veränderung in aufsteigender Richtung« sei, »so dass der einfachere und niedere Organismus im Laufe der Zeiten nothwendig in einen complizirteren und höher organisirten übergeht« (Nägeli 1865: 16).

Die Vorstellung, dass die Evolution zu Fortschritt führt, war auch ein wichtiges Element der Selektionstheorie. Darwin selbst war relativ zurückhaltend bei der

Verwendung der Begriffe ›höher‹ und ›Fortschritt‹. In seinen Randbemerkungen zu Chambers (1847) hatte er sich ermahnt: »Never use the word higher & lower« (di Gregorio 1990: 164). In *Origin of Species* (1859) betonte er zwar einerseits die Schwierigkeiten, zu einer angemessenen Definition von Fortschritt zu kommen, schrieb aber zugleich, dass aufgrund der natürlichen Auslese »all corporeal and mental endowments will tend to progress towards perfection« (Darwin 1859: 336, 489). Während die Autoren vor Darwin sich bei der Auswahl ihrer Kriterien an den geistigen Fähigkeiten oder der körperlichen Organisation orientiert hatten, führte Darwin zudem ein neues Kriterium ein – den Erfolg im Kampf ums Dasein: »in one particular sense the more recent forms must, on my theory, be higher than the more ancient; for each new species is formed by having had some advantage in the struggle for life over other and preceding forms« (Darwin 1859: 336–7).

Für Haeckel ist Fortschritt in der Evolution ein Naturgesetz und eine »nothwendige Wirkung der Selection«. In Anlehnung an Bronns »Gesetze progressiver Entwicklung« hält er die »Differenzirung oder Arbeitstheilung der Organe und Functionen« für das »bei weitem wichtigste und oberste Gesetz der progressiven Entwickelung«. Diese Definition wirft indes Schwierigkeit auf, da nicht jede Form der Differenzierung als Fortschritt anzusehen sei. So seien »erhebliche Schattenseiten der weit vorgeschrittenen Arbeitstheilung« zu konstatieren (Haeckel 1866, 2: 257, 258 Fn., 261). Als Beispiel für Differenzierungen, die zugleich Rückschritte seien, nennt Haeckel ursprünglich freilebende Organismen, die zum »Schmarotzerleben« übergegangen seien. Weiter kompliziert wird die Diskussion durch die Einführung von ›negativem‹ Fortschritt. Darunter versteht Haeckel die »einseitige und äußerliche Vervollkommnung«, die sich von dem »höheren Ziele der inneren und wertvolleren Veredlung« entferne (Haeckel [1868] 1911: 277).

Der Fortschrittsgedanke nimmt auch bei einigen Vertretern des synthetischen Darwinismus breiten Raum ein. Vor allem Huxley, Simpson und Rensch haben sich intensiv mit diesem Problem auseinandergesetzt. Die Diskussion der 1930er und 1940er Jahre über den evolutionären Fortschritt drehte sich vor allem um folgende Fragen: 1) Handelt es sich beim Fortschritt um ein wissenschaftliches oder weltanschauliches Konzept; 2) entsteht Fortschritt in der Evolution zwangsläufig oder nur unter bestimmten Umständen; 3) durch welchen Mechanismus entsteht Fortschritt; 4) ist Fortschritt auf Organismen oder nur auf einzelne Merkmale anwendbar; 5) welches Kriterium von Fortschritt ist sinnvoll: Leistungsfähigkeit nach technischen Kriterien, morphologische Komplexität oder Erfolg im Kampf ums Dasein? Meist wurde die Höherentwicklung als Phänomen anerkannt und sekundär auf der Basis der Evolutionsfaktoren des synthetischen Darwinismus erklärt. Die zentrale Bedeutung dieser Fragestellung für den synthetischen Darwinismus soll an drei Beispielen dokumentiert werden. Ich werde zunächst zeigen, wie Baur die Frage des Fortschritts in der Evolution aus Sicht der Genetik bestimmt. Dann sollen Renschs Ausführungen zum phylogenetischen Fortschritt dargestellt werden. Schließlich werde ich auf Zimmermanns kritische Haltung eingehen.

### 3.2.1 Erwin Baur: Mutabilität und Degeneration

Evolutionärer Fortschritt bzw. Rückschritt wird meist im Zusammenhang mit evolutionären Trends diskutiert. Diese Eingrenzung lässt unberücksichtigt, dass auch die Genetik die Mutationen danach, in welchem Maße sie zur Lebensfähigkeit der Organismen beitragen, unterscheidet. Eine Anhäufung schädlicher Mutationen wird als Degeneration oder genetische Belastung bewertet. Auf die gegenläufige Erscheinung, dass Mutationen zur genetischen Variabilität beitragen und eine Grundvoraussetzung der Selektionswirkung sind, wurde im Abschnitt »Mutation« hingewiesen.

Für Baur wie für fast alle Darwinisten ist der Fortschrittsgedanke konstitutiv. Im Jahr 1919 schreibt er: »Ein Vergleich der Organismen aus den ältesten Erdperioden mit denen aus späteren Perioden zeigt auch, daß im Laufe der Erdgeschichte zuerst nur sehr primitive Organismen und erst später höher entwickelte aufgetreten sind« (Baur 1919: 334). Die Selektionstheorie impliziere notwendigerweise eine entsprechende Höherentwicklung, da sie die »natürliche Selektion der Varianten, die besser sind als die Stammrasse«, postuliere. Dieser Vorgang »muß zu einer fortschreitenden Differenzierung und zu immer besserem Angepaßtsein der Organismen führen, wenn nur die Häufigkeit und die Mannigfaltigkeit der erblichen Variationen groß genug ist« (Baur 1919: 340). Am ausführlichsten geht Baur auf die Entstehung von Fortschritt bzw. Rückschritt im Zusammenhang mit seinen eugenischen Vorstellungen ein – d.h. in Bezug auf die zukünftige Evolution der Menschen. Während er die Möglichkeiten und Probleme einer verbessernden Selektion bei Menschen kaum diskutiert, liegt ihm die Warnung vor genetischer Degeneration besonders am Herzen. Unter Degeneration subsumiert Baur die Zunahme aller Formen erblicher Krankheiten und allgemein die Abnahme intellektueller und körperlicher Leistungsfähigkeit (Baur 1930: 430–1; 1933: 12). Bei seiner Definition von Fortschritt bzw. Degeneration legt er also technische Kriterien zugrunde und bezieht sich in erster Linie auf Merkmale.

Evolutionärer Fortschritt bzw. Rückschritt ist nach Baur zum einen abhängig vom quantitativen Verhältnis von Selektion und Mutation. So führe eine starke Abnahme der Selektion bei gleicher Mutationsrate zur Degeneration: »Die rassenmäßige Verschlechterung ist die Folge eine Aufhebens der natürlichen Zuchtwahl. Sie erhält bei allen wilden Tieren und Pflanzen die Rassen rein und erbgesund« (Baur 1934: 34-5). Ursache hierfür ist, dass die meisten Mutationen eine Verschlechterung darstellen (Baur 1922: 259). Auf diesem Grundgedanken, der sich schon bei Weismann findet, basieren seine Warnungen vor genetischer Verschlechterung bei Menschen. Wenn durch die Bedingungen der Zivilisation der Selektionsdruck auf bestimmte Merkmale aufgehoben wird, so kommt es im Sinn von Weismanns ›Panmixie‹ zu einem allmählichen Funktionsverlust der entsprechenden Organe (Weismann 1883: 30-32). Die Einführung von Brillen, Kontaktlinsen etc. muss also allmählich zur Verschlechterung der Sehfähigkeit führen. Wenn dieser Prozess über längere Zeit andauert, entsteht ein negativer evolutionärer Trend.

Eine zweite Ursache für evolutionären Fortschritt bzw. Rückschritt ist die Richtung der Selektion. Unter bestimmten Umweltbedingungen können (nach technischen Kriterien) weniger leistungsfähige Individuen einen Selektionsvorteil erhalten. Bei Menschen ist die Zivilisation (v.a. Medizin und Stadtkultur) die wichtigste Ursache für die »völlige Umkehr der Zuchtwahl« (Baur 1934: 34-5). Bei den Kulturvölkern arbeitet die Selektion in verkehrter Richtung; die »letzte, tiefste Ursache unserer Degeneration« ist »die ganze heutige Kultur selbst« (Baur 1922: 266). Als dritte Ursache für evolutionären Rückschritt nennt Baur die Inzuchtsdegeneration (Baur 1930: 380). Und schließlich geht er davon aus, dass die Rassen- oder Artkreuzung (z.B. »stark verschiedener Menschenrassen«) eine Gefahr bedeutet, da ein großer Teil der Nachkommen Eigenschaften in sich vereinigt, die nicht zusammenpassen. Durch intensive Selektion der gekreuzten Individuen kann dieses Problem allerdings vermieden werden (Baur 1934: 34).

Inwieweit Baurs Warnung aus medizinischer oder sozialer Sicht angemessen ist, soll an dieser Stelle unberücksichtigt bleiben. Sieht man von zeitbedingten Unklarheiten und sprachlichen Übertreibungen ab, so ist aber festzustellen, dass sich seine Ableitung völlig im Rahmen des synthetischen Darwinismus bewegt und in sich stimmig ist. Ähnliche Ansichten werden auch von anderen Darwinisten vertreten, obwohl diese sich nicht so ausführlich äußern. So will Ludwig untersuchen, inwieweit die Selektion am »evolutorischen Fortschritt beteiligt ist« (Ludwig 1938a: 187; vgl. 1943a: 495). Wie im Abschnitt »Mutation« gezeigt, war es eine grundlegende Frage, ob die Mutationen zu erhöhter Vitalität und so zu Fortschritt führen können (vgl. Timoféeff-Ressovsky 1935a: 118). Auch bei Bauer und Timoféeff-Ressovsky wird die Selektion als Ursache für die Höherentwicklung genannt:

»Schließlich ist die Selektion der richtunggebende Hauptfaktor, indem sie dauernd ein optimales Verhältnis zwischen den Organismen und ihrer

Umgebung aufrechterhält und eine adaptive morphophysiologische Differenzierung in der Zeit hervorruft; ersteres bezeichnen wir als Adaptation und das zweite als Höherentwicklung oder evolutionistischen Progreß.« (Bauer & Timoféeff-Ressovsky 1943: 405)

Für die Architekten des synthetischen Darwinismus gab es also mehrere Faktoren, die zur Höherentwicklung führen können. Grundlage waren die (relativ seltenen) Mutationen, die eine Vitalitätserhöhung bedingen. Der entscheidende Faktor war aber die Selektion. Die Degeneration wurde hauptsächlich auf die Anhäufung schädlicher Mutationen aber auch auf eine ungünstige Richtung der Selektion zurückgeführt. Evolutionärer Fortschritt wurde also nicht mit einer Zunahme der Fitness gleichgesetzt, sondern unabhängig davon über technische oder andere Kriterien definiert.

### 3.2.2 Bernhard Rensch: Fortschritt in der Phylogenie

Vor allem Rensch hat sich in den 1930er und 1940er Jahren in mehreren Artikel und Buchkapiteln intensiv mit dem Thema Fortschritt und Rückschritt in der Evolution auseinandergesetzt. Die Höherentwicklung ist für ihn ein Beispiel für die »Regelhaftigkeiten der Evolution« (Rensch 1943a: 52). Der Erklärung paläontologischer Trends als adaptive Vorgänge widmet er schon in *Das Prinzip geographischer Rassenkreise und das Problem der Artbildung* eine kurze Diskussion (Rensch 1929a: 180–4). Zu diesem Zeitpunkt erwähnt er allerdings die Höherentwicklung noch nicht explizit als eine »Sondergesetzlichkeit der Phylogenese höherer Einheiten«. Grundsätzlich geht er davon aus, dass an »einer ›Höherentwicklung‹, d.h. einer Zunahme der Komplikation bei der Phylogenese im ganzen natürlich nicht zu zweifeln« ist (Rensch 1933a: 61).

1939 diskutiert er die Höherentwicklung als eine phylogenetische Sondererscheinung. Er stellt nun die Frage, ob »der Artbildungstyp, der zu einer ›Vervollkommnung‹, zu einer ›Höherentwicklung‹ führt, ein prinzipiell anderer ist, als der, welcher nur zu Abwandlungen auf gleicher Entwicklungshöhe führt«. Da die Mutationen richtungslos erfolgen, »stellt sich die Evolution zunächst als eine Erschöpfung aller morphologisch und physiologisch möglichen Gestalten dar, soweit sie tragbar sind, d.h. nicht unmittelbar Fertilität und Vitalität (bzw. Konkurrenzfähigkeit) nachteilig verändern« (Rensch 1939a: 216). Unter diesen Möglichkeit sind nun auch solche, die eine Zunahme der Komplexität oder eine gesteigerte Rationalisierung bedingen: »Wenn so auf jeder Entwicklungsstufe eine Steigerung der Komplikation im Rahmen der normalen Mutation eintreten kann, so können wir auch in der gesamten ›Höherentwicklung‹ nur die Erschöpfung einer möglichen Entwicklung sehen«. Es muss vor allem nicht »irgendein immanenter Entfaltungsplan vorausgesetzt« werden (Rensch 1939a: 217). Gegen die Annahme eines inneren Prinzips zur Höherentwicklung spricht das »Fortbestehen niederer Tiergruppen bis zur Gegenwart, das Auftreten von Dauertypen und von regressiver Evolution«. Die Höherentwicklung stellt also nur eine der möglichen Evolutionsrichtungen dar, sie wird aber »durch Selektionsvorteile von Varianten, die eine Steigerung der Komplikation oder Zentralisation aufweisen«, gefördert (Rensch 1943a: 52).

Ausführlich geht Rensch in *Neuere Probleme der Abstammungslehre* auf die Frage der Höherentwicklung ein (1947a). Für die in »vielen Zweigen nebeneinander emporführende Höherentwicklung« schlägt er den Begriff ›Anagenese‹ vor (Rensch 1947a: 283). Wie Haeckel und Baur unterscheidet auch Rensch zwischen Höherentwicklung und Fitness: »Und wenn wir mit Darwin [...] sagen, daß doch alle heutigen Arten ihren ausgestorbenen Vorläufern überlegen sein müssen, weil sie diese im Daseinskampfe überwanden, so ist auch dieses Überlegensein nicht ohne weiteres mit einer Höherentwicklung gleichzusetzen«. Rensch differenziert weiter zwischen Vervollkommnung und Höherentwicklung im engeren Sinne, wobei er nur letztere als Anagenese bezeichnet (Rensch 1947a: 286–7). Vervollkommnung ist ein Überbegriff, der sowohl Anagenesis (= Höherentwicklung) als auch Spezialisierung umfasst: »Höherentwicklung bedeutet ja Vervollkommnung, nur ist nicht alle Vervollkommnung auch eine Anagenese, da sie zumeist nur zur Spezialisierung führt« (Rensch 1947a: 306–7). Ähnlich wie Haeckel verweist auch Rensch darauf, dass zunehmende Spezialisierung oft einen »Verlust der Wendigkeit« bewirkt. Aus diesem Grund handelt es sich dabei nicht um »echte Höherentwicklung«, »wenn wir auch im üblichen Sprachgebrauch derartige Endglieder vielfach als die ›höheren‹ ansprechen«. Gerade unspezialisierte Gruppen haben eine »besondere Befähigung zur Anagenese« und auch »bei der weiteren Phylogenese [kommen] immer diejenigen Typen für eine Fortsetzung der Höherentwicklung am ehesten in Frage [...], die sich diese Unspezialisiertheit und Wendigkeit in vielen Punkten bewahrt haben oder neue Regulationsfähigkeiten erworben haben« (Rensch 1947a: 304). Eine Vervollkommnung ist nur dann als Höherentwicklung aufzufassen, wenn sie durch folgende Kriterien gekennzeichnet ist:

»durch Zunahme der Komplikation und der Rationalisierung in Form und Funktion der Organe und Strukturen, durch Komplikation und Zentralisierung speziell des Nervensystems, durch Zunahme der Autonomie als häufige

Folge der Komplikation und Rationalisierung gegenüber den Umweltverhältnissen.« (Rensch 1947a: 305–6)

Die Selektion (d.h. der »unmittelbare Vorteil«) führt »ganz überwiegend nur zu einer Spezialisierung, d.h. zu einer sehr einseitigen Vervollkommnung«. Aus diesem Grund beschränkt sich »die Anagenese [= Höherentwicklung] auf einzelne Entwicklungsetappen, die bei Betrachtung der Evolutionsvorgänge im ganzen jeweils nur einen kleinen Prozentsatz des phylogenetischen Geschehens ausmachen« (Rensch 1947a: 306).

Ausführlich über Fortschritt in der Evolution hat sich auch **Simpson** geäußert. Das entsprechende Kapitel in *The Meaning of Evolution* beginnt mit dem programmatischen Satz: »It is impossible to think in terms of history without thinking of progress«. Fortschritt wird als Bewegung in einer bestimmten Richtung definiert, »from [...] worse to better, lower to higher, or imperfect to more nearly perfect« (Simpson 1949a: 240–41). Wenn man nun Fortschritt in der Geschichte des Lebens so definiert, dann lassen sich verschiedene Beispiele finden, wie Organismen im Laufe der Evolution perfekter wurden. In seiner umfassenden Diskussion dieser Frage erwähnt Simpson nicht weniger als achtzehn mögliche Kriterien von Fortschritt, von denen er die meisten für gültig hält. Er kommt zu dem Schluss: »Within the framework of the evolutionary history of life there have been not one but many sorts of progress« (Simpson 1949a: 261). Ohne zu sehr ins Detail zu gehen, soll ein Kriterium von Fortschritt kurz angesprochen werden, da Simpson es für das wichtigste und einzige allgemein anwendbare Kriterium hält. Dieses Kriterium ist die »Expansion«, d.h. die Tendenz des Lebens zu expandieren und alle möglichen Umwelten zu besiedeln. Die allgemeine Expansion des Lebens lasse sich in verschiedener Hinsicht definieren, als Zahl der individuellen Organismen, als Gesamtmenge lebenden Gewebes, oder als ›Bruttoumsatz‹ (Metabolismus) von Substanz und Energie. Wenn man dieses Kriterium anwende, sei der Mensch im Moment der progressivste Organismus (Simpson 1949a: 244). Simpson verbindet keinen Anspruch auf Objektivität mit seinen Fortschrittsdefinitionen – hierin unterscheidet er sich von anderen Vertretern des synthetischen Darwinismus wie Rensch (1947a) oder Huxley (1942; vgl. Gascoigne 1991; Greene 1981, 1990; Swetlitz 1994, 1995).

*3.2.3 Walter Zimmermann: Kritik*

Zimmermann ist der einzige Architekt des synthetischen Darwinismus in Deutschland, der die Verwendung der Begriffe ›Fortschritt‹ und ›höhere‹ Organismen in Systematik und Evolutionstheorie grundsätzlich kritisiert. In Anbetracht der Tatsache, dass diese Konzepte für andere Darwinisten wie Rensch (1947a) und Huxley (1942) einen wichtigen Stellenwert hatten, könnte man auf den ersten Blick vermuten, dass es sich hier um eine grundlegende Kontroverse innerhalb des synthetischen Darwinismus handelt. Zimmermanns Hauptkritik wendet sich gegen die Bezeichnung heutiger Organismen als höher oder nieder und die Verwendung dieser Begriffe in der **Systematik**. Da noch »niemand gezeigt hat, wie man in objektiver Weise zwischen heutigen ›höheren‹ und ›niederen‹ Lebewesen unterscheiden kann«, sei es sinnvoll, auf diese Begriffe zu verzichten. Ihre Verwendung sei zudem bedenklich, da sie dazu führen kann, dass man den als »›nieder‹ abgestempelten Organismus mit dem phylogenetischen Ahn verwechselt, den Menschen vom heutigen Affen ableitet und dgl.« (Zimmermann 1938a: 141). Wenn heutige Organismen als höher und nieder eingeteilt werden, so sei dies meist ein Relikt der Stufenleiteridee des 17. Jahrhunderts (Zimmermann 1943: 45 Fn.) und im Grunde habe man wohl immer die Menschen als das Maß der Dinge angenommen (Zimmermann 1938a: 141).

Etwas anders sei die Verwendung der Begriffe in der **Evolutionstheorie** zu beurteilen. Man kann die Ahnen als primitiv oder nieder und ihre Nachfahren bzw. ihre Merkmale als abgeleitet oder höher bezeichnen, da mit der Zeit ein objektiver Maßstab zur Verfügung stehe. Zimmermann setzt hier also höher mit später und früher mit nieder gleich. Für heutige Organismen gelte dies aber nicht, da »alle heutigen Organismen abgewandelt sind. Keiner enthält nur ›primitive‹ Merkmale. Wir finden immer mit den ›primitiven‹ Merkmalen auch abgewandelte gemischt« (Zimmermann 1938a: 141). Zimmermann kommt zu dem Schluss: »Wegen der mangelnden Merkmalskorrelation ist die Einteilung der heutigen Organismen in ›primitive‹ und ›abgeleitete‹, ›niedere‹ und ›höhere‹ ein so offensichtlicher Fehlschuß, der unendlich viel Unheil in der Phylogenetik anrichtet, daß man ihn endlich vermeiden müßte« (Zimmermann 1943: 45). Bei heutigen Organismen kann man also nur in Bezug auf einzelne Merkmale von nieder bzw. primitiv und im Gegensatz dazu von höher, abgeleitet sprechen (Zimmermann 1938a: 141). Zimmermanns Kritik richtet sich in erster Linie gegen die Verwendung dieser Begriffe in der Systematik rezenter Organismen, nicht in der phylogenetischen Betrachtung. Die »Feststellungen der zunehmenden Differenzierung, Spezialisierung, ›Anpassungen‹ usw. [seien] ein unbestreitbares Ergebnis der Phylogenie«. Andererseits müsse die Phylogenetik theoretisch mit »Fällen einer Minderung von Spezialisierung, sowie mit der [...] Möglichkeit einer Minderung der ›zweckmäßigen‹ Einrichtungen rechnen« (Zimmermann 1943: 45 Fn.), auch wenn dies bisher nicht nachgewiesen worden sei. Man soll aber diese Möglichkeit »durch die Definition der Phylogenie als ›Höherentwicklung‹« nicht von vornherein negieren. Zudem solle man die Reihung von Organismen nach bestimmten Kriterien wie Komplexität nicht dadurch mit Wertungen überlagern, dass man diese Eigenschaft als ›höher‹ bezeichnet:

> »Es scheint mir jedoch auch hier zweckmäßiger, von der größeren Ausbreitungsfähigkeit oder von einer bestimmten Nutzleistung, Spezialisierung usw. zu sprechen, als diese erweisbaren Leistungen durch die viel mißbrauchten und vieldeutigen Ausdrücke ›höher‹, ›fortgeschritten‹ usw. zu verschleiern.« (Zimmermann 1943: 45 Fn.)

Zimmermann leugnet also nicht, dass es im Laufe der evolutionären Entwicklung zu zunehmender Differenzierung und Spezialisierung der Organe und zur Häufung von Adaptionsmerkmalen kam (Zimmermann 1968: 238), er hält es aber nicht für sinnvoll, einen (oder mehrere) dieser Trends mit dem Begriff ›Fortschritt‹ zu belegen. Zimmermann war nicht der einzige Autor, der die Problematik der Fortschrittsdiskussion im synthetischen Darwinismus ansprach. Ludwig beispielsweise verweist darauf, dass damit oft ein kaum verschleiertes Selbstlob der Menschen einhergeht: »Die sog. Vollkommenheit des Menschen, dass dieser also das zurzeit vervollkommenste Lebewesen wäre, bedeutet nach logischer Analyse nur, dass der Mensch zur Definition der Vervollkommnung gerade jene Eigenschaften wählt, bei denen er an der Spitze steht« (Ludwig 1953, [p. 9]). Auch Haldane hatte diese Tendenz bereits Anfang der 1930er Jahre kritisiert:

> »I have been using such words as ›progress‹, ›advance‹, and ›degeneration‹, as I think one must in such a discussion, but I am well aware that such terminology represents rather a tendency of man to pat himself on the back than any clear scientific thinking. [...] we must remember that when we speak of progress in evolution we are already leaving the relatively firm ground of scientific objectivity for the shifting morass of human values.« (Haldane 1932: 83; vgl. auch Mayr 1967: 58; Futuyma 1986: 8 und Dawkins 1992: 272)

## 3.2.4 Diskussion

Im Laufe des 19. und 20. Jahrhunderts wurde eine ganze Reihe von Kriterien für Fortschritt vorgeschlagen: Das Kriterium »Ähnlichkeit mit dem Menschen« wurde vor allem in der ersten Hälfte des 19. Jahrhunderts vertreten, verlor dann aber zunehmend an Popularität.[311] Das liegt wohl am Anspruch der Naturwissenschaften auf Objektivität, der dazu führte, dass man versuchte, Anthropomorphismen zu vermeiden; aus diesem Grund spielt das Kriterium im synthetischen Darwinismus keine Rolle. Unterschwellig liegt es aber auch einigen späteren Definitionen zugrunde.

Auch das Kriterium »Erfolg bzw. biologische Fitness« wird in seiner ursprünglichen Form, d.h. als Synonym von Überlebensfähigkeit, kaum mehr verwendet. Ursache hierfür ist, dass dies für alle jetzt lebenden Organismen gleichermaßen zutrifft. Die Definition von Fortschritt als Überlegenheit im Kampf ums Dasein findet sich bei Darwin (1859), Büchner (1860) und Preyer (1862). Diese Definition wurde in abgeleiteter Form von Huxley (1942) und Simpson (1949a) als Reihenfolge der dominanten Gruppen und bei Simpson (1949a) als Expansion wieder aufgegriffen. Haeckels Fortschrittsbegriff hat gezeigt, welche Schwierigkeiten bei dem Versuch auftauchen, morphologische und funktionelle Kriterien mit Darwins Kriterium »Erfolg im Kampf ums Dasein« zu verbinden. Der Grund hierfür ist, dass beispielsweise strukturelle Komplexität oder intellektuelle Fähigkeiten nur unter bestimmten Bedingungen einen Selektionsvorteil darstellen. Die Selektion wird zwar in allen Fällen die Fitness einer Art verbessern, aber nur unter bestimmten Umständen komplexere, größere oder intelligentere Organismen hervorbringen. Die natürliche Auslese führt also nicht notwendig zu evolutionärem Fortschritt, wenn man die genannten morphologischen oder funktionellen Kriterien zugrunde legt. Unter anderen Umweltbedingungen wird die Selektion nach dieser Definition zu Rückschritt (Degeneration) führen.

Sehr weit verbreitet sind Kriterien, die sich auf den **Bau** eines Organismus beziehen. So wird die strukturelle Differenzierung und Zunahme an Komplexität von zahlreichen Autoren als Fortschritt bzw. ›Höher‹ bezeichnet.[312] Weitere Bestimmungen, die sich auf den Bau beziehen sind die Reduktion der Zahl gleichnamiger (homonymer) Organe, Zentralisierung und Internierung, Größenzunahme (Bronn 1858; Remane, Storch & Welsch 1980). Schließlich wurden **funktionelle** Kriterien angeführt: Differenzierung der Funktion und Arbeitsteilung,[313] höhere Leistung und höherer Ökonomiegrad, verbesserte Kontrolle über und Unabhängigkeit von der Umwelt (Huxley 1942), Verbesserung des ZNS, offene Verhaltensprogramme, die

Integrität des arteigenen Systems sozialer Verhaltensweisen (Lorenz 1940b) und Anpassungsfähigkeit (Dobzhansky 1956).

Von einigen Autoren werden einzelne Kriterien auch miteinander kombiniert. D.h. die Definition von ›höher‹ basierte dann auf einer z.T. sehr komplizierten Verbindung und Rangfolge verschiedener Kriterien. Manche der Kriterien stehen auch im Widerspruch zueinander. Während z.B. Mayr die Existenz offener Verhaltensprogramme bei Tieren als Zeichen von Progression ansieht, war für Lorenz zumindest Anfang der 1940er Jahre die Aufrechterhaltung angeborener Verhaltens-Schemata ein Zeichen von ›Höhe‹. Auffällig ist, dass sich kaum zwei Biologen auf eine gemeinsame Definition von Fortschritt einigen konnten. Es stellt sich die Frage, nach welchen Kriterien die Autoren ihre bevorzugte Definition von Fortschritt wählen, wenn diese Frage empirisch nicht zu klären ist. Für Simpson und andere Biologen lässt sich zeigen, dass die Auswahl des bevorzugten Kriteriums von Fortschritt nicht in erster Linie von subjektiven, sondern von intersubjektiven, d.h. gesellschaftlichen, Werten abhängt. Die strukturelle Ähnlichkeit zwischen Simpsons Betonung von Expansion und Wachstum in der Evolution und der politischen Expansion bzw. dem ökonomischen Wachstum Amerikas nach dem Zweiten Weltkrieg legt dies zumindest nahe.

In Anbetracht dieser unübersichtlichen Diskussion stellt sich die Frage, ob sich Fortschritt in der Evolution überhaupt als wissenschaftliches Phänomen sinnvoll beschreiben und von weltanschaulichen Äußerungen unterscheiden lässt. Warum verzichten die Vertreter des synthetischen Darwinismus nicht völlig auf den Begriff, sondern ziehen es vor, einen oder mehrere Trends in der Geschichte des Lebens dadurch besonders auszuzeichnen, dass sie diese als Fortschritt bezeichnen? Es gibt mehrere Gründe, warum viele Darwinisten bis in die Gegenwart darauf beharrt haben, dass es sinnvoll ist, in der organischen Evolution von Fortschritt zu sprechen. Zum einen wollte man sich von den Vertretern eines statischen oder zyklischen Weltbildes unterscheiden. Während für Anti-Evolutionisten (z.B. Kreationisten) alle Organismen gleichzeitig – Wirbeltiere zur selben Zeit wie Einzeller – entstehen können, erfordert die Evolutionstheorie, dass die Organismen sich aus einfachen Anfängen zu komplexeren Formen entwickelt haben.

Ein weiterer Grund für die Darwinisten, die Frage des Fortschritts in der Evolution zu diskutieren, war die Auseinandersetzung mit den Orthogenetikern. Nach Ansicht der Orthogenetiker werden evolutionäre Trends durch innere Faktoren verursacht und führen zu notwendigen, gerichteten Veränderungen, die z.T. als Fortschritt interpretiert wurden. Eine gemeinsame Überzeugung der Darwinisten war, daß diese Veränderungen nicht zwangsläufig und durch innere Faktoren erfolgen, sondern durch die Selektion in Verbindung mit Entwicklungszwängen entstehen.

Bei der Widerlegung orthogenetischer Vorstellungen durch die Vertreter des synthetischen Darwinismus wurden die von den Orthogenetikern vorgebrachten Tatsachen einer gerichteten Entwicklung – zumindest teilweise – akzeptiert. Man versuchte vordarwinsche Ideen in die Evolutionstheorie zu integrieren und mit der natürlichen Auslese zu erklären, ohne sie grundsätzlich in Frage zu stellen.

Und schließlich führt die natürliche Auslese dazu, dass sich Merkmale, die zum Überleben notwendig sind, nach technischen Kriterien perfektioniert haben. Das Auge der Wirbeltiere beispielsweise ist im Laufe der phylogenetischen Entwicklung nach technischen Kriterien besser geworden. Bei welchen Merkmalen man in diesem Sinne von Fortschritt sprechen kann, lässt sich nicht generell bestimmen, sondern hängt von der Lebensweise des Organismus ab. Das technische Kriterium ist nur bedingt mit dem morphologische Kriterium der Komplexität kompatibel; auch Darwins ›Überlebens‹-Kriterium kann zu anderen Ergebnissen führen, da es sich auf Organismen und nicht auf Merkmale bezieht und das Überleben auch von Zufällen abhängt.

## 4. Die Evolution der Menschen

Die Theorie der gemeinsamen Abstammung aller Organismen gehört zu den Grundpfeilern der Darwinschen Evolutionstheorie. Entsprechend gingen die Architekten des synthetischen Darwinismus davon aus, dass ihre Theorie die Entstehung der Menschen einschließlich ihrer kognitiven und moralischen Eigenschaften erklären kann. Als ursächlicher Mechanismus wird auch hier das Zusammenspiel der verschiedenen Evolutionsfaktoren, vor allem von Mutation, Rekombination, Selektion und geographischer Isolation, angenommen. Erklärt werden soll nicht nur die Entstehung der Menschen aus affenähnlichen Vorfahren, sondern auch die Aufspaltung in geographische Rassen. Mit beiden Themen bewegten sich die Evolutionstheoretiker an einer bis heute brisanten Schnittstelle zwischen Biologie und Politik.

Die Vertreter des synthetischen Darwinismus hatten, wie schon ihre Vorläufer im 19. Jahrhundert und unabhängig von ihrer politischen Überzeugung, großes Interesse an der Frage der Evolution der menschlichen Art. In den frühen theoretischen Schriften der Architekten wird dieses Thema aber noch weitgehend ausgespart. Dies gilt für die in den USA und Großbritannien erschienenen Publikationen – Dobzhansky (1937), Mayr (1942), Huxley (1942), Simpson (1944) und Stebbins (1950). Auch Huxleys Sammelband *The New Systematics* (1940) enthält keinen spezifisch anthropologischen Beitrag. Zwar lässt sich entsprechendes

*Allgemeine Evolutionstheorie*

auch für die wichtigsten in Deutschland erschienenen theoretischen Schriften von Baur (1924, 1925), Zimmermann (1938a), Timoféeff-Ressovsky (1939a) und Rensch (1947a) feststellen. Aber, und dies ist der große Unterschied zur Situation in den angelsächsischen Ländern, bereits in der ersten Auflage der *Evolution der Organismen* von 1943 ist fast ein Viertel der Beiträge der Stammesgeschichte der Menschen gewidmet. Der anthropologische Themenkomplex in der *Evolution der Organismen* ist überschrieben mit »Die Abstammung des Menschen« und enthält folgende Beiträge:

| Autor | Titel des Beitrages | Gegenstand | Methode |
|---|---|---|---|
| Christian von Krogh | »Die Stellung des Menschen im Rahmen der Säugetiere« | Vergleich rezenter Primaten | Vergleichende Anatomie, Embryologie, Physiologie, Serologie |
| Wilhelm Gieseler | »Die Fossilgeschichte des Menschen« | Stammesgeschichte der Menschenarten | Paläontologie |
| Otto Reche | »Die Genetik der Rassenbildung beim Menschen« | Genetik und Evolution der Rassenbildung | Genetik |
| Hans Weinert | »Die geistigen Grundlagen der Menschwerdung« | Vergleich der kognitiven Fähigkeiten rezenter Primaten; ihre historische Entstehung bei Menschen | Vergleichende Anatomie, Verhaltensforschung, Archäologie |

Das Spektrum der behandelten Methoden reicht von vergleichend anatomischen und vergleichend physiologischen Untersuchungen an rezenten Organismen (von Krogh) über paläontologische (Gieseler) und genetische Ansätze (Reche) bis zur Verhaltensforschung und Archäologie (Weinert). Inhaltlich befassen sich von Krogh und Gieseler fast ausschließlich mit der Evolution zu den modernen Menschen **vor** der Aufspaltung in geographische Varietäten und sparen die Rassenbildung bei Menschen damit aus. Reche geht schwerpunktmäßig auf dieses politisch relevante Thema ein, bei Weinert nimmt es etwa ein Drittel der Seiten ein.

Der anthropologische Schwerpunkt in der *Evolution der Organismen* ist z.T. dadurch zu erklären, dass der Herausgeber Heberer selbst zu diesem Thema forschte, er fügt sich aber auch nahtlos in die allgemeine darwinistische Tradition ein. Dies zeigte sich dann in den folgenden Jahrzehnten, als die Evolution der Menschen in einer ganzen Reihe von Büchern aus Sicht des synthetischen Darwinismus diskutiert wurde. Die ersten dieser Publikationen erschienen unmittelbar nach dem Zweiten Weltkrieg und waren für ein breites Publikum bestimmt. Sie stellten gleichermaßen Einführungen in den neuesten Stand der Evolutionstheorie als auch politische Statements dar. *Heredity, Race, and Society* von Dunn und Dobzhansky (1946) kann als typisches Beispiel gelten. Exemplarisch seien weiter genannt: Haldane, »Human Evolution: Past and Future« (1949); Simpson, *The Meaning of Evolution – A Study of the History of Life and of Its Significance for Man* (1949a); Dobzhansky, *Mankind Evolving – The Evolution of the Human Species* (1962); J. Huxley, *Essays of a Humanist* (1964) und *Darwin to DNA, Molecules to Humanity* (1982) von Stebbins. Auch mit speziellen Fragen an der Schnittstelle zwischen Anthropologie und Evolutionsbiologie setzte man sich auseinander (z.B. Mayr, »Taxonomic Categories in Fossil Hominids«, 1951). Im Genre des populären Sachbuchs publizierten auch wichtige deutsche Darwinisten zu diesem Thema; das weltanschauliche, inhaltliche und zeitliche Spektrum reicht von Baurs *Der Untergang der Kulturvölker im Lichte der Biologie* (1933) über Renschs *Homo sapiens – Vom Tier zum Halbgott* (1959) und Heberers *Homo – unsere Ab- und Zukunft. Herkunft und Entwicklung des Menschen aus der Sicht der aktuellen Anthropologie* (1968) bis zu Zimmermanns *Evolution und Naturphilosophie* (1968). Auch in den beiden späteren Auflagen der *Evolution der Organismen* (1959, 1967–1974) behielt Heberer den anthropologischen Themenschwerpunkt bei. Auf die neueren Entwicklungen werde ich im Weiteren nicht näher eingehen, da dies den zeitlichen Rahmens meiner Studie überschreiten und eine eigene detaillierte Untersuchung erfordern würde.

Einige der biologischen Probleme, die im Zusammenhang mit der Evolution der Menschen diskutiert wurden – vor allem ihre Aufspaltung in geographische Rassen – waren von großem politischem Interesse (vgl. Saller 1961; Lilienthal 1984). Insofern könnte man vermuten, dass die anthropologischen Beiträge zur *Evolution der Organismen* eine stark ideologische Ausrichtung hatten. Für diese Vermutung spricht, dass die Autoren (von Krogh, Gieseler, Reche, Weinert) im Dritten Reich politische Funktionen inne hatten: Sie gehörten alle der NSDAP an, Mitglieder der SS waren Gieseler, Weinert und von Krogh (Junker & Hoßfeld 2000). Die Vermischung wissenschaftlicher Tatsachen und Theorien mit Ideen, die ihre Plausibilität dem jeweiligen Zeitgeist verdanken, ist aber ein allgemeines Problem anthropologischer Arbeiten. Für das Dritte Reich sind einige der sich wissenschaftlich gebenden, ideologischen Scheuklappen heute offensichtlicher, da sich die politischen Vorzeichen geändert haben. Bis in die Gegenwart ist die Evolution der Menschen ein weltanschaulich höchst brisantes Thema und ein Feld für politische Projektionen. Die allgemeine Problematik dieser Situation wurde in der Einleitung zu diesem Buch angesprochen.

Die starke Position der Anthropologie im Umfeld des synthetischen Darwinismus vor 1945 ist einer der auffälligsten Unterschiede zwischen der deutschen und britischen bzw. amerikanischen Situation. Ich betone: im Umfeld, da man bei einem Sammelwerk mit 19 verschiedenen Autoren nicht davon ausgehen kann, dass alle Beiträge im Sinne des synthetischen Darwinismus verfasst wurden. Im weiteren werden, der spezifischen Fragestellung meiner Untersuchung folgend, die politischen und weltanschaulichen Fragen nicht im Vordergrund stehen. Es geht mir in erster Linie darum zu klären, ob und inwieweit die verschiedenen Aussagen zur Evolution der Menschen, die von Autoren aus dem Umfeld des synthetischen Darwinismus in Deutschland gemacht wurden, der darwinistischen Tradition zuzuordnen sind. Werden die klassischen Themen aufgegriffen und sind die Antworten im Sinne des darwinistischen Forschungsprogramms?

Nachdem die Evolutionstheorie im zweiten Drittel des 19. Jahrhunderts zu einer zentralen Grundlage der Biologie geworden war, hatte dies eine ganze Reihe neuer Fragestellungen mit sich gebracht. Auch wenn der Perspektivenwechsel von einem statischen zu einem dynamischen Verständnis von vielen Fachwissenschaftlern, auch von der Mehrzahl der Anthropologen, nur sehr zögerlich akzeptiert wurden, gewannen evolutionäre Fragestellungen doch zunehmend Eingang in anthropologische Untersuchungen. Drei der wichtigsten Themen hat Darwin in *Descent of Man* benannt:

> »The sole object of this work is to consider,
> firstly, whether man, like every other species, is descended from some
>     pre-existing form;
> secondly, the manner of his development; and
> thirdly, the value of the differences between the so-called races of man«
> (Darwin 1871, 1: 2–3).

Ein viertes wichtiges Thema war die Frage, was dies für die Zukunft bedeutet, ob und wie es möglich ist, die biologische Evolution der Menschen gezielt zu beeinflussen – die Frage der Eugenik. Bis heute bestimmen diese vier Fragen die Diskussion um die Evolution der Menschen. Nach einem kurzen historischen Überblick zu den Antworten Darwins und darwinistischer Autoren des 19. und frühen 20. Jahrhunderts werde ich den Diskussionsstand im Umfeld des synthetischen Darwinismus schildern.

## 4.1 Die Entstehung der Menschen aus früheren Organismen

Die Frage, wie die Menschen entstanden sind und welchen stammesgeschichtlichen Weg sie dabei zurücklegten, hat die Biologen seit fast 200 Jahren fasziniert (Querner 1968; Rudwick 1972; Bowler 1986; Johanson & Edgar 1998). Bereits Linné hatte in seinem *Systema naturae* die Menschen dem Reich der belebten Natur zugeordnet und *Homo sapiens* zusammen mit Affen und Fledermäusen unter die Primaten (Herrentiere) vereinigt (Linné 1758: 20–4). Bei Linné hat dies allerdings noch keine evolutionäre Bedeutung und erst Lamarck gab dann in seiner *Philosophie Zoologique* (1809) eine kurze, hypothetische Schilderung der Entwicklung der Menschen aus einer Affenrasse (Lamarck 1809, 1: 349–50). Lamarck konnte sich mit seinen Vorstellungen aber nicht durchsetzen und stattdessen wurde für die nächsten Jahrzehnte das Cuvier zugeschriebene Schlagwort, »L'homme fossile n'existe pas« (»Der fossile Mensch existiert nicht«), prägend (Backenköhler 2002).

Darwin hat die Entstehung der Menschen in *Origin of Species* bewusst ausgespart und nur mit einem Satz auf dieses Thema hingewiesen: »Light will be thrown on the origin of man and his history« (Darwin 1859: 488). Dies war für ihn allerdings vor allem eine taktische Vorsichtsmaßnahme. Im Januar 1860 schrieb er in einem Brief: »With respect to man, I am very far from wishing to obtrude my belief; but I thought it dishonest to quite conceal my opinion.– Of course it is open to everyone to believe that man appeared by separate miracle, though I do not myself see the necessity or probability.–« (Darwin 1985–99, 8: 25; vgl. Gruber 1981).

Nachdem sich die Theorie der gemeinsamen Abstammung aller Organismen im Laufe der 1860er Jahre durchgesetzt hatte, wurde die ›Affenabstammung‹ der Menschen zu einem der wichtigsten Kristallisationspunkte der Debatte um den Darwinismus. Noch Jahre später beklagte der Publizist Oskar Peschel: »Für das große Laienpublicum besitzt die Darwinsche Lehre nur das eine Anziehende oder Abstoßende, nämlich die Frage der Abstammung des Menschen von den Affen« (Peschel 1867: 74). Als einer der ersten hat Haeckel die weitergehenden Folgerungen aus der Evolutionstheorie offen ausgesprochen:

> »Was uns Menschen selbst betrifft, so hätten wir also consequenter Weise, als die höchst organisirten Wirbelthiere, unsere uralten gemeinsamen Vorfahren

in affenähnlichen Säugetieren, weiterhin in känguruartigen Beutelthieren, noch weiter hinauf in der sogenannten Secundärperiode in eidechsenartigen Reptilien, und endlich in noch früherer Zeit, in der Primärperiode, in niedrig organisirten Fischen zu suchen.« (Haeckel 1863: 17)

Auch von anderen Anhängern Darwins wurde die Abstammung der Menschen im Rahmen der Evolutionstheorie diskutiert (T.H. Huxley 1861, 1863; Lyell 1863; Vogt 1863; Rolle 1866).

Darwin selbst legte seine Thesen zur Entstehung der Menschen 1871 in *The Descent of Man, and Selection in Relation to Sex* umfassend dar. Die erste Frage – ob die Menschen wie jede andere Art von einer früher existierenden Form abstammen – beantwortet er eindeutig im Sinne der Evolutionstheorie: »The main conclusion arrived at in this work, and now held by many naturalists who are well competent to form a sound judgment, is that man is descended from some less highly organised form« (Darwin 1871, 2: 385). Das Prinzip der Evolution bewährt sich eindeutig, wenn man die embryologischen und morphologischen Ähnlichkeiten zwischen den Mitgliedern derselben Gruppe, ihre geographische Verteilung in der Vergangenheit und Gegenwart sowie ihre geologische Aufeinanderfolge im Zusammenhang betrachte:

> »The great principle of evolution stands up clear and firm, when these groups of facts are considered in connection with others, such as the mutual affinities of the members of the same group, their geographical distribution in past and present times, and their geological succession. It is incredible that all these facts should speak falsely. He who is not content to look, like a savage, at the phenomena of nature as disconnected, cannot any longer believe that man is the work of a separate act of creation« (Darwin 1871, 2: 386).

Was die Stammesgeschichte der Menschen angeht, kommt Darwin zu einer ähnlichen Genealogie wie Haeckel: Von den Larven der Ascidien (Seescheiden) über Fisch-, Amphibien- bzw. Reptilien-ähnliche Tiere habe die Entwicklung über Beuteltiere, höhere Säugetiere und Affen bis zu den Menschen geführt (Darwin 1871, 2: 389–90). Da 1871, als *Descent of Man* erschien, noch nennenswerte Fossilüberlieferungen von Hominiden fehlten, musste sich Darwin wie seine Vorgänger weitgehend auf indirekte Beweise aus der Embryologie und vergleichenden Anatomie stützen. In seiner Klassifikation lehnte er sich an Huxley an, der von drei Unter-Ordnungen bei den Primaten gesprochen hatte: Anthropoiden (nur Menschen), Simiaden (alle Affen) und Lemuriden (alle Halbaffen); die Simiaden wiederum wurden in Platyrrhinen (Affen der Neuen Welt) und Catarrhinen (Affen der Alten Welt) unterteilt (Darwin 1871, 1: 195). Die vielen Ähnlichkeiten innerhalb der Simiaden zeigen für Darwin unzweifelhaft, dass diese Gruppe (einschließlich der Menschen) von gemeinsamen Vorfahren abstammt, die allerdings nicht den heute existierenden Affen entsprechen müssen. Nachdem sich die Affen der Neuen und der Alten Welt getrennt haben, sei aus letzteren in einer fernen Zeit der Mensch, »the wonder and glory of the Universe«, hervorgegangen (Darwin 1871, 2: 199; 1: 213).

Diese frühen und z.T. noch spekulativen Vorstellungen zur Evolution der Menschen wurden in den folgenden Jahrzehnten durch weitere vergleichende Untersuchungen an rezenten Organismen erhärtet und durch Fossilfunde bestätigt. Zudem gab es keine andere wissenschaftliche Erklärung für die Existenz von Menschen, die empirisch belegbar gewesen wäre. Insofern ist es erstaunlich, dass viele Autoren in Deutschland es noch in den 1940er Jahren für notwendig hielten, die evolutionäre Entstehung der Menschen als solche nachzuweisen.

### 4.1.1 Evolution und Anti-Evolutionismus

In fast allen Schriften mit anthropologischem Anspruch aus dem Umfeld des synthetischen Darwinismus finden sich Hinweise auf Gegner der Evolutionstheorie oder auf Autoren, die die Menschen direkt aus anderen Organismen als Primaten ableiten wollen. In dem Beitrag von Krogh zur *Evolution der Organismen* heißt es beispielsweise:

> »Der weitere Versuch, die Abstammung des Menschen von tierischen Ahnen überhaupt nicht genealogisch, sondern idealistisch aufzufassen, ist natürlich völlig abwegig. Er entspringt einer Denkweise, die die Kausalität als Prinzip der Naturwissenschaft nicht anerkennt und braucht deshalb hier nicht weiter widerlegt zu werden. Pseudowissenschaftliche Einwände bleiben selbstverständlich unberücksichtigt.« (von Krogh 1943: 612)

Auch Gieseler leitet seinen Beitrag mit einem Bekenntnis zur Evolutionstheorie ein: »Dieser Beitrag ist vom Boden der Abstammungslehre aus geschrieben worden. [...] Darüber hinaus hat diese Arbeit zum Fundament [...], daß die Abstammungslehre auch für den Menschen gilt«. Diese Feststellungen seien notwendig, denn »gerade in jüngster Zeit mehren sich wieder die Angriffe gegen die allgemeine Abstammungslehre« (Gieseler 1943: 615). Ähnliche Passagen finden sich bei Weinert (1943a: 733), Reche (1943: 683) und Rensch (1943b: 57–8).

*Allgemeine Evolutionstheorie*

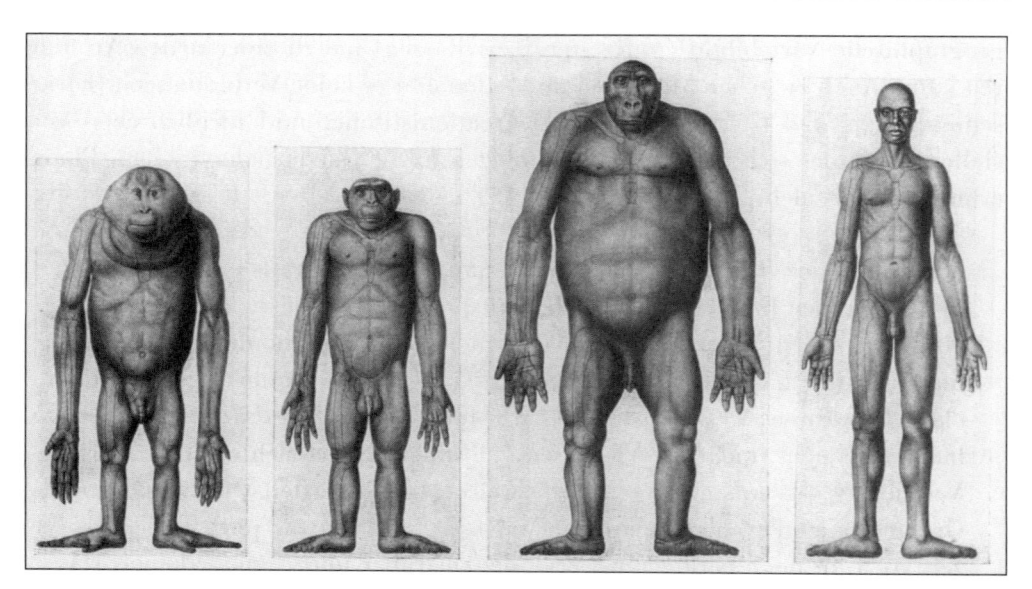

Abbildung 22: Vergleich der Körperproportionen von Orang-Utan, Schimpanse, Gorilla und Mensch (von Krogh 1943: 596)

Als zweite Gruppe »abseitiger Vorstellungen« (Rensch 1943b: 58) werden Versuche kritisiert, die Menschen phylogenetisch unmittelbar auf Nicht-Primaten zurückzuführen: Es gäbe »verschiedene Stimmen, und sie haben sich in letzter Zeit vermehrt, daß die ›äffische Abstammung‹ des Menschen abzulehnen sei und der Homo sapiens ein sehr viel höheres Alter habe« (Gieseler 1943: 669). Morphologische und physiologische Ähnlichkeiten sowie paläontologische Daten würden aber eindeutig belegen, dass die Menschen am nächsten mit den Primaten verwandt und alle Primaten aus einem gemeinsamen Vorfahren entstanden seien: »Die Anthropomorphenverwandtschaft ist eine Tatsache! Alle anderen Theorien der Menschwerdung lassen sich mit diesem riesigen Tatsachenmaterial nicht in Einklang bringen und müssen heute als falsch abgelehnt werden« (von Krogh 1943: 611–2; vgl. auch Reche 1943: 684). Die Auseinandersetzungen mit anti-evolutionistischen Autoren zeigen eine gewisse Widersprüchlichkeit; man bekräftig die Gültigkeit der Evolutionstheorie bzw. der Theorie der gemeinsamen Abstammung und spricht von der ›Abseitigkeit‹ alternativer Ideen. Zugleich diskutiert man diese aber intensiv. Als Grund wird darauf verwiesen, dass sich diese Stimmen in letzter Zeit (es handelt sich um die Jahre vor 1943!) mehren würden. Konkret werden religiöse Autoren (Kreationisten) sowie Anhänger der Idealistischen Morphologie genannt.

Zur ersten Gruppe ist der Ornithologe und Pfarrer Otto Kleinschmidt zu rechnen. Er hatte in einer Vielzahl von Publikation den Standpunkt vertreten, dass die geographische Variabilität (Varietäten bzw. Rassen) nie zu einer neuen Art führen kann. Auch zwischen Menschen und Affen gibt es keine Verbindungen (Kleinschmidt 1931: 128–9). Eine Mischung kreationistischer und idealistischer Vorstellungen findet sich bei dem Paläontologen Ernst Dacqué, der eine an Platon erinnernde Ideenlehre vertrat:

»Die Formidee des Menschen könnte man beschreiben als ein Wesen, das als Träger der Intelligenz und aller entsprechenden Geistigkeit hierzu ein vollendetes Zentralnervensystem, das intellektuell funktionierende Gehirn, hierzu Hände hat und einen aufrechten Gang, um die Umwelt zu überblicken. [...] Dieses Wesen ist sozusagen von der Natur grundsätzlich als Vierhänder gedacht, nicht als Vierfüßer. [...] Spezialisiert sich die Grundform Vollmensch, so entstehen extremsterweise Menschenaffen wie Gorilla und Orang-Utan, in weniger extremer Weise die noch etwas pithekoiden Eiszeittypen; in noch geringerer Weise die Australier und Neukaledonier. Das täuscht eine Stammreihe aus niederen affenartigen Formen zum Vollmenschen vor; der Gang ist anders.« (Dacqué 1935: 457–8; vgl. die Kritik von Krogh 1943: 612 bzw. Weinert 1943a: 708)

Auch der in München lehrende Botaniker Ernst Bergdolt glaubte, dass Rassen »Variationen des Typus ›Mensch‹ [sind], die Verwirklichung eines Gedankens der Natur, der nicht durch irgendwelche Zweckmäßigkeitsdeutungen erklärt werden kann« (Bergdolt 1937–38: 111; Bergdolt 1940; vgl. die ausführliche Kritik in Reche 1943: 688–89). Besonders empört zeigte sich Reche, dass Bergdolt die Selektionstheorie mit liberalen und jüdischen Gedanken in Verbindung bringt, sie also der politischen Abweichung beschuldigt: »Der liberalistische Anthropologe sieht in den Rassen lediglich ›Züchtungsprodukte der Umwelt‹, eine Ansicht, die besonders von jüdischer Seite aus naheliegenden Gründen eifrig vertreten wurde. Das Problem der Rassenentstehung liegt aber doch wesentlich tiefer« (Bergdolt 1937–38: 109). Reche antwortete mit gleicher Münze, indem er auf die Übereinstimmung der Ideen von Bergdolt »mit gewissen politisch-ultramontanen ›Naturwissenschaftlern‹« hinweist (Reche 1943: 686). Reche und Bergdolt waren, das sei am Rande bemerkt, gleichermaßen begeisterte Anhänger des Nationalsozialismus.

Viel Raum wird auch der Auseinandersetzung mit den Theorien des Pathologen Max Westenhöfer eingeräumt. Dieser hatte – ähnlich wie Kleinschmidt – vorgeschlagen, den Stammbaum durch einen Stammbusch mit parallelen Zweigen zu ersetzen und die Menschen unter Ausschaltung einer affenartigen Zwischenstufe direkt zum »Typus Ursäugetier« und weiter zum Typus der »geschwänzten

*Allgemeine Evolutionstheorie*

Amphibien« zurückzuführen: »Nirgends kann man den Übergang einer Art in eine andere beobachten und beweisen. Nur innerhalb der Arten sind zahlreiche Variationen in bestimmten Richtungen möglich« (Westenhöfer 1935: 91, 1940; vgl. Gieseler 1943: 669–673; von Krogh 1943: 612; Rensch 1943b: 58). Allgemein wird aus diesen Kontroversen deutlich, dass die Evolutionstheorie im Dritten Reich keineswegs unumstritten war und dass die Übertragung auf die Menschen **auch unter politischen Gesichtspunkten kritisiert** wurde. Ein wesentlicher Grund, der bereits im Zusammenhang mit dem Lamarckismus angesprochen wurde, war, dass Evolution Veränderbarkeit bedeutet und dies wollte man in vielen Fällen gerade nicht akzeptieren.

## 4.1.2 Vergleichende Untersuchungen rezenter Organismen

Die Autoren der *Evolution der Organismen* antworteten auf die kreationistischen und idealistischen Thesen, indem sie die seit Darwin und Haeckel bekannten Tatsachen und Argumente wiederholten, die für die evolutionäre Entstehung der Menschen und für ihre Verwandtschaft mit anderen Primaten sprachen. Man verweist auf die Daten der vergleichenden Anatomie bzw. Embryologie, sowie auf paläontologische Funde. Diese Felder werden durch neuere Erkenntnisse aus Physiologie und Genetik ergänzt. Vergleichend anatomisch argumentiert vor allem von Krogh; er kommt zu dem Schluß, dass sich die Menschen innerhalb der Primatenreihe eindeutig und zwanglos an die Gruppe der Menschenaffen anschließen. Zudem geht er im Sinne des biogenetischen Grundgesetzes davon aus, dass die phylogenetische Entwicklung der Menschen noch deutlich an ihrer Ontogenie abzulesen sei:

> »Aus der Geschichte der Tiere wissen wir, wie sich aus einfachsten Wirbeltieren nacheinander Fische, Amphibien, Reptilien und aus diesen einerseits Vögel und andererseits Säugetiere entwickelten. Die Ontogenie aller Säuger z.B. läßt uns diesen Entstehungsweg heute noch deutlich erkennen. Aber auch der Mensch hat diesen Weg zurückgelegt.« (von Krogh 1943: 589)

Von Krogh ergänzt diese klassischen Argumente durch neuere serologische Belege. In Anlehnung an die Arbeiten von Theodor Mollison, bei dem er in den Jahren 1933 bis 35 gearbeitet hatte, geht er auf Versuche ein, mit Hilfe von Immunreaktionen zu einer quantitativen Abschätzung des Verwandtschaftsgrades zwischen verschiedenen Arten zu kommen:

»Daß die Verwandtschaft im Bau der artspezifischen Eiweiße nicht nur eine zufällige Eiweißverwandtschaft darstellt, die systematisch denselben Wert hat wie irgendein morphologisches Ähnlichkeitsmerkmal, sondern daß hier ein Beweis ihres genealogischen Zusammenhanges vorliegt, dürfte klar sein. Eine zwei- oder mehrmalige Entstehung so hochkomplizierter Arteiweißmoleküle ist undenkbar, sie können nur auf dem gemeinsamen Wege der Entwicklung zustande gekommen sein. Können wir bei dem morphologischen Vergleich immer nur ein Merkmal gleichzeitig erfassen, wobei seine phylogenetische Bewertung immer subjektiv bleiben muß, so gestattet uns die serologische Forschung, die Gesamtdifferenzierung einer Art objektiv zu erfassen. Wir bekommen einen, wenn auch relativen, Vergleichsmaßstab für den Grad ihrer Spezialisierung und ihre Stellung im System.« (von Krogh 1943: 611)

Diese frühen Ansätze zu einer physiologischem Verwandtschaftsbestimmung waren sehr zukunftsweisend und wurden in der zweiten Hälfte des 20. Jahrhunderts zu einem wichtigen Baustein der Evolutionsforschung. Wie bei den traditionellen Methoden der Systematik wurde von phänotypischer Ähnlichkeit auf Verwandtschaft geschlossen. Der weitergehende Schritt, die genetische Ähnlichkeit direkt durch DNA-DNA-Hybridisierung oder die Sequenzierung von Genen zu erschließen, wurde dann ab den 1960er bis 1990er Jahren möglich. Immerhin stellten die Ergebnisse der immunologischen Reaktionen bereits in den 1930er Jahren interessante Ergänzungen zu vergleichend anatomischen Arbeiten dar, auch wenn sie noch keine definitive Entscheidung zuließen:

»Als völlig geklärt kann deshalb das spezielle Verhältnis von Mensch, Schimpanse und Gorilla heute noch nicht angesehen werden. Eine weitere Klärung können Fossilfunde bringen, eine entscheidende Lösung würde die serologische Untersuchung des Arteiweißes ermöglichen, die, wie erwähnt, beim Gorilla noch aussteht.« (von Krogh 1943: 613)

### 4.1.3 Paläontologie

Während die vergleichende Untersuchung rezenter Organismen schon im 19. Jahrhundert zu sehr weitreichenden Erkenntnissen geführt hatte, dauerte es noch mehrere Jahrzehnte bis ergänzende Funde fossiler Menschen gemacht wurden. Zu Beginn des 19. Jahrhunderts hatte George Cuvier nicht nur die evolutionäre Entwicklung von Organismen generell geleugnet, sondern auch programmatisch und in offensichtlicher Anlehnung an die biblische Sintflutlegende verkündet, dass es vor 5 bis 6.000 Jahren zur bisher letzten großen Erdrevolution gekommen sei. Dabei sei das von Menschen bewohnte Festland »in Abgründe versenkt worden und gänzlich verschwunden« (Cuvier 1822: 101, 197–8; Backenköhler 2002). Zwar waren bereits vor den 1850er Jahren fossile menschliche Knochen gefunden worden, aber diese ließen sich ebenso wenig wie der 1856 entdeckte Neanderthaler-Schädel eindeutig als Relikte eines Vorfahren heutiger Menschen identifizieren. Der Neanderthaler hat zwar nach Ansicht von Huxley »truly the most pithecoid of known human skulls«. Trotzdem sei zu konstatieren: »In no sense, then, can the Neanderthal bones be regarded as the remains of a human being intermediate between Man and Apes« (T.H. Huxley 1863: 157).

Die ersten Jahrzehnte nach der Publikation von *Origin of Species* brachten keine wesentlichen Fortschritte bei der paläontologischen Aufklärung der Hominidenevolution. Das erste echte Verbindungsglied zwischen Menschen und tierähnlichen Vorfahren, der ›Java-Mensch‹ (*Pithecanthropus*), wurde erst 1890 von dem jungen Holländer Eugen Dubois entdeckt (Rudwick 1972: 242–4; Mayr 1984: 499–501; Bowler 1986). In den folgenden Jahren gelang eine Reihe weiterer wichtiger Fossilfunde, die zur Grundlage einer nun auch paläontologisch abgesicherten Rekonstruktion der Evolution der Menschen wurden.

Einer dieser Funde – der Schädel von Piltdown – erwies sich später als Betrug. 1912 hatten der Rechtsanwalt Charles Dawson und ein Mitarbeiter des Britischen Museums, Arthur Smith Woodward, in Piltdown, einem kleinen Ort in der Grafschaft Sussex, eine Unterkieferhälfte und ein weiteres Stück des Gehirnschädels geborgen. In allen damaligen Darstellungen über die menschliche Stammesgeschichte wurde *Eoanthropus dawsoni* erwähnt. Ende der 1920er Jahre sorgten echte fossile Funde für eine Belebung der Hominidendiskussion. Der kanadische Arzt Davidson Black hatte auf der Basis einzelner Zähne, die im Gebiet von Zhoukoudian (40 km südlich von Peking) gefunden worden waren, eine neue Hominidenart beschrieben: *Sinanthropus pekinensis* (»Pekingmensch«). Später fanden sich noch zahlreiche weitere Fossilien von *Homo erectus*, wie der »Pekingmensch« heute bezeichnet wird, und die Fundstätte wurde zum weltweit ergiebigsten Einzelfundort dieser Species. Nach dem Tod von Black übernahm der Anatom Franz Weidenreich die weitere Auswertung der *Sinanthropus*-Materialien (Weidenreich 1943). Etwa um dieselbe Zeit, zu der die Grabungen bei Peking stattfanden, versuchte man auch, über den *Pithecanthropus*-Fund auf Java Näheres zu erfahren. In den Jahren von 1931 bis 1941 gelang es von Koenigswald auf Java (Sangiran, 60 km von Trinil) weitere Fossilien von *Pithecanthropus* zu bergen.

Auch Fossilien der frühsten derzeit bekannten Hominiden, die vor vier bis einer Million Jahren lebten, wurden in der ersten Hälfte des 20. Jahrhunderts entdeckt. Diese Formen werden in der Gattung *Australopithecus* zusammengefasst. Im Jahre 1924 war ein Fund aus einem Kalksteinwerk in Südafrika, nahe dem Ort Taung, der aus Teilen eines Gesichtsschädels bestand, in die Hände des australischen Anatomen Raymond Dart gelangt. Der Schädel gehörte offenbar zu einem Kind, da der erste Backenzahn des Dauergebisses gerade durchbrach. Für den Fund vergab Dart den Namen *Australopithecus africanus* (Dart 1925).

In den Jahrzehnten vor 1940 kam es also zu einer beträchtlichen Zahl von Funden fossiler Hominiden. Aus den paläontologischen Daten ließen sich nun neue, bedeutend präzisere Folgerungen über den konkreten Ablauf der Stammesgeschichte der Menschen ableiten, als dies nur aufgrund vergleichend anatomischer Untersuchungen möglich war. Dadurch ist auch der Umfang von Gieselers Beitrag in der *Evolution der Organismen* zu erklären; die »Fossilgeschichte des Menschen« nimmt mit 68 von 146 Seiten fast die Hälfte des IV. Komplexes über »Die Abstammung des Menschen« ein. Gieseler beansprucht für die Paläontologie auch einen inhaltlichen Vorrang:

»Die Funde des fossilen Menschen sind heute so zahlreich geworden, daß sie vor allen anderen Beweismitteln für die Entscheidung einer jeden Frage im Bereich der menschlichen Abstammungskunde herangezogen werden müssen. Nach ihnen haben sich unsere Anschauungen über die Entwicklung der menschlichen Formen zu richten, nicht umgekehrt sind die fossilen Funde nach Überlegungen vergleichend-anatomischer oder embryologischer Art zu deuten.« (Gieseler 1943: 680)

Konkret stellt er in seinem Beitrag die Fossilfunde von europäischen und außereuropäischen Neanderthalern, *Pithecanthropus* und *Sinanthropus* sowie frühe Funde von tertiären Menschen und fossilen Ostaffen (zu letzteren zählt er u.a. *Australopithecus*) dar. In seiner Reihung folgt er der Chronologie der Funde, nicht jener der Stammesgeschichte. Als wichtigste Ergebnisse der paläontologischen Daten sei festzuhalten:

»[1.] Die Menschwerdung ist nicht durch einen einmaligen, in sich zeitlich eng begrenzten großen Schritt erfolgt, sondern sie stellt einen lang dauernden Vorgang dar, der sich in kleinen Schritten vollzog. […]
[2.] […] das Tempo dieser Menschwerdung [ist] wohl durchaus ungleichmäßig gewesen […].

[3.] Festzuhalten ist nach wie vor an der Vorstellung einer monophyletischen Entstehung des Menschengeschlechtes, d.h. daß die menschliche Entwicklungslinie von einer Menschenaffenform und nicht von mehreren körperlich verschiedenen Formen ihren Ausgang nahm.
[4.] Als Ort der Menschwerdung kommen nur Gebiete in Frage, in denen die Ostaffen und insbesondere Menschenaffen lebend oder fossil nachgewiesen sind. Damit scheiden Australien, Nord- und Südamerika auf jeden Fall aus. Am meisten Wahrscheinlichkeit besteht für die Annahme, daß die Loslösung aus einer allgemeinen Anthropoidenstufe in Zentralasien oder im nordafrikanisch-europäischen Raum erfolgte.« (Gieseler 1943: 679–80)

Wie Gieseler nahmen auch die anderen Anthropologen in der *Evolution der Organismen* an, dass die ursprüngliche Entstehung der Menschen in Asien oder Europa erfolgte. Im 19. Jahrhundert hatte man noch Afrika oder Südasien bevorzugt. Darwin war aufgrund indirekter Indizien – da in den großen Regionen rezente Säugetiere jeweils eng mit den ausgestorbenen Arten verwandt sind – zu dem Schluß gekommen, dass die ursprüngliche Entstehung der Menschen am ehesten in Afrika stattfand:

»In each great region of the world the living mammals are closely related to the extinct species of the same region. It is therefore probable that Africa was formerly inhabited by extinct apes closely allied to the gorilla and chimpanzee; and as these two species are now man's nearest allies, it is somewhat more probable that our early progenitors lived on the African continent than elsewhere.« (Darwin 1871, 1: 199)

Demgegenüber hatte Haeckel vermutet, dass Südasien oder ein versunkener Kontinent namens Lemurien die Urheimat der Menschen war (Haeckel [1868] 1911: 755–57; Krauße 2000). Warum wurden Darwins und Haeckels Deutungen nun abgelehnt? Reche gibt dafür folgende Erklärung: Zunächst sei zu vermuten, dass die Bevorzugung von Asien ein Relikt des »sumerischen Schöpfungsmythus« sei; zudem habe »Asien in seiner Weiträumigkeit imponiert«. Bei »unvoreingenommener Prüfung« komme man aber zu einem anderen Ergebnis. Allgemein akzeptiert wurde seit dem 19. Jahrhundert, dass weder Amerika noch Australien »Heimat der Menschwerdung« waren, da hier weder rezente noch fossile Menschenaffen vorkommen. Da Reche einen klimatischen Faktor – die Eiszeit – für die entscheidende Ursache bei der Entstehung und Höherentwicklung der Menschen hält, kommen für ihn weder Südasien noch Afrika in Frage. Es »bleibt also als Heimat der Menschwerdung im Grunde nur Europa [...]. Damit ergibt sich also als wahrscheinlichste Annahme: Menschwerdung in Europa zur Zeit der 1. starken Vereisung, also nach der jetzt am meisten verbreiteten Schätzung der Geologen vor rund 550.000–600.000 Jahren« (Reche 1943: 691–2; vgl. auch Massin 1996: 129). Dass die Festlegung auf Europa kaum verhohlen politisch motiviert war, wird im Folgenden noch deutlicher.

### 4.1.4 Die Evolution der menschlichen Psyche

Im Darwinismus wird das menschliche Gehirn, die materielle Voraussetzung für jede Kulturentwicklung, als Anpassung an spezielle Umweltbedingungen gesehen und mit der natürlichen bzw. sexuellen Auslese erklärt. Nicht nur aus sachlichen sondern vor allem auch aus emotionalen Gründen galt die Entstehung der spezifisch menschlichen geistigen Fähigkeiten als größte Schwierigkeit für die Anwendung der Evolutionstheorie. Schon Darwin hatte die natürliche Erklärung des menschlichen Geistes als den innersten Festungsring des Schöpfungsglauben bezeichnet: »the citadel itself.– the mind is function of body« (Darwin 1987 [1838], N: 5). In *Descent of Man* hat er dann zu zeigen versucht, dass die geistigen Anlagen der höheren Tiere denen der Menschen qualitativ ähnlich sind auch wenn es quantitative Unterschiede gebe, und dass sie verbesserungsfähig sind. Geistige Fähigkeiten sind variabel, erblich und wichtig für das Überleben der Tiere. Aus diesen Gründen können sie durch die natürliche Auslese entwickelt werden. Dasselbe gilt für die Menschen. Auch ihr moralischer Sinn sei ursprünglich in Form sozialer Instinkte durch die natürliche Auslese entstanden (Darwin 1871, 2: 390, 394).

Auf die emotionalen Widerstände gegen die Einbindung der Menschen in die biologische Evolution hat auch Sigmund Freud hingewiesen. Darwin habe dadurch, dass er die gemeinsame Abstammung der Organismen nachgewiesen habe, eine »biologische Kränkung des menschlichen Narzißmus« herbeigeführt. Seither müssen wir uns mit folgender Tatsache auseinandersetzen:

> »Der Mensch ist nichts anderes und nichts Besseres als die Tiere, er ist selbst aus der Tierreihe hervorgegangen, einigen Arten näher, anderen ferner verwandt. Seine späteren Erwerbungen vermochten nicht, die Zeugnisse der Gleichwertigkeit zu verwischen, die in seinem Körperbau wie in seinen seelischen Anlagen gegeben ist.« (Freud [1917] 1940: 8)

Auch in den Arbeiten aus dem Umfeld des synthetischen Darwinismus wird die hier am Beispiel von Darwin und Freud dokumentierte Ansicht, dass Körper und Geist der Menschen gleichermaßen aus dem Tierreich abzuleiten sind, vertreten. So kam Heberer 1931 zu dem Schluss, dass »ein prinzipieller Unterschied zwischen Tierseele und Menschenseele nicht besteht, daß vielmehr der Mensch nicht nur morphologisch, sondern auch hinsichtlich seiner Psyche seine phylogenetischen Wurzeln im Säugerstamme, und zwar speziell im Affenstamm besitzt« (Heberer 1931: 144). Diese allmähliche Entstehung wird auch in einige Beiträgen der *Evolution der Organismen* bekräftigt. So schreibt von Krogh, dass »auch der menschliche Geist keine Sonderstellung einnimmt, sondern im Zusammenhang mit dem menschlichen Körper sich entwickelt hat [...]. Beide zusammen, Körper und Geist, schufen den ganzen Menschen, und erst die Erkenntnis seiner einheitlichen Entstehung gibt uns die Antwort auf die Frage seiner Stellung in der Natur« (von Krogh 1943: 589; vgl. auch Rensch 1943b: 82).

Für wie wichtig man dieses Thema hielt, geht auch daraus hervor, dass den »geistigen Grundlagen der Menschwerdung« in der *Evolution der Organismen* ein eigenes Kapitel gewidmet war. Wie Weinert hier einleitend schreibt, werde als »letzter Rettungsgedanke gegen die mißliebige Abstammungslehre der Einwand« vorgebracht, dass die »Ergebnisse der Stammesgeschichtsforschung wohl für die körperliche Entwicklung Gültigkeit haben sollten, nicht aber für den geistigen Aufstieg. Geist und Seele müßten ausgenommen bleiben von den Gesetzen der Entwicklung und Vererbung« (Weinert 1943a: 707–8). In seinem Beitrag will er zeigen, dass sich die geistige ähnlich wie die körperliche Entwicklung durch vergleichende Untersuchungen an rezenten Menschenaffen plausibel machen lasse. Die psychologischen Daten sollen es zusammen mit archäologischen Funden ermöglichen, den »geistigen Aufstieg« der Menschen zu rekonstruieren. Weinert (1943a: 717) unterscheidet fünf Stufen:

Vorstufe: Schimpansen-ähnliche Menschenaffen
   (*Dryopithecus*, *Australopithecus*)
I. Affenmensch oder Vormensch (*Pithecanthropus*)
II. Neandertaler oder Urmensch
   (*Homo neandertalensis*, Präneandertaler)
III. Eiszeitlicher Vernunftmensch oder Altmensch
   (*Homo sapiens diluvialis* oder *fossilis*)
IV. Jetztzeitlicher Vernunftmensch
   (*Homo sapiens alluvialis* oder *recens*)

Als entscheidenden Schritt zum Menschen – von der Vorstufe (*Australopithecus*) zur I. Stufe (*Pithecanthropus*) – bestimmt er den »ersten bewußten Gebrauch des Feuers« (Weinert 1943a: 715). Am Schluß seiner Ausführungen bekräftigt er noch einmal: »Körper und Geist sind untrennbar miteinander verbunden. Die Naturforschung kennt keine plötzliche Erschaffung und hat keinen Anlaß, für die Seele des Menschen eine solche Ausnahme zuzugestehen« (Weinert 1943a: 733). Auch andere Vertreter des synthetischen Darwinismus haben sich zur Entstehung der geistigen und charakterlichen Merkmale der Menschen im Laufe der Evolution geäußert. So glaubt Zimmermann, dass »durch Auslesevorgänge der Charakter eines Volkes im Laufe der Jahrhunderte natürlich anders werden [kann]. Das wird besonders bei einem Volk der Fall sein, welches aus vielen Komponenten bunt gemischt ist« (Zimmermann 1938a: 238). Auch die moralischen Vorstellungen seien »etwas geschichtlich Gewordenes«:

> »Alle menschlichen Einrichtungen und Fähigkeiten sind ja in der Evolution geworden und werden erkennbar in der Ontogenie. [...] Erbliche Voraussetzungen für alles Menschliche sind während der Evolution oder Phylogenie bei den Ahnen erworben worden. Sie werden von Generation zu Generation als Erbgut weitergegeben und führen im Zusammenwirken mit Außenumständen (einschl. Erziehungseinflüssen u.dgl.) während der Ontogenie der Individuen zu Entscheidungen, Äußerungen, Handlungen oder Unterlassungen auf ethischem Gebiet.« (Zimmermann 1968: 239)

Darwins erster Frage zur Entstehung der Menschen – ob sie wie jede andere Art von einer früheren Form abstammen – wird also in der *Evolution der Organismen* breiter Raum eingeräumt. Die Beiträge von Gieseler und von Krogh befassen sich ausschließlich mit diesem Thema, auch bei Weinert steht es im Vordergrund, nur von Reche wird den beiden anderen Fragen nennenswerte Beachtung gezollt.

## 4.2 Die Art der Entwicklung – Evolutionsmechanismen

Einer der wichtigsten Unterschiede zwischen Darwins ursprünglicher Theorie und dem synthetischen Darwinismus des 20. Jahrhunderts betrifft die Frage der Evolutionsmechanismen: Während Darwin einen lamarckistischen Hilfsmechanismus angenommen hatte, wurde dies im synthetischen Darwinismus strikt abgelehnt. Aber auch bei Darwin war die Selektion der wichtigste kausale Faktor der Evolution. Wie er in *Descent of Man* ausführt, gibt es bei Menschen ständig indi-

*Allgemeine Evolutionstheorie*

viduelle Unterschiede in allen Teilen des Körpers und in den geistigen Fähigkeiten. Diese Varianten entstehen durch dieselben Ursachen wie bei niederen Tieren und es herrschen ähnliche Vererbungsgesetze vor. Auch die Menschen zeigen eine Fruchtbarkeit, die größer ist als ihre Möglichkeiten sich zu ernähren, und deshalb kommt es gelegentlich zu einem harten Kampf ums Dasein und zur Auslese. Als weitere Faktoren der Evolution nimmt er die Vererbung erworbener Eigenschaften, eine direkte Wirkung der Lebensbedingungen, das Prinzip der Korrelation und die sexuelle Auslese an (Darwin 1871, 2: 387).

Die Modernisierung der Selektionstheorie gehört zu den wichtigsten Fortschritten des synthetischen Darwinismus gegenüber Darwins Theorien und dem Darwinismus des 19. Jahrhunderts. Sondermechanismen für die Evolution der Menschen werden nicht postuliert. Die Gesetzmäßigkeiten der Vererbung und der Evolution haben »eine ganz allgemeine Gültigkeit. […] Genau die gleichen Gesetze gelten auch für den Menschen« schrieb Baur (1930: 416) und Zimmermann bekräftigte:

»Die Frage einer Herkunft des Menschen von tierischen Vorfahren und seine blutmäßige Verwandtschaft mit heutigen Tieren ist von ausschlaggebender Bedeutung für die Frage, ob wir allgemein-biologische Gesetze wie die Vererbungsgesetze auf den Menschen übertragen können. Eindeutig hat die wissenschaftliche Forschung die Herleitung des Menschen von tierischen Vorfahren bejaht. Einwandfrei ist damit die Berechtigung erwiesen, auch die Erbgesetze, die im Tier- und Pflanzenreich Allgemeingültigkeit haben, die wir aber beim Menschen nicht unmittelbar erweisen können, auf den Menschen zu übertragen.« (Zimmermann 1938a: 288–9; ähnlich Gieseler 1943: 615)

Der synthetische Darwinismus war in erster Linie eine Theorie der Evolutionsmechanismen und keine historische Rekonstruktion der Phylogenie, er sollte aber auch eine allgemeine Evolutionstheorie sein. Um diesem Anspruch gerecht zu werden, musste gezeigt werden, dass sich das neue Modell fruchtbar auf anthropologische Fragestellungen anwenden ließ.

### 4.2.1 Genetische Variabilität

Die genetische Variabilität ist eine unerlässliche Voraussetzung, ohne die die Selektion keine Wirkung entfalten kann. Die Bedeutung der Mutationen bei Menschen, neben der Rekombination die wichtigste Quelle der Variabilität, ist in der ersten

Hälfte des 20. Jahrhunderts vor allem im Zusammenhang mit eugenischen Fragestellungen diskutiert worden. Als einziger Autor in der *Evolution der Organismen* hat sich Reche bemüht, die neuen Erkenntnisse auch auf die Stammesgeschichte der Menschen anzuwenden (»Die Genetik der Rassenbildung beim Menschen«) und so Anthropologie und synthetischen Darwinismus zu verknüpfen: »Art- und Rassebildung auch beim Menschen sind demnach nur auf der Grundlage von Erbänderungen, Auslese und Isolierung (und u.U. Bastardierung) denkbar« (Reche 1943: 685). So versucht er beispielsweise den Selektionsvorteil bestimmter Hautfarben oder körperlicher Strukturen nachzuweisen und die Beschleunigung der Evolution beim Menschen durch eine Erhöhung der Mutationsrate zu erklären:

> »Die Entstehung einer neuen Art oder Rasse bedeutet in erster Linie Änderung der Erbanlagen, denn die Arten und Rassen unterscheiden sich eben durch ihre Erbanlagen; sie sind Arten bzw. Rassen, weil sie Unterschiede in den Erbanlagen und daher auch im Erscheinungsbild besitzen. Da die ›Urmenschheit‹ in ihrer Einheitlichkeit ursprünglich keine wesentlichen Genunterschiede aufwies, müssen die Rassen durch Genmutationen entstanden sein. […] Einzig und allein die Ergebnisse der Erbforschung geben uns auch über das Werden der Arten und Rassen Aufschluß.« (Reche 1943: 685–6)

Soweit bewegt sich Reche im theoretischen Rahmen des synthetischen Darwinismus. Eine interessante Abweichung gibt es aber bei der Frage der Entstehung der Mutationen. Zunächst verweist er in Anlehnung an Timoféeff-Ressovsky darauf, dass man von Zeit zu Zeit und unter allen Umweltbedingungen ›spontane‹ Mutationen beobachten kann, d.h. solche, deren Ursache unbekannt ist. Man hatte auch beobachtet, dass bestimmte äußere Bedingungen – Reche nennt Wärmezufuhr und UV-Strahlung – zu einer Erhöhung der Mutationsrate führen können. Vor allem aber bei »Übersiedlung in ein Klima, das von dem des bisherigen Wohnraumes sehr stark abweicht, also in einer völlig veränderten Umwelt, ist überhaupt eine Erhöhung der Mutationsrate und damit eine beschleunigte Rassen- bzw. Artbildung denkbar« (Reche 1943: 686). Aus diesem Grund soll auch die Domestikation zu einer beschleunigten Evolution führen, da sie eine starke Umweltveränderung bedeutet, die wiederum zu einer Erhöhung der Mutationsrate führen soll; dieser Effekt sei auch bei Menschen zu beobachten, bei denen man von einer Selbstdomestikation sprechen könne (vgl. Fischer 1914). In diesem Sinn geht auch Zimmermann davon aus, dass die »phylogenetische Abwandlung bei Kulturorganismen rascher als bei Wildformen« verläuft, der Mensch »also hier Eigentümlichkeiten ›domestizierter‹ Organismen« teilt (Zimmermann 1938a: 91).

Umgekehrt kommt die Evolution zum Stillstand, wenn es nicht zu Mutationen kommt. Dies soll nach Reche der Fall sein, wenn die Umwelt stabil bleibt; in diesem Fall sind Arten mehr oder weniger unveränderlich:

> »[...] die Art ändert sich offenbar normalerweise nicht oder nur ganz unwesentlich, weist also nur geringe oder gar keine Mutationen auf, solange keine mutationsauslösenden Kräfte vorhanden sind oder nur schwach wirken können; das wird meist heißen: solange die Art in der Umwelt bleibt bzw. die Umwelt unverändert bleibt, an die die betreffende Art züchterisch angepaßt ist. Denn in der heimischen Umwelt scheinen die Mutationen auslösenden Kräfte sehr gering zu sein bzw. keine geeigneten Ansatzmöglichkeiten zu finden.« (Reche 1943: 687)

Er geht also davon aus, dass es nur unter veränderten Umweltbedingungen zu einer nennenswerten Zahl von Mutationen kommt. Der Nachsatz, dass diese »in der heimischen Umwelt« »keine geeigneten Ansatzmöglichkeiten« finden würden, bedeutet, dass Mutationen bei Arten, die an eine bestimmte Umwelt angepasst sind, keine Selektionsvorteile bieten:

> »Und selbst wenn in der heimischen Umwelt stärkere mutationsauslösenden Kräfte vorhanden sein sollten, so würden sich unter den eintretenden Mutationen keine oder nur wenige finden, die Auslesewert hätten; die Auslese könnte also nicht oder nur wenig eingreifen, es käme zu keiner wesentlichen Umzüchtung der Art, zumal Erbänderungen meist rezessiv zu sein scheinen.« (Reche 1943: 687)[314]

Reche geht also von starken quantitativen Unterschieden in der Mutationsrate aus und sieht hier die wesentliche Ursache für evolutionären Wandel bzw. Stasis. Nur bei wesentlichen Veränderungen der Umwelt treten »stärkere erbändernde Kräfte auf« und es kommt zur Evolution. Die Mutationsrate ist aber nur für die Geschwindigkeit der Evolution verantwortlich, die Mutationen selbst sind ungerichtet:

> »Auch beim Menschen sind Erbänderungen offenbar ›richtungslos‹ (etwas anderes hat sich niemals nachweisen lassen), auch beim Menschen bilden neben der Erbänderung Auslese und Abtrennung (Isolation, besonders geo-

graphische) den ›Mechanismus‹ seiner Entstehung; nur auf diesem Wege ist der Mensch gezüchtet worden.« (Reche 1943: 685)

Er fasst zusammen:

»All die erwähnten Vorgänge bei der Entstehung des Menschen und der Züchtung seiner Rassen lassen sich genetisch erklären. Ohne Auftreten erblicher Unterschiede, ohne Auslese und Ausmerze hätte es niemals zur Bildung hochentwickelter, zu Höchstleistungen befähigter Rassen und Sippen kommen können, niemals zu einer höheren menschlichen Kultur.« (Reche 1943: 705)

Die hier von Reche betonte Bedeutung der Selektion („Auslese‹ und ›Ausmerze‹) und des Kampfes ums Dasein für die Kulturentwicklung ist eines der Themen, deren Übertragung aus der Biologie in die Politik zu den problematischsten Auswirkungen des Darwinismus gehört. Aus diesem Grund werde ich etwas genauer auf die historische Verständnis bei Darwin und einigen Darwinisten eingehen. Zunächst aber sei noch auf eine interessante Beobachtung von Rensch hingewiesen. Seiner Ansicht nach ist die These, dass in Bezug auf die Bedürfnisse eines Organismus zufällige Mutationen auch die Grundlage der Humanevolution sind, eine wichtige Ursache für den Widerstand gegen den synthetischen Darwinismus:

»Der Meinung, daß richtungslose Mutation, Selektion und Isolationsvorgänge ausreichen, auch das Zustandekommen größerer stammesgeschichtlicher Abläufe und ihre Regelhaftigkeit verständlich zu machen, treten heute nicht wenige Biologen und vor allem Paläontologen entgegen, ohne indes bisher zusätzliche Evolutionsfaktoren exakter umschreiben oder analysieren zu können. Und es ist auch nicht zu erwarten, daß die verschiedenen Ansichten so bald zu einem Ausgleich kommen werden, da sie letztlich in die entscheidend wichtige Frage auslaufen, ob die Entwicklung hochorganisierter Organismen und darunter auch des Menschen durch autonome Lebenserscheinungen bedingt ist oder von richtungsloser Mutation, also von gelegentlichen und ›zufälligen‹ Unregelmäßigkeiten seinen Ausgang nimmt und durch die ›Zufälligkeiten‹ der auslesenden Umweltsverhältnisse bestimmt wird. Es kann kein Zweifel sein, daß die letztere Vorstellung auch für viele Forscher, die sich stets streng kausalistischer Methodik befleißigen, etwas ›Unbefriedigendes‹ hat.« (Rensch 1947a: 1–2)

## 4.2.2 Kampf ums Dasein

Schon in der ersten Version seiner Theorie von 1842 hatte Darwin auf die dunkle Seite des Selektionsprinzips hingewiesen: »From death, famine, rapine, and the concealed war of nature we can see that the highest good, which we can conceive, the creation of the higher animals has directly come« (Darwin [1842] 1909: 52). Er hat auch betont, dass er vom Kampf ums Dasein im metaphorischen Sinne spricht: »I should premise that I use the term Struggle for Existence in a large and metaphorical sense, including dependence of one being on another, and including (which is more important) not only the life of the individual, but success in leaving progeny« (Darwin 1859: 62). Allerdings bedeutet die metaphorische Verwendung, d.h. die Verwendung in einem bildlichen, übertragenen Sinne durch Darwin nicht, dass damit die eigentliche Bedeutung ausgeschlossen wäre. Letztlich geht er davon aus, dass der Kampf ums Dasein für den biologischen Fortschritt notwendig ist und hat auch an diesem Punkt die Menschen ausdrücklich einbezogen:

> »But as man suffers from the same physical evils with the lower animals, he has no right to expect an immunity from the evils consequent on the struggle for existence. Had he not been subjected to natural selection, assuredly he would never have attained to the rank of manhood.« (Darwin 1871, 1: 180)

Tröstlich sei aber folgender Gedanke: »When we reflect on this struggle, we may console ourselves with the full believe, that the war of nature is not incessant, that no fear is felt, that death is generally prompt, and that the vigorous, the healthy, and the happy survive and multiply« (Darwin 1859: 78–9; vgl. Freud 1933a; La Vergata 1990, 1994).

Auch die Architekten des synthetischen Darwinismus gehen davon aus, dass die natürliche Auslese der wichtigste Faktor in der Entwicklung der Menschheit war:

> »Meines Erachtens ist nun aber nicht einzusehen, daß die Herausbildung des Menschen im wesentlichen ohne natürliche Auslese erfolgt sein soll. Die verlängerte Jugendzeit und die damit verknüpfte enorme Erhöhung vielseitiger plastischer Handlungsmöglichkeit bedeutet doch einen ganz eindeutigen Selektionsvorteil, und ein solcher Vorteil mußte sich bei jeder Konkurrenz positiv auswirken.« (Rensch 1947a: 312)

Als weitere typische Merkmale der Menschen, die sowohl innerhalb der Art als auch anderen Organismen gegenüber mit Selektionsvorteilen verknüpft waren, nennt er:

»Die relative Verlängerung der Beine, die Ausbildung von ausgesprochenen Lauffüßen, die Entwicklung der Sprache und des Sprachzentrums im Vorderhirn« (Rensch 1947a: 313). Nicht nur Darwin, sondern auch die wichtigsten Architekten des synthetischen Darwinismus in Deutschland haben immer wieder darauf hingewiesen, dass eine Vielfalt äußerer und innerer Bedingungen den Erfolg im Kampf ums Dasein bestimmt. Es ist nun bezeichnend, dass die vielfältigen selektiven Faktoren in den anthropologischen Beiträgen zur *Evolution der Organismen* zwar am Rande erwähnt, zugleich aber einem einzigen, abiotischen Faktor untergeordnet werden: der Eiszeit. Weder die Konkurrenz innerhalb einer menschlichen Population noch diejenige zu anderen Organismen wird nennenswert thematisiert, sondern das Klima und hier wiederum der Eiszeit gilt als einzig relevanter Faktor. Die Eiszeit soll der alles entscheidende Anstoß nicht nur für die ursprüngliche Entstehung der Menschen, sondern auch für die unterschiedliche Weiterentwicklung der geographischen Varietäten (Rassen) gewesen sein:

> »Die unmittelbaren Ursachen für die Menschwerdung liegen offenbar in den außerordentlich starken Veränderungen durch die erste Vereisung der quartären Eiszeit, die offenbar gerade den Lebensraum des ›Vormenschen‹ so stark beeinflußte, daß völlig neue Lebensanforderungen entstanden, die den ›Vormenschen‹ entweder seiner bisherigen Unangepaßtheit wegen vernichten oder durch züchterische Anpassung umzüchten mussten.« (Reche 1943: 685)

Die Behauptung, dass die natürliche Auslese durch die Eiszeit entscheidend für die Entwicklung der Menschheit war und die Lokalisierung in Europa ergänzen sich wechselseitig. Auch Heberer, Friedrich-Karl Bicker und Hans F.K. Günther glaubten, dass Europa die (Ur)Heimat der Menschwerdung war (Hoßfeld 1997: 101-11). Wie einflussreich dieses Modell war, zeigt sich auch daran, dass selbst Rensch dieses Szenario noch 1947 für plausibel hält (Rensch 1947a: 313). Zusammen genommen bilden sie das grundlegende anthropologische Dogma, aus dem wiederum die Überlegenheit der Europäer abgeleitet wird: »Europa erzwang unter den Wirkungen der Eiszeit eine Auslese in der Menschheitsentwicklung, die sicher damals schon ihre geistige Vorherrschaft begründete.« (Weinert 1943a: 727-8)

### 4.2.3 Gruppenselektion

Die Frage, welche Bedeutung der Kampf ums Dasein beim Menschen hatte und hat, wurde nicht nur auf der individuellen Ebene diskutiert, sondern auch auf Menschengruppen übertragen. Schon im 19. Jahrhundert diskutierte man, ob der »Vernichtungskampf von Volk zu Volk und Rasse zu Rasse« (Rolle 1866: 112) notwendig sei, um die Vervollkommnung der Menschheit in der Zukunft zu gewährleisten. So meinte Haeckel:

> »So traurig an sich auch der Kampf der verschiedenen Menschen-Arten ist, und so sehr man die Thatsache beklagen mag, daß auch hier überall ›Macht vor Recht‹ geht, so liegt doch andererseits ein höherer Trost in dem Gedanken, daß es durchschnittlich der vollkommenere und veredeltere Mensch ist, welcher den Sieg über die anderen erringt.« (Haeckel [1865] 1902: 113)

Auch Darwin hat in *Descent of Man* die These vertreten, dass die Auslese zwischen Menschengruppen zur Höherentwicklung der geistigen und moralischen Fähigkeiten führt (Darwin 1871, 1: 160; Darwin 1887, 1: 315). Der gruppenselektionistische Mechanismus ist für ihn weniger für körperliche Strukturen relevant, sondern in erster Linie für geistige Fähigkeiten. Er nimmt an, dass Menschen in Gruppen mit entwickelterem Sozialverhalten über solche mit eher egoistischem Verhalten gesiegt und sie genetisch ›ersetzt‹ haben. Auf diese Weise haben sich auch die sozialen und moralischen Qualitäten ausgebreitet: »A tribe possessing the above [= social] qualities in a high degree would spread and be victorious over other tribes [...]. Thus the social and moral qualities would tend slowly to advance and be diffused throughout the world« (Darwin 1871, 1: 162–3). Mit zunehmender Zivilisation hat sich die Bedeutung der physischen Konkurrenz allerdings abgeschwächt: »With highly civilised nations continued progress depends in a subordinate degree on natural selection; for such nations do not supplant and exterminate one another as do savage tribes« (Darwin 1874: 143). Trotzdem sei die natürliche Auslese für den Fortschritt der Menschheit von großer Bedeutung:

> »Lastly, I could show fight on natural selection having done and doing more for the progress of civilisation than you seem inclined to admit. Remember what risk the nations of Europe ran, not so many centuries ago of being overwhelmed by the Turks, and how ridiculous such an idea now is! The more civilized so-called Caucasian races have beaten the Turkish hollow in the struggle for existence. Looking to the world at no very distant date, what an

endless number of the lower races will have been eliminated by the higher civilized races throughout the world.« (Darwin an William Graham, Brief vom 3. Juli 1881. Darwin 1887, 1: 315)

Entsprechende Vorstellungen lassen sich bis in die jüngste Gegenwart bei Vertretern des synthetischen Darwinismus nachweisen. So hat Rensch die Gruppenselektion beim Menschen als »Auslese zwischen ganzen Völkern« bezeichnet und folgendermaßen beschrieben:

»Bei allen bisher besprochenen Fällen von Auslese handelte es sich um Bevorzugung oder Ausmerzung indivudueller Varianten. Es gibt nun aber auch eine häufig sehr viel intensivere Auslese zwischen ganzen Völkern, die mehr oder minder der interspezifischen Selektion bei Tieren entspricht. Sie ist besonders intensiv bei allen Kriegen, die zum Untergang oder zum Aufblühen von Völkern führten. Viele Volksstämme wurden sogar von größeren oder von geistig bzw. technisch überlegenen Völkern völlig ausgerottet [...]. In anderen Fällen wurden besiegte Völker wirtschaftlich derart geschwächt, daß ihre fernere Bevölkerungszunahme mit der der Sieger nicht Schritt halten konnte. Aber auch durch den normalen wirtschaftlichen Konkurrenzkampf kommt es jederzeit zu stärkerer Vermehrung und Ausbreitung erfolgreicher oder zum Rückgang schwächerer Völker, wie die unterschiedlichen Zuwachsraten und die steten Veränderungen im Gleichgewicht zwischen den Völkern lehren.« (Rensch 1970: 152)

Dass sich kooperative Tendenzen durch Gruppenselektion erklären lassen, gehört bis heute zum Grundbestand des synthetischen Darwinismus: »Die Momentanphasen der Selektion (vor allem der Gruppen-Selektion nach Gruppenwerten, nach Sozial-Werten) hat die Häufung von Verhaltens-Eigentümlichkeiten mit Gruppen-, mit Sozialwerten bewirkt. Sie hat Gruppen mit Sozial-, mit Gruppen-Werten ausgelesen gegenüber Gruppen ohne oder mit schwächeren Sozialwerten« (Zimmermann 1968: 258).[35] Man könnte vermuten, dass gruppenselektionistische Argumente in der *Evolution der Organismen* besonders stark vertreten sind, da hier Berührungspunkte zur völkischen Ideologie existieren. Dies ist jedoch nicht der Fall. Bei anderen Autoren finden jedoch Hinweise auf diesen Mechanismus. So hat Zimmermann die Entstehung der »ethischen Norm: ›Einsatz für dein Volk‹« gruppenselektionistisch erklärt (Zimmermann 1943: 294–5). Auch Ludwig erwähnt in seiner Darstellung von Wrights populationsgenetischem Modell, dass die Selektion bei »Aufsplitterung in kleinste Lokalrassen [...] durch den Zwischenrassenkampf [...] gegenüber Panmixie zumindest stark beschleunigt« wird (Ludwig 1943a: 505 Fn.). Diese Aussage ist aber allgemein gehalten und ohne Bezug zur Situation bei Menschen.

### 4.2.4 Sexuelle Selektion

Darwin hat neben der Vererbung erworbener Eigenschaften, auf die ich an dieser Stelle nicht näher eingehe, weil sie im synthetischen Darwinismus keine Rolle mehr spielt, noch einen weiteren entscheidenden Evolutionsfaktor postuliert: die sexuelle Selektion. Beim Menschen erklärt er durch dieses Prinzip nicht nur die Unterschiede zwischen den Rassen, sondern auch einen Teil der Evolution aus tierähnlichen Vorfahren. Bei den Männern seien Bartwuchs, Größe, Stärke, Mut, Aggressivität, geistige Fähigkeiten und Erfindungsgeist wesentlich auf diese Weise entstanden; bei den Frauen auch die Haarlosigkeit des Körpers, süßere Stimmen und größere Schönheit. Alle diese Eigenschaften wurden durch den Einfluss von Liebe, Eifersucht, Bewunderung der Schönheit von Lauten, Farben oder Formen und durch die Möglichkeit der Auswahl erworben (Darwin 1871, 2: 383, 402). Darwins Bemühen, zwischen natürlicher und sexueller Auslese zu trennen, wurde stark kritisiert. Im Jahre 1876 hat sich sogar Wallace dagegen ausgesprochen und in späteren Jahrzehnten folgten dem die meisten Experimentalbiologen sowie die Vertreter der mathematischen Populationsgenetik. Auch Darwins Hervorhebung der weiblichen Wahlmöglichkeiten wurde von der Mehrheit der zeitgenössischen Biologen abgelehnt und erst in den letzten Jahrzehnten eindrucksvoll bestätigt (Cronin 1991). Auch in der von mir untersuchten Literatur zur Evolution der Menschen fehlt dieser Faktor weitgehend. Er wird nur von Reche in Bezug auf Merkmale der geographischen Varietäten kurz erwähnt (s.u.).

Zusammenfassend lässt sich zu Darwins zweiter Frage, nach der Art der Entwicklung, sagen, dass dieses Thema in Bezug auf die Humanevolution in der *Evolution der Organismen* kaum behandelt wird. Der für den synthetischen Darwinismus entscheidende Punkt der Kausalität der Evolution nimmt, verglichen mit der phylogenetischen Rekonstruktion und der Klärung der systematischen Verwandtschaftsverhältnisse, eine geringe Rolle ein. Lediglich Reche versucht die Stammesgeschichte der Menschen auf Basis der modernisierten Selektionstheorie zu verstehen. Dabei betont er die zentrale Rolle eines abiotischen Faktors, der Eiszeit, sowohl für die Entstehung der genetischen Variabilität als auch für die Selektion; andere Selektionsbedingungen, Gruppenselektion und sexuelle Selektion treten demgegenüber an Bedeutung völlig zurück.

## 4.3 Die Unterschiede zwischen den Rassen – Geographische Variabilität

Eine subspezifische Unterteilung der biologischen Art *Homo sapiens* in geographische Rassen wurde bereits im 18. Jahrhundert vorgenommen (Blumenbach 1775; Kant 1775). Schon zu dieser Zeit war das Thema nicht nur von naturwissenschaftlichem Interesse, sondern hatte auch politische, ökonomische und weltanschauliche Bedeutung. Im 18. und frühen 19. Jahrhundert stand hier vor allem die Frage der Sklaverei im Vordergrund, in späteren Jahrzehnten dann zunehmend der Kolonialismus (Mann & Dumont 1990). Bis in die Gegenwart bemühten sich einige Naturforscher zudem religiösen Dogmen gerecht zu werden. Einen wichtigen Grund hierfür hat der Göttinger Physiologe Rudolf Wagner bereits 1854 genannt:

»Lassen sich alle Menschen-Rassen auf eine Urform zurückführen und wie sind sie entstanden? – und weiter – lässt sich aus naturhistorischen Gründen annehmen, dass alle Menschen von einem Paare abstammen? [...] Es kann kein Zweifel sein, mit der Bejahung oder Verneinung steht und fällt das ganze historische Christenthum in seinem tiefen Zusammenhang mit der Menschenschöpfung.« (R. Wagner 1854: 17)

Zumindest bei der Frage der monophyletischen Entstehung der Menschenrassen gab es allerdings keine Konflikte zwischen den meisten Evolutionstheoretikern und religiösen Autoren, da man von einem einheitlichen Ursprung ausging. Wie aber ist der ›Wert der Unterschiede zwischen den sogenannten Rassen beim Menschen‹ einzuschätzen? Zwei Fragen interessierten Darwin in diesem Zusammenhang besonders: Welchen Rang nehmen die Unterschiede zwischen den Menschengruppen aus Sicht der Systematik ein und durch welche Evolutionsmechanismen sind sie entstanden?

Um zu entscheiden, ob es sich bei den geographischen Varianten der Menschheit um Arten oder um Rassen (Varietäten, Unterarten) handelt, ruft Darwin dem Leser die verschiedenen Kriterien in Erinnerung, die von Biologen in dieser Hinsicht benutzt werden, beispielsweise die Dauerhaftigkeit der Merkmale und den Grad der Sterilität. Das Fortdauern zweier Formen in derselben Gegend, ohne dass es zu Vermischungen kommt, gilt normalerweise als Beweis für die Existenz zweier Arten und umgekehrt. »Now let us apply these generally-admitted principles to the races of man, viewing him in the same spirit as a naturalist would any other animal« (Darwin 1871, 1: 215). Konkret bestehen zwischen den Menschenrassen so große Ähnlichkeiten in zahlreichen physischen und psychischen Details, dass sowohl ihre monophyletische Entstehung als auch die Zugehörigkeit zu einer einzigen Art als bewiesen gelten kann. Der Vergleich aller gegenwärtigen Menschengruppen mache es zudem sehr wahrscheinlich, dass der unmittelbare gemeinsame Vorfahr bereits sehr menschenähnlich war und dass seine geistigen und sozialen Fähigkeiten kaum unter denen der heutigen »lowest savages« lagen. So habe er beispielsweise schon Sprache besessen, da eine mehrfache Entstehung dieser Fähigkeit unplausibel sei (Darwin 1871, 1: 234).

Darwins weitere Erklärung, auf welche Evolutionsmechanismen das unterschiedliche Aussehen der Menschenrassen zurückzuführen ist, war zu seiner Zeit höchst unbeliebt und erlebte erst in den letzten Jahrzehnten eine Renaissance. Die Unterschiede zwischen den Rassen in Haut- und Haarfarbe, dem Grad der Behaarung, Schädel- und Nasenform sowie im Körperbau seien nur zum geringsten Teil durch den direkten Einfluss der Lebensbedingungen, durch die Vererbung von Gebrauch und Nichtgebrauch und das Prinzip der Korrelation entstanden. Da kein einziger dieser äußerlichen Unterschiede zwischen den Rassen (die geistigen, moralischen und sozialen Fähigkeiten schließt er hier aus) einen direkten Nutzen hat, komme auch die natürliche Auslese nicht in Frage (Darwin 1871, 1: 246–9). Es bleibt also nur ein wichtiger Evolutionsfaktor: die sexuelle Auslese. Darwin behauptet nicht, dass die sexuelle Auslese alle Unterschiede zwischen den Rassen restlos erklärt, aber es handelt sich doch um den wichtigsten Faktor: »For my own part I conclude that of all the causes which have led to the differences in external appearance between the races of man, and to a certain extent between man and the lower animals, sexual selection has been by far the most efficient« (Darwin 1871, 2: 384).

Wie in Kapitel III gezeigt, war das geographische Denken eine der wichtigsten Grundlagen des synthetischen Darwinismus. Rassen wurden als beginnende Arten aufgefasst und umgekehrt. Die Frage der Menschenrassen spielte auch in der nationalsozialistischen Ideologie eine wichtige Rolle. Weite Verbreitung fand die Einteilung des Realschullehrers Hans F.K. Günther, der in seinem Werk *Rassenkunde des deutschen Volkes* ausführliche Merkmalsbeschreibungen zur nordischen, westischen, dinarischen, ostischen usw. Rasse vorlegte. Es haben sich aber auch fast alle wichtigen Vertretern des synthetischen Darwinismus in Deutschland zur Frage der Rassenbildung bei Menschen geäußert (vgl. hierzu ausführlicher Junker & Hoßfeld 2000).

Bereits in den 1920er und 30er Jahren hat Baur mehrfach die Frage der Menschenrassen aus Sicht der Biologie diskutiert. In diesem Zusammenhang betonte er immer wieder, dass es keine reinrassigen Völker gibt: »Was wir ein ›Volk‹ heißen, etwa die ›Deutschen‹, ist [...] ein buntes mendelndes Gemisch, das entstanden ist aus der Kreuzung einer ganzen Reihe von ›Rassen‹« (Baur 1930: 429–30).

Zudem unterscheiden sich die verschiedenen Menschenrassen nur durch quantitative Abweichungen, ohne dass sich scharfe Grenzen ziehen lassen. So heißt es in der *Vererbungslehre*:

> »Verschiedene Menschenrassen unterscheiden sich meist nur gewissermaßen ›relativ‹ dadurch, daß bestimmte rezessive oder dominante Faktoren in dem einen Volk häufiger vorkommen als in dem anderen« und ergänzend: »Irgendeine scharfe Grenze gibt es aber zwischen Menschenrassen so wenig wie zwischen den [...] Arten von *Antirrhinum*.« (Baur 1930: 425)

Allerdings geht Baur davon aus, dass »bestimmte Mengenverhältnisse ›besser‹ als andere« sind und dass »z.B. ein Volk von der rassenmäßigen Zusammensetzung der Australneger niemals eine höhere Kultur ausbilden kann« (Baur 1933: 6–7; vgl. auch 1936: 93). Baur postuliert keine qualitative Hierarchie der Rassen, aber der Rassengemische, die sich in den verschiedenen Völkern gebildet haben. Aber dieser Rassen-Dünkel ist ein eher allgemeines Merkmal imperialistischer Politik des 19. und 20. Jahrhunderts und nicht NS-spezifisch.

In einem Sammelband zum Thema *Was ist Rasse?* (1934) in dem NS-Politiker und Wissenschaftler aus den verschiedensten Bereichen ihre Ansichten darlegten, erschien auch ein Beitrag von Baur. Wie schon in seinen früheren Schriften legt Baur auch hier den Schwerpunkt auf die eugenischen Fragestellungen, während für ihn die Frage der Rasseneinheit illusorisch ist. Auf die Frage: »Wie stellen Sie sich zu der Frage der Rassenreinheit?« antwortete Baur:

> »Reine Rassen in dem Sinn, wie wir Pflanzen- und Tierzüchter und Vererbungsforscher das Wort anwenden, gibt es beim Menschen überhaupt nicht, und größere, völlig rassenreine Völker hat es sicher nie gegeben. Auch das deutsche Volk ist eine Mischrasse, die im Laufe der Jahrtausende aus der Vermischung von mehreren verschiedenen Ausgangsrassen entstanden ist. Aber eine solche alte Mischung braucht durchaus nicht etwas Schlechteres zu sein als eine reine Rasse. Es kommt nicht darauf an, nunmehr ein derartiges Volk, wie etwa unser deutsches, durch Reinzüchtung wieder in seine einzelnen Rassenbestandteile zu zerlegen, sondern es kommt gerade darauf an, das vorhandene Mengenverhältnis der einzelnen Bestandteile zu erhalten. Dies ist aber nur möglich, wenn in diesem Volk eine naturgemäße Zuchtwahl auf Erbgesundheit hin waltet und wenn verhütet wird, daß volksfremde Bestandteile, vor allen Dingen solche mit minderwertigen Veranlagungen, in nennenswertem Ausmaße zuwandern.« (Baur 1934: 36)

*Allgemeine Evolutionstheorie*

Obwohl Baur die Unterschiede zwischen den Menschenrassen auf rein quantitative Mischungsverhältnisse zurückführt, bezeichnet er die »Kreuzung stark verschiedener Menschenrassen« als problematisch: »Ein großer Teil der Nachkommen muß [...] unausgeglichen sein, d.h. muß Eigenschaften in sich vereinigen, die nicht zusammenpassen«. Als Beleg für die Aussage, daß beim Menschen **Rassen**kreuzungen schädlich sind, nennt Baur die Kreuzung zweier Antirrhinum-**Arten** (Baur 1934: 34). Diese Gleichsetzung von Art- und Rassenkreuzungen erinnert schon fast an Hitlers ›Beweis‹, dass es einen »allgemein gültigen Trieb zur Rassenreinheit« gibt, weil jedes Tier sich nur »mit einem Genossen der gleichen Art« paart (Hitler 1925–27: 311–2).

Auch Zimmermann hat sich dezidiert gegen sogenannte Rassenmischungen ausgesprochen. Er geht davon aus, dass »die Bastarde allzuverschiedenartiger Rassen« eine »unheilvolle Rolle« spielen und begrüßt das in den Nürnberger Gesetzen (1935) ausgesprochene »Verbot von Rassenkreuzungen« (Zimmermann 1938a: 299). Durch diese Gesetze wurden Ehe und Geschlechtsverkehr zwischen Juden und »Staatsangehörigen deutschen oder artverwandten Blutes« verboten (vgl. Münch 1994). Wie Zimmermann aus seinen Studien an *Pulsatilla* (Küchenschelle) abzuleiten glaubt, führt die Kreuzung entfernterer geographischer Rassen zu biologischen Problemen, da »naturfremde Erbkombinationen« eine Zunahme von in der Regel schädlichen Mutationen bewirken (Zimmermann 1935: 274).

Aufschlussreich sind auch die Äußerungen von Rensch zur Frage der Menschenrassen. Es ist bemerkenswert, dass selbst ein dem NS-Regime fernstehender Autor wie Rensch in den ersten Jahren nach 1933 versucht hat, sich dem neuen Zeitgeist anzupassen. Er tat dies relativ verhalten, aber doch unverkennbar. Als Anknüpfungspunkt diente ihm dabei die Frage, inwieweit sich die Theorie der Rassenkreise und ökologische Regeln auf die Menschenrassen anwenden lassen.

Am ausführlichsten hat Rensch diese Themen in dem Aufsatz »Umwelt und Rassenbildung bei warmblütigen Wirbeltieren« behandelt, der 1935 im *Archiv für Anthropologie* erschien. Da »unsere Vorstellungen vom Zustandekommen der heutigen Menschenrassen [...] vorläufig noch hypothetisch« seien, hält er es für »naheliegend, daß die Anthropologie die zoologischen Ergebnisse verwertet« (Rensch 1935: 326). Auf der Basis der Zahlen aus Eickstedts *Rassenkunde* (1934) überprüft Rensch, ob Menschenrassen, die in kühlerem Klima leben, größer sind als solche in wärmerem Klima (Bergmannsche Regel) und ob die Rassen wärmerer und feuchterer Gebiete stärker pigmentiert sind als solche in trockeneren und kühleren Gebieten (Glogersche Regel). Er kommt zu dem Schluß, dass sowohl in Bezug auf Größe als auch auf Pigmentierung »manche Rassendifferenzen beim Menschen sich vielleicht den biologischen Klimaregeln zuordnen lassen«. Der Artikel ist durchgängig in wissenschaftlichem Ton und ohne erkennbare inhaltliche Annäherungen an die Rassenideologie des Dritten Reiches abgefasst. Dies gilt auch für die sachliche Darstellung der Abhängigkeit verschiedener Merkmale beim Menschen von den jeweiligen Umweltbedingungen und die neutrale Erwähnung von »Rassenmischungen« beim Menschen. Rensch spricht sogar davon, dass beim Menschen »Rassenbastarde luxurieren« können, d.h. sich durch besondere Größe und Vitalität auszeichnen (Rensch 1935: 330). Im letzten Absatz des Artikels müht er sich dann aber doch, die Nähe seiner Erkenntnisse zur nationalsozialistischen Rassenlehre darzustellen: »Die stärkere Betonung der Bindungen zwischen Lebensraum und Rasseneinheiten steht [...] durchaus im Einklang mit derzeitigen Bestrebungen einer sachlichen Rassenbewertung, die in Bastardierungen kein geeignetes Material für eine erfolgreichere Auslesemöglichkeit erblickt« (Rensch 1935: 333).

In einem Artikel für *Die Medizinische Welt* (1934) geht Rensch noch einen Schritt weiter. Nachdem er bekräftigt hat, dass auch die psychischen Eigenschaften der Menschen von den Umweltbedingungen verändert werden, fährt er fort: »So hat z.B. der unvergleichlich schärfere Daseinskampf in kälteren Ländern eine starke natürliche Auslese zur Folge, die in den milderen Zonen fehlt, was wohl als eine der Voraussetzungen für die Überlegenheit nordischer Völker (im weiteren Sinne) anzusehen ist« (Rensch 1934: 704).[316] Zwar werden in Zukunft die verschiedenen Umwelteinflüsse von geringerer Bedeutung sein, da sich der Mensch »durch Kleidung, Wohnung und Fortbewegungsmittel, durch Hygiene und durch Schutz der lebensschwächeren Elemente immer mehr der Wirksamkeit äußerer Faktoren entzieht«. Trotzdem sei festzustellen: »Aber niemals wird der Mensch völlig unabhängig sein von seinem Lebensraum. Die enge Verknüpfung von ›Blut und Boden‹, die uns heute so geläufig geworden ist, wird auch für die zukünftige Menschheitsgeschichte von entscheidender Bedeutung sein« (Rensch 1934: 704). Zu den biographischen Hintergründen dieser Bemerkungen vgl. Junker (2001a).

Die Aussagen von Baur und Rensch zeigen, dass Rassenbildung und Rassenmischung bei Menschen ein Thema war, zu dem die Vertreter des synthetischen Darwinismus aus Sicht ihrer Wissenschaft etwas beisteuern wollten. Sie zeigen aber auch, dass es nicht zur völligen Konformität mit der nationalsozialistischen Rassenideologie kam. Wie haben sich die Anthropologen in der *Evolution der Organismen* zu diesen Fragen geäußert, die sehr stark mit dem nationalsozialistischen Machtapparat verflochten waren?

Interessanterweise umgehen sowohl Gieseler als auch von Krogh das Thema der Menschenrassen fast völlig, indem sie sich auf die Entstehung der Menschen vor der Aufspaltung in geographische Varietäten beschränken. Nur an wenigen Stellen geht von Krogh kurz darauf ein, dass sich der vom biogenetischen Grundgesetz geforderte Parallelismus zwischen Ontogenie und Phylogenie auch innerhalb der menschlichen Spezies nachweisen lässt. Auf diese Weise soll es möglich sein, die körperlichen Unterschiede zwischen verschiedenen Menschenrassen in ursprüngliche und abgeleitete Merkmale einzuteilen. In diesem Zusammenhang spricht er von »primitiven« und »niederen Menschenrassen« und stellt sie »dem Europäer« gegenüber (von Krogh 1943: 597, 603).

Weinert geht noch einen Schritt weiter und behauptet, dass der geistige Abstand zwischen den höchsten und den niedrigsten Menschen größer sein als zwischen den niedrigsten Menschen und den höchsten Affen (Weinert 1943a: 709). Er zitiert hier T.H. Huxley, der allerdings etwas wesentlich anderes ausgesagt hatte. Ihm ging es darum, den Abstand zwischen Menschen, höheren Affen und niedrigeren Affen abzuschätzen:

> »Thus, whatever system of organs be studied, the comparison of their modifications in the ape series leads to one and the same result – that the structural differences which separate Man from the Gorilla and Chimpanzee are not so great as those which separate the Gorilla from the lower apes.« (Huxley 1863: 123)

Weinert glaubt auch, dass die Europäer die einzig fortschrittsfähige ›Rassengruppe‹ sind:

> »Nur sollten wir europäischen Hochkulturmenschen uns bewußt bleiben, was allein wir zu leisten imstande sind. Denn wenn wir unseren Artnamen ›sapiens‹, der ja zoologisch für die gesamte heutige Menschheit gilt, sinngemäß auffassen, dann ist es ja doch nur die weiße europide Rassengruppe, welche die Fortschrittsfähigen unter der Menschheit stellt. Nur wir sind die Auserlesenen, die überhaupt auf den Gedanken kamen, ihren eigenen geistigen Aufstieg bis in seine Grundlagen zu verfolgen und zu erforschen – und wir sollten es wirklich nicht nötig haben und auch nicht zulassen, daß unsere eigene Vormachtstellung mißdeutet oder im Unverstand gar bekämpft wird.« (Weinert 1943a: 732)

Die rassistischen Aussagen in den Beiträgen von Weinert und von Krogh in der *Evolution der Organismen* beziehen sich auf die postulierte Rangfolge der Hauptrassen der Menschheit. Zur speziell nationalsozialistischen Ideologie der Nordischen Rasse bzw. zum Antisemitismus äußern sie sich nicht.

Als einziger Autor in der *Evolution der Organismen* geht **Otto Reche** auf diese Themen ein. Sein Beitrag greift sowohl Thesen des synthetischen Darwinismus als auch der nationalsozialistischen Ideologie auf. Wie bereits kurz erwähnt, nimmt Reche an, dass die ursprüngliche Entstehung der Menschheit zur Zeit der ersten starken Eiszeit (vor ca. 550.000–600.000 Jahren) aus einer einheitlichen »Urhorde« erfolgt ist. Diese Entwicklung sei monophyletisch erfolgt, in dem Sinne, dass »alle Menschenrassen von der gleichen Menschenaffenart abstammen und daß der Vorgang der Entwicklung des Menschen nur einmalig gewesen ist«. Es sei »schwer vorstellbar, daß an verschiedenen Orten und damit gleichzeitig unter verschiedenen Auslesebedingungen, in anderer Umwelt, anderem Klima usw., gleiche oder sehr ähnliche Mutationen den gleichen Auslesewert besessen haben und zur Züchtung eines gleichen Ergebnisses – des Menschen – geführt haben sollten« (Reche 1943: 690).

Erst mit der späteren Ausbreitung der Menschen kam es dann zur Ausbildung verschiedener Menschenrassen, die Unterschiede zwischen ihnen seien allmählich entstanden und fließend (Reche 1943: 687–8, 690). Während in diesen Fragen Übereinstimmung besteht, gibt es einen nicht unwichtigen Unterschied zwischen Reche und den Vertretern des synthetischen Darwinismus in der Frage, ob sich Rassen genetisch in quantitativer oder in qualitativer Hinsicht unterscheiden. Reche zufolge lassen beim Menschen drei Gruppen von Erbanlagen unterscheiden lassen: »1. die, welche er mit Tieren gemeinsam hat, 2. die, welche für eine bestimmte Rasse charakteristisch sind und das Wesen der Rasse bestimmen, 3. die persönlichen, familiengebundenen« (Reche 1943: 684). Im Gegensatz dazu betonte beispielsweise Dobzhansky ähnlich wie Baur die Bedeutung quantitativer Abweichungen:

> »The fact which is very often overlooked in making such attempts is that racial differences are more commonly due to variations in the relative frequencies of genes in different parts of the species population than to an absolute lack of certain genes in some groups and their complete homozygosis in others.« (Dobzhansky 1937: 61)

Auch in Bezug auf die Einschätzung der Evolutionsfaktoren ist Reche relativ nah am synthetischen Darwinismus, wie er von Dobzhansky, Mayr, Timoféeff-Ressovsky oder Zimmermann vertreten wurde. Er vermutet beispielsweise, dass die Evolution in kleinen Populationen schneller vor sich geht, die geographische Isolation also eine beschleunigende Wirkung hat:

»Die Rassenzüchtung beim Menschen ist ohne Zweifel auch dadurch begünstigt und beschleunigt worden, daß die Wirtschaftsstufe des primitiven Sammlers zum Leben in recht kleinen Horden zwingt; in diesen kleinen Horden herrscht meist Inzucht, und so können sich selbst rezessive Mutationen rasch in der Bevölkerung so vermehren.« (Reche 1943: 693)

Bei der Rassenbildung lässt er auch eine relativ große Bedeutung der sexuellen Selektion zu – Reche nennt sie ›Eheauslese‹ oder ›Heiratsauslese‹: »Besonders wichtig für die Züchtung bestimmter Rassenmerkmale und schließlich ganzer Rassen scheint die Heiratsauslese zu sein, besonders von der Zeit an, als sich bei den Rassen bestimmte Schönheitsideale entwickelt haben, nach denen zunächst halb unbewußt, später durchaus bewußt der Ehepartner gewählt wird«. Er nimmt weiter an, dass diese Merkmale erhalten bleiben können, selbst wenn sie für das Überleben neutral oder sogar schädlich sind: Die »Gattenwahl nach einem Schönheitsideal kann dazu führen, ein Rassenmerkmal sehr lange beizubehalten, selbst wenn es den Anforderungen der neuen Heimat nicht gemäß ist« (Reche 1943: 701, 696). In der Regel aber werden sich natürliche und sexuelle Auslese ergänzen:

»Es macht übrigens den Eindruck, daß bei allen Rassen, die ein bestimmtes Schönheitsideal entwickelt haben, dieses in erheblichem Maße mit dem übereinstimmt, was für die Rasse biologisch wertvoll ist: so die hellen Farben bei der Nordisch-Fälischen Rasse, die sie in ihrem lichtarmen Klima braucht [...], oder die dunkle Hautfarbe, die beim Neger bevorzugt wird, auch weil sie für ihn in seinem sonnenreichen Klima und bei der Verbreitung der Malaria in seinem Lebensraum nützlich ist [...]. Der Entwicklung eines Schönheitsideales liegt also offenbar ein instinktmäßiges Erfassen des biologisch Notwendigen zugrunde; es ist daher biologisch richtig empfunden.« (Reche 1943: 701–2)

Als weiteren möglichen Evolutionsfaktor diskutiert Reche die Kreuzung. Dies war natürlich ein politisch besonders brisantes Thema, da einer der wichtigsten Glaubenssätze der Rassenideologie des Dritten Reichs die Ablehnung der Rassenmischung (bzw. was man dafür hielt) war. Die Kreuzung gehört andererseits zu den bewährten Mitteln der Tier- und Pflanzenzucht und man wusste, dass Mischlinge ›luxurieren‹, d.h. besondere Größe und Vitalität aufweisen können (Rensch 1935: 330). Da Reche die Möglichkeit, dass »es durch Rassenkreuzung [...] zur Bildung einer neuen Rasse« kommt, aus biologischen Gründen nicht ausschließen kann, bemüht er sich, die dabei auftretenden Schwierigkeiten besonders hervorzuheben: Bei der Kreuzung müssten »zufällig [...] einige für den Lebenskampf günstige Kombinationen entstehen« und »auf die Rassenkreuzung [muss] eine sehr strenge Auslese und Ausmerze« folgen. Ersteres sei nun wenig wahrscheinlich, da

> »die Erbunterschiede der Rassen auf körperlichem und geistig-seelischem Gebiet vielfach sehr groß sind; dadurch ergibt sich bei den Bastarden der ersten Tochtergeneration eine Ungleicherbigkeit in sehr vielen Anlagen und bei den weiteren Nachkommen die Neigung zu Aufspaltungen in überaus zahlreiche und verschiedene Genverbindungen, also eine Nachkommenschaft von sehr verschiedenen Erbqualitäten, damit sozusagen das Gegenteil einer erbeinheitlichen Rasse. Auch die Wahrscheinlichkeit günstiger Kombinationen ist dadurch gering, auch weil die Rassen und ihre Eigenschaften unter sehr verschiedenen Bedingungen und Anforderungen gezüchtet sind.« (Reche 1943: 703–4)

Er glaubt deshalb »als Regel erwarten [zu] können, daß bei Rassenkreuzungen beim Menschen die Nachkommenschaft in der Hauptsache unharmonisch und weniger lebenstüchtig ist als jede der Elternrassen«. So kommt er zu dem Schluß, dass Rassenmischungen in der Regel schädlich sind:

> »Die Aussichten sind jedenfalls sehr gering, daß beim Menschen durch Rassenkreuzung neue Rassen gezüchtet worden sind, die erstens im Erbgefüge wirklich einheitlich sind und zweitens eine so hohe Leistungsfähigkeit und Lebenskraft haben, daß sie im Wettbewerb mit ihren Mutterrassen (oder der besser ausgestatteten von ihnen) bestehen können.« (Reche 1943: 703)

Die mangelnde genetische Harmonie nach Kreuzungen soll sogar dazu führen, dass »die einheimische, züchterisch angepaßte Rasse im biologischen Wettbewerb mit einer fremden und ihren Mischlingen auf lange Zeit gesehen den gesundheitlichen und Geburtensieg behält« und es auf diese Weise zu einem »›Rassenreinigungsprozeß‹« kommt (Reche 1943: 699).

Von besonderem Interesse ist, dass Reche sich bei seiner Argumentation gegen Rassenmischungen bei Menschen auf folgendes Zitat aus Dobzhanskys *Genetics and the Origin of Species* bezieht:

> »The hybrids, being heterozygous for all the genes in which the parental forms differ, give rise in further generations to greatly variable progenies. According to the second law of Mendel, all possible combinations of

the parental genes appear in the offspring of a hybrid. Many of the new gene combinations thus produced are discordant, ill-adapted to the environment, and are destroyed by natural selection. Others, presumably a few favorable combinations, survive and become new species.« (Dobzhansky 1937: 39–40)

Das Zitat wird von Reche allerdings unberechtigterweise angeführt, da Dobzhansky hier nicht seine eigenen Ansichten sondern jene von Lotsy (1916) darstellt und klar zurückweist: »Lotsy's theory falls under its own weight, although he must be credited with having correctly emphasized the significance of hybridization in evolutionary processes« (Dobzhansky 1937: 40). Andererseits ist das Problem der Entstehung von Isolationsmechanismen ein wichtiges Thema in *Genetics and the Origin of Species*. Für Dobzhansky handelt es sich aber bei der Entstehung von Isolationsmechanismen, die zur reproduktiven Isolation und zu getrennten Arten führen kann, um einen kontinuierlichen Prozess, der sehr unterschiedliche Ausprägungen hat und keinesfalls als a priori Tatsache auf Populationen von Menschen zu übertragen ist.

Der bei weitem wichtigste Evolutionsfaktor für Reche ist aber die natürliche Auslese durch das Klima. Vor allem Klimaverschlechterungen und Eiszeiten haben die Höherentwicklung einzelner Rassen ermöglicht: »in der neuerlich vom Eise heimgesuchten Heimat wird unter den sehr starken klimatischen Reizwirkungen und dem erneuten besonders harten Kampf ums Dasein die Weiterzüchtung zu höher spezialisierten Rassen besonders weit und schnell fortgeschritten sein« (Reche 1943: 693). Hier kommt wieder seine Überzeugung zum tragen, dass »bei gleichbleibender Umwelt nur unwesentliche Auslesefaktoren wirksam« sind. Es muss also »Zeiten mit sehr starken mutationsauslösenden Faktoren gegeben haben«. Gerade »die Eisvorstöße mit ihren starken Klimaveränderungen [haben] diese Energien geliefert« (Reche 1943: 700). Geradezu monomanisch verweist er immer wieder auf diesen Faktor: »Jeder neue Eisvorstoß muß also neue Rassenbildungen angeregt haben, während in den Zwischeneiszeiten die Umzüchtungen [...] verhältnismäßig unbedeutend, die vorhandenen Arten und Rassen recht unverändert geblieben sein müssen«. Dies gilt im Besondern für die seiner Meinung nach höchste Rasse:

»Wir werden uns ja auch die Entstehung der Nordisch-Fälischen Rasse kaum anders als im unerbittlichen Kampf mit einer Eiszeit (der letzten, der Würm-Vereisung) zu denken haben. Jeder neue Eisvorstoß muß im europäischen Raum einen Teil der Bevölkerung in andere Gebiete abgeschoben und den in der Heimat verbliebenen Teil weitergezüchtet haben.« (Reche 1943: 693)

Konsequenterweise geht er davon aus, dass auch »sehr wichtige geistig-seelische Erbeigenschaften der Nordisch-Fälischen Rasse« z.T. »Züchtungsergebnisse der Würmeiszeit« sind. Es ist klar ersichtlich, dass er hier auf eine wichtige These der NS-Rassenlehre, die Dominanz der Nordisch-Fälischen Rasse gegenüber anderen Rassen, abzielt (Reche 1943: 699, 701; ähnlich auch Heberer 1939a).

Nach 1945 bemühten sich die Architekten des synthetischen Darwinismus intensiv, die Diskussionen der Evolution und Rassenbildung beim Menschen auf eine neue Basis zu stellen und Rassendiskriminierungen entgegenzuarbeiten (Dunn & Dobzhansky 1946; Haldane 1949; Simpson 1949). Charakteristisch für die Diskussionen jener Jahre ist eine Untersuchung der UNESCO, die 1952 unter dem Titel *The Race Concept: Results of an Inquiry* erschien. Einer der wichtigsten Autoren dieser Schrift, Dobzhansky, definierte menschliche Rassen im Sinne des synthetischen Darwinismus als »Populationen, die sich von anderen Populationen durch die Häufigkeit bestimmter Gene unterscheiden«, d.h. durch quantitative, nicht aber durch qualitative genetische Abweichungen. Gleichzeitig beharrte er darauf, dass die »Existenz rassischer Unterschiede eine objektiv feststellbare Tatsache« sei, da die Menschheit nicht eine einzelne Population mit einem einheitlichen Genpool bildet, sondern aus einem sehr komplexen System verschiedener Fortpflanzungsgemeinschaften (Populationen) bestehe. Diese Populationen »sind rassisch verschieden und sie unterscheiden sich in der Häufigkeit verschiedener erblicher Merkmale«. Er schließt mit den Worten: »Rassische Unterschiede zwischen menschlichen Populationen sind eine biologische Realität« (Dobzhansky in UNESCO 1952: 80–81). Die Überlegungen, die von den Vertretern des synthetischen Darwinismus nach 1945 zur Frage der Menschenrassen angestellt wurden, hatten vor allem zwei Ziele: Zum einen wollte und musste man sich von den Rassentheorien des Dritten Reiches distanzieren. Zum anderen gehörten die geographische Rassenbildung und ihre genetischen Grundlagen zum theoretischen Kern der Theorie und da man an einer wissenschaftlichen Erklärung der biologischen Evolution in ihrer Gesamtheit interessiert war, wollte man auch die spezielle Situation beim Menschen verstehen.

## 4.4 Die biologische Zukunft der Menschen – Eugenik

Zwischen Eugenik und synthetischem Darwinismus bestehen enge historische und inhaltliche Beziehungen. Im weiteren Sinne eugenische Ideen existieren zwar schon seit der Antike und frühen Neuzeit (Platon, Campanella), wissenschaftlich umsetzbar wurden sie jedoch erst Mitte des 19. Jahrhunderts, nachdem der Siegeszug der Evolutions- und Selektionstheorie begonnen hatte. Begründet wurde die

Eugenik von Francis Galton, der, angeregt durch Darwins *Origin of Species* (1859), ein Programm zur genetischen Verbesserung der Menschheit entwickelte (Galton 1908: 288). In dem Aufsatz »Hereditary Talent and Character« von 1865 findet sich eine erste Version seiner Vorstellungen:

> »I hence conclude that the improvement of the breed of mankind is no insuperable difficulty. If everybody were to agree on the improvement of the race of man being a matter of the very utmost importance, and if the theory of the hereditary transmission of qualities in men was as thoroughly understood as it is in the case of our domestic animals, I see no absurdity in supposing that, in some way or other, the improvement would be carried into effect.« (Galton 1865: 319–20)

Darwin hatte sich im Zusammenhang mit der Evolution der Menschen mit eugenischen Fragen auseinandergesetzt. Er war davon überzeugt, dass es sich bei der Eugenik um ein erstrebenswertes Ziel handelt, glaubt aber andererseits, dass die zu seiner Zeit verfügbaren Methoden dies in bestimmten Fällen nur in einer inhumanen Weise ermöglichen würden. In *Descent of Man* kam er deshalb zu dem Schluß, dass es notwendig sei, »the undoubtedly bad effects of the weak surviving and propagating their kind« zu ertragen, weil es andernfalls zu einer »deterioration in the noblest part of our nature« (Darwin 1871, 1: 168–9) komme. Wenige Seiten später zählt Darwin dann aber in zustimmender Weise einige Beispiele dafür auf, wie es in den ›zivilisierten Nationen‹ zur ›Elimination‹ schlechter moralischer Eigenschaften komme. Darwin nennt u.a. die Todesstrafe, lange Gefängnisaufenthalte und die höhere Selbstmordrate bei psychisch Kranken:

> »In regard to the moral qualities, some elimination of the worst dispositions is always in progress even in the most civilised nations. Malefactors are executed, or imprisoned for long periods, so that they cannot freely transmit their bad qualities. Melancholic or insane persons are confined, or commit suicide. Violent and quarrelsome men often come to a bloody end. Restless men who will not follow any steady occupation – and this relict of barbarism is a great check to civilisation – emigrate to newly-settled countries, where they prove useful pioneers. Intemperance is so highly destructive [...]. Profligate women bear few children, and profligate men rarely marry; both suffer from disease.« (Darwin 1871, 1: 172–3)

Darwins grundsätzlich zustimmende Haltung zu dieser Art von ›Elimination‹ wird im unmittelbar folgenden Satz deutlich: »In the breeding of domestic animals, the elimination of those individuals, though few in number, which are in any marked manner inferior, is by no means an unimportant element towards success« (Darwin 1871, 1: 173).

Ähnlich äußerte sich Darwin in einem Brief an Galton. Hier steht die Ambivalenz zwischen dem erstrebenswerten Ziel der Eugenik und den problematischen Mitteln im Vordergrund. 1873 hatte Galton vorgeschlagen, durch ausgedehnte Untersuchungen und die anschließende Veröffentlichung der Ergebnisse ein Gefühl der Zusammengehörigkeit zwischen den durch die Natur bevorzugten Individuen zu schaffen. Dieses Wissen soll – unterstützt durch soziale Bevorzugung – zu der erstrebten Verbesserung führen.[317] Schon kurz nachdem Galton einen Sonderdruck dieses Artikels an Darwin gesandt hatte, antwortete dieser in einem Brief. Zunächst diskutierte Darwin verschiedene praktische Probleme, die mit Galtons Plan verknüpft sind, wobei er als größte Schwierigkeit hervorhebt zu entscheiden, wessen natürliche Anlagen den anderen überlegen seien.[318] In seinem abschließenden Kommentar äußerte er sich dann vorsichtig positiv: »Though I see so much difficulty, the object seems a grand one; and you have pointed out the sole feasible, yet I fear utopian, plan of procedure in improving the human race« (Brief vom 4. Januar 1873; Darwin 1903, 2: 43).

Der Name ›Eugenik‹ wurde von Galton 1883 eingeführt. Bei eugenischen Fragen handle es sich um »questions bearing on what is termed in Greek, *eugenes*, namely, good in stock, hereditarily endowed with noble qualities«. Er fährt fort:

> »We greatly want a brief word to express the science of improving stock, which is by no means confined to questions of judicious mating, but which, especially in the case of man, takes cognisance of all influences that tend in however remote a degree to give to the more suitable races or strains of blood a better chance of prevailing speedily over the less suitable than they otherwise would have had. The word *eugenics* would sufficiently express the idea.« (Galton 1883: 24–5 Fn.)

1904 hat er dann folgende Definition vorgeschlagen: »Eugenics is the science which deals with all influences that improve the inborn qualities of a race; also with those that develop them to the utmost advantage« (Galton 1904: 35). Der in Deutschland verbreitete Begriff ›Rassenhygiene‹ wurde 1895 von Alfred Ploetz eingeführt. In seinem wesentlichen Gehalt ist er mit dem Begriff ›Eugenik‹ identisch. Unter Rassenhygiene versteht Ploetz »das Bestreben, die Gattung gesund zu erhalten und ihre

Anlagen zu vervollkommnen« (Ploetz 1895: 13). Im Gegensatz zur heutigen Verwendung des Begriffes verstand man damals unter ›Rasse‹ verschiedene menschliche Gruppen bis hin zu einer alle Menschen umfassenden ›menschlichen Rasse‹: »So könte man von der Hygiene einer Nation, einer Rasse im engeren Sinne oder der gesammten menschlichen Rasse reden« (Ploetz 1895: 5).

Ziel der Eugeniker ist es, die ›angeborenen Qualitäten‹ einer menschlichen Population zu verbessern bzw. eine Verschlechterung zu verhindern. Es wird – modern gesprochen – versucht, den menschlichen Genpool mit wissenschaftlichen Mitteln zu kontrollieren und die biologische Evolution der Menschen planmäßig und bewusst zu gestalten. Die konkreten Ziele, die unter dem allgemeinen Wunsch nach einer Verbesserung subsumiert wurden, haben je nach politischem Standpunkt und historischer Situation stark geschwankt. Es lassen sich aber einige Gemeinsamkeiten feststellen; meist ging es um Gesundheit, Intelligenz, positives Sozialverhalten und manchmal auch um Schönheit. Man nahm an, dass diese Eigenschaften zumindest zu einem Teil erblich bedingt sind und wollte den biologischen Anteil verbessern. Dies wurde meist nicht als Alternative, sondern als Ergänzung zur Verbesserung der allgemeinen sozialen und Umweltbedingungen der Menschen, von der Hygiene bis zur Erziehung, gesehen. Auch die Motive für eugenische Programme wandelten sich je nach politischem und historischem Kontext. Während seit der Antike bis in die Neuzeit die Erhöhung der menschlichen Glücksfähigkeit im Vordergrund stand, waren es mit Beginn des Imperialismus die militärischen oder ökonomischen Erfordernisse des jeweiligen Staates. Nach dem Zweiten Weltkrieg wurde meist das Leiden der Kranken und ihrer Angehörigen oder der Wunsch der meisten Eltern nach einem gesunden Kind angeführt. An den Konzepten der Eugenik wurde auch Kritik geübt. In Deutschland bestritt z.B. der Biologe Oscar Hertwig (1918) die Durchführbarkeit der eugenischen Ideen, da der dafür benötigte »Züchtungsstaat« aus verschiedenen Gründen nicht realisierbar sei: Gesetze zur Einschränkung des Selbstbestimmungsrechts und der Eheschließung würden am Widerstand der Betroffenen scheitern; zudem könne die Verantwortung für die Folgen der eugenischen Programme wegen der mangelnden Kenntnis der biologischen Grundlagen nicht übernommen werden.

In den 1920er und 1930er Jahren kam es aufgrund der wissenschaftlichen Fortschritte der Genetik zu einer Konkretisierung der eugenischen Ideen. In der Genetik kann man Mutationen danach, in welchem Maße sie die Lebensfähigkeit der Organismen beeinflussen, unterscheiden. Eine Anhäufung schädlicher Mutationen wird als Degeneration oder genetische Belastung bewertet. Eine Abnahme des Selektionsdrucks führt beispielsweise bei gleicher Mutationsrate zu Rückschritten, da die meisten Mutationen eine Verschlechterung darstellen. Auf diesem Grundgedanken, der sich schon bei Weismann findet, basieren die Warnungen vor genetischer Verschlechterung beim Menschen. Die Vertreter des synthetischen Darwinismus haben eine genetische Degeneration hauptsächlich auf die Anhäufung schädlicher Mutationen, aber auch auf eine ungünstige Richtung der Selektion zurückgeführt. Beim Menschen galt die Zivilisation (v.a. Medizin und Stadtkultur) als wichtigste Ursache für die »völlige Umkehr der Zuchtwahl« (Baur 1934: 34–5). Die Erfahrungen und Folgen des Ersten Weltkrieges, ökonomische Probleme (Weltwirtschaftskrise) und soziale Konflikte, die in einer allgemeinen Angst vor dem Verfall sozialer und kultureller Errungenschaften Ausdruck fand, konnte nun scheinbar plausibel mit biologischen Argumenten unterfüttert werden und entsprechend erhoffte man sich eine Verbesserung durch biologische Gegenmaßnahmen. Es wurden Sterilisationsgesetze und Einwanderungsbestimmungen erlassen, aber auch die heute selbstverständlichen Maßnahmen zum Schutz vor mutagenen Strahlen und Substanzen eingeführt und finanzielle bzw. städtebauliche Programme initiiert, die es Familien der Mittelschicht erleichtern sollten, Kinder zu haben. Eugenische Vorstellungen waren zu dieser Zeit international verbreitet. Die Verbindung von Eugenik und Rassismus – speziell in seiner antisemitischen Variante in der NS-Zeit – war ein historischer Sonderfall, der nicht generalisiert werden kann (s.u.).

Bei allen wichtigen Vertretern des synthetischen Darwinismus lässt sich eine positive Grundhaltung zur Eugenik finden: Dies gilt für Theodosius Dobzhansky, George Gaylord Simpson, Julian Huxley, G. Ledyard Stebbins und Ernst Mayr ebenso wie für die in Deutschland arbeitenden Autoren (vgl. Junker 1998b; Junker & Hoßfeld 2000, 2002). Trotz kontroverser Diskussionen über die konkreten Maßnahmen wird das eigentliche eugenische Ziel als ethisch legitim und erstrebenswert gesehen. Dies gilt auch für die Jahrzehnte nach 1945. Sie halten das eugenische Ziel für ein Gebot der Humanität; sie wollen das Auftreten von genetisch bedingten Krankheiten dadurch verhindern, dass die Frequenz der jeweiligen Gene in der Bevölkerung durch Maßnahmen der negativen Eugenik gesenkt wird und warnen vor einer Erhöhung der Mutationsrate durch Röntgenstrahlung und atomaren Fallout.

**Erwin Baurs** Ansichten zur Eugenik und sein Verhältnis zum Nationalsozialismus haben einige Aufmerksamkeit erfahren.[319] Dies liegt zum einen an seiner Bedeutung für die neue Evolutionstheorie zum anderen daran, dass er sich in mehreren Schriften relativ ausführlich zu eugenischen Fragen geäußert hat. Große Verbreitung erfuhr der von Baur zusammen mit Eugen Fischer und Fritz Lenz verfasste und in mehreren Auflagen erschienene *Grundriß der Menschlichen Erblichkeitslehre und Rassenhygiene* (1921, 4. Aufl. 1936). Baur hat seine eugenischen Vorstellungen zudem in mehreren Artikeln für Fachzeitschriften und Tageszeitungen dargelegt – am umfassendsten in *Der Untergang der Kulturvölker im Lichte der Biologie* (1933; vgl. die Bibliographie der Schriften Baurs in Schiemann 1934).

Baurs Ansichten sind typisch für die pessimistische Variante der Eugenik der ersten Hälfte des 20. Jahrhunderts. Er ist von der Wichtigkeit der Eugenik überzeugt und hat sich auch für die Gründung des Kaiser-Wilhelm-Instituts für Anthropologie, menschliche Erblehre und Eugenik eingesetzt (Kröner et al. 1994: 38–9). Charakteristisch ist die Überschätzung der Bedeutung, die biologische Phänomene für gesellschaftliche Vorgänge haben. Baur ist der festen Überzeugung, dass die Ursachen für die »offen zutage liegenden Verfallserscheinungen unserer Kultur und unseres Volkskörpers« (Baur 1933: 3) biologischer Natur sind. Als wichtigstes Problem nennt er die Unterschiede in der Vermehrungsgeschwindigkeit der verschiedenen sozialen Schichten, die sich bei allen Völkern beobachten lassen, sobald diese eine gewisse Kulturhöhe erreicht haben; die Folge sei eine rasche genetische und kulturelle Verschlechterung. Das Problem der unterschiedlichen Reproduktionsraten tritt für Baur zwangsläufig im Laufe der Kulturentwicklung auf, da höhere geistige und technische Kultur immer in Städten entsteht und da die städtische Oberschicht aus ökonomischen Gründen gezwungen ist, die Kinderzahl einzuschränken. Für Baur ist also die Verstädterung ursächlich verantwortlich für die eugenischen Schwierigkeiten (Baur 1933: 10).

Probleme entstehen für Baur auch durch die Abschwächung der »natürlichen ›positiven‹ Zuchtwahl«, die bei primitiven Völkern im Vordergrund steht, und durch die »lebensunfähige, stark minderwertige Individuen ausgemerzt werden«. Sowohl die Abschwächung der ›positiven Zuchtwahl‹ als auch die »negative Selektion, d.h. das allmähliche Aussterben der bestveranlagten Volkselemente und die starke Zunahme der minderwertig erblich veranlagten« stellen Krankheitsprozesse dar, die »alle heutigen Kulturvölker« bedrohen und die »wahrscheinlich auch die alten Kulturen vernichtet« haben (Baur 1933: 11, 15).

Gegen diese mehr oder weniger ungewollt eintretenden Veränderungen in der Fruchtbarkeit verschiedener sozialer Schichten will Baur durch bewusste eugenische Maßnahmen vorgehen: Dazu gehört eine »dauernde Asylierung und dadurch Unschädlichmachung aller asozialer Elemente« und eine »gesetzlich vorgeschriebene Sterilisation«, um »offensichtlich kriminell veranlagte Menschen an der Fortpflanzung« zu hindern (Baur 1933: 16). Letztlich werden aber alle Maßnahmen nichts nützen, wenn es nicht gleichzeitig gelingt, die Verstädterung aufzuhalten. Diese Vorstellungen von Baur lassen sich auch bei anderen zeitgenössischen Eugenikern, sowohl in Deutschland als auch in den europäischen Staaten und den USA, zeigen. Sie sind also keineswegs charakteristisch für die nationalsozialistische Ideologie. Wenn sich Übereinstimmungen ergeben, so ist dies dadurch zu erklären, dass bestimmte Vorstellungen über menschliche Populationen weitverbreitetes Gedankengut waren.

**N.W. Timoféeff-Ressovsky** hat sich in mehreren kurzen Artikel bzw. Textstellen zur Eugenik geäußert (Timoféeff-Ressovsky 1935a; 1937: 149; 1940b: 69–70; 1941b). Am deutlichsten werden seine Vorstellungen in dem kurzen Artikel: »Experimentelle Untersuchungen der erblichen Belastung von Populationen« (1935a). Für die Eugenik ist der Artikel relevant, da Timoféeff-Ressovsky auf die ›erbliche Belastung‹ bei verschiedenen Tierarten eingeht und diese Ergebnisse mit den Verhältnissen beim Menschen vergleicht. Er geht davon aus, dass die natürliche Auslese beim Menschen durch die Bedingungen der Zivilisation herabgesetzt wird – eine wichtige These der klassischen Eugenik. Dadurch bleiben auch »stark pathologische Mutationen« erhalten, was zur Folge hat, dass »die menschliche Population auch durch eine Reihe von dominanten Erbleiden belastet ist«. In Anbetracht der zahlreichen ungeklärten Fragen fordert er, dass weitere wissenschaftliche Untersuchungen und zwar »nicht nur die Feststellung des Prozentsatzes der Erbkranken, sondern auch eine allmähliche Analyse der geographischen Verbreitung und Konzentration der heterozygoten Erbträger durchzuführen« seien. Dies würde die »rassenhygienische Kontrolle fördern« sowie die »Klärung mancher schwieriger Fragen der ätiologischen und genetischen Klassifikation gewisser Erbkrankheiten erleichtern« (Timoféeff-Ressovsky 1935a: 118). Timoféeff-Ressovsky hat in seinen Äußerungen zur Eugenik den Stand der Wissenschaft seiner Zeit sachlich referiert. Er hat eine grundsätzlich positive Einstellung zur Eugenik; er schreibt aber im Sinne der wissenschaftlichen Genetik und nicht als nationalsozialistischer Ideologe (vgl. Junker 1998b).

Auch **Walter Zimmermann** hat sich in der *Vererbung »erworbener Eigenschaften« und Auslese* (1938a) sowie in einigen Artikeln (1935, 1938b) relativ ausführlich zur Eugenik geäußert. Dies ist insofern kein Zufall, als seine pro-eugenische Haltung eng mit seiner anti-lamarckistischen Haltung zusammen hängt. Für Zimmermann gilt, was Proctor aus der Medizin berichtet: »Others in the German medical community defended racial hygiene as a natural consequence of the triumph of Mendelian genetics over doctrines conceived to be exaggerating the power of the social or physical environment to shape the human species« (Proctor 1988: 35). Grundsätzlich geht Zimmermann davon aus, dass die natürliche Auslese in der Vergangenheit zur genetischen Verbesserung der Menschheit geführt habe; aus diesem Grund muss derselbe Mechanismus auch in Zukunft angewendet werden. Konkret fordert er, dass eine aktive quantitative Bevölkerungspolitik notwendig sei, in dem Sinne, dass eine möglichst hohe Geburtenrate angestrebt wird. Um eine Aufwärtsentwicklung der Menschheit in der Zukunft zu gewährleisten, sei eine »hohe

Fortpflanzungsziffer« mit nachfolgendem »hartem Konkurrenzkampf« notwendig. Geburtenkontrolle lehnt Zimmermann aus eben diesem Grunde ab. Als zweiten Punkt fordert er Maßnahmen der negativen Eugenik, u.a. »die erblich Minderwertigen von der Fortpflanzung auszuschalten« (Zimmermann 1938a: 238, 299). Was bei Zimmermann interessanterweise fast völlig fehlt, sind Forderungen zur positiven Eugenik, d.h. die planmäßige Förderung bestimmter genetisch besonders wertvoller Individuen.

In der zweiten Auflage der *Vererbung »erworbener Eigenschaften« und Auslese* von 1969 wurden die beschriebenen »staatspolitischen« Passagen gestrichen; bei der Bewertung eugenischer Maßnahmen weist Zimmermann nun auf das hohe Missbrauchspotential hin, ohne sich grundsätzlich dagegen auszusprechen (Zimmermann 1969: 197–9).

**Wilhelm Ludwig** hat sich in mehreren Artikeln mit eugenischen Problemen auseinandergesetzt. In seinem Beitrag in der *Evolution der Organismen* findet sich nur eine längere Fußnote zu dieser Frage. Die Beobachtung, dass sich gegenwärtig beim Menschen überwiegend »dominante Erb- (meist Krankheits-)faktoren« finden, erklärt er mit der zunehmenden Vermischung bisher isolierter Kleinpopulationen, was zur Folge hat, dass die meisten seltenen Allele nun in heterozygotem Zustand vorliegen, rezessive Krankheiten also kaum auftreten: »Träger dominanter Erbleiden werden also vorübergehend viel häufiger sein, als dem Gengleichgewicht entspricht. Erst im Laufe von ein paar tausend Jahren dürfte dieses wieder erreicht werden, sofern man nicht den zu erwartenden Häufigkeitsanstieg der rezessiven Krankheiten (aufs 25fache!) durch rassenhygienische Maßnahmen unterbindet« (Ludwig 1943a: 497 und Fn.). Im Zusammenhang mit der geringen Wirkung der Selektion bei seltenen rezessiven Merkmalen bemerkt er: »Umgekehrt kann sich auch die Ausmerzung einer benachteiligten rezessiven Mutation lange hinauszögern (vgl. die vielen schädlichen rezessiven Mutationen beim Menschen)« (Ludwig 1933: 378).

Ludwig äußert sich nicht dazu, welche Folgerungen aus diesen Beobachtungen für die Gegenwart zu ziehen sind. Eugenik ist für Ludwig keine Weltanschauung, sondern eine Wissenschaft. In einer Rezension von Zimmermanns *Vererbung »erworbener Eigenschaften« und Auslese* (1938a) heißt es zum letzten Abschnitt »Praktische Folgerungen«, dieser sei »teils weltanschaulicher Art, teils legt er die Richtigkeit rassenhygienischer Maßnahmen dar« (Ludwig 1939a: 280). Eugenik ist notwendig geworden, da sich beim Menschen die natürliche Selektion abgeschwächt hat – diese Grundprämisse der Eugeniker akzeptiert auch Ludwig: Es »ist bekannt, daß die natürliche Zuchtwahl den Bestand jeder Art dauernd von Verlustmutanten, d.h. von Erbänderungen, die der Art zum Nachteil gereichen würden, säubert – eine Pflicht, die beim heutigen Menschen der Mensch selber übernehmen muß –« (Ludwig 1939b: 200). In einem unpublizierten Manuskript, das etwa 1939 entstand, wird er noch deutlicher. Hier heißt es im Zusammenhang mit lamarckistischen Überlegungen:

> »Die Konstanz des Erbguts, welche die Grundlage der rassenhygienischen Maßnahmen unseres Staates bildet, ist gesichertes Fundament. Freilich, die Evolution können wir nicht aufhalten. Niemand aber wird verlangen, dass wir auf unsere Rassenpolitik verzichten und so unser Volk dem Untergange weihen, lediglich aus der Vermutung heraus, dass die Konstanz des Erbguts doch keine absolute sein könnte, weil sich vielleicht nach 10.000 Menschengeschlechtern geringe erbliche Veränderungen durch Umwelteinwirkung zeigen können.« (Ludwig 1939c: 8)

Explizite Äußerungen zur Eugenik durch Ludwig finden sich in einem Artikel »Über Inzucht und Verwandtschaft« (1944). Er kommt zu dem auf den ersten Blick überraschenden Schluß, dass »vom eugenischen Standpunkt gegen die Inzucht wesentliche Bedenken nicht erhoben werden«. Inzucht habe zur Folge, dass zunächst mehr »Belastete« in Erscheinung treten, entsprechend können aber auch »um so mehr Gene« »ausgemerzt werden«. Durch Inzucht kommt es jedoch nur zu einer zeitlichen Verschiebung, in der Summe ändere sich nichts: »Die Zahl der zu sterilisierenden Personen wäre bei Inzucht oder bei Fehlen derselben ungefähr die gleiche, nur häufen sich die Sterilisierungen bei Inzucht im Anfang, d.h. nach Einführung der künstlichen Ausmerze«. Ludwig kommt zu folgendem Fazit: »Inzucht beschleunigt also, in Verbindung mit Ausmerze, die Säuberung einer Bevölkerung von Defektallelen«. Isoliert betrachtet könnte diese Aussage – vor allem aufgrund unserer historischen Erfahrung – dahingehend interpretiert werden, dass Ludwig die Vernichtung (»Ausmerze«) von Menschen fordert. Dies ist jedoch nicht der Fall. Ludwig macht an mehreren Stellen deutlich, dass es ihm um Sterilisierung und nicht um Mord geht. So heißt es beispielsweise: »Angesichts des Zufalls und der in Wirklichkeit sehr kleinen in Frage kommenden Inzuchtunterschiede ist also die Zahl der auszumerzenden Personen, mithin die Sterilisierungsarbeit, vom Inzuchtgrade fast unabhängig« (Ludwig 1944: 297–98).

Auch nach 1945 hat sich Ludwig zu eugenischen Fragen geäußert. In einem Manuskript[320] für eine Radiosendung des Süddeutschen Rundfunks, die am 28. Juni 1953 gesendet wurde, heißt es:

»Solange er [der Mensch] existiert, könnte er der Evolution vielfach entgegenwirken: er könnte etwa das Zweikindersystem einführen, die Geburten durch Bebrütungen ersetzen, dem Haarausfall biologisch entgegensteuern und gegebenenfalls, ähnlich wie er es bei den Haustieren oder Nutzpflanzen tut, gewünschte menschliche Rassen heranzüchten, z.B. mit blonden Locken oder mit 6 Zehen. – All dies ginge so lange gut, als die Steuerung nicht zu seinem Nachteil umschlägt. Der heutige Mensch, der homo sapiens, war der erste, der die Fähigkeit der Steuerung seiner eigenen Weiterentwicklung erlangte, damit zugleich seine Überlegenheit und sein Vermögen, die Natur zu beherrschen.« (S. 9)

Er schließt mit den Worten:

»Bei aller Unsicherheit, mit der wir heute, nach kaum 150 Jahren biologischer Evolutionsforschung, überhaupt etwas aussagen, geschweige denn voraussagen können, und ohne frivol erscheinen zu wollen, […] geht meine subjektive Ansicht doch mindestens dahin, dass es ebenso unwahrscheinlich ist, dass unser heutiger homo sapiens auf ewig an der Spitze des Lebendigen stehen wird, wie dass gerade die weisse Rasse, solange es noch unsere Menschen gibt, die Führung behalten dürfte. Aber wie gesagt, dies ist meine persönliche Ansicht.« (S. 10)

Wie verbreitet eugenische Vorstellungen bei Genetikern und Evolutionstheoretikern waren, wird beispielsweise durch das **Manifest der Genetiker** (»Geneticists' Manifesto«) dokumentiert, das unmittelbar vor Ausbruch des Zweiten Weltkriegs publiziert wurde. Das Manifest wurde auf dem 7. Internationalen Kongress für Genetik in Edinburgh verabschiedet und in *Nature* unter dem Titel »Social Biology and Population Improvement« veröffentlicht. Verfasst wurde das Manifest von Hermann J. Muller und zu den Unterzeichnern gehören wichtige Vertreter des synthetischen Darwinismus, u.a. C.D. Darlington, J.B.S. Haldane, Julian S. Huxley, Theodosius Dobzhansky und C.H. Waddington. Das Manifest ist als Antwort auf die Frage des Science Service (Washington) gedacht: »How could the world's population be improved most effectively genetically?« Die Unterzeichner bekennen sich eindeutig sowohl zur negativen als auch zur positiven Eugenik (vgl. auch die Kritik durch Haase-Bessell 1940). Nicht nur eine genetische Verschlechterung soll verhindert werden, sondern weitgehende Verbesserungen seien möglich:

»A more widespread understanding of biological principles will bring with it the realization that much more than the prevention of genetic deterioration is to be sought for, and that the raising of the level of the average of the population nearly to that of the highest now existing in isolated individuals, in regard to physical wellbeing, intelligence and temperamental qualities, is an achievement that would – so far as purely genetic considerations are concerned – be physically possible within a comparatively small number of generations.« (Muller et al. 1939: 522)

Unter sozialen Gesichtspunkten seien drei Ziele bei der Verbesserung der genetischen Eigenschaften anzustreben: Gesundheit, Intelligenz und angeborene Charaktereigenschaften, die soziales Verhalten fördern. Die zukünftigen Generationen hätten ein Recht darauf, als ›genius‹ geboren zu werden. Die Methode der Verbesserung ist die Selektion:

»The intrinsic (genetic) characteristics of any generation can be better than those of the preceding generation only as a result of some kind of **selection**, that is, by those persons of the preceding generation who had a better genetic equipment having produced more offspring, on the whole, than the rest, either through conscious choice, or as an automatic result of the way in which they lived.« (Muller et al. 1939: 521)

Da man unter den Bedingungen der modernen Zivilisation nicht darauf vertrauen könne, dass sich die Selektion ›automatisch‹ in der gewünschten Richtung auswirken würde, sei eine bewusste Lenkung der Selektion zu fordern. Jeder effektive Fortschritt in dieser Hinsicht sei zudem auf intensive humangenetische Forschungen angewiesen.

Die Autoren sind sich der Tatsache bewusst, dass es sich bei der Frage, unter welchen Umständen ein eugenisches Programm verwirklicht werden kann, nicht nur um ein rein biologisches, sondern vor allem auch um ein gesellschaftliches Problem handelt. Bevor eine effektive genetische Verbesserung der Menschheit möglich sei, müsse es deshalb erst zu größeren Veränderungen in den sozialen Verhältnissen und in den Einstellungen der Menschen kommen. Eine Voraussetzung, ohne die eine gültige Bewertung verschiedener Individuen nicht möglich sei, bestehe darin, dass alle Mitglieder der Gesellschaft ähnliche ökonomische und soziale Voraussetzungen und damit annähernd gleiche Möglichkeiten erhalten. Solange die Gesellschaft Menschen aufgrund ihrer Geburt sehr unterschiedliche Privilegien zukommen lasse, sei dies nicht möglich. Ein analoges Hindernis für eine genetische

Verbesserung entstehe aus den ungleichen ökonomischen und politischen Bedingungen in bezug auf Völker, Nationen und Rassen, die zu Rassenvorurteilen führen. Als weitere Voraussetzungen, die eugenische Programme erst möglich machen, seien die Verbesserung der ökonomischen und anderen Sicherheiten von Eltern und die Verfügbarkeit von effektiven Methoden der Geburtenkontrolle zu nennen. Und schließlich muss es zu einer weiten Verbreitung von biologischem Wissen und dem Gefühl der Verantwortlichkeit in bezug auf die Nachkommenschaft kommen:

»[…] the development of social consciousness and responsibility in regard to the production of children is required, and this cannot be expected to be operative unless the above-mentioned economic and social conditions for its fulfilment are present, and unless the superstitious attitude towards sex and reproduction now prevalent has been replaced by a scientific and social attitude.« (Muller et al. 1939: 521)

Wichtig sei zu bedenken, dass »both environment and heredity constitute dominating and inescapable complementary factors in human wellbeing, but factors both of which are under the potential control of man and admit of unlimited but interdependent progress« (Muller et al. 1939: 521). Soweit zu den eugenischen Vorstellungen, wie sie von führenden Genetikern und Evolutionstheoretikern aus Großbritannien und den USA unmittelbar vor Ausbruch des Zweiten Weltkrieges geäußert wurden.

Die Erfahrungen des Zweiten Weltkrieges haben an der eben beschriebenen Einstellung zunächst wenig geändert. Wie **George Gaylord Simpson** in *The Meaning of Evolution* (1949a) schrieb, sind durch das Auftreten der Menschen erstmals Organismen in Lage zu erkennen, dass sie Produkte der Evolution sind und damit hätten sie die Möglichkeit gewonnen, die weitere evolutionäre Zukunft nach ihren Wünschen zu gestalten. Mit der Fähigkeit zur Kontrolle der Evolution sei auch die ethische Verpflichtung verbunden, diese Kontrolle bestmöglich auszuüben. Das zunehmende Wissen über die Mechanismen des evolutionären Wandels werde es den Menschen in der Zukunft möglich machen, nicht nur die eigene Evolution, sondern die anderer Organismen in die Hand zu nehmen, falls sie dies wünschen. Damit würde aus einem blinden Naturprozess ein Vorgang, dessen Zweck und Ziel von Menschen gesetzt werden.

Wie auch immer man diese Möglichkeiten bewerte, so kann man laut Simpson kaum behaupten, dass die menschliche Gesellschaft gegenwärtig in einem Zustand sei, von dem man wünschen müsste, dass er unverändert überdauern solle und der nicht zu verbessern sei. Dies gelte auch für die mögliche biologische

Verbesserung der Menschheit. Die schnellste und effektivste biologische Veränderung sei leider nur durch Zwang zu erreichen und müsse deshalb abgelehnt werden. Zunehmendes Wissen und Aufklärung werden – so hofft Simpson – aber dazu führen, dass aufgrund freiwilliger individueller Handlungen eine effektive evolutionäre Veränderung möglich wird. Letztlich komme man aber bei der biologischen Verbesserung nicht um die Selektion von Individuen (bzw. um die Kontrolle der unterschiedlichen Reproduktionsraten) herum. Leider sei es zweifelhaft, ob die notwendige Kontrolle mit einem ethisch guten System vereinbar sei. Die verfrühten und übertriebenen Versprechungen der Eugeniker, die Verbindung zwischen Eugenik und Rassismus und die eugenischen Praktiken des NS-Regimes hätten die Eugenik zurecht in Misskredit gebracht.

Nichtsdestoweniger sei die natürliche Auslese das Mittel gewesen, durch das der Mensch entstanden ist, und durch das die weitere organische Evolution kontrolliert werden müsse. »Control over evolution« ist für Simpson nicht nur eine Möglichkeit, sondern auch eine Pflicht der Menschen: »Under our ethics, the possibility of man's influencing the direction of his own evolution also involves his responsibility for doing so and for making that direction the best possible« (Simpson 1949a: 325, 330).

Ergänzend sei noch auf **Theodosius Dobzhansky** verwiesen. In seinem Buch *Mankind Evolving* von 1962 bemerkte er: »Evolution need no longer be a destiny imposed from without; it may conceivably be controlled by man, in accordance with his wisdom and his values«. Konkret geht er davon aus, dass bei ernsten genetischen Erkrankungen und bei geistiger ›Inkompetenz‹ auch unfreiwillige Isolierung oder Sterilisation gerechtfertigt sind:

> »Persons known to carry serious hereditary defects ought to be educated to realize the significance of this fact, if they are likely to be persuaded to refrain from reproducing their kind. Or, if they are not mentally competent to reach a decision, their segregation or sterilization is justified. We need not accept a Brave New World to introduce this much of eugenics.« (Dobzhansky 1962: 347, 333)

**Bernhard Rensch** hat sich erst nach 1945 ausführlich zur Eugenik geäußert. In seinem Buch *Neuere Probleme der Abstammungslehre – Die Transspezifische Evolution*, das 1947 erschien, das aber z.T. noch in Prag (1944) verfaßt wurde, heißt es im Kapitel 7, »Die Anagenese (Höherentwicklung)«:

»Erst durch die moderne Zivilisation, die es den Menschen erlaubt, sich den Umwelteinflüssen durch Wohnung, Kleidung und hygienische Einrichtungen zu entziehen und mit medizinischen Maßnahmen die natürliche Ausmerzung von Schwächlichen zu verhindern, ist die natürliche Auslese weitgehend eingeschränkt. Selbstverständlich werden noch immer die Schwachen und Anfälligen leichter von Krankheiten hinweggerafft werden als kräftigere Individuen, auch heute noch gehen schwache Völker leichter zugrunde als stärkere, aber für die weitere Fortentwicklung der eigentlichen menschlichen Sonderheiten, speziell der Hirnzunahme sind die normalen Selektionsbedingungen im allgemeinen unterbunden.« (Rensch 1947a: 313)

1970 hat er in *Homo sapiens – Vom Tier zum Halbgott* diese Gedanken weiter ausgeführt und sich sowohl zur positiven als auch zur negativen Eugenik (einschließlich Zwangssterilisationen) bekannt. Zur zukünftigen biologischen Entwicklung der Menschen bemerkt er:

»Es liegen nun aber keine Anzeichen dafür vor, daß die Evolution des Menschen etwa die Richtung fortsetzt, die zum Homo sapiens geführt hat, d.h. es wird wahrscheinlich keine weitere Vergrößerung des Vorderhirns, keine Vermehrung der Sinnesorgane und damit keine erblich bedingte Verbesserung der geistigen Fähigkeiten stattfinden, denn es wirkt keinerlei positive Auslese mehr in dieser Richtung. […] Um diese voll zu entfalten, muß er es aber allmählich erreichen, der zunehmenden Verschlechterung der Erbanlagen durch strengere eugenische Maßnahmen [entgegen] zu steuern.« (Rensch 1970: 153)

Die »Verschlechterung des menschlichen Erbschatzes stellt ein sehr ernstes Zukunftsproblem dar«, obwohl die negativen Effekte durch zunehmende »Rassenmischung bzw. Völkermischung« zunächst begrenzt bleiben. Die »bewußte und gezielte Gestaltung der künftigen körperlichen wie geistigen Weiterentwicklung der Menschheit« sei »unsere Pflicht«, auch wenn diese Planungen »nicht selten im Sinne fragwürdiger Utopien ausgesponnen« wurden (Rensch 1970: 173, 172). Rensch kommt zu dem Schluß, dass die »von dem englischen Vererbungsforscher F. Galton bereits 1883 begründete Eugenik (Erbpflege) […] in Zukunft in allen Ländern stark intensiviert werden« muss (Rensch 1970: 202).[321] In diesem Zusammenhang diskutiert Rensch auch die Keimbahntherapie, die noch utopisch sei, aber eventuell notwendig werden könnte.[322]

Abschließend soll eine aktuelle Stellungnahme erwähnt werden. In seinem Buch »This is Biology« (1997a) kommt **Ernst Mayr** zu folgender Antwort auf die Frage, ob eugenische Maßnahmen wünschenswert seien. Zunächst sei festzustellen, dass es im Moment keinerlei Hinweise darauf gebe, dass die Menschen derzeit einer natürlichen Auslese ausgesetzt seien, die zu überlegenen Genotypen führe. Aber auch eine genetische Verschlechterung der Menschheit stelle gegenwärtig – wegen der hohen Variabilität des menschlichen Genpools – keine Gefahr dar. Er kommt zu dem Schluß, dass künstliche Selektion, also bewusste Steuerung der menschlichen Evolution, aus verschiedenen Gründen nicht machbar sei: 1) Es gebe noch kein Wissen über die genetische Basis von nicht-körperlichen Merkmalen. 2) Eine erfolgreiche und ausgeglichene menschliche Gesellschaft sei auf eine Mischung vieler verschiedener Genotypen angewiesen, aber niemand wisse, was die ›richtige‹ Mischung sei. 3) Die notwendigen Maßnahmen seien für eine demokratische Gesellschaft nicht hinnehmbar. Eugenische Maßnahmen – und darum handelt es sich bei der künstlichen Selektion mit dem Ziel einer genetischen Verbesserung der Menschheit – sind also nach Mayr aus technischen und politischen Gründen nicht durchführbar.[323] Diese negative Einschätzung gilt jedoch nur für die notwendigen Methoden und wird von Mayr nicht auf die Zielvorstellung übertragen: Die genetische Verbesserung der Menschheit bezeichnet er als ein ›edles Ziel‹ – »this noble original objective« (Mayr 1997a: 246).[324]

*4.4.1 Eugenik und Rassismus*

Kontrovers wird seit einiger Zeit die Frage diskutiert, ob die Eugenik notwendig rassistisch sei.[325] Für die NS-Zeit lässt sich eine Verbindung zwischen Eugenik und Rassismus tatsächlich weitgehend nachweisen. Die nationalsozialistische »Rassenpflege« sollte sowohl dem eugenischen Ziel der »Gesunderhaltung der Erbmasse eines Volkes, durch entsprechende Gattenwahl, Förderung der erbgesunden Ehe und gesetzmäßig durchgeführte Ausscheidung erbkranken Nachwuchses« dienen als auch für die »Reinerhaltung einer Rasse« sorgen, dadurch, »daß nur Menschen derselben Rasse Nachwuchs zeugen« (Knaurs Lexikon 1939: 1273–4). Die Verbindung von Eugenik und Rassismus – speziell in seiner antisemitischen Variante – in der NS-Zeit war aber ein historischer Sonderfall, der nicht generalisiert werden kann (vgl. Weiss 1987: 92–104; Adams 1990a: 217–26).

Auch inhaltlich sind Eugenik und Rassismus nur unter bestimmten Voraussetzungen zu vereinbaren. Dies ist zum einen dann der Fall, wenn man annimmt, dass bestimmte menschliche Populationen (›Rassen‹) ›schlechtere‹ Gene aufweisen als

*Allgemeine Evolutionstheorie*

andere. Eine quantitative Zunahme dieser Populationen würde dann zu einer allgemeinen Verschlechterung des menschlichen Genpools führen. Relevanter für die Diskussion der 1930er Jahre war die Frage, ob es durch Migration, d.h. Genfluss zwischen Populationen, zu einer ›Verschlechterung‹ bzw. ›Verbesserung‹ kommt. Es wurde auch behauptet, dass die Vermischung von Rassen als solche ungünstig sei. Da die Ansicht, dass eine genetische Hierarchie menschlicher Populationen besteht oder dass eine Vermischung von Populationen negative Folgen habe, keineswegs allgemeines Gedankengut der Eugeniker war und inhaltlich nicht mit dem eugenischen Ziel identisch ist, ist es unzutreffend, von einer notwendigen Verbindung von Eugenik und Rassismus zu sprechen.

In den von mir untersuchten Publikationen zum synthetischen Darwinismus aus den Jahren 1933 bis 45 findet sich keine Aussage, in der die Zukunft der Menschheit aus Sicht der nationalsozialistischen Herrenrassenideologie zustimmend diskutiert worden wäre. Mir ist nur eine ablehnende Äußerung von Baur aus der 4. Auflage der *Menschlichen Erblehre* von 1936 bekannt.[326] Der Abschnitt, »Bewußte Reinzucht bestimmter Rassen«, der bezeichnenderweise im Inhaltsverzeichnis nicht auftaucht, und dessen mangelnde Orthodoxie Eugen Fischer und Fritz Lenz zu einem Verweis auf ihren eigenen konformen Standpunkt veranlasst, hatte in der dritten Auflage von 1927 noch gefehlt. Wie wenig sich Baur an diesem Punkt den Vorgaben des Dritten Reiches anpasst, wird auch bei einem Vergleich der Aussagen von Baur bzw. Fischer in der *Menschlichen Erblichkeitslehre* von 1936 deutlich. Fischer geht davon aus, dass man bei entsprechendem Willen »positiv die Rasse pflegen, wieder heben und im Ganzen oder ein Rassenelement zur Vermehrung bringen (›züchten‹) kann« (Fischer 1936: 269).[327] Demgegenüber bezeichnet Baur einen »Reinzüchtungsversuch«, der darauf hinzielt, eine ursprüngliche nordische Rasse herauszuzüchten, als »laienhaft«. Das einzige, was auf diese Weise zu erreichen wäre, sei eine »gewisse äußerliche ›Aufnordung‹« die nicht identisch wäre mit »dem Bilde, das wir uns von der ursprünglichen nordischen Rasse machen« (Baur 1936: 94). Als Ursache für die Aussichtslosigkeit dieser Unternehmung nennt Baur, dass äußere und charakterliche Merkmale unabhängig vererbt werden:

> »Wenn jemand ganz laienhaft und ohne erbbiologische Kenntnis glauben würde, aus dem heutigen Gemisch etwa einer europäischen Großstadt die eine oder die andere Ausgangsrasse rein oder ungefähr rein herauszüchten zu können, übersähe er eine wichtige Grundtatsache: die Einzelunterschiede der Rassen mendeln unabhängig. So ist z.B. zwischen Augenfarbe oder Haarfarbe oder manchen anderen körperlichen Eigenschaften und psychi-

schen, etwa Charakterfestigkeit, Willenskraft, Klugheit usw. genetisch kein Zusammenhang.« (Baur 1936: 93)

Baurs Fazit lautet, dass er die »bewußte Züchtung auf einen ganz bestimmten Rassetyp« für »unendlich viel schwerer« hält (Baur 1936: 94).

Den Eugenikern ging es seit Galton und Ploetz darum, die ›angeborenen Qualitäten‹ und ›Anlagen‹ einer menschlichen Population zu verbessern. Zwischen der Eugenik und der Evolutionstheorie bestehen nicht nur enge historische Beziehungen, sondern auch inhaltliche Verbindungen, und mit einer gewissen Berechtigung kann man die Eugenik als angewandte Evolutionstheorie bezeichnen. Die Eugenik hatte – weitgehend unabhängig von der politischen Ausrichtung – seit Ende des 19. Jahrhunderts in allen Industriestaaten einflussreiche Vertreter. Sie wurde in den westlichen Demokratien USA und Großbritannien geschätzt und fand sowohl in der frühen Sowjetunion als auch in Deutschland vor und nach 1933 Fürsprecher. Bei allen Unterschieden wird eines deutlich: Die Grundhaltung ist positiv, d.h. das eugenische Ziel als solches wird als ethisch legitim und erstrebenswert dargestellt. Insofern ist für die Vertreter des synthetischen Darwinismus die Aussage von Weingart, Kroll und Bayertz zu bestätigen, dass auch »dort, wo die Kritik ohne politisches Risiko geäußert werden konnte, nämlich außerhalb Deutschlands« sich diese »nicht grundsätzlich gegen die eugenischen Forderungen, sondern vor allem gegen die rhetorischen und praktisch-politischen Exzesse der Rassenpolitik« gerichtet hat (1992: 535).

Der Grund, warum die Evolutionstheoretiker nicht grundsätzlich gegen die Eugenik waren, das belegen die angeführten Zitate, besteht darin, dass sie das eugenische Ziel für ein Gebot der Humanität halten. Die Eugeniker verband eine wissenschafts- und technologiefreundliche Grundüberzeugung, die sich auch auf die menschliche Fortpflanzung erstreckte. Die Frontstellung pro und contra Eugenik verlief also in erster Linie entlang der Einstellung zum technischen Modernismus und nicht nach einem politischen Rechts-links-Schema. Erst in den 1970er Jahren kam es aus verschiedenen Gründen zu einer deutlichen Abwendung von der Eugenik.

# V. Internationaler Darwinismus

War die frühe Entwicklung der modernen selektionistischen Evolutionstheorie, von den 1920er bis Ende der 40er Jahre, ein (anglo-)amerikanisches Ereignis oder sie wurde von einer internationalen Gruppe von Biologen getragen? Der Vergleich der theoretischen Modelle, die von Biologen in Deutschland vorgelegt wurden, mit solchen ihrer Kollegen aus anderen Ländern hat eine enge Verzahnung dokumentiert. Die Frage, warum sich in der Wissenschaftsgeschichte ein anderes, einseitiges Bild dieser Vorgänge durchsetzen konnte, habe ich in der Einleitung diskutiert; gegen Ende dieses Kapitels werde ich den Punkt noch einmal aufgreifen. Die zweite übergreifende These meiner Arbeit betraf die inhaltliche Bestimmung: Ließ sich zeigen, dass die in der Literatur meist als ›synthetisch‹ bezeichnete Evolutionstheorie eine modernisierte Version des Darwinismus war? Diese Fragestellungen hängen nicht notwendig zusammen, es könnte sich um eine internationale Synthese, einen amerikanischen Darwinismus oder eine andere Kombination handeln.

## 1. Die Architekten des synthetischen Darwinismus

Die wichtigsten Architekten des synthetischen Darwinismus in Deutschland waren Erwin Baur, Nikolai W. Timoféeff-Ressovsky, Walter Zimmermann und Bernhard Rensch. Sie haben die zentralen Grundsätze des selektionistischen Modells aktiv vertreten und darüber hinaus originelle empirische und theoretische Beiträge geliefert. Baur war einer der führenden Genetiker und Evolutionstheoretiker seiner Zeit. Bereits Mitte der 1920er Jahre konnte er zeigen, wie Genetik, Mutationsforschung und ökologische Populationsgenetik zu einer modernisierten selektionistischen Evolutionstheorie beitragen können. Ähnlich hat auch Timoféeff-Ressovsky bedeutende Arbeiten zu den genetischen Grundlagen, zur Wirkung der Selektion und zur Rolle von Populationsschwankungen veröffentlicht. Zimmermann wurde durch seine Kritik des Lamarckismus sowie durch die Arbeiten an einer phylogenetischen Systematik wichtig. Seine Interpretation phylogenetischer ›Gesetze‹ auf Grundlage der Mutations-Selektions-Theorie scheint der zeitlich früheste entsprechende Versuch gewesen zu sein (1930). Als letzter Architekt ist Rensch zu nennen, der noch bis Mitte der 1930er Jahre lamarckistische Erklärungen bevorzugt hatte. Ab 1938 hat er sich um die Einbeziehung von Systematik und Paläontologie in den synthetischen Darwinismus bemüht. Seine selektionistischen Publikationen zur

Makroevolution erschienen fast ein Jahrzehnt nach den Arbeiten von Baur, Timoféeff-Ressovsky und Zimmermann.

Alle vier Autoren galten auch bisher in der wissenschaftshistorischen Literatur als Vertreter des synthetischen Darwinismus. Nicht der Gruppe der ›Architekten‹ sind dagegen die ebenfalls oft genannten Heberer und Ludwig zuzurechnen. Heberer kommt vor allem als Herausgeber der *Evolution der Organismen* (1943) eine gewisse Bedeutung zu. Ludwig hat interessante evolutionstheoretische Publikationen vorgelegt, aber Zeit seines Lebens mit dem Lamarckismus sympathisiert. Auch Victor Franz, Erwin Stresemann und Fritz von Wettstein haben den synthetischen Darwinismus nicht oder überwiegend passiv rezipiert. Dies gilt auch für die Mehrzahl der anderen Autoren in der *Evolution der Organismen* (1943).

| **Architekten** ||
|---|---|
| Erwin Baur  Nikolai W. Timoféeff-Ressovsky  Walter Zimmermann  Bernhard Rensch (ab 1938) ||
| **Autoren des Umfeldes** ||
| *Unterstützende Autoren* | *Unkonventionelle Autoren* |
| Hans Bauer  Hugo Dingler  Gerhard Heberer  Hans Nachtsheim  Klaus Pätau  Otto Reche  Werner Zündorf | Gertraud Haase-Bessell  Georg Melchers  William F. Reinig  Franz Schwanitz  Hans Stubbe  Fritz von Wettstein (ab 1938) |
| *Weiteres Umfeld* ||
| Victor Franz  Wilhelm Gieseler  Max Hartmann  Christian von Krogh  Konrad Lorenz | Karl Mägdefrau  Ludwig Rüger  Johannes Weigelt  Hans Weinert |
| **Kritiker des Umfeldes** ||
| Wolf Herre  Wilhelm Ludwig  Adolf Remane  Bernhard Rensch (bis 1934)  Erwin Stresemann  Fritz von Wettstein (bis 1935) ||

*1.1 Unterstützende Autoren des Umfeldes*

Als erste Gruppe aus dem Umfeld der wichtigsten Architekten des synthetischen Darwinismus – Baur, Timoféeff-Ressovsky, Zimmermann und Rensch – sind Wissenschaftler zu nennen, die zentrale Grundsätze der Mutations-Selektions-Theorie vertraten, ohne aber eigene originelle theoretische oder empirische Beiträge beizusteuern. Es handelt sich um den Philosophen Hugo Dingler, die Genetiker Hans

Bauer und Klaus Pätau, die Zoologen Gerhard Heberer und Hans Nachtsheim, den Botaniker Werner Zündorf sowie den Anthropologen Otto Reche. Diese Autoren haben sich für das neue evolutionstheoretische Modell ausgesprochen, ihre entsprechenden Publikationen bleiben aber in Zeitpunkt, Quantität oder Originalität deutlich hinter denen der Architekten zurück.

Die Unterstützung der Theorie nahm verschiedene Formen an. Wichtig war zunächst die Kritik alternativer Modelle. Dinglers positive Bewertung aus Sicht der Wissenschaftstheorie ist gleichzeitig eine Kritik an anti-evolutionistischen und anti-selektionistischen Positionen (Kreationismus, Orthogenese, Lamarckismus). Bei Zündorf steht der kritische Aspekt im Vordergrund, wobei seine Auseinandersetzung mit Lamarckismus und Idealistischer Morphologie deutlich von Zimmermann beeinflusst ist. Auch Heberer hat sich in den 1930er Jahren zunächst mit der Abwehr alternativer Theorien beschäftigt. In den 1940er Jahren entwickelte er dann ein Modell, das – parallel zu den Bestrebungen von Zimmermann, Rensch und Simpson – die Vereinbarkeit von Paläontologie und synthetischem Darwinismus zeigen sollte. Den größten Einfluss gewann Heberer aber durch organisatorische und publizistische Anstrengungen, vor allem durch die Herausgabe der *Evolution der Organismen*.

Nachtsheim und Reche bemühten sich, die Fruchtbarkeit des synthetischen Darwinismus für spezielle Phänomenbereiche zu demonstrieren. Nachtsheim argumentierte, dass die bei der Domestikation auftretenden Veränderungen und solche im Naturzustand identisch sind und gleichermaßen auf die bekannten Evolutionsfaktoren zurückgeführt werden können. Letzteres versuchte der Anthropologe Reche für die Rassenbildung bei Menschen zu leisten. Bauer und Pätau schließlich haben sich auf referierende, zusammenfassende Übersichtsartikel bzw. Besprechungen von Dobzhanskys *Genetics and the Origin of Species* beschränkt. Die meisten Autoren in dieser Gruppe wurden in der zeitgenössischen und wissenschaftshistorischen Literatur bisher wenig beachtet. Lediglich Heberer stellt eine Ausnahme dar; dies ist aber fast ausschließlich auf seine Tätigkeit als Herausgeber zurückzuführen.

## 1.2 Unkonventionelle Autoren

Eine zweite Gruppe von Autoren aus dem Umfeld lässt sich dadurch charakterisieren, dass sie die wichtigsten Grundsätze des synthetischen Darwinismus vertraten, aber zusätzlich die große Bedeutung weiterer Evolutionsfaktoren (z.B. Elimination, Makromutationen, Polyploidie) betonten. Dieser Gruppe sind Gertraud Haase-Bessell, Georg Melchers, William F. Reinig, Franz Schwanitz, Hans Stubbe und Fritz von Wettstein (ab 1938) zuzurechnen, also überwiegend Genetiker aus der Botanik. Die Rezeption ihrer Ideen war sehr unterschiedlich.

Reinig hatte Mitte der 1930er Jahre die genetische Theorie der natürlichen Variabilität gegen Renschs Lamarckismus verteidigt. Später entwickelte er eine Eliminationstheorie, mit deren Hilfe er die bei der Ausbreitung einer Population eintretenden Merkmalsänderungen durch Genverlust ohne Selektion erklären wollte. Diese Thesen wurde zu seiner Zeit ausgiebig diskutiert, in der wissenschaftshistorischen Literatur dagegen weitgehend ignoriert.

Von Wettstein vertrat ursprünglich lamarckistische Ideen. Ende der 1930er Jahre begann er dann zunehmend mit dem selektionistischen Modell zu sympathisieren, glaubte aber, dass plasmatische Vererbung und Makromutationen eine größere Bedeutung haben, als das von den Vertretern des synthetischen Darwinismus gemeinhin zugestanden wurde. Sein Plädoyer für die Bedeutung von Makromutationen, das er gemeinsam mit Stubbe verfasste, wurde ausgiebig diskutiert. Stubbe vermutete auch, dass evolutionäre Trends dadurch entstehen können, dass Organismen nur in bestimmte Richtungen mutieren (genetische constraints). Ähnlich hat Melchers argumentiert. Nicht nur die Selektion, sondern Mutabilität oder genetische bzw. entwicklungsgenetische Interaktionen sollen die Richtung der Evolution vorgeben und für eine allgemeine Evolutionstheorie soll noch ein entscheidender Faktor fehlen. Schwanitz hat mit verschiedenen saltationistischen Modellen sympathisiert. 1936 glaubte er, mit der Polyploidie einen geeigneten Mechanismus gefunden zu haben; später bevorzugte er Makromutationen. Haase-Bessell schließlich hielt neben Makromutationen auch Reinigs Elimination für einen wichtigen Evolutionsfaktor. Im Gegensatz zu den unten besprochenen ›Kritikern‹ sahen diese Autoren die von ihnen bevorzugten Phänomene als Ergänzung und nicht als Alternative zu den Evolutionsfaktoren des synthetischen Darwinismus.

### 1.3 Autoren des weiteren Umfeldes

Hier sind diejenigen Biologen zu nennen, die sich als Darwinisten fühlten, sich aber nicht oder nur vage zu den neuen theoretischen Erkenntnissen äußerten (es handelt sich z.T. um Anhänger des klassischen Darwinismus oder des Neo-Darwinismus). In diese Gruppe gehört mit Victor Franz, Wilhelm Gieseler, Max Hartmann, Christian von Krogh, Konrad Lorenz, Karl Mägdefrau, Ludwig Rüger, Johannes Weigelt und Hans Weinert ein Großteil der Zoologen, Botaniker, Paläontologen, Anthropologen und Geologen, die in der *Evolution der Organismen* (1943) vertreten waren.

Franz gewann nur deshalb eine gewisse Bedeutung für den synthetischen Darwinismus in Deutschland, weil seine Untersuchungen zur Höherentwicklung der Organismen Rensch zu entsprechenden Überlegungen inspirierten. Seine eigenen evolutionstheoretischen Äußerungen blieben oberflächlich oder widersprachen dem neuen Modell sogar (Lamarckismus, Mutationsdruck). Auch Weigelt leistete keinen konstruktiven Beitrag zur Integration der Paläontologie. Evolutionstheoretische Argumente fehlen bei ihm völlig. Ähnliches gilt für Rüger und Mägdefrau, die sich nicht an den Kontroversen und Diskussionen in der Evolutionsbiologie der 1930er und 40er Jahre beteiligten. Kaum Verständnis für die neue Mutations-Selektions-Theorie findet man auch bei den Anthropologen Gieseler, von Krogh und Weinert. Es bleibt bei einem oberflächlichen Bekenntnis zum Kampf ums Dasein und zur Evolutionstheorie im Allgemeinen.

Interessanter ist die Diskussion der Evolutionsfaktoren durch Lorenz, obwohl auch er die neuen Erkenntnisse nicht übernimmt. Er nennt nur Selektion und Mutation (nicht aber die Rekombination) und seine Interpretation steht z.T. im Widerspruch zur Betonung der genetischen Variabilität durch den synthetischen Darwinismus. Immerhin hat er die phylogenetische Forschung um Verhaltensmerkmale erweitert. Bei Hartmann überwogen noch zu Beginn der 1930er Jahre die Zweifel, ob das selektionistische Modell komplexere Anpassungserscheinungen und evolutionäre Trends erklären kann. Später hat er den synthetischen Darwinismus mit Interesse und Sympathie verfolgt. Bemerkenswerte Ergebnisse zeitigte seine gemeinsame Initiative mit von Wettstein, einige ihrer Mitarbeiter auf der Versammlung der *Deutschen Gesellschaft für Vererbungswissenschaft* in Würzburg 1938 Vorträge über das neue Evolutionsmodell halten zu lassen.

## 1.4 Kritiker des Umfeldes

Zu den Kritikern des Umfeldes sind Autoren zu zählen, die dem sozialen Umfeld des synthetischen Darwinismus angehörten, die Fruchtbarkeit und Erklärungskraft der Theorie aber eher gering schätzten. In dieser Gruppe sind Wolf Herre, Wilhelm Ludwig, Adolf Remane und Erwin Stresemann zu nennen. Es handelt sich nicht um die bekannten Gegner des synthetischen Darwinismus, wie Schindewolf, Beurlen oder Troll, sondern um Autoren, die in der Literatur als Vertreter des synthetischen Darwinismus genannt werden oder zur *Evolution der Organismen* einen Beitrag lieferten.

Stresemann gab wichtige Impulse zur Entwicklung der Populationssystematik, des biologischen Artbegriffes und der geographischen Artbildung. Auch beeinflusste er das Denken von Rensch und Mayr. Seine »Mutationsstudien« aus den frühen 1920er Jahren machten ihn zu einem Pionier der Synthese von Biogeographie und Genetik. Er hat aber die Erklärungskraft der Selektionstheorie eher gering geschätzt und verschiedene alternative Mechanismen bevorzugt. Ludwig hatte große Sympathien mit dem Lamarckismus. Zudem argumentierte er gegen eine Übertragung der darwinistischen Evolutionsfaktoren auf die gesamte Evolution. Er war aber neben Pätau der einzige deutsche Biologe, der in den 1940er Jahren die Grundlagen der mathematischen Populationsgenetik nicht nur rezipierte, sondern auch vermittelte. Obwohl sich Ludwig mit dem synthetischen Darwinismus nicht anfreunden konnte, förderte er so seine Verbreitung.

Auch Herres Sympathien gehörten anderen Konzepten (Orthogenese) und er war kein Freund der Mutations-Selektions-Theorie, auch wenn er sich nicht so offen kritisch äußerte wie Remane. Dieser sprach dem neuen Modell für die wichtigsten Bereiche der Evolution keinerlei Erklärungswert zu. Die Selektion hatte für ihn in erster Linie einen stabilisierenden Effekt. Er hielt es für unwahrscheinlich, dass auf Basis der bekannten Mutationen alle Phänomene der Evolution erklärt werden können, ohne sich aber konkret über Alternativen zu äußern. Die gemeinsame Stoßrichtung der Argumente von Herre, Ludwig und Remane war sicher kein Zufall. Inwieweit sich dies auf ihre gemeinsame Zeit in Halle zurückführen lässt und wer die treibende Kraft war, mögen weitere Untersuchungen zeigen. Die antidarwinistische Tendenz der von Herre entscheidend mitgeprägten »Phylogenetischen Symposien« mag als abschließender Beleg dafür dienen, dass diese Autoren dem synthetischen Darwinismus keinesfalls zuzuordnen sind (Kraus & Hoßfeld 1998).

Die Kontroversen und Diskussionen zwischen den hier genannten Kritikern des Umfeldes und den Vertretern des synthetischen Darwinismus zeigen einige unverzichtbaren Grundannahmen der Theorie: 1) Die Selektion ist der wichtigste richtende Evolutionsfaktor, in Verbindung mit der Variabilität ist sie kreativ und hat nicht nur einen stabilisierenden Effekt. 2) Weitere Evolutionsfaktoren (z.B. Mutationsdruck) können nur in Ausnahmefällen richtenden Einfluss haben. 3) Auf Basis der bekannten Evolutionsfaktoren soll die gesamte Evolution erklärt werden; eine spezielle Makroevolution, die sich durch eigene Evolutionsfaktoren auszeichnet, gilt als unbewiesen und unwahrscheinlich. 4) Die Mutationen sind zusammen mit der Rekombination eine ausreichende Quelle erblicher Variabilität.

Die **Rezeption** der einzelnen Autoren und Publikationen in Biologie und Wissenschaftsgeschichte zeigt gravierende Unterschiede. Baur, Timoféeff-Ressovsky und Rensch wurden auch während der Durchführungsphase der Synthese (1937–50) international beachtet. Demgegenüber wurden die Arbeiten von Zimmermann fast nur von den Evolutionstheoretikern in Deutschland zur Kenntnis genommen; hier allerdings war ihr Einfluss beträchtlich (eine der wenigen Ausnahmen ist Simpson 1949b). Die unterschiedliche Beachtung scheint in erster Linie eine Folge der Kontakte zu englischen und amerikanischen Biologen zu sein. Demgegenüber waren englischsprachige Publikationen anscheinend weniger wichtig. Weder Baur noch Rensch oder Zimmermann haben vor 1950 nennenswert in englischer Sprache publiziert. Später erschienen Übersetzungen der wichtigsten Bücher von Rensch und Zimmermann.

In der englischsprachigen wissenschaftshistorischen Literatur zum synthetischen Darwinismus wird keiner der vier deutschen Architekten näher beachtet; dies galt bis vor kurzem auch für die deutschsprachige Wissenschaftsgeschichte. Als einzige Ausnahme ist Rensch zu nennen, der mit einem Beitrag an *The Evolutionary Synthesis* beteiligt war und auch in den Erinnerungen von Mayr (1980i) eine Rolle spielt. Aufgrund dieser Situation hat sich folgende, die historischen Tatsachen völlig auf den Kopf stellende Auffassung verbreitet: »In Germany, the zoologist Bernhard Rensch [...] independently developed a neo-Darwinian interpretation of evolution in *Neuere Probleme der Abstammungslehre* (1947)« (Futuyma 1986: 12). Zu den Autoren im Umfeld bzw. zu den Kritikern kann allgemein gesagt werden, dass sie von Ausnahmen abgesehen (Heberer, Stresemann, von Wettstein) bis vor kurzem in Arbeiten zur Geschichte der Evolutionstheorie kaum beachtet wurden. Besonders soll in diesem Zusammenhang auf die interessanten populationsgenetischen Arbeiten von Reinig hingewiesen werden, die von Wissenschaftshistorikern bisher fast völlig ignoriert wurden. Dies kann zum einen daran liegen, dass er wegen der Kontroverse mit Rensch irrtümlicherweise zu den Gegnern des synthetischen Darwinismus gezählt wurde. Bis 1935 war aber sogar das Gegenteil der Fall: Reinig vertrat wichtige Grundsätze des synthetischen Darwinismus, während Rensch lamarckistische Ideen verteidigte!

## 2. Fachgebiete und Theorien

Unter den wichtigsten Vertretern des synthetischen Darwinismus waren zwei Botaniker (Baur und Zimmermann) und zwei Zoologen (Timoféeff-Ressovsky und Rensch). Baur und Timoféeff-Ressovsky befassten sich fast ausschließlich mit Fragen des Evolutionsmechanismus, die allgemeine Evolutionstheorie wurde von Rensch und Zimmermann eingebracht. Weder Rensch noch Zimmermann waren Paläontologen, was ein Grund für die mangelnde Resonanz ihrer Theorien in diesem Fachgebiet war. Als einzig wichtiger Bereich fehlt bei den Architekten die mathematische Populationsgenetik (Ludwig und Pätau sind dem Umfeld bzw. den Kritikern zuzurechnen), was aber mit der Situation in England und den USA vergleichbar ist.

## 2.1 Genetik

Gemeinsame Überzeugung der Architekten des synthetischen Darwinismus war, dass die Evolutionstheorie auf den Erkenntnissen der Genetik aufbauen müsse: »genetics has so profound a bearing on the problem of the mechanisms of evolution that any evolution theory which disregards the established genetic principles is faulty at its source« (Dobzhansky 1937: 8). In diesem Sinne hat Timoféeff-Ressovsky an die Biologen appelliert, die »Ergebnisse der experimentellen Genetik für die Evolutionsforschung möglichst erschöpfend auszunutzen«, anstatt »vom Standpunkte angeblicher Erfordernisse der Evolutionsforschung, gewissermaßen ›an der Genetik vorbei‹ unbegründete Hypothesen und Anschauungen über die Variabilität der Organismen zu entwickeln« (Timoféeff-Ressovsky 1939a: 210–11). Aber auch die Genetik profitierte von der Verbindung mit der Selektionstheorie. So hat die Selektionstheorie beispielsweise bei der Entdeckung der Kleinmutationen durch Baur und der verborgenen genetischen Variabilität in Populationen durch Chetverikov als heuristisches Prinzip in der Genetik gewirkt.

Was aber waren die ›etablierten genetischen Prinzipien‹, an denen die Evolutionsbiologen nicht ›vorbei‹ theoretisieren sollten? Wichtigster Kernpunkt war die Entdeckung, dass die Mutationen Eigenschaften aufweisen, die mit der Selektionstheorie kompatibel sind: Sie treten relativ häufig auf, steigern die Vitalität zumindest in manchen Fällen und sie geben keine bestimmte Richtung der Evolution vor. Diese Ansichten standen im Gegensatz zu den Vorstellungen der frühen Mutationisten, Lamarckisten und Orthogenetiker und setzten sich erst in den 1920er und 30er Jahren langsam durch. Ein Grund für die zögerliche Rezeption war, dass es sich bei den Eigenschaften, die Mutationen im Labor und in der Natur aufweisen, um empirische Tatsachen handelt, die ausgedehnte experimentelle Untersuchungen nötig machten und auf die Fortschritte der Mutationsforschung angewiesen waren.

Die Verbindung von Genetik und Selektionstheorie war ab den 1930er Jahren so erfolgreich, dass beide Bereiche oft als Einheit wahrgenommen wurden. So bemerkte Ludwig, dass es für »die meisten reinen Genetiker [...] nur einen möglichen Evolutionsmechanismus zu geben [scheint], den Neodarwinismus, also das Zusammenwirken ungerichteter Mutabilität mit natürlicher Zuchtwahl« (Ludwig

1938a: 182). Wie er ergänzend ausführte, stellten die Genetiker 1940 den weit überwiegenden Teil der Vertreter des synthetischen Darwinismus. Diese Autoren, von Ludwig Selektionisten genannt, »setzen sich großenteils aus den reinen Erbwissenschaftlern zusammen«. Sie bilden aber »kaum die Mehrheit aller Biologen«, da die meisten Zoologen weitere Evolutionsmechanismen für möglich oder wahrscheinlich halten und »anscheinend kein Paläontologe [glaubt,] die Befunde seiner Wissenschaft rein selektionistisch erklären zu können« (Ludwig 1940: 689).

Die Bedeutung der Genetik für den synthetischen Darwinismus wird in der wissenschaftshistorischen Literatur meist ausgiebig gewürdigt; nicht selten gilt ihr Beitrag als einzig relevante Ergänzung zur Selektionstheorie. Dies spiegelt sich in den verbreiteten Kurzdefinitionen »Mutation und Selektion« bzw. »Genetik und Selektionstheorie« wieder.[328] Die Zweiteilung des synthetischen Darwinismus in einen Kern aus Genetik und Selektionstheorie und ›weitere‹ Disziplinen und Theorien erwies sich als sehr einflussreich. Zum einen entspricht es in etwa dem zeitlichen Ablauf – die Verbindung von Genetik und Selektionstheorie ging der Integration von Systematik, Biogeographie und Paläontologie voraus. Zum anderen bildete die Genetik tatsächlich den wichtigsten frühen Anstoß zur Neufassung und Modernisierung des Darwinismus.

Auf der anderen Seite wird die Definition »Genetik und Selektionstheorie« den vielfältigen Bedeutungen anderer Disziplinen, Phänomene und theoretischer Konzepte nicht gerecht. Die evolutionstheoretischen Beobachtungen und Erkenntnisse der Systematik, Biogeographie und Paläontologie lassen sich nur teilweise auf »Mutation und Selektion« reduzieren und erfordern andere Evolutionsfaktoren wie geographische Isolation, Drift oder Populationswellen. Die Genetik stellt einen von mehreren Beiträgen zum synthetischen Darwinismus dar und sie war eine notwendige, nicht aber hinreichende Voraussetzung: »The thorough study of the gene level, carried out by the experimental geneticists, was a necessary but not a sufficient condition for the synthesis« (Mayr 1980a: 12). Zudem könnte der Begriff ›Mutation‹ ein zu statisches Verständnis der historischen Entwicklung suggerieren. Auch innerhalb des synthetischen Darwinismus kam zu kontroversen Diskussionen über die Bedeutung von Polyploidie, zytoplasmatischer Vererbung oder Großmutationen für die Evolution.

Ein wichtiges allgemeines Ergebnis meiner Untersuchung ist, dass Intensität und Vielfalt der evolutionstheoretischen Diskussionen der Genetiker in Deutschland bisher unterschätzt wurden. Dies gilt auch für die bisher umfangreichste Sammlung von Aufsätzen zu diesem Thema (*Die Entstehung der Synthetischen Theorie*, hg. von Junker & Engels 1999), in die kein eigener Beitrag zur Genetik aufgenommen wurde; lediglich im Beitrag von Haffer werden einige Genetiker (Timoféeff-Ressovsky und Haase-Bessell) besprochen. Als bisher umfassendste Darstellungen sind deshalb weiter Harwoods Artikel »Geneticists and the Evolutionary Synthesis in Interwar Germany« (1985) und sein Kapitel »Genetics and the Evolutionary Process« in *Styles of Scientific Thought* (1993a) zu nennen. Harwoods Abhandlungen sind aber aus der Perspektive der Genetik und nicht aus jener der Evolutionstheorie verfasst (vgl. auch Harwood 1987a, 1993b).

In Deutschland gab es eine ganze Reihe qualifizierter Genetiker, die die wichtigsten Ergebnisse ihrer Wissenschaft auch zu vermitteln verstanden. Insofern kann man nicht davon sprechen, dass sich die deutschen Morphologen und Paläontologen aus Mangel an »proper guidance by qualified geneticists« saltationistischen Theorien zuwenden mussten. Wenn Mayr weiter die »absence of the teaching of evolutionary genetics« in Deutschland während der 1930er und 40er Jahre konstatiert hat (Mayr 1999a: 25), so lag dies nicht an der mangelnden Verfügbarkeit genetischer Lehrbücher oder Publikationen, eher schon an der geringen institutionellen Repräsentanz an den Universitäten. Die Genetiker unter den Vertretern des synthetischen Darwinismus in Deutschland haben ihre Vorstellungen auch öffentlichkeitswirksam und kompetent auf Tagungen vertreten (Würzburg 1938, Rostock 1939).

Die Verbindung zwischen Mutationsforschung und selektionistischer Evolutionstheorie wurde in Deutschland von mehreren Genetikern mit unterschiedlichem Engagement vorangetrieben. Die mit Abstand wichtigsten Autoren waren Baur, Timoféeff-Ressovsky sowie Zimmermann. Die meisten anderen untersuchten Genetiker haben die Theorie zwar im Grundsatz übernommen, sich aber ansonsten mit Randproblemen beschäftigt oder über weitere Evolutionsfaktoren spekuliert (Bauer, Haase-Bessell, Hartmann, Melchers, Nachtsheim, Schwanitz, Stubbe und von Wettstein).

Unter inhaltlichen Aspekten wurden in Deutschland alle wichtigen Fragen im Verhältnis von Genetik und Selektionstheorie diskutiert. Als zentrale Quellen der erblichen Variabilität galten Mutation und Rekombination. Grundlage war die genetische Vererbungstheorie mit ihren Postulaten der ›harten‹ Vererbung und der partikulären Natur des genetischen Materials (Mayr 1988c: 525–26). Als notwendige Eigenschaften der Mutationen wurden ihr Vorkommen unter natürlichen Bedingungen, eine ausreichende, aber nicht zu große Häufigkeit, die Wirkung auf alle erblichen Eigenschaften und zumindest teilweise erhöhte Vitalität und Fitness der Mutanten genannt. Andere Eigenschaften wurden nur vorzugsweise angenommen, ohne dass Ausschließlichkeit beansprucht wurde. So standen phänotypisch unauffällige Genmutationen im Vordergrund während Groß- oder Genommutationen als weniger wichtig angesehen wurden. Eine interessante Diskussion entstand über die Gerichtetheit der Mutationen, ohne dass es hier zu einer eindeutigen

Lösung gekommen wäre, wenn man einmal von der Ablehnung des Lamarckismus absieht.

Bei der Entscheidung, ob ein Autor zum synthetischen Darwinismus zu rechnen ist, können nur die für die Selektionstheorie zwingenden Voraussetzungen der Mutabilität als Kriterium gelten. D.h. wenn ein Autor behauptet, dass es nicht genügend genetische Variabilität gibt oder dass Mutationen grundsätzlich negative Auswirkungen auf die Vitalität haben, so ist er eindeutig zu den Gegnern zu zählen. Dies trifft für keinen der besprochenen Genetiker zu. Schwieriger zu entscheiden ist die Frage, wenn es sich um eine vermutete Eigenschaft von Mutationen handelt, die in ihrer Tendenz der Selektionstheorie eher entgegensteht, ohne ihr aber grundsätzlich zu widersprechen, wie beispielsweise Großmutationen. Besonders die Gruppe um von Wettstein hat mit unkonventionellen Quellen der Variabilität sympathisiert. Bei von Wettstein waren es plasmatische Vererbung und Makromutationen, bei Schwanitz Polyploidie und Makromutationen, bei Stubbe gerichtete Mutationen und bei Melchers plasmatische Effekte. Ein Grund für die Bevorzugung unkonventioneller Vererbungsmechanismen bei diesen Autoren ist darin zu sehen, dass es sich um Botaniker handelte und in der Botanik diese Phänomene eine größere Bedeutung haben als in der Zoologie (Winkler 1924; Harwood 1993a). Andererseits fehlen bei der Gruppe um von Wettstein populationsgenetische und -systematische Theorien zur geographischen Rassenbildung und Speziation völlig. Die Makromutationen werden – ähnlich wie bei Goldschmidt – bei der Erklärung der allgemeinen Evolution und der Speziation als Alternative zu Populationsphänomenen vorgebracht (vgl. Mayr 1999a: 24).

Das historische Verständnis des synthetischen Darwinismus ist stark von der Gegnerschaft der amerikanischen Architekten zu Goldschmidt geprägt und von daher wäre eine Zuordnung der Gruppe um von Wettstein zu den Gegnern naheliegend (Dietrich 1995). Mein Eindruck ist aber, dass dies ihrer Zielrichtung und ihrem Selbstverständnis nicht gerecht wird. So bestand beispielsweise eine enge Zusammenarbeit mit Timoféeff-Ressovsky. Es sollte auch beachtet werden, dass selbst von den Architekten des synthetischen Darwinismus die sprunghafte Neuentstehung von Arten in bestimmten Fällen akzeptiert wurde. So hat beispielsweise Dobzhansky die sprunghafte Entstehung einer neuen Art durch Genmutationen abgelehnt, als Folge der Polyploidie aber anerkannt (Dobzhansky 1937: 192). Solange die verschiedenen alternativen Vererbungsmechanismen als Ergänzung bzw. Ausnahme zur graduellen über Kleinmutationen verlaufenden Evolution aufgefasst wurden, bestand kein notwendiger Konflikt mit Autoren wie Baur oder Timoféeff-Ressovsky. Nach den oben aufgestellten Kriterien, die Mutationen erfüllen müssen, um sich als Auslesematerial der Selektion zu eignen, spricht also nichts dagegen, die Gruppe um von Wettstein dem weiteren Kreis des synthetischen Darwinismus zuzurechnen.

Es sollte auch beachtet werden, dass die Theoriebildung in der Genetik selbst noch im Fluss war. Wie Harwood gezeigt hat, unterschied sich die genetische Grundlagenforschung in Deutschland in einigen theoretischen Konzepten und Schwerpunkten von der Morgan-Schule. Dies spiegelte sich z.T. auch in den hier vorgestellten evolutionstheoretischen Diskussionen wider:

> »The more we learn about genetics outside the Anglo-Saxon world, the more difficult it is to generalize about the contribution to the synthesis of ›geneticists‹ per se. For example, it is misleading to portray the biological community of the 1920s and 1930s as consisting of evolutionarily-naive geneticists defending Mendelism and selection against evolutionarily sophisticated naturalists who advocated soft inheritance and non-selectionist mechanisms. As we have seen, those German geneticists actually working on CI [cytoplasmic inheritance] largely accepted selection, rejecting both the Grundstock hypothesis and the inheritance of acquired characteristics. A belief in soft inheritance, therefore, did not simply ›retard‹ the evolutionary synthesis. Furthermore, relatively few in the German genetics community were as simplistic about evolution as Federley and the Morgan school or as unconcerned with the gap between micro- and macro-evolution as were Fisher and Haldane.« (Harwood 1985: 297)

Dies bedeutete allerdings keine völlige Beliebigkeit, sondern es gab einen Kern gemeinsamer Überzeugungen. Dazu gehörte, dass weder lamarckistische Phänomene existieren noch gerichtete Mutationen eine größere Rolle spielen, und dass die Selektion der wichtigste richtende Faktor ist.

## 2.2 Populationsgenetik

In der wissenschaftshistorischen Literatur zum synthetischen Darwinismus wird die zentrale Bedeutung der mathematischen Populationsgenetik hervorgehoben, entweder als integraler Bestandteil oder als unverzichtbare Vorstufe. Von manchen Autoren werden beide Richtungen auch gleichgesetzt. So definiert beispielsweise John Beatty die Synthetische Theorie als »the theory of population genetics based on the Hardy-Weinberg equilibrium principle« (Beatty 1986: 131–32). Mathematische Populationsgenetik und synthetischer Darwinismus sind aber nicht identisch, die formale Untersuchung der Konsequenzen der Genetik auf der Ebene der Population ist von der empirischen Evolutionstheorie zu unterscheiden. In den theoretischen Modellen konnten und wurden die unterschiedlichsten Faktoren beschrieben, die Selektion war nur einer von ihnen. Erst als man diese theoretischen Modelle auf konkrete Situationen übertrug und mit empirischen Daten verband, ließ sich erweisen, ob die Selektion tatsächlich der wichtigste Faktor ist (vgl. auch Gayon 1995: 17–18).

Bereits 1959 hatte Ernst Mayr bezweifelt, dass die mathematische Populationsgenetik mehr als alles andere zur Entstehung der Synthetischen Evolutionstheorie beigetragen hat und stellte die Frage: »But what, precisely, has been the contribution of this mathematical school, if I may be permitted to ask such a provocative question? [...] I should perhaps leave it to Fisher, Wright, and Haldane, to point out themselves what they consider their major contributions« (Mayr 1959a: 2). Angefangen mit Wright (1960) haben verschiedene Autoren versucht, diese Frage zu beantworten, am ausführlichsten William Provine. Er kommt zu dem Ergebnis, dass die mathematischen Modelle sowohl ein entscheidender Teil des synthetischen Darwinismus waren als auch beträchtlichen Einfluss ausübten: »The mathematical models did, however, comprise one crucial part of the evolutionary synthesis [...]. In combination with advances in experimental genetics and with knowledge of natural populations often gathered by systematists with neo-Lamarckian views, the models exerted a considerable influence upon the views of evolutionists« (Provine 1978: 190).

Unbestritten ist, dass die mathematische Populationsgenetik vor allem deshalb großen Einfluss gewann, weil Dobzhansky in *Genetics and the Origin of Species* (1937) relativ ausführlich auf die Modellvorstellungen von Wright eingegangen ist:

> »Only in recent years, a number of investigators, among whom Professor Sewall Wright of Chicago should be mentioned most prominently, have undertaken a mathematical analysis of these processes [the processes which occur in free living populations after the mutations and chromosomal changes have been produced], deducing their regularities from the known properties of the Mendelian mechanism of inheritance. The experimental work that should test these mathematical deductions is still in the future, and the data that are necessary for the determination of even the most important constants in this field are wholly lacking. Nonetheless, the results of the mathematical work are highly important, since they have helped to state clearly the problems that must be attacked experimentally if progress is to be made.« (Dobzhansky 1937: 120–21; vgl. auch Mayr 1982: 555–56)[329]

Deutschland hat keinen mathematischen Populationsgenetiker vom Range eines Fisher, Haldane oder Wright hervorgebracht. Baurs weitverbreitetes Lehrbuch *Experimentelle Vererbungslehre* (1919) enthielt aber bereits eine Darstellung der Wirkung von Modifikationen, Panmixie, Selektion und Mutationen in Populationen. Anhand einfacher Beispiele wurde hier eine klare Einführung in Denkweise und Möglichkeiten der mathematischen Populationsgenetik gegeben, auch wenn die Ausführungen nicht an die komplexen mathematischen Ableitungen von Fisher, Haldane oder Wright heranreichen.

Spätestens Ende der 1930er Jahre waren die Ergebnisse der englischen und amerikanischen mathematischen Populationsgenetik in Deutschland bekannt und wurden in mehreren Publikationen von Pätau und Ludwig kompetent dargestellt.[330] Einige der Evolutionstheoretiker haben diese dann übernommen, ähnlich wie das auch bei Dobzhansky, Mayr, Simpson und Huxley der Fall war. Baur, Timoféeff-Ressovsky, Haase-Bessell, Pätau, Ludwig, Reinig und Rensch waren aber eine Minderheit unter den evolutionstheoretisch interessierten Biologen.[331] Neben Pätau und Ludwig hat vor allem Timoféeff-Ressovsky auf den Nutzen (und die Grenzen) der mathematischen Analyse hingewiesen. Er betonte, dass es für »jede Art genetisch-evolutionistischer Überlegungen« von entscheidender Bedeutung sei, die »Wirkungsgesetze und Grenzwerte der Wirksamkeit einzelner Evolutionsfaktoren und deren Kombinationen« zu kennen: »Solche Kenntnisse können auf dem Wege einer mathematischen Analyse gewonnen werden. Diese Forschungsrichtung wurde vor allem durch die Arbeiten von Dubinin und Romaschov, R.A. Fisher, Gause, J.B.S. Haldane, Hardy, Pearson, Philiptschenko, Chetverikov, Volterra und S. Wright gefördert« (Timoféeff-Ressovsky 1939a: 206). Im Gegensatz zur Ablehnung durch viele Biologen betonte Timoféeff-Ressovsky ausdrücklich die Bedeutung der mathematischen Ableitungen:

> »Gegenüber den unter den Biologen nicht seltenen extremen Empirikern, die dazu neigen, diese und ähnliche Arbeitsrichtungen als überflüssige mathematische Spielereien zu betrachten, muß aber betont werden, daß gerade auf diesem Gebiete ohne strenge und exakte Analyse der Verhältnisse, wenn auch unter künstlich angenommenen Voraussetzungen, der Evolutionsmechanismus überhaupt nicht klar gesehen und erkannt werden kann. Eine ›qualitative‹ Schätzung auf den ›ersten Blick‹, oder auf Grund sogenannter allgemein-biologischer ›Erfahrungen‹ und ›Bewertungen‹ kann zu bizarrsten Trugschlüssen führen.« (Timoféeff-Ressovsky 1939a: 207)

Letztlich ließ sich über die »Wirksamkeit der betreffenden Faktoren in freier Natur« aber nur dann etwas aussagen, wenn die Übertragbarkeit der theoretischen Evolutionsmodelle auf die natürlichen Verhältnisse gewährleistet war. Da in den mathematischen Analysen die unterschiedlichsten Modelle abgeleitet werden können, war es unbedingt erforderlich, zumindest relative Werte für die einzelnen Evolutionsfaktoren in der Natur zu kennen:

> »Derartige mathematische Analysen können aber selbstverständlich garnichts über die tatsächlichen Verhältnisse der in der Natur sich abspielenden Evolutionsvorgänge aussagen, solange man keine numerischen Werte wenigstens für die relative Größe des Selektionsdruckes, des Mutationsdruckes und der Populationswellen für die einzelnen Evolutionsabläufe hat. Vorhin haben wir gesehen, daß die experimentelle Genetik für einige dieser Werte wenigstens die Größenordnung anzugeben schon imstande ist.« (Timoféeff-Ressovsky 1939a: 206–07)

Die »Back to nature«-Bewegung hat sich also auf zwei Ebenen abgespielt: In der Genetik ging es um den Vergleich der experimentellen Ergebnisse der Mutationsforschung mit der natürlichen Variabilität. In der mathematischen Populationsgenetik wurden theoretische Modellvorstellungen für die Dynamik der Genhäufigkeiten in natürlichen Populationen entwickelt. Im ersten Fall ging es um die Rückkehr zur Natur aus dem Labor, im zweiten Fall aus der Theorie.

Die mathematischen Analysen zeigten, unter welchen Bedingungen die Selektion keine und nur sekundäre Wirkung entfalten kann und andere Evolutionsfaktoren in den Vordergrund rücken. Trotzdem hat die mathematische Populationsgenetik die Selektionstheorie und damit den synthetischen Darwinismus wesentlich gestützt, und zwar vor allem in zweierlei Hinsicht.[332] Zum einen gelang ihr der Nachweis, dass die natürliche Auslese unter bestimmten Voraussetzungen ein effektiver Evolutionsmechanismus ist; zum anderen hat sie die relative Wirksamkeit der verschiedenen Evolutionsfaktoren unter verschiedenen Bedingungen bestimmt. Dadurch konnte beispielsweise die übertriebene Bewertung des Mutationsdruckes durch die frühen Mendelisten widerlegt werden (Ludwig 1943a: 488–89; Mayr 1982: 559). Als wichtigste Ergebnisse der mathematischen Populationsgenetik wurden von den Vertretern des synthetischen Darwinismus in Deutschland der Nachweis der Wirksamkeit der Selektion, der Zufallswirkung in kleinen Populationen und die Abschätzung der Interaktionen der verschiedenen Evolutionsfaktoren genannt.

## 2.3 Selektionstheorie

Die wichtigsten Selektionisten in Deutschland waren Baur, Zimmermann und Timoféeff-Ressovsky. Daneben hat noch eine ganze Reihe weiterer Autoren aus dem Umfeld die zentrale Bedeutung der Selektion anerkannt, ohne sich aber intensiver mit ihr auseinander zu setzen: In diese Gruppe gehören Bauer, Dingler, Heberer, von Krogh, Nachtsheim, Pätau, Reche, Rensch (ab 1938), Weigelt, Weinert und Zündorf. Eine verhältnismäßig starke Betonung ergänzender Evolutionsmechanismen (Makromutationen etc.) bei gleichzeitig selektionistischer Grundhaltung findet sich bei Haase-Bessell, Melchers, Reinig, Schwanitz, Stubbe und von Wettstein (ab 1938). Weit verbreitet war es, der natürlichen Auslese nur Wirkungen für einzelne spezielle Phänomene oder bei der Aussonderung grob pathologischer Formen zuzusprechen. Die Vertreter dieser Ansicht waren überwiegend kritisch eingestellt oder bestrebt, andere Evolutionsfaktoren in den Vordergrund zu stellen. Zu nennen sind hier Hartmann, Lorenz, Ludwig, Rensch (bis 1935), Remane, Stresemann und von Wettstein (bis 1938).

Die Akzeptanz der Selektionstheorie in der Biologie des 20. Jahrhunderts ist Mayr zufolge bei Naturalisten und Genetikern unterschiedlich verlaufen. Während die Naturalisten zu den energischsten Verfechtern der Selektion gehörten, haben sie zugleich oft als sekundären Mechanismus den Lamarckismus akzeptiert (Mayr 1988c: 527). Nachdem in den 1930er Jahren die Berechnungen bekannt wurden, denen zufolge geringe Selektionsvorteile eine Wirkung haben, haben sich die Naturalisten dann von dem lamarckistischen Hilfsmechanismus abgewandt. Wie ich am Beispiel von Rensch gezeigt habe, verlief dieser Übergang allerdings weniger glatt, als es die Darstellungen von Rensch und Mayr im Rückblick vermuten lassen.

Zur Akzeptanz der natürlichen Auslese bei Genetikern sei dagegen weniger bekannt: There is »no good history of the acceptance of natural selection by the geneticists« (Mayr 1988c: 528). Zimmermann hat 1938 eine Liste von Autoren aufgestellt, die »in der ›natürlichen Auslese‹ den entscheidenden Faktor sehen, der die phylogenetische Entwicklung als Ganzes auf die Anpassungen hin gerichtet hat«. Unter seinen Zeitgenossen seien es »vorwiegend Forscher auf dem Gebiete der experimentellen Erbänderung und Vererbung«. Konkret nennt er: de Vries, Conklin, Morgan, Baur, Kniep, Ernst, Hesse, Bateson, Goldschmidt, Ekmann, Huxley, Federley, Errera, Shull, Haldane, Dunker, Köhler, Nachtsheim, Steiner und sich selbst. Weiter erwähnt er die Zellforscher Darlington und Heberer, Tier- und Pflanzenzüchter sowie die Rassenhygieniker Fischer und Lenz (Zimmermann 1938a: 14-15). Auffällig ist an dieser Aufzählung, dass (von Zimmermann selbst und Heberer abgesehen) keiner der Morphologen und Paläontologen, aber auch keiner der

Systematiker und Biogeographen genannt wird, die von mir als Vertreter des synthetischen Darwinismus in Deutschland besprochen werden. Dagegen tauchen mit Baur und Nachtsheim zwei der Genetiker auf. Auch wenn sich an Zimmermanns Aufstellung einiges kritisieren läßt (z.B. die Einbeziehung von de Vries und Goldschmidt), so zeigt sie doch, dass Genetiker und nicht Naturalisten in den 1930er Jahren als die energischsten Verfechter der Selektionstheorie galten. Mayrs Eindruck dagegen scheint von der frühen Ablehnung durch die Mendelisten und von den späteren, eher selektionistischen Überzeugungen einiger Naturalisten ab den späten 1930er Jahren herzurühren. Dies würde dafür sprechen, dass die Akzeptanz der Selektionstheorie je nach Fachgebiet unterschiedliche Phasen durchlief.

Vor einigen Jahren hat Gould auf zeitliche Veränderungen im Stellenwert der Selektion innerhalb der Synthetischen Evolutionstheorie hingewiesen. Er ging davon aus, dass es von Mitte bis Ende der 1940er Jahre zu einer stärkeren Betonung der Selektion kam und nannte diesen Vorgang »The Hardening of the Modern Synthesis« (1983; vgl. auch Gould 2002: 503–87).[333] Mayr hat dieser These widersprochen und einen umgekehrten Trend festgestellt:

> »It is understandable that in the early stages of the synthesis the universal presence of natural selection should have been emphasized strongly, since a considerable number of Lamarckians still existed among the older evolutionists. However, as soon as this stage had been overcome, one could observe a trend that was exactly the opposite of the one claimed by Gould. More and more authors pointed out the existence of stochastic processes and all sorts of constraints that forever prevent the achievement of ›perfection‹.« (Mayr 1988c: 528–29)

Die von Mayr hier angesprochene Abwendung vom Lamarckismus lässt sich auf Mitte der 1930er Jahre datieren. Für die späten 1940er Jahre hat er dann später die Tendenz zur Selektionstheorie bestätigt und mit empirischen Funden erklärt:

> »As is well known, Sewall Wright, alone among the mathematical geneticists, attributed much evolutionary change to stochastic processes (genetic drift). [...] In this emphasis on genetic drift, he was at first followed by Dobzhansky and Simpson. By the late 1940s, Wright, Dobzhansky and Simpson pulled back considerably from their previous strong emphasis on drift, a development referred to by Gould as the hardening of the synthesis. [...] My own feeling is that this factor was not involved, but that the strengthening of selectionism was the inevitable consequence of the experience that one phe-

nomenon after the other that had been attributed by Wright or Dobzhansky to drift could later be shown actually to have been the result of selection.« (Mayr 1993: 33)

Auch für Deutschland lassen sich zeitliche Wellen bei der Akzeptanz der Selektionstheorie konstatieren. So äußerte sich Baur 1919 noch vorsichtig, was die Erklärungskraft der Selektionstheorie angeht:

»Eine andere Frage ist, ob [...] die Selektionstheorie wirklich genügt, um zu erklären, was sie erklären soll. Darüber gehen die Meinungen bekanntlich sehr auseinander; es gibt manche Botaniker und viele Zoologen, welche diese Frage rund weg verneinen, die erklären, daß es nicht möglich sei, sich vorzustellen, wie bloß durch natürliche Zuchtwahl aus völlig ›richtungslosen‹ Variationen, so komplizierte Gebilde wie etwa die Augen der Wirbeltiere oder die spezialisierte Zunge eines Spechtes entstehen könnten. Zu entscheiden ist diese Frage heute nicht, dazu wären sehr langwierige Versuche nötig, an die sich bisher niemand gewagt hat.« (Baur 1919: 340)

Wenige Jahre später (1925) ist er an diesem Punkt sehr viel offensiver. Da es neben Lamarckismus und Darwinismus keinen »dritten Weg der kausalen Erklärung der Evolution gibt«, muss sie durch einen dieser beiden Mechanismen oder durch beide gleichzeitig vor sich gehen. Baurs »Ausweg aus diesem Dilemma«, zu dem »eine völlig übertriebene und durchaus unberechtigte Kritik des Selektionismus« geführt hat, war der Mechanismus aus Mutationen, Rekombination, Isolation und Selektion (Baur 1925: 108). Diese Hinweise stammen aus den 1920er Jahren, sind also etwa zwei Jahrzehnte früher als Goulds ›Hardening‹. Mitte der 1930er Jahre kam es dann bei Mayr, Rensch, von Wettstein u.a. zur Abwendung vom Lamarckismus, z.T. ist auch eine offensiver selektionistische Position festzustellen (Heberer). Bei anderen Autoren fällt es dagegen schwer, etwas Entsprechendes nachzuweisen, beispielsweise bei Timoféeff-Ressovsky oder Zimmermann. Dieser schrieb bereits 1930, dass »die Zahl der sonst bei der Phylogenie mitwirkenden Faktoren sicher sehr groß« sei, dass sich aber »nur die Naturauslese als einziger, auf die Entstehung von zweckmäßigen Eigenschaften hinzielender Faktor nachweisen« läßt (Zimmermann 1930: 415). Anfang der 1950er Jahre zeigte sich bei ihm dann die gegenteilige Tendenz, weniger inhaltlich als sprachlich, wie in Kapitel I gezeigt. Für Deutschland lässt sich also am ehesten ein zunehmendes Vertrauen in die Selektionstheorie feststellen, das vor 1945 eventuell durch politische Faktoren verstärkt, danach abgeschwächt wurde.

In quantitativer Hinsicht nehmen die Diskussionen über die Selektion im deutschen synthetischen Darwinismus (abgesehen von den Büchern Zimmermanns) relativ wenig Raum ein. Jean Gayon hat aus der analogen Situation in den englischen und amerikanischen Publikationen folgende Schlüsse über den »Mendelised ›neo-Darwinism‹« gezogen:

> »Recast in the formal language of population genetics, the hypothesis of natural selection took on two unique epistemological features. First, it found itself absorbed into a theoretical apparatus that was not Darwinian [...]. In this formal context, natural selection was no longer a principle, nor even a probability, but rather a parameter that interacts with a number of others within a homogeneous theoretical field open to many other evolutionary scenarios [...]. This relativisation of selection highlights the second remarkable epistemological aspect of modern discussions of the Darwinian hypothesis. As a formal predictive science able to set out conditions under which selection could be the major factor of evolution, population genetics enabled the emergence of a genuine theory of natural selection. Not a theory of its far-off consequences (as was the case with the vast ›argument‹ that Darwin called the ›theory of natural selection‹ in the Origin of Species), but a formal, predictive theory of natural selection as such.« (Gayon 1998: 320)

Gayons Beobachtung lässt sich auch für Deutschland bestätigen. Die ›Relativierung‹ der Selektion, die Beschneidung ihres Anspruches, ein umfassendes Argument, eine Theorie mit weitreichenden Konsequenzen zu sein, und ihr Überleben als einer unter vielen ›Parametern‹, sind überspitzte, aber im Kern zutreffende Zustandsbeschreibungen. Es sind mehrere Gründe für diese Situation denkbar.

Zum einen wäre es möglich, dass die Selektion als selbstverständliche Grundlage diente, die nicht strittig war und deshalb auch nicht diskutiert werden musste. So hat sich beispielsweise Timoféeff-Ressovsky in seinen evolutionstheoretischen Artikeln nur relativ knapp zur Selektion geäußert. Im Beitrag zur *Evolution der Organismen* (1943) nimmt der Abschnitt zur Selektion nur 3,5 von insgesamt 70 Seiten Text (ohne Literaturverzeichnis) ein. Anderseits hatte er aber in der ersten Hälfte der 1930er Jahre wichtige experimentelle Arbeiten zu Vitalitätsunterschieden bei Genmutationen vorgelegt, die für die Verbindung von Genetik und Selektionstheorie entscheidend waren (z.B. Timoféeff-Ressovsky 1934c). Die knappe Behandlung dieses Themas wird von ihm damit begründet, dass die »Selektion als Evolutionsfaktor [...] allgemein und genügend bekannt« ist (Timoféeff-Ressovsky

1939a: 189). Diese Einschätzung war aber zu optimistisch, wie die weitere Entwicklung zeigte.

Zum anderen kann gerade dadurch, dass die Selektion als theoretischer Rahmen für die gesamte Diskussion der genetischen, populationsgenetischen, systematischen und paläontologischen Tatsachen diente, der Eindruck ihrer ›Unsichtbarkeit‹ entstanden sein. Die natürliche Auslese bildete das Fundament, von dem aus die anderen Evolutionsfaktoren bestimmt wurden. Mutation und Rekombination beispielsweise gewinnen ihre evolutionstheoretische Bedeutung ganz wesentlich dadurch, dass sie der Selektion Auslesematerial zur Verfügung stellen. Auch die Bedingungen, unter denen die Selektion sich **nicht** als wichtigster Evolutionsfaktor erweist, werden in Abgrenzung vom gegenteiligen Fall bestimmt. In diesem Sinne bespricht beispielsweise Zimmermann die Entstehung reproduktiver Isolation zwischen Arten unter der Überschrift »Die Grenzen des Darwinismus« (Zimmermann 1930: 417–20). Die geringere Wahrnehmbarkeit der Selektionstheorie wäre also dadurch zu erklären, dass sie implizit ständig mitgedacht wurde.

Schließlich geraten mit der quantitativen Sichtweise der mathematischen Populationsgenetik, für die die Evolution sich in der Veränderung von Genfrequenzen erschöpft, Phänomene wie Anpassung und höhere Komplexität, die für die Selektionswirkung charakteristisch sind, aus dem Blickfeld. Da dieses reduktionistische Verständnis der Evolution aber nicht dominierte, kann es sich kaum um die wesentliche Ursache für die Geringschätzung der Selektion handeln. Nach Ansicht seiner wichtigen Vertreter sollte der synthetische Darwinismus die »Gesamtphylogenie« erklären (Zimmermann 1930: 428), was sich auch anhand der nach dem Zweiten Weltkrieg erschienen Werke der amerikanischen Architekten (z.B. Simpsons *The Meaning of Evolution* oder Mayrs *Animal Species and Evolution*) dokumentieren lässt. Seit Darwin war der Darwinismus traditionell auch eine Theorie der »far-off consequences« und eben nicht nur eine formale Theorie der Veränderung von Genfrequenzen in idealen Populationen:

> »Darwin begann mit dem Studium der Grundlagen der Abstammungslehre, wie sie durch das Artproblem, die Fragen der Erblichkeit und der Variabilität gegeben sind. Das sind Fragen, welche einer exakten Behandlung mittels Beobachtung und Experiment zugängig sind, weil es sich bei ihnen um Erscheinungen und Vorgänge handelt, welche der Gegenwart angehören und sich unter unseren Augen abspielen. Von ihnen ausgehend, erweiterte er das Problem und untersuchte die Entstehungsgeschichte der gesamten Organismenwelt.« (R. Hertwig 1914: 2)

Als weitere Erklärungsmöglichkeit möchte ich noch an den Gedanken anknüpfen, den ich im Kapitel I entwickelt habe: Die teilweise taktisch begründete, aber wohl auch inhaltlich gewollte Distanzierung vom Darwinismus. Es entsteht ein ähnlicher Effekt, wenn man sich in der Wortwahl vom Darwinismus abwendet und von ›Synthetischer Theorie‹ spricht und wenn man die Selektion nur als Parameter einer mathematischen Theorie überleben lässt. Die Architekten des synthetischen Darwinismus in Deutschland waren zwar Selektionisten, schrecken vor einer offensiven Feststellung dieser Tatsache aber überwiegend zurück. Dies gilt interessanterweise auch für die Jahre des Dritten Reichs und könnte eine Folge der politisch motivierten Polemik gegen den ›undeutschen‹ und ›westlerischen‹ Charakter des Darwinismus sein (vgl. Zimmermann 1938a: 238–39).

## 2.4 Systematik und Biogeographie

Nach dem Ersten Weltkrieg entstand in Europa eine moderne Populationssystematik oder Neue Systematik, die in den 1930er und 40er Jahren als Teil des synthetischen Darwinismus weltweit Einfluss gewann. Zentrale theoretische Konzepte waren der biologische Artbegriff und relativ weite (multidimensionale) Arttaxa. Arten wurden als Gruppen von Populationen gesehen, die geographisch variieren und von anderen Arten reproduktiv isoliert sind. Führende Theoretiker der Neuen Systematik waren die Ornithologen Stresemann, Mayr und Rensch (vgl. Mayr 1982: 251–97; Haffer 1995b, 1997a, 1997c: 12–118). Die Integration der Theorie der Artbildung durch geographische Isolation in die Evolutionstheorie gehört zu den wichtigsten Fortschritten, die der synthetische Darwinismus gegenüber seinen Vorläufern machte. Bevor die Erkenntnisse der Neuen Systematik eingebunden werden konnten, war es aber notwendig, dass die Systematiker und Biogeographen ihrerseits die Ergebnisse der neuen Mutations-Selektions-Theorie anerkannten. Die Publikationen von Rensch (1929a, 1934c) gelten als die ersten zusammenfassenden Darstellungen der Neuen Systematik und wurden zu einer Zeit verfasst, als er noch von lamarckistischen Vorstellungen überzeugt war. Die Übersetzung der Ergebnisse der Populationssystematik in solche der Populationsgenetik stellte sich nur im nachhinein als problemlos heraus,[334] historisch war sie von starken Widerständen auf beiden Seiten begleitet. Die Einbeziehung der Systematik in den synthetischen Darwinismus erforderte:

1) Die **Anerkennung der Ergebnisse der Genetik und Populationsgenetik**, d.h. von Mutationen und Rekombination als den wesentlichen Quellen erblicher

Variabilität. Von Ausnahmen abgesehen (z.B. plasmatische Vererbung) mussten alle Phänomene erblicher Variabilität durch ein einheitliches Prinzip erklärt werden. Individuelle und geographische, kontinuierliche und diskontinuierliche Variabilität wurden gleichermaßen auf die von der Genetik gefundenen Grundvorgänge zurückgeführt.

2) Die **Anerkennung der natürlichen Auslese** als wichtigster richtender Faktor. Dies hatte konkret zur Folge, dass lamarckistische Erklärungen für adaptive Phänomene bei der Rassenbildung (z.B. für die ökologischen Regeln) fallengelassen wurden. Die adaptive geographische Variation musste durch die Selektion der durch Mutationen und Rekombination entstehenden genetischen Variabilität erklärt werden.

Bei beiden Punkten handelt es sich um empirische Fragen und es blieb zunächst offen, ob die Systematiker, Biogeographen und ökologischen Populationsgenetiker zeigen würden, dass die im Labor und der Theorie entwickelten Hypothesen auf die Naturphänomene zutreffen. Diesen Nachweis zu führen, war ein wichtiger Beitrag der Systematiker zum synthetischen Darwinismus. Sie konnten weiter zeigen, dass die Entstehung getrennter Arten ein gradueller Vorgang ist, bei dem geographische Isolation der Entstehung reproduktiver Isolation vorausgeht. Nach 1900 war die Theorie der Speziation durch geographische Isolation zunächst in den Hintergrund geraten, da die frühen Mendelisten die Artbildung durch einzelne drastische Mutationen erklärten (Mayr 1982: 565).

Die Systematiker und Biogeographen in Deutschland hatten wesentlichen Anteil am internationalen synthetischen Darwinismus. Im Gegensatz zur mathematischen Populationsgenetik, die hauptsächlich in England und den USA weiterentwickelt wurde, waren die Systematiker in Deutschland weltweit führend und gehörten zu den zentralen Vertretern der Neuen Systematik:

»Haffer [...] shows quite impressively to what extent the German systematists from Karl Jordan to Stresemann and Rensch had assumed the leadership in bringing modern evolutionary thinking into systematics. Indeed, population thinking came to genetics in Germany from the speciation literature, while in America it was population genetics that brought population thinking to taxonomy. Several American evolutionists have complained how backward American taxonomy still was in the 1930's and 1940's.« (Mayr 1999a: 26)

Eine Verbindung der Neuen Systematik zum synthetischen Darwinismus haben aber nur Rensch und Mayr hergestellt (Stresemann konnte sich nie mit der Mutations-Selektions-Theorie anfreunden). Ursprünglich war die Zusammenarbeit zwischen Genetikern und Systematikern aber dadurch erschwert, dass führende Vertreter der Neuen Systematik sich bewusst von den Ergebnissen der Genetik abgrenzten: »Aus der Anwendung dieses geographischen Prinzips in der Systematik ergeben sich dann einige Schlußfolgerungen, welche die Lösung des Problems der Rassen- und Artbildung auf einem ganz anderen Gebiete suchen lassen als dem der heute vorherrschenden Mutationstheorie« (Rensch 1929a: 1; vgl. auch 1933a: 24). Rensch spielte hier auf den Lamarckismus an und schlug einen dualistischen Mechanismus vor, der sowohl mit der Genetik als auch der Selektionstheorie in Widerspruch stand.

Wichtige Impulse zur Überwindung dieser Frontstellung gingen zunächst von den mehr genetisch orientierten Autoren außerhalb der Stresemann-Schule aus. Führend war hier Baur, für den auf dem »schwierigen Gebiet« der Evolutionstheorie Fortschritte nur durch »ein Hand-in-Hand-Arbeiten von Genetik und Systematik, d.h. durch genetisch-systematische Monographien einzelner Gattungen« zu erwarten sind (Baur 1930: 401). In diesem Sinn hat auch Timoféeff-Ressovsky an Systematiker und Biogeographen appelliert, sich mit mikroevolutionistischen Fragestellungen zu beschäftigen, da diese lösbar seien und »außerordentlich belebend und befruchtend sowohl auf die evolutionistische Forschungsrichtung im ganzen, als auch auf die taxonomisch-biogeographische Arbeitsrichtung im speziellen einwirken könnten« (Timoféeff-Ressovsky 1939a: 210).[335]

Biogeographie und Systematik spielten im Umfeld des synthetischen Darwinismus in Deutschland allgemein ein große Rolle. Die wichtigsten Darwinisten in Deutschland (Baur, Timoféeff-Ressovsky, Zimmermann, Rensch) haben sich alle intensiv mit diesen Fragen auseinandergesetzt. Baur und Timoféeff-Ressovsky haben gezeigt, dass die geographische Variabilität auf den Mutationen der Genetik beruht und so die Verbindung zwischen Genetik und Systematik möglich gemacht. Die geographische Variabilität und systematische Fragen bis zur Artebene stehen auch bei Rensch im Vordergrund, während Zimmermann eher die höheren Kategorien behandelte. Rensch war der einzige der Architekten, der die Frage der Aufspaltung der Arten (Speziation) näher untersuchte.

Zu verschiedenen Fragen konnte auch innerhalb des synthetischen Darwinismus keine Einigkeit erzielt werden. So war beispielsweise strittig, in welchen Fällen die geographische Variabilität adaptiv ist. Reinig hat mit seiner Eliminationstheorie eine abweichende Meinung vertreten, als er die in den ›ökologischen Regeln‹ angenommenen Merkmalsgradienten als Folge der genetischen Verarmung durch

Wanderung erklärte. Eine andere Kontroverse drehte sich um den Punkt, ob die geographische Isolation (von Ausnahmen wie der Polyploidie abgesehen) eine unverzichtbare Voraussetzung der Speziation ist. Diese Ansicht wurde vor allem von Mayr vertreten, während die anderen Darwinisten auch sympatrische Artbildung für möglich hielten.

Die Beiträge von Systematik und Biogeographie zum synthetischen Darwinismus werden in der Mehrzahl der wissenschaftshistorischen und -philosophischen Arbeiten kaum berücksichtigt (vgl. Junker 1999a). Diese Geringschätzung ist allerdings kein neues Phänomen, sondern wurde schon in den frühen Jahren der Theorie beklagt. So schrieb Mayr 1942:

»The rise of genetics during the first thirty years of this century had a rather unfortunate effect on the prestige of systematics. The spectacular success of experimental work in unraveling the principles of inheritance and the obvious applicability of these results in explaining evolution have tended to push systematics into the background. There was a tendency among laboratory workers to think rather contemptuously of the museum man.« (Mayr 1942: 3)

Bis in die jüngste Zeit hat Mayr es sich zur Aufgabe gemacht, auf die Bedeutung der theoretischen und empirischen Erkenntnisse der organismischen Disziplinen für den synthetischen Darwinismus hinzuweisen (Mayr 1982: 567). Mayr ist der wohl profilierteste Verfechter dieser Auffassung; er ist aber keineswegs der einzige, und beispielsweise Douglas Futuyma vertritt in seinem weitverbreiteten Lehrbuch der Evolutionsbiologie eine ähnliche Position (1986: 10–12). Unter den deutschen Biologen haben sich Dietrich Starck und Wolfgang Maier diese Position zu eigen gemacht (Starck 1978: 9; Maier 1999).

Zusammenfassend kann man folgende wichtige Beiträge der Systematiker und Biogeographen zum synthetischen Darwinismus nennen: 1) Das geographische Denken, indem sie empirisch belegten, dass die Entstehung getrennter Arten durch graduelle Übergänge von individuellen Mutationen über geographische Rassen zu erklären ist. 2) Den Vergleich der im Labor und in der Theorie gefundenen Erkenntnisse mit natürlichen Phänomenen: »Solche Forschungsergebnisse [...] könnten unsere genetisch-evolutionistischen Theorienskelette sozusagen mit Fleisch und Blut ausfüllen« (Timoféeff-Ressovsky 1939a: 210; vgl. auch Mayr 1942: 10–11). 3) Den Nachweis der weitgehenden Adaptivität der geographischen Variabilität. Und 4) die Erkenntnis, dass die geographische Isolation das wichtigste (aber nicht einzige) Prinzip ist, das die Herausbildung von reproduktiver Isolation und damit die Speziation möglich macht.

## 2.5 Allgemeine Evolutionstheorie

Der synthetische Darwinismus war in erster Linie eine Theorie über die Kausalität der Evolution. Man erhoffte sich aber auch eine Belebung der allgemeinen Evolutionstheorie und der phylogenetischen Forschung. Zunächst war dem aber geringer Erfolg beschieden und nur wenige Naturalisten aus den klassischen Disziplinen Morphologie, Embryologie und Paläontologie ließen sich von der Fruchtbarkeit des darwinistischen Forschungsprogramms überzeugen: »To many it has seemed enigmatic that morphology contributed virtually nothing to the synthetic theory of evolution. Beyond the accumulation of more phylogenetic data and the elucidation of long-term trends, it seems to have existed in another world« (Ghiselin 1980: 181; vgl. Zangerl 1948; Coleman 1980; Maier 1999). Dies ist ein auffälliger Kontrast zum 19. Jahrhundert, als Darwin schrieb, die Morphologie sei »the most interesting department of natural history, and may be said to be its very soul« (Darwin 1859: 434).

Wodurch ist die Distanz der Morphologen, Embryologen und Paläontologen dem synthetischen Darwinismus gegenüber zu erklären? Im Abschnitt über Remane wurden einige der Gründe genannt. Sie reichten bis zur Befürchtung, dass die organismischen Disziplinen angesichts der Erfolge der Genetik und anderer experimenteller Fächer nicht nur Einfluss und Ressourcen verlieren würden, sondern als eigenständige Fächer in ihrer Existenz gefährdet wären. Indem man der Genetik die erklärende Kraft für einen Großteil der Evolution absprach, wollte man hier ein Gegengewicht schaffen. Die starke Opposition ist auch mit den idealistischen und typologischen Traditionen der deutschen Morphologie des 20. Jahrhunderts zu erklären, die verhinderte, dass ihre Anhänger das Populationsdenken und damit letztlich die Selektionstheorie akzeptieren konnten (Mayr 1999a: 27; Gould 1983: 91). Zudem war man in der deutschsprachigen Paläontologie (und Morphologie) offensichtlich »mit den Entwicklungen der Genetik und Populationsbiologie weder vor 1930 noch in den Jahrzehnten danach auch nur im mindesten vertraut« (Reif 1999: 181). Dies erklärt zusammen mit der Akzentverschiebung von der Theorie der gemeinsamen Abstammung zur Frage des Evolutionsmechanismus, warum diese Disziplinen praktisch nichts zum synthetischen Darwinismus beigetragen haben.

Allerdings waren im 19. Jahrhundert mit Haeckel, Gegenbaur und ihren Schülern in der Zoologie sowie Hofmeister und Strasburger in der Botanik schon weit positivere Ansätze vorhanden (Junker 1989). Auch wurde die Notwendigkeit einer Verbindung von Morphologie, Paläontologie und genetischer Evolutionstheorie durchaus anerkannt. Der Paläontologe Schindewolf beispielsweise versuchte sich

1936 an einer Synthese von Genetik und Paläontologie; bei der Lösung des Problems lehnte er sich an Goldschmidts Konzept der Makromutationen an (vgl. Reif 1993, 1997a).[336] Ein nicht zu unterschätzender Grund für die mangelnde Bereitschaft der Naturalisten sich auf die Mutations-Selektions-Theorie einzulassen war aber die Erfahrung mit ähnlichen Ansprüchen aus den ersten beiden Jahrzehnten des 20. Jahrhunderts. Bereits kurz nach der Begründung der modernen Genetik waren einige ihrer wichtigsten Vertreter mit umfassenden evolutionstheoretischen Modellen hervorgetreten, hatten die Naturalisten aufgefordert, diese zu übernehmen und sich an den »vorliegenden Erfahrungen über Vererbung, Variabilität, Anpassung u. dgl.« zu orientieren (Johannsen 1915: 599). Bedingt durch den noch unentwickelten Status der Genetik der Zeit führte die kritiklose Übernahme dieser Ideen aber in Sackgassen und auf Abwege, wie die mit großer Selbstsicherheit vorgetragenen Spekulation von de Vries oder Johannsen dokumentieren (de Vries 1901–03; Johannsen 1915).

In der Literatur zur Synthese von Paläontologie und synthetischem Darwinismus wird für Deutschland meist nur Rensch genannt. Weitere Autoren, die in dieser Beziehung wichtige Beiträge geleistet haben, waren Heberer und Zimmermann. Zimmermann hatte bereits 1930 eine selektionistische und gradualistische Theorie vorgelegt, die der Makroevolution keinerlei Sondermechanismen einräumte. Später haben Rensch (1939a, 1943a, 1947a) und Heberer (1942, 1943b) ähnliche Versuche mit jeweils anderen Schwerpunkten unternommen und exemplarisch gezeigt, wie sich die Evolution der Organismen in Übereinstimmung mit dem selektionistischen Modell erklären läßt. Die Einheit von Mikro- und Makroevolution wurde dabei mit verschiedenen wissenschaftstheoretischen und empirischen Argumenten untermauert. Während Heberer sich eher auf grundsätzliche Aspekte beschränkte, haben Zimmermann und Rensch auch detaillierte Erklärungen für verschiedene paläontologische Regelmäßigkeiten vorgelegt. Man ging davon aus, dass die Makroevolution lediglich eine Summierung mikroevolutionärer Phänomene darstellt. Zugleich wurde aber zugestanden, dass dabei gewisse ›Sondererscheinungen‹ zu beobachten sind. Letztlich versuchte man aber zu zeigen, dass die paläontologischen Fakten mit den bekannten Mechanismen, vor allem mit der Mutationstheorie der Genetik und der Selektionstheorie vereinbar waren. Als zentraler richtunggebender und zur Anpassung führender Faktor wurde dabei die natürliche Auslese angenommen.[337]

Im Gegensatz zu Simpson haben Zimmermann, Heberer und Rensch in ihrer Diskussion der Makroevolution kaum populationsgenetische Theorien zugrunde gelegt. Bei Rensch finden sich zwar einige kurze Hinweise, dass die Isolation einer kleinen Population zu einer starken Beschleunigung der Evolutionsgeschwindigkeit führen kann, ohne dass er diese Gedanken aber ausgeführt hätte. Eine weitergehende Verbindung mit den Theorien der Systematik zur geographischen Isolation und zur Speziation lässt sich nicht feststellen. Erst in den 1970er Jahren wurde in der Theorie des ›punctuated equilibrium‹ (›Theorie des durchbrochenen Gleichgewichts‹), die auf Mayrs Theorie der genetischen Revolutionen in isolierten Randpopulationen beruht (Mayr 1954b), angenommen, dass die phylogenetische Entwicklung auch wesentlich von Speziationsvorgängen und der Selektion zwischen Arten bestimmt wird.[338]

Abgesehen von diesem Punkt haben die Ausführungen von Zimmermann, Heberer und Rensch vielfältige Ansatzpunkte geboten, um die Evolution der Organismen auf darwinistischer und genetischer Basis zu deuten. Dass sie damit nur wenig Erfolg hatten, lag weniger an ihren Ideen oder der Art der Präsentation, sondern an den disziplinären Grenzen und äußeren Bedingungen. Rensch kam 1947 zu folgendem, eher defensivem Zwischenresultat: Es soll »ganz und gar nicht der Eindruck erweckt werden, daß etwa alle Organ- und Bauplanbildungen bereits ausreichend ›geklärt‹ oder ›erklärt‹ werden könnten. Sie sind vielmehr im einzelnen vielfach noch recht dunkel. Nur erscheint es bislang unnötig, vom übrigen Evolutionsgeschehen völlig abweichende Faktoren vorauszusetzen« (Rensch 1947a: 282).

Zimmermann und Heberer wurden international kaum beachtet und keiner der drei Autoren konnte sich in der deutschsprachigen Paläontologie durchsetzen. Ein Grund war wohl, dass sie keine Fach-Paläontologen waren. Ein weiterer Nachteil war, dass sie in ihren Arbeiten nicht auf einander verwiesen und aufbauten. Dadurch waren sie zu vereinzelt, um eine durchgreifende Wirkung zu entfalten. Statt dessen herrschte unter den Paläontologen die Überzeugung vor, dass es eine eigene Makroevolution mit speziellen Evolutionsfaktoren gibt. Und so fällt es schwer, einen Fach-Paläontologen zu nennen, der dem engeren Umfeld des synthetischen Darwinismus zuzurechnen wäre. Ähnliches gilt für Morphologie, Embryologie und Anthropologie – und auch für die Autoren in der *Evolution der Organismen*! Heberer hat den phylogenetischen Abschnitt »Die Geschichte der Organismen« mit über 200 Seiten zwar quantitativ durchaus angemessen repräsentiert. Weder bei Weigelt, noch bei Rüger, Franz oder Mägdefrau ist aber ein Interesse an der Frage der Evolutionsmechanismen oder ein Verständnis für den synthetischen Darwinismus erkennbar. Keiner dieser Autoren war so in der Lage, eine Verbindung zwischen Morphologie, Phylogenie und kausaler Evolutionsforschung herzustellen. Lediglich in Heberers eigenem Beitrag »Das Typenproblem in der Stammesgeschichte« wird ein entsprechender Versuch unternommen.

| I. Allgemeine Grundlegung | |
|---|---|
| *Dingler:* | Die philosophische Begründung der Deszendenztheorie |
| *Zimmermann:* | Die Methoden der Phylogenetik |
| *Rensch:* | Die biologischen Beweismittel der Abstammungslehre |
| *Zündorf:* | Idealistische Morphologie und Abstammungslehre |
| *Lorenz:* | Psychologie und Stammesgeschichte |
| **II. Die Geschichte der Organismen** | |
| *Weigelt:* | Paläontologie als stammesgeschichtliche Urkundenforschung |
| *Rüger:* | Die absolute Chronologie der geologischen Geschichte als zeitlicher Rahmen der Phylogenie |
| *Franz:* | Die Geschichte der Tiere |
| *Mägdefrau:* | Die Geschichte der Pflanzen |
| **III. Die Kausalität der Stammesgeschichte** | |
| *Bauer & Timoféeff-Ressovsky:* | Genetik und Evolutionsforschung bei Tieren |
| *Schwanitz:* | Genetik und Evolutionsforschung bei Pflanzen |
| *Ludwig:* | Die Selektionstheorie |
| *Herre:* | Domestikation und Stammesgeschichte |
| *Heberer:* | Das Typenproblem in der Stammesgeschichte |
| **IV. Die Abstammung des Menschen** | |
| *Krogh:* | Die Stellung des Menschen im Rahmen der Säugetiere |
| *Gieseler:* | Die Fossilgeschichte des Menschen |
| *Reche:* | Die Genetik der Rassenbildung beim Menschen |
| *Weinert:* | Die geistigen Grundlagen der Menschwerdung |

Schema: *Die Evolution der Organismen* (1943), Inhalt

So lassen sich nur wenige Naturalisten finden, die den synthetischen Darwinismus mehr als halbherzig unterstützt hätten: Reinig, Heberer, Zündorf sowie der Anthropologe Reche. Alle anderen untersuchten Naturalisten waren entweder desinteressiert oder überwiegend kritisch eingestellt. Letzteres gilt im Besonderen für Herre, Ludwig, Remane und Stresemann. Insofern ist es Heberer nicht gelungen, den synthetischen Darwinismus in der *Evolution der Organismen* (1943) zur bestimmenden Grundlage einer **allgemeinen** Evolutionstheorie zu machen.

Ähnlich wie in den USA kam es auch in der deutschen Paläontologie zu neuem Interesse an der Frage der Evolutionsmechanismen (Simpson 1944: xvi). Dieses

Interesse führte aber nicht zum synthetischen Darwinismus, sondern zu eigenen Makroevolutionstheorien. Wolf-Ernst Reif hat folgende Gründe für das »Festhalten der deutschsprachigen Paläontologie an typologisch geprägten Makroevolutionstheorien« genannt: 1) Das typologische Denken habe sich in der angewandten Paläontologie bewährt. 2) Man hoffte, dass eine eigenständige Makroevolutionstheorie zu einer Aufwertung der Paläontologie führt. 3) Man war davon überzeugt, dass die Makroevolution eigenen Gesetzen folgt. 4) Mit Schindewolf setzte sich in den ersten Jahrzehnten nach dem Krieg ein Gegner des synthetischen Darwinismus als führender Paläontologe, besonders als Experte in evolutionstheoretischen Fragen, durch (Reif 1999: 182). Dazu kommt noch die oben genannte Tatsache, dass die Darwinisten in Deutschland, die sich mit diesen Fragen befassten, fachfremd waren, und von daher Schwierigkeiten hatten, Beachtung zu finden.

## 2.6 Anthropologie

Die Vielfalt der methodologischen und theoretischen Anschauungen sowohl in der Anthropologie als auch in der Evolutionstheorie führte schon im 19. Jahrhundert dazu, dass es zu unterschiedlichen Abgrenzungs-, aber auch Vermittlungsversuchen kam. Obwohl die Evolutionstheorie schon in den 1870er Jahren kaum mehr grundsätzlich abgelehnt wurde, dauerte es in den meisten biologischen Disziplinen noch mehrere Jahrzehnte, bis das neue dynamische Bild der Natur über ein oberflächliches Bekenntnis hinaus als theoretische Grundlage akzeptiert wurde. Dies gilt auch für die Anthropologie. Auf der anderen Seite gehört die Theorie der gemeinsamen Abstammung der Organismen zu den Grundpfeilern aller darwinistischen Forschungsprogramme. Auch im 20. Jahrhundert wollten ihre Vertreter zeigen, dass ihr Modell nicht nur den Anspruch hat, eine allgemeine Evolutionstheorie zu sein, sondern man bemühte sich auch, dies an konkreten empirischen Daten nachweisen. Der erste Versuch, anthropologische Fragestellungen auf Grundlage des synthetischen Darwinismus zu untersuchen, wurde von Heberer in der *Evolution der Organismen* initiiert. Wie schon bei Darwin sollte nicht nur die Entstehung der Menschen aus affenähnlichen Vorfahren, sondern auch die Aufspaltung in geographische Rassen kausal erklärt werden.

Die anthropologischen Beiträge zur *Evolution der Organismen* sind insofern der Darwinschen Tradition zuzuordnen, als die klassischen Themen aufgegriffen werden (Darwin 1871, 1: 2–3) und auch die Antworten im Sinne des Darwinismus ausfallen. Es handelt sich über weite Strecken um vergleichende Untersuchungen zur Stammesgeschichte der Menschheit wie sie bereits im 19. Jahrhundert angestellt wurden, ergänzt durch neuere Daten aus Serologie und Paläontologie. Diese Herangehensweise ist natürlich völlig legitim und auch notwendig, aber der Anspruch, die wirklich neuen Erkenntnisse des synthetischen Darwinismus zu integrieren, wird nur am Rande erfüllt.

Die Frage nach der ursprünglichen Entstehung der Menschheit nimmt denn auch den größten Raum ein. Die Beiträge von Gieseler und von Krogh befassen sich fast nur mit diesem Thema, auch bei Weinert wird es bevorzugt behandelt, lediglich von Reche wird ein anderer Schwerpunkt gesetzt. Man bemüht sich, die evolutionäre Entstehung der Menschen als solche nachzuweisen und geht sehr intensiv auf die neuen paläontologischen Funde ein. Eine – offensichtlich politisch motivierte – Besonderheit der phylogenetischen Rekonstruktionen besteht darin, dass der Ursprung der Menschheit nach Europa verlegt und die Eiszeit als entscheidende Ursache in diesem Prozess bestimmt wird. Die Fokussierung auf die Eiszeit als wichtigste Selektionsbedingung und die Lokalisierung in Europa stützen sich in dieser Argumentation wechselseitig. Dieses Modell wird nur am Rande empirisch belegt und macht den Eindruck eines Dogmas, aus dem dann die Überlegenheit der Europäer abgeleitet wird.

Der Diskussion der Evolutionsmechanismen wird nur relativ wenig Raum gewidmet. Zumindest wenn man sie mit der besonderen Bedeutung dieses Themas für den synthetischen Darwinismus vergleicht. Alle anthropologischen Autoren bekennen sich zur Selektionstheorie, gehen aber abgesehen von Reche nicht ins Detail. Wie auch aus politischen Gründen zu erwarten, wird die Bedeutung des Kampfes ums Dasein für die Entwicklung der Menschheit betont; interessanterweise wird aber der gruppenselektionistische Mechanismus fast völlig ignoriert. Die Kausalität der Evolution wird aber nur in dem Beitrag von Reche genauer besprochen. Er greift wichtige Thesen des synthetischen Darwinismus auf, mit dem Unterschied, dass für ihn Mutationen und genetische Variabilität nur bei Umweltveränderungen entstehen bzw. sich durchsetzen können. Allgemein betont er die Wichtigkeit eines abiotischen Faktors, der Eiszeit, für die Entstehung der genetischen Variabilität und die Selektion. Weitere Selektionsbedingungen, Gruppenselektion und Rekombination haben nur unterordneten Stellenwert. Trotz dieser Unterschiede ist unverkennbar, dass Reche den Anspruch hat, die neuesten Ergebnisse des synthetischen Darwinismus wiederzugeben und auf die Frage der Rassenbildung beim Menschen anzuwenden (er zitiert beispielsweise Timoféeff-Ressovsky und Dobzhansky). Er geht nicht nur auf die klassischen Evolutionsfaktoren ein (Mutation, Selektion, geographische Isolation, Bastardierung, Populationsgröße, sexuelle Selektion), sondern versucht auch zu zeigen, wie die Unterschiede zwischen den rezenten Menschenrassen auf diese Weise zu erklären sind.

Die Entstehung der geographischen Varietäten (Rassen) bei Menschen wird nur von Reche näher diskutiert. Sowohl Gieseler als auch von Krogh umgehen dieses Thema fast völlig und befassen sich mit der Entstehung der Menschen vor der Aufspaltung in Rassen. Bei Reche finden sich in diesem Zusammenhang auch wichtige Kernaussagen der nationalsozialistischen Rassenmythologie, wie die Entstehung der Menschen in Europa (der »Heimat«), die einseitige Betonung äußerer Bedingungen (der Eiszeiten), die Überlegenheit der nordisch-fälischen Rasse und die Ablehnung von Rassenmischungen. Auch Weinert äußert sich in seinem Beitrag mehrfach in diesem Sinne. Weder bei Reche noch in anderen von mir untersuchten Publikationen zum synthetischen Darwinismus wurde direkt die Zukunft der Menschheit aus Sicht der nationalsozialistischen Herrenrassenideologie propagiert. Relativ weit verbreitet war es dagegen, die Eugenik im Sinne der nationalsozialistischen Rassenpflege zu vertreten, d.h. einschließlich der Ablehnung von Rassenmischungen. Entsprechende Äußerungen finden sich in den Publikationen von Reche, Weinert, Lorenz, Schwanitz und Zimmermann – mit Einschränkungen auch bei Baur. Grundsätzlich positiv zur Eugenik, aber nicht im Sinne der nationalsozialistischen Rassenpflege, äußerten sich Ludwig, Timoféeff-Ressovsky und Rensch (letzterer nach 1945).

Zusammenfassend kann man feststellen, dass die anthropologischen Beiträge zur *Evolution der Organismen* abgesehen von demjenigen Reches keinen Versuch machen, das neue Modell des synthetischen Darwinismus zu übernehmen. Dieses Bild ist insofern zu modifizieren, als die wichtigsten Vertretern dieser Theorie – Baur, Timoféeff-Ressovsky, Zimmermann, Rensch – in ihren Publikationen die Frage der Evolution der Menschen zumindest am Rande mitdiskutierten. Die Verbindung zu den Fachanthropologen scheint aber eher lose gewesen zu sein, man kann eher ein Nebeneinander der Ansätze als eine echte Synthese beobachten. In gewisser Weise wiederholte sich die Situation des 19. Jahrhunderts als Darwin, Rolle, T.H. Huxley und Haeckel an einer evolutionären Anthropologie arbeiteten, ohne dass es ihnen gelang, die Gegnerschaft der Fachanthropologen zu überwinden.

Die *Evolution der Organismen* war als wissenschaftliches Werk konzipiert worden (Junker & Hoßfeld 2000). In den Komplexen I bis III gelang es, diesem Anspruch überwiegend gerecht zu werden. Auch der Beitrag von Heberer ist diesem evolutionstheoretischen Bereich zuzurechnen und war entsprechend sachlich gehalten. Heberer trat in der *Evolution der Organismen* nicht als Anthropologe in Erscheinung, er war aber als Herausgeber für die Auswahl der Autoren verantwortlich. Die Anthropologie ist die einzige der hier vorgestellten wissenschaftlichen Disziplinen, in der die politischen Vorgaben die fachlichen Diskussionen in den Hintergrund gedrängt haben. Aber auch Komplex IV der *Evolution der Organismen*, »Die

Abstammung des Menschen«, ist in dieser Hinsicht heterogen. Am ehesten wird eine sachliche Darstellung in den Beiträgen von Gieseler und mit Einschränkungen auch von Krogh durchgehalten. Dies ist wohl dadurch zu erklären, dass sich beide mit der Evolution der Menschen vor der Aufspaltung in die rezenten Rassen befassen: von Krogh unter physiologischen und morphologischen Gesichtspunkten, Gieseler aus Sicht der Paläontologie. Weinert will den Nachweis der Entwicklung der Menschen aus einem affenähnlichen Vorfahren dadurch belegen, dass er die Nähe angeblich niedriger Menschenrassen zu rezenten Affenarten betont. Auffällig ist, dass in keinem der anthropologischen Beiträge der *Evolution der Organismen* die antisemitischen Rassentheorien des Dritten Reichs erwähnt werden.[339]

Legt man die von Darwin 1871 genannten Probleme – Entstehung der Menschen, Frage der Evolutionsmechanismen, Unterschiede zwischen den Menschenrassen – zugrunde, so haben sich die Anthropologen in der *Evolution der Organismen* überwiegend mit dem ersten Punkt beschäftigt. Es ist sicher kein Zufall, dass es sich dabei um den weltanschaulich unverfänglichsten Punkt handelt. Obwohl sich alle vier Anthropologen politisch eindeutig auf die Seite des NS-Regimes stellten, scheinen sie einer wissenschaftlichen Auseinandersetzung mit seinen ideologischen Grundideen ausgewichen zu sein. Dies ist wohl dadurch zu erklären, dass die politische Aufladung mancher Themen es selbst für staatsnahe Autoren schwer machte, sich damit auch nur entfernt wissenschaftlich, d.h. kritisch, auseinander zusetzen. Eine Verbindung zwischen Anthropologie, synthetischem Darwinismus und NS-Ideologie wurde nur von Reche versucht. Dieser Ansatz blieb zwar fragmentarisch, er zeigt aber, dass eine Annäherung zwischen wissenschaftlicher Evolutionstheorie und den weltanschaulichen Ideen des NS-Regimes möglich schien. Die Äußerungen von Baur und Rensch belegen andererseits, dass es zwar potentiell durchaus Anknüpfungspunkte gegeben hat, dass die Wissenschaft dem weltanschaulichen Deutungsmonopol aber auch gefährlich werden konnte.

Auch in Bezug auf die Situation in England und den USA ist zu vermuten, dass anthropologische Themen eine bei weitem wichtigere Rolle bei der Entstehung und Rezeption des synthetischen Darwinismus gespielt haben, als dies die bisherigen Untersuchungen vermuten lassen, in denen dieses Thema meisten übergangen wird (Mayr & Provine 1980; Smocovitis 1996; Junker & Engels 1999). Es gibt deutliche Hinweise, dass die anthropologischen Nachkriegsdiskussionen, wie sie von Dobzhansky, Simpson, Mayr und Rensch geführt wurden, einen Teil ihrer Motivation und ihrer Tendenz aus dem Wunsch bezogen, die Rassentheorien des Dritten Reiches zu widerlegen. Die Beschäftigung der Architekten des synthetischen Darwinismus mit anthropologischen Fragen ist aber nur teilweise durch die politischen Bedingungen des 20. Jahrhunderts zu erklären. Sie speist sich vielmehr wesentlich aus ihrem Interesse an einer wissenschaftlichen Erklärung der biologischen Evolution in ihrer Gesamtheit.

## 3. Revolution und Evolution

Die Synthetische Evolutionstheorie oder, wie es meiner Meinung nach zutreffender heißen müsste, der synthetische Darwinismus, kann als zeitliche Phase und inhaltliche Variante eines übergeordneten Forschungsprogramms aufgefasst werden. Seit *Origin of Species* ist es charakterisiert durch die Bemühung, die organismische Vielfalt naturalistisch durch Evolution und gemeinsame Abstammung zu erklären. Die zentrale kausale Rolle kommt dabei dem Variations-Selektions-Mechanismus (der Selektionstheorie i.w.S.) zu. In der ersten Hälfte des 20. Jahrhunderts kam es zu wesentlichen Modernisierungen dieses Forschungsprogramms, wobei die Kernaussagen aufrechterhalten wurden. Als wichtigste Neuerungen sind das tiefere Verständnis der Entstehung und Aufrechterhaltung der genetischen Variabilität in Populationen durch Mutation und Rekombination zu nennen, sowie die Erklärung der Aufspaltung von Arten mit der geographischen Isolation. Dabei wurde der nicht-additive Charakter der Theorie mit der Selektion als zentralem kausalem Faktor bewahrt. Mutation, Rekombination, geographische Isolation sowie Zufallseffekte sind notwendige Voraussetzungen und erklären inadaptive Phänomene. Anpassungen und evolutionären Fortschritt kann aber nur die Selektion hervorrufen. Dass sich mit dieser Bestimmung und der entsprechenden Namensbildung die historische Entwicklung der 1930er und 40er Jahre besser verstehen lässt, als bei einer Betonung der synthetischen Aspekte hat meine Untersuchung gezeigt.[340] Wenn diese inhaltliche Bestimmung zutreffend ist, wie lassen sich dann Entstehung und weitere Entwicklung des Modells aus wissenschaftshistorischer Sicht allgemein einordnen? Diese Frage wurde von verschiedenen Autoren diskutiert; meist bezogen sie sich dabei auf Thomas S. Kuhns Konzept wissenschaftlicher Revolutionen.

Handelte es sich bei der Entstehung des synthetischen Darwinismus um einen Paradigmenwechsel im Kuhnschen Sinne? Diese Interpretation wird von einigen Autoren nahegelegt, wenn sie vom »Neo-Darwinian paradigm« des neuen Modells sprechen (Eldredge 1982: XVI; Gayon 1995: 1). Paradigmen sind für Kuhn gemeinsame Überzeugungen wissenschaftlicher Gruppen, wie symbolische Verallgemeinerungen (Formeln usw.), metaphysische Ideen, Werte und methodologische Ansprüche sowie Musterbeispiele, worunter er konkrete, lehrbuchmäßige Problemlösungen versteht (Kuhn 1976: 187–203). Etwas allgemeiner hatte Ludwik Fleck von Denkstilen gesprochen und diese definiert als »gerichtetes Wahrnehmen, mit entsprechendem gedanklichen und sachlichen Verarbeiten des Wahrgenommenen« (Fleck [1935] 1980: 130). Paradigmen und Denkstile sind an Gruppen von Menschen gebunden, Fleck spricht von Denkkollektiven: »Definieren wir das ›Denkkollektiv‹ als Gemeinschaft der Menschen, die im Gedankenaustausch oder in gedanklicher Wechselwirkung stehen, so besitzen wir in ihm den Träger geschichtlicher Entwicklung eines Denkgebietes, eines bestimmten Wissensbestandes und Kulturstandes, also eines besonderen Denkstiles« (Fleck [1935] 1980: 54–55).

Die Vertreter des synthetischen Darwinismus bildeten eine solche Gruppe, die durch ihre Publikationen, wechselseitiges Zitieren und persönlichen Kontakt verbunden war. In Kapitel II habe ich einen Eindruck von den vielfältigen Verbindungen und Interaktionen gegeben.[341] Eine gemeinsame theoretische Basis war das Selektionsprinzip, wie es von Darwin als Wechselspiel von Variabilität und Selektion beschrieben worden war. Die Züchtung in der Domestikation kann als gemeinsames Paradigma, als ›Musterbeispiel‹, gelten, auf das sich alle Darwinisten bezogen. Innerhalb des Darwinismus wiederum gab es verschiedene Untergruppen; Abschnitt 1 zu diesem Kapitel gibt einen Eindruck von der Spannbreite der Positionen. Das Bündnis zwischen diesen verschiedenen Positionen war eines der wichtigsten Charakteristika der neuen Theorie. Ernst Mayr hat dasjenige zwischen Experimentalisten und Naturalisten besonders betont: »The conceptual worlds of the experimentalists and the naturalists were very different for the three reasons just stated. Their paradigms (as defined by Kuhn) were markedly different. On the whole, they also worked in different institutions and read different journals« (Mayr 1980a: 13; vgl. auch Allen 1979, 1994). Ein Denkkollektiv definiert sich aber auch durch Abgrenzung gegenüber anderen Gruppen. Hier sind für Deutschland vor allem die Anhänger der Idealistischen Morphologie, eigenständiger Makroevolutionstheorien und des Lamarckismus zu nennen.

Bei einer wissenschaftlichen Revolution im Kuhnschen Sinne kommt es nun zu einem Paradigmenwechsel, indem ein Paradigma durch ein anderes, inkompatibles ersetzt wird. Nach einer Revolution sehen die Wissenschaftler die Welt ihrer Forschungsinteressen anders, sie leben gewissermaßen in einer anderen Welt: »paradigm changes do cause scientists to see the world of their research-engagement differently. In so far as their only recourse to that world is through what they see and do, we may want to say that after a revolution scientists are responding to a different world« (Kuhn 1970: 111). Ist dies eine adäquate Darstellung der Vorgänge während der Entstehung des synthetischen Darwinismus?

Betrachtet man die Antworten der Wissenschaftshistoriker auf diese Frage, so kann man feststellen, dass sie dabei unterschiedliche Phänomene im Auge haben. In der Paläontologie mit ihrem anti-darwinistischen (makroevolutionären) Paradigma würde das Ersetzen dieses Konzepts durch die darwinistische Interpretation eine wissenschaftliche Revolution darstellen. Renschs Publikationen wären dann »the seed for the paradigm shift toward a Darwinian interpretation of macroevolution«, zu dem es aber letztlich nicht gekommen sei: In paleontology »a conspicuous scientific revolution, a paradigm shift from internalism to Darwinism (synthetic theory), has never taken place« (Reif 1983: 191, 199). Allgemein war in Deutschland »nur selten« ein »radikaler Paradigmawechsel zur Synthetischen Theorie« zu beobachten. Die »letztlich auf metaphysische Überzeugungen (Bild der Natur, Bild der Evolution, Selbstverständnis des Evolutionstheoretikers, Rolle von Zufall und Determinismus im Naturgeschehen etc.)« zurückzuführenden Ideen der Vertreter der alten Theorien »hätten also gar nicht widerlegt, sondern nur durch einen Paradigmawechsel umgekrempelt werden können« (Reif 2000a: 387–88). Anders die Situation in der amerikanischen Paläontologie. Hier führten Simpsons Bücher von 1944 und 1953 zu einer »complete revolution« (Mayr 1999a: 28; vgl. Laporte 1991). Die Autoren sprechen also von einer echten oder möglichen Revolution in der Paläontologie (und Biologie) in Bezug auf die Übernahme darwinistischer Konzepte. Bedeutet dies aber, dass die Entstehung des synthetischen Darwinismus selbst eine Revolution war?

In Kapitel I habe ich gezeigt, dass und warum Simpson und Mayr die Neuheit der Theorie in den 1940er und 50er Jahren durch einen neuen Namen betont haben. Von einem völlig neuen Paradigma innerhalb des Darwinismus haben sie aber nicht gesprochen.[342] Für beide Autoren gibt es eine übergreifende »Darwinian revolution«, die bis in die 1930er Jahre (und weiter) reichte. Entsprechend identifizieren sie einen ›Darwinian‹, d.h. selektionistischen, Denkstil:

> »[...] there were biologists who continued to think and work on Darwinian, that is, selectionist grounds. A strengthening and widening of that position began in the 1930s and within the general scope of the Darwinian revolution. It led to what is now commonly called the synthetic theory, because it became a synthesis from all the many branches of biology, including paleontology.« (Simpson 1978: 114)

Ganz ähnlich spricht auch Mayr von einer übergreifenden »Darwinian revolution«.[343] Die Entstehung der Synthetischen Evolutionstheorie selbst wird also nicht als Revolution bezeichnet, sondern als Phase der Darwinschen Revolution:

> »We may ask whether the synthesis was a scientific revolution. [...] If ›scientific revolution‹ is defined as the occurrence of something drastically new,

then the synthesis certainly does not qualify as a revolution. Indeed, in its most important components, the synthesis is remarkably similar to Darwin's original theory of 1859. [...] The synthesis, then, evidently was not still another revolution but simply the final implementation of the Darwinian revolution.« (Mayr 1980a: 43; vgl. auch 1982: 569–70)

Darwins *Origin of Species* führte nach dieser Interpretation zu einer echten wissenschaftlichen Revolution und zur Entstehung des neuen Denkstils. Innerhalb des Darwinismus kann man aber nicht von Revolution und Paradigmenwechsel im Kuhnschen Sinne sprechen; es kam vielmehr zur Weiterentwicklung und Evolution. Da sich der Darwinismus wegen dieser Plastizität philosophisch nur schlecht als Kuhnsches Paradigma interpretieren lässt, wurde vorgeschlagen, im Sinne von Laudan von einer Forschungstradition zu sprechen: »I believe that Darwinism would be better thought of in Laudan's terminology of a flexible tradition of research, rather than in terms of paradigms« (Gayon 1995: 10; vgl. auch Mayr 1980a: 39–40). Ich habe in Anlehnung an Imre Lakatos den Begriff ›Forschungsprogramm‹ bevorzugt. Ein Forschungsprogramm zeichnet sich durch einen ›harten Kern‹ und einen Gürtel schützender Hypothesen aus:

»The basic unit of appraisal must be not an isolated theory or conjunction of theories but rather a ›research programme‹, with a conventionally accepted [...] ›hard core‹ and with a ›positive heuristic‹ which defines problems, outlines the construction of a belt of auxiliary hypotheses, foresees anomalies and turns them victoriously into examples, all according to a preconceived plan.« (Lakatos 1971: 110–11)

Von Fortschritt, Stagnation und Degeneration kann man nur Bezug auf Forschungsprogramme sprechen. Fortschrittlich sei es, wenn es zur Entdeckung bisher unbekannter Tatsachen führe: »Thus, in a progressive research programme, theory leads to the discovery of hitherto unknown novel facts. In degenerating programmes, however, theories are fabricated only in order to accommodate known facts« (Lakatos 1973: 5). Die Entdeckung der häufigen Kleinmutationen in den 1920er Jahren durch Erwin Baur oder der verborgenen genetischen Variabilität durch S.S. Chetverikov sind Beispiele für vom synthetischen Darwinismus prognostizierte Tatsachen.[344]

Beim synthetischen Darwinismus handelte es sich also nicht um eine wissenschaftliche Revolution (im Sinne von Kuhn), sondern um einen Modernisierungsschub, d.h. um eine Evolution, sie war »the final implementation of the Darwinian

Abbildung 23: Erwin Baur und Teilnehmer des Kongress für Vererbungswissenschaft, 1927
(Hagemann 2000: 36)

revolution« (Mayr 1980a: 43). Darwins ursprüngliche Revolution initiierte ein Forschungsprogramm, das die Vielfalt der Organismen naturalistisch durch Evolution, gemeinsame Abstammung und Selektion erklären sollte. Nach außen, anderen wissenschaftlichen oder weltanschaulichen Überzeugungen gegenüber ist der synthetische Darwinismus Träger der bis heute revolutionären Ideen Darwins. Nach innen war er dagegen konservativ, in dem er sich an Darwins Argumentsstruktur orientierte und den zentralen Kern der Theorie bewahrte.

## 4. Zeitliche Entwicklung

Im ersten Kapitel habe ich vier Phasen in der Geschichte des Darwinismus unterschieden und so ein grobes Raster vorgegeben: Auf den klassischen Darwinismus (nach 1859), demzufolge die Selektion der wichtigste richtende Evolutionsfaktor ist, aber auch lamarckistische Effekte akzeptiert werden, folgte der Neo-Darwinismus (nach 1883), der sich durch die Ablehnung der Vererbung erworbener Eigenschaften auszeichnete. Die Entwicklungen der Jahre 1915 bis 1932 wurden als genetischer und populationsgenetischer Darwinismus bezeichnet. Autoren wie Fisher und Baur widerlegten den Saltationismus der frühen Mendelisten und betonten die Selektion von kleinen genetischen Unterschieden. Im synthetischen Darwinismus (1930–50) schließlich wurde zudem die systematische Theorie der Speziation durch geographische Isolation integriert und man bemühte sich, eine allgemeine Evolutionstheorie zu begründen. Ein differenzierteres Bild der beiden letztgenannten Varianten entsteht, wenn man die Entwicklung des synthetischen Darwinismus speziell in Deutschland betrachtet.[345] Folgende Phasen lassen sich dabei abgrenzen:

## 4.1 Programmatische Phase (1924–30)

In diesen Jahren erschienen erste Artikel und Bücher, in denen die Struktur der Theorie bereits in Umrissen erkennbar war, ohne dass eine breitere Wirkung erzielt wurde. Wichtige empirische Untersuchungen zur Mutationsforschung und zur Genetik natürlicher Populationen wurden durchgeführt: »By the 1920s the mutation-natural selection theory was definitely in the air« (Dobzhansky 1980: 242). Eingeleitet wurde diese Phase durch Baurs wegweisende Artikel von 1924 bzw. 1925. Es gehört zu den größten Verlusten des synthetischen Darwinismus in Deutschland, dass er sich in den folgenden Jahren wegen seiner vielfältigen organisatorischen und politischen Interessen sowie seines frühen Todes nur am Rande an der Ausarbeitung der Theorie beteiligen konnte.

Wichtige Neuerungen brachte der unter Baurs Präsidentschaft stattfindende *V. Internationale Kongress für Vererbungswissenschaft*, der vom 11. bis 17. September 1927 in Berlin tagte. Hier stellte Muller erstmals seine Methode zur experimentellen Produktion von Mutationen vor und eröffnete damit der Mutationsforschung neue Wege. Eher unspektakulär, aber für das neue selektionistische Modell kaum weniger wichtig war Chetverikovs kurzes Referat »Über die genetische Beschaffenheit wilder Populationen« (1928; vgl. auch Stern in Mayr 1980k: 426). Auf diesen beiden Fundamenten – Mutationsforschung und Populationsgenetik – aufbauend führte Timoféeff-Ressovsky dann in den folgenden Jahren grundlegende empirische Untersuchungen zur Genetik der Evolution durch.

Die zweite Hälfte der 1920er Jahre war aber auch von kritischen Stimmen geprägt. Richard von Wettstein hatte auf dem Genetiker-Kongress in Berlin ein düsteres Bild von der Relevanz der Genetik und Selektionstheorie für die Evolutionstheorie gezeichnet (Richard von Wettstein 1928). Im gleichen Jahr erschien Philiptschenkos *Variabilität und Variation*, in dem er sich gegen die frühen unsicheren Versuche wandte, Genetik und Darwinismus zu verbinden und zur Grundlage einer allgemeinen Evolutionstheorie zu machen. Einen Rückschritt brachte auch

Abbildung 24: Titelblatt von Walter Zimmermann, *Phylogenie der Pflanzen* (1930)

die gemeinsame Sitzung der *Palaeontologischen Gesellschaft* und der *Deutschen Gesellschaft für Vererbungsforschung* im September 1929 in Tübingen. Der Paläontologe Franz Weidenreich bemühte sich hier, die Unerlässlichkeit der Vererbung erworbener Eigenschaften für die Evolutionstheorie nachzuweisen, während der Genetiker Harry Federley dies als völlig überholt bezeichnete (Weidenreich 1929; Federley 1929). Weder Weidenreich noch Federley bezogen die Selektion als relevanten Faktor in ihre Überlegungen ein oder gingen auf die Überlegungen von Baur oder Timoféeff-Ressovsky ein! Auch Rensch hat Ende der 1920er Jahre evolutionstheoretische Ergebnisse zur Systematik und zur Erklärungen der phylogenetischen Phänomene vorgelegt, zunächst aber lamarckistisch interpretiert.

1930 erschien dann Zimmermanns *Phylogenie der Pflanzen*. In diesem Buch wurde erstmals versucht, die phylogenetischen Phänomene im Sinne des synthetischen Darwinismus zu erklären. Das entsprechende Kapitel wurde von den zeitgenössischen Biologen offensichtlich weitgehend ignoriert, was zum Teil durch seine versteckte Lage und seinen relativ knappen Umfang zu erklären ist.[346] Zimmermann gab in seinem Buch zudem eine klare Einführung in die Mutations-Selektions-Theorie. 1930 erschien auch die letzte von Baur bearbeitete Auflage der *Einführung in die experimentelle Vererbungslehre*, in der die Grundideen des synthetischen Darwinismus bereits präsent waren.

Um 1930 stand die Grundstruktur der Mutations-Selektions-Theorie, auch die Bedeutung der geographischen Isolation und der Rekombination (Populationsdenken) wurden anerkannt. Zimmermann konnte auf dieser Basis zeigen, wie eine allgemeine phylogenetische Theorie aussehen kann. Allerdings waren die einzelnen Ansätze noch nicht integriert und erst in Ansätzen ausgearbeitet. Es waren zudem noch zu wenige Autoren und diese waren zu vereinzelt, um eine durchgreifende Wirkung zu entfalten.

## 4.2 Latenzphase (1931–37)

In den folgenden Jahren wurden weitere empirische Untersuchungen durchgeführt. Es erschienen einige interessante Einzelarbeiten zur Genetik natürlicher Populationen und zur Mutationstheorie, aber keine zusammenfassende Darstellung. Abgesehen von Reinigs Thesen wurden kaum neue theoretische Konzepte vorgestellt. Durch die Anstrengungen von Baur, Zimmermann, Timoféeff-Ressovsky, Reinig und verschiedener Genetiker wurde in diesen Jahren der Lamarckismus weitgehend ins Abseits gedrängt.

## 4.3 Der Durchbruch (1938–39)

Den entscheidenden Entwicklungssprung machte der synthetische Darwinismus in Deutschland in den Jahren 1938 und 1939. Dies ist im Wesentlichen zwei Büchern zu verdanken: Zimmermanns *Vererbung »erworbener Eigenschaften« und Auslese* (1938) und Dobzhanskys *Genetics and the Origin of Species* (1937), das 1939 auch in deutscher Übersetzung vorlag.[347] Vor allem Dobzhanskys Buch führte zu einer Beschleunigung der Entwicklung und zu einer stärker populationsgenetischen Ausrichtung, stellte aber keinen völlig Umbruch dar.

Auf zwei Tagungen – Würzburg (1938) und Rostock (1939) – wurde eine breite Öffentlichkeit unter den deutschen Biologen mit den neuen Ideen bekannt gemacht. Auf der 13. Jahresversammlung der *Deutschen Gesellschaft für Vererbungswissenschaft* in Würzburg (24. bis 26. September 1938) trug Timoféeff-Ressovsky seine stark von Dobzhansky beeinflusste Interpretation vor, die im folgenden Jahr in einem 60seitigen Artikel mit dem Titel »Genetik und Evolution (Bericht eines Zoologen)« in der *Zeitschrift für induktive Abstammungs- und Vererbungslehre* publiziert wurde (Timoféeff-Ressovsky 1939a). Neben Timoféeff-Ressovsky haben auch Pätau, Melchers und Reinig Vorträge gehalten, in denen Dobzhanskys Modell propagiert wurde.[348] Diese Vorträge konnten auf die Unterstützung durch die beiden Direktoren am Kaiser-Wilhelm-Institut für Biologie Hartmann und von Wettstein bauen, die Melchers, Pätau und Reinig für dieses Thema ›vorgesehen‹ hatten. Damit hatten die deutschen Genetiker eindrucksvoll gezeigt, dass sie von nun an das Thema ›Evolution‹ im Sinne der Mutations-Selektions-Theorie mitzubestimmen gedachten. Ein Jahr später erschien eine deutsche Übersetzung von Dobzhanskys Buch, zu der Hartmann ein Vorwort verfasste.

Während sich in Würzburg vor allem die Genetiker versammelt hatten, waren auf der 41. Jahresversammlung der *Deutschen Zoologischen Gesellschaft* in Rostock

(31. Juli bis 2. August 1939) auch andere zoologische Spezialdisziplinen vertreten. Am Dienstag, 1. August, wurde die Morgensitzung mit dem Tagesthema: »Genetische Grundlagen der Rassenbildung« eröffnet. Als erster sprach Timoféeff-Ressovsky über »Genetik und Evolutionsforschung«, dann folgten Reinig und Bauer. Abschließend referierte Remane über den »Geltungsbereich der Mutationstheorie«.[349]

Ebenfalls 1939 veröffentlichte Rensch mit »Typen der Artbildung« eine erste Version seiner Überlegungen, wie Systematik und Paläontologie in das selektionistische Modell zu integrieren sind. In dieser Publikation sind die wichtigsten Thesen, die sich in seinen späteren Schriften zur Evolutionstheorie finden, bereits präsent (Rensch 1943a, 1947a). Er zeigte, ähnlich wie Zimmermann (1930 und 1938), wie eine allgemeine Evolutionstheorie auf Grundlage der bekannten Evolutionsfaktoren aussehen kann.

Abgesehen von den Arbeiten von Baur, Zimmermann und einiger vorbereitender Publikationen von Timoféeff-Ressovsky entstanden alle wichtigen Schriften, die dem synthetischen Darwinismus in Deutschland zuzurechnen sind, nach 1937. Auch Timoféeff-Ressovskys im engeren Sinn evolutionstheoretische Publikationen erschienen nach diesem Zeitpunkt. Es lassen sich zwar bereits vor 1937 Aussagen im Sinne des synthetischen Darwinismus nachweisen, diese blieben aber fragmentarisch, sieht man von den Publikationen von Baur und Zimmermann ab. Das stark zunehmende Interesse an evolutionstheoretischen Fragestellungen bei den Genetikern in Deutschland nach 1937, das sich bei den Tagungen in Würzburg und Rostock zeigte, ist ein deutlicher Beleg, dass Dobzhansky diesen Prozess beschleunigt und inhaltlich geprägt hat. Zudem bezieht sich die Mehrzahl der Publikationen der Genetiker zum synthetischen Darwinismus mehr oder weniger direkt auf Dobzhanskys Buch. Diese Chronologie und die inhaltlichen Bezüge machen es wahrscheinlich, dass *Genetics and the Origin of Species* auch in Deutschland von entscheidender Bedeutung war.

## 4.4 Phase der Ausarbeitung (1940–50)

In den folgenden Jahren wurden dann verschiedene weiterführende und zusammenfassenden Arbeiten veröffentlicht. Es kam auch zu Versuchen, das neue Modell durch weitere Evolutionsfaktoren zu ergänzen (z.B. Stubbe & von Wettstein 1941). Als zusammenfassendes Handbuch erschien 1943 die *Evolution der Organismen*. Das Buch kann aber nur teilweise als »manifestation of this German synthesis« (Mayr 1988c: 549) aufgefasst werden. Lediglich die Beiträge von Zimmermann, Rensch,

Zündorf, Bauer & Timoféeff-Ressovsky, Schwanitz, Ludwig und Reche gingen auf die spezifischen Fragestellungen des synthetischen Darwinismus ein (wobei Ludwig eine kritische Position bezog). Als gemeinsame theoretische Basis der *Evolution der Organismen* diente vielmehr der traditionelle Neo-Darwinismus, d.h. die Theorie der gemeinsamen Abstammung der Organismen und die Selektionstheorie.[350] Darauf aufbauend lässt sich eine Gruppe gemeinsamer Gegner festmachen: in erster Linie verschiedene Spielarten des Kreationismus, sowie Lamarckisten, Orthogenetiker und Saltationisten. In den 1940er Jahren erschienen zudem weitere zusammenfassenden Arbeiten von Rensch (1943b, 1947a) und Zimmermann (1943, 1948), in denen sie ihre Erkenntnisse präzisierten und erläuterten.

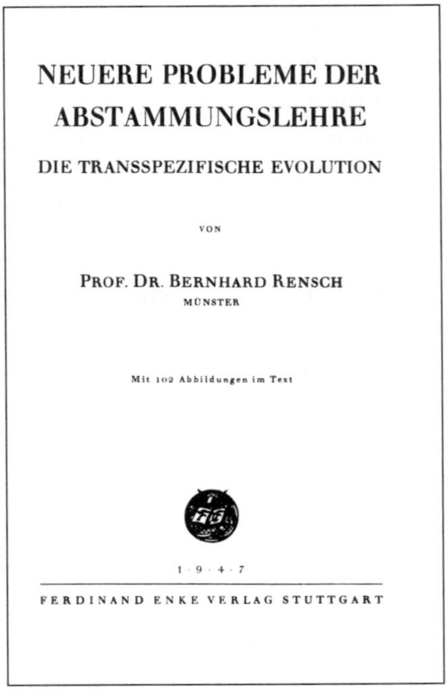
NEUERE PROBLEME DER ABSTAMMUNGSLEHRE

DIE TRANSSPEZIFISCHE EVOLUTION

VON

PROF. DR. BERNHARD RENSCH

MÜNSTER

Mit 102 Abbildungen im Text

1·9·4·7

FERDINAND ENKE VERLAG STUTTGART

Abbildung 25: Titelblatt von Bernhard Rensch, *Neuere Probleme der Abstammungslehre – Die Transspezifische Evolution* (1947)

## 5. *Internationalität und Rezeption nach 1950*

Die bisherige Wissenschaftsgeschichtsschreibung hat den Eindruck vermittelt, als ließen sich verschiedene nationale Varianten des synthetischen Darwinismus unterscheiden, man beispielsweise von einem deutschen Sonderweg sprechen könnte.[351] Eines der wichtigsten Ergebnisse meiner Untersuchung ist, dass man nicht von einer ›unabhängigen‹ oder ›parallelen‹ Synthese sprechen kann, sondern dass es eine internationale Bewegung gab, die nationale Schwerpunkte aufwies. Und es gab spezielle Bedingungen, unter denen sich die Theorie in den verschiedenen Ländern entwickelte.

Zu nennen wären hier die biologistische Staatsideologie des Dritten Reichs, die wissenschaftliche Isolation in den Jahren 1942 bis 1946, die Stärke anti-darwinistischer Strömungen vor und nach 1945 sowie die materiellen und geistigen Konsequenzen von Diktatur und Krieg. Vor allem in der Diskussion um den Lamarckismus spielten politische Argumente auch eine offene Rolle (vgl. auch Lenz 1929;

Koestler 1971; Hirschmüller 1991). Wie am Beispiel Zimmermann und Schwanitz gezeigt, wurde diese evolutionstheoretische Kontroverse insofern politisiert, als auf die kommunistische bzw. jüdische Vorliebe für lamarckistische Theorien verwiesen wurde. Von Erfolg waren diese Interventionen allerdings nicht gekrönt, sondern es entstand ein Patt bei dem Versuch, den wissenschaftlichen Gegnern weltanschauliche Abweichungen nachzuweisen. Vom dezidiert nationalsozialistischen Biologen Ernst Bergdolt beispielsweise wurde die Selektionstheorie ihrerseits mit liberalen und jüdischen Gedanken in Verbindung gebracht: »Der liberalistische Anthropologe sieht in den Rassen lediglich ›Züchtungsprodukte der Umwelt‹, eine Ansicht, die besonders von jüdischer Seite aus naheliegenden Gründen eifrig vertreten wurde. Das Problem der Rassenentstehung liegt aber doch wesentlich tiefer« (Bergdolt 1937–38: 109).[352]

Auch einige der von mir untersuchten Biologen haben eine Anpassungsfähigkeit und -willigkeit gezeigt, die scheinbar bruchlose Biographien über den politischen Einschnitt von 1933 ebenso wie über jenen von 1945 möglich machten. Hermann Weber (1935–36), Zimmermann (1938a) und Troll (1942) haben mit ähnlicher Beflissenheit im Sinne des Dritten Reichs publiziert wie sie nach 1945 am *FIAT Review of German Science* (Bünning & Kühn 1948) mitwirkten. Der Aspekt der Anpassung ist aber nicht die einzige Erklärung für das Funktionieren der Wissenschaft in der NS-Diktatur. Das Beharren auf Wissenschaftlichkeit kann gerade in der Evolutionsbiologie, die von der Staatsideologie des Dritten Reiches vereinnahmt werden sollte, das Gegenteil von Anpassung sein. Die Aussage von Rensch, dass »Rassenbastarde luxurieren« können, und Baurs Kritik an den Reinzüchtungsideen einer nordischen Rasse lassen sich in diesem Sinne interpretieren. Und schließlich kann die wissenschaftliche Denkweise zum Refugium werden. Victor Klemperer (1957) und Bruno Bettelheim (1960) haben eindrucksvoll beschrieben, wie ihnen die systematische philologische bzw. psychologische Beobachtung ermöglichte, in einer ausweglosen Situation geistig und physisch zu überleben.

Am stärksten war die Anpassung bei Anthropologen, am schwächsten bei den Genetikern. Die kritischen Stimmen waren demgegenüber relativ verhalten. Die Tatsache, dass im Dritten Reich Kritik an der herrschenden Ideologie durch existentielle Bedrohung unterdrückt wurde, erklärt, warum einige der Biologen versuchten, als Wissenschaftler zu überleben und sich nur insoweit anzupassen, wie dies unbedingt notwendig erschien. Etwas mehr als die Hälfte der von mir untersuchten Autoren ging aber eindeutig über dieses Maß hinaus und stellte sich aktiv in den Dienst der Hitlerdiktatur, indem sie ›wissenschaftliche‹ Argumente zu ihrer Rechtfertigungen publizierten.

Trotz dieser Situation ist nicht zutreffend, in Bezug auf den synthetischen Darwinismus von einem deutschen Sonderweg zu sprechen. Der Wunsch, den Anschluss an die internationale Entwicklung nicht zu verlieren und diese aktiv mitzugestalten, wird bei allen seinen Vertretern in Deutschland deutlich. Dies gilt ebenso wie für die amerikanischen und englischen Architekten. Nur ein Indiz sei an dieser Stelle angeführt: Mayrs Bibliographie in *Systematics and the Origin of Species* (1942) enthält zu mehr als einem Drittel deutsche Publikationen, während in Timoféeff-Ressovskys »Genetik und Evolution« (1939a) mehrheitlich russische Publikationen aufgeführt werden. Die durch die politischen Ereignisse erzwungene Nationalisierung der Wissenschaft wurde von den Darwinisten abgelehnt und es wurde – so weit wie möglich – entgegengearbeitet. Die deutschen Autoren wussten sehr genau über die Entwicklungen in England und den USA Bescheid und umgekehrt. Weder Baur, noch Zimmermann, Timoféeff-Ressovsky oder Rensch hätten ihre Forschungen als ›deutsch‹ bezeichnet. Sie arbeiteten in Deutschland und publizierten überwiegend auf Deutsch, aber sie produzierten keine deutsche Version des synthetischen Darwinismus.

Die Idee einer unabhängigen, ›deutschen‹ Version entstand offensichtlich erst nach 1945 und wurde mit der mangelnden Kommunikation während der Jahre des Dritten Reichs begründet:

> »For some ten years Central Europe and the West have been separated by a highly effective intellectual isolating mechanism, only now beginning to break down. This barrier to interthinking virtually stopped the interchange of knowledge and ideas between the respective populations, within each of which the development of evolutionary theory continued independently of that within the other.« (Simpson 1949b: 178)

Die unterstellte Unabhängigkeit der Entwicklungen konnte auch als Indiz für die Richtigkeit der Theorie dienen (auf diesen Punkt hat Wolf-Ernst Reif aufmerksam gemacht; vgl. Reif, Junker & Hoßfeld 2000: 77–78). Nicht zu unterschätzen ist schließlich der Wunsch der amerikanischen Architekten, sich von den rassistischen Thesen der Nationalsozialisten abzusetzen. Dies sollte offensichtlich zumindest teilweise dadurch erreicht werden, dass man generell von der Biologie in Deutschland abrückte (mit der Ausnahme Rensch). Dies erinnert an die im Kapitel I dargestellte Distanzierung vom Darwinismus. Aus einem **internationalen** (zumindest russisch-englisch-amerikanisch-deutschen) Forschungsprogramm, das sich die Entwicklung eines modernisierten **Darwinismus** zum Ziel gesetzt hatte, wurde eine **angloamerikanische synthetische** Bewegung. Die Fragmentierung in nationale Varianten ist aber nur am Rande ein historisches Phänomen, sondern in erster Linie eine historiographische Projektion:

> »The irony is that not the **history** but the **historiography** of the Synthesis has been an ›Anglo-American event‹. However, if one sees the Synthesis as an international research program of geneticists, population biologists, biogeographers, systematists, botanists, comparative animal morphologists and (some) paleontologists spanning the 1930s and 1940s it is no longer an ›Anglo-American event‹ and many of the historiographical and philosophical problems disappear.« (Reif, Junker & Hoßfeld 2000: 54)

Meine Untersuchung hat sich auf die Jahre vor 1950 erstreckt, die Phase der Rezeption wurde weitgehend ausgeklammert. In erster Näherung kann man feststellen, dass sich die Theorie in den USA und England sehr erfolgreich weiterentwickelte. In der Sowjetunion wurde der Lamarckismus mit der Machtübernahme Stalins zur Staatsdoktrin, was zur Folge hatte, dass die Genetik und der synthetische Darwinismus verfolgt wurden.[353] Erst 1965 wurde Lyssenko – nach Chruschtschows Machtverlust – selbst gestürzt (vgl. Medvedev 1969; Regelmann 1980; Joravsky 1986; Graham 1993; Soyfer 1994).

Auch in Westdeutschland entwickelte sich die Situation durch verschiedene äußere und innere Bedingungen ungünstig. Während es den englischen und amerikanischen ›Architekten‹ gelang sich durchzusetzen, wurden ihre deutschen Kollegen im eigenen Land marginalisiert:

> »German biologists participated in the preparation and formation of the Synthesis. After the war there was almost no German contribution to the reception of the Synthetic Theory, i.e. very few research programs were directly influenced by the Synthetic Theory […]. This development is significant and it explains, at least in part, why the German contributions to the Synthesis were more or less forgotten.« (Reif, Junker & Hoßfeld 2000: 78)

Wodurch ist diese unterschiedliche Rezeption zu erklären? Da eine Analyse der Geschichte der Evolutionstheorie in Deutschland nach 1945 bisher nicht existiert, sind einige meiner folgenden Thesen nur Vermutungen. Zunächst ist an die direkten und indirekten Folgen der Diktatur und des verlorenen Krieges zu denken. Die allgemeine wirtschaftliche Misere nach dem Krieg, die Zerstörung von Forschungsstätten durch Kriegseinwirkung und Demontagen wirkten sich ebenso aus wie der personelle Aderlass. Neben dem frühen Tod von Fritz von Wettstein ist hier besonders Timoféeff-Ressovsky zu nennen, der 1945 in die Sowjetunion zurückgebracht und interniert wurde. Damit war nach Baur der zweite wichtige Repräsentant des synthetischen Darwinismus in Deutschland ausgeschaltet. Mit dem Ende des Krieges war auch das Ende der Weltgeltung der deutschen Sprache besiegelt; deutschsprachige Artikel wurden kaum mehr international rezipiert. Lediglich Rensch gelang es, sein Buch von 1947 auf Englisch zu publizieren, während dies für Zimmermanns Schriften nur teilweise und die verschiedenen Auflagen der *Evolution der Organismen* nicht der Fall war.

Das NS-Regime hatte zudem zu einer allgemeinen politischen und moralischen Diskreditierung Deutschlands geführt. Dies galt natürlich im Speziellen für Autoren, die sich politisch auf Seiten des Dritten Reiches engagiert hatten (vgl. Junker & Hoßfeld 2000). Obwohl die meisten Schriften zum synthetischen Darwinismus in Deutschland (auch die *Evolution der Organismen* von 1943) weitgehend frei von Aussagen im Sinne der NS-Ideologie waren, finden sich bei einigen Autoren an anderer Stelle sehr explizite Bekenntnisse zum Dritten Reich. Für die weitere Entwicklung der Evolutionsbiologie in Deutschland war es zudem sehr schädlich, dass Heberer für die zweite Auflage der *Evolution der Organismen* (1959) auf die Autoren der ersten Auflage zurückgriff, auch wenn diese schwer belastetet waren (v.a. Reche, von Krogh und auch Heberer selbst). So war die Evolutionsbiologie in Deutschland nach 1945 weniger inhaltlich als personell mit der Hypothek der Kollaboration mit dem NS-Regime belastet.

Die politische Belastung war wohl mit ein Grund, warum der dritte wichtige Architekt des synthetischen Darwinismus in Deutschland, Zimmermann, sich nach 1945 nur noch sehr verhalten zu Wort meldete. In den 1930er Jahren wollte er den Darwinismus dadurch fördern, dass er die Nützlichkeit der Theorie für die gesellschaftliche und politische Praxis des NS-Regimes betonte. Nach dem Krieg musste er sich dann mit dem Vorwurf auseinandersetzen, dass er dadurch den NS-Verbrechen Vorschub geleistet hat. Mehr als das: Durch seinen eigenen Einsatz für den Darwinismus in den 1930er Jahren hat er mit zu dessen Diskreditierung nach dem Krieg beigetragen: »Gewiß, die Zeit offizieller ›Affenprozesse‹ und Regierungsverbote gegen den ›Darwinismus‹ ist vorbei. Aber ein Nachklingen solcher den ›Darwinismus‹ gefühlsmäßig ablehnenden Anschauungen ist unverkennbar. Ja, diese Ablehnung wurde noch verstärkt durch den Abscheu vor dem Mißbrauch eugenischer Selektionsmaßnahmen im ›Dritten Reich‹« (Zimmermann 1966: 569).

Die verschiedenen direkten und indirekten Folgen des NS-Regimes machen plausibel, warum die ältere Generation der Biologen in Deutschland sich nur halbherzig an der Weiterentwicklung des synthetischen Darwinismus beteiligt hat. Andererseits hatte das NS-Regime durch Zensur und andere politische Einflussnahmen zu einer massiven Behinderung der wissenschaftlichen Diskussion geführt, die sich gerade auf ein weltanschaulich relevantes Gebiet wie die Evolutionstheorie schädlich auswirken musste. Es wäre deshalb zu erwarten, dass es gerade in diesem Bereich nach 1945 zu einem Aufblühen der Forschung gekommen ist. Dies war aber nicht der Fall. Zum Teil lag dies daran, dass mit Schindewolf, Troll und Remane wichtige Gegner des synthetischen Darwinismus einflussreiche Positionen innehatten. Dies verweist auf die ungünstigen politischen Rahmenbedingungen. Auf die Situation in der DDR habe ich bereits kurz hingewiesen. Westdeutschland wiederum wurde nach dem Krieg zu einem stark kirchlich geprägten Land. In einem Brief an den Ostberliner Biologen Rudolf Daber vom 29. März 1966 bemerkte Zimmermann:

> »Ich könnte auf die Ihnen ja sicher geläufigen, ›westlichen‹ Ablehnungen ebenfalls hinweisen, nicht nur des unfrommen ›Kampfes ums Dasein‹ sondern überhaupt der Deszendenzzusammenhänge mit der grotesken Zumutung, daß man allenfalls eine Evolution des menschlichen Leibes für möglich hält, nicht aber der menschlichen Seele.« (AWZ)

Zimmermann schrieb weiter, dass ihn die »antiphylogenetische Strömung« sehr betrübe, und »daß man – grob vereinfacht – Angst hatte, von Priestern oder Politikern vertretenen Lehrmeinungen zu widersprechen.« Wie stark man das Problem der Gleichsetzung der Evolutionstheorie mit NS-Verbrechen empfand, geht auch aus folgendem Zitat hervor. Als Ernst Mayr im Mai 1954 erstmals nach dem Krieg Europa besuchte, notierte er in seinem Tagebuch: »In Germany – now a clerical state – the anti-evol[utionary] movement is particularly strong [...]. Just like McCarthy synonymizes liberalism and communism, thus after the war evolution was synonymized with the most typological selectionism, and biology with Nazi racism« (»Travel Notes, 1954«; AEM). Die Tatsache, dass diese Zitate aus unveröffentlichten Quellen stammen, ist wohl kein Zufall. Jedenfalls ist mir keine ähnliche öffentliche Äußerung der beiden, oder eines anderen Evolutionsbiologen aus den ersten Jahrzehnten nach 1945 bekannt.

Worum geht es bei diesem Konflikt und warum ist es heute modern, seine Existenz zu leugnen? Dass der »Kampf des wissenschaftlichen Geistes gegen die religiöse Weltanschauung nicht zu Ende gekommen ist« und dass er sich »noch in der Gegenwart unter unseren Augen ab[spielt]«, haben auch andere Wissenschaftler des 20. Jahrhunderts bemerkt (Freud 1933b: 182). Von den »drei Mächten, die der Wissenschaft Grund und Boden bestreiten können«, – Kunst, Philosophie, Religion – sei »die Religion allein der ernsthafte Feind«, behauptet Freud. Die Religion, so führt er weiter aus, verspricht den Menschen drei Dinge – Wissen, Sicherheit und Moral: »In der ersten befriedigt sie die menschliche Wißbegierde, tut dasselbe, was mit ihren Mitteln die Wissenschaft versucht, und tritt hier in Rivalität mit ihr«. Warum aber ist die »Belehrung über die Weltentstehung […] ein regelmäßiger Bestandteil des religiösen Systems«? Den Grund sieht Freud im gemeinsamen Ursprung von »Belehrung, Tröstung und Anforderung« in der Kindheit jedes Menschen:

> »Die [religiöse] Lehre ist also, daß die Welt von einem menschenähnlichen, aber in allen Stücken, Macht, Weisheit, Stärke der Leidenschaft vergrößerten Wesen, einem idealisierten Übermenschen geschaffen wurde. […] Der weitere Weg ist uns leicht kenntlich gemacht, indem dieser Gott-Schöpfer direkt Vater geheißen wird. Die Psychoanalyse schließt, es ist wirklich der Vater, so großartig, wie er einmal dem kleinen Kind erschienen war. Der religiöse Mensch stellt sich die Schöpfung der Welt so vor wie seine eigene Entstehung.« (Freud 1933b: 173–75)

Wenn die Wissenschaft, in diesem Falle die Evolutionstheorie, aber die religiöse Idee von der Erschaffung der Arten überflüssig macht, so ist die religiöse Kosmogonie offensichtlich an einem wichtigen Punkt getroffen und ihre Tröstungen und ebenso wie moralischen Anforderungen drohen zu erodieren. Die Anpassung der Organismen, oder wie Otto zur Strassen 1915 schrieb, ihre Zweckmäßigkeit, »stellte von jeher und stellt noch heute eine der stärksten Wurzeln des Glaubens dar. Der Gläubige erblickt in ihrem Vorhandensein einen Beweis für das Walten übernatürlicher Kräfte; denn ohne solche meint er die Zweckmäßigkeit nicht erklären zu können« (zur Strassen 1915: 88). Wen diese Erklärung nicht überzeugt, der mag eine bessere vorlegen. Tatsache bleibt, dass die christlichen Kirchen die Darwinsche Lehre seit ihrer Entstehung nur mit äußerstem Widerwillen zur Kenntnis genommen haben und dass bis heute, und nicht nur in den USA!, religiös fundamentalistische Bewegungen die Evolutionstheorie bekämpfen (vgl. Jeßberger 1990; Kutschera 2002).

Neben den genannten politischen und weltanschaulichen Gründen für den Misserfolg des synthetischen Darwinismus in Deutschland nach 1950 kommen noch verschiedene Probleme bei der Vermittlung der Theorie und bei der Zusammenarbeit ihrer Repräsentanten in Betracht. Der geringe Einfluss von Heberer und Zimmermann ist auch aus ihrer schwachen institutionellen Situation zu erklären. Zudem war es nicht förderlich, dass sich die drei Autoren, die sich mit phylogenetischen

Fragen auseinander setzten (Zimmermann, Rensch, Heberer), kaum gegenseitig zitierten, von einer weiteren Zusammenarbeit völlig abgesehen.

Schließlich ist bei den Gründen für die Schwäche des synthetischen Darwinismus in Deutschland auch an inhaltliche Probleme zu denken, die durch spezifisch deutsche wissenschaftliche Traditionen entstanden. Wie Jon Harwood gezeigt hat (1993a), wurde von einigen deutschen Genetikern Phänomenen wie der zytoplasmatischen Vererbung und der Polyploidie stärkeres Gewicht zugesprochen, als das in den USA und England der Fall war. Ich habe im Kapitel III, 1 »Mutation« gezeigt, dass dies aber nur geringe Auswirkungen auf die evolutionstheoretischen Diskussionen hatte. Von größerer Bedeutung war wohl die in Deutschland starke idealistische Strömung in der Biologie, die dazu führte, dass die Auseinandersetzung mit anti-evolutionistischen und kreationistischen Autoren relativ großen Raum einnahm. Ernst Mayr hat auch die bevorzugte Beschäftigung der deutschen Zoologen mit der Phylogenie genannt: »this contributed to a rather one-sided concept of evolution and deflected from a study of the mechanisms of evolution« (Mayr 1999a: 25). Für die Naturalisten in Deutschland ist dies zutreffend und die von mir untersuchten Autoren hatten überwiegend geringes Interesse an der Frage der Evolutionsmechanismen. Es gab allerdings auch Ausnahmen und neben den Genetikern haben sich Ludwig, Rensch, Reinig, Zimmermann und Heberer nicht nur mit phylogenetischen, sondern auch mit kausalen Fragestellungen beschäftigt.

Abschließend sei noch auf die bis zur Selbstverleugnung defensive Haltung der Vertreter des synthetischen Darwinismus hingewiesen, die zu einer großen Toleranz spekulativen Alternativtheorien gegenüber führte und die Übernahme gegnerischer Begriffe beinhaltete (z.B. ›Typogenese‹, ›Mikro-‹ und ›Makroevolution‹). Diese Nachgiebigkeit in zentralen Fragen zeigt sich auch darin, dass Kritiker wie Ludwig oder Remane (1959) zur *Evolution der Organismen* beitrugen. Für die Weiterentwicklung des synthetischen Darwinismus wäre eine offensivere Darlegung der wichtigsten Thesen und des weiteren Forschungsprogramms sicher nützlich gewesen. Allerdings lässt sich, wie in Kapitel I geschildert, diese ausweichende Taktik z.T. auch bei den amerikanischen Architekten finden.

Stärker als frühere Untersuchungen zur Geschichte der Evolutionstheorie des 20. Jahrhunderts habe ich zwischen synthetischem und darwinistischem Projekt differenziert. Diese Unterscheidung wurde bisher meist nicht getroffen, was zur Folge hatte, dass die beiden teilweise parallelen, aber nicht identischen Bestrebungen in ihren Differenzen nicht gewürdigt werden konnten. Die meisten bisherigen Publikationen haben sich zudem auf den synthetischen Aspekt konzentriert. Wenn dies angestrebt wird, dann sollte man aber auch nach Hinweisen auf verschiedene Synthesen suchen und nicht nur die ›Evolutionäre‹, sondern auch lamarckistische, saltationistische, holistische etc. Synthesen einbeziehen.[354] Synthetisches und darwinistisches Projekt haben sich weitgehend unabhängig voneinander entwickelt. Selbst innerhalb der Biologie gab es verschiedene Ansätze, die theoretische und methodologische Zersplitterung und Spezialisierung zu überwinden, von den allgemeinen Versuchen, eine Einheitswissenschaft zu begründen, ganz abgesehen. Daneben gab es in der ersten Hälfte des 20. Jahrhunderts verschiedene Bestrebungen, die Darwinsche Selektionstheorie zu modernisieren, indem man die Erkenntnisse anderer Wissenschaften, vor allem der Genetik und der Systematik, einbezog. In gewisser Weise war letzteres selbstverständlich und schon Darwin hatte Beobachtungen und Theorien aus den unterschiedlichsten Bereichen herangezogen.

Blickt man auf die Geschichte der Evolutionstheorie im 20. Jahrhundert zurück, so war die Renaissance der Selektionstheorie seit den 1930er Jahren die wohl erstaunlichste Entwicklung. Dieser Erfolg wurde möglich durch die Fortschritte der Genetik, die zeigten, dass durch Mutation und Rekombination fortlaufend ausreichende genetische Variabilität entsteht. Zudem erwies sich, dass die Variabilität weder im Sinne einer direkten Anpassung an die Umwelt (Lamarckismus) gerichtet ist, noch auf Vervollkommnung oder einen Lebenszyklus der Art zielt (Orthogenese). So endeten die einhundertvierzig Jahre, in denen man versuchte, den Darwinismus zu widerlegen und durch bessere Theorien zu ersetzen, mit seiner Stärkung.

Die wissenschaftliche Weltanschauung gehört zu den mächtigsten Ideen, die von Menschen hervorgebracht wurden. Obwohl kaum mehr als 500 Jahre seit ihrer Wiederbegründung in Europa vergangen sind, hat die Wissenschaft die Lebensgrundlagen, Überzeugungen und politischen Systeme in ihrem Einflussbereich zu tiefst erschüttert. Wesentlich angetrieben wurde diese Entwicklung dadurch, dass die wissenschaftliche Denkweise überlegene technische Entwicklungen und enorme ökonomische Vorteile mit sich brachte. Kaum weniger tiefgreifend waren die Auswirkungen auf das Weltbild der Menschen. Ein mögliches Ende dieser Entwicklungen ist nicht abzusehen, obwohl sie im Prinzip reversibel sind und die Wissenschaft seit ihrer Entstehung von massiven Widerstände begleitet wurde und wird. Zudem gibt es in vielen Staaten Bestrebungen, die praktischen Vorteile der wissenschaftlichen Entwicklung zu ernten, ohne die ihnen zugrundeliegende Weltanschauung zu übernehmen.

Auch in Deutschland gab es in den Jahrzehnten zwischen 1930 und 1950 sehr lebhafte Diskussionen über evolutionstheoretische Probleme. Wie in den USA und England und in enger Verbindung mit den dortigen Entwicklungen entstand der synthetische Darwinismus. Verglichen mit dem Darwinismus des 19. Jahrhunderts handelte es aber um eine relativ kleine Bewegung, die kaum massenwirksam war und zudem sehr viel defensiver agierte. Durch verschiedene ungünstige Umstände wurde der Darwinismus in Deutschland zwischen 1933 und 1945 weiter geschwächt und in den folgenden Jahrzehnten konnte er den durch die politischen Bedingungen geförderten wissenschaftlichen und weltanschaulichen Gegnern kaum mehr etwas entgegensetzen. In den USA und England dagegen überlebte und entwickelte er sich und so sind Darwins evolutionstheoretische Vorstellungen in den modernen Lehrbüchern und biologischen Fachzeitschriften lebendiger und aktueller denn je.

# Archive

| | |
|---|---|
| Archiv des Ernst-Haeckel-Hauses, Jena | EHH |
| Archiv Ernst Mayr[355] | AEM |
| Archiv Walter Zimmermann [356] | AWZ |
| Archiv zur Geschichte der Max-Planck-Gesellschaft, Berlin | MPG |
| Bundesarchiv Berlin (Berlin Document Center) | BDC |
| Institut für Zeitgeschichte München | IZM |
| Museum für Naturkunde der Humboldt-Universität, Berlin | MfN |
| Nachlaß Heberer[357] | NGH |
| Staatsarchiv Hamburg | SAH |
| Universitätsarchiv Halle | UAH |
| Universitätsarchiv Heidelberg | UAH |
| Universitätsarchiv Jena | UAJ |
| Universitätsarchiv München | UAM |
| Universitätsarchiv Tübingen | UAT |
| Universitätsbibliothek Heidelberg | UBH |
| Universitätsbibliothek München (Handschriften-Abteilung) | UBM |

# Literatur

Adam, Uwe Dietrich. *Hochschule und Nationalsozialismus. Die Universität Tübingen im Dritten Reich*. Tübingen: Mohr, 1977.

Adams, Mark B. »The Founding of Population Genetics: Contributions of the Chetverikov School 1924–1934«, *Journal of the History of Biology* 1 (1968): 23–39.

Adams, Mark B. »Towards a Synthesis: Populations Concepts in Russian Evolutionary Thought, 1925–1935«, *Journal of the History of Biology* 3 (1970): 107–129.

Adams, Mark B. »From ›Gene Fund‹ to ›Gene Pool‹: On the Evolution of Evolutionary Language«, *Studies in History of Biology* 3 (1979): 241–285.

Adams, Mark B. »Severtsov and Schmalhausen: Russian Morphology and the Evolutionary Synthesis.« In *The Evolutionary Synthesis. Perspectives on the Unification of Biology*. Edited by Ernst Mayr and William B. Provine. Cambridge, Mass./London: Harvard University Press, 1980a, pp. 193–228.

Adams, Mark B. »Sergei Chetverikow, the Kol'tsov Institute, and the Evolutionary Synthesis.« In *The Evolutionary Synthesis. Perspectives on the Unification of Biology*. Edited by Ernst Mayr and William B. Provine. Cambridge, Mass./London: Harvard University Press, 1980b, pp. 242–278.

Adams, Mark B. »Toward a Comparative History of Eugenics.« In *The Wellborn Science: Eugenics in Germany, France, Brazil, and Russia*. Edited by Mark B. Adams. Oxford and New York: Oxford University Press, 1990a, pp. 217–231.

Adams, Mark B. »Chetverikov, Sergei Sergeevich.« In *Dictionary of Scientific Biography*, vol. 17, *Supplement II*, edited by Frederic L. Holmes. New York: Charles Scribner's Sons, 1990b, pp. 155–165.

Adams, Mark B. »Filipchenko, Iurii Aleksandrovic.« In *Dictionary of Scientific Biography*, vol. 17, *Supplement II*, edited by Frederic L. Holmes. New York: Charles Scribner's Sons, 1990c, pp. 297–303.

Adams, Mark B., ed. *The Wellborn Science: Eugenics in Germany, France, Brazil, and Russia*. Oxford and New York: Oxford University Press, 1990d.

Adams, Mark B., ed. *The Evolution of Theodosius Dobzhansky: Essays on His Life and Thought in Russia and America*. Princeton: Princeton University Press, 1994a.

Adams, Mark B. »Introduction: Theodosius Dobzhansky in Russia and America.« In *The Evolution of Theodosius Dobzhansky: Essays on His Life and Thought in Russia and America*. Edited by Mark B. Adams. Princeton: Princeton University Press, 1994b, pp. 3–11.

Ahrens, W. Rezension von W.F. Reinig, *Elimination und Selektion. Eine Untersuchung über Merkmalsprogressionen bei Tieren und Pflanzen auf genetisch- und historisch-chorologischer Grundlage* (Jena: Gustav Fischer, 1938), *Zeitschrift für die gesamte Naturwissenschaft* 4 (1938–39): 284–286.

Allen, Garland E. *Life Science in The Twentieth Century*. New York/London: John Wiley & Sons, Inc., 1975.

Allen, Garland E. »Naturalists and Experimentalists: The Genotype and the Phenotype«, *Studies in History of Biology* 3 (1979): 179–209.

Allen, Garland E. »Theodosius Dobzhansky, the Morgan Lab, and the Breakdown of the Naturalist/Experimentalist Dichotomy, 1927–1947.« In *The Evolution of Theodosius Dobzhansky: Essays on His Life and Thought in Russia and America*. Edited by Mark B. Adams. Princeton: Princeton University Press, 1994, pp. 87–98.

Ant, Herbert. »Bernhard Rensch (1900–1990)«, *Natur und Heimat* 50 (1990): 59–63.

Autrum, Hansjochem. »Konrad Lorenz 1903–1989«, *Naturwissenschaftliche Rundschau* 43 (1990): 378–380.

Autrum, Hansjochem. *Mein Leben. Wie sich Glück und Verdienst verketten*. Berlin/Heidelberg/New York: Springer, 1995.

Ayala, Francisco J. »Microevolution and Macroevolution.« In *Evolution from Molecules to Men*. Edited by D.S. Bendall. Cambridge: Cambridge University Press, 1983, pp. 387–402.

Backenköhler, Dirk. »Cuviers langer Schatten – ›Il n'y a point d'os humains fossiles‹.« In *Die Entstehung biologischer Disziplinen II – Beiträge zur 10. Jahrestagung der DGGTB in Berlin 2001*. Hg. von Uwe Hoßfeld und Thomas Junker. Verhandlungen zur Geschichte und Theorie der Biologie, Bd. 9. Berlin: Verlag für Wissenschaft und Bildung, 2002, S. 133–147.

Baer, Karl Ernst v. *Über Entwickelungsgeschichte der Thiere. Beobachtung und Reflexion*. 2 Bde. Königsberg: Bornträger, 1828–37. Reprint. Bruxelles: Culture et Civilisation, 1967.

Baer, Karl Ernst von. »Ueber den Zweck in den Vorgängen der Natur.– Erste Abtheilung. Ueber Zweckmäßigkeit oder Zielstrebigkeit überhaupt [1866].« In *Reden gehalten in wissenschaftlichen Versammlungen und kleinere Aufsätze vermischten Inhalts*. Zweiter Theil: *Studien aus dem Gebiete der Naturwissenschaften*. St. Petersburg: Schmitzdorff, 1876, S. 49–105.

Barthelmeß, Alfred. Rezension von Gertraud Haase-Bessell, *Der Evolutionsgedanke in seiner heutigen Fassung* (Jena: Fischer, 1941), *Zeitschrift für die gesamte Naturwissenschaft* 7 (1941): 190–1.

Barthelmess, Alfred. *Vererbungswissenschaft*. Orbis Academicus, Bd. II/2. Freiburg/München: Alber, 1952.

Bateson, William. *Materials for the Study of Variation Treated with Especial Regard to Discontinuity in the Origin of Species*. London and New York: Macmillan, 1894. Facsimile reprint with an introduction by Peter J. Bowler and an essay by Gerry Webster. Baltimore and London: The Johns Hopkins University Press, 1992.

Bateson, William. »Presidential Address to the British Association, Australia. Melbourne Meeting [1914].« In Beatrice Bateson. *William Bateson, F.R.S. Naturalist. His Essays & Addresses Together with a Short Account of His Life*. Cambridge: Cambridge University Press, 1928, pp. 276–296.

Bauer, Hans, and Theodosius Dobzhansky. »A comparison of gene arrangement in *Drosophila azteca* and *D. athabasca* (abstract)«, *Genetics* 22 (1937): 185.

Bauer, Hans. Rezension von Theodosius Dobzhansky, *Genetics and the Origin of Species* (New York: Columbia University Press, 1937), *Die Naturwissenschaften* 26 (1938): 367–8.

Bauer, Hans. Rezension von Theodosius Dobzhansky, *Die genetischen Grundlagen der Artbildung*. Übers. von Witta Lerche (Jena: Gustav Fischer, 1939), *Die Naturwissenschaften* 28 (1940): 208.

Bauer, Hans, und Nikolai W. Timoféeff-Ressovsky. »Genetik und Evolutionsforschung bei Tieren.« In *Die Evolution der Organismen, Ergebnisse und Probleme der Abstammungslehre*. Hg. von Gerhard Heberer. Jena: Gustav Fischer, 1943, S. 335–429.

Bauer, Hans. »Hans Bauer.« In *Forscher und Gelehrte*. Hg. von W. Ernst Böhm in Zusammenarbeit mit Gerda Paehlke. Stuttgart: Battenberg, 1966, S. 187–88.

Bäumer, Änne. *NS-Biologie*. Edition Universitas. Stuttgart: Hirzel & Wissenschaftliche Verlagsgesellschaft, 1990.

Baur, Erwin. *Einführung in die experimentelle Vererbungslehre*. Dritte und vierte neubearb. Auflage. Berlin: Gebrüder Borntraeger, 1919.

Baur, Erwin. »Der Untergang der Kulturvölker im Lichte der Biologie«, *Deutschlands Erneuerung* 6 (1922): 257–268.

Baur, Erwin. »Untersuchungen über das Wesen, die Entstehung und die Vererbung von Rassenunterschieden bei Antirrhinum majus«, *Bibliotheca Genetica* 4 (1924): 1–170.

Baur, Erwin. »Die Bedeutung der Mutation für das Evolutionsproblem«, *Zeitschrift für induktive Abstammungs- und Vererbungslehre* 37 (1925): 107–115.

Baur, Erwin. »Untersuchungen über Faktormutationen. I. Antirrhinum majus mut. phantastica«, *Zeitschrift für induktive Abstammungs- und Vererbungslehre* 41 (1926a): 47–53.

Baur, Erwin. »Untersuchungen über Faktormutationen. II. Die Häufigkeit von Faktormutationen in veschiedenen Sippen von *Antirrhinum majus*. III. Über das gehäufte Vorkommen einer Faktormutation in einer bestimmten Sippe von *A. majus*«, *Zeitschrift für induktive Abstammungs- und Vererbungslehre* 41 (1926b): 251–258.

Baur, Erwin. *Einführung in die Vererbungslehre*. 7.–11., völlig neubearb. Aufl. Berlin: Gebrüder Borntraeger, 1930.

Baur, Erwin. »Artumgrenzung und Artbildung in der Gattung *Antirrhinum*, Sektion *Antirrhinastrum*«, *Zeitschrift für induktive Abstammungs- und Vererbungslehre* 63 (1932a): 256–302.

Baur, Erwin. »Der Einfluß von chemischen und physikalischen Reizungen auf die Mutationsrate von *Antirrhinum majus*«, *Zeitschrift für induktive Abstammungs- und Vererbungslehre* 60 (1932b): 467–473.

Baur, Erwin. *Der Untergang der Kulturvölker im Lichte der Biologie*. München: J.F. Lehmanns Verlag, 1933.

Baur, Erwin. »Pflanzenzüchtung und Rasse.« In Charlotte Köhn-Behrens. *Was ist Rasse? Gespräche mit den größten deutschen Forschern der Gegenwart*. 2. Aufl. München: Zentralverlag der NSDAP, Frz. Eher Nachf., 1934, S. 32–37.

Baur, Erwin. »Abriß der allgemeinen Variations- und Erblehre.« In Erwin Baur, Eugen Fischer und Fritz Lenz. *Menschliche Erblehre*. 4., neubearb. Aufl. Menschliche Erblehre und Rassenhygiene, Bd. 1. München: J.F. Lehmanns Verlag, 1936, S. 1–94.

Baur, Erwin, Eugen Fischer und Fritz Lenz. *Grundriß der Menschlichen Erblichkeitslehre und Rassenhygiene*. Bd. 1, *Menschliche Erblichkeitslehre*. Bd. 2, *Menschliche Auslese und Rassenhygiene*. 1. Aufl. München: J.F. Lehmanns Verlag, 1921.

Baur, Erwin, Eugen Fischer und Fritz Lenz. *Menschliche Erblehre*. 4., neubearb. Aufl. Menschliche Erblehre und Rassenhygiene, Bd. 1. München: J.F. Lehmanns Verlag, 1936.

Bayertz, Kurt. »Spreading the Spirit of Science: Social Determinants of the Popularization of Science in Nineteenth-Century Germany.« In *Expository Science: Forms and Functions of Popularisation*. Edited by Terry Shinn and Richard Whitley. Sociology of the Sciences, vol. 9. Dordrecht: Reidel, 1985, S. 209–227.

Bayertz, Kurt. »Evolution und Ethik. Größe und Grenzen eines philosophischen Forschungsprogramms.« In *Evolution und Ethik*. Hg. von Kurt Bayertz. Universal-Bibliothek, Nr. 8857. Stuttgart: Philipp Reclam jun., 1993, S. 7–36.

Beatty, John. »The Synthesis and the Synthetic Theory.« In *Integrating Scientific Disciplines*. Edited by W. Bechtel. Dordrecht: Martinus Nijhoff Publisher, 1986, pp. 125–135.

Beatty, John. »Evolutionary Anti-Reductionism: Historical Reflections«, *Biology and Philosophy* 5 (1990): 199–210.

Beatty, John. »Fitness: Theoretical Contexts.« In *Keywords in Evolutionary Biology*. Edited by Evelyn Fox Keller and Elisabeth A. Lloyd. Cambridge, Mass./London: Harvard University Press, 1992a, pp. 115–119.

Beatty, John. »Random Drift.« In *Keywords in Evolutionary Biology*. Edited by Evelyn Fox Keller and Elisabeth A. Lloyd. Cambridge, Mass./London: Harvard University Press, 1992b, pp. 273–281.

Beermann, Wolfgang. »Hans Bauer. 27.9.1904–5.1.1988«, *Berichte und Mitteilungen der Max-Planck-Gesellschaft* (1988), Heft 4: 90–93.

Behrendt, Robert. »Untersuchung über die Wirkungen erblichen und nichterblichen Fehlens bzw. Nichtgebrauchs der Flügel auf die Flugmuskulatur von Drosophila melanogaster«, *Zeitschrift für wissenschaftliche Zoologie* 152 (1939): 129–158.

*Beiträge 1977*. Beiträge zur Geschichte der Universität Tübingen 1477–1977. Hg. von Hansmartin Decker-Hauff, Gerhard Fichtner und Klaus Schreiner. Bearb. von Wilfried Setzler. Tübingen: Attempto-Verlag, 1977.

*Beiträge 2002*. Beiträge zur Geschichte der Martin-Luther-Universität 1502–2002. Hg. von Hermann J. Rupieper. Halle: Mitteldeutscher Verlag, 2002.

Berg, Leo S. *Nomogenesis or Evolution Determined by Law* [1922]. Transl. from the Russian by J.N. Rostovtsov. Foreword by Theodosius Dobzhansky. Introduction by D'Arcy Wentworth Thompson. Cambridge, Mass./London: The MIT Press, 1969.

Berg, Raissa L. »The grim heritage of Lysenkoism: Four personal accounts: In defense of Timoféeff-Ressovsky«, *Quarterly Review of Biology* 65 (1990): 457–79.

Bergdolt, Ernst. »Zur Frage der Rassenentstehung beim Menschen«, *Zeitschrift für die gesamte Naturwissenschaft* 3 (1937–38): 109–13.

Bergdolt, Ernst. »Abschließende Bemerkungen zu dem Thema: ›Das ›Problem‹ der Menschwerdung‹«, *Zeitschrift für die gesamte Naturwissenschaft* 6 (1940): 185–88.

Bettelheim, Bruno. *Aufstand gegen die Masse. Die Chance des Individuums in der modernen Gesellschaft* [1960]. München: Kindler, 1980.

Beurlen, Karl. Rezension von N.W. Timoféeff-Ressovsky, *Experimentelle Mutationsforschung in der Vererbungslehre* (Dresden und Leipzig: Steinkopff, 1937), *Zeitschrift für die gesamte Naturwissenschaft* 3 (1937–38): 436.

Beurlen, Karl. *Die stammesgeschichtlichen Grundlagen der Abstammungslehre.* Jena: Gustav Fischer, 1937.

Beurlen, Karl. Rezension von Gerhard Heberer, Hg., *Die Evolution der Organismen, Ergebnisse und Probleme der Abstammungslehre* (Jena: Gustav Fischer, 1943), *Zeitschrift für die gesamte Naturwissenschaft* 9 (1943): 137–39.

Beurton, Peter John. »Historische und systematische Probleme der Entwicklung des Darwinismus«, *Jahrbuch für Geschichte und Theorie der Biologie* 1 (1994): 93–211.

Beurton, Peter John. »›Neo-Darwinism‹ or ›Synthesis‹?« In *Concepts, Theories, and Rationality in the Biological Sciences.* Edited by Gereon Wolters and James G. Lennox. Konstanz: Universitätsverlag; Pittsburgh: University of Pittsburgh Press, 1995, pp. 35–44.

Beurton, Peter John. »Was *ist* die Synthetische Theorie?« In *Die Entstehung der Synthetischen Theorie: Beiträge zur Geschichte der Evolutionsbiologie in Deutschland 1930–1950.* Hg. von Thomas Junker und Eve-Marie Engels. Berlin: Verlag für Wissenschaft und Bildung, 1999, S. 79–106.

Beurton, Peter. »Zur Ausbildung der synthetischen Theorie der biologischen Evolution.« In *Die Entstehung biologischer Disziplinen II – Beiträge zur 10. Jahrestagung der DGGTB in Berlin 2001.* Hg. von Uwe Hoßfeld und Thomas Junker. Verhandlungen zur Geschichte und Theorie der Biologie, Bd. 9. Berlin: Verlag für Wissenschaft und Bildung, 2002, S. 231–244.

Beyler, Richard. »Targeting the organism. The scientific and cultural context of Pascual Jordan's Quantum Biology, 1932 – 1947«, *Isis* 87 (1996): 248–73.

Beyler, Richard H. »Evolution als Problem für Quantenphysiker.« In *Evolutionsbiologie von Darwin bis heute.* Hg. von Rainer Brömer, Uwe Hoßfeld und Nicolaas A. Rupke. Verhandlungen zur Geschichte und Theorie der Biologie, Bd. 4. Berlin: Verlag für Wissenschaft und Bildung, 2000, S. 137–60.

Bielka, Heinz. *Die Medizinisch-Biologischen Institute Berlin-Buch: Beiträge zur Geschichte.* Berlin: Springer, 1997.

Bischof, Norbert. *Gescheiter als alle die Laffen: Ein Psychogramm von Konrad Lorenz.* Hamburg und Zürich: Rasch und Röhring, 1991. München: Piper, 1993.

Blumenbach, Johann Friedrich. *De generis humani varietate nativa.* Göttingen: Rosenbusch, 1775.

Blumenbach, Joh[ann] Fr[iedrich]. *Beyträge zur Naturgeschichte.* 2 Theile. Göttingen: Heinrich Dieterich, 1806–11.

*Blut: Kunst – Macht – Politik – Pathologie.* Hg. von James M. Bradburne. München: Prestel, 2001.

Bock, Gisela. *Zwangssterilisation im Nationalsozialismus. Studien zur Rassen- und Frauenpolitik.* Schriften des Zentralinstituts für sozialwissenschaftliche Forschung der Freien Universität Berlin, Bd. 48. Opladen: Westdeutscher Verlag, 1986.

Bock, Walter J. »Explanations in Konstruktionsmorphologie and Evolutionary Morphology.« In *Construktional Morphology and Evolution.* Edited by Norbert Schmidt-Kittler and Klaus Vogel. Berlin, Heidelberg: Springer-Verlag, 1991, pp. 9–29.

Boesiger, Ernest. »Evolutionary Biology in France at the Time of the Evolutionary Synthesis.« In *The Evolutionary Synthesis. Perspectives on the Unification of Biology.* Edited by Ernst Mayr and William B. Provine. Cambridge, Mass./London: Harvard University Press, 1980, pp. 309–320.

Bohlken, H. »Prof. Dr. Dr. h.c. Wolf Herre – 80 Jahre«, *Zoologischer Anzeiger* 222 (1989): 1–2.

Böhme, H. »Gedanken nach dem Tode von Hans Stubbe«, *Biologisches Zentralblatt* 109 (1990): 1–6.

Böhme, Wolfgang. »In Memoriam Prof. Dr. Dr. h.c. Wolf Herre (1909–1997) – ein Zoologe mit bedeutendem amphibienkundlichen Werkanteil –«, *Salamandra* 34 (1998): 1–6.

Böker, Hans. »Rassenkonstanz – Artenwandel«, *Rasse. Monatsschrift der Nordischen Bewegung* 1 (1934): 250–254.

Böker, Hans. *Einführung in die vergleichende biologische Anatomie der Wirbeltiere.* 2 Bde. Jena: Gustav Fischer, 1935–37.

Bowler, Peter J. *Fossils and Progress: Paleontology and the Idea of Progressive Evolution in the Nineteenth Century.* New York: Science History Publications, 1976.

Bowler, Peter J. *The Eclipse of Darwinism. Anti-Darwinian Evolution Theories in the Decades Around 1900.* Baltimore/London: The Johns Hopkins University Press, 1983.

Bowler, Peter J. *Evolution, the History of an Idea.* Berkeley/Los Angeles/London: University of California Press, 1984.

Bowler, Peter J. *Theories of Human Evolution: A Century of Debate, 1844–1944.* Baltimore/London: The Johns Hopkins University Press, 1986.

Bowler, Peter J. *The Non-Darwinian Revolution. Reinterpreting a Historical Myth.* Baltimore/London: The Johns Hopkins University Press, 1988.

Braun, Alexander. *Betrachtungen über die Erscheinung der Verjüngung in der Natur, insbesondere in der Lebens- und Bildungsgeschichte der Pflanze.* Freiburg im Breisgau: Universitäts-Buchdruckerei H.M. Poppen, 1849–50.

*Brockhaus Enzyklopädie in zwanzig Bänden.* Siebzehnte völlig neubearbeitete Auflage des Großen Brockhaus. Wiesbaden: F.A. Brockhaus, 1966–74.

*Brockhaus Enzyklopädie in vierundzwanzig Bänden.* Neunzehnte, völlig neu bearbeitete Auflage. Mannheim: F.A. Brockhaus, 1986–93.

Brömer, Rainer, Uwe Hoßfeld und Nicolaas A. Rupke, Hgg. *Evolutionsbiologie von Darwin bis heute.* Verhandlungen zur Geschichte und Theorie der Biologie, Bd. 4. Berlin: Verlag für Wissenschaft und Bildung, 2000.

Bronn, H[einrich] G[eorg]. *Morphologische Studien über die Gestaltungs-Gesetze der Naturkörper überhaupt und der organischen insbesondere. Gebildeten Freunden allgemeiner Einblicke in die Schöpfungs-Plane der Natur gewidmet.* Leipzig und Heidelberg: C.F. Winter'sche Verlagshandlung, 1858.

Bronn, Heinrich Georg. »Schlusswort des Übersetzers.« In Charles Darwin. *Über die Entstehung der Arten im Thier- und Pflanzen-Reich durch natürliche Züchtung, oder Erhaltung der vervollkommneten Rassen im Kampfe um's Daseyn.* Nach der zweiten [englischen] Auflage mit einer geschichtlichen Vorrede und andern Zusätzen des Verfassers für diese deutsche Ausgabe aus dem Englischen Übersetzt und mit Anmerkungen versehen von Dr. H[einrich] G[eorg] Bronn. Stuttgart: E. Schweizerbart'sche Verlagshandlung und Druckerei, 1860, S. 495–520.

Bucharin, Nikolaj I. »Darwinismus und Marxismus [1932].« In *Darwinismus und/ als Ideologie.* Hg. von Uwe Hoßfeld und Rainer Brömer. Verhandlungen zur Geschichte und Theorie der Biologie, Bd. 6. Berlin: Verlag für Wissenschaft und Bildung, 2001, S. 127–155.

Büchner, Louis. »Eine neue Schöpfungstheorie«, *Stimmen der Zeit. Monatsschrift für Politik und Literatur* 2 (1860) 2. Bd.: 356–360.

Buchner, Paul. *Allgemeine Zoologie.* Leipzig: Quelle & Meyer, 1938.

Bünning, Erwin. »Karl Mägdefrau 70 Jahre.« In *Beiträge zur Biologie der niederen Pflanzen. Systematik, Stammesgeschichte, Ökologie.* Hg. von Wolfgang Frey, H. Hurka und F. Oberwinkler. Stuttgart: Gustav Fischer, 1977, S. 217–8.

Bünning, Erwin, und Alfred Kühn, Hgg. *Biologie*, Teil I–II. Naturforschung und Medizin in Deutschland 1939–1946. Für Deutschland bestimmte Ausgabe der

FIAT Review of German Science, Bd. 52–53. Wiesbaden: Dieterich'sche Verlagsbuchhandlung, 1948.

Burgeff, H. »Aussprache zu N.W. Timoféeff-Ressovsky (1939)«, *Zeitschrift für induktive Abstammungs- und Vererbungslehre* 76 (1939): 219.

Burian, Richard M. »Challenges to the Evolutionary Synthesis«, *Evolutionary Biology* 23 (1988): 247–69.

Burkhardt, Richard W. »Lamarckism in Britain and the United States.« In *The Evolutionary Synthesis. Perspectives on the Unification of Biology*. Edited by Ernst Mayr and William B. Provine. Cambridge, Mass./London: Harvard University Press, 1980, pp. 343–351.

Burkhardt, Richard W. »Evolution«. In *Macmillan Dictionary of the History of Science*. Edited by W.F. Bynum, E.J. Browne and Roy Porter. London: Macmillan Press, 1981, pp. 131–3.

Butterfield, Herbert. *The Whig Interpretation of History*. London: G. Bell and Sons., 1931.

Cain, Joseph Allen. »Common Problems and Cooperative Solutions: Organizational Activity in Evolutionary Studies, 1936–1947«, *Isis* 84 (1993): 1–25.

Cain, Joseph Allen. »Ernst Mayr as Community Architect: Launching the Society for the Study of Evolution and the Journal *Evolution*«, *Biology and Philosophy* 9 (1994): 387–427.

Campanella, Tommaso. »Sonnenstaat [1602/1623].« In *Der Utopische Staat*. Rowohlts Klassik der Literatur und Wissenschaft. Philosophie des Humanismus und der Renaissance, Bd. 3. Reinbek bei Hamburg: Rowohlt Taschenbuch Verlag, 1960, S. 111–169.

Cannon, H. Graham. *The Evolution of Living Things*. Manchester: Manchester University Press, 1958.

Carlson, Elof Axel. *The Gene: A Critical History*. Philadelphia: W.B. Saunders, 1966.

Carson, Hampton L. »Cytogenetics and the Neo-Darwinian Synthesis.« In *The Evolutionary Synthesis. Perspectives on the Unification of Biology*. Edited by Ernst Mayr and William B. Provine. Cambridge, Mass./London: Harvard University Press, 1980, pp. 86–95.

Carson, Hampton L. »Hypotheses That Blur and Grow.« In *The Evolutionary Synthesis. Perspectives on the Unification of Biology*. Edited by Ernst Mayr and William B. Provine. Cambridge, Mass./London: Harvard University Press, 1980, pp. 383–386.

Caspari, Ernst. »Cytoplasmic Inheritance«, *Advances in Genetics* 2 (1948): 1–66.

Celakovsky, Lad[islav]. »Ueber den Begriff der Art in der Naturgeschichte, insbesondere in der Botanik«, *Oesterreichische botanische Zeitschrift* 23 (1873): 233–239, 271–280, 313–318.

Chambers, Robert. *Vestiges of the natural history of Creation.* 6th ed. London: John Churchill, 1847.

Chetverikov, S.S. »Volny zhizni [Waves of life]«, *Dnevnik zoologicheskogo otdeleniia* 3, no. 6 (1905), 1–5 (106–110).

Chetverikov, S.S. »On Certain Aspects of the Evolutionary Process from the Standpoint of Modern Genetics«, *Proceedings of the American Philosophical Society* 105 (1961): 167–195. Russisches Orginal in *Zhurnal Eksperimental'noi Biologii* ser. A, 2, no. 1 (1926): 3–54.

Chetverikov [Tschetwerikoff], S.S. »Über die genetische Beschaffenheit wilder Populationen«, *Zeitschrift für induktive Abstammung- und Vererbungslehre* 46 (1928): 38–39.

Chetverikov, S.S. [S.S. Tschetwerikov]. »Autobiographie«, *Nova Acta Leopoldina* N.F. 21 (1959): 308–10.

Churchill, Frederick B. »August Weismann and a Break from Tradition«, *Journal of the History of Biology* 1 (1968): 91–112.

Churchill, Frederick B. »William Johannsen and the genotype concept«, *Journal of the History of Biology* 7 (1974): 5–30.

Churchill, Frederick B. »Sex and the Single Organism: Biological Theories of Sexuality in Mid-Nineteenth Century«, *Studies in History of Biology* 3 (1979): 139–77.

Churchill, Frederick B. »The Modern Evolutionary Synthesis and the Biogenetic Law.« In *The Evolutionary Synthesis. Perspectives on the Unification of Biology.* Edited by Ernst Mayr and William B. Provine. Cambridge, Mass./London: Harvard University Press, 1980, pp. 112–122.

Churchill, Frederick B. »Weismann's Continuity of the Germ-Plasm in Historical Perspective«, *Freiburger Universitätsblätter* Bd. 24, Heft 87/88 (1985): 107–124.

Churchill, Frederick B. »From Heredity Theory to *Vererbung*: The Transmission Problem, 1850–1915«, *Isis* 78 (1987): 337–364.

Coleman, William. »Morphology in the Evolutionary Synthesis.« In *The Evolutionary Synthesis. Perspectives on the Unification of Biology.* Edited by Ernst Mayr and William B. Provine. Cambridge, Mass./London: Harvard University Press, 1980, pp. 174–179.

Conrad-Martius, Hedwig. *Abstammungslehre.* 2., neubearb. Aufl. München: Kösel-Verlag, 1949. 1. Aufl. unter dem Titel: *Ursprung und Aufbau des lebendigen Kosmos.* Salzburg: Otto Müller, 1938.

Conrad-Martius, Hedwig. *Utopien der Menschenzüchtung. Der Sozialdarwinismus und seine Folgen*. München: Kösel, 1955.

Cope, Edward Drinker. »On the Origin of Genera [1868].« In Edward Drinker Cope. *The Origin of the Fittest. Essays on Evolution*. New York: D. Appleton & Co., 1887, pp. 41–123. Reprint: New York: Arno Press, 1974.

Cope, Edward Drinker. *The Origin of the Fittest. Essays on Evolution*. New York: D. Appleton & Co., 1887. Reprint: New York: Arno Press, 1974.

Cronin, Helena. *The Ant and the Peacock: Altruism and Sexual Selection from Darwin to Today*. Cambridge: Cambridge University Press, 1991.

Cuénot, Lucien. *L'evolution biologique: Les faits, Les incertitudes*. Paris: Masson, 1951.

*Curriculum vitae*. »Curriculum vitae von Prof. Dr. Karl Mägdefrau; wissenschaftliche Abhandlungen und Bücher von Prof. Dr. Karl Mägdefrau; unter Anleitung von Prof. Dr. Karl Mägdefrau entstandene Dissertationen.« In *Beiträge zur Biologie der niederen Pflanzen. Systematik, Stammesgeschichte, Ökologie*. Hg. von Wolfgang Frey, H. Hurka und F. Oberwinkler. Stuttgart: Gustav Fischer, 1977, S. 219–226.

Cuvier, Georges. *Cuvier's Ansichten von der Urwelt*. Übers. mit Anmerkungen von Jakob Nöggerath. Bonn: Eduard Weber, 1822.

Daber, Rudolf. »Professor Dr. Walter Zimmermann †«, *Gleditschia* 9 (1982): 321–4.

Dacqué, Edgar. *Organische Morphologie* und *Paläontologie*. Berlin: Borntraeger, 1935.

Daniel, Ute. *Kompendium Kulturgeschichte. Theorien, Praxis, Schlüsselwörter*. Suhrkamp Taschenbuch, 1523. Frankfurt am Main: Suhrkamp Verlag, 2001.

Darlington, C.D. »The Evolution of Genetic Systems: Contributions of Cytology to Evolutionary Theory.« In *The Evolutionary Synthesis. Perspectives on the Unification of Biology*. Edited by Ernst Mayr and William B. Provine. Cambridge, Mass./London: Harvard University Press, 1980, pp. 70–79.

Darlington, C.D. »J.B.S. Haldane, R.A. Fischer, and William Bateson.« In *The Evolutionary Synthesis. Perspectives on the Unification of Biology*. Edited by Ernst Mayr and William B. Provine. Cambridge, Mass./London: Harvard University Press, 1980, pp. 420–431.

Darlington, C.D. *The Evolution of Genetic Systems*. Cambridge: Cambridge University Press, 1939.

Dart, Raymond A. »*Australopithecus africanus*: The Man-Ape of South Africa«, *Nature* 115 (1925): 195–199.

*Darwin & Co. Eine Geschichte der Biologie in Portraits*. Hg. von Ilse Jahn und Michael Schmitt. 2 Bde. München: C.H. Beck Verlag, 2001.

Darwin, Charles. *The Foundations of the Origin of Species: Two Essays Written in 1842 and 1844 by Charles Darwin*. Edited by Francis Darwin. Cambridge: Cambridge University Press, 1909.

Darwin, Charles. *Charles Darwin's Natural Selection, being the Second Part of his Big Species Book Written from 1856 to 1858*. Edited by R.C. Stauffer. Cambridge: Cambridge University Press, 1975.

Darwin, Charles. *On the Origin of Species by Means of Natural Selection, or the Preservation of Favoured Races in the Struggle for Life*. London: John Murray, 1859.

Darwin, Charles. *The Variation of Animals and Plants under Domestication*. 2 vols. London: John Murray, 1868.

Darwin, Charles. *The Descent of Man and Selection in Relation to Sex*. 2 vols. London: John Murray, 1871.

Darwin, Charles. *The Life and Letters of Charles Darwin, including an autobiographical chapter*. Edited by Francis Darwin. 3 vols. London: John Murray, 1887.

Darwin, Charles. *More Letters of Charles Darwin. A Record of His Work in a Series of hitherto Unpublished Letters*. Edited by Francis Darwin and A.C. Seward. 2 vols. London: John Murray, 1903.

Darwin, Charles. *The Autobiography of Charles Darwin 1809–1882. With the Original Omissions Restored*. Edited by Nora Barlow. London: Collins, 1958.

Darwin. Charles. *The Collected Papers of Charles Darwin*. Edited by Paul H. Barrett. With a Foreword by T. Dobzhansky. 2 vols. Chicago: University of Chicago Press, 1977.

Darwin, Charles. *The Correspondence of Charles Darwin*. Edited by Frederick Burkhardt et al. Bisher 12 Bde. Cambridge: Cambridge University Press, 1985–2001.

Darwin, Charles. *Charles Darwin's Notebooks, 1836–1844*. Transcribed and edited by Paul H. Barrett, Peter J. Gautrey, Sandra Herbert, David Kohn and Sydney Smith. Cambridge: Cambridge University Press, 1987.

Daum, Andreas. *Wissenschaftspopularisierung im 19. Jahrhundert. Bürgerliche Kultur, naturwissenschaftliche Bildung und die deutsche Öffentlichkeit 1848–1914*. München: Oldenbourg, 1998.

Dawkins, Richard. *The Selfish Gene*. Oxford/New York: Oxford University Press, 1976. New ed. Oxford/New York: Oxford University Press, 1989.

Dawkins, Richard. »Progress.« In *Keywords in Evolutionary Biology*. Edited by Evelyn Fox Keller and Elisabeth A. Lloyd, 263–272. Cambridge, Mass./London: Harvard University Press, 1992.

Dawkins, Richard. *Climbing Mount Improbable*. New York/London: W.W. Norton, 1996.

Dawkins, Richard. »Human Chauvinism. Rev. of *Full House*, by Stephen Jay Gould (New York: Harmony Books, 1996); also published as *Life's Grandeur* (London: Jonathan Cape, 1996)«, *Evolution* 51 (1997): 1015–20.

Degler, Carl N. *In Search of Human Nature: The Decline and Revival of Darwinism in American Social Thought*. Oxford/New York: Oxford University Press, 1991.

Deichmann, Ute. *Biologen unter Hitler: Vertreibung, Karrieren, Forschung*. Frankfurt/Main: Campus, 1992.

Deichmann, Ute, und Benno Müller–Hill. »Biological Research at Universities and Kaiser Wilhelm Institutes in Nazi Germany.« In *Science, Technology and National Socialism*. Edited by Monika Renneberg and Mark Walker. Cambridge: Cambridge University Press, 1994, pp. 160–183.

Dennert, E[berhard]. *Vom Sterbelager des Darwinismus*. Ein Bericht. Stuttgart: Max Kielmann, 1903. Dennet, Daniel C. *Darwin's Dangerous Idea: Evolution and the Meanings of Life*. London: Allen Lane The Penguin Press, 1995.

Depew, David J., and Bruce H. Weber. »Consequences of Nonequilibrium Thermodynamics for the Darwinian Tradition«. In *Entropy, Information, and Evolution: New Perspectives on Physical and Biological Evolution*. Edited by Bruce H. Weber, David J. Depew and James D. Smith. Cambridge, Mass.: The MIT Press, 1988, pp. 317–54.

*Der Große Brockhaus in zwölf Bänden*. Achtzehnte, völlig neubearbeitete Auflage. Wiesbaden: F.A. Brockhaus, 1977–80.

Di Gregorio, Mario A. *Charles Darwin's Marginalia*. Vol. 1. With the Assistance of N.W. Gill. New York/London: Garland Publishing, 1990.

*Die Evolution der Organismen, Ergebnisse und Probleme der Abstammungslehre*. Hg. von Gerhard Heberer. Jena: Gustav Fischer, 1943.

*Die Evolution der Organismen. Ergebnisse und Probleme der Abstammungslehre*. Hg. von Gerhard Heberer. 2 Bde. 2., erw. Aufl. Stuttgart: Gustav Fischer, 1959.

*Die Evolution der Organismen. Ergebnisse und Probleme der Abstammungslehre*. Hg. von Gerhard Heberer. 3., völlig neu bearb. und erw. Aufl. 3 Bde. Stuttgart: Gustav Fischer, 1967–74.

Dietrich, Michael R. »Macromutation.« In *Keywords in Evolutionary Biology*. Edited by Evelyn Fox Keller and Elisabeth A. Lloyd. Cambridge, Mass./London: Harvard University Press, 1992, pp. 194–201.

Dietrich, Michael R. »Richard Goldschmidt's ›Heresis‹ and the Evolutionary Synthesis«, *Journal of the History of Biology* 28 (1995): 431–61.

Dingler, Hugo. *Die Kultur der Juden. Eine Versöhnung zwischen Religion und Wissenschaft*. Leipzig: Der Neue Geist, 1919.

Dingler, Hugo. *Der Zusammenbruch der Wissenschaft und der Primat der Philosophie*. 2. verb. Auflage. München: Ernst Reinhardt, 1931.

Dingler, Hugo. »Ist die Entwicklung der Lebewesen eine Idee oder eine Tatsache?« *Der Biologe* 9 (1940): 222–232.

Dingler, Hugo. »Die philosophische Begründung der Deszendenztheorie.« In *Die Evolution der Organismen. Ergebnisse und Probleme der Abstammungslehre*. Hg. von Gerhard Heberer. Jena: Gustav Fischer, 1943, S. 3–19.

Dingler, Hugo. »Die philosophische Begründung der Deszendenztheorie.« In *Die Evolution der Organismen. Ergebnisse und Probleme der Abstammungslehre*. Hg. von Gerhard Heberer. 2., erw. Aufl. Stuttgart: Gustav Fischer, 1959, Bd. 1, S. 3–24.

*Discussion*. »A Discussion on the Present State of the Theory of Natural Selection«, *Proceedings of the Royal Society of London*, ser. B, 121 (1936): 43–73.

Dobzhansky, Theodosius. *Genetics and the Origin of Species*. New York: Columbia University Press, 1937 (deutsche Ausgabe: *Die genetischen Grundlagen der Artbildung*. Übers. von Witta Lerche. Jena: Gustav Fischer, 1939).

Dobzhansky, Theodosius. »Foreword.« In Ernst Mayr. *Systematics and the Origin of Species*. New York: Columbia University Press, 1942, pp. XI–XII.

Dobzhansky, Theodosius. »Mendelian Populations and Their Evolution«, *American Naturalist* 84 (1950): 401–18.

Dobzhansky, Theodosius. *Genetics and the Origin of Species*. 3d rev. ed. New York: Columbia University Press, 1951.

Dobzhansky, Theodosius. »A Review of some Fundamental Concepts and Problems of Population Genetics«, *Cold Spring Harbor Symposia on Quantitative Biology* 20 (1955): 1–15.

Dobzhansky, Theodosius. *The Biological Basis of Human Freedom*. New York/London: Columbia University Press, 1956.

Dobzhansky, Theodosius. »Evolution of Genes and Genes in Evolution«, *Cold Spring Harbor Symposia on Quantitative Biology* 24 (1959): 15–30.

Dobzhansky, Theodosius. *Mankind Evolving: The Evolution of the Human Species*. New Haven/London: Yale University Press, 1962.

Dobzhansky, Theodosius. »Mendelism, Darwinism, and Evolutionism«, *Proceedings of the American Philosophical Society* 109 (1965): 205–215.

Dobzhansky, Theodosius. »Creative Evolution«, *Diogenes* 58 (1967): 62–74.

Dobzhansky, Theodosius. *Genetics of the Evolutionary Process*. New York: Columbia University Press, 1970.

Dobzhansky, Theodosius, Francisco J. Ayala, G. Ledyard Stebbins and James W. Valentine. *Evolution*. San Francisco: W.H. Freeman and Co., 1977.

Dobzhansky, Theodosius. »The Birth of the Genetic Theory of Evolution in the Soviet Union in the 1920s.« In *The Evolutionary Synthesis. Perspectives on the Unification of Biology*. Edited by Ernst Mayr and William B. Provine. Cambridge, Mass./London: Harvard University Press, 1980, pp. 229–241.

Dobzhansky, Theodosius. *Dobzhansky's Genetics of Natural Populations I–XLIII*. Edited by R.C. Lewontin, John A. Moore, William B. Provine and Bruce Wallace. New York: Columbia University Press, 1981.

Dolezal, Helmut. »Hartmann, Max.« In *NDB: Neue Deutsche Biographie*. Hg. von der Historischen Kommission bei der Bayerischen Akademie der Wissenschaften. Bd. 8. Berlin: Duncker & Humblot, 1969, S. 1–2.

Donoghue, Michael J., and Joachim W. Kadereit. »Walter Zimmermann and the Growth of Phylogenetic Theory«, *Systematic Biology* 41 (1992): 74–85.

Driesch, Hans. *Philosophie des Organischen*. 2 Bde. Leipzig: Wilhelm Engelmann, 1909.

Dücker, Gerti. »Bernhard Rensch: Kurzbiographie und Verzeichnis seiner wissenschaftlichen Veröffentlichungen.« In *Evolution: Zelle als Organismus, Erregbarkeit, Hirngeschehen. Festschrift für Bernhard Rensch*. Schriftenreihe der Westfälischen Wilhelms-Universität Münster, N.F. 4. Münster: Aschendorff, 1985, S. 128–45.

Dücker, Gerti, Hg. *100 Jahre Bernhard Rensch. Biologe – Philosoph – Künstler*. Münster: LIT Verlag, 2000.

Dunn, Leslie Clarence. »Foreword.« In Theodosius Dobzhansky. *Genetics and the Origin of Species*. New York: Columbia University Press, 1937, pp. XI–XIII.

Dunn, L.C., ed. *Genetics in the 20th Century: Essays on the Progress of Genetics during Its First 50 Years*. New York: Macmillan, 1951.

Dunn, Leslie Clarence. *A Short History of Genetics: The Development of Some of the Main Lines of Thought, 1864–1939*. New York: McGraw-Hill, 1965.

Dunn, Leslie Clarence, and Theodosius Dobzhansky. *Heredity, Race, and Society*. New York: New American Library, 1946.

East, E.M. »Genetic aspects of certain problems of evolution«, *American Naturalist* 70 (1936): 143–158.

Eberle, Hendrik. *Die Martin-Luther-Universität in der Zeit des Nationalsozialismus 1933–1945*. Halle: Mitteldeutscher Verlag, 2002.

Eckardt, Irina. *Die ›Synthetische Theorie der Evolution‹. Kritischer Diskurs über die Geschichte des Neodarwinismus*. Diss. phil. Humboldt-Universität Berlin, 1990.

Ehrenberg, Kurt. »Der heutige Wissensstand in Fragen der Abstammungslehre. Vorbemerkung [1939a]«, *Palaeobiologica* 7 (1942): 153–154.

Ehrenberg, Kurt. »Paläozoologie, Stammesgeschichte und Abstammungslehre [1939b]«, *Palaeobiologica* 7 (1942): 196–211.

Eichler, Wolfdietrich. »Zum Gedenken an N.W. Timoféeff-Ressovsky (1900–1981)«, *Deutsche Entomologische Zeitschrift* N.F. 29 (1982): 287–291.

Eickstedt, Egon von. *Rassenkunde und Rassengeschichte der Menschheit*. Stuttgart: Enke, 1934.

Eickstedt, Egon Freiherr von. »Stammesgeschichte des Seelischen (Paläopsychologie).« In *Die Evolution der Organismen. Ergebnisse und Probleme der Abstammungslehre*. Hg. von Gerhard Heberer. 2., erw. Aufl. Stuttgart: Gustav Fischer, 1959, Bd. 2, S. 1192–1242.

Eigen, Manfred, und Ruthild Winkler. *Das Spiel. Naturgesetze steuern den Zufall*. 7. Aufl. München, Zürich: Piper, 1985.

Eimer, Theodor G.H. *Die Entstehung der Arten auf Grund von Vererben erworbener Eigenschaften nach den Gesetzen organischen Wachsens. 2. Teil, Orthogenesis der Schmetterlinge. Ein Beweis bestimmt gerichteter Entwickelung und Ohnmacht der natürlichen Zuchtwahl bei der Artbildung. Zugleich eine Erwiderung and August Weismann*. Leipzig: Wilhelm Engelmann, 1897.

Eisentraut, Martin. »Vom Leben und Sterben des Zoologen Walther Arndt. Ein Zeitdokument aus Deutschlands schwärzesten Tagen«, *Sitzungsberichte der Gesellschaft Naturforschender Freunde zu Berlin* N.F. 26 (1986): 161–87.

Eldredge, Niles, and Stephen Jay Gould. »Punctuated Equilibria: An Alternative to Phyletic Gradualism.« In *Models in Paleobiology*. Edited by Thomas J.M. Schopf. San Francisco: Freeman, Cooper & Co., 1972, pp. 82–115.

Eldredge, Niles. »Introduction.« In Ernst Mayr. *Systematics and the Origin of Species*. New York: Columbia University Press, 1942. Reprint. New York: Columbia University Press, 1982, pp. XV–XXXVII.

Eldredge, Niles. *The Unfinished Synthesis: Biological Hierarchies and Modern Evolutionary Theory*. New York/Oxford: Oxford University Press, 1985.

Engel, Michael. »Nachtsheim, Hans.« In *Neue Deutsche Biographie* 18 (1997): 684–686.

Engelhardt, Wolf von, und Helmut Hölder. *Mineralogie, Geologie und Paläontologie an der Universität Tübingen von den Anfängen bis zur Gegenwart*. Contubernium, Bd. 20. Tübingen: Mohr, 1977.

Engels, Eve-Marie, Hg. *Die Rezeption von Evolutionstheorien im neunzehnten Jahrhundert.* Mit einem Vorwort, einer Einleitung und einer Auswahlbibliographie versehen von Eve-Marie Engels. Suhrkamp Taschenbuch Wissenschaft, Nr. 1229. Frankfurt am Main: Suhrkamp, 1995a.

Engels, Eve-Marie, Thomas Junker und Michael Weingarten, Hgg. *Ethik der Biowissenschaften: Geschichte und Theorie.* Verhandlungen zur Geschichte und Theorie der Biologie, Bd. 1. Berlin: Verlag für Wissenschaft und Bildung, 1998.

Engels, Eve-Marie. *Erkenntnis als Anpassung? Eine Studie zur Evolutionären Erkenntnistheorie.* Frankfurt am Main: Suhrkamp, 1989.

Engels, Eve-Marie. »Biologische Ideen von Evolution im 19. Jahrhundert und ihre Leitfunktionen.« In Eve-Marie Engels, Hg. *Die Rezeption von Evolutionstheorien im neunzehnten Jahrhundert.* Frankfurt am Main: Suhrkamp, 1995b, S. 13–66.

Engels, Eve-Marie. »Darwin in der deutschen Zeitschriftenliteratur des 19. Jahrhunderts – Ein Forschungsbericht.« In *Evolutionsbiologie von Darwin bis heute.* Hg. von Rainer Brömer, Uwe Hoßfeld und Nicolaas A. Rupke. Verhandlungen zur Geschichte und Theorie der Biologie, Bd. 4. Berlin: Verlag für Wissenschaft und Bildung, 2000a, S. 19–57.

Engels, Eve-Marie. »Darwins Popularität im Deutschland des 19. Jahrhunderts: Die Herausbildung der Biologie als Leitwissenschaft.« In Achim Barsch und Peter M. Hejl, Hgg. *Menschenbilder. Zur Pluralisierung der Vorstellungen von der menschlichen Natur (1850–1914).* Frankfurt: Suhrkamp 2000b, S. 91–145.

Federley, Harry. »Weshalb lehnt die Genetik die Annahme einer Vererbung erworbener Eigenschaften ab?« *Paläontologische Zeitschrift* 11 (1929): 287–310, 316–317.

Festetics, Antal. *Konrad Lorenz. Aus der Welt des großen Naturforschers.* München, Zürich: Piper, 1983.

Fischer, Ernst Peter. *Das Atom der Biologen: Max Delbrück und der Ursprung der Molekulargenetik.* München und Zürich: Piper, 1988.

Fischer, Eugen. »Die Rassenmerkmale des Menschen als Domesticationserscheinungen«, *Zeitschrift für Morphologie und Anthropologie* 18 (1914): 479–524.

Fischer, Eugen. »Die gesunden körperlichen Erbanlagen des Menschen.« In Erwin Baur, Eugen Fischer und Fritz Lenz. *Menschliche Erblehre.* 4., neubearb. Aufl. Menschliche Erblehre und Rassenhygiene, Bd. 1. München: J.F. Lehmanns Verlag, 1936, S. 95–320.

Fischer, Eugen. »Die gesunden körperlichen Erbanlagen des Menschen.« In Erwin Baur, Eugen Fischer und Fritz Lenz. *Menschliche Erblehre.* 4., neubearb. Aufl.

Menschliche Erblehre und Rassenhygiene, Bd. 1. München: J.F. Lehmanns Verlag, 1936, S. 95–320.

Fisher, R.A. *The Genetical Theory of Natural Selection*. Oxford: Oxford University Press, 1930.

Fisher, R.A. »The Measurement of Selective Intensity«, *Proceedings of the Royal Society of London*, ser. B, 121 (1936): 58–62.

Fisher, R.A. »Retrospect of the Criticisms of the Theory of Natural Selection.« In *Evolution as a Process*. Edited by Julian Huxley, A.C. Hardy, and E.B. Ford. London: Allen and Unwin, 1954, pp. 84–98.

Fleck, Ludwik. *Entstehung und Entwicklung einer wissenschaftlichen Tatsache. Einführung in die Lehre vom Denkstil und Denkkollektiv*. Mit einer Einleitung hg. von Lothar Schäfer und Thomas Schnelle. Frankfurt/Main: Suhrkamp, 1980 (11935).

Ford, E.B. *Mendelism and Evolution*. London: Methuen, 1931.

Ford, E.B. *Ecological Genetics*. London: Methuen; New York: John Wiley, 1964.

Ford, E.B. »Some Recollections Pertaining to the Evolutionary Synthesis.« In *The Evolutionary Synthesis. Perspectives on the Unification of Biology*. Edited by Ernst Mayr and William B. Provine. Cambridge, Mass./London: Harvard University Press, 1980, pp. 334–342.

*Fortschritte der Botanik* (1932–44). Hg. von Fritz von Wettstein. Bd. 1–11, *Bericht über die Jahre 1931–1941*. Berlin: Springer.

*Fortschritte der Zoologie*, Neue Folge (1937–52). Hg. von Max Hartmann. Bd. 1–9, *Bericht über die Jahre 1935–1950*. Jena: Gustav Fischer Verlag.

Franz, Victor. *Geschichte der Organismen*. Jena: Gustav Fischer, 1924.

Franz, Victor. »Zur Kennzeichnung der allgemeinen Entwicklungsrichtungen des Organismenreiches«, *Zeitschrift für induktive Abstammungs- und Vererbungslehre* 36 (1925): 33–58.

Franz, Victor. *Der biologische Fortschritt. Die Theorie der organismengeschichtlichen Vervollkommnung*. Jena: Gustav Fischer, 1935a.

Franz, Victor. »Der biologische Vervollkommnungsbegriff«, *Die Naturwissenschaften* 23 (1935b): 695–699.

Franz, Victor. »Die Fortschritts- oder Vervollkommnungstheorie, der Aufbau auf Haeckels Stammesgeschichte«, *Archiv für Rassen- und Gesellschaftsbiologie* 31 (1937): 281–295.

Franz, Victor. »Theologie gegen Entwicklungslehre«, *Der Biologe* 10 (1941): 352.

Franz, Victor. »Materialismus und kein Ende«, *Der Biologe* 11 (1942): 141–142.

Franz, Victor. »Die Geschichte der Tiere.« In *Die Evolution der Organismen, Ergebnisse und Probleme der Abstammungslehre*. Hg. von Gerhard Heberer. Jena: Gustav Fischer, 1943, S. 219–296.

Freud, Sigmund. »Eine Schwierigkeit der Psychoanalyse [1917].« In *Gesammelte Werke*. Bd. 12, *Werke aus den Jahren 1917–1920*. London: Imago Publishing Co., 1940, pp. 1–12.

Freud, Sigmund. »Warum Krieg [1933a]?« In *Gesammelte Werke*. Bd. 16, *Werke aus den Jahren 1932–1939*. London: Imago Publishing Co., 1950, pp. 11–27.

Freud, Sigmund. »Über eine Weltanschauung [1933b].« In *Gesammelte Werke*. Bd. 15, *Neue Folge der Vorlesungen zur Einführung in die Psychoanalyse*. London: Imago Publishing Co., 1940, pp. 170–197.

Friedrich-Freska, Hans. »Genetik und biochemische Genetik in den Instituten der Kaiser-Wilhelm-Gesellschaft und der Max-Planck-Gesellschaft«, *Die Naturwissenschaften* 48 (1961): 10–22.

*Führer: Führer durch das Kaiser-Wilhelm-Institut für Züchtungsforschung Müncheberg (Mark)*. Berlin: Bornträger: 1933.

*Fundamenta Genetica*. The Revised Edition of Mendel's Classic Paper, with a Collection of 27 Original Papers Published During the Rediscovery Era. Selection and Commentary by J. Krizenecky. Oosterhout: Anthropological Publications; Prag: Czechoslovak Academy of Sciences; Brno: Moravian Museum, 1965.

Futuyma, Douglas J. *Science on Trial: The Case for Evolution*. Sunderland, Mass.: Sinauer Ass., 1982. New York: Pantheon Books, 1983.

Futuyma, Douglas J. *Evolutionary Biology*. 2d ed. Sunderland, Mass.: Sinauer Associates, 1986.

Galton, Francis. »Hereditary Talent and Character«, *Macmillan's Magazine* 12 (1865): 157–66, 318–27.

Galton, Francis. »Hereditary Improvement«, *Fraser's Magazine* N.S. 7 (1873): 116–130.

Galton, Francis. »A Theory of Heredity«, *Journal of the Anthropological Institute of Great Britain and Ireland* 5 (1876): 329–348.

Galton, Francis. *Inquiries into Human Faculty and Its Development*. London: Macmillan, 1883.

Galton, Francis. »Eugenics: Its Definition, Scope, and Aims [1904].« In *Essays in Eugenics*. London: Eugenics Education Society, 1909, pp. 35–43.

Galton, Francis. *Memories of My Life*. London: Methuen, 1908.

Gascoigne, Robert M. »Julian Huxley and Biological Progress«, *Journal of the History of Biology* 24 (1991): 433–55.

Gaupp, Ernst. *August Weismann*. Sein Leben und sein Werk. Jena: Gustav Fischer, 1917.

Gayon, Jean. »Neo-Darwinism.« In *Concepts, Theories, and Rationality in the Biological Sciences*. Edited by Gereon Wolters and James G. Lennox. Konstanz: Universitätsverlag; Pittsburgh: University of Pittsburgh Press, 1995, pp. 1–25.

Gayon, Jean. *Darwinism's Struggle for Survival: Heredity and the Hypothesis of Natural Selection* [1992]. Transl. by Matthew Cobb. Cambridge: Cambridge University Press, 1998.

Gegenbaur, Carl. *Grundzüge der vergleichenden Anatomie*. Leipzig: Wilhelm Engelmann, 1859.

Gegenbaur, Carl. »Die Stellung und Bedeutung der Morphologie«, *Morphologisches Jahrbuch* 1 (1875): 1–19.

Geisenhainer, Katja. »Otto Reches Verhältnis zur sogenannten Rassenhygiene«, *Anthropos* 91 (1996): 495–512.

George, Uwe. »Darwinismus: Der Irrtum des Jahrhunderts«, *Geo* (Juli 1984): 74–112.

*Geschichte der Biologie. Theorien, Methoden, Institutionen, Kurzbiographien*. Hg. von Ilse Jahn, Rolf Löther und Konrad Senglaub. 2., durchges. Auflage. Jena: Gustav Fischer, 1985.

*Geschichte der Biologie. Theorien, Methoden, Institutionen, Kurzbiographien*. Hg. von Ilse Jahn. 3., neubearb. und erw. Auflage. Jena/Stuttgart: Gustav Fischer, 1998. Neudruck: Heidelberg/Berlin: Spektrum Akademischer Verlag, 2000.

Geus, Armin. Rezension von Thomas Junker und Uwe Hoßfeld, *Die Entdeckung der Evolution – Eine revolutionäre Theorie und ihre Geschichte* (Darmstadt: Wissenschaftliche Buchgesellschaft, 2001), *Gesnerus* 59 (2002): 134.

Ghiselin, Michael T. *The Triumph of the Darwinian Method* [1969]. With a new Preface. Chicago/London: The University of Chicago Press, 1984.

Ghiselin, Michael T. »The Failure of Morphology to Assimilate Darwinism.« In *The Evolutionary Synthesis. Perspectives on the Unification of Biology*. Edited by Ernst Mayr and William B. Provine. Cambridge, Mass./London: Harvard University Press, 1980, pp. 180–193.

Ghiselin, Michael T. *Metaphysics and the Origin of Species*. Albany: State University of New York Press, 1997.

Gieseler, Wilhelm. »Die Fossilgeschichte des Menschen.« In *Die Evolution der Organismen, Ergebnisse und Probleme der Abstammungslehre*. Hg. von Gerhard Heberer. Jena: Gustav Fischer, 1943, S. 615–682.

Gieseler, Wilhelm. »Die Fossilgeschichte des Menschen.« In *Die Evolution der Organismen. Ergebnisse und Probleme der Abstammungslehre*. Hg. von Gerhard Heberer. 2., erw. Aufl. Stuttgart: Gustav Fischer, 1959, Bd. 2, 951–1109.

Gieseler, Wilhelm. Rezension von Gerhard Heberer und Franz Schwanitz, Hg. *Hundert Jahre Evolutionsforschung. Das wissenschaftliche Vermächtnis Charles Darwins* (Stuttgart: Gustav Fischer, 1960), *Anthropologischer Anzeiger* 27 (1963): 121.

Gilsenbach, Reimar. »Erwin Baur. Eine deutsche Chronik«, *Beiträge zur nationalsozialistischen Gesundheits- und Sozialpolitik* 8 (1989): 184–197.

Glass, Bentley. »A hidden chapter of German eugenics between the two World Wars«, *Proceedings of the American Philosophical Society* 125 (1981): 357–367.

Glass, Bentley. »The roots of Nazi eugenics«, *The Quarterly Review of Biology* 64 (1989): 175–80.

Glass, Bentley. »Timoféeff-Ressovsky, Nikolai Vladimirovich.« In *Dictionary of Scientific Biography*, vol. 18, *Supplement II*, edited by Frederic L. Holmes. New York: Charles Scribner's Sons, 1990a, pp. 919–926.

Glass, Bentley. »The grim heritage of Lysenkoism: Four personal accounts. I. Foreword«, *Quarterly Review of Biology* 65 (1990b): 413–421.

Glick, Thomas F., ed. *The Comparative Reception of Darwinism*. With a new Preface, 1988: *Reception Studies since 1974*. Chicago/London: The University of Chicago Press, 1988.

Globig, Michael. »Georg Melchers«, *MPG-Spiegel* (1996) (1): 35–9.

Goethe, Johann Wolfgang. *Sämtliche Werke. Briefe, Tagebücher und Gespräche*. I. Abteilung, Band 24, *Schriften zur Morphologie*. Hg. von Dorothea Kuhn. Frankfurt am Main: Deutscher Klassiker Verlag, 1987.

Goldschmidt, Richard. »Das Mutationsproblem«, *Zeitschrift für induktive Abstammungs- und Vererbungslehre* 30 (1923): 260–268.

Goldschmidt, Richard. *Physiologische Theorie der Vererbung*. Berlin: Springer, 1927.

Goldschmidt, Richard. *Einführung in die Vererbungswissenschaft. Ein Lehrbuch in einundzwanzig Vorlesungen*. 5., verm. und verb. Aufl. Berlin: Julius Springer, 1928.

Goldschmidt, Richard. »Untersuchungen zur Genetik der Geographischen Variation. III. Abschliessendes über die Geschlechtsrassen von Lymantria Dispar«, *Wilhelm Roux' Archiv für Entwicklungsmechanik der Organismen* 126 (1932): 277–324.

Goldschmidt, Richard. »Some Aspects of Evolution«, *Science* 78 (1933): 539–547.

Goldschmidt, Richard. »Geographische Variation und Artbildung«, *Die Naturwissenschaften* 23 (1935a): 169–176.

Goldschmidt, Richard. »Gen und Außeneigenschaft (Untersuchungen an *Drosophila*) I. und II.«, *Zeitschrift für induktive Abstammungs- und Vererbungslehre* 69 (1935b): 38–131.

Goldschmidt, Richard. *The Material Basis of Evolution*. New Haven/London: Yale University Press, 1940.

Goldschmidt, Richard B. »Ecotype, Ecospecies, and Macroevolution«, *Experientia* 4 (1948): 465–472.

Goldschmidt, Richard B. »Evolution, as viewed by one geneticist«, *American Scientist* 40 (1952): 84–98.

Goldschmidt, Richard B. *Portraits from Memory: Recollections of a Zoologist*. Seattle: University of Washington Press, 1956.

Gould, Stephen Jay. *Ontogeny and Phylogeny*. Cambridge, Mass./London: The Belknap Press of Harvard University Press, 1977.

Gould, Stephen Jay, and Richard C. Lewontin. »The Spandrels of San Marco and the Panglossian Paradigm: A Critique of the Adaptationist Programme [1979].« In *Conceptual Issues in Evolutionary Biology. An Anthology*. Edited by Elliott Sober. Cambridge, Mass.: The MIT Press, 1984, pp. 252–270.

Gould, Stephen Jay. »G.G. Simpson, Paleontology, and the Modern Synthesis.« In *The Evolutionary Synthesis. Perspectives on the Unification of Biology*. Edited by Ernst Mayr and William B. Provine. Cambridge, Mass./London: Harvard University Press, 1980a, pp. 153–172.

Gould, Stephen Jay »Is a new and general theory of evolution emerging?« *Paleobiology* 6 (1980b): 119–130.

Gould, Stephen Jay. »The Hardening of the Modern Synthesis.« In *Dimensions of Darwinism: Themes and Counterthemes in Twentieth-Century Evolutionary Theory*. Edited by Marjorie Grene. Cambridge: Cambridge University Press; Paris: Editions de la Maison des Sciences de l'Homme, 1983, pp. 71–93.

Gould, Stephen Jay. »Foreword.« In Otto H. Schindewolf. *Basic Questions in Paleontology: Geologic Time, Organic Evolution, and Biological Systematics*. Translated by Judith Schaefer. Edited and with an afterword by Wolf-Ernst Reif. With a foreword by Stephen Jay Gould. Chicago/London: The University of Chicago Press, 1993, pp. IX–XIV.

Gould, Stephen Jay. »Tempo and mode in the macroevolutionary reconstruction of Darwinism«, *Proceedings of the National Academy of Sciences of the United States of America* 91 (1994): 6764–71.

Gould, Stephen Jay. *The Mismeasure of Man*. Rev. and exp. ed. New York: Norton, 1996.

Gould, Stephen Jay. »Self-Help for a Hedgehog Stuck on a Molehill. Rev. of *Climbing Mount Improbable*, by Richard Dawkins (New York: W.W. Norton, 1996)«, *Evolution* 51 (1997): 1020–23.

Gould, Stephen Jay. »On Mental and Visual Geometry«, *Isis* 89 (1998): 502–504.

Gould, Stephen Jay. *The Structure of Evolutionary Theory*. Cambridge, Mass./London: The Belknap Press of Harvard University Press, 2002.

Graham, Loren R. *Science in Russia and the Soviet Union*. Cambridge: Cambridge University Press, 1993.

Granin, Daniil. *Sie nannten ihn Ur. Roman eines Lebens (Life of Nikolai Wladimirowitsch Timoféeff-Ressovsky)*. Berlin: Verlag Volk und Welt, 1988.

Grant, Verne. »The Synthetic Theory Strikes Back«, *Biologisches Zentralblatt* 102 (1983): 149–158.

Grau, Conrad, Wolfgang Schlicker und Liane Zeil, Hgg. *Die Berliner Akademie der Wissenschaften in der Zeit des Imperialismus*. Teil III, *1933–1945*. Berlin: Akademie-Verlag, 1979.

Greene, John C. »From Huxley to Huxley: Transformations in the Darwinian Credo.« In *Science, Ideology and World View. Essays in the History of Evolutionary Ideas*. Berkeley/Los Angeles/London: University of California Press, 1981, pp. 158–93.

Greene, John C. »The Interaction of Science and World View in Sir Julian Huxley's Evolutionary Biology«, *Journal of the History of Biology* 23 (1990): 39–55.

Gregory, Frederick. *Scientific Materialism in Nineteenth Century Germany*. Studies in the History of Modern Science, vol. 1. Dordrecht and Boston: Reidel, 1977.

Grene, Marjorie, ed. *Dimensions of Darwinism*. Cambridge/Paris: University Press & Editions de la Maison des Sciences de l'Homme, 1983.

Gruber, Howard E. *Darwin on Man. A Psychological Study of Scientific Creativity*. 2nd ed. Chicago/London, 1981.

Günther, Hans F.K. *Rassenkunde des deutschen Volkes* [1922]. 17. Aufl. München: J.F. Lehmann, 1933.

Günther, Hans F.K. *Volk und Staat in ihrer Stellung zu Vererbung und Auslese*. München: J.F. Lehmann, 1933.

Gutmann, Mathias. *Die Evolutionstheorie und ihr Gegenstand*. Studien zur Theorie der Biologie, 1. Berlin: Verlag für Wissenschaft und Bildung, 1996.

Gutmann, Wolfgang Friedrich, und Klaus Bonik. *Kritische Evolutionstheorie. Ein Beitrag zur Überwindung altdarwinistischer Dogmen*. Hildesheim: Gerstenberg, 1981.

Gutmann, Wolfgang Friedrich. »Evolution von lebendigen Konstruktionen. Warum Erkenntnis unerträglich sein kann«, *Ethik und Sozialwissenschaften* 6 (1995): 303–315.

Haase-Bessell, Gertraud. »Polyploidie? (Vielsätzigkeit der Chromosomen?)«, *Archiv für Rassen- und Gesellschaftsbiologie* 29 (1935): 377–384.

Haase-Bessell, Gertraud. »›The Geneticists Manifesto‹«, *Volk und Rasse* 15 (1940): 40–42.

Haase-Bessell, Gertraud. »Evolution«, *Der Biologe* 10 (1941a): 233–47.

Haase-Bessell, Gertraud. *Der Evolutionsgedanke in seiner heutigen Fassung.* Jena: Fischer, 1941b.

Haeckel, [Ernst]. »Ueber die Entwickelungstheorie Darwin's.« In *Amtlicher Bericht über die 38. Versammlung Deutscher Naturforscher und Ärzte in Stettin im September 1863.* Stettin: F. Hessenland, 1864, S. 17–30.

Haeckel, Ernst. »Ueber den Stammbaum des Menschengeschlechts [1865].« In *Gemeinverständliche Vorträge und Abhandlungen aus dem Gebiete der Entwickelungslehre.* 2., verm. Aufl. Bonn: Emil Strauß, 1902, Bd. 1, 71–118.

Haeckel, Ernst. *Generelle Morphologie der Organismen. Allgemeine Grundzüge der organischen Formen-Wissenschaft, mechanisch begründet durch die von Charles Darwin reformierte Descendenz-Theorie.* 2 Bde. Berlin: Georg Reimer, 1866.

Haeckel, Ernst. *Natürliche Schöpfungsgeschichte* [1868]. 11., verb. Aufl. Berlin: Georg Reimer, 1911.

Haffer, Jürgen. »Artbegriff und Artbegrenzung im Werk des Ornithologen Erwin Stresemann (1889–1972)«, *Mitteilungen aus dem Zoologischen Museum in Berlin* 67, Supplement: *Annalen für Ornithologie* 15 (1991): 77–91.

Haffer, Jürgen. »The History of Species Concepts and Species Limits in Ornithology«, *Bulletin of the British Ornithologists' Club*, Centenary Supplement 112A (1992): 107–158.

Haffer, Jürgen. »›Es wäre Zeit, einen ›allgemeinen Hartert‹ zu schreiben‹: Die historischen Wurzeln von Ernst Mayrs Beiträgen zur Evolutionssynthese«, *Bonner Zoologische Beiträge* 45 (1994a): 113–123.

Haffer, Jürgen. »The Genesis of Erwin Stresemann's *Aves* (1927–1934) in the *Handbuch der Zoologie*, and His Contribution to the Evolutionary Synthesis«, *Archives of Natural History* 21 (1994b): 201–16.

Haffer, Jürgen. »Die Ornithologen Ernst Hartert und Otto Kleinschmidt: Darwinistische gegenüber typologischen Ansichten zum Artproblem«, *Mitteilungen aus dem Zoologischen Museum in Berlin* 71, Supplement: *Annalen für Ornithologie* 19 (1995a): 3–25.

Haffer, Jürgen. »Ernst Mayr als Ornithologe, Systematiker und Zoogeograph«, *Biologisches Zentralblatt* 114 (1995b): 133–42.

Haffer, Jürgen. »Essentialistisches und evolutionäres Denken in der systematischen Ornithologie des 19. und 20. Jahrhunderts«, *Journal für Ornithologie* 138 (1997a): 61–72.

Haffer, Jürgen. »Hat Otto Kleinschmidt die Ansichten von Ernst Hartert über Arten und Subspezies beeinflußt?« *Mitteilungen aus dem Zoologischen Museum in Berlin* 73 (1997b), Supplement: *Annalen für Ornithologie* 21: 97–102.

Haffer, Jürgen. »We must lead the way on new paths«. *The Work and Correspondence of Hartert, Stresemann, Ernst Mayr – International Ornithologists*. Ökologie der Vögel, Bd. 19. Ludwigsburg 1997c.

Haffer, Jürgen. »Brief Biography of Bernhard Rensch (1900–1990).« In Jürgen Haffer. *»We must lead the way on new paths«. The Work and Correspondence of Hartert, Stresemann, Ernst Mayr – International Ornithologists*. Ökologie der Vögel, Bd. 19. Ludwigsburg 1997d, pp. 818–822.

Haffer, Jürgen. »Vogelarten und ihre Entstehung: Ansichten Otto Kleinschmidts und Erwin Stresemanns«, *Mitteilungen aus dem Zoologischen Museum in Berlin* 73, Supplement: *Annalen für Ornithologie* 21 (1997e): 59–96.

Haffer, Jürgen. »Beiträge zoologischer Systematiker und einiger Genetiker zur Evolutionären Synthese in Deutschland (1937–1950).« In *Die Entstehung der Synthetischen Theorie: Beiträge zur Geschichte der Evolutionsbiologie in Deutschland 1930–1950*. Hg. von Thomas Junker und Eve-Marie Engels. Berlin: Verlag für Wissenschaft und Bildung, 1999, S. 121–150.

Haffer, Jürgen, Erich Rutschke und Klaus Wunderlich. *Erwin Stresemann (1889–1972) – Leben und Werk eines Pioniers der wissenschaftlichen Ornithologie*. Acta Historica Leopoldina, Nr. 34. Halle (Saale): Deutsche Akademie der Naturforscher Leopoldina, 2000.

Hagemann, Rudolf. »Zum 100. Geburtstag des Genetikers Erwin Baur«, *Leopoldina*, Reihe 3, 21 (1975): 179–187.

Hagemann, Rudolf. »Professor Hans Stubbe zum 80. Geburtstag«, *Wissenschaftliche Zeitung der Universität Halle*, Math.-Naturw. Reihe 33 (1984): 95–9.

Hagemann, Rudolf. *Erwin Baur (1875–1933): Pionier der Genetik und Züchtungsforschung*. Eichenau: Kovar, 2000.

Haldane, J.B.S. *The Causes of Evolution*. London/New York: Longmans, Green, 1932.

Haldane, J.B.S. »Primary and Secondary Effects of Natural Selection«, *Proceedings of the Royal Society of London*, ser. B, 121 (1936): 67–69.

Haldane, J.B.S. »Human Evolution: Past and Future.« In *Genetics, Paleontology, and Evolution*. Edited by Glenn L. Jepsen, Ernst Mayr and George Gaylord Simpson. For the Commitee on Common Problems of Genetics, Paleontology, and Systematics of the National Research Council. Princeton: Princeton University Press, 1949, pp. 405–418. Repr. *New York*: Atheneum, 1963.

Haldane, J.B.S. »Foreword«, *Symposia of the Society for Experimental Biology* 7 (1953): IX–XIX.

Haldane, J.B.S. »A Defense of Beanbag Genetics«, *Perspectives in Biology and Medicine* 7 (1964): 343–60.

Hamburger, Viktor. »Embryology and the Modern Synthesis in Evolutionary Theory.« In *The Evolutionary Synthesis. Perspectives on the Unification of Biology*. Edited by Ernst Mayr and William B. Provine. Cambridge, Mass./London: Harvard University Press, 1980a, pp. 97–111.

Hamburger, Viktor. »Evolutionary Theory in Germany: A Comment.« In *The Evolutionary Synthesis. Perspectives on the Unification of Biology*. Edited by Ernst Mayr and William B. Provine. Cambridge, Mass./London: Harvard University Press, 1980b, pp. 303–308.

Hardy, G.H. »Mendelian proportions in a mixed population«, *Science* 28 (1908): 49–50.

Harms, Jürgen Wilhelm. »Das rudimentäre Sehorgan eines Höhlendecapoden *Munidopsis polymorpha Koelbel* aus der Cueva de los Verdes auf der Insel Lanzarote«, *Zoologischer Anzeiger* 53 (1921): 101–115.

Harms, Jürgen Wilhelm. *Wandlungen des Artgefüges unter natürlichen und künstlichen Umweltbedingungen. Beobachtungen an tropischen Verlandungszonen und am verlandenden Federsee*. Tübingen: Franz F. Heine, 1934.

Harrington, Anne. »Essay Review: Race Hygiene and Nazi Medizin«, *Journal of the History of Biology* 22 (1989): 501–5.

Harrington, Anne. *Reenchanted Science: Holism in German Culture from Wilhelm II to Hitler*. Princeton: Princeton University Press, 1996.

Hartmann, Max. *Allgemeine Biologie. Eine Einführung in die Lehre vom Leben*. Jena: Gustav Fischer, 1927.

Hartmann, Max. »Diskussion zu Weidenreich-Federley, Vererbung«, *Paläontologische Zeitschrift* 11 (1929): 310–1.

Hartmann, Max. *Allgemeine Biologie. Eine Einführung in die Lehre vom Leben*. 2., neubearb. Aufl. Jena: Gustav Fischer, 1933.

Hartmann, Max. »Aussprache [zu Timoféeff-Ressovsky 1935].« In *Erbbiologie*. Hg. von W. Kolle. Wissenschaftliche Woche zu Frankfurt, Bd. 1. Leipzig: Georg Thieme, 1935, S. 116–117.

Hartmann, Max. »Geleitwort.« In Theodosius Dobzhansky. *Die genetischen Grundlagen der Artbildung*. Übers. von Witta Lerche. Jena: Gustav Fischer, 1939, S. III–IV.

Hartmann, Max. *Die philosophischen Grundlagen der Naturwissenschaft. Erkenntnistheorie und Methodologie*. Jena: Gustav Fischer, 1948.

Harvey, R.D. »Pioneers of Genectics: A Comparison of the Attitudes of William Bateson and Erwin Baur to Eugenics«, *Notes and Records of the Royal Society of London* 49 (1995): 105–117.

Harwood, Jonathan. »The Reception of Morgan's Chromosome Theory in Germany: Inter-War Debate over Cytoplasmic Inheritance«, *Medizinhistorisches Journal* 19 (1984): 3–32.

Harwood, Jonathan. »Geneticists and the Evolutionary Synthesis in Interwar Germany«, *Annals of Science* 42 (1985): 279–301.

Harwood, Jonathan. »Ludwik Fleck and the Sociology of Knowledge«, *Social Studies of Science* 16 (1986): 173–187.

Harwood, Jonathan. »National Styles in Science: Genetics in Germany and the United States between the World Wars«, *Isis* 78 (1987a): 390–414.

Harwood, Jonathan. »The Controversy over Cytoplasmic Inheritance in Interwar Germany«, *Berichte der Deutschen Botanischen Gesellschaft* 100 (1987b): 59–67.

Harwood, Jonathan. »Genetics, Eugenics, and Evolution«, *British Journal for the History of Science* 22 (1989): 257–65.

Harwood, Jonathan. *Styles of Scientific Thought. The German Genetics Community 1900–1933*. Chicago/London: The University of Chicago Press, 1993a.

Harwood, Jonathan. »Mandarins and Outsiders in the German Professoriate, 1890–1933: A Study of the Genetics Community«, *European History Quarterly* 23 (1993b): 485–511.

Harwood, Jonathan. »Metaphysical Foundations of the Evolutionary Synthesis: A Historiographical Note«, *Journal of the History of Biology* 27 (1994): 1–20.

Harwood, Jonathan. »Weimar Culture and Biological Theory: A Study of Richard Woltereck (1877–1944)«, *History of Science* 34 (1996a): 347–77.

Harwood, Jonathan. »Eine vergleichende Analyse zweier genetischer Forschungsinstitute: die Kaiser-Wilhelm-Institute für Biologie und für Züchtungsforschung.« In *Die Kaiser-Wilhelm-/Max-Planck-Gesellschaft und ihre Institute. Studien zu ihrer Geschichte: Das Harnack-Prinzip*. Hg. von Bernhard vom Brocke und Hubert Laitko. Berlin/New York: Walter de Gruyter, 1996b, S. 331–48.

Hawkins, Mike. *Social Darwinism in European and American Thought, 1860–1945: Nature as Model and Nature as Threat*. Cambridge: Cambridge University Press, 1997.

Heberer, Gerhard. »Die Spermatogenese der Copepoden. I. Die Spermatogenese der Centropagiden nebst Anhang über die Oogenese bei *Diaptomus Castor*«, *Zeitschrift für wissenschaftliche Zoologie* 123 (1924): 555–646.

Heberer, Gerhard. »Das Abstammungsproblem des Menschen im Lichte neuerer palaeontologischer Forschung.« In *Arbeiten zur biologischen Grundlegung der Soziologie*. 2. Halbband. Forschungen zur Völkerpsychologie und Soziologie, hg. von Richard Thurnwald, Bd. 10. Leipzig: Hirschfeld, 1931, S. 141–208.

Heberer, Gerhard. »Abstammungslehre und moderne Biologie«, *Nationalsozialistische Monatshefte* 7 (1936): 874–90.

Heberer, Gerhard. »Neuere Funde zur Urgeschichte des Menschen und ihre Bedeutung für Rassenkunde und Weltanschauung«, *Volk und Rasse* 12 (1937a): 422–427, 435–444.

Heberer, Gerhard. Rezension von Hans Weinert, *Zickzackwege in der Entwicklung des Menschen* (Leipzig: Quellen & Meyer, 1936), *Volk und Rasse* 12 (1937b): 119.

Heberer, Gerhard. »Antwort an Westenhöfer!« *Volk und Rasse. Illustrierte Monatsschrift für deutsches Volkstum, Rasenkunde, Rassenpflege* 13 (1938a): 257–9.

Heberer, Gerhard. »Die Ergebnisse der paläontologischen Forschung und die Art- und Rassenentstehung«, *Volk und Rasse* 13 (1938b): 222–9.

Heberer, Gerhard. »Jesuiten und Abstammungslehre«, *Volk und Rasse. Illustrierte Monatsschrift für deutsches Volkstum, Rasenkunde, Rassenpflege* 13 (1938c): 377–78.

Heberer, Gerhard. »Abstammungslehre, Paläontologie und Rassengeschichte«, *Jahreskurse für ärztliche Fortbildung* 29 (1938d), Heft 1: 28–41.

Heberer, Gerhard. »Mitteldeutschland als vorgeschichtliches Rassenzentrum«, *Der Biologe* 8 (1939a): 48–53.

Heberer, Gerhard. »Stammesgeschichte u. Rassengeschichte des Menschen«, *Jahreskurse für ärztliche Fortbildung* 30 (1939b), Heft 1: 41–56.

Heberer, Gerhard. Rezension von Walter Zimmermann, *Vererbung ›erworbener Eigenschaften‹ und Auslese* (Jena: Gustav Fischer, 1938), *Volk und Rasse* 14 (1939c): 156–157.

Heberer, Gerhard. »Fortschritte der stammes- und rassengeschichtlichen Forschung«, *Jahreskurse für ärztliche Fortbildung* 31 (1940a), Heft 1: 19–32.

Heberer, Gerhard. Rezension von J.Ch. Smuts, *Die holistische Welt* (Berlin: Metzner, 1938), *Volk und Rasse* 15 (1940b): 120.

Heberer, Gerhard. Rezension von Theodosius Dobzhansky, *Die genetischen Grundlagen der Artbildung*. Übers. von Witta Lerche (Jena: Gustav Fischer, 1939), *Volk und Rasse* 15 (1940c): 136–7.

Heberer, Gerhard. »Allgemeine Phylogenetik, Paläontologie, Stammes- und Rassengeschichte des Menschen«, *Jahreskurse für ärztliche Fortbildung* 32 (1941), Heft 1: 18–41.

Heberer, Gerhard. »Makro- und Mikrophylogenie. (Bemerkungen zu O.H. Schindewolf: »Entwicklung im Lichte der Paläontologie« (*Der Biologe* 11 (1942): 113–25)«, *Der Biologe* 11 (1942): 169–80.

Heberer, Gerhard. »Vorwort des Herausgebers.« In *Die Evolution der Organismen, Ergebnisse und Probleme der Abstammungslehre*. Hg. von Gerhard Heberer. Jena: Gustav Fischer, 1943a, S. III–V.

Heberer, Gerhard. »Das Typenproblem in der Stammesgeschichte.« In *Die Evolution der Organismen, Ergebnisse und Probleme der Abstammungslehre*. Hg. von Gerhard Heberer. Jena: Gustav Fischer, 1943b, S. 545–585.

Heberer, Gerhard. »›Experimentelle Phylogenetik‹ und Typensprunglehre [Stellungnahme zu O.H. Schindewolf (1943)]«. *Der Biologe* 12 (1943c): 248–55.

Heberer, Gerhard. »Allgemeine und menschliche Abstammungslehre, Rassengenetik und Rassengeschichte«, *Jahreskurse für ärztliche Fortbildung* 35 (1944), Heft 1: 26–42.

Heberer, Gerhard. »Über additive Typogenese«, *Verhandlungen der Deutschen Zoologischen Gesellschaft, 1948* (1949a): 25–31.

Heberer, Gerhard. *Was heißt heute Darwinismus?* Göttingen: Musterschmidt, 1949b.

Heberer, Gerhard. »Begriff und Bedeutung der parallelen Evolution«, *Verhandlungen der Deutschen Zoologischen Gesellschaft, 1952. Zoologischer Anzeiger* Supplementband 17 (1953): 435–442.

Heberer, Gerhard. »Die Stellung Hugo Dinglers zur Evolutionstheorie«. In *Hugo Dingler: Gedenkbuch zum 75. Geburtstag*. Hg. von Wilhelm Krampf. München: Eidos, 1956, S. 99–110.

Heberer, Gerhard. »Zum Problem der additiven Typogenese«, *Uppsala Universitets Årsskrift* (1958), no. 6: 40–47.

Heberer, Gerhard. »Vorwort des Herausgebers.« In *Die Evolution der Organismen. Ergebnisse und Probleme der Abstammungslehre*. Hg. von Gerhard Heberer. 2., erw. Aufl. Stuttgart: Gustav Fischer, 1959a, Bd. 1, S. VII–VIII.

Heberer, Gerhard. »Theorie der additiven Typogenese.« In *Die Evolution der Organismen. Ergebnisse und Probleme der Abstammungslehre*. Hg. von Gerhard Heberer. 2., erw. Aufl. Stuttgart: Gustav Fischer, 1959b, Bd. 2, 857–915.

Heberer, Gerhard. »Johannes Weigelt 1890–1948.« In *Die Evolution der Organismen. Ergebnisse und Probleme der Abstammungslehre*. Hg. von Gerhard Heberer. 2., erw. Aufl. Stuttgart: Gustav Fischer, 1959c, Bd. 1, S. 203–5.

Heberer, Gerhard. »Vorwort.« In *Die Evolution der Organismen, Ergebnisse und Probleme der Abstammungslehre*. Hg. von Gerhard Heberer. Bd. 1. 3., völlig neu bearb. und erw. Aufl. Stuttgart: Gustav Fischer, 1967.

Heberer, Gerhard. *Homo – unsere Ab- und Zukunft. Herkunft und Entwicklung des Menschen aus der Sicht der aktuellen Anthropologie*. Stuttgart: Deutsche Verlags-Anstalt, 1968.

Heberer, Gerhard, und Franz Schwanitz, Hgg. *Hundert Jahre Evolutionsforschung. Das wissenschaftliche Vermächtnis Charles Darwins*. Stuttgart: Gustav Fischer, 1960.

Heberer, Gerhard, und Franz Schwanitz. »Vorwort.« In *Hundert Jahre Evolutionsforschung. Das wissenschaftliche Vermächtnis Charles Darwins*. Hg. von Gerhard Heberer und Franz Schwanitz. Stuttgart: Gustav Fischer, 1960, S. VII–VIII.

Heer, Oswald. *Flora tertiaria Helvetiae. Die tertiäre Flora der Schweiz*. 3 Bde. Winterthur: J. Würster & comp, 1855–59.

Heer, Oswald. *Die Urwelt der Schweiz*. Zürich: F. Schulthess, 1865.

Heincke, Friedrich. *Naturgeschichte des Herings. Teil 1. Die Lokalformen und die Wanderungen des Herings in den europäischen Meeren*. Abhandlungen des Deutschen Seefischerei-Vereins, Bd. 2. Berlin: Otto Salle, 1898.

Hemleben, Vera. »Bedeutung der Molekularbiologie für die moderne Evolutionsforschung.« In *Die Entstehung der Synthetischen Theorie: Beiträge zur Geschichte der Evolutionsbiologie in Deutschland 1930–1950*. Hg. von Thomas Junker und Eve-Marie Engels. Berlin: Verlag für Wissenschaft und Bildung, 1999, S. 293–304.

Hemminger, Hansjörg. *Der Mensch – eine Marionette der Evolution? Eine Kritik an der Soziobiologie*. Fischer alternativ, Nr. 4165. Frankfurt: Fischer, 1983.

Henke, Karl. Rezension von W.F. Reinig, *Elimination und Selektion* (Jena: Gustav Fischer, 1938), *Biologisches Zentralblatt* 58 (1938): 553–555.

Hennig, Edwin. »Von Zwangsablauf und Geschmeidigkeit in organischer Entfaltung.« In: *Universität Tübingen. Reden bei der Rektoratsübergabe 1929*. Tübingen: J.C.B. Mohr (Paul Siebeck), 1929, S. 13–39.

Hennig, Willi. *Grundzüge einer Theorie der Phylogenetischen Systematik*. Berlin: Deutscher Zentralverlag, 1950.

Hennig, Willi. *Phylogenetische Systematik* [1966]. Pareys Studientexte, Bd. 34. Berlin und Hamburg: Paul Parey, 1982.

Henning, Eckart. *Beiträge zur Wissenschaftsgeschichte Dahlems*. Veröffentlichungen aus dem Archiv zur Geschichte der Max-Planck-Gesellschaft, Bd. 13. Berlin: Max-Planck-Gesellschaft, 2000.

Henning, Eckart, und Marion Kazemi. *Chronik der Kaiser-Wilhelm-Gesellschaft zur Förderung der Wissenschaften*. Berlin: Archiv zur Geschichte der Max-Planck-Gesellschaft, 1988.

Henning, Eckart, und Marion Kazemi. »Quellen zur Institutsgeschichte der Kaiser-Wilhelm-/Max-Planck-Gesellschaft in ihrem Berliner Archiv.« In *Die Kaiser-Wilhelm-/Max-Planck-Gesellschaft und ihre Institute. Studien zu ihrer Geschichte: Das Harnack-Prinzip*. Hg. von Bernhard vom Brocke und Hubert Laitko. Berlin/New York: Walter de Gruyter, 1996, S. 35–44.

Henning, Karsten. *Personalbibliographien der Professoren und Dozenten des Anthropologischen Institutes an der Naturwissenschaftlichen Fakultät der Ludwig-Maximilians Universität zu München im Zeitraum von 1865–1970*. Diss. med. Universität Erlangen-Nürnberg, 1972.

Herbig, Jost, und Rainer Hohlfeld, Hgg. *Die zweite Schöpfung. Geist und Ungeist in der Biologie des 20. Jahrhunderts*. München, Wien: Carl Hanser, 1990, S. 71–78.

Herre, Wolf. »Ueber Rasse- und Artbildung. Studien an Salamandriden«, *Abhandlungen und Berichte aus dem Museum für Naturkunde und Vorgeschichte Magdeburg* 6 (1936): 193–221.

Herre, Wolf. »Parallelbildung und Stammesgeschichte«, *Der Biologe* 8 (1939): 44–48.

Herre, Wolf. »Domestikation und Stammesgeschichte.« In *Die Evolution der Organismen, Ergebnisse und Probleme der Abstammungslehre*. Hg. von Gerhard Heberer. Jena: Gustav Fischer, 1943, S. 521–544.

Herre, Wolf. »Domestikation und Stammesgeschichte.« In *Die Evolution der Organismen. Ergebnisse und Probleme der Abstammungslehre*. Hg. von Gerhard Heberer. 2., erw. Aufl. Stuttgart: Gustav Fischer, 1959a, Bd. 2, 801–856.

Herre, Wolf. »Aussprache [Trends in der Evolution]«, *Zoologischer Anzeiger* 162 (1959b): 239–241.

Herre, Wolf. »Zur Problematik der Parallelbildungen bei Tieren«, *Zoologischer Anzeiger* 166 (1961): 325–333.

Herre, Wolf. »Gedanken über die Beziehungen zwischen Morphologie, Genetik und Evolution«, *Zoologische Jahrbücher, Abt. für Anatomie und Ontogenie der Tiere* 92 (1974): 197–219.

Hertwig, Oscar. *Zur Abwehr des ethischen, des sozialen, des politischen Darwinismus*. Jena: Gustav Fischer, 1918.

Hertwig, Paula. »Hans Stubbe zum 60. Geburtstag«, *Biologisches Zentralblatt* 81 (1962): 1–4.

Hertwig, Richard. »Die Abstammungslehre.« In *Die Kultur der Gegenwart*. Hg. von Paul Hinneberg. 3. Teil, 4. Abteilung, Bd. 4. Leipzig und Berlin: B.G. Teubner, 1914, pp. 1–91.

Hesch, Michael, und Günther Spannaus, Hgg. *Kultur und Rasse. Otto Reche zum 60. Geburtstag*. München und Berlin: Lehmann, 1939.

Hesse, Hans. *Augen aus Auschwitz: Ein Lehrstück über nationalsozialistischen Rassenwahn und medizinische Forschung – der Fall Dr. Karin Magnussen*. Essen: Klartext Verlag, 2001.

Heydemann, Berndt. »Zum Tode von Professor Dr. Dr. h.c. Adolf Remane«, *Faunistisch-ökologische Mitteilungen* 5 (1977): 85–91.

Hirschmüller, Albrecht. »Paul Kammerer und die Vererbung erworbener Eigenschaften«, *Medizinhistorisches Journal* 26 (1991): 26–77.

Hitler, Adolf. *Mein Kampf*. Bd. 1, *Eine Abrechnung* [1925]. Bd. 2, *Die nationalsozialistische Bewegung* [1927]. 74. Aufl. München: Franz Eher, 1933.

Hodge, M.J.S. »Biology and Philosophy (Including Ideology): A Study of Fisher and Wright.« In *The Founders of Evolutionary Genetics. A Centenary Reappraisal*. Edited by Sahotra Sarkar. Boston Studies in the Philosophy of Science, vol. 142. Dordrecht: Kluwer Academic Publishers, 1992, pp. 231–293.

Hoffmann, H. Rezension von Gerhard Heberer, Hg., *Die Evolution der Organismen, Ergebnisse und Probleme der Abstammungslehre* (Jena: Gustav Fischer, 1943), *Volk und Rasse* (1943): 14–16.

Hofstadter, Richard. *Social Darwinism in American Thought*. Philadelphia: University of Pennsylvania Press, 1944. 21955. Reprint. With a new Introduction by Eric Foner. Boston: Beacon Press, 1992.

Hogben, Lancelot. *Genetic Principles in Medicine and Social Science*. London: Williams & Norgate, 1931.

Holler, Kurt. *Vergleichende petrographische Studien an Rhoengesteinen*. Diss. rer. nat. Universität Halle-Wittenberg 1925.

Holler, Kurt. *Hydrothermale Zersetzungserscheinungen an grönländischen Basalten*. Habilitationsschrift. Technische Hochschule Darmstadt 1933.

Holler, K[urt]. »Übersicht über die Nordische Bewegung im letzten Jahre«, *Rasse. Monatsschrift der Nordischen Bewegung* 1 (1934a): 31–37.

Holler, Kurt. »Nationalsozialistisch getarnte Umweltlehre«, *Rasse. Monatsschrift der Nordischen Bewegung* 1 (1934b): 37–38.

Holler, Kurt. »Übersicht«, *Rasse. Monatsschrift der Nordischen Bewegung* 1 (1934c): 300–302.

Holler, Kurt. »Geologie und Umweltlehre«, *Rasse. Monatsschrift der Nordischen Bewegung* 2 (1935): 54–58.

Holler, Kurt. *Rassenpflege im Germanischen Freibauerntum*. Goslar: Verlag Blut und Boden, 1942.

Hoppe, Brigitte. »Zur wissenschaftlichen, epistemologischen und wissenschaftshistorischen Auseinandersetzung mit der Evolutionstheorie im vergangenen Jahrzehnt im deutschen Sprachgebiet«, *History and Philosophy of the Life Sciences* 7 (1985): 121–147.

Hoppe, Brigitte. »Karl Mägdefrau 85 Jahre«, *Nachrichtenblatt der Deutschen Gesellschaft für Geschichte der Medizin, Naturwissenschaft und Technik* 42, Heft 1 (1992): 13–17.

Hoppe, Brigitte. »Das Aufkommen der Vererbungsforschung unter dem Einfluß neuer methodischer und theoretischer Ansätze im 19. Jahrhundert.« In *Geschichte der Biologie. Theorien, Methoden, Institutionen, Kurzbiographien*. Hg. von Ilse Jahn. 3., neubearb. und erw. Auflage. Jena/Stuttgart: Gustav Fischer, 1998, S. 386–430.

Hoßfeld, Uwe. »Der Ritterprofessor Victor Franz (1883–1950) aus Jena – Ehrenmitglied der Naturforschenden Gesellschaft des Osterlandes zu Altenburg«, *Schriftenreihe der Naturforschenden Gesellschaft des Osterlandes zu Altenburg* 3 (1993): 33–43.

Hoßfeld, Uwe. *Evolutionsbiologie im Werk von Victor Franz – Voraussetzungen, Bedingtheiten und Ergebnisse*. Magisterarbeit Jena 1994.

Hoßfeld, Uwe. *Gerhard Heberer (1901–1973). Sein Beitrag zur Biologie im 20. Jahrhundert*. Jahrbuch für Geschichte und Theorie der Biologie, Supplement-Band 1. Berlin: Verlag für Wissenschaft und Bildung, 1997.

Hoßfeld, Uwe. »Dobzhansky's Buch ›Genetics and the Origin of Species‹ (1937) und sein Einfluß auf die deutschsprachige Evolutionsbiologie«, *Jahrbuch für Geschichte und Theorie der Biologie* 5 (1998a): 105–144.

Hoßfeld, Uwe. »Die Entstehung der Modernen Synthese im deutschen Sprachraum.« In *Welträtsel und Lebenswunder: Ernst Haeckel – Werk, Wirkung und Folgen*. Stapfia; Bd. 56. Katalog des OÖ. Landesmuseums; N.F. 131. Linz: Gutenberg, 1998b, S. 185–226.

Hoßfeld, Uwe. »Menschliche Erblehre, Rassenpolitik und Rassenkunde (-biologie) an den Universitäten Jena und Tübingen von 1934–45: Ein Vergleich.« In *Ethik der Biowissenschaften: Geschichte und Theorie*. Hg. von Eve-Marie, Engels, Thomas Junker und Michael Weingarten. Verhandlungen zur Geschichte und Theorie der Biologie, Bd. 1. Berlin: Verlag für Wissenschaft und Bildung, 1998c, S. 361–392.

Hoßfeld, Uwe. »Das botanische Sammel-Kommando der SS oder: Ein Botaniker auf Abwegen.« In *Repräsentationsformen in den biologischen Wissenschaften*. Hg. von Armin Geus, Thomas Junker, Hans-Jörg Rheinberger, Christa Riedl-Dorn und Michael Weingarten. Verhandlungen zur Geschichte und Theorie der Biologie, Bd. 3. Berlin: Verlag für Wissenschaft und Bildung, 1999a, S. 291–312.

Hoßfeld, Uwe. »Die Moderne Synthese und *Die Evolution der Organismen.*« In *Die Entstehung der Synthetischen Theorie: Beiträge zur Geschichte der Evolutionsbiologie in Deutschland 1930–1950*. Hg. von Thomas Junker und Eve-Marie Engels. Berlin: Verlag für Wissenschaft und Bildung, 1999b, S. 189–225.

Hoßfeld, Uwe. »Zoologie und Synthetische Theorie: Interview mit Wolf Herre.« In *Die Entstehung der Synthetischen Theorie: Beiträge zur Geschichte der Evolutionsbiologie in Deutschland 1930–1950*. Hg. von Thomas Junker und Eve-Marie Engels. Berlin: Verlag für Wissenschaft und Bildung, 1999c, S. 241–257.

Hoßfeld, Uwe. »Die Epilobium-Kontroverse zwischen den Botanikern Heinz Brücher und Ernst Lehmann. Ein Beitrag zur Geschichte der ›Plasmon-Theorie‹«, *NTM. Internationale Zeitschrift für Geschichte und Ethik der Naturwissenschaften, Technik und Medizin* N.S. 7 (1999d): 140–160.

Hoßfeld, Uwe. »Die Jenaer Jahre des ›Rasse-Günther‹ von 1930 bis 1935. Zur Gründung des Lehrstuhls für Sozialanthropologie an der Universität Jena«, *Medizinhistorisches Journal* 34 (1999e): 47–103.

Hoßfeld, Uwe. »Staatsbiologie, Rassenkunde und Moderne Synthese in Deutschland während der NS-Zeit.« In *Evolutionsbiologie von Darwin bis heute*. Hg. von Rainer Brömer, Uwe Hoßfeld und Nicolaas A. Rupke. Verhandlungen zur Geschichte und Theorie der Biologie, Bd. 4. Berlin: Verlag für Wissenschaft und Bildung, 2000a, S. 249–305.

Hoßfeld, Uwe. »Formenkreislehre versus Darwinsche Abstammungstheorie. Eine weltanschaulich-wissenschaftliche Kontroverse zwischen Otto Kleinschmidt (1870–1954) und Victor Franz (1883–1950)«, *Anzeiger des Vereins Thüringer Ornithologen* 4 (2000b): 1–26.

Hoßfeld, Uwe. »Von statistischen Untersuchungen an *Pleuronectes platessa* L. (Scholle) zum Kleinhirn der Knochenfische (Osteichthyes).« In *Berichte zur Geschichte der Hydro- und Meeresbiologie und weitere Beiträge zur 8. Jahrestagung der DGGTB in Rostock 1999*. Hg. von Ekkehard Höxtermann, Joachim Kaasch, Michael Kaasch und Ragnar K. Kinzelbach. Verhandlungen zur Geschichte und Theorie der Biologie, Bd. 5. Berlin: Verlag für Wissenschaft und Bildung, 2000c, S. 7–32.

Hoßfeld, Uwe. »Im ›unsichtbaren Visier‹: Die Geheimdienstakten des Genetikers Nikolaj V. Timoféeff-Ressovsky«, *Medizinhistorisches Journal* 36 (2001): 335–367.

Hoßfeld, Uwe. »›Konstruktion durch Umkonstruktion‹ – Hans Bökers vergleichende biologische Anatomie der Wirbeltiere.« In *Die Entstehung biologischer Disziplinen II – Beiträge zur 10. Jahrestagung der DGGTB in Berlin 2001*. Hg. von Uwe Hoßfeld und Thomas Junker. Verhandlungen zur Geschichte und Theorie der Biologie, Bd. 9. Berlin: Verlag für Wissenschaft und Bildung, 2002, S. 149–169.

Hoßfeld, Uwe, und Thomas Junker. »Dietrich Starck zum 90. Geburtstag«, *NTM. Internationale Zeitschrift für Geschichte und Ethik der Naturwissenschaften, Technik und Medizin* N.S. 6 (1998): 129–147.

Hoßfeld, Uwe, und Thomas Junker. »Morphologie und Synthetische Theorie: Interview mit Dietrich Starck.« In *Die Entstehung der Synthetischen Theorie: Beiträge zur Geschichte der Evolutionsbiologie in Deutschland 1930–1950*. Hg. von Thomas Junker und Eve-Marie Engels. Berlin: Verlag für Wissenschaft und Bildung, 1999, S. 227–240.

Hoßfeld, Uwe, und Thomas Junker. »Bernhard Rensch (1900–1990) – Evolutionsbiologe, Ornithologe, Malakologe und Biophilosoph. Zum Gedenken an seinen 100. Geburtstag am 21. Januar 2000«, *Blätter aus dem Naumann-Museum* 19 (2000): 78–89.

Hoßfeld, Uwe, und Thomas Junker, Hgg. *Die Entstehung biologischer Disziplinen II – Beiträge zur 10. Jahrestagung der DGGTB in Berlin 2001*. Verhandlungen zur Geschichte und Theorie der Biologie, Bd. 9. Berlin: Verlag für Wissenschaft und Bildung, 2002.

Hoßfeld, Uwe, und Thomas Junker. »Anthropologie und synthetischer Darwinismus im Dritten Reich: *Die Evolution der Organismen* (1943)«, *Anthropologischer Anzeiger* 61 (2003): 85–114.

Höxtermann, Ekkehard. *Zur Profilierung der Biologie an den Universitäten der DDR bis 1968*. Preprint 72. [Berlin:] Max-Planck-Institut für Wissenschaftsgeschichte, 1997.

Höxtermann, Ekkehard. »›Klassenbiologen‹ und ›Formalgenetiker‹ – Zur Rezeption Lyssenkos unter den Biologen in der DDR«, *Acta Historica Leopoldina* 36 (2000): 273–300.

Hull, David L., Peter D. Tessner, and Arthur M. Diamond. »Planck's Principle: Do Younger Scientists Accept New Scientific Ideas with Greater Alacrity than Older Scientists?« *Science* 202 (1978): 717–23.

Hull, David L. »Darwinism as a Historical Entity: A Historiographic Proposal«. In *The Darwinian Heritage*. Edited by David Kohn. Princeton: Princeton University Press, 1985, pp 773–812.

Hull, David, and Michael Ruse, ed. *The Philosophy of Biology*. Oxford: Oxford University Press, 1998.

Huxley, Julian. »Clines: an auxiliary method in taxonomy«, *Budragen tot de dierkunde* 27 (1939): 491–520.

Huxley, Julian, ed. *The New Systematics*. Oxford: Oxford University Press, 1940.

Huxley, Julian. *Evolution: The Modern Synthesis*. London: Allen & Unwin, 1942.

Huxley, Julian, A.C. Hardy and E.B. Ford, eds. *Evolution as a Process*. London: Allen and Unwin, 1954.

Huxley, Julian. *Essays of a Humanist*. New York: Harper and Row, 1964. Repr. *Evolutionary Humanism*. With an Introduction by H. James Birx. Buffalo, New York: Prometheus Books, 1992.

[Huxley, Thomas Henry]. »The Origin of Species«, *Westminster Review* n.s. 17 (1860): 541–70. Reprinted in Thomas Henry Huxley. *Darwiniana*. Collected Essays, vol. 2. New York: D. Appleton and Company, 1896, pp. 22–79.

Huxley, Thomas Henry. »On the Zoological Relations of Man with the Lower Animals«, *Natural History Review* n.s. 1 (1861): 67–84.

Huxley, Thomas Henry. *Evidence as to Man's Place in Nature*. London: Williams & Norgate, 1863.

Illies, Joachim. *Der Jahrhundert-Irrtum. Würdigung und Kritik des Darwinismus*. Frankfurt am Main: Umschau Verlag, 1983.

Jacobs, Natasha X. »Baur, Erwin.« In *Dictionary of Scientific Biography*, vol. 17, *Supplement II*, edited by Frederic L. Holmes. New York: Charles Scribner's Sons, 1990, pp. 53–58.

Jeannel, René. *La marche de l'évolution*. Paris: Presses Universitaires de France, 1950.

Jepsen, Glenn L., Ernst Mayr and George Gaylord Simpson, eds. *Genetics, Paleontology and Evolution*. Princeton: Princeton University Press, 1949.

Jeßberger, Rolf. *Kreationismus. Kritik des modernen Antievolutionismus*. Berlin/Hamburg: Verlag Paul Parey, 1990.

Johannsen, W[ilhelm]. *Elemente der exakten Erblichkeitslehre*. Jena: Gustav Fischer, 1909.

Johannsen, W. »Experimentelle Grundlagen der Deszendenzlehre; Variabilität, Vererbung, Kreuzung, Mutation.« In *Die Kultur der Gegenwart*. Hg. von Paul Hinneberg. 3. Teil, 4. Abteilung, Bd. 1, *Allgemeine Biologie*. Leipzig und Berlin: B.G. Teubner, 1915, pp. 597–660.

Johanson, Donald, und Blake Edgar. *Lucy und ihre Kinder*. Übers. S. Vogel. Heidelberg, Berlin: Spektrum Akademischer Verlag, 1998. Ursp. *From Lucy to Language*. 1996.

Joravsky, David. *The Lysenko Affair* [1970]. Chicago and London: The University of Chicago Press, 1986.

Junker, Reinhard, und Siegfried Scherer. *Evolution. Ein kritisches Lehrbuch*. 4. Aufl. Giessen: Weyel, 1998.

Junker, Thomas. *Darwinismus und Botanik. Rezeption, Kritik und theoretische Alternativen im Deutschland des 19. Jahrhunderts*. Mit e. Geleitwort von R. Schmitz. Quellen und Studien zur Geschichte der Pharmazie, Bd. 54. Stuttgart: Deutscher Apotheker Verlag, 1989.

Junker, Thomas. »Heinrich Georg Bronn und die *Entstehung der Arten*«, *Sudhoffs Archiv* 75 (1991): 180–208.

Junker, Thomas. »Albert Wigands *Genealogie der Urzellen* und die Darwinsche Revolution«, *Biologisches Zentralblatt* 112 (1993): 207–14.

Junker, Thomas. »Historiographische Reflexionen zur ›Darwin-Industrie‹: Kreativität, wissenschaftliches Milieu, Transformation, Diversifikation und Klassifikation«, *Jahrbuch für Geschichte und Theorie der Biologie* 1 (1994): 45–68.

Junker, Thomas. »Vergangenheit und Gegenwart: Bemerkungen zur Funktion von Geschichte in den Schriften Ernst Mayrs«, *Biologisches Zentralblatt* 114 (1995a), 143–149.

Junker, Thomas. »Darwinismus, Materialismus und die Revolution von 1848 in Deutschland. Zur Interaktion von Politik und Wissenschaft«, *History and Philosophy of the Life Sciences* 17 (1995b): 271–302.

Junker, Thomas. »Zur Rezeption der Darwinschen Theorien bei deutschen Botanikern (1859–1880).« In *Die Rezeption von Evolutionstheorien im 19. Jahrhundert*. Hg. von Eve-Marie Engels. Suhrkamp Taschenbuch Wissenschaft, Nr. 1229. Frankfurt am Main: Suhrkamp, 1995c, S. 147–181.

Junker, Thomas. »Factors Shaping Ernst Mayr's Concepts in the History of Biology«, *Journal of the History of Biology* 29 (1996a): 29–77.

Junker, Thomas. »Kulturpessimismus und Genetik: Von Weimar zum Dritten Reich«, *Biologisches Zentralblatt* 115 (1996b): 145–152.

Junker, Thomas. »Charles Darwin und die Evolutionstheorien des 19. Jahrhunderts.« In *Geschichte der Biologie. Theorien, Methoden, Institutionen, Kurzbiographien*. Hg. von Ilse Jahn. 3., neubearb. und erw. Auflage. Jena/Stuttgart: Gustav Fischer, 1998a, S. 356–385, 703–9.

Junker, Thomas. »Eugenik, Synthetische Theorie und Ethik. Der Fall Timoféeff-Ressovsky im internationalen Kontext.« In *Ethik der Biowissenschaf-*

ten: *Geschichte und Theorie*. Hg. von Eve-Marie Engels, Thomas Junker und Michael Weingarten. Verhandlungen zur Geschichte und Theorie der Biologie, Bd. 1. Berlin: Verlag für Wissenschaft und Bildung, 1998b, S. 7–40.

Junker, Thomas. »Critiques and Contentions: Blumenbach's Racial Geometry«, *Isis* 89 (1998c): 498–501.

Junker, Thomas. »Was war die Evolutionäre Synthese? Zur Geschichte eines umstrittenen Begriffes.« In *Die Entstehung der Synthetischen Theorie: Beiträge zur Geschichte der Evolutionsbiologie in Deutschland 1930–1950*. Hg. von Thomas Junker und Eve-Marie Engels. Berlin: Verlag für Wissenschaft und Bildung, 1999a, S. 31–78.

Junker, Thomas. »Repräsentationsformen in der modernen Biologiegeschichte: Kritische Anmerkungen.« In *Repräsentationsformen in den biologischen Wissenschaften*. Hg. von Armin Geus, Thomas Junker, Hans-Jörg Rheinberger, Christa Riedl-Dorn und Michael Weingarten. Verhandlungen zur Geschichte und Theorie der Biologie, Bd. 3. Berlin: Verlag für Wissenschaft und Bildung, 1999b, S. 7–18.

Junker, Thomas. »Synthetische Theorie, Eugenik und NS-Biologie.« In *Evolutionsbiologie von Darwin bis heute*. Hg. von Rainer Brömer, Uwe Hoßfeld und Nicolaas A. Rupke. Verhandlungen zur Geschichte und Theorie der Biologie, Bd. 4. Berlin: Verlag für Wissenschaft und Bildung, 2000a, S. 307–360.

Junker, Thomas. »Adolf Remane und die Synthetische Theorie.« In *Berichte zur Geschichte der Hydro- und Meeresbiologie und weitere Beiträge zur 8. Jahrestagung der DGGTB in Rostock 1999*. Hg. von Ekkehard Höxtermann, Joachim Kaasch, Michael Kaasch und Ragnar K. Kinzelbach. Verhandlungen zur Geschichte und Theorie der Biologie, Bd. 5. Berlin: Verlag für Wissenschaft und Bildung, 2000b, S. 131–157.

Junker, Thomas. »Ganzheit und genetisches Milieu: Holistische Ansätze in der modernen Evolutionsbiologie.« In *Einheit und Vielheit: Organologische Denkmodelle in der Moderne*. Hg. von Barbara Boisitis und Sonja Rinofner-Kreidl. Studien zur Moderne, Bd. 11. Wien: Passagen-Verlag, 2000c, S. 65–81.

Junker, Thomas. »Wandte sich Bernhard Rensch in den Jahren 1933–38 aus politischen Gründen vom Lamarckismus ab?« In *Darwinismus und/als Ideologie*. Hg. von Uwe Hoßfeld und Rainer Brömer. Verhandlungen zur Geschichte und Theorie der Biologie, Bd. 6. Berlin: Verlag für Wissenschaft und Bildung, 2001a, S. 287–311.

Junker, Thomas. »George Gaylord Simpson (1902–1984).« In *Darwin & Co. Eine Geschichte der Biologie in Portraits*. Hg. von Ilse Jahn und Michael Schmitt. München: C.H. Beck Verlag, 2001b, Bd. 2, S. 471–489.

Junker, Thomas. »Walter Zimmermann (1892–1980).« In *Darwin & Co. Eine Geschichte der Biologie in Portraits*. Hg. von Ilse Jahn und Michael Schmitt. München: C.H. Beck Verlag, 2001c, Bd. 2, S. 275–295.

Junker, Thomas. »Charles Darwin (1809–1882).« In *Darwin & Co. Eine Geschichte der Biologie in Portraits*. Hg. von Ilse Jahn und Michael Schmitt. München: C.H. Beck Verlag, 2001d, Bd. 1, S. 369–389.

Junker, Thomas. »Darwinismus oder Synthetische Evolutionstheorie?« In *Die Entstehung biologischer Disziplinen II – Beiträge zur 10. Jahrestagung der DGGTB in Berlin 2001*. Hg. von Uwe Hoßfeld und Thomas Junker. Verhandlungen zur Geschichte und Theorie der Biologie, Bd. 9. Berlin: Verlag für Wissenschaft und Bildung, 2002a, S. 209–230.

Junker, Thomas. »Carl Nägeli und der Anti-Darwinismus – Von der Vervollkommnungstheorie zur Makroevolution.« In *Pratum floridum. Festschrift für Brigitte Hoppe*. Hg. von Menso Folkerts, Stefan Kirschner und Andreas Kühne. Algorismus, Heft 38. Augsburg: Rauner, 2002b, S. 205–219.

Junker, Thomas. *Geschichte der Biologie*. Reihe Beck Wissen. München: Beck Verlag, 2004.

Junker, Thomas, und Hannelore Landsberg. »Die zwei Tode eines Naturforschers. Der Weg Julius Schusters (1886–1949) von der Botanik zur Biologiegeschichte«, *Medizinhistorisches Journal* 29 (1994): 149–170.

Junker, Thomas, und Marsha Richmond. *Charles Darwins Briefwechsel mit deutschen Naturforschern. Ein Kalendarium mit Inhaltsangaben, biographischem Register und Bibliographie. Charles Darwin's Correspondence with German Naturalists: A Calendar with Summaries, Biographical Register and Bibliography*. Edited by Thomas Junker und Marsha Richmond. Acta Biohistorica, I. Marburg: Basilisken-Presse, 1996a.

Junker, Thomas, und Eve-Marie Engels, Hgg. *Die Entstehung der Synthetischen Theorie: Beiträge zur Geschichte der Evolutionsbiologie in Deutschland 1930–1950*. Berlin: Verlag für Wissenschaft und Bildung, 1999.

Junker, Thomas, und Sabine Paul. »Das Eugenik-Argument in der Diskussion um die Humangenetik: eine kritische Analyse.« In *Biologie und Ethik*. Hg. von Eve-Marie Engels. Universal-Bibliothek, Nr. 9727. Stuttgart: Philipp Reclam jun., 1999, S. 161–193.

Junker, Thomas, und Uwe Hoßfeld. »Synthetische Theorie und ›Deutsche Biologie‹: Einführender Essay.« In *Evolutionsbiologie von Darwin bis heute*. Hg. von Rainer Brömer, Uwe Hoßfeld und Nicolaas A. Rupke. Verhandlungen zur Geschichte und Theorie der Biologie, Bd. 4. Berlin: Verlag für Wissenschaft und Bildung, 2000, S. 231–248.

Junker, Thomas, und Uwe Hoßfeld. *Die Entdeckung der Evolution – Eine revolutionäre Theorie und ihre Geschichte.* Darmstadt: Wissenschaftliche Buchgesellschaft, 2001.

Junker, Thomas, and Uwe Hossfeld. »The Architects of the Evolutionary Synthesis in National Socialist Germany: Science and Politics«, *Biology and Philosophy* 17 (2002): 223–249.

Käding, Edda. *Engagement und Verantwortung: Hans Stubbe, Genetiker und Züchtungsforscher. Eine Biographie.* ZALF-Bericht, Nr. 36. Müncheberg: Zentrum für Agrarlandschafts- und Landnutzungsforschung, 1999. Kammerer, Paul. *Neuvererbung oder Vererbung erworbener Eigenschaften. Erbliche Belastung und erbliche Entlastung.* Stuttgart, Heilbronn: Seifert, 1925.

Kämpfe, Lothar. *Evolution und Stammesgeschichte der Organismen.* 2., bearb. Aufl. Stuttgart: Gustav Fischer, 1985.

Kant, Immanuel. »Von den verschiedenen Racen der Menschen [1775].« In *Schriften zur Anthropologie, Geschichtsphilosophie, Politik und Pädagogik 1.* Werkausgabe, Bd. 11. Hg. von Wilhelm Weischedel. Suhrkamp Taschenbuch Wissenschaft, Bd. 192. Frankfurt am Main: Suhrkamp, 1977, S. 7–30.

Kant, Immanuel. *Kritik der Urteilskraft.* Werkausgabe, Bd. 10. Hg. von Wilhelm Weischedel. Suhrkamp Taschenbuch Wissenschaft, 57. Frankfurt am Main: Suhrkamp, 1977.

Kaufmann, Doris, Hg. *Geschichte der Kaiser-Wilhelm-Gesellschaft im Nationalsozialismus.* 2 Bde. Göttingen: Wallstein, 2000.

Keilbach, R. »Wilhelm Ludwig †«, *Verhandlungen der Deutschen Zoologischen Gesellschaft, 1959. Zoologischer Anzeiger Zoologischer Anzeiger* Supplementband 23 (1960): 535–536.

Kitcher, Philip. *Abusing Science: The Case Against Creationism.* Cambridge, Mass.: M.I.T. Press, 1982.

Kleinschmidt, Otto. »Zum Darwin-Jubiläum«, *Falco* 5 (1909): 6–8.

Kleinschmidt, Otto. *Parus Salicarius.* Berajah, Zoographia infinita. Halle: Gebauer-Schwetschke, 1912–21.

Kleinschmidt, Otto. »Die wissenschaftliche Minderwertigkeit von Darwins Werk über die Entstehung der Arten«, *Falco* 11 (1915): 1–6, 11–18; 12 (1916): 5–9; 13 (1917): 11–20, 21–32, 36–42; 14 (1918): 2–3.

Kleinschmidt, Otto. *Die Formenkreislehre und das Weltwerden des Lebens. Eine Reform der Abstammungslehre und der Rassenforschung zur Anbahnung einer harmonischen Weltanschauung.* Halle: Gebauer-Schwetschke, 1926.

Kleinschmidt, Otto. *Der Urmensch.* Leipzig: Quelle & Meyer, 1931.

Klemperer, Victor. *LTI. Notizbuch eines Philosophen* [1957]. Leipzig: Reclam, 1975.

*Knaurs Lexikon*. Berlin: Th. Knaur Nachf. Verlag, 1939.

Knorre, Dietrich von. »[Victor Franz].« In Heinz Penzlin, Hg. *Geschichte der Zoologie in Jena nach Haeckel (1909–1974)*. Jena/Stuttgart: Gustav Fischer, 1994, S. 46–56, 153–161.

Koestler, Arthur. *The Act of Creation*. New York: Macmillan, 1964.

Koestler, Arthur. *The Case of the Midwife Toad*. London: Hutchinson, 1971.

Köhler, Wilhelm. Rezension von Theodosius Dobzhansky, *Die genetischen Grundlagen der Artbildung*. Übers. von Witta Lerche (Jena: Gustav Fischer, 1939), *Zeitschrift für die gesamte Naturwissenschaft* 6 (1940): 208–210.

Kolchinsky, Eduard I. »Ausgewählte Aspekte der Modernen Synthese im russischen Sprachraum zwischen 1920 und 1940.« In *Evolutionsbiologie von Darwin bis heute*. Hg. von Rainer Brömer, Uwe Hoßfeld und Nicolaas A. Rupke. Verhandlungen zur Geschichte und Theorie der Biologie, Bd. 4. Berlin: Verlag für Wissenschaft und Bildung, 2000, S. 197–210.

Kolchinsky, Eduard I. »Kurzbiographien einiger Begründer der Evolutionssynthese in Rußland.« In *Evolutionsbiologie von Darwin bis heute*. Hg. von Rainer Brömer, Uwe Hoßfeld und Nicolaas A. Rupke. Verhandlungen zur Geschichte und Theorie der Biologie, Bd. 4. Berlin: Verlag für Wissenschaft und Bildung, 2000, S. 211–229.

Konaschev, M.B. »Der nichtvollzogene Umzug von N.W. Timoféeff-Ressovsky in die USA [russ.].« In *Nach dem Umbruch. Sowjetische Biologie in den 20er und 30er Jahren* [russ.]. Hg. E.I. Kolchinsky. St. Petersburg: St. Petersburger Filiale des Instituts für Geschichte der Naturwissenschaften und Technik, 1997, S. 94–106.

Kottler, Malcolm Jay. »Charles Darwin's Biological Species Concept and Theory of Geographical Speciation: The Transmutation Notebooks«, *Annals of Science* 35 (1978): 275–97.

Krampf, Wilhelm. *Die Philosophie Hugo Dinglers*. München: Eidos, 1955.

Krampf, Wilhelm, Hg. *Hugo Dingler: Gedenkbuch zum 75. Geburtstag*. München: Eidos, 1956.

Kraus, Otto. »Die Veranstaltung ›Phylogenetisches Symposium‹: Rückblick auf 25 Tagungen (1955–1982)«, *Verhandlungen des Naturwissenschaftlichen Vereins in Hamburg* N.F. 27 (1984): 277–89.

Kraus, Otto, und Uwe Hoßfeld. »40 Jahre ›Phylogenetisches Symposium‹ (1956–1997): Eine Übersicht – Anfänge, Entwicklung, Dokumentation und Wirkung –«, *Jahrbuch für Geschichte und Theorie der Biologie* 5 (1998): 157–186.

Krauße, Erika, und Uwe Hoßfeld. »Vom ›Phyletischen Archiv‹ (1912) zum ›Institut für Geschichte der Medizin und Naturwissenschaft‹ (1968). Das Memorialmuseum Ernst-Haeckel-Haus im Spannungsfeld von Wissenschaft und Ideologie.« In *Repräsentationsformen in den biologischen Wissenschaften*. Hg. von Armin Geus, Thomas Junker, Hans-Jörg Rheinberger, Christa Riedl-Dorn und Michael Weingarten. Verhandlungen zur Geschichte und Theorie der Biologie, Bd. 3. Berlin: Verlag für Wissenschaft und Bildung, 1999, S. 203–231.

Krauße, Erika. »Pithecanthropus erectus DUBOIS (1891) in Evolutionsbiologie und Kunst.« In *Evolutionsbiologie von Darwin bis heute*. Hg. von Rainer Brömer, Uwe Hoßfeld und Nicolaas A. Rupke. Verhandlungen zur Geschichte und Theorie der Biologie, Bd. 4. Berlin: Verlag für Wissenschaft und Bildung, 2000, S. 69–87.

Krogh, Christian von. »Rassenkundliche Untersuchungen im Bremer Marschgebiet. (Vorläufige Mitteilung)«, *Verhandlungen der Gesellschaft für Physische Anthropologie* 8 (1937): 71–76.

Krogh, Christian von. »Dinarisch und Vorderasiatisch. Eine rassenkundliche Betrachtung«, *Zeitschrift für die gesamte Naturwissenschaft* 4 (1938–39): 24–28.

Krogh, Christian von. »Das ›Problem‹ der Menschwerdung«, *Zeitschrift für die gesamte Naturwissenschaft* 6 (1940a): 105–12.

Krogh, Christian von. »Immer wieder: Abstammung oder Schöpfung? Eine Weltanschauungsfrage«, *Der Biologe* 9 (1940b): 414–7.

Krogh, Christian von. »Die Stellung des Menschen im Rahmen der Säugetiere.« In *Die Evolution der Organismen. Ergebnisse und Probleme der Abstammungslehre*. Hg. von Gerhard Heberer. Jena: Gustav Fischer, 1943, S. 589–614.

Krogh, Christian von. »Die Stellung der Hominiden im Rahmen der Primaten.« In *Die Evolution der Organismen. Ergebnisse und Probleme der Abstammungslehre*. Hg. von Gerhard Heberer. 2., erw. Aufl. Stuttgart: Gustav Fischer, 1959, Bd. 2, S. 917–950.

Kröner, Hans-Peter, Richard Toellner und Karin Weisemann. *Erwin Baur. Naturwissenschaft und Politik*. Hg. von der Max-Planck-Gesellschaft. München: Max-Planck-Gesellschaft, 1994.

Kröner, Hans-Peter. *Von der Rassenhygiene zur Humangenetik. Das Kaiser-Wilhelm-Institut für Anthropologie, menschliche Erblehre und Eugenik nach dem Kriege*. Stuttgart/Jena/Lübeck/Ulm: Gustav Fischer, 1998.

Kühn, Alfred. *Grundriss der Vererbungslehre*. Leipzig: Quelle & Meyer, 1939.

Kuhn, Oskar. »Paläontologie und Entwicklungsgedanke«, *Forschungen und Fortschritte* 16 (1940): 289–290.

Kuhn, Oskar. »Die Deszendenztheorie. Eine kritische Übersicht«, *Zeitschrift für katholische Theologie* 67 (1943): 45-74.

Kuhn, Thomas S. *The Structure of Scientific Revolutions*. 2d ed. Chicago/London: The University of Chicago Press, 1970. Deutsche Ausgabe: *Die Struktur wissenschaftlicher Revolutionen*. 2., rev. und um das Postskriptum von 1969 erg. Aufl. Übers. von Hermann Vetter. Suhrkamp Taschenbuch Wissenschaft, Nr. 25. Frankfurt/Main: Suhrkamp, 1976.

Kurth, Gottfried. »Gerhard Heberer«, *Verhandlungen der Deutschen Zoologischen Gesellschaft* 67 (1975): 414-5.

Kutschera, Ulrich. *Evolutionsbiologie. Eine allgemeine Einführung*. Berlin: Parey Buchverlag, 2001.

Kutschera, Ulrich. »Evolution und christlicher Glaube: Kreationismus in Deutschland.« In *Die Entstehung biologischer Disziplinen II – Beiträge zur 10. Jahrestagung der DGGTB in Berlin 2001*. Hg. von Uwe Hoßfeld und Thomas Junker. Verhandlungen zur Geschichte und Theorie der Biologie, Bd. 9. Berlin: Verlag für Wissenschaft und Bildung, 2002, S. 195-208.

La Vergata, Antonello. »Images of Darwin: A Historiographic Overview.« In *The Darwinian Heritage*. Edited by David Kohn. Princeton: Princeton University Press, 1985, pp. 901-972.

La Vergata, Antonello. *L'equilibrio e la guerra della natura: Dalla teologia naturale al darwinismo*. Nobiltà dello spirito, 23. Napoli: Morano, 1990.

La Vergata, Antonello. »Evolution and War, 1871-1918«, *Nuncius* 9 (1994): 143-163.

Lakatos, Imre. »History of Science and Its Rational Reconstructions [1971].« In *The Methodology of Scientific Research Programmes*. Philosophical Papers. Edited by J. Worrall and G. Currie, vol. 1. Cambridge: Cambridge University Press, 1978, pp. 102-138.

Lakatos, Imre. »Introduction: Science and Pseudoscience [1973].« In *The Methodology of Scientific Research Programmes*. Philosophical Papers. Edited by J. Worrall and G. Currie, vol. 1. Cambridge: Cambridge University Press, 1978, pp. 1-7.

Lamarck, Jean-Baptiste de. *Philosophie zoologique; ou, exposition des considérations relatives à l'histoire naturelle des animaux*. 2 vols. Paris: Dentu, 1809.

Lange, Friedrich Albert. *Die Geschichte des Materialismus und Kritik seiner Bedeutung in der Gegenwart*. 2. Aufl. 2 Bde. Bd. 1, *Geschichte des Materialismus bis auf Kant*. Bd. 2, *Geschichte des Materialismus seit Kant*. Iserlohn: Baedeker, 1873-75. Neudruck. Hg. und eingel. von Alfred Schmidt. 2 Bde. Suhrkamp Taschenbuch Wissenschaft, Nr. 70. Frankfurt am Main: Suhrkamp, 1974.

Laporte, Léo F. »George G. Simpson, Paleontology and the Expansion of Biology«. In *The Expansion of American Biology*. Edited by Keith R. Benson, Jane Maienschein & Ronald Rainger. New Brunswick: Rutgers University Press, 1991, pp. 80–106.

Laubichler, Manfred D. »Mit oder ohne Darwin? Die Bedeutung der darwinschen Selektionstheorie in der Konzeption der Theoretischen Biologie in Deutschland von 1900 bis zum Zweiten Weltkrieg.« In *Darwinismus und/als Ideologie*. Hg. von Uwe Hoßfeld und Rainer Brömer. Verhandlungen zur Geschichte und Theorie der Biologie, Bd. 6. Berlin: Verlag für Wissenschaft und Bildung, 2001, S. 229–262.

Laudan, Larry. *Progress and its Problems: Towards a Theory of Scientific Growth*. London/ Henley: Routledge & Kegan Paul, 1977.

Lawrence, Eleanor. *Henderson's Dictionary of Biological Terms*. Tenth ed. Harlow: Longman, 1989.

Lehmann, Ernst. *Die Biologie im Leben der Gegenwart*. München: J.F. Lehmanns Verlag, 1933.

Lehmann, Ernst. *Wege und Ziele einer deutschen Biologie*. München: J.F. Lehmanns Verlag, 1936.

Lenz, Fritz. »Der Fall Kammerer und seine Umfilmung durch Lunatscharsky«, *Archiv für Rassen- und Gesellschaftsbiologie* 21 (1929): 311–318.

Lenz, Fritz. »Die Erblichkeit der geistigen Eigenschaften.« In Erwin Baur, Eugen Fischer und Fritz Lenz. *Menschliche Erblehre*. 4., neubearb. Aufl. Menschliche Erblehre und Rassenhygiene, Bd. 1. München: J.F. Lehmanns Verlag, 1936, S. 659–773.

Lenz, Fritz. »Aussprache zu N.W. Timoféeff-Ressovsky (1939)«, *Zeitschrift für induktive Abstammungs- und Vererbungslehre* 76 (1939a): 218.

Lenz, Fritz. Rezension von Walter Zimmermann, *Vererbung ›erworbener Eigenschaften‹ und Auslese* (Jena: Gustav Fischer, 1938), *Der Biologe* 8 (1939b): 65–66.

Lewontin, Richard C. »Theoretical Population Genetics in the Evolutionary Synthesis.« In *The Evolutionary Synthesis. Perspectives on the Unification of Biology*. Edited by Ernst Mayr and William B. Provine. Cambridge, Mass./London: Harvard University Press, 1980, pp. 58–68.

Lewontin, Richard C. »Evolution as Theory and Ideology.« In Richard Levins and Richard Lewontin. *The Dialectical Biologist*. Cambridge, Mass./London: Harvard University Press, 1985, pp. 9–64.

Lewontin, Richard C., Steven Rose and Leon J. Kamin. *Not in Our Genes: Biology, Ideology, and Human Nature*. New York: Pantheon, 1984.

Lilienthal, Georg. »Zum Anteil der Anthropologie an der NS-Rassenpolitik«, *Medizinhistorisches Journal* 19 (1984): 148–160.

Lilienthal, Georg. »Die jüdischen ›Rassenmerkmale‹. Zur Geschichte der Anthropologie der Juden«, *Medizinhistorisches Journal* 28 (1993): 173–198.

Linné, Carl. *Systema naturae per regna tria naturae*. 10. Aufl. 2 Bde. Holmiae [Stockholm]: Laurentius Salvius, 1758–59.

Lohff, Brigitte. *Die Suche nach der Wissenschaftlichkeit der Physiologie in der Zeit der Romantik. Ein Beitrag zur Erkenntnisphilosophie der Medizin*. Medizin in Geschichte und Kultur, Bd. 17. Stuttgart/New York: Gustav Fischer, 1990.

Lorenz, Konrad. »Über Ausfallserscheinungen im Instinktverhalten von Haustieren und ihre sozialpsychologische Bedeutung.« In *Charakter und Erziehung. Bericht über den 16. Kongreß der Deutschen Gesellschaft für Psychologie in Bayreuth vom 2.–4. Juli 1938*. Hg. von Otto Klemm. Leipzig: J.A. Barth, 1939, S. 139–147.

Lorenz, Konrad. »Nochmals: Systematik und Entwicklungsgedanke im Unterricht«, *Der Biologe* 9 (1940a): 24–36.

Lorenz, Konrad. »Durch Domestikation verursachte Störungen arteigenen Verhaltens«, *Zeitschrift für angewandte Psychologie und Charakterkunde* 59 (1940b): 2–81.

Lorenz, Konrad. »Psychologie und Stammesgeschichte.« In *Die Evolution der Organismen, Ergebnisse und Probleme der Abstammungslehre*. Hg. von Gerhard Heberer. Jena: Gustav Fischer, 1943, S. 105–127.

Lorenz, Konrad. »Psychologie und Stammesgeschichte.« In *Die Evolution der Organismen. Ergebnisse und Probleme der Abstammungslehre*. Hg. von Gerhard Heberer. 2., erw. Aufl. Stuttgart: Gustav Fischer, 1959, Bd. 1, S. 131–172.

Löther, Rolf. *Wegbereiter der Genetik. Gregor Johann Mendel und August Weismann*. Frankfurt am Main: Harry Deutsch, 1990.

Lotsy, J.P. *Evolution by means of hybridization*. The Hague: M. Nijhoff, 1916.

Lovejoy, Arthur O. *The Great Chain of Being: A Study of the History of an Idea*. Cambridge, Mass./London: Harvard University Press, 1936.

Ludwig, Wilhelm. *Das Rechts-Links-Problem im Tierreich und beim Menschen*. Berlin: Julius Springer, 1932.

Ludwig, Wilhelm. »Der Effekt der Selektion bei Mutationen geringen Selektionswerts«, *Biologisches Zentralblatt* 53 (1933): 364–79.

Ludwig, Wilhelm. »Beitrag zur Frage nach den Ursachen der Evolution auf theoretischer und experimenteller Basis«, *Verhandlungen der Deutschen Zoologischen Gesellschaft, 1938. Zoologischer Anzeiger* Supplementband 11 (1938a): 182–193.

Ludwig, Wilhelm. *Faktorenkoppelung und Faktorenaustausch bei normalem und aberrantem Chromosomenbestand*. Probleme der theoretischen und angewandten Genetik und deren Grenzgebiete, Bd. 5. Leipzig: Georg Thieme, 1938b.

Ludwig, Wilhelm. Rezension von W.F. Reinig, *Elimination und Selektion* (Jena: Gustav Fischer, 1938), *Die Naturwissenschaften* 27 (1939a): 177–9.

Ludwig, Wilhelm. Rezension von Walter Zimmermann, *Vererbung ›erworbener Eigenschaften‹ und Auslese* (Jena: Gustav Fischer, 1938), *Die Naturwissenschaften* 27 (1939b): 279–80.

Ludwig, Wilhelm. »Experimente zur Stammesentwicklung«, *Forschungen und Fortschritte* 15 (1939c): 200–2.

Ludwig, Wilhelm. »Der Begriff ›Selektionsvorteil‹ und die Schnelligkeit der Selektion«, *Zoologischer Anzeiger* 126 (1939d): 209–222.

Ludwig, Wilhelm, und Charlotte Boost. »Vergleichende Wertung der Methoden zur Analyse recessiver Erbgänge beim Menschen«, *Zeitschrift für menschliche Vererbungs- und Konstitutionslehre* 24 (1940): 577–619.

Ludwig, Wilhelm. »Selektion und Stammesentwicklung«, *Die Naturwissenschaften* 28 (1940): 689–705.

Ludwig, Wilhelm. »Zur evolutorischen Erklärung der Höhlentiermerkmale durch Allelelimination«, *Biologisches Zentralblatt* 62 (1942a): 447–455.

Ludwig, Wilhelm. »Über die Rolle des Mutationsdrucks bei der Evolution«, *Biologisches Zentralblatt* 62 (1942b): 374–379.

Ludwig, Wilhelm. »Die Selektionstheorie.« In *Die Evolution der Organismen, Ergebnisse und Probleme der Abstammungslehre*. Hg. von Gerhard Heberer. Jena: Gustav Fischer, 1943a, S. 479–520.

Ludwig, Wilhelm. Rezension von Richard Goldschmidt, *The Material Basis of Evolution* (New Haven: Yale University Press, 1940), *Berichte über die wissenschaftliche Biologie* 61 (1943b): 375–377.

Ludwig, Wilhelm. »Über Inzucht und Verwandtschaft«, *Zeitschrift für menschliche Vererbungs- und Konstitutionslehre* 28 (1944): 278–312.

Ludwig, Wilhelm. »Darwinismus in moderner Sicht«, *Universitas* 3 (1948a): 941–951.

Ludwig, Wilhelm. »Vetternehenstatistik und Oedipuskomplex«, *Forschungen und Fortschritte* 24 (1948b): 164–165.

Ludwig, Wilhelm. *Darwins Zuchtwahllehre in moderner Fassung*. Aufsätze und Reden der Senckenbergischen Naturforschenden Gesellschaft, Nr. 6. Frankfurt am Main: Kramer, 1948c.

Ludwig, Wilhelm. »Was ist Mitschurinismus?« *Homo* 1 (1949–50): 245–250.

Ludwig, Wilhelm. »Zur Theorie der Konkurrenz. Die Annidation (Einnischung) als fünfter Evolutionsfaktor«, *Zoologischer Anzeiger* 145, Ergänzungsband (1950): 516–537.

Ludwig, Wilhelm. »Hört die Entwicklung mit dem Menschen auf?« Manuskript, 1953, 10 Seiten. Universitätsbibliothek Heidelberg, Hs. 3668/13.

Ludwig Wilhelm. »Hört die Entwicklung mit dem Menschen auf?« *Universitas* 9 (1954): 647–653.

Ludwig, Wilhelm. »Artbegriff und Evolution der Art unter dem Aspekt E. Geoffroys (›Geoffroyismus‹)«, *Uppsala Universitets Årsskrift* (1958), no. 6: 128–36.

Ludwig, Wilhelm. »Die Selektionstheorie.« In *Die Evolution der Organismen. Ergebnisse und Probleme der Abstammungslehre.* Hg. von Gerhard Heberer. 2., erw. Aufl. Stuttgart: Gustav Fischer, 1959, Bd. 1, S. 662–712.

Ludwig, Wilhelm. »Die heutige Gestalt der Selektionstheorie.« In *Hundert Jahre Evolutionsforschung. Das wissenschaftliche Vermächtnis Charles Darwins.* Hg. von Gerhard Heberer und Franz Schwanitz. Stuttgart: Gustav Fischer, 1960, S. 45–80.

Lüers, Herbert, und Hans Ulrich. »Genetik und Evolutionsforschung bei Tieren.« In *Die Evolution der Organismen. Ergebnisse und Probleme der Abstammungslehre.* Hg. von Gerhard Heberer. 2., erw. Aufl. Stuttgart: Gustav Fischer, 1959, Bd. 1, S. 552–661.

Luxenburger, [Hans]. Rezension von N.W. Timoféeff-Ressovsky, *Experimentelle Mutationsforschung in der Vererbungslehre* (Dresden und Leipzig: Steinkopff, 1937), *Archiv für Rassen- und Gesellschaftsbiologie* 31 (1937): 171–75.

Lyell, Charles. *The Geological Evidences of the Antiquity of Man with Remarks on Theories of the Origin of Species by Variation.* London: John Murray, 1863.

Macrakis, Kristie. »The Survival of Basic Biological Research in National Socialist Germany«, *Journal of the History of Biology* 26 (1993a): 519–43.

Macrakis, Kristie. *Surviving the Swastika: Scientific Research in Nazi Germany.* Oxford: Oxford University Press, 1993b.

Macrakis, Kristie. »The Ideological Origins of Institutes at the Kaiser Wilhelm Gesellschaft in National Socialist Germany.« In *Science, Technology and National Socialism.* Edited by Monika Renneberg and Mark Walker. Cambridge: Cambridge University Press, 1994, pp. 139–159.

Mägdefrau, Karl. »Die Geschichte der Pflanzen.« In *Die Evolution der Organismen, Ergebnisse und Probleme der Abstammungslehre.* Hg. von Gerhard Heberer. Jena: Gustav Fischer, 1943, S. 297–332.

Mägdefrau, Karl. »Die Geschichte der Pflanzen.« In *Die Evolution der Organismen. Ergebnisse und Probleme der Abstammungslehre*. Hg. von Gerhard Heberer. 2., erw. Aufl. Stuttgart: Gustav Fischer, 1959, Bd. 1, S. 302–339.

Mägdefrau, Karl. »Walter Zimmermanns botanisches Werk«, *Veröffentlichungen der Landesstelle für Naturschutz und Landschaftspflege Baden-Württemberg* 30 (1962): 10–18.

Mädgefrau, Karl. »Karl Mädgefrau.« In *Forscher und Gelehrte*. Hg. von W. Ernst Böhm in Zusammenarbeit mit Gerda Paehlke. Stuttgart: Battenberg, 1966, S. 209–10.

Mägdefrau, Karl. »Curriculum vitae von Prof. Dr. Karl Mägdefrau; wissenschaftliche Abhandlungen und Bücher von Prof. Dr. Karl Mägdefrau; unter Anleitung von Prof. Dr. Karl Mägdefrau entstandene Dissertationen.« In *Beiträge zur Biologie der niederen Pflanzen. Systematik, Stammesgeschichte, Ökologie*. Hg. von Wolfgang Frey, H. Hurka und F. Oberwinkler. Stuttgart: Gustav Fischer, 1977, S. 219–226.

Mägdefrau, Karl. *Lebenserinnerungen*. Manuskript 1988.

Mägdefrau, Karl. »Zimmermann, Walter.« In *Dictionary of Scientific Biography*, vol. 18, *Supplement II*, edited by Frederic L. Holmes. New York: Charles Scribner's Sons, 1990, pp. 1010–1.

Mägdefrau, Karl. *Geschichte der Botanik. Leben und Leistung großer Forscher*. 2. Aufl. Stuttgart, Jena/New York: Gustav Fischer, 1992.

Mahner, Martin, and Mario Bunge. *Foundations of Biophilosophy*. Berlin/Heidelberg: Springer, 1997. Deutsche Ausgabe: *Philosophische Grundlagen der Biologie*. Berlin/Heidelberg: Springer, 2000.

Maier, Wolfgang. »Zoologie in Tübingen«, *Verhandlungen der deutschen zoologischen Gesellschaft* 84 (1991): 23–30.

Maier, Wolfgang. »Morphologie, Phylogenie und Synthetische Theorie.« In *Die Entstehung der Synthetischen Theorie: Beiträge zur Geschichte der Evolutionsbiologie in Deutschland 1930–1950*. Hg. von Thomas Junker und Eve-Marie Engels. Berlin: Verlag für Wissenschaft und Bildung, 1999, S. 293–309.

Malthus, Thomas Robert. *An Essay on the Principles of Population; or, a View of its Past and Present Effects on Human Happiness; with an Inquiry into our Prospects respecting the Future Removal or Mitigation of the Evils which it Occasions*. 6th ed. 2 vols. London: Murray, 1826.

Mann, Gunter, und Franz Dumont, Hgg. *Die Natur des Menschen: Probleme der physischen Anthropologie und Rassenkunde (1750–1850)*. Soemmerring-Forschungen, Bd. 6. Stuttgart und New York: Gustav Fischer, 1990.

Mannheim, Karl. »Das Problem der Generationen«, *Kölner Vierteljahreshefte für Soziologie* 7 (1928): 157–185, 309–330.

Marinelli, Wilhelm von. »Zoologie und Abstammungslehre [1938]«, *Palaeobiologica* 7 (1942): 169–96.

Massin, Benoit. »From Virchow to Fischer: Physical Anthropology and ›Modern Race Theories‹ in Wilhelmine Germany.« In *Volksgeist as Method and Ethics. Essays on Boasian Ethnography and the German Anthropological Tradition*. Edited by George W. Stocking, Jr. History of Anthropological, Vol. 8. Madison: The University of Wisconsin Press, 1996, pp. 79–154.

Mayr, Ernst. *Systematics and the Origin of Species from the Viewpoint of a Zoologist*. New York: Columbia University Press, 1942. Reprint with an New Introduction by the Author. Cambridge, Mass./London: Harvard University Press, 1999.

Mayr, Ernst. »Taxonomic categories in fossil hominids«, *Cold Spring Harbor Symposia on Quantitative Biology* 15: 109–118.

Mayr, Ernst. Review of *Evolution: Die Geschichte ihrer Probleme und Erkenntnisse*, by Walter Zimmermann (Freiburg and München: Karl Alber, 1953). *The Scientific Monthly* 79 (1954a): 57–8.

Mayr, Ernst. »Change of genetic environment and evolution.« In *Evolution as a Process*. Edited by Julian Huxley, A.C. Hardy, and E.B. Ford. London: Allen & Unwin, 1954b, pp. 157–80.

Mayr, Ernst. »Where are we?« *Cold Spring Harbor Symposia on Quantitative Biology* 24 (1959a): 1–14.

Mayr, Ernst. »Darwin and the Evolutionary Theory in Biology.« In *Evolution and Anthropology: A Centennial Appraisal*. Edited by Betty J. Meggers. Washington, D.C.: The Anthropological Society of Washington, 1959b, pp. 3–12.

Mayr, Ernst. *Animal Species and Evolution*. Cambridge, Mass.: The Belknap Press of Harvard University Press, 1963a (deutsche Ausgabe: *Artbegriff und Evolution*. Übers. von G. Heberer. Hamburg und Berlin: Paul Parey, 1967).

Mayr, Ernst. »The New versus the Classical in Science«, *Science* 141 (1963b): 765.

Mayr, Ernst. »Evolutionary challenges to the mathematical interpretation of evolution.« In *Mathematical Challenges to the neo-Darwinian Interpretation of Evolution*. Edited by Paul S. Moorhead and Martin M. Kaplan. The Wistar Institute Symposium Monograph no. 5. Philadelphia: Wistar Institute Press, 1967, pp. 47–58.

Mayr, Ernst. *Evolution and the Diversity of Life. Selected Essays*. Cambridge, Mass./London: The Belknap Press of Harvard University Press, 1976.

Mayr, Ernst. »Prologue: Some Thoughts on the History of the Evolutionary Synthesis.« In *The Evolutionary Synthesis. Perspectives on the Unification of Biology*. Edited by Ernst Mayr and William B. Provine. Cambridge, Mass./London: Harvard University Press, 1980a, pp. 1–50.

Mayr, Ernst. »The Role of Systematics in the Evolutionary Synthesis.« In *The Evolutionary Synthesis. Perspectives on the Unification of Biology*. Edited by Ernst Mayr and William B. Provine. Cambridge, Mass./London: Harvard University Press, 1980b, pp. 123–136.

Mayr, Ernst. »Botany. Introduction.« In *The Evolutionary Synthesis. Perspectives on the Unification of Biology*. Edited by Ernst Mayr and William B. Provine. Cambridge, Mass./London: Harvard University Press, 1980c, pp. 137–138.

Mayr, Ernst. »Paleontology. Introduction.« In *The Evolutionary Synthesis. Perspectives on the Unification of Biology*. Edited by Ernst Mayr and William B. Provine. Cambridge, Mass./London: Harvard University Press, 1980d, p. 153.

Mayr, Ernst. »Morphology. Introduction.« In *The Evolutionary Synthesis. Perspectives on the Unification of Biology*. Edited by Ernst Mayr and William B. Provine. Cambridge, Mass./London: Harvard University Press, 1980e, p. 173.

Mayr, Ernst. »Germany. Introduction.« In *The Evolutionary Synthesis. Perspectives on the Unification of Biology*. Edited by Ernst Mayr and William B. Provine. Cambridge, Mass./London: Harvard University Press, 1980f, pp. 279–283.

Mayr, Ernst. »France. Introduction.« In *The Evolutionary Synthesis. Perspectives on the Unification of Biology*. Edited by Ernst Mayr and William B. Provine. Cambridge, Mass./London: Harvard University Press, 1980g, p. 309.

Mayr, Ernst. »The Arrival of Neo-Darwinism in France.« In *The Evolutionary Synthesis. Perspectives on the Unification of Biology*. Edited by Ernst Mayr and William B. Provine. Cambridge, Mass./London: Harvard University Press, 1980h, p. 321.

Mayr, Ernst. »How I became a Darwinian.« In *The Evolutionary Synthesis. Perspectives on the Unification of Biology*. Edited by Ernst Mayr and William B. Provine. Cambridge, Mass./London: Harvard University Press, 1980i, pp. 413–423.

Mayr, Ernst. »Curt Stern.« In *The Evolutionary Synthesis. Perspectives on the Unification of Biology*. Edited by Ernst Mayr and William B. Provine. Cambridge, Mass./London: Harvard University Press, 1980k, pp. 424–9.

Mayr, Ernst. »G.G. Simpson.« In *The Evolutionary Synthesis. Perspectives on the Unification of Biology*. Edited by Ernst Mayr and William B. Provine. Cambridge, Mass./London: Harvard University Press, 1980l, pp. 452–466.

Mayr, Ernst. *The Growth of Biological Thought: Diversity, Evolution, and Inheritance*. Cambridge, Mass./London: The Belknap Press of Harvard University Press, 1982.

Mayr, Ernst. »The Triumph of the Evolutionary Synthesis«, *Times Literary Supplement*, 2 Februar 1984a, pp. 1261–2.

Mayr, Ernst. *Die Entwicklung der biologischen Gedankenwelt. Vielfalt, Evolution und Vererbung*. Übers. von K. de Sousa Ferreira. Berlin/Heidelberg/New York/Tokyo: Springer, 1984b.

Mayr, Ernst. »Darwin's Five Theories of Evolution.« In *The Darwinian Heritage*. Edited by David Kohn. Princeton: Princeton University Press, 1985a, pp. 755–772.

Mayr, Ernst. »Weismann and Evolution«, *Journal of the History of Biology* 18 (1985b): 295–329.

Mayr, Ernst. *Toward a New Philosophy of Biology. Observations of an Evolutionist*. Cambridge, Mass./London: Harvard University Press, 1988a (deutsche Ausgabe: *Eine neue Philosophie der Biologie*. Vorwort von Hubert Markl. Übers. von Inge Leipold. München: Piper Verlag, 1991).

Mayr, Ernst. »Does Microevolution Explain Macroevolution?« In *Toward a New Philosophy of Biology. Observations of an Evolutionist*. Cambridge, Mass./London: Harvard University Press, 1988b, pp. 402–422.

Mayr, Ernst. »On the Evolutionary Synthesis and After.« In *Toward a New Philosophy of Biology. Observations of an Evolutionist*. Cambridge, Mass./London: Harvard University Press, 1988c, pp. 525–554.

Mayr, Ernst. »Stresemann, Erwin.« In *Dictionary of Scientific Biography*, vol. 18, *Supplement II*, edited by Frederic L. Holmes. New York: Charles Scribner's Sons, 1990, pp. 888–890.

Mayr, Ernst. *One Long Argument: Charles Darwin and the Genesis of Modern Evolutionary Thought*. Cambridge, Mass.: Harvard University Press, 1991 (deutsche Ausgabe: *... und Darwin hat doch recht*. München: Piper, 1994).

Mayr, Ernst. »Controversies in Retrospect.« In *Oxford Surveys in Evolutionary Biology*. Vol. 8. Edited by Douglas Futuyma and Janis Antonovics. Oxford: Oxford University Press, 1992a, pp. 1–34.

Mayr, Ernst. »Haldane's *Causes of Evolution* after 60 Years«, *The Quarterly Journal of Biology* 67 (1992b): 175–86.

Mayr, Ernst. »What Was the Evolutionary Synthesis?« *Trends in Ecology and Evolution* 8 (1993): 31–34.

Mayr, Ernst. *This is Biology. The Science of the Living World*. Cambridge, Mass./London: The Belknap Press of Harvard University Press, 1997a. Deutsche Ausgabe: *Das ist Biologie. Die Wissenschaft des Lebens.* Übers. von J. Wißmann. Heidelberg, Berlin: Spektrum Akademischer Verlag, 1998.

Mayr, Ernst. »Reminiscences of Konrad Lorenz (1903–1989).« In Jürgen Haffer. »*We must lead the way on new paths*«. *The Work and Correspondence of Hartert, Stresemann, Ernst Mayr – International Ornithologists.* Ökologie der Vögel, Bd. 19. Ludwigsburg 1997b, pp. 802–3.

Mayr, Ernst. »Thoughts on the Evolutionary Synthesis in Germany.« In *Die Entstehung der Synthetischen Theorie: Beiträge zur Geschichte der Evolutionsbiologie in Deutschland 1930–1950.* Hg. von Thomas Junker und Eve-Marie Engels. Berlin: Verlag für Wissenschaft und Bildung, 1999a, S. 19–30.

Mayr, Ernst. »Introduction, 1999.« In *Systematics and the Origin of Species from the Viewpoint of a Zoologist.* New York: Columbia University Press, 1942. Reprint with an New Introduction by the Author. Cambridge, Mass./London: Harvard University Press, 1999b, pp. xiii–xxxv.

Mayr, Ernst. *What Evolution Is.* New York: Basic Books, 2001.

Mayr, Ernst, and William B. Provine, eds. *The Evolutionary Synthesis. Perspectives on the Unification of Biology.* Cambridge, Mass./London: Harvard University Press, 1980. Reprint with a New Preface by Ernst Mayr. Cambridge, Mass./London: Harvard University Press, 1998.

Medvedev, Zhores A. *The Rise and Fall of T.D. Lysenko.* Translated by I. Michael Lerner. New York: Columbia University Press, 1969.

Medvedev, Zhores A. *The Medvedev Papers.* Translated by Vera Rich. London: Macmillan, 1971.

Medvedev, Zhores A. »Nikolai Wladimirovich Timoféeff-Ressovsky (1900–1981)«, *Genetics* 100 (1982): 1–5.

Melchers, Georg. »Untersuchungen über Kalk- und Urgebirgspflanzen, besonders über *Hutchinsia alpina* (L.) R. Br. und *H. brevicaulis* Hoppe«, *Österreichische botanische Zeitschrift* 81 (1932): 81–107.

Melchers, Georg. »Genetik und Evolution (Bericht eines Botanikers)«, *Zeitschrift für induktive Abstammungs- und Vererbungslehre* 76 (1939): 229–259.

Melchers, Georg. »Fritz von Wettstein (1895–1945)«, *Mitteilungen aus der Max-Planck-Gesellschaft* (1952/53), Heft 6: 11–15.

Melchers, Georg. »Otto Renner«, *Mitteilungen aus der Max-Planck-Gesellschaft* (1961): 38–43.

Melchers, Georg. »Biologie und Nationalsozialismus.« In *Deutsches Geistesleben und Nationalsozialismus. Eine Vortragsreihe an der Universität Tübingen.* Hg. von Andreas Flitner. Tübingen: R. Wunderlich, 1965, S. 59–72.

Melchers, Georg. »Hans Stubbe zum 70. Geburtstag«, *Theoretical and Applied Genetics* 42 (1972): 1–2.

Melchers, Georg. »Ein Botaniker auf dem Wege in die Allgemeine Biologie auch in Zeiten moralischer und materieller Zerstörung und Fritz von Wettstein, 1895–1945 mit Liste der Veröffentlichungen und Dissertationen (Persönliche Erinnerungen)«, *Berichte der Deutschen Botanischen Gesellschaft* 100 (1987): 373–405.

Melchers, Georg. »Vom Kaiser-Wilhelm-Institut für Kulturpflanzenforschung zum Institut für Pflanzengenetik und Kulturpflanzenforschung. Rückblick und Ausblick.« In *Die Kaiser-Wilhelm-/Max-Planck-Gesellschaft und ihre Institute. Studien zu ihrer Geschichte: Das Harnack-Prinzip*. Hg. von Bernhard vom Brocke und Hubert Laitko. Berlin und New York: Walter de Gruyter, 1996, S. 575–580.

Mendel, Gregor. »Versuche über Pflanzenhybriden«, *Verhandlungen des naturforschenden Vereines in Brünn 1865* 4 (1866): 3–47.

Meyer[-Abich], Adolf. *Krisenepochen und Wendepunkte des Biologischen Denkens*. Jena: Gustav Fischer, 1935.

Meyer-Abich, Adolf. »Naturwissenschaftliche Synthese«, *Physis – Beiträge zur naturwissenschaftlichen Synthese* 1 (1942): 5–12.

Mittelstraß, Jürgen. »Dingler, Hugo.« In *Enzyklopädie Philosophie und Wissenschaftstheorie*. Hg. von Jürgen Mittelstraß. Mannheim, Wien, Zürich: Bibliographisches Institut, 1984, Bd. 1, S. 488–489.

Mollison, Th. »Das Anthropologische Institut der Universität München«, *Zeitschrift für Rassenkunde und die gesamte Forschung am Menschen* 9 (1939): 275–77.

Monod, Jacques. *Zufall und Notwendigkeit*. Übers. von Friedrich Griese. dtv-Taschenbuch Nr. 1069. München: dtv, 1975.

Montagu, Ashley, ed. *Science and Creationism*. Oxford: Oxford University Press, 1984.

Moore, James R. »Deconstructing Darwinism: The Politics of Evolution in the 1860s«, *Journal of the History of Biology* 24 (1991): 353–408.

Morgan, Thomas Hunt. *Die stoffliche Grundlage der Vererbung*. Deutsch von Hans von Nachtsheim. Berlin: Borntraeger, 1921.

Morgan, Thomas Hunt. *The Scientific Basis of Evolution*. New York: Norton, 1932.

Morgan, Thomas Hunt, A.H. Sturtevant, H.J. Muller, and C.B. Bridges. *The Mechanism of Mendelian Heredity*. New York: Holt, 1915.

Mothes, Kurt. »Rede anläßlich der Jahresversammlung der Deutschen Akademie der Naturforscher Leopoldina am 10. Mai 1959«, *Nova Acta Leopoldina* N.F. 21 (1959): 7–28.

Muller, Hermann J. »Artificial transmutation of the gene«, *Science* 66 (1927): 84–87.

Muller, Hermann J. »Bearings of the ›Drosophila‹ Work on Systematics.« In *The New Systematics*. Edited by Julian Huxley. Oxford: Oxford University Press, 1940, pp. 185–268.

Muller, Hermann J., et al. »Social Biology and Population Improvement«, *Nature* 144 (1939): 521–22.

Müller-Hill, Benno. *Tödliche Wissenschaft: Die Aussonderung von Juden, Zigeunern und Geisteskranken 1933–1945*. Reinbek bei Hamburg: Rowohlt, 1984.

Müllerott, Martin. »Ludwig, Wilhelm.« In *NDB: Neue Deutsche Biographie*. Hg. von der Historischen Kommission bei der Bayerischen Akademie der Wissenschaften. Bd. 15. Berlin: Duncker & Humblot, 1987, S. 437–438.

Münch, Ingo von, Hg. *Gesetze des NS-Staates*. 3., neubearb. und erw. Aufl. UTB für Wissenschaft; 1790. Paderborn: Schöningh, 1994.

*Museum für Naturkunde*. »Museum für Naturkunde an der Humboldt-Universität zu Berlin – 200 Jahre«, *Wissenschaftliche Zeitschrift der Humboldt-Universität Berlin, Mathematisch-Naturwissenschaftliche Reihe* 19 (1970): 123–315.

Nachtsheim, Hans. »Die Analyse der Erbfaktoren bei *Drosophila* und deren zytologischen Grundlage. Ein Bericht über die bisherigen Ergebnisse der Vererbungsexperimente Morgans und seiner Mitarbeiter«, *Zeitschrift für induktive Abstammungs- und Vererbungslehre* 20 (1919): 118–56.

Nachtsheim, Hans. »Erwiderung auf Plates ›Lamarckismus und Erbstockhypothese‹«, *Zeitschrift für induktive Abstammungs- und Vererbungslehre* 43 (1926): 114–116.

Nachtsheim, Hans. »Der V. Internationale Kongreß für Vererbungswissenschaft«, *Die Naturwissenschaften* 15 (1927): 989–95.

Nachtsheim, Hans. »Allgemeine Grundlagen der Rassenbildung.« In *Handbuch der Erbbiologie des Menschen*. Hg. von Günther Just. Bd. 1, *Die Grundlagen der Erbbiologie des Menschen*. Berlin: Julius Springer, 1940, S. 552–583.

Nachtsheim, Hans. »Ergebnisse und Problem der Genetik. Eindrücke beim VIII. Internationalen Kongreß für Vererbungswissenschaften«, *Die Naturwissenschaften* 35 (1948): 329–335.

Nachtsheim, Hans. »Die Genetik in Deutschland. Eine wissenschaftsgeschichtliche Betrachtung«, *Deutsche Universitätszeitung* 10 (1955): 9–13.

Nägeli, Carl. *Entstehung und Begriff der Naturhistorischen Art*. München: Verlag der Akademie, 1865.

Nägeli, C[arl] v[on]. *Mechanisch-physiologische Theorie der Abstammungslehre*. München und Leipzig: Oldenbourg, 1884.

Natho, Günther, und Ernst-Manfred Wiedenroth. »Zur Geschichte der Botanik an der Landwirtschaftlich-Gärtnerischen Fakultät der Humboldt-Universität zu Berlin«, *Wissenschaftliche Zeitschrift der Humboldt-Universität Berlin, Mathematisch-Naturwissenschaftliche Reihe* 34 (1985): 235–245.

Neumann-Held, Eva M. »Jenseits des ›genetischen Weltbildes«. In *Ethik der Biowissenschaften: Geschichte und Theorie*. Hg. von Eve-Marie Engels, Thomas Junker und Michael Weingarten. Verhandlungen zur Geschichte und Theorie der Biologie, Bd. 1. Berlin: Verlag für Wissenschaft und Bildung, 1998, S. 261–279.

Neumayr, M[elchior]. *Stämme des Thierreiches*. Bd. 1, *Wirbellose Thiere*. Wien und Prag: F. Tempsky, 1889.

Nisbett, Alec. *Konrad Lorenz*. London: J.M. Dent & Sons, 1976.

Nitecki, Matthew H., ed. *Evolutionary Progress*. Chicago/London: Chicago University Press, 1988.

Nyhart, Lynn. *Biology Takes Form: Animal Morphology and the German Universities, 1800–1900*. Chicago/London: The University of Chicago Press, 1995.

Oberwinkler, Franz. »Walter Zimmermann zum Gedächtnis 9.5.1892–30.6.1980«, *Attempto* Heft 66/67 (1980–81): 80–81.

Oehlkers, Friedrich. Rezension von Theodosius Dobzhansky, *Die genetischen Grundlagen der Artbildung*. Übers. von Witta Lerche (Jena: Gustav Fischer, 1939), *Zeitschrift für Botanik* 36 (1940–41): 141–43.

Olby, Robert C[ecil]. *Origins of Mendelism*. 2d ed. Chicago/London: University of Chicago Press, 1985.

Orel, Vitezslav, and Daniel L. Hartl. »Controversies in the Interpretation of Mendel's Discovery«, *History and Philosophy of the Life Sciences* 16 (1994): 423–464.

Osche, Günther. »Grundzüge der allgemeinen Phylogenetik«. In *Handbuch der Biologie*. Begr. von Ludwig von Bertalanffy. Hg. von Fritz Gessner. Bd. III/2. Frankfurt am Main: Akademische Verlagsgesellschaft Athenaion, 1966, S. 817–906.

Osche, Günther. *Evolution. Grundlagen, Erkenntnisse, Entwicklungen der Abstammungslehre*. Freiburg/Basel/Wien: Herder, 1972.

Osche, Günther. »Dank an Wolf Herre«, *Zeitschrift für Zoologische Systematik und Evolutionsforschung* 33 (1995): 1–2.

Pätau, Klaus. »Die mathematische Analyse der Evolutionsvorgänge«, *Zeitschrift für induktive Abstammungs- und Vererbungslehre* 76 (1939): 220–8.

Pätau, Klaus. »Biostatistik, Populationsgenetik, allgemeine Evolutionstheorie.« In Erwin Bünning und Alfred Kühn, Hgg. *Biologie*, Teil II. Naturforschung und Medizin in Deutschland 1939–1946. Für Deutschland bestimmte Ausgabe der FIAT Review of German Science, Bd. 53. Wiesbaden: Dieterich'sche Verlagsbuchhandlung, 1948, S. 197–208.

Paul, Diane B., und Costas B. Krimbas. »Nikolai W. Timofejew-Ressowski«, *Spektrum der Wissenschaft* (April 1992): 86–94.

Paul, Diane B., and Raphael Falk. »Scientific Responsibility and Political Context: The Case of Genetics under the Swastika.« In *Biology and the Foundation of Ethics*. Edited by Jane Maienschein and Michael Ruse. Cambridge: Cambridge University Press, 1999, pp. 257–275.

Paul, Sabine, und Thomas Junker. »Reproduktionsmedizin, Gentechnik und die Angst vor der Eugenik«, *Forum Sexualaufklärung und Familienplanung (Bundeszentrale für gesundheitliche Aufklärung)* (2000), no. 1/2: 35–41.

Penzlin, Heinz, Hg. *Geschichte der Zoologie in Jena nach Haeckel (1909–1974)*. Jena/Stuttgart: Gustav Fischer, 1994.

Peschel, Oscar. »Neue Zusätze zu Charles Darwins Schöpfungsgeschichte der organischen Welt«, *Das Ausland* 40 (1867): 74–80.

Philiptschenko, Jurij. *Variabilität und Variation*. Berlin: Bornträger, 1927.

Planck, Max. *Wissenschaftliche Selbstbiographie*. Leipzig: Barth, 1948.

Plarre, Werner. »Zur Geschichte der Vererbungsforschung in Berlin.« In *Geschichte der Botanik in Berlin*. Hg. von Claus Schnarrenberger und Hildemar Scholz. Wissenschaft und Stadt, Bd. 15. Berlin: Colloquium Verlag, 1990, S. 111–178.

Plate, Ludwig. *Die Abstammungslehre*. Jena: Gustav Fischer, 1925.

Plate, Ludwig. *Vererbungslehre. Mit besonderer Berücksichtigung der Abstammungslehre und des Menschen*. 2. Aufl. Bd. 1: *Mendelismus*. Jena: Gustav Fischer, 1932.

Plate, Ludwig. *Vererbungslehre. Mit besonderer Berücksichtigung der Abstammungslehre und des Menschen*. 2. Aufl. Bd. 2, *Sexualität und allgemeine Probleme*. Jena: Gustav Fischer, 1933.

Plate, Ludwig. »Umweltlehre und Nationalsozialismus«, *Rasse. Monatsschrift der Nordischen Bewegung* 1 (1934): 279–283.

Platon. *Der Staat: Über das Gerechte*. Philosophische Bibliothek, Bd. 80. Hamburg: Meiner, 1989.

Ploetz, Alfred. *Grundlinien einer Rassen-Hygiene*. I. Theil: *Die Tüchtigkeit unsrer Rasse und der Schutz der Schwachen*. Berlin: S. Fischer, 1895.

Potthast, Thomas. »Theorien, Organismen, Synthesen: Evolutionsbiologie und Ökologie im angloamerikanischen und deutschsprachigen Raum von 1920 bis 1960.« In *Die Entstehung der Synthetischen Theorie: Beiträge zur Geschichte der Evolutionsbiologie in Deutschland 1930–1950*. Hg. von Thomas Junker und Eve-Marie Engels. Berlin: Verlag für Wissenschaft und Bildung, 1999, S. 259–292.

Poulton, Edward Bagnall. *Essays on Evolution: 1889–1907*. Oxford: At the Clarendon Press, 1908.

Preyer, William. *Ueber Plautus impennis (Alca impennis L.).* Diss. phil. Universität Heidelberg. Heidelberg: Adolph Emmerling, 1862.

Proctor, Robert N. »From Anthropologie to Rassenkunde in the German Anthropological Tradition.« In *Bones, Bodies, Behavior – Essays on Biological Anthropology.* Edited by George W. Stocking, Jr. History of Anthropological, Vol. 5. Madison: The University of Wisconsin Press, 1988.

Proctor, Robert N. *Racial Hygiene: Medicine under the Nazis.* Cambridge, Mass.: Harvard University Press, 1988.

Prokoph, Werner. *Der Lehrkörper der Universität Halle-Wittenberg zwischen 1917 und 1945.* Wissenschaftliche Beiträge 1985/10 (T 56). Halle/Saale: Martin-Luther-Universität, 1985.

Provine, William B. *The Origins of Theoretical Population Genetics.* Chicago/London: The University of Chicago Press, 1971.

Provine, William B. »The Role of Mathematical Population Geneticists in the Evolutionary Synthesis of the 1930s and 1940s«, *Studies in History of Biology* 2 (1978): 167–192.

Provine, William B. »Epilogue.« In *The Evolutionary Synthesis. Perspectives on the Unification of Biology.* Edited by Ernst Mayr and William B. Provine. Cambridge, Mass./London: Harvard University Press, 1980g, pp. 399–412.

Provine, William B. »Origins of *The Genetics of Natural Populations* Series.« In *Dobzhansky's Genetics of Natural Populations I–XLIII.* Edited by R.C. Lewontin, John A. Moore, William B. Provine, and Bruce Wallace. New York: Columbia University Press, 1981, pp. 5–83.

Provine, William B. »The Development of Wright's Theory of Evolution: Systematics, Adaptation, and Drift.« In *Dimensions of Darwinism: Themes and Counterthemes in Twentieth-Century Evolutionary Theory.* Edited by Marjorie Grene. Cambridge: Cambridge University Press; Paris: Editions de la Maison des Sciences de l'Homme, 1983, pp. 43–70.

Provine, William B. »Adaptation and Mechanisms of Evolution After Darwin: A Study in Persistent Controversies.« In *The Darwinian Heritage.* Edited by David Kohn. Princeton: Princeton University Press, 1985, pp. 825–66.

Provine, William B. *Sewall Wright and Evolutionary Biology.* Chicago/London: The University of Chicago Press, 1986.

Provine, William B. »Progress in Evolution and Meaning of Life.« In *Evolutionary Progress.* Edited by Matthew H. Nitecki. Chicago/London: Chicago University Press, 1988, pp. 49–74.

Provine, William B. »The R.A. Fisher – Sewall Wright Controversy.« In *The Founders of Evolutionary Genetics. A Centenary Reappraisal.* Edited by Sahotra

Sarkar. Boston Studies in the Philosophy of Science, vol. 142. Dordrecht: Kluwer Academic Publishers, 1992, pp. 201–229.

Punnett, Reginald Crundall. »Appendix I: H.T.J. Norton's Table.« In Reginald Crundall Punnett. *Mimicry in Butterflies.* Cambridge: Cambridge University Press, 1915, pp. 154–156.

Querner, Hans. *Stammesgeschichte des Menschen.* Stuttgart/Berlin: W. Kohlhammer Verlag, 1968.

Rádl, Emanuel. *Geschichte der biologischen Theorien in der Neuzeit.* Bd. 1, 2., umgearb. Aufl. Leipzig und Berlin: Wilhelm Engelmann, 1913. Bd. 2, Leipzig: Wilhelm Engelmann, 1909. Nachdruck: Hildesheim und New York: Georg Olms, 1970.

Rahmann, H. »Bernhard Rensch«, *Verhandlungen der Deutschen Zoologischen Gesellschaft* 83 (1990): 673–5.

Rathfelder, Oswald. »Walter Zimmermann«, *Veröffentlichungen für Naturschutz und Landschaftspflege in Baden-Württemberg* 51/52 (1980): 765–767.

Reche, Otto. »Blut und Rasse.« In Charlotte Köhn-Behrens. *Was ist Rasse? Gespräche mit den größten deutschen Forschern der Gegenwart.* 2. Aufl. München: Zentralverlag der NSDAP, Frz. Eher Nachf., 1934, S. 95–102.

Reche, Otto. *Rasse und Heimat der Indogermanen.* München: Lehmann, 1936.

Reche, Otto. »Die Genetik der Rassenbildung beim Menschen.« In *Die Evolution der Organismen, Ergebnisse und Probleme der Abstammungslehre.* Hg. von Gerhard Heberer. Jena: Gustav Fischer, 1943, S. 683–706.

Reche, Otto, und Wolfgang Lehmann. »Die Genetik der Rassenbildung beim Menschen.« In *Die Evolution der Organismen. Ergebnisse und Probleme der Abstammungslehre.* Hg. von Gerhard Heberer. 2., erw. Aufl. Stuttgart: Gustav Fischer, 1959, Bd. 2, 1143–1191.

Regelmann, Johann-Peter. *Die Geschichte des Lyssenkoismus.* Frankfurt am Main: R.G. Fischer, 1980.

Reif, Wolf-Ernst. »Evolutionary Theory in German Paleontology.« In *Dimensions of Darwinism: Themes and Counterthemes in Twentieth-Century Evolutionary Theory.* Edited by Marjorie Grene. Cambridge: Cambridge University Press; Paris: Editions de la Maison des Sciences de l'Homme, 1983, pp. 173–203.

Reif, Wolf-Ernst. »The Search for a Macroevolutionary Theory in German Palaeontology«, *Journal of the History of Biology* 19 (1986): 79–130.

Reif, Wolf-Ernst. »Afterword.« In Otto H. Schindewolf. *Basic Questions in Paleontology: Geologic Time, Organic Evolution, and Biological Systematics.* Translated by Judith Schaefer. Edited and with an afterword by Wolf-Ernst Reif. With a foreword by Stephen Jay Gould. Chicago/London: The University of Chicago Press, 1993, pp. 435–453.

Reif, Wolf-Ernst. »Typology and the Primacy of Morphology: The Concepts of O.H. Schindewolf«, *Neues Jahrbuch für Geologie und Paläontologie, Abhandlungen* 205 (1997a): 355–371.

Reif, Wolf-Ernst. Review of Vassiliki Betty Smocovitis, *Unifying Biology: The Evolutionary Synthesis and Evolutionary Biology* (Princeton: Princeton University Press, 1996), *Zentralblatt für Geologie und Paläontologie*, Teil II (1997b): 268–272.

Reif, Wolf-Ernst. »Adolf Naefs Idealistische Morphologie und das Paradigma typologischer Makroevolutionstheorien.« In *Ethik der Biowissenschaften: Geschichte und Theorie*. Hg. von Eve-Marie, Engels, Thomas Junker und Michael Weingarten. Verhandlungen zur Geschichte und Theorie der Biologie, Bd. 1. Berlin: Verlag für Wissenschaft und Bildung, 1998, S. 411–424.

Reif, Wolf-Ernst. »Deutschsprachige Paläontologie im Spannungsfeld zwischen Makroevolutionstheorie und Neo-Darwinismus (1920–1950).« In *Die Entstehung der Synthetischen Theorie: Beiträge zur Geschichte der Evolutionsbiologie in Deutschland 1930–1950*. Hg. von Thomas Junker und Eve-Marie Engels. Berlin: Verlag für Wissenschaft und Bildung, 1999, S. 151–188.

Reif, Wolf-Ernst. »Deutschsprachige Evolutions-Diskussion im Darwin-Jahr 1959.« In *Evolutionsbiologie von Darwin bis heute*. Hg. von Rainer Brömer, Uwe Hoßfeld und Nicolaas A. Rupke. Verhandlungen zur Geschichte und Theorie der Biologie, Bd. 4. Berlin: Verlag für Wissenschaft und Bildung, 2000a, S. 361–395.

Reif, Wolf-Ernst. »Darwinism, Gradualism and Uniformitarianism«, *Neues Jahrbuch für Geologie und Paläontologie* (2000b): 669–680.

Reif, Wolf-Ernst, Thomas Junker and Uwe Hoßfeld. »The Synthetic Theory of Evolution: General problems and the German Contribution to the Synthesis«, *Theory in Bioscience* 119 (2000): 41–91.

Reinig, William F. »Über das Manifestieren zweier Genovariationen bei *Drosophila funebris*«, *Biologisches Zentralblatt* 48 (1928): 115–125.

Reinig, William F. »Über die Bedeutung der individuellen Variabilität für die Entstehung geographischer Rassen«, *Sitzungsberichte der Gesellschaft Naturforschender Freunde zu Berlin* (1935): 50–69.

Reinig, William F. *Melanismus, Albinismus und Rufinismus. Ein Beitrag zum Problem der Entstehung und Bedeutung tierischer Färbungen*. Probleme der theoretischen und angewandten Genetik und deren Grenzgebiete, Bd. 3. Leipzig: Georg Thieme, 1937.

Reinig, William F. *Elimination und Selektion. Eine Untersuchung über Merkmalsprogressionen bei Tieren und Pflanzen auf genetisch- und historisch-chorologischer Grundlage*. Jena: Gustav Fischer, 1938.

Reinig, William F. »Die genetisch-chorologischen Grundlagen der gerichteten geographischen Variabilität«, *Zeitschrift für induktive Abstammungs- und Vererbungslehre* 76 (1939a): 260–308.

Reinig, William F. »Die Evolutionsmechanismen, erläutert an den Hummeln«, *Verhandlungen der Deutschen Zoologischen Gesellschaft; Zoologischer Anzeiger* Supplementband 12 (1939b): 170–206.

Reinig, William F. »Besteht die Bergmannsche Regel zu Recht?« *Archiv für Naturgeschichte* N.F. 8 (1939c): 70–88.

Remane, Adolf. »Art und Rasse«, *Verhandlungen der Gesellschaft für Physische Anthropologie* 2 (1927): 2–33.

Remane, Adolf. »Exotypus-Studien an Säugetieren I. Zur Definition der systematischen Kategorie Aberration oder Exotypus«, *Zeitschrift für Säugetierkunde* 3 (1928): 64–79.

Remane, Adolf. »Der Geltungsbereich der Mutationstheorie«, *Verhandlungen der Deutschen Zoologischen Gesellschaft; Zoologischer Anzeiger* Supplementband 12 (1939): 206–220.

Remane, Adolf. »Artbild und Vererbung.« In *Erste Reichstagung der Wissenschaftlichen Akademien des NSD.-Dozentenbundes (München, 8.–10. Juni 1939)*. München/Berlin: J.F. Lehmann, 1940, S. 117–126.

Remane, Adolf. »Die Abstammungslehre im gegenwärtigen Meinungskampf«, *Archiv für Rassen- und Gesellschaftsbiologie* 35 (1941): 89–122.

Remane, Adolf. »Die Theorie sprunghafter Typenneubildung und das Spezialisationsgesetz«, *Die Naturwissenschaften* 35 (1948): 257–261.

Remane, Adolf. »Die morphologischen Typen der Mutationen«, *Verhandlungen der Deutschen Zoologischen Gesellschaft, 1948* (1949): 31–36.

Remane, Adolf. *Die Grundlagen des natürlichen Systems, der vergleichenden Anatomie und der Phylogenetik*. Theoretische Morphologie und Systematik I. Leipzig: Akademische Verlagsgesellschaft, 1952.

Remane, Adolf. »Morphologie als Homologienforschung«, *Zoologischer Anzeiger* Supplementband 18 (1955): 159–183.

Remane, Adolf. »Fortschritte und heutige Probleme der Stammesgeschichte. Makro- und Mikroevolution«, *Naturwissenschaftliche Rundschau* 10 (1957): 163–9.

Remane, Adolf. »Aussprache [Trends in der Evolution]«, *Zoologischer Anzeiger* 162 (1959a): 222–228.

Remane, Adolf. »Die Geschichte der Tiere.« In *Die Evolution der Organismen. Ergebnisse und Probleme der Abstammungslehre*. Hg. von Gerhard Heberer. 2., erw. Aufl. Stuttgart: Gustav Fischer, 1959b, Bd. 1, S. 340–422.

Remane, Adolf. »Gedanken zum Problem: Homologie und Analogie, Praeadaptation und Parallelität«, *Zoologischer Anzeiger* 166 (1961): 447–465.

Remane, Adolf. »Aus der Geschichte der Zoologie in Kiel«, *Verhandlungen der Deutschen Zoologischen Gesellschaft vom 18. bis 23. Mai 1964 in Kiel. Zoologischer Anzeiger* Supplementband 28 (1965): 39–48.

Remane, Adolf. »Die Geschichte der Tiere.« *Die Evolution der Organismen, Ergebnisse und Probleme der Abstammungslehre*. Hg. von Gerhard Heberer. 3., völlig neu bearb. und erw. Aufl. Bd. I. Stuttgart: Gustav Fischer, 1967, S. 589–677.

Remane, Adolf, Volker Storch und Ulrich Welsch. *Evolution. Tatsachen und Probleme der Abstammungslehre*. 5., durchges. und erw. Aufl. München: Deutscher Taschenbuch Verlag, 1980.

Remane, Adolf, Volker Storch und Ulrich Welsch. Kurzes *Lehrbuch der Zoologie*. 6., neu bearb. Auflage. Stuttgart/New York: Gustav Fischer, 1989.

Renner, Otto. »Friedrich Wettstein Ritter von Westersheim«, *Die Naturwissenschaften* 33 (1946): 97–100.

Renner, Otto. »150 Jahre Botanische Anstalt in Jena«, *Jenaische Zeitschrift für Medizin und Naturwissenschaften* 78 (1947): 131–162.

Renner, Otto. »Fritz Wettstein von Westersheim«, *Jahrbuch der Bayrischen Akademie der Wissenschaften, 1944/48* (1948): 261–65.

Rensch, Bernhard. »Über die Ursachen von Riesen- und Zwergwuchs beim Haushuhn«, *Zeitschrift für induktive Abstammungs- und Vererbungslehre* 31 (1923): 268–286.

Rensch, Bernhard. »Das Dépérétsche Gesetz und die Regel von der Kleinheit der Inselformen als Spezialfall des Bergmannschen Gesetzes und ein Erklärungsversuch desselben. Eine Hypothese«, *Zeitschrift für induktive Abstammungs- und Vererbungslehre* 35 (1924): 139–155.

Rensch, Bernhard. Rezension von Eduard Uhlmann, *Entwicklungsgedanke und Artbegriff in ihrer geschichtlichen Entstehung und sachlichen Beziehung* (Jena: Gustav Fischer, 1923), *Zeitschrift für induktive Abstammungs- und Vererbungslehre* 38 (1925): 350.

Rensch, Bernhard. »Die stammesgeschichtliche Bedeutung geographischer Rassenkreise«, *Verhandlungen der Deutschen Zoologischen Gesellschaft, 1927–28. Zoologischer Anzeiger* Supplementband 3 (1928): 79–88.

Rensch, Bernhard. *Das Prinzip geographischer Rassenkreise und das Problem der Artbildung*. Berlin: Borntraeger, 1929a.

Rensch, Bernhard. »Die Berechtigung der ornithologischen systematischen Prinzipien in der Gesamtzoologie«, *Proceedings of the Sixth International Ornithological Congress, Copenhagen 1926. Verhandlungen des VI. Internationalen Ornithologen-Kongresses in Kopenhagen 1926* (1929b): 228–242.

Rensch, Bernhard. *Zoologische Systematik und Artbildungsproblem*. Leipzig: Akademische Verlagsgesellschaft, 1933a.

Rensch, Bernhard. »Das Artbildungsproblem vom Standpunkte der zoologischen Systematik«, *Forschungen und Fortschritte* 9 (1933b): 465–466.

Rensch, Bernhard. »Über den Unterschied zwischen geographischer und individueller Variabilität und die Abgrenzung von der ökologischen Variabilität«, *Archiv für Naturgeschichte* N.F. 1 (1933c): 95–113.

Rensch, Bernhard. »Über einige Beziehungen von Rasse und Klima bei Säugetieren«, *Die Medizinische Welt* 8 (1934a): 703–704.

Rensch, Bernhard. »Umwelt und Artbildung«, *Unterrichtsblätter für Mathematik und Naturwissenschaften* 40 (1934b): 151–154.

Rensch, Bernhard. *Kurze Anweisung für Zoologisch-Systematische Studien*. Leipzig: Akademische Verlagsgesellschaft, 1934c.

Rensch, Bernhard. »Umwelt und Rassenbildung bei warmblütigen Wirbeltieren«, *Archiv für Anthropologie* N.F. 23 (1935): 326–333.

Rensch, Bernhard. »Studien über klimatische Parallelität der Merkmalsausprägung bei Vögeln und Säugern«, *Archiv für Naturgeschichte* N.F. 5 (1936a): 317–363.

Rensch, Bernhard. *Die Geschichte des Sundabogens. Eine tiergeographische Untersuchung*. Berlin: Borntraeger, 1936b.

Rensch, Bernhard. »Bestehen die Regeln klimatischer Parallelität bei der Merkmalsausprägung von homöothermen Tieren zu Recht? (Eine Kritik von W.F. Reinigs Buch ›Elimination und Selektion‹«, *Archiv für Naturgeschichte* N.F. 7 (1938a): 364–389.

Rensch, Bernhard. »Einwirkung des Klimas bei der Ausprägung von Vogelrassen, mit besonderer Berücksichtigung der Flügelform und der Eizahl«, *Proceedings of the Eighth International Ornithological Congress, Oxford 1934* (1938b): 285–311.

Rensch, Bernhard. »Typen der Artbildung«, *Biological Reviews* 14 (1939a): 180–222.

Rensch, Bernhard. Rezension von Walter Zimmermann, *Vererbung ›erworbener Eigenschaften‹ und Auslese* (Jena: Gustav Fischer, 1938), *Zeitschrift für Rassenkunde und die gesamte Forschung am Menschen* 9 (1939b): 67–8.

Rensch, Bernhard. »Die paläontologischen Evolutionsregeln in zoologischer Betrachtung«, *Biologia Generalis* 17 (1943a): 1–55.

Rensch, Bernhard. »Die biologischen Beweismittel der Abstammungslehre.« In *Die Evolution der Organismen, Ergebnisse und Probleme der Abstammungslehre*. Hg. von Gerhard Heberer. Jena: Gustav Fischer, 1943b, S. 57–85.

Rensch, Bernhard. *Neuere Probleme der Abstammungslehre. Die Transspezifische Evolution*. Stuttgart: Ferdinand Enke, 1947a. 21954 31972 (englische Ausgabe: *Evolution above the Species Level*. Translated by Altevogt. New York: Columbia University Press, 1960).

Rensch, Bernhard. Rezension von Julian Huxley, *Evolution: The Modern Synthesis* (London: George Allen & Unwin Ltd., 1942), *Universitas* 2 (1947b): 200–204.

Rensch, Bernhard. »Neuere Untersuchungen über transspezifische Evolution«, *Verhandlungen der Deutschen Zoologischen Gesellschaft, 1952. Zoologischer Anzeiger* Supplementband 17 (1953): 379–408.

Rensch, Bernhard. »Die ideale Artbeschreibung«, *Uppsala Universitets Årsskrift* (1958), no. 6: 91–103.

Rensch, Bernhard. »Die phylogenetische Abwandlung der Ontogenese.« In *Die Evolution der Organismen. Ergebnisse und Probleme der Abstammungslehre*. Hg. von Gerhard Heberer. 2., erw. Aufl. Stuttgart: Gustav Fischer, 1959, Bd. 1, S. 103–130.

Rensch, Bernhard. *Evolution above the Species Level*. Translated by Altevogt. New York: Columbia University Press, 1960a.

Rensch, Bernhard. »The Laws of Evolution.« In *The Evolution of Life: Its Origin, History and Future*. Edited by Sol Tax. Evolution after Darwin. The University of Chicago Centennial, vol. 1. Chicago: University of Chicago Press, 1960b, pp. 95–116.

Rensch, Bernhard. *Homo sapiens. Vom Tier zum Halbgott* [1959]. 3., verm. und veränd. Aufl. Göttingen: Vandenhoeck & Ruprecht, 1970.

Rensch, Bernhard. »Die phylogenetischen Abwandlungen der Ontogenesen.« In *Die Evolution der Organismen, Ergebnisse und Probleme der Abstammungslehre*. Hg. von Gerhard Heberer. 3., völlig neu bearb. und erw. Aufl. Bd. II/2, *Die Kausalität der Phylogenie (2)*. Stuttgart: Gustav Fischer, 1971, S. 1–28.

Rensch, Bernhard. *Das universale Weltbild: Evolution und Naturphilosophie*. Frankfurt am Main: Fischer Taschenbuch Verlag, 1977.

Rensch, Bernhard. *Lebensweg eines Biologen in einem turbulenten Jahrhundert*. Stuttgart: Gustav Fischer, 1979.

Rensch, Bernhard. »Historical Development of the Present Synthetic Neo-Darwinism in Germany.« In *The Evolutionary Synthesis. Perspectives on the Unification of Biology*. Edited by Ernst Mayr and William B. Provine. Cambridge, Mass./London: Harvard University Press, 1980, pp. 284–302.

Rensch, Bernhard. »The Abandonment of Lamarckian Explanations: The Case of Climatic Parallelism of Animal Characteristics.« In *Dimensions of Darwinism: Themes and Counterthemes in Twentieth-Century Evolutionary Theory*. Edited by Marjorie Grene. Cambridge: Cambridge University Press; Paris: Editions de la Maison des Sciences de l'Homme, 1983, pp. 31–42.

Rheinberger, Hans-Jörg. »Die Evolution des Genbegriffs: Fragmente aus der Perspektive der Molekularbiologie.« In *Die Entstehung der Synthetischen Theorie: Beiträge zur Geschichte der Evolutionsbiologie in Deutschland 1930–1950*. Hg. von Thomas Junker und Eve-Marie Engels. Berlin: Verlag für Wissenschaft und Bildung, 1999, S. 305–324.

Richter, Jochen. »Das Kaiser-Wilhelm-Institut für Hirnforschung und die Topographie der Großhirnhemisphären. Ein Beitrag zur Institutsgeschichte der Kaiser-Wilhelm-Gesellschaft und zur Geschichte der architektonischen Hirnforschung.« In *Die Kaiser-Wilhelm-/Max-Planck-Gesellschaft und ihre Institute. Studien zu ihrer Geschichte: Das Harnack-Prinzip*. Hg. von Bernhard vom Brocke und Hubert Laitko. Berlin/New York: Walter de Gruyter, 1996, S. 349–408.

Riedl, Rupert, und Peter Krall. »Die Evolutionstheorie im wissenschaftstheoretischen Wandel«. In Wieser, Wolfgang Hg. *Die Evolution der Evolutionstheorie: Von Darwin zur DNA*. Heidelberg: Spektrum Akademischer Verlag, 1994, S. 234–66.

Robson, G.C., and O.W. Richards. *The Variations of Animals in Nature*. London: Longmans, Green, 1936.

Röhrs, Manfred. »Wolf Herre, * 03.05.1909, † 12.11.1997«, *Zeitschrift für Säugetierkunde* 63 (1998): 124–127.

Rolle, Friedr[ich]. *Der Mensch, seine Abstammung und Gesittung im Lichte der Darwin'schen Lehre von der Art-Entstehung und auf Grundlage der neuern geologischen Entdeckungen dargestellt*. Frankfurt am Main: J.C. Hermann'sche Verlagsbuchhandlung, 1866.

Roll-Hansen, Nils. »The genotype theory of Wilhelm Johannsen and its relation to plant breeding and evolution«, *Centaurus* 22 (1978): 201–35.

Romanes, George John. *Darwin and after Darwin: An Exposition of the Darwinian Theory and a discussion of Post-Darwinian Questions*. 3 vols. Chicago: Open Court, 1892–7.

Rudwick, Martin J.S. *The Meaning of Fossils. Episodes in the History of Palaeontology*. London/New York: Macdonald and American Elsevier, 1972. 2 ed. University of Chicago Press, 1985.

Rüger, Ludwig. »Die absolute Chronologie der geologischen Geschichte als zeitlicher Rahmen der Phylogenie.« In *Die Evolution der Organismen, Ergebnisse *und Probleme der Abstammungslehre*. Hg. von Gerhard Heberer. Jena: Gustav Fischer, 1943, S. 183–218.

Rüger, Ludwig. »Die absolute Chronologie der Erdgeschichte als zeitlicher Rahmen der Phylogenie.« In *Die Evolution der Organismen. Ergebnisse und Probleme der Abstammungslehre*. Hg. von Gerhard Heberer. 2., erw. Aufl. Stuttgart: Gustav Fischer, 1959, Bd. 1, S. 175–202.

Rupke, Nicolaas A. »Zu einer Taxonomie der Darwin-Literatur nach ideologischen Merkmalen.« In *Evolutionsbiologie von Darwin bis heute*. Hg. von Rainer Brömer, Uwe Hoßfeld und Nicolaas A. Rupke. Verhandlungen zur Geschichte und Theorie der Biologie, Bd. 4. Berlin: Verlag für Wissenschaft und Bildung, 2000, S. 59–68.

Ruse, Michael. *Monad to Man: The Concept of Progress in Evolutionary Biology*. Cambridge, Mass./London: Harvard University Press, 1996.

Russell, E[dward] S[tuart]. *Form and Function: A Contribution to the History of Animal Morphology*. London: J. Murray, 1916.

Sachse, Carola, und Benoit Massin. *Biowissenschaftliche Forschung an Kaiser-Wilhelm-Instituten und die Verbrechen des NS-Regimes*. Vorabdruck aus dem Forschungsprogramm: »Geschichte der Kaiser-Wilhelm-Institut im Nationalsozialismus«. Berlin: Max-Planck-Geselschaft, 2000.

Saller, Karl. *Die Rassenlehre des Nationalsozialismus in Wissenschaft und Propaganda*. Darmstadt: Progress-Verlag, 1961.

Saller, Karl. »Die Anthropologie nach dem 2. Weltkrieg in München«, *Anthropologischer Anzeiger* 27 (1963): 262–267.

Sapp, Jan. *Beyond the Gene: Cytoplasmic Inheritance and the Struggle for Authority in Genetics*. Oxford/New York: Oxford University Press, 1987.

Sarkar, Sahotra, ed. *The Founders of Evolutionary Genetics. A Centenary Reappraisal*. Boston Studies in the Philosophy of Science, vol. 142. Dordrecht: Kluwer Academic Publishers, 1992.

Satzinger, Helga. »Die blauäugige Drosophila – Ordnung, Zufall und Politik als Faktoren der Evolutionstheorie bei Cecile und Oskar Vogt und Elena und Nikolaj Timofeeff-Ressovsky am Kaiser-Wilhelm-Institut für Hirnforschung Berlin 1925–1945.« In *Evolutionsbiologie von Darwin bis heute*. Hg. von Rainer Brömer, Uwe Hoßfeld und Nicolaas A. Rupke. Verhandlungen zur Geschichte und Theorie der Biologie, Bd. 4. Berlin: Verlag für Wissenschaft und Bildung, 2000, S. 161–195.

Satzinger, Helga, und Annette Vogt. »Elena Aleksandrovna Timoféeff-Ressovsky (1898–1973) und Nikolaj Vladimirovich Timoféeff-Ressovsky (1900–1981).« In

*Darwin & Co. Eine Geschichte der Biologie in Portraits*. Hg. von Ilse Jahn und Michael Schmitt. München: C.H. Beck Verlag, 2001, Bd. 2, S. 442–470.

Schaefer, Ulrich. »In memoriam: Hans Weinert, 1887–1967«, *Anthropologischer Anzeiger* 30 (1968): 315–18.

Schaeuble, J. »Hans Weinert 70 Jahre alt«, *Anthropologischer Anzeiger* 21 (1957): 88–89.

Schaxel, Julius. »Faschistische Verfälschung der Biologie.« In *Freie Wissenschaft. Ein Sammelbuch aus der deutschen Emigration*. Hg. von E[mil] J[ulius] Gumbel. Strasbourg: Sebastian Brant Verlag, 1938, S. 229–245.

Schiemann, Elisabeth. »Erwin Baur«, *Berichte der deutschen botanischen Gesellschaft* 52 (1934): (51)–(114).

Schindewolf, Otto Heinrich. *Paläontologie, Entwicklungslehre und Genetik. Kritik und Synthese*. Berlin: Bornträger, 1936.

Schindewolf, Otto Heinrich. »Zur Frage der sprunghaften Entwicklung [Bemerkungen zu Heberer (1942b)]«, *Der Biologe* 12 (1943): 238–247.

Schindewolf, Otto Heinrich. »Darwinismus oder Typostrophismus?« *A Magyar Biologiai Kutatóintézet munkái / Arbeiten des Ungarischen Biologischen Forschungsinstitutes* 16 (1946): 104–177.

Schindewolf, Otto Heinrich. *Fragen der Abstammungslehre*. Aufsätze und Reden der Senckenbergischen Naturforschenden Gesellschaft, Nr. 1. Frankfurt am Main: Kramer, 1947.

Schindewolf, Otto Heinrich. *Wesen und Geschichte der Paläontologie*. Probleme der Wissenschaft in Vergangenheit und Gegenwart, Bd. 9. Berlin: Wissenschaftliche Editionsgesellschaft, 1948.

Schindewolf, Otto Heinrich. *Grundfragen der Paläontologie. Geologische Zeitmessung, Organische Stammesentwicklung, Biologische Systematik*. Stuttgart: Schweizerbart, 1950. Amerikanische Ausgabe: *Basic Questions in Paleontology: Geologic Time, Organic Evolution, and Biological Systematics* [1950]. Translated by Judith Schaefer. Edited and with an afterword by Wolf-Ernst Reif. With a foreword by Stephen Jay Gould. Chicago/London: The University of Chicago Press, 1993.

Schleidt, Wolfgang M., Hg. *Der Kreis um Konrad Lorenz. Ideen, Hypothesen, Ansichten*. Festschrift anläßlich des 85. Geburtstages von Konrad Lorenz am 7.11.1988. Biologie und Evolution interdisziplinär. Berlin und Hamburg: Verlag Paul Parey, 1988.

Schleiermacher, Sabine. »Soziobiologische Kriegführung? Der ›Generalplan Ost‹«, *Berichte zur Wissenschaftsgeschichte* 19 (1996): 145–156.

Schmalhausen, I.I. *Factors of Evolution. The Theory of Stabilizing Selection* [1949]. Translated by Isadore Dordick. Edited by Theodosius Dobzhansky. With new Foreword by David B. Wake. Chicago/London: The University of Chicago Press, 1968.

Schmidt, Heinrich. *Geschichte der Entwicklungslehre*. Leipzig: Alfred Kröner, 1918.

Schmidt, Otto. »Wilhelm Ludwig †«, *Ruperto-Carola* 25 (1959): 239–240.

Schmuhl, Hans-Walter. *Hirnforschung und Krankenmord. Das Kaiser-Wilhelm-Institut für Hirnforschung 1937–1945*. Vorabdruck aus dem Forschungsprogramm: »Geschichte der Kaiser-Wilhelm-Institut im Nationalsozialismus«. Berlin: Max-Planck-Geselschaft, 2000.

Schnarrenberger, Claus. »Botanik an den Kaiser-Wilhelm-Instituten.« In *Geschichte der Botanik in Berlin*. Hg. von Claus Schnarrenberger und Hildemar Scholz. Wissenschaft und Stadt, Bd. 15. Berlin: Colloquium Verlag, 1990, S. 75–110.

Scholz, Hildemar. »Botanik und Nationalsozialismus in Berlin.« In *Geschichte der Botanik in Berlin*. Hg. von Claus Schnarrenberger und Hildemar Scholz. Wissenschaft und Stadt, Bd. 15. Berlin: Colloquium Verlag, 1990, S. 377–380.

Schönhagen, Benigna. *Tübingen unterm Hakenkreuz. Eine Universitätsstadt in der Zeit des Nationalsozialismus*. Beiträge zur Tübinger Geschichte. Hg. von der Universitätsstadt Tübingen, Bd. 4. Stuttgart: Universitätsstadt Tübingen/Konrad Theiss Verlag GmbH, 1991.

Schrödinger, Erwin. *What is Life? The Physical Aspect of the Living Cell* [1944]. With *Mind and Matter* & *Autobiographical Sketches*. Cambridge: Cambridge University Press, 1992.

Schwanitz, Franz. »Vererbungswissenschaft und Artentstehung«, *Volk und Rasse* 11 (1936): 55–56.

Schwanitz, Franz. »›Geniale Naturforschung‹ – eine Probe ›intuitiver‹ Biologie«, *Der Biologe* 7 (1938a): 92–96.

Schwanitz, Franz. »Erbbiologie und Abstammungslehre«, *Volk und Rasse* 13 (1938b): 210–215.

Schwanitz, Franz. »Polyploidie und Phylogenie«, *Der Biologe* 8 (1939): 323–335.

Schwanitz, Franz. »Ein Kreuzzug gegen die Abstammungslehre«, *Der Biologe* 9 (1940): 407–13.

Schwanitz, Franz. »Genetik und Evolutionsforschung bei Pflanzen.« In *Die Evolution der Organismen, Ergebnisse und Probleme der Abstammungslehre*. Hg. von Gerhard Heberer. Jena: Gustav Fischer, 1943, S. 430–478.

Schwanitz, Franz. »Genetik und Evolutionsforschung bei Pflanzen.« In *Die Evolution der Organismen, Ergebnisse und Probleme der Abstammungslehre.* Hg. von Gerhard Heberer. 2. erw. Aufl. Stuttgart: Gustav Fischer, 1959a, S. 425–551.

Schwanitz, Franz. »Die Entstehung der Nutzpflanzen als Modell für die Evolution der gesamten Pflanzenwelt.« In *Die Evolution der Organismen, Ergebnisse und Probleme der Abstammungslehre.* Hg. von Gerhard Heberer. 2. erw. Aufl. Stuttgart: Gustav Fischer, 1959b, Bd. 1, S. 713–800.

Schwidetzky, I. Rezension von Gerhard Heberer, Hg., *Die Evolution der Organismen, Ergebnisse und Probleme der Abstammungslehre* (Jena: Gustav Fischer, 1943), *Zeitschrift für Rassenkunde* (1943): 100–101.

Senglaub, Konrad. »Die Vorgeschichte und Entwicklung der ›synthetischen Theorie der Evolution‹ – Verzweigungen und Verflechtungen biologischer Disziplinen.« *Geschichte der Biologie. Theorien, Methoden, Institutionen, Kurzbiographien.* Hg. von Ilse Jahn, Rolf Löther, Konrad Senglaub und Wolfgang Heese. 2., durchges. Auflage. Jena: Gustav Fischer, 1985, S. 553–578.

Senglaub, Konrad. »Neue Auseinandersetzungen mit dem Darwinismus.« In *Geschichte der Biologie. Theorien, Methoden, Institutionen, Kurzbiographien.* Hg. von Ilse Jahn. 3., neubearb. und erw. Auflage. Jena/Stuttgart: Gustav Fischer, 1998, S. 558–579.

Shapere, Dudley. »The Meaning of the Evolutionary Synthesis.« In *The Evolutionary Synthesis. Perspectives on the Unification of Biology.* Edited by Ernst Mayr and William B. Provine. Cambridge, Mass./London: Harvard University Press, 1980, pp. 388–398.

Shapin, Steven. »Discipline and Bounding: The History and Sociology of Science as Seen through the Externalism-Internalism Debate«, *History of Science* 30 (1992): 333–69.

Sick, Helmut. »Morphologisch-funktionelle Untersuchungen über die Feinstruktur der Vogelfeder«, *Journal für Ornithologie* 85 (1937): 206–372.

Sieferle, Rolf Peter. *Die Krise der menschlichen Natur. Zur Geschichte eines Konzepts.* Edition Suhrkamp, 1567. Frankfurt am Main: Suhrkamp, 1989.

Siewing, Rolf. »A. Remane (10.8.1898 bis 22.12.1976)«, *Verhandlungen der Deutschen Zoologischen Gesellschaft* (1977): 342–343.

Siewing, Rolf. »Der Verlauf der Evolution im Tierreich.« In *Evolution: Bedingungen, Resultate, Konsequenzen.* 2., bearb. Aufl. Hg. von Rolf Siewing. Uni-Taschenbücher Nr. 748. Stuttgart/New York: Fischer, 1982, S. 171–198.

Siewing, Rolf. »Der Verlauf der Evolution im Tierreich.« In *Evolution: Bedingungen, Resultate, Konsequenzen.* 3., neubearb. Aufl. Hg. von Rolf Siewing. Uni-Taschenbücher, Nr. 748. Stuttgart/New York: Gustav Fischer, 1987, S. 199–236.

Simpson, George Gaylord. *Tempo and Mode in Evolution*. Columbia Biological Series, no. 15. New York: Columbia University Press, 1944.

Simpson, George Gaylord. *The Meaning of Evolution. A Study of the History of Life and of Its Significance for Man*. New Haven: Yale University Press, 1949a.

Simpson, George Gaylord. »Essay-review of recent works on evolutionary theory by Rensch, Zimmermann, and Schindewolf«, *Evolution* 3 (1949b): 178–184.

Simpson, George Gaylord. *The Major Features of Evolution*. Columbia Biological Series, no. 17. New York: Columbia University Press, 1953.

Simpson, George Gaylord. *Concession to the Improbable: An Unconventional Autobiography*. New Haven/London: Yale University Press, 1978.

Smocovitis, Vassiliki Betty. *Botany and the Evolutionary Synthesis: The Life and Work of G. Ledyard Stebbins*. Ph.D. diss., Cornell University, 1988.

Smocovitis, Vassiliki Betty. »Unifying Biology: The Evolutionary Synthesis and Evolutionary Biology«, *Journal of the History of Biology* 25 (1992): 1–65.

Smocovitis, Vassiliki Betty. »Disciplining Evolutionary Biology: Ernst Mayr and the Founding of the Society for the Study of Evolution and *Evolution* (1939–1950)«, *Evolution* 48 (1994a): 1–8.

Smocovitis, Vassiliki Betty. »Organizing Evolution: Founding the Society for the Study of Evolution (1939–1950)«, *Journal of the History of Biology* 27 (1994b): 241–309.

Smocovitis, Vassiliki Betty. *Unifying Biology: The Evolutionary Synthesis and Evolutionary Biology*. Princeton: Princeton University Press, 1996.

Sober, Elliott. *The Nature of Selection: Evolutionary Theory in Philosophical Focus*. Chicago/London: The University of Chicago Press, 1984.

Sober, Elliott. *Philosophy of Biology*. Oxford: Oxford University Press, 1993.

Solschenizyn, Alexander. *Der Archipel Gulag*. Bern: Scherz Verlag, 1976. 3 Bde. Reinbek bei Hamburg: Rowohlt, 1978.

Soyfer, V.N. *Lysenko and the Tragedy of Soviet Science*. New Brunswick, New Jersey: Rutgers University Press, 1994.

Spencer, Herbert. *The Principles of Biology*. London: Williams & Norgate, 1864–67.

Sperlich, Diether, und Dorothee Früh. »Das Schicksal der Populationsgenetik in den Wirren der deutschen Geschichte.« In *Die Entstehung der Synthetischen Theorie: Beiträge zur Geschichte der Evolutionsbiologie in Deutschland 1930–1950*. Hg. von Thomas Junker und Eve-Marie Engels. Berlin: Verlag für Wissenschaft und Bildung, 1999, S. 107–120.

Sperlich, Diether, et al. »In memoriam Prof. Dr. Dr. h.c. Wolf Herre (1909–1997)«, *Zeitschrift für Zoologische Systematik und Evolutionsforschung* 36 (1998): 153–56.

Spixiana. *Chronik der Zoologischen Staatssammlung München: Festschrift zur Verabschiedung des Direktors der Zoologischen Staatssammlung München Prof. Dr. Ernst Josef Fittkau 1976–1992.* Spixiana, Suppl. 17. München: Pfeil, 1992.

Starck, Dietrich. »Vergleichende Anatomie der Wirbeltiere von Gegenbaur bis heute«, *Verhandlungen der Deutschen Zoologischen Gesellschaft*, Jena 1965 (1966): 51–67.

Starck, Dietrich. *Vergleichende Anatomie der Wirbeltiere auf evolutionsbiologischer Grundlage.* Bd. 1, *Theoretische Grundlagen. Stammesgeschichte und Systematik unter Berücksichtigung der niederen Chordata.* Berlin/Heidelberg/New York: Springer, 1978.

Starck, Dietrich. »Die idealistische Morphologie und ihre Nachwirkungen«, *Medizinhistorisches Journal* 15 (1980): 44–56.

Stebbins, G. Ledyard. *Variation and Evolution in Plants.* New York: Columbia University Press, 1950.

Stebbins, G. Ledyard. »The Synthetic Approach to Organic Evolution«, *Cold Spring Harbor Symposia on Quantitative Biology* 24 (1959): 305–311.

Stebbins, G. Ledyard. »Botany and the Synthetic Theory of Evolution.« In *The Evolutionary Synthesis. Perspectives on the Unification of Biology.* Edited by Ernst Mayr and William B. Provine. Cambridge, Mass./London: Harvard University Press, 1980, pp. 139–152.

Stebbins, G. Ledyard. *Darwin to DNA, Molecules to Humanity.* San Francisco: Freeman, 1982.

Stebbins, G. Ledyard, and Francisco J. Ayala. »Is a new evolutionary synthesis necessary?« *Science* 213 (1981): 967–971.

Stebbins, G. Ledyard, and Francisco J. Ayala. »Die Evolution des Darwinismus«, *Spektrum der Wissenschaft* (September 1985): 58–71.

Stephan, Burkhard. »Die Geschichte der Ornithologie in Berlin«, *Wissenschaftliche Zeitschrift der Humboldt-Universität Berlin, Mathematisch-Naturwissenschaftliche Reihe* 34 (1985): 321–329.

Stern, Curt. »Erzeugung von Mutationen durch Röntgenstrahlen«, *Natur und Museum* 59 (1929): 577–83.

Stern, Curt. »Entgegnung auf die Bemerkungen von Franz Weidenreich zu meinem Aufsatz ›Erzeugung von Mutationen durch Röntgenstrahlen‹«, *Natur und Museum* 60 (1930): 133–34.

Storch, Volker, Ulrich Welsch und Michael Wink. *Evolutionsbiologie.* Berlin/ Heidelberg / New York: Springer, 2001.

Strasburger, Eduard. *Neue Untersuchungen über den Befruchtungsvorgang bei den Phanerogamen als Grundlage für eine Theorie der Zeugung.* Jena: Gustav Fischer, 1884.

Strassen, Otto zur. »Die Zweckmässigkeit.« In *Die Kultur der Gegenwart.* Hg. von Paul Hinneberg. 3. Teil, 4. Abteilung, Bd. 1, *Allgemeine Biologie.* Leipzig und Berlin: B.G. Teubner, 1915, pp. 87–149.

Stresemann, Erwin. »Beiträge zur Kenntnis der Avifauna von Buru«, *Novitates Zoologicae* 21 (1914): 358–400.

Stresemann, Erwin. »Über die europäischen Baumläufer«, *Verhandlungen der Ornithologischen Gesellschaft in Bayern* 14 (1919): 39–74.

Stresemann, Erwin. »Die taxonomische Bedeutung qualitativer Merkmale«, *Der Ornithologische Beobachter* 17 (1920): 149–152.

Stresemann, Erwin. »Erwiderung«, *Verhandlungen der ornithologischen Gesellschaft in Bayern* 16 (1924): 184.

Stresemann, Erwin. »Uebersicht über die ›Mutationsstudien‹ I–XXIV und ihre wichtigsten Ergebnisse. (Mutationsstudien XXV)«, *Journal für Ornithologie* 74 (1926): 377–385.

Stresemann, Erwin. *Sauropsida: Aves.* Handbuch der Zoologie, Bd. 7, 2. Hälfte, gegründet von Willy Kükenthal, hg. von Thilo Krumbach. Berlin/Leipzig: Walter de Gruyter, 1927–34.

Stresemann, Erwin. Rezension von Bernhard Rensch, *Das Prinzip geographischer Rassenkreise und das Problem der Artbildung* (Berlin: Borntraeger, 1929), *Ornithologische Monatsberichte* 37 (1929): 155–156.

Stresemann, Erwin. »Fortschritte der Anatomie und Physiologie der Vögel«, *Proceedings of the 7th International Ornithological Congress (Amsterdam 1930)* (1931): 53–72.

Stresemann, Erwin. »Betrachtungen über Geschichte und Kennzeichen des Heidehuhns, Perdix perdix sphagnetorum (Altum)«, *Mitteilungen aus dem Zoologischen Museum in Berlin* 19 (1933): 453–57.

Stresemann, Erwin. »Ökologische Sippen-, Rassen- und Artunterschiede bei Vögeln«, *Journal für Ornithologie* 91 (1943): 305–324.

Stresemann, Erwin. »›Schutzfärbung der Lerchen‹ [Manuskript 1944a, Zusätze 1946; handschriftliche Notiz].« In Jürgen Haffer, Erich Rutschke und Klaus Wunderlich. *Erwin Stresemann (1889–1972) – Leben und Werk eines Pioniers der wissenschaftlichen Ornithologie.* Acta Historica Leopoldina, Nr. 34. Halle (Saale): Deutsche Akademie der Naturforscher Leopoldina, 2000, pp. 232–234.

Stresemann, Erwin. »Mutationsstudie XXXI: *Chlorophoneus rubiginosus* [Manuskript 1944b].« In Jürgen Haffer, Erich Rutschke und Klaus Wunderlich. *Erwin Stresemann (1889–1972) – Leben und Werk eines Pioniers der wissenschaftlichen Ornithologie*. Acta Historica Leopoldina, Nr. 34. Halle (Saale): Deutsche Akademie der Naturforscher Leopoldina, 2000, pp. 231.

Stresemann, Erwin. »›Schneefärbung‹ [März 1946; handschriftliche Notiz].« In Jürgen Haffer, Erich Rutschke und Klaus Wunderlich. *Erwin Stresemann (1889–1972) – Leben und Werk eines Pioniers der wissenschaftlichen Ornithologie*. Acta Historica Leopoldina, Nr. 34. Halle (Saale): Deutsche Akademie der Naturforscher Leopoldina, 2000, pp. 234–37.

Stresemann, Erwin. *Die Entwicklung der Ornithologie. Von Aristoteles bis zur Gegenwart*. Berlin: F.W. Peters, 1951. Englische Ausgabe: *Ornithology: From Aristotle to the Present*. Transl. by Hans J. and Cathleen Epstein. Edited by G. William Cottrell. With a Foreword and an Epilogue on American Ornithology by Ernst Mayr. Cambridge, Mass./London: Harvard University Press, 1975.

Stresemann, Erwin, und Nikolai W. Timoféeff-Ressovsky. »Artentstehung in geographischen Formenkreisen. I. Der Formenkreis *Larus argentatus-cachinnans-fuscus*«, *Biologisches Zentralblatt* 66 (1947): 57–76.

Stubbe, Hans. »Erwin Baur †«, *Zeitschrift für induktive Abstammungs- und Vererbungslehre* 66 (1934a): v–ix.

Stubbe, Hans. »Die Bedeutung der Mutationen für die theoretische und angewandte Genetik«, *Naturwissenschaften* 22 (1934b): 781–7.

Stubbe, Hans. »Probleme der Mutationsforschung.« In *Erbbiologie*. Hg. von W. Kolle. Wissenschaftliche Woche zu Frankfurt, Bd. 1. Leipzig: Georg Thieme, 1935, S. 71–89.

Stubbe, Hans. *Spontane und strahleninduzierte Mutabilität*. Probleme der theoretischen und angewandten Genetik und deren Grenzgebiete, Bd. 4. Leipzig: Georg Thieme, 1937.

Stubbe, Hans. *Genmutation. I. Allgemeiner Teil*. Handbuch der Vererbungswissenschaft. Bd. II, F. Berlin: Borntraeger, 1938.

Stubbe, Hans. »Mutation und Art-Entstehung«, *Die Umschau* 46 (1942): 116–118.

Stubbe, Hans. »Die Situation in der Genetik und die Begegnung mit Lyssenko. Vortrag auf der Konferenz des Zentralsekretariats der SED in Berlin am 25. Mai 1951.« In Ekkehard Höxtermann. *Zur Profilierung der Biologie an den Universitäten der DDR bis 1968*. Preprint 72. [Berlin]: Max-Planck-Institut für Wissenschaftsgeschichte, 1997, S. 80–89.

Stubbe, Hans. »Nachruf auf Fritz von Wettstein«, *Jahrbuch der Deutschen Akademie der Wissenschaften zu Berlin, 1950–1951* (1951): 168–179.

Stubbe, Hans. »Gedächtnisrede auf Erwin Baur«, *Der Züchter* 29 (1959): 1–6.

Stubbe, Hans. *Kurze Geschichte der Genetik bis zur Wiederentdeckung der Vererbungsregeln Gregor Mendels.* Genetik. Grundlagen, Ergebnisse und Probleme in Einzeldarstellungen, Bd. 1. Jena: Gustav Fischer, 1963. 2., überarb. und erg. Aufl. Jena: Gustav Fischer Verlag, 1965.

Stubbe, Hans. »Erinnerungen an Nikolai Wladimirowitsch Timoféeff-Ressovsky«, In Daniil Granin. *Sie nannten ihn Ur. Roman eines Lebens (Life of Nikolai Wladimirowitsch Timoféeff-Ressovsky).* Berlin: Verlag Volk und Welt, 1988, S. 381–384.

Stubbe, Hans, und Fritz von Wettstein. »Über die Bedeutung von Klein- und Großmutationen in der Evolution«, *Biologisches Zentralblatt* 61 (1941): 265–97.

Sturtevant, A[lfred] H[enry]. *A History of Genetics.* Modern Perspectives in Biology. New York: Harper & Row, 1965.

Sucker, Ulrich. *Das Kaiser-Wilhelm-Institut für Biologie. Seine Gründungsgeschichte, seine problemgeschichtlichen und wissenschaftstheoretischen Voraussetzungen (1911–1916).* Pallas Athene. Beiträge zur Universitäts- und Wissenschaftsgeschichte, Bd. 3. Stuttgart: Franz Steiner, 2002.

Suess, Eduard. »Über die Verschiedenheit und die Aufeinanderfolge der tertiären Landfaunen in der Niederung von Wien«, *Sitzungsberichte der mathematisch-naturwissenschaftlichen Classe der kaiserlichen Akademie der Wissenschaften (Wien)* 47 (1863), 1. Abt.: 306–31.

Sulloway, Frank J. »Geographical Isolation in Darwin's Thinking: The Vicissitudes of a Crucial Idea«, *Studies in History of Biology* 3 (1979): 23–65.

Swetlitz, Marc. *Julian Huxley, George Gaylord Simpson and the Idea of Progress in 20th-Century Evolutionary Biology.* Ph.D. diss. University of Chicago, 1994.

Swetlitz, Marc. »Julian Huxley and the End of Evolution«, *Journal of the History of Biology* 28 (1995): 181–217.

Timoféeff-Ressovsky, Helena A., und Nikolai W. Timoféeff-Ressovsky. »Genetische Analyse einer freilebenden Drosophila melanogaster-Population«, *Wilhelm Roux‹ Archiv für Entwicklungsmechanik der Organismen* 109 (1927): 70–109.

Timoféeff-Ressovsky, Nikolai W. »Über die relative Vitalität von *Drosophila melanogaster* Meigen und *Drosophila funebris* Fabricius […] unter verschiedenen Zuchtbedingungen, in Zusammenhang mit den Verbreitungsarealen dieser Arten«, *Archiv für Naturgeschichte N.F.* 2 (1933): 285–290.

Timoféeff-Ressovsky, Nikolai W. »Über den Einfluß des genotypischen Milieus und der Außenbedingungen auf die Realisation des Genotyps«, *Nachrichten von der Gesellschaft der Wissenschaften zu Göttingen. Mathematisch-physikalische Klasse N.F. Fachgruppe VI (Biologie)* 1 (1934a): 53–106.

Timoféeff-Ressovsky, Nikolai W. »Rückgenmutationen und die Genmutabilität in verschiedenen Richtungen. V.«, *Zeitschrift für induktive Abstammung- und Vererbungslehre* 66 (1934b): 165–179.

Timoféeff-Ressovsky, Nikolai W. »Über die Vitalität einiger Genmutationen und ihrer Kombinationen bei *Drosophila funebris* und ihre Abhängigkeit vom ›genotypischen‹ und vom äußeren Milieu«, *Zeitschrift für induktive Abstammungs- und Vererbungslehre* 66 (1934c): 319–344.

Timoféeff-Ressovsky, Nikolai W. »Auslösung von Vitalitätsmutationen durch Röntgenbestrahlung bei Drosophila melanogaster«, *Strahlentherapie* 51 (1934d): 658–663.

Timoféeff-Ressovsky, Nikolai W. »The Experimental Production of Mutations«, *Biological Reviews* 9 (1934e): 411–457.

Timoféeff-Ressovsky, Nikolai W. »Experimentelle Untersuchungen der erblichen Belastung von Populationen«, *Der Erbarzt* 2 (1935a): 117–18.

Timoféeff-Ressovsky, Nikolai W. »Auslösung von Vitalitätsmutationen durch Röntgenbestrahlung bei Drosophila melanogaster«, *Nachrichten der Gesellschaft der Wissenschaften in Göttingen (Biologie)*, N.F. 1 (1935b): 163–180.

Timoféeff-Ressovsky, Nikolai W. »Aussprache [zu Stubbe 1935].« In *Erbbiologie*. Hg. von W. Kolle. Wissenschaftliche Woche zu Frankfurt, Bd. 1. Leipzig: Georg Thieme, 1935c, S. 91.

Timoféeff-Ressovsky, Nikolai W. »Verknüpfung von Gen und Außenmerkmal (Phänomenologie der Genmanifestierung).« In *Erbbiologie*. Hg. von W. Kolle. Wissenschaftliche Woche zu Frankfurt, Bd. 1. Leipzig: Georg Thieme, 1935d, S. 92–115.

Timoféeff-Ressovsky, Nikolai W. »Some Genetic Experiments on Relative Viability«, *Proceedings of the Royal Society of London*, ser. B, 121 (1936): 45–47.

Timoféeff-Ressovsky, Nikolai W. *Experimentelle Mutationsforschung in der Vererbungslehre. Beeinflussung der Erbanlagen durch Strahlung und andere Faktoren.* Dresden und Leipzig: Steinkopff, 1937.

Timoféeff-Ressovsky, Nikolai W. »Genetik und Evolution (Bericht eines Zoologen)«, *Zeitschrift für induktive Abstammungs- und Vererbungslehre* 76 (1939a): 158–218.

Timoféeff-Ressovsky, Nikolai W. »Genetik und Evolutionsforschung (Zusammenfassung)«, *Verhandlungen der Deutschen Zoologischen Gesellschaft; Zoologischer Anzeiger* Supplementband 12 (1939b): 157–169.

Timoféeff-Ressovsky, Nikolai W. »Genetik und Evolutionsforschung«, *Forschungen und Fortschritte* 15 (1939c): 433–436.

Timoféeff-Ressovsky, Nikolai W. »Mutations and Geographical Variation.« In *The New Systematics*. Edited by Julian Huxley. Oxford: Oxford University Press, 1940a, pp. 73–136.

Timoféeff-Ressovsky, Nikolai W. »Allgemeine Erscheinungen der Genmanifestierung.« In *Handbuch der Erbbiologie des Menschen*. Hg. von Günther Just. Bd. 1, *Die Grundlagen der Erbbiologie des Menschen*. Berlin: Julius Springer, 1940b, S. 32–72.

Timoféeff-Ressovsky, Nikolai W. »Der Positionseffekt der Gene.« In *Handbuch der Erbbiologie des Menschen*. Hg. von Günther Just. Bd. 1, *Die Grundlagen der Erbbiologie des Menschen*. Berlin: Julius Springer, 1940c, S. 181–190.

Timoféeff-Ressovsky, Nikolai W. »Allgemeines über die Entstehung neuer Erbanlagen.« In *Handbuch der Erbbiologie des Menschen*. Hg. von Günther Just. Bd. 1, *Die Grundlagen der Erbbiologie des Menschen*. Berlin: Julius Springer, 1940d, S. 193–244.

Timoféeff-Ressovsky, Nikolai W. »Zur Frage über die ›Eliminationsregel‹: Die geographische Größenvariabilität von *Emberiza aureola* Pall.«, *Journal für Ornithologie* 88 (1940e): 334–40.

Timoféeff-Ressovsky, Nikolai W. Referat über Wilhelm Ludwig, »Selektion und Stammesentwicklung« (*Die Naturwissenschaften* 28 (1940): 689–705). *Berichte über die wissenschaftliche Biologie* 56 (1941a): 288–289.

Timoféeff-Ressovsky, Nikolai W. »Mutationen als Material der Rassen- und Artbildung«, *Die Gesundheitsführung – Ziel und Weg* (1941b): 90–97.

Timoféeff-Ressovsky, Nikolai W. »N.K. Koltzoff †«, *Die Naturwissenschaften* 29 (1941c): 121–124.

Timoféeff-Ressovsky, Nikolai W. »Diskussion [zu Stresemann (1943)]«, *Journal für Ornithologie* 91 (1943): 326–7.

Timoféeff-Ressovsky, Nickolaj Vladimirovic. »Autobiographie«, *Nova Acta Leopoldina* N.F. 21 (1959): 301–2.

Timoféeff-Ressovsky, Nikolai W., und K.G. Zimmer. »Strahlengenetik«, *Strahlentherapie* 74 (1944): 183–211.

Timoféeff-Ressovsky, Nikolai W., und K.G. Zimmer. *Das Trefferprinzip in der Biologie*. Biophysik, Bd. 1. Leipzig: S. Hirzel, 1947.

Timoféeff-Ressovsky, Nikolai W., K.G. Zimmer und M. Delbrück. »Über die Natur der Genmutation und der Genstruktur«, *Nachrichten von der Gesellschaft der Wissenschaften zu Göttingen. Mathematisch-physikalische Klasse N.F. Fachgruppe VI (Biologie)* 1 (1935): 189–245.

Timoféeff-Ressovsky, Nikolai W., N.N. Voroncov und A.V. Jablokov. *Kurzer Grundriß der Evolutionstheorie*. Jena: Gustav Fischer, 1975.

Troll, Wilhelm. »Die Wiedergeburt der Morphologie aus dem Geiste deutscher Wissenschaft«, *Zeitschrift für die gesamte Naturwissenschaft* 1 (1935–36): 349–356.

Troll, Wilhelm. *Gestalt und Urbild. Gesammelte Aufsätze zu Grundfragen der organischen Morphologie.* 2., durchges. Aufl. Die Gestalt, Heft 2. Halle: Max Niemeyer, 1942.

Troll, Wilhelm. »Um die Objektivität in der Wiedergabe wissenschaftlicher Auffassungen. Eine Auseinandersetzung mit Herrn G. Heberer«, *Botanisches Archiv* 44 (1943): 431–438.

Tschulok, Sinai. *Deszendenzlehre (Entwicklungslehre). Ein Lehrbuch auf historisch-kritischer Grundlage.* Jena: Gustav Fischer, 1922.

*Überblick.* »Überblick über die wissenschaftliche Tätigkeit und die wissenschaftlichen Veröffentlichungen Hans Nachtsheims.« In *Moderne Biologie: Festschrift zum 60. Geburtstag Hans Nachtsheims.* Hg. Hans Grüneberg und W. Ulrich. Berlin: F.W. Peters, 1950, S. 15–22.

Ullerich, Fritz-Helmut. »Zoologie in Kiel«, *Verhandlungen der Deutschen Zoologischen Gesellschaft* 85.2 (1992): 29–38.

Ulrich, W. »Hans Nachtsheim.« In *Moderne Biologie: Festschrift zum 60. Geburtstag Hans Nachtsheims.* Hg. Hans Grüneberg und W. Ulrich. Berlin: F.W. Peters, 1950, S. 7–14.

[UNESCO.] *The Race Concept: Results of an Inquiry* [1952]. Reprint: Westport, Conn.: Greenwood Press, 1970.

Uschmann, Georg. *Geschichte der Zoologie und der zoologischen Anstalten in Jena, 1779–1919.* Jena: VEB Gustav Fischer, 1959.

Vierhaus, Rudolf, und Bernhard vom Brocke, Hgg. *Forschung im Spannungsfeld von Politik und Gesellschaft. Geschichte und Struktur der Kaiser-Wilhelm-/Max-Planck Gesellschaft.* Stuttgart: Deutsche Verlags-Anstalt, 1990.

Vogel, Friedrich. »Hans Nachtsheim«, *Berichte und Mitteilungen der Max-Planck-Gesellschaft* (1980), Heft 3: 25–29.

Vogt, Carl. *Vorlesungen über den Menschen, seine Stellung in der Schöpfung und in der Geschichte der Erde.* 2 Bde. Gießen: J. Ricker'sche Buchhandlung, 1863.

Vollmer, Gerhard. *Biophilosophie.* Mit einem Geleitwort von Ernst Mayr. Universal-Bibliothek, Nr. 9386. Stuttgart: Philipp Reclam jun., 1995.

Vries, Hugo de. *Intracellulare Pangenesis.* Jena: Gustav Fischer, 1889.

Vries, Hugo de. *Die Mutationstheorie. Versuche und Beobachtungen über die Entstehung von Arten im Pflanzenreich.* Bd. 1, *Die Entstehung der Arten durch Mutation.* Bd. 2, *Elementare Bastardlehre.* Leipzig: Veit & Comp, 1901–03.

Vries, Hugo de. *Die Mutationen und die Mutationsperioden bei der Entstehung der Arten.* Leipzig: Veit & Comp., 1901.

Waddington, C.H. »Epigenetics and Evolution«, *Symposia of the Society for Experimental Biology* 7 (1953): 186–99.

Wagenitz, Gerhard, Hg. *Göttinger Biologen 1737–1945. Eine biographisch-bibliographische Liste*. Göttinger Universitätsschriften. Serie C: Kataloge Bd. 2. Göttingen: Vandenhoeck & Ruprecht, 1988.

Wagner, Moritz. »Ueber den Einfluss der geographischen Isolirung und Colonienbildung auf die morphologischen Veränderungen der Organismen«, *Sitzungsberichte der königl. bayer. Akademie der Wissenschaften zu München* (1870), Bd. 2: 154–74.

Wagner, Moritz. *Die Darwin'sche Theorie und das Migrationsgesetz der Organismen*. Leipzig: Duncker & Humblot, 1868.

Wagner, Rudolph. »Menschenschöpfung und Seelensubstanz.« In *Amtlicher Bericht über die 31. Versammlung Deutscher Naturforscher und Ärzte zu Göttingen 1854*. Göttingen: Vandenhoeck und Ruprecht, 1860, S. 15–22.

Wallace, Alfred Russel. *Darwinism: An Exposition of the Theory of Natural Selection with Some of Its Applications*. New York: Macmillan, 1889.

Watermann, Burkard. »Zum Schicksal einiger Meeresbiologen im Nationalsozialismus«, *Historisch-Meereskundliches Jahrbuch* 1 (1992): 109–138.

Waters, C. Kenneth, and Albert Van Helden, eds. *Julian Huxley: Biologist and Statesman of Science*. Houston, Texas: Rice University Press, 1992.

Watson, James D. *The Double Helix. A Personal Account of the Discovery of the Structure of DNA*. Edited by Gunther S. Stent. New York, London: Norton, 1980.

Watson, James D. *A Passion for DNA. Genes, Genomes, and Society*. Cold Spring Harbor, N.Y: Cold Spring Harbor Laboratory Press, 2000.

Weber, Hermann. »Lage und Aufgabe der Biologie in der deutschen Gegenwart«, *Zeitschrift für die gesamte Naturwissenschaft* 1 (1935–36): 95–106.

Weber, Hermann. Rezension von William F. Reinig, *Melanismus, Albinismus und Rufinismus. Ein Beitrag zum Problem der Entstehung und Bedeutung tierischer Färbungen* (Leipzig: Thieme, 1937); Hans Stubbe, *Spontane und strahleninduzierte Mutabilität* (Leipzig: Thieme, 1937), *Zeitschrift für die gesamte Naturwissenschaft* 3 (1937–38): 437–438.

Weber, Marcel. *Die Architektur der Synthese. Entstehung und Philosophie der modernen Evolutionstheorie*. Berlin/New York: Walter de Gruyter, 1998.

Weber, Wilhelm. »Walter Zimmermann, Botaniker, Phylogenetiker, Naturschützer«, *Jahreshefte der Gesellschaft für Naturkunde in Württemberg* 137 (1982): 166–171.

Weidenreich, Franz. »Vererbungsexperiment und vergleichende Morphologie«, *Paläontologische Zeitschrift* 11 (1929): 275–286, 313–316.

Weidenreich, Franz. »Bemerkungen zu dem Aufsatz von C. Stern ›Erzeugung von Mutationen durch Röntgenstrahlen‹«, *Natur und Museum* 60 (1930): 47.

Weidenreich, Franz. *The Skull of Sinanthropus Pekinensis: A Comparative Study on a Primitive Hominid Skull*. Palaeontologia Sinica, New Series D, 10. Lancaster, Pa.: Lancaster Press, 1943.

Weigelt, Johannes. »Geiseltalforschung und Phylogenie«, *Der Biologe* 8 (1939): 35–38.

Weigelt, Johannes. »Paläontologie als stammesgeschichtliche Urkundenforschung.« In *Die Evolution der Organismen, Ergebnisse und Probleme der Abstammungslehre*. Hg. von Gerhard Heberer. Jena: Gustav Fischer, 1943, S. 131–182.

Weigelt, Johannes. »Paläontologie als stammesgeschichtliche Urkundenforschung (überarb. von Gerhard Heberer).« In *Die Evolution der Organismen. Ergebnisse und Probleme der Abstammungslehre*. Hg. von Gerhard Heberer. 2., erw. Aufl. Stuttgart: Gustav Fischer, 1959, Bd. 1, S. 203–277.

Weigmann, Gerd. »Verzeichnis der wissenschaftlichen Schriften von Professor Dr. Dr. h.c. Adolf Remane«, *Faunistisch-ökologische Mitteilungen* 4 (1973): 275–281.

Weinberg, Wilhelm. »Über den Nachweis der Vererbung beim Menschen«, *Jahreshefte des Vereins für vaterländische Naturkunde in Württemberg* 64 (1908): 369–382.

Weindling, Paul Julian. *Health, Race and German Politics Between National Unification and Nazism, 1870–1945*. Cambridge: Cambridge University Press, 1989.

Weinert, Hans. *Ursprung der Menschheit. Über den engeren Anschluss des Menschengeschlechts an die Menschenaffen*. Stuttgart: Ferdinand Enke, 1932.

Weinert, Hans. *Biologische Grundlagen für Rassenkunde und Rassenhygiene*. Stuttgart: Ferdinand Enke, 1934.

Weinert, Hans. *Die Rassen der Menschheit*. Leipzig, Berlin: Teubner, 1935.

Weinert, Hans. *Entstehung des Menschenrassen*. Stuttgart: Ferdinand Enke, 1938.

Weinert, Hans. *Der geistige Aufstieg der Menschheit vom Ursprung bis zur Gegenwart*. Stuttgart: Enke, 1940a.

Weinert, Hans. »Die pseudowissenschaftlichen Einwände gegen die menschliche Abstammungslehre«, *Verhandlungen der Deutschen Gesellschaft für Rassenforschung* 10 (1940b): 96–99.

Weinert, Hans. *Entstehung des Menschenrassen*. 2., veränd. Aufl. Stuttgart: Ferdinand Enke, 1941.

Weinert, Hans. »Die geistigen Grundlagen der Menschwerdung.« In *Die Evolution der Organismen, Ergebnisse und Probleme der Abstammungslehre*. Hg. von Gerhard Heberer. Jena: Gustav Fischer, 1943a, S. 707–734.

Weinert, Hans. *Biologische Grundlagen für Rassenkunde und Rassenhygiene*. 2., umgearb. Aufl. Stuttgart: Ferdinand Enke, 1943b.

Weinert, Hans. *Ursprung der Menschheit. Über den engeren Anschluß des Menschengeschlechts an die Menschenaffen*. Stuttgart: Ferdinand Enke, 1944.

Weingart, Peter, Jürgen Kroll und Kurt Bayertz. *Rasse, Blut und Gene. Geschichte der Eugenik und Rassenhygiene in Deutschland*. Suhrkamp Taschenbuch Wissenschaft, Nr. 1022. Frankfurt am Main: Suhrkamp, 1992.

Weinich, Detlef. »Konrad Lorenz – ein Darwinist? Zum Theoriebegriff der ›Zivilisationspathologie‹«, *Jahrbuch für Geschichte und Theorie der Biologie* 5 (1998): 71–104.

Weinstein, Alexander. »Cytology in the T.H. Morgan School.« In *The Evolutionary Synthesis. Perspectives on the Unification of Biology*. Edited by Ernst Mayr and William B. Provine. Cambridge, Mass./London: Harvard University Press, 1980, pp. 80–85.

Weinstein, Alexander. »Morgan and the Theory of Natural Selection.« In *The Evolutionary Synthesis. Perspectives on the Unification of Biology*. Edited by Ernst Mayr and William B. Provine. Cambridge, Mass./London: Harvard University Press, 1980, pp. 432–444.

Weismann, August. *Über die Berechtigung der Darwin'schen Theorie*. Leipzig: Verlag von Wilhelm Engelmann, 1868.

Weismann, August. *Über den Einfluß der Isolirung auf die Artbildung*. Leipzig: Verlag von Wilhelm Engelmann, 1872.

Weismann, August. *Studien zur Descendenz-Theorie*. Bd. 2, *Ueber die letzten Ursachen der Transmutationen*. Leipzig: Wilhelm Engelmann, 1876.

Weismann, August. *Ueber die Vererbung. Ein Vortrag*. Jena: Gustav Fischer, 1883.

Weismann, August. *Die Continuität des Keimplasma's als Grundlage einer Theorie der Vererbung*. Ein Vortrag. Jena: Gustav Fischer, 1885.

Weismann, August. »Die Bedeutung der sexuellen Fortpflanzung für die Selektions-Theorie [Jena 1886].« In August Weismann. *Aufsätze über Vererbung und verwandte biologische Fragen*. Jena: Gustav Fischer, 1892, S. 303–395.

Weismann, August. *Das Keimplasma. Eine Theorie der Vererbung*. Jena: Gustav Fischer, 1892.

Weismann, August. *Vorträge über Deszendenztheorie*. 2 Bde. 3., umgearb. Aufl. Jena: Gustav Fischer, 1913.

Weiss, Sheila Faith. *Race Hygiene & National Efficiency: The Eugenics of Wilhelm Schallmayer*. Berkeley, Los Angeles,/London: University of California Press, 1987.

Weiss, Sheila Faith. »The Race Hygiene Movement in Germany, 1904–1945.« In *The Wellborn Science: Eugenics in Germany, France, Brazil, and Russia*. Edited by Mark B. Adams. Oxford and New York: Oxford University Press, 1990, pp. 8–68.

Westenhöfer, Max. »Das Problem der Menschwerdung. Dargestellt auf Grund morphogenetischer Betrachtungen«, *Forschungen und Fortschritte* 11 (1935): 90–1.

Westenhöfer, Max. »Die Entstehung der Menschenrassen. Kritische Bemerkungen zu H. Weinerts gleichnamigem Buche«, *Die Medizinische Welt* 12 (1938): 508–512, 540–543.

Westenhöfer, Max. »Kritische Bemerkungen zu neueren Arbeiten über die Menschwerdung und Artbildung«, *Zeitschrift für die gesamte Naturwissenschaft* 6 (1940): 41–62.

Wette, R. »Wilhelm Ludwig †«, *Biometrische Zeitschrift* 1 (1959): 147–49.

Wettstein, Fritz von. »Morphologie und Physiologie des Formwechsels der Moose auf genetischer Grundlage II«, *Bibliotheca Genetica* 10 (1928): 1–216.

Wettstein, Fritz von. »Bastardpolyploidie als Artbildungsvorgang bei Pflanzen«, *Die Naturwissenschaften* 20 (1932): 981–984.

Wettstein, Fritz von. »Über plasmatische Vererbung und das Zusammenwirken von Genen und Plasma.« In *Erbbiologie*. Hg. von W. Kolle. Wissenschaftliche Woche zu Frankfurt, Bd. 1. Leipzig: Georg Thieme, 1935, S. 31–36.

Wettstein, Fritz von. »Botanik, Paläobotanik, Vererbungsforschung und Abstammungslehre [1938]«, *Palaeobiologica* 7 (1942): 154–68.

Wettstein, Fritz von. »Warum hat der diploide Zustand bei den Organismen den größeren Selektionswert?« *Die Naturwissenschaften* 31 (1943): 574–577.

Wettstein, Richard von. »Das Problem der Evolution und die moderne Vererbungslehre«, *Zeitschrift für induktive Abstammungs- und Vererbungslehre* Suppl.-Band 1 (1928): 370–80.

White, M.J.D. *Animal Cytology and Evolution*. Cambridge: Cambridge University Press, 1945.

White, Michael J.D. »Tales of long ago – The Birth of Evolutionary Theory as a Scientific Discipline [Review of Mayr & Provine 1980]«, *Paleobiology* 7 (1981): 287–291.

Wickler, Wolfgang. »Konrad Lorenz. 7.11.1903–27.2.1989.« In *Max-Planck-Gesellschaft. Berichte und Mitteilungen* 5 (1989): 113–118.

Wigand, Albert. *Der Darwinismus und die Naturforschung Newtons und Cuviers. Beiträge zur Methodik der Naturforschung und zur Speciesfrage.* 3 Bde. Braunschweig: Fr. Vieweg, 1874–77.

Wilson, Edward O. *Sociobiology – The New Synthesis.* Cambridge, Mass./London: The Belknap Press, 1975.

Winkler, Hans. »Über die Rolle von Kern und Protoplasma bei der Vererbung«, *Zeitschrift für induktive Abstammungs- und Vererbungslehre* 33 (1924): 238–253.

Woltereck, Richard. »Einige Tatsachen und ein Vorschlag zum Streit um die sogenannte ›Mikro- und Makrophylogenese‹«, *Zoologischer Anzeiger* 142 (1943): 105–21.

Wolters, Gereon. »Hugo Dingler«, *Science in Context* 2 (1988): 359–67.

Wolters, Gereon. »Opportunismus als Naturanlage: Hugo Dingler und das ›Dritte Reich‹«. In *Entwicklungen der methodischen Philosophie.* Hg. Peter Janich. Frankfurt am Main: Suhrkamp, 1992, S. 257–327.

Wright, Sewall. »Evolution in Mendelian Populations«, *Genetics* 16 (1931): 97–159.

Wright, Sewall. »The Roles of Mutation, Inbreeding, Crossbreeding, and Selection in Evolution.« In *Proceedings of the Sixth International Congress of Genetics,* Ithaca, New York, 1932. Edited by Donald F. Jones. Menasha, Wisc.: Brooklyn Botanic Garden, 1932, vol. 1: 356–66.

Wright, Sewall. »The Statistical Consequences of Mendelian Heredity in Relation to Speciation.« In *The New Systematics.* Edited by Julian Huxley. Oxford: Oxford University Press, 1940, pp. 161–183.

Wright, Sewall. »Genetics and Twentieth Century Darwinism: A Review and Discussion«, *American Journal of Human Genetics* 12 (1960): 365–72.

Wright, Sewall. *Evolution and the Genetics of Populations.* 4 vols. Chicago/London: The University of Chicago Press, 1968–78.

Wuketits, Franz M. »Die Synthetische Theorie der Evolution – Historische Voraussetzungen, Argumente, Kritik«, *Biologische Rundschau* 22 (1984): 73–86.

Wuketits, Franz M. *Evolutionstheorien. Historische Voraussetzungen, Positionen, Kritik.* Dimensionen der modernen Biologie, hg. von Walter Nagl und Franz M. Wuketits, Bd. 7. Darmstadt: Wissenschaftliche Buchgesellschaft, 1988.

Wuketits, Franz M. *Konrad Lorenz: Leben und Werk eines grossen Naturforschers.* München: Piper, 1990.

Wuketits, Franz M. »Bernhard Rensch and His Contributions to Biological Science«, *Biologisches Zentralblatt* 111 (1992): 145–149.

Wunderlich, Klaus. »Erwin Stresemann: Weg und Werk.« In *Miscellen zur Geschichte der Biologie.* Hg. von Armin Geus, Wolfgang F. Gutmann und Michael Weingarten. Aufsätze und Reden der Senckenbergischen Naturforschenden Gesellschaft, Nr. 41. Frankfurt am Main: W. Kramer, 1994, S. 197–207.

Zangerl, Rainer. »The methods of comparative anatomy and its contribution to the study of evolution«, *Evolution* 2 (1948): 351–374.

Zaunick, Rudolph. »Bernhard Rensch«, *Nova Acta Leopoldina* N.F. 21 (1959): 289–90.

Zimmer, K.G. Rezension von Hans Stubbe, *Spontane und strahleninduzierte Mutabilität* (Leipzig: Thieme, 1937), *Der Biologe* 8 (1939): 230.

Zimmer, K.G. »N.W. Timoféeff-Ressovsky, 1900–1981«, *Mutation Research* 106 (1982): 191–193.

Zimmermann, Walter. »Kritische Bemerkungen zu einigen biologischen Problemen II. Zweckmäßige Eigenschaften und Phylogenie«, *Biologisches Zentralblatt* 48 (1928): 203–229.

Zimmermann, W[alter]. »Diskussion zu Weidenreich-Federley, Vererbung«, *Paläontologische Zeitschrift* 11 (1929): 311. *Zeitschrift für induktive Abstammungs- und Vererbungslehre* 54 (1930): 44.

Zimmermann, Walter. *Die Phylogenie der Pflanzen. Ein Überblick über Tatsachen und Probleme.* Jena: Gustav Fischer, 1930.

Zimmermann, Walter. »Genetische Untersuchungen an Pulsatilla I–III«, *Flora oder allgemeine botanische Zeitung* 129 (1934–35): 158–234.

Zimmermann, Walter. »Grundfragen der Deszendenzlehre.« In *Moderne Naturwissenschaft. Öffentliche Vorträge der Universität Tübingen Wintersemester 1933/34.* Stuttgart: Kohlhammer, 1934a, S. 183–216.

Zimmermann, Walter. »Research on phylogeny of species and of single characters«, *American Naturalist* 68 (1934b): 381–384.

Zimmermann, Walter. »Rassen- und Artbildung bei Wildpflanzen«, *Forschungen und Fortschritte* 11 (1935): 272–274.

Zimmermann, Walter. »System und Geschichte der Lebewesen in ihrer Bedeutung für die Forschung an menschlichen Rassen«, *Rasse. Monatsschrift der Nordischen Bewegung* 3 (1936): 417–431.

Zimmermann, Walter. »Strenge Objekt/Subjekt-Scheidung als Voraussetzung wissenschaftlicher Biologie«, *Erkenntnis* 7 (1937/38), 1–44.

Zimmermann, Walter. »Genetische Untersuchungen an *Pulsatilla* IV. Die Entwicklung des *Pulsatilla*-Blattes als Grundlage für die Blattgenetik«, *Flora oder allgemeine botanische Zeitung* 133 (1938–39): 417–492.

Zimmermann, Walter. *Vererbung ›erworbener Eigenschaften‹ und Auslese.* Jena: Gustav Fischer, 1938a.

Zimmermann, Walter. »Die biologische Auslese als Grundlage der Rassenhygiene«, *Volk und Rasse. Illustrierte Monatsschrift für deutsches Volkstum, Rasenkunde, Rassenpflege* 13 (1938b): 250–256.

Zimmermann, Walter. »Aussprache zu N.W. Timoféeff-Ressovsky (1939)«, *Zeitschrift für induktive Abstammungs- und Vererbungslehre* 76 (1939): 219.

Zimmermann, Walter. »Grundfragen der Stammesgeschichte, erläutert am Beispiel der Küchenschelle«, *Biologe* 10 (1941a): 404–414.

Zimmermann, Walter. »Über phylogenetische Methoden«, *Der Biologe* 10 (1941b): 47–49.

Zimmermann, Walter. »Die Methoden der Phylogenetik.« In *Die Evolution der Organismen. Ergebnisse und Probleme der Abstammungslehre.* Hg. von Gerhard Heberer. Jena: Gustav Fischer, 1943, S. 20–56.

Zimmermann, Walter. *Grundfragen der Evolution.* Frankfurt am Main: Klostermann, 1948.

Zimmermann, Walter. *Geschichte der Pflanzen.* Stuttgart: Georg Thieme, 1949. 2. Aufl. 1969.

Zimmermann, Walter. *Evolution. Die Geschichte ihrer Probleme und Erkenntnisse.* Orbis Academicus, Bd. II/3. Freiburg und München: Karl Alber, 1953.

Zimmermann, Walter. »Die Auseinandersetzung mit den Ideen Darwins. Der ›Darwinismus‹ als ideengeschichtliches Phänomen.« In *Hundert Jahre Evolutionsforschung. Das wissenschaftliche Vermächtnis Charles Darwins.* Hg. von Gerhard Heberer und Franz Schwanitz. Stuttgart: Gustav Fischer, 1960, S. 290–354.

Zimmermann, Walter. *Die Telomtheorie.* Fortschritte der Evolutionsforschung, Bd. 1. Stuttgart: Gustav Fischer, 1965.

Zimmermann, Walter. »Hat das Unterrichtsthema ›Evolution‹ Bildungswert?« *Naturwissenschaftliche Rundschau* 19 (1966): 567–573.

Zimmermann, Walter. *Evolution und Naturphilosophie.* Erfahrung und Denken, Bd. 29. Berlin: Duncker & Humblot, 1968.

Zimmermann, Walter. *Geschichte der Pflanzen. Eine Übersicht.* 2., neubearb. Auflage. Stuttgart: Georg Thieme, 1969.

Zimmermann, Walter. *Vererbung ›erworbener Eigenschaften‹ und Auslese.* 2., völlig neu bearb. Aufl. Stuttgart: Gustav Fischer, 1969.

Zimmermann, Walter. *Vererbung ›erworbener Eigenschaften‹ und Auslese.* 2., völlig neu bearb. Aufl. Stuttgart: Gustav Fischer, 1969.

Zirnstein, Gottfried. »Aus dem Leben und Wirken des Leipziger Zoologen Richard Woltereck (1877–1944)«, *NTM* 24 (1987): 113–20.

Zmarzlik, Hans-Günter. »Der Sozialdarwinismus in Deutschland als geschichtliches Problem«, *Vierteljahrshefte für Zeitgeschichte* 11 (1963): 246–73. In Hans-

Günter Zmarzlik. *Wieviel Zukunft hat unsere Vergangenheit?* München: Piper, 1970, S. 56–85.

*Zoologischer Anzeiger.* »Professor Dr. Adolf Remane 65 Jahre alt«, *Zoologischer Anzeiger* 171 (1963): 1–2.

Zündorf, Werner. Rezension von Walter Zimmermann, *Vererbung ›erworbener Eigenschaften‹ und Auslese* (Jena: Gustav Fischer, 1938), *Zeitschrift für die gesamte Naturwissenschaft* 4 (1938–39): 323–4.

Zündorf, Werner. »Der Lamarckismus in der heutigen Biologie«, *Archiv für Rassen- und Gesellschafts-Biologie* 33 (1939a): 281–303.

Zündorf, Werner. »Zytogenetisch-entwicklungsgeschichtliche Untersuchungen in der *Veronica*-Gruppe *Biloba* der Sektion *Alsinebe* Griseb.«, *Zeitschrift für induktive Abstammungs- und Vererbungslehre* 77 (1939b): 195–238.

Zündorf, Werner. »Ein weiterer Beweis für die Bedeutung des Plasmas bei *Epilobium*-Kreuzungen. Art-Kreuzungen mit *E. palustre*«, *Zeitschrift für induktive Abstammungs- und Vererbungslehre* 77 (1939c): 533–547.

Zündorf, Werner. »Phylogenetische oder Idealistische Morphologie?« *Der Biologe* 9 (1940): 10–24.

Zündorf, Werner. »Nochmals: Phylogenetik und Typologie. Entgegnung auf E. Bergdolt, »Über Formwandlungen – zugleich eine Kritik von Artbildungstheorien« (*Der Biologe* 9 (1940): 398–407)«, *Der Biologe* 11 (1942): 125–129.

Zündorf, Werner. »Idealistische Morphologie und Abstammungslehre.« In *Die Evolution der Organismen, Ergebnisse und Probleme der Abstammungslehre.* Hg. von Gerhard Heberer. Jena: Gustav Fischer, 1943, S. 86–104.

# Anmerkungen

1 Die Frühgeschichte der Evolutionstheorie wird in folgenden zusammenfassenden Werken behandelt: Emanuel Rádl, *Geschichte der biologischen Theorien in der Neuzeit* (1909–13), Heinrich Schmidt, *Geschichte der Entwicklungslehre* (1918), Sinai Tschulok, *Deszendenzlehre* (1922) und Walter Zimmermann, *Evolution* (1953). Die Entwicklungen der ersten Hälfte des 20. Jahrhunderts werden mit unterschiedlichen Schwerpunkten erörtert von Ernst Mayr (*The Growth of Biological Thought*, 1982), Peter J. Bowler (*Evolution, the History of an Idea*, 1984) sowie in verschiedenen Kapiteln der *Geschichte der Biologie* (herausgegeben von Ilse Jahn, 1998). Ich selbst habe vor kurzem zusammen mit Uwe Hoßfeld eine allgemeine Einführung in die Geschichte der Evolutionstheorie vorgelegt (*Die Entdeckung der Evolution*, 2001).

2 Ruse reflektiert den begrenzten Charakter seiner Auswahl zumindest, rechtfertigt sie mit pragmatischen Gründen und zeigt eine gewisse Unzufriedenheit mit der Situation (Ruse 1996: 178–81). Entsprechendes lässt sich bei anderen, gerade auch bei deutschsprachigen Autoren nicht finden. Vgl. Allen (1975); Beatty (1986); Cain (1993, 1994); Smocovitis (1992, 1996); Sarkar (1992); Beurton (1994, 1995, 1999); M. Gutmann (1996); M. Weber (1998).

3 Wenn ein Autor im Sinne der jeweiligen political correctness schreibt, werden sogar plumpe Fälschungen als Wahrheit akzeptiert oder als lässliche Fehler verharmlost. Man vergleiche das Vorwort der zweiten amerikanischen Auflage von *The Mismeasure of Man* (1996) mit Junker (1998c) und Gould (1998).

4 Die russische und sowjetische Evolutionsbiologie wurde dagegen schon früher untersucht. Vgl. Adams (1968, 1970, 1980a, 1980b, 1994a, b); Dobzhansky (1980); weitere Literatur in Reif, Junker & Hoßfeld (2000: 42).

5 Vgl. beispielsweise Bäumer (1990); Deichmann (1992).

6 Vgl. Mayr (1980a, f, i, 1988c, 1999a); Rensch (1980); Reif (1983, 1986, 1993, 1997a, 1999, 2000a); Harwood (1985, 1993a, 1996a); Haffer (1994a, b, 1997c, 1999); Hoßfeld (1997, 1998a, b, 1999b, c, 2000a); Hoßfeld & Junker (1999); Junker (1996b, 1998b, 1999a, 2000a, b, c, 2001a, b, c, 2002a); Junker & Hoßfeld (2000, 2001, 2002).

7 Vgl. beispielsweise Weindling (1989); Weingart, Kroll & Bayertz (1992); Weiss (1990); Junker & Paul (1999); Junker & Hoßfeld (2000).

8 Wie sehr schon die Fragestellung selbst bis heute tabuisiert ist, konnte ich kürzlich erfahren, als ein Forschungsantrag zur Aufarbeitung der Wissenschaftsgeschichte der Evolutionstheorie im Dritten Reich, der auf der vorliegenden

Untersuchung aufbauen sollte, von der Deutschen Forschungsgemeinschaft u.a. mit dem Argument abgelehnt wurde, dass eine »eigentliche Fragestellung und These« fehle. Den Gutachtern der DFG lag u.a. eine frühere Manuskriptversion des vorliegenden Buches vor, so dass sich jeder Leser ein eigenes Urteil über die Berechtigung dieser Aussage zu bilden vermag.

9 In einer Überwachungsliste des Amtes Rosenberg werden folgende Teilnehmer aus Deutschland genannt: **A. Botaniker** (F. v. Wettstein, Tischler, Knapp, Stubbe, Michaelis, Melchers, Geitler, Burgeff, Oehlkers); **B. Zoologen** (M. Hartmann, Timoféeff-Ressovsky, H. Bauer, Seidel, Gottschewski, Plagge, W. Ludwig, Becker, P. Hertwig); **C. Pflanzen- und Tierzüchter** (Tschermak-Ley, Römer, Rudorf, Kausche, Freisleben, Rosenstiel, Nachtsheim, Laubrecht, Herre, Carstens, Zorn); **D. Human-Genetiker** (K.H. Bauer, E. Fischer, Just, Lemser, Lenz, Loeffler, Rodenwaldt, Rüdin, Schade, Stumpfl, Verschuer). Vgl. IZM, Rep. Rosenberg, HA Wissenschaft, MA 116/13.

10 Diese Phänomene wurden ausgiebig von der Wissenschafts- bzw. Wissenssoziologie diskutiert und beschrieben. Vgl. z.B. Mannheim (1928); Fleck ([1935] 1980); Kuhn (1970).

11 Vgl. Lohff (1990); Hull (1985); Moore (1991); Mayr (1991); Junker (1994); Junker & Paul (1999).

12 Wenige Seiten später heißt es ähnlich: »Darwinism, in so far as natural selection and the struggle for existence are its characteristic features, received a completely unexpected and powerful ally in Mendelism« (Chetverikov [1926] 1961: 183). Vgl. auch Chetverikov (1959); Adams (1990b).

13 Teilweise spricht Zimmermann auch von »Neo-Darwinismus« (Zimmermann 1943: 49).

14 Vgl. auch Grant (1983: 150); Mayr (1984a: 1261); Beurton (1995); Reif, Junker & Hoßfeld (2000: 43).

15 Vgl. beispielsweise Provine (1978: 168) und Bowler (1984: 289).

16 An anderer Stelle heißt es ähnlich: The »younger branches of biology achieved a synthesis with each other and with the classical disciplines: and the reconciliation converged upon a Darwinian centre« (Huxley 1942: 25).

17 Diese Gleichsetzung findet sich auch bei anderen Autoren. Vgl. Gould (1980b: 119); Depew & Weber (1988: 317); Lawrence (1989: 340); Dennet (1995: 22); Kutschera (2001).

18 Vgl. z.B. Schindewolf (1950); Eldredge & Gould (1972: 87 Fn.); Gutmann & Bonik (1981).

19 Ich möchte an dieser Stelle ausdrücklich bemerken, dass ich auf die nomenklatorischen Fragen durch Ernst Mayr selbst aufmerksam gemacht wurde.

*Anmerkungen*

20 Wenige Seiten später wird dieser Appell auf weitere Bereiche der Naturwissenschaften ausgedehnt: »Evolution may lay claim to be considered the most central and the most important of the problems of biology. For an attack upon it we need facts and methods from every branch of the science – ecology, genetics, paleontology, geographical distribution, embryology, systematics, comparative anatomy – not to mention reinforcements from other disciplines such as geology, geography, and mathematics« (Huxley 1942: 13).

21 »The Darwinism thus reborn is a modified Darwinism, since it must operate with facts unknown to Darwin; but it is still Darwinism in the sense that it aims at giving a naturalistic interpretation of evolution, and that its upholders, while constantly striving for more facts and more experimental results, do not, like some cautious spirits, reject the method of deduction« (Huxley 1942: 27).

22 Vgl. Wuketits (1984); Senglaub (1985); Eckardt (1990); M. Gutmann (1996); M. Weber (1998); Beurton (1999); Junker & Engels (1999); Reif, Junker & Hoßfeld (2000).

23 »Die Heterogenität der wissenschaftlichen Auffassungen auf dem Gebiete der Abstammungslehre ist weiterhin zum nicht geringen Grunde auch dadurch bedingt, daß eine eingehendere Kenntnis verschiedener biologischer Teildisziplinen wie der Genetik, Entwicklungslehre, vergleichenden Anatomie, Ökologie und der Paläontologie Voraussetzung für alle Mitarbeit ist« (Rensch 1947a: 2).

24 »Paläontologie und Systematik, vergleichende Anatomie und Entwicklungsmechanik, vor allem aber die Genetik – um nur die wichtigsten beteiligten biologischen Disziplinen zu nennen – haben im Laufe der Zeit ein so umfangreiches Tatsachenmaterial zusammengetragen, daß reichlich Stoff für ein eigenes Handbuch über die Fragen der Rassen- und Artbildung gegeben wäre« (Nachtsheim 1940: 552).

25 Wie aus Heberers Tagebuch ersichtlich, wurden die meisten Beiträge im Laufe des Jahres 1941 verfasst (Nachlass Heberer).

26 »Eine wesentliche Schuld an dem gegenwärtigen unbefriedigenden Zustande trägt der seit langem bestehende Gegensatz zwischen der Entwicklungslehre und der Genetik. Während man erwarten sollte, daß die beiderseitigen Ergebnisse sich auf das beste ergänzen und in einem geschlossenen Gedankengebäude zusammenmünden, haben im Gegenteil die Denkrichtungen der beiden Disziplinen sich immer weiter auseinander entwickelt« (Schindewolf 1936: III).

27 Schindewolf verweist auf die Theorien von Goldschmidt (1933, 1940), um anzudeuten, wie es durch Großmutationen zu sprunghaften evolutiven Ver-

änderungen kommen kann (Schindewolf 1936: 86). Wie er in einer längeren Fußnote schreibt, sei ihm aber Goldschmidts *The Material Basis of Evolution* (1940) »bei Abfassung des Manuskriptes noch nicht bekannt« gewesen (Schindewolf 1950: 407).

28 Aus dem Kontext wird deutlich, dass Schindewolfs »geläuterter Darwinismus« dem synthetischen Darwinismus entspricht. Im Literaturverzeichnis führt er einige der wichtigeren Werke auf: Dobzhansky (1937), Mayr (1942), *Die Evolution der Organismen* (1943), Simpson (1944) und Zimmermann (1938a, 1948). Es fehlen aber die für die Begriffsbildung wichtigen Schriften von Huxley (1942) und Simpson (1949a).

29 Ernst Mayr hat in seiner Rezension auf diesen Mangel hingewiesen und bemerkt: »There are two major criticism of this otherwise very useful volume. One is that evolution is too often treated as if it were the same as phylogeny. As a consequence, the treatment of many other problems of evolution such as that of the multiplication of species, is slighted. The second is the stated neglect of the period most interesting to the current student, namely the period 1880–1940, which led to the modern synthesis« (Mayr 1954a: 58).

30 Demgegenüber heißt es bei Heberer 1959: »Es war auch nicht mehr notwendig, eine besondere Darstellung der Idealistischen Morphologie zu geben, da der anachronistische Versuch, die Idealistische Morphologie als bestimmend in die Struktur der Biologie einzubauen, gescheitert ist« (Heberer 1959a: VIII).

31 So sollte die von Wolfgang Friedrich Gutmann und Klaus Bonik 1981 veröffentlichte *Kritische Evolutionstheorie* dem Untertitel zufolge ein *Beitrag zur Überwindung altdarwinistischer Dogmen* sein.

32 Bei der eigentlichen Definition wird allerdings auf die Selektionstheorie kein Bezug mehr genommen, sondern nur mehr allgemein von der Populationsgenetik gesprochen: »The modern synthesis received its name because it gathered under one theory – with population genetics at its core – the events in many subfields that had previously been explained by special theories unique to that discipline« (Eldredge & Gould 1972: 108).

33 Ähnlich heißt es bei Franz M. Wuketits: »Um es auf eine einfache Formel zu bringen, kann man die Synthetische Theorie unter diesen Voraussetzungen als ›Darwins Selektionstheorie plus klassische Genetik (Mendel) plus Populationsgenetik‹ umreißen« (Wuketits 1988: 65). Vgl. auch die Definitionen der Synthetischen Evolutionstheorie von Peter Bowler als Kombination von »genetics and selectionism« (Bowler 1984: 233) und von Carl Degler als Verbindung von »Darwinian evolution and its theory of natural selection with the science of genetics« (Degler 1991: 230).

34 Bei der von ihm verwendeten Definition fällt die Selektion allerdings weg: »the synthetic theory – i.e., [...] the theory of population genetics based on the Hardy-Weinberg equilibrium principle« (Beatty 1986: 131–32). Dass Beatty Populationsgenetik und Evolutionäre Synthese gleichsetzt, geht auch aus der Tatsache hervor, dass er Provines *The Origins of Theoretical Population Genetics* (1971) als **die** Geschichte der Evolutionären Synthese anführt (Beatty 1986: 125 Fn.).

35 Smocovitis hat auch in ihrer neuesten Publikation die Formel ›Mutation und Selektion‹ in nur wenig modifizierter Form wiederholt: »It was at this time [the years between 1920 and 1950] that the critical event Provine called the ›evolutionary synthesis‹ took place. According to existing historical understanding, the synthesis involved the integration of Darwinian selection theory with the newer science of genetics, leading to the establishment of the Neo-Darwinian or modern synthetic theory of evolution« (Smocovitis 1996: XII; vgl. auch 1996: 20).

36 Typisch hierfür ist Peter Beurtons Vorschlag, die Bezeichnung ›Neo-Darwinismus‹ nur für die mathematischen Populationsgenetiker (Fisher und Haldane) zu gebrauchen und die Gegenbewegung der Naturalisten (Dobzhansky, Mayr und Simpson) als ›Synthese‹ zu bezeichnen (Beurton 1995).

37 Marion Kreis und Theresa Höffe danke ich für die Recherchen zu diesem Punkt.

38 Bei diesen Überlegungen geht es darum, ein historisches Stadium in der Geschichte der Evolutionstheorie zu benennen. Für die aktuelle Evolutionstheorie stellt sich das nomenklatorische Problem kaum mehr, da es keine stark unterschiedenen Varianten mehr gibt – Darwinismus und Evolutionstheorie wurden weitgehend synonym.

39 Vgl. hierzu ergänzend Mayr (1980a: 1); Futuyma (1986: 12); Junker (1999a: 71) sowie das strukturelle Modell in Reif, Junker & Hoßfeld (2000: 55–60).

40 Dieses Postulat wird bis heute kontrovers diskutiert. Vgl. beispielsweise Mayr (2001); Kutschera (2001); Gould (2002).

41 Marcel Webers historisch-wissenschaftstheoretische Analyse trägt den Titel: *Die Architektur der Synthese* (1998).

42 Demgegenüber hat Jean Gayon ›Neo-Darwinismus‹ definiert als: »This term has always been restricted to major radicalizations of Darwin's philosophical views on natural selection« (Gayon 1995: 16).

43 »In Germany [...] the late nineteenth century saw a marked slow-down in the creation of new chairs and institutes, and in the post-1918 economic crisis total spending on the universities remained below pre-World War I levels for over

a decade. Until 1945, in consequence, there was only one chair (and very few other tenured posts) devoted to genetics in the twenty-six German universities. Those interested in genetics, therefore, had to find jobs in institutes of botany or zoology or in the Kaiser-Wilhelm-Institute for Biology which was created in 1914 to compensate for the universities‹ failure to develop the new experimental biology« (Harwood 1985: 299–300; vgl. auch Harwood 1996b; Vierhaus & vom Brocke 1990; Sucker 1992). Zur Geschichte der Genetik in Deutschland vor 1945 vgl. Friedrich-Freska (1961); Nachtsheim (1955); Harwood (1985, 1993a); Plarre (1990).

44  Zur Geschichte der Landwirtschaftlichen Hochschule sowie der Kaiser-Wilhelm-Institute für Biologie, für Hirnforschung und für Züchtungsforschung vgl. Natho & Wiedenroth (1985); Plarre (1990); Henning & Kazemi (1988, 1996); Schnarrenberger (1990); Harwood (1996b); Richter (1996); Henning (2000); Satzinger (2000); Sucker (2002). Die Beziehungen der KWIs zum NS-Regime werden schwerpunktmäßig untersucht in Macrakis (1993a, b, 1994); Deichmann & Müller-Hill (1994); Kaufmann (2000); Sachse & Massin (2000); Schmuhl (2000).

45  Einzige Ausnahme ist der Lehrstuhl für Genetik, der 1941 an der Reichsuniversität Straßburg eingerichtet und mit Edgar Knapp vom KWI für Züchtungsforschung als Leiter besetzt wurde (Plarre 1990: 121).

46  Zu Biographie von Baur vgl. Schiemann (1934); Stubbe (1934a, 1959); Hagemann (1975, 2000); Jacobs (1990); Harwood (1993a); Kröner, Toellner & Weisemann (1994); Junker (2000a: 309–17).

47  Plate (1933: 1006). Ähnliche Aussagen finden sich bei Nachtsheim (1927: 990); Goldschmidt (1928: 454); Rensch (1929a: 125); Hartmann (1933: 657); Muller (1940: 191); Stubbe & von Wettstein (1941: 266); Stern in Mayr (1980k: 427).

48  Weitere Hinweise auf Baurs wichtige Rolle bei der Formation des synthetischen Darwinismus finden sich bei Mayr (1982: 550, 553; 1988c: 530, 549).

49  Stubbe vermutete, dass es das »wohl am meisten in Deutschland gelesene Lehrbuch für allgemeine Vererbungslehre« war (Stubbe 1934a: IX).

50  Baur umschreibt das Hardy-Weinberg-Gleichgewicht folgendermaßen: »Also wenn bei einem allogamen Organismus eine Population aus einer sich panmiktisch vermehrenden F2-Generation nach einer Kreuzung hervorgeht, dann wird diese Population immer die Zusammensetzung zeigen, welche die ursprüngliche F2-Generation aufwies« (Baur 1919: 313–14).

51  Zur Biographie von Nachtsheim vgl. Ulrich (1950); *Überblick* (1950); Vogel (1980); Engel (1997); Kröner (1998); Paul & Falk (1999).

52 Das zweite wichtige Thema waren die Mutationsversuche Mullers: »Der Vortrag von Muller über ›Das Problem der künstlichen Veränderung des Gens‹ [...] bedeutete in der Tat den Höhepunkt des Kongresses« (Nachtsheim 1927: 991).

53 »Am wichtigsten aber sind für die Rassenbildung beim Hauskaninchen die Merkmale des Haarkleides geworden, Färbung und Zeichnung sowie die Haarbeschaffenheit. Das Haarkleid ist zugleich der erbanalytisch bestuntersuchte Teil des Säugetierkörpers, und gerade diese Untersuchungen haben uns erst den vollen Einblick in den Gang der Rassenbildung ermöglicht« (Nachtsheim 1940: 566).

54 Zur Biographie von Stubbe vgl. Hertwig (1962); Melchers (1972); Hagemann (1984); Böhme (1990); Käding (1999).

55 Weiter nennt Rensch an dieser Stelle East (1936); Dobzhansky (1937, 1939); Timoféeff-Ressovsky (1937, 1939a); Bauer & Timoféeff-Ressovsky (1943); Huxley (1942) und Mayr (1942).

56 Diese Frage hatte nach 1945, als sich Stubbe in der DDR mit dem Lyssenkoismus auseinandersetzen musste, noch einmal große Relevanz. Vgl. Stubbe (1951); Höxtermann (1997, 2000); Junker (1999a: 45–46).

57 Für einen größeren Anteil Stubbes könnte sprechen, dass sein Artikel »Mutation und Art-Entstehung« von 1942, in dem Ergebnisse aus Stubbe & von Wettstein (1941) dargestellt werden, lediglich Stubbe als Autoren nennt und von Wettstein auch im Text nicht erwähnt wird.

58 Zur Biographie von Timoféeff-Ressovsky vgl. Timoféeff-Ressovsky (1959); Eichler (1982); Medvedev (1971, 1982); Zimmer (1982); Granin (1988); Stubbe (1988); Berg (1990); Glass (1990a); Paul & Krimbas (1992); Konaschev (1997); Hoßfeld (1998b, 2001); Junker (1998b, 2000a: 317–20); Satzinger & Vogt (2001). Zur populationsgenetischen Schule von Chetverikov vgl. Adams (1980b); Dobzhansky (1980). Zur Vorgeschichte von Timoféeff-Ressovskys Übersiedelung nach Berlin und zur Geschichte des Kaiser-Wilhelm-Instituts für Hirnforschung vgl. Richter (1996).

59 »A welcome improvement in the mutual understanding between geneticists and systematists has occurred in recent years, largely owing to the efforts of such men as Rensch and Kinsey among the taxonomists, Timofeeff-Ressovsky and Dobzhansky among the geneticists, and Huxley and Diver among the general biologists« (Mayr 1942: 3).

60 Simpson hat allerdings später den direkten Einfluß von Timoféeff-Ressovsky auf seine eigenen Arbeiten als gering bezeichnet: »I did not know about Russian genetics until the late 1930s when I started reading first Dobzhansky, then Timoféeff-Ressovsky. Except for Dobzhansky, I was not much influenced by

them directly, at least. Doubtless through mere ignorance, I have never gotten much from Chetverikov« (Simpson in Mayr 1980l: 460).

61 Vgl. auch: »Simultaneously [with the North American Synthesis], there was a parallel synthesis in Germany, led by Timoféeff-Ressovsky, a student of Chetverikov« (Mayr 1997a: 193).

62 Gezählt wurden jeweils die Erstautoren; Dobzhansky und Timoféeff-Ressovsky wurden der russischen, Goldschmidt der deutschen Literatur zugerechnet.

63 Zur Biographie von Zimmer vgl. Hoßfeld (2001: 339); zur Biographie von Delbrück vgl. Fischer (1988).

64 Das Buch erschien 1947 »mit Genehmigung der Sowjetischen Militäradministration«. Nach den Einträgen im Literaturverzeichnis zu schließen, wurde das Manuskript bereits 1944 abgeschlossen.

65 Zum Beitrag von Bauer und Timoféeff-Ressovsky vermerkte Heberer in seinem Tagebuch von 1941: »[9. Mai] Timofeeff hat auf den Mahnbrief geschrieben und das Manuskript zugesagt zum 1. Juni – ist ja recht erfreulich, dass er es noch zur Zeit fertig kriegt. [3. September] Bauer-Timofeeff haben ihren Beitrag trotz Versprechungen noch immer nicht abgeliefert. Ich schrieb beiden heute eingeschriebene Briefe – ob das wohl wirken wird?« (Nachlass Heberer).

66 »*The new systematics* may be characterized as follows: The importance of the species as such is reduced, since most of the actual work is done with subdivision of the species, such as subspecies and populations« (Mayr 1942: 7).

67 »Gegenüber den unter den Biologen nicht seltenen extremen Empirikern, die dazu neigen, diese und ähnliche Arbeitsrichtungen als überflüssige mathematische Spielereien zu betrachten, muß aber betont werden, daß gerade auf diesem Gebiete ohne strenge und exakte Analyse der Verhältnisse, wenn auch unter künstlich angenommenen Voraussetzungen, der Evolutionsmechanismus überhaupt nicht klar gesehen und erkannt werden kann. Eine ›qualitative‹ Schätzung auf den ›ersten Blick‹, oder auf Grund sogenannter allgemein-biologischer ›Erfahrungen‹ und ›Bewertungen‹ kann zu bizarrsten Trugschlüssen führen« (Timoféeff-Ressovsky 1939a: 207).

68 »Im gleichen Jahr [1937] begann eine auf viele Bändchen konzipierte Reihe *Probleme der theoretischen und angewandten Genetik* zu erscheinen, deren Titelzusammenstellung parallele Bestrebungen zur Synthese erkennen läßt. *Spiritus rector* war Timoféeff-Ressovsky, Redakteur W.F. Reinig. Nur sechs Bändchen erschienen, dann setzte der zweite Weltkrieg dem Unternehmen ein Ende« (Senglaub 1985: 575). Bei den Bänden handelt es sich um: W. Ludwig,

*Faktorenkopplung und Faktorenaustausch*; W.F. Reinig, *Melanismus, Albinismus und Rufinismus*; G. Schubert & A. Pickhan, *Pflanzenzüchtung und Rohstoffversorgung*; H. Stubbe, *Spontane und strahleninduzierte Mutabilität*; K.G. Zimmer, *Strahlungen*. Vgl. auch den Brief von Reinig an Senglaub, 26. November 1976, S. 4 (MfN Berlin, Historische Schriftgutsammlung, Best. Zool. Mus., Sign. SV., Akte Senglaub, Mappe Reinig, W.F.).

69 In der Anlage finden sich folgende Erläuterungen: »Unsere Kenntnisse von der Variabilität und Vererbung versetzen uns in die Lage, zum Studium der Mikroevolution Wege zu beschreiben, die der klassischen Evolutionsforschung versperrt geblieben waren. Zu diesen neuen Wegen gehören die **mathematischen Methoden** der Analyse der Gleichgewichtszustände, der Selektionswirkungen, der Isolationseinflüsse, des Mutationsdruckes und der Kreuzungssysteme innerhalb verschiedener Populationen, die **genetischen Methoden** der Analyse der intraspezifischen Variabilität und die **ökologischen und physiologischen Methoden** der experimentellen Prüfung des durch die Variabilität gegebenen Evolutionsmaterials. Diesen Methoden, die wir als populationsgenetische zusammenfassen, stehen **biogeographische** zur Seite, die auf den Erkenntnissen der modernen Genetik aufbauen, darüber hinaus aber eine Brücke zwischen Mikro- und Makroevolution zu schlagen versuchen. Es sind dieses vor allem Methoden der Analyse der Gen- und Phaen-Geographie sowie der Gen- und Phaen-Zentren, die gemeinsam mit der Lebensraumforschung, Arealkunde und der biogeographischen Erfassung natürlicher Sippen Probleme in Angriff nehmen, an deren Lösung Biologen, Geographen, Geologen und Paläontologen im gleichen Maße interessiert sind. In beiden Richtungen bewegen sich schon zahlreiche Arbeiten von Genetikern und Biogeographen des In- und Auslandes. Indessen erfordert eine fruchtbare Weiterführung dieser Arbeitsrichtung eine gute Planung der Forschung und straffe Zusammenarbeit der Spezialisten aller an der Evolutionsforschung beteiligten Zweige der Wissenschaft.« Zit. nach Haffer (1999: 135–36; Hervorhebung zugefügt); vgl. auch Timoféeff-Ressovsky (1939a); Grau, Schlicker & Zeil (1979: 313).

70 »Between 1920 and 1940, researchers associated with the Institute of Experimental Biology in Moscow made major contributions to the emerging evolutionary synthesis. Those contributions included [...] the first systematic genetic analyses of wild populations of Drosophila melanogaster and other Drosophila species (Timoféeff-Ressovsky and Timoféeff-Ressovsky, 1927 [...])« (Adams 1980b: 242–43).

71 Nachtsheim nennt Reinig neben Rensch, Timoféeff-Ressovsky, Melchers, Dobzhansky und Zimmermann (Nachtsheim 1940: 552). Mayr schreibt: »this Syn-

thesis was accepted primarily by leading systematists such as Stresemann, Rensch, Ramme, Hering, Meise, Hennig, and Reinig« (Mayr 1999a: 28).

72 Brief von Reinig an Senglaub, 26. November 1976 (MfN Berlin, Historische Schriftgutsammlung, Best. Zool. Mus., Sign. SV., Akte Senglaub, Mappe Reinig, W.F.).

73 Vgl. Senglaub (1985: 575); Haffer (1999).

74 Brief von Reinig an Senglaub, 26. November 1976, S. 4. Vgl. auch Melchers (1987: 387).

75 Zu dieser Passage schrieb Mayr am 5. August 1951 an Stresemann: »Ich glaube, Du bist Rensch nicht ganz gerecht geworden, seine Abkehr vom Lamarckismus erfolgte 1933/34, lange vor Publikation des Dobzhanskyschen Buches. Das geht aus Deiner Darstellung nicht klar hervor, auch ist Reinig kein ›Genetiker‹« (vgl. Haffer 1997c: 660–61). Tatsächlich ist Stresemanns Darstellung zutreffend!

76 Die Ansicht, dass ›alte‹ Arten reicher an genetischer Variabilität sind, wurde auch von anderen Autoren vertreten. So heißt es bei Chetverikov: »Because of the law of combining probabilities, even though the probability of appearance of a particular mutation in a population will ordinarily be extremely small, the probability of appearance of any one of them in the homozygous condition increases proportionally to the number of mutations absorbed by the species, and in this way with a sufficient accumulation of them, the species begins to manifest more and more often heritable deviations, begins to show instability in its characters, i.e., it begins ›to age‹« (Chetverikov [1926] 1961: 192; vgl. auch H.A. & N.W. Timoféeff-Ressovsky 1927: 104–05).

77 Vgl. Rensch (1947a: 9; 1980: 296); Ludwig (1943a: 489–90; 1940: 702, 704).

78 Auf einen mehr organisatorischen Beitrag hat Haffer hingewiesen. Hartmann war als Vorsitzender des wissenschaftlichen Beirats der »Arbeitsgemeinschaft für experimentelle und biogeographische Evolutionsforschung« vorgesehen (Haffer 1999: 134–36).

79 Zur Biographie von Hartmann vgl. Dolezal (1969).

80 »The complete preoccupation of most experimentalists with the study of proximate causes led them simply to ignore the existence of evolution and the problems it posed. For example, Hartmann's 869-page *General Biology* (1947) devotes only 23 pages to a discussion of evolutionary problems« (Mayr 1980a: 11).

81 Zur Biographie von Bauer vgl. Bauer (1966); Beermann (1988); Junker (2000a: 331–32).

82 Z.B. Rensch (1947a: 3); Pätau (1948: 204); Stresemann (1951: 281); Senglaub (1985: 572); Mayr (1988c: 547).

83 Vgl. den Brief von Reinig an Senglaub, 26. November 1976, S. 4 (MfN Berlin, Historische Schriftgutsammlung, Best. Zool. Mus., Sign. SV., Akte Senglaub, Mappe Reinig, W.F.).

84 Zur Biographie von Wettstein vgl. Renner (1946, 1948); Stubbe (1951); Melchers (1952/53, 1987); Harwood (1993a).

85 Vgl. Chetverikov ([1926] 1961: 171); vgl. auch Dobzhansky (1937: 195); Zimmermann (1938a: 57); Pätau (1948: 206); Stebbins (1950: 300, 331, 367–68, 371, 394).

86 Vgl. Dobzhansky (1937: 72); vgl. auch Plate (1933: 922); Zimmermann (1938a: 59, 312); Schwanitz (1943: 466); Stebbins (1950: 217); Barthelmess (1952: 275–78); Mayr (1984b: 628).

87 Vgl. Heberer (1943b: 575, 585); Schwanitz (1943: 432, 434, 438); Rensch (1947a: 102); Pätau (1948: 205–06); Stebbins (1950: 95–96); Remane (1952: 354); siehe auch den Abschnitt zu Stubbe.

88 »Of the various conceptions of CI discussed at that time, the most controversial was the ›Plasmon‹ theory advocated by F. von Wettstein, Correns, Kühn and Michaelis. According to their model, the Plasmon – unlike chloroplasts or mitochondria – acted in concert with chromosomal genes to codetermine **all** of an organism's traits. Furthermore, the cytoplasm was not merely a passive ›substrate‹ for chromosomal genes‹ activity but rather the site of a **genetic** structure, the Plasmon, independent of chromosomal genes and directing their function. In advancing this model, the Plasmon theorists were rejecting the dominant view in genetics according to which genetic control over development resided entirely in chromosomal genes (the so-called ›nuclear monopoly‹). Instead, the genetic structure of the cytoplasm was of a significance at least equal with, if not greater than, the genes in organizing development. The Plasmon theorists were dissatisfied with Morgan's chromosome theory of heredity because it had merely attributed phenotypes to atomistic nuclear particles without specifying how such particles could act upon the developing embryo in the temporally and spatially **coordinated** manner necessary to account for ontogeny. The Plasmon was thus designed to fill what Morgan admitted in 1932 was an ›unfortunate gap‹ between gene and phenotype« (Harwood 1985: 282).

89 Zu dieser Tagung als Versuch einer Synthese von Genetik, Zoologie und Paläontologie und zum Inhalt von Wettsteins Publikation vgl. Rensch (1980: 292); Harwood (1985: 298); Haffer (1999: 133–34); Reif (1999: 169).

90 »Stubbe and von Wettstein (1941) have described other mutations in A. majus which produce equally drastic changes in the flower, but which are nevertheless fully fertile and viable. [...] Stubbe and von Wettstein have suggested that in the evolution of the genera concerned, changes in the organization of the flower may have been caused originally by the establishment of mutations with large effects, and that the existence of multiple-factor inheritance in respect to these characteristics could have been acquired later through the establishment of modifier complexes, buffering or reducing the effect of the original mutations. Experiments to test this hypothesis are urgently needed, but although it may be true in many instances, there are nevertheless many phylogenetic trends in plants which are represented by so many transitional stages among existing species that their progress through the accumulation of mutations with small effects seems most likely« (Stebbins 1950: 95–96).

91 »Die den Mutationen zugeordneten Phän-Unterschiede können groß oder klein gefunden werden mit allen Übergängen« (Stubbe & von Wettstein 1941: 293).

92 Zu Anpassungs- und Organisationsmerkmalen vgl. Stubbe & von Wettstein (1941: 271–72). Historisch geht diese Unterscheidung auf Carl Nägeli zurück. Nägeli hatte einen dualistischen Evolutionsmechanismus angenommen und die Anpassungsmerkmale auf direkte Umweltinduktion, die Organisationsmerkmale auf einen Vervollkommnungstrieb zurückgeführt (vgl. Nägeli 1884: 327; Junker 1989: 182–83).

93 Zur Biographie von Melchers vgl. Melchers (1987); Globig (1996).

94 Vgl. Kühn (1939); Nachtsheim (1940: 552, 556); Schwanitz (1940: 408); Stubbe & von Wettstein (1941: 268).

95 Zur Biographie von Schwanitz vgl. Junker (2000a: 333–34); Wagenitz (1988: 161).

96 Vgl. Kühn (1939); Ludwig (1940: 703); Remane (1941: 116–17); Pätau (1948: 204); Remane (1952: 350–51).

97 »Many leading biologists and paleontologists doubted that the well-analyzed factors of speciation were sufficient for understanding the phylogenetic origin of new organs, such as sense organs, brains, wings of birds, instincts, or complicated types of flowers. [...] Other biologists later expressed similar doubts about the development of new complicated adaptations, new organs, and totally new types of anatomical constructions that characterize new families, orders, and classes of organisms. Such remarks were made by plant geneticists (Baur, 1922; Schwanitz, 1943; and Fitting et al., 1947), and zoologists (Hartmann, 1927; Kühn, 1932, 1944)« (Rensch 1980: 288).

98 Anders verhalte es sich dagegen in der 2. Auflage der *Evolution der Organismen* von 1959: »Der Pflanzengenetiker F. Schwanitz (Hamburg) betonte, es gebe keinen Grund, für die Makroevolution eigene Gesetzmäßigkeiten anzunehmen (1959: 524)« (Reif 2000a: 371).

99 Wie aus dem Briefwechsel Heberers hervorgeht, hat Schwanitz seinen Beitrag Ende 1940 bis März 1941 verfasst: In einem Brief von Heberer an Ludwig, vom 5. Dezember 1940, heißt es: »Anbei erhalten sie die Disposition der Beiträge Bauer-Timofeeff und Schwanitz. Wenn ich auch nicht glaube, dass es Überschneidungen schwerwiegender Art geben wird, so möchte ich Ihnen doch vorschlagen, sich besonders mit Schwanitz in Verbindung zu setzen.« In Heberers Tagebuch von 1941 findet man folgende Notiz: »Sonnabend, den 8.III.: Schwanitz schickt sein Manuskript über Genetik und Evolutionsforschung bei Pflanzen – macht einen sehr guten Eindruck […]. [21. April:] Abends habe ich dann noch den umfangreichen Beitrag von Schwanitz […] druckfertig gemacht« (Nachlass Heberer).

100 »Da diese Art der Erbänderung [die Polyploidie] bei Tieren im großen und ganzen nur eine sehr bescheidene Rolle spielt, hingegen bei der Artbildung der Pflanzen als sehr häufig beteiligt nachgewiesen werden konnte, sei für eine genauere Behandlung auf das folgende Kapitel von Schwanitz verwiesen« (Bauer & Timoféeff-Ressovsky 1943: 347).

101 Es zeige sich »daß zwischen Varietäten und Arten keine Wesensverschiedenheiten bestehen, sondern daß sie nur graduell verschieden sind: Arten sind phänotypisch und damit in der Regel auch genotypisch stärker voneinander getrennt als Varietäten« (Schwanitz 1943: 473).

102 An dieser Stelle sei nur kurz erwähnt, dass auch Simpson 1944 im Zusammenhang mit seiner Hypothese der »Quantum evolution« eine Analogiebildung zu physikalischen Phänomenen vornahm. Simpson entschuldigte seine Analogiebildung mit folgenden Worten: »Apologies may be in order for borrowing a term now so popular in physics and using it in a sense only distantly and imperfectly analogous with that of a physical quantum. The term is much older than ›quantum physics,‹ however, and its general meaning is as applicable to this evolutionary mode as it is to the quantum of Planck« (Simpson 1944: 199 Fn.).

103 Zur Geschichte der Biologie an der Universität Jena im 20. Jahrhundert vgl. Renner (1947); Uschmann (1959); Penzlin (1994); Hoßfeld (1998c); Krauße & Hoßfeld (1999).

104 Zur Geschichte der Biologie an der Universität Tübingen im 20. Jahrhundert vgl. Adam (1977); Engelhardt & Hölder (1977); *Beiträge* (1977); Maier (1991); Schönhagen (1991).

105 Zur Geschichte der Biologie an der Universität Halle im 20. Jahrhundert vgl. Prokoph (1985); *Beiträge* (2002); Eberle (2002).

106 Zur Geschichte des Museums für Naturkunde vgl. *Museum für Naturkunde* (1970); Stephan (1985).

107 Zum Beitrag von Lorenz vermerkte Heberer in seinem Tagebuch von 1941: »[21. Juni] Lorenz kündigt sein Manuskript: ›Tierpsychologie und Stammesgeschichte‹ an. Grossartig, bin sehr gespannt! Er will als Überschrift lieber haben ›Psychologie und Stammesgeschichte‹, um in [sic!] ungerechtfertigte Trennung von Biopsychologie und Humanpsychologie aufzuheben – ganz meine Meinung. [23. Juni] Lorenz schickte heute das angekündigte Manuskript. Ich habe es gleich am abend durchgesehen. Sehr originell, modernste Forschung und ganz in meinem Sinne – ich kann es ohne Änderungen in den Rahmen des Abstammungswerkes einfügen – nur muss es an eine andere Stelle, als ursprünglich vorgesehen. Er wird jetzt in den Hauptteil: ›Allgemeine Grundlegung‹ hinter dem Beitrag Zündorfs (›Idealistische Morphologie‹ eingefügt werden. [11. Juli] Die Fahnen des Beitrages von Lorenz zum Abstammungswerk kamen heute – der Druck könnte etwas schneller gehen. [23. September] MS. Herre und Ludwig in Druck gegeben, dazu Revisionen Weigelt und Lorenz« (Nachlass Heberer). Am 8. März 1944, Heberer plante zu diesem Zeitpunkt bereits eine 2. Auflage der *Evolution der Organismen*, notierte er: »Lorenz geschrieben. Kann seinen Beitrag nicht machen wegen Überlastung und Frontkommandierung« (Lose Blattsammlung 1944, Nachlass Heberer).

108 Zur Biographie von Lorenz vgl. Nisbett (1976); Festetics (1983); Schleidt (1988); Wickler (1989); Autrum (1990); Wuketits (1990); Bischof (1993); Junker (2000a: 341).

109 Vgl. Pätau (1948: 204); Deichmann (1992: 283); Hoßfeld (1997: 137); Junker & Hoßfeld (2000); Junker (2000a: 340–46).

110 Ernst Mayr hat in seinen Erinnerung an Lorenz dessen typologische Denkweise drastisch geschildert (Mayr 1997b: 803; vgl. auch Weinich 1998).

111 Zur Biographie von Stresemann vgl. Mayr (1990); Wunderlich (1994); Haffer (1997c: 26–57); Haffer, Rutschke & Wunderlich (2000).

112 Vgl. auch Mayr (1980a: 33–34; 1980b: 131; 1980i: 414–15; 1982: 565; 1999a: 21).

113 Vgl. beispielsweise Rensch (1929a: 130–31; 1933a: 26; 1939a: 181–82; 1947a: 32); zu den »Mutationsstudien« vgl. auch Timoféeff-Ressovsky (1939a: 178; 1940a: 93–94).

114 Vgl. Haffer (1997c: 44–45; 1999: 140–41); Haffer, Rutschke & Wunderlich (2000: 282–89).

115 Ich danke Jürgen Haffer für die Zusendung unpublizierter Manuskripte und ›versteckter‹ Publikationen von Stresemann sowie für seine Anregungen zu diesem Abschnitt.

116 Vgl. auch folgende Definition: »Formen, die sich unter natürlichen Bedingungen durch Generationen erfolgreich miteinander paaren, bilden zusammen eine Art, wobei es gleichgültig ist, wie groß ihre gegenseitige Ähnlichkeit ist, […] während alle Formen, die sich unter natürlichen Verhältnissen unvermischt nebeneinander erhalten können, als artlich verschieden betrachtet werden« (Stresemann 1920: 151–52).

117 Vgl. auch folgende Aussage: »Die Färbungsmutationen führen, so weit wir bisher erkennen können, an sich nicht zu einer Artspaltung; sie zeigen uns aber eindringlich an, daß sich die Entwicklung mitunter in Sprüngen bewegt, die ein großes Ausmaß besitzen. Ganz unabhängig von den Färbungsmutationen treten im (pflanzlichen und) tierischen Organismus erbliche Veränderungen der Größe, Form, des physiologischen und wohl auch psychischen Verhaltens sprunghaft auf, und derartige Mutationen werden es sein, auf welche die Vervielfältigung der Arten zurückzuführen ist« (Stresemann 1924: 184).

118 Darwin, auf den Stresemann in diesem Zusammenhang verweist, hatte »Analogous or Parallel Variation« durch zwei Mechanismen erklärt: »By this term I wish to express that similar characters occasionally make their appearance in the several varieties or races descended from the same species, and more rarely in the offspring of widely distinct species. We are here concerned, not as hitherto with the causes of variation, but with the results […]. The cases of analogous variation, as far as their origin is concerned, may be grouped, disregarding minor subdivisions, under two main heads: firstly, those due to unknown causes having acted on organic beings with nearly the same constitution, and which consequently vary in an analogous manner; and secondly, those due to the reappearance of characters which were possessed by a more or less remote progenitor. But these two main divisions can often be only conjecturally separated, and graduate, as we shall presently see, into each other« (Darwin 1868, 2: 348).

119 Er fährt fort: »I believe that this kind of external influence favours the rise of light coloured mutations, and that the natural selection eliminates by and by all the unfavourably coloured individuals« (zit. nach Haffer 1997c: 927–28).

120 Der Ausdruck »diese Tatsachen« bezieht sich auf von Sick (1937) mitgeteilte Beobachtungen.

121 Stresemanns Aufzählung der vier Evolutionsfaktoren ist missverständlich, da der Zufall kein eigener Evolutionsfaktor ist, sondern es bei der Entstehung der Mutationen und in kleinen Populationen zu zufälligen Effekten in Bezug auf die adaptiven Erfordernisse der Organismen kommen kann.

122 »Wir waren schon bei anderen Mutationstypen zu dieser Ansicht gelangt und hatten dabei die Möglichkeit eines regulativen Eingreifens psychischer Faktoren, nämlich eines Zusammenwirkens psychischer Strukturen mit physiologischen, zur Erwägung gestellt« (Stresemann 1946; zit. nach Haffer, Rutschke & Wunderlich 2000: 236).

123 Vgl. hierzu Stresemann (1927–34: 384, 387, 423, 426) und Stresemanns Vortrag in den USA 1935; Brief von Stresemann an Salim Ali, 9. Dezember 1946; zit. nach Haffer, Rutschke & Wunderlich (2000: 286–87). Die Fundstellen zur Selektionswirkung verdanke ich Jürgen Haffer. Auch in einem Brief an Hugo Weigold, vom 2. Februar 1944, bekennt sich Stresemann zur Selektionstheorie. Er schreibt: Bei »kleinen Sprüngen [Mutationen] hat die Selektion zweifellos eine Handhabe, denn es ist nicht richtig sich vorzustellen, daß die Selektion nur an diesem einzigen mutierten Faktor angreife. […] Ich empfehle Ihnen sehr, sich mit der modernen Literatur über diesen Gegenstand vertraut zu machen, sonst bleibt man leicht an Vorstellungen haften, die man sich vor 20 Jahren gebildet hatte und die damals ganz richtig schienen, jetzt aber nicht mehr haltbar sind (z.B. direkter Einfluß oekologischer Faktoren auf den Genschatz)« (Stresemann-Nachlass, Museum für Naturkunde Berlin; zit. nach Haffer, Rutschke & Wunderlich 2000: 283–84).

124 Zur Biographie von Rensch vgl. Zaunick (1959); Rensch (1979); Dücker (1985, 2000); Ant (1990); Rahmann (1990); Wuketits (1992); Haffer (1997d); Junker (2000a, 2001a); Hoßfeld & Junker (2000).

125 Weitere Autoren, die Rensch als Vertreter des synthetischen Darwinismus nennen, sind Waddington (1953: 186); Mothes (1959); Starck (1978: 9); Starck in Hoßfeld & Junker (1998); Ghiselin (1980: 189); Mayr (1980a: 3; 1984: 1261; 1993); Senglaub (1985: 575); Futuyma (1986: 12); Reif (1986: 121; 1993); Wuketits (1988: 66); Harwood (1993a: 111); Smocovitis (1996: 21); Hoßfeld (1998b) sowie die Beiträge in Junker & Engels (1999).

126 »One of the basic postulates is that the development of physiological isolating mechanisms is preceded by a geographical isolation of parts of the original population. The observational studies on variation in nature furnish a good deal of evidence to support this thesis. [Darwin, M. Wagner, Rensch 1929]« (Dobzhansky 1937: 256–57).

127 »Perhaps the main contribution of morphology to the synthetic theory was the documentation and explanation of macroevolutionary trends, rules, and laws (see Rensch, 1960). [...] It is curious, but hardly unexpected, that the study of allometric growth inspired by the antiselectionist Thompson was successfully incorporated into the mainstream of the synthetic theory by Huxley, Rensch, and others« (Ghiselin 1980: 186). Ghiselin hat auch darauf verwiesen, daß Rensch an diesem Punkt von Severtsov beeinflußt worden war: »Finally, Severtsov intellectually influenced two of the evolutionary theorists most involved in relating the synthesis to macroevolutionary and morphological questions: Rensch and Schmalhausen« (Ghiselin 1980: 197).

128 Wenn man von Hamburger und Stern absieht, die nicht dem synthetischen Darwinismus zuzurechnen sind.

129 »My thinking on the nature of the evolutionary mechanisms changed in the early 1930s. When experiments by geneticists showed that nearly all genes have pleiotropic effects and that selection can become effective during some thousands of generations even when the advantage of a new allele is only 1 to 2 percent, I gave up all Lamarckian explanations. I now explained climatic parallelism of race differences in size, proportions, shape of wings, and number of eggs per clutch in a much more satisfying manner by natural selection« (Rensch 1980: 296; vgl. auch Mayr 1980i: 416). Zu den Berechnungen der Selektionswirkung durch Norton, Haldane und Chetverikov vgl. Mayr (1982: 54).

130 »Rensch more than anyone else revived the idea of a correlation between the geographic variation of various characters and the climatic conditions of the respective areas. The then prevailing genetic interpretation (de Vriesian mutationism) was not at all compatible with these findings and Rensch was thus forced to accept a Lamarckian interpretation. This I found completely logical at the time« (Mayr 1980i: 416).

131 Leider ließ sich die Ausstellung in den Archiven des Museums für Naturkunde nicht nachweisen.

132 Kurt Holler wurde am 21. April 1901 in Hayingen bei Diedenhofen (Lothr.) geboren. Er besuchte bis 1918 November in Metz die Schule, bevor er im Herbst 1919 in Halle Abitur machte (vgl. Holler 1925). Nach dem Studium der Naturwissenschaften und der Philosophie in Halle wurde er 1934 Privatdozent für Geologie an der Technischen Hochschule Darmstadt (Holler 1933). 1942 war er als Rassenbiologe apl. Professor an der Universität Göttingen. Im selben Jahr erschien sein Buch *Rassenpflege im Germanischen Freibauerntum*.

133 Im nächsten Satz schränkt Rensch diese Aussage allerdings wieder ein: »Vielleicht handelt es sich hier z.T. auch um eine mehr direkte Einwirkung auf die

Leistungen, und darauf ist es wohl auch zurückzuführen, dass Hochkulturen vorzugsweise außerhalb der Tropen entstanden« (Rensch 1934a: 704).

134   Rensch hat sich in seiner Autobiographie relativ ausführlich zu diesem Thema geäußert (1979: 68–116). Vgl. hierzu auch den Brief von Stresemann an Mayr, vom 15. April 1935 (Haffer 1997c: 487) und Eisentraut (1986: 171–72). In Junker (2000a) habe ich geschrieben, dass in den Akten des Naturkundemuseums der politische Hintergrund nicht erwähnt, sondern lediglich auf den rechtlichen Status des Zeitvertrages verwiesen wird. Dies ist nicht zutreffend, wie ich bei einer persönlichen Durchsicht der gesamten Personalakte feststellen konnte (MfN, SIII, Personalakte Rensch).

135   Zu den Erlebnissen im Dozentenlager siehe Rensch (1979: 79–80).

136   Ähnlich äußerte sich auch der Gutachter im Amt Rosenberg Wolfgang Erxleben am 9. Dezember 1942. Vgl. IfZ, Rep. Rosenberg, HA Wissenschaft; MA 116: Berufungsangelegenheiten (Rensch, Bernhard MA 116/13).

137   Auf die Bedeutung von Dobzhanskys Buch für die Entstehung des synthetischen Darwinismus wurde vor allem von Mayr hingewiesen (vgl. beispielsweise Mayr 1999b: xv).

138   »In 1938 I began to prepare a book on problems of evolution. Because I had been invited to write an article for the *Biological Reviews*, I gave there a brief, although rather imperfect, outline of my conception« (Rensch 1980: 296).

139   »That there is a strong random component in evolutionary change is obvious from the fact that many populations are established by an infinitesimal fraction of the parental population. This principle, designated by me as the Founder Principle (1942), but clearly previously recognized by Rensch (1939, pp. 183, 191), is so important because the pivotal role of small populations in evolution is increasingly being recognized« (Mayr 1980a: 26).

140   Ergänzend wird als »letzter Evolutionsfaktor« die »Bastardierung von Rassen« genannt (Rensch 1947a: 13).

141   »Even though Rensch had anticipated in 1939 and 1943 many of Simpson's ideas and presented a well-rounded picture of macro-evolution in 1947, it was virtually without effect on German paleontology« (Mayr 1999a: 28). Vgl. auch Reif (1999). Kraus & Hoßfeld haben darauf hingewiesen, dass Rensch nicht auf dem »Phylogenetischen Symposium« vertreten war (1998: 183).

142   Z.B. in *Das universale Weltbild: Evolution und Naturphilosophie* (1977).

143   Zu den Thesen von Franz zum Biogenetischen Grundgesetz vgl. Zimmermann (1930: 383; 1938: 61, 101); Heberer (1943b: 567); Rensch (1947a: 248); Hoßfeld (1994).

144   Zimmermann (1938a: 142); Mayr (1942: 292); Barthelmess (1952: 332–33).

145 Beurlen (1937: 18); vgl. auch Rensch (1943b: 77); Haffer (1999: 125).
146 Vgl. Rensch (1939a: 217; 1943a: 44; 1947a: 284–87, 296) und die kritischen Kommentare von Zimmermann (1943: 45 Fn.).
147 Zur Biographie von Franz vgl. Hoßfeld (1993, 1994, 2000a, b, c); Knorre (1994).
148 Die Passage wird durch folgende Aussage eingeleitet: »By the end of the 1930s, several authors thought that mutation, gene recombination, and selection were sufficient to explain the whole phylogenetic development of all organisms« (Rensch 1980: 285; vgl. auch Harwood 1993a: 110).
149 Folgende politische und weltanschauliche Konsequenz lässt sich daraus nach Franz ziehen: »Die Tatsache aber, daß wir nicht in der Zukunft leben, sondern zwischen bewaffneten Nachbarn, und wir viele unsrer Lebensenergien auf die Kampfbereitschaft eben um unsrer artgemäßen Höherentwicklung willen konzentrieren müssen, diese Sachlage bedingt es, daß Wehrwille und Heldentod selber uns als Erhöhung des Menschendaseins gelten« (Franz 1935a: 78). Die Schrift von Franz wurden von Julius Schaxel folgendermaßen kritisiert: »Der Professor für phylogenetische Zoologie an der Universität Jena, V. Franz, tritt 1935 den Beweis an, daß die Biologie eine deutsche, faschistische, den Eroberungskrieg vorbereitende Angelegenheit ist« (Schaxel 1938: 233).
150 In Heberers Tagebuch von 1941 finden sich folgende Einträge zum Beitrag von Franz: 21. April: »Heute habe ich nun den zweiten Hauptteil des Abstammungswerkes in Druck gegeben. Die Verhandlungen mit dem Verleger über die einzelnen Beiträge (Weigelt, Rüger, Franz, Mägdefrau – Lorenz fehlt noch) gingen glatt von statten.« 10. Mai: »Abends das Manuskript Mägdefrau im Anschluss an Franz druckfertig gemacht […]« (Nachlass Heberer). Heberer hat für die zweite Auflage der *Evolution der Organismen* auf die Mitarbeit von Franz verzichtet. Auf den daraufhin erfolgenden Protest von Franz antwortete er: »Ich habe von Ihrer Mitarbeit aus **verschiedenen** Gründen Abstand genommen und muss Ihnen nun, da Sie ›protestieren‹ auch sagen, was ich gern verschwiegen hätte. Von vielen Seiten ist man an mich herangetreten, für die Darstellung der Geschichte der Tiere einen anderen Autor zu wählen. Sie erlassen es mir, die Urteile vieler Fachgenossen über Ihren Beitrag im einzelnen mitzuteilen. Sie wissen selbst, welche Mühe ich schon bei der ersten Auflage mit Ihrem Beitrag hatte! […] Ich bedaure es das Sie sich der Meinung hingeben, Grund für einen Protest zu haben. Ich lehne diesen ab! Sie haben dazu kein Recht« (Brief von Heberer an Franz, vom 1. Februar 1950; zit. nach Hoßfeld 1997: 136 Fn. 370).

151 Franz bekennt sich »als Mechanisten vom klarsten Wasser oder als Anhänger der letztlich physikochemischen Erklärung des Lebens«, einer Grundanschauung, die Mitte des 19. Jahrhunderts »zum gemeinsamen Besitz so gut wie aller Naturforscher wurde«. »Der sogenannte Lamarckismus dagegen oder die ehemalige Vermutung des Erbfestwerdens der durch Gebrauch und Nichtgebrauch erworbenen individuellen Anpassungen an die Umwelt [...] ist vitalistisch, weil sie das zweckmäßige Anpassungsvermögen als Urgegebenheit des Lebens betrachtet« (Franz 1943: 219–21).

152 Zur Biographie von Weigelt vgl. Prokoph (1985: 137–42); Hoßfeld (2000a: 287).

153 Heberer (1942: 169); vgl. auch Heberer (1943b: 557); Ludwig (1943a: 518).

154 In Heberers Tagebuch von 1941 heißt es zu Weigelts Beitrag: »Sonnabend, 29. März: Besuch bei Weigelt. Unterhaltung über seinen Beitrag zum Abstammungsbuch. Er scheint sich nicht restlos sicher zu fühlen. Aber er hat doch das wunderbare Material vom Geiseltal und von Walbeck – das als Beispiel für die allgemeine Charakterisierung der Palaeontologie als phylogenetische Urkundenforschung ausgewertet, muss einen grossartigen Beitrag geben. Und Weigelt ist ein so geschickter Darsteller. [10.5.] Weigelt wird ja nun auch senden, dann kann der zweite Hauptteil in Druck (bis auf den tierpsychologischen Teil von Lorenz) [...] Freitag 16. Mai: Weigelt hat sein Manuskript geschickt! Sehr umfangreich – aber der erste Einblick zeigt, dass es sich um einen ganz hervorragenden Artikel handelt! [...] Abends bis 3h morgens Weigelts Manuskript durchgesehen: Eine durch und durch moderne Stellungnahme eines umfassend gebildeten Palaeontologen zum Deszendenzproblem! [...] Sonnabend 17. Mai: Literatur zu Weigelts Beitrag in Ordnung gebracht [26.8.] Weigelts Umbruch fertig gemacht« (Nachlass Heberer).

155 Reif (1999: 179–80); vgl. auch Reif (1983: 197); Hoßfeld (1999b: 202; 2000a: 287–90).

156 Hoßfelds Einschätzung ist etwas positiver, aber auch er kommt zu dem Schluss, dass »Weigelt in Bezug auf die Bedeutung der Art- und Rassenbildung, der Rolle und Bedeutung der Evolutionsfaktoren (Selektion, Mutation) im Entwicklungsprozeß sowie zum Kausalverhältnis von Mikro- und Makroevolution nur sehr verhalten und abwägend diskutiert« (Hoßfeld 2000a: 289).

157 Zur Biographie von Heberer vgl. Kurth (1975); Hossfeld (1997, 2000a); Deichmann (1992); Junker & Hoßfeld (2000).

158 Sieht man von den Hinweisen in Bauer & Timoféeff-Ressovsky (1943) ab, die wohl Heberer als Herausgeber selbst eingefügt hat.

159 Anthropologische Arbeiten Heberers werden im Umfeld des synthetischen Darwinismus zitiert von Gieseler (1943: 669); Weinert (1943: 708); Rensch (1943b: 82; 1947a: 312, 314).
160 Zimmermann nennt sonst nur noch Äußerungen Heberers zur Lokalisation der Gene auf Chromosomen und zur Evolution der Menschen (Zimmermann 1938a: 30, 88).
161 Vgl. Rensch (1980: 285); Mayr (1980f: 281–82); Deichmann (1992: 283); Harwood (1993a: 111).
162 Siehe unten; vgl. Zündorf (1939a: 298–99; 1940: 11); Dingler (1940: 232).
163 Vgl. Zündorf (1939a: 194; 1943: 101); Ludwig (1943a: 509, 513); Woltereck (1943: 105, 110); Zimmermann (1943: 28).
164 Vgl. Pätau (1948: 204); Remane (1948: 257; 1952: 373); Mayr (1963a: 586); Rensch (1980: 288, 290); Reif (1986: 120); Deichmann (1992: 283); Haffer (1999: 125, 142).
165 Vgl. Mayr (1982: 568, 1988c: 549–50); Senglaub (1985: 572); Reif (1986: 121; 1993: 441); Haffer (1999: 141, 144); sowie die ausführlichen Darstellungen Hoßfeld (1999b: 197–206, 214–16); Reif (1999: 171–80).
166 Vgl. Reif (1993: 435); Hoßfeld (1998b: 198–99); Herre in Hoßfeld (1999c: 254); Mayr (1999a: 22).
167 Vgl. Hoßfeld (1999b, 2000a); Junker & Hoßfeld (2000).
168 Zur Biographie von Rüger vgl. Hoßfeld (2000a: 285–86).
169 Heberer hat in seinem Tagebuch (1941) folgende Einträge zu Rügers Beitrag gemacht: »Sonnabend, 22. März: Vormittags brachte mir Prof. Rüger hier sein Manuskript. Kurze Besprechung – eine ausgezeichnete Arbeit – sieht man doch bei der ersten Durchsicht. Gerade so, wie Rüger seine Aufgabe aufgefasst hat, hatte ich mir ihre Durchführung auch gedacht. Es ist gut, wenn in einem Abstammungsbuch einmal die chronologische Grundlage fundiert dargestellt wird« (Nachlass Heberer). Siehe auch die nächste Fußnote.
170 »Sonntag, 23.3. Abends das MS Rügers gelesen. Eine feine Arbeit – muss nur am Schluss noch etwas betonen, dass die absolute Chronologie als Rahmen für eine selektionistisch aufgefasste Phylogenie ausreicht. [24.3.] Dann Besuch bei Rüger im Geologischen Institut. Er freute sich, dass sein MS passent [sic] ist und war zu der kleinen Änderung am Schluss sogleich bereit [...] Montag, 21. April: Rüger hat die erbetene Ergänzung zu seinem Artikel bereits fertig – knapp aber ausreichend« (Nachlass Heberer).
171 Zur Genese von Mägdefraus Beitrag hat Heberer in seinem Tagebuch von 1941 vermerkt: »[7. März] Die Autoren des ganzen Abstammungswerkes beginnen die Manuskripte zu schicken. Mägdefrau (Erlangen), vorzügliche Darstellung

der Geschichte der Pflanzen.« [21. April] »Vormittag eine ausführliche Besprechung mit dem Verleger Gustav Fischer über den ersten Teil des Abstammungsbuches. Er ist nunmehr im Druck! [...] Heute habe ich nun den zweiten Hauptteil des Abstammungswerkes in Druck gegeben. Die Verhandlungen mit dem Verleger über die einzelnen Beiträge (Weigelt, Rüger, Franz, Mägdefrau – Lorenz fehlt noch) gingen glatt von statten. Die Abh. würden, soweit sie vorliegen ohne weiteres genehmigt. [20. September] Mägdefraus Beitrag zum Abstammungswerk wird jetzt gesetzt« (Nachlass Heberer).

172 Zur Biographie von Mädgefrau vgl. Mädgefrau (1966, 1977, 1988); Bünning (1977); *Curriculum vitae* (1977); Hoppe (1992); Junker (2000a: 338).

173 Zur Biographie von Ludwig vgl. Schmidt (1959); Wette (1959); Keilbach (1960); Müllerott (1987); Junker (2000a: 321–22).

174 Diese Rolle wurde auch von Zimmermann (1938a: 224–25), Pätau (1948: 204) und Remane gewürdigt: »Die Wirkung der genannten Faktoren ist in den letzten Jahrzehnten in exakter Weise mathematisch festgelegt [worden] (Fisher, Wright, Ludwig). Wir verfügen über eine Reihe neuer zusammenfassender Darstellungen (Dobzhansky, Ludwig, Timoféeff-Ressovsky), auf die ich hier ausdrücklich verweise« (Remane 1952: 349). Ähnlich auch bei Sperlich & Früh (1999).

175 In einer Rezension von Zimmermann (1938a) setzt sich Ludwig deutlich vom Standpunkt des »reinen Selektionismus« ab: »Verf. vertritt einen bestimmten Standpunkt, den des reinen Selektionisten. – Ref. einen etwas anderen. Ist es in der Tat schon **bewiesen**, daß die Selektion der einzige Evolutionsmechanismus ist?« (Ludwig 1939b: 280).

176 Ludwig diskutiert noch andere Alternativen. Reinigs »Elimination« lehnt er ab bzw. subsumiert sie unter die Zufallseffekte (Ludwig 1939a). Er selbst schlägt als fünften Evolutionsfaktor die Annidation (Einnischung) vor, worunter er sympatrische Rassen- und Artbildung aufgrund von »Ökomutationen« versteht (vgl. Ludwig 1942a: 452; 1950: 535–36).

177 In einem Brief von Heberer an Ludwig, vom 5. Dezember 1940, heißt es: »Anbei erhalten sie die Disposition der Beiträge Bauer-Timofeeff und Schwanitz. Wenn ich auch nicht glaube, dass es Überschneidungen schwerwiegender Art geben wird, so mochte ich Ihnen doch vorschlagen, sich besonders mit Schwanitz in Verbindung zu setzen. [...] Mit Timofeeff und Bauer habe ich gelegentlich meiner Anwesenheit in Berlin im November ausführlich diskutiert« (Nachlass Ludwig, Universitätsbibliothek Heidelberg, Kasten 13: Evolutionstheorie, Selektionstheorie II). Am 23. September 1941 hatte Heberer in

seinem Tagebuch vermerkt: »MS. Herre und Ludwig in Druck gegeben, dazu Revisionen Weigelt und Lorenz« (Nachlass Heberer).

178 1940 hatte er in diesem Zusammenhang noch von ›Neo-Darwinismus‹ bzw. ›Selektionismus‹ gesprochen. 1943 will er »Darwinismus« vermeiden, da der Begriff vieldeutig geworden sei und »ständig neue Fassungen, ›Neodarwinismen‹, entstehen« (Ludwig 1943a: 479, 482).

179 Pätau hat darauf verwiesen, dass Ludwig als einziger Autor in der *Evolution der Organismen* Zweifel an der Erklärungskraft des synthetischen Darwinismus äußerte: »Alle Autoren, auch die Paläontologen, stimmen darin überein, daß Mutation, Selektion, Zufall und Isolation die einzigen bisher nachgewiesenen Evolutionsmechanismen sind, nur im Grad des Optimismus hinsichtlich der Frage, ob sie allein auch die Makroevolution bewirkt haben, bestehen Abstufungen. Vorsichtig verhält sich darin Ludwig« (Pätau 1948: 204).

180 Wolf-Ernst Reif hat darauf aufmerksam gemacht, dass noch Mitte der 1960er Jahre in Günther Osches »Grundzügen der allgemeinen Phylogenetik« Remanes Einfluss spürbar wird: »An vielen Stellen des Textes fällt auf, dass Osche sich bemühte, Remanes Postulat – es müsse neben Kleinmutationen auch Systemmutationen geben – zu widersprechen. Remanes nachwirkender Einfluß wird durch solche Stellungnahmen sehr deutlich! In seinem Schlußwort ließ Osche die Frage offen, ob sich die Makroevolution vollständig durch die Mikroevolution erklären lasse« (Reif 2000a: 385; vgl. Osche 1966: 873).

181 Heberer war mit dem Beitrag von Victor Franz in der ersten Auflage der *Evolution der Organismen* unzufrieden gewesen und deshalb bemüht, einen anderen Autoren zu finden (vgl. Hoßfeld 1997: 136 Fn. 370). Dass die Wahl auf Remane fiel, deutet darauf hin, dass es im Umfeld des synthetischen Darwinismus keinen geeigneten Kandidaten gab.

182 Zur Biographie von Remane vgl. *Zoologischer Anzeiger* (1963); Weigmann (1973); Heydemann (1977); Siewing (1977); Ullerich (1992); Watermann (1992); Junker (2000b).

183 Die Vorträge von Timoféeff-Ressovsky, Reinig und Remane erschienen in den *Verhandlungen der Deutschen Zoologischen Gesellschaft* (Timoféeff-Ressovsky 1939b; Reinig 1939b; Remane 1939). Hans Bauers Vortrag über »Cytogenetik und Evolution« wurde nicht in den *Verhandlungen* abgedruckt.

184 In den ersten Jahren sprach man vom »Norddeutschen Phylogenetischen Symposium«. Vgl. Kraus & Hoßfeld (1998).

185 Diese negative Einschätzung durch Mayr lässt sich schon in den 1960er Jahren nachweisen. Vgl. die Briefe von Mayr an Stresemann, vom 24. September 1963 und vom 22. November 1967 (vgl. Haffer 1997c: 748, 757).

186 Vgl. Heberer (1942: 178; 1943b: 556, 569, 572, 574, 575).

187 Rensch (1947a: 103–04); vgl. auch Rensch (1943a: 38–39, 42; 1947a: 55, 266).

188 Senglaub (1985: 567, 574); Riedl & Krall (1994: 255); Maier (1999: 299); Reif (2000a: 363–64, 371, 382, 385, 387).

189 Auch in späteren Jahrzehnten hat Remane immer wieder kritisch auf Schriften und Thesen von Timoféeff-Ressovsky verwiesen (vgl. Remane 1940: 119; 1949: 32; 1952: 349–55, 371). Demgegenüber scheint Timoféeff-Ressovsky Remane nie zitiert zu haben; in seinen wichtigen, zusammenfassenden theoretischen Erörterungen der Evolutionstheorie wird Remane nicht erwähnt (Timoféeff-Ressovsky 1939a, b). Dies gilt auch für die grundlegende Darstellung (Bauer & Timoféeff-Ressovsky 1943).

190 »Stellen wir uns aber die Frage, ob das naturwissenschaftliche Weltbild auf Ergebnissen der Wissenschaft oder auf der Sehnsucht nach Harmonie und Geborgenheit aufgebaut werden soll, so dürfte die Antwort klar sein« (Remane 1941: 90).

191 Diese Äußerung entspricht in ihrer allgemeinen Tendenz der auch von den Darwinisten geäußerten Zielvorstellung »Control over evolution« (Simpson 1949a: 325; vgl. auch Junker & Paul 1999; Junker 1998b, 2000a). Die konkrete Ausformulieren bleibt bei Remane vage. Es finden sich Hinweise auf die medizinische Eugenik, aber auch auf die NS-Politik und -Ideologie.

192 Vgl. Remane (1940: 126; 1941: 91). Zu politischen Aussagen bei zeitgenössischen Evolutionstheoretiker vgl. Junker (1998b, 2000a, 2001a); Junker & Hoßfeld (2000); Hoßfeld (2000a).

193 So meint Potthast, dass Remane und Timoféeff-Ressovsky in Rostock »um die Allgemeingültigkeit des Gradualismus« stritten, ohne dass diese Aussage belegt würde (Potthast 1999: 277–78).

194 Vor allem auf die Polyploidie, aber auch auf ›große‹ Genmutationen; vgl. Dobzhansky (1937: 192); Stubbe & von Wettstein (1941); Schwanitz (1943).

195 »A. Remane (1939) hält zumindest die phylogenetischen Umbildungen höherer Ordnung bisher nicht durch die Mutationstheorie für erklärbar, da die eigentlich differenzierenden Mutationen (im Gegensatz zu den experimentell studierten ›Realmutationen‹) noch nicht bekannt geworden seien« (Rensch 1947a: 55).

196 Ein Grund für die mangelnde Resonanz wurde von Rensch genannt: »Meines Erachtens genügt es völlig, hierfür den eindeutigen Begriff der ›individuellen Varietät‹ anzuwenden und von einer Benennung dieser Varietäten abzusehen, da diese überflüssig und zudem nur in wenigen Fällen durchführbar ist, denn es gibt ja bekanntlich eine große Reihe von Tierarten, von denen

fast jedes Individuum eine besondere Zeichnung oder Form besitzt« (Rensch 1929a: 10).

197 Remane bezieht sich in seinen »Exotypus-Studien an Säugetieren« (1928) ausdrücklich auf Stresemann: »Ich habe die Absicht, eine Reihe spezieller Exotypenstudien an Säugetieren zu veröffentlichen, in ähnlicher Weise, wie es E. Stresemann in seinen Mutationsstudien an Vögeln getan hat« (Remane 1928: 64).

198 »In der Folgezeit hat sich dann auch die Bezeichnung Darwinismus verhängnisvoll für die Geltung der Abstammungslehre ausgewirkt, da unter diesem Wort in weiten Kreisen die Abstammungslehre insgesamt, in den fachlichen Diskussionen aber meist nur die spezielle Selektionstheorie verstanden wurde. Unsicherheiten im Geltungsbereich der Selektionstheorie wurden infolge der gleichen Namensverwendung dann ohne weiteres als Unsicherheiten der Abstammungslehre insgesamt gewertet« (Remane 1941: 92).

199 Remane scheint sich auch mit der Komponente des Zufalls im synthetischen Darwinismus nicht anfreunden zu können: »Das eben angeführte Gebiet gehört in das schon oft als Schwierigkeit einer Zufallstheorie hervorgehobene Problem der harmonischen Artänderung« (Remane 1939: 212).

200 »Die Frage nach den Triebkräften phylogenetischer Entwicklung steht trotz ihres beträchtlichen Alters noch heute in vollster Diskussion und die scharfen Gegensätze, die in dieser Frage zwischen den Genetikern auf der einen, den meisten Morphologen und Paläontologen auf der anderen Seite bestehen, sind trotz jahrelanger Arbeit zahlreicher Wissenschaftler nicht überbrückt worden« (Remane 1939: 206).

201 Der Ausdruck ›optimistisch‹ wurde von Witta Lerche eingefügt. Im Original heißt es dagegen ›assertive‹: »The treatment had to be made assertive rather than polemic, dogmatic rather than apologetic« (Dobzhansky 1937: XV). Es ist interessant, wie dieser Übersetzungsfehler eine Eigendynamik gewinnt – der Grund ist wohl, dass er ein zutreffendes Charakteristikum der Darwinisten darstellt.

202 Zur Biographie von Herre vgl. Bohlken (1989); Osche (1995); Böhme (1998); Hoßfeld (1999c); Röhrs (1998); Sperlich et al. (1998); Junker (2000a: 340).

203 Ergänzend heißt es: »Und daß solche Mutationen und Selektion eine Artumgestaltung bewirken können, damit wichtige Faktoren der organischen Entwicklung sind, ist nach allen bisherigen Befunden eindeutig« (Herre 1939: 44).

204 Heberer vermerkte in seinem Tagebuch: 10. Mai 1941: »Heute morgen kam das Manuskript Herre über ›Stammesgeschichte und Domestikation‹ an, ich habe es gleich durchgesehen – Sehr gut – nur geringfügige Änderungen sind

nötig, die in der Fahnenkorrektur eingefügt werden können [...].« 23. September 1941: »MS. Herre und Ludwig in Druck gegeben, dazu Revisionen Weigelt und Lorenz« (Nachlass Heberer). »4.1.44 [...] Herre zugeschickt! Kommt auf Urlaub u. will dann einen Beitrag machen zum Evolutionsbuch [2. Auflage]. Ausgezeichnet!« (Lose Blattsammlung 1944, Nachlass Heberer).

205 »So können viele Befunde der Domestikationserscheinungen noch keine Erklärung durch Daten der Genetik finden« (Herre 1943: 542).

206 »Wenngleich manche Gesichtspunkte die Vergleichbarkeit der Umbildungsvorgänge von Wild- und Haustier zu erschweren scheinen, so beweisen doch andere Befunde eindeutig, daß die gleichen Gesetzmäßigkeiten für beide Gruppen vorliegen« (Herre 1943: 541).

207 Einen ähnlichen Hintergrund hat wohl auch sein Versuch, evolutionäre Trends durch einen Effekt des genotypischen Milieus zumindest teilweise zu erklären (Herre 1959b: 240). Diese Vorstellungen haben später eine gewisse Renaissance erfahren. Mayr beispielsweise schreibt 1982: »The rectilinearity of many evolutionary trends is due to the many constraints which the genotype and the epigenetic system impose on the response to selection pressures« (Mayr 1982: 50). Der wesentliche Unterschied zwischen Mayr und Herre besteht aber in der relativen Bewertung dieser Effekte.

208 Zur Biographie von Zimmermann vgl. Mägdefrau (1962, 1990); Oberwinkler (1980–81); Rathfelder (1980); Daber (1982); W. Weber (1982); Junker (2000a, 2001c).

209 Vgl. die Rezensionen von Zündorf (1938–39a); Heberer (1939c); Lenz (1939b); Ludwig (1939b); Rensch (1939b).

210 Vgl. Heberer (1938b: 222–23); Ludwig (1939b); Remane (1939: 217); Heberer (1943b: 546); Rensch (1947a: 285–86).

211 Haffer (1999: 122); vgl. auch Melchers (1939: 241); Stubbe & von Wettstein (1941: 269); Mayr (1999a: 24–25).

212 Heberer (1939b: 43); vgl. auch Melchers (1939: 259); Nachtsheim (1940: 558).

213 Vgl. Rensch (1980: 285, 292); Mayr (1982: 568; 1988c: 549–50); Reif (1983: 188, 193, 197; 1993: 435); Wuketits (1988: 72); Harwood (1993a: 111).

214 Vgl. auch Mayr (1988c); Reif (1986). Heberer hat in seinem Tagebuch von 1941 vermerkt: »[13. Februar] Zimmermann schreibt aus Kornwestheim, wo eine neue Nachrichtentruppe aufgestellt wird. Er kann öfters nach Tübingen und wird seinen Beitrag pünktlich abliefern! Ausgezeichnet.« [25. Mai] »Nachmittag Zimmermanns Beitrag zum Abstammungswerk durchstudiert (Fahnen), kann auch als fertig gelten« (Nachlass Heberer).

215 Zimmermann erwähnt zwar die Rekombination als Grundlage der Population: »[...] durch die sexuelle Kombination veränderter und unveränderter Erbfaktoren werden die Populationen erbmäßig gemischt« (Zimmermann 1938a: 234). In seinen evolutionstheoretischen Diskussionen kommt diesem Faktor aber nur eine marginale Rolle zu.

216 Zur Biographie von Zündorf vgl. Hoßfeld (2000a: 262).

217 Erwähnung fanden seine Publikationen bei von Krogh (1940b: 416) und Nachtsheim (1940).

218 In Heberers Tagebuch von 1941 heißt es dazu: »[12. Februar] Nachmittags Besuch vom Botaniker Mägdefrau aus Erlangen. [...] Ich habe ihm Zündorfs Beitrag über ›Idealistische Biologie und Phylogenetik‹ mitgegeben. Ich bin gespannt, was er dazu sagt. Ich persönlich halte Zündorfs Darstellung für grundsätzlich brauchbar und möchte ihn ohne wesentliche Anmerkungen übernehmen« (Nachlass Heberer). Am 17. Februar vermerkte er: »Mägdefrau – Erlangen kam nachmittags und brachte Zündorfs Manuskript [...]. Er hält es auch für sehr gut!« (Nachlass Heberer).

219 Zündorf führt weiter aus: »Alle Gestaltung geht letzten Endes auf das Erbgut zurück, das in strenger Gesetzmäßigkeit seine Kontinuität durch die Generationen hindurch bewahrt. Auf Vererbung sind nicht allein nebensächliche und äußerliche Merkmale zurückzuführen, die sozusagen nur an der Peripherie der ›Ganzheit‹ stehen, wie es irrtümlicherweise auf Grund einer Verkennung des Mendelismus behauptet wird. Die alte Keimbahnforschung hat ebenso wie die moderne Chromosomengenetik (Zytogenetik) klarstellen können, daß die sogenannte ›Ganzheit‹ des Organismus Ausdruck der Gesamtheit aller idiotypischer Faktoren ist, dabei kennen wir heute schon Gene, die weitgehend das Bauplangefüge bestimmen (Kausalität der Vererbung). [...] Die Änderung der Form, das Entstehen homologer Organe geht nach den Erkenntnissen der Phylogenetik und Mutationsforschung auf Änderungen des Erbgutes und die sie begleitenden Auslesegesetzmäßigkeiten zurück (Kausalität der Entwicklung)« (Zündorf 1943: 99).

220 In Heberers Tagebuch von 1941 heißt es: [25. Januar] »[Gieseler] soll die ganze Fossilüberlieferung, auch die fossilen Affen, behandeln. v. Krogh teilte mit, das [sic] er in Frankreich erkrankte und jetzt einen Erholungsurlaub verlebe. Er wird sich nach dem Dazukommen Gieselers, nur noch mit der ›Stellung des Menschen im Rahmen der Säugetiere‹ befassen« (Nachlass Heberer).

221 Vgl. Henning (1972); Hoßfeld (2000a: 275–77).

222 Brief von Karl Saller, vom 19. Juli 1952, Universitätsarchiv München (E-II-2138). Vgl. auch Saller (1963).

223 Der Titel ist nicht ganz zutreffend, da es um die Beziehungen zu anderen Primaten geht. In der zweiten Auflage der *Evolution der Organismen* (1959) hieß der Abschnitt dann auch: »Die Stellung der Hominiden im Rahmen der Primaten.«

224 »Der weitere Versuch, die Abstammung des Menschen von tierischen Ahnen überhaupt nicht genealogisch, sondern idealistisch aufzufassen, ist natürlich völlig abwegig. Er entspringt einer Denkweise, die die Kausalität als Prinzip der Naturwissenschaft nicht anerkennt und braucht deshalb hier nicht weiter widerlegt zu werden. Pseudowissenschaftliche Einwände bleiben selbstverständlich unberücksichtigt« (von Krogh 1943: 612).

225 Zur Biographie von Gieseler vgl. Hoßfeld (1998c, 2000a: 269–70).

226 Zur Biographie von Weinert vgl. Schaeuble (1957); Schaefer (1968); Hoßfeld (2000a: 270–72).

227 Zur Biographie von Reche vgl. Hesch & Spannaus (1939); Geisenhainer (1996); Schleiermacher (1996); Hoßfeld (2000a: 264–66).

228 Zur Biographie von Dingler vgl. Krampf (1955, 1956); Mittelstraß (1984); Wolters (1988, 1992); Hoßfeld (2000a: 254–55).

229 Reif (1998: 417). Vgl. auch Reif (1999: 172–73; 2000a: 370); Schindewolf (1950: 361).

230 In Heberers Tagebuch von 1941 finden sich zu Dinglers Beitrag folgende Bemerkungen: »[1.4.] Auch den Beitrag Dinglers für das Abstammungswerk sah ich noch durch – gut, scharf formuliert, muss aber etwas ergänzt werden [...]. Mittwoch 2. April: Nachmittags sah ich mir genau Dinglers Manuskript an. Ich sende es ihm zurück mit einigen Änderungswünschen. [...] Sonnabend, 24.5.: ... Zuletzt noch beschäftigt mit dem Beitrag Dinglers zum Abstammungswerk: Der Beitrag ist bereits umgebrochen – heute kam der ganze Bogen« (Nachlass Heberer).

231 Als Ausnahme vom Determinismus lässt Dingler nur das »eigene aktive Ich« gelten, das »niemals als solches innerhalb der wissenschaftlichen Kausalketten auftreten« kann (Dingler 1943: 10, 18).

232 Die Worte ›Genotypus‹ und ›Phänotypus‹ wurden 1909 von Wilhelm Johannsen eingeführt (Johannsen 1909: 123, 127; vgl. Churchill 1974; Roll-Hansen 1978).

233 Ähnlich schreiben H.A. & N.W. Timoféeff-Ressovsky: »Ein Evolutionsschema vom Standpunkte der gegenwärtigen Genetik aus ist von S.S. Chetverikov (1926) ausgearbeitet worden. Seiner Auffassung gemäß entstehen die Genovariationen stets im ganzen Bereich der Populationen jeder Spezies und sie dienen als Material für die Evolution, indem sie die erbliche Variabilität der Organismen bilden« (H.A. & N.W. Timoféeff-Ressovsky 1927: 104).

234 Diese Definition findet sich auch bei Dobzhansky: »In the wide sense, any change in the genotype which is not due to recombination of Mendelian factors is called mutation«. Er präzisiert dann folgendermaßen: »In the narrow sense, mutation is a change in the structure of a gene and currently such changes are supposed to be chemical rather than mechanical in nature. Other classes of genetic changes enumerated above are mainly mechanical, and are sometimes described as chromosomal aberrations« (Dobzhansky 1937: 16–17).

235 Dieser Punkt wurde von allen Vertretern des synthetischen Darwinismus betont: »Zwei Unterarten derselben Spezies [*Antirrhinum latifolium* ...] unterschieden sich genetisch in einer großen Zahl von Erbfaktoren, und zwar von Erbfaktoren genau der gleichen Art, und von genau dem gleichen Umfange wie die Erbfaktoren, die durch Mutation dauernd und in großer Zahl unter unseren Augen entstehen« (Baur 1925: 114). »There is, nevertheless, a whole series of indirect considerations which logically leads us to acknowledge the existence of the process of origin of mutations in nature of precisely the same order that is found under our artificial conditions« (Chetverikov [1926] 1961: 170). Ähnlich hat sich Dobzhansky geäußert: »It may perhaps be objected that despite this resemblance, the mode of origin of laboratory and natural variations may be different. There is nothing to be said against such a criticism, except that an unnecessary multiplication of unknowns is contrary to accepted scientific procedure« (Dobzhansky 1937: 118–19). In den 1940er Jahren wurde diese Argumentation dann weithin anerkannt: »Die Erbforschung der letzten drei Jahrzehnte hat gezeigt, daß jede Art dauernd Mutationen in reicher Zahl hervorbringt, nur sind zu ihrer Feststellung langdauernde Versuche notwendig. Da es sich bei den hierauf genau geprüften Objekten aus technischen Gründen meist um Laboratoriumstiere oder Gewächshaus-, Garten- und Nutzpflanzen handelt [...], so taucht zunächst die Frage auf, ob diese Mutabilität vielleicht nur innerhalb jener künstlichen Umwelt statthat, wie sie das Laboratorium, das Treibhaus oder das Versuchsfeld bieten. Diese Bedenken sind hinfällig. Gerade für das in dieser Hinsicht extremste Beispiel, *Drosophila*, haben im letzten Jahrzehnt vorgenommene Versuche russischer, amerikanischer und später deutscher Forscher erwiesen, daß alle ›Laboratoriumsmutationen‹ auch in Wildpopulationen auftreten, in Häufigkeiten, die der rohen Erwartung entsprechen« (Ludwig 1943a: 508).

236 Sein abschließendes Urteil fällt dann allerdings negativ aus: »Ohne Zuhilfenahme des Zufalls ist daher ein Bleichwerden einer Höhlenpopulation durch den Mutationsdruck allein kaum möglich, selbst wenn man Zeiträume von $10^6$ Generationen und mehr zugestehen würde. [...] Somit reichen also wohl

auch Mutationsdruck + Zufall nicht aus, die Evolution der Höhlentiermerkmale zu erklären« (Ludwig 1942a: 453).

237 Er bekräftigte diese Ansicht an mehreren Stellen: »Aus den vorhergehenden Abschnitten haben wir gesehen, daß Gen-, Chromosomen- und Genommutationen, sowie die bei Chromosomenmutationen auftretenden Positionseffekte der Gene die Grundlage der gesamten uns bekannten erblichen Variabilität bilden, indem sie einzeln und in Kombinationen **sämtliche uns bekannten intraspezifischen Merkmalsänderungen** ergeben können; bei Pflanzen gesellen sich noch Plastidenmutationen dazu« (Timoféeff-Ressovsky 1939a: 172).

238 Dieser Punkt führte zu einem weitverbreiteten Einwand gegen den synthetischen Darwinismus: »Another type of criticism advanced against the mutation theory asserts that the mutations observed in Drosophila and in other organisms produce deteriorations of viability, pathological changes and monstrosities, and therefore can not serve as evolutionary building blocks. This assertion has been made so many times that it has gained credit by sheer force of repetition« (Dobzhansky 1937: 20).

239 Schindewolf hat Großmutationen so bestimmt: »Im übrigen brauchen die Großmutationen, die etwa am Anfang einer Klasse oder Ordnung stehen und diese einleiten, vielleicht gar nicht einmal von höherer Größenordnung zu sein als die bereits experimentell nachgewiesenen. Der Unterschied des Verhaltens besteht im wesentlichen nur in der Reichweite und stammesgeschichtlichen Geltungsdauer der durch Großmutationen abgewandelten Organisationen und in dem jeweils verschiedenen Umfang der Kreise, die sich auf jenen Grundlagen aufbauen. Das aber sind Erscheinungen, die erst nachträglich zutage treten und nicht notwendigerweise von dem primären Ausmaß der den Anstoß gebenden Mutationen abhängen. Ausschlaggebend ist ferner, daß diese Mutationen im Gegensatz zu den gewöhnlichen Kleinmutationen in das Grundgefüge der Organisation eingreifen und entscheidend neue Entwicklungswege erschließen, weshalb sie neuerdings von W. Ludwig auch treffend als Schlüsselmutationen bezeichnet werden« (Schindewolf 1950: 406).

240 Großmutation sind »conspicuous mutations affecting easily distinguishable characters of external morphology« (Mayr 1942: 19; vgl. weiterführend Mayr 1988c: 526–27; Dietrich 1992).

241 Vgl. auch: »Die zoologischerseits besonders von L. Plate (1933), A. Remane (1939) und R. Goldschmidt (1940) geforderte Annahme einer die transspezifische Evolution einleitenden Makromutation entbehrt also bislang noch einer ausreichenden Fundierung. Daß entsprechende Entdeckungen noch möglich sind, soll damit keineswegs geleugnet werden« (Rensch 1947a: 103–04).

242 »Die mendelistische Forschung, die sich auf das ganze Pflanzen- und Tierreich erstreckt, hat gezeigt, daß den Merkmalen einzelne, weitgehend autonome, in den Kreuzungen den Mendel-Gesetzen folgende Erbfaktoren oder Gene zugrunde liegen. Diese Gene bilden sicherlich den Hauptteil des Erbgutes. Abgesehen von einigen, meistens bei Artkreuzungen beobachteten Fälle sogenannter plasmatischer Vererbung, können sämtliche Erbunterschiede bei Pflanzen und Tieren auf mendelnde Gene zurückgeführt werden« (Timoféeff-Ressovsky 1937: 2).

243 Er ergänzt: »Wenn ich die Auffassung vertrete, daß Speziesunterschiede der Sectio *Antirrhinastrum* wohl im wesentlichen auf Selektion und Summierung der hier ungemein häufigen Faktormutation zurückzuführen sind, so will ich damit durchaus nicht sagen, daß hier die ganze Evolution nur auf diesem Wege erfolge. [...] Sehr wahrscheinlich spielen aber, wenn auch seltener, Mutationen anderer Art, d.h. z.B. Veränderung im Bau der Chromatophoren oder anderer ›plasmatischer‹ Zellorgane sowie Veränderungen in anderen selbständig wachsenden und sich teilenden Organen des Zellkerns (Centrosomen usw.) eine Rolle, nur wissen wir heute hierüber noch nichts« (Baur 1924: 148). Zu den Diskussionen um die plasmatische Vererbung vgl. Caspari (1948); Barthelmess (1952); Dunn (1955); Harwood (1987b); Sapp (1987); Hoßfeld (1999d).

244 Ähnlich hat Ludwig die »Ungerichtete Mutabilität« mit dem Neodarwinismus gleichgesetzt (Ludwig 1938a: 184–85).

245 Ähnlich hat sich auch Dobzhansky geäußert: »The spontaneous mutability of individual genes is important because it may prove to be a limiting factor in the evolutionary process. Are all genes equally mutable? In other words, is the process of mutation essentially a random matter, affecting now one and now another gene, or are some genes more predisposed to change than others? The latter answer is undoubtedly correct« (Dobzhansky 1937: 34).

246 »Mutation is frequently directional in the sense that it occurs more frequently in one direction than in another, but it is usually random in the sense that this favored direction has no special tendency to coincide with advantageous modifications or with the direction in which the group is really evolving« (Simpson 1944: 178).

247 »Control of evolution by directional mutation is usually of short duration, except possibly in small degenerating groups. Progressive rectilinearity in evolution may occur rather in spite of favored mutational directions than because of them, although there must be some mutation in the evolutionary direction, and this may be increased by natural selection« (Simpson 1944: 178).

248 Diese Ansicht hat sich in späteren Jahren weitgehend durchgesetzt: »The harmonious integration of the genotype places definite constraints on possible genetic variation and this, as well as selection for or against certain regulatory ›genes,‹ can account for all observed ›orthogenetic trends‹« (Mayr 1982: 539). Zur aktuellen Diskussion über die Bedeutung genetischer, epigenetischer oder physikalisch-chemischer Entwicklungszwänge (constraints) in der Evolution vgl. Bock (1991).

249 In diesem Sinne heißt es bei Mayr: »Other, earlier authors had come to the conclusion that individual variation had, in most cases, very little to do with the variation processes that lead to species differences« (Mayr 1942: 32).

250 »It was said that only the latter is clearly genic, while the former was alleged to be non-Mendelian and to be due to some vague principle which assiduously escapes all attempts to define it more clearly« (Dobzhansky 1937: 56–57).

251 Ähnlich schreibt Mayr: »But beyond this purely practical interest, the study of individual variation is of considerable significance in the study of evolution. It has become increasingly clear in recent years that all or nearly all geographic variation, or any differences between infraspecific categories are compounded from individual variants« (Mayr 1942: 32).

252 Darwin ([1837–38] 1987, Notebook B: 3–5, Notebook E: 164); vgl. auch Darwin (1859: 8); Churchill (1979).

253 »We have just seen that a species, like a sponge, soaks up more and more mutations, remaining all the time externally monotypic. But as the accumulation within the species of a greater and greater number of such concealed mutations proceeds, one or another of them will appear with increasing frequency in the homozygous state leading to the external manifestation by the species of a greater and greater genotypic variability« (Chetverikov [1926] 1961: 178).

254 Ein weiterer Vorteil sexueller Fortpflanzung bestehe darin, dass die Mutationen in Kombination mit anderen Mutationen verschiedene Selektionswerte haben können: »Eine Mutation, die für sich allein keinen Selektionswert hat, kann in Kombination mit einer oder einigen anderen sehr wesentlichen Selektionswert bekommen« (Baur 1925: 115).

255 Vgl. folgende Definition: »The term population, as used in taxonomic and speciation literature, refers in most cases to a ›local population,‹ that is, the total sum of conspecific individuals of a particular locality comprising a single potential interbreeding unit« (Mayr 1942: 24).

256 Dieses reduktionistische Modell wurde später von einer holistischen Richtung in der Populationsgenetik kritisiert: »The holistic school rejected the idea that a separate gene could be the object of selection and insisted that owing to the

epistatic interactions in the genotype, only the phenotype of the individual as a whole could be the unit of selection« (Mayr 1999a: 20).

257 In diesem Sinne betonte Dobzhansky 1955 die emergenten Eigenschaften von Populationen: »In recent years it is becoming increasingly appreciated that Mendelian populations, though, of course, composed of individuals, have an internal genetic cohesion which is a property of a population, not that of any individual. [...] The properties of a population transcend those of the individuals« (Dobzhansky 1955: 14).

258 »The reduced variability of small populations is not always due to accidental gene loss, but sometimes to the fact that the entire population was started by a single pair or by a single fertilized female. These ›founders‹ of the population carried with them only a very small proportion of the variability of the parent population. This ›founder‹ principle sometimes explains even the uniformity of rather large populations, particularly if they are well isolated and near the border of the range of the species« (Mayr 1942: 237).

259 »Diese Vorgänge wurden seinerzeit von Chetverikov als ›Lebenswellen‹ (Chetverikov 1915, 1926) und von Dubinin als ›genetisch-automatische Prozesse‹ (Dubinin 1931, Dubinin und Romaschoff 1932) bezeichnet; vielleicht ist es zweckmäßiger, [...] sie als ›Populationswellen‹ zu bezeichnen« (Timoféeff-Ressovsky 1939a: 199).

260 »Most evolutionists agree that the most important advance ever made in the special theory of natural selection happened with theoretical population genetics. Now it is clear that the theoretical apparatus of this discipline does not imply that natural selection should be the major force in evolution. On the contrary, theoretical population genetics states under what general conditions selection can or cannot be a major driving force in the evolution of Mendelian populations. Population genetics can indeed provide a very good formal framework for many other possible interpretations of evolution: orthogenesis, Lamarckianism, random evolution can be modelled in the very theoretical apparatus constructed by Fisher, Haldane and others. And this has indeed occurred. Thus it is plain that Darwin's hypothesis has generated particular theories which can both sustain and disconfirm his own convictions on the role of natural selection in evolution« (Gayon 1995: 12).

261 Eine gewisse Wirkung der Selektion gesteht Rensch allerdings zu: »Nun soll mit der Annahme simultaner Rassenbildung auch nicht etwa der Eindruck erweckt werden, als seien bei den parallelen Merkmalsänderungen selektive Vorgänge auszuschalten. Ich möchte vielmehr annehmen, daß speziell bei der Entstehung von Polar- und Wüstenfärbungen in manchen Fällen sehr wohl

auch eine natürliche Auslese fördernd gewirkt hat. Nur muß man auf Grund der erkannten klimatischen Parallelitäten zugestehen, daß diese beiden extremen Färbungs-›Anpassungen‹ auch ohne Auslese zustande kommen können« (Rensch 1933a: 55). Dobzhansky hat Renschs Vorstellungen so kommentiert: »Strange as it may seem, the correlations between race formation and the environment revealed by the ›rules‹ such as those just discussed have been repeatedly quoted as arguments against the natural selection theory. This amazing confusion of thought was due in the past to the almost universal acceptance among biologists of the belief in inheritance of acquired characteristics« (Dobzhansky 1937: 168). Vgl. auch Simpsons Bemerkung: »Attacks on selection as an important evolutionary factor have been based on diametrically opposite considerations. Many real evolutionary occurrences have been, or have been believed to be, nonadaptive and hence inexplicable if selection is a controlling influence. On the other hand, various evolutionary phenomena have been considered so minutely adaptive that it was asserted that selection cannot have been efficient enough to produce them« (Simpson 1944: 74).

262 Insofern ist es interessant, dass Dobzhansky sich an diesem Punkt deutlich vorsichtiger geäußert hat: »Taken as a whole, an unprejudiced observer must, I think, conclude that an experimental foundation for the theory of protective resemblance is practically non-existent. The theory still rests on very indirect evidence, which, however, has not been disposed of by those who wish to relegate it to the limbo of scientific delusions. As pointed out already by Poulton (1908), protective and mimic resemblances frequently involve a multiplicity of modifications of various parts of the body that combine to produce the resemblance in question, while the parts that are concealed from view and consequently can not aid in carrying the resemblance still further are not modified« (Dobzhansky 1937: 164).

263 »Was wir in der Entfaltung der Arten **Zufall** nennen, ist natürlich kein Zufall im Sinn der allgemeinen **Naturgesetze**, deren großes Getriebe alle jene Wirkungen hervorruft; es ist aber im strengsten Sinne des Wortes Zufall, wenn wir diesen Ausdruck im Gegensatz zu den Folgen einer **menschenähnlich berechnenden Intelligenz** betrachten: wo wir aber in den Organen der Tiere und Pflanzen Zweckmäßiges finden, da dürfen wir annehmen, daß in dem ewigen Mord des Schwachen zahllose minder zweckmäßige Formen vertilgt wurden, so daß auch hier das, was sich erhält, nur der günstige Spezialfall in dem Ozean von Geburt und Untergang ist« (Lange [1873–75] 1974: 692).

264 Vgl. hierzu etwa Monod (1975: 106–08); Eigen & Winkler (1985: 192–94).

265 Dobzhansky hat 1937 auf den Mangel an experimentellen Untersuchungen aufmerksam gemacht: »The inadequacy of the experimental foundations of the theory of natural selection must be admitted, I believe, by its followers as well as by its opponents« (Dobzhansky 1937: 176).

266 Auf das Problem, die Effekte der natürlichen Auslese auch empirisch nachzuweisen, hat Gayon hingewiesen: »Furthermore, neither Darwin nor his immediate followers ever provided a single instance of an observed event of natural selection. In fact it required a huge amount of empirical and theoretical work simply to establish the possibility and the existence of natural selection. Galton, the biometricians, many geneticists and ecologists were involved in this adventure, which lasted a very long time: it is only in the 1940s that unambiguous direct empirical evidence for the existence of natural selection began to emerge« (Gayon 1995: 11).

267 Wie Dobzhansky feststellt, ist dieser Nachweis allerdings von der Genetik zu führen und kann nicht als Aufgabe der Selektionstheorie betrachtet werden: »During the seventy-seven years that have elapsed since the publication of the theory of natural selection, it has been the subject of unceasing debate. The most serious objection that has been raised against it is that it takes for granted the existence, and does not explain the origin of the hereditary variations with which selection can work. Those who advance this objection fail however to notice that in so doing they commit an act of supererogation: the origin of variation is a problem entirely separate from that of the action of selection. The theory of natural selection is concerned with the fate of variations already present, and the merits and demerits of the theory must be assessed accordingly« (Dobzhansky 1937: 149).

268 Diese Beobachtung gehörte zur Grundlage des modernisierten Darwinismus: »Will etwa ein Züchter aus einem vorhandenen Individuenbestand einer Pflanzenart eine ganz bestimmte, neue, erbliche Varietät herauszüchten, so wird sein Beginnen recht wenig Erfolg versprechen, wenn er von einer ziemlich reinen, d.h. stark homozygoten Rasse ausgeht; eine beliebige Wildrasse hingegen wird wegen ihrer größeren genetischen Variabilität eine viel höhere Erfolgswahrscheinlichkeit bieten«. Nach Fisher ist das Ausmaß der genetischen Variabilität sogar direkt mit der Evolutionsgeschwindigkeit korreliert: »Je stärker eine Art genetisch variiert, um so schneller bildet sie sich evolutorisch weiter« (Ludwig 1943a: 495).

269 »It [natural selection] is one of the crucial determinants of evolution, although under special circumstances it may be ineffective, and the rise of characters

indifferent or even opposed to selection is explicable and does not contradict this usually decisive influence« (Simpson 1944: 95–96).

270 So heißt es bei Dobzhansky: »No coherent attempts to account for the origin of adaptations other than the theory of natural selection and the theory of the inheritance of acquired characteristics have ever been proposed. Whether or not these theories are adequate for the purpose just stated is a real issue« (Dobzhansky 1937: 150). Dass diese Antwort eindeutig gegen den Lamarckismus und für die Selektionstheorie ausfiel, gehört zu den wichtigsten Grundprinzipien des synthetischen Darwinismus.

271 »I think its [synthetic theory] essence can be characterized by two postulates: (1) that all the events that lead to the production of new genotypes, such as mutation, recombination, and fertilization are essentially random and not in any way whatsoever finalistic, and (2) that the order in the organic world, manifested in the numerous adaptations of organisms to the physical and biotic environment, is due to the ordering effects of natural selection« (Mayr 1959a: 4).

272 Ähnlich heißt es bei Mayr: »Many characters of local populations have clearly an adaptive value; others seem to be due to accidents of sampling« (Mayr 1942: 100).

273 Vgl. auch: »The aspects of tempo and mode that have now been discussed give little support to the extreme dictum that all evolution is primarily adaptive« (Simpson 1944: 180).

274 Auf der anderen Seite hat Mayr den heuristischen Wert der reduktionistischen Methode hervorgehoben: »I think it can be shown again and again in the history of biology that the oversimplified, often crude, often atomistic approach almost invariably produces more results more rapidly than the more sophisticated more holistic approach, which is perhaps most useful after the reductionist approach has exhausted the pathways that are accessible to it« (Mayr 1976: 376).

275 Ein typisches Beispiel für die Beschränkung auf einzelne Gene ist die Diskussion der Selektionswirkung bei rezessiven bzw. dominanten Merkmalen. So schreibt Baur: »Je nachdem, ob die ausgemerzte Kategorie mehr auf dominanten oder mehr auf rezessiven Faktoren beruht, wird die Wirkung der Auslese schneller oder langsamer sein« (Baur 1919: 319; vgl. auch Ludwig 1933: 378).

276 Als Spezialfall von Gen-Interaktionen ist der Heterozygoten-Vorteil zu nennen: »In einigen Fällen wurden Mutationen gefunden, die in homozygotem Zustande eine merkliche Herabsetzung der relativen Vitalität zeigten, die aber in heterozygotem Zustande eine höhere Vitalität als der normale Ausgangstyp hatten« (Timoféeff-Ressovsky 1939a: 169–70).

277 Dobzhansky verweist hier auf die Arbeiten von Wright (1931, 1932), nicht jedoch auf diejenigen von Chetverikov.

278 »It is dangerous, if not completely incorrect, in view of the interrelationship of the genes to think of species merely as numerical aggregates of genes. Such a view underrates the important role which is played in speciation by the integration of the various gene effects. Speciation will not be fully understood until we have more information about the nature of this integration« (Mayr 1942: 68).

279 Vgl. beispielsweise Lewontin (1985: 88); Hemminger (1983); Lewontin, Rose & Kamin (1984); Bayertz (1993); Neumann-Held (1998).

280 Insofern ist es durchaus berechtigt, wenn der Jenaer Zoologe Julius Schaxel, der Deutschland 1933 aus politischen Gründen verlassen musste, die Unterstützung der Holisten für die nationalsozialistische Ganzheitsideologie kritisierte: »Die Theoretiker des deutschen Nationalsozialismus betrachten den holistisch aufgefassten Organismus als naturgegebenes Vorbild ihrer Totalität im Staat. [...] Die deutschen Biologen haben das Ihrige dazu beigetragen, wenigstens nachträglich, auf Grund der idealistischen und holistischen Vorarbeit den faschistischen Begriff des Organismus zu liefern« (Schaxel 1938: 229).

281 »Yet the Nazis were discriminating in the elements that they chose from biology and philosophy when constructing their Weltanschauung. While many biologists had holistic sympathies, it was important to choose the right type of theoretician. The vitalism of the embryologist and philosopher Driesch was condemned. When the work of another biologist, Bernhard Dürken, was approved by the party, Astel's Jena group remained opposed to holistic theories that they saw as linked to Roman Catholicism« (Weindling 1989: 505).

282 Eine ähnliche Kritik findet sich auch in neueren Schriften: »Wherever the bases of firmly established knowledge are missing or seem to shake, mystical lines of thought expand. In the case of evolution a wrongly conceptualized holism has seduced authors to abandon causal research and strict scientific analysis. Irrational circumlocutions have replaced clear terms and approaches, without providing any heuristic value« (Reif 1993: 439).

283 Mayr hat diese Aussage etwas modifiziert, indem er darauf hinwies, dass es nicht in allen Fällen zur Artbildung kommt: »The statement that subspecies are incipient species should therefore be emended to read: Some subspecies are incipient species, or subspecies are potential incipient species« (Mayr 1942: 156).

284 »Wenn man findet, daß die genetischen Unterschiede verwandter Arten grundsätzlich den gleichen Typen angehören wie sie verwandte Rassen zeigen, so

ist die Vermutung berechtigt, daß die Artbildung – zumindest häufig – über den Weg der Rassenbildung erfolgte. Bei dieser Formulierung würden auch die Ansichten anders denkender Autoren – die an Hypothesen freieste Ansicht stammt von Goldschmidt [...] – keinen Widerspruch bedeuten« (Ludwig 1943a: 516).

285 »Die Isolation tritt in verschiedensten Formen auf. Unter diesen verschiedenen Formen können zwei große Gruppen unterschieden werden: biologische Isolation und mechanisch-geographische Isolation« (Timoféeff-Ressovsky 1939a: 192).

286 Vgl. auch Mayrs Aufstellung: »Some rather elaborate classifications of the biological (physiological) isolating mechanisms have been proposed in recent years, but we can reduce these to four simple steps: 1. Mating does not take place because ecological factors prevent the meeting of the potential mates, at least while they are in reproductive condition. 2. Mating does not take place because there is an ethological incompatibility (ethological factor). 3. Copulation is prevented through the physical inconformity of the copulatory organs (mechanical factor). 4. Mating takes place, but is more or less unsuccessful, owing to varying degrees of sterility or hybrid inviability (›genetic‹ and physiological factors)« (Mayr 1942: 247–48).

287 »A species is defined by us as a reproductively isolated group of populations, and it is obvious from this definition that species must possess isolating mechanisms which safeguard this reproductive isolation. Geographic isolation without the development of biological isolating factors cannot lead to species formation, because if two species meet, which up to that moment have been geographically isolated populations, they will interbreed freely, unless a new set of barriers begins to operate, thus replacing the former geographic barriers« (Mayr 1942: 247).

288 Vgl. auch: »Die mechanisch-geographische Isolation besteht darin, daß durch ungleichmäßige Verteilung der Individuen innerhalb des Verbreitungsareals, durch Zerrissenheit des Artareale, oder durch schwer überwindbare geographisch-mechanische Hindernisse innerhalb des Areale, einzelne Teile der Artpopulation rein mechanisch in gewissem Grade, oder vollkommen an einer Vermischung verhindert werden« (Timoféeff-Ressovsky 1939a: 192–93).

289 Von Mayr wurde sympatrische Artbildung so definiert: »If we are trying to find an antithesis to ›geographic speciation,‹ it cannot be ›genetic speciation or ecological speciation,‹ because these categories are not contrasting [...]. The opposite of geographic speciation is obviously non-geographic speciation, e.g.,

speciation without geographic isolation, a process which might also be called ›sympatric speciation‹« (Mayr 1942: 187).

290 Vgl. auch: »Summarizing all this evidence, we might say that there are a number of processes known, particularly among parthenogenetic and hermaphroditic animals, which permit instantaneous speciation, but such speciation is apparently rare, even where it is hypothetically possible« (Mayr 1942: 192).

291 Er fügt ergänzend hinzu: »No process is known which would permit the development and perfecting of biological isolating mechanisms in ›ecological races,‹ as long as they are in wide contact with neighboring populations. [...] There is, at the present time, no well-substantiated evidence that would prove (or even make probable) the development of interspecific gaps through habitat specialization« (Mayr 1942: 199).

292 »We understand by ›semigeographic speciation‹ the development of species gaps between populations not completely separated geographically« (Mayr 1942: 188).

293 Vgl. auch Mayrs Kommentar: »Dobzhansky (1940, 1941a) has pointed out that selective mating in a zone of contact of two formerly separated incipient species [...] may play an important role. The two incipient species must be sufficiently distinct, so that the hybrid offspring of mixed matings has discordant (unbalanced) gene patterns; in other words, the individuals produced in such matings must have a reduced viability and survival value. [...] Dobzhansky presents a plausible case, and we agree that such a selective process may help to complete the establishment of discontinuity, in those cases in which some interbreeding has taken place between incipient species« (Mayr 1942: 157).

294 »Dobzhansky (1941a) shows that there will be a premium on homogeneous matings if there is the least reduction in the viability of the hybrids. The slight original cleavage between the two forms will develop under this condition into a complete gap between species. No logical or actual difficulties are encountered in these cases of secondary zones of hybridization. The unfinished process of geographic speciation is merely completed by selective factors« (Mayr 1942: 188).

295 »Whenever two relatively large and uniform areas were separated by regions of relatively rapid environmental change, the effect of selection would be to produce two main types of gene-complex, each stabilized by its own set of modifiers giving maximum harmony and viability. So long as the population is continuous these will interbreed where they meet. But the recombination between them being ex hypothesi less well adapted and harmonious than either of

the two main complexes will remain restricted to a narrow zone and will not spread progressively through the population« (Huxley 1939: 511).

296 Some authors »have postulated that a ›tension‹ of such force might develop in this zone of abrupt intergradation that it would lead to a breaking of the single species into two« (Mayr 1942: 188).

297 Zur Kritk anti-evolutionistischer Positionen vgl. Schwanitz (1938a, 1940); Zimmermann (1938a: 235–7); von Krogh (1940b); Lorenz (1940a); Heberer (1938c, 1943a: III–IV); Weinert (1940b, 1943a: 732–3); Franz (1941).

298 Dieser Aspekt klingt in Heberers Erinnerungen an: »Es war damals sehr zu begrüßen, daß ein namhafter Vertreter der Philosophie gegenüber der Evolutionstheorie eine eindeutig positive Haltung einnahm. Dies veranlaßte mich, Hugo Dingler im Jahre 1942 den Vorschlag zu machen, die Frage auf einer weiteren methodologischen Basis als Einleitung zu einem geplanten umfassenden Sammelwerk über ›Die Evolution der Organismen‹ zu behandeln« (Heberer 1956: 102).

299 Man vgl. etwa Renschs Rechtfertigung für eine entsprechende Argumentation in »Die biologischen Beweismittel der Abstammungslehre« (1943: 57–8) oder Heberers Erklärung, warum eine solche Frage überhaupt zu behandeln sei (1956: 101).

300 Es gibt zum Teil etwas abweichende Definition, so gehört bei Mayr die Speziation noch zur Mikroevolution. An anderer Stelle heißt es allerdings: »Under the term microevolution such evolutionary processes are understood as occur within short spaces of time and in lower systematic categories, in general within the species (hence also intraspecific evolution)« (Mayr 1942: 23, 291).

301 Das zweite Zitat enthält eine ähnlich vorsichtige, aber eher ablehnende Aussage: »Experience seems to show, however, that there is no way toward an understanding of the mechanisms of macro-evolutionary changes, which require time on a geological scale, other than through a full comprehension of the micro-evolutionary processes observable within the span of a human lifetime and often controlled by man's will. For this reason we are compelled at the present level of knowledge reluctantly to put a sign of equality between the mechanisms of macro- and micro-evolution, and, proceeding on this assumption, to push our investigations as far ahead as this working hypothesis will permit« (Dobzhansky 1937: 11–12).

302 Vgl. beispielsweise Nachtsheim (1940: 558); Heberer (1942); Dingler (1943: 15).

303 Auch Dobzhansky gesteht diese Beschränkung der Genetik auf die Phänomene zu, die mit ihrer Methode erreichbar seien: »Some writers have contended that evolution involves more than species formation, that macro- and micro-evo-

lutionary changes may be distinguished. This may or may not be true; such a duality of the evolutionary process is by no means established. In any case, a geneticist has no choice but to confine himself to the micro-evolutionary phenomena that lie within reach of his method, and to see how much of evolution in general can be adequately understood on this basis« (Dobzhansky 1937: xv).

304 Er führt ergänzend aus: »A number of recent authors have attempted to show that it is feasible to interpret the findings and generalizations of the macroevolutionists on the basis of the known genetic facts (random mutation) without recourse to any other intrinsic factors. [...] as Dobzhansky (1941a), Rensch (1939a), and many others have pointed out, there are already many genetic phenomena known which deprive the macroevolutionary processes of much of their former mysteriousness« (Mayr 1942: 292).

305 »By the term macroevolution we understand the development of major evolutionary trends, the origin of higher categories, the development of new organic systems – in short, evolutionary processes that require long periods of time and concern the higher systematic categories (supra-specific evolution). There is only a difference of degree, not one of kind, between the two classes of phenomena. They gradually merge into each other and it is only for practical reasons that they are kept separate« (Mayr 1942: 291).

306 Oft wird aber die Rolle der Paläontologie als rein rezeptiv bestimmt: »Consistency with the principles of genetics – therein lie both the structure and purpose of all early writings of the synthesis. [...] It is the lot of the systematist and paleontologist to see how their data, distributed in real-world ecological and evolutionary time, fit the basic theoretical structure elaborated by geneticists« (Eldredge 1982: XVI).

307 Ähnlich heißt es bei Senglaub: »Vor allem und zuerst waren es G.G. Simpson und B. Rensch, die sich um den Nachweis bemühten, daß zwischen der sogenannten Mikroevolution und Makroevolution keine prinzipiellen Unterschiede bestehen. Sie wandten die neue Theorie auf die großen morphologischen Wandlungsschritte an und bezogen deren Gesetzmäßigkeiten in die Theorie ein« (Senglaub 1985: 574).

308 Die konkreten paläontologischen Phänomene, die von Rensch erwähnt werden, haben sich im Laufe der Jahre etwas gewandelt (vgl. z.B. Rensch 1947a: 96). Eine ähnliche Aufzählung gibt Mayr: »orthogenesis; size increase in phylogenetic lines; convergent evolution; specialization; irreversibility; harmonious organic reconstruction; conservative characters; instantaneous origin of new types« (Mayr 1942: 293–8).

309 Zur neueren Diskussion vgl. Nitecki (1988); Ruse (1996); Dawkins (1996, 1997); Gould (1997); vgl. auch Bowler (1976).

310 Bronn (1858); vgl. auch Haeckel (1866, 2: 258–9); zur Interpretation dieser »Gesetze« bei neueren Autoren vgl. Remane, Storch & Welsch (1980: 106); Mayr (1982: 323–6, 531–4); Siewing (1982: 181–3, 1987); Kämpfe (1985: 134–5).

311 Vgl. Lamarck (1809); Braun (1849–50); Baer (1866).

312 Vgl. Baer (1828–37); Bronn (1858); Gegenbaur (1859); Nägeli (1865); Haeckel (1866); Weismann (1913).

313 Vgl. Bronn (1858); Gegenbaur (1859); Haeckel (1866).

314 Auch Dobzhansky hatte angenommen, dass die Richtung der Evolution vom Mutationsdruck abhängen kann: »However different may be the mutation rates of different genes and in different organisms, we are justified in concluding that the mutation process is constantly going on. If this process is allowed to progress unchecked, the species must eventually change in the direction of the greatest mutation pressure. The situation in nature is not so schematically simple however, for mechanisms that counteract the mutation pressure are known to exist. Selection is one of them; it can eliminate mutations that decrease the adaptation of the organism to its environment« (Dobzhansky 1937: 37–8).

315 Ähnlich heißt es bei Mayr: »During the 1880s and 90s when social Darwinism was confused with real Darwinism, cooperation and altruism were often cited as evidence for the evolution of human ethical tendencies that could not possibly have been the product of natural selection. This claim overlooked the fact that cooperating, particularly in social organisms, may be of selective advantage« (Mayr 1982: 598).

316 Im nächsten Satz schränkt Rensch diese Aussage allerdings wieder ein: »Vielleicht handelt es sich hier z.T. auch um eine mehr direkte Einwirkung auf die Leistungen, und darauf ist es wohl auch zurückzuführen, daß Hochkulturen vorzugsweise außerhalb der Tropen entstanden« (Rensch 1934: 704).

317 »My object is to build up, by the mere process of extensive enquiry and publication of results, a sentiment of caste among those who are naturally gifted, and to procure for them, before the system has fairly taken root, such moderate social favour and preference, no more no less, as would seem reasonable to those who were justly informed of the precise measure of their importance to the nation« (Galton 1873: 123).

318 »The idea of castes being spontaneously formed and leading to intermarriage is quite new to me, and I should suppose to others. I am not, however, so hopeful as you. Your proposed Society would have awfully laborious work, and I doubt whether you could ever get efficient workers. As it is, there is much con-

cealment of insanity and wickedness in families; and there would be more if there was a register. But the greatest difficulty, I think, would be in deciding who deserved to be on the register. How few are above mediocrity in health, strength, morals and intellect; and how difficult to judge on these latter heads. As far as I see, within the same large superior family, only a few of the children would deserve to be on the register; and these would naturally stick to their own families, so that the superior children of distinct families would have no good chance of associating much and forming a caste« (Brief vom 4. Januar 1873; Darwin 1903, 2: 43).

319 Vgl. Schiemann (1934); Glass (1981); Gilsenbach (1989); Scholz (1990); Kröner et al. (1994); Harvey (1995); Junker (1996a).

320 Ludwig, Wilhelm. »Hört die Entwicklung mit dem Menschen auf?« Manuskript, 1953, 10 Seiten. UBH, Hs. 3668/13. Das Redemanuskript erschien mit wenigen Änderungen als Ludwig (1954).

321 Dies schließt auch Zwangsmaßnahmen für bestimmte Fälle ein: »Da erblich Schwachsinnige kaum entsprechend belehrbar sind, werden aber auch Sterilisationsgesetze notwendig sein« (Rensch 1970: 202).

322 »Die gelegentlich diskutierte künstliche Veränderung von einzelnen Erbfaktoren durch gezielte Änderung der Basenfolge in den DNS-Molekülen (etwa während der Züchtung von menschlichen Keimzellen in Kulturflüssigkeit) ist bislang utopisch« (Rensch 1970: 205).

323 Mayr ist mit dieser Meinung kein Einzelfall. Im Lehrbuch zur Evolutionsbiologie von Douglas Futuyma (1986) beispielsweise heißt es: »There is a social cost of an increased incidence of disorders that require medical treatment or other care; but the alternative is either the human cost of the afflictions of individual human beings, or the socially intolerable policy of regulating who may or may not reproduce on the basis of their genes« (1986: 526–7).

324 Zu den Autoren, die sich reserviert den praktischen Erfolgschancen der Eugenik gegenüber zeigen, aber ihren Zielen gegenüber relativ positiv eingestellt sind, ist der Genetiker Sturtevant zu zählen: »It is estimated that something like 4 percent of human infants have tangible defects that can be detected in infancy – some of them very serious and others much less so, and some of them remediable and others not. It is also estimated that perhaps about half of these are largely genetic in origin. If it were possible to eliminate these by preventing their birth, this would obviously be a great advantage to society, in economic and, especially, in humanitarian terms« (1965: 131).

325 So bezeichnet Bock die Eugenik als »hygienischen Rassismus« (1986: 60). Eine Ursache für diese Kontroverse scheint darin zu liegen, dass Wissenschaftshis-

toriker, die sich auf die NS-Zeit konzentrieren, diese Situation als paradigmatisch ansehen, während andere Autoren, die einen breiteren Ansatz verfolgen, sich gegen eine Identität von Eugenik und Rassismus aussprechen (Glass 1989; Junker & Paul 1999).

326 Wie Fischer und Lenz im Vorwort schreiben, hat Erwin Baur die Bearbeitung seines Teiles »noch selber durchgeführt, auch die Druckbogen einer ersten Durchsicht unterzogen« (Baur, Fischer & Lenz 1936: V).

327 Fischer führt ergänzend aus: »Die dem widersprechenden Ausführungen am Schluß des Baurschen Teiles gehen von der irrigen Voraussetzung aus, daß die Kulturvölker **gleichmäßig** durchgekreuzte Gemische seien. Baur hätte den Irrtum sicher richtiggestellt, eine letzte Überprüfung war ihm nicht mehr vergönnt« (1936: 269 Fn.).

328 Die Kurzformel »Mutation und Selektion« findet sich auch in zeitgenössischen Publikationen (vgl. Ludwig 1933: 378–79; Rensch 1939a: 217, 1943b: 83; Remane 1941: 112; Schindewolf 1950: 381). Vgl. hierzu die ausführliche Darstellung in Junker (1999a: 58–64).

329 Auch Simpson hat sich in *Tempo and Mode* (1944) auf die populationsgenetischen Modelle bezogen.

330 Auf diesen speziellen Bereich trifft zu, dass »the input in Germany providing the knowledge of modern population genetics came from the outside« (Mayr 1999a: 23).

331 International bekannt wurden nur Baur und Timoféeff-Ressovsky: »In Germany, there was some interest in physiological genetics, but aside from Baur there was no population geneticist until Timoféeff-Ressovsky arrived from Russia« (Dobzhansky 1980: 239). Adams erwähnt sogar nur Timoféeff-Ressovsky: »Between 1925 and 1945 Timoféeff-Ressovsky and his wife and coworker, Helene, worked at Buch just north of Berlin, becoming Germany's leading evolutionary theorists during the 1930s, and virtually its only population geneticists« (Adams 1980b: 267–68).

332 »The emergence of population genetics really meant the end of seven decades of struggles for the elucidation of the hypothesis of natural selection; in other words it meant the end of the most fundamental objection that Darwinism had had to face ever since 1859: the objection that perhaps the whole theory of modification of species through natural selection was not sound because of the implausibility of its central hypothesis« (Gayon 1995: 18).

333 Auf Goulds Behauptung, dass die frühe Synthese ihr theoretisches Zentrum in der Genetik hatte und offen für nicht-darwinistische Positionen war, werde ich im Weiteren nicht eingehen: »It [the original version of the synthesis, 1937–

1947] did not attempt to crown any particular cause of change, but to insist that all permissible causes be based on known Mendelian mechanisms. In particular, it did not insist that adaptive, cumulative natural selection must underlie nearly all, or even most, change – though many synthesists personally favored this view« (Gould 1983: 74).

334 »The development of population systematics that could easily be translated into population genetics was a major contribution of the naturalists« (Mayr 1982: 560).

335 Später hat sich vor allem Mayr dieser Zusammenarbeit angenommen: »It was realized by these workers that only some of the problems of the origin of species can be solved by the geneticist, while other aspects are more accessible to such branches of biology as ecology and biogeography, paleontology, and taxonomy. A satisfactory understanding of intricate evolutionary phenomena can be attained only through the coöperation of all these disciplines, and systematics is willing and able to contribute its share« (Mayr 1942: 3).

336 Simpson hat einen gewissen (wenn auch negativen) Einfluss von Schindewolf auf seine Entwicklung konstatiert: »I was also stimulated to a lesser degree and in quite the opposite way by a work by Schindewolf, a German invertebrate paleontologist, who had first sought a synthesis between paleontology and genetics in 1936 but who adopted the to me entirely unacceptable view that evolution is essentially random and involves mainly mutations effecting changes early in ontogeny, individual development. Much the same might be said of a book by Goldschmidt, an eminent geneticist, who in 1940 carried to an extreme the already increasingly dubious view that evolution is mainly a matter of radical, random mutational modifications of the whole genetic system« (Simpson 1978: 115).

337 Dies entspricht der Situation in USA: »The consistency of all paleontological data with mechanisms of modern genetics, particularly with Darwinian models of evolution directed toward adaptation by natural selection, forms the primary theme and brings paleontology into the developing synthesis of evolutionary theory« (Gould 1980a: 160).

338 »The incorporation of the geographical dimension was of particular importance for the explanation of macroevolution. [...] Following phyletic lines through time seemed to reveal only minimal gradual changes but no clear evidence for any change of a species into a different genus or for the gradual origin of an evolutionary novelty. Anything truly novel always seemed to appear quite abruptly in the fossil record. This is not surprising, since new evolutionary departures seem to take place almost invariably in localized isolated pop-

ulations that are not apt to leave a fossil record. Therefore, a purely vertical approach is unable to resolve the seeming contradiction« (Mayr 1988c: 529-30; vgl. auch Mayr 1982: 551; Eldredge & Gould 1972).

339 Lediglich bei Reche finden sich zwei längere Fußnoten, in denen u.a. das Verhältnis »jüdischer Kreise« zur Abstammungslehre thematisiert wird (Reche 1943: 686 Fn., 687 Fn.). Vgl. Lilienthal (1993).

340 Ursprünglich war ich, wie die meisten Wissenschaftshistoriker, davon ausgegangen, dass letzteres der Fall ist (z.B. in Junker 1999a; Reif, Junker & Hoßfeld 2000).

341 »Ein Denkkollektiv ist immer dann vorhanden, wenn zwei oder mehrere Menschen Gedanken austauschen: dies sind momentane, zufällige Denkkollektive, die jeden Augenblick entstehen und vergehen. Doch auch in ihnen stellt sich eine besondere Stimmung ein, der keiner der Teilnehmer sonst habhaft wird, die aber of wiederkehrt, wenn die bestimmten Personen zusammenkommen« (Fleck [1935] 1980: 135).

342 Die Aussage: »Mayr and Simpson [...] propagated several ideas: (1) The Synthetic Theory is a completely new paradigm of the theory of evolution« ist also nicht zutreffend (Reif, Junker & Hoßfeld 2000: 44).

343 »The most drastic changes in the conceptual framework of a science are usually designated as scientific revolutions, a subject about which much has been written in the last twenty years. [...] the Darwinian revolution, like nearly all major biological controversies, was protracted over far more years than is usually credited to a scientific revolution« (Mayr 1982: 857).

344 Die Vertreter des synthetischen Darwinismus gingen natürlich zudem davon aus, dass ihre Theorie nach empirischen Kriterien besser ist, d.h. dass sie ein zutreffenderes Modell der Natur gibt. Zur wissenschaftstheoretischen Auseinandersetzung über Status und Berechtigung der Darwinschen Theorie vgl. Sober (1984, 1993); Vollmer (1995); Ghiselin (1997); Mayr (1997a); Hull & Ruse (1998); Mahner & Bunge (2000).

345 Vgl. auch die von Wolf-Ernst Reif vorgeschlagene Phasengliederung in: 1) Grundlegung (»Roots«) bis 1920; 2) Vorbereitung »Preparation« bis 1935; 3) Durchführung (»Formation«) 1937 bis 1950; 4) Rezeption (»Reception«) 1950 bis heute (vgl. Reif, Junker & Hoßfeld 2000: 60-61). Ich nehme also im Folgenden eine feinere Untergliederung der Phasen »Preparation« und »Formation« vor. Ernst Mayr hat kürzlich zwischen der »Fisherian synthesis« (1916-32) und Dobzhanskys Synthese (1937-47) unterschieden (Mayr 1999b).

346 Der Abschnitt »Allgemeine historische ›Gesetze‹« umfasst nur 21 Seiten und geht in dem fast 400 Seiten langen Teil »Historische Phylogenie« unter. Das Buch hat insgesamt 453 Seiten.

347 Vgl. auch die Besprechungen von Zimmermann (1938a) durch Heberer (1939c); Lenz (1939); Ludwig (1939b); Rensch (1939b); Zündorf (1938–39) bzw. von Dobzhansky (1937/1939) durch Bauer (1938, 1940); Heberer (1940c); Köhler (1940); Oehlkers (1940–41).

348 Alle vier Artikel erschienen in Band 76 der *Zeitschrift für induktive Abstammungs- und Vererbungslehre* (1939) (Pätau 1939; Melchers 1939; Reinig 1939a; Timoféeff-Ressovsky 1939a). Vgl. auch die Kommentare von Burgeff (1939); Lenz (1939); Zimmermann (1939).

349 Die Vorträge von Timoféeff-Ressovsky, Reinig und Remane erschienen in den *Verhandlungen der Deutschen Zoologischen Gesellschaft* (Timoféeff-Ressovsky 1939b; Reinig 1939b; Remane 1939). Bauers Vortrag über »Cytogenetik und Evolution« wurde nicht in den *Verhandlungen* abgedruckt.

350 Dies bestätigt Mayrs Ansicht, dass in der *Evolution der Organismen* eine neodarwinistische Evolutionstheorie vertreten wurde: »Of the contributors [...] not a single one defended Lamarckian ideas. They all accepted a more or less selectionist interpretation« (Mayr 1980f: 282). Vgl. auch die Besprechungen durch Beurlen (1943); Hoffmann (1943); Schwidetzky (1943).

351 Dies wurde vor allem von Mayr vertreten: »Owing to Timoféeff's influence, an evolutionary synthesis took place in the 1930s in Germany, largely independent of the synthesis in the English-speaking countries« (Mayr 1988c: 549). Und: »Simultaneously [with the North American Synthesis], there was a parallel synthesis in Germany, led by Timoféeff-Ressovsky, a student of Chetverikov« (Mayr 1997a: 193).

352 Bergdolt nimmt an, dass die Rassen »Variationen des Typus ›Mensch‹ [sind], die Verwirklichung eines Gedankens der Natur, der nicht durch irgendwelche Zweckmäßigkeitsdeutungen erklärt werden kann« (Bergdolt 1937–38: 111).

353 Zur Lyssenko-Rezeption in der DDR vgl. Höxtermann (1997: 29–37, 80–89; 2000).

354 Der synthetische Aspekt wurde ausgiebig diskutiert von Shapere (1980); Smocovitis (1996); Reif, Junker & Hoßfeld (2000).

355 Persönliches Archiv von Ernst Mayr.

356 Im Besitz von Frau Dr. Karin Zimmermann.

357 Leihgabe der Familie Heberer; z.Zt. in Bearbeitung durch Uwe Hoßfeld.